지점과 연결부에서의 반력

지점 혹은 연결부	반력	미지수의 개수
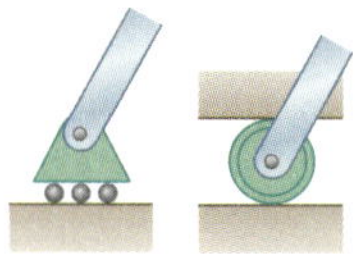 로울러 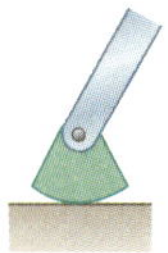 록커  마찰이 없는 표면	 기지의 작용선을 갖는 힘	1
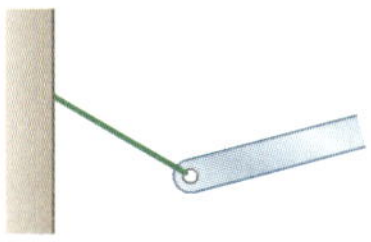 짧은 케이블 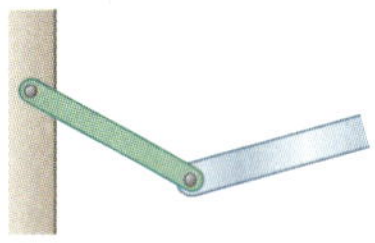 짧은 링크	 기지의 작용선을 갖는 힘	1
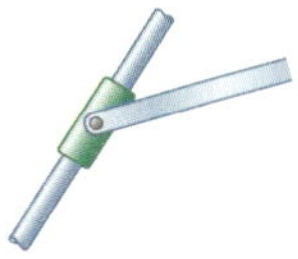 마찰이 없는 봉의 이음고리 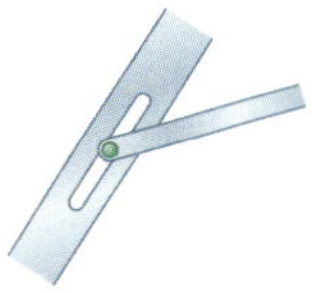 슬롯내의 마찰이 없는 핀	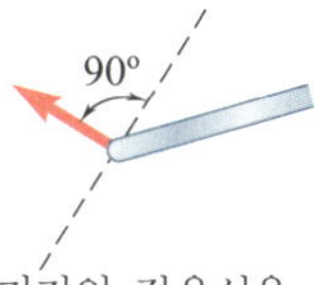 기지의 작용선을 갖는 힘	1
 마찰이 없는 핀 혹은 힌지 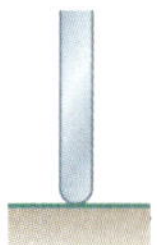 거친 표면	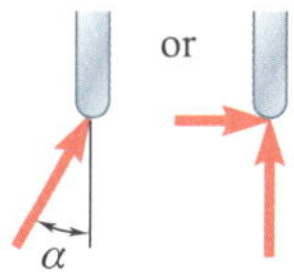 미지 방향의 힘	2
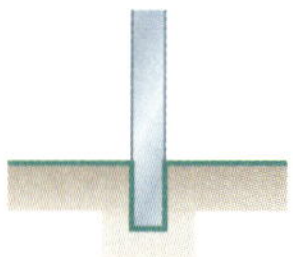 고정지점	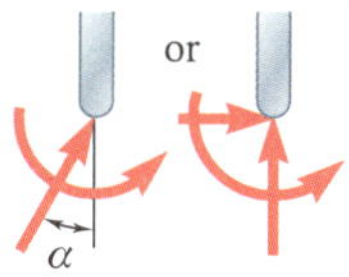 힘과 짝힘	3

지점과 연결부에서의 반력

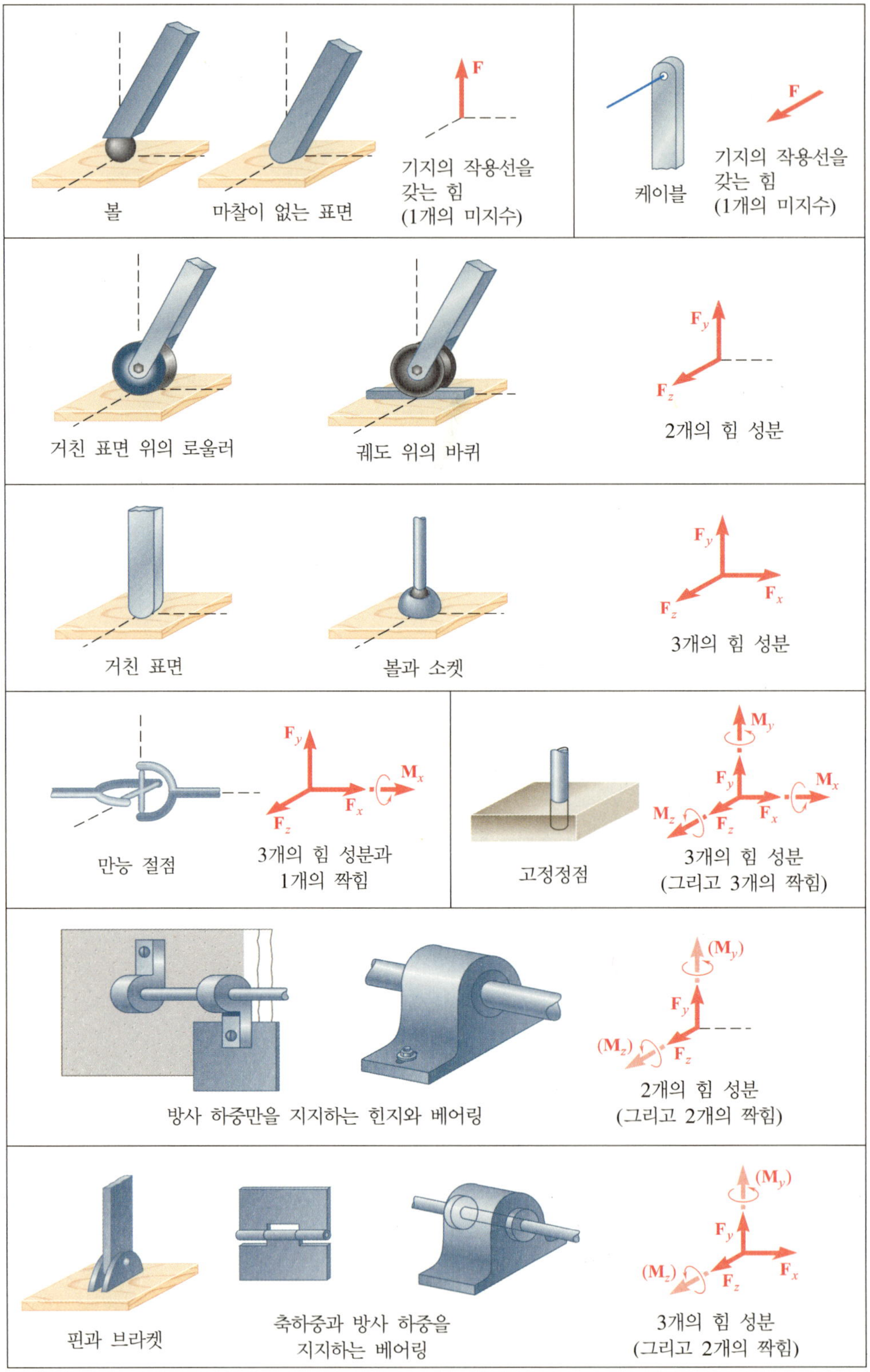

Ferdinand P. Beer • E. Russell Johnston, Jr. • John T. DeWolf • David F. Mazurek

STATICS AND MECHANICS OF MATERIALS

정역학과 재료역학

국승규 · 최광규 · 우광성
신수봉 · 김성보 공역

Mc Graw Hill
도서출판 동화기술

Statics and Mechanics of Materials, 1st Edition

6 7 8 9 10 DHT 20 20

Original: Statics and Mechanics of Materials, 1st Edition © 2010
By Ferdinand Beer, E. Russell Johnston, John T. Dewolf, David Mazurek
ISBN 978-0-07-338015-5

This authorized Korean translation edition is jointly published by McGraw-Hill Education Korea, Ltd. and Dong Hwa Technology Publishing Co. This edition is authorized for sale in the Republic of Korea.

This book is exclusively distributed by Dong Hwa Technology Publishing Co.

When ordering this title, please use ISBN 978-89-425-1614-8

Printed in Korea

머리말 ▌ Preface

역학의 기초과정을 이수하는 공학도는 역학의 기본원리를 적용하여 주어진 문제를 명료하고 논리적으로 해결하는 능력을 배양하여야 한다. 이 교재는 정역학과 재료역학의 기본개념, 원리 및 응용을 알기 쉽고 명확하게 기술하고 있어서, 역학의 기초과정을 시작하는 공학도의 교재로 적합하다.

이 교재의 전반부 1장에서 7장까지는 정역학, 후반부 8장에서 16장까지 재료역학으로 두 학기 동안 공부할 수 있는 내용으로 구성되어 있다. 각 장에는 쉽게 이해할 수 있는 간단한 예제와 문제를 제시하고 각 절마다 연습문제를 제시하여 이해한 원리를 적용하고 응용할 수 있도록 하였으며 각 장의 말미에는 요약과 복습문제로 정리하는 기회를 제공하였다.

정역학과 재료역학은 역학의 첫 관문이므로 난이도를 고려하여 장절의 배치가 이루어져야 하며 새로운 개념과 원리는 단순한 용어로 명확하게 설명되어야 한다. 아울러 역학 전반에 사용되는 부정정과 같은 개념은 가능한 초기에 소개하여 친숙해질 수 있도록 하는 것도 중요하다.

이 교재의 정역학 부분에서는 2장의 입자정역학을 바탕으로 3장의 강체정역학을 소개하였으며, 강체에 평형조건을 적용하여 문제를 해결하는 4장은 상대적으로 단순한 평면역계를 다루고 공간역계를 다루도록 구성하였다. 내력을 산정하는 6장에서는 가장 단순하게 내력을 구하는 트러스 구조물을 선택하여 내력의 개념을 소개하였다. 재료역학 부분에서는 8장에서 응력의 개념을 소개한 후 응력-변형률 관계 및 부정정 개념을 9장에 제시하였으며, 10장 비틂과 11장 순수에 대한 이해를 바탕으로 보를 해석하고 설계하는 과정의 순서로 구성하였다.

현재 공학에서 단위는 SI단위로 통일하고 있으나 아직 미국상용단위도 통용되고 있으므로 문제 구성에 단위를 균등하게 사용하여 두 단위 모두에 익숙하도록 배려하였다. 공학용어의 번역은 공용용어집에 제시된 용어를 사용하였으며 주요 용어 또는 의미 전달이 쉽지 않은 용어는 괄호에 원어를 병기하였다.

역자 일동

목차 Contents

Chapter

4 강체의 평형

Chapter

5 분포하중 : 도심과 무게중심

Chapter

6 구조물의 해석

Chapter

7 분포력 : 면적의 관성모멘트

Chapter

8 응력의 개념

Chapter

9 응력과 변형률－축방향 하중

Chapter

10 비틂(Torsion)

Chapter

11 순수휨

Chapter

12 휨을 받는 보의 해석과 설계

Chapter

13 보와 박벽 부재의 전단응력

Chapter

14 응력의 변환

Chapter

15 보의 처짐

Chapter

16 기 둥

수식기호 ▎List of Symbols

a 상수 ; 반지름 ; 거리
A, **B**, **C**, ⋯ 힘 ; 지점 및 연결부분 반력
$A, B, C, \cdots$ 점
A 면적
b 폭 ; 거리
c 상수 ; 거리 ; 반지름
C 도심
$C_1, C_2, \cdots$ 적분상수
C_P 기둥안정계수
d 거리 ; 지름 ; 깊이
e 거리 ; 편심
E 탄성계수
F 힘 ; 마찰력
$F.S.$ 안전계수
g 중력가속도
G 강성계수 ; 전단강성계수
h 거리 ; 높이
H, J, K 점
i, **j**, **k** 좌표축의 단위벡터
$I, I_x, \cdots$ 관성모멘트
$\overline{I}$ 도심축의 관성모멘트
J 극관성모멘트
k 스프링상수
K 응력집중계수 ; 회전스프링상수
l 길이
L 길이 ; 지간
L_e 유효길이
m 질량
M 짝힘
$M, M_x, \cdots$ 휨모멘트
n 수 ; 탄성계수비 ; 법선방향
N 반력의 수직성분
O 좌표원점
p 압력
P 힘 ; 벡터
γ_D 하중계수, 사하중 (하중저항계수설계법 : LRFD)
γ_L 하중계수, 활하중 (하중저항계수설계법 : LRFD)

q 단위길이당 전단력 ; 전단류
Q 힘 ; 벡터
Q 면적1차모멘트
$\overline{r}$ 도심축의 회전반지름
r 위치벡터
r_x, r_y, r_O 회전반지름
r 반지름 ; 거리 ; 극좌표
R 합력 ; 합벡터 ; 반력
R 지구반지름
s 길이
S 힘 ; 벡터
S 탄성단면계수
t 두께
T 힘 ; 비틂
T 인장 ; 온도
u, v 직각좌표
V 벡터곱 ; 전단력
V 폭 ; 거리 ; 단위길이당 하중
W, W 무게 ; 하중
x, y, z 직각좌표 ; 거리 ; 변위 ; 처짐
$\overline{x}, \overline{y}, \overline{z}$ 도심좌표
α, β, γ 각
α 열팽창계수 ; 영향계수
γ 전단변형 ; 단위중량
δ 변형 ; 변위 ; 신장
ϵ 수직변형
θ 각 ; 처짐각
λ 임의 방향의 단위벡터
μ 마찰계수
ν 포아슨비
ρ 곡률반경 ; 거리 ; 밀도
σ 수직응력
τ 전단응력
ϕ 각 ; 비틂각 ; 저항계수
P_D 사하중 (하중저항계수설계법 : LFRD)
P_L 활하중 (하중저항계수설계법 : LFRD)
P_U 극한하중 (하중저항계수설계법 : LFRD)

1

서 론

1.1 역학이란?

역학(mechanics)은 힘이 가해지는 물체의 정지상태 또는 이동상태를 다루는 과학으로 정의할 수 있다. 역학을 세부분으로 분류하면 **강체역학**, **변형체역학** 및 **유체역학**으로 구별할 수 있다.

강체역학은 정역학(statics)과 동역학(dynamics)으로 분류되며 정역학은 정지되어있는 물체, 동역학은 움직이는 물체를 다룬다. 정역학이나 동역학에서는 모든 물체가 완전한 강체(rigid body)라고 간주한다. 힘이 가해지는 실제 구조물 또는 기계에는 변형이 일어난다. 그러나 대부분 매우 작기 때문에 평형상태 또는 물체의 움직임에 영향을 미치지 않는다. 그러나 이러한 변형은 파괴에 대한 구조물의 저항이라는 관점에서 중요하며 이를 변형체역학인 재료역학에서 논의한다. 역학의 세 번째 부분인 유체역학은 **비압축성 유체** 및 **압축성 유체**에 대한 연구로 나누어진다. 물에 관한 문제를 논의하는 **수리학**은 비압축성 유체 연구의 중요한 부분이다.

역학은 물리현상을 논의하므로 물리학이다. 역학으로부터 수학을 연관시키거나 공학을 생각하는 것은 당연하다. 역학은 대부분의 공학분야에서 기초과목이고 필수적으로 요구된다. 역학은 경험 또는 관찰에만 의존하는 **경험론**이 아니라 연역적 사고에 기초하고 있으므로 수학과 유사하다. 또한 역학은 개념이나 순수과학이 아닌 응용과학이다. 역학의 목적은 물리현상을 설명하고 예측하는 것이므로 공학을 적용하는 발판이 된다.

1.2 강체역학의 기본개념 및 원리

강체역학의 연구는 Aristotle(384－322 B.C.)과 Archimedes(287－212 B.C.)의 시대까지 거슬러 올라가지만 뉴턴이 강체역학의 근본원리에 대한 공식을 제시한 것으로 시작된다. 이 원리는 후에 d'Alembert, Lagrange, Hamilton에 의해 수정되었다. 그러한 공식의 유효성은 Einstein에 의해 **상대성원리**(theory of relativity)가 제기될 때까지 유지되었으며 제한적이기는 하지만 **뉴턴역학**은 현대공학의 토대로 남아있다.

역학에 사용되는 기본개념은 **공간**(space), **시간**(time), **질량**(mass) 및 **힘**(force)이다. 이러한 개념의 실체를 정의하지 못하더라도 직관과 경험에 의해 인정되며 역학의 기본사고틀로 사용된다.

공간의 개념은 점 P의 위치를 의미한다. P의 위치는 **기준점** 또는 원점에서 측정한 세 개의 좌표에 주어진 방향으로의 길이에 의해 정의된다. 이러한 길이를 P의 **좌표**라고 한다.

어떠한 현상을 정의하기 위해서는 공간에서의 위치만으로는 불충분하다.

그 현상의 시간 또한 주어져야 한다.

질량의 개념은 기초적인 역학실험을 바탕으로 물체를 특성화하고 비교하는 데 사용된다. 예를 들면, 동일한 질량의 두 물체는 같은 중력상태에 있게 되며 이동변위에 대해 동일한 저항을 갖게 된다.

힘은 물체와 물체 사이의 작용을 의미한다. 이는 접촉력 또는 중력이나 자력과 같이 원격 작용력일 수 있다. 힘은 두 물체 사이의 직접적인 물리적 접촉이나 또는 원격 작용에 의해 작용된다. 만유인력, 전기력 및 자기력은 원격 작용력이다. 대부분의 다른 힘은 직접 접촉에 의해 작용한다. 힘은 **작용점**(point of application), **크기**(magnitude), **방향**(direction)으로 결정되며 **벡터**(vector)로 표기한다(2.3절).

뉴턴역학에서 공간, 시간, 질량은 서로 독립된 절대적 개념이다. (이러한 사실은 어떠한 현상의 시간이 위치에 좌우되거나 또는 질량이 물체의 속도에 의해 변화하는 **상대역학**에서는 성립하지 않는다.) 반면에 힘은 위의 세 개념으로부터 독립적이지 못하다. 실제로 아래 소개한 뉴턴역학의 기본원리 중 하나에 의하면 물체에 작용하는 힘은 시간에 따라 변화하는 속도 및 질량에 의존적이다.

이 책의 전반부는 입자와 강체의 정지 또는 운동상태의 연구에 위에서 언급한 네 개의 기본개념을 적용한다. **입자**(particle)는 공간에서의 한 점으로 간주할 수 있는 물체를 의미한다. 강체는 상대적으로 고정된 위치에 있는 무수한 입자의 집합이다. 그러므로 강체의 움직임을 파악하기 전에 입자의 움직임을 파악해야 한다.

기초역학은 경험에 근거한 다음 여섯 개의 근본원리에 바탕을 두고 있다.

합력을 구하는 평행사변형법 (Parallelogram law). 한 점에 작용하는 두 힘은 합력 이라 부르는 하나의 힘으로 대체할 수 있으며 이는 주어진 두 힘을 두 변으로 하는 평행사변형의 대각선으로 구할 수 있다(2.2절).

전달성 원리 (Principle of transmissibility). 강체에 작용하는 힘의 크기와 방향은 고정하고 작용점을 작용선의 다른 위치로 변경하여도 평형상태 또는 강체의 운동은 변하지 않는다는 것을 의미한다(3.3절).

뉴턴법칙. 17세기 후반 뉴턴에 의해 정립된 법칙은 다음과 같다.

제1법칙 입자에 작용하는 힘이 0일 때, 그 입자는 정지해 있거나(원래 정지상태인 경우) 등속직선운동을(원래 운동상태인 경우) 한다(2.10절).

제2법칙 입자에 작용하는 힘이 0이 아니면, 그 입자는 합력의 방향으로 합력의 크기에 비례하는 가속도를 갖는다. 이 법칙은 다음 식과 같이 정의된다.

$$\mathbf{F} = m\mathbf{a} \tag{1.1}$$

여기서 $\mathbf{F}$, m, $\mathbf{a}$는 각각 입자에 작용하는 힘, 입자의 질량, 입자의 가속도이다.

제3법칙 접촉하는 두 물체 사이의 작용력과 반작용력은 항상 같은 크기와 작용선을 가지며 반대방향이다(6.1절).

뉴턴의 중력법칙. 질량 M과 m의 두 입자는 크기가 같고 방향이 반대인 $\mathbf{F}$와 $-\mathbf{F}$로 서로를 끌어당기며(그림 1.1) 크기 F는 다음 식과 같다.

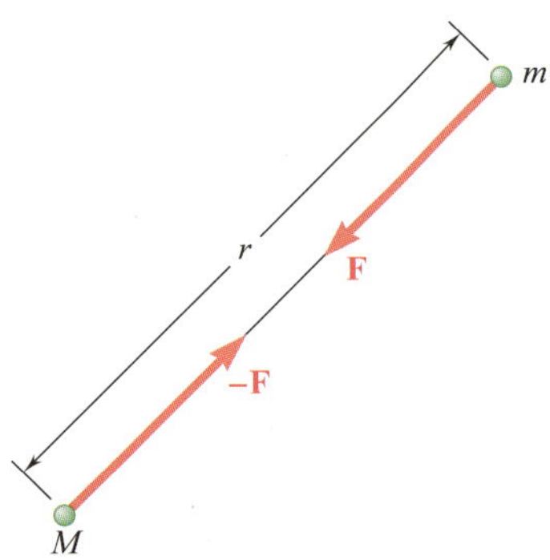

그림 1.1

$$F = G\frac{Mm}{r^2} \tag{1.2}$$

여기서 r = 두 입자 사이의 거리
G = 중력상수

뉴턴의 중력법칙은 원격작용력으로 제3법칙의 적용범위를 확장한다. 그림 1.1의 작용력 $\mathbf{F}$와 반작용력 $-\mathbf{F}$는 크기가 같고 방향이 반대이며 동일한 작용선을 갖는다.

지구 표면에 놓여있는 입자를 지구가 끌어당긴다는 사실은 매우 중요하다. 지구가 입자를 끌어당기는 힘 $\mathbf{F}$를 입자의 무게로 정의한다. 지구와 입자의 질량을 각각 M과 m, 지구반경을 R이라 하고 다음 상수를 도입하면

$$g = \frac{GM}{R^2} \tag{1.3}$$

입자 m의 무게 W는 다음과 같이 정의된다.[1)]

$$W = mg \tag{1.4}$$

식 (1.3)의 R은 고도에 따라 달라지며 또한 지구가 완전한 구면이 아니므로 위도에 따라 달라진다. 그러므로 g 또한 위치에 따라 변하는 값이다. 지구 표면에 위치해 있다면 g를 9.81 m/s^2 또는 32.2 ft/s^{2}으로 간주해도 공학적으로 정확하다.

위에 열거한 원리들은 2장~7장의 강체역학에 적용된다. 2장의 입자정역

사진 1.1 지구궤도에서 사람과 물건은 무중력상태이다.

1) 무게 W의 보다 정확한 정의는 지구의 회전을 고려해야 한다.

학은 평행사변형법과 뉴턴의 제1법칙에 기초한다. 전달성 원리는 강체역학을 시작하는 3장에 적용되며 뉴턴의 제3법칙은 구조물을 구성하는 부재 사이에 서로 작용하는 힘을 해석하는 6장에 적용된다.

기 언급한 바와 같이 여섯 개의 근본원리는 경험적 사실에 기초한다. 뉴턴의 제 1법칙과 전달성 원리를 제외하면, 수학적으로 서로 연관되지 않으며 다른 기초물리학 원리로부터 유도되지 않는다. 뉴턴역학의 대부분 복잡한 구조는 이들 원리에 기초한다. 200년 이상 강체, 변형체 및 유체의 정지 또는 운동상태를 논의하는 수많은 문제들이 이들 근본원리를 적용하여 해결되었다. 대부분의 해법은 실험적으로 검증할 수 있었으므로 이들 원리를 입증한 것이라 할 수 있다. 금세기 들어 상대성이론으로 보완되어야만 하는 원자 및 행성의 운동을 연구하게 되면서 뉴턴역학의 결함이 지적되었으나 빛의 속도에 비해 작은 속도를 다루는 인간적 또는 공학적 관점에서 뉴턴역학은 아직도 유효하다.

1.3 변형체역학 – 기본개념

변형체역학 즉, **재료역학**에서 요구되는 개념은 다양한 기계류 및 하중을 지지하는 구조물의 해석과 설계에 필요하다. 이러한 개념에는 **응력**(stress)과 **변형**(deformation)의 결정이 포함된다.

8장~16장에서는 응력과 이에 상응하는 변형에 대한 해석법을 축하중, 비틈 및 순수휨을 받는 구조부재를 대상으로 소개하였다. 여기에는 부재에 작용하는 힘의 평형상태, 재료의 응력과 변형의 관계 및 지점과 부재하중에 의한 조건 등을 포함하는 기본개념이 요구된다. 이를 바탕으로 정정구조물 및 평형방정식으로는 내력을 구할 수 없는 부정정구조물의 설계를 수행하게 된다.

1.4 단위계

위에서 소개한 기본개념은 소위 **운동역학단위**(kinetic units)인 길이, 시간, 질량 및 힘과 연관되어 있다. 이들 단위는 식 (1.1)을 만족하기 위해서는 독립적으로 선택할 수 없다. 이들 중 세 개의 물리량을 임의로 정의하면 이들은 기본단위가 되고 마지막 물리량의 단위는 식 (1.1)에 맞도록 선택해야 하므로 **유도단위**(derived unit)가 된다. 이와 같이 선정된 운동역학단위를 **일관단위계**(consistent system of units)를 형성하고 있다고 한다.

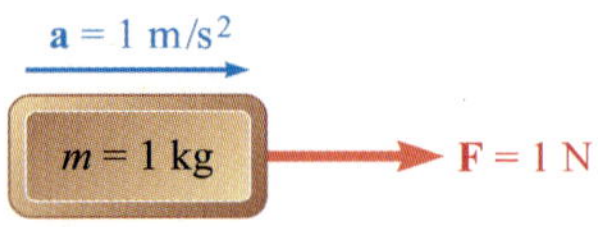

그림 1.2

국제단위계 (SI단위계[2]). 이 단위계의 세 기본단위는 길이, 질량, 시간이며 각각 **미터**(m), **킬로그램**(kg), **초**(s)를 사용하며 임의로 정의되었다. 힘의 단위는 **뉴턴**(N)으로 유도단위이며 질량 1 kg이 1 m/s^2의 가속도를 갖는 힘이다(그림 1.2). 식 (1.1)에서

$$1\ \mathrm{N} = (1\ \mathrm{kg})(1\ \mathrm{m/s^2}) = 1\ \mathrm{kg \cdot m/s^2} \tag{1.5}$$

SI단위계는 세 기본단위가 측정위치에 따라 변하지 않기 때문에 **절대단위계**이다. m, kg, s는 지구의 어떤 곳 또는 다른 행성에서도 사용할 수 있으며 동일한 의미를 갖는다.

물체의 **무게** 또는 물체에 작용하는 **중력**은 다른 힘과 마찬가지로 N 단위를 갖는다. 식 (1.4)로부터 질량 1 kg 물체의 무게는 다음과 같다(그림 1.3).

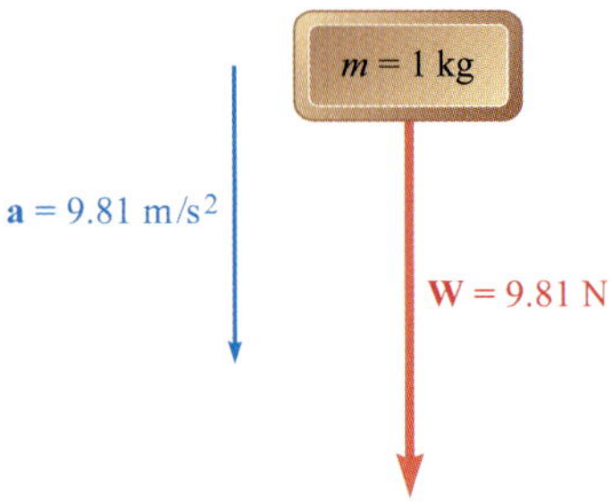

그림 1.3

$$\begin{aligned} W &= mg \\ &= (1\ \mathrm{kg})(9.81\ \mathrm{m/s^2}) \\ &= 9.81\ \mathrm{N} \end{aligned}$$

일반적으로 SI단위계에서 사용하는 접두사는 표 1.1과 같다. 공학에서 자주 사용하는 길이, 질량 및 힘에 사용하는 접두사는 다음과 같다.[3]

$$\begin{aligned} 1\ \mathrm{km} &= 1000\ \mathrm{m} & 1\ \mathrm{mm} &= 0.001\ \mathrm{m} \\ 1\ \mathrm{Mg} &= 1000\ \mathrm{kg} & 1\ \mathrm{g} &= 0.001\ \mathrm{kg} \\ 1\ \mathrm{kN} &= 1000\ \mathrm{N} \end{aligned}$$

표 1.1 SI 접두사

배수		접두사	기호
1 000 000 000 000	$= 10^{12}$	tera	T
1 000 000 000	$= 10^{9}$	giga	G
1 000 000	$= 10^{6}$	mega	M
1 000	$= 10^{3}$	kilo	k
100	$= 10^{2}$	hecto	h
10	$= 10^{1}$	deka	da
0.1	$= 10^{-1}$	deci	d
0.01	$= 10^{-2}$	centi	c
0.001	$= 10^{-3}$	milli	m
0.000 001	$= 10^{-6}$	micro	μ
0.000 000 001	$= 10^{-9}$	nano	n
0.000 000 000 001	$= 10^{-12}$	pico	p
0.000 000 000 000 001	$= 10^{-15}$	femto	f
0.000 000 000 000 000 001	$= 10^{-18}$	atto	a

2) SI는 불어 *Systéme International d'Unités*의 약자다.
3) Mg은 *metric ton* 으로도 씀.

이와 같이 접두사를 사용한 단위와 기본단위 사이의 변환은 소수점을 왼쪽, 오른쪽으로 세 자리 이동하여 구할 수 있다. 예를 들어 3.82 km를 m로 변환하기 위해서는 소수점을 세 자리 오른쪽으로 이동한다.

$$3.82\ \mathrm{km} = 3820\ \mathrm{m}$$

마찬가지로 47.2 mm를 m로 변환하기 위해서는 소수점을 세 자리 왼쪽으로 이동한다.

$$47.2\ \mathrm{mm} = 0.0472\ \mathrm{m}$$

공학적 표기방법을 사용하면 다음과 같다.

$$\begin{aligned} 3.82\ \mathrm{km} &= 3.82 \times 10^{3}\ \mathrm{m} \\ 47.2\ \mathrm{mm} &= 47.2 \times 10^{-3}\ \mathrm{m} \end{aligned}$$

시간단위의 배수는 분과 시간이다. 1분 = 60초, 1시간 = 60분 = 360초이므로 다른 단위와 같이 바로 변환할 수 없다.
주어진 단위에 적절한 접두사를 사용하여 숫자를 간단히 표기할 수 있다. 예를 들면 427200 m는 427.2 km, 0.00216 m는 2.16 mm로 표기한다.

면적 및 체적단위. 면적단위는 변의 길이가 1 m인 정사각형의 면적인 제곱미터(m^2)이고 체적단위는 변의 길이가 1 m인 정육면체의 체적인 세제곱미터(m^3)이다. 너무 크거나 작은 면적과 체적의 수치를 표기하지 않기 위해 m와 mm 외에 두 개의 중간 단위 즉, 데시미터(dm)와 센티미터(cm)를 다음과 같이 사용한다.

$$\begin{aligned} 1\ \mathrm{dm} &= 0.1\ \mathrm{m} = 10^{-1}\ \mathrm{m} \\ 1\ \mathrm{cm} &= 0.01\ \mathrm{m} = 10^{-2}\ \mathrm{m} \\ 1\ \mathrm{mm} &= 0.001\ \mathrm{m} = 10^{-3}\ \mathrm{m} \end{aligned}$$

면적단위는 다음과 같다.

$$\begin{aligned} 1\ \mathrm{dm}^2 &= (1\ \mathrm{dm})^2 = (10^{-1}\ \mathrm{m})^2 = 10^{-2}\ \mathrm{m}^2 \\ 1\ \mathrm{cm}^2 &= (1\ \mathrm{cm})^2 = (10^{-2}\ \mathrm{m})^2 = 10^{-4}\ \mathrm{m}^2 \\ 1\ \mathrm{mm}^2 &= (1\ \mathrm{mm})^2 = (10^{-3}\ \mathrm{m})^2 = 10^{-6}\ \mathrm{m}^2 \end{aligned}$$

체적단위는 다음과 같다.

$$\begin{aligned} 1\ \mathrm{dm}^3 &= (1\ \mathrm{dm})^3 = (10^{-1}\ \mathrm{m})^3 = 10^{-3}\ \mathrm{m}^3 \\ 1\ \mathrm{cm}^3 &= (1\ \mathrm{cm})^3 = (10^{-2}\ \mathrm{m})^3 = 10^{-6}\ \mathrm{m}^3 \\ 1\ \mathrm{mm}^3 &= (1\ \mathrm{mm})^3 = (10^{-3}\ \mathrm{m})^3 = 10^{-9}\ \mathrm{m}^3 \end{aligned}$$

유체의 체적을 계량하는 단위인 데시미터 세제곱(dm^3)은 보통 리터(L)를 사용한다.

힘에 의한 모멘트, 일 등을 표기하기 위한 SI단위는 표 1.2와 같다. 이러한 단위들은 각각 필요한 부분에서 소개될 것이며 다음과 같이 중요한 법칙이 적용된다는 것을 알아야 한다. 기본단위를 사용하여 유도단위가 얻어지는 경우 접두사는 분모가 아닌 분자에 사용하여야 한다. 예를 들면 100 N에 의해 20 mm가 신장된 스프링의 상수 k는 다음과 같이 표기하나

$$k = \frac{100\ \text{N}}{20\ \text{mm}} = \frac{100\ \text{N}}{0.020\ \text{m}} = 5000\ \text{N/m} \quad \text{또는} \quad k = 5\ \text{kN/m}$$

$k = 5\ \text{N/mm}$로 표기하지는 않는다.

표 1.2 역학에서 사용하는 주요 SI 단위

요소	기호	형식
가속도		m/s^2
각	rad	
각 가속도		rad/s^2
각속도		rad/s
면적		m^2
밀도		kg/m^3
에너지	J	N · m
힘	N	$kg \cdot m/s^2$
주파수	Hz	s^{-1}
임펄스		kg · m/s
길이	m	
질량	kg	
힘 모멘트		N · m
Power	W	J/s
압력	Pa	N/m^2
응력	Pa	N/m^2
시간	s	
속도		m/s
부피		
고체		m^3
액체	L	$10^{-3}\ m^3$
일	J	N · m

미국상용단위계. 대부분의 미국 공학자는 길이, 힘, 시간을 기본단위로 하는 체계를 사용하고 있다. 이들 단위는 **피트(ft)**, **파운드(lb)**, **초(s)**이다. 초는 SI단위계와 동일하며 1 ft는 0.3048 m이다. 물체의 무게가 지구의 만유인력에 의존하는 값으로 위치에 따라 달라지므로 이 단위계를 **중력단위계**라 한다.

미국에서 파운드가 질량의 단위로 사용되고 있으나 위에서 정의한 기본단위와 맞지 않기 때문에 그대로 공학계산에 사용할 수 없다. 실제로 중력에

의한 1 lb의 힘은 1 lb가 단위가속도 1 ft/s^{2}가 아닌 가속도 32.2 ft/s^{2}을 갖는 것과 같다(그림 1.4). 식 (1.1)을 만족하는 미국상용단위와 일치하는 단위질량은 1 lb의 힘으로 단위가속도 1 ft/s^{2}을 갖는 질량이다(그림 1.5). 이 단위를 **슬러그**(slug)라 하며 식 $F = ma$로부터 다음과 같이 구한다.

$$F = ma \qquad 1\ \text{lb} = (1\ \text{slug})(1\ \text{ft/s}^2)$$

그러므로

$$1\ \text{slug} = \frac{1\ \text{lb}}{1\ \text{ft/s}^2} = 1\ \text{lb} \cdot \text{s}^2/\text{ft} \tag{1.6}$$

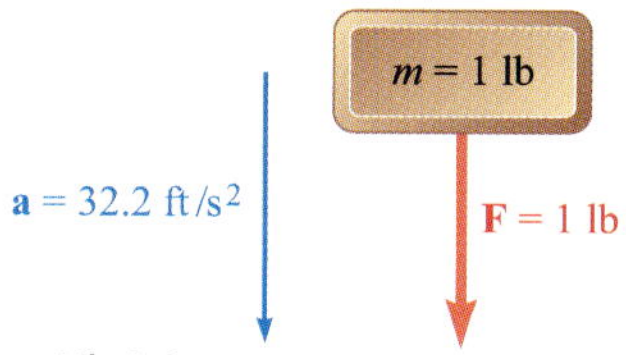

그림 1.4

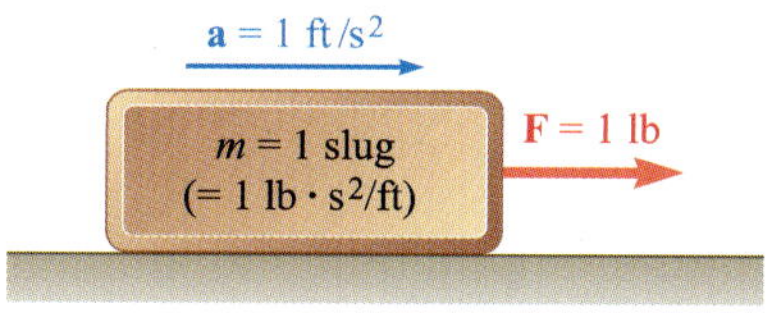

그림 1.5

그림 1.4와 1.5를 비교하면 슬러그는 파운드 질량의 32.2배에 해당하는 질량임을 알 수 있다.

미국상용단위계에서 질량단위인 슬러그보다 무게단위인 파운드를 사용하여 물체를 특정하기 때문에, 질량보다 무게와 힘을 주로 다루는 정역학에서는 편리할 수도 있다. 그러나 힘, 질량, 가속도가 다루어지는 동역학에서는 물체의 무게 W가 파운드로 주어지면 질량 m은 슬러그를 사용한다. 식 (1.4)로부터

$$m = \frac{W}{g} \tag{1.7}$$

여기서 g는 중력가속도 $g = 32.2\ \text{ft/s}^2$이다.

공학에서 자주 사용되는 기타 미국상용단위로는 5280 ft에 해당하는 **마일**(mi), $\frac{1}{12}$ ft에 해당하는 **인치**(in.), 1000 lb에 해당하는 **킬로파운드**(kip)가 있다. 2000 lb의 질량을 **톤**(ton)으로 쓰기도 하지만 파운드와 마찬가지로 공학에서는 슬러그로 환산해야 한다.

ft, lb, s가 아닌 기타 미국상용단위를 환산하는 것은 복잡하므로 SI단위계의 환산보다 주의해야 한다. 예를 들면 30 mi/h의 속력은 다음과 같이 환산한다. 우선

$$v = 30\ \frac{\text{mi}}{\text{h}}$$

에서 마일을 피트로 환산하려면 마일을 분모로 피트를 분자로 하여 그 값이 1이 되는 분수를 곱한다. 같은 방법으로 시간을 초로 환산하면 다음과 같다.

$$v = \left(30\ \frac{\text{mi}}{\text{h}}\right)\left(\frac{5280\ \text{ft}}{1\ \text{mi}}\right)\left(\frac{1\ \text{h}}{3600\ \text{s}}\right)$$

숫자계산과 함께 단위도 숫자와 같이 소거하면 환산이 완료된다.

$$v = 44\ \frac{\text{ft}}{\text{s}} = 44\ \text{ft/s}$$

1.5 단위환산

미국상용단위계에서 SI단위계로 또는 그 역으로 환산하는 경우가 많다. 시간은 두 단위계에서 일치하기 때문에 두 개의 운동역학 기본단위만 환산하면 된다. 다른 단위들이 기본단위로부터 파생된 것이므로 두 개의 환산계수만 기억하면 된다.

길이 단위. 미국상용단위계의 길이는 다음과 같이 정의된다.

$$1\ \text{ft} = 0.3048\ \text{m} \tag{1.8}$$

그러므로

$$1\ \text{mi} = 5280\ \text{ft} = 5280(0.3048\ \text{m}) = 1609\ \text{m}$$

또는

$$1\ \text{mi} = 1.609\ \text{km} \tag{1.9}$$

또한

$$1\ \text{in.} = \frac{1}{12}\ \text{ft} = \frac{1}{12}(0.3048\ \text{m}) = 0.0254\ \text{m}$$

또는

$$1\ \text{in.} = 25.4\ \text{mm} \tag{1.10}$$

힘의 단위. 미국상용단위계에서 1 lb의 힘은 질량 0.4536 kg의 무게를 의미한다. 식 (1.4)에서

$$W = mg$$

$$1\ \text{lb} = (0.4536\ \text{kg})(9.807\ \text{m/s}^2) = 4.448\ \text{kg}\cdot\text{m/s}^2$$

또는 식 (1.5)에서

$$1\ \text{lb} = 4.448\ \text{N} \tag{1.11}$$

질량의 단위. 미국상용단위계의 질량 슬러그는 유도단위이다. 식 (1.6), (1.8), (1.11)로부터

$$1\ \text{slug} = 1\ \text{lb}\cdot\text{s}^2/\text{ft} = \frac{1\ \text{lb}}{1\ \text{ft/s}^2} = \frac{4.448\ \text{N}}{0.3048\ \text{m/s}^2} = 14.59\ \text{N}\cdot\text{s}^2/\text{m}$$

또는 식 (1.5)에서

$$1\ \text{slug} = 1\ \text{lb}\cdot\text{s}^2/\text{ft} = 14.59\ \text{kg} \tag{1.12}$$

일치하는 단위는 아니지만 1 lb의 질량은

$$1 \text{ pound mass} = 0.4536 \text{ kg} \tag{1.13}$$

이 상수가 SI단위계의 **질량**과 미국상용단위계의 **무게**를 변환하는데 사용된다.

미국상용단위계에서 유도단위를 SI단위로 환산하기 위해서는 적절한 환산계수를 곱하거나 나누어 주면 된다. 예를 들어 $M = 47\text{ lb}\cdot\text{in.}$의 모멘트를 SI단위로 환산하려면 식 (1.10), (1.11)을 사용하여

표 1.3 미국상용단위와 SI단위의 환산계수

	미국상용단위	SI 단위
가속도	ft/s^2	0.3048 m/s^2
	in./s^2	0.0254 m/s^2
면적	ft^2	0.0929 m^2
	in^2	645.2 mm^2
에너지	ft ·lb	1.356 J
힘(Force)	kip	4.448 kN
	lb	4.448 N
	oz	0.2780 N
임펄스	lb · s	4.448 N · s
길이	ft	0.3048 m
	in.	25.40 mm
	mi	1.609 km
질량	oz mass	28.35 g
	lb mass	0.4536 kg
	slug	14.59 kg
	ton	907.2 kg
힘의 모멘트	lb · ft	1.356 N · m
	lb · in.	0.1130 N · m
관성 모멘트		
면적	in^4	0.4162×10^6 mm^4
질량	lb · ft · s^2	1.356 kg · m^2
모멘텀	lb · s	4.448 kg · m/s
힘(Power)	ft · lb/s	1.356 W
	hp	745.7 W
압력(Press or stress)	lb/ft^2	47.88 Pa
	lb/in^2 (psi)	6.895 kPa
가속도	ft/s	0.3048 m/s
	in./s	0.0254 m/s
	mi/h (mph)	0.4470 m/s
	mi/h (mph)	1.609 km/h
부피	ft^3	0.02832 m^3
	in^3	16.39 cm^3
액체	gal	3.785 L
	qt	0.9464 L
일	ft · lb	1.356 J

$$M = 47\ \text{lb} \cdot \text{in.} = 47(4.448\ \text{N})(25.4\ \text{mm})$$

$$= 5310\ \text{N} \cdot \text{mm} = 5.31\ \text{N} \cdot \text{m}$$

주어진 환산계수를 사용하여 SI단위계의 계산결과를 미국상용단위계로 환산할 수 있다. 예를 들면 $M = 40\ \text{N} \cdot \text{m}$의 모멘트는 1.4절의 설명과 같이

$$M = 40\ \text{N} \cdot \text{m} = (40\ \text{N} \cdot \text{m})\left(\frac{1\ \text{lb}}{4.448\ \text{N}}\right)\left(\frac{1\ \text{ft}}{0.3048\ \text{m}}\right)$$

숫자계산과 단위소거를 하면

$$M = 29.5\ \text{lb} \cdot \text{ft}$$

역학에서 자주 사용되는 미국상용단위와 SI단위의 환산계수를 표 1.3에 제시하였다.

1.6 문제해결방법

역학문제의 접근방법은 공학실무와 같다. 경험과 직관을 이용하여 문제를 이해하고 설정한다. 그러나 문제가 확실하게 파악이 되었다 해도 개인적인 상상력으로 해결할 수는 없으며 정역학의 근본원리와 이 과정에서 배우는 개념에 의해 해결방법을 찾아야 한다. 이는 모든 단계마다 필요하다. 직관이나 감각을 배제한, 거의 자동적인 과정을 거쳐 해결방법에 도달하여야 한다. 해결방법이 구해지면 검토가 요구된다. 여기에서 다시 상식과 개인적인 경험에 의존할 수 있다. 결과가 흡족하지 못하다면 문제의 설정, 해결방법의 유효성 및 계산의 정확성을 주의 깊게 검토하여야 한다.

문제의 **설정**은 명확하고 정밀해야 한다. 주어진 자료와 요구되는 정보를 제시하여야 한다. 모든 수량이 포함된 도면이 제시되어야 한다. 문제에 포함된 모든 물체와 이들 물체에 작용하는 힘을 표시한 그림이 작성되어야 한다. 이 그림을 **자유물체도**(free body diagram)라 하며 2.11절, 4.2절에 자세히 논의되어 있다.

1.2절에 소개한 역학의 **근본원리**를 적용하여 물체의 정지 또는 운동상태를 나타내는 **방정식**을 구성하며 각 방정식은 자유물체도와 연계되어 있어야 한다. 이제 문제는 보편적인 계산과정에 따라 해결된다.

답이 구해지면 주의 깊은 검토가 요구된다. 추론의 오류는 단위를 검토하면 찾을 수 있다. 예를 들어 50 N의 힘이 작용선에서 0.6 m 떨어진 점에 대해 갖는 모멘트는

$$M = Fd = (50\ \text{N})(0.60\ \text{m}) = 30\ \text{N} \cdot \text{m}$$

N과 m을 곱하여 얻어지는 N · m단위는 힘에 의한 모멘트 단위로 정확하다. 만약 다른 단위가 구해졌다면 오류가 있다는 것을 알 수가 있다.

계산상 오류는 보통 구해진 수치를 사용하지 않은 식에 대입하여 만족여부를 검토하면 찾아낼 수 있다. 정확한 계산의 중요성은 공학에서 아무리 강조해도 지나치지 않는다.

1.7 수치 정확도

문제에 대한 답의 정확도는 (1) 주어진 자료의 정확도와 (2) 수행된 계산의 정확도에 의해 좌우된다.

두 사항의 정확도 중 낮은 정확도보다 답이 더 정확할 수는 없다. 예를 들면 오차 100 lb의 교량하중 75000 lb의 경우 주어진 자료의 정확도를 나타내는 상대오차는 다음과 같다.

$$\frac{100\ \text{lb}}{75000\ \text{lb}} = 0.0013 = 0.13\ \text{percent}$$

교량지점의 반력을 계산하여 14,322 lb로 제시하는 것은 의미가 없다. 답의 상대오차는 계산이 아무리 정확하더라도 0.13%보다 작을 수 없으며 답의 오차는 (0.13/100) (14,322 lb) $\approx$ 20 lb보다 크게 된다. 적절하게 답을 제시한다면 다음과 같이 14,320±20 lb가 된다.

공학문제에서 0.2%오차보다 정확한 자료는 거의 없다. 그러므로 그러한 문제의 답이 0.2%오차보다 정확도가 높을 수 없다. 실무에서 첫째자리 수가 1이면 4자리 수를 사용하고 그렇지 않으면 3자리 수를 사용한다. 다른 언급이 없다면 문제에 주어진 자료는 정확도가 같다고 간주한다. 예를 들면 힘 40 lb는 40.0 lb, 15 lb는 15.00 lb로 간주한다.

공학실무자나 공학도에게 포켓용 계산기는 널리 쓰인다. 이들 계산기의 신속성과 정확성은 문제해결과정의 수치계산에 소요되는 시간을 단축시킨다. 그러나 학생들은 빠르게 계산된다는 것 때문에 유효숫자의 중요성을 간과하기 쉽다. 위에서 언급한 바와 같이 공학실무에서 0.2%오차보다 높은 정확도는 불필요하고 의미가 없다.

2

입자 정역학

2.1 개요

2장에서는 **입자**(particle)에 작용하는 힘의 효과에 대해 논의한다. 먼저 하나의 주어진 입자에 작용하는 2개 또는 그 이상 힘들을 동일한 효과를 나타내는 하나의 힘으로 대체하는 방법을 배운다. 이 하나의 등가력을 입자에 작용하는 원래 힘들의 **합력**(resultant force)이라 한다. 다음으로 하나의 입자에 작용하는 여러 힘들 간에 존재하는 **평형상태**(state of equilibrium)에 대해 논의하여 입자에 작용하는 미지력을 결정하기 위해 사용한다.

"입자" 라는 용어를 사용하는 것이 이 논의를 작은 물체에 국한한다는 것을 의미하지는 않는다. 즉, 물체의 크기와 형상이 2장에서 취급하는 문제 해결에 영향을 주지 않으며 주어진 물체에 작용하는 모든 힘이 동일한 점에 작용한다는 것을 의미한다. 이러한 가정의 당위성은 여러 실적용에서 입증되었으므로 많은 공학 문제를 2장에서 소개하는 방법으로 해결할 수 있다.

2장의 전반부는 하나의 평면에 작용하는 힘들에 대한, 후반부는 3차원 공간에 작용하는 힘들에 대한 해석방법으로 구성되어 있다.

2.2 입자에 작용하는 힘, 두 힘의 합력

하나의 물체가 다른 물체에 작용하는 것을 표기하는 힘을 일반적으로 **작용점**, **크기** 및 **방향**으로 특정한다. 하나의 입자에 작용하는 힘은 동일한 작용점을 갖게 되므로 2장에서 고려하는 모든 힘은 크기와 방향으로 정의할 수 있다.

힘의 크기는 특정한 단위의 숫자로 표기할 수 있다. 1장에서 소개한 바와 같이 SI 단위로는 N과 kN (1000N)을 사용하고 미국상용단위로는 lb와 kip (1000 lb)를 사용한다. 힘의 방향은 **작용선**(line of action)과 **방향**(sense)으로 정의된다. 작용선은 힘이 작용하는 방향의 무한직선으로 기준축과 형성하는 각으로 특정한다(그림 2.1). 힘 자체는 선분으로 표기되며 적정한 스케일을 사용하면 선분의 길이로 힘의 크기를 나타낼 수 있다. 마지막으로 힘의 방향은 화살촉으로 표시한다. 힘의 방향을 표시하는 것은 중요하다. 그림

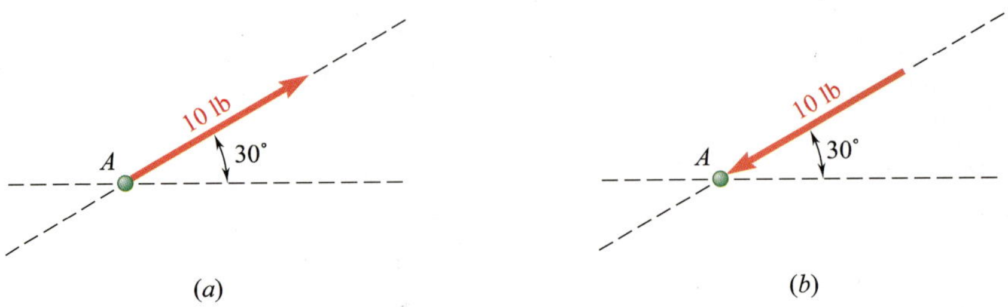

그림 2.1

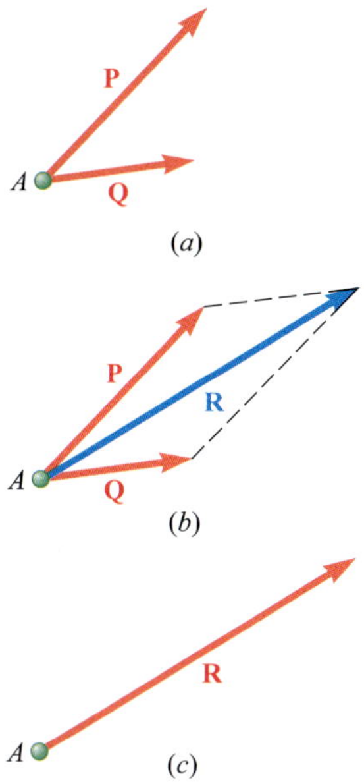

그림 2.2

2.1a, b와 같이 두 힘이 크기가 같고 작용선이 동일하나 방향이 다르면 입자에 미치는 효과는 정반대가 된다.

실험결과에 의하면 그림 2.2a와 같이 입자 *A*에 작용하는 두 힘 **P**와 **Q**는 동일한 효과를 입자에 미치는 하나의 힘 **R**로 대체할 수 있다(그림 2.2c). 이 힘을 힘 **P**와 **Q**의 **합력**이라 하며 그림 2.2b와 같이 **P**와 **Q**를 두 변으로 하는 평행사변형으로 구할 수 있다. *A*에서의 대각선이 합력을 나타낸다. 이와 같이 합력을 구하는 방법을 두 힘의 합을 구하는 **평행사변형법**이라 한다. 이 법칙은 경험적으로 입증된 것으로 수학적으로 증명하거나 유도할 수 없다.

2.3 벡터

위에서 살펴본 바와 같이 힘은 보통 산수 또는 대수에서 정의하는 합의 법칙에 따르지 않는다. 예를 들면 직각으로 작용하는 두 힘 4 lb와 3 lb는 7 lb가 아닌 5 lb가 된다. 평행사변형법을 따르는 것은 힘뿐만이 아니다. 나중에 소개되는 **변위**(displacement), **속도**(velocity), **가속도**(acceleration) 및 **모멘텀**(momentum) 등이 평행사변형법에 따르는 물리량의 다른 예다. 이러한 물리량을 벡터로 표기하는 반면 방향을 갖지 않고 크기만 갖는 **체적**(volume), **질량**(mass) 또는 **에너지**(energy)와 같은 다른 물리량은 단순한 숫자 또는 **스칼라**(scalar)로 표기한다.

벡터는 **평행사변형법에 의해 합을 구하는 크기와 방향을 갖는 수학적 표현으로** 정의된다. 벡터는 그림과 같이 화살로 표시되며 이 교재에서는 볼드체를 (**P**) 사용하여 스칼라와 구별한다. 일반적으로 문자위에 작은 화살을 붙이거나($\vec{P}$) 밑줄을 첨가하여 ($\underline{P}$) 벡터를 표기한다. 밑줄로 표기하는 방법은 전산에서도 사용하기 때문에 이 방법이 선호된다. 벡터의 크기는 벡터를 표시하는 화살길이로 정의할 수 있다. 이 교재에서는 벡터의 크기를 표기하는데 이탤릭문자를 사용한다. 그러므로 벡터 **P**의 크기는 *P*로 표기한다.

주어진 입자에 작용하는 힘을 표기하는 벡터는 정해진 작용점 즉, 입자 자신을 갖고 있다. 그러한 벡터를 **고정벡터**(fixed vector)라 하며 문제의 조건이 바뀌지 않는 한 이동하지 못한다. 그러나 **짝힘**(couple, 3장)과 같은 물리량은 공간상에서 자유롭게 이동할 수 있는 벡터이므로 이러한 벡터를 **자유벡터**(free vector)라 한다. 강체에 작용하는 힘(3장)과 같은 물리량은 작용선을 따라 이동할 수 있는 벡터이므로 이들을 **이동벡터**(sliding vector)라 한다.[1)]

1) 크기와 방향이 주어진 표기방법이지만, 평행사변형법칙에 따라 합하지 않는 경우가 있다. 이러한 표기방법은 벡터와 같이 화살을 사용하는 경우라도 벡터로 간주할 수 없다. 강체의 회전을 표기하는 방법이 이러한 경우다. (계속)

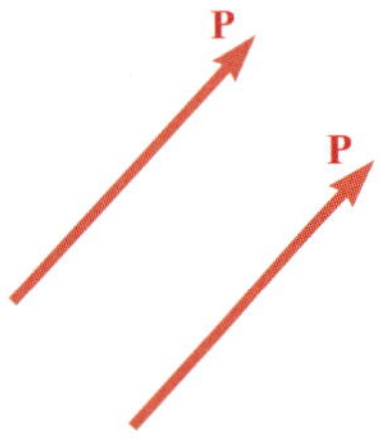

그림 2.4

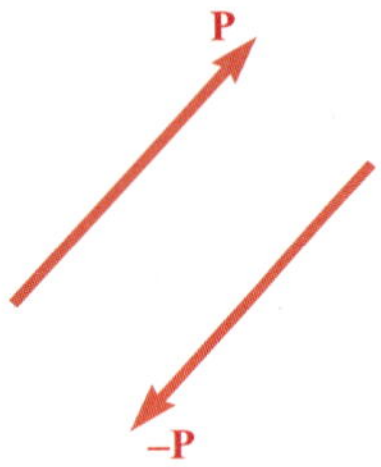

그림 2.5

두 벡터가 같은 크기와 방향을 갖는다면 **동일**하다고 한다. 동일한 두 벡터는 같은 작용선을 갖지 않을 수 있다(그림 2.4). 동일한 벡터는 같은 문자로 표기한다.

벡터 **P** 의 음의 벡터는 **P** 와 같은 크기를 갖고 **P** 의 방향과 반대방향을 갖는 벡터로 정의된다(그림 2.5). **P** 의 음의 벡터는 $-\mathbf{P}$ 로 표기한다.

$$\mathbf{P} + (-\mathbf{P}) = 0$$

2.4 벡터의 합

2.2, 2.3절에서 설명한 바와 같이 벡터는 평행사변형법에 따라 합을 구한다. 두 벡터 **P** 와 **Q** 의 합은 두 벡터의 시점을 같은 점 A 에 놓고, 이 **P** 와 **Q** 가 두 변이 되도록 평행사변형을 작도한다(그림 2.6). 평행사변형의 꼭지점 A 와 맞은편 꼭지점을 잇는 대각선이 **P** 와 **Q** 의 합을 나타내며 $\mathbf{P}+\mathbf{Q}$ 로 표기한다. 벡터의 합과 스칼라의 합에서 +부호를 사용하는 것은 벡터량과 스칼라량을 구분한다면 혼동하지 않는다. 그러므로 일반적으로 $\mathbf{P}+\mathbf{Q}$ 의 크기는

그림 2.3(a)는 책상 위에 놓인 책을 세로축을 중심으로 180° 회전시키는 것을 180°를 길이로 하는 화살로 표기한 것이다. 이 상태의 책을 다시 그림 2.3(b)와 같이 가로축을 중심으로 180° 회전시킨다. 이 결과 책의 상태는 또한 그림 2.3(c)와 같이 원 위치의 책을 수직축을 중심으로 180° 회전하여도 동일한 결과가 된다. 이러한 상황은 그림 2.3(d)의 좌표축에 도시한 바와 같이, x축과 z축의 180° 회전을 합한 것이 y축의 180° 회전과 같다는 것이 되므로, 강체의 회전은 평행사변형법칙을 따르지 않으며 이들을 벡터로 간주할 수 없다는 것이다.

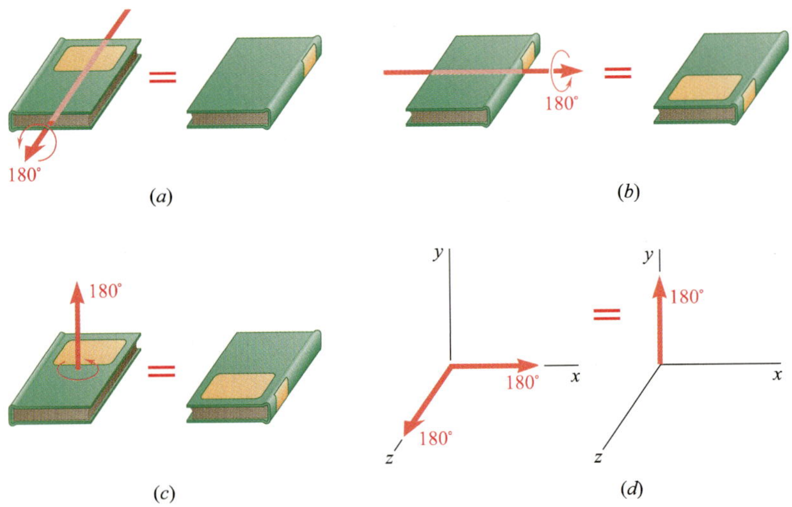

그림 2.3 강체의 회전

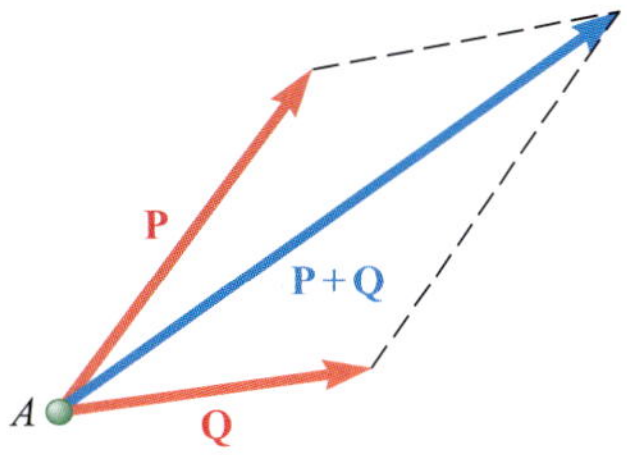

그림 2.6

P와 Q의 크기의 합 $P+Q$와는 다르다는 것을 주의해야 한다.

벡터 P와 Q에 의한 평행사변형은 P와 Q의 순서에 무관하므로 두 벡터를 합하는 경우 **교환법칙**이 성립한다.

$$\mathbf{P} + \mathbf{Q} = \mathbf{Q} + \mathbf{P} \tag{2.1}$$

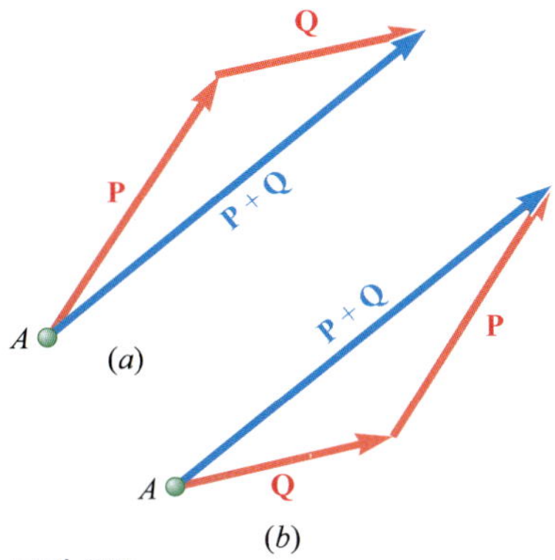

그림 2.7

평행사변형법으로부터 두 벡터의 합을 구하는 다른 방법을 구할 수 있다. **삼각형법**(triangle rule)이라고 하는 이 방법은 다음과 같이 유도된다. 평행사변형법으로 합력을 구한 그림 2.6에서 Q의 대변은 Q와 크기 및 방향이 같으므로 평행사변형의 반쪽만 그려서 구할 수가 있다(그림 2.7a). 그러므로 벡터의 합은 P와 Q를 **시종점 연결법**에 의해 배치, P의 종점과 Q의 시점을 연결하여 구한다. 그림 2.7b는 평행사변형의 반대편을 이용한 것으로 동일한 결과가 나온다. 이로부터 벡터의 합은 교환법칙이 성립한다는 것을 확인할 수 있다.

벡터 P와 Q의 차를 표시하는 벡터의 차는 해당하는 음의 벡터를 합하는 것으로 정의한다. 그러므로 P−Q는 P에 음의 벡터 −Q를 합하여 구한다(그림 2.8).

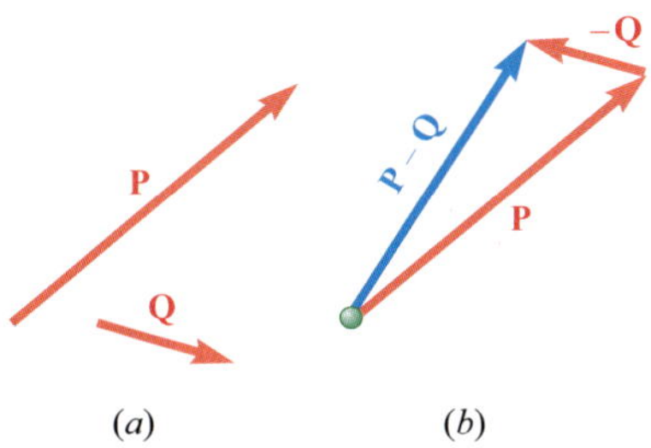

그림 2.8

$$\mathbf{P} - \mathbf{Q} = \mathbf{P} + (-\mathbf{Q}) \tag{2.2}$$

여기서 다시 벡터와 스칼라의 차에 동일한 부호가 사용되므로 벡터량과 스칼라량을 구별하는데 주의하여야 한다.

세 개 이상 벡터의 합은 다음과 같다. 세 벡터 P, Q 및 S의 합은 먼저 P + Q를 구한 다음 S를 P + Q에 합하여 구한다.

$$\mathbf{P} + \mathbf{Q} + \mathbf{S} = (\mathbf{P} + \mathbf{Q}) + \mathbf{S} \tag{2.3}$$

마찬가지로 네 개 벡터의 합은 네 번째 벡터를 세 개 벡터의 합에 합하여 구한다. 따라서 여러 벡터의 합은 평행사변형법을 두 개의 벡터에 반복적으로 적용하여 모든 주어진 벡터가 하나의 벡터로 대체될 때까지 수행하여 구할 수 있다.

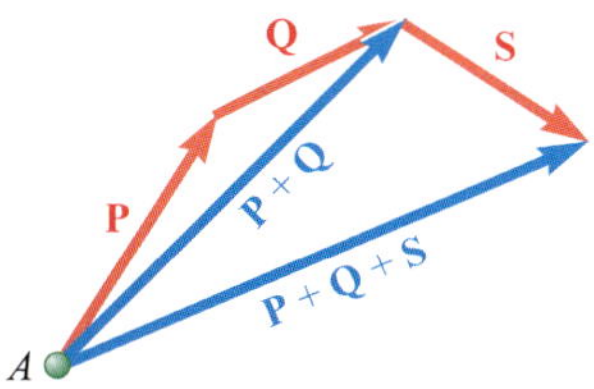

그림 2.9

주어진 벡터가 **동일한 평면** 위에 있다면 그 합은 도해법을 이용하여 쉽게 구할 수 있다. 이 경우 삼각형법의 반복적용이 평행사변형법의 적용보다 용이하다. 그림 2.9는 벡터 P, Q및 S의 합을 이와 같이 구한 것이다. 먼저 벡터 P와 Q의 합 P + Q를 구하기 위해 삼각형법을 적용하고, 벡터 P + Q와 S의 합을 구하기 위해 다시 적용한다. 벡터 P + Q를 결정하는 것은 생략할 수 있으므로 그림 2.10과 같이 세 벡터의 합은 주어진 벡터를 **시종점 연결법**에 의해 배열하고 처음 벡터의 시점과 마지막 벡터의 종점을 연결하면 바로 구해진다. 이러한 방법을 벡터 합을 구하는 **다각형법**(polygon

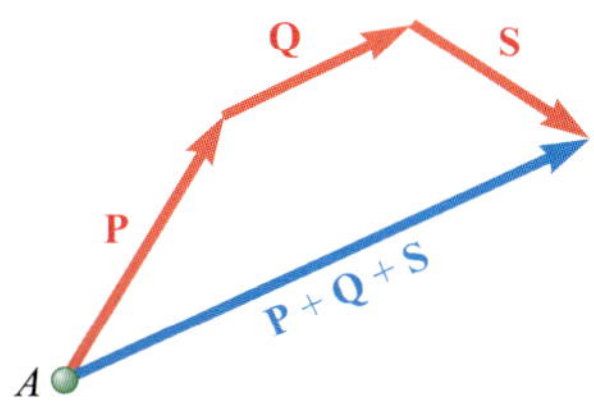

그림 2.10

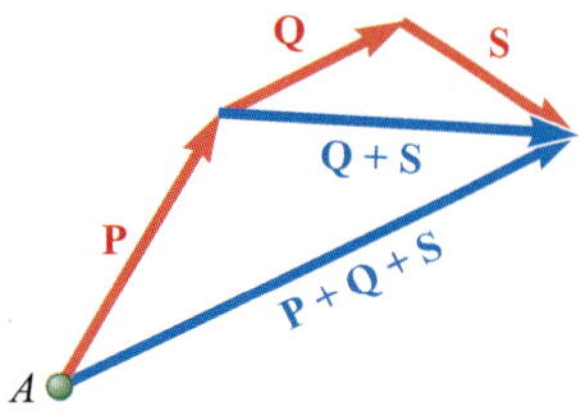

그림 2.11

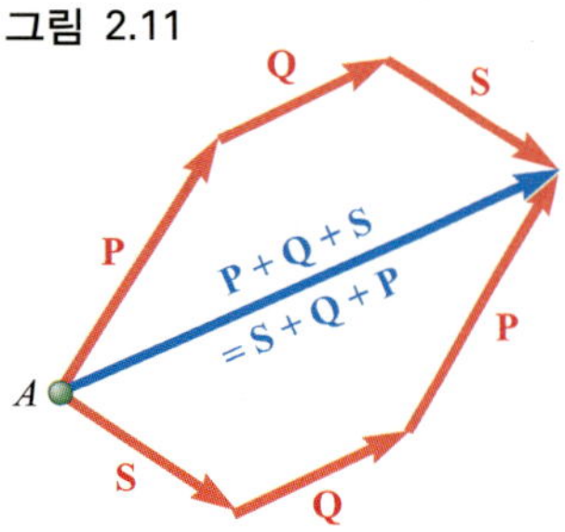

그림 2.12

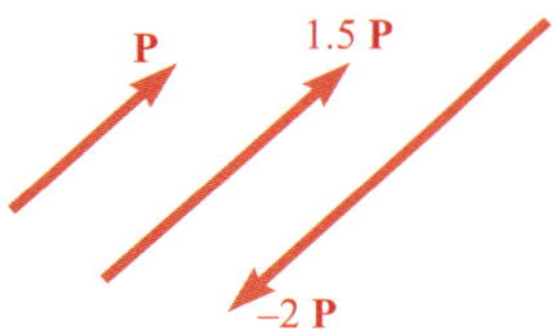

그림 2.13

rule)이라 한다.

그림 2.11과 같이 벡터 **Q**, **S**를 벡터 **Q** + **S**로 바꾸어도 결과가 변하지 않는다는 것을 알 수 있으므로 다음과 같은 관계가 성립한다.

$$\mathbf{P} + \mathbf{Q} + \mathbf{S} = (\mathbf{P} + \mathbf{Q}) + \mathbf{S} = \mathbf{P} + (\mathbf{Q} + \mathbf{S}) \tag{2.4}$$

이로부터 **결합법칙**이 성립함을 알 수 있다. 또한 두 벡터의 교환법칙에 따라 다음과 같이 쓸 수 있으므로 여러 벡터를 합하는 경우 순서는 무관하다는 것을 알 수 있다(그림 2.12).

$$\begin{aligned} \mathbf{P} + \mathbf{Q} + \mathbf{S} &= (\mathbf{P} + \mathbf{Q}) + \mathbf{S} = \mathbf{S} + (\mathbf{P} + \mathbf{Q}) \\ &= \mathbf{S} + (\mathbf{Q} + \mathbf{P}) = \mathbf{S} + \mathbf{Q} + \mathbf{P} \end{aligned} \tag{2.5}$$

스칼라와 벡터의 곱. **P** + **P**를 2**P**, **P** + **P** + **P**는 3**P**와 같이 3개의 동일벡터의 합은 3**P**로 표기하는 것이 편리하다. 그러므로 양의 정수 n과 벡터 **P**의 곱은 벡터 **P**와 방향이 같고 크기가 nP인 벡터로 정의한다. 이를 모든 스칼라를 포함하는 것으로 확장하고 2.3절에서 소개한 음의 벡터를 고려하면, 스칼라 k와 벡터 **P**의 곱은 k가 양이면 **P**와 동일한 방향, k가 음이면 **P**와 반대 방향이고 크기는 **P**와 절대값 k의 곱이 된다(그림 2.13).

2.5 절점력의 합력

입자 A에 동일평면 위에 놓여 있는 몇 개의 힘이 작용한다면(그림 2.14a), 이들 힘들은 **절점력**(concurrent force)이라 하고 다각형법에 의해 합을 구할 수 있다(그림 2.14b). 다각형법은 평행사변형법의 반복적용이므로 벡터 **R**은 주어진 절점력들의 합이다. 즉, 주어진 힘들과 동일한 효과를 입자에 미치는 하나의 힘이다. 2.4절에서 설명한 바와 같이 주어진 힘인 벡터 **P**, **Q**, **S**를 합하는 순서는 무관하다.

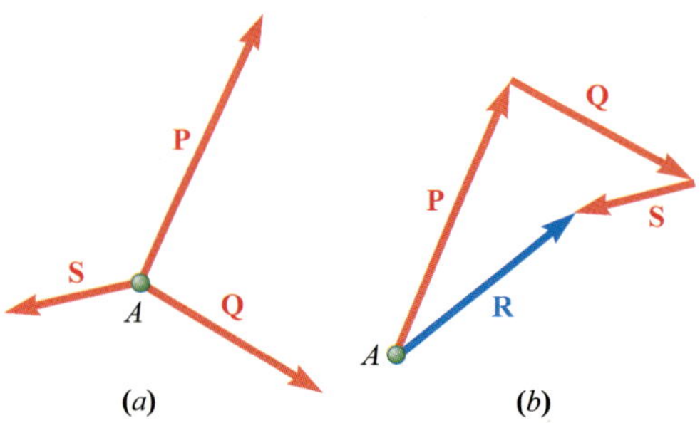

그림 2.14

2.6 분력

입자에 작용하는 두 개 또는 그 이상의 힘들을 동등한 효과를 갖는 하나의 힘으로 대체할 수 있다는 것을 알았다. 역으로 입자에 작용하는 하나의 힘 **F**를 동등한 효과를 갖는 두 개 또는 그 이상의 힘들로 대체할 수 있다. 이러한 힘들을 힘 **F**의 분력(component force)이라고 하며, 이러한 대체를 힘 **F**를 분력으로 분해하는 과정이라고 한다.

힘 **F**에 대한 분력 조합은 분명 무수히 많지만 실제 적용 시에는 두 분력 **P**와 **Q**의 조합이 가장 중요하다. 또한 주어진 힘 **F**를 두 개의 분력으로 분해하는 방법도 무수히 많지만(그림 2.15) 아래 두 경우가 대표적이다.

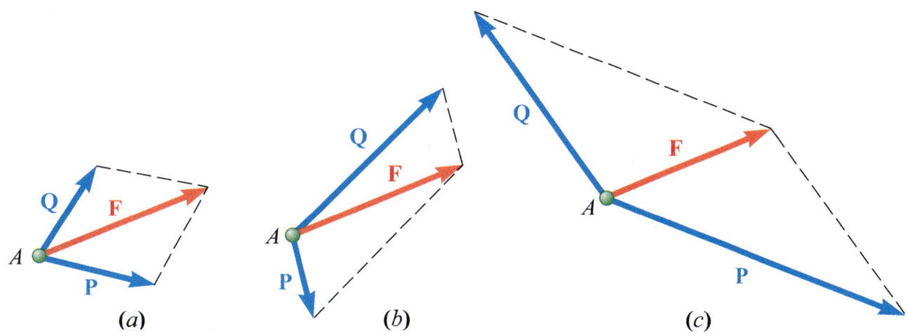

그림 2.15

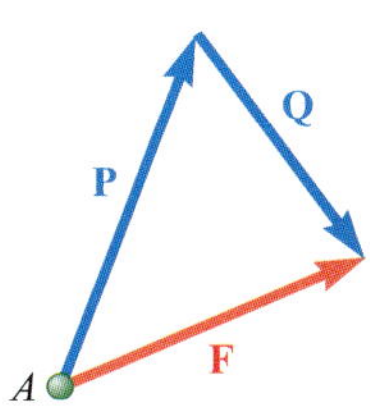

그림 2.16

1. **두 분력 중 P가 주어진 경우** 다른 분력 **Q**는 삼각형법을 적용, **P**의 종점과 **F**의 종점을 연결하여 구한다(그림 2.16). 크기와 방향은 도해법 또는 삼각함수를 이용하여 구한다. **Q**가 결정되면 분력 **P**와 **Q**를 A에 작용하는 것으로 표시한다.

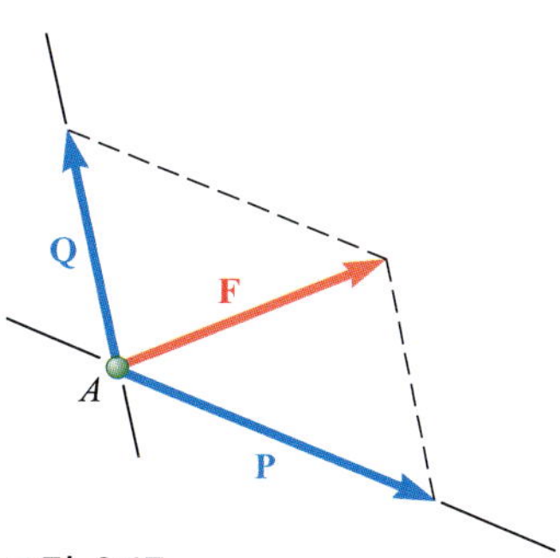

그림 2.17

2. **두 분력의 작용선이 주어진 경우** **F**의 종점에서 평행사변형법을 적용, 주어진 작용선에 평행선을 작도하여 분력의 크기와 방향을 구한다(그림 2.17). 도해법 또는 삼각함수(싸인법칙)를 적용하여 **P**, **Q**를 구한다.

다른 경우가 있을 수 있다 : 예를 들면 한 분력의 방향을 주고 다른 분력의 크기는 가능한 작게 하는 것이다(문제 2.2). 어떠한 경우라도 주어진 조건을 만족하는 적절한 삼각형 또는 평행사변형을 이용한다.

문제 2.1

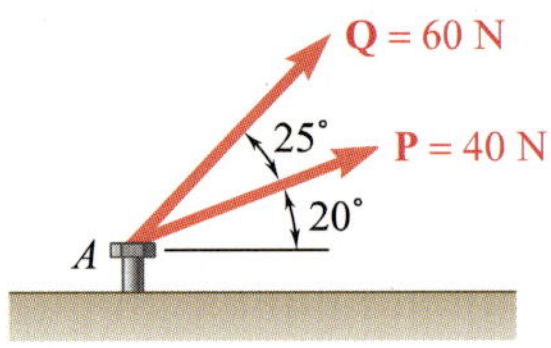

볼트 A에 작용하는 두 힘 $\mathbf{P}$, $\mathbf{Q}$의 합력을 구하시오.

풀이.

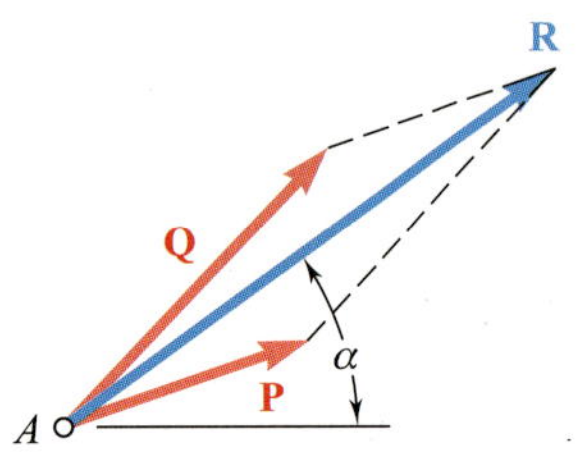

도해법. $\mathbf{P}$와 $\mathbf{Q}$를 변으로 하는 평행사변형을 스케일에 맞도록 작도하고 합력의 크기와 방향을 측정한다.

$$R = 98\text{ N} \qquad \alpha = 35^\circ \qquad \mathbf{R} = 98\text{ N} \measuredangle 35^\circ$$

삼각형법을 적용할 수 있다. 힘 $\mathbf{P}$, $\mathbf{Q}$를 시종점 연결법으로 작도하고 합력의 크기와 방향을 측정한다.

$$R = 98\text{ N} \qquad \alpha = 35^\circ \qquad \mathbf{R} = 98\text{ N} \measuredangle 35^\circ$$

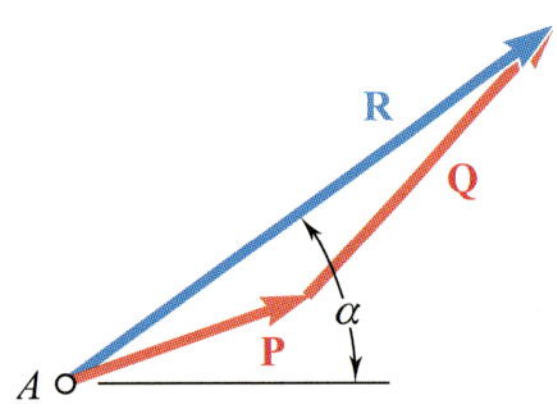

삼각함수 해법. 삼각형법에 의해 표기하면 두 변과 사잇각은 알고 있으므로 코싸인법칙을 적용한다.

$$R^2 = P^2 + Q^2 - 2PQ\cos B$$
$$R^2 = (40\text{ N})^2 + (60\text{ N})^2 - 2(40\text{ N})(60\text{ N})\cos 155^\circ$$
$$R = 97.73\text{ N}$$

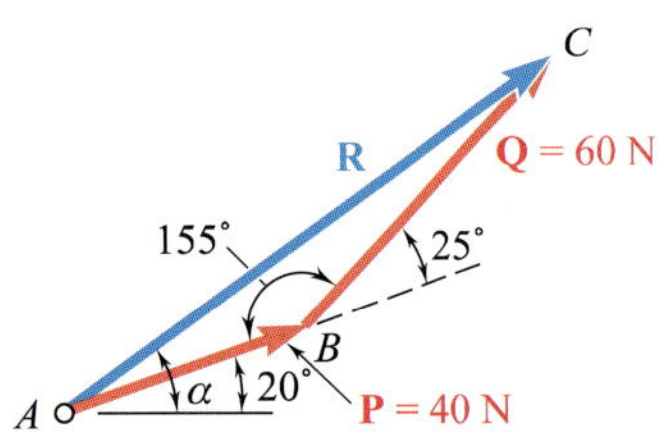

싸인법칙을 적용하여 식을 쓰면

$$\frac{\sin A}{Q} = \frac{\sin B}{R} \qquad \frac{\sin A}{60\text{ N}} = \frac{\sin 155^\circ}{97.73\text{ N}} \tag{1}$$

(1)식에서

$$\sin A = \frac{(60\text{ N})\sin 155^\circ}{97.73\text{ N}}$$

이로부터

$$A = 15.04^\circ \qquad \alpha = 20^\circ + A = 35.04^\circ$$

유효숫자는 3자리를 사용한다(1.7절 참조).

$$\mathbf{R} = 97.7\text{ N} \measuredangle 35.0^\circ$$

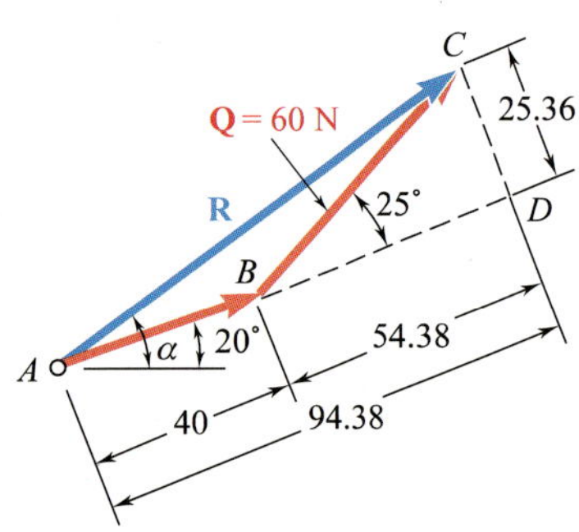

다른 삼각함수 해법. 직각 BCD에서

$$CD = (60\text{ N})\sin 25^\circ = 25.36\text{ N}$$
$$BD = (60\text{ N})\cos 25^\circ = 54.38\text{ N}$$

삼각형 ACD로부터

$$\tan A = \frac{25.36\text{ N}}{94.38\text{ N}} \qquad A = 15.04^\circ$$

$$R = \frac{25.36\text{ N}}{\sin A} \qquad R = 97.73\text{ N}$$

그러므로 $\alpha = 20^\circ + A = 35.04^\circ$ $\qquad \mathbf{R} = 97.7\text{ N} \measuredangle 35.0^\circ$

문제 2.2

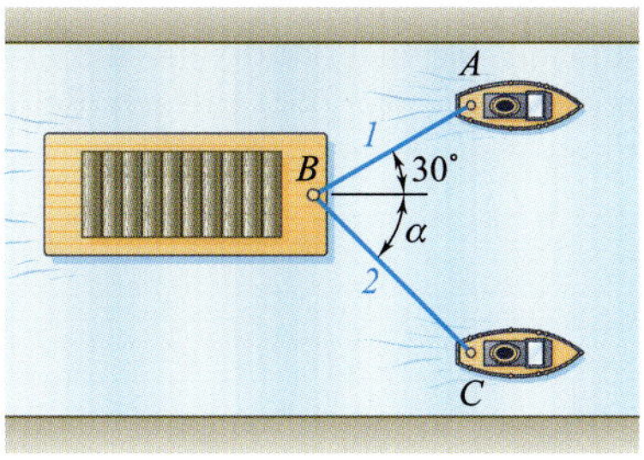

두 예인선이 바지선을 끌고 있다. 예인선에 의한 합력의 방향이 바지선의 축 방향이고 크기가 5000 lb이다.

(a) $\alpha = 45^\circ$ 인 경우 각 로프의 인장력, (b) 로프 2의 인장력이 최소가 되는 α를 구하시오.

풀이.

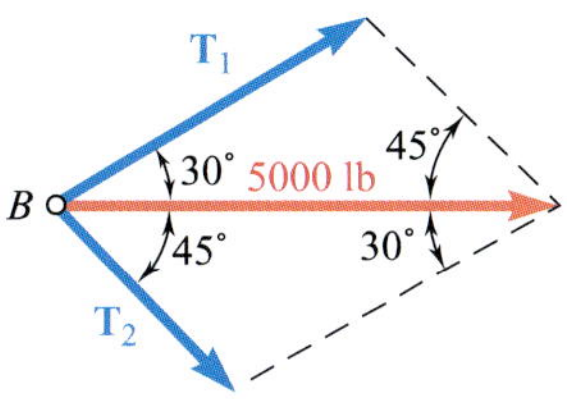

a. $\alpha = 45^\circ$ 인 경우 각 로프의 인장력. 도해법. 평행사변형법을 적용한다; 대각선 (합력)이 5000 lb이고 우측 수평방향이다. 두 변을 로프방향에 따라 스케일에 맞춰 작도하면 다음 값을 측정할 수 있다.

$$T_1 = 3700 \text{ lb} \qquad T_2 = 2600 \text{ lb}$$

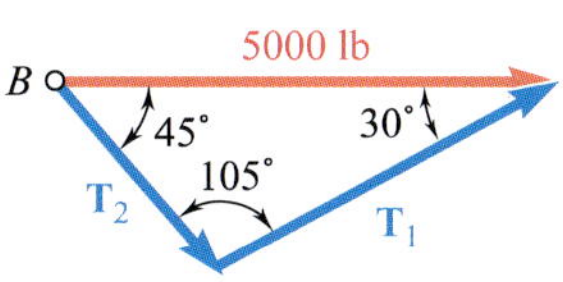

삼각함수 해법 삼각형법에 의해 표기하면 삼각형은 위 평행사변형의 반이 된다. 싸인법칙을 적용하면

$$\frac{T_1}{\sin 45^\circ} = \frac{T_2}{\sin 30^\circ} = \frac{5000 \text{ lb}}{\sin 105^\circ}$$

이로부터

$$T_1 = 3660 \text{ lb} \qquad T_2 = 2590 \text{ lb}$$

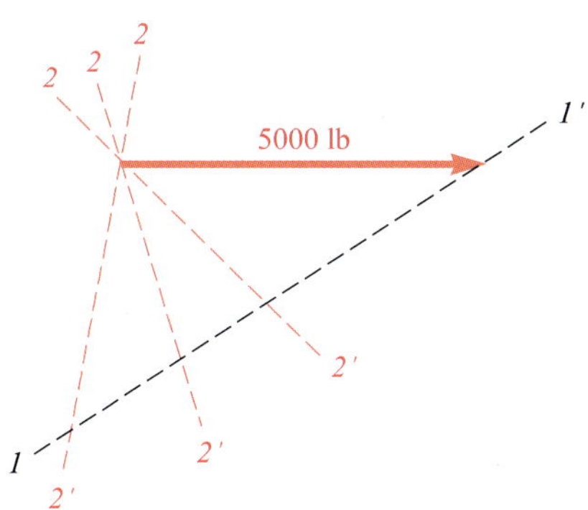

b. 로프 2의 인장력이 최소가 되는 α. 삼각형법을 적용한다. 그림에서 $1-1'$ 선은 $\mathbf{T}_1$ 방향이다. 몇 개의 가능한 $\mathbf{T}_2$ 방향이 $2-2'$ 로 표시되어 있다. 최소값은 $\mathbf{T}_1$과 $\mathbf{T}_2$가 직각인 경우이므로 T_2의 최소값은

$$T_2 = (5000 \text{ lb}) \sin 30^\circ = 2500 \text{ lb}$$

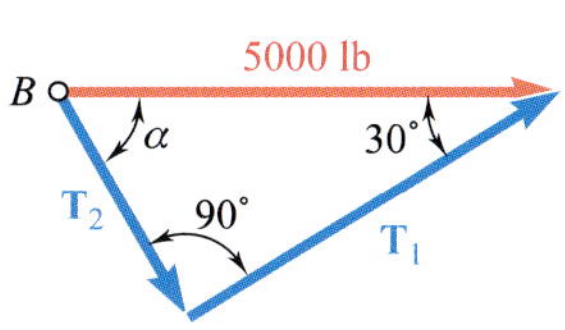

이에 해당하는 T_1과 α의 값은 다음과 같다.

$$T_1 = (5000 \text{ lb}) \cos 30^\circ = 4330 \text{ lb}$$
$$\alpha = 90^\circ - 30^\circ$$

$$\alpha = 60^\circ$$

Problems

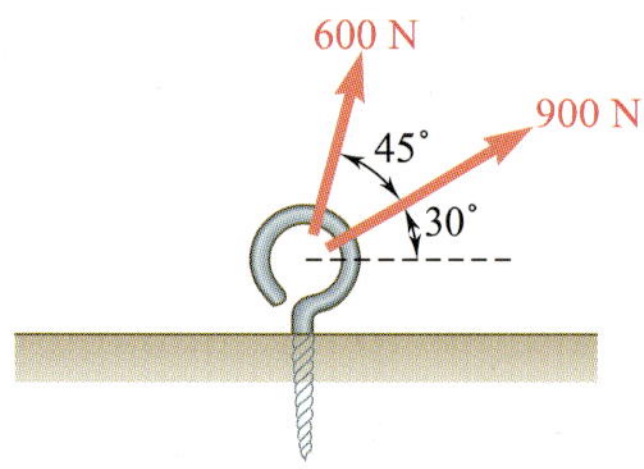

그림 P2.1

2.1 and 2.2 Determine graphically the magnitude and direction of the resultant of the two forces shown using (*a*) the parallelogram law, (*b*) the triangle rule.

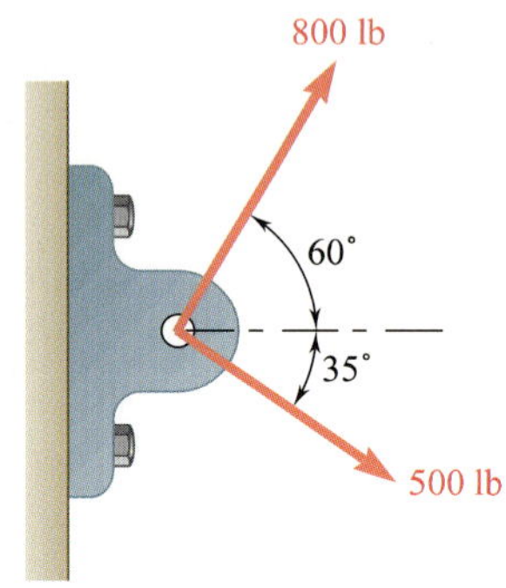

그림 P2.2

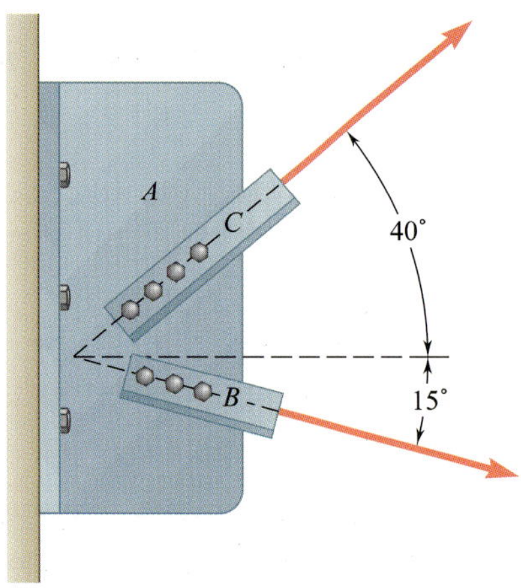

그림 P2.3, 2.4

2.3 Two structural members *B* and *C* are bolted to the bracket *A*. Knowing that the tension in member *B* is 6 kN and that the tension in *C* is 10 kN, determine graphically the magnitude and direction of the resultant force acting on the bracket.

2.4 Two structural members *B* and *C* are bolted to the bracket *A*. Knowing that the tension in member *B* is 2500 lb and that the tension in *C* is 2000 lb, determine graphically the magnitude and direction of the resultant force acting on the bracket.

2.5 The force **F** of magnitude 100 lb is to be resolved into two components along the lines *a-a* and *b-b*. Determine by trigonometry the angle a, knowing that the component of **F** along line *a-a* is 70 lb.

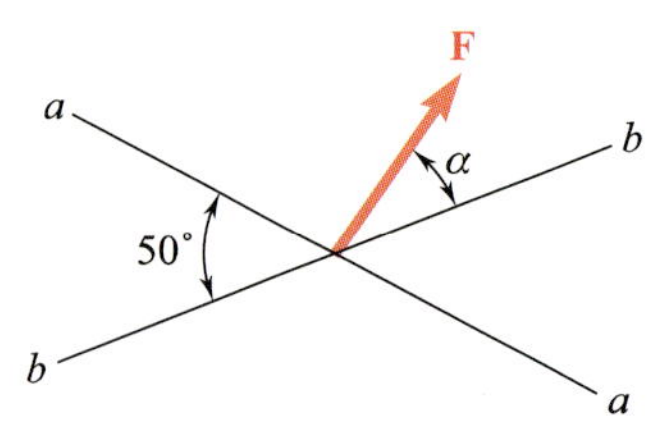

그림 P2.5, 2.6

2.6 The force **F** of magnitude 800 N is to be resolved into two components along the lines *a-a* and *b-b*. Determine by trigonometry the angle a, knowing that the component of **F** along line *b-b* is 120 N.

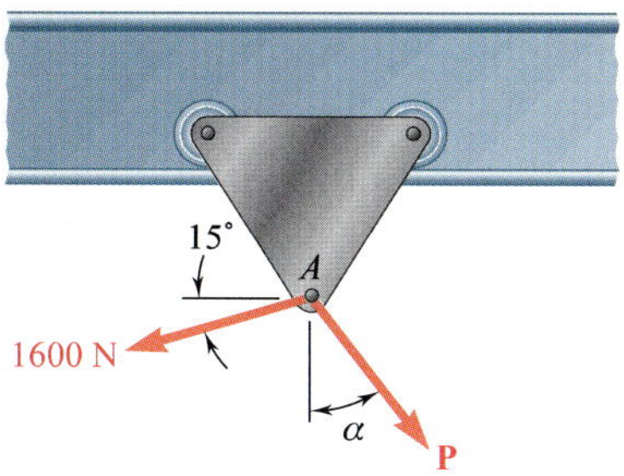

그림 P2.7, *P2.11*

2.7 A trolley that moves along a horizontal beam is acted upon by two forces as shown. (*a*) Knowing that $\alpha = 25°$, determine by trigonometry the magnitude of the force **P** so that the resultant force exerted on the trolley is vertical. (*b*) What is the corresponding magnitude of the resultant?

2.8 A disabled automobile is pulled by means of two ropes as shown. The tension in *AB* is 500 lb, and the angle α is 25°. Knowing that the resultant of the two forces applied at *A* is directed along the axis of the automobile, determine by trigonometry (*a*) the tension in rope *AC*, (*b*) the magnitude of the resultant of the two forces applied at *A*.

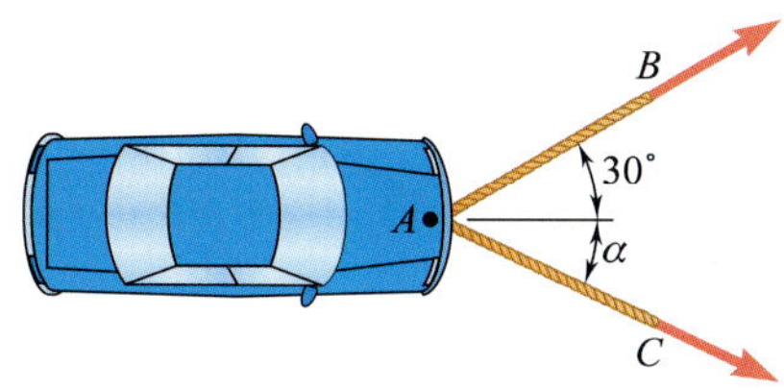

그림 *P2.8*, P2.10

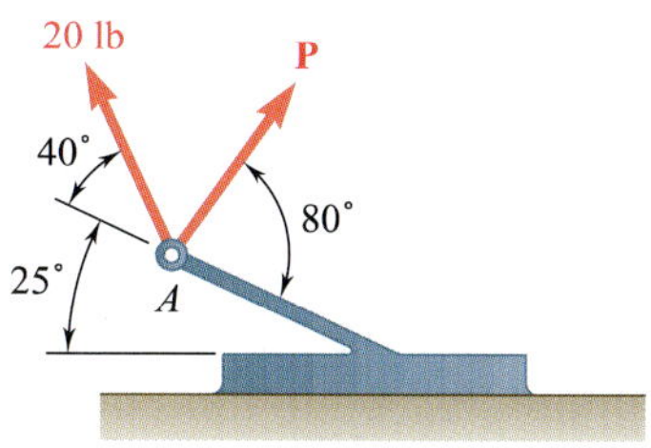

그림 P2.9, P2.12

2.9 Determine by trigonometry the magnitude of the force **P** so that the resultant of the two forces applied at *A* is vertical. What is the corresponding magnitude of the resultant?

2.10 A disabled automobile is pulled by means of two ropes as shown. Knowing that the tension in rope *AB* is 750 lb, determine by trigonometry the tension in rope *AC* and the value of α so that the resultant force exerted at *A* is a 1200-lb force directed along the axis of the automobile.

2.11 A trolley that moves along a horizontal beam is acted upon by two forces as shown. Determine by trigonometry the magnitude and direction of the force **P** so that the resultant is a vertical force of 2500 N.

2.12 Knowing that $P = 30$ lb, determine by trigonometry the resultant of the two forces applied at point *A*.

2.13 Solve Prob. 2.1 by trigonometry.

2.14 Solve Prob. 2.4 by trigonometry.

2.15 If the resultant of the two forces exerted on the trolley of Prob. 2.7 is to be vertical, determine (*a*) the value of a for which the magnitude of **P** is minimum, (*b*) the corresponding magnitude of *P*.

2.7 직각분력, 단위벡터

대부분의 문제에서 하나의 힘을 직각을 형성하는 두 개의 분력으로 분해하는 것이 편리하다. 그림 2.18에서 힘 $\mathbf{F}$는 x축의 분력 $\mathbf{F}_x$와 y축의 분력 $\mathbf{F}_y$로 분해되어 있다. 분력을 구하기 위한 평행사변형이 직사각형이므로 **직각분력**(rectangular component)이라 한다.

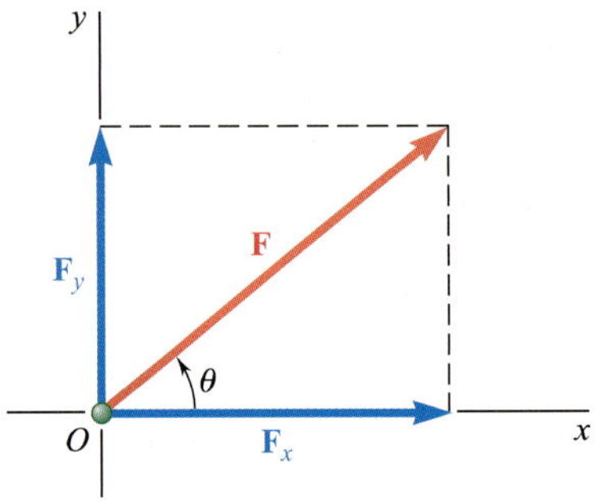

그림 2.18

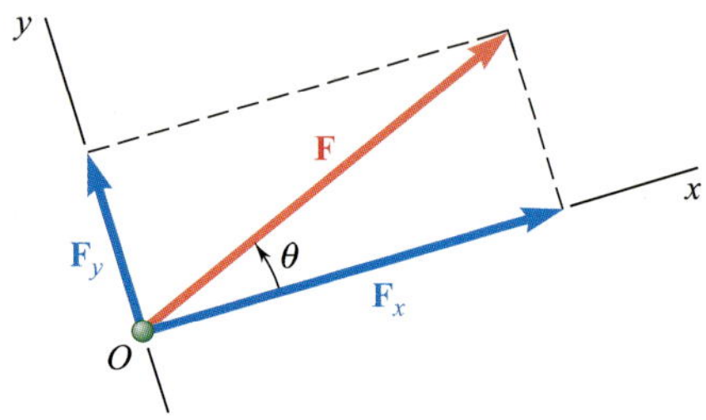

그림 2.19

일반적으로 x, y축은 그림 2.18과 같이 각각 수평, 수직이다. 그러나 그림 2.19와 같이 직각을 형성하는 임의의 두 방향일 수도 있다. 그림 2.18 및 2.19와 같이 직각분력을 구하는 경우 x, y축에 **수직한** 보조선을 이용한다고 생각하지 말고 **평행한** 보조선을 이용한다고 생각하는 것이 2.6절과 같이 직각이 아닌 분력을 구하는 경우의 실수를 방지할 수 있다.

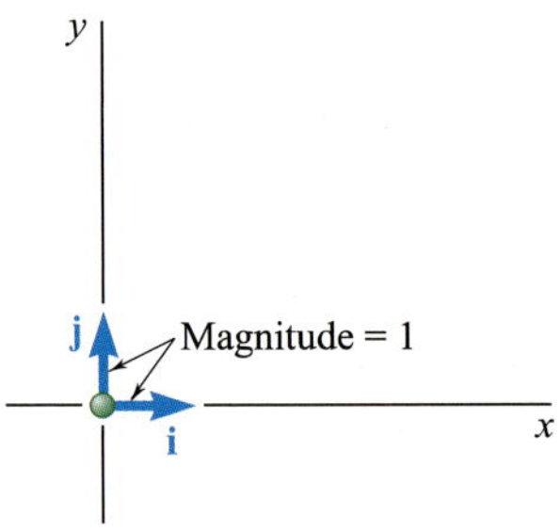

그림 2.20

양의 x, y축 방향으로 크기가 1인 두 개의 벡터를 **단위벡터**(unit vector)라 하고 각각 $\mathbf{i}$, $\mathbf{j}$로 표기한다(그림 2.20). 2.4절의 스칼라와 벡터의 곱에서 설명한 바와 같이 힘 $\mathbf{F}$의 직각분력 $\mathbf{F}_x$와 $\mathbf{F}_y$는 단위벡터 $\mathbf{i}$와 $\mathbf{j}$에 스칼라를 곱한 것과 같다(그림 2.21).

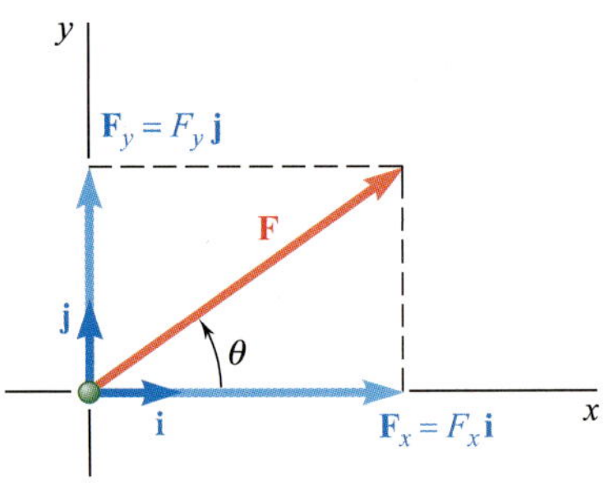

그림 2.21

$$\mathbf{F}_x = F_x\mathbf{i} \qquad \mathbf{F}_y = F_y\mathbf{j} \tag{2.6}$$

이로부터

$$\mathbf{F} = F_x\mathbf{i} + F_y\mathbf{j} \tag{2.7}$$

스칼라 F_x와 F_y가 $\mathbf{F}_x$와 $\mathbf{F}_y$의 방향에 따라 양 또는 음이 되는 반면, 절대값은 직각분력 $\mathbf{F}_x$, $\mathbf{F}_y$의 크기와 같다. 스칼라 F_x, F_y를 힘 $\mathbf{F}$의 **스칼라 분력**이라 하고 $\mathbf{F}_x$, $\mathbf{F}_y$는 $\mathbf{F}$의 **벡터 분력**이라 한다. 이들은 혼동의 여지가 없으므로 벡터 분력과 스칼라 분력 모두 $\mathbf{F}$의 **분력**으로 간주한다. 벡터 분력 $\mathbf{F}_x$가 단위벡터 $\mathbf{i}$와 동일한 방향이면 스칼라 분력 F_x가 양이고 (x축의 양의 방향), $\mathbf{F}_x$가 반대 방향이면 음이 된다. 스칼라 분력 F_y의 부호에 대해서도 마찬가지이다.

힘 $\mathbf{F}$의 크기를 F, x축의 양의 방향과 반시계방향으로 형성하는 각을 θ라 하면(그림 2.21) $\mathbf{F}$의 스칼라 분력은 다음과 같다.

$$F_x = F\cos\theta \qquad F_y = F\sin\theta \tag{2.8}$$

이 식은 0°~360°의 θ에 대해 성립하며 스칼라 분력 F_x, F_y의 부호와 크기를 정할 수 있다.

힘 $\mathbf{F}$가 직각분력 F_x, F_y로 정의되어 있다면(그림 2.21) 각 θ는 다음과 같이 구한다.

$$\tan\theta = \frac{F_y}{F_x} \tag{2.9}$$

크기 F는 피타고라스정리에 의해

$$F = \sqrt{F_x^2 + F_y^2} \tag{2.10}$$

또는 식 (2.8)에서 구할 수 있다.

예제 2.1 그림 2.22a와 같이 볼트 A에 힘 800 N이 작용하고 있다. 이 힘의 수평, 수직분력을 구하시오.

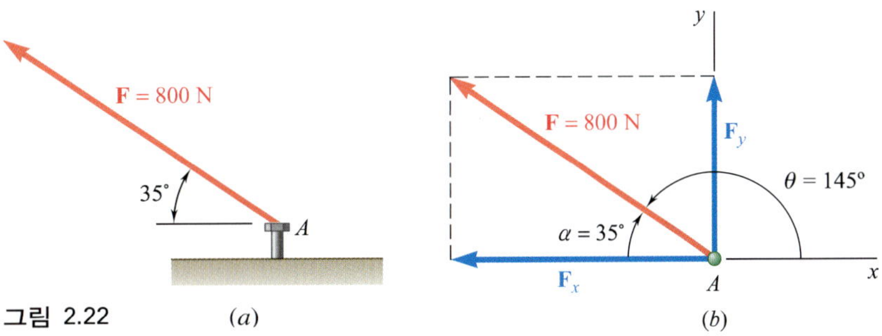

그림 2.22

스칼라 분력 F_x와 F_y의 정확한 부호를 구하기 위해서는 식 (2.8)의 θ에 180° − 35° = 145°를 대입한다. 그러나 그림 2.22b에서 F_x와 F_y의 부호를 알 수 있으므로 $\alpha = 35°$에 삼각함수를 적용하면

$$F_x = -F\cos\alpha = -(800\text{ N})\cos 35° = -655\text{ N}$$
$$F_y = +F\sin\alpha = +(800\text{ N})\sin 35° = +459\text{ N}$$

$\mathbf{F}$의 벡터 분력은

$$\mathbf{F}_x = -(655\text{ N})\mathbf{i} \qquad \mathbf{F}_y = +(459\text{ N})\mathbf{j}$$

이로부터

$$\mathbf{F} = -(655\text{ N})\mathbf{i} + (459\text{ N})\mathbf{j} \quad ■$$

예제 2.2 그림 2.23a와 같이 사람이 로프를 이용하여 빌딩에 힘 300 N의 힘을 가하고 있다. A점에 가해지는 힘의 수평, 수직분력을 구하시오.

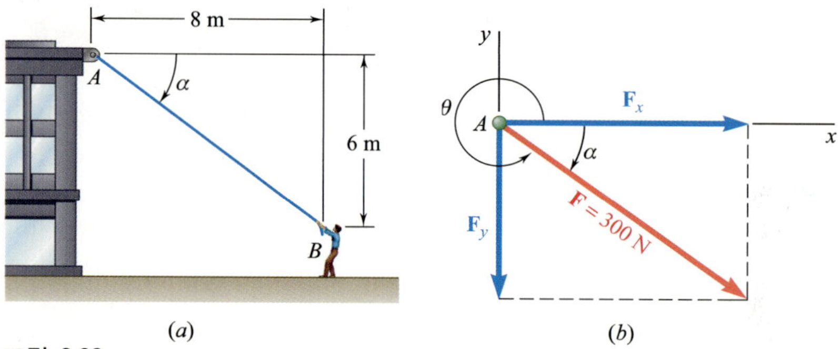

그림 2.23

그림 2.23b로부터

$$F_x = +(300\text{ N})\cos\alpha \qquad F_y = -(300\text{ N})\sin\alpha$$

$AB = 10$ m 이고 그림 2.23a에서

$$\cos\alpha = \frac{8\text{ m}}{AB} = \frac{8\text{ m}}{10\text{ m}} = \frac{4}{5} \qquad \sin\alpha = \frac{6\text{ m}}{AB} = \frac{6\text{ m}}{10\text{ m}} = \frac{3}{5}$$

F 의 스칼라 분력은

$$F_x = +(300\text{ N})\frac{4}{5} = +240\text{ N} \qquad F_y = -(300\text{ N})\frac{3}{5} = -180\text{ N}$$

이로부터

$$\mathbf{F} = (240\text{ N})\mathbf{i} - (180\text{ N})\mathbf{j} \quad ■$$

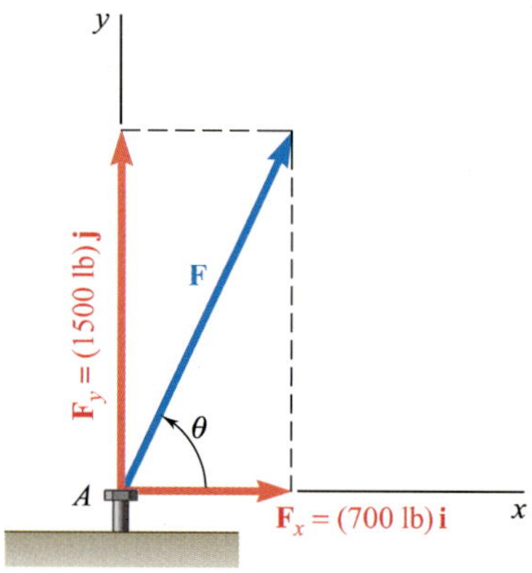

그림 2.24

예제 2.3 볼트 A에 힘 $\mathbf{F} = (700\text{ lb})\mathbf{i} + (500\text{ lb})\mathbf{j}$ 가 작용하고 있다. 이 힘의 크기 및 수평축과 형성하는 각 θ를 구하시오.

그림 2.24와 같이 힘의 두 직각성분과 각 θ를 표기한다. 식 (2.9)로부터

$$\tan\theta = \frac{F_y}{F_x} = \frac{1500\text{ lb}}{700\text{ lb}}$$

이로부터 $\theta = 65.0°$ 이고, 식 (2.8)의 두 번째 식을 사용하면 F는 다음과 같다.

$$F = \frac{F_y}{\sin\theta} = \frac{1500\text{ lb}}{\sin 65.0°} = 1655\text{ lb} \quad ■$$

2.8 직각분력에 의한 합력

2.2절에서 평행사변형법을 소개했다. 이로부터 도해법인 두 개의 힘에 작용하는 삼각형법과 세 개 이상 여러 개 힘에 적용하는 다각형법을 2.4, 2.5절에 소개하였다. 또한 두 힘의 합력을 구하기 위한 힘의 삼각형에 삼각함수를 적

용하였다.

그러나 세 개 또는 그 이상의 힘을 합하는 경우 합력을 나타내는 힘의 다각형에 삼각함수를 적용하기는 어렵다. 이 경우 각 힘을 직각분력으로 분해하는 해석적인 방법을 사용한다. 예를 들어 입자 A에 작용하는 세 힘 **P**, **Q**, **S** 의(그림 2.25a) 합력 **R**은 다음 식으로 나타낸다.

$$\mathbf{R} = \mathbf{P} + \mathbf{Q} + \mathbf{S} \tag{2.11}$$

각각의 직각분력을 사용하여 식을 정리하면

$$\begin{aligned} R_x\mathbf{i} + R_y\mathbf{j} &= P_x\mathbf{i} + P_y\mathbf{j} + Q_x\mathbf{i} + Q_y\mathbf{j} + S_x\mathbf{i} + S_y\mathbf{j} \\ &= (P_x + Q_x + S_x)\mathbf{i} + (P_y + Q_y + S_y)\mathbf{j} \end{aligned}$$

이로부터

$$R_x = P_x + Q_x + S_x \qquad R_y = P_y + Q_y + S_y \tag{2.12}$$

또는 간단히

$$R_x = \Sigma F_x \qquad R_y = \Sigma F_y \tag{2.13}$$

그러므로 한 입자에 작용하는 여러 힘의 합력 **R**의 스칼라 분력 R_x, R_y는 주어진 힘들의 스칼라 분력을 대수적으로 합하여 구한다.

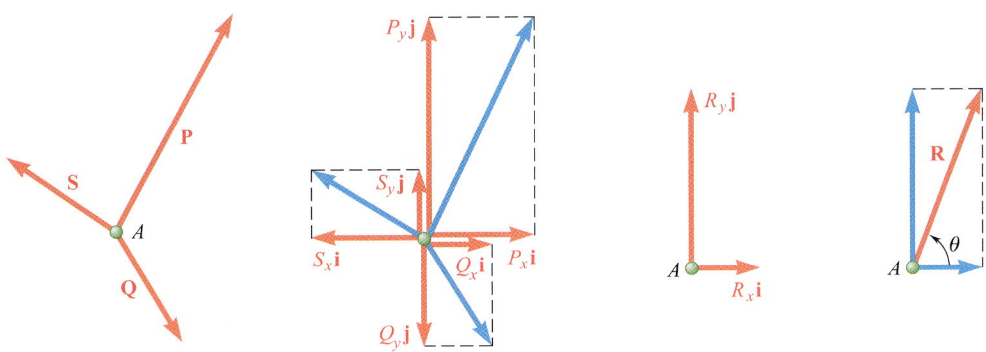

그림 2.25 (a) (b) (c) (d)

실제로 합력 **R**의 결정은 그림 2.25와 같이 3단계로 수행한다. 우선 그림 2.25a에 주어진 힘을 x, y축 분력으로 분해한다(그림 2.25b). 이들 분력을 합하여 합력 **R** 의 x, y축 분력을 구한다(그림 2.25c). 마지막으로 합력 $\mathbf{R} = R_x\mathbf{i} + R_y\mathbf{j}$ 은 평행사변형법에 의해 구한다(그림 2.25d). 이러한 과정은 표를 사용하면 보다 용이하게 수행할 수 있으며 삼각함수를 이용하는 방법보다 편리하다.

문제 2.3

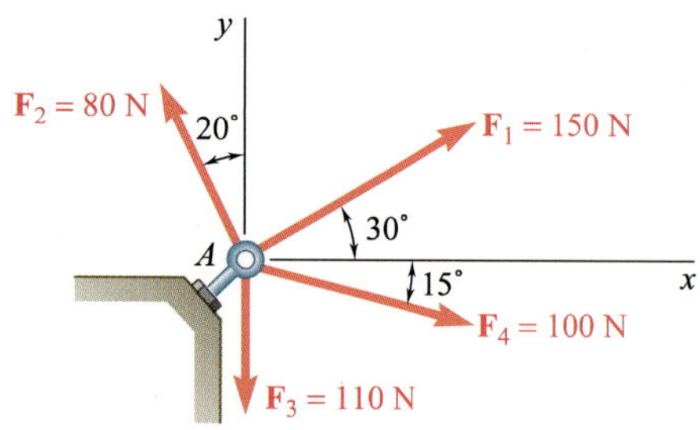

그림과 같이 볼트 A에 네 힘이 작용하고 있다. 합력을 구하시오.

풀이.

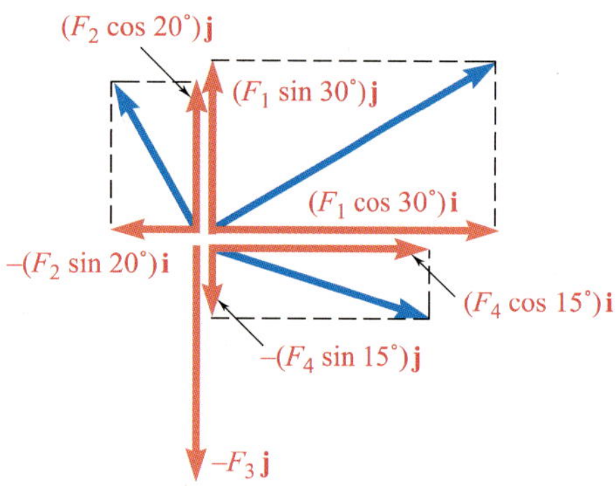

각 힘의 x축 분력과 y축 분력을 삼각함수로 구하여 아래 표를 작성한다. 2.7절에 따라 각 힘의 분력이 양의 좌표축 방향이면 양의 스칼라를 갖는다. 그러므로 x축 분력은 오른편, y축 분력은 상향인 경우 양이다.

힘	크기, N	x 성분, N	y 성분, N
$\mathbf{F}_1$	150	+129.9	+75.0
$\mathbf{F}_2$	80	−27.4	+75.2
$\mathbf{F}_3$	110	0.0	−110.0
$\mathbf{F}_4$	100	+96.6	−25.9
		$R_x = +199.1$	$R_y = +14.3$

네 힘의 합력 $\mathbf{R}$은

$$\mathbf{R} = R_x\mathbf{i} + R_y\mathbf{j} \qquad \mathbf{R} = (199.1\text{ N})\mathbf{i} + (14.3\text{ N})\mathbf{j}$$

합력의 크기와 방향은 그림에서 다음과 같이 결정된다.

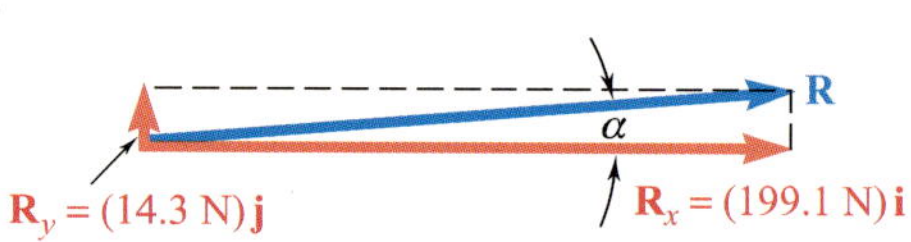

$$\tan\alpha = \frac{R_y}{R_x} = \frac{14.3\text{ N}}{199.1\text{ N}} \qquad \alpha = 4.1°$$

$$R = \frac{14.3\text{ N}}{\sin\alpha} = 199.6\text{ N} \qquad \mathbf{R} = 199.6\text{ N} \;\measuredangle 4.1°$$

Problems

2.16 through 2.19 Determine the x and y components of each of the forces shown.

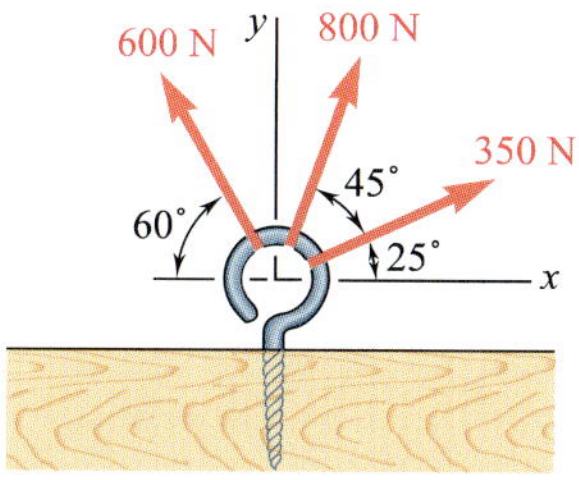

그림 P2.16

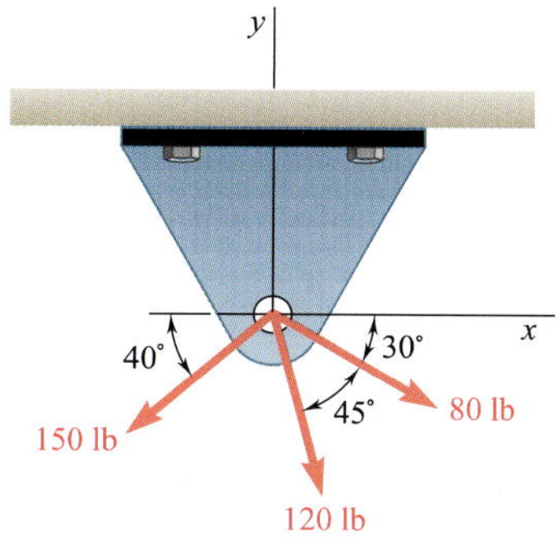

그림 P2.17

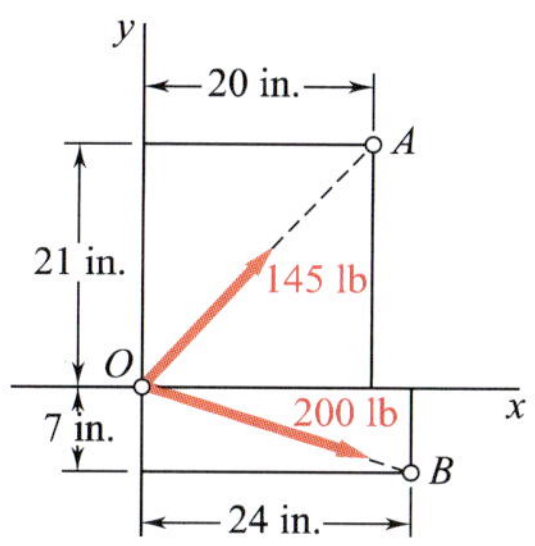

그림 P2.18

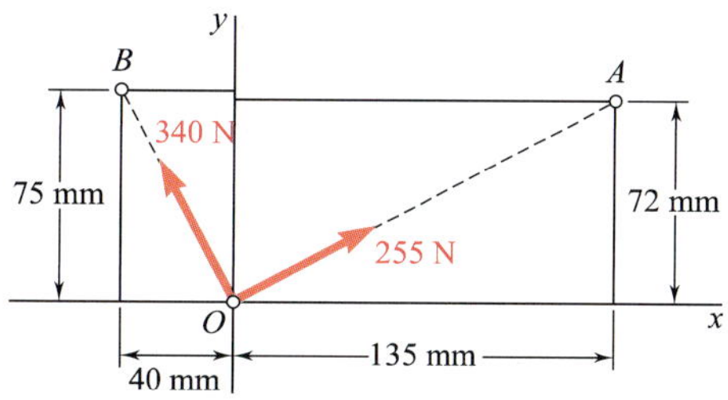

그림 P2.19

2.20 The tension in the support wire AB is 65 lb. Determine the horizontal and vertical components of the force acting on the pin at A.

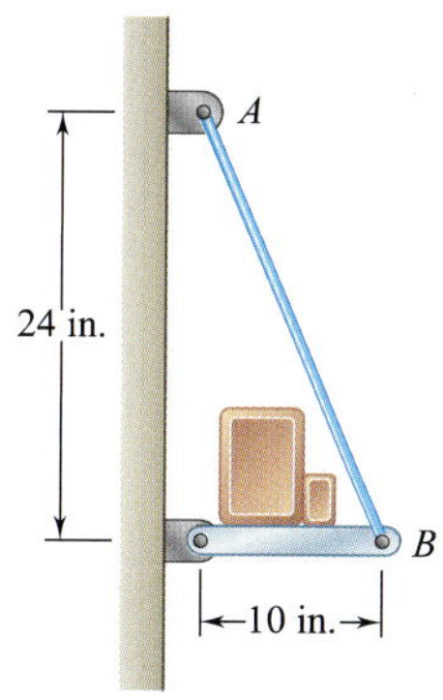

그림 P2.20

2.21 The hydraulic cylinder GE exerts on member DF a force $\mathbf{P}$ directed along line GE. Knowing that $\mathbf{P}$ must have a 600-N component perpendicular to member DF, determine the magnitude of $\mathbf{P}$ and its component parallel to DF.

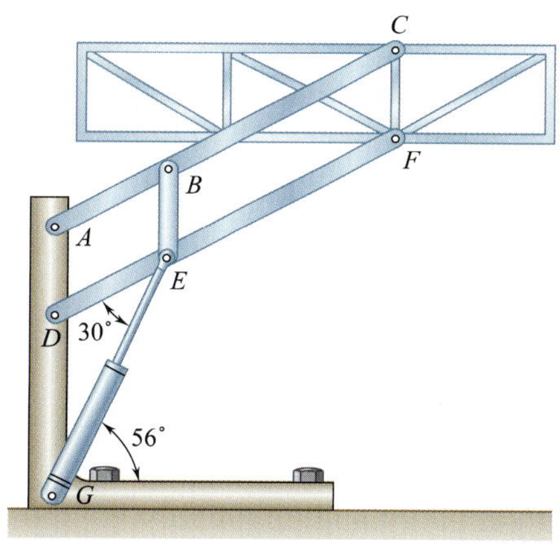

그림 *P2.21*

2.22 Cable AC exerts on beam AB a force **P** directed along line AC. Knowing that **P** must have a 350-lb vertical component, determine (*a*) the magnitude of the force **P**, (*b*) its horizontal component.

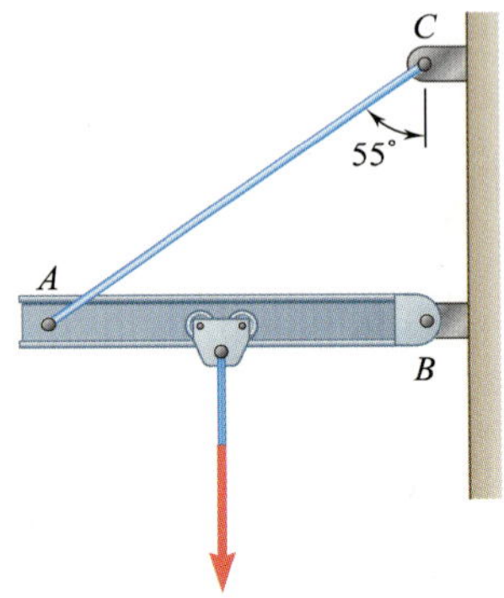

그림 *P2.22*

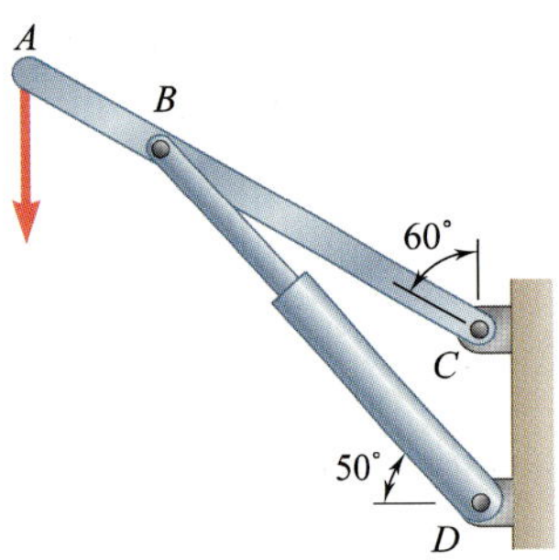

그림 P2.23

2.23 The hydraulic cylinder BD exerts on member ABC a force **P** directed along line BD. Knowing that **P** must have a 750-N component perpendicular to member ABC, determine (*a*) the magnitude of the force **P**, (*b*) its component parallel to ABC.

2.24 Using x and y components, solve Prob. 2.1.

2.25 Using x and y components, solve Prob. 2.2.

2.26 Determine the resultant of the three forces of Prob. 2.17.

2.27 Determine the resultant of the three forces of Prob. 2.19.

2.28 Two cables of known tensions are attached to the top of pylon AB. A third cable AC is used as a guy wire. Determine the tension in AC, knowing that the resultant of the forces exerted at A by the three cables must be vertical.

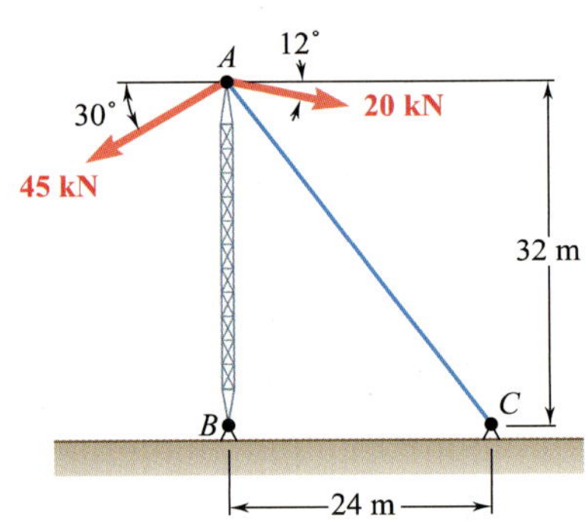

그림 *P2.28*

2.29 A hoist trolley is subjected to the three forces shown. Knowing that $\alpha = 40°$, determine (*a*) the magnitude of the force **P** for which the resultant of the three forces is vertical, (*b*) the corresponding magnitude of the resultant.

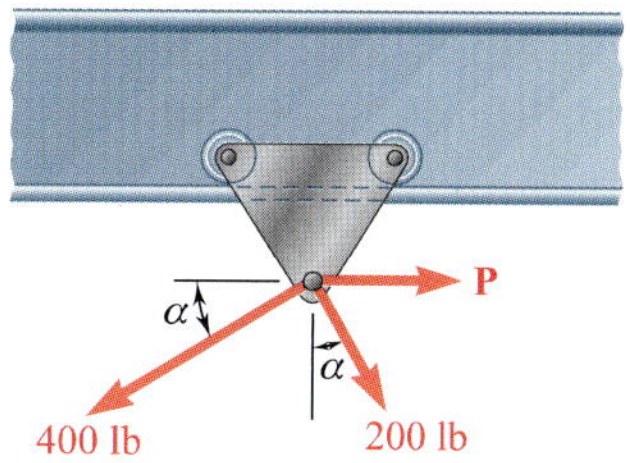

그림 P2.29, *P2.30*

2.30 A hoist trolley is subjected to the three forces shown. Knowing that $P = 250$ lb, determine (*a*) the value of the angle a for which the resultant of the three forces is vertical, (*b*) the corresponding magnitude of the resultant.

2.31 A collar that can slide on a vertical rod is subjected to the three forces shown. The direction of the force **F** may be varied. If possible, determine the direction of the force **F** so that the resultant of the three forces is horizontal, knowing that the magnitude of **F** is (*a*) 2.4 kN, (*b*) 1.4 kN.

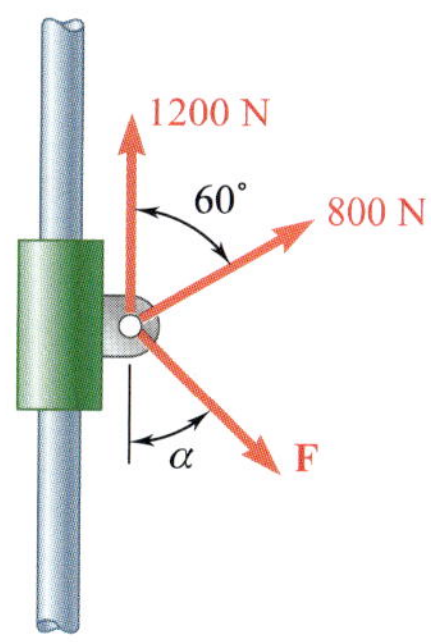

그림 P2.31

2.9 입자의 평형

2.8절에서 입자에 작용하는 여러 힘의 합력을 구하는 과정을 소개했다. 물론 드문 경우이나 합력이 0이 될 수 있다. 이러한 경우 즉, 주어진 힘의 효과가 0이면 입자는 평형상태가 되므로 다음과 같이 정의할 수 있다. **입자에 작용하는 모든 힘의 합력이 0이면 입자는 평형상태다.**

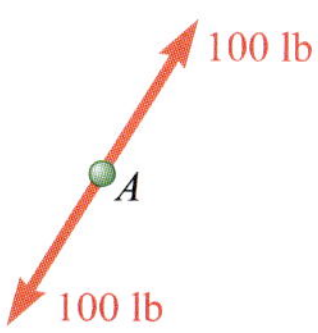

그림 2.26

입자에 작용하는 두 힘이 크기가 같고 방향이 반대이면 입자는 평형상태다. 두 힘의 합력은 그림 2.26과 같이 0이다.

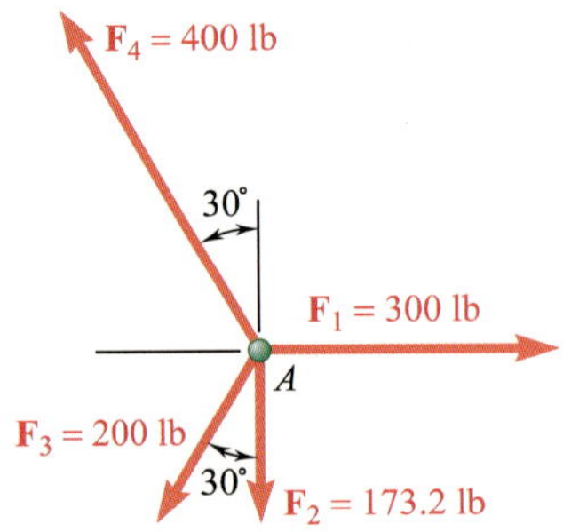

그림 2.27

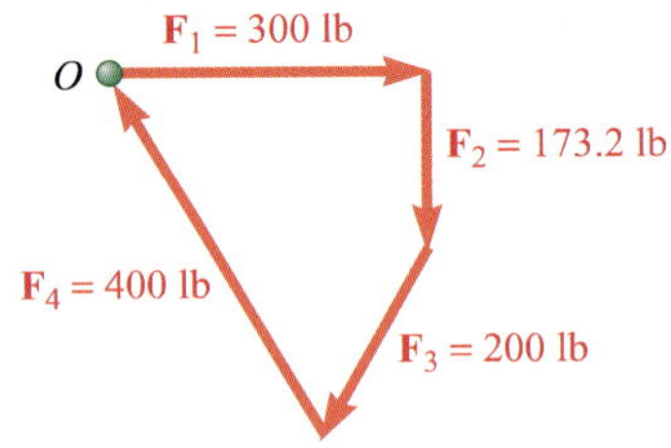

그림 2.28

입자의 또 다른 평형상태는 그림 2.27과 같이 네 개의 힘이 A에 작용하는 경우다. 그림 2.28은 주어진 힘의 합력을 다각형법으로 구한 것으로 O점에 $\mathbf{F}_1$을 시작으로 시종점 연결법을 적용하면 $\mathbf{F}_4$의 종점이 O에 도달하는 것을 알 수 있다. 주어진 힘들의 합력이 0이므로 입자는 평형상태이다.

그림 2.28의 폐다각형은 A가 평형상태라는 것을 **도해법**으로 증명하고 있다. 입자의 평형상태를 **대수적**으로 증명하기 위해서는 다음 식과 같이 쓸 수 있다.

$$\mathbf{R} = \sum \mathbf{F} = 0 \tag{2.14}$$

각 힘 $\mathbf{F}$를 직각분력으로 나타내면

$$\sum (F_x\mathbf{i} + F_y\mathbf{j}) = 0 \qquad \text{또는} \qquad (\sum F_x)\mathbf{i} + (\sum F_y)\mathbf{j} = 0$$

그러므로 입자의 평형상태에 대한 필요충분조건은 다음과 같다.

$$\sum F_x = 0 \qquad \sum F_y = 0 \tag{2.15}$$

그림 2.27의 평형상태는 다음과 같이 확인할 수 있다.

$$\begin{aligned} \sum F_x &= 300\text{ lb} - (200\text{ lb})\sin 30^\circ - (400\text{ lb})\sin 30^\circ \\ &= 300\text{ lb} - 100\text{ lb} - 200\text{ lb} = 0 \end{aligned}$$

$$\begin{aligned} \sum F_y &= -173.2\text{ lb} - (200\text{ lb})\cos 30^\circ - (400\text{ lb})\cos 30^\circ \\ &= -173.2\text{ lb} - 173.2\text{ lb} + 346.4\text{ lb} = 0 \end{aligned}$$

2.10 뉴턴의 제1법칙

17세기 후반 뉴턴은 역학의 기초가 되는 세 개의 기본법칙을 발표했다. 제1법칙은 다음과 같다.

입자에 작용하는 합력이 0이면 입자는 정지하거나 (원래 정지상태) 등속운동을 한다(원래 운동상태).

이 법칙과 2.9절의 평형상태로부터 평형상태의 입자는 정지해 있거나 등속직선운동을 한다는 것을 알 수 있다. 다음 절에서는 입자의 평형에 관한 문제들을 다룬다.

2.11 입자의 평형문제, 자유물체도

역학문제는 실제 물리적 현상으로부터 발생한다. 문제의 물리적 조건을 포함한 스케치를 **상황도**라 하며 전 절에서 논의한 해석방법을 적용하여 입자에 작용하는 역계에 관한 문제를 해결한다. 실제로 구조물을 포함하는 많은 문제들은 입자의 평형문제로 해결할 수 있다. 즉, 중요한 입자를 설정하고 입자에 작용하는 모든 힘을 나타내는 것으로 이를 **자유물체도**(free body diagram)라 한다.

예로 그림 2.29a 상황도에서 75 kg 나무상자는 양쪽 빌딩사이에서 이를 싣고 가기위한 트럭 위에 올려지고 있다. 수직케이블에 묶인 나무상자는 A점에서 양쪽 빌딩에 설치된 도르래 B, C를 통해 연결된 두 개의 로프와 연결되어 있다. 두 로프에 걸리는 인장력을 구하는 문제이다.

이 문제를 해결하기 위해서는 평형상태인 입자의 자유물체도를 작성해야 한다. 로프의 인장력을 구하는 것이므로 자유물체도는 적어도 하나의 인장력 또는 가능하면 양 쪽의 인장력 모두를 포함해야 한다. A점이 이 문제에서 가장 적합한 자유물체가 되며 그림 2.29b와 같다. 자유물체도는 A점, 수직케이블 및 두 로프에 의해 작용하는 힘이 포함하고 있다. 케이블에 걸리는 힘은 수직 하향이고 크기는 나무상자의 무게 W와 같다. 식 (1.4)로부터

$$W = mg = (75\ \text{kg})(9.81\ \text{m/s}^2) = 736\ \text{N}$$

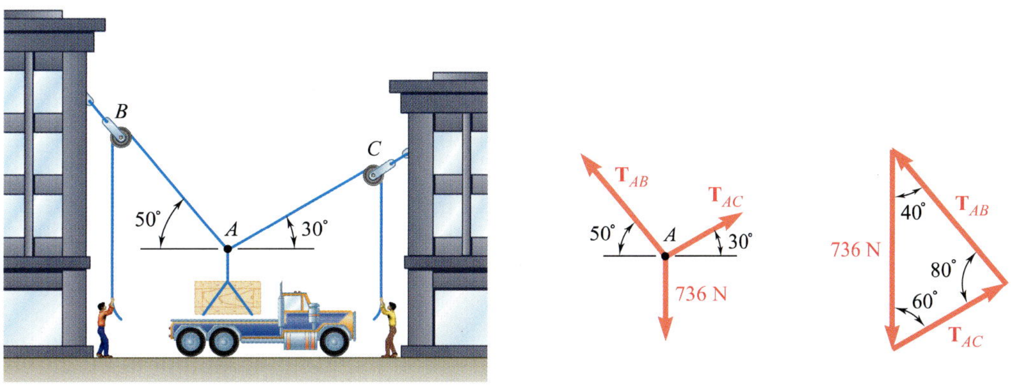

그림 2.29 (a) 상황도 (b) 자유물체도 (c) 힘의 삼각형

이 값은 자유물체도에 표시되어 있다. 두 로프 AB, AC의 인장력은 미지수이고 $\mathbf{T}_{AB}$, $\mathbf{T}_{AC}$는 A점에서 상황도에 주어진 방향에 따라 표시되어 있다.

A는 평형상태이므로 A에 작용하는 세 힘은 시종점을 연결하면 **폐삼각형**이 된다. 이 힘의 삼각형이 그림 2.29c이다. T_{AB}와 T_{AC}는 삼각형을 스케일에 맞도록 작도하면 도해법으로 구할 수 있고, 삼각함수로 구할 수도 있다. 삼각함수를 적용하면 싸인법칙에 의해

$$\frac{T_{AB}}{\sin 60^\circ} = \frac{T_{AC}}{\sin 40^\circ} = \frac{736\text{ N}}{\sin 80^\circ}$$

$$T_{AB} = 647\text{ N} \qquad T_{AC} = 480\text{ N}$$

입자가 **세 힘에 의한 평형상태**라면 힘의 삼각형으로 해결할 수 있다. **입자에 작용하는 힘이 세 개보다 많은 경우**는 도해법인 다각형법으로 구할 수 있다. 해석적 방법을 사용한다면 2.9절의 **평형조건식**(equations of equilibrium)을 적용한다.

$$\Sigma F_x = 0 \qquad \Sigma F_y = 0 \tag{2.15}$$

이 방정식은 미지수 2개인 경우 해를 구할 수 있다. 마찬가지로 세 힘에 의한 평형상태인 힘의 삼각형을 이용해도 2개의 미지수를 결정할 수 있다.

일반적으로 (1) 한 힘의 두 성분 (크기와 방향), (2) 방향이 주어진 두 힘의 크기가 미지수로 주어진다. 힘의 최대 또는 최소크기를 구하는 문제 또한 주어진다(Probs. 2.40~2.45).

사진 2.1 위 예제와 같이 후크를 입자로 간주하고 힘의 평형조건을 적용하면 케이블에 걸리는 인장력을 구할 수 있다.

문제 2.4

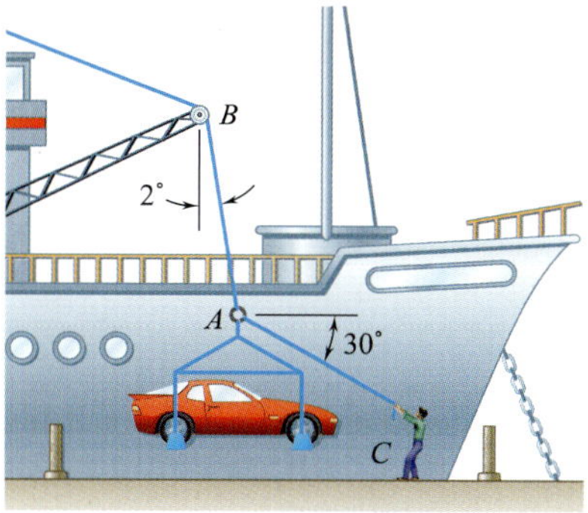

그림과 같이 3500 lb의 자동차가 케이블에 매달려 있다. 원하는 위치에 놓기 위해 케이블의 A점에 로프를 걸어 케이블이 연직과 형성하는 각은 2°, 로프가 수평과 형성하는 각이 30°가 되는 경우 로프의 인장력을 구하시오.

풀이.

자유물체도. 점 A의 자유물체도에서 T_{AB}는 케이블 AB의 인장력, T_{AC}는 로프의 인장력이다.

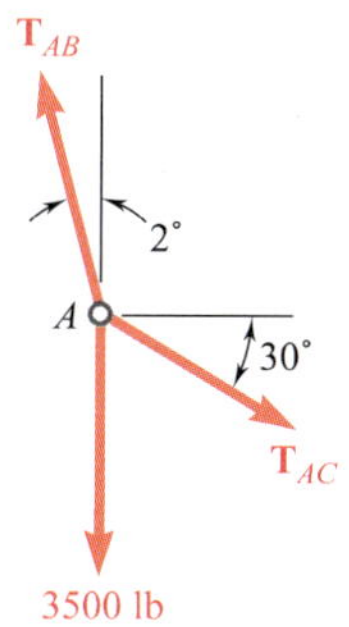

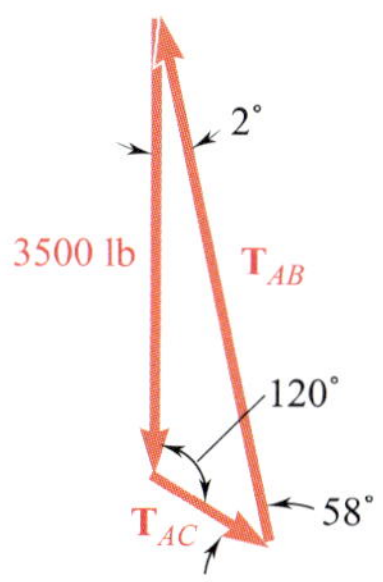

평형조건. 자유물체도에 표기되어 있는 힘이 세 개이므로 힘의 삼각형으로 평형조건을 적용하면 싸인법칙으로부터

$$\frac{T_{AB}}{\sin 120^\circ} = \frac{T_{AC}}{\sin 2^\circ} = \frac{3500\ \text{lb}}{\sin 58^\circ}$$

이로부터 두 로프의 인장력은 다음과 같다.

$$T_{AB} = 3570\ \text{lb} \qquad T_{AC} = 144\ \text{lb}$$

문제 2.5

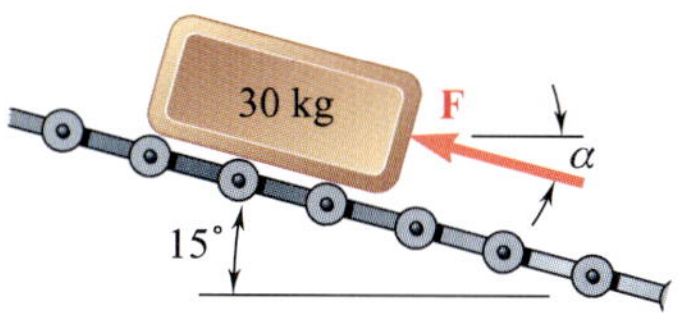

물체가 움직이지 않기 위해 최소가 되는 힘 **F** 의 크기와 방향을 구하시오. 롤러에 의해 물체에 작용하는 힘은 경사면에 수직이다.

풀이.

자유물체도. 물체를 입자로 가정하여 자유물체도를 작성한다.

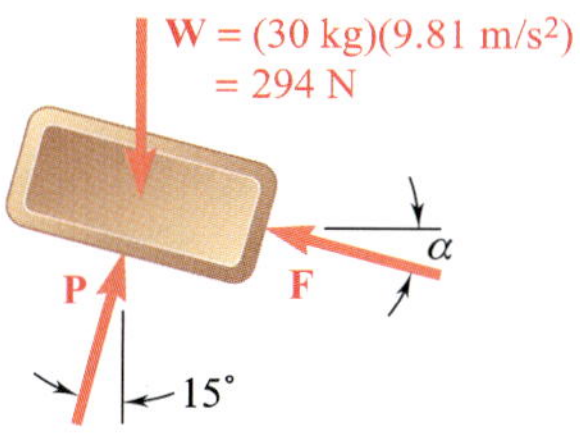

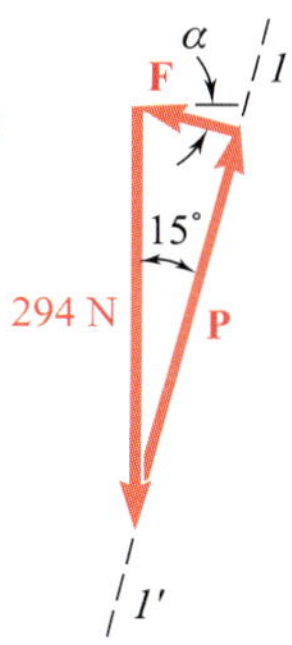

평형조건. 자유물체도에 작용하는 힘이 세 개이므로 힘의 삼각형을 이용하여 평형조건을 적용한다. $1-1'$ 선은 주어진 **P** 의 방향이다. 힘 **F** 의 최소값을 구하기 위해서는 **F** 의 방향이 **P** 에 직각이 되게 한다. 삼각형으로부터 최소가 되는 힘은 다음과 같다.

$$F = (294\ \text{N})\sin 15^\circ = 76.1\ \text{N} \qquad \alpha = 15^\circ$$

$$\mathbf{F} = 76.1\ \text{N}\ \measuredangle 15^\circ$$

문제 2.6

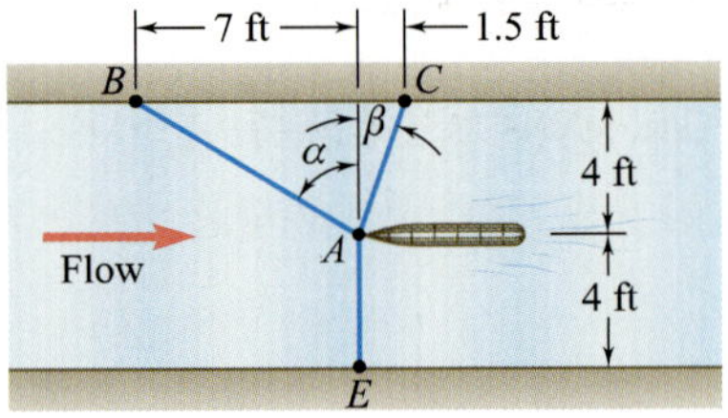

선박을 설계하는 과정 중 주어진 속력에서의 항력을 구하고자 한다. 세 개의 케이블을 사용하여 뱃머리가 수로의 중앙에 위치하도록 선체모델을 시험수로에 장치하였다. 케이블 AB는 40 lb, 케이블 AE는 60 lb의 인장력이 각각 측정되었다. 선체에 작용하는 항력과 케이블 AC의 인장력을 구하시오.

풀이.

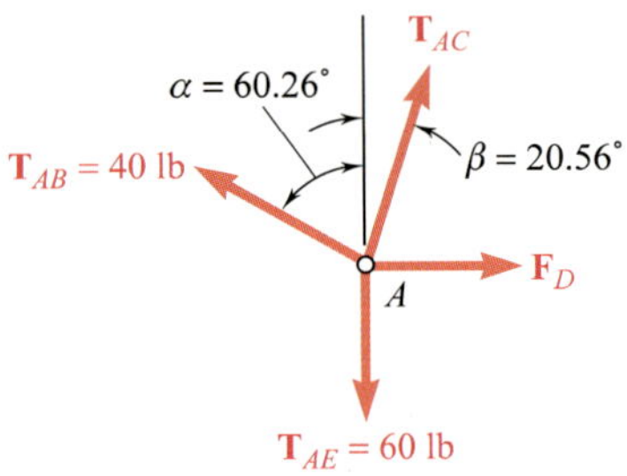

케이블의 각. 먼저 케이블 AB, AC의 방향을 결정하기 위한 각 α, β를 구한다.

$$\tan\alpha = \frac{7\text{ ft}}{4\text{ ft}} = 1.75 \qquad \tan\beta = \frac{1.5\text{ ft}}{4\text{ ft}} = 0.375$$

$$\alpha = 60.26^\circ \qquad \beta = 20.56^\circ$$

자유물체도. 선체를 자유물체로 하여 그림과 같이 자유물체도를 구성한다. 세 케이블의 작용력과 항력 $\mathbf{F}_D$를 포함하고 있다.

평형조건. 선체가 평형상태이므로 모든 힘의 합력은 0이다.

$$\mathbf{R} = \mathbf{T}_{AB} + \mathbf{T}_{AC} + \mathbf{T}_{AE} + \mathbf{F}_D = 0 \tag{1}$$

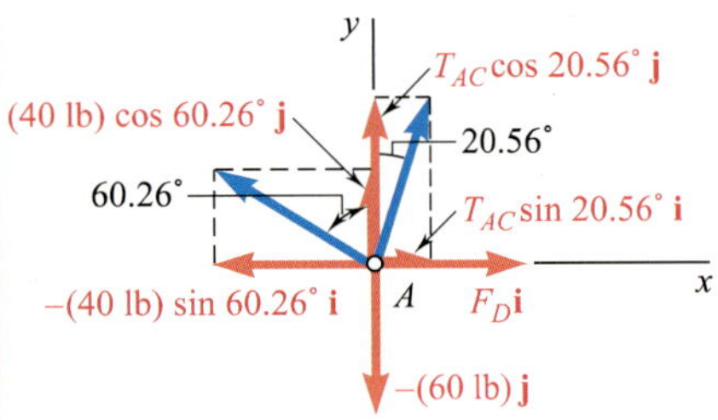

힘의 개수가 세 개를 초과하므로 각 힘을 x축 성분과 y축 성분으로 분해한다.

$$\mathbf{T}_{AB} = -(40\text{ lb})\sin 60.26^\circ\,\mathbf{i} + (40\text{ lb})\cos 60.26^\circ\,\mathbf{j}$$
$$= -(34.73\text{ lb})\mathbf{i} + (19.84\text{ lb})\mathbf{j}$$

$$\mathbf{T}_{AC} = T_{AC}\sin 20.56^\circ\,\mathbf{i} + T_{AC}\cos 20.56^\circ\,\mathbf{j}$$
$$= 0.3512\,T_{AC}\mathbf{i} + 0.9363\,T_{AC}\mathbf{j}$$

$$\mathbf{T}_{AE} = -(60\text{ lb})\mathbf{j}$$
$$\mathbf{F}_D = F_D\mathbf{i}$$

이들 식을 식 (1)에 대입하고 단위벡터 $\mathbf{i}$와 $\mathbf{j}$의 항으로 정리하면

$$(-34.73\text{ lb} + 0.3512\,T_{AC} + F_D)\mathbf{i} + (19.84\text{ lb} + 0.9363\,T_{AC} - 60\text{ lb})\mathbf{j} = 0$$

이 식은 $\mathbf{i}$와 $\mathbf{j}$의 계수가 0이 되어야 만족된다. 이로부터 주어진 힘들의 x축 성분의 합과 y축 성분의 합이 각각 0이 되어야 한다는 것을 의미하는 다음 두 식을 얻는다.

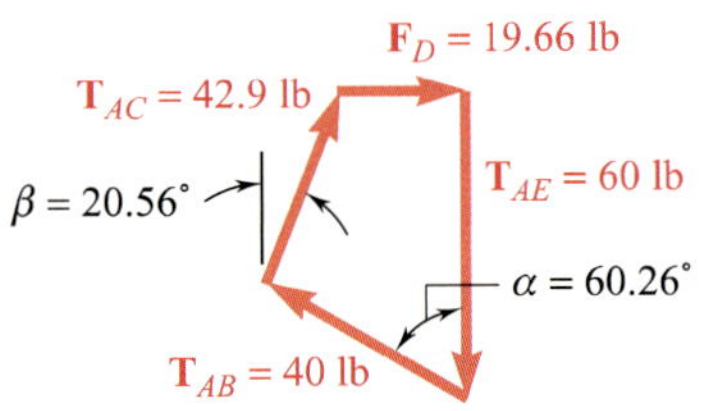

$$(\Sigma F_x = 0:) \qquad -34.73\text{ lb} + 0.3512\,T_{AC} + F_D = 0 \tag{2}$$
$$(\Sigma F_y = 0:) \qquad 19.84\text{ lb} + 0.9363\,T_{AC} - 60\text{ lb} = 0 \tag{3}$$

식 (3)에서 $T_{AC} = +42.9\text{ lb}$

T_{AC}를 식 (2)에 대입하면 $F_D = +19.66\text{ lb}$

자유물체도에서 미지력의 방향은 가정한 것이다. 양의 결과는 가정한 방향이 옳다는 것을 의미한다. 도해법인 힘의 다각형을 이용하여 결과를 검증할 수 있다.

Problems

2.32 through 2.35 Two cables are tied together at C and loaded as shown. Determine the tension in AC and BC.

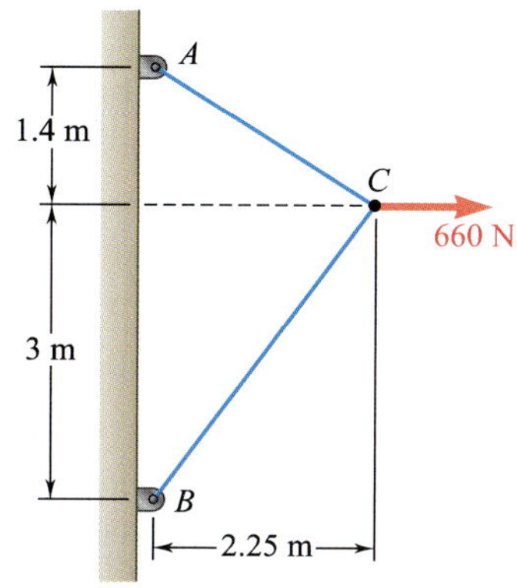

그림 P2.32

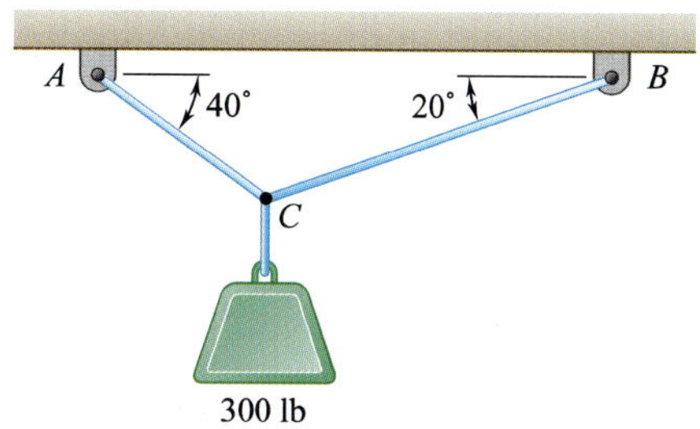

그림 P2.33

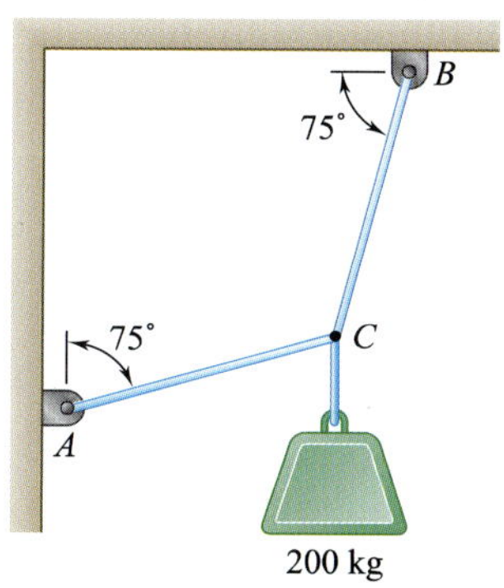

그림 P2.34

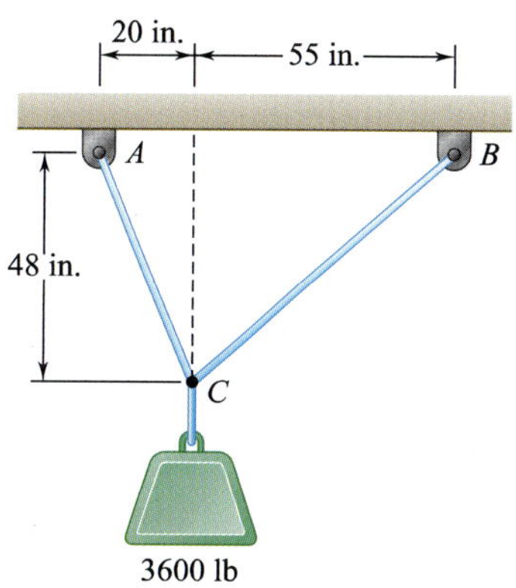

그림 P2.35

2.36 Two cables are tied together at C and loaded as shown. Knowing that $P = 500$ N and $\alpha = 60°$, determine the tension in AC and BC.

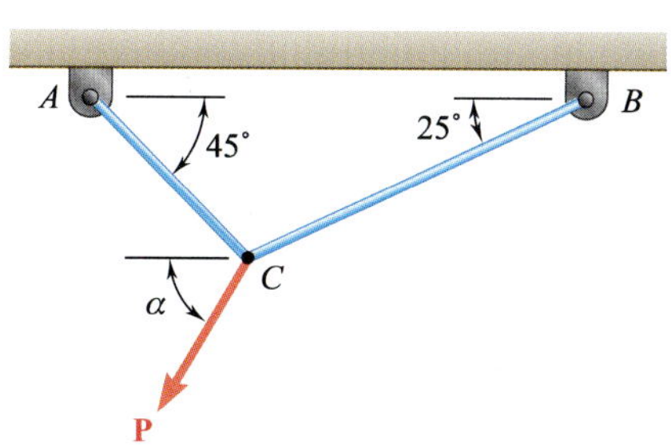

그림 P2.36

2.37 Two forces of magnitude T_A = 8 kips and T_B = 15 kips are applied as shown to a welded connection. Knowing that the connection is in equilibrium, determine the magnitudes of the forces T_C and T_D.

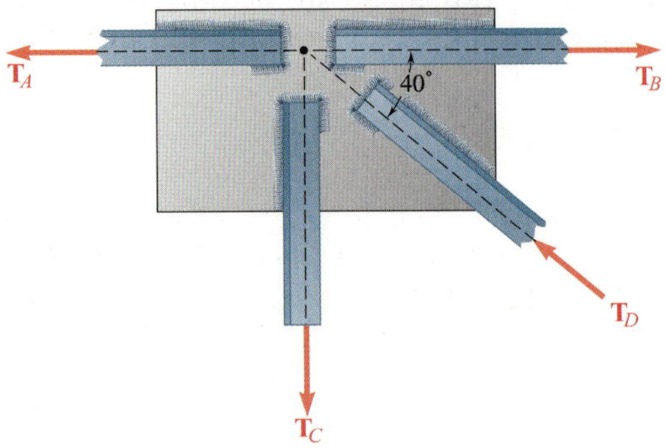

그림 ***P2.37,*** **P2.38**

2.38 Two forces of magnitude T_A = 6 kips and T_C = 9 kips are applied as shown to a welded connection. Knowing that the connection is in equilibrium, determine the magnitudes of the forces T_B and T_D.

2.39 Two forces of magnitude T_A = 5000 N and T_B = 2500 N are applied as shown to the connection shown. Knowing that the connection is in equilibrium, determine the magnitudes of the forces T_C and T_D.

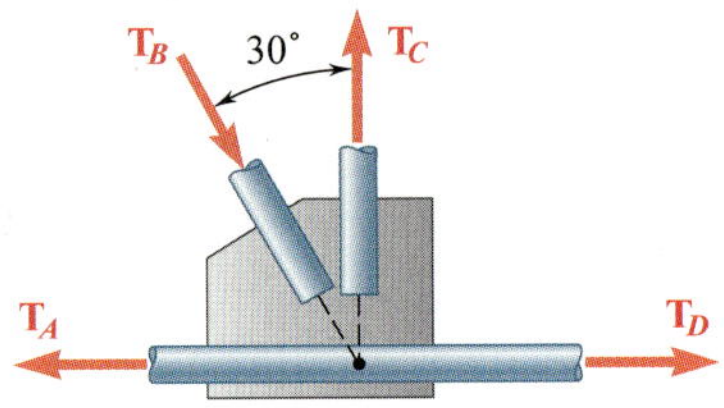

그림 ***P2.39***

2.40 Determine the range of values of **P** for which both cables remain taut.

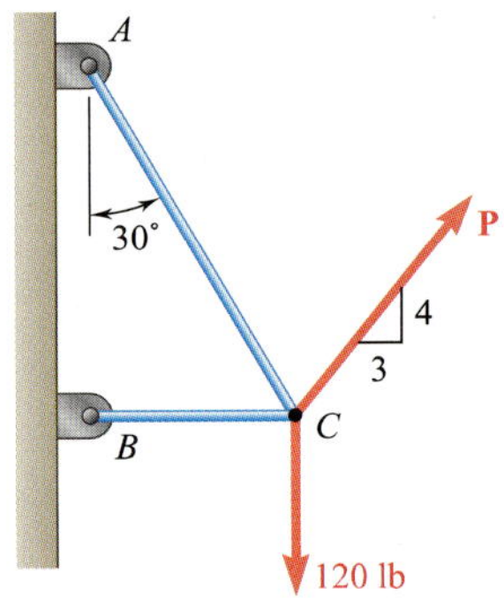

그림 **P2.40**

2.41 For the cables of Prob. 2.36, it is known that the maximum allowable tension is 600 N in cable AC and 750 N in cable BC. Determine (*a*) the maximum force **P** that can be applied at C, (*b*) the corresponding value of a.

2.42 Two ropes are tied together at C. If the maximum permissible tension in each rope is 2.5 kN, what is the maximum force **F** that can be applied? In what direction must this maximum force act?

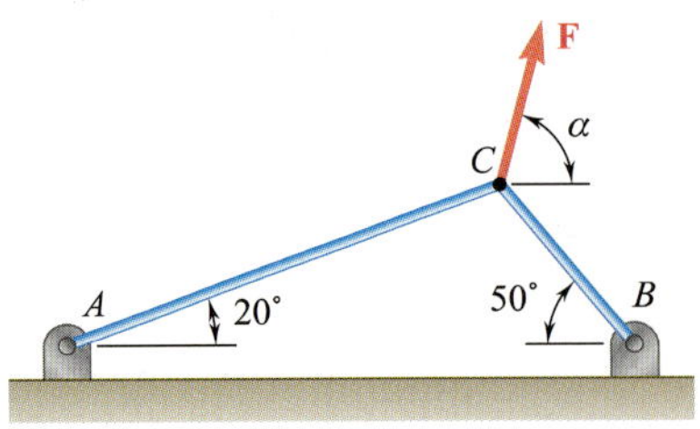

그림 **P2.42**

2.43 A 600-lb block is supported by two cables *AC* and *BC*. (*a*) For what value of α is the tension in cable *AC* maximum? (*b*) What are the corresponding values of the tension in cables *AC* and *BC*?

2.44 A 600-lb block is supported by two cables *AC* and *BC*. Determine (*a*) the value of α for which the larger of the cable tensions is as small as possible, (*b*) the corresponding values of the tension in cables *AC* and *BC*.

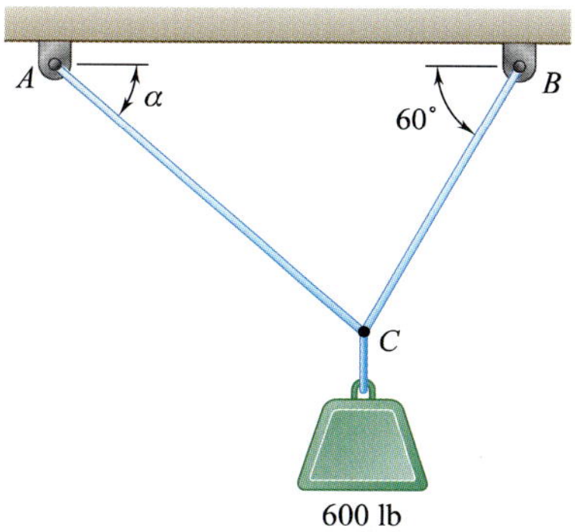

그림 P2.43, *P2.44*

2.45 Two cables are tied together at *C* as shown. Find the value of a for which the tension is as small as possible (*a*) in cable *BC*, (*b*) in both cables simultaneously. In each case determine the tension in both cables.

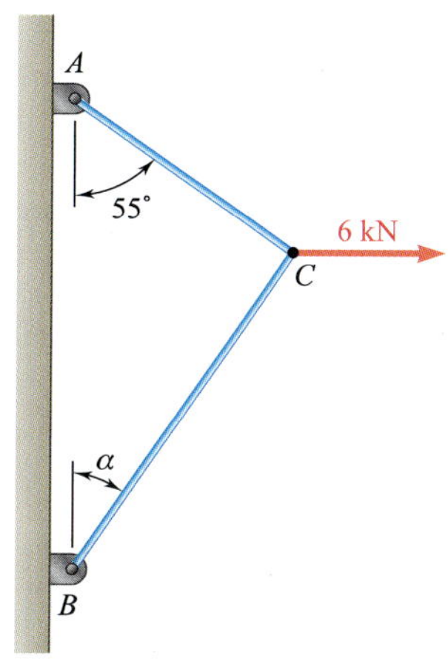

그림 P2.45

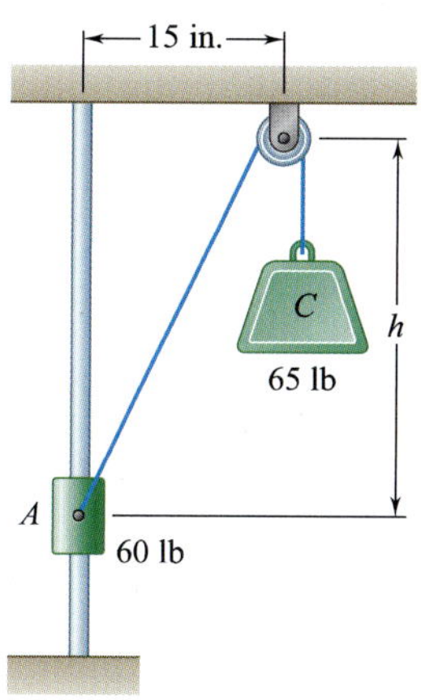

그림 P2.46

2.46 The 60-lb collar *A* can slide on a frictionless vertical rod and is connected as shown to a 65-lb counterweight *C*. Determine the value of *h* for which the system is in equilibrium.

2.47 The force **P** is applied to a small wheel that rolls on the cable *ACB*. Knowing that the tension in both parts of the cable is 750 N, determine the magnitude and direction of **P**.

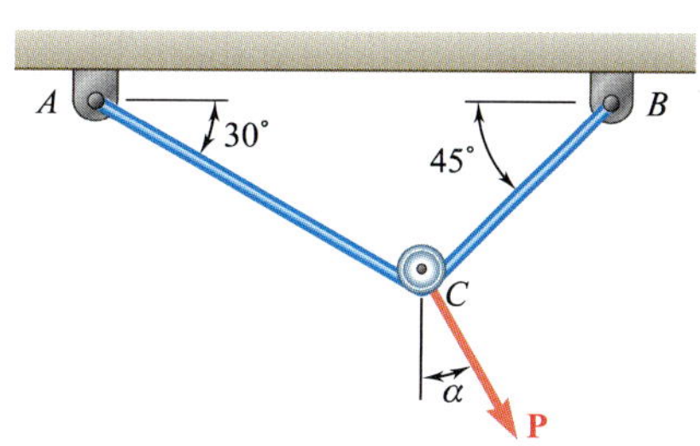

그림 *P2.47*

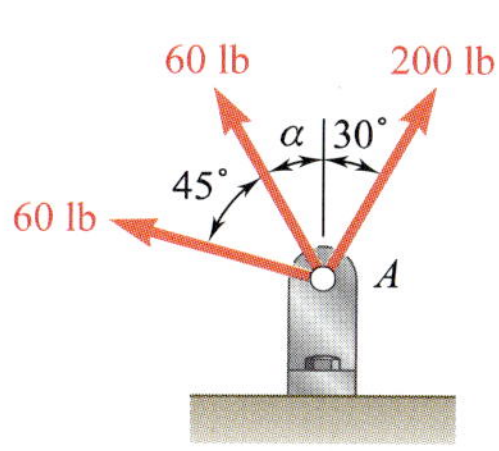

그림 P2.48

2.48 The directions of the 60-lb forces may vary, but the angle between the forces is always 45°. Determine the value of α for which the resultant of the forces acting at *A* is directed vertically upward.

2.49 A 3.6-m length of steel pipe of mass 300 kg is lifted by a crane cable *CD*. Determine the tension in the cable sling *ACB*, knowing that the length of the sling is (*a*) 4.5 m, (*b*) 6 m.

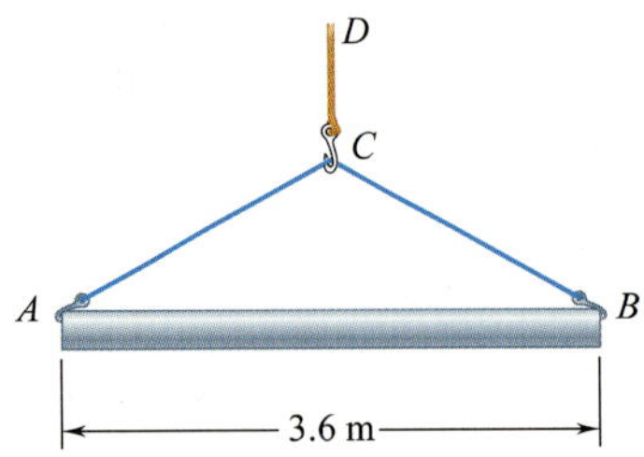

그림 P2.49

2.50 A movable bin and its contents weigh 700 lb. Determine the shortest chain sling *ACB* that can be used to lift the loaded bin if the tension in the chain is not to exceed 1250 lb.

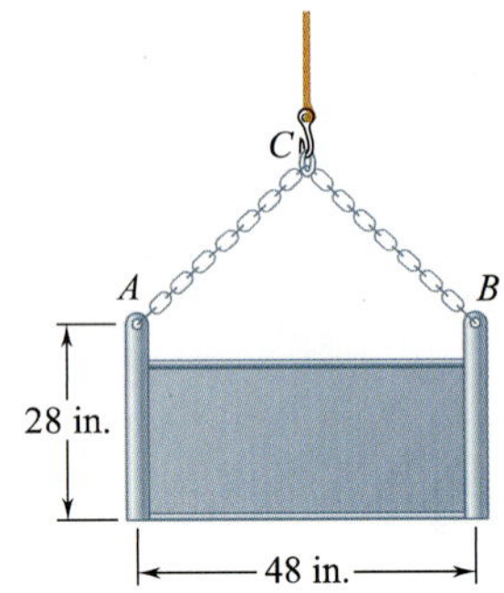

그림 P2.50

2.51 A 250-kg crate is supported by several rope-and-pulley arrangements as shown. Determine for each arrangement the tension in the rope. (The tension in the rope is the same on each side of a simple pulley. This can be proved by the methods of Chap. 4.)

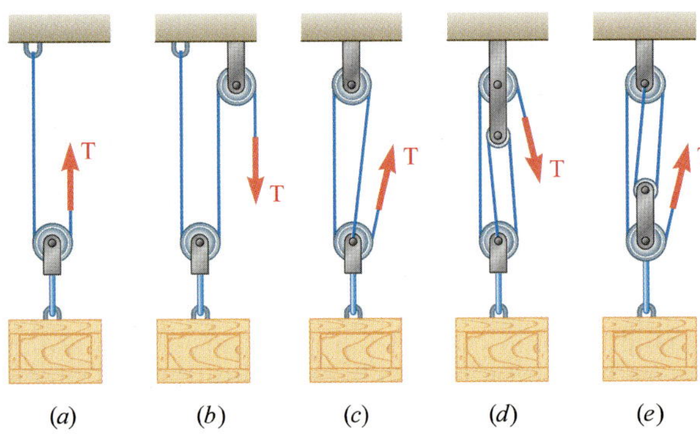

그림 P2.51

2.52 Solve parts *b* and *d* of Prob. 2.51 assuming that the free end of the rope is attached to the crate.

2.53 A 450-lb crate is to be supported by the rope-and-pulley arrangement shown. Determine the magnitude and direction of the force **F** that should be exerted on the free end of the rope.

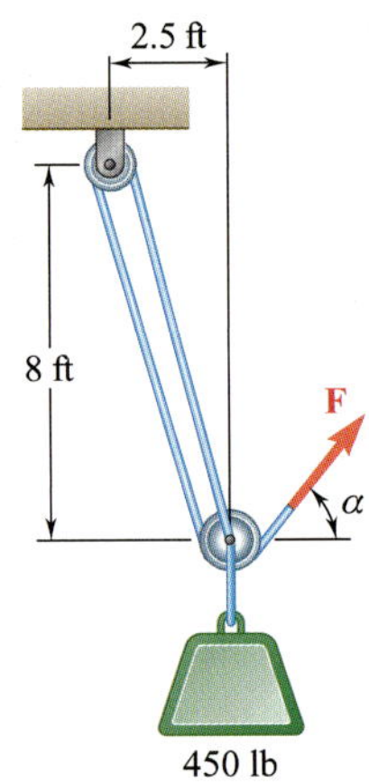

그림 *P2.53*

2.54 For W = 800 N, P = 200 N, and d = 600 mm, determine the value of h to maintain equilibrium.

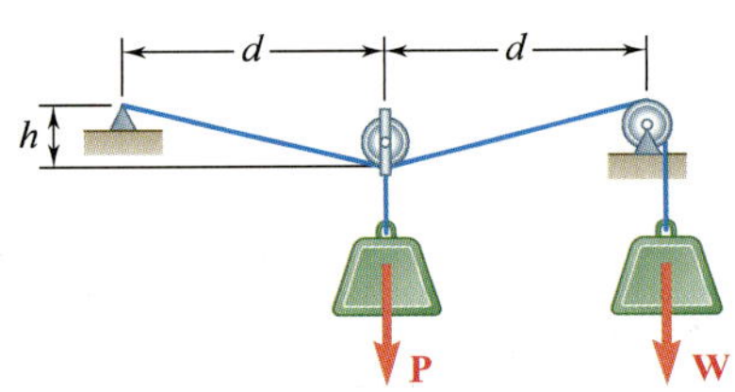

그림 P2.54

2.55 The collar A can slide freely on the horizontal smooth rod. Determine the magnitude of the force **P** required to maintain equilibrium when (*a*) $c = 9$ in., (*b*) $c = 16$ in.

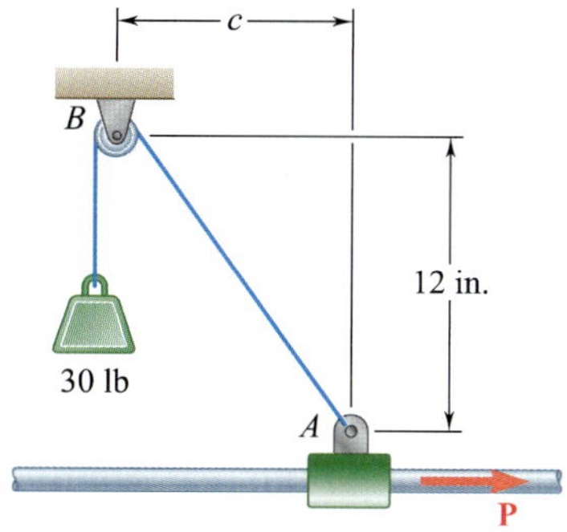

그림 P2.55

2.12 공간력의 직각성분

2장의 전반부는 2차원 문제를 논의하였다; 주어진 문제는 하나의 평면에 형성되고 해결되었다. 이 절을 포함한 후반부는 3차원공간의 문제를 논의한다.

직각좌표계의 원점 O에 작용하는 힘 **F** 의 방향을 정의하기 위해 **F** 가 놓이는 수직평면 $OBAC$를 형성한다(그림 2.30a). 이 평면은 수직 y축을 포함하며 방향은 xy 평면과 각 ϕ를 형성하고 있다. 이 평면에서 **F** 의 방향은 **F** 와 y축이 형성하는 각 θ_y로 정의된다. 힘 **F** 는 평면 $OBAC$에서 수직, 수평성분 $\mathbf{F}_y$, $\mathbf{F}_h$로 분해할 수 있다(그림 2.30b). 해당 직각분력은

$$F_y = F\cos\theta_y \qquad F_h = F\sin\theta_y \tag{2.16}$$

$\mathbf{F}_h$는 그림 2.30c와 같이 xz 평면에서 x, z축의 직각성분 $\mathbf{F}_x$, $\mathbf{F}_z$로 분해할 수 있다. 해당 스칼라 성분은 다음과 같다.

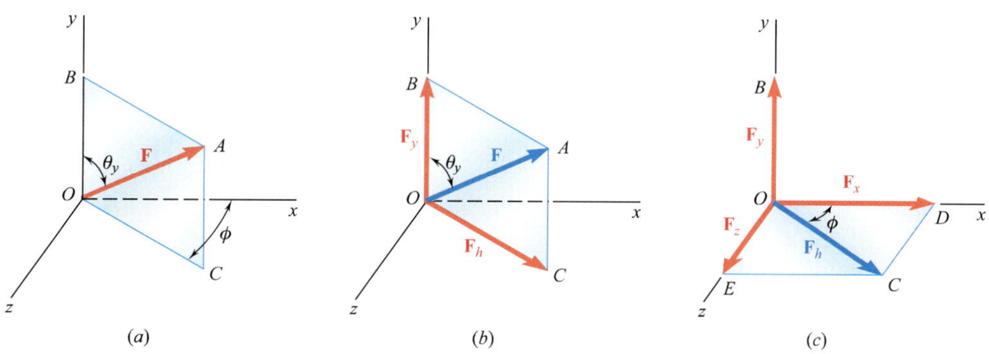

그림 2.30

$$F_x = F_h \cos\phi = F \sin\theta_y \cos\phi \qquad (2.17)$$
$$F_z = F_h \sin\phi = F \sin\theta_y \sin\phi$$

그러므로 주어진 힘 **F** 는 세 좌표축 방향의 직각성분 $\mathbf{F}_x$, $\mathbf{F}_y$, $\mathbf{F}_z$로 분해가 된다. 그림 2.30의 삼각형 OAB와 OCD에 피타고라스 정리를 적용하면

$$F^2 = (OA)^2 = (OB)^2 + (BA)^2 = F_y^2 + F_h^2$$
$$F_h^2 = (OC)^2 = (OD)^2 + (DC)^2 = F_x^2 + F_z^2$$

F_h^2 을 소거하고 F에 대해 정리하면 **F** 의 크기는 직각의 스칼라 성분으로부터 다음과 같이 결정된다.

$$F = \sqrt{F_x^2 + F_y^2 + F_z^2} \qquad (2.18)$$

힘 **F** 와 세 직각성분 $\mathbf{F}_x$, $\mathbf{F}_y$, $\mathbf{F}_z$의 관계는 그림 2.31과 같이 $\mathbf{F}_x$, $\mathbf{F}_y$, $\mathbf{F}_z$를 변으로 하는 직육면체에서 쉽게 이해할 수 있다. 힘 **F** 는 직육면체의 대각선 OA로 나타난다. 그림 2.31b는 식 (2.16)의 첫째 식을 유도하는 직각삼각형 OAB를 나타내고 있다. 그림 2.31a와 c는 다른 두 직각삼각형 OAD와 OAE를 나타내고 있으며 이들은 삼각형 OAB와 동일한 형상이다. **F** 가 x, z 축과 형성하는 각을 θ_x, θ_z라고 하면 $F_y = F\cos\theta_y$ 와 동일한 형태로 두 식을 쓸 수 있다.

$$F_x = F\cos\theta_x \qquad F_y = F\cos\theta_y \qquad F_z = F\cos\theta_z \qquad (2.19)$$

세 각 θ_x, θ_y, θ_z는 힘 **F** 의 방향을 정의한다. 앞에서 소개한 θ_y와 ϕ를 사용하는 것보다 이들 세 각을 사용하여 방향을 정의하는 것이 일반적이다. θ_x, θ_y, θ_z의 코싸인 값을 힘 **F** 의 **방향코싸인**(direction cosine)이라 한다.

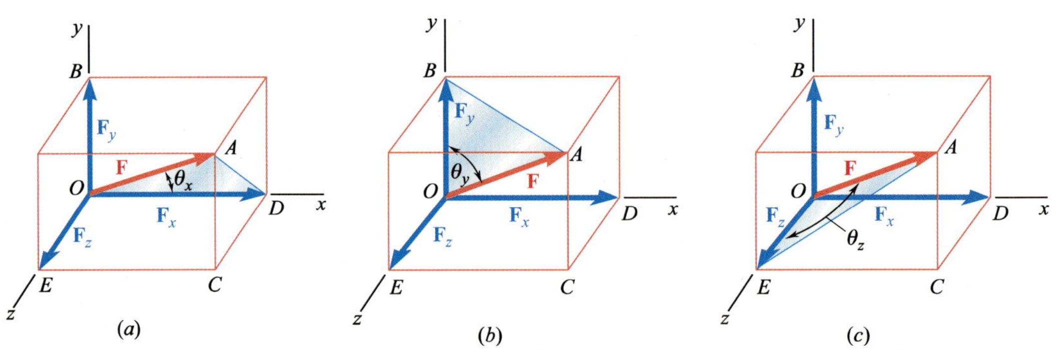

그림 2.31

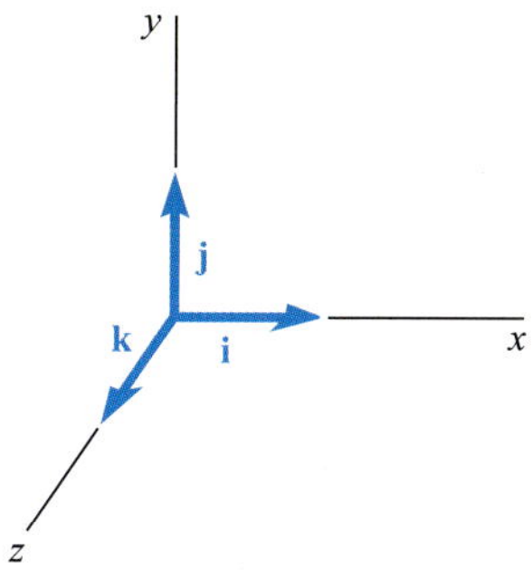

그림 2.32

x, y, z축의 단위벡터 **i**, **j**, **k**를 사용하면(그림 2.32) 힘 **F**는

$$\mathbf{F} = F_x\mathbf{i} + F_y\mathbf{j} + F_z\mathbf{k} \tag{2.20}$$

여기서 스칼라 성분 F_x, F_y, F_z는 식 (2.19)에 정의되어 있다.

예제 2.4 x, y, z축과 각각 60°, 45°, 120°의 사잇각을 갖는 힘 500 N의 직각성분 F_x, F_y, F_z를 구하시오.

식 (2.19)에 $F = 500\,\text{N}$, $\theta_x = 60°$, $\theta_y = 45°$, $\theta_z = 120°$를 대입하면

$$\begin{aligned} F_x &= (500\,\text{N})\cos 60° &&= +250\,\text{N} \\ F_y &= (500\,\text{N})\cos 45° &&= +354\,\text{N} \\ F_z &= (500\,\text{N})\cos 120° &&= -250\,\text{N} \end{aligned}$$

식 (2.20)의 형태로 고치면

$$\mathbf{F} = (250\,\text{N})\mathbf{i} + (354\,\text{N})\mathbf{j} - (250\,\text{N})\mathbf{k}$$

2차원 문제에서와 같이 양의 부호는 성분의 방향이 좌표축의 양의 방향이고 음의 부호는 반대방향을 의미한다. ■

힘 **F**가 좌표축과 형성하는 각은 좌표축의 양의 방향으로부터 측정하며 0~180°의 값을 갖는다. 90°보다 작은 예각 θ_x는 **F**가 (O점에 작용한다고 가정) yz평면에서 양의 x축 방향으로 향하는 것을 의미한다; 이 경우 $\cos\theta_x$와 F_x는 양이다. 90°보다 큰 둔각 θ_x는 **F**가 yz 평면에서 음의 x축 방향으로 향하는 것을 의미한다; 이 경우 $\cos\theta_x$와 F_x는 음이다. 예제 2.4에서 θ_x, θ_y는 예각이고 θ_z는 둔각이다; 따라서 F_x, F_y는 양이고 F_z는 음이다.

식 (2.19)를 식 (2.20)에 대입하면

$$\mathbf{F} = F(\cos\theta_x\mathbf{i} + \cos\theta_y\mathbf{j} + \cos\theta_z\mathbf{k}) \tag{2.21}$$

그러므로 힘 **F**는 스칼라 F와 다음 벡터의 곱이다.

$$\boldsymbol{\lambda} = \cos\theta_x\mathbf{i} + \cos\theta_y\mathbf{j} + \cos\theta_z\mathbf{k} \tag{2.22}$$

분명 벡터 $\boldsymbol{\lambda}$는 크기가 1이고 방향은 **F**의 방향과 같다(그림 2.33). 벡터 $\boldsymbol{\lambda}$는 **F**의 작용선 방향의 단위벡터이다. 그러므로 식 (2.22)로부터 단위벡터 $\boldsymbol{\lambda}$의 성분은 각각 **F**의 방향코싸인과 같다는 것을 알 수 있다:

$$\lambda_x = \cos\theta_x \qquad \lambda_y = \cos\theta_y \qquad \lambda_z = \cos\theta_z \tag{2.23}$$

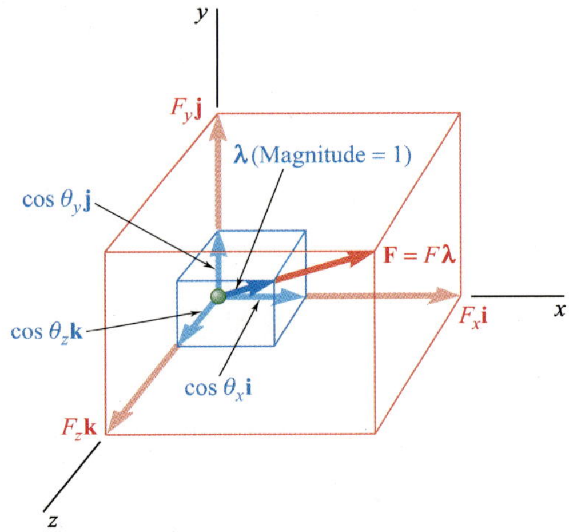

그림 2.33

세 각 θ_x, θ_y, θ_z는 독립적이지 않다. 벡터 성분의 제곱합은 크기의 제곱과 같으므로

$$\lambda_x^2 + \lambda_y^2 + \lambda_z^2 = 1$$

또는 식 (2.23)의 λ_x, λ_y, λ_z를 대입하면

$$\cos^2\theta_x + \cos^2\theta_y + \cos^2\theta_z = 1 \tag{2.24}$$

예를 들면 예제 2.4에서 $\theta_x = 60°$와 $\theta_y = 45°$가 주어지면 θ_z는 식 (2.24)로부터 60° 또는 120°가 되어야 한다.

힘 **F**의 성분 F_x, F_y, F_z가 주어지면 그 힘의 크기 F는 식 (2.18)에 의해 구해진다. 방향코싸인은 관계식 (2.19)에서 구할 수 있으며

$$\cos\theta_x = \frac{F_x}{F} \qquad \cos\theta_y = \frac{F_y}{F} \qquad \cos\theta_z = \frac{F_z}{F} \tag{2.25}$$

이로부터 **F**의 방향을 특정하는 각 θ_x, θ_y, θ_z를 결정할 수 있다.

예제 2.5 직각성분이 $F_x = 20\text{ lb}$, $F_y = -30\text{ lb}$, $F_z = 60\text{ lb}$인 힘 **F**의 크기와 좌표축과 형성하는 각 θ_x, θ_y, θ_z를 구하시오.

식 (2.18)로부터

$$F = \sqrt{F_x^2 + F_y^2 + F_z^2}$$
$$= \sqrt{(20\text{ lb})^2 + (-30\text{ lb})^2 + (60\text{ lb})^2}$$
$$= \sqrt{4900}\text{ lb} = 70\text{ lb}$$

F의 크기와 직각성분을 식 (2.25)에 대입하면

$$\cos\theta_x = \frac{F_x}{F} = \frac{20\ \text{lb}}{70\ \text{lb}} \qquad \cos\theta_y = \frac{F_y}{F} = \frac{-30\ \text{lb}}{70\ \text{lb}} \qquad \cos\theta_z = \frac{F_z}{F} = \frac{60\ \text{lb}}{70\ \text{lb}}$$

이로부터

$$\theta_x = 73.4^\circ \qquad \theta_y = 115.4^\circ \qquad \theta_z = 31.0^\circ \quad ■$$

2.13 크기와 작용선 위의 두 점으로 정의한 힘

경우에 따라 힘 **F**의 방향은 그림 2.34와 같이 작용선 위 두 점의 좌표 $M(x_1, y_1, z_1)$, $N(x_2, y_2, z_2)$으로 정의된다.

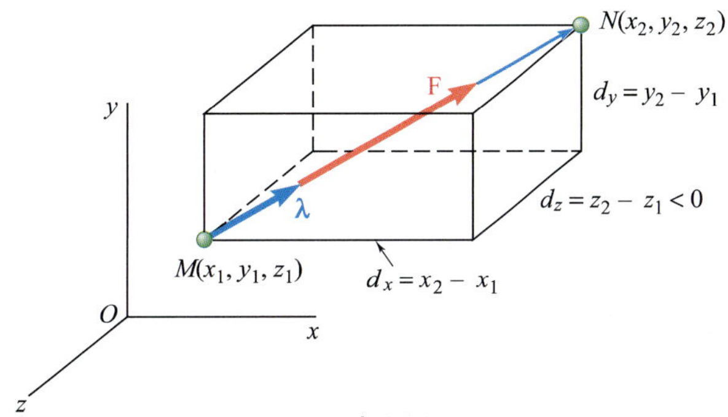

그림 2.34

이 경우 M, N을 연결하는 벡터 $\overrightarrow{MN}$이 힘 **F**를 나타내며 스칼라 분력 d_x, d_y, d_z를 사용하면

$$\overrightarrow{MN} = d_x\mathbf{i} + d_y\mathbf{j} + d_z\mathbf{k} \tag{2.26}$$

F의 작용선 위(직선 MN방향) 단위벡터 $\boldsymbol{\lambda}$는 $\overrightarrow{MN}$을 크기 MN으로 나누어 구할 수 있다. MN은 M과 N 사이의 거리 d이므로 식 (2.26)으로부터

$$\boldsymbol{\lambda} = \frac{\overrightarrow{MN}}{MN} = \frac{1}{d}(d_x\mathbf{i} + d_y\mathbf{j} + d_z\mathbf{k}) \tag{2.27}$$

F는 F와 $\boldsymbol{\lambda}$의 곱이다.

$$\mathbf{F} = F\boldsymbol{\lambda} = \frac{F}{d}(d_x\mathbf{i} + d_y\mathbf{j} + d_z\mathbf{k}) \tag{2.28}$$

이로부터 **F**의 스칼라 성분은 각각

$$F_x = \frac{Fd_x}{d} \qquad F_y = \frac{Fd_y}{d} \qquad F_z = \frac{Fd_z}{d} \tag{2.29}$$

그러므로 힘 **F**의 크기 F와 작용선 위의 두 점이 주어지면 식 (2.29)로부터 힘 **F**의 성분을 구할 수 있다. N 좌표와 M 좌표의 차이로부터 벡터 $\overrightarrow{MN}$의 성분과 M과 N의 거리 d는

$$d_x = x_2 - x_1 \qquad d_y = y_2 - y_1 \qquad d_z = z_2 - z_1$$
$$d = \sqrt{d_x^2 + d_y^2 + d_z^2}$$

F, d_x, d_y, d_z, d를 식 (2.29)에 대입하면 직각성분 F_x, F_y, F_z가 결정된다.

힘 **F**의 방향각 θ_x, θ_y, θ_z는 식 (2.25)에서 구할 수 있다. 또한 식 (2.22)와 (2.27)로부터

$$\cos\theta_x = \frac{d_x}{d} \qquad \cos\theta_y = \frac{d_y}{d} \qquad \cos\theta_z = \frac{d_z}{d} \tag{2.30}$$

즉, 벡터 $\overrightarrow{MN}$의 크기와 성분으로부터 직접 θ_x, θ_y, θ_z를 구할 수 있다.

2.14 절점공간력의 합

두 개 또는 그 이상의 공간력의 합력 **R**은 그들의 직각성분을 합하여 구한다. 공간역계에서 도해법이나 삼각함수를 적용하기는 어렵다.

아래 방법은 2.8절의 평면력에 적용한 방법과 같다. 합력은 다음과 같이 정의되고

$$\mathbf{R} = \Sigma\mathbf{F}$$

직각성분을 사용하여 정리하면

$$R_x\mathbf{i} + R_y\mathbf{j} + R_z\mathbf{k} = \Sigma(F_x\mathbf{i} + F_y\mathbf{j} + F_z\mathbf{k})$$
$$= (\Sigma F_x)\mathbf{i} + (\Sigma F_y)\mathbf{j} + (\Sigma F_z)\mathbf{k}$$

이로부터

$$R_x = \Sigma F_x \qquad R_y = \Sigma F_y \qquad R_z = \Sigma F_z \tag{2.31}$$

합력의 크기와 방향각 θ_x, θ_y, θ_z는 2.12절에서 소개한 방법에 의해 다음 식으로 구할 수 있다.

$$R = \sqrt{R_x^2 + R_y^2 + R_z^2} \tag{2.32}$$

$$\cos\theta_x = \frac{R_x}{R} \qquad \cos\theta_y = \frac{R_y}{R} \qquad \cos\theta_z = \frac{R_z}{R} \tag{2.33}$$

문제 2.7

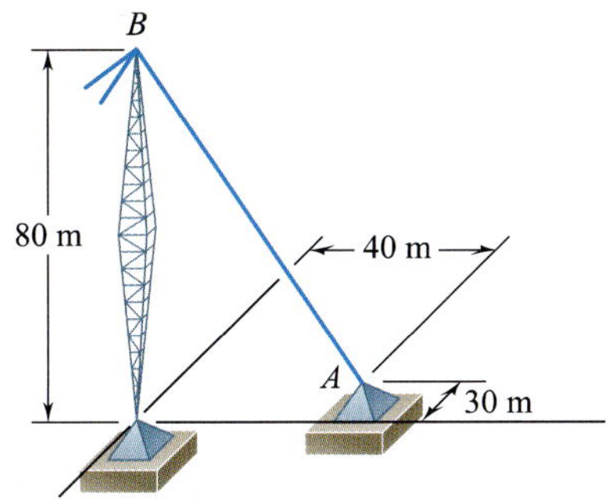

타워를 지지하는 케이블이 점 A에 고정되어 있고 인장력은 2500 N이다. (a) 볼트에 작용하는 힘의 직각성분 F_x, F_y, F_z, (b) 힘의 방향각 θ_x, θ_y, θ_z를 구하시오.

풀이.

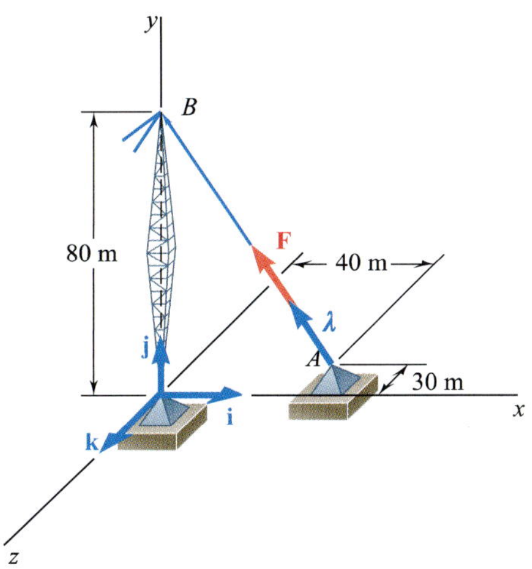

a. 힘의 직각성분. 볼트에 작용하는 힘의 작용선과 방향은 A에서 B를 향하고 있다. 힘과 동일한 방향의 벡터 $\overrightarrow{AB}$의 직각성분은

$$d_x = -40\text{ m} \quad d_y = +80\text{ m} \quad d_z = +30\text{ m}$$

A와 B 사이의 거리는

$$AB = d = \sqrt{d_x^2 + d_y^2 + d_z^2} = 94.3\text{ m}$$

좌표축의 단위벡터를 $\mathbf{i}$, $\mathbf{j}$, $\mathbf{k}$라 하면

$$\overrightarrow{AB} = -(40\text{ m})\mathbf{i} + (80\text{ m})\mathbf{j} + (30\text{ m})\mathbf{k}$$

단위벡터 $\boldsymbol{\lambda}$를 도입하고

$$\mathbf{F} = F\boldsymbol{\lambda} = F\frac{\overrightarrow{AB}}{AB} = \frac{2500\text{ N}}{94.3\text{ m}}\overrightarrow{AB}$$

$\overrightarrow{AB}$를 대입하면

$$\mathbf{F} = \frac{2500\text{ N}}{94.3\text{ m}}[-(40\text{ m})\mathbf{i} + (80\text{ m})\mathbf{j} + (30\text{ m})\mathbf{k}]$$
$$\mathbf{F} = -(1060\text{ N})\mathbf{i} + (2120\text{ N})\mathbf{j} + (795\text{ N})\mathbf{k}$$

그러므로 $\mathbf{F}$의 직각성분은 다음과 같다.

$$F_x = -1060\text{ N} \qquad F_y = +2120\text{ N} \qquad F_z = +795\text{ N}$$

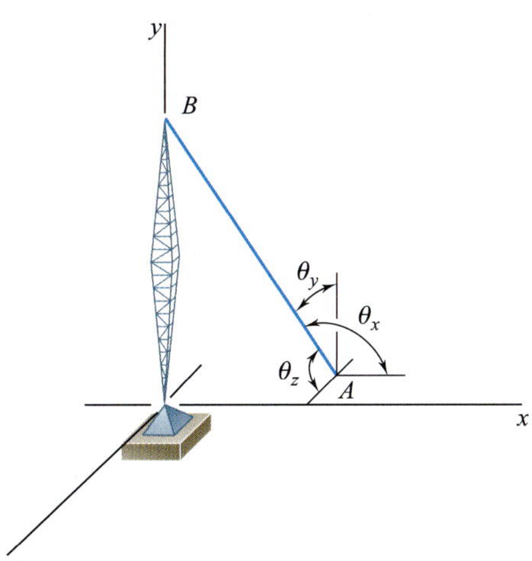

b. 힘의 방향. 식 (2.25)에서 방향각은 다음과 같이 구할 수 있다(주. 이 결과는 힘 $\mathbf{F}$ 대신 벡터 $\overrightarrow{AB}$의 성분과 크기로 구할 수도 있다.).

$$\cos\theta_x = \frac{F_x}{F} = \frac{-1060\text{ N}}{2500\text{ N}} \qquad \cos\theta_y = \frac{F_y}{F} = \frac{+2120\text{ N}}{2500\text{ N}}$$

$$\cos\theta_z = \frac{F_z}{F} = \frac{+795\text{ N}}{2500\text{ N}}$$

$$\theta_x = 115.1^\circ \qquad \theta_y = 32.0^\circ \qquad \theta_z = 71.5^\circ$$

문제 2.8

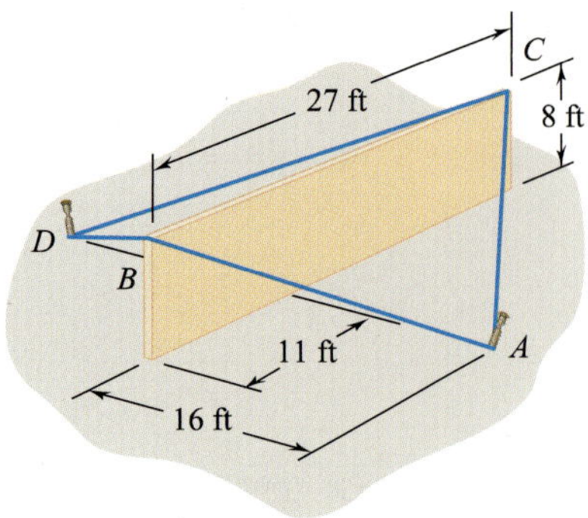

PC패널이 임시로 케이블에 의해 지지되어 있다. 케이블 AB와 케이블 AC의 인장력이 각각 840 lb, 1200 lb일 때 두 케이블에 의해 말뚝 A에 작용하는 합력의 크기와 방향을 구하시오.

풀이.

힘의 직각성분. 말뚝에 작용하는 각 케이블의 힘을 x, y, z축 성분으로 분해한다. A에서 패널로 향하는 벡터 $\overrightarrow{AB}$, $\overrightarrow{AC}$의 크기와 성분을 구하고 좌표축의 단위벡터 $\mathbf{i}$, $\mathbf{j}$, $\mathbf{k}$로 표기하면

$$\overrightarrow{AB} = -(16\text{ ft})\mathbf{i} + (8\text{ ft})\mathbf{j} + (11\text{ ft})\mathbf{k} \qquad AB = 21\text{ ft}$$
$$\overrightarrow{AC} = -(16\text{ ft})\mathbf{i} + (8\text{ ft})\mathbf{j} - (16\text{ ft})\mathbf{k} \qquad AC = 24\text{ ft}$$

AB 방향의 단위벡터를 $\boldsymbol{\lambda}_{AB}$라 하면

$$\mathbf{T}_{AB} = T_{AB}\boldsymbol{\lambda}_{AB} = T_{AB}\frac{\overrightarrow{AB}}{AB} = \frac{840\text{ lb}}{21\text{ ft}}\overrightarrow{AB}$$

$\overrightarrow{AB}$를 대입하면

$$\mathbf{T}_{AB} = \frac{840\text{ lb}}{21\text{ ft}}[-(16\text{ ft})\mathbf{i} + (8\text{ ft})\mathbf{j} + (11\text{ ft})\mathbf{k}]$$
$$\mathbf{T}_{AB} = -(640\text{ lb})\mathbf{i} + (320\text{ lb})\mathbf{j} + (440\text{ lb})\mathbf{k}$$

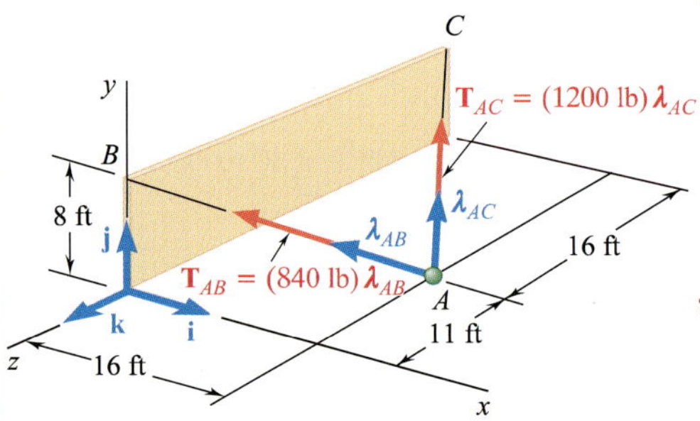

마찬가지로 AC 방향의 단위벡터를 $\boldsymbol{\lambda}_{AC}$라 하면 $\mathbf{T}_{AC}$는 다음과 같다.

$$\mathbf{T}_{AC} = T_{AC}\boldsymbol{\lambda}_{AC} = T_{AC}\frac{\overrightarrow{AC}}{AC} = \frac{1200\text{ lb}}{24\text{ ft}}\overrightarrow{AC}$$
$$\mathbf{T}_{AC} = -(800\text{ lb})\mathbf{i} + (400\text{ lb})\mathbf{j} - (800\text{ lb})\mathbf{k}$$

합력. 두 케이블에 의한 힘의 합력 $\mathbf{R}$은

$$\mathbf{R} = \mathbf{T}_{AB} + \mathbf{T}_{AC} = -(1440\text{ lb})\mathbf{i} + (720\text{ lb})\mathbf{j} - (360\text{ lb})\mathbf{k}$$

합력의 크기와 방향은 다음과 같다: 크기 R은

$$R = \sqrt{R_x^2 + R_y^2 + R_z^2} = \sqrt{(-1440)^2 + (720)^2 + (-360)^2}$$

$$R = 1650\text{ lb}$$

식 (2.33)으로부터 방향각은 다음과 같다.

$$\cos\theta_x = \frac{R_x}{R} = \frac{-1440\text{ lb}}{1650\text{ lb}} \qquad \cos\theta_y = \frac{R_y}{R} = \frac{+720\text{ lb}}{1650\text{ lb}}$$
$$\cos\theta_z = \frac{R_z}{R} = \frac{-360\text{ lb}}{1650\text{ lb}}$$

$$\theta_x = 150.8^\circ \quad \theta_y = 64.1^\circ \quad \theta_z = 102.6^\circ$$

Problems

2.56 Determine (*a*) the x, y, and z components of the 250-N force, (*b*) the angles θ_x, θ_y, and θ_z that the force forms with the coordinate axes.

2.57 Determine (*a*) the x, y, and z components of the 300-N force, (*b*) the angles θ_x, θ_y, and θ_z that the force forms with the coordinate axes.

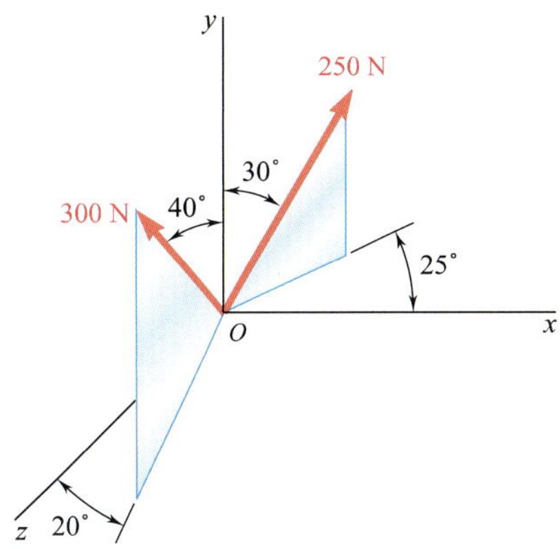

그림 P2.56, P2.57

2.58 The angle between the guy wire AB and the mast is 20°. Knowing that the tension in AB is 300 lb, determine (*a*) the x, y, and z components of the force exerted on the boat at B, (*b*) the angles θ_x, θ_y, and θ_z defining the direction of the force exerted at B.

2.59 The angle between the guy wire AC and the mast is 20°. Knowing that the tension in AC is 300 lb, determine (*a*) the x, y, and z components of the force exerted on the boat at C, (*b*) the angles θ_x, θ_y, and θ_z defining the direction of the force exerted at C.

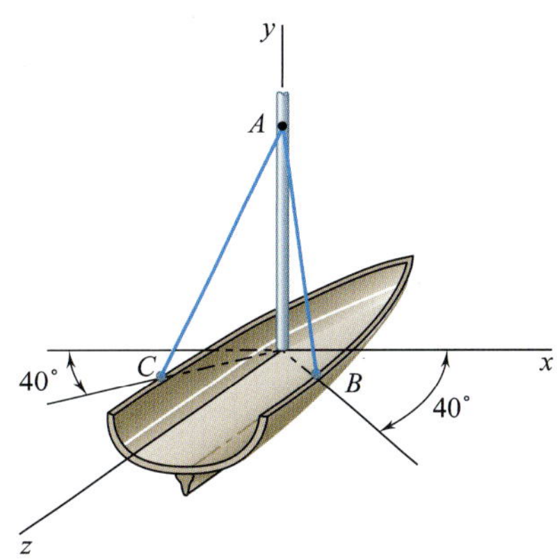

그림 P2.58, P2.59

2.60 A gun is aimed at a point A located 20° west of north. Knowing that the barrel of the gun forms an angle of 35° with the horizontal and that the maximum recoil force is 800 N, determine (*a*) the x, y, and z components of the force, (*b*) the angles θ_x, θ_y, and θ_z defining the direction of the recoil force. (Assume that the x, y, and z axes are directed, respectively, east, up, and south.)

2.61 Solve Prob. 2.60, assuming that point A is located 25° north of west and that the barrel of the gun forms an angle of 30° with the horizontal.

2.62 Determine the magnitude and direction of the force $\mathbf{F} = -(240\text{ lb})\mathbf{i} - (320\text{ lb})\mathbf{j} + (600\text{ lb})\mathbf{k}$.

2.63 Determine the magnitude and direction of the force $\mathbf{F} = (690\text{ lb})\mathbf{i} + (300\text{ lb})\mathbf{j} - (580\text{ lb})\mathbf{k}$.

2.64 A force acts at the origin in a direction defined by the angles $\theta_y = 120°$ and $\theta_z = 75°$. It is known that the x component of the force is +40 N. Determine the magnitude of the force and the value of θ_x.

2.65 A 250-lb force acts at the origin in a direction defined by the angles $\theta_x = 65°$ and $\theta_y = 40°$. It is known that the z component of the force is positive. Determine the value of θ_x and the components of the force.

2.66 A force acts at the origin in a direction defined by the angles $\theta_x = 70°$ and $\theta_z = 130°$. Knowing that the y component of the force is +400 lb, determine (*a*) the other components and the magnitude of the force, (*b*) the value of θ_y.

2.67 A force acts at the origin in a direction defined by the angles $\theta_y = 65°$ and $\theta_z = 40°$. Knowing that the x component of the force is −750 N, determine (*a*) the other components and the magnitude of the force, (*b*) the value of θ_x.

2.68 Knowing that the tension in cable *AB* is 900 N, determine the components of the force exerted on the plate at *A*.

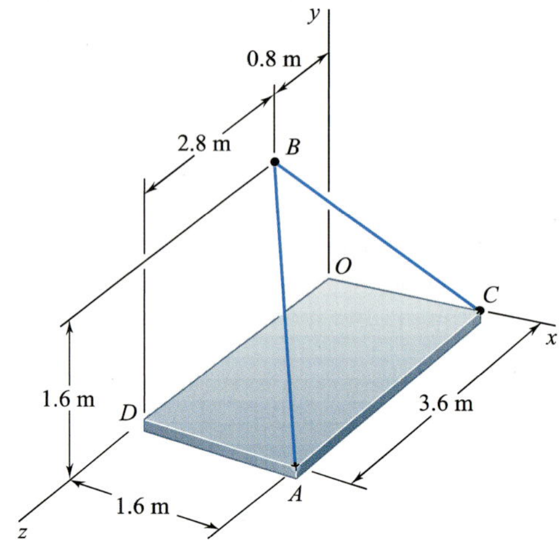

그림 ***P2.68***, **P2.69**

2.69 Knowing that the tension in cable *BC* is 450 N, determine the components of the force exerted on the plate at *C*.

2.70 Knowing that the tension in cable *AB* is 285 lb, determine the components of the force exerted on the plate at *B*.

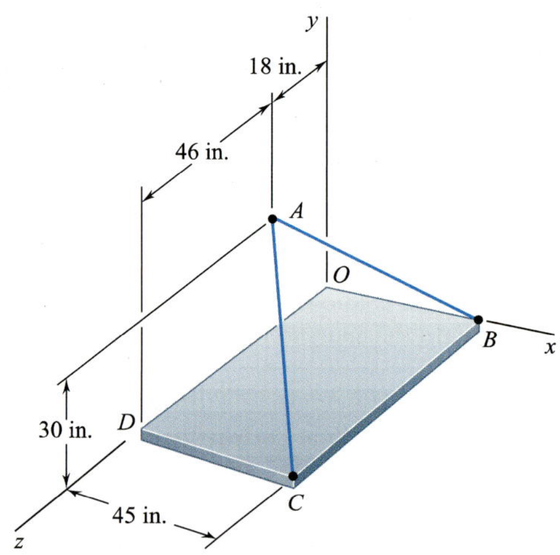

Fig. *P2.70*, P2.71, and P2.73

2.71 Knowing that the tension in cable *AC* is 426 lb, determine the components of the force exerted on the plate at *C*.

2.72 Determine the resultant of the two forces shown.

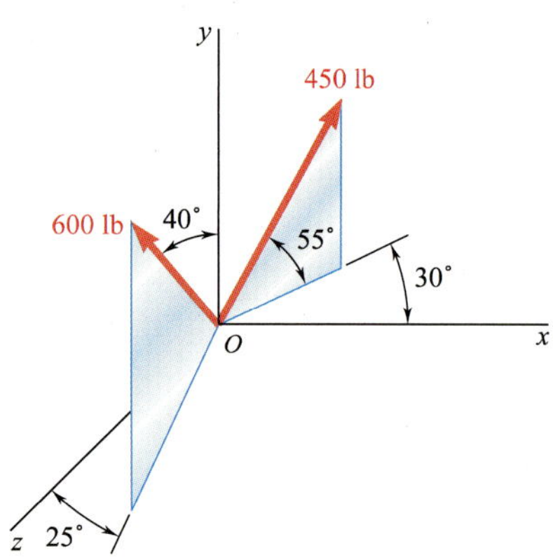

그림 **P2.72**

2.73 Knowing that the tension is 285 lb in cable *AB* and 426 lb in cable *AC*, determine the magnitude and direction of the resultant of the forces exerted at *A* by the two cables.

2.74 The angle between each of the springs AB and AC and the post DA is 30°. Knowing that the tension is 50 lb in spring AB and 40 lb in spring AC, determine the magnitude and direction of the resultant of the forces exerted by the springs on the post at A.

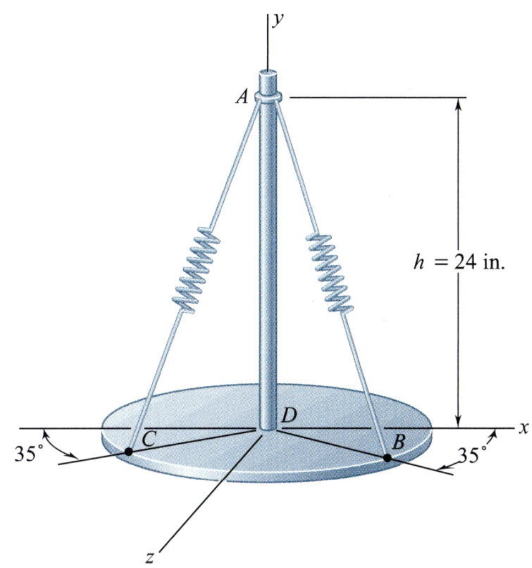

그림 *P2.74*

2.75 Determine the two possible values of θ_y for a force $\mathbf{F}$, (*a*) if the force forms equal angles with the positive x, y, and z axes, (*b*) if the force forms equal angles with the positive y and z axes and an angle of 45° with the positive x axis.

2.76 Knowing that the tension in AB is 39 kN, determine the required values of the tension in AC and AD so that the resultant of the three forces applied at A is vertical.

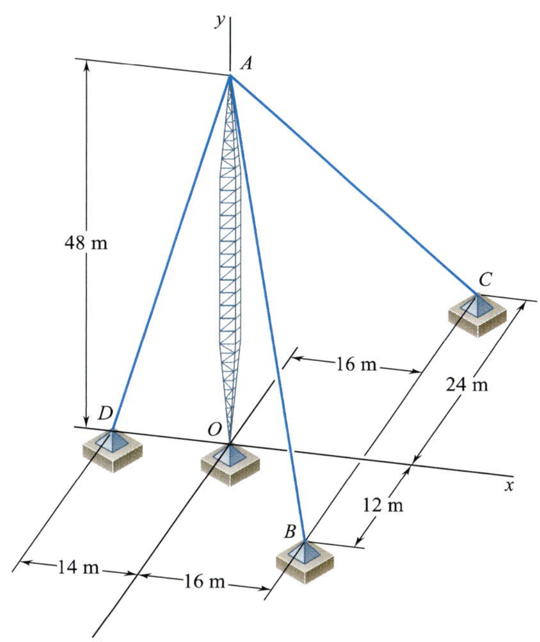

그림 **P2.76, P2.77**

2.77 Knowing that the tension in *AC* is 28 kN, determine the required values of the tension in *AB* and *AD* so that the resultant of the three forces applied at *A* is vertical.

2.78 The boom *OA* carries a load **P** and is supported by two cables as shown. Knowing that the tension in cable *AB* is 732 N and that the resultant of the load **P** and of the forces exerted at *A* by the two cables must be directed along *OA*, determine the tension in cable *AC*.

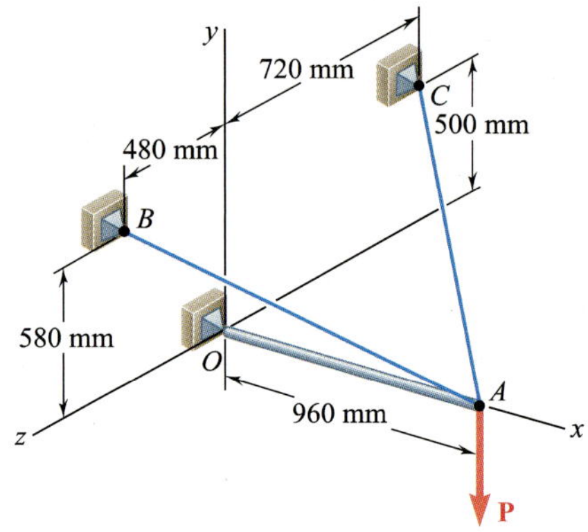

그림 *P2.78*

2.79 For the boom and loading of Prob. 2.78, determine the magnitude of the load **P**.

사진 2.2 식 (2.34)의 세 개 식을 후크 평형 조건에 적용하여 네 개 케이블의 인장력을 구할 수는 없으나 인장력 간의 관계식은 구할 수 있다.

2.15 공간에서 입자의 평형

2.9절의 정의에 의해 입자 A에 작용하는 모든 힘의 합이 0이면 입자 A는 평형상태이다. 식 (2.31)에 주어진 합력의 성분 R_x, R_y, R_z가 모두 0이면 다음과 같이 쓸 수 있다.

$$\Sigma F_x = 0 \qquad \Sigma F_y = 0 \qquad \Sigma F_z = 0 \tag{2.34}$$

식 (2.34)는 공간에서 입자가 평형상태이기 위한 필요충분조건이다. 이들 식으로 미지수가 3개 이하인 입자의 평형문제를 해결할 수 있다.

이러한 문제를 해결하기 위해서는 먼저 평형상태의 입자와 모든 작용력을 포함한 자유물체도를 작성한다. 다음 단계로 식 (2.34)를 적용하여 세 개의 미지수를 구한다. 일반적인 문제에서 이들 미지수는 (1) 한 힘의 세 성분 또는 (2) 방향이 주어진 세 힘의 크기가 된다.

문제 2.9

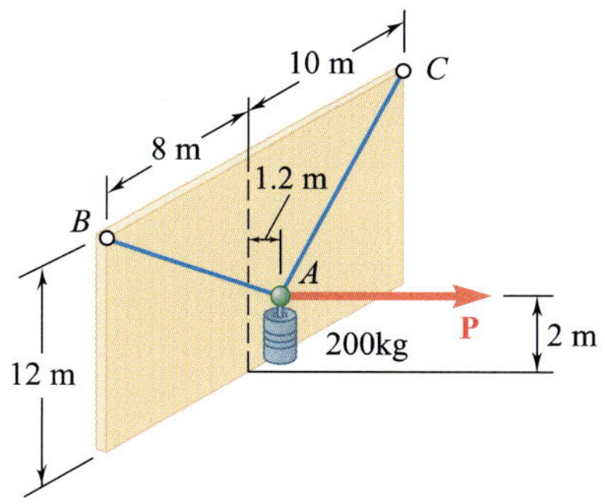

수직벽의 상단에 설치된 두 케이블 AB와 AC에 의해 200 kg의 실린더가 매달려 있다. 벽에 직각으로 수평력 **P**가 작용하여 실린더를 그림과 같은 위치로 고정하였다. 힘 **P**의 크기와 각 케이블의 인장력을 구하시오.

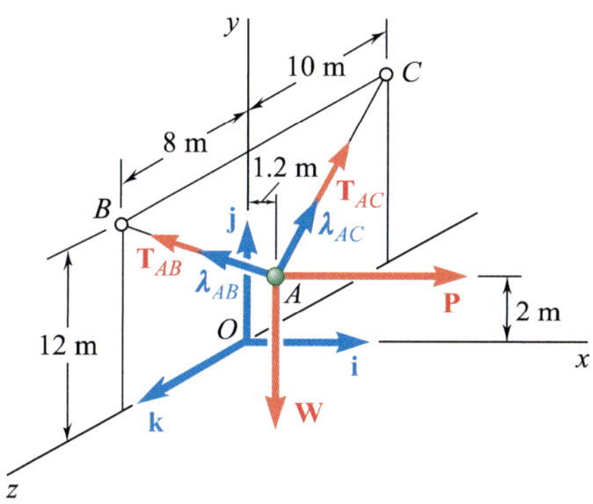

풀이.

자유물체도. A점을 자유물체로 하여 네 개의 힘을 표시하였으며 이 중 세 힘은 미지수다.

단위벡터 **i**, **j**, **k**를 사용하여 각 힘을 직각성분으로 나타내면 **P**와 **W**는

$$\mathbf{P} = P\mathbf{i} \tag{1}$$
$$\mathbf{W} = -mg\mathbf{j} = -(200\text{ kg})(9.81\text{ m/s}^2)\mathbf{j} = -(1962\text{ N})\mathbf{j}$$

벡터 $\overrightarrow{AB}$, $\overrightarrow{AC}$의 크기와 성분을 구하고 AB 방향의 단위벡터를 $\boldsymbol{\lambda}_{AB}$, AC 방향의 단위벡터를 $\boldsymbol{\lambda}_{AC}$라 하면 $\mathbf{T}_{AB}$와 $\mathbf{T}_{AC}$는 다음과 같다.

$$\overrightarrow{AB} = -(1.2\text{ m})\mathbf{i} + (10\text{ m})\mathbf{j} + (8\text{ m})\mathbf{k} \qquad AB = 12.862\text{ m}$$

$$\boldsymbol{\lambda}_{AB} = \frac{\overrightarrow{AB}}{12.862\text{ m}} = -0.09330\mathbf{i} + 0.7775\mathbf{j} + 0.6220\mathbf{k}$$

$$\mathbf{T}_{AB} = T_{AB}\boldsymbol{\lambda}_{AB} = -0.09330\,T_{AB}\mathbf{i} + 0.7775\,T_{AB}\mathbf{j} + 0.6220\,T_{AB}\mathbf{k} \tag{2}$$

$$\overrightarrow{AC} = -(1.2\text{ m})\mathbf{i} + (10\text{ m})\mathbf{j} - (10\text{ m})\mathbf{k} \qquad AC = 14.193\text{ m}$$

$$\boldsymbol{\lambda}_{AC} = \frac{\overrightarrow{AC}}{14.193\text{ m}} = -0.08455\mathbf{i} + 0.7046\mathbf{j} - 0.7046\mathbf{k}$$

$$\mathbf{T}_{AC} = T_{AC}\boldsymbol{\lambda}_{AC} = -0.08455\,T_{AC}\mathbf{i} + 0.7046\,T_{AC}\mathbf{j} - 0.7046\,T_{AC}\mathbf{k} \tag{3}$$

평형조건. A는 평형상태이므로

$$\Sigma\mathbf{F} = 0: \quad \mathbf{T}_{AB} + \mathbf{T}_{AC} + \mathbf{P} + \mathbf{W} = 0$$

식 (1), (2), (3)을 대입하고 **i**, **j**, **k** 항으로 정리하면

$$\begin{aligned}&(-0.09330\,T_{AB} - 0.08455\,T_{AC} + P)\mathbf{i}\\ &+ (0.7775\,T_{AB} + 0.7046\,T_{AC} - 1962\text{ N})\mathbf{j}\\ &+ (0.6220\,T_{AB} - 0.7046\,T_{AC})\mathbf{k} = 0\end{aligned}$$

i, **j**, **k** 항의 계수는 0이 되어야 하므로 합력의 x, y, z축 성분이 각각 0이라는 세 개의 스칼라 식이 구해진다.

$$(\Sigma F_x = 0:) \quad -0.09330\,T_{AB} - 0.08455\,T_{AC} + P = 0$$
$$(\Sigma F_y = 0:) \quad +0.7775\,T_{AB} + 0.7046\,T_{AC} - 1962\text{ N} = 0$$
$$(\Sigma F_z = 0:) \quad +0.6220\,T_{AB} - 0.7046\,T_{AC} = 0$$

이로부터 $P = 235\text{ N}$ $\quad T_{AB} = 1402\text{ N}$ $\quad T_{AC} = 1238\text{ N}$

Problems

2.80 A container is supported by three cables that are attached to a ceiling as shown. Determine the weight W of the container knowing that the tension in cable AB is 6 kN.

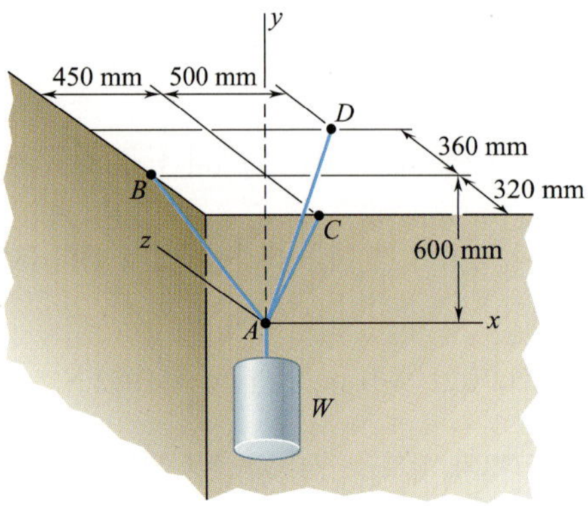

그림 P2.80, P2.81, P2.82

2.81 A container is supported by three cables that are attached to a ceiling as shown. Determine the weight W of the container knowing that the tension in cable AD is 4.3 kN.

2.82 A container of weight $W = 9.32$ kN is supported by three cables that are attached to a ceiling as shown. Determine the tension in each cable.

2.83 A load W is supported by three cables as shown. Determine the value of W knowing that the tension in cable BD is 975 lb.

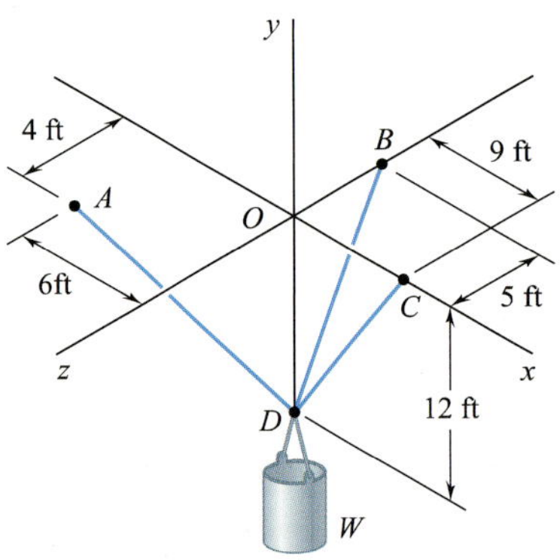

그림 P2.83, P2.84, *P2.85*

2.84 A load W is supported by three cables as shown. Determine the value of W knowing that the tension in cable CD is 300 lb.

2.85 A load W of magnitude 555 lb is supported by three cables as shown. Determine the tension in each cable.

2.86 Three wires are connected at point D, which is located 18 in. below the T-shaped pipe support ABC. Determine the tension in each wire when a 180-lb container is suspended from point D as shown.

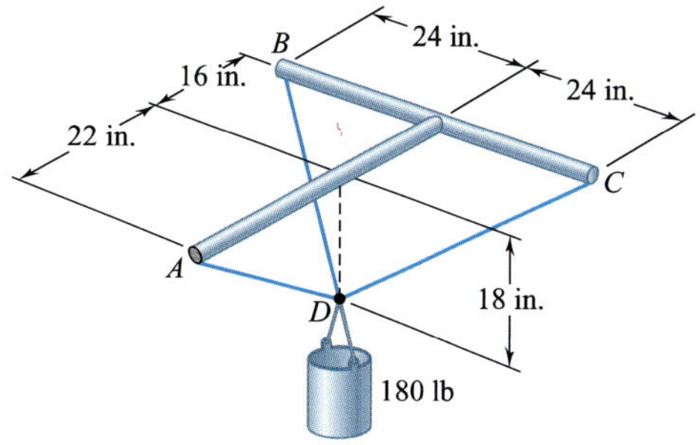

그림 **P2.86**

2.87 A triangular plate of weight 18 lb is supported by three wires as shown. Determine the tension in each wire.

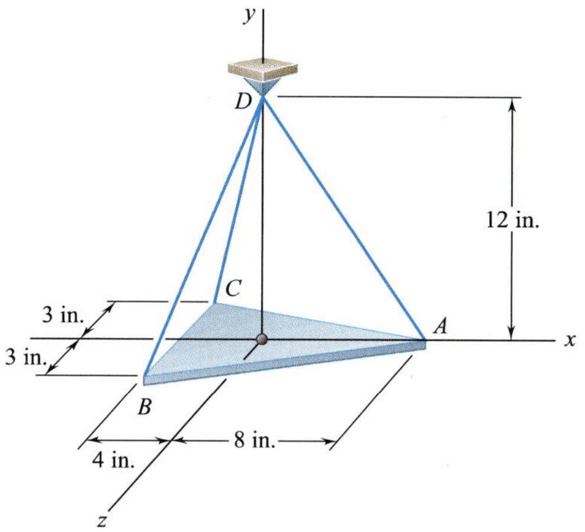

그림 **P2.87**

2.88 Three cables are connected at A, where the forces **P** and **Q** are applied as shown. Determine the tension in each of the cables when $P = 0$ and $Q = 36.4$ kN.

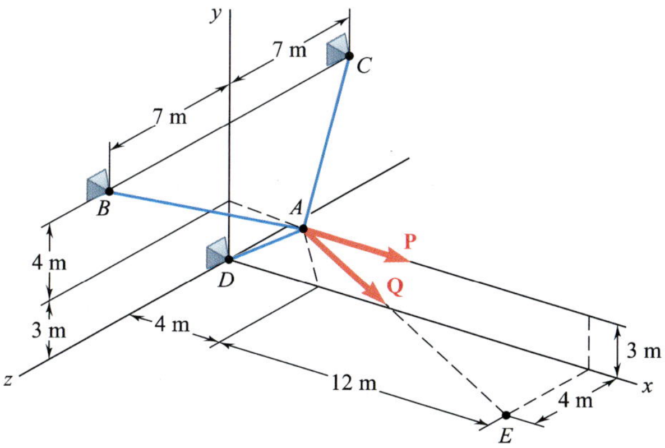

그림 ***P2.88,*** **P2.89**

2.89 Three cables are connected at A, where the forces **P** and **Q** are applied as shown. Knowing that $Q = 36.4$ kN and that the tension in cable AD is zero, determine (a) the magnitude and sense of **P**, (b) the tension in cables AB and AC.

2.90 In trying to move across a slippery icy surface, a 175-lb man uses two ropes AB and AC. Knowing that the force exerted on the man by the icy surface is perpendicular to that surface, determine the tension in each rope.

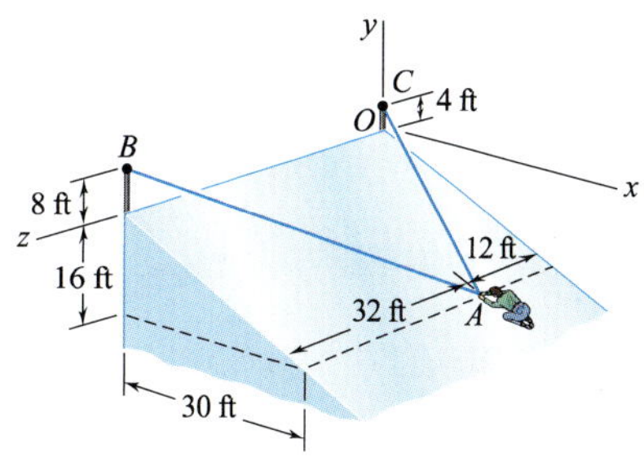

그림 **P2.90**

2.91 Solve Prob. 2.90, assuming that a friend is helping the man at A by pulling on him with a force $\mathbf{P} = -(45 \text{ lb})\mathbf{k}$.

2.92 A container of weight $W = 360$ N is supported by cables AB and AC, which are tied to ring A. Knowing that $\mathbf{Q} = 0$, determine (*a*) the magnitude of the force $\mathbf{P}$ that must be applied to the ring to maintain the container in the position shown, (*b*) the corresponding values of the tension in cables AB and AC.

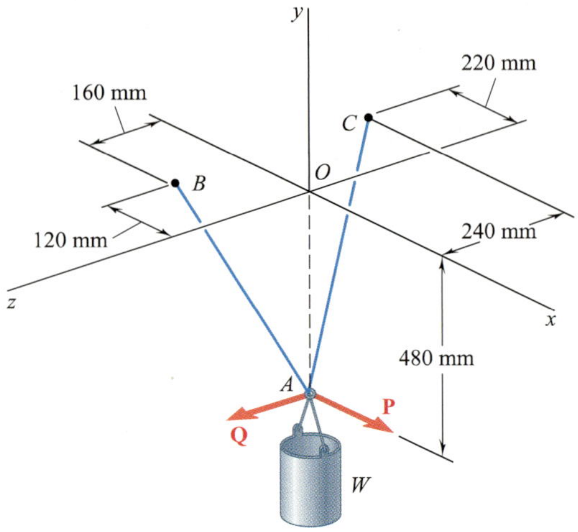

그림 **P2.92, *P2.94***

2.93 Solve Prob. 2.92 knowing that $\mathbf{Q} = (60 \text{ N})\mathbf{k}$.

2.94 A container is supported by a single cable that passes through a frictionless ring A and is attached to fixed points B and C. Two forces $\mathbf{P} = P\mathbf{i}$ and $\mathbf{Q} = Q\mathbf{k}$ are applied to the ring to maintain the container in the position shown. Knowing that the weight of the container is $W = 660$ N, determine the magnitudes of $\mathbf{P}$ and $\mathbf{Q}$. (*Hint:* The tension must be the same in portions AB and AC of the cable.)

2.95 Determine the weight W of the container of Prob. 2.94 knowing that $P = 478$ N.

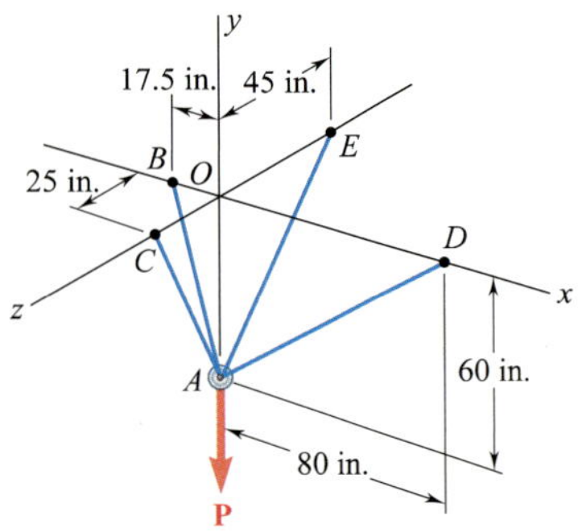

그림 ***P2.96***

2.96 Cable BAC passes through a frictionless ring A and is attached to fixed supports at B and C, while cables AD and AE are both tied to the ring and are attached, respectively, to supports at D and E. Knowing that a 200-lb vertical load $\mathbf{P}$ is applied to ring A, determine the tension in each of the three cables.

2.97 Knowing that the tension in cable AE of Prob. 2.96 is 75 lb, determine (*a*) the magnitude of the load $\mathbf{P}$, (*b*) the tension in cables BAC and AD.

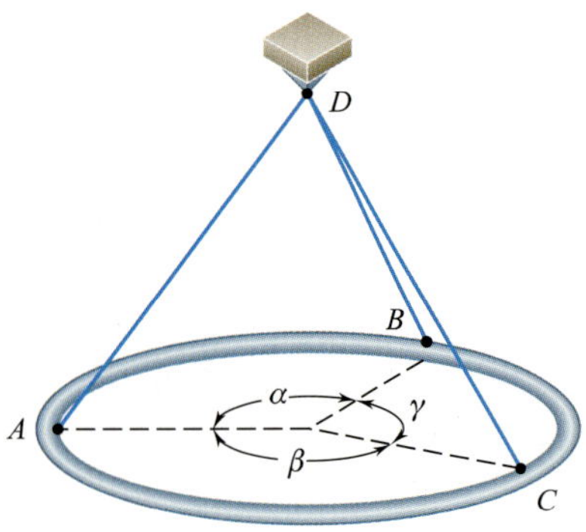

그림 **P2.98**

2.98 The uniform circular ring shown has a mass of 20 kg and a diameter of 300 mm. It is supported by three wires each of length 250 mm. If $\alpha = 120°$, $\beta = 150°$, and $\gamma = 90°$, determine the tension in each wire.

2.99 Collar A weighs 5.6 lb and may slide freely on a smooth vertical rod; it is connected to collar B by wire AB. Knowing that the length of wire AB is 18 in., determine the tension in the wire when (*a*) $c =$ 2 in., (*b*) $c = 8$ in.

2.100 Solve Prob. 2.99 when (*a*) $c = 14$ in., (*b*) $c = 16$ in.

2.101 Two wires are attached to the top of pole CD. It is known that the force exerted by the pole is vertical and that the 500-lb force applied to point C is horizontal. If the 500-lb force is parallel to the z axis ($\alpha = 90°$), determine the tension in each cable.

2.102 Three cables are connected at D, where an upward force of 30 kN is applied. Determine the tension in each cable.

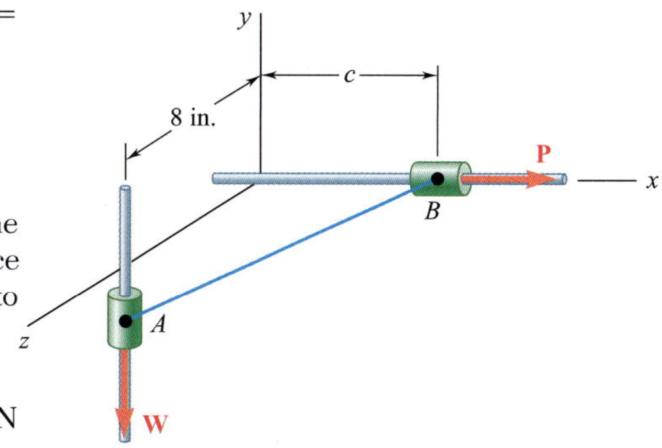

그림 P2.99

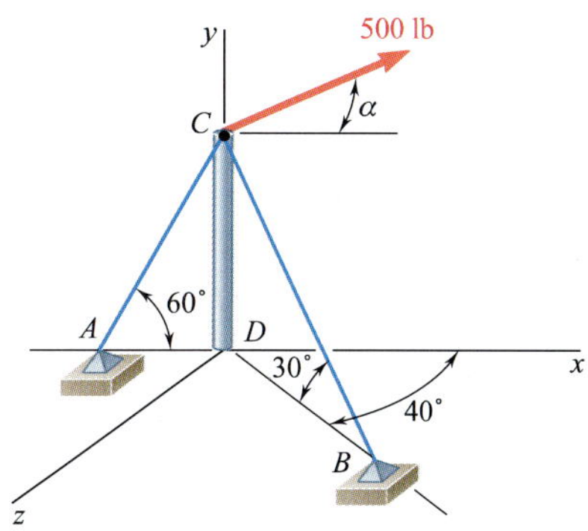

그림 P2.101

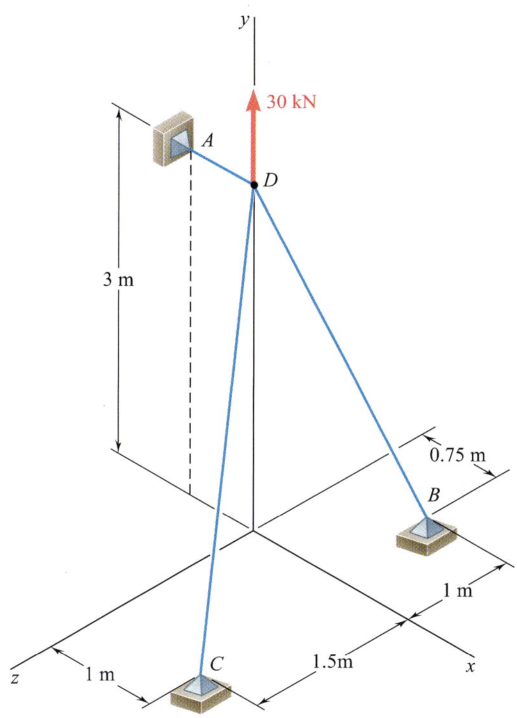

그림 *P2.102*

2.103 A 6-kg circular plate of 200-mm radius is supported as shown by three wires of length L. Knowing that $\alpha = 30°$, determine the smallest permissible value of the length L if the tension is not to exceed 35 N in any of the wires.

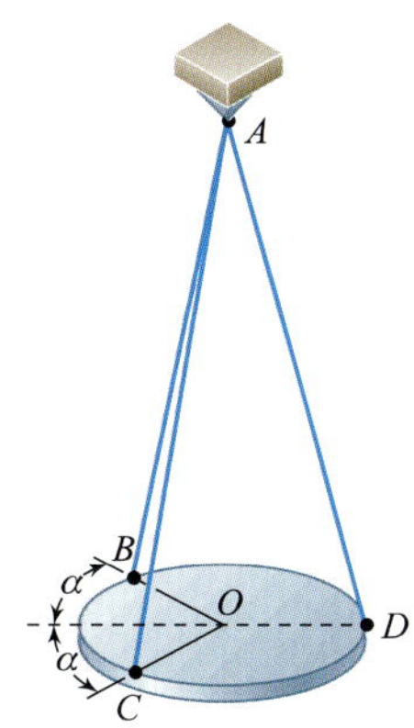

그림 P2.103

복습 및 요약

2장에서는 입자에 작용하는 힘의 효과에 대해 논의하였다. 입자의 의미는 입자에 작용하는 모든 힘이 동일한 점에 작용하는 것으로 가정할 수 있는 크기와 형상을 가진 물체를 의미한다.

두 힘의 합력

힘은 **벡터량**이다; 힘은 **작용점, 크기 및 방향**으로 특정하며 **평행사변형법**으로 합한다(그림 2.35). 두 힘 **P**와 **Q**의 합력 **R**은 도해법 또는 코싸인법칙과 싸인법칙을 사용하는 삼각함수로 결정할 수 있다[문제 2.1].

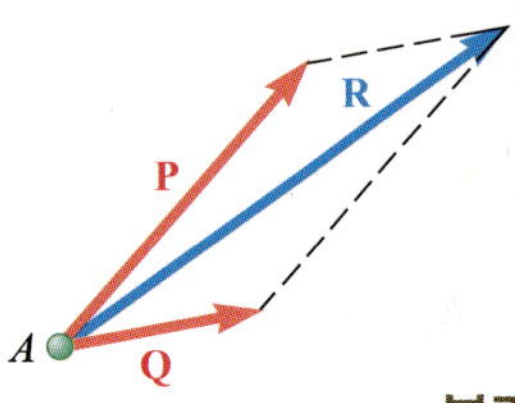

그림 2.35

분력

입자에 작용하는 주어진 힘은 두 개 또는 그 이상의 **성분**으로 분해할 수 있다. 즉, 입자에 동등한 효과를 미치는 두 개 또는 그 이상의 힘들로 대체할 수 있다. 힘 **F**는 그림 2.36과 같이 **F**를 대각선으로 평행사변형을 작도하여 두 성분 **P**와 **Q**로 분해할 수 있다; 두 성분 **P**와 **Q**는 평행사변형의 두 변이 되며 도해법 또는 삼각함수를 이용하여 결정할 수 있다[2.6절].

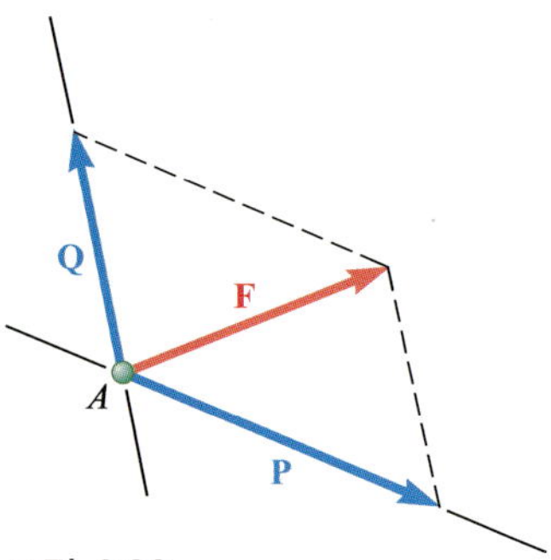

그림 2.36

힘 **F**를 두 **직각성분**으로 분해하면 그림 2.37과 같이 좌표축 방향으로 서로 수직한 성분 $\mathbf{F}_x$와 $\mathbf{F}_y$가 된다. x, y 좌표축 방향의 단위벡터 **i**, **j**를 사용하면

$$\mathbf{F}_x = F_x\mathbf{i} \qquad \mathbf{F}_y = F_y\mathbf{j} \tag{2.6}$$

이로부터

$$\mathbf{F} = F_x\mathbf{i} + F_y\mathbf{j} \tag{2.7}$$

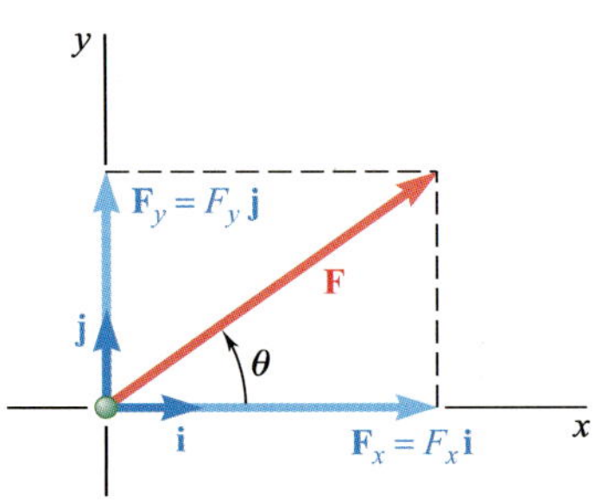

그림 2.37

여기서 F_x, F_y는 **F**의 **스칼라 성분**이다. 이들 성분의 부호는 다음 식으로 결정된다.

$$F_x = F\cos\theta \qquad F_y = F\sin\theta \tag{2.8}$$

힘 **F**의 직각성분 F_x, F_y가 주어지면 힘의 방향을 정의하는 θ는 다음과 같다.

$$\tan\theta = \frac{F_y}{F_x} \tag{2.9}$$

힘의 크기 F는 식 (2.8)로부터 구하거나 또는 피타고라스정리에 의해

$$F = \sqrt{F_x^2 + F_y^2} \tag{2.10}$$

한 입자에 세 개 또는 그 이상의 평면력이 작용하는 경우, 합력 **R**의 직각성분은 주어진 힘들의 해당 성분을 대수적으로 합하여 구할 수 있다[2.8절].

$$R_x = \Sigma F_x \qquad R_y = \Sigma F_y \tag{2.13}$$

R의 크기와 방향은 식 (2.9)와 (2.10)의 관계식으로부터 구할 수 있다[문제

2.3].

공간력 3차원 공간의 힘 **F**는 직각성분 $\mathbf{F}_x$, $\mathbf{F}_y$, $\mathbf{F}_z$로 분해할 수 있다[2.12절]. 그림 2.38과 같이 **F**가 각각 x, y, z축과 형성하는 각을 θ_x, θ_y, θ_z라 하면

$$F_x = F\cos\theta_x \quad F_y = F\cos\theta_y \quad F_z = F\cos\theta_z \tag{2.19}$$

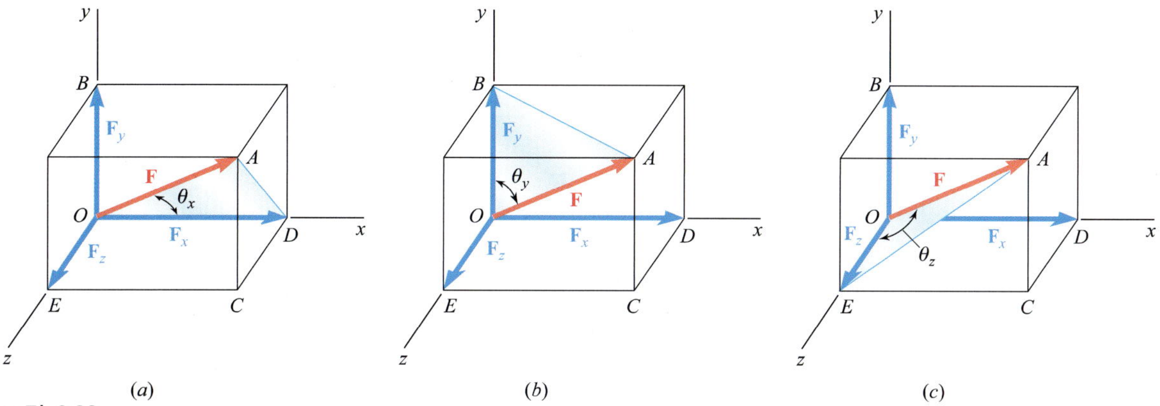

그림 2.38

방향코싸인 θ_x, θ_y, θ_z의 코싸인을 힘 **F**의 방향코싸인이라 한다. 좌표축 방향의 단위벡터 **i**, **j**, **k**를 이용하면

$$\mathbf{F} = F_x\mathbf{i} + F_y\mathbf{j} + F_z\mathbf{k} \tag{2.20}$$

또는

$$\mathbf{F} = F(\cos\theta_x\mathbf{i} + \cos\theta_y\mathbf{j} + \cos\theta_z\mathbf{k}) \tag{2.21}$$

그림 2.39에서 **F**는 크기 F와 다음 단위벡터의 곱이라는 것을 알 수 있다.

$$\boldsymbol{\lambda} = \cos\theta_x\mathbf{i} + \cos\theta_y\mathbf{j} + \cos\theta_z\mathbf{k} \tag{2.22}$$

$\boldsymbol{\lambda}$의 크기는 1이므로

$$\cos^2\theta_x + \cos^2\theta_y + \cos^2\theta_z = 1 \tag{2.24}$$

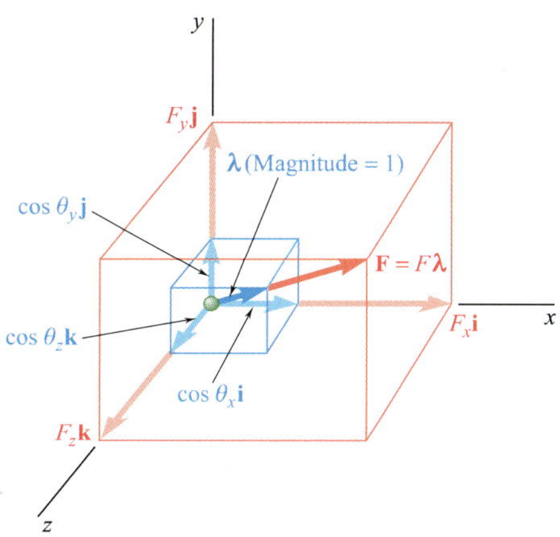

그림 2.39

힘 **F**의 직각성분 F_x, F_y, F_z가 주어진 경우 힘의 크기 F는

$$F = \sqrt{F_x^2 + F_y^2 + F_z^2} \tag{2.18}$$

F의 방향코싸인은 식 (2.19)로부터 다음과 같이 구해진다.

$$\cos\theta_x = \frac{F_x}{F} \quad \cos\theta_y = \frac{F_y}{F} \quad \cos\theta_z = \frac{F_z}{F} \tag{2.25}$$

힘 **F**가 3차원 공간에서 크기 F와 작용선 위의 두 점 M과 N으로 정의되어 있는 경우[2.13절], 다음과 같이 직각성분을 구할 수 있다. 먼저 M과 N을

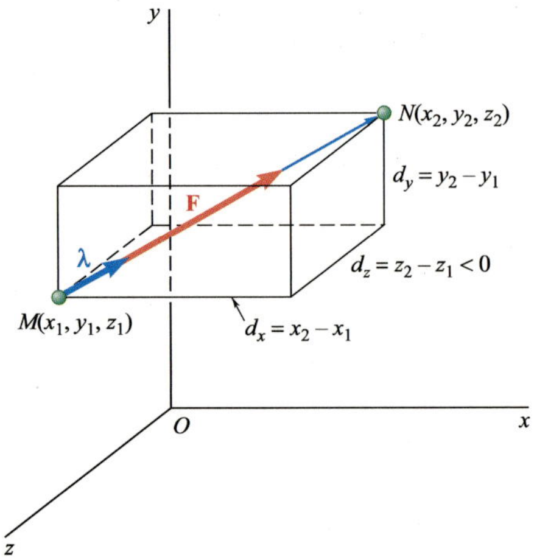

그림 2.40

연결하는 벡터 $\overrightarrow{MN}$을 그림 2.40과 같이 성분 d_x, d_y, d_z로 표기하면

$$\overrightarrow{MN} = d_x\mathbf{i} + d_y\mathbf{j} + d_z\mathbf{k} \tag{2.26}$$

$\mathbf{F}$의 작용선 방향 단위벡터 $\boldsymbol{\lambda}$는 $\overrightarrow{MN}$을 크기 $MN = d$로 나누어 구할 수 있다.

$$\boldsymbol{\lambda} = \frac{\overrightarrow{MN}}{MN} = \frac{1}{d}(d_x\mathbf{i} + d_y\mathbf{j} + d_z\mathbf{k}) \tag{2.27}$$

$\mathbf{F}$가 F와 $\boldsymbol{\lambda}$의 곱이므로

$$\mathbf{F} = F\boldsymbol{\lambda} = \frac{F}{d}(d_x\mathbf{i} + d_y\mathbf{j} + d_z\mathbf{k}) \tag{2.28}$$

이로부터 $\mathbf{F}$의 스칼라성분은 다음과 같다[문제 2.7과 2.8].

$$F_x = \frac{Fd_x}{d} \qquad F_y = \frac{Fd_y}{d} \qquad F_z = \frac{Fd_z}{d} \tag{2.29}$$

공간력의 합력 공간에서의 입자에 두 개 또는 세 개 이상의 힘이 작용하는 경우, 합력 $\mathbf{R}$의 직각성분은 주어진 힘들의 해당 성분을 대수적으로 합하여 구할 수 있다[2.14절].

$$R_x = \Sigma F_x \qquad R_y = \Sigma F_y \qquad R_z = \Sigma F_z \tag{2.31}$$

$\mathbf{R}$의 크기와 방향은 식 (2.18)과 (2.25)의 관계식으로부터 구할 수 있다[문제 2.8].

입자의 평형 입자에 작용하는 모든 힘의 합력이 0이면 입자는 **평형상태**이다[2.9절]. 평형상태의 입자는 정지해 있거나(원래 정지상태) 등속직선운동을 한다는 것을(원래 운동상태) 알 수 있다[2.10절].

자유물체도 평형상태인 입자를 포함하는 문제를 해결하기 위해서는 우선 입자에 작용하는 모든 힘을 나타내는 **자유물체도**를 작성하여야 한다. 세 개의 **평면력**만 입자에 작용한다면 삼각함수를 이용한 도해법에 의해 두 개의 미지수까지 결정할 수 있다[문제 2.4]. 세 개보다 많은 개수의 **평면력**이 포함되어 있는 경우는 평형방정식을 적용한다.

$$\Sigma F_x = 0 \qquad \Sigma F_y = 0 \tag{2.15}$$

이 식은 두 개의 미지수까지 결정할 수 있다[문제 2.6].

공간에서의 평형 입자가 3차원 공간에서 **평형**인 경우[2.15절] 다음의 세 평형방정식을 적용한다. 이 식은 세 개의 미지수까지 결정할 수 있다[문제 2.9].

$$\Sigma F_x = 0 \qquad \Sigma F_y = 0 \qquad \Sigma F_z = 0 \tag{2.34}$$

Review Problems

2.104 A cable loop of length 1.5 m is placed around a crate. Knowing that the mass of the crate is 300 kg, determine the tension in the cable for each of the arrangements shown.

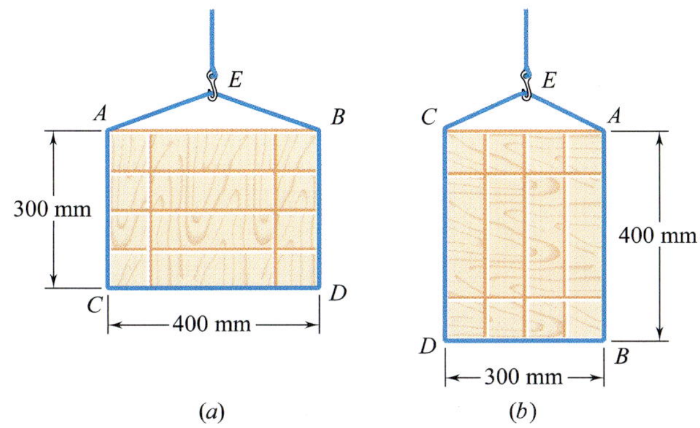

그림 P2.104

2.105 Knowing that the magnitude of the force **P** is 75 lb, determine the resultant of the three forces applied at A.

2.106 Determine the range of values of P for which the resultant of the three forces applied at A does not exceed 175 lb.

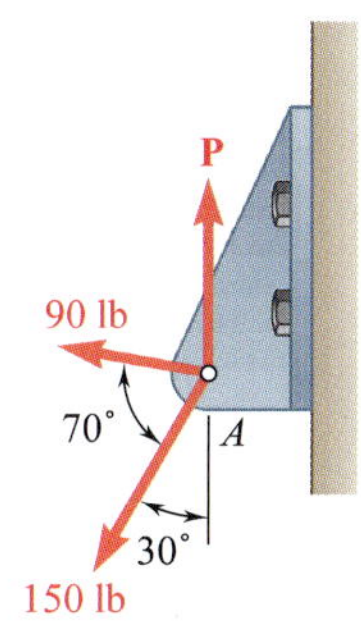

그림 P2.105, P2.106

2.107 The directions of the 300-N forces may vary, but the angle between the forces is always 40°. Determine the value of α for which the resultant of the forces acting at A is directed parallel to the plane b-b.

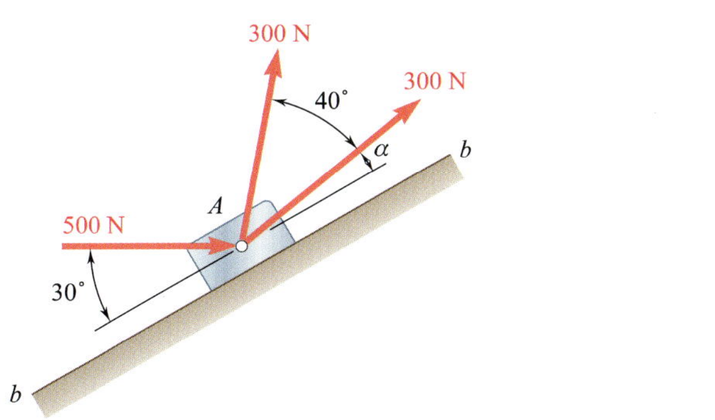

그림 *P2.107*

2.108 Knowing that $P = 300$ lb, determine the tension in cables AC and BC.

2.109 Determine the range of values of **P** for which both cables remain taut.

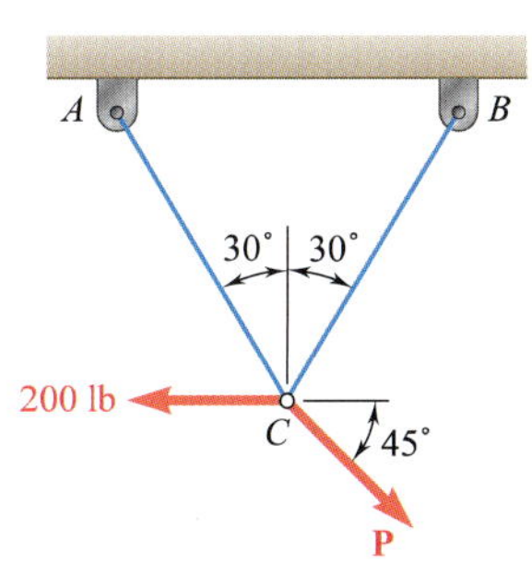

그림 P2.108, *P2.109*

2.110 A container is supported by three cables as shown. Determine the weight W of the container knowing that the tension in cable AB is 500 N.

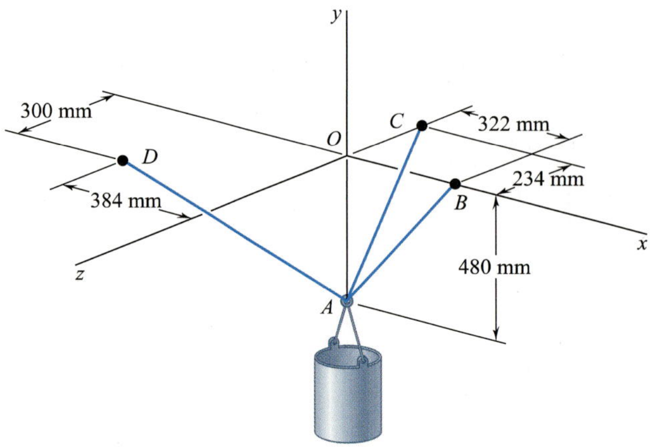

그림 P2.110

2.111 In Prob. 2.110, determine the angles θ_x, θ_y, and θ_z for the force exerted at D by cable AD.

2.112 A 1200-N force acts at the origin in a direction defined by the angles $\theta_x = 65°$ and $\theta_y = 40°$. It is also known that the z component of the force is positive. Determine the value of θ_z and the components of the force.

2.113 Two cables BG and BH are attached to frame ACD as shown. Knowing that the tension is 540 N in cable BG and 750 N in cable BH, determine the magnitude and direction of the resultant of the forces exerted by the cables on the frame at B.

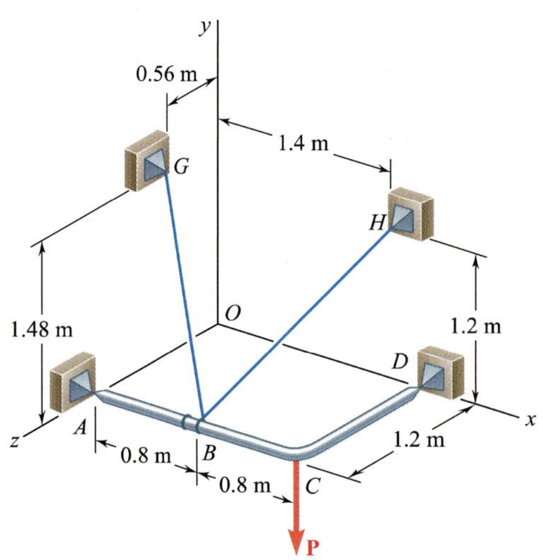

그림 P2.113

2.114 A crate is supported by three cables as shown. Determine the weight W of the crate knowing that the tension in cable AD is 924 lb.

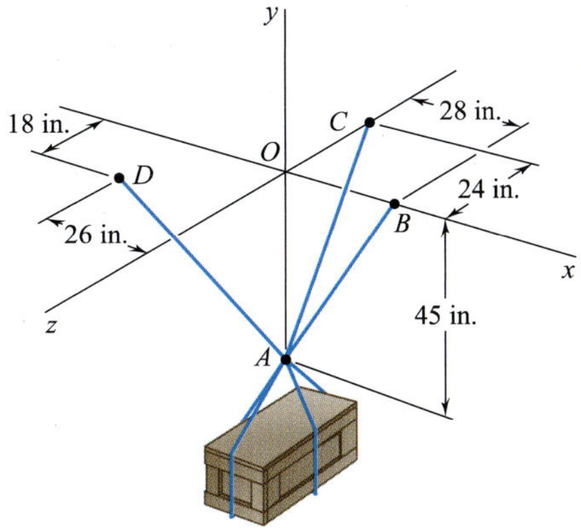

그림 *P2.114*

2.115 A triangular steel plate is supported by three wires as shown. Knowing that $a = 6$ in. and that the tension in wire AD is 17 lb, determine the weight of the plate.

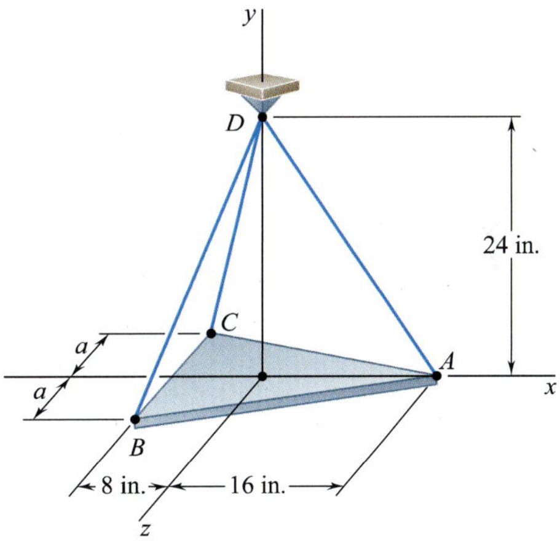

그림 P2.115

3

강체 : 등가역계

3.1 개요

전장에서는 물체를 입자로 다루었으나 이는 언제나 가능하지 않으며 일반적으로는 무수한 입자의 조합이라고 해야 한다. 물체의 크기를 고려하여야 하며 힘들이 다른 입자에 작용한다는 것과 따라서 다른 작용점을 갖는다는 것 또한 고려해야 한다.

기초역학에서 고려하는 대부분의 물체는 즉, **변형을 일으키지 않는 강체**로 간주한다. 물론 실체 구조물과 기계는 절대적인 강체가 아니며 하중을 받게 되면 변형한다. 그러나 이러한 변형은 구조물의 평형상태나 운동에 영향을 주지 못할 만큼 작은 것이 일반적이다. 그러나 구조물의 파괴에 대한 저항성을 고려하는 경우와 재료역학의 논의에는 중요하다.

3장에서는 강체에 작용하는 힘의 효과와 주어진 역계를 간단한 등가역계로 대체하는 것을 배운다. 이는 다음과 같은 기본 가정에 기초한다. 즉, 강체에 작용하는 힘의 효과는 힘들이 작용선을 따라 이동해도 변하지 않는다는 것이다(**전달성 원리**). 따라서 강체에 작용하는 힘은 2.3절에서 이미 지적한 바와 같이 이동벡터라 할 수 있다.

강체에 작용하는 힘의 효과와 관련하여 두 가지 주요한 개념은 **임의의 점에 대한 모멘트**와 (3.6절) **임의의 축에 대한 모멘트**이다(3.11절). 이들 물리량의 결정에는 두 벡터의 벡터곱과 스칼라곱의 계산이 필요하므로 벡터 대수의 기초를 3장에서 소개하고 강체에 작용하는 힘을 포함한 문제에 적용한다.

3장에서 소개되는 또 다른 개념은 **짝힘(couple)**으로 두 힘이 크기가 같고 작용선이 평행하며 방향은 반대인 경우다(3.12절). 강체에 작용하는 어떠한 역계라도 한 점에 작용하는 하나의 힘과 짝힘으로 구성되는 등가역계로 대체할 수 있다. 이를 **힘-짝힘계(force-couple system)**라 한다. 절점역계, 평면역계 또는 평행한 힘들의 경우는 힘-짝힘계를 역계의 합력으로 부르는 하나의 힘 또는 역계의 짝힘이라 부르는 하나의 합짝힘으로 단순화 할 수 있다.

3.2 외력과 내력

강체에 작용하는 힘은 **외력(external force)**과 **내력(internal force)**으로 구분한다.

1. **강체에 작용하는 외력은 다른 물체에 의한 작용력을 의미한다.** 이들 외력은 전적으로 강체의 외적 거동에 의한 것이다. 외력은 강체를 움직이게 하거나 정지해 있도록 한다. 3장과 4, 5장에서는 외력만 논의한다.
2. **내력은 강체를 구성하는 입자 사이의 결집력이다.** 강체가 구조적으로 몇 개의 부분으로 구성되어 있는 경우 각 부분들을 연결하는 힘도 내력이다.

내력은 6, 7장에서 논의한다.

그림 3.1

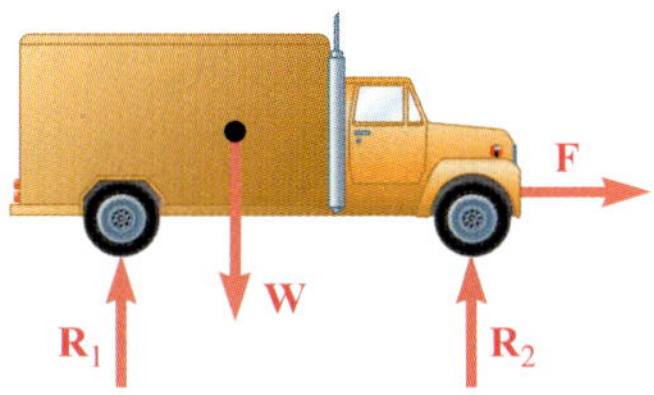

그림 3.2

외력의 예로 고장난 트럭을 끌기 위해 앞 범퍼에 로프를 연결하여 세 사람이 끄는 힘을 생각해 보자(그림 3.1). 트럭에 작용하는 외력은 그림 3.2의 **자유물체도**에 나타나 있다. 트럭의 무게는 트럭의 모든 부분에 작용하는 중력의 합으로 하나의 힘 **W**로 표시할 수 있다. 이 힘의 작용점은 트럭의 중심이다. 5장에서 중심에 대해 논의할 것이다. 무게 **W**는 트럭을 수직 하향으로 이동하려 하나 지반에 의한 반력 $\mathbf{R}_1$, $\mathbf{R}_2$로 저지된다. 이 힘들은 지반에 의해 트럭에 작용하므로 외력이다.

사람들은 힘 **F**를 작용하며 작용점은 앞 범퍼이다. 힘 **F**는 전방 직선 방향으로 트럭을 움직이는 힘이며 실제로 다른 외력에 의해 방해받지 않으므로 움직인다(굴림저항은 무시한다). 트럭이 전진하는 동안 힘 **F**는 작용선이 변하지 않으며(트럭의 바닥은 수평, 옆면은 수직을 유지) 이를 이동이라 한다. 다른 힘은 트럭을 다르게 움직일 수 있다. 예를 들면 앞바퀴 밑에 잭을 설치하여 뒷바퀴를 축으로 트럭을 회전시킬 수 있다. 이를 회전이라 한다. 그러므로 강체에 작용하는 외력은 반력이 없다면 강체는 이동이나 회전 또는 둘 모두의 움직임을 갖게 된다.

3.3 전달성 원리. 등가력

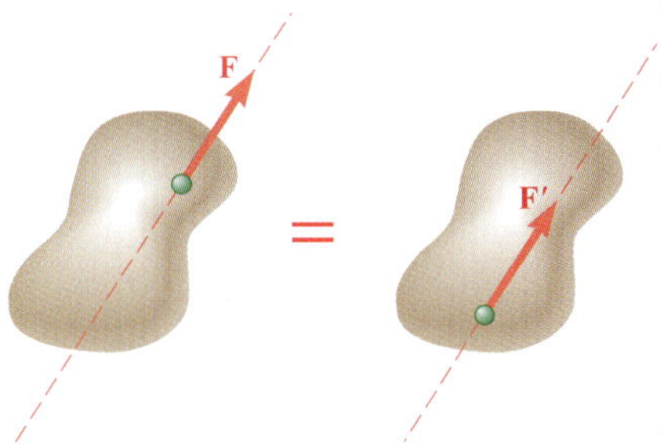

그림 3.3

전달성 원리는 그림 3.3과 같이 강체의 임의 점에 작용하는 힘 **F′**를 작용선을 따라 작용점을 변경하여도 크기와 방향이 같다면 강체의 평형 또는 운동 상태는 변하지 않는다는 것이다. 강체에 동일한 효과를 미치는 힘 **F**와 **F′**는 등가라 한다.

2장에서 입자에 작용하는 힘을 벡터로 표기하였다. 이들 벡터의 작용점은 입자 자체가 되므로 고정벡터 또는 구속벡터이다. 강체에 작용하는 힘들의 경우는 작용선이 변하지 않는 한 작용점은 문제가 되지 않는다. 그러므로 강체에 작용하는 힘들은 작용선을 따라 움직일 수 있으므로 **이동벡터(sliding vector)**라 한다.

트럭의 예를 다시 들면 힘 **F**의 작용선은 앞 범퍼와 뒷 범퍼를 통과하는 수평인 선이다(그림 3.4). 전달성 원리에 따라 **F**를 뒷 범퍼에 작용하는 등가력 **F′**로 대체할 수 있다. 다시 말하면 사람들이 앞 범퍼에서 끄는 대신 뒷 범퍼에서 밀더라도 운동조건은 영향을 받지 않으며 트럭에 작용하는 다른 외력 또한 변하지 않는다. 그러나 전달성 원리와 등가력 개념은 제한적이다. 예를 들어 그림 3.5a의 짧은 부재 AB에 크기가 같고 방향이 다른 축력 $\mathbf{P}_1$,

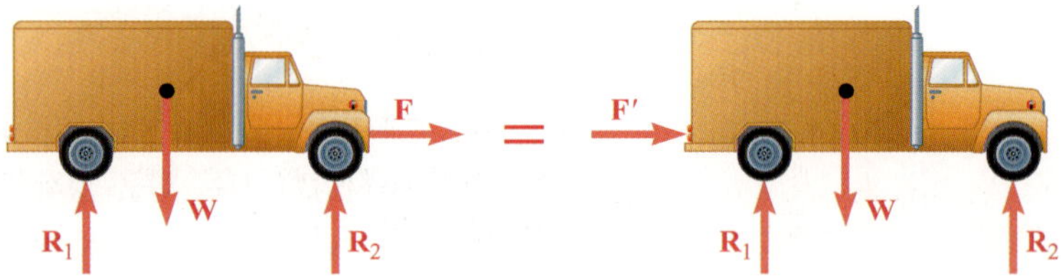

그림 3.4

P_2가 작용하면 전달성 원리에 따라 힘 P_2를 크기와 방향이 같고 동일 작용선 위의 B 대신 A에 작용하는 힘 P_2'로 대체할 수 있다(그림 3.5b). 힘 P_1과 P_2'는 같은 입자에 작용하므로 2장의 법칙에 따라 합할 수 있고 크기는 같고 방향이 반대이므로 합이 0이다. 그러므로 부재의 외적거동을 생각한다면 그림 3.5a의 원래 역계는 그림 3.5c와 같이 힘이 작용하지 않는 상태와 등가이다.

이제 부재 AB에 작용하는 크기가 같고 방향이 다른 힘 P_1, P_2를 생각하면(그림 3.5d) 힘 P_2를 크기와 방향이 같고 동일한 작용선 위의 A 대신 P에 작용하는 힘 P_2'로 대체할 수 있다(그림 3.5e). 힘 P_1과 P_2'는 더하면 0이 된다(그림 3.5f). 강체역학의 관점에서 그림 3.5a와 d의 역계는 등가이다. 그러나 두 역계에 의한 **내력과 변형**은 분명히 다르다. 그림 3.5a의 부재는 인장상태이며 강체가 아니면 길이가 약간 늘어난다. 그림 3.5d는 압축상태이며 강체가 아니면 길이가 약간 줄어든다. 그러므로 전달성 원리는 강체의 운동 또는 정지상태 및 물체에 작용하는 외력을 결정하기 위해서는 적용할 수 있으나 내력과 변형을 결정하기 위해 사용할 수 없다.

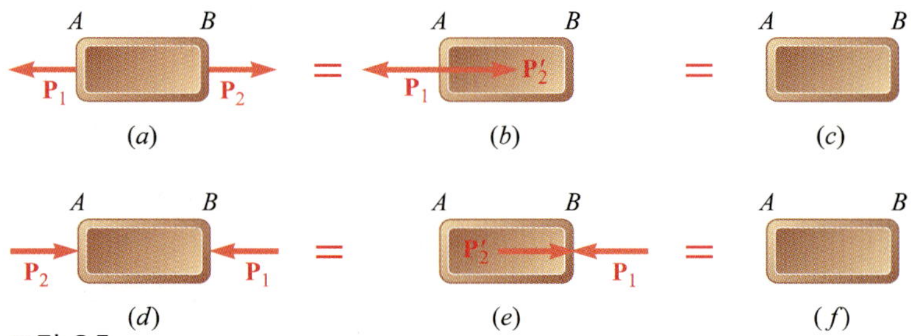

그림 3.5

3.4 두 벡터의 벡터곱

강체에 작용하는 힘의 효과를 보다 잘 이해하기 위해서 힘에 의해 임의의 점에 발생하는 모멘트 개념에 대해 소개한다. 두 벡터의 **벡터곱**(vector product)에 대한 이해는 이 개념을 보다 분명하게 이해하고 효과적으로 적용할 수 있도록 할 것이다.

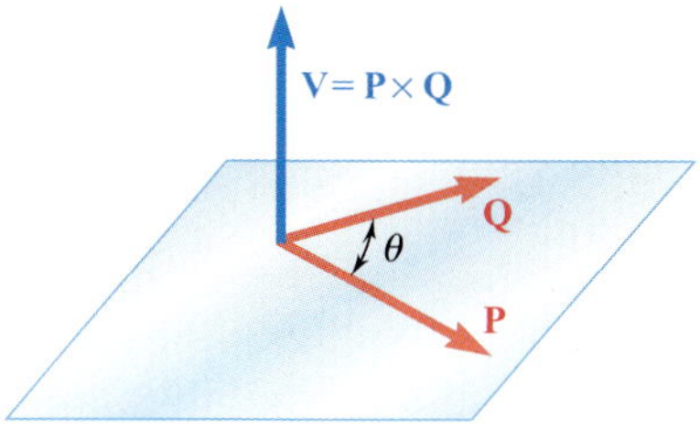

(*a*)

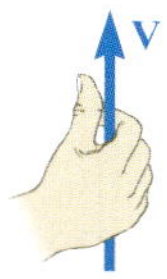

(*b*)

그림 3.6

두 벡터 P와 Q의 벡터곱은 다음 조건을 만족하는 벡터 V로 정의한다.

1. V의 작용선은 P와 Q에 의한 평면에 수직이다(그림 3.6a).
2. V의 크기는 P와 Q의 크기 및 P와 Q가 형성하는 각 θ(180° 이하의 각)의 곱이다.

$$V = PQ\sin\theta \tag{3.1}$$

3. V의 방향은 오른손 법칙(right hand rule)에 따른다. 벡터 P가 벡터 Q에 겹치는 방향으로 오른손의 네 손가락을 감아쥐면 엄지손가락이 펴지는 방향이 벡터 V의 방향이다(그림 3.6b). P와 Q의 작용점이 일치하지 않은 경우 작용점을 일치시켜야 함에 주의해야 한다. 세 벡터 P, Q, V를 −순서대로 나열− 오른손 법칙에 의한 세 벡터라 한다.[1)]

위 세 조건을 만족하는 벡터 V를 P, Q의 벡터곱이라 하고 다음과 같이 쓴다.

$$\mathbf{V} = \mathbf{P} \times \mathbf{Q} \tag{3.2}$$

사용한 부호를 이용하여 두 벡터 P, Q의 벡터곱을 P와 Q의 **크로스곱**(cross product)이라 한다.

식 (3.1)로부터 두 벡터 P와 Q가 동일한 방향 또는 반대 방향이면 벡터곱은 0이다. 일반적으로 두 벡터가 형성하는 각 θ가 0° 또는 180°가 아니면 식 (3.1)은 기하학적으로 다음과 같다. P, Q의 벡터곱의 크기 V는 P, Q를 변으로 하는 평행사변형의 면적과 같다(그림 3.7). 벡터곱 P × Q는 Q를 P, Q와 동일한 평면에서 Q와 Q′의 종점을 연결하는 선이 P와 평행하도록 Q′로 대체해도 변하지 않는다.

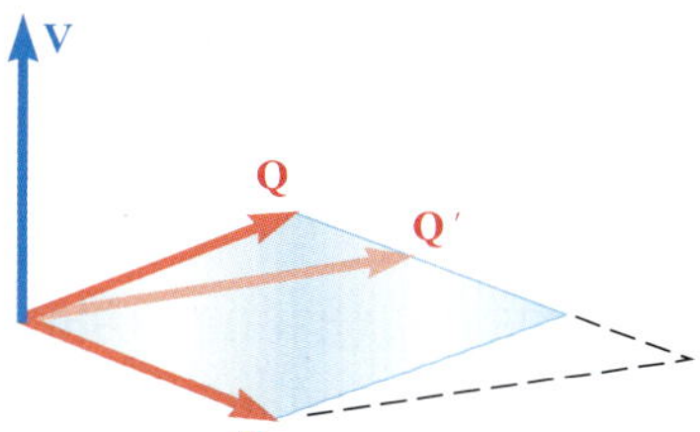

그림 3.7

$$\mathbf{V} = \mathbf{P} \times \mathbf{Q} = \mathbf{P} \times \mathbf{Q}' \tag{3.3}$$

P, Q의 벡터곱 V를 정의한 세 번째 조건 즉, P, Q, V가 오른손 법칙을 만족하는 세 벡터의 경우 벡터곱의 교환법칙은 성립하지 않는다. 즉, Q × P는 P × Q와 같지 않다. Q × P는 벡터 −V가 되고 벡터 V와 크기가 같고 방향이 반대라는 것을 알 수 있다.

$$\mathbf{Q} \times \mathbf{P} = -(\mathbf{P} \times \mathbf{Q}) \tag{3.4}$$

1) 2장의 x, y, z축 및 2.12절에서 정의한 단위벡터 **i**, **j**, **k**는 오른손 법칙을 따른다는 것에 유의해야 한다.

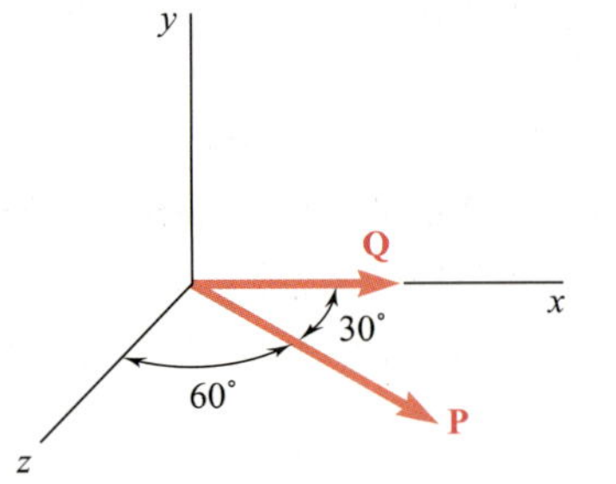

그림 3.8

예제 3.1 zx 평면에 놓여 있는 벡터 P 의 크기는 6이고 x 축과의 각은 30°, x 축 방향의 벡터 Q 의 크기는 4일 때 벡터곱 $\mathbf{V} = \mathbf{P} \times \mathbf{Q}$를 구하시오(그림 3.8).

벡터곱의 정의로부터 벡터 V 의 방향은 y축 상향이며 크기는 다음과 같다.

$$V = PQ\sin\theta = (6)(4)\sin 30^\circ = 12 \quad \blacksquare$$

벡터곱에 교환법칙은 성립하지 않으나 다음 식과 같이 분배법칙은 성립한다.

$$\mathbf{P} \times (\mathbf{Q}_1 + \mathbf{Q}_2) = \mathbf{P} \times \mathbf{Q}_1 + \mathbf{P} \times \mathbf{Q}_2 \tag{3.5}$$

식 (3.5)를 증명하기 위해 그림 3.9a와 같이 y축 방향의 P를 가정한다. Q는 $\mathbf{Q}_1$과 $\mathbf{Q}_2$의 합이며 $\mathbf{Q}'$, $\mathbf{Q}_1'$, $\mathbf{Q}_2'$는 각각 Q, $\mathbf{Q}_1$, $\mathbf{Q}_2$의 zx 평면 위 투영이다. 식 (3.3)으로부터 식 (3.5)의 좌변은 $\mathbf{P} \times \mathbf{Q}'$으로 대체할 수 있고, 마찬가지로 $\mathbf{P} \times \mathbf{Q}_1$, $\mathbf{P} \times \mathbf{Q}_2$는 $\mathbf{P} \times \mathbf{Q}_1'$, $\mathbf{P} \times \mathbf{Q}_2'$로 대체할 수 있다. 그러므로 다음 식은 식 (3.5)와 동일한 식이라고 할 수 있다.

$$\mathbf{P} \times \mathbf{Q}' = \mathbf{P} \times \mathbf{Q}_1' + \mathbf{P} \times \mathbf{Q}_2' \tag{3.5'}$$

이제 $\mathbf{P} \times \mathbf{Q}'$는 $\mathbf{Q}'$에 스칼라 P를 곱하고 zx 평면에서 반시계방향으로 90° 회전하여 구할 수 있다(그림 3.9b). 식 (3.5′) 우변의 두 벡터곱 또한 같은 방법을 $\mathbf{Q}_1'$, $\mathbf{Q}_2'$에 적용한다. 평행사변형을 임의의 평면에 투영해도 평행사변형이므로, $\mathbf{Q}_1$, $\mathbf{Q}_2$의 합인 Q의 투영 $\mathbf{Q}'$는 $\mathbf{Q}_1$, $\mathbf{Q}_2$의 동일한 평면위 투영 $\mathbf{Q}_1'$, $\mathbf{Q}_2'$의 합과 같다(그림 3.9a). 이러한 $\mathbf{Q}'$, $\mathbf{Q}_1'$, $\mathbf{Q}_2'$의 관계는 이들 세 벡터에 스칼라 P를 곱하고 90° 회전하여도 성립한다(그림 3.9b). 따라서 식 (3.5′)가 증명되고 벡터곱에 대한 분배법칙은 성립한다.

벡터곱에 대한 결합법칙은 다음 식과 같이 성립하지 않는다.

$$(\mathbf{P} \times \mathbf{Q}) \times \mathbf{S} \neq \mathbf{P} \times (\mathbf{Q} \times \mathbf{S}) \tag{3.6}$$

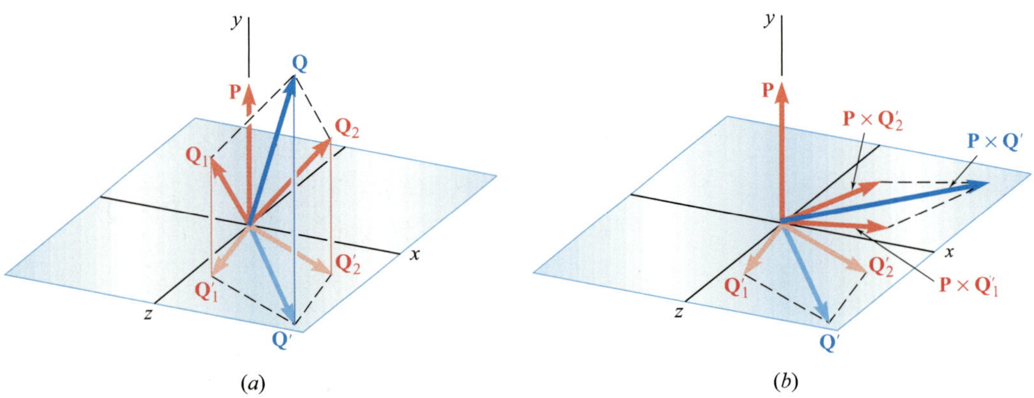

그림 3.9

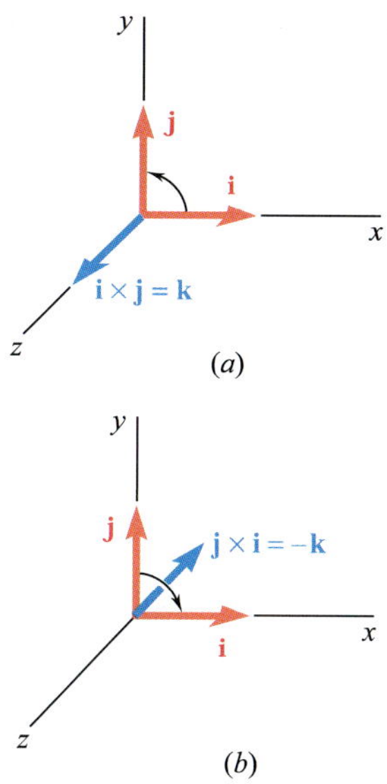

그림 3.10

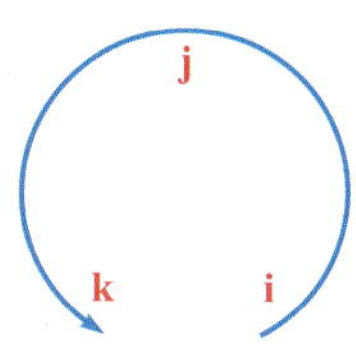

그림 3.11

3.5 직각성분에 의한 벡터곱

2장에서 정의한 단위벡터 **i**, **j**, **k** 중 두 개의 벡터곱은 다음과 같다. 그림 3.10a에서 **i** × **j**는 두 벡터의 크기가 1이고 사잇각이 직각이므로 벡터곱 역시 단위벡터가 된다. 이 단위벡터는 **i**, **j**, **k**가 서로 직각이고 오른손 법칙을 만족하는 세 벡터이므로 **k**가 된다. 반면에 **j** × **i**는 −**k**가 된다(그림 3.10b). 또한 단위벡터 자체의 벡터곱 즉, **i** × **i**는 같은 방향의 벡터이므로 0이 된다. 단위벡터의 가능한 조합에 대한 벡터곱은 다음과 같다.

$$\begin{aligned} \mathbf{i}\times\mathbf{i} &= 0 & \mathbf{j}\times\mathbf{i} &= -\mathbf{k} & \mathbf{k}\times\mathbf{i} &= \mathbf{j} \\ \mathbf{i}\times\mathbf{j} &= \mathbf{k} & \mathbf{j}\times\mathbf{j} &= 0 & \mathbf{k}\times\mathbf{j} &= -\mathbf{i} \\ \mathbf{i}\times\mathbf{k} &= -\mathbf{j} & \mathbf{j}\times\mathbf{k} &= \mathbf{i} & \mathbf{k}\times\mathbf{k} &= 0 \end{aligned} \tag{3.7}$$

그림 3.11과 같이 세 단위벡터를 나타내는 기호를 원환에 반시계방향으로 표기하면 두 단위벡터의 벡터곱 부호를 쉽게 알 수 있다. 두 단위벡터의 벡터곱은 반시계방향의 순서를 가지면 양이고 시계방향 순서를 가지면 음이다.

주어진 두 벡터 **P**, **Q**의 벡터곱 **V**는 이제 이들 벡터의 직각성분을 이용하여 다음과 같이 표기할 수 있다.

$$\mathbf{V} = \mathbf{P}\times\mathbf{Q} = (P_x\mathbf{i} + P_y\mathbf{j} + P_z\mathbf{k})\times(Q_x\mathbf{i} + Q_y\mathbf{j} + Q_z\mathbf{k})$$

분배법칙에 의해 계산하면 **V**는 $P_x\mathbf{i}\times Q_y\mathbf{j}$ 등 벡터곱의 합이 된다. 각 항이 **i** × **j**와 같은 두 단위 벡터의 벡터곱에 $P_x Q_y$와 같은 두 스칼라를 곱한 것이 되므로 (3.7)에 의해 **i**, **j**, **k**의 항은 다음과 같다.

$$\mathbf{V} = (P_yQ_z - P_zQ_y)\mathbf{i} + (P_zQ_x - P_xQ_z)\mathbf{j} + (P_xQ_y - P_yQ_x)\mathbf{k} \tag{3.8}$$

그러므로 벡터곱 **V**의 직각성분은

$$\begin{aligned} V_x &= P_yQ_z - P_zQ_y \\ V_y &= P_zQ_x - P_xQ_z \\ V_z &= P_xQ_y - P_yQ_x \end{aligned} \tag{3.9}$$

식 (3.8)의 우변은 행렬식의 전개와 같다. 그러므로 벡터곱 **V**를 다음과 같이 쉽게 기억할 수 있는 형태로 바꿀 수 있다.

$$\mathbf{V} = \begin{vmatrix} \mathbf{i} & \mathbf{j} & \mathbf{k} \\ P_x & P_y & P_z \\ Q_x & Q_y & Q_z \end{vmatrix} \tag{3.10}$$

3.6 힘에 의해 임의의 점에 발생하는 모멘트

그림 3.12a와 같이 강체에 작용하는 힘 $\mathbf{F}$는 크기와 방향을 가진 벡터로 표기할 수 있다. 강체에 작용하는 힘의 효과는 작용점 A의 위치에 따라 다르다. A의 위치는 고정 기준점 O와 A를 연결하는 벡터 $\mathbf{r}$로 정의할 수 있다. 이 벡터를 A의 위치벡터라 한다.2) 위치벡터 $\mathbf{r}$과 힘 $\mathbf{F}$는 그림 3.12a와 같은 평면을 형성한다. 점 O에 대한 $\mathbf{F}$의 **모멘트**(moment)는 $\mathbf{r}$과 $\mathbf{F}$의 벡터곱으로 정의한다.

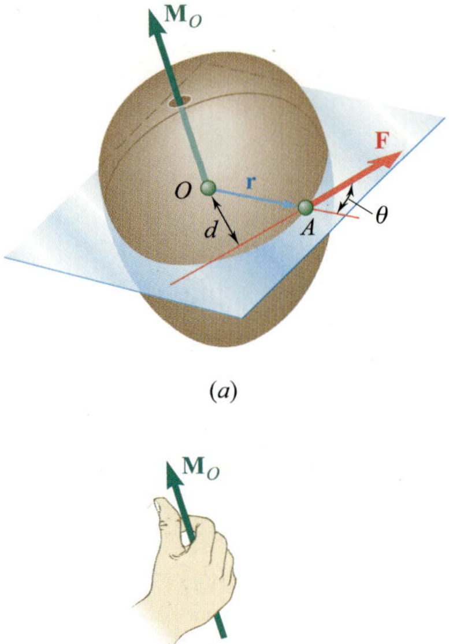

(a)

(b)

그림 3.12

$$\mathbf{M}_O = \mathbf{r} \times \mathbf{F} \tag{3.11}$$

3.4절의 벡터곱에 대한 정의에 의해 모멘트 $\mathbf{M}_O$는 O점과 힘 $\mathbf{F}$를 포함하는 평면에 수직이다. $\mathbf{M}_O$의 방향은 벡터 $\mathbf{r}$의 작용선이 벡터 $\mathbf{F}$와 겹치도록 회전하는 방향으로 $\mathbf{M}_O$의 종점에서 보면 **반시계방향 회전**(counter- clock-wise rotation)이 된다. $\mathbf{M}_O$의 방향은 오른손 법칙을 적용해도 구해진다. $\mathbf{M}_O$의 작용선을 축으로 해서 $\mathbf{F}$가 강체에 미치는 회전 방향에 따라 오른손을 감아쥐면 엄지손가락이 모멘트 $\mathbf{M}_O$의 방향이다(그림 3.12b).

위치벡터 $\mathbf{r}$과 힘 $\mathbf{F}$의 작용선이 형성하는 각을 θ라 하면 $\mathbf{F}$에 의해 O점에 발생하는 모멘트의 크기는

$$M_O = rF\sin\theta = Fd \tag{3.12}$$

여기서 d는 O점에서 $\mathbf{F}$의 작용선까지의 수직거리이다. 힘 $\mathbf{F}$가 자신에 수직인 고정축에 대해 강체를 회전시키는 정도는 $\mathbf{F}$의 크기와 함께 $\mathbf{F}$와 축과의 거리에 좌우된다. 즉, $\mathbf{M}_O$의 크기는 **힘 $\mathbf{F}$가 $\mathbf{M}_O$ 방향의 고정축에 대해 강체를 회전시키는 정도를 의미한다.**

힘을 N, 거리를 m로 사용하는 SI단위계에서 힘에 의한 모멘트는 N · m 단위가 되고, 힘을 lb, 거리를 ft 또는 in.로 사용하는 미국상용단위계에서는 lb · ft 또는 lb · in 단위가 된다.

힘에 의해 임의의 점에 발생하는 모멘트 $\mathbf{M}_O$가 힘의 크기, 작용선, 방향에 좌우되지만 힘의 작용선 위의 실제 작용점과는 무관하다는 것을 알 수 있다. 마찬가지로 힘 $\mathbf{F}$에 의한 모멘트 $\mathbf{M}_O$로부터 $\mathbf{F}$의 작용점 위치를 알 수 없다.

그러나 힘 $\mathbf{F}$에 의한 모멘트 $\mathbf{M}_O$의 크기와 방향으로부터 $\mathbf{F}$의 작용선을

2) 위치벡터는 벡터의 합 법칙을 따르므로 벡터와 동등하다는 것은 쉽게 입증할 수 있다. 예를 들어 A점의 O와 O'에 대한 위치벡터를 $\mathbf{r}$과 $\mathbf{r}'$, O점의 O'에 대한 위치벡터를 $\mathbf{s}$라 하면 (3.16절, 그림 3.40a 참조); 위치벡터 $\mathbf{r}' = \overrightarrow{O'A}$는 벡터를 합하는 삼각형법에 의해 위치벡터 $\mathbf{s} = \overrightarrow{O'O}$와 $\mathbf{r} = \overrightarrow{OA}$로부터 구할 수 있다.

결정할 수 있다. $\mathbf{F}$의 작용선은 모멘트 $\mathbf{M}_O$의 방향과 수직이며 O점을 포함하는 평면상에 놓여있으며 O점으로부터의 거리 d는 $\mathbf{M}_O$와 $\mathbf{F}$의 크기에 의한 값 M_O/F와 같다. $\mathbf{M}_O$의 방향으로부터 $\mathbf{F}$의 작용선이 O점에서 어느 편으로 위치하는가를 알 수 있다.

3.3절에서 소개한 전달성 원리에 의하면 같은 크기, 방향, 작용선을 갖는다면 두 힘 $\mathbf{F}$와 $\mathbf{F}'$는 등가이다 (강체에 동일한 효과를 가짐). 이 원리는 다음과 같이 다시 기술할 수 있다. **두 힘 $\mathbf{F}$와 $\mathbf{F}'$는 같은 크기와 방향을 가지며 주어진 점 O에 대해 같은 모멘트를 가질 때 등가라고 한다.** 그러므로 두 힘 $\mathbf{F}$와 $\mathbf{F}'$가 등가이기 위한 필요충분조건은

$$\mathbf{F} = \mathbf{F}' \qquad \mathbf{M}_O = \mathbf{M}_O' \tag{3.13}$$

주어진 점 O에 대해 식 (3.13)을 만족한다면 다른 점에 대해서도 이 조건을 만족한다.

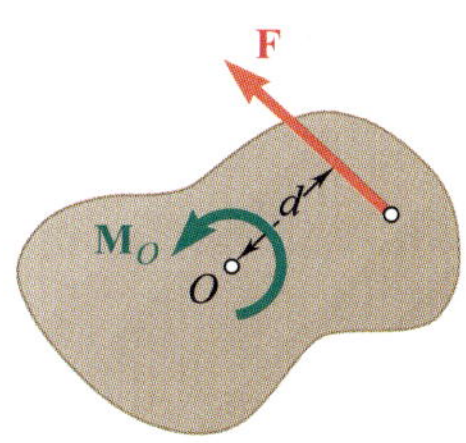

(a) $\mathbf{M}_O = +Fd$

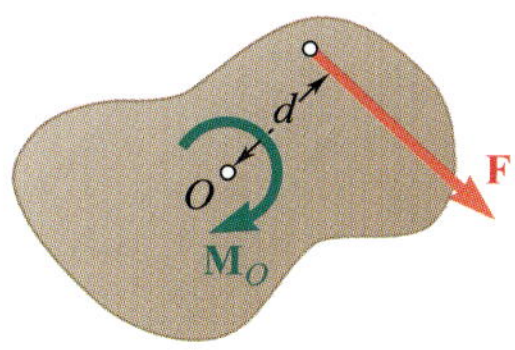

(b) $\mathbf{M}_O = -Fd$

그림 3.13

2차원 문제. 많은 문제들이 2차원 구조물을 대상으로 한다. 즉, 구조물은 길이와 너비를 갖지만 두께는 무시할 수 있으며 작용하는 힘이 구조물의 평면에 놓여 있다. 2차원 구조물과 이에 작용하는 힘은 지면이나 칠판에 바로 표시할 수 있으므로 3차원 구조물과 이에 작용하는 힘에 비해 상당히 단순하다.

예를 들어 그림 3.13과 같이 힘 $\mathbf{F}$가 작용하는 강체 슬라브에서 $\mathbf{F}$에 의해 평면 위의 점 O에 발생하는 모멘트는 평면에 수직이고 크기 Fd를 갖는 벡터 $\mathbf{M}_O$로 표시할 수 있다. 그림 3.13a의 경우 벡터 $\mathbf{M}_O$의 방향은 평면의 수직 상향이며 그림 3.13b의 경우 평면의 수직 하향이다. 그림에서 왼쪽은 $\mathbf{F}$가 슬래브를 반시계방향으로 오른쪽은 시계방향으로 회전시킨다는 것을 알 수 있다. 그러므로 O점에서 $\mathbf{F}$에 의한 모멘트 방향이 그림 3.13a는 반시계방향, 그림 3.13b는 시계방향이라는 것을 자연스럽게 알 수 있다.

평면에 작용하는 힘 $\mathbf{F}$에 의한 모멘트는 평면에 수직이므로, O점에서 $\mathbf{F}$에 의한 모멘트의 크기와 방향만 결정하면 된다. 이는 모멘트의 크기 M_O에 벡터 $\mathbf{M}_O$의 방향 즉, 평면의 수직 상향 또는 수직 하향에 따라 양 또는 음의 부호를 부여하면 된다.

3.7 Varignon 정리

벡터곱의 분배법칙을 사용하면 몇 개 절점력의 합력에 의한 모멘트를 결정할 수 있다. 그림 3.14와 같이 A점에 몇 개의 힘 $\mathbf{F}_1$, $\mathbf{F}_2$, $\cdots$가 작용하고 A의 위치벡터를 $\mathbf{r}$이라 하면 3.4절의 식 (3.5)를 사용하여

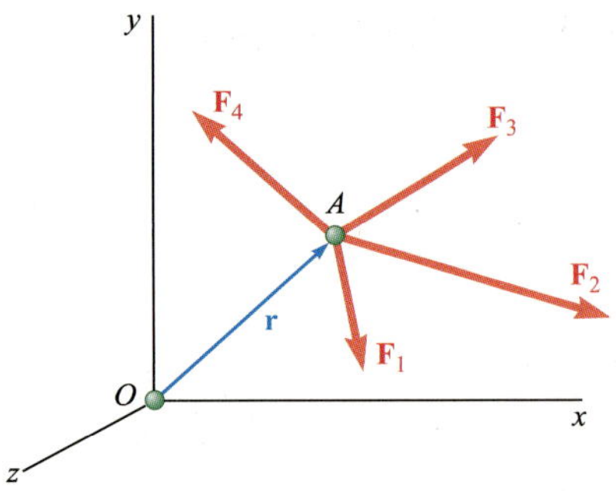

그림 3.14

$$\mathbf{r} \times (\mathbf{F}_1 + \mathbf{F}_2 + \cdots) = \mathbf{r} \times \mathbf{F}_1 + \mathbf{r} \times \mathbf{F}_2 + \cdots \quad (3.14)$$

주어진 점 O에 대해 몇 개의 절점력들의 합력이 갖는 모멘트는 동일한 점 O에 대해 개개의 힘이 갖는 모멘트의 합과 같다. 벡터 대수가 사용되기 오래 전 프랑스 수학자 Varignon에 의해 제시된 이러한 원리를 Varignon 정리(Varignon's theorem)라 한다.

식 (3.14)를 이용하여 힘 $\mathbf{F}$에 의한 모멘트를 두 개 또는 그 이상의 분력에 의한 모멘트로 대체 할 수 있다. 다음 절에서 $\mathbf{F}$는 일반적으로 좌표축에 평행한 분력으로 분해한다. 그러나 때로는 좌표축에 평행하지 않게 분력을 구하는 것이 효율적일 수 있다(문제 3.3).

3.8 힘에 의한 모멘트의 직각성분

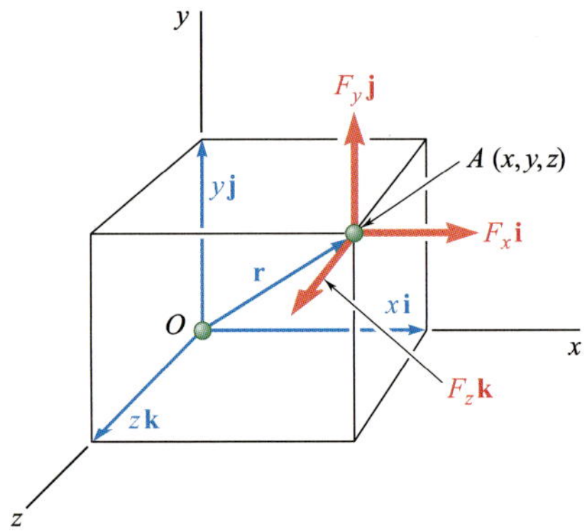

그림 3.15

일반적으로 공간에서 힘에 의한 모멘트를 구하는 경우는 힘과 힘의 작용점에서의 위치벡터를 직각좌표 x, y, z의 분력으로 분해하면 상당히 단순해진다. 예를 들어 그림 3.15와 같이 F_x, F_y, F_z의 성분을 갖는 힘 $\mathbf{F}$가 좌표 (x, y, z)의 점 A에 작용할 때 O점에서 갖게 되는 모멘트 $\mathbf{M}_O$를 생각해 보자. 위치벡터 $\mathbf{r}$의 성분은 점 A의 좌표 x, y, z와 같으므로

$$\mathbf{r} = x\mathbf{i} + y\mathbf{j} + z\mathbf{k} \quad (3.15)$$

$$\mathbf{F} = F_x\mathbf{i} + F_y\mathbf{j} + F_z\mathbf{k} \quad (3.16)$$

식 (3.15)와 식 (3.16)의 $\mathbf{r}$과 $\mathbf{F}$를 다음 식에 대입하고

$$\mathbf{M}_O = \mathbf{r} \times \mathbf{F} \quad (3.11)$$

3.5절의 결과를 참조하면 O점에서 $\mathbf{F}$에 의한 모멘트 $\mathbf{M}_O$는 다음과 같이 쓸 수 있고

$$\mathbf{M}_O = M_x\mathbf{i} + M_y\mathbf{j} + M_z\mathbf{k} \quad (3.17)$$

성분 M_x, M_y, M_z는 다음과 같다.

$$\begin{aligned} M_x &= yF_z - zF_y \\ M_y &= zF_x - xF_z \\ M_z &= xF_y - yF_x \end{aligned} \quad (3.18)$$

3.11절에서 소개되지만 모멘트 $\mathbf{M}_O$의 스칼라 성분 M_x, M_y, M_z는 힘 $\mathbf{F}$에 의해 강체가 각각 x, y, z축으로 회전운동을 하는 정도를 의미한다. 식

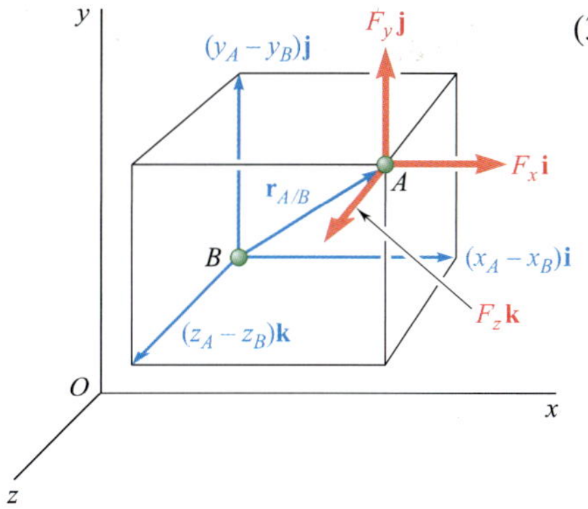

그림 3.16

(3.18)을 식 (3.17)에 대입하면 $\mathbf{M}_O$를 행렬식으로 쓸 수 있다.

$$\mathbf{M}_O = \begin{vmatrix} \mathbf{i} & \mathbf{j} & \mathbf{k} \\ x & y & z \\ F_x & F_y & F_z \end{vmatrix} \tag{3.19}$$

그림 3.16과 같이 A점에 작용하는 힘 $\mathbf{F}$에 의해 B점에 발생하는 모멘트 $\mathbf{M}_B$는 식 (3.11)의 위치벡터 $\mathbf{r}$을 B, A를 시종점으로 하는 벡터로 대체하면 된다. 이 벡터를 B에 대한 A의 위치벡터 $\mathbf{r}_{A/B}$라 한다. $\mathbf{r}_{A/B}$는 $\mathbf{r}_A$와 $\mathbf{r}_B$의 차이므로

$$\mathbf{M}_B = \mathbf{r}_{A/B} \times \mathbf{F} = (\mathbf{r}_A - \mathbf{r}_B) \times \mathbf{F} \tag{3.20}$$

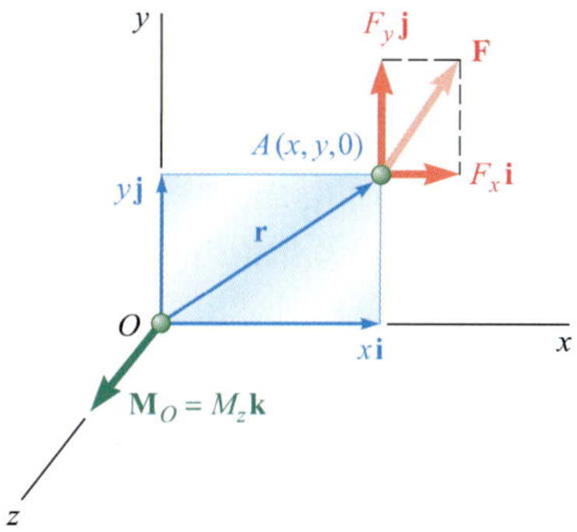

그림 3.17

또는 행렬식으로

$$\mathbf{M}_B = \begin{vmatrix} \mathbf{i} & \mathbf{j} & \mathbf{k} \\ x_{A/B} & y_{A/B} & z_{A/B} \\ F_x & F_y & F_z \end{vmatrix} \tag{3.21}$$

여기서 $x_{A/B}$, $y_{A/B}$, $z_{A/B}$는 벡터 $\mathbf{r}_{A/B}$의 성분으로 다음과 같다.

$$x_{A/B} = x_A - x_B \qquad y_{A/B} = y_A - y_B \qquad z_{A/B} = z_A - z_B$$

2차원 문제에서 힘 $\mathbf{F}$는 xy 평면에 놓여 있는 것으로 가정한다(그림 3.17). 식 (3.19)에서 z, F_z를 0으로 하면

$$\mathbf{M}_O = (xF_y - yF_x)\mathbf{k}$$

$\mathbf{F}$에 의해 O점에 발생하는 모멘트는 평면에 수직한 방향이며 크기는 다음 스칼라로 정의된다.

$$M_O = M_z = xF_y - yF_x \tag{3.22}$$

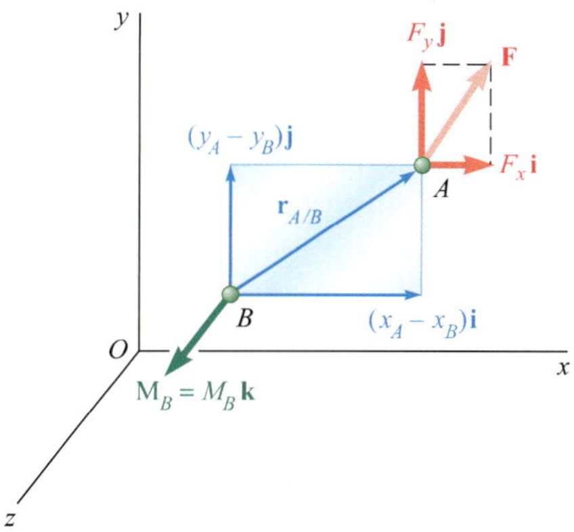

그림 3.18

기 언급한 바와 같이 양의 M_O는 벡터 $\mathbf{M}_O$가 평면 위로(힘 $\mathbf{F}$는 물체를 O점을 축으로 반시계방향으로 회전한다), 음의 M_O는 벡터 $\mathbf{M}_O$가 평면 아래로(힘 $\mathbf{F}$는 물체를 O점을 축으로 시계방향 회전) 향하는 것을 말한다.

그림 3.18과 같이 $A(x_A,\ y_A)$에 작용하는 xy 평면 위의 힘에 의해 $B(x_B,\ y_B)$에 발생하는 모멘트를 구하기 위해서는 $z_{A/B}$, F_z에 0을 대입한다. 벡터 $\mathbf{M}_B$는 xy 평면에 수직이며 식 (3.21)에서 크기와 방향은 다음 스칼라로 결정한다.

$$M_B = (x_A - x_B)F_y - (y_A - y_B)F_x \tag{3.23}$$

문제 3.1

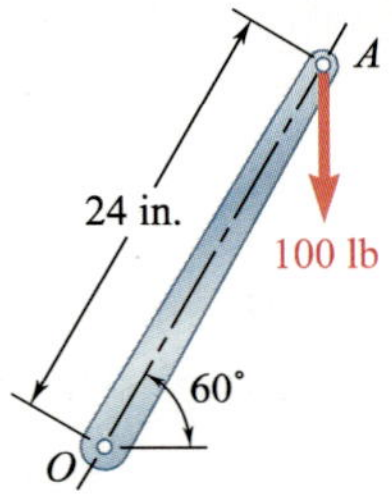

축의 O점에 연결된 레버의 단부에 수직력 100 lb가 작용하고 있다. (a) 100 lb에 의한 O점의 모멘트 ; (b) O점에서 동일한 모멘트를 갖는 A점의 수평력 ; (c) O점에서 동일한 모멘트를 갖는 A점의 최소힘 ; (d) 수직력 240 lb가 O점에서 동일한 모멘트를 갖는 레버 상의 위치 ; (e) b, c, d에서 구한 힘이 원래 힘과 등가인가의 여부를 구하시오.

풀이.

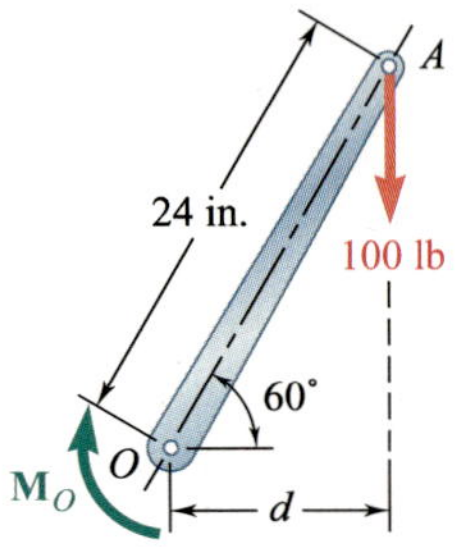

a. O 점의 모멘트. O점에서 100 lb의 작용선과의 수직거리는

$$d = (24\text{ in.})\cos 60^\circ = 12\text{ in.}$$

100 lb에 의한 O점의 모멘트 크기는

$$M_O = Fd = (100\text{ lb})(12\text{ in.}) = 1200\text{ lb}\cdot\text{in.}$$

힘은 O점을 중심으로 레버를 시계방향으로 회전시키므로 모멘트는 벡터 $\mathbf{M}_O$로 표기하고 물체 평면의 수직 하향이며 다음과 같이 쓴다.

$$\mathbf{M}_O = 1200\text{ lb}\cdot\text{in.} \circlearrowright$$

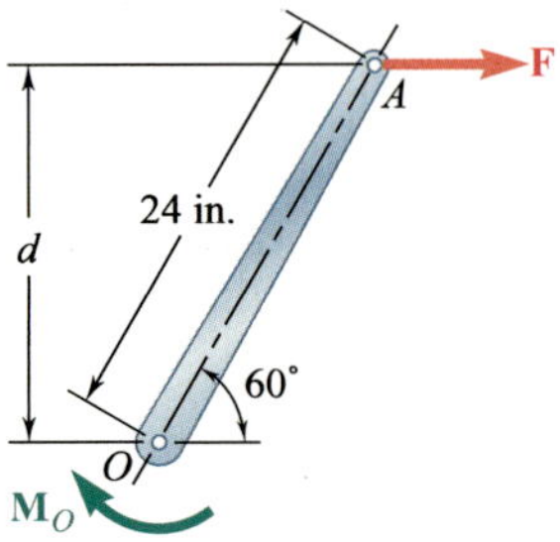

b. 수평력. 이 경우

$$d = (24\text{ in.})\sin 60^\circ = 20.8\text{ in.}$$

O점의 모멘트는 1200 lb가 되어야 하므로

$$M_O = Fd$$
$$1200\text{ lb}\cdot\text{in} = F(20.8\text{ in.})$$
$$F = 57.7\text{ lb} \qquad \mathbf{F} = 57.7\text{ lb} \rightarrow$$

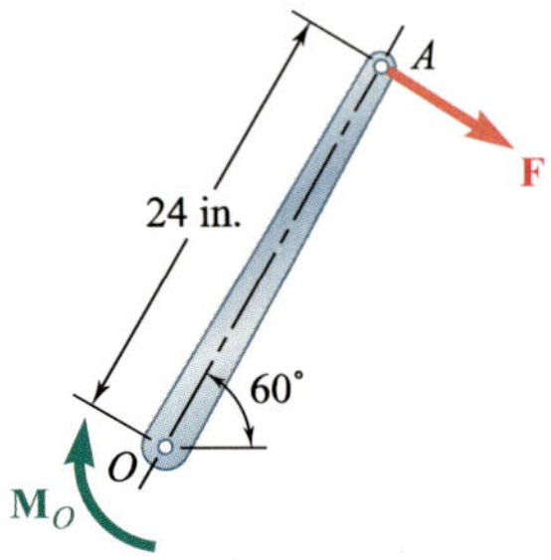

c. 최소힘. $M_O = Fd$이므로 d가 최대인 경우 힘 F는 최소가 된다. $d = 24\text{ in.}$가 최대거리이므로 OA에 수직인 힘은 다음과 같다.

$$M_O = Fd$$
$$1200\text{ lb}\cdot\text{in} = F(24\text{ in.})$$
$$F = 50\text{ lb} \qquad \mathbf{F} = 50\text{ lb} ⦩ 30^\circ$$

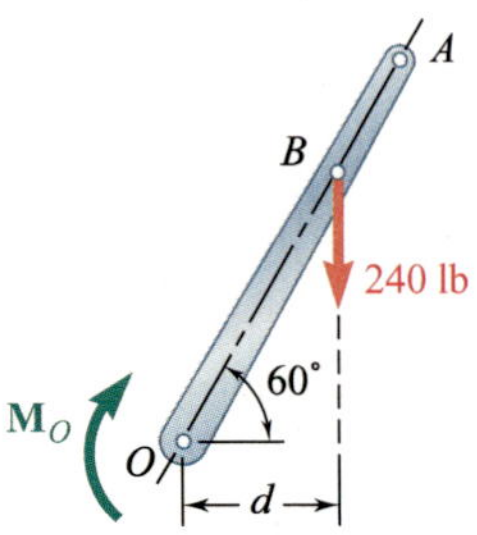

d. 수직력 240 lb. 이 경우 $M_O = Fd$로부터

$$1200\text{ lb}\cdot\text{in.} = (240\text{ lb})\,d \qquad d = 5\text{ in.}$$
$$OB\cos 60^\circ = d \qquad OB = 10\text{ in.}$$

e. b, c, d에서 구한 어떤 힘도 원래 힘 100 lb와 등가가 아니다. O점에서의 모멘트는 같지만 각각 x, y축 성분이 다르다. 다시 말하면 축을 회전하는 정도는 모두 같지만 축을 이동시키려고 하는 정도는 모두 다르다.

문제 3.2

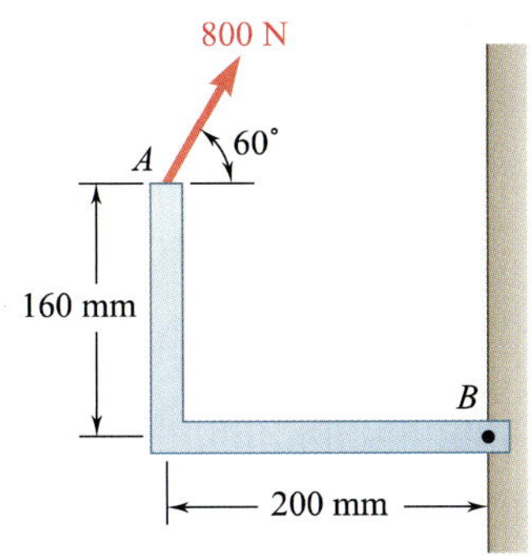

800 N의 힘이 그림과 같이 브래킷에 작용하고 있다. 그 힘에 의한 B점의 모멘트를 구하시오.

풀이.

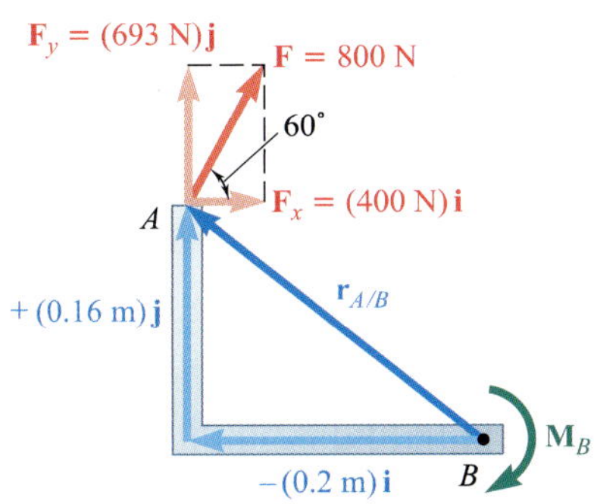

$\mathbf{F}$에 의해 B점에서 발생하는 모멘트 $\mathbf{M}_B$는 벡터곱에 의해 다음과 같이 구해진다.

$$\mathbf{M}_B = \mathbf{r}_{A/B} \times \mathbf{F}$$

여기서 $\mathbf{r}_{A/B}$는 B에서 A로 향하는 벡터다. $\mathbf{r}_{A/B}$와 $\mathbf{F}$를 직각성분으로 나타내면

$$\begin{aligned}\mathbf{r}_{A/B} &= -(0.2\ \mathrm{m})\mathbf{i} + (0.16\ \mathrm{m})\mathbf{j}\\ \mathbf{F} &= (800\ \mathrm{N})\cos 60^\circ\,\mathbf{i} + (800\ \mathrm{N})\sin 60^\circ\,\mathbf{j}\\ &= (400\ \mathrm{N})\mathbf{i} + (693\ \mathrm{N})\mathbf{j}\end{aligned}$$

3.5절에서 제시한 단위벡터의 크로스곱에 대한 관계식 (3.7)을 적용하면

$$\begin{aligned}\mathbf{M}_B &= \mathbf{r}_{A/B} \times \mathbf{F}\\ &= [-(0.2\ \mathrm{m})\mathbf{i} + (0.16\ \mathrm{m})\mathbf{j}] \times [(400\ \mathrm{N})\mathbf{i} + (693\ \mathrm{N})\mathbf{j}]\\ &= -(138.6\ \mathrm{N\cdot m})\mathbf{k} - (64.0\ \mathrm{N\cdot m})\mathbf{k}\\ &= -(202.6\ \mathrm{N\cdot m})\mathbf{k}\end{aligned}$$

$$\mathbf{M}_B = 203\ \mathrm{N\cdot m} \downarrow$$

모멘트 $\mathbf{M}_B$는 물체 평면에 수직한 벡터이며 평면 아래 방향이다.

문제 3.3

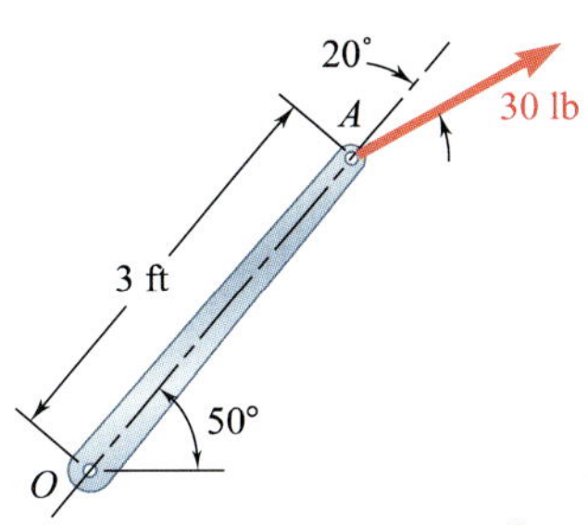

그림과 같이 3 ft 레버의 단부에 30 lb가 작용하고 있다. O점의 모멘트를 구하시오.

풀이.

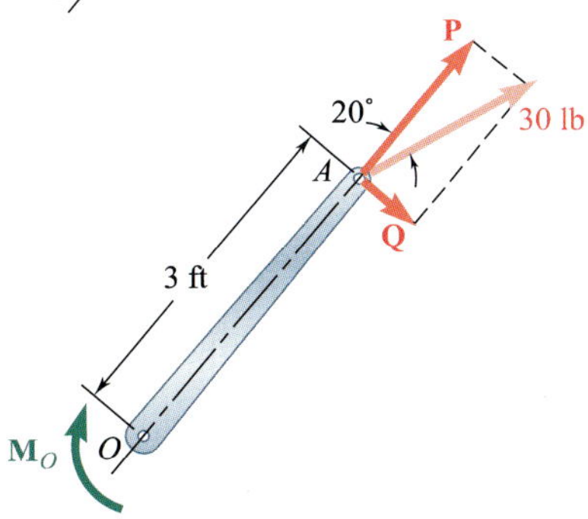

힘을 두 직각성분, OA 방향의 성분 $\mathbf{P}$와 OA에 수직한 방향의 성분 $\mathbf{Q}$로 분해한다. O점이 $\mathbf{P}$의 작용선 위에 위치하므로 $\mathbf{P}$에 의한 O점의 모멘트는 0이다. 그러므로 30 lb에 의한 모멘트는 $\mathbf{Q}$에 의한 모멘트가 되고 시계방향이며 음의 스칼라로 표기된다.

$$Q = (30\ \mathrm{lb})\sin 20^\circ = 10.26\ \mathrm{lb}$$

$$M_O = -Q(3\ \mathrm{ft}) = -(10.26\ \mathrm{lb})(3\ \mathrm{ft}) = -30.8\ \mathrm{lb\cdot ft}$$

스칼라 M_O가 음이므로 모멘트 $\mathbf{M}_O$는 평면 아래 방향이며 다음과 같이 쓴다.

$$\mathbf{M}_O = 30.8\ \mathrm{lb\cdot ft} \downarrow$$

문제 3.4

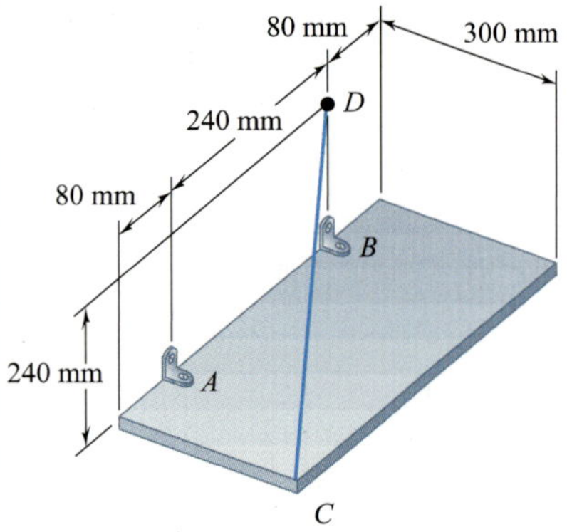

사각판이 A, B의 브래킷과 와이어 CD로 지지되어 있다. 와이어의 인장력은 200 N이다. 와이어가 C점에 작용하는 힘에 의해 A점에 발생하는 모멘트를 구하시오.

풀이.

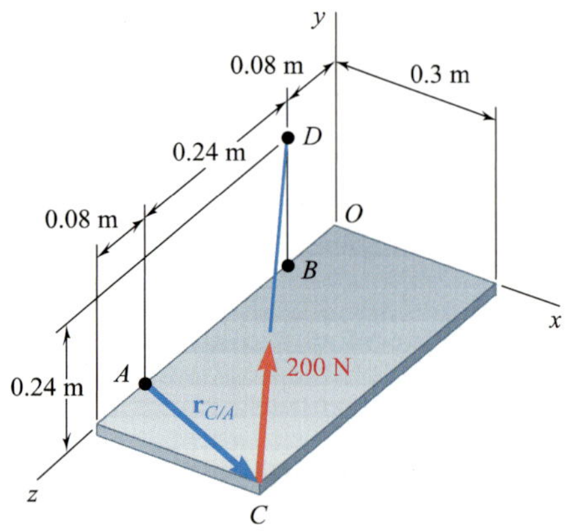

와이어가 C점에 작용하는 힘 $\mathbf{F}$에 의해 A점에서 발생하는 모멘트 $\mathbf{M}_A$는 벡터곱에 의해 다음과 같이 구해진다.

$$\mathbf{M}_A = \mathbf{r}_{C/A} \times \mathbf{F} \tag{1}$$

여기서 $\mathbf{r}_{C/A}$는 A에서 C로 향하는 벡터다.

$$\mathbf{r}_{C/A} = \overrightarrow{AC} = (0.3\text{ m})\mathbf{i} + (0.08\text{ m})\mathbf{k} \tag{2}$$

$\mathbf{F}$는 CD선 위의 힘 200 N이므로 단위벡터 $\boldsymbol{\lambda} = \overrightarrow{CD}/CD$를 도입하면

$$\mathbf{F} = F\boldsymbol{\lambda} = (200\text{ N})\frac{\overrightarrow{CD}}{CD} \tag{3}$$

벡터 $\overrightarrow{CD}$를 직각성분으로 표기하고

$$\overrightarrow{CD} = -(0.3\text{ m})\mathbf{i} + (0.24\text{ m})\mathbf{j} - (0.32\text{ m})\mathbf{k} \qquad CD = 0.50\text{ m}$$

식 (3)을 대입하면 다음과 같다.

$$\begin{aligned}\mathbf{F} &= \frac{200\text{ N}}{0.50\text{ m}}[-(0.3\text{ m})\mathbf{i} + (0.24\text{ m})\mathbf{j} - (0.32\text{m})\mathbf{k}] \\ &= -(120\text{ N})\mathbf{i} + (96\text{ N})\mathbf{j} - (128\text{N})\mathbf{k}\end{aligned} \tag{4}$$

식 (2), (4)의 $\mathbf{r}_{C/A}$와 $\mathbf{F}$를 식 (1)에 대입하면 3.5절의 관계식 (3.7)에 의해

$$\begin{aligned}\mathbf{M}_A &= \mathbf{r}_{C/A} \times \mathbf{F} \\ &= (0.3\mathbf{i} + 0.008\mathbf{k}) \times (-120\mathbf{i} + 96\mathbf{j} - 128\mathbf{k}) \\ &= (0.3)(96)\mathbf{k} + (0.3)(-128)(-\mathbf{j}) \\ &\qquad + (0.08)(-120)\mathbf{j} + (0.08)(96)(-\mathbf{i})\end{aligned}$$

$$\mathbf{M}_A = -(7.68\text{ N}\cdot\text{m})\mathbf{i} + (28.8\text{ N}\cdot\text{m})\mathbf{j} + (28.8\text{ N}\cdot\text{m})\mathbf{k}$$

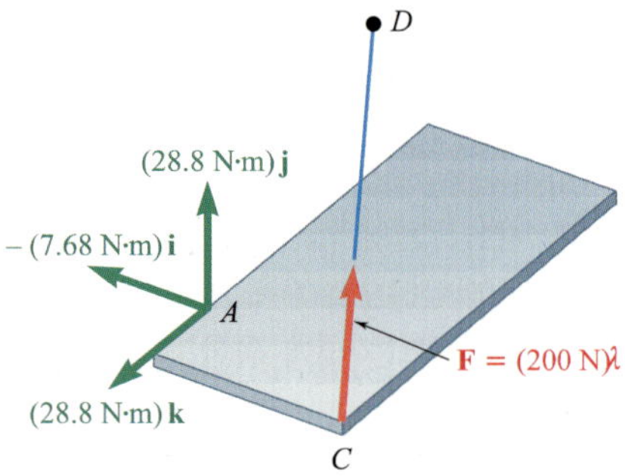

다른 해법. A는 3.8절에서 소개한 바와 같이 모멘트 $\mathbf{M}_A$는 다음과 같이 행렬식으로 쓸 수 있다.

$$\mathbf{M}_A = \begin{vmatrix} \mathbf{i} & \mathbf{j} & \mathbf{k} \\ x_C - x_A & y_C - y_A & z_C - z_A \\ F_x & F_y & F_z \end{vmatrix} = \begin{vmatrix} \mathbf{i} & \mathbf{j} & \mathbf{k} \\ 0.3 & 0 & 0.08 \\ -120 & 96 & -128 \end{vmatrix}$$

$$\mathbf{M}_A = -(7.68\text{ N}\cdot\text{m})\mathbf{i} + (28.8\text{ N}\cdot\text{m})\mathbf{j} + (28.8\text{ N}\cdot\text{m})\mathbf{k}$$

Problems

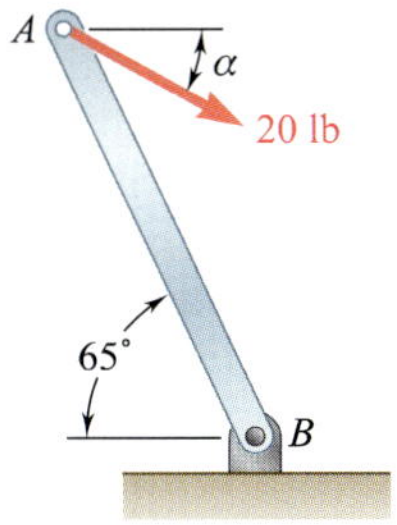

그림 P3.1, P3.2

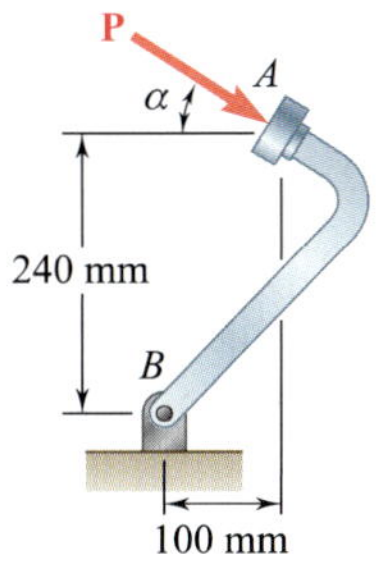

그림 P3.3, *P3.4*

3.1 A 20-lb force is applied to the control rod AB as shown. Knowing that the length of the rod is 9 in. and that $\alpha = 25°$, determine the moment of the force about point B by resolving the force into horizontal and vertical components.

3.2 A 20-lb force is applied to the control rod AB as shown. Knowing that the length of the rod is 9 in. and that the moment of the force about B is 120 lb · in. clockwise, determine the value of α.

3.3 For the brake pedal shown, determine the magnitude and direction of the smallest force **P** that has a 104-N · m clockwise moment about B.

3.4 A force **P** is applied to the brake pedal at A. Knowing that P = 450 N and $\alpha = 30°$, determine the moment of **P** about B.

3.5 A 450-N force is applied at A as shown. Determine (*a*) the moment of the 450-N force about D, (*b*) the smallest force applied at B that creates the same moment about D.

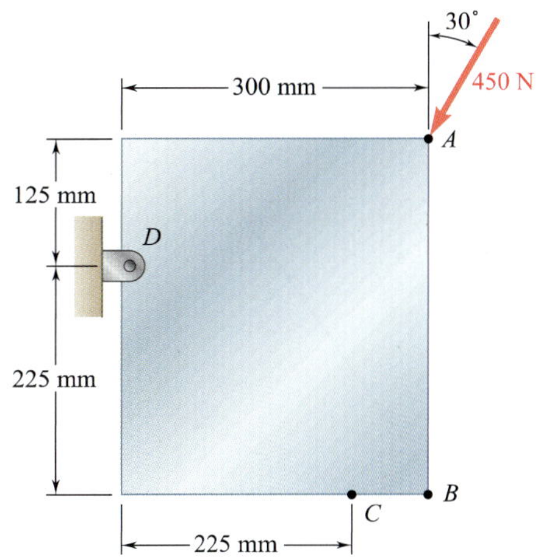

그림 P3.5, P3.6

3.6 A 450-N force is applied at A as shown. Determine (*a*) the moment of the 450-N force about D, (*b*) the magnitude and sense of the horizontal force applied at C that creates the same moment about D, (*c*) the smallest force applied at C that creates the same moment about D.

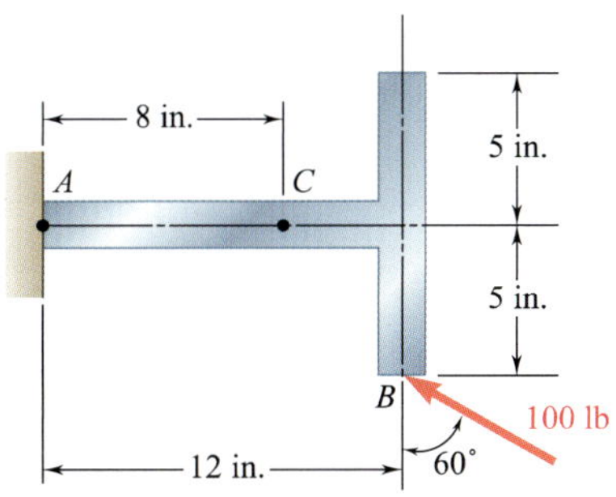

그림 P3.7, *P3.8*

3.7 Compute the moment of the 100-lb force about A, (*a*) by using the definition of the moment of a force, (*b*) by resolving the force into horizontal and vertical components, (*c*) by resolving the force into components along AB and in the direction perpendicular to AB.

3.8 Determine the moment of the 100-lb force about C.

3.9 and 3.10 It is known that the connecting rod AB exerts on the crank BC a 2.5-kN force directed down to the left along the centerline AB. Determine the moment of that force about C.

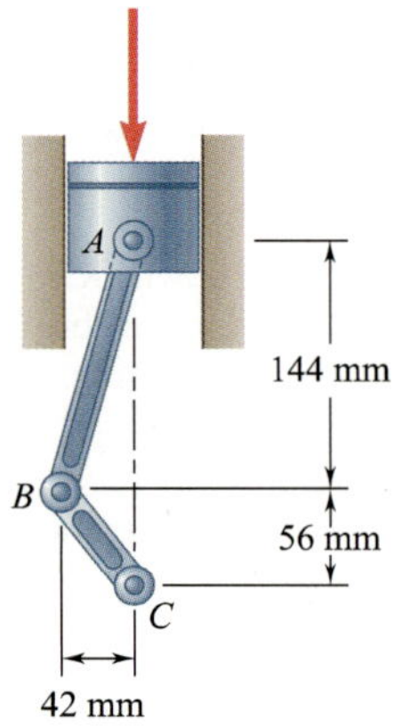

그림 P3.9

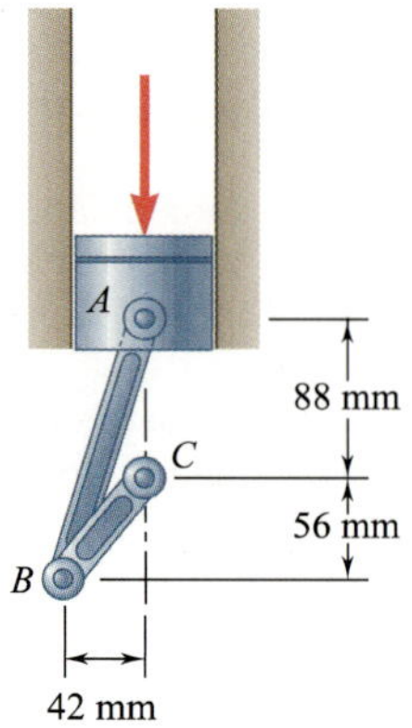

그림 P3.10

3.11 Rod AB is held in place by the cord AC. Knowing that the tension in the cord is 300 lb and that $c = 18$ in., determine the moment about B of the force exerted by the cord at point A by resolving that force into horizontal and vertical components applied (*a*) at point A, (*b*) at point C.

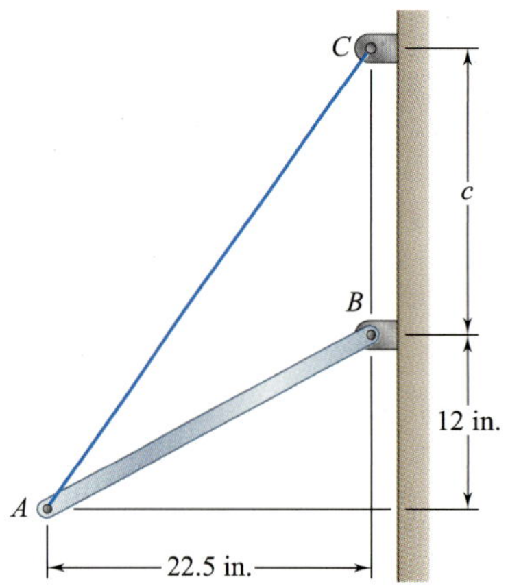

그림 *P3.11*, P3.12

3.12 Rod AB is held in place by the cord AC. Knowing that $c = 42$ in. and that the moment about B of the force exerted by the cord at point A is 700 lb · ft, determine the tension in the cord.

3.13 Determine the moment about the origin of coordinates O of the force $\mathbf{F} = 4\mathbf{i} - 3\mathbf{j} + 2\mathbf{k}$ that acts at a point A. Assume that the position of A is (*a*) $\mathbf{r} = \mathbf{i} + 5\mathbf{j} + 6\mathbf{k}$, (*b*) $\mathbf{r} = 6\mathbf{i} + \mathbf{j} + 3\mathbf{k}$, (*c*) $\mathbf{r} = 5\mathbf{i} - 4\mathbf{j} + 3\mathbf{k}$.

3.14 Determine the moment about the origin of coordinates O of the force $\mathbf{F} = -\mathbf{i} + 3\mathbf{j} + 5\mathbf{k}$ that acts at a point A. Assume that the position of A is (*a*) $\mathbf{r} = 2\mathbf{i} - 4\mathbf{j} + \mathbf{k}$, (*b*) $\mathbf{r} = 4\mathbf{i} + 6\mathbf{j} + 10\mathbf{k}$, (*c*) $\mathbf{r} = -3\mathbf{i} + 9\mathbf{j} + 15\mathbf{k}$.

3.15 The line of action of the force **P** of magnitude 420 lb passes through the two points *A* and *B* as shown. Compute the moment of **P** about *O* using the position vector (*a*) of point *A*, (*b*) of point *B*.

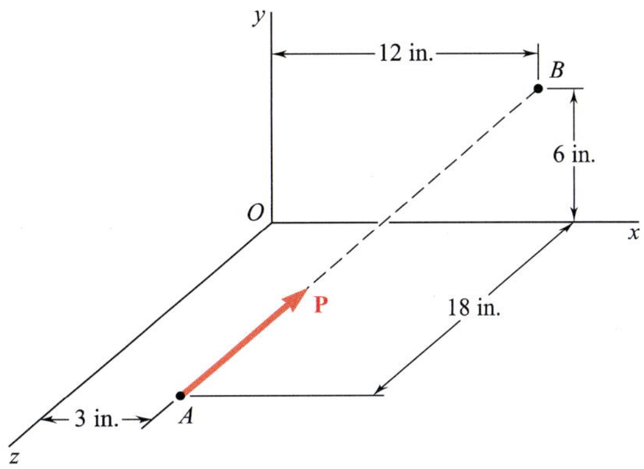

그림 **P3.15**

3.16 A force **P** of magnitude 200 N acts along the diagonal *BC* of the bent plate shown. Determine the moment of **P** about point *E*.

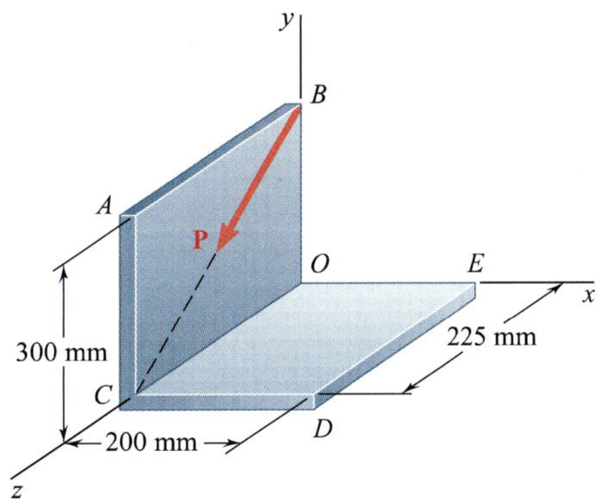

그림 **P3.16**

3.17 Knowing that the tension in cable *AB* is 1800 lb, determine the moment of the force exerted on the plate at *A* about (*a*) the origin of coordinates *O*, (*b*) corner *D*.

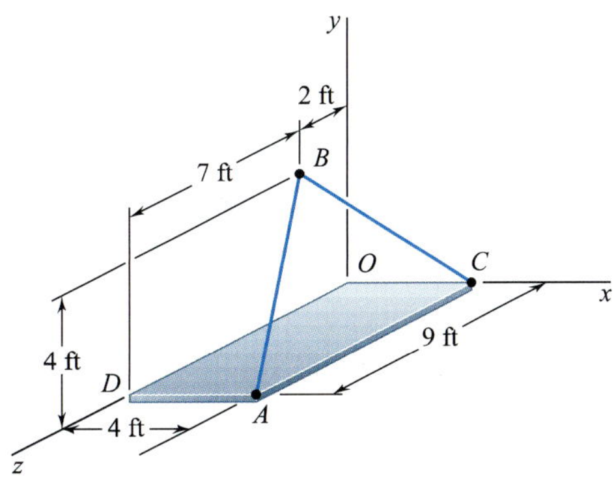

그림 **P3.17, P3.18**

3.18 Knowing that the tension in cable *BC* is 900 lb, determine the moment of the force exerted on the plate at *C* about (*a*) the origin of coordinates *O*, (*b*) corner *D*.

3.19 A 200-N force is applied as shown to the bracket ABC. Determine the moment of the force about A.

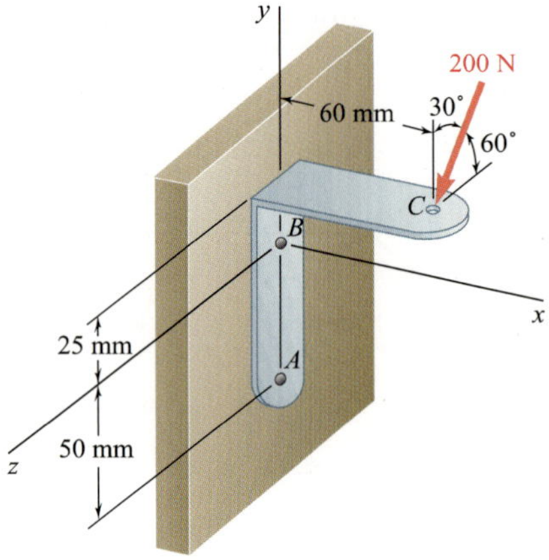

그림 P3.19

3.20 A small boat hangs from two davits, one of which is shown in the figure. The tension in line $ABAD$ is 82 lb. Determine the moment about C of the resultant force $\mathbf{R}_A$ exerted on the davit at A.

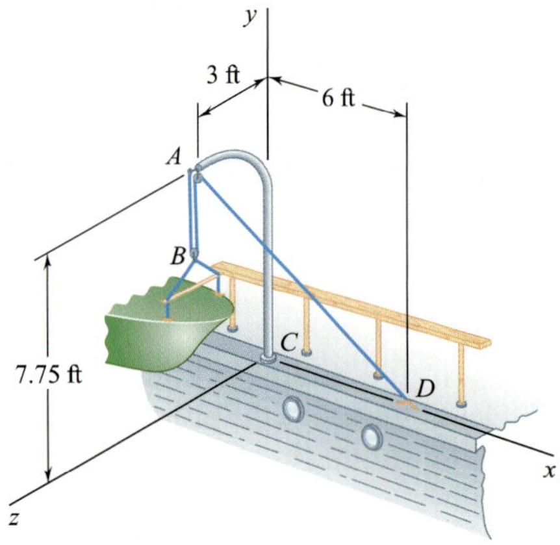

그림 P3.20

3.21 In Prob. 3.15, determine the perpendicular distance from the line of action of **P** to the origin O.

3.22 In Prob. 3.16, determine the perpendicular distance from the line of action of **P** to point E.

3.23 In Prob. 3.20, determine the perpendicular distance from the point C to the portion AD of line $ABAD$.

3.24 In Sample Prob. 3.4, determine the perpendicular distance from point A to wire CD.

3.9 두 벡터의 스칼라곱

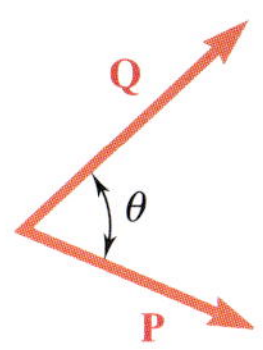

그림 3.19

두 벡터 P, Q의 **스칼라곱**(scalar product)은 P, Q의 크기와 P, Q에 의해 형성되는 각 θ 의 코싸인 값을 곱하는 것으로 정의한다(그림 3.19). P, Q의 스칼라곱은 $\mathbf{P} \cdot \mathbf{Q}$로 표기하며 다음식과 같다.

$$\mathbf{P} \cdot \mathbf{Q} = PQ\cos\theta \tag{3.24}$$

식 (3.24)는 **스칼라곱**이라는 용어에서 알 수 있는 것과 같이 벡터가 아닌 스칼라이다. 사용기호를 이용하여 $\mathbf{P} \cdot \mathbf{Q}$를 벡터 P와 Q의 **도트곱**(dot product)이라고도 한다. 두 벡터의 스칼라곱은 **교환법칙**을 만족한다.

$$\mathbf{P} \cdot \mathbf{Q} = \mathbf{Q} \cdot \mathbf{P} \tag{3.25}$$

스칼라곱 또한 다음 식과 같이 분배법칙을 만족하며

$$\mathbf{P} \cdot (\mathbf{Q}_1 + \mathbf{Q}_2) = \mathbf{P} \cdot \mathbf{Q}_1 + \mathbf{P} \cdot \mathbf{Q}_2 \tag{3.26}$$

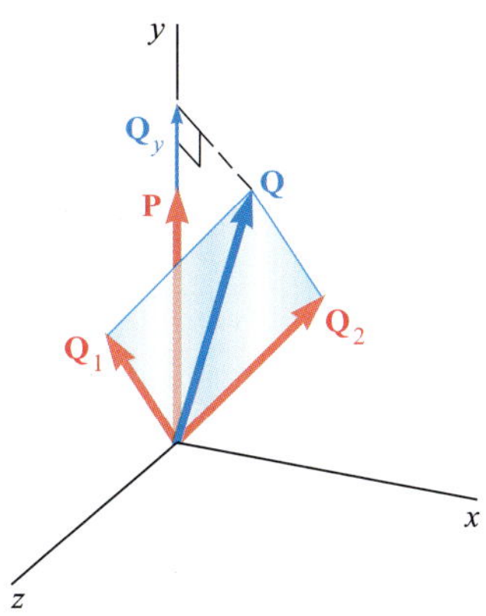

그림 3.20

이를 다음과 같이 증명할 수 있다. 그림 3.20과 같이 y축 방향의 P를 가정하고 $\mathbf{Q}_1$, $\mathbf{Q}_2$의 합 Q가 y축과 형성하는 각이 θ_y라면 식 (3.26)의 좌변은

$$\mathbf{P} \cdot (\mathbf{Q}_1 + \mathbf{Q}_2) = \mathbf{P} \cdot \mathbf{Q} = PQ\cos\theta_y = PQ_y \tag{3.27}$$

여기서 Q_y는 Q의 y축 성분이다. 마찬가지로 식 (3.26)의 우변은

$$\mathbf{P} \cdot \mathbf{Q}_1 + \mathbf{P} \cdot \mathbf{Q}_2 = P(Q_1)_y + P(Q_2)_y \tag{3.28}$$

Q가 $\mathbf{Q}_1$, $\mathbf{Q}_2$의 합이므로 Q의 y축 성분 역시 $\mathbf{Q}_1$, $\mathbf{Q}_2$의 y축 성분의 합과 같아야 한다. 그러므로 식 (3.27)과 (3.28)의 결과는 동일하며 이로써 식 (3.26)은 증명되었다.

스칼라곱의 경우 결합법칙은 성립하지 않는다. 즉, $(\mathbf{P} \cdot \mathbf{Q}) \cdot \mathbf{S}$는 $\mathbf{P} \cdot \mathbf{Q}$가 벡터가 아닌 스칼라이므로 의미가 없다. 두 벡터 P, Q의 스칼라곱을 직각성분으로 나타내면

$$\mathbf{P} \cdot \mathbf{Q} = (P_x\mathbf{i} + P_y\mathbf{j} + P_z\mathbf{k}) \cdot (Q_x\mathbf{i} + Q_y\mathbf{j} + Q_z\mathbf{k})$$

분배법칙을 적용하고 $\mathbf{P} \cdot \mathbf{Q}$를 $P_x\mathbf{i} \cdot Q_x\mathbf{i}$, $P_x\mathbf{i} \cdot Q_y\mathbf{j}$ 등의 스칼라곱의 합으로 표기하면, 스칼라곱의 정의에서 단위벡터의 스칼라곱은 아래와 같이 0 또는 1이므로

$$\begin{array}{lll} \mathbf{i} \cdot \mathbf{i} = 1 & \mathbf{j} \cdot \mathbf{j} = 1 & \mathbf{k} \cdot \mathbf{k} = 1 \\ \mathbf{i} \cdot \mathbf{j} = 0 & \mathbf{j} \cdot \mathbf{k} = 0 & \mathbf{k} \cdot \mathbf{i} = 0 \end{array} \tag{3.29}$$

P · Q는 다음과 같이 정리된다.

$$\mathbf{P}\cdot\mathbf{Q} = P_x Q_x + P_y Q_y + P_z Q_z \tag{3.30}$$

P와 Q가 같은 경우는

$$\mathbf{P}\cdot\mathbf{P} = P_x^2 + P_y^2 + P_z^2 = P^2 \tag{3.31}$$

적용

1. 주어진 두 벡터의 사잇각. 두 벡터가 다음과 같이 성분으로 주어지면

$$\begin{aligned}\mathbf{P} &= P_x\mathbf{i} + P_y\mathbf{j} + P_z\mathbf{k}\\ \mathbf{Q} &= Q_x\mathbf{i} + Q_y\mathbf{j} + Q_z\mathbf{k}\end{aligned}$$

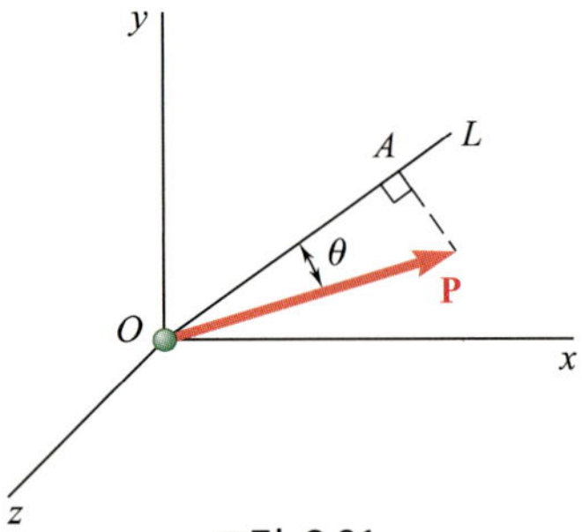

그림 3.21

스칼라곱은 식 (3.24), (3.30)으로부터

$$PQ\cos\theta = P_x Q_x + P_y Q_y + P_z Q_z$$

$\cos\theta$는

$$\cos\theta = \frac{P_x Q_x + P_y Q_y + P_z Q_z}{PQ} \tag{3.32}$$

2. 벡터의 특정 축에 대한 투영. 그림 3.21과 같이 축 또는 방향선 OL과 각 θ를 형성하는 벡터 P의 OL축에 대한 투영은 다음 스칼라로 정의된다.

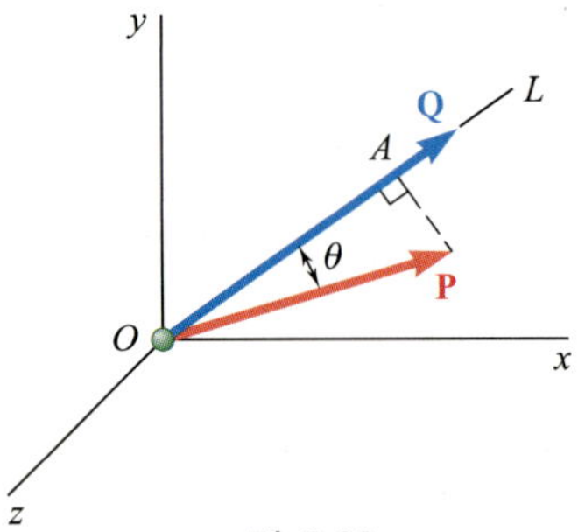

그림 3.22

$$P_{OL} = P\cos\theta \tag{3.33}$$

투영 P_{OL}은 선분 OA 길이의 절대값과 같다. OA가 축 OL의 방향과 같으면 양이며 θ가 예각이고 그렇지 않은 경우 음이 된다. P와 OL이 직각이면 P의 OL에 대한 투영은 0이다.

그림 3.22와 같이 OL 위에 OL과 동일 방향의 벡터 Q와 P의 스칼라곱은

$$\mathbf{P}\cdot\mathbf{Q} = PQ\cos\theta = P_{OL}Q \tag{3.34}$$

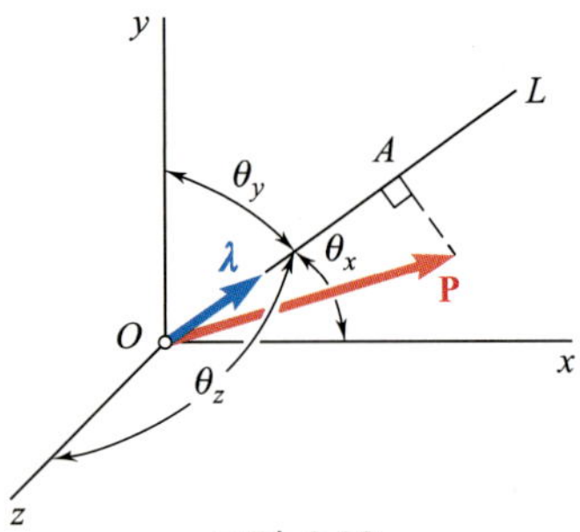

그림 3.23

이로부터 P_{OL}은

$$P_{OL} = \frac{\mathbf{P}\cdot\mathbf{Q}}{Q} = \frac{P_x Q_x + P_y Q_y + P_z Q_z}{Q} \tag{3.35}$$

OL 방향의 단위벡터를 $\boldsymbol{\lambda}$라 하면(그림 3.23)

$$P_{OL} = (\mathbf{P} \cdot \boldsymbol{\lambda}) \tag{3.36}$$

2.12절에서 λ의 좌표축 성분은 OL의 방향코싸인과 같다는 것을 확인하였으므로 $\mathbf{P}$와 λ를 직각성분으로 표기하면 $\mathbf{P}$의 OL 위 투영은 다음과 같다.

$$P_{OL} = P_x \cos\theta_x + P_y \cos\theta_y + P_z \cos\theta_z \tag{3.37}$$

여기서 θ_x, θ_y, θ_z는 OL축과 각 좌표축과의 사잇각을 의미한다.

3.10 세 벡터의 혼합3중곱

세 벡터 $\mathbf{S}$, $\mathbf{P}$, $\mathbf{Q}$의 **혼합3중곱**(mixed triple product)은 다음과 같이 스칼라로 정의하며 $\mathbf{P}$, $\mathbf{Q}$의 벡터곱과 $\mathbf{S}$의 스칼라곱이다.

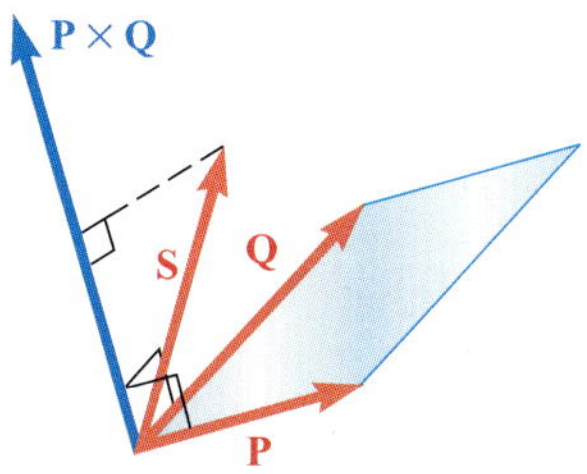

그림 3.24

$$\mathbf{S} \cdot (\mathbf{P} \times \mathbf{Q}) \tag{3.38}$$

$\mathbf{S}$, $\mathbf{P}$, $\mathbf{Q}$의 혼합3중곱은 그림 3.24와 같이 기하학적 해석이 가능하다. 3.4절로부터 벡터곱 $\mathbf{P} \times \mathbf{Q}$는 $\mathbf{P}$와 $\mathbf{Q}$가 이루는 평면에 수직이고 그 크기는 $\mathbf{P}$와 $\mathbf{Q}$를 변으로 하는 평행사변형의 면적과 같다. 반면 식 (3.38)은 $\mathbf{S}$와 $\mathbf{P} \times \mathbf{Q}$의 스칼라곱이 $\mathbf{P} \times \mathbf{Q}$의 크기 (즉, $\mathbf{P}$와 $\mathbf{Q}$를 변으로 하는 평행사변형의 면적)와 $\mathbf{S}$의 벡터 $\mathbf{P} \times \mathbf{Q}$ 방향 투영을 곱한 것과 같다. 그러므로 혼합3중곱의 절대값은 그림 3.25와 같이 세 벡터 $\mathbf{S}$, $\mathbf{P}$, $\mathbf{Q}$를 변으로 하는 평행육면체의 체적과 같다. $\mathbf{S}$, $\mathbf{P}$, $\mathbf{Q}$가 오른손 방향을 따르는 세 벡터라면 혼합3중곱은 양이고 왼손 방향을 따르면 음이다 (즉, $\mathbf{P}$를 $\mathbf{Q}$에 겹치도록 하는 회전 방향이 $\mathbf{S}$의 종점에서 보았을 때 시계 방향이면 $\mathbf{S} \cdot (\mathbf{P} \times \mathbf{Q})$는 음이 된다). $\mathbf{S}$, $\mathbf{P}$, $\mathbf{Q}$가 동일한 평면 위에 있다면 혼합3중곱은 0이 된다.

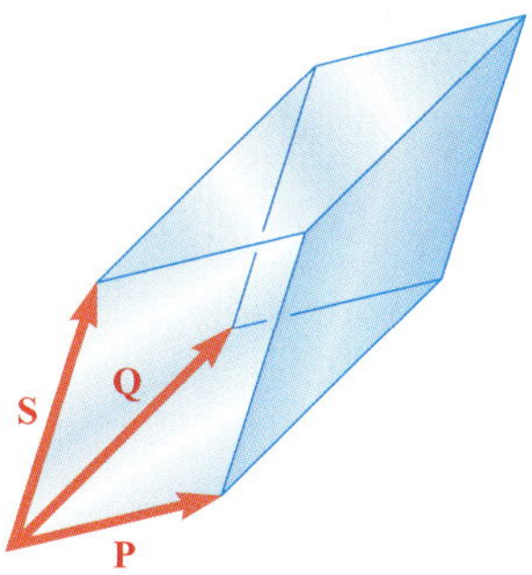

그림 3.25

전 절에서 정의한 평행육면체는 세 벡터의 순서와는 무관하므로 $\mathbf{S}$, $\mathbf{P}$, $\mathbf{Q}$에 의한 여섯 개의 혼합3중곱은 절대값이 같다. 그러나 부호는 아래 식과 같이 다르게 된다.

$$\begin{aligned} \mathbf{S} \cdot (\mathbf{P} \times \mathbf{Q}) &= \mathbf{P} \cdot (\mathbf{Q} \times \mathbf{S}) = \mathbf{Q} \cdot (\mathbf{S} \times \mathbf{P}) \\ &= -\mathbf{S} \cdot (\mathbf{Q} \times \mathbf{P}) = -\mathbf{P} \cdot (\mathbf{S} \times \mathbf{Q}) = -\mathbf{Q} \cdot (\mathbf{P} \times \mathbf{S}) \end{aligned} \tag{3.39}$$

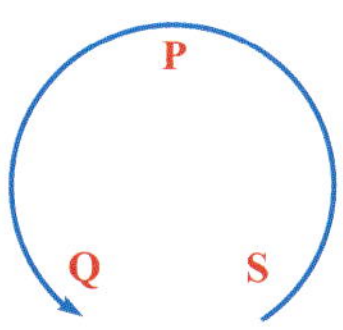

그림 3.26

그림 3.26과 같이 원주를 따라 반시계 방향으로 세 벡터의 기호를 배열하고 시작과 무관하게 반시계 방향으로 혼합3중곱을 취하면 부호는 변하지 않는다. 그러한 순열을 **원순열**이라 한다. 또한 식 (3.39)와 스칼라곱의 교환법칙에 의해서 $\mathbf{S}$, $\mathbf{P}$, $\mathbf{Q}$의 혼합3중곱 $\mathbf{S} \cdot (\mathbf{P} \times \mathbf{Q})$ 또는 $(\mathbf{S} \times \mathbf{P}) \cdot \mathbf{Q}$로 동일

하게 정의할 수 있다.

S, P, Q의 혼합3중곱은 이들 벡터의 직각성분으로 나타낼 수 있다. $\mathbf{P} \times \mathbf{Q}$를 V라 하고 S와 V의 스칼라곱은 식 (3.30)을 이용하면

$$\mathbf{S} \cdot (\mathbf{P} \times \mathbf{Q}) = \mathbf{S} \cdot \mathbf{V} = S_x V_x + S_y V_y + S_z V_z$$

식 (3.9)에 제시한 V의 성분으로 나타내면

$$\mathbf{S} \cdot (\mathbf{P} \times \mathbf{Q}) = S_x (P_y Q_z - P_z Q_y) + S_y (P_z Q_x - P_x Q_z) + S_z (P_x Q_y - P_y Q_x) \tag{3.40}$$

이 식은 행렬식의 전개와 같으므로 다음과 같이 쓸 수 있다.

$$\mathbf{S} \cdot (\mathbf{P} \times \mathbf{Q}) = \begin{vmatrix} S_x & S_y & S_z \\ P_x & P_y & P_z \\ Q_x & Q_y & Q_z \end{vmatrix} \tag{3.41}$$

행렬식의 행에 순열법칙을 적용하면 기하학적으로 유도한 식 (3.39)를 증명할 수 있다.

3.11 힘에 의해 축에 발생하는 모멘트

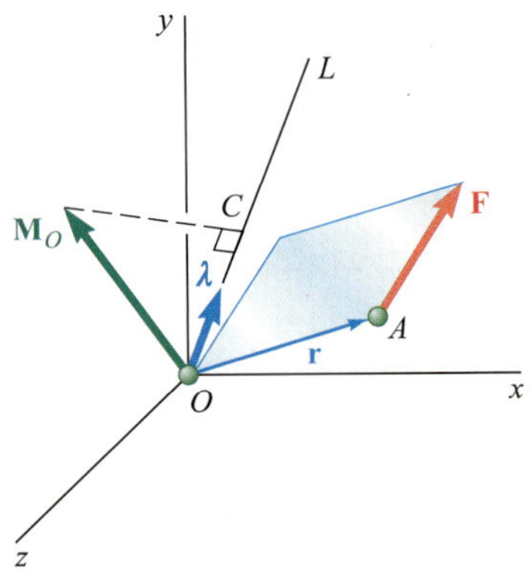

그림 3.27

벡터 대수학을 공부했으므로 새로운 개념인 힘에 의해 임의의 축에 발생하는 모멘트를 논의한다. 그림 3.27과 같이 강체에 작용하는 힘 F와 그 힘에 의해 O점에 발생한 모멘트를 $\mathbf{M}_O$라 한다. OL은 O점을 통과하는 축이다. 여기서 F에 의해 OL축에 발생하는 모멘트 $\mathbf{M}_{OL}$을 모멘트 $\mathbf{M}_O$의 OL축의 투영 OC라 정의한다. OL축의 단위벡터를 $\boldsymbol{\lambda}$라 하고 식 (3.36), (3.11)을 적용하면

$$M_{OL} = \boldsymbol{\lambda} \cdot \mathbf{M}_O = \boldsymbol{\lambda} \cdot (\mathbf{r} \times \mathbf{F}) \tag{3.42}$$

여기서 F에 의해 OL축에 발생하는 모멘트 M_{OL}은 $\boldsymbol{\lambda}$, r, F의 혼합3중곱으로 계산되는 스칼라임을 알 수 있다. M_{OL}을 행렬식으로 쓰면

$$M_{OL} = \begin{vmatrix} \lambda_x & \lambda_y & \lambda_z \\ x & y & z \\ F_x & F_y & F_z \end{vmatrix} \tag{3.43}$$

여기서 $\lambda_x, \lambda_y, \lambda_z$ = OL축의 방향코싸인

x, y, z = 힘 F의 작용점 좌표

F_x, F_y, F_z = 힘 $\mathbf{F}$의 성분

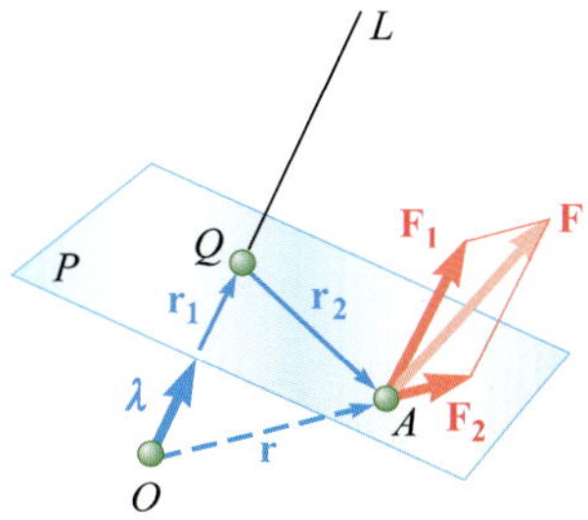

그림 3.28

그림 3.28과 같이 힘 $\mathbf{F}$를 $\mathbf{F}_1$은 OL축과 평행하고 $\mathbf{F}_2$는 OL축과 수직이 되도록 두 직각성분 $\mathbf{F}_1$, $\mathbf{F}_2$로 분해하면, $\mathbf{F}$에 의해 고정축 OL에 발생하는 모멘트 M_{OL}의 물리적 의미가 보다 분명해진다. 또한 동일한 방법으로 $\mathbf{r}$을 두 성분 $\mathbf{r}_1$과 $\mathbf{r}_2$로 분해하여 식 (3.42)의 $\mathbf{F}$와 $\mathbf{r}$에 대입하면

$$\begin{aligned} M_{OL} &= \boldsymbol{\lambda} \cdot [(\mathbf{r}_1 + \mathbf{r}_2) \times (\mathbf{F}_1 + \mathbf{F}_2)] \\ &= \boldsymbol{\lambda} \cdot (\mathbf{r}_1 \times \mathbf{F}_1) + \boldsymbol{\lambda} \cdot (\mathbf{r}_1 \times \mathbf{F}_2) + \boldsymbol{\lambda} \cdot (\mathbf{r}_2 \times \mathbf{F}_1) + \boldsymbol{\lambda} \cdot (\mathbf{r}_2 \times \mathbf{F}_2) \end{aligned}$$

마지막 항을 제외한 나머지 항은 동일한 평면 위의 벡터를 포함하고 있으므로 0이 된다(3.10절 참조).

$$M_{OL} = \boldsymbol{\lambda} \cdot (\mathbf{r}_2 \times \mathbf{F}_2) \tag{3.44}$$

벡터곱 $\mathbf{r}_2 \times \mathbf{F}_2$는 평면 P에 수직이며 OL축과 평면 P의 교점인 Q에 대해 $\mathbf{F}$의 성분 $\mathbf{F}_2$가 갖는 모멘트를 의미한다. 그러므로 스칼라 M_{OL}은 $\mathbf{r}_2 \times \mathbf{F}_2$와 OL이 동일 방향이면 양이고 반대 방향이면 음이 되며, 강체가 OL을 고정축으로 회전하게 하는 $\mathbf{F}_2$의 정도를 의미한다. $\mathbf{F}$의 다른 성분 $\mathbf{F}_1$은 물체를 OL축을 중심으로 회전하게 하지 않으므로, $\mathbf{F}$에 의해 OL축에 발생하는 모멘트 M_{OL}은 힘 $\mathbf{F}$가 OL 고정축을 중심으로 강체를 회전운동하게 하는 정도를 의미한다.

힘에 의해 임의의 축에서 발생하는 모멘트를 정의한 바와 같이, 힘 $\mathbf{F}$에 의해 임의의 좌표축에 발생하는 모멘트는 $\mathbf{M}_O$의 해당축에서의 성분과 같다. 식 (3.42)의 $\boldsymbol{\lambda}$ 대신 단위벡터 $\mathbf{i}$, $\mathbf{j}$, $\mathbf{k}$를 순서대로 대입하면, $\mathbf{F}$에 의해 좌표축에 발생하는 모멘트는 3.8절에서 구한 $\mathbf{F}$에 의해 O점에서 발생하는 모멘트 $\mathbf{M}_O$의 성분과 같다는 것을 알 수 있다.

$$\begin{aligned} M_x &= yF_z - zF_y \\ M_y &= zF_x - xF_z \\ M_z &= xF_y - yF_x \end{aligned} \tag{3.18}$$

강체에 작용하는 힘 $\mathbf{F}$의 성분 F_x, F_y, F_z는 각각 강체를 x, y, z축 방향으로 이동시키는 $\mathbf{F}$의 정도를 의미하는 것과 같이, $\mathbf{F}$에 의한 좌표축에서의 모멘트 M_x, M_y, M_z는 각각 강체를 x, y, z축 주위로 회전시키는 정도를 의미한다.

일반적으로 그림 3.29와 같이 A점에 작용한 힘 $\mathbf{F}$에 의해 원점을 통과하지 않는 임의의 축에 발생하는 모멘트는 그 축에 임의의 점 B를 정하고 B

점에서 $\mathbf{F}$에 의한 모멘트 $\mathbf{M}_B$의 BL축 투영을 결정하는 것이다.

$$M_{BL} = \boldsymbol{\lambda} \cdot \mathbf{M}_B = \boldsymbol{\lambda} \cdot (\mathbf{r}_{A/B} \times \mathbf{F}) \tag{3.45}$$

여기서 $\mathbf{r}_{A/B} = \mathbf{r}_A - \mathbf{r}_B$는 B에서 A로 향하는 벡터를 의미한다. M_{BL}을 행렬식으로 표기하면

$$M_{BL} = \begin{vmatrix} \lambda_x & \lambda_y & \lambda_z \\ x_{A/B} & y_{A/B} & z_{A/B} \\ F_x & F_y & F_z \end{vmatrix} \tag{3.46}$$

여기서 $\lambda_x, \lambda_y, \lambda_z$ = BL축의 방향코싸인

$x_{A/B} = x_A - x_B, \quad y_{A/B} = y_A - y_B, \quad z_{A/B} = z_A - z_B$

F_x, F_y, F_z = 힘 $\mathbf{F}$의 성분

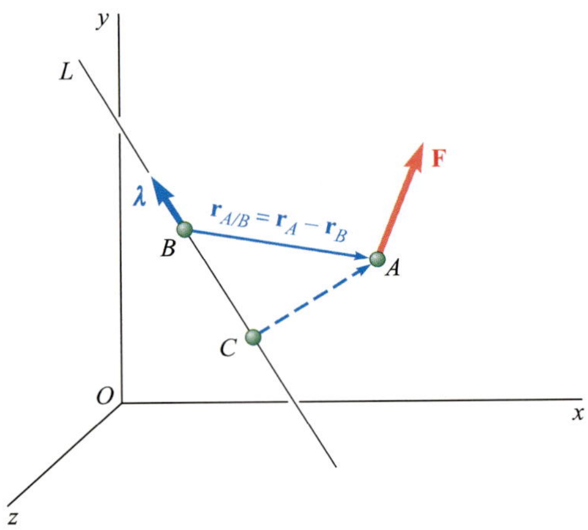

그림 3.29

이 결과는 주어진 축에서 임의로 정한 B점에 좌우되지 않는다. 실제로 다른 점 C를 사용하여 구한 M_{CL}은 다음과 같다.

$$\begin{aligned} M_{CL} &= \boldsymbol{\lambda} \cdot [(\mathbf{r}_A - \mathbf{r}_C) \times \mathbf{F}] \\ &= \boldsymbol{\lambda} \cdot [(\mathbf{r}_A - \mathbf{r}_B) \times \mathbf{F}] + \boldsymbol{\lambda} \cdot [(\mathbf{r}_B - \mathbf{r}_C) \times \mathbf{F}] \end{aligned}$$

그러나 벡터 $\boldsymbol{\lambda}$와 $\mathbf{r}_B - \mathbf{r}_C$는 동일한 작용선을 가지므로 세 벡터의 혼합3중곱인 $\boldsymbol{\lambda}$, $\mathbf{r}_B - \mathbf{r}_C$, $\mathbf{F}$를 변으로 하는 평행육면체의 체적은 0이다. 그러므로 M_{CL}은 우변의 첫째 항과 같고 이는 M_{BL}과 동일하다. 이는 3.6절에서 알아본 바와 같다. 즉, 힘 $\mathbf{F}$에 의해 임의의 축에 발생하는 모멘트를 구하는 경우 작용점은 $\mathbf{F}$의 작용선 위 임의의 점을 택할 수 있다.

문제 3.5

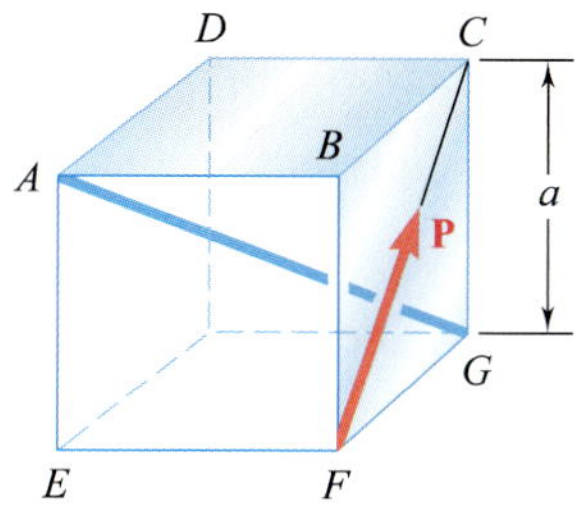

그림과 같이 정육면체의 면 a에 힘 P가 작용하고 있다. P에 의한 (a) A점의 모멘트; (b) 변 AB에서의 모멘트; (c) 정육면체의 대각선 AG에서의 모멘트; (d) c의 결과로부터 AG와 FC 사이의 수직거리를 구하시오.

풀이.

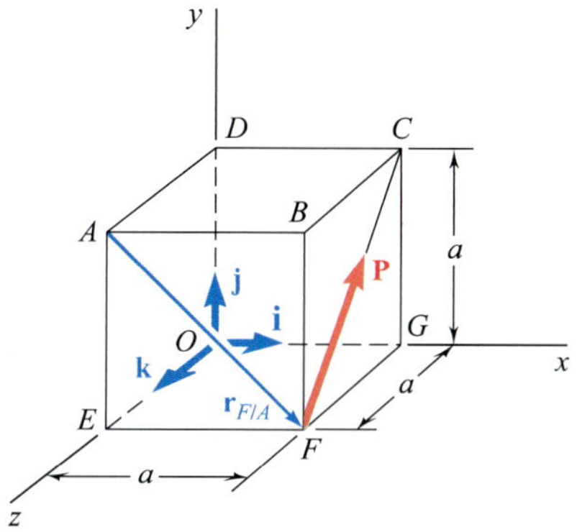

a. A점의 모멘트. 그림과 같이 x, y 및 z축을 정하고 힘 P와 A점에서 P의 작용점 F까지의 위치벡터 $\mathbf{r}_{F/A} = \overrightarrow{AF}$ 를 직각성분으로 분해한다.

$$\mathbf{r}_{F/A} = a\mathbf{i} - a\mathbf{j} = a(\mathbf{i} - \mathbf{j})$$
$$\mathbf{P} = (P/\sqrt{2})\mathbf{j} - (P/\sqrt{2})\mathbf{k} = (P/\sqrt{2})(\mathbf{j} - \mathbf{k})$$

P에 의한 A점의 모멘트는

$$\mathbf{M}_A = \mathbf{r}_{F/A} \times \mathbf{P} = a(\mathbf{i} - \mathbf{j}) \times (P/\sqrt{2})(\mathbf{j} - \mathbf{k})$$
$$\mathbf{M}_A = (aP/\sqrt{2})(\mathbf{i} + \mathbf{j} + \mathbf{k})$$

b. 변 AB에서의 모멘트. $\mathbf{M}_A$의 선 AB 위 투영은

$$M_{AB} = \mathbf{i} \cdot \mathbf{M}_A = \mathbf{i} \cdot (aP/\sqrt{2})(\mathbf{i} + \mathbf{j} + \mathbf{k}) \qquad M_{AB} = aP/\sqrt{2}$$

AB가 x축과 평행하므로 M_{AB}가 모멘트 $\mathbf{M}_A$의 x축 성분임을 알 수 있다.

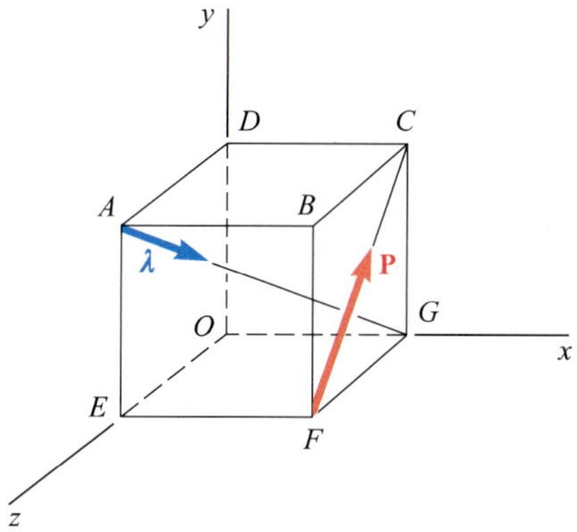

c. 대각선 AG에서의 모멘트. P에 의한 AG에서의 모멘트는 $\mathbf{M}_A$의 선 AG 위 투영과 같다. AG 방향의 단위벡터 $\boldsymbol{\lambda}$를 도입하면

$$\boldsymbol{\lambda} = \frac{\overrightarrow{AG}}{AG} = \frac{a\mathbf{i} - a\mathbf{j} - a\mathbf{k}}{a\sqrt{3}} = (1/\sqrt{3})(\mathbf{i} - \mathbf{j} - \mathbf{k})$$
$$M_{AG} = (aP/\sqrt{6})(1 - 1 - 1) \qquad M_{AG} = -aP/\sqrt{6}$$

다른 해법. P에 의한 AG에서의 모멘트는 행렬식으로 쓸 수 있다.

$$M_{AG} = \begin{vmatrix} \lambda_x & \lambda_y & \lambda_z \\ x_{F/A} & y_{F/A} & z_{F/A} \\ F_x & F_y & F_z \end{vmatrix} = \begin{vmatrix} 1/\sqrt{3} & -1/\sqrt{3} & -1/\sqrt{3} \\ a & -a & 0 \\ 0 & P/\sqrt{2} & -P/\sqrt{2} \end{vmatrix} = -aP/\sqrt{6}$$

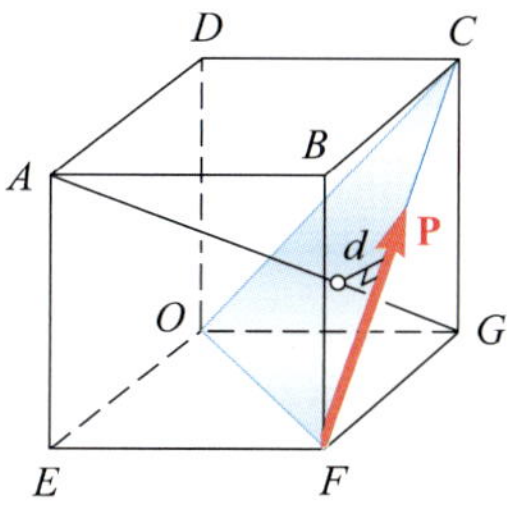

d. AG와 FC 사이의 수직거리. P가 대각선 AG에 수직임은 스칼라곱 $\mathbf{P} \cdot \boldsymbol{\lambda}$로부터 알 수 있다.

$$\mathbf{P} \cdot \boldsymbol{\lambda} = (P/\sqrt{2})(\mathbf{j} - \mathbf{k}) \cdot (1/\sqrt{3})(\mathbf{i} - \mathbf{j} - \mathbf{k})$$
$$= (P\sqrt{6})(0 - 1 + 1) = 0$$

모멘트 M_{AG}는 $-Pd$가 되며, 여기서 d는 AG와 FC의 수직거리다(음의 부호는 P에 의한 정육면체의 회전이 G에서 볼 때 시계방향이기 때문이다.). c에서 구한 M_{AG}로부터

$$M_{AG} = -Pd = -aP/\sqrt{6} \qquad d = a/\sqrt{6}$$

Problems

3.25 Given the vectors $\mathbf{P} = 2\mathbf{i} + \mathbf{j} + 2\mathbf{k}$, $\mathbf{Q} = 3\mathbf{i} + 4\mathbf{j} - 5\mathbf{k}$, and $\mathbf{S} = -4\mathbf{i} + \mathbf{j} - 2\mathbf{k}$, compute the scalar products $\mathbf{P} \cdot \mathbf{Q}$, $\mathbf{P} \cdot \mathbf{S}$, and $\mathbf{Q} \cdot \mathbf{S}$.

3.26 Form the scalar product $\mathbf{P}_1 \cdot \mathbf{P}_2$, and use the result obtained to prove the identity $\cos(\theta_1 - \theta_2) = \cos\theta_1 \cos\theta_2 + \sin\theta_1 \sin\theta_2$.

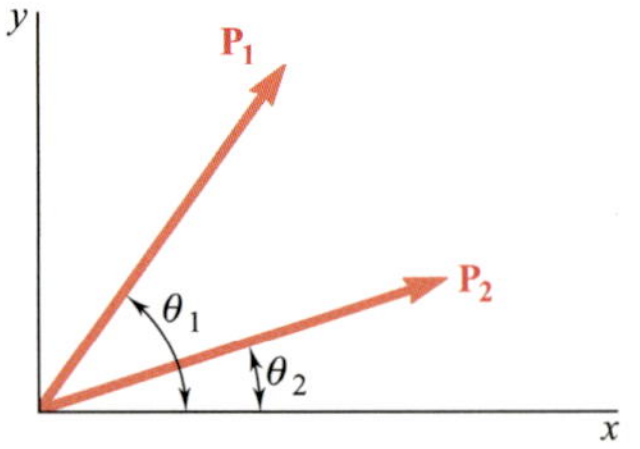

그림 P3.26

3.27 Knowing that the tension in cable *BC* is 1400 N, determine (*a*) the angle between cable *BC* and the boom *AB*, (*b*) the projection on *AB* of the force exerted by cable *BC* at point *B*.

3.28 Knowing that the tension in cable *BD* is 900 N, determine (*a*) the angle between cable *BD* and the boom *AB*, (*b*) the projection on *AB* of the force exerted by cable *BD* at point *B*.

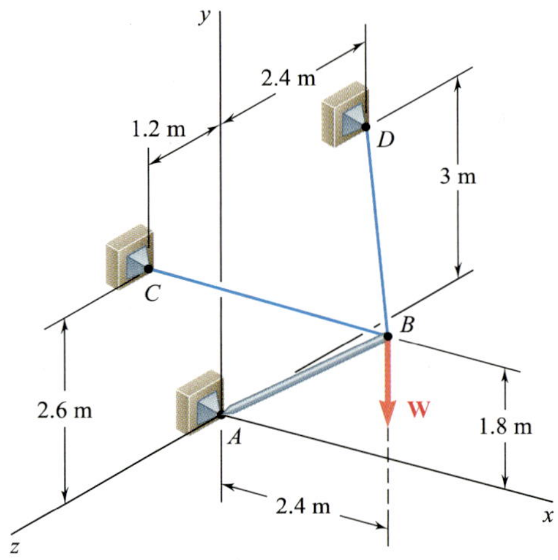

그림 P3.27, P3.28

3.29 Three cables are used to support a container as shown. Determine the angle formed by cables *AB* and *AD*.

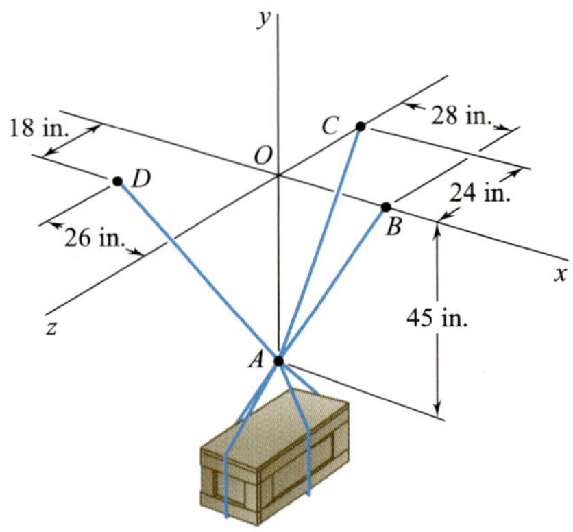

그림 P3.29, *P3.30*

3.30 Three cables are used to support a container as shown. Determine the angle formed by cables *AC* and *AD*.

3.31 The 500-mm tube *AB* can slide along a horizontal rod. The ends *A* and *B* of the tube are connected by elastic cords to the fixed point *C*. For the position corresponding to $x = 275$ mm, determine the angle formed by the two cords, (*a*) using Eq. (3.32), (*b*) applying the law of cosines to triangle *ABC*.

3.32 Solve Prob. 3.31 for the position corresponding to $x = 100$ mm.

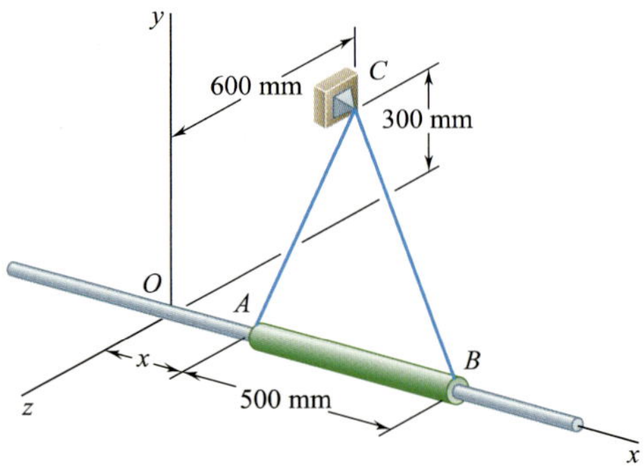

그림 P3.31

3.33 Given the vectors $\mathbf{P} = 3\mathbf{i} + 2\mathbf{j} + \mathbf{k}$, $\mathbf{Q} = 2\mathbf{i} + \mathbf{j}$, and $\mathbf{S} = \mathbf{i}$, compute $\mathbf{P} \cdot (\mathbf{Q} \times \mathbf{S})$, $(\mathbf{P} \times \mathbf{Q}) \cdot \mathbf{S}$, and $(\mathbf{S} \times \mathbf{Q}) \cdot \mathbf{P}$.

3.34 Given the vectors $\mathbf{P} = 2\mathbf{i} + 3\mathbf{j} + 4\mathbf{k}$, $\mathbf{Q} = -\mathbf{i} + 2\mathbf{j} - 2\mathbf{k}$, and $\mathbf{S} = -3\mathbf{i} - \mathbf{j} + S_z\mathbf{k}$, determine the value of S_z for which the three vectors are coplanar.

3.35 The jib crane is oriented so that the boom DA is parallel to the x axis. At the instant shown, the tension in cable AB is 13 kN. Determine the moment about each of the coordinate axes of the force exerted on A by the cable AB.

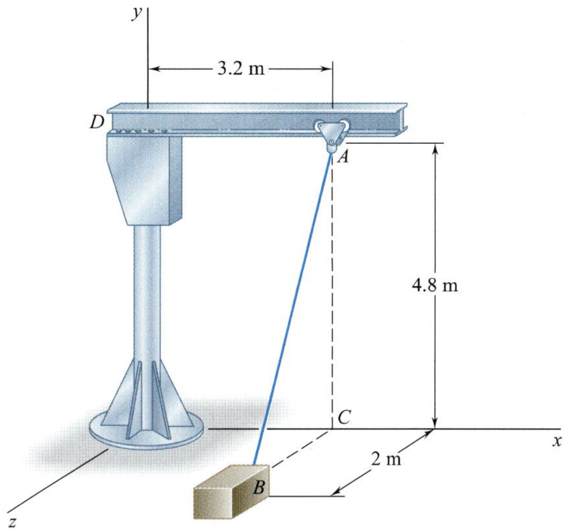

그림 P3.35, *P3.36*

3.36 The jib crane is oriented so that the boom DA is parallel to the x axis. Determine the maximum permissible tension in the cable AB if the absolute values of the moments about the coordinate axes of the force exerted on A must be as follows: $|M_x| \leq 10$ kN · m, $|M_y| \leq 6$ kN · m, and $|M_z| \leq 16$ kN · m.

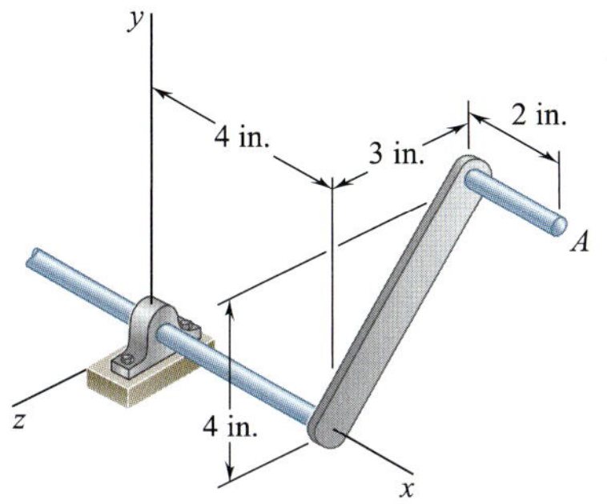

그림 P3.37, *P3.38*

3.37 The primary purpose of the crank shown is to produce a moment about the x axis. Show that a single force acting at A and having moment M_x different from zero about the x axis must also have a moment different from zero about at least one of the other coordinate axes.

3.38 A single force $\mathbf{F}$ of unknown magnitude and direction acts at point A of the crank shown. Determine the moment M_x of $\mathbf{F}$ about the x axis knowing that $M_y = +180$ lb · in. and $M_z = -320$ lb · in.

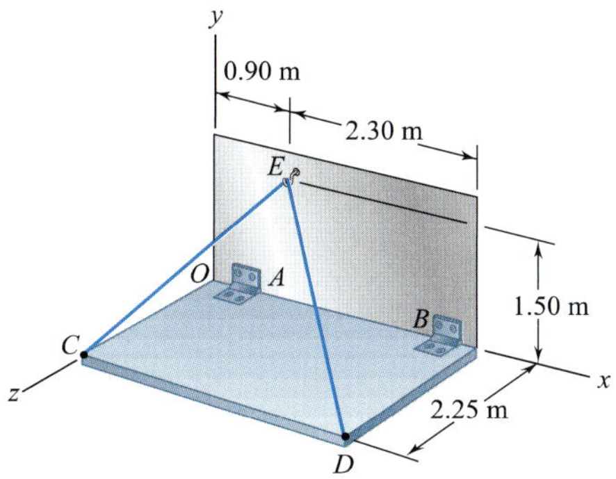

그림 P3.39

3.39 The rectangular platform is hinged at A and B and supported by a cable that passes over a frictionless hook at E. Knowing that the tension in the cable is 1349 N, determine the moment about each of the coordinate axes of the force exerted by the cable at C.

3.40 For the platform of Prob. 3.39, determine the moment about each of the coordinate axes of the force exerted by the cable at D.

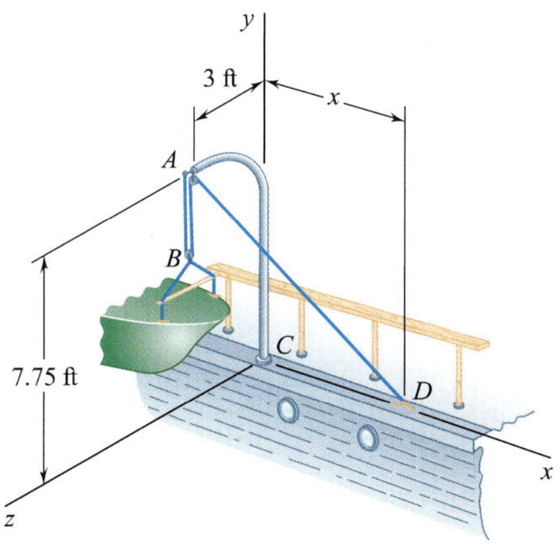

그림 P3.41

3.41 A small boat hangs from two davits, one of which is shown in the figure. It is known that the moment about the z axis of the resultant force $\mathbf{R}_A$ exerted on the davit at A must not exceed 279 lb · ft in absolute value. Determine the largest allowable tension in the line $ABAD$ when $x = 6$ ft.

3.42 For the davit of Prob. 3.41, determine the largest allowable distance x when the tension in the line $ABAD$ is 60 lb.

3.43 A force **P** of magnitude 25 lb acts on a bent rod as shown. Determine the moment of **P** about (*a*) a line joining points *C* and *F*, (*b*) a line joining points *O* and *C*.

3.44 A force **P** of magnitude 25 lb acts on a bent rod as shown. Determine the moment of **P** about (*a*) a line joining points *A* and *C*, (*b*) a line joining points *A* and *D*.

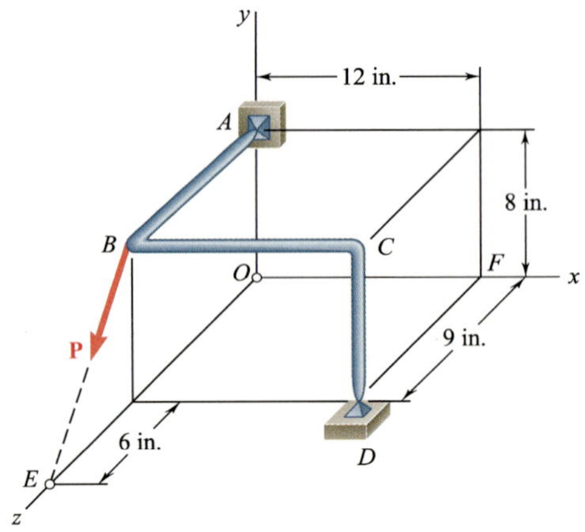

그림 P3.43, P3.44

3.45 Two rods are welded together to form a T-shaped lever that is acted upon by a 650-N force as shown. Determine the moment of the force about rod *AB*.

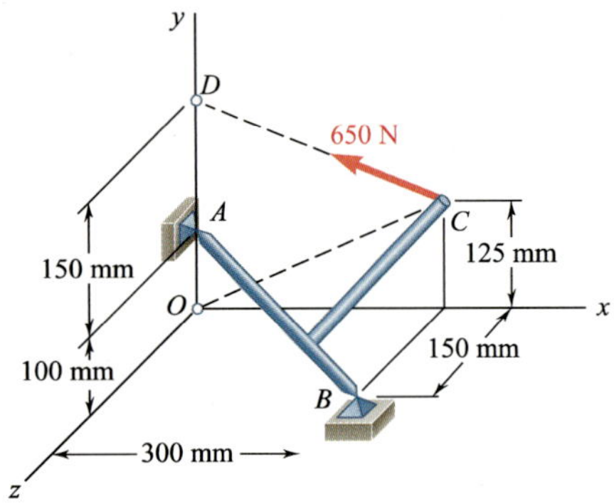

그림 P3.45

3.46 The rectangular plate *ABCD* is held by hinges along its edge *AD* and by the wire *BE*. Knowing that the tension in the wire is 546 N, determine the moment about *AD* of the force exerted by the wire at point *B*.

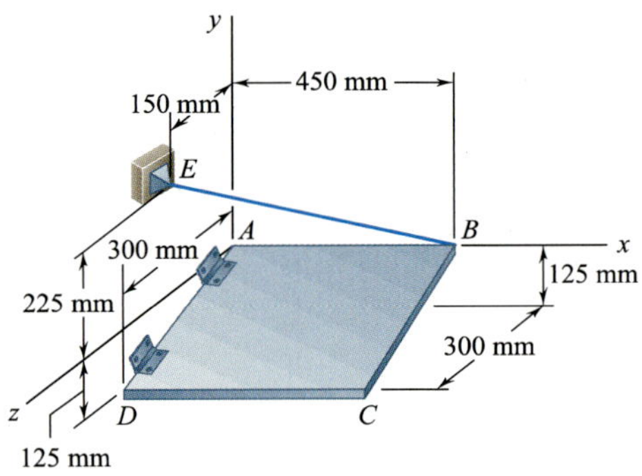

그림 P3.46

3.47 The 23-in. vertical rod *CD* is welded to the midpoint *C* of the 50-in. rod *AB*. Determine the moment about *AB* of the 235-lb force **P**.

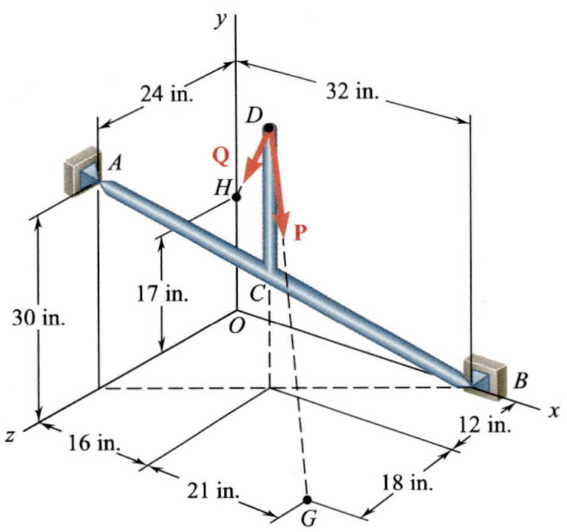

그림 *P3.47*, P3.48

3.48 The 23-in. vertical rod *CD* is welded to the midpoint *C* of the 50-in. rod *AB*. Determine the moment about *AB* of the 174-lb force **Q**.

3.12 짝힘 모멘트

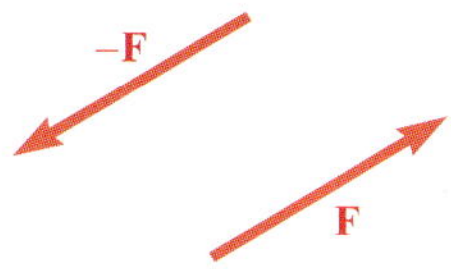

그림 3.30

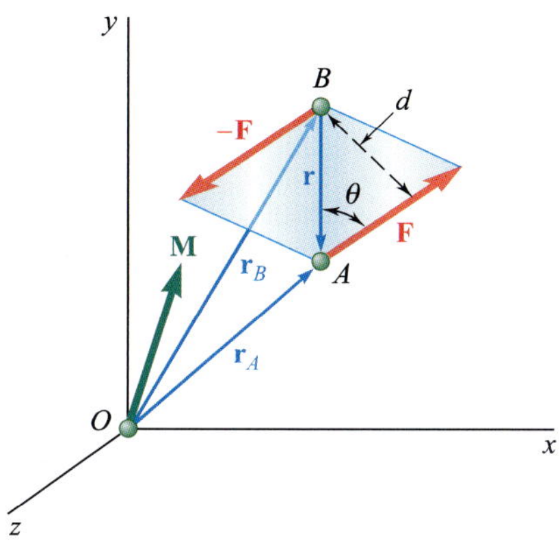

그림 3.31

크기가 같고 작용선이 평행하며 방향이 다른 두 힘 **F** 와 −**F** 는 짝힘을 형성한다(그림 3.30). 분명히 두 힘의 성분들은 어느 방향으로 합하여도 0이다. 그러나 주어진 점에서 두 힘에 의한 모멘트는 0이 아니다. 물체에 작용하는 이러한 두 힘은 물체를 이동시키지는 않으나 물체를 회전시킨다.

그림 3.31과 같이 $\mathbf{r}_A$와 $\mathbf{r}_B$를 각각 **F** 와 −**F** 의 작용점의 위치벡터로 표기하면 O 점에서 두 힘에 의한 모멘트 합은

$$\mathbf{r}_A \times \mathbf{F} + \mathbf{r}_B \times (-\mathbf{F}) = (\mathbf{r}_A - \mathbf{r}_B) \times \mathbf{F}$$

$\mathbf{r}_A - \mathbf{r}_B = \mathbf{r}$ 즉, **r** 벡터가 두 힘의 작용점을 연결하는 벡터라면 O 점에서 **F** 와 −**F** 가 갖는 모멘트는 다음과 같다.

$$\mathbf{M} = \mathbf{r} \times \mathbf{F} \tag{3.47}$$

벡터 **M** 을 **짝힘 모멘트**(moment of the couple)라 한다; 이는 두 힘을 포함하는 평면에 수직한 벡터이고 그 크기는

$$M = rF\sin\theta = Fd \tag{3.48}$$

여기서 d는 **F** 와 −**F** 의 작용선 사이의 수직거리이다. **M** 의 방향은 오른손 법칙을 따른다.

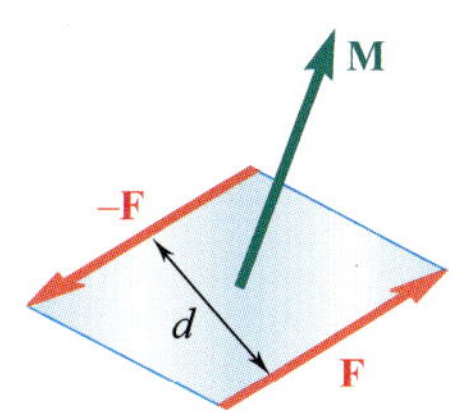

그림 3.32

식 (3.47)의 벡터 **r** 은 좌표축의 원점 O의 선택과는 무관하므로 **F** 와 −**F** 에 의한 모멘트를 다른 점 O' 에 대해 구해도 동일한 결과가 나온다. 그러므로 그림 3.32와 같이 짝힘 모멘트 **M** 은 어떠한 점이라도 작용점으로 선택할 수 있는 **자유벡터**이다(2.3절). 짝힘 모멘트의 정의로부터 그림 3.33과 같이 $\mathbf{F}_1$과 $-\mathbf{F}_1$의 짝힘과 $\mathbf{F}_2$와 $-\mathbf{F}_2$의 두 짝힘은 다음 식을 만족하고

$$F_1 d_1 = F_2 d_2 \tag{3.49}$$

두 짝힘이 평행한 평면에 (또는 동일평면) 작용하며 같은 방향이면 동일한 모멘트를 갖는다.

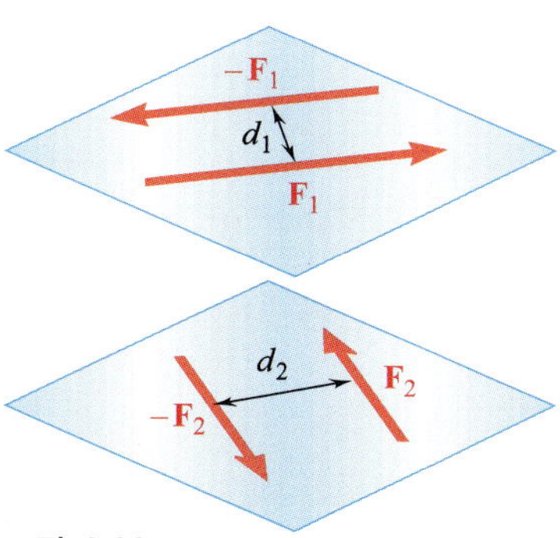

그림 3.33

3.13 등가 짝힘

그림 3.34에 동일한 직육면체에 작용하는 세 짝힘이 나타나 있다. 전절에서 논의한 바와 같이 짝힘에 의한 강체의 운동은 회전이다. 세 짝힘은 동일한 모멘트 **M**이므로 물체에 동일한 효과를 미친다(동일한 방향과 크기 $M = 120$ lb · in.).

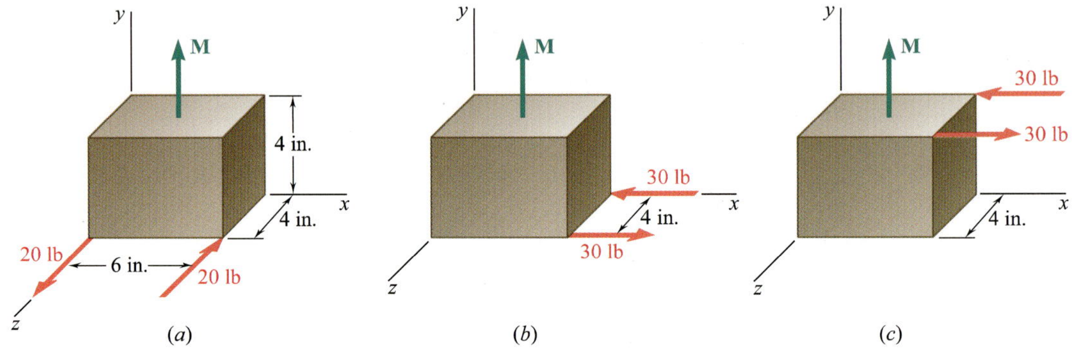

그림 3.34 (*a*) (*b*) (*c*)

동일한 모멘트 **M**을 갖는 두 짝힘이 등가라는 것을 입증하기 위해 그림 3.35와 같이 동일한 평면 위의 두 짝힘과 이 평면이 물체의 평면이라고 가정한다. 첫 번째 짝힘은 그림 3.35a와 같이 크기 F_1이고 수직거리 d_1인 힘 $\mathbf{F}_1$과 $-\mathbf{F}_1$이고, 두 번째 짝힘은 그림 3.35d와 같이 크기 F_2이고 수직거리 d_2인 힘 $\mathbf{F}_2$와 $-\mathbf{F}_2$이다. 두 짝힘은 물체 평면에 수직 방향으로 동일한 모멘트 **M**을 의미하므로 동일한 방향(반시계방향 가정)을 가져야 하며 다음 식을 만족해야 한다.

$$F_1 d_1 = F_2 d_2 \tag{3.49}$$

두 짝힘이 등가라는 것을 입증하기 위해서는 첫 번째 짝힘을 두 번째 짝힘으로 변환할 수 있어야 한다.

A, B, C, D를 두 짝힘의 작용선에 의한 교점으로 하고 그림 3.35b에서와 같이 우선 $\mathbf{F}_1$과 $-\mathbf{F}_1$의 작용점을 각각 A와 B가 되게 한다. 다음으로

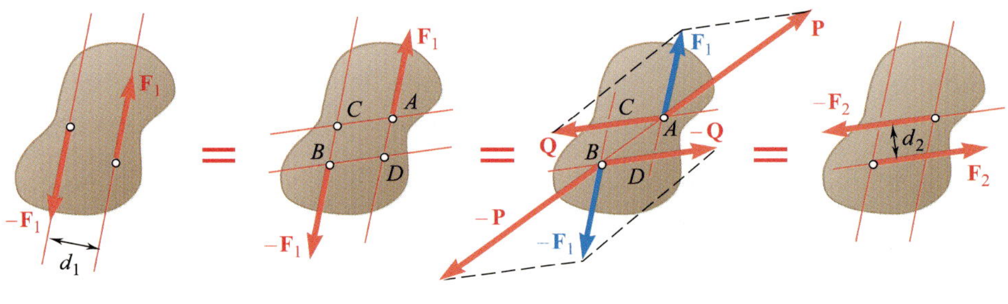

그림 3.35 (*a*) (*b*) (*c*) (*d*)

힘 $\mathbf{F}_1$을 그림 3.35c와 같이 선 AB의 성분 $\mathbf{P}$와 선 AC의 성분 $\mathbf{Q}$로 분해한다. 마찬가지로 $-\mathbf{F}_1$을 선 AB의 $-\mathbf{P}$와 선 BD의 $-\mathbf{Q}$로 분해한다. 힘 $\mathbf{P}$와 $-\mathbf{P}$는 크기와 작용선이 같고 방향이 다르므로 작용점을 일치시키면 소거된다. 따라서 $\mathbf{F}_1$과 $-\mathbf{F}_1$의 짝힘은 $\mathbf{Q}$와 $-\mathbf{Q}$의 짝힘으로 변환된다.

이제 힘 $\mathbf{Q}$, $-\mathbf{Q}$가 각각 힘 $-\mathbf{F}_2$, $\mathbf{F}_2$와 같다는 것을 입증하여야 한다. $\mathbf{Q}$와 $-\mathbf{Q}$에 의한 짝힘 모멘트는 B점에서 $\mathbf{Q}$에 의한 모멘트로 계산할 수 있다. 마찬가지로 $\mathbf{F}_1$과 $-\mathbf{F}_1$에 의한 짝힘 모멘트 역시 B점에서 $\mathbf{F}_1$에 의한 모멘트이다. Varignon 정리에 의하면 $\mathbf{F}_1$에 의한 모멘트는 성분 $\mathbf{P}$와 $\mathbf{Q}$에 의한 모멘트를 합한 것과 같다. B에서 $\mathbf{P}$에 의한 모멘트는 0이므로 $\mathbf{Q}$와 $-\mathbf{Q}$에 의한 짝힘 모멘트는 $\mathbf{F}_1$과 $-\mathbf{F}_1$에 의한 짝힘 모멘트와 같아야 한다. 식 (3.49)에서

$$Qd_2 = F_1 d_1 = F_2 d_2 \qquad Q = F_2$$

그러므로 힘 $\mathbf{Q}$, $-\mathbf{Q}$는 각각 힘 $-\mathbf{F}_2$, $\mathbf{F}_2$와 같고 그림 3.35a의 짝힘은 그림 3.35d의 짝힘과 등가이다.

평행한 평면 P_1, P_2에 작용하는 두 짝힘은 동일한 모멘트를 갖는 경우 등가이다. 그림 3.36a와 d에서 두 짝힘이 같은 크기의 힘 F가 평행한 선을 따라 작용하여 형성되었다고 가정하고, 평면 P_1의 짝힘이 평면 P_2의 짝힘으로 변환된다는 것을 위와 같은 방법으로 증명하고자 한다.

$\mathbf{F}_1$과 $-\mathbf{F}_2$의 작용선에 의한 평면과 $-\mathbf{F}_1$과 $-\mathbf{F}_2$의 작용선에 의한 평면을 그림 3.36b와 같이 택하고 두 평면의 교선에 $\mathbf{F}_1$ 및 $-\mathbf{F}_1$과 같은 $\mathbf{F}_3$와 $-\mathbf{F}_3$의 두 힘을 설정한다. $\mathbf{F}_1$과 $-\mathbf{F}_3$의 짝힘은 그림 3.36c와 같이 $\mathbf{F}_3$와 $-\mathbf{F}_2$의 짝힘으로 대체할 수 있다. 두 짝힘은 분명히 동일한 모멘트로 동일 평면에 있기 때문이다. 마찬가지로 $-\mathbf{F}_1$과 $\mathbf{F}_3$의 짝힘은 $-\mathbf{F}_3$와 $\mathbf{F}_2$의 짝힘으로 대체할 수 있다. 크기가 같고 방향이 반대인 $\mathbf{F}_3$와 $-\mathbf{F}_3$를 소거하면 그림 3.36d와 같이 평면 P_2의 짝힘으로 변환된다. 그러므로 동일한 모멘트

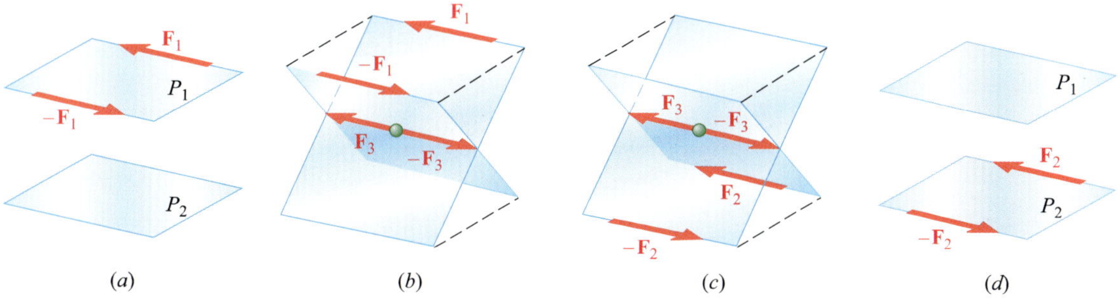

그림 3.36

M을 갖는 두 짝힘은 동일 평면에 작용하거나 또는 평행한 평면에 작용하여도 등가이다.

이러한 사실은 강체역학을 이해하는데 매우 중요하다. 강체에 짝힘이 작용하는 경우는 짝힘을 이루는 두 힘의 크기와 방향은 상관없으며 짝힘 모멘트의 크기와 방향만 고려하면 된다. 동일한 모멘트를 갖는 짝힘이 강체에 미치는 효과는 동일하다.

3.14 짝힘의 합

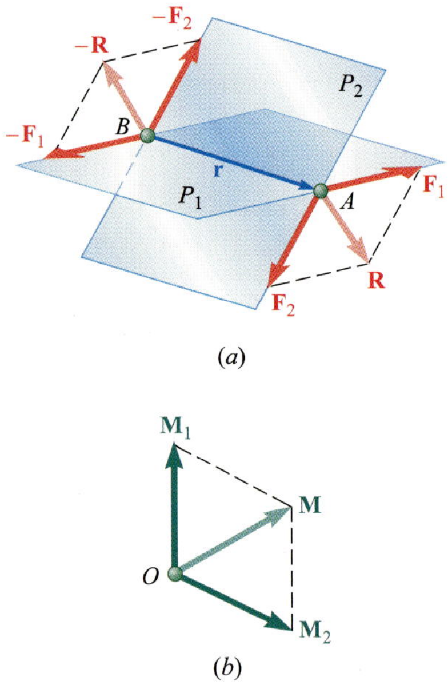

그림 3.37

교차하는 두 평면 P_1, P_2 및 각각 P_1과 P_2에 작용하는 짝힘을 가정한다. 두 힘 $\mathbf{F}_1$과 $-\mathbf{F}_1$은 두 평면의 교선에 직각이며 각각 A점과 B점에 작용한다고 가정할 수 있다(그림 3.37a). 마찬가지로 평면 P_2의 짝힘 $\mathbf{F}_2$와 $-\mathbf{F}_2$도 AB에 직각이고 각각 A점과 B점에 작용한다고 가정한다. $\mathbf{F}_1$과 $\mathbf{F}_2$의 합력 $\mathbf{R}$과 $-\mathbf{F}_1$과 $-\mathbf{F}_2$의 합력 $-\mathbf{R}$은 분명히 짝힘이다. B에서 A로 향하는 벡터를 $\mathbf{r}$ 이라고 하고 3.12절의 짝힘 모멘트 정의를 적용하면 짝힘의 모멘트 $\mathbf{M}$은

$$\mathbf{M} = \mathbf{r} \times \mathbf{R} = \mathbf{r} \times (\mathbf{F}_1 + \mathbf{F}_2)$$

Varignon 정리에 의해

$$\mathbf{M} = \mathbf{r} \times \mathbf{F}_1 + \mathbf{r} \times \mathbf{F}_2$$

첫 항은 평면 P_1의 짝힘 모멘트 $\mathbf{M}_1$이고 두 번째 항은 평면 P_2의 짝힘 모멘트 $\mathbf{M}_2$이므로

$$\mathbf{M} = \mathbf{M}_1 + \mathbf{M}_2 \tag{3.50}$$

그러므로 모멘트 $\mathbf{M}_1$과 $\mathbf{M}_2$ 두 짝힘 모멘트의 합은 그림 3.37b와 같이 $\mathbf{M}_1$과 $\mathbf{M}_2$ 벡터의 합과 같다.

3.15 짝힘의 벡터표기

3.13절에서 논의한 바와 같이 동일한 평면 또는 평행한 평면에 작용하여 동일한 모멘트를 갖는 짝힘들은 등가이다. 그러므로 강체에 미치는 효과를 정의하기 위해 짝힘을 형성하는 실제 힘을 구할 필요는 없다(그림 3.38a). 그림 3.38b와 같이 짝힘 모멘트 $\mathbf{M}$의 크기와 방향을 표시하는 화살표기로 충분하다. 또한 3.14절에서 두 짝힘의 합 또한 짝힘이고 **합짝힘**(resultant couple)의

모멘트 M은 주어진 모멘트 $\mathbf{M}_1$과 $\mathbf{M}_2$ 벡터의 합으로 구한다고 하였으므로, 짝힘은 벡터의 합 법칙을 만족하고 그림 3.38a에서 정의한 짝힘을 표기하기 위한 그림 3.38b의 화살은 벡터라 할 수 있다.

짝힘을 나타내는 벡터를 **짝힘 벡터**(couple vector)라 한다. 짝힘에 의한 모멘트를 표기하기 위해 앞에서 사용한 초록 화살 대신 앞으로 짝힘에 의한 짝힘 벡터는 붉은 화살에 돌아가는 화살을 추가로 표기하여(그림 3.38) 힘을 표기하기 위한 벡터와 (붉은 화살) 구별한다. 짝힘 모멘트와 같이 짝힘 벡터는 자유벡터이다. 그러므로 그림 3.38c와 같이 작용점은 좌표 원점으로 할 수 있다. 또한 짝힘 벡터 M은 그림 3.38d의 좌표축 방향으로 $\mathbf{M}_x$, $\mathbf{M}_y$, $\mathbf{M}_z$의 성분 벡터로 분해할 수 있다. 이들 성분 벡터는 각각 yz, zx, xy 평면에 작용한다.

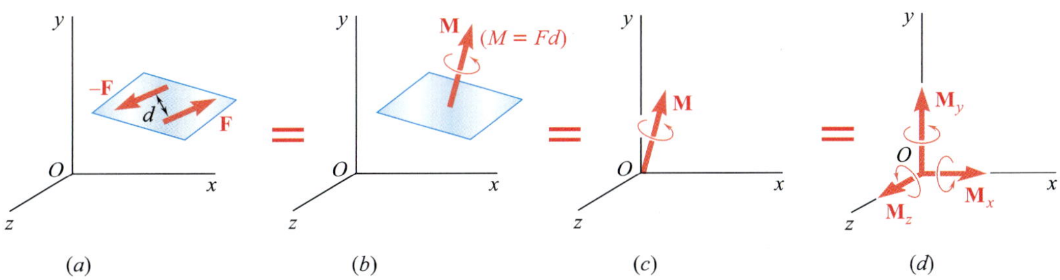

그림 3.38

3.16 힘을 힘–짝힘으로 분해

그림 3.39a에서 위치벡터 r로 정의한 강체의 점 A에 작용하는 힘 F를 점 O에 작용하는 형태로 변경하고자 한다. 전달성 원리에 의해 작용선을 따라 이동하면 작용선 위에 위치하지 않는 O점으로는 옮길 수 없으므로 수정이 필요하다.

그림 3.39b와 같이 O점에 하나는 F와 같고 하나는 $-\mathbf{F}$인 두 힘을 작용시키면 원래 강체에 작용하는 힘의 효과는 변하지 않는다. 이러한 변환에 의해 힘 F가 O점에 작용하고 다른 두 힘은 짝힘 모멘트 $\mathbf{M}_O = \mathbf{r} \times \mathbf{F}$를 갖게 된다. 그러므로 강체에 작용하는 임의의 힘 F는 F에 의해 임의의 점 O에

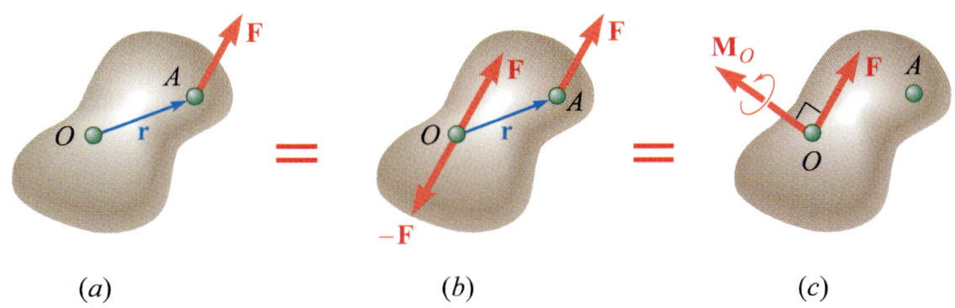

그림 3.39

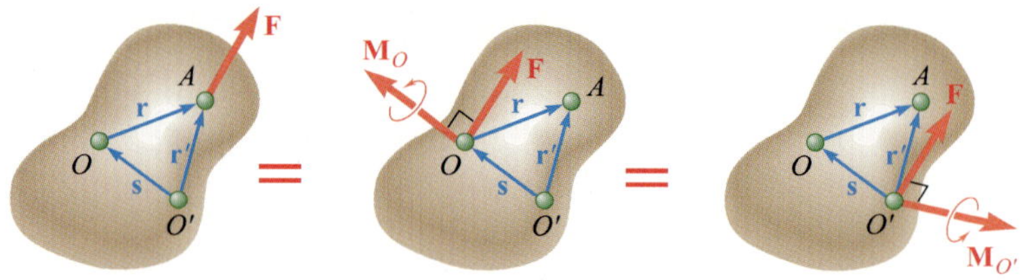

그림 3.40 (a) (b) (c)

발생하는 모멘트와 같은 모멘트를 갖는 짝힘을 추가하면 임의의 점 O로 작용점을 바꿀 수 있다. 짝힘에 의해 강체가 O점에서 갖게 되는 회전운동은 힘 $\mathbf{F}$가 O점으로 옮겨지기 전에 발생시키는 회전운동과 같다. 짝힘은 $\mathbf{r}$과 $\mathbf{F}$가 형성하는 평면에 수직한 짝힘 벡터 $\mathbf{M}_O$로 표기한다. $\mathbf{M}_O$는 자유벡터이므로 임의의 점에 작용해도 무관하나 편의상 그림 3.39c와 같이 $\mathbf{F}$와 함께 O점에 작용하는 것으로 표시하며 이를 힘-짝힘계라 한다.

그림 3.40a 및 c와 같이 힘 $\mathbf{F}$를 다른 점 O'로 변경하면 $\mathbf{F}$에 의해 O'에 발생하는 모멘트 $\mathbf{M}_{O'} = \mathbf{r}' \times \mathbf{F}$를 구하여 $\mathbf{F}$와 짝힘벡터 $\mathbf{M}_{O'}$로 이루어진 새로운 힘-짝힘계가 O'점에서 형성된다. $\mathbf{F}$에 의해 O점과 O'점에서 발생하는 모멘트 사이의 관계는

$$\mathbf{M}_{O'} = \mathbf{r}' \times \mathbf{F} = (\mathbf{r} + \mathbf{s}) \times \mathbf{F} = \mathbf{r} \times \mathbf{F} + \mathbf{s} \times \mathbf{F}$$

$$\mathbf{M}_{O'} = \mathbf{M}_O + \mathbf{s} \times \mathbf{F} \tag{3.51}$$

여기서 $\mathbf{s}$는 O'에서 O로 향하는 벡터이다. $\mathbf{F}$에 의해 O'에 발생하는 모멘트 $\mathbf{M}_{O'}$는 $\mathbf{F}$에 의해 O점에 발생하는 모멘트 $\mathbf{M}_O$와 O점에 작용하는 힘 $\mathbf{F}$에 의해 O'에 발생하는 모멘트인 벡터곱 $\mathbf{s} \times \mathbf{F}$을 합한 것과 같다.

이러한 결과는 그림 3.40b와 c에서 O점의 힘-짝힘계를 O'점의 힘-짝힘계로 변경하는 과정에서도 알 수 있다. 짝힘 벡터 $\mathbf{M}_O$는 O'로 자유로이 이동할 수 있고 O점의 힘 $\mathbf{F}$를 O'로 옮기려면 $\mathbf{F}$에 의해 O'에 발생하는 모멘트와 같은 모멘트의 짝힘 벡터를 동반해야 한다. 그러므로 짝힘 벡터 $\mathbf{M}_{O'}$는 $\mathbf{M}_O$와 벡터곱 $\mathbf{s} \times \mathbf{F}$의 합이 된다.

설명한 바와 같이 A점에 작용하는 힘 $\mathbf{F}$를 O점에 작용하는 $\mathbf{F}$와 $\mathbf{F}$에 수직한 짝힘 벡터 $\mathbf{M}_O$로 바꾸어 힘-짝힘계를 구한다. 역으로 서로 직각인 힘 $\mathbf{F}$와 짝힘벡터 $\mathbf{M}_O$로 구성된 임의의 힘-짝힘계는 등가가 되는 하나의 힘으로 대체할 수 있다. 이는 $\mathbf{M}_O$와 수직인 평면의 힘 $\mathbf{F}$에 의해 O점에 발생하는 모멘트가 소거해야 하는 짝힘 모멘트와 같도록 위치를 변경하여 구한다.

문제 3.6

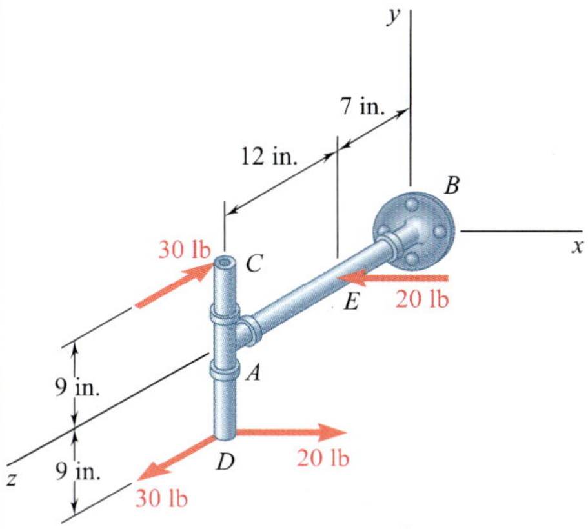

그림과 같은 두 짝힘과 등가인 단일 짝힘의 성분을 구하시오.

풀이.

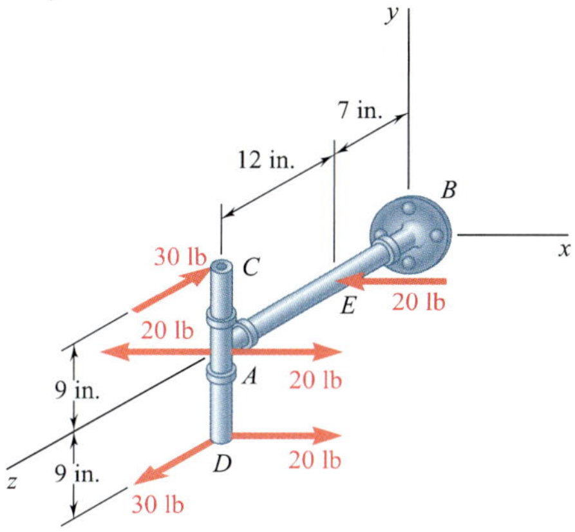

A 점에 크기가 같고 방향이 반대인 20 lb의 힘 두 개를 이용하면 문제에 주어진 20 lb의 짝힘을 하나는 zx 평면, 다른 하나는 xy 평면에 평행한 평면의 짝힘으로 대체할 수 있어 편리하다. 세 짝힘은 좌표축 방향의 짝힘벡터 $\mathbf{M}_x$, $\mathbf{M}_y$, $\mathbf{M}_z$로 표기하고 그 크기는

$$M_x = -(30\ \text{lb})(18\ \text{in.}) = -540\ \text{lb}\cdot\text{in.}$$

$$M_y = +(20\ \text{lb})(12\ \text{in.}) = +240\ \text{lb}\cdot\text{in.}$$

$$M_z = +(20\ \text{lb})(9\ \text{in.}) = +180\ \text{lb}\cdot\text{in.}$$

이들 세 모멘트가 주어진 두 짝힘과 등가인 단일 짝힘 $\mathbf{M}$의 성분이므로 다음과 같이 쓸 수 있다.

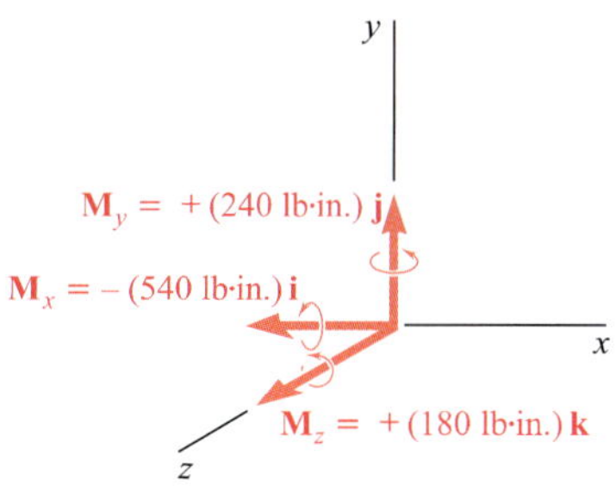

$$\mathbf{M} = -(540\ \text{lb}\cdot\text{in.})\mathbf{i} + (240\ \text{lb}\cdot\text{in.})\mathbf{j} + (180\ \text{lb}\cdot\text{in.})\mathbf{k}$$

다른 해법. 주어진 네 힘에 의해 임의의 점에 발생하는 모멘트를 계산함으로써 주어진 두 짝힘과 등가인 단일 짝힘 $\mathbf{M}$의 성분을 구할 수 있다. D점의 모멘트를 계산하면

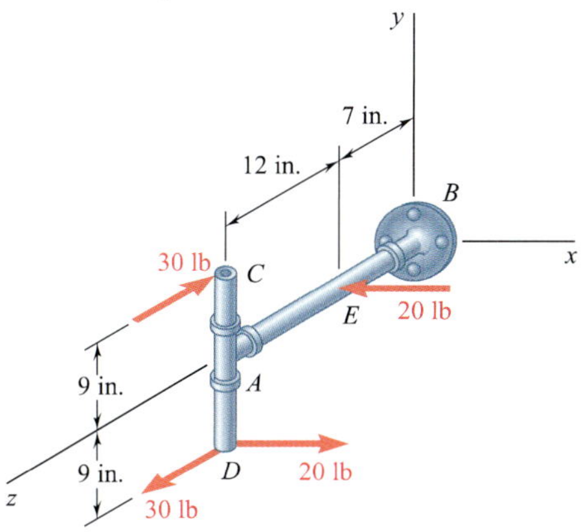

$$\mathbf{M} = \mathbf{M}_D = (18\ \text{in.})\mathbf{j} \times (-30\ \text{lb})\mathbf{k} + [(9\ \text{in.})\mathbf{j} - (12\ \text{in.})\mathbf{k}] \times (-20\ \text{lb})\mathbf{i}$$

이로부터

$$\mathbf{M} = -(540\ \text{lb}\cdot\text{in.})\mathbf{i} + (240\ \text{lb}\cdot\text{in.})\mathbf{j} + (180\ \text{lb}\cdot\text{in.})\mathbf{k}$$

문제 3.7

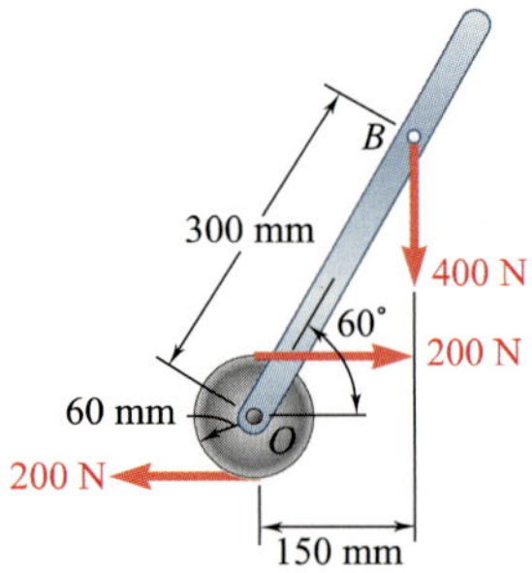

그림에 주어진 짝힘과 힘을 레버에 작용하는 등가인 하나의 힘으로 대체하고 작용점을 구하시오.

풀이.

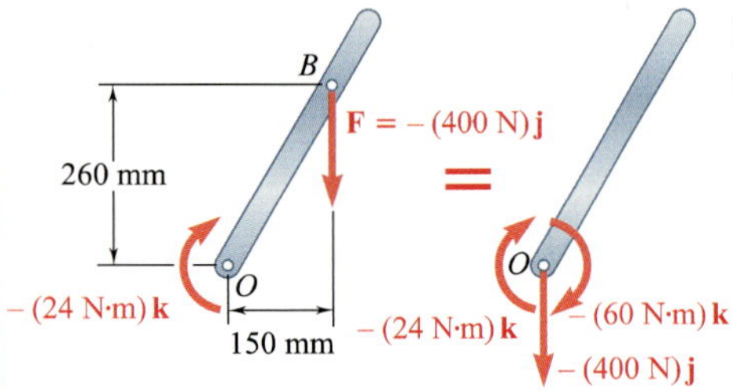

먼저 주어진 힘과 짝힘을 O점에서 등가의 힘-짝힘계로 대체한다. 힘 $\mathbf{F} = -(400\ \mathrm{N})\mathbf{j}$를 O점으로 이동하고 원래 위치의 힘에 의해 O점에 발생하는 모멘트를 추가한다.

$$\begin{aligned}\mathbf{M}_O = \overrightarrow{OB} \times \mathbf{F} &= [(0.150\ \mathrm{m})\mathbf{i} + (0.260\ \mathrm{m})\mathbf{j}] \times (-400\ \mathrm{N})\mathbf{j} \\ &= -(60\ \mathrm{N \cdot m})\mathbf{k}\end{aligned}$$

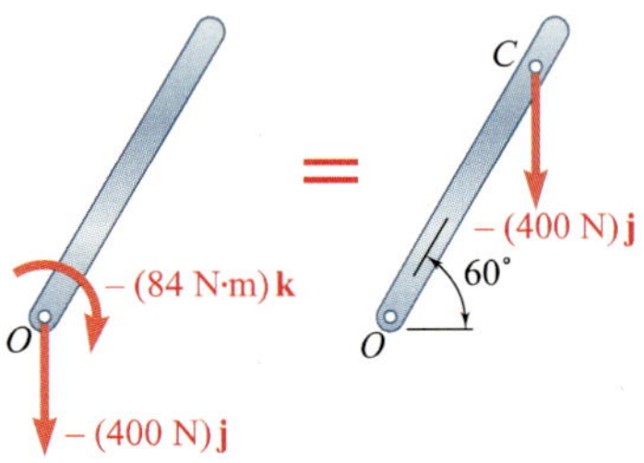

이 짝힘을 두 힘 200 N에 의한 짝힘 모멘트 $-(24\ \mathrm{N \cdot m})\mathbf{k}$에 더하면 $-(84\ \mathrm{N \cdot m})\mathbf{k}$가 된다. 이 짝힘은 힘 $\mathbf{F}$를 다음과 같이 결정한 C점에 작용하도록 하면 소거할 수 있다.

$$\begin{aligned}-(84\ \mathrm{N \cdot m})\mathbf{k} &= \overrightarrow{OC} \times \mathbf{F} \\ &= [(OC)\cos 60^\circ\,\mathbf{i} + (OC)\sin 60^\circ\,\mathbf{j}] \times (-400\mathrm{N})\mathbf{j} \\ &= -(OC)\cos 60^\circ\,(400\ \mathrm{N})\mathbf{k}\end{aligned}$$

이로부터

$$(OC)\cos 60^\circ = 0.210\ \mathrm{m} = 210\ \mathrm{mm} \qquad OC = 420\ \mathrm{mm}$$

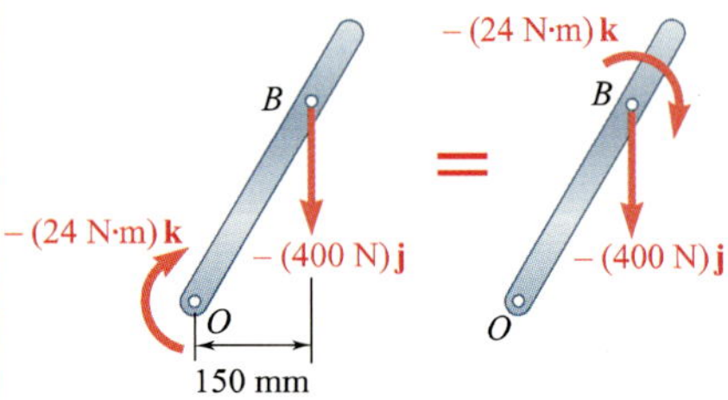

다른 해법. 짝힘의 효과는 위치와 무관하므로 짝힘 모멘트 $-(24\ \mathrm{N \cdot m})\mathbf{k}$를 B점으로 옮길 수 있다; 그러므로 B점의 힘-짝힘계가 구해진다. 이 짝힘은 힘 $\mathbf{F}$를 다음과 같이 결정한 C점에 작용하도록 하면 소거할 수 있다.

$$\begin{aligned}-(24\ \mathrm{N \cdot m})\mathbf{k} &= \overrightarrow{BC} \times \mathbf{F} \\ &= -(BC)\cos 60^\circ\,(400\ \mathrm{N})\mathbf{k}\end{aligned}$$

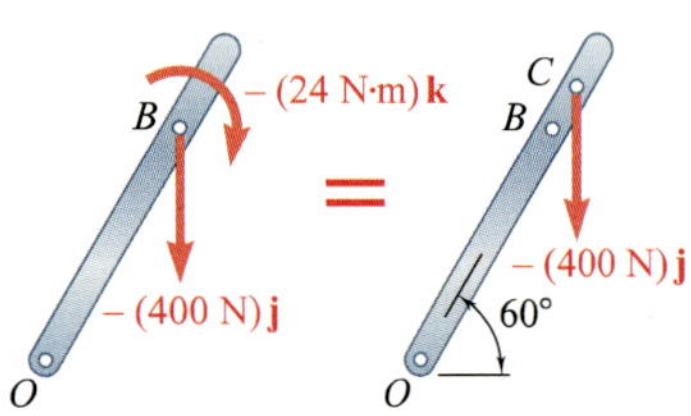

이로부터

$$(BC)\cos 60^\circ = 0.060\ \mathrm{m} = 60\ \mathrm{mm} \qquad BC = 120\ \mathrm{mm}$$

$$OC = OB + BC = 300\ \mathrm{mm} + 120\ \mathrm{mm} \qquad OC = 420\ \mathrm{mm}$$

Problems

3.49 A couple formed by two 975-N forces is applied to the pulley assembly shown. Determine an equivalent couple that is formed by (*a*) vertical forces acting at *A* and *C*, (*b*) the smallest possible forces acting at *B* and *D*, (*c*) the smallest possible forces that can be attached to the assembly.

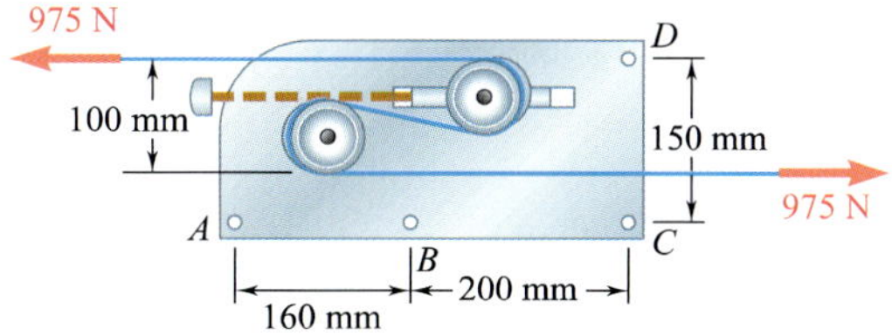

그림 P3.49

3.50 Four 1-in.-diameter pegs are attached to a board as shown. Two strings are passed around the pegs and pulled with forces of magnitude $P = 20$ lb and $Q = 35$ lb. Determine the resultant couple acting on the board.

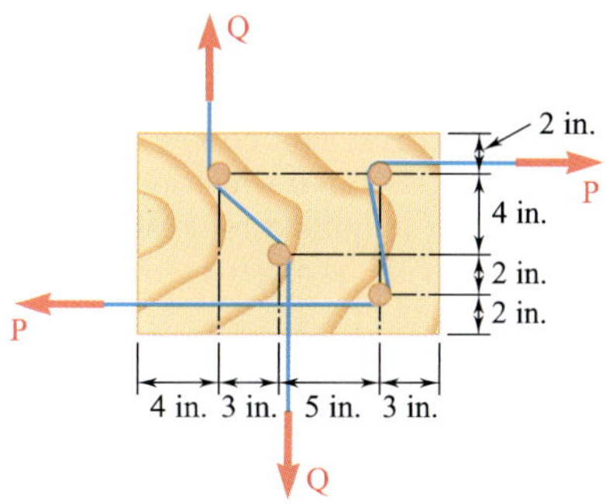

그림 P3.50

3.51 Two 80-N forces are applied as shown to the corners *B* and *D* of a rectangular plate. (*a*) Determine the moment of the couple formed by the two forces by resolving each force into horizontal and vertical components and adding the moments of the two resulting couples. (*b*) Use the result obtained to determine the perpendicular distance between lines *BE* and *DF*.

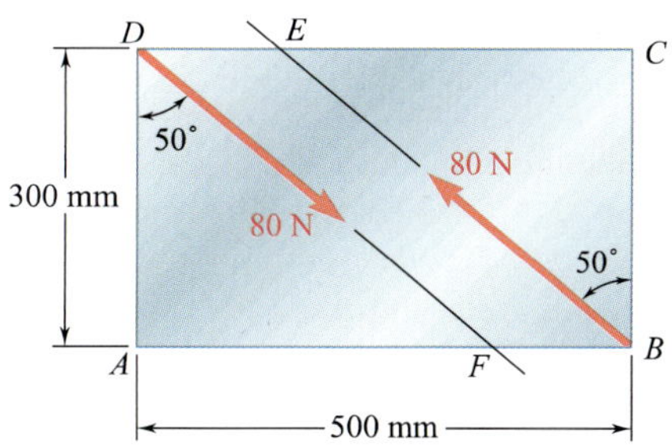

그림 P3.51

3.52 A piece of plywood in which several holes are being drilled successively has been secured to a workbench by means of two nails. Knowing that the drill exerts a 12 N · m couple on the piece of plywood, determine the magnitude of the resulting forces applied to the nails if they are located (*a*) at *A* and *B*, (*b*) at *B* and *C*, (*c*) at *A* and *C*.

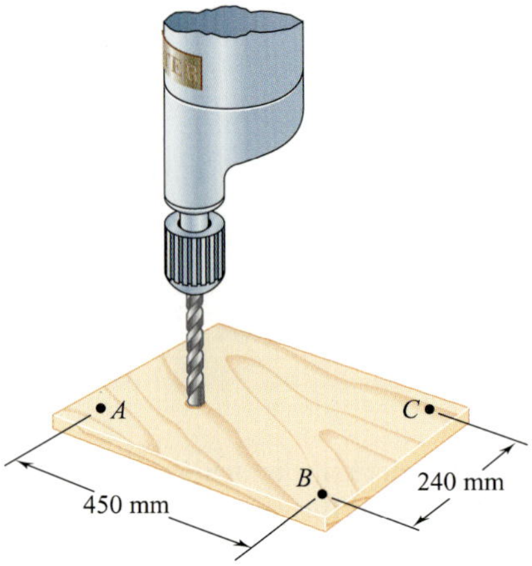

그림 P3.52

3.53 Four $1\frac{1}{2}$-in.-diameter pegs are attached to a board as shown. Two strings are passed around the pegs and pulled with the forces indicated. (*a*) Determine the resultant couple acting on the board. (*b*) If only one string is used, around which pegs should it pass and in what directions should it be pulled to create the same couple with the minimum tension in the string? (*c*) What is the value of that minimum tension?

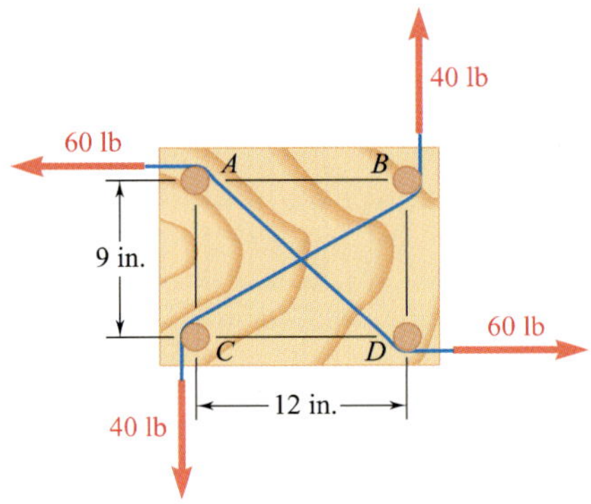

그림 P3.53, P3.54

3.54 Four pegs of the same diameter are attached to a board as shown. Two strings are passed around the pegs and pulled with the forces indicated. Determine the diameter of the pegs knowing that the resultant couple applied to the board is 1132.5 lb · in. counterclockwise.

3.55 The axles and drive shaft of a rear-wheel drive automobile are acted upon by the three couples shown. Replace these three couples by a single equivalent couple.

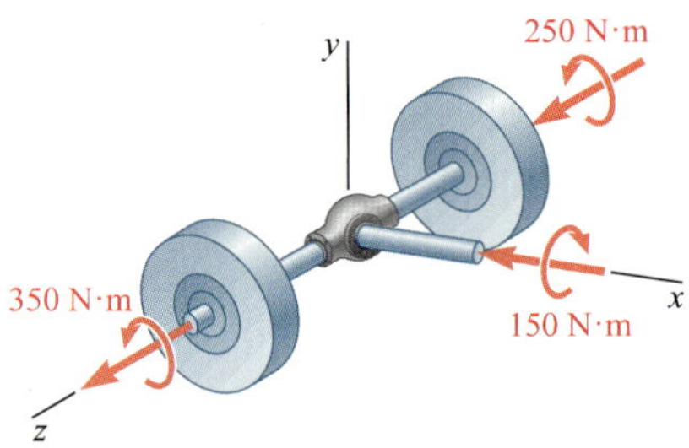

그림 *P3.55*

3.56 Two shafts for a speed-reducer unit are subjected to couples of magnitude $M_1 = 12$ lb · ft and $M_2 = 5$ lb · ft. Replace the two couples by a single equivalent couple, specifying its magnitude and the direction of its axis.

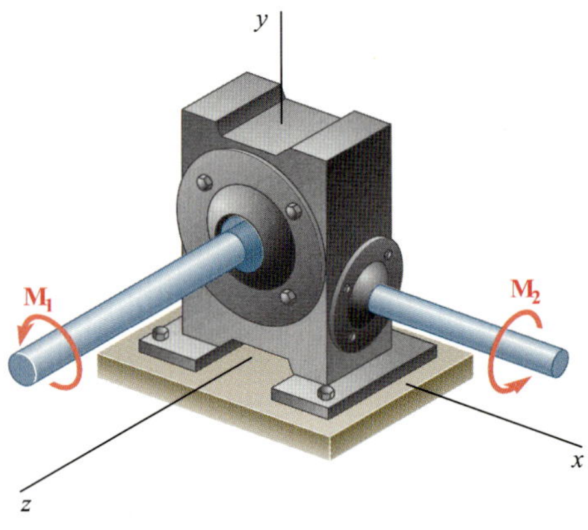

그림 P3.56

3.57 Replace the two couples shown by a single equivalent couple, specifying its magnitude and the direction of its axis.

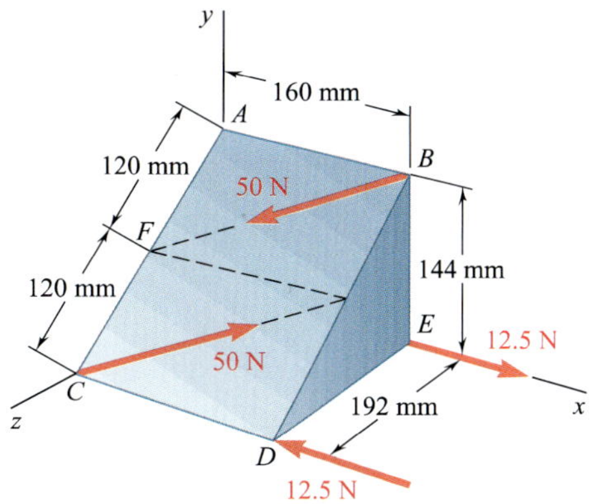

그림 P3.57

3.58 Solve Prob. 3.57 assuming that two 10-N vertical forces have been added, one acting upward at *C* and the other downward at *B*.

3.59 Shafts *A* and *B* connect the gear box to the wheel assemblies of a tractor, and shaft *C* connects it to the engine. Shafts *A* and *B* lie in the vertical *yz* plane, while shaft *C* is directed along the *x* axis. Replace the couples applied to the shafts by a single equivalent couple, specifying its magnitude and the direction of its axis.

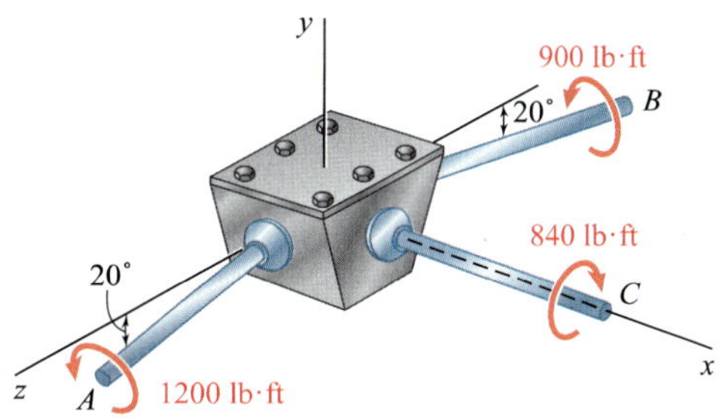

그림 P3.59

3.60 $\mathbf{M}_1$ and $\mathbf{M}_2$ represent couples that are contained in the planes *ABC* and *ACD*, respectively. Assuming that $M_1 = M_2 = M$, determine a single couple equivalent to the two given couples.

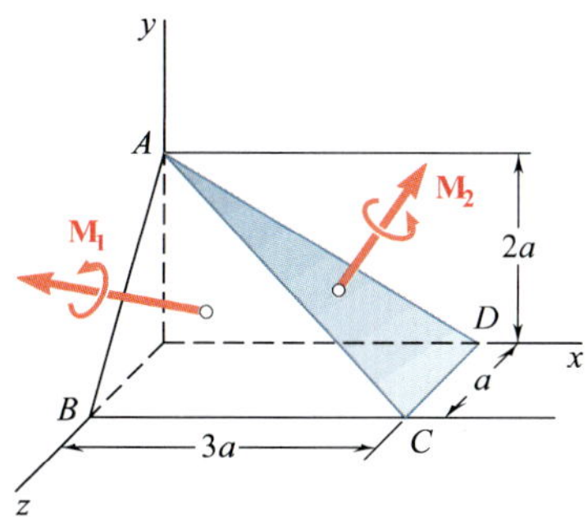

그림 *P3.60*

3.61 A 60-lb vertical force **P** is applied at A to the bracket shown, which is held by screws at B and C. (a) Replace **P** by an equivalent force-couple system at B. (b) Find the two horizontal forces at B and C that are equivalent to the couple obtained in part a.

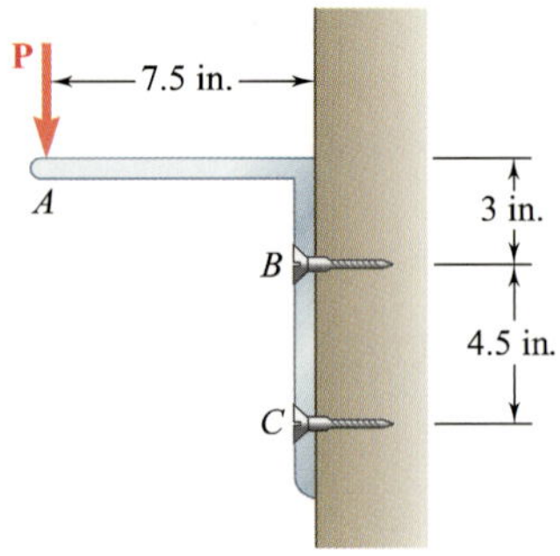

그림 P3.61

3.62 The force and couple shown are to be replaced by an equivalent single force. Determine the required value of α so that the line of action of the single equivalent force will pass through point B.

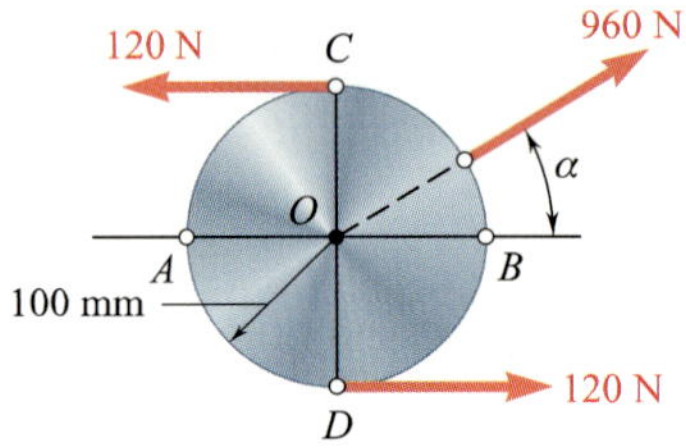

그림 *P3.62,* P3.63

3.63 Knowing that $\alpha = 60°$, replace the force and couple shown by a single force applied at a point located (a) on line AB, (b) on line CD. In each case determine the distance from the center O to the point of application of the force.

3.64 A 260-lb force is applied at A to the rolled-steel section shown. Replace that force by an equivalent force-couple system at the center C of the section.

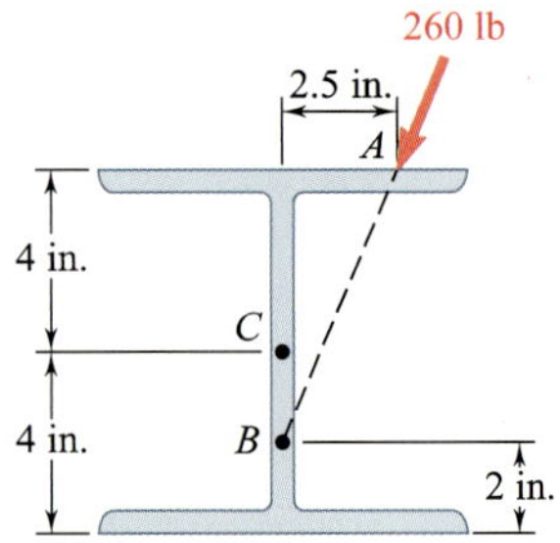

그림 *P3.64*

3.65 Force **P** has a magnitude of 300 N and is applied at A in a direction perpendicular to the handle ($\alpha = 0$). Assuming $\beta = 30°$, replace force **P** by (a) an equivalent force-couple system at B, (b) an equivalent system formed by two parallel forces applied at B and C.

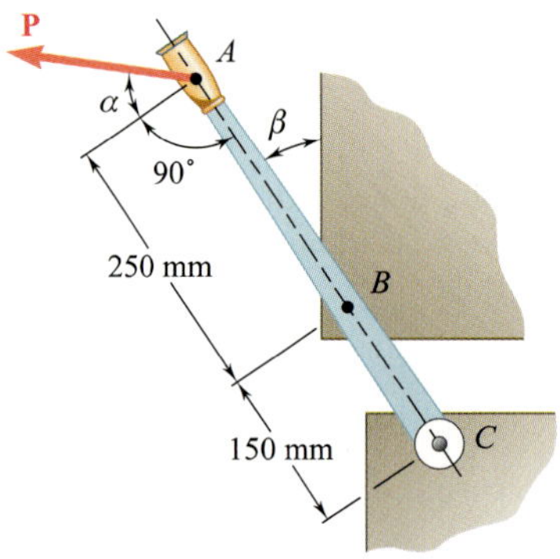

그림 P3.65

3.66 A force and couple act as shown on a square plate of side $a = 25$ in. Knowing that $P = 60$ lb, $Q = 40$ lb, and $\alpha = 50°$, replace the given force and couple by a single force applied at a point located (a) on line AB, (b) on line AC. In each case determine the distance from A to the point of application of the force.

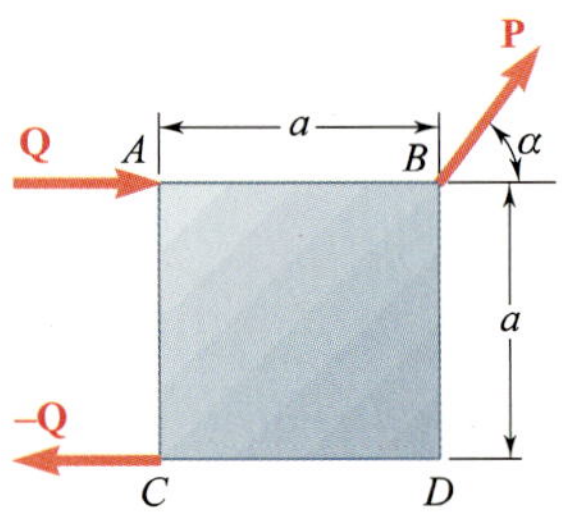

그림 P3.66

3.67 Replace the 250-kN force **P** by an equivalent force-couple system at G.

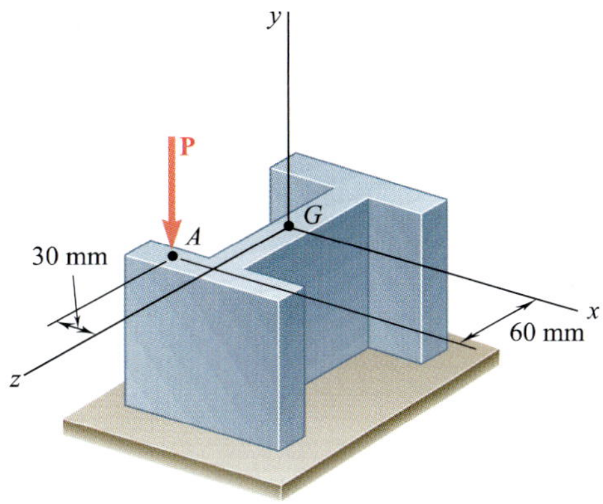

그림 P3.67

3.68 A 4-kip force is applied on the outside face of the flange of a steel channel. Determine the components of the force and couple at G that are equivalent to the 4-kip load.

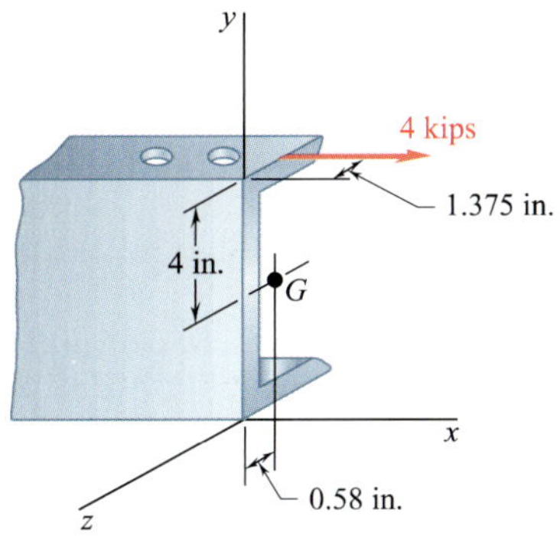

그림 P3.68

3.69 The 12-ft boom AB has a fixed end A, and the tension in cable BC is 570 lb. Replace the force that the cable exerts at B by an equivalent force-couple system at A.

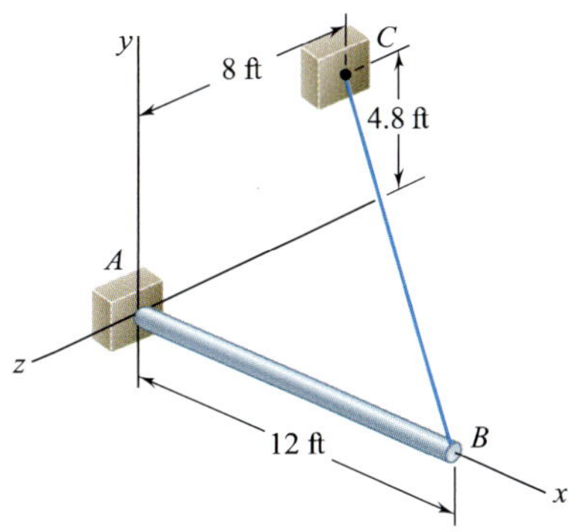

그림 P3.69

3.70 Replace the 150-N force by an equivalent force-couple system at *A*.

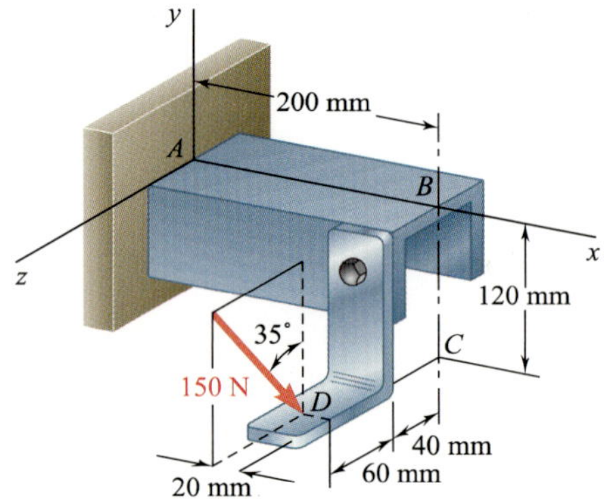

그림 *P3.70*

3.71 The jib crane shown is orientated so that its boom *AD* is parallel to the *x* axis and is used to move a heavy crate. Knowing that the tension in cable *AB* is 2.6 kips, replace the force exerted by the cable at *A* by an equivalent force-couple system at the center *O* of the base of the crane.

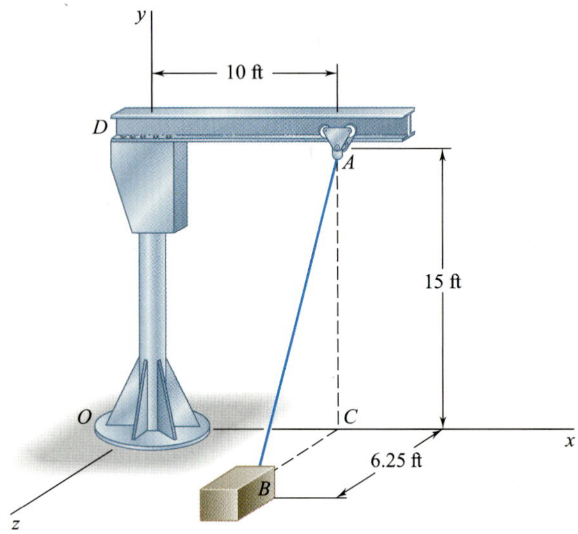

그림 P3.71

3.72 A 200-N force is applied as shown on the bracket *ABC*. Determine the components of the force and couple at *A* that are equivalent to this force.

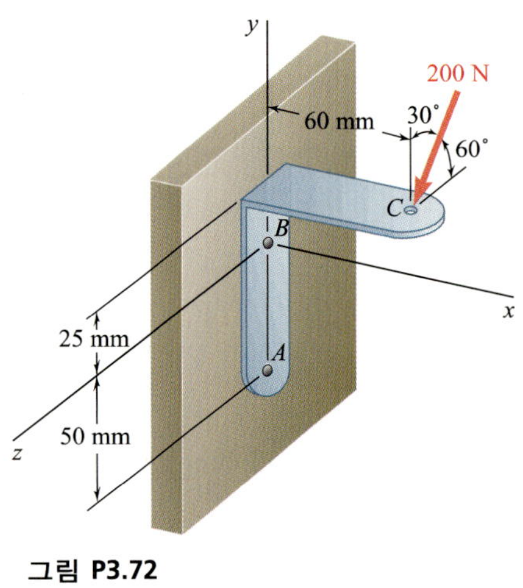

그림 P3.72

3.17 역계의 힘–짝힘계로의 대체

그림 3.41a와 같이 위치벡터 $\mathbf{r}_1$, $\mathbf{r}_2$, $\mathbf{r}_3$, ⋯로 정의된 점 A_1, A_2, A_3, ⋯에서 강체에 작용하는 힘 $\mathbf{F}_1$, $\mathbf{F}_2$, $\mathbf{F}_3$, ⋯로 구성되어 있는 역계를 힘–짝힘계로 축소하기 위해서는 전절에서와 같이, $\mathbf{F}_1$에 의해 O점에서의 모멘트 $\mathbf{r}_1 \times \mathbf{F}_1$과 동일한 짝힘 모멘트를 추가하면 $\mathbf{F}_1$의 작용점은 A_1에서 주어진 O점으로 변경할 수 있으므로 이 과정을 $\mathbf{F}_2$, $\mathbf{F}_3$, ⋯에 적용하면 그림 3.41b와 같이 O점에 작용하는 주어진 힘들과 추가된 짝힘 벡터로 구성된 역계를 구할 수 있다. 힘들은 절점역계를 이루고 있으므로 벡터의 합에 의해 합력 $\mathbf{R}$을 대체할 수 있고 마찬가지로 짝힘 벡터 $\mathbf{M}_1$, $\mathbf{M}_2$, $\mathbf{M}_3$, ⋯ 또한 벡터의 합에 의해 하나의 짝힘 벡터 $\mathbf{M}_O^R$로 대체할 수 있다. 그러므로 아무리 복잡한 역계라도 그림 3.41c와 같이 주어진 점 O에 작용하는 등가의 힘–짝힘계로 대체할 수 있다. 그림 3.41b에서 각각의 짝힘 벡터 $\mathbf{M}_1$, $\mathbf{M}_2$, $\mathbf{M}_3$, ⋯는 해당하는 힘들과 직각이나 그림 3.41c의 합력 $\mathbf{R}$과 짝힘벡터 $\mathbf{M}_O^R$은 일반적으로 직각이 아니다.

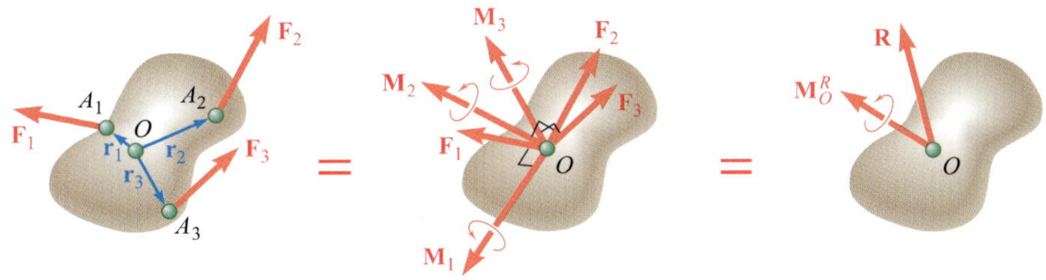

그림 3.41 (a) (b) (c)

등가의 힘–짝힘계는 다음과 같이 정의된다.

$$\mathbf{R} = \Sigma \mathbf{F} \qquad \mathbf{M}_O^R = \Sigma \mathbf{M}_O = \Sigma (\mathbf{r} \times \mathbf{F}) \tag{3.52}$$

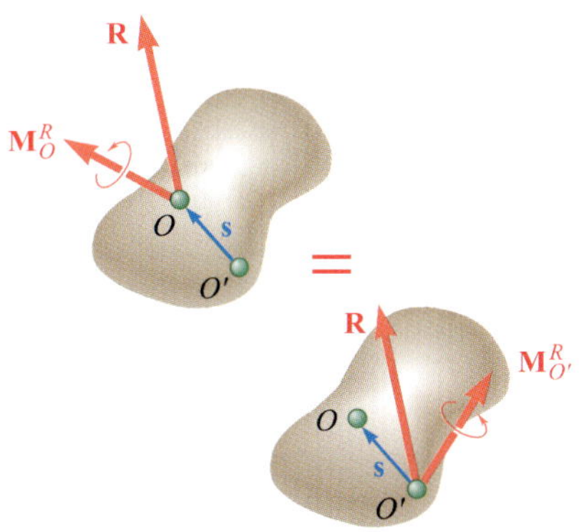

그림 3.42

즉, 힘 $\mathbf{R}$은 역계의 모든 힘의 합이고 역계의 **합모멘트**라고 부르는 짝힘 벡터 $\mathbf{M}_O^R$은 모든 힘들에 의해 O점에 발생하는 모멘트를 합하여 구해진다.

주어진 역계가 임의의 점 O에서의 힘–짝힘계로 대체되면 다른 점 O'에서의 힘–짝힘계는 쉽게 대체할 수 있다. 그림 3.42와 같이 합력 $\mathbf{R}$의 크기는 변하지 않으며 합모멘트 $\mathbf{M}_{O'}^R$은 $\mathbf{M}_O^R$과 O점에 작용하는 힘 $\mathbf{R}$에 의해 O'점에 발생하는 모멘트를 합한 것과 같다. 그러므로

$$\mathbf{M}_{O'}^{R} = \mathbf{M}_{O}^{R} + \mathbf{s} \times \mathbf{R} \tag{3.53}$$

실제로 주어진 역계를 O점에 작용하는 하나의 힘 $\mathbf{R}$과 하나의 짝힘 벡터 $\mathbf{M}_{O}^{R}$로 대체하는 것은 성분을 사용하여 수행한다. 역계의 각 힘 $\mathbf{F}$와 위치벡터 $\mathbf{r}$을 직각성분으로 분해하면

$$\mathbf{r} = x\mathbf{i} + y\mathbf{j} + z\mathbf{k} \tag{3.54}$$

$$\mathbf{F} = F_x\mathbf{i} + F_y\mathbf{j} + F_z\mathbf{k} \tag{3.55}$$

$\mathbf{r}$과 $\mathbf{F}$를 식 (3.52)에 대입하고 단위벡터 $\mathbf{i}$, $\mathbf{j}$, $\mathbf{k}$ 항으로 정리하면 $\mathbf{R}$과 $\mathbf{M}_{O}^{R}$은 다음과 같다.

$$\mathbf{R} = R_x\mathbf{i} + R_y\mathbf{j} + R_z\mathbf{k} \qquad \mathbf{M}_{O}^{R} = M_x^R\mathbf{i} + M_y^R\mathbf{j} + M_z^R\mathbf{k} \tag{3.56}$$

R_x, R_y, R_z성분은 각각 주어진 힘들의 x, y, z축 성분의 합이며 강체를 x, y, z 방향으로 이동시키려고 하는 정도를 의미한다. 마찬가지로 M_x^R, M_y^R, M_z^R 성분은 각각 주어진 힘들이 x, y, z축에 대해 갖는 모멘트의 합이며 강체를 x, y, z축으로 회전시키려고 하는 정도를 의미한다.

$\mathbf{R}$의 크기와 방향은 2.12절의 식 (2.18)과 (2.19)를 적용하여 R_x, R_y, R_z 성분으로부터 구하며 짝힘 벡터 $\mathbf{M}_{O}^{R}$의 크기와 방향도 동일한 방법으로 구한다.

3.18 등가역계

전절에서 강체에 작용하는 어떠한 역계라도 주어진 점 O에서의 힘-짝힘계로 대체할 수 있다고 제시하였다. 이 등가의 힘-짝힘계는 강체에 작용하는 역계의 효과를 완전하게 나타낸다. 그러므로 두 역계를 주어진 점 O에서의 동일한 힘-짝힘계로 대체할 수 있다면 두 역계는 등가이다. O점의 힘-짝힘계는 식 (3.52)로 정의되므로 동일한 강체에 작용하는 두 역계 $\mathbf{F}_1$, $\mathbf{F}_2$, $\mathbf{F}_3$, …와 $\mathbf{F}_1'$, $\mathbf{F}_2'$, $\mathbf{F}_3'$, …는 힘들의 합력과 힘들의 주어진 점 O에서의 모멘트의 합이 같다면 등가 이다. 두 역계가 등가이기 위한 필요충분조건은

$$\Sigma\mathbf{F} = \Sigma\mathbf{F}' \qquad \Sigma\mathbf{M}_O = \Sigma\mathbf{M}_O' \tag{3.57}$$

두 역계가 등가임을 증명하기 위한 식 (3.57)의 두 번째 식은 한 점 O에 대해 적용하지만 두 역계가 등가이면 임의의 점에 대해서도 성립한다.

식 (3.57)의 힘과 모멘트를 성분으로 표기하면 강체에 작용하는 두 역계가

등가이기 위한 필요충분조건은 다음과 같다.

$$\begin{aligned} &\Sigma F_x = \Sigma F_x' \qquad \Sigma F_y = \Sigma F_y' \qquad \Sigma F_z = \Sigma F_z' \\ &\Sigma M_x = \Sigma M_x' \qquad \Sigma M_y = \Sigma M_y' \qquad \Sigma M_z = \Sigma M_z' \end{aligned} \tag{3.58}$$

이들 식의 물리학적 의미는 간단하다. 두 역계가 등가이면 (1) x, y, z 방향의 동일한 이동 (2) x, y, z축의 동일한 회전 효과를 강체에 미친다.

3.19 벡터계의 동치

일반적으로 식 (3.57) 또는 식 (3.58)과 같이 합력과 임의의 점 O에서의 합모멘트가 동일하면 두 역계는 동치라 한다. 전절의 결과를 다시 말하면: **강체에 작용하는 두 역계가 동치(equipollent)라면 두 역계는 등가이다.**

강체가 아닌 독립된 입자들로 이루어진 어떠한 구성체에 역계가 작용하는 경우 위 명제를 적용할 수 없다. 이 경우 두 역계가 동치 즉, 동일한 합력과 합모멘트를 가질 수 있으나 각 입자에 작용하는 힘이 다르므로 입자에 미치는 효과는 다르다. 그러므로 등가라고 할 수 없다.

3.20 역계의 단순화

3.17절에서 강체에 작용하는 임의의 역계는 역계의 힘들의 합과 같은 하나의 힘 $\mathbf{R}$과 역계의 모멘트 합과 같은 모멘트를 갖는 짝힘 벡터 $\mathbf{M}_O^R$로 구성되는 O점에 작용하는 등가의 힘–짝힘계로 대체할 수 있다는 것을 제시하였다.

$\mathbf{R} = 0$인 경우 힘–짝힘계는 짝힘 벡터 $\mathbf{M}_O^R$이 되며 주어진 역계는 합짝힘이라 하는 하나의 짝힘으로 대체된다.

주어진 역계가 하나의 힘으로 대체되기 위한 조건은 3.16절에서 제시한 바와 같이 O점의 힘–짝힘계에서 $\mathbf{R}$과 $\mathbf{M}_O^R$이 서로 직각을 형성하는 것으로 이 경우 힘–짝힘계는 작용선을 변경하여 하나의 힘 $\mathbf{R}$로 대체할 수 있다. 일반적으로 공간역계에서 이 조건은 만족되지 않으며 (1) 절점역계, (2) 평면역계 또는 (3) 평행한 힘들의 경우 만족되므로 이들의 경우를 각각 논의한다.

1. **절점역계는 동일한 점에 힘들이 작용**하므로 합력 $\mathbf{R}$을 바로 구할 수 있다. 그러므로 언제나 하나의 힘으로 대체할 수 있다. 절점력은 2장에서 논의하였다.
2. **그림 3.43a와 같이 평면에 작용하는 평면역계**는 힘들의 합인 $\mathbf{R}$ 또한 평면에 있으나 O점에서의 각 힘에 의한 모멘트의 합 $\mathbf{M}_O^R$은 평면에 수직이다.

그러므로 O점의 힘-짝힘계는 그림 3.43b와 같이 서로 직각인 하나의 힘 $\mathbf{R}$과 하나의 짝힘 벡터 $\mathbf{M}_O^R$로 구성된다.[3)] 이는 물체 평면에 작용하는 힘 $\mathbf{R}$의 작용선을 변경하여 O점에서의 모멘트가 $\mathbf{M}_O^R$과 같게 하면 하나의 힘 $\mathbf{R}$로 대체할 수 있다. O점에서 $\mathbf{R}$의 작용선까지의 거리는 그림 3.43c와 같이 $d = M_O^R / R$이다.

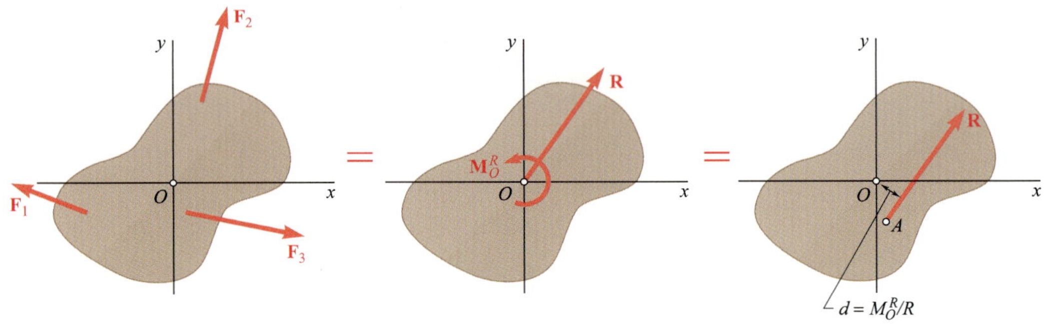

그림 3.43 (a) (b) (c)

3.17절에서 언급한 바와 같이 역계의 대체는 힘을 직각성분으로 표기하면 쉽게 된다. O점의 힘-짝힘계는 그림 3.44a와 같이 성분으로 표기하면

$$R_x = \Sigma F_x \qquad R_y = \Sigma F_y \qquad M_z^R = M_O^R = \Sigma M_O \tag{3.59}$$

역계를 하나의 힘 $\mathbf{R}$로 대체하기 위해서는 O점에서의 $\mathbf{R}$에 의한 모멘트가 $\mathbf{M}_O^R$이어야 한다. 합력의 작용점 좌표를 (x, y)라 하고 3.8절의 식 (3.22)를 적용하면

$$xR_y - yR_x = M_O^R$$

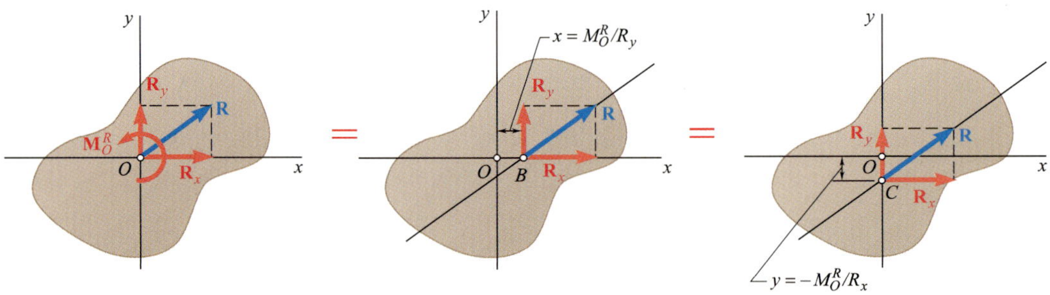

그림 3.44 (a) (b) (c)

3) 짝힘 벡터 $\mathbf{M}_O^R$는 물체 평면에 수직이므로 돌아가는 화살로 표기되어 있다. 반시계방향 짝힘은 평면의 수직 상향으로 향하는 벡터, 시계방향 짝힘은 평면의 수직 하향으로 향하는 벡터이다.

이 식이 $\mathbf{R}$의 작용선을 나타낸다. 또한 합력의 작용선과 x, y축과의 교점은 다음과 같이 구한다. 그림 3.44b와 같이 $\mathbf{R}$을 B점에 작용하고 $\mathbf{R}$의 y축 성분이 O점에서 갖는 모멘트가 $\mathbf{M}_O^R$이 되는 위치가 x축 교점, 그림 3.44c와 같이 $\mathbf{R}$을 C점에 작용하고 $\mathbf{R}$의 x축 성분이 O점에서 갖는 모멘트가 $\mathbf{M}_O^R$이 되는 위치가 y축 교점이 된다.

3. **평행한 힘들은 작용선이 평행하며 방향은** 다를 수 있다. 그림 3.45a와 같이 y축에 평행한 힘들의 경우 합력 $\mathbf{R}$은 y축에 평행하다. 반면에, 주어진 힘에 의한 모멘트는 그 힘과 직각을 이루므로 역계의 각 힘이 O점에서 갖는 모멘트와 모멘트 합 $\mathbf{M}_O^R$은 zx 평면에 위치한다. 그러므로 O점의 힘-짝힘계는 그림 3.45b와 같이 서로 직각인 하나의 힘과 하나의 짝힘 벡터 $\mathbf{M}_O^R$로 구성된다. 이는 그림 3.45c와 같이 하나의 힘으로 대체할 수 있으며 또는, $\mathbf{R} = 0$인 경우, 하나의 짝힘 모멘트 $\mathbf{M}_O^R$이 된다.

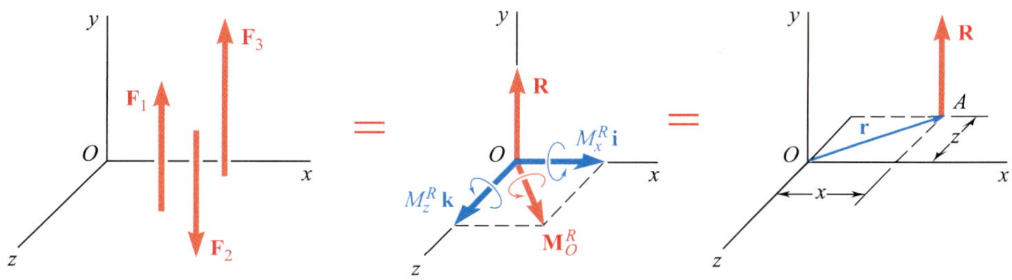

그림 3.45 (a) (b) (c)

O점에서의 힘-짝힘계는 성분으로 표기하면 다음식과 같다.

$$R_y = \Sigma F_y \qquad M_x^R = \Sigma M_x \qquad M_z^R = \Sigma M_z \tag{3.60}$$

역계를 하나의 힘으로 대체하기 위해서는 O점에서 $\mathbf{R}$의 모멘트가 $\mathbf{M}_O^R$이 되도록 $\mathbf{R}$의 작용점을 새 작용점 $A(x, 0, z)$로 변경한다.

$$\mathbf{r} \times \mathbf{R} = \mathbf{M}_O^R$$
$$(x\mathbf{i} + z\mathbf{k}) \times R_y\mathbf{j} = M_x^R\mathbf{i} + M_z^R\mathbf{k}$$

두 식에서 벡터곱을 계산하고 해당 단위벡터의 계수를 같게 하면 A점의 좌표를 결정할 수 있는 다음 두 스칼라 식을 얻을 수 있다.

$$-zR_y = M_x^R \qquad xR_y = M_z^R$$

이 식은 $\mathbf{R}$에 의한 x, y축 모멘트가 각각 M_x^R, M_z^R이라는 것을 의미한다.

문제 3.8

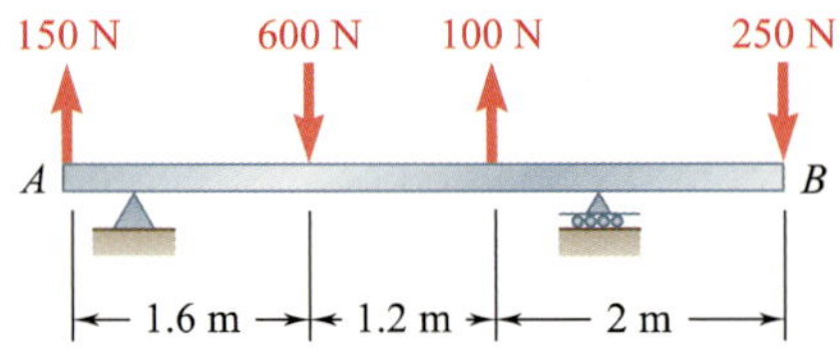

4.8 m의 보가 그림과 같은 힘을 받고 있다. (a) A 점에 작용하는 등가의 힘–짝힘계, (b) B 점에 작용하는 등가의 힘–짝힘계, (c) 하나의 힘 또는 합력을 구하시오.

풀이.

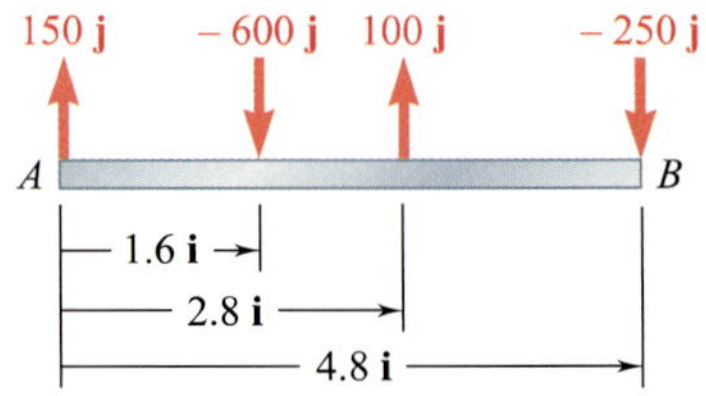

a. A점에 작용하는 힘–짝힘계. A점에 작용하는 등가의 힘–짝힘계는 힘 **R**과 짝힘 $\mathbf{M}_A^R$으로 다음과 같다.

$$\begin{aligned}\mathbf{R} &= \Sigma\mathbf{F}\\ &= (150\text{ N})\mathbf{j} - (600\text{ N})\mathbf{j} + (100\text{ N})\mathbf{j} - (250\text{ N})\mathbf{j} = -(600\text{ N})\mathbf{j}\\ \mathbf{M}_A^R &= \Sigma(\mathbf{r}\times\mathbf{F})\\ &= (1.6\mathbf{i})\times(-600\mathbf{j}) + (2.8\mathbf{i})\times(100\mathbf{j}) + (4.8\mathbf{i})\times(-250\mathbf{j})\\ &= -(1880\text{ N}\cdot\text{m})\mathbf{k}\end{aligned}$$

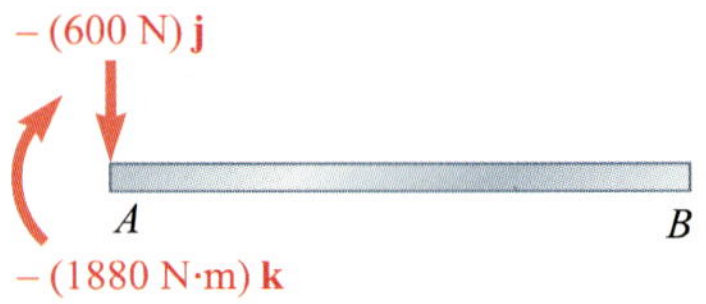

그러므로 A점에 작용하는 등가의 힘–짝힘계는

$$\mathbf{R} = 600\text{ N}\downarrow \qquad \mathbf{M}_A^R = 1880\text{ N}\cdot\text{m} \circlearrowright$$

b. B 점에 작용하는 힘–짝힘계. a에서 구한 A 점에 작용하는 힘–짝힘계와 등가인 B 점에 작용하는 힘–짝힘계는 힘 **R**의 위치를 B 점으로 하고 새 짝힘 $\mathbf{M}_B^R$를 구한다. 이 짝힘은 a에서 구한 힘–짝힘계에 의해 B 점에 발생하는 모멘트로 다음과 같다.

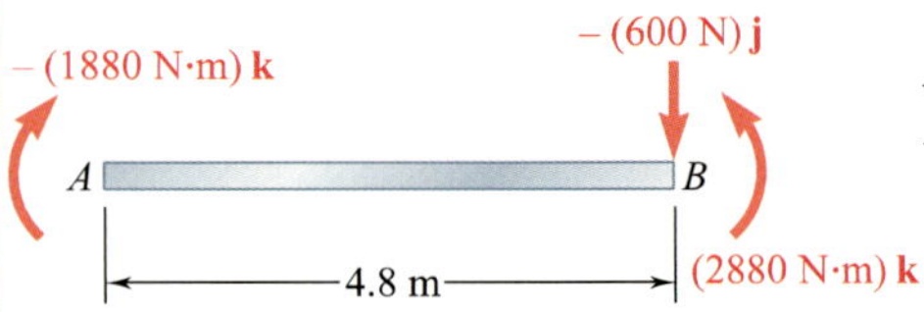

$$\begin{aligned}\mathbf{M}_B^R &= \mathbf{M}_A^R + \overrightarrow{BA}\times\mathbf{R}\\ &= -(1880\text{ N}\cdot\text{m})\mathbf{k} + (-4.8\text{ m})\mathbf{i}\times(-600\text{ N})\mathbf{j}\\ &= -(1880\text{ N}\cdot\text{m})\mathbf{k} + (2880\text{ N}\cdot\text{m})\mathbf{k} = +(1000\text{ N}\cdot\text{m})\mathbf{k}\end{aligned}$$

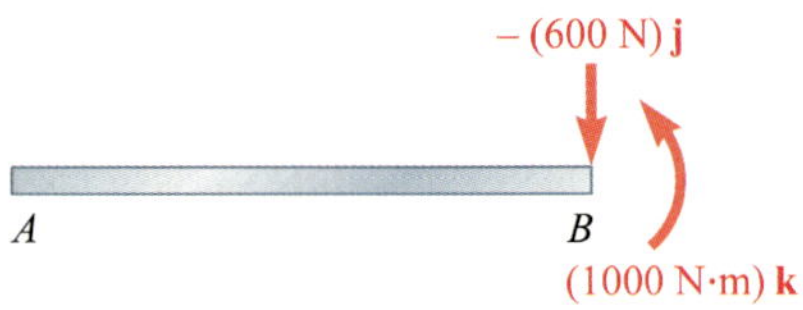

그러므로 B 점에 작용하는 등가의 힘–짝힘계는

$$\mathbf{R} = 600\text{ N}\downarrow \qquad \mathbf{M}_B^R = 1000\text{ N}\cdot\text{m} \circlearrowleft$$

c. 하나의 힘 또는 합력. 주어진 역계의 합력은 **R**이며 작용점은 **R**에 의한 A점의 모멘트가 $\mathbf{M}_A^R$와 같아야 하므로

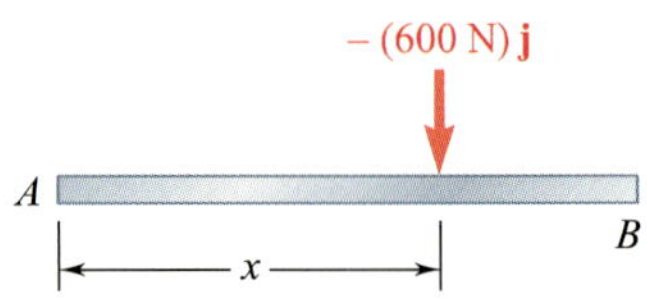

$$\begin{aligned}\mathbf{r}\times\mathbf{R} &= \mathbf{M}_A^R\\ x\mathbf{i}\times(-600\text{ N})\mathbf{j} &= -(1880\text{ N}\cdot\text{m})\mathbf{k}\\ -x(600\text{ N})\mathbf{k} &= -(1880\text{ N}\cdot\text{m})\mathbf{k}\end{aligned}$$

이로부터 $x = 3.13$ m 가 구해지며 주어진 역계와 등가인 하나의 힘은 다음과 같다.

$$\mathbf{R} = 600\text{ N}\downarrow \qquad x = 3.13\text{ m}$$

문제 3.9

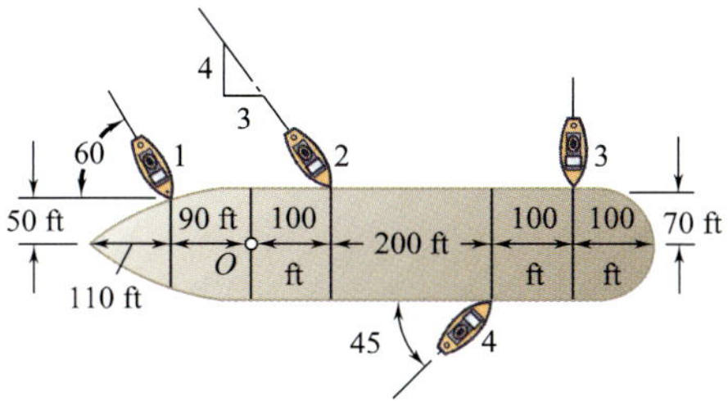

예인선 네 척이 선박을 방파제로 예인하고 있다. 각 예인선은 그림과 같은 방향으로 5000 lb의 힘을 작용하고 있다. (a) 앞 돛대 O점에 작용하는 등가의 힘-짝힘계, (b) 네 척의 예인선을 대체하여 동일한 효과를 낼 수 있는 예인선의 작용점을 구하시오.

풀이.

a. O점의 힘-짝힘계. 그림과 같이 각 힘을 직각성분으로 분해한다(단위; kip). O점에 작용하는 등가의 힘-짝힘계는 힘 $\mathbf{R}$과 짝힘 $\mathbf{M}_O^R$으로 다음과 같다.

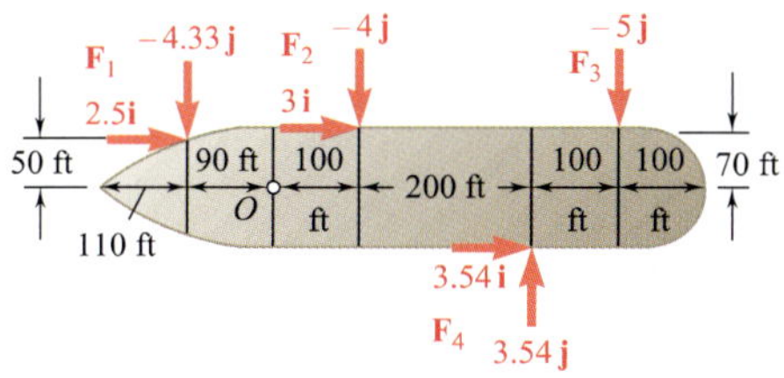

$$
\begin{aligned}
\mathbf{R} &= \Sigma\mathbf{F} \\
&= (2.50\mathbf{i} - 4.33\mathbf{j}) + (3.00\mathbf{i} - 4.00\mathbf{j}) \\
&\quad + (-5.00\mathbf{j}) + (3.54\mathbf{i} + 3.54\mathbf{j}) \\
&= 9.04\mathbf{i} - 9.79\mathbf{j}
\end{aligned}
$$

$$
\begin{aligned}
\mathbf{M}_O^R &= \Sigma(\mathbf{r}\times\mathbf{F}) \\
&= (-90\mathbf{i} + 50\mathbf{j}) \times (2.50\mathbf{i} - 4.33\mathbf{j}) \\
&\quad + (100\mathbf{i} + 70\mathbf{j}) \times (3.00\mathbf{i} - 4.00\mathbf{j}) \\
&\quad + (400\mathbf{i} + 70\mathbf{j}) \times (-5.00\mathbf{j}) \\
&\quad + (300\mathbf{i} - 70\mathbf{j}) \times (3.54\mathbf{i} + 3.54\mathbf{j}) \\
&= (390 - 125 - 400 - 210 - 2000 + 1062 + 248)\mathbf{k} \\
&= -1035\mathbf{k}
\end{aligned}
$$

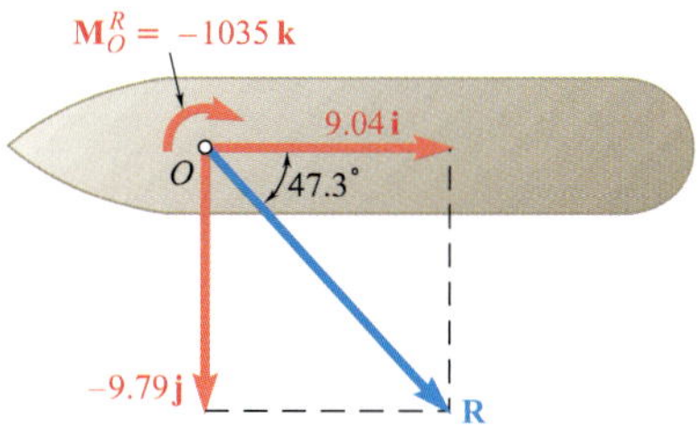

그러므로 O점에 작용하는 등가의 힘-짝힘계는

$$\mathbf{R} = (9.04\text{ kips})\mathbf{i} - (9.79\text{ kips})\mathbf{j}$$
$$\mathbf{M}_O^R = -(1035\text{ kip}\cdot\text{ft})\mathbf{k}$$

또는 $\qquad \mathbf{R} = 13.33\text{ kips} \measuredangle 47.3° \qquad \mathbf{M}_O^R = 1035\text{ kip}\cdot\text{ft} \curvearrowright$

주의. 모든 힘은 물체의 평면 위에 놓여 있으므로 이들 모멘트의 합은 평면에 수직이다. 각각의 직각성분에 의한 O점의 모멘트는 그림에서 크기에 수직거리를 곱하여 바로 구할 수 있다. 모멘트의 방향에 따라서 양 또는 음의 부호를 정하고 합한다.

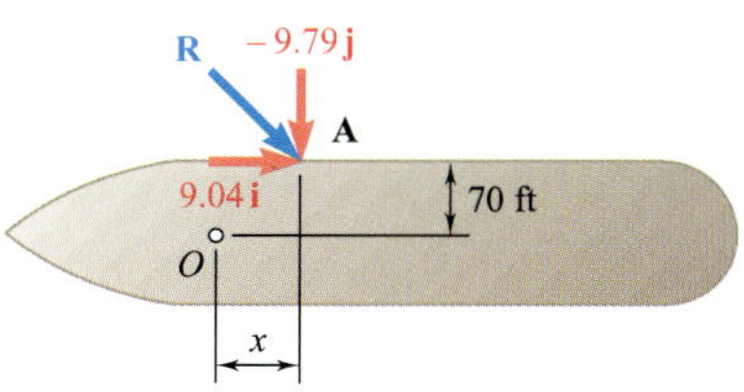

b. 한 척의 예인선. 예인선 한척의 힘은 $\mathbf{R}$과 같아야 하고 $\mathbf{R}$에 의한 O점의 모멘트가 $\mathbf{M}_O^R$이 되도록 작용점 A를 구한다. A의 위치벡터가

$$\mathbf{r} = x\mathbf{i} + 70\mathbf{j}$$

이로부터

$$
\begin{aligned}
\mathbf{r}\times\mathbf{R} &= \mathbf{M}_O^R \\
(x\mathbf{i} + 70\mathbf{j}) \times (9.04\mathbf{i} - 9.79\mathbf{j}) &= -1035\mathbf{k} \\
-x(9.79)\mathbf{k} - 633\mathbf{k} &= -1035\mathbf{k} \qquad x = 41.1\text{ ft}
\end{aligned}
$$

문제 3.10

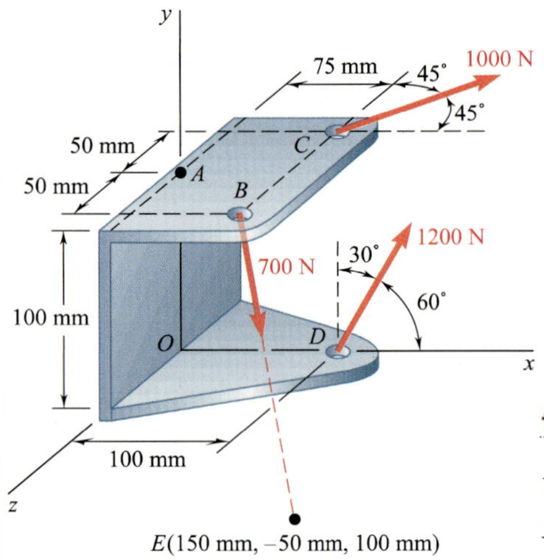

그림과 같이 세 케이블의 힘이 작용하고 있다. A점에 작용하는 등가의 힘 –짝힘계를 구하시오.

풀이.

먼저 각 힘의 작용점이 A점에 대해 갖는 위치벡터를 구하고 직각성분으로 분해한다. $\mathbf{F}_B = (700\text{ N})\boldsymbol{\lambda}_{BE}$이고 단위벡터 $\boldsymbol{\lambda}_{BE}$는 다음과 같으므로

$$\boldsymbol{\lambda}_{BE} = \frac{\overrightarrow{BE}}{BE} = \frac{75\mathbf{i} - 150\mathbf{j} + 50\mathbf{k}}{175}$$

세 힘과 위치벡터는

$$\begin{aligned} \mathbf{r}_{B/A} &= \overrightarrow{AB} = 0.075\mathbf{i} + 0.050\mathbf{k} & \mathbf{F}_B &= 300\mathbf{i} - 600\mathbf{j} + 200\mathbf{k} \\ \mathbf{r}_{C/A} &= \overrightarrow{AC} = 0.075\mathbf{i} - 0.050\mathbf{k} & \mathbf{F}_C &= 707\mathbf{i} - 707\mathbf{k} \\ \mathbf{r}_{D/A} &= \overrightarrow{AD} = 0.100\mathbf{i} - 0.100\mathbf{j} & \mathbf{F}_D &= 600\mathbf{i} + 1039\mathbf{j} \end{aligned}$$

A점에 작용하는 등가의 힘–짝힘계는 힘 $\mathbf{R} = \Sigma\mathbf{F}$과 짝힘 $\mathbf{M}_A^R = \Sigma(\mathbf{r} \times \mathbf{F})$이다. 힘 $\mathbf{R}$은 각 힘의 직각성분을 합하여 바로 구할 수 있다.

$$\mathbf{R} = \Sigma\mathbf{F} = (1607\text{ N})\mathbf{i} + (439\text{ N})\mathbf{j} - (507\text{ N})\mathbf{k}$$

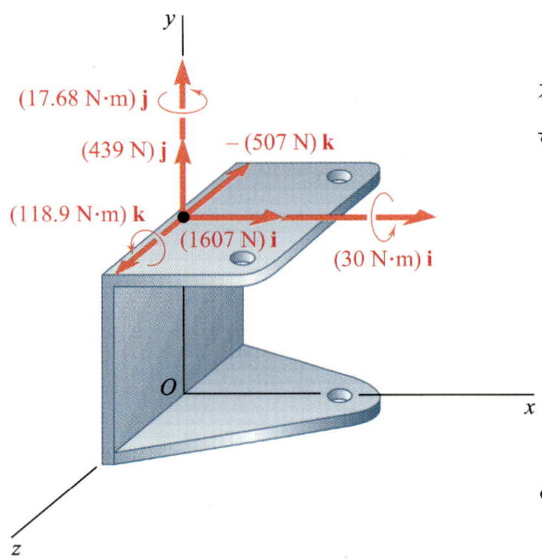

각 힘에 의한 모멘트를 3.8절에 따라 행렬식으로 표기하면 $\mathbf{M}_A^R$를 계산할 수 있다:

$$\mathbf{r}_{B/A} \times \mathbf{F}_B = \begin{vmatrix} \mathbf{i} & \mathbf{j} & \mathbf{k} \\ 0.075 & 0 & 0.050 \\ 300 & -600 & 200 \end{vmatrix} = 30\mathbf{i} - 45\mathbf{k}$$

$$\mathbf{r}_{C/A} \times \mathbf{F}_C = \begin{vmatrix} \mathbf{i} & \mathbf{j} & \mathbf{k} \\ 0.075 & 0 & -0.050 \\ 707 & 0 & 707 \end{vmatrix} = 17.68\mathbf{j}$$

$$\mathbf{r}_{D/A} \times \mathbf{F}_D = \begin{vmatrix} \mathbf{i} & \mathbf{j} & \mathbf{k} \\ 0.100 & -0.100 & 0 \\ 600 & 1039 & 0 \end{vmatrix} = 163.9\mathbf{k}$$

이로부터

$$\begin{aligned} \mathbf{M}_A^R &= \Sigma(\mathbf{r} \times \mathbf{F}) \\ &= (30\text{ N}\cdot\text{m})\mathbf{i} + (17.68\text{ N}\cdot\text{m})\mathbf{j} + (118.9\text{ N}\cdot\text{m})\mathbf{k} \end{aligned}$$

힘 $\mathbf{R}$과 짝힘 $\mathbf{M}_A^R$의 직각성분은 그림과 같다.

문제 3.11

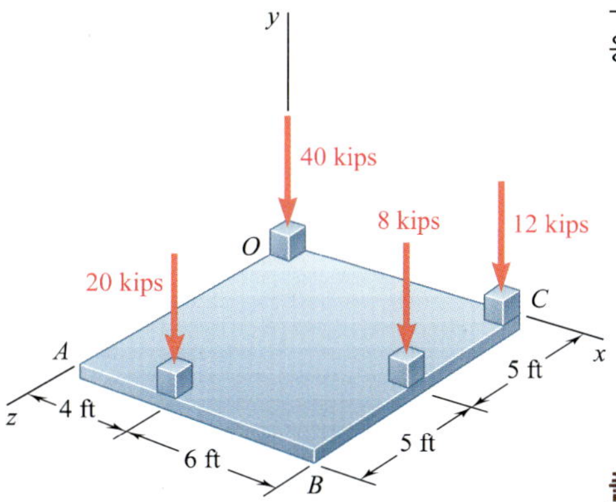

그림과 같이 정사각형 기초가 네 기둥을 지지하고 있다. 네 하중의 합력과 작용점을 구하시오.

풀이.

먼저 주어진 역계를 좌표축 원점인 O점에 작용하는 등가의 힘-짝힘계로 대체한다. 이 힘-짝힘계는 힘 $\mathbf{R}$과 짝힘 벡터 $\mathbf{M}_O^R$으로 다음과 같다.

$$\mathbf{R} = \Sigma \mathbf{F} \qquad \mathbf{M}_O^R = \Sigma(\mathbf{r} \times \mathbf{F})$$

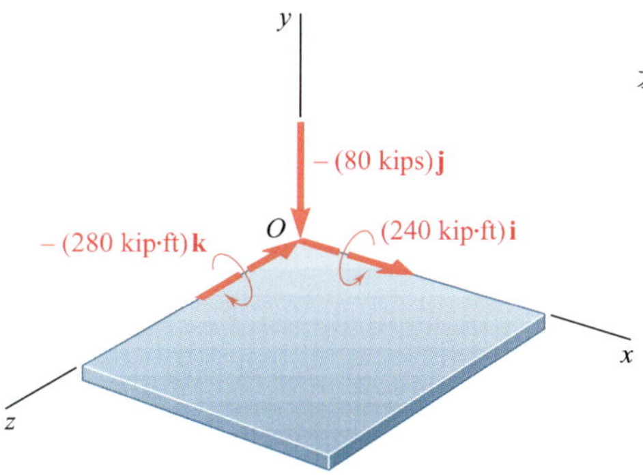

각 힘과 작용점의 위치벡터를 아래 표에 정리하였다.

$\mathbf{r}$, ft	$\mathbf{F}$, kips	$\mathbf{r}\times\mathbf{F}$, kip · ft
0	$-40\mathbf{j}$	0
$10\mathbf{i}$	$-12\mathbf{j}$	$-120\mathbf{k}$
$10\mathbf{i} + 5\mathbf{k}$	$-8\mathbf{j}$	$40\mathbf{i} - 80\mathbf{k}$
$4\mathbf{i} + 10\mathbf{k}$	$-20\mathbf{j}$	$200\mathbf{i} - 80\mathbf{k}$
	$\mathbf{R} = -80\mathbf{j}$	$\mathbf{M}_O^R = 240\mathbf{i} - 280\mathbf{k}$

힘 $\mathbf{R}$과 짝힘 벡터 $\mathbf{M}_O^R$는 서로 수직이므로 힘-짝힘계를 하나의 힘 $\mathbf{R}$로 대체할 수 있다. 기초평면 위에서 $\mathbf{R}$의 새 작용점은 $\mathbf{R}$에 의한 O점의 모멘트가 $\mathbf{M}_O^R$이 되도록 구한다. 구하는 작용점의 위치벡터를 $\mathbf{r}$이라 하고 그 좌표를 x, z로 표기하면

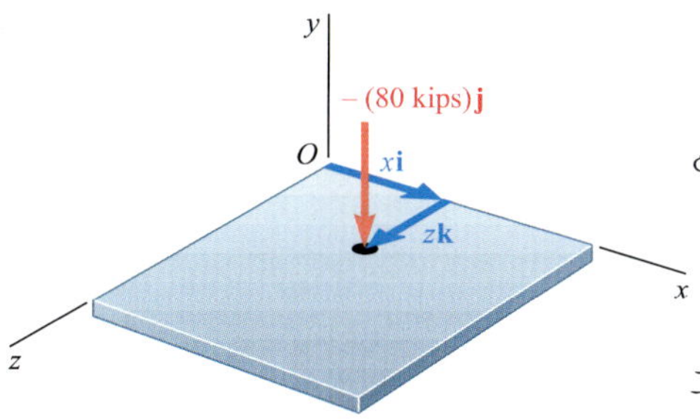

$$\begin{aligned} \mathbf{r} \times \mathbf{R} &= \mathbf{M}_O^R \\ (x\mathbf{i} + z\mathbf{k}) \times (-80\mathbf{j}) &= 240\,\mathbf{i} - 280\,\mathbf{k} \\ -80x\mathbf{k} + 80z\mathbf{i} &= 240\,\mathbf{i} - 280\,\mathbf{k} \end{aligned}$$

이로부터

$$\begin{aligned} -80x &= -280 \qquad & 80z &= 240 \\ x &= 3.50 \text{ ft} \qquad & z &= 3.00 \text{ ft} \end{aligned}$$

그러므로 주어진 역계의 합력은 다음과 같다.

$$\mathbf{R} = 80 \text{ kips} \downarrow \qquad x = 3.50 \text{ ft}, \; z = 3.00 \text{ ft}$$

| Problems |

3.73 A 12-ft beam is loaded in the various ways represented in the figure. Find two loadings that are equivalent.

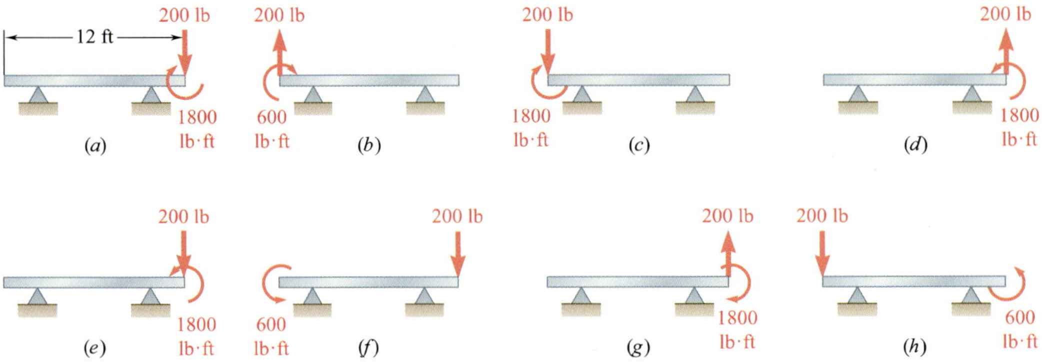

그림 P3.73

3.74 A 12-ft beam is loaded as shown. Determine the loading of Prob. 3.73 that is equivalent to this loading.

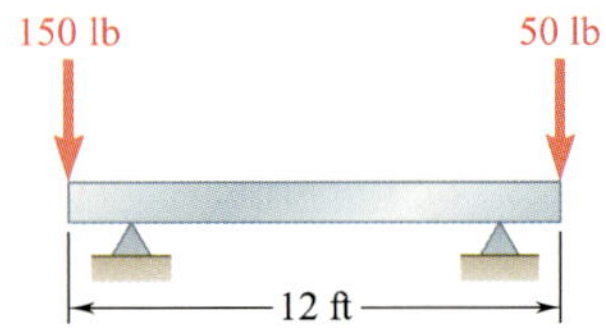

그림 P3.74

3.75 By driving the truck shown over a scale, it was determined that the loads on the front and rear axles are, respectively, 18 kN and 12 kN when the truck is empty. Determine (*a*) the location of the center of gravity of the truck, (*b*) the weight and location of the center of gravity of the heaviest load that can be carried by the truck if the load on each axle is not to exceed 40 kN.

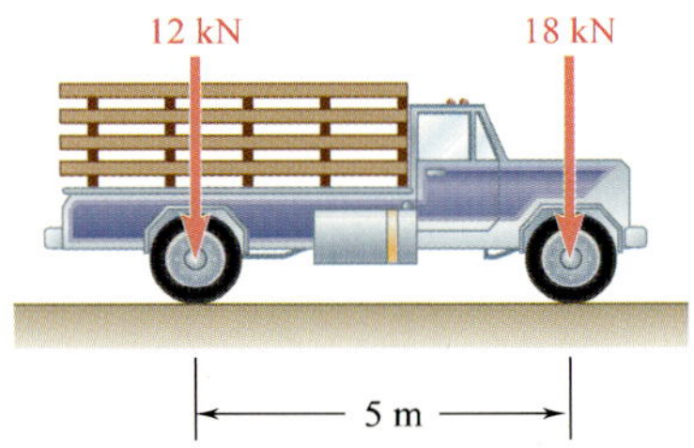

그림 P3.75

3.76 Four packages are transported at constant speed from *A* to *B* by the conveyor. At the instant shown, determine the resultant of the loading and the location of its line of action.

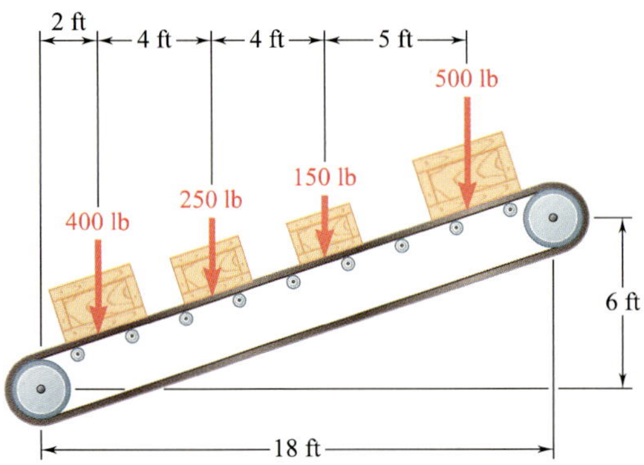

그림 P3.76

3.77 Determine the distance from point *A* to the line of action of the resultant of the three forces shown when (*a*) $a = 1$ m, (*b*) $a = 1.5$ m, (*c*) $a = 2.5$ m.

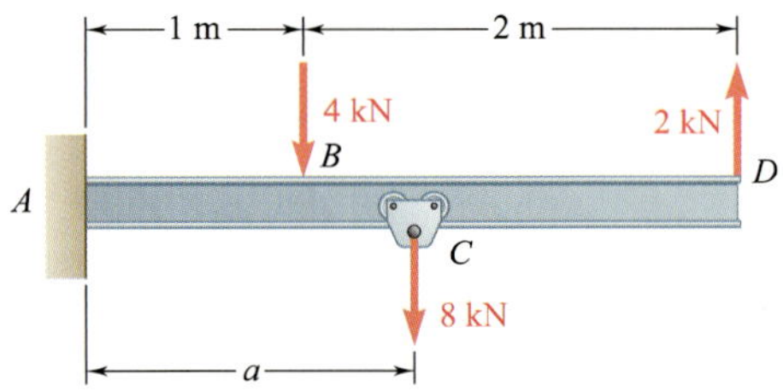

그림 P3.77

3.78 Two parallel forces **P** and **Q** are applied at the ends of a beam AB of length L. Find the distance x from A to the line of action of their resultant. Check the formula obtained by assuming L = 200 mm and (*a*) P = 50 N down, Q = 150 N down; (*b*) P = 50 N down, Q = 150 N up.

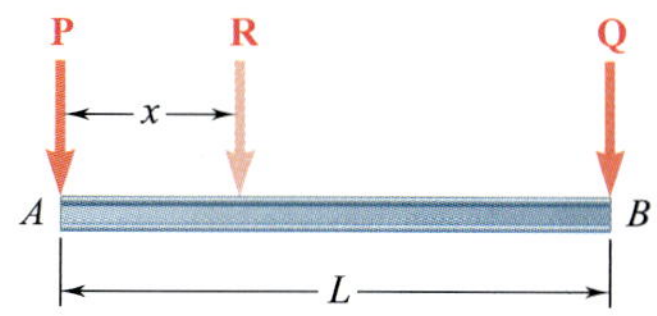

그림 *P3.78*

3.79 Three forces act as shown on a traffic-signal pole. Determine (*a*) the equivalent force-couple system at A, (*b*) the resultant of the system and the point of intersection of its line of action with the pole.

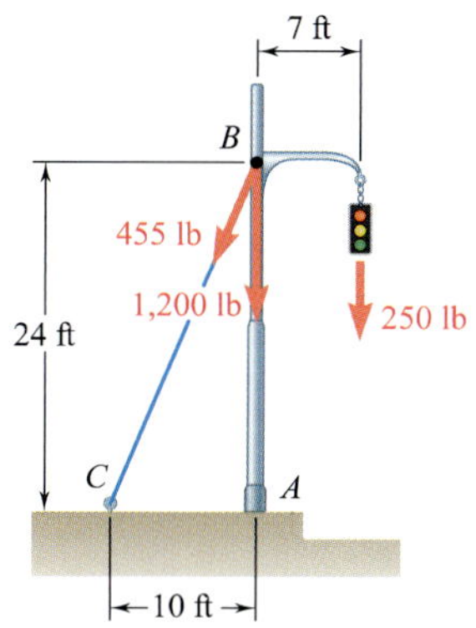

그림 *P3.79*

3.80 Four forces act on a 700 × 375 mm plate as shown. (*a*) Find the resultant of these forces. (*b*) Locate the two points where the line of action of the resultant intersects the edge of the plate.

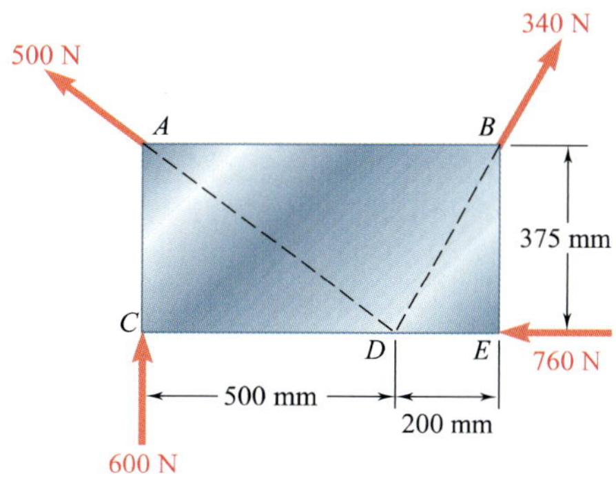

그림 P3.80

3.81 The three forces shown and a couple of magnitude M = 80 lb · in. are applied to an angle bracket. (*a*) Find the resultant of this system of forces. (*b*) Locate the points where the line of action of the resultant intersects line AB and line BC.

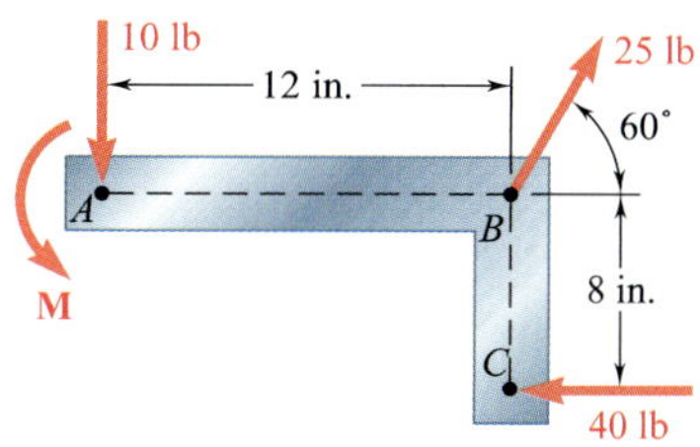

그림 P3.81

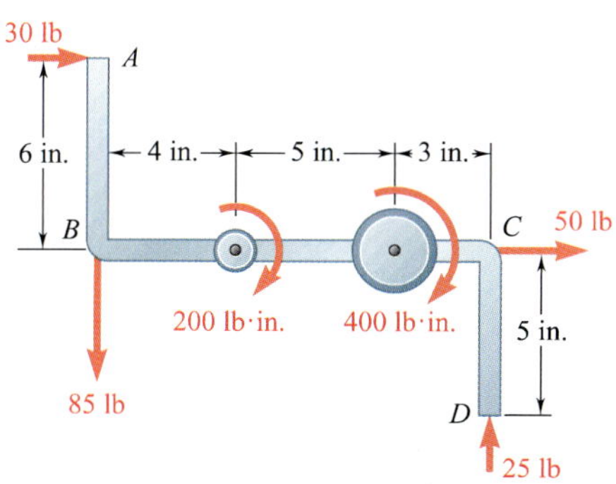

그림 P3.82

3.82 A bracket is subjected to the system of forces and couples shown. Find the resultant of the system and the point of intersection of its line of action with (*a*) line AB, (*b*) line BC, (*c*) line CD.

3.83 The roof of a building frame is subjected to the wind loading shown. Determine (*a*) the equivalent force-couple system at *D*, (*b*) the resultant of the loading and its line of action.

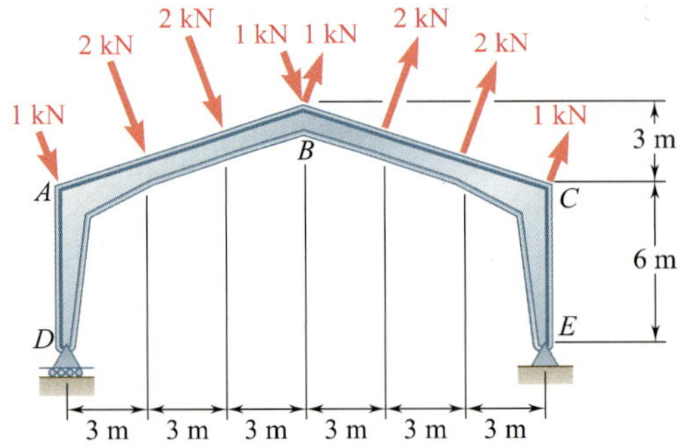

그림 P3.83

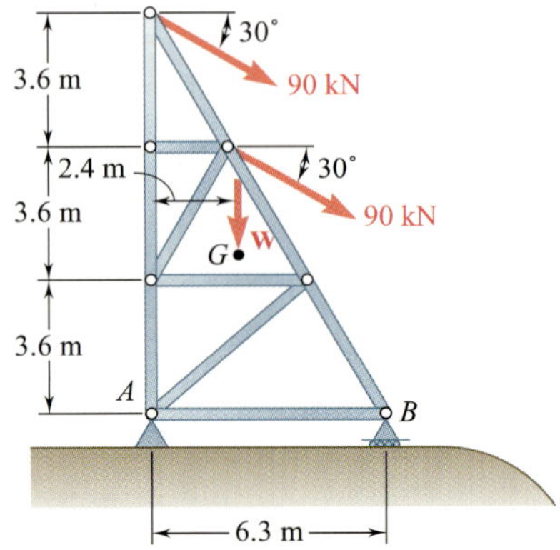

그림 P3.84

3.84 Two cables exert forces of 90 kN each on a truss of weight $W = 200$ kN. Find the resultant force acting on the truss and the point of intersection of its line of action with line *AB*.

3.85 Two forces are applied to the vertical post as shown. Determine the force and couple at *O* equivalent to the two forces.

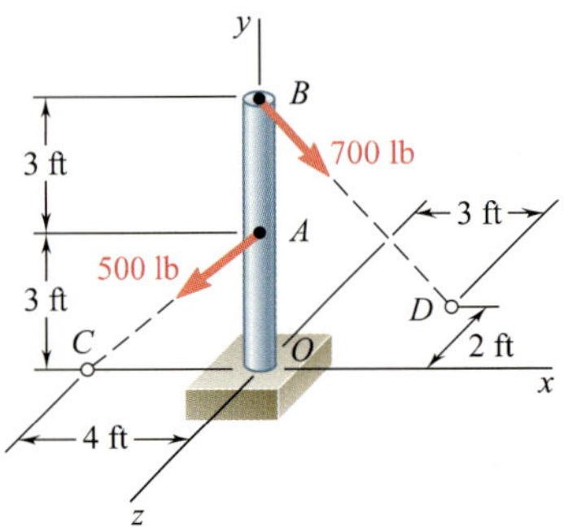

그림 P3.85

3.86 In order to move a 70.6-kg crate, two men push on it while two other men pull on it by means of ropes. The force exerted by man *A* is 600 N and that exerted by man *B* is 200 N; both forces are horizontal. Man *C* pulls with a force equal to 320 N and man *D* with a force equal to 480 N. Both cables form an angle of 30° with the vertical. Determine the resultant of all the forces acting on the crate.

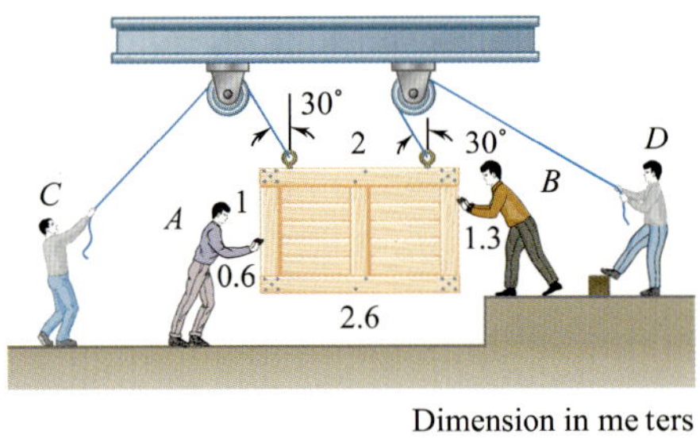

그림 *P3.86*

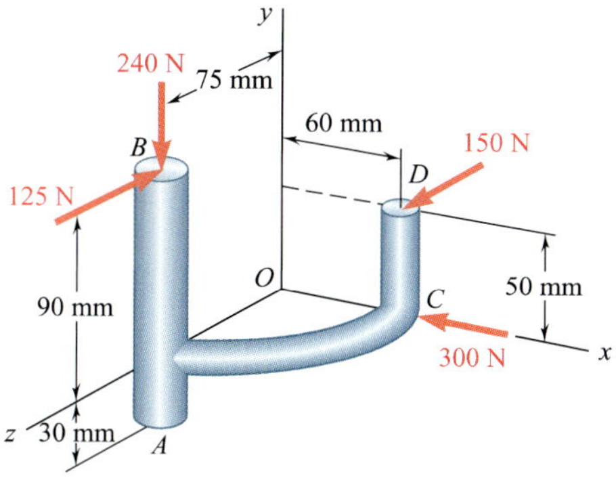

그림 P3.87

3.87 The machine component is subject to the forces shown, each of which is parallel to one of the coordinate axes. Replace these forces by an equivalent force-couple system at A.

3.88 In drilling a hole in a wall, a man applies a vertical 30-lb force at B on the brace and bit, while pushing at C with a 10-lb force. The brace lies in the horizontal xz plane. (a) Determine the other components of the total force that should be exerted at C if the bit is not to be bent about the y and z axes (i.e., if the system of forces applied on the brace is to have zero moment about both the y and z axes). (b) Reduce the 30-lb force and the total force at C to an

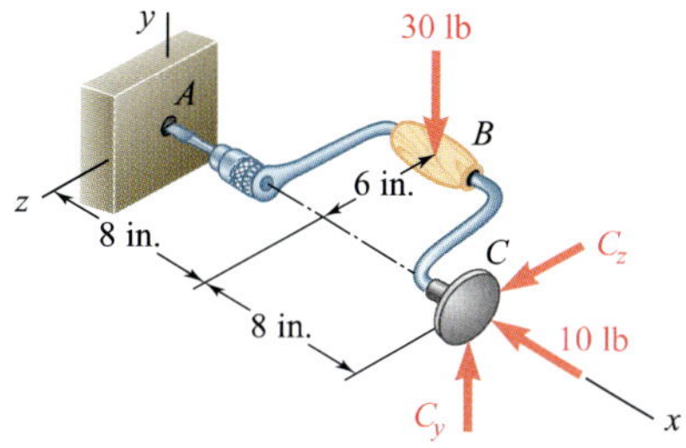

그림 *P3.88*

3.89 In order to unscrew the tapped faucet A, a plumber uses two pipe wrenches as shown. By exerting a 40-lb force on each wrench, at a distance of 10 in. from the axis of the pipe and in a direction perpendicular to the pipe and to the wrench, the plumber prevents the pipe from rotating, and thus avoids loosening or further tightening the joint between the pipe and the tapped elbow C. Determine (a) the angle θ that the wrench at A should form with the vertical if elbow C is not to rotate about the vertical, (b) the force-couple system at C equivalent to the two 40-lb forces when this condition is satisfied.

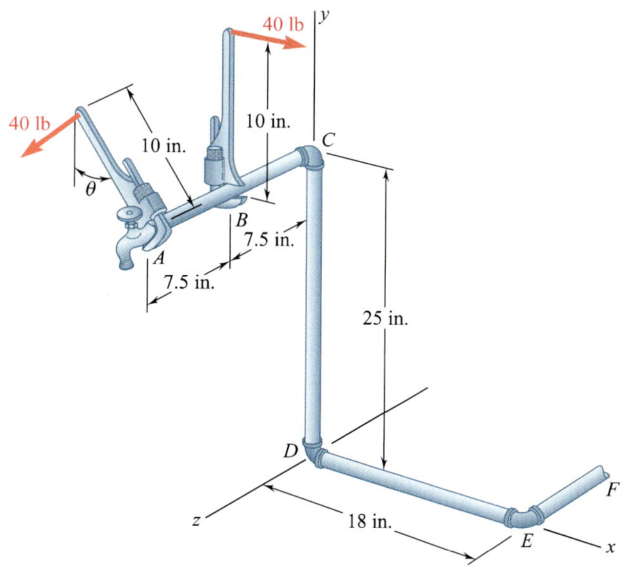

그림 P3.89

3.90 Assuming $\theta = 60°$ in Prob. 3.89, replace the two 40-lb forces by an equivalent force-couple system at D and determine whether the plumber's action tends to tighten or loosen the joint between (*a*) pipe CD and elbow D, (*b*) elbow D and pipe DE. Assume all the threads to be right-handed.

3.91 A rectangular concrete foundation mat supports four column loads as shown. Determine the magnitude and point of application of the resultant of the four loads.

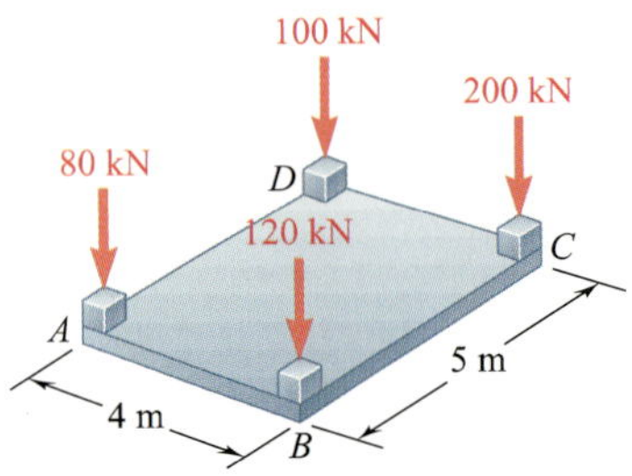

그림 P3.91

3.92 A concrete foundation mat in the shape of a regular hexagon of 10-ft sides supports four column loads as shown. Determine the magnitude and point of application of the resultant of the four loads.

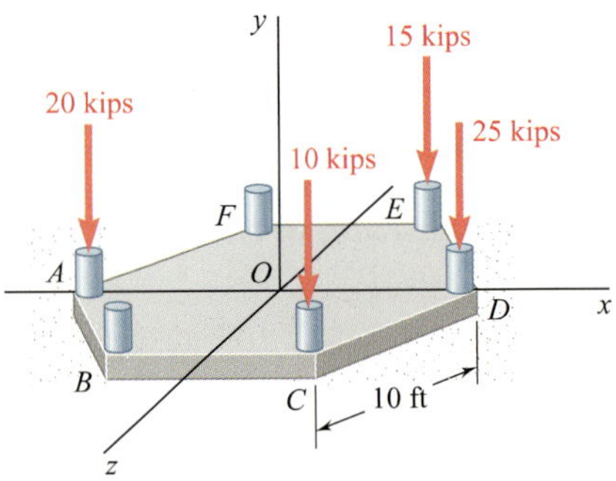

그림 P3.92, P3.93

3.93 Determine the magnitudes of the additional loads that must be applied at B and F if the resultant of all six loads is to pass through the center of the mat.

3.94 In Prob. 3.91, determine the magnitude and point of application of the smallest additional load that must be applied to the foundation mat if the resultant of the five loads is to pass through the center of the mat.

3.95 Four horizontal forces act on a vertical quarter-circular plate of radius 250 mm. Determine the magnitude and point of application of the resultant of the four forces if $P = 40$ N.

3.96 Determine the magnitude of the force **P** for which the resultant of the four forces acts on the rim of the plate.

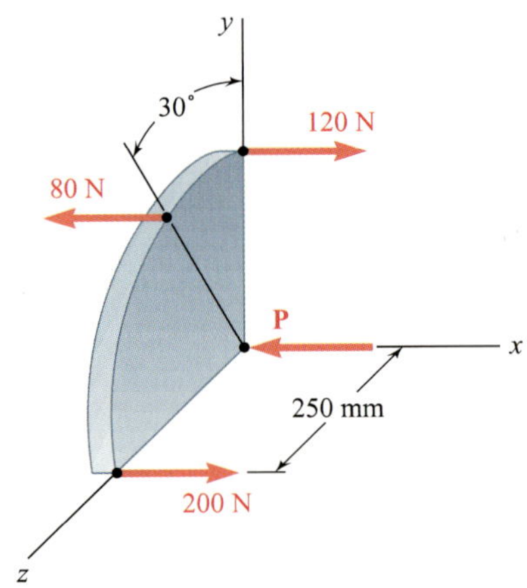

그림 P3.95, P3.96

복습 및 요약

전달성 원리

3장에서는 강체에 작용하는 힘의 효과에 대해 논의하였다. 먼저 **외력과 내력**을 구별하고[3.2절] **전달성 원리**에 따라 힘이 작용선을 따라 작용점을 변경하여도 강체에 작용하는 외력의 효과는 변하지 않는다는 것을 논의하였다[3.3절]. 다시 말하면 그림 3.46과 같이 강체의 다른 두 점에 작용하는 힘 **F**와 **F**′는 크기와 방향 및 작용선이 같다면 동일한 효과를 갖는다는 것이다. 이러한 두 힘을 **등가**라 한다.

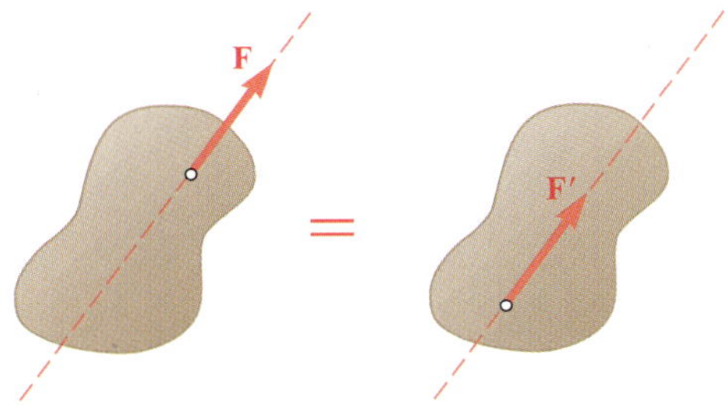

그림 3.46

두 벡터의 벡터곱

등가역계를 논의하기 전에 두 벡터의 벡터곱을 소개하였다. 벡터 **P**와 **Q**의 벡터곱은 **P**와 **Q**가 형성하는 평면에 수직한 벡터이고(그림 3.47)

$$\mathbf{V} = \mathbf{P} \times \mathbf{Q}$$

크기는 다음과 같다.

$$V = PQ\sin\theta \tag{3.1}$$

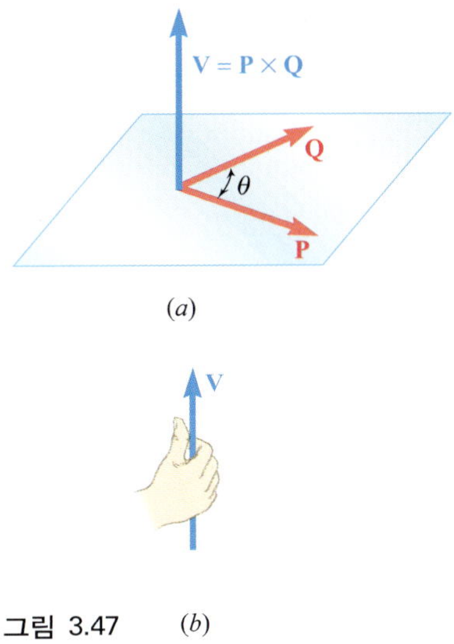

그림 3.47

방향은 **V**의 종점에서 볼 때 벡터 **P**가 벡터 **Q**에 겹치도록 회전하는 방향의 각 θ가 반시계방향 회전이 되는 방향이다. 세 벡터 **P**, **Q**, **V**를 –순서대로– **오른손** 세 벡터라 한다. 따라서 벡터곱 **P** × **Q**와 **Q** × **P**는 크기는 같고 방향이 반대인 벡터가 된다.

$$\mathbf{Q} \times \mathbf{P} = -(\mathbf{P} \times \mathbf{Q}) \tag{3.4}$$

또한 두 벡터의 벡터곱 정의로부터 단위벡터 **i**, **j**, **k**의 벡터곱은 다음과 같다.

$$\mathbf{i} \times \mathbf{i} = 0 \qquad \mathbf{i} \times \mathbf{j} = \mathbf{k} \qquad \mathbf{j} \times \mathbf{i} = -\mathbf{k}$$

두 단위벡터의 벡터곱이 갖는 부호는 그림 3.48과 같이 세 단위벡터를 나타내는 기호를 원환에 반시계 방향으로 표기하면 알 수 있다. 두 단위벡터의 벡터곱은 반시계방향의 순서를 가지면 양이고 시계방향 순서를 가지면 음이다.

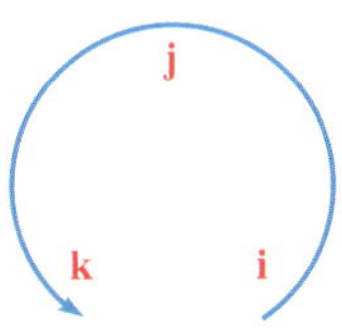

그림 3.48

벡터곱의 직각성분 두 벡터 P, Q의 벡터곱 V의 직각성분은 다음과 같다[3.5절].

$$\begin{aligned} V_x &= P_y Q_z - P_z Q_y \\ V_y &= P_z Q_x - P_x Q_z \\ V_z &= P_x Q_y - P_y Q_x \end{aligned} \tag{3.9}$$

행렬식을 이용하면

$$\mathbf{V} = \begin{vmatrix} \mathbf{i} & \mathbf{j} & \mathbf{k} \\ P_x & P_y & P_z \\ Q_x & Q_y & Q_z \end{vmatrix} \tag{3.10}$$

힘에 의해 임의의 점에 발생하는 모멘트 F에 의해 점 O에 발생하는 모멘트는 다음 벡터곱으로 정의한다[3.6절].

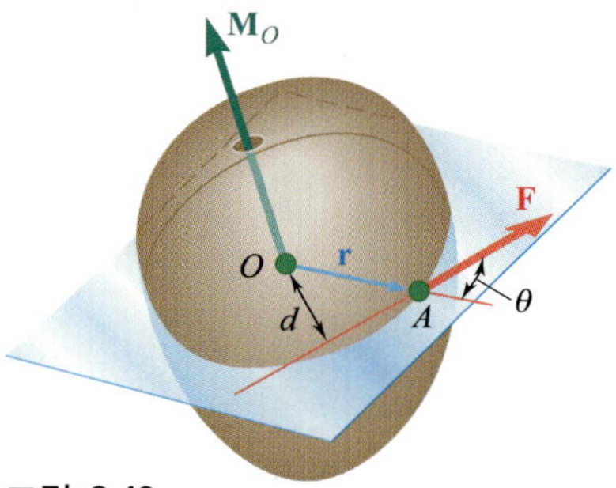

그림 3.49

$$\mathbf{M}_O = \mathbf{r} \times \mathbf{F} \tag{3.11}$$

여기서 r은 O에서 F의 작용점 A로 향하는 위치벡터이다(그림 3.49). r은 F의 작용선이 형성하는 각을 θ라 하면 O에서 F에 의한 모멘트의 크기는

$$M_O = rF\sin\theta = Fd \tag{3.12}$$

여기서 d는 O에서 F의 작용선까지의 수직거리이다.

모멘트의 직각성분 힘 F에 의한 모멘트 $\mathbf{M}_O$의 직각성분은 다음과 같다[3.8절].

$$\begin{aligned} M_x &= yF_z - zF_y \\ M_y &= zF_x - xF_z \\ M_z &= xF_y - yF_x \end{aligned} \tag{3.18}$$

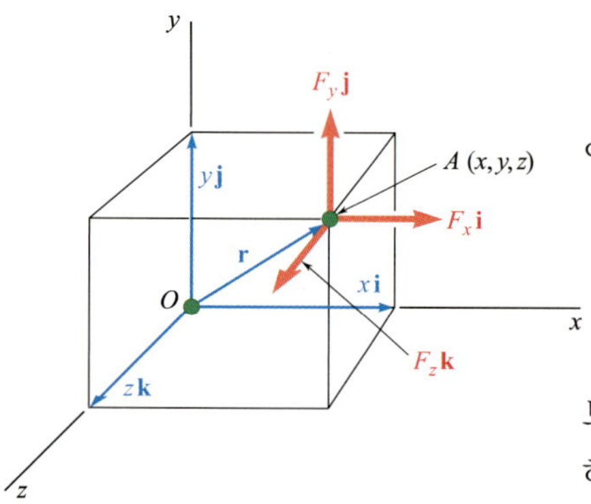

그림 3.50

여기서 x, y, z는 위치벡터 r의 성분이다(그림 3.50). 행렬식을 이용하면

$$\mathbf{M}_O = \begin{vmatrix} \mathbf{i} & \mathbf{j} & \mathbf{k} \\ x & y & z \\ F_x & F_y & F_z \end{vmatrix} \tag{3.19}$$

보다 일반적인 경우로 A점에 작용하는 힘 F에 의해 임의의 점 B에 발생하는 모멘트는

$$\mathbf{M}_B = \begin{vmatrix} \mathbf{i} & \mathbf{j} & \mathbf{k} \\ x_{A/B} & y_{A/B} & z_{A/B} \\ F_x & F_y & F_z \end{vmatrix} \tag{3.21}$$

여기서 $x_{A/B}$, $y_{A/B}$, $z_{A/B}$는 벡터 $\mathbf{r}_{A/B}$의 성분이다:

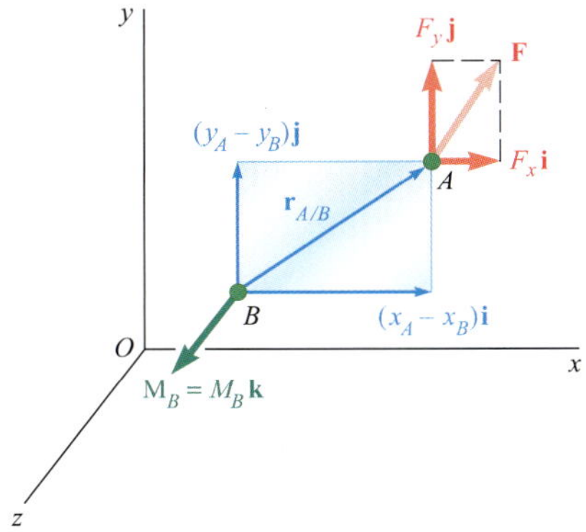

그림 3.51

$$x_{A/B} = x_A - x_B \quad y_{A/B} = y_A - y_B \quad z_{A/B} = z_A - z_B$$

2차원 문제의 경우 힘 **F**는 평면에 놓여 있다고 가정할 수 있으므로 동일 평면 위 임의의 점 B에서의 모멘트 $\mathbf{M}_B$는 그 평면에 수직이며(그림 3.51) 다음과 같은 크기를 갖는다.

$$M_B = (x_A - x_B)F_y - (y_A - y_B)F_x \tag{3.23}$$

문제 3.1~3.4에는 어떤 힘에 의해 임의의 점에 발생하는 모멘트를 계산하는 다양한 방법이 소개되어 있다.

두 벡터의 스칼라곱

두 벡터 **P**, **Q**의 스칼라곱[3.9절]은 **P** · **Q**로 표기하며 다음 스칼라량으로 정의된다.

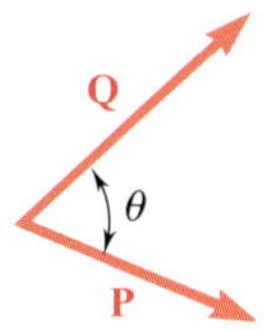

그림 3.52

$$\mathbf{P} \cdot \mathbf{Q} = PQ\cos\theta \tag{3.24}$$

여기서 θ는 **P**와 **Q**의 사잇각이다(그림 3.52). **P**와 **Q**의 스칼라곱은 두 벡터의 직각성분으로부터 다음과 같이 결정된다.

$$\mathbf{P} \cdot \mathbf{Q} = P_xQ_x + P_yQ_y + P_zQ_z \tag{3.30}$$

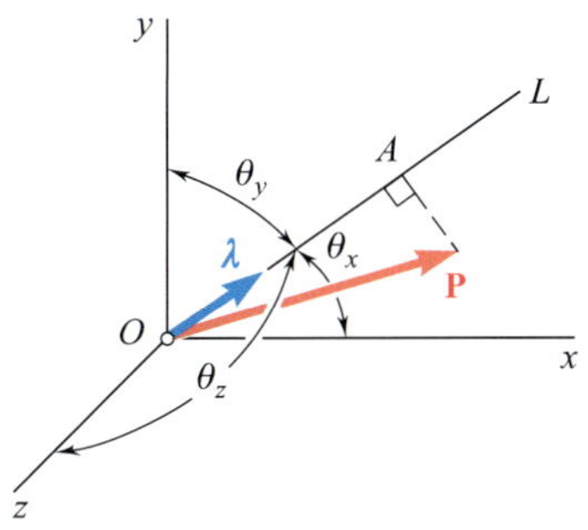

그림 3.53

벡터 **P**의 OL축 위의 투영은 **P**와 OL 방향의 단위벡터 $\boldsymbol{\lambda}$의 스칼라곱이다(그림 3.53).

$$P_{OL} = (\mathbf{P} \cdot \boldsymbol{\lambda}) \tag{3.36}$$

또는 직각성분을 사용하여

$$P_{OL} = P_x\cos\theta_x + P_y\cos\theta_y + P_z\cos\theta_z \tag{3.37}$$

여기서 θ_x, θ_y, θ_z는 OL축과 좌표축이 형성하는 각이다.

세 벡터의 혼합3중적

세 벡터 **S**, **P**, **Q**의 혼합3중적은 다음과 같이 스칼라로 정의하며

$$\mathbf{S} \cdot (\mathbf{P} \times \mathbf{Q}) \tag{3.38}$$

P, **Q**의 벡터곱과 **S**의 스칼라곱으로[3.10절] 다음과 같은 행렬식이 되며

$$\mathbf{S} \cdot (\mathbf{P} \times \mathbf{Q}) = \begin{vmatrix} S_x & S_y & S_z \\ P_x & P_y & P_z \\ Q_x & Q_y & Q_z \end{vmatrix} \tag{3.41}$$

행렬식의 요소는 세 벡터의 직각성분이다.

힘에 의해 주어진 축에 발생하는 모멘트

힘 F에 의해 축 OL에 발생하는 모멘트 [3.11절]는 힘 F에 의한 모멘트 $\mathbf{M}_O$의 OL축 위의 투영 OC와 같다 (그림 3.54). 즉, 단위벡터 $\boldsymbol{\lambda}$, 위치벡터 $\mathbf{r}$, 힘 F의 혼합3중곱으로 정의한다.

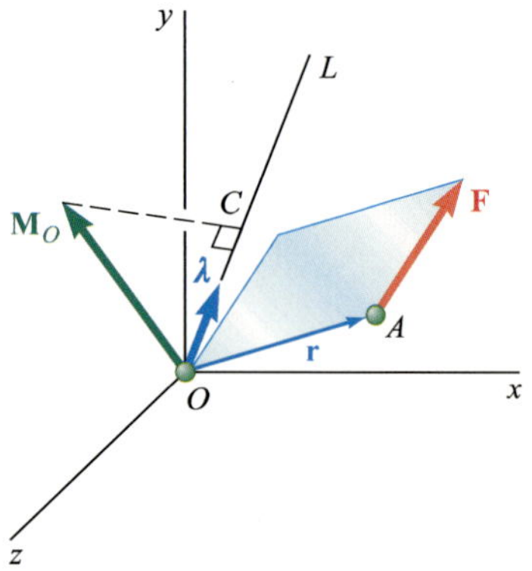

그림 3.54

$$M_{OL} = \boldsymbol{\lambda} \cdot \mathbf{M}_O = \boldsymbol{\lambda} \cdot (\mathbf{r} \times \mathbf{F}) \tag{3.42}$$

혼합3중곱을 행렬식으로 쓰면

$$M_{OL} = \begin{vmatrix} \lambda_x & \lambda_y & \lambda_z \\ x & y & z \\ F_x & F_y & F_z \end{vmatrix} \tag{3.43}$$

여기서 $\lambda_x, \lambda_y, \lambda_z$ = OL축의 방향코싸인

x, y, z = 위치벡터 r의 성분

F_x, F_y, F_z = 힘 F의 성분

문제 3.5는 힘에 의해 경사진 축에 발생하는 모멘트를 결정하는 예를 제시하고 있다.

짝힘

같은 크기, 평행한 작용선 및 반대 방향을 갖는 두 힘 F와 −F는 짝힘을 형성한다[3.12절]. 벡터 M은 짝힘이 형성하는 평면에 수직한 벡터이고 그 크기는 F에 작용선 사이의 수직거리 d를 곱한 것과 같다(그림 3.55).

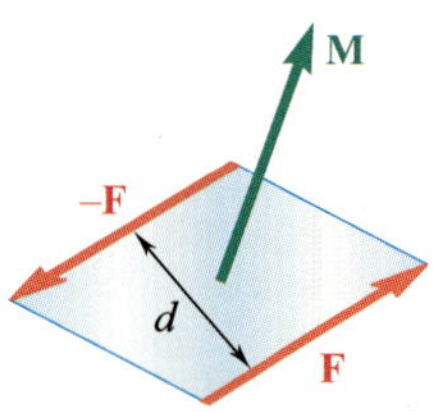

그림 3.55

같은 모멘트 M을 갖는 두 짝힘은 등가이다 ; 즉, 주어진 강체에 동일한 효과를 갖는다[3.13절]. 두 짝힘의 합 또한 짝힘이고[3.14절], 합짝힘의 모멘트 M은 주어진 짝힘에 의한 각각의 모멘트 $\mathbf{M}_1$과 $\mathbf{M}_2$ 벡터의 합으로 구할 수 있다[문제 3.6]. 그러므로 짝힘은 짝힘 모멘트 M과 크기, 방향이 같은 짝힘 벡터라는 벡터로 표기할 수 있다[3.15]. 짝힘 벡터는 그림 3.56과 같이 원하는 위치 O점에 표시할 수 있고 또한 성분으로 분해할 수 있는 자유벡터이다.

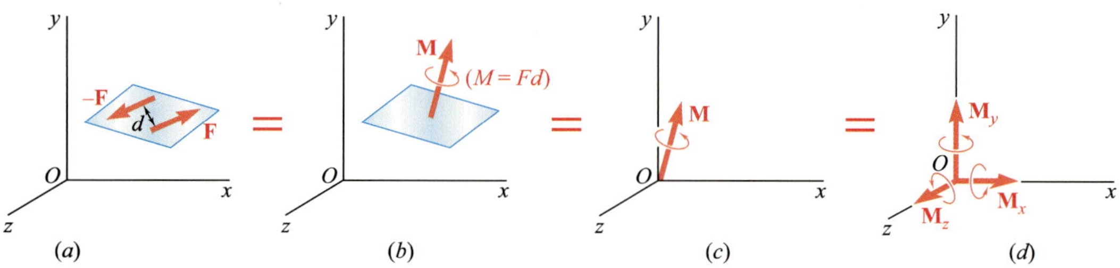

그림 3.56

힘－짝힘계 강체의 점 A에 작용하는 힘 $\mathbf{F}$는 임의의 점 O에서의 힘－짝힘계로 대체할 수 있으며, 이 힘－짝힘계는 O점에 작용하는 힘 $\mathbf{F}$와 A점에 작용하는 $\mathbf{F}$에 의해 O점에 발생하는 모멘트 $\mathbf{M}_O$의 짝힘으로 구성된다[3.16절] ; 힘 $\mathbf{F}$와 짝힘 벡터 $\mathbf{M}_O$는 항상 서로 수직이라는 것에 유의해야 한다(그림 3.57).

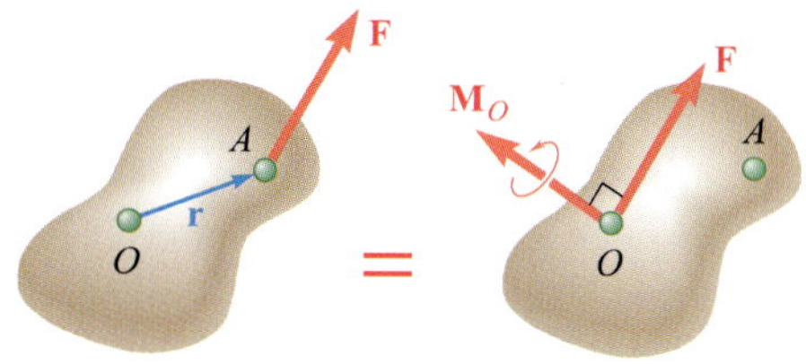

그림 3.57

역계의 힘－짝힘계로의 대체 어떠한 역계라도 주어진 점 O에 작용하는 힘－짝힘계로 대체할 수 있다[3.17절]. 이 힘－짝힘계는 우선 역계에 주어진 각 힘을 O점에 작용하는 등가의 힘－짝힘계로 대체하고 (그림 3.58), 이와 같이 구한 모든 힘과 짝힘을 합하여 합력 $\mathbf{R}$과 합짝힘 벡터 $\mathbf{M}_O^R$을 구한다[문제 3.8～3.11]. 일반적으로 합력 $\mathbf{R}$과 합짝힘 벡터 $\mathbf{M}_O^R$은 서로 수직이 아니라는 것에 유의해야 한다.

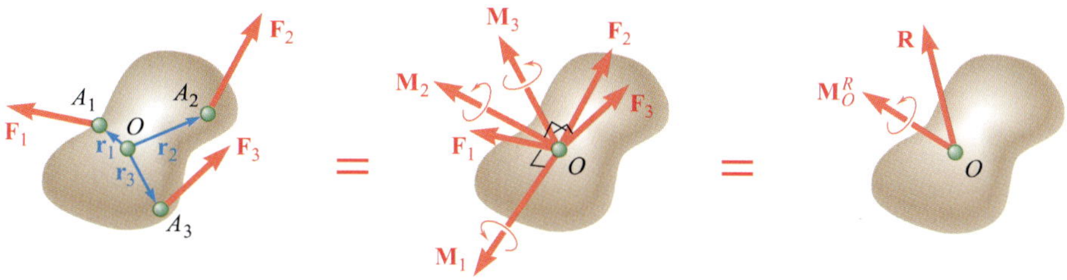

그림 3.58 (*a*) (*b*) (*c*)

등가역계 강체에 작용하는 경우, 두 역계 $\mathbf{F}_1, \mathbf{F}_2, \mathbf{F}_3, \cdots$와 $\mathbf{F}_1', \mathbf{F}_2', \mathbf{F}_3', \cdots$는 다음 조건을 만족해야만 등가이다[3.18절].

$$\Sigma \mathbf{F} = \Sigma \mathbf{F}' \qquad \Sigma \mathbf{M}_O = \Sigma \mathbf{M}_O' \tag{3.57}$$

역계의 단순화 합력 $\mathbf{R}$과 합짝힘 벡터 $\mathbf{M}_O^R$이 서로 수직이라면, O점의 힘－짝힘계는 하나의 힘으로 대체할 수 있다[3.20절]. 이와 같은 대체가 가능한 역계는 (a) 절점 역계(2장 참조), (b) 평면역계[문제 3.8과 3.9] 또는 (c) 평행한 힘으로 이루어진 역계[문제 3.11]의 경우다. 합력 $\mathbf{R}$과 합짝힘 벡터 $\mathbf{M}_O^R$이 서로 수직이 아니라면, 이 역계는 하나의 힘으로 대체할 수 없다.

Review Problems

3.97 A force **P** of magnitude 520 lb acts on the frame shown at point E. Determine the moment of **P** (*a*) about point D, (*b*) about a line joining points O and D.

3.98 A force **P** acts on the frame shown at point E. Knowing that the absolute value of the moment of **P** about a line joining points F and B is 300 lb · ft, determine the magnitude of the force **P**.

3.99 A crane is oriented so that the end of the 25-m boom AO lies in the yz plane. At the instant shown the tension in cable AB is 4 kN. Determine the moment about each of the coordinate axes of the force exerted on A by cable AB.

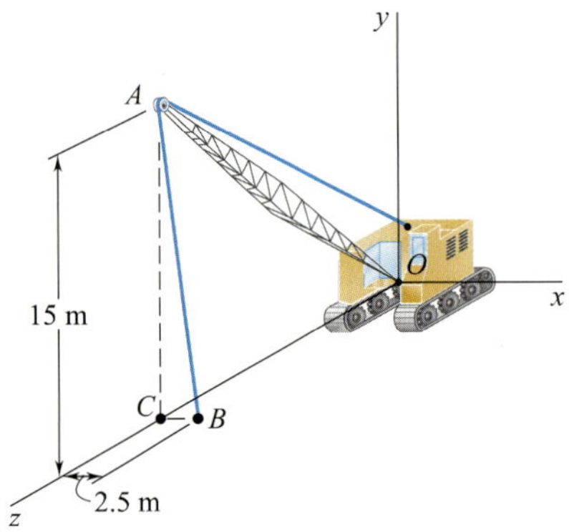

그림 P3.99, *P3.100*

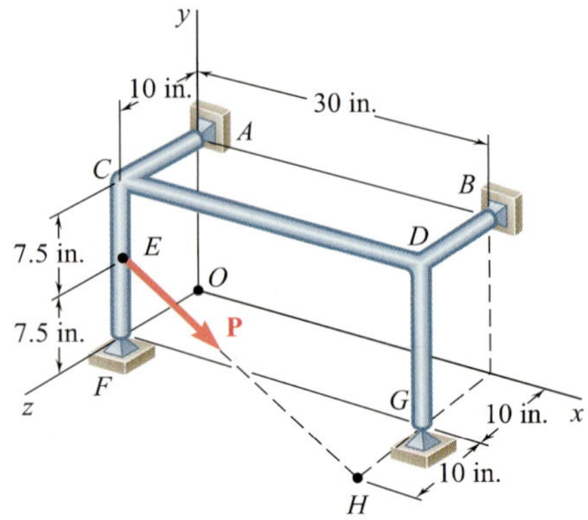

그림 P3.97, *P3.98*

3.100 The 25-m crane boom AO lies in the yz plane. Determine the maximum permissible tension in cable AB if the absolute value of the moments about the coordinate axes of the force exerted on A by cable AB must be as follows: $|M_x| \leq 60$ kN · m, $|M_y| \leq 12$ kN · m, and $|M_z| \leq 8$ kN · m.

3.101 A single force **P** acts at C in a direction perpendicular to the handle BC of the crank shown. Determine the moment M_x of **P** about the x axis when $\theta = 65°$ knowing that $M_y = -15$ N · m and $M_z = -36$ N · m.

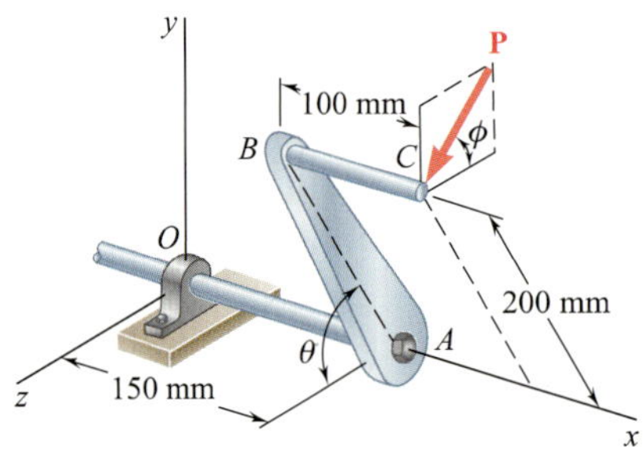

그림 P3.101

3.102 A multiple-drilling machine is used to drill simultaneously six holes in the steel plate shown. Each drill exerts a clockwise couple of magnitude 40 lb · in. on the plate. Determine an equivalent couple formed by the smallest possible forces acting (*a*) at *A* and *C*, (*b*) at *A* and *D*, (*c*) on the plate.

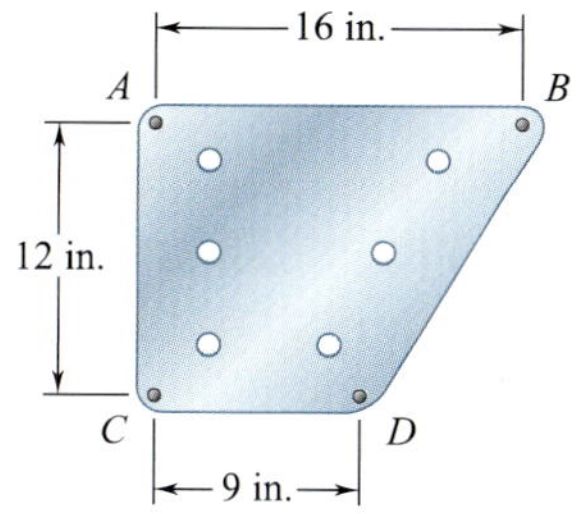

그림 P3.102

3.103 A 500-N force is applied to a bent plate as shown. Determine (*a*) an equivalent force-couple system at *B*, (*b*) an equivalent system formed by a vertical force at *A* and a force at *B*.

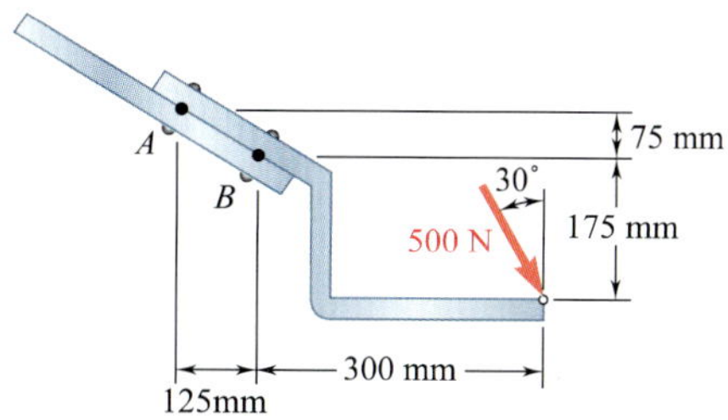

그림 P3.103

3.104 A 100-kN load is applied eccentrically to the column shown. Determine the components of the force and couple at *G* that are equivalent to the 100-kN load.

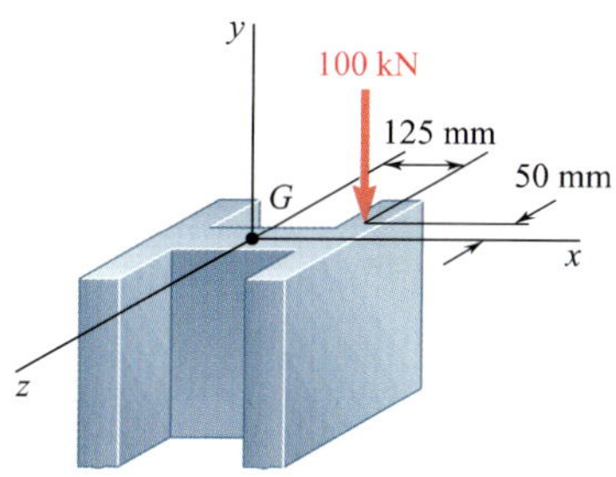

그림 *P3.104*

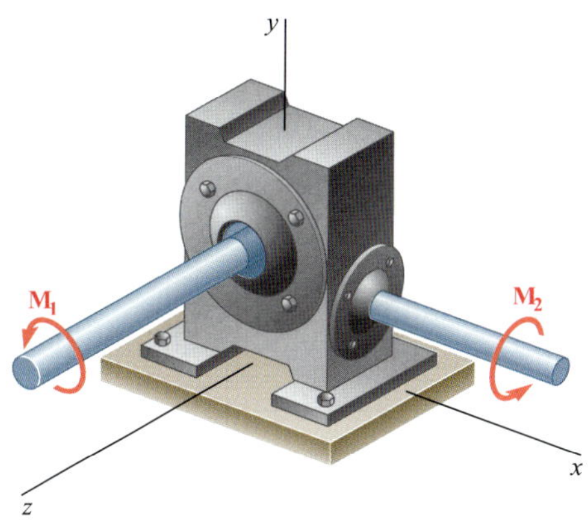

그림 P3.105

3.105 The speed-reducer unit shown weighs 75 lb, and its center of gravity is located on the y axis. Show that the weight of the unit and the two couples acting on it, of magnitude $M_1 = 20$ lb · ft and $M_2 = 4$ lb · ft, respectively, can be replaced by a single equivalent force and determine (*a*) the magnitude and direction of that force, (*b*) the point where its line of action intersects the floor.

3.106 For the truss and loading shown, determine the resultant of the loads and the distance from point *A* to its line of action.

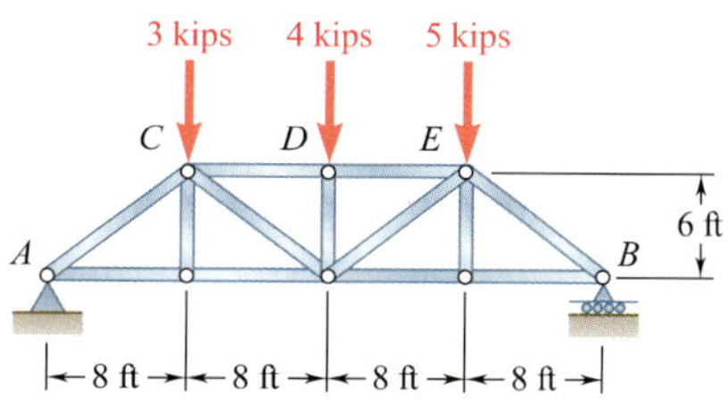

그림 P3.106

3.107 A force **P** of given magnitude P is applied to the edge of a semicircular plate of radius a as shown. (a) Replace **P** by an equivalent force-couple system at point D obtained by drawing the perpendicular from B to the x axis. (b) Determine the value of θ for which the moment of the equivalent force-couple system at D is maximum.

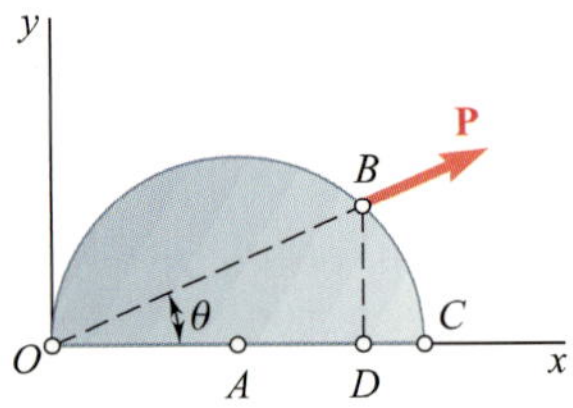

그림 *P3.107*

3.108 A concrete foundation mat of 5-m radius supports four equally spaced columns, each of which is located 4 m from the center of the mat. Determine the magnitude and point of application of the smallest additional load that must be applied to the foundation mat if the resultant of the five loads is to pass through the center of the mat.

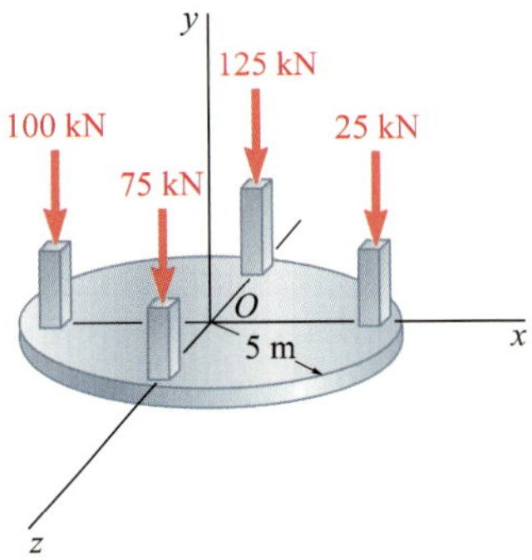

그림 **P3.108**

4

강체의 평형

4.1 서 론

강체에 작용하는 외력들은 임의의 점 O에 작용하는 하나의 힘-짝힘계로 바꿀 수 있다는 것을 앞에서 공부하였다. 이때의 힘-짝힘계가 영이면 외력을 영으로 볼 수 있고 강체는 평형상태에 있다고 말할 수 있다.

강체의 평형을 위한 필요충분조건은 3.17절의 식 (3.52)에서 $\mathbf{R}$과 $\mathbf{M}_O^R$를 영으로 놓으면 구할 수 있다.

$$\sum \mathbf{F} = 0 \qquad \sum \mathbf{M}_O = \sum (\mathbf{r} \times \mathbf{F}) = 0 \tag{4.1}$$

각각의 힘과 모멘트를 직각좌표계 성분으로 분해하면, 강체의 평형에 대한 필요충분조건을 다음과 같이 6개의 스칼라방정식으로 나타낼 수 있다:

$$\sum F_x = 0 \qquad \sum F_y = 0 \qquad \sum F_z = 0 \tag{4.2}$$

$$\sum M_x = 0 \qquad \sum M_y = 0 \qquad \sum M_z = 0 \tag{4.3}$$

위의 식을 이용하여 강체에 작용하는 미지력과 지점반력을 구할 수 있다. 식 (4.2)는 외력의 x, y, z 성분이 균형을 이루고 있고, 식 (4.3)은 외력의 x, y, z 축에 대한 모멘트가 균형을 이루고 있음을 나타낸다. 따라서 평형상태의 강체에 대해서 외력계는 대상물체의 병진과 회전운동을 일으키지 않는다.

강체에 대한 평형방정식을 작성하기 위해서는, 먼저 그 물체에 작용하는 모든 힘들을 확인하고 나서 그에 따른 **자유물체도**를 작도하여야만 한다. 이 장에서는 먼저 평면력을 받는 **2차원구조물**의 평형을 고려하고 자유물체도를 작도하는 방법을 공부한다. 구조물에 작용하는 힘뿐만 아니라 지점 반력도 고려할 것이다. 지점의 종류에 따라 특정한 반력이 존재한다. 여러분은 구조물이 적절히 지지되어있는지 판별하는 방법을 배우게 되고 더 나아가 평형방정식을 사용하여 미지력과 반력을 구하는 방법을 알게 된다.

이 장의 후반부에서는, 3차원 구조물의 평형을 고려하고, 이들 구조물과 그 지점에 대해서 앞에서와 같은 종류의 해석방법이 주어진다. 면으로 지지된 강체의 평형에 대한 토론이 이어지고, 여기서는 마찰로 인하여 한 면에서 다른 면으로의 운동이 제한된다.

4.2 자유물체도

강체의 평형에 관한 문제를 풀기위해서는 물체에 작용하는 모든 힘을 고려하여야만 한다; 물체에 직접 작용하지 않는 모든 힘을 배제시키는 것 또한 중요하다. 힘을 빠뜨리거나 필요없는 힘을 추가하는 것은 평형조건을 파괴한다. 따라서 문제 해결의 첫 단계는 대상 강체의 자유물체도를 그리는 것이다. 자유물체도는 이미 2장에서 여러 번 사용된 바 있다. 그러나 평형문제의 해결에 있어서 자유물체도의 중요성에 비추어 그것을 작도함에 있어서의 제반 단계를 여기서 요약한다.

1. **어떤 자유물체를 선택해서 사용할 것인가에 대해서 명확히 결정하여야 한다.** 이 자유물체를 지반으로부터 떼어내고 나머지 물체로부터 분리한다. 이렇게 분리된 물체의 윤곽을 스케치한다.
2. **자유물체도에는 모든 외력을 표시하여야 한다.** 이것은 지반에 의해서 그리고 분리된 물체로부터 자유물체에 가해지는 힘을 나타낸다; 이들 힘은 자유물체가 지반에 의해 지지된 점 혹은 다른 물체로부터 분리된 점에 작용한다. 자유물체의 자중 또한 외력에 포함되어야한다. 왜냐하면 이것은 자유물체를 구성하는 여러 입자들에 작용하는 지구로부터의 인력이기 때문이다. 5장에서 알게 되듯이, 자중은 물체의 무게중심에 작용한다. 자유물체가 여러 부분으로 구성되어 있다면, 각 부분이 서로에게 작용하는 힘은 외력에 포함되어서는 안된다. 자유물체에서 이 힘들은 내력이다.
3. **알려진 외력의 크기와 방향은 자유물체도에 명확히 표시되어야 한다.** 이 힘들의 방향을 표시할 때에, 자유물체도에 나타낸 힘들은 자유물체에 작용하는 것이지 자유물체에 의해서 작용하는 것이 아님을 명심하여야 한다. 알려진 외력들은 일반적으로 자유물체의 자중과 주어진 목적을 수행하기 위하여 작용되는 힘들이다.
4. **미지의 외력은 보통 반력들로 구성되고,** 이 반력을 통해서 지반과 다른 물체들이 자유물체가 움직일 수 있는 것을 방해한다. 반력은 자유물체가 같

사진 4.1 사진의 트랙터의 자유물체도에는 이 트랙터에 작용하는 모든 외력들이 포함된다: 트랙터의 중량, 바구니 안의 짐의 중량, 지반이 타이어에 발휘하는 힘

사진 4.2 6장에서, 우리는 여러 개의 연결재들로 구성되는 구조물에 발생하는 사진 4.1의 트랙터에서 버킷을 지지하는 부재에 생기는 힘과 같은 내력들을 결정하는 방법을 배운다.

은 위치에 남아있도록 구속한다 라고 하는 이유로 종종 구속력이라고 불린다. 반력은 자유물체가 다른 물체에 지지되어 있거나 연결되어 있는 점에 작용하고 명확하게 표시되어야 한다. 반력은 4.3절과 4.8절에서 자세히 논의한다.

5. **자유물체도는 치수를 포함하여야 한다.** 이는 힘의 모멘트 계산에 있어서 이것이 필요하기 때문이다. 그러나 다른 상세는 생략하여야 한다.

2차원 평형

4.3 2차원 구조물의 지점과 연결부에서의 반력

본 장의 서두에서는 2차원 구조물의 평형을 고려한다; 즉, 해석대상 구조물과 그것에 작용하는 힘들이 모두 같은 평면에 포함되어 있다. 당연히, 구조물이 움직이지 못하게 하는 반력도 같은 평면에 포함되어 있다.

2차원 구조물에 작용하는 반력은 세 종류의 지점 혹은 연결부에 따라 세 그룹으로 나눌 수 있다.

사진 4.3 창문의 햇빛 가리개를 펼칠 때, 이것이 미끄럼부에 미치는 힘은 봉에 작용하는 수직력으로 변환되고, 이로 인하여 창이 열린다.

사진 4.4 교대부에 장착한 록커 베어링은 교량의 도로부를 지지하기 위하여 사용된다.

1. **기지의 작용선을 갖는 힘으로 표시되는 반력.** 이러한 유형의 반력을 일으키는 지점과 연결부는 로울러, 록커, 마찰이 없는 표면, 짧은 링크와 케이블, 마찰이 없는 봉의 이음고리, 슬롯내의 마찰이 없는 핀 등을 포함한다. 이들 지점과 연결부는 단지 한 방향으로의 운동만 구속한다. 이들은 그들이 일으키는 반력과 함께 그림 4.1에 나와 있다. 이 반력들은 그들의 크기라고 하는 단 한 개의 미지수만을 가지고 있다; 이 크기는 적절한 문자로 표기되어야한다. 반력의 작용선은 알려져 있고, 자유물체도에 명확하게 표시되어야 한다. 반력의 방향은 마찰이 없는 표면(자유물체를 향함)과 케이블(자유물체에서 멀어짐)에 대해서 그림 4.1에 나와 있다. 이중 트랙 로울러, 링크, 봉의 이음고리, 슬롯내의 핀 등의 경우의 반력은 양방향성이다. 단 트랙 로울러와 록커는 일반적으로 전도가 가능하고, 따라서 그에 따른 반력의 방향도 양방향성이다.

2. **미지의 방향과 크기를 갖는 힘으로 표시되는 반력.** 이러한 유형의 반력을 일으키는 지점과 연결부는 꼭 맞는 구멍에 끼워진 마찰이 없는 핀, 힌지, 그리고 거친 표면 등을 포함한다. 이들은 자유물체의 모든 방향으로의 이동은 제한하지만, 연결부에 대한 회전은 제한하지 못한다. 이 그룹의 반력은 2개의 미지수를 갖고 있고 보통은 x와 y 성분으로 나타낸다. 거친 표면의 경우 표면에 수직인 성분은 표면으로부터 멀어지는 방향이다.

3. 힘과 모멘트로 표시되는 반력. 이 반력은 고정지점에 의해서 일어나고, 이 지점은 자유물체의 모든 운동을 완벽하게 구속한다. 실제로는 고정지점의 모든 접촉면에 걸쳐서 접촉력이 발생하지만, 이 접촉력은 힘과 모멘트로 분해할 수 있다. 이 그룹의 반력은 3개의 미지수를 갖고 있는데, 이들은 2개의 힘 성분과 1개의 모멘트이다.

미지의 힘과 모멘트의 방향이 명백하지 않은 경우, 그 방향을 미리 결정하려고 할 필요는 없다. 대신에 그 방향은 임의로 가정하면 된다; 구해진 답의 부호가 가정이 올바른지 지적해 준다.

지점 혹은 연결부	반력	미지수의 개수
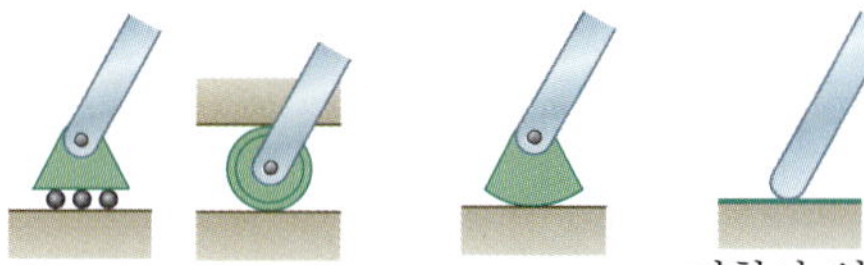 로울러 / 록커 / 마찰이 없는 표면	 기지의 작용선을 갖는 힘	1
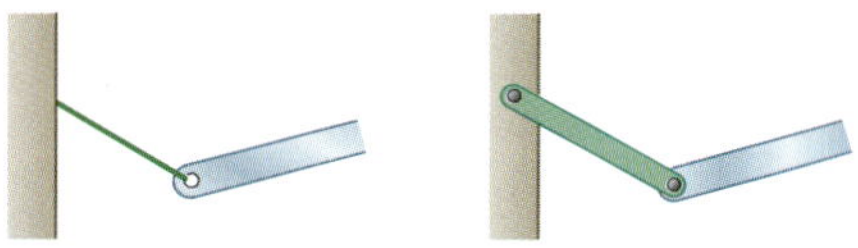 짧은 케이블 / 짧은 링크	 기지의 작용선을 갖는 힘	1
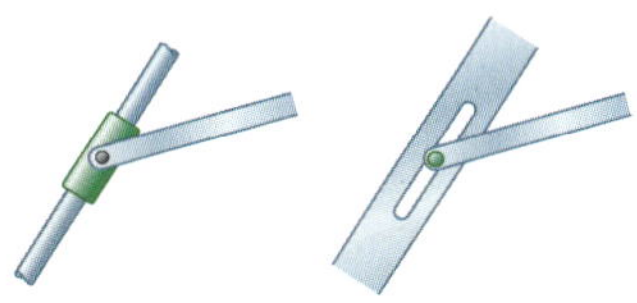 마찰이 없는 봉의 이음고리 / 슬롯내의 마찰이 없는 핀	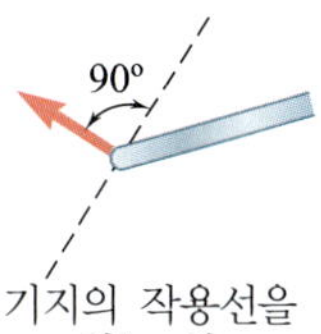 기지의 작용선을 갖는 힘	1
 마찰이 없는 핀 혹은 힌지 / 거친 표면	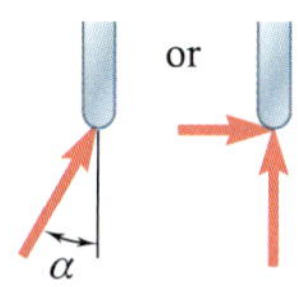 미지 방향의 힘	2
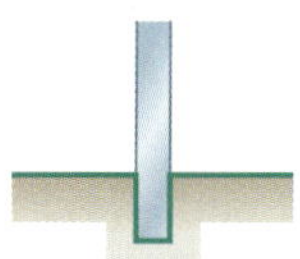 고정지점	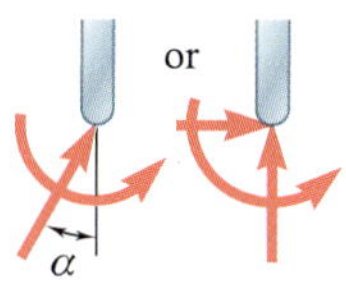 힘과 짝힘	3

그림 4.1 지점과 연결부에서의 반력

4.4 2차원에서의 강체 평형

강체의 평형에 관한 4.1절에서의 여러 설명들이 2차원 구조물에 대해서는 상당히 간단해 진다. 구조물이 놓인 평면이 xy평면이라면, 구조물에 작용하는 모든 힘들에 대해서,

$$F_z = 0 \qquad M_x = M_y = 0 \qquad M_z = M_O$$

이다. 따라서 4.1절에서 유도한 6개의 평형방정식은 다음과 같은 3개의 방정식

$$\Sigma F_x = 0 \qquad \Sigma F_y = 0 \qquad \Sigma M_O = 0 \tag{4.4}$$

이 된다. $\Sigma M_O = 0$는 원점 O의 선택에 상관없이 만족되므로, 2차원 구조물에 대한 평형방정식을 다음과 같이 더 일반적인 형태로 나타낼 수 있다.

$$\Sigma F_x = 0 \qquad \Sigma F_y = 0 \qquad \Sigma M_A = 0 \tag{4.5}$$

여기서 A는 구조물 평면내의 임의의 점이다. 3개의 평형방정식을 풀어 3개 이하의 미지수를 구할 수 있다.

우리는 앞의 절에서 미지력에는 반력이 포함되고 미지 반력의 개수는 그 반력을 일으키는 지점과 연결부의 종류에 달려있다는 것을 알았다. 4.3절을 참조하면, 평형방정식 (4.5)를 사용하여 2개의 로울러와 1개의 케이블, 1개의 고정지점, 혹은 1개의 로울러와 1개의 꼭 맞는 구멍에 끼워진 핀 등에 발생하는 반력을 구할 수 있다.

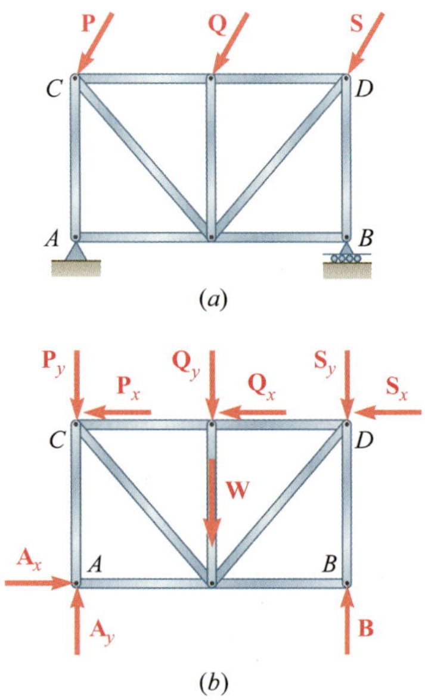

그림 4.2

그림 4.2a에서 주어진 하중 **P**, **Q**, 그리고 **S**를 받는 트러스를 고려한다. 이 트러스는 A에서 핀으로 그리고 B에서 로울러로 고정되어 있다. 핀은 성분 $\mathbf{A}_x$와 $\mathbf{A}_y$로 분해되는 힘을 트러스에 작용시켜 A점이 움직이는 것을 방해하고 로울러는 수직력 **B**를 작용시켜 트러스가 A에 대해서 회전하지 못하게 한다. 이 트러스의 자유물체도가 그림 4.2b에 나와 있고 여기에는 반력 $\mathbf{A}_x$, $\mathbf{A}_y$와 **B** 그리고 하중 **P**, **Q**, **S**와 자중 **W**를 포함한다. 그림 4.2b의 모든 힘들의 A에 대한 모멘트의 합을 영으로 나타내면, 식 $\Sigma M_A = 0$를 적을 수 있고, 이 식은 A_x와 A_y를 포함하지 않기 때문에 B의 크기를 결정할 수 있다. 다음에 힘들의 x 분력과 y 분력의 합을 영으로 나타내면, 식 $\Sigma F_x = 0$와 식 $\Sigma F_y = 0$를 적을 수 있고, 여기서 각각 성분 A_x와 A_y를 구할 수 있다.

A 이외의 다른 점에 대한 외력의 모멘트 합을 영으로 취하면 추가의 식이 구해진다. 예를 들어 $\Sigma M_B = 0$로 적을 수 있다. 그러나 이 식은 새로운 정

보를 포함하고 있지 않다. 왜냐하면 그림 4.2b의 힘계가 영이라는 사실이 이미 사용되어졌기 때문이다. 추가적인 식은 서로 독립이 아니고 4번째 미지수를 구하기 위하여 사용할 수 없다. 그러나 이 식은 원래의 3개의 평형방정식으로 얻은 해를 검산하기 위해서는 유용할 것이다.

3개의 평형방정식의 추가적인 식으로 늘어날 수는 없지만, 그들 중 하나는 다른 식으로 바꿀 수 있다. 따라서 대체되는 평형방정식계는

$$\Sigma F_x = 0 \qquad \Sigma M_A = 0 \qquad \Sigma M_B = 0 \tag{4.6}$$

이고, 여기서 모멘트의 합을 구하는 두 번째 점(이 경우, B점)은 A점을 지나는 y축에 평행인 직선상에 놓일 수 없다(그림 4.2b). 이 식들은 트러스의 평형에 대한 충분조건이다. 처음의 두 식은 외력들이 A점에 작용하는 한 개의 수직력으로 변환됨을 보여준다. 세 번째 식으로부터 이 수직력의 B점에 대한 모멘트(힘의 작용선은 B점을 통과하지 않음)가 영이 되어야 하므로, 이 강체는 평형상태에 있게 된다.

세 번째 가능한 평형방정식계는

$$\Sigma M_A = 0 \qquad \Sigma M_B = 0 \qquad \Sigma M_C = 0 \tag{4.7}$$

이고, 여기서 A, B 그리고 C점은 일직선상에 놓여있지 않다(그림 4.2b). 첫 번째 식에서는 외력들이 A에 작용하는 하나의 힘으로 변환되어지고, 두 번째 식에서는 이 힘이 B를 지나게 되고 세 번째 식에서는 이 힘이 C를 지나게 됨을 의미한다. A, B, 그리고 C점은 일직선상에 놓여있지 않으므로, 이 힘은 영이고, 강체는 평형상태에 있다.

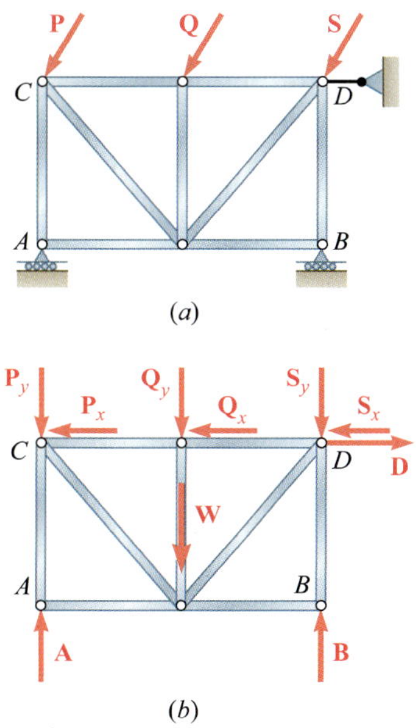

그림 4.3

핀 A에 대한 힘의 모멘트의 합이 영임을 나타내는 식 $\Sigma M_A = 0$의 의미는 식 (4.7)내의 나머지 두 식에 비해서 역학적으로 보다 명확하다. 두 식도 힘의 균형을 의미하고 있는 것은 유사하지만 강체가 실제로 힌지 되어있지 않은 점에 대한 힘의 균형이다. 그러나 이들 두 식도 첫 번째 식과 마찬가지로 유용하고, 우리가 평형방정식을 선택함에 있어서 그들의 역학적 의미가 부적절하게 영향을 끼치지 않도록 하여야 한다. 실로, 단지 한 개의 미지수만을 포함하는 평형방정식을 선택하는 것이 바람직하다. 이렇게 하면, 연립방정식을 풀 필요가 없어진다. 단지 한 개의 미지수만을 포함하는 식은 두 미지력 작용선의 교점에 대한 모멘트 합을 취하거나, 만일 이들 두 힘이 나란하다면 그것에 수직인 방향의 성분들의 합을 취함에 의해서 구해진다. 예를 들어 그림 4.3의 트러스는 A와 B에서는 로울러에 의해서 D에서는 짧은 링크로 지지되어 있는데, A와 B의 반력은 x성분의 합을 취하면 식에서 배제된다. A와 D에서의 반력은 C에 대한 모멘트의 합을 취함에 의해서, 그리고 B

와 D의 반력은 D에 대한 모멘트의 합을 취함에 의해서 식에서 배제된다. 이렇게 하여 구해진 식들은

$$\Sigma F_x = 0 \qquad \Sigma M_C = 0 \qquad \Sigma M_D = 0$$

이다. 이 식들은 단지 한 개의 미지수만을 포함하고 있다.

4.5 부정정 반력, 부분구속

앞 절에서 고려한 두 예(그림 4.2와 4.3)에서 사용된 지점의 유형은, 주어진 하중 하에서 혹은 다른 하중 조건 하에서, 강체가 움직이지 못하도록 지지하고 있다. 이 경우, 강체는 **완전구속**(completely constrained)이라고 불린다. 우리는 이미 이러한 지점에 대응하는 반력은 세 개의 미지수를 포함하고 있고, 세 개의 평형방정식을 품에 의해서 결정된다. 이러한 상태가 존재할 때, 반력은 **정역학적으로 정정**이라고 불린다.

A와 B에서 핀에 의해 지지된 그림 4.4a의 트러스를 고려해 보자. 이 지점들은 주어진 하중 혹은 다른 하중 조건 하에서 트러스가 움직이지 못하도록 하는데 필요한 것보다 더 많은 구속을 제공한다. 또한 그림 4.4b의 자유물체도로부터 이 반력들이 4개의 미지수를 포함하고 있음에 주목한다. 4.4절에서 지적하였듯이 3개의 독립된 평형방정식만이 가용하므로, 식의 수보

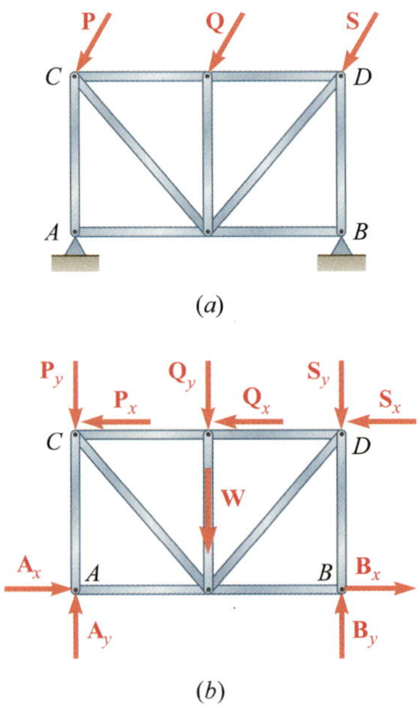

그림 4.4 정역학적으로 부정정인 반력

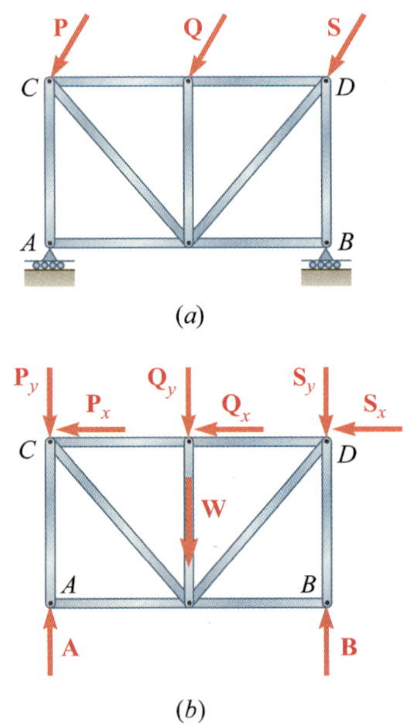

그림 4.5 부분구속

다 미지수의 수가 더 많다; 따라서 모든 미지수가 결정될 수는 없다. 식 $\sum M_A = 0$와 $\sum M_B = 0$ 가 각각 수직성분 B_y와 A_y를 제공하지만, 식 $\sum F_x = 0$는 단지 A와 B에서의 반력의 수평성분의 합 $A_x + B_x$만을 제공한다. 성분 A_x와 B_x는 정역학적으로 부정정이다라고 불린다. 이들은 주어진 하중으로 인한 트러스의 변형을 고려함에 의하여 결정되지만, 이 방법은 정역학의 범주를 넘어서고 재료역학에 대한 연구에 해당된다.

그림 4.5a의 트러스를 지지하기 위하여 사용된 지점은 A와 B의 로울러들로 구성된다. 명백히, 이들 지점들이 제공하는 구속은 트러스를 움직이지 못하게 하는데 충분하지 못하다. 수직운동은 방지하지만, 수평방향으로는 자유롭게 움직인다. 이 트러스는 부분구속이라고 불린다.[1] 우리의 관심을 그림 4.5b로 돌리면, A와 B에서의 반력은 단지 2개의 미지수만을 포함하고 있는 것을 알게 된다. 아직도 3개의 평형방정식을 만족하여야 하므로 식의 수보다 미지수의 수가 적다. 그리고 일반적으로 평형방정식 중 어느 하나는 만족되지 못한다. 식 $\sum M_A = 0$와 $\sum M_B = 0$ 는 A와 B에서의 반력을 적절히 선택함에 의하여 만족될 수 있으나, 식 $\sum F_x = 0$는 작용력의 수평성분의 합이 우연히 영이 되지 않는 한 만족되지 않는다. 따라서 우리는 그림 4.5의 트러스의 평형은 일반적인 하중 상태 하에서 유지되지 않는다는 것을 알게 된다.

우리는 앞에서 만일 강체가 완전히 구속되어 있다면, 그리고 지점에서의 반력이 정역학적으로 정정이라면, **미지수의 수와 평형방정식의 수가 같게 된다**는 것을 보았다. 이 조건이 만족되지 않을 때, 강체는 완전히 구속되어 있지 않거나 지점에서의 반력이 정역학적으로 정정이 아님을 확신한다; 강체가 완전히 구속되어 있지 않고 반력이 정역학적으로 부정정인 경우도 가능하다.

그러나 위의 사항은 필요조건이지 충분조건이 아님에 주목하여야 한다. 다시 말하면, 미지수의 수가 방정식의 수와 같다고 해서 물체가 완전히 구속되었다거나 지점반력이 정역학적으로 정정이라고 보증할 수는 없다. 그림 4.6a에서 A, B와 E의 로울러로 지지된 트러스를 고려해 보자. 세 개의 미지반력 **A**, **B**와 **E**(그림 4.6b)가 존재하지만, 작용력의 수평성분의 합이 우연하게 영이 아니라면 식 $\sum F_x = 0$는 만족되지 않는다. 충분한 수의 구속이 존재하지만, 이 구속들은 적절하게 배치되어 있지 않고, 트러스는 수평방향으로 자유롭게 움직인다. 우리는 이 트러스가 부적절하게 구속되어 있다고 말한다. 세 개의 미지수를 결정하기 위하여 단지 두 개의 평형방정식만이 준비되어

1) 부분적으로 구속된 물체는 종종 불안정이라고 불린다. 그러나 불충분한 구속으로 인한 불안정과 16장에서 다루는 기둥의 거동에 관한 불안정 사이의 혼란을 피하기 위하여, 안정과 불안정이라는 용어의 사용을 후자의 경우로 제한한다.

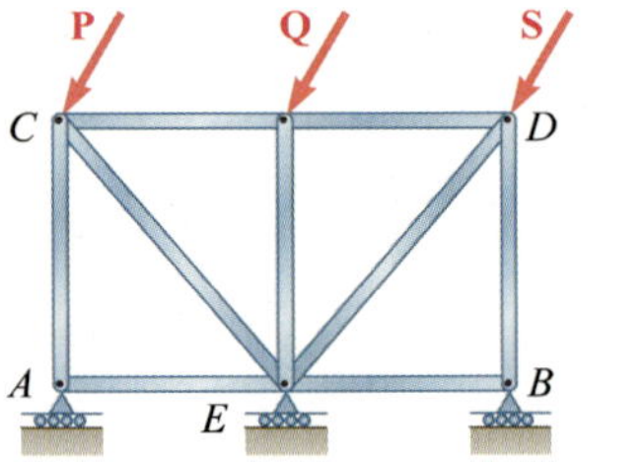

(*a*)

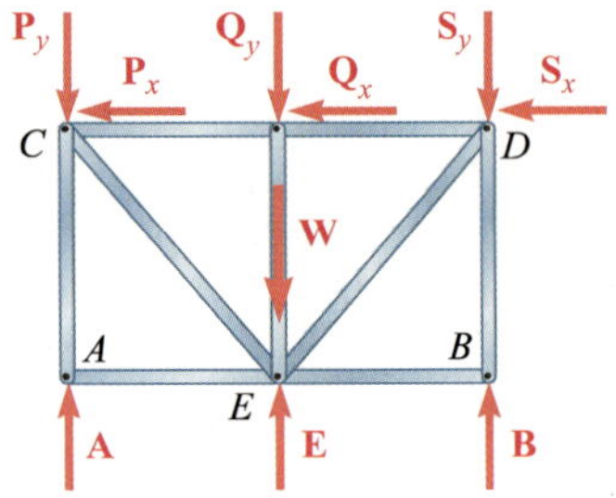

(*b*)

그림 4.6 부적절한 구속

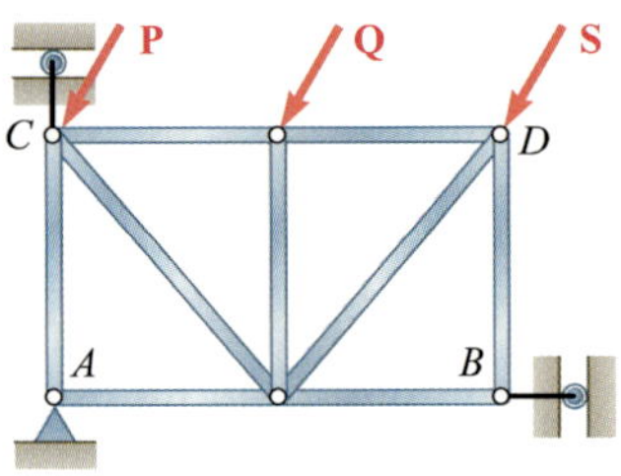

(*a*)

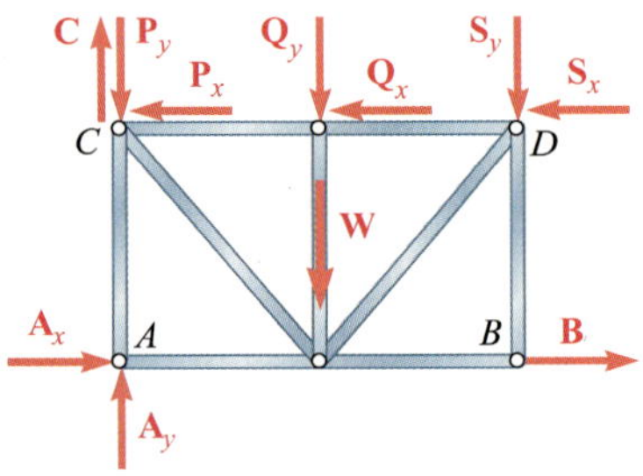

(*b*)

그림 4.7 부적절한 구속

있으므로, 반력들은 정역학적으로 부정정이다. 따라서 부적절한 구속 역시 정역학적 부정정을 일으킨다.

부적절한 구속-정역학적 부정정의 또 다른 예가 그림 4.7의 트러스에서 보여 진다. 이 트러스는 A의 핀에 의해 그리고 B와 C의 로울러에 의해 지지되어 있어서 모두 4개의 미지수를 포함한다. 단지 3개의 독립된 평형방정식만이 가용하므로 지점반력은 정역학적으로 부정정이다. 한편 식 $\Sigma M_A = 0$는 반력 **B**와 **C**의 작용선이 A를 통과하기 때문에, 일반적인 하중조건하에서는 만족될 수 없음에 주목한다. 이 트러스는 A에 대하여 회전할 수 있고 따라서 부적절하게 구속되어 있다고 결론지을 수 있다.[2)]

그림 4.6과 4.7의 예로부터 우리는 강체의 지점이 충분한 개수의 반력을 가지고 있더라도, 그 반력들이 한 점에서 만나거나 서로 평행이라면, 이 강체는 부적절하게 구속되어 있다고 결론을 내릴 수 있다.[3)]

요약하면, 2차원 강체가 완벽하게 구속되고, 지점반력이 정역학적으로 정정이라고 확신하기 위해서는 반력이 3개-단 3개-의 미지수만을 가져야 하고, 지점의 반력들이 한 점에서 만나거나 평행하지 않게 배치되어야함을 입증해야 한다.

정역학적으로 부정정인 반력을 갖는 지점은 구조물의 설계에 있어서 신중하게 그리고 그들이 일으킬지 모르는 문제들에 대한 충분한 확신을 갖는 경우에만 사용되어야 한다. 반면에, 정역학적으로 부정정인 반력을 갖는 구조물의 해석은 정역학의 여러 방법에 의해서 종종 수행된다. 예를 들어 그림 4.4의 트러스의 경우, A와 B의 반력의 수직성분은 평형방정식으로부터 구해진다.

명백히, 부분적인 혹은 부적절한 구속을 갖는 지점은 정지된 구조물의 설계에 있어서 피해야만 한다. 그러나 부분적으로 혹은 부적절하게 구속된 구조물이라고 해서 항상 파괴되는 것은 아니다; 특별한 하중조건하에서는 평형이 유지될 수 있다. 예를 들어 그림 4.5와 4.6의 트러스의 경우, 작용력 **P**, **Q**와 **S**가 수직력이라면 평형상태에 있다. 게다가 움직이도록 설계된 구조물은 부분적으로 구속되어야만 한다. 궤도 차량의 경우, 제동장치가 영원히 작동하여 완전히 구속되어 있다면 쓸모없게 될 것이다.

2) A 주위로 트러스가 회전하기 위해서는 지점 B와 C에서 약간의 "움직임"이 필요하다. 실제로 그러한 움직임은 항상 존재한다. 게다가 움직임이 작다면, 로울러 B와 C의 변위가 작게 되고 따라서 A와 힘 **B**와 **C**의 작용선 사이의 거리도 작아진다. 식 $\Sigma M_A = 0$ 로부터 **B**와 **C**가 매우 크게 되어, 지점 B와 C가 파괴되는 상황에 이를 수도 있다.

3) 이러한 상황은 지점의 부적절한 기하적 배치로부터 야기되므로 종종 기하적 불안정이라고 불린다.

문제 4.1

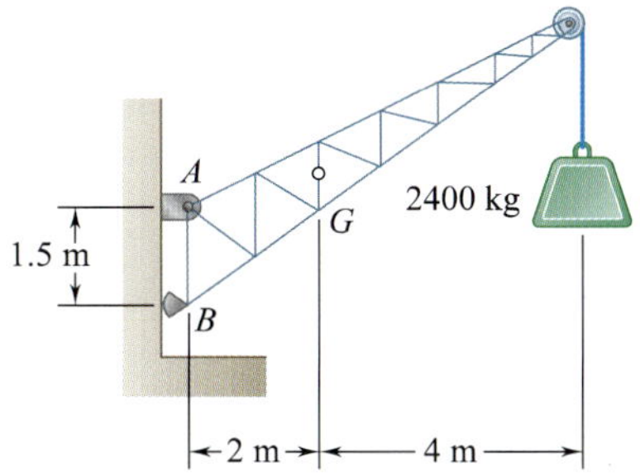

질량 1000 kg의 고정 크레인이 2400 kg의 틀상자를 들어올리기 위하여 사용된다. *A*에서의 핀과 *B*에서의 록커에 의해 평면상에 고정되어 있다. 크레인의 무게중심은 *G*에 위치한다. *A*와 *B*의 반력성분들을 결정하라.

풀이.

자유물체도. 크레인의 자유물체도가 그려져 있다. 크레인과 틀상자의 질량에 $g = 9.81\ \text{m/s}^2$을 곱하여 각각의 무게를 구하면 9810 N 혹은 9.81 kN과 23 500 N 혹은 23.5 kN이다. 핀 *A*에서의 반력은 미지의 방향을 갖는 힘이다; 이것은 성분 $\mathbf{A}_x$와 $\mathbf{A}_y$로 나타낸다. 록커 *B*에서의 반력은 록커 표면에 수직이다; 따라서 수평력이다. $\mathbf{A}_x$, $\mathbf{A}_y$와 **B**는 그림과 같은 방향으로 작용한다고 가정한다.

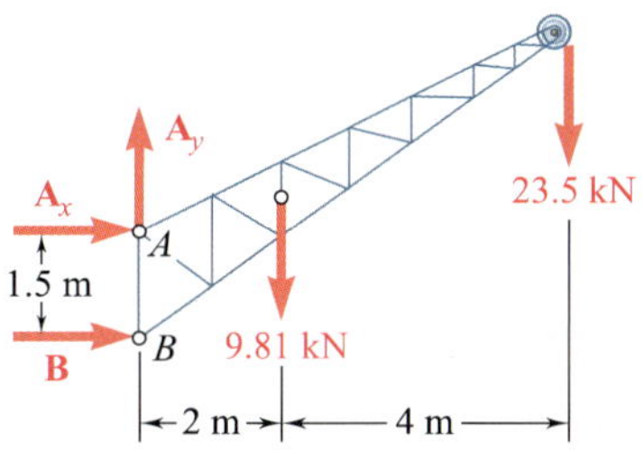

B 의 결정. 모든 외력의 *A*점에 대한 모멘트의 합을 영으로 놓는다. 얻어진 식은 A_x와 A_y를 포함하고 있지 않다. 왜냐하면 $\mathbf{A}_x$와 $\mathbf{A}_y$의 *A*에 대한 모멘트가 영이기 때문이다. 각각의 힘의 크기와 *A*로부터의 수직거리를 곱하면 다음과 같다.

$$+\circlearrowleft \Sigma M_A = 0: \ +B(1.5\,\text{m}) - (9.81\,\text{kN})(2\,\text{m}) - (23.5\,\text{kN})(6\,\text{m}) = 0$$

$$B = +107.1\,\text{kN} \qquad \mathbf{B} = 107.1\ \text{kN} \rightarrow$$

결과가 양이므로 반력은 가정한 방향이다.

A_x의 결정. $\mathbf{A}_x$의 크기는 모든 외력의 수평성분의 합을 영으로 두면 결정된다.

$$\overset{+}{\rightarrow} \Sigma F_x = 0: \quad A_x + B = 0$$

$$A_x + 107.1\ \text{kN} = 0$$

$$A_x = -107.1\,\text{kN} \qquad \mathbf{A}_x = 107.1\ \text{kN} \leftarrow$$

결과가 음이므로 $\mathbf{A}_x$의 방향은 처음에 가정한 방향과 반대이다.

A_y의 결정. 수직성분의 합 역시 영이어야 한다.

$$+\uparrow \Sigma F_y = 0: \quad A_y - 9.81\ \text{kN} - 23.5\ \text{kN} = 0$$

$$A_y = +33.3\ \text{kN} \qquad \mathbf{A}_y = 33.3\ \text{kN} \uparrow$$

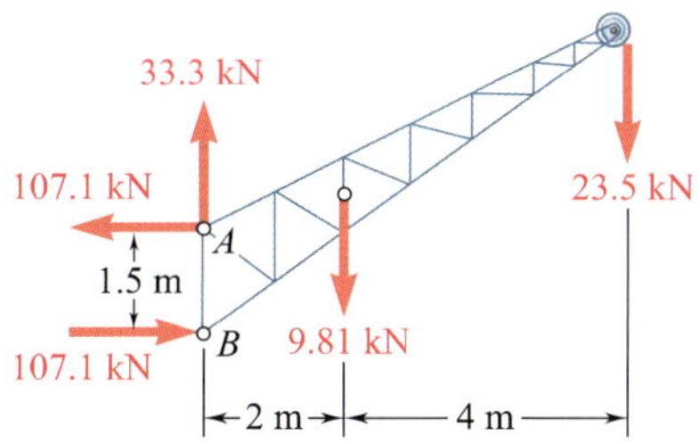

성분 $\mathbf{A}_x$와 $\mathbf{A}_y$의 벡터 합을 구하면 *A*의 반력은 112.2 kN ∡17.3°이다.

검산. 구해진 반력 값들은 모든 외력의 임의 점에 대한 모멘트 합이 영인 것을 기억해내면 검산할 수 있다. 예를 들어 *B*점을 고려하면,

$$+\circlearrowleft \Sigma M_B = -(9.81\ \text{kN})(2\,\text{m}) - (23.5\,\text{kN})(6\,\text{m}) + (107.1\,\text{kN})(1.5\,\text{m}) = 0$$

문제 4.2

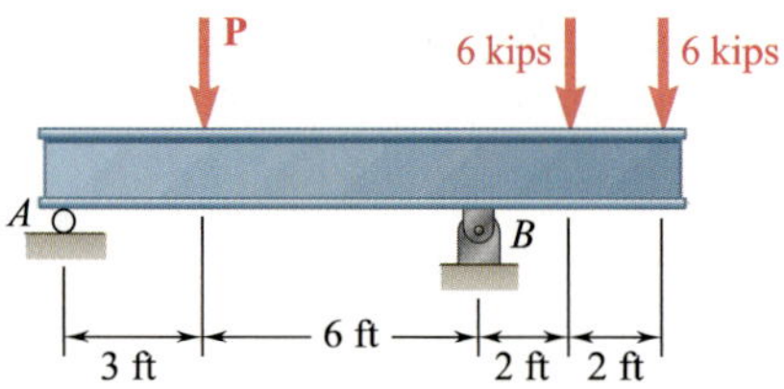

세 개의 힘이 그림과 같이 보에 작용한다. 보는 A의 로울러와 B의 핀에 의하여 지지되어 있다. 보의 자중을 무시하고, $P = 15$ kips일 때 A와 B의 반력을 결정하라.

풀이.

자유물체도. 자유물체도는 그림과 같다. A의 반력은 수직이고 **A**로 표기되어 있다. B의 반력은 성분 $\mathbf{B}_x$와 $\mathbf{B}_y$로 나타낸다. 각각의 성분은 그림의 방향으로 작용한다고 가정한다.

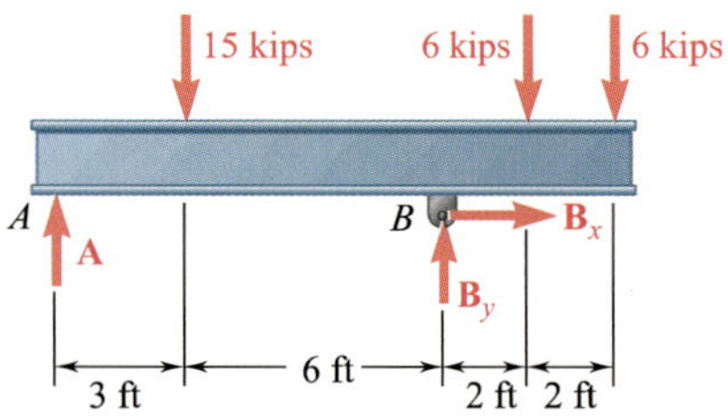

평형방정식. 세 개의 평형방정식을 다음과 같이 작성하고 지시한 바와 같이 반력을 구한다.

$\overset{+}{\rightarrow}\Sigma F_x = 0$: $\quad B_x = 0 \qquad \mathbf{B}_x = 0$

$+\circlearrowleft \Sigma M_A = 0$:

$$-(15 \text{ kips})(3 \text{ ft}) + B_y(9\text{ft}) - (6 \text{ kips})(11 \text{ ft}) - (6 \text{ kips})(13 \text{ ft}) = 0$$

$$B_y = +21.0 \text{ kips} \qquad \mathbf{B}_y = 21.0 \text{ kips} \uparrow$$

$+\circlearrowleft \Sigma M_B = 0$:

$$-A(9 \text{ ft}) + (15 \text{ kips})(6 \text{ ft}) - (6 \text{ kips})(2 \text{ ft}) - (6 \text{ kips})(4 \text{ ft}) = 0$$

$$A = +6.00 \text{ kips} \qquad \mathbf{A} = 6.00 \text{ kips} \uparrow$$

검산. 모든 반력의 수직 성분의 합에 의하여 결과를 검산한다.

$$+\uparrow \Sigma F_y = +6.00 \text{ kips} - 15 \text{ kips} + 21.0 \text{ kips} - 6 \text{ kips} - 6 \text{ kips} = 0$$

논평. 이 문제에서 A와 B의 반력은 모두 수직이다; 그러나 이 반력들은 서로 다른 이유로 수직이다. A에서 보는 로울러로 지지되어 있다; 따라서 반력은 어떠한 수평 성분도 가질 수 없다. B에서 반력의 수평 성분은 영이다. 왜냐하면 평형방정식 $\Sigma F_x = 0$를 만족하여야 하고 보에 작용하는 어떤 하중도 수평성분을 갖고 있지 않기 때문이다.

우리는 첫눈에 B의 반력이 수직이고 수평성분 $\mathbf{B}_x$는 필요없는 것을 알아챌 수도 있었다. 그러나 이것은 잘못된 습관이다. 그렇게 하면, 하중상태가 이 성분을 필요로 하는 경우(즉, 수평하중이 포함된 경우), 성분 $\mathbf{B}_x$를 깜빡할 위험이 있다. 또한 성분 $\mathbf{B}_x$는 평형방정식 $\Sigma F_x = 0$를 사용하고 이것을 풀어서 영으로 구하였다. 즉시 $\mathbf{B}_x$를 영으로 놓으면, 이 문제를 풀기 위하여 우리가 이 방정식을 사용하였고 따라서 가용한 방정식 수의 흔적을 놓칠 가능성이 생긴다.

문제 4.3

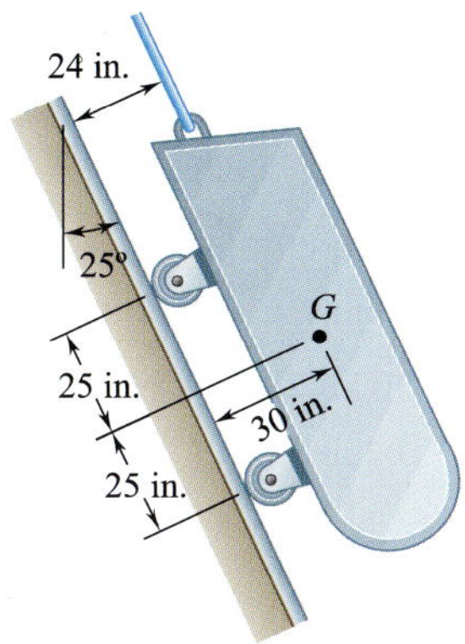

짐차가 수직선과 25°를 이루는 궤도위에 정지해 있다. 차량과 짐의 총중량은 5500 lb 이고, 두 차축의 중간에서 궤도와 30 in. 간격을 갖는 점에 작용한다. 이 차량은 궤도에서 24 in. 간격의 점에 부착된 케이블로 지지되어 있다. 케이블에 걸리는 인장력과 각각의 차륜에서의 반력을 결정하라.

풀이.

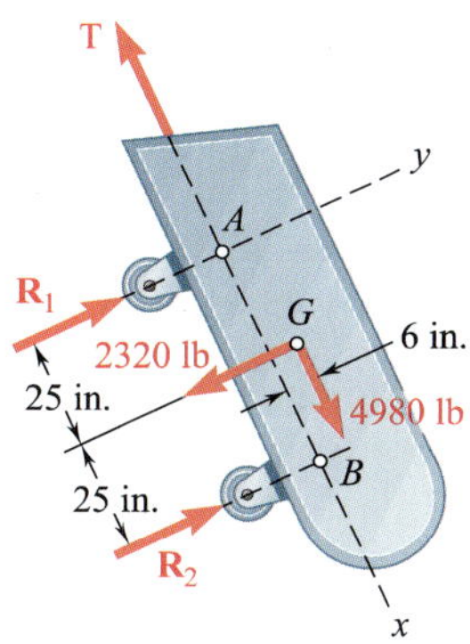

자유물체도. 차량의 자유물체도가 그려져 있다. 각 차륜에서의 반력은 궤도에 수직이고, 인장력 **T**는 궤도에 평행이다. 편의상 x축을 궤도에 나란하게 그리고 y축을 궤도에 수직으로 잡는다. 5500 lb의 중량은 x와 y 성분으로 분해한다.

$$W_x = +(5500 \text{ lb}) \cos 25° = +4980 \text{ lb}$$
$$W_y = -(5500 \text{ lb}) \sin 25° = -2320 \text{ lb}$$

평형방정식. 계산식에서 **T**와 $\mathbf{R}_1$을 배제하기 위해 A에 대한 모멘트를 취한다.

$$+\circlearrowleft \Sigma M_A = 0: \quad -(2320 \text{ lb})(25 \text{ in.}) - (4980 \text{ lb})(6 \text{ in.}) + R_2(50 \text{ in.}) = 0$$
$$R_2 = +1758 \text{ lb} \qquad \mathbf{R}_2 = 1758 \text{ lb} \nearrow$$

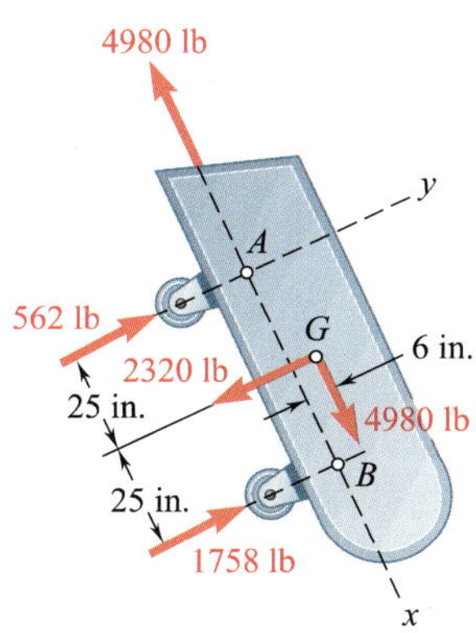

이제, 계산식에서 **T**와 $\mathbf{R}_2$를 배제하기 위해 B에 대한 모멘트를 취하면 다음과 같다.

$$+\circlearrowleft \Sigma M_B = 0: \quad (2320 \text{ lb})(25 \text{ in.}) - (4980 \text{ lb})(6 \text{ in.}) - R_1(50 \text{ in.}) = 0$$
$$R_1 = +562 \text{ lb} \qquad \mathbf{R}_1 = +562 \text{ lb} \nearrow$$

T의 값은 다음으로 구해진다.

$$\searrow + \Sigma F_x = 0: \quad +4980 \text{ lb} - T = 0$$
$$T = +4980 \text{ lb} \qquad \mathbf{T} = 4980 \text{ lb} \nwarrow$$

반력의 계산값이 옆의 그림에 나와 있다.

검산. 계산은 다음으로 검증된다.

$$\nearrow + \Sigma F_y = +562 \text{ lb} + 1758 \text{ lb} - 2320 \text{ lb} = 0$$

풀이는 A 혹은 B가 아닌 다른 점에 대한 모멘트를 계산하여도 검토할 수 있다.

문제 4.4

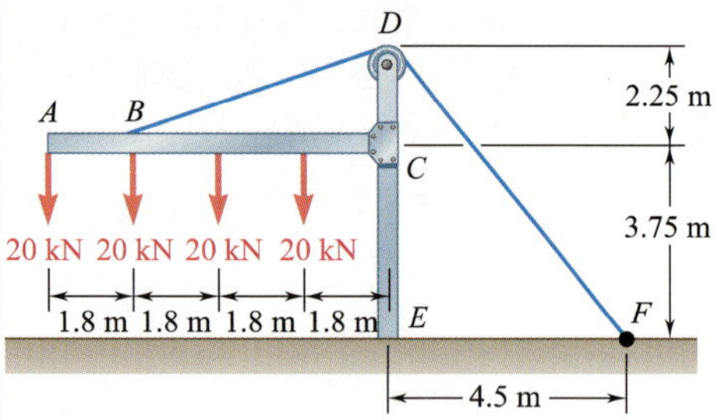

그림의 뼈대가 작은 건물 지붕의 일부를 지지하고 있다. 케이블의 인장력이 150 kN이라면, 고정단 E의 반력은 얼마인가?

풀이.

자유물체도. 뼈대와 케이블 BDF의 자유물체도가 그려져 있다. 고정단 E의 반력을 하중성분 $\mathbf{E}_x$와 $\mathbf{E}_y$ 그리고 모멘트 $\mathbf{M}_E$로 나타낸다. 자유물체에 작용하는 다른 하중들은 4개의 20 kN과 케이블의 끝 F에 작용하는 150 kN이다.

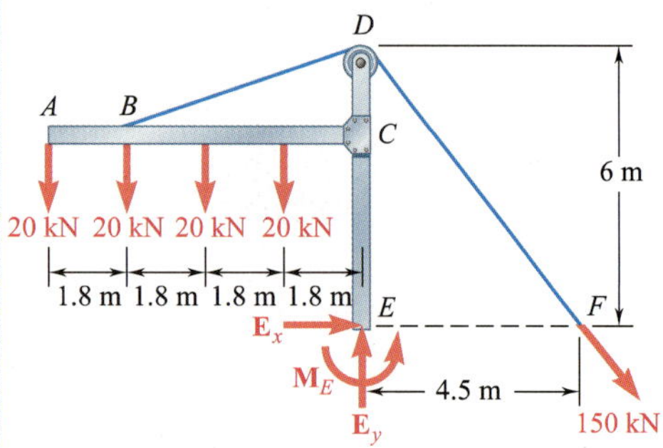

평형방정식. $DF=\sqrt{(4.5\,\text{m})^2+(6\,\text{m})^2}=7.5\,\text{m}$에 주목하면, 다음과 같다.

$$\overset{+}{\rightarrow}\Sigma F_x=0: \qquad E_x+\frac{4.5}{7.5}(150\,\text{kN})=0$$

$$E_x=-90.0\,\text{kN} \qquad \mathbf{E}_x=90.0\,\text{kN}\leftarrow$$

$$+\uparrow\Sigma F_y=0: \qquad E_y-4(20\,\text{kN})-\frac{6}{7.5}(150\,\text{kN})=0$$

$$E_y=+200\,\text{kN} \qquad \mathbf{E}_y=200\,\text{kN}\uparrow$$

$$+\circlearrowleft\Sigma M_E=0: \quad (20\,\text{kN})(7.2\,\text{m})+(20\,\text{kN})(5.4\,\text{m})+(20\,\text{kN})(3.6\,\text{m})$$

$$+(20\text{kN})(1.8\,\text{m})-\frac{6}{7.5}(150\,\text{kN})(4.5\,\text{m})+M_E=0$$

$$M_E=+180.0\,\text{kN}\cdot\text{m} \qquad \mathbf{M}_E=180.0\,\text{kN}\cdot\text{m}\circlearrowleft$$

문제 4.5

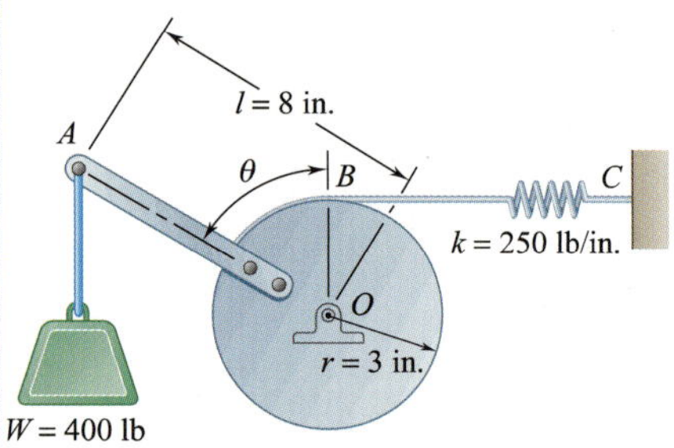

400 lb의 웨이트가 레버의 A에 부착되어 있다. 스프링 BC의 스프링상수는 $k=250$ lb/in.이고, $\theta=0$일 때 스프링은 늘어져 있다. 평형의 위치를 결정하라.

풀이.

자유물체도. 레버와 실린더의 자유물체도를 그린다. 변형 전 위치로부터의 스프링의 처짐을 s로 표기하고, $s=r\theta$ 임에 주목하면, $F=ks=kr\theta$ 이다.

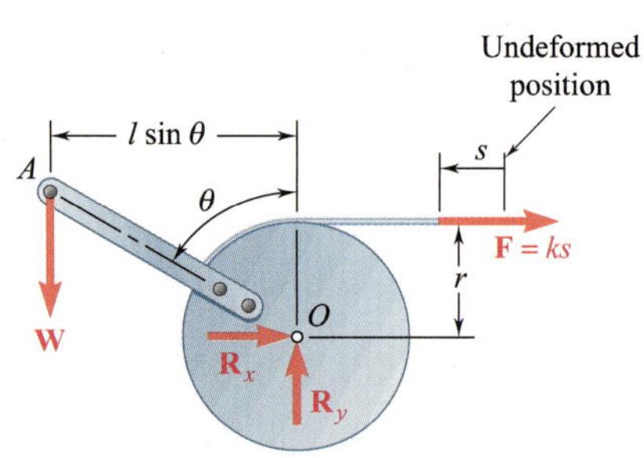

평형방정식. $\mathbf{W}$와 $\mathbf{F}$의 O에 대한 모멘트의 합은 다음으로 적을 수 있다.

$$+\circlearrowleft\Sigma M_O=0: \quad Wl\sin\theta-r(kr\theta)=0 \qquad \sin\theta=\frac{kr^2}{Wl}\theta$$

주어진 자료를 대입하면,

$$\sin\theta=\frac{(250\,\text{lb/in})(3\,\text{in})^2}{(400\,\text{lb})(8\,\text{in})}\theta \qquad \sin\theta=0.703\theta$$

시행착오법으로 풀면, $\theta=0$ $\qquad$ $\theta=80.3^\circ$

Problems

4.1 Two external shafts of a gearbox carry torques as shown. Determine the vertical components of the forces that must be exerted by the bolts at A and B to maintain the gearbox in equilibrium.

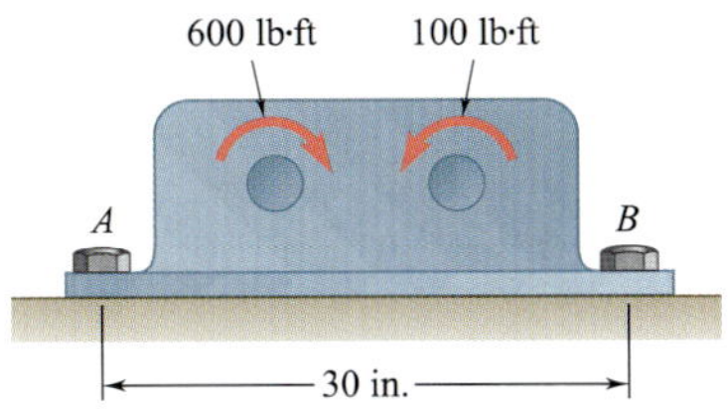

그림 **P4.1**

4.2 A 2800-kg forklift truck is used to lift a 1500-kg crate. Determine the reaction at each of the two (a) front wheels A, (b) rear wheels B.

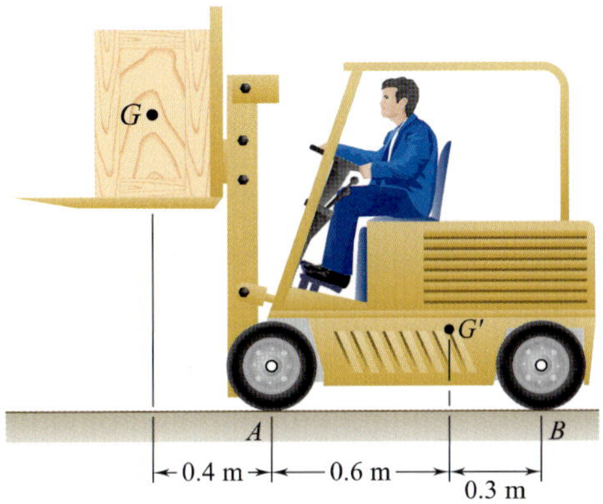

그림 **P4.2**

4.3 A gardener uses a 12-lb wheelbarrow to transport a 50-lb bag of fertilizer. What force must the gardener exert on each handle?

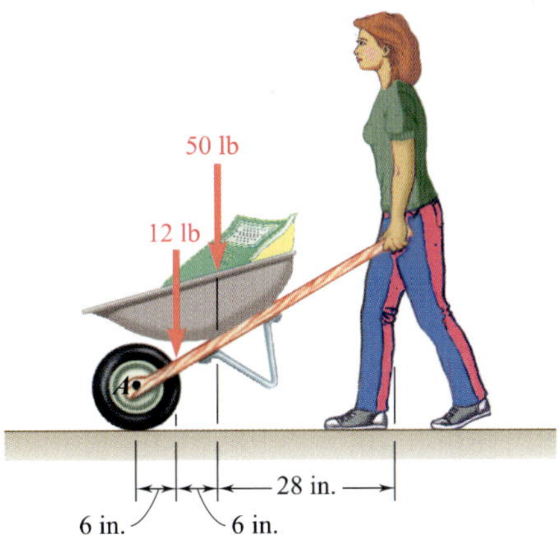

그림 **P4.3**

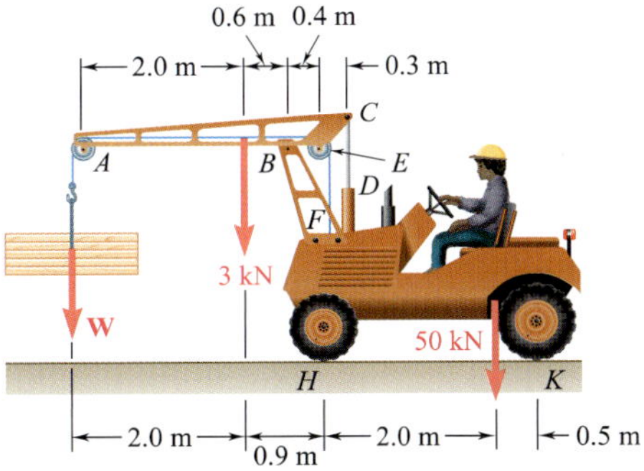

그림 ***P4.4***

4.4 A load of lumber of weight $W = 25$ kN is being raised as shown by a mobile crane. Knowing that the tension is 25 kN in all portions of cable AEF and that the weight of boom ABC is 3 kN, determine (a) the tension in rod CD, (b) the reaction at pin B.

4.5 Three loads are applied as shown to a light beam supported by cables attached at B and D. Neglecting the weight of the beam, determine the range of values of Q for which neither cable becomes slack when $P = 0$.

4.6 Three loads are applied as shown to a light beam supported by cables attached at B and D. Knowing that the maximum allowable tension in each cable is 12 kN and neglecting the weight of the beam, determine the range of values of Q for which the loading is safe when $P = 5$ kN.

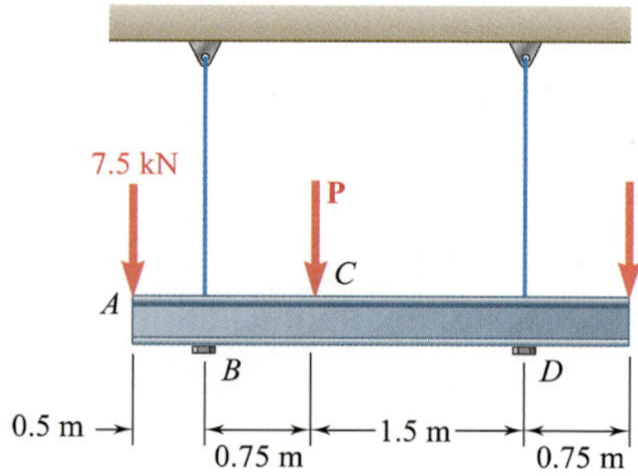

그림 P4.5, P4.6

4.7 The 10-ft beam AB rests upon, but is not attached, to supports at C and D. Neglecting the weight of the beam, determine the range of values of P for which the beam will remain in equilibrium.

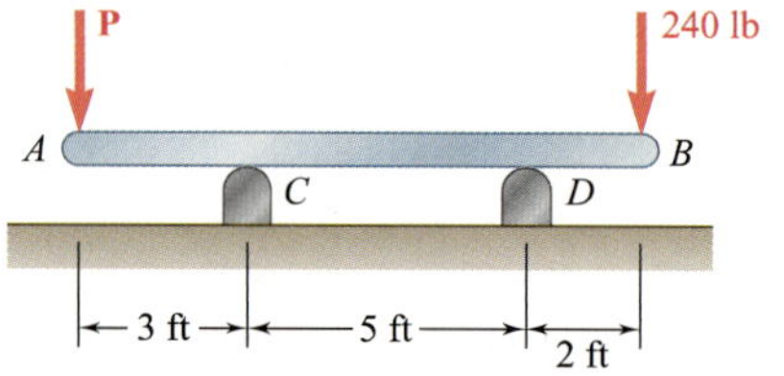

그림 P4.7

4.8 For the beam of Sample Prob. 4.2, determine the range of values of P for which the beam will be safe knowing that the maximum allowable value for each of the reactions is 25 kips and that the reaction at A must be directed upward.

4.9 The 40-ft boom AB weighs 2 kips; the distance from the axle A to the center of gravity G of the boom is 20 ft. For the position shown, determine the tension T in the cable and the reaction at A.

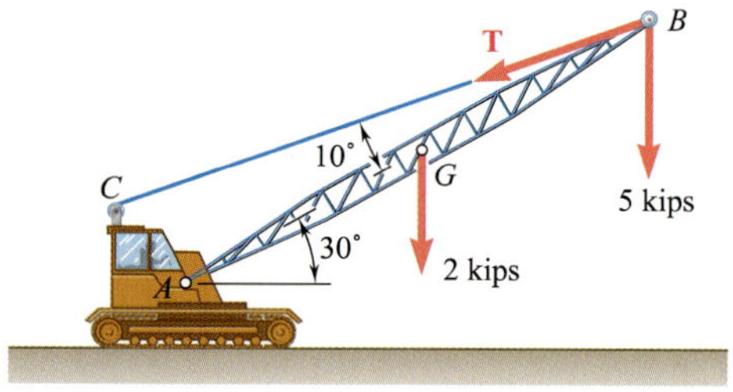

그림 P4.9

4.10 The ladder AB, of length L and weight W, can be raised by the cable BC. Determine the tension T required to raise end B just off the floor (*a*) in terms of W and θ, (*b*) if $h = 8$ ft, $L = 10$ ft, and $W = 35$ lb.

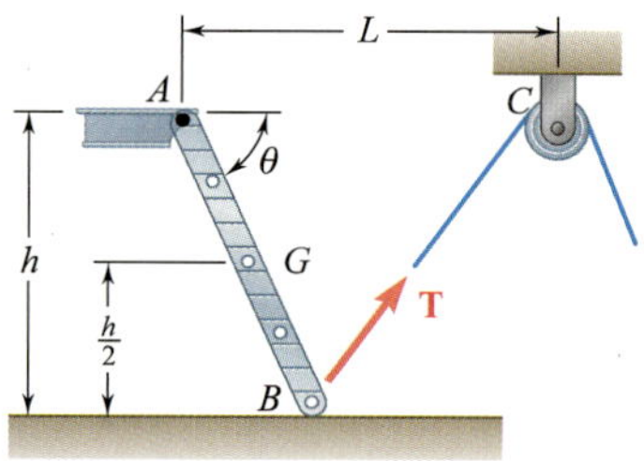

그림 P4.10

4.11 Neglecting the radius of the pulley, determine the tension in cable ABD and the reaction at the support C.

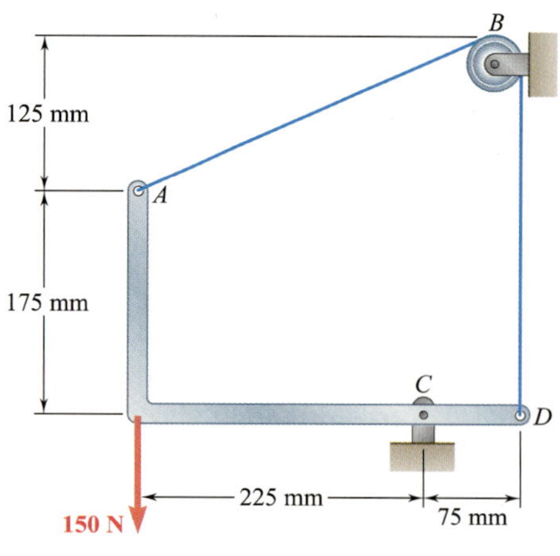

그림 *P4.11*

4.12 The lever AB is hinged at C and attached to a control cable at A. If the lever is subjected at B to a 500-N horizontal force, determine (*a*) the tension in the cable, (*b*) the reaction at C.

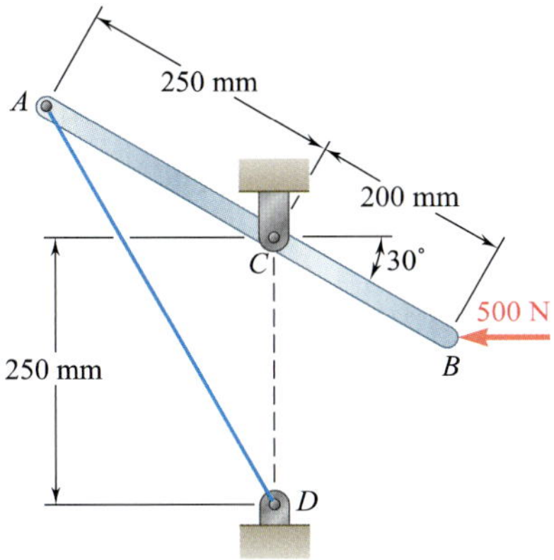

그림 **P4.12**

4.13 Determine the reactions at A and B when $\alpha = 60°$.

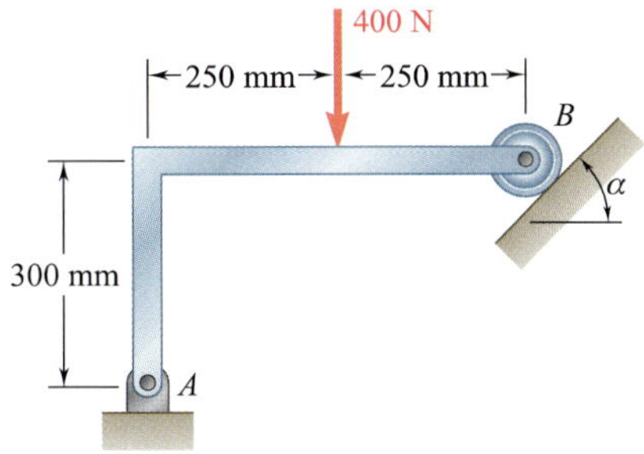

그림 ***P4.13***

4.14 The required tension in cable AB is 300 lb. Determine (*a*) the vertical force **P** that must be applied to the pedal, (*b*) the corresponding reaction at C.

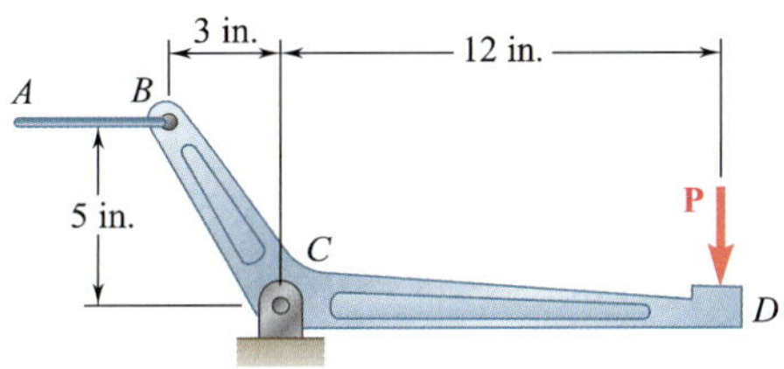

그림 **P4.14, P4.15**

4.15 Determine the maximum tension that can be developed in cable AB if the maximum allowable magnitude of the reaction at C is 650 lb.

4.16 A truss may be supported in three different ways as shown. In each one, determine the reactions at the supports.

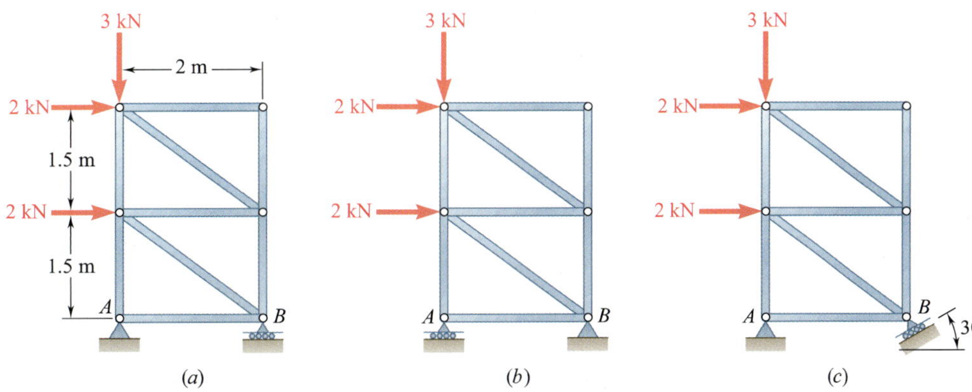

그림 **P4.16**

4.17 A light bar AD is suspended from a cable BE and supports a 20-kg block at C. The extremities A and D of the bar are in contact with frictionless, vertical walls. Determine the tension in cable BE and the reactions A and D.

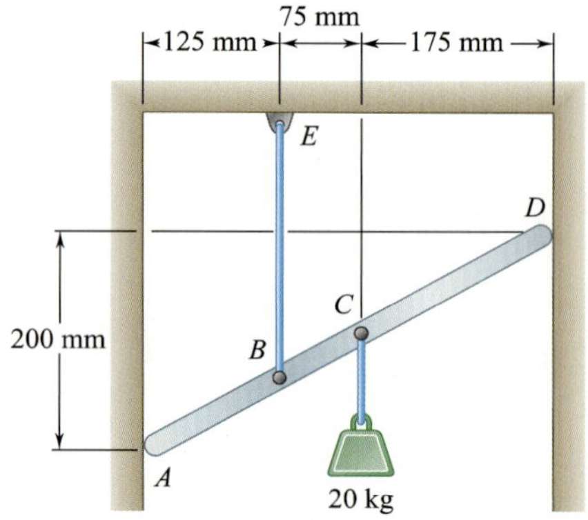

그림 P4.17

4.18 A light rod, supported by rollers at B, C, and D, is subjected to an 800-N force applied at A. If $\beta = 0$, determine (*a*) the reactions at B, C, and D, (*b*) the rollers that can be safely removed for this loading.

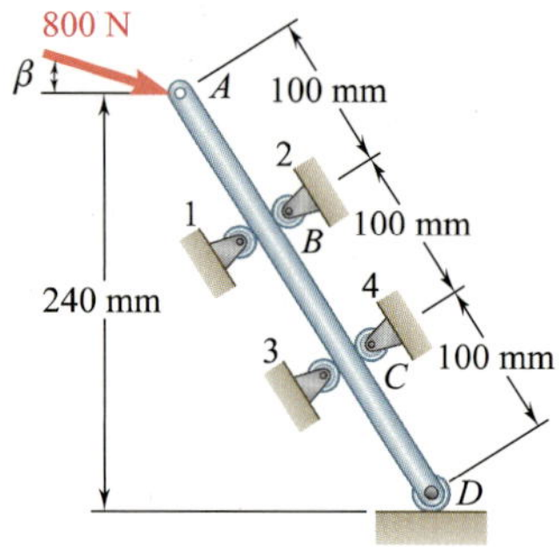

그림 P4.18

4.19 A 160-lb overhead garage door consists of a uniform rectangular panel AC, 84 in. long, supported by the cable AE attached at the middle of the upper edge of the door and by two sets of frictionless rollers at A and B. Each set consists of two rollers located on either side of the door. The rollers A are free to move in horizontal channels, while the rollers B are guided by vertical channels. If the door is held in the position for which BD = 42 in., determine (*a*) the tension in cable AE, (*b*) the reaction at each of the four rollers.

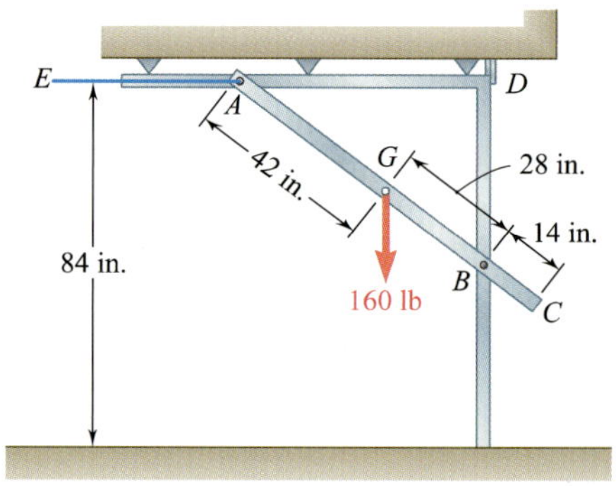

그림 P4.19

4.20 In Prob. 4.19, determine the distance BD for which the tension in cable AE is equal to 600 lb.

4.21 A 150-kg telephone pole is used to support the ends of two wires as shown. The tension in the wire to the left is 400 N, and, at the point of support, the wire forms an angle of 10° with the horizontal. (*a*) If the tension T_2 is zero, determine the reaction at the base A. (*b*) Determine the largest and smallest allowable tension T_2 if the magnitude of the couple at A may not exceed 900 N · m.

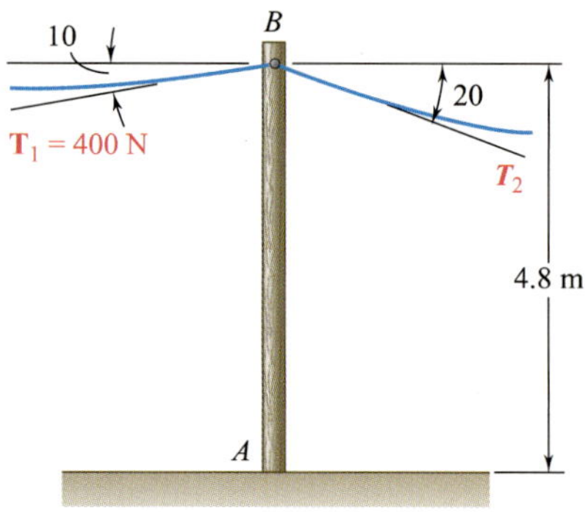

그림 *P4.21*

4.22 The rig shown consists of a 1200-lb horizontal member *ABC* and a vertical member *DBE* welded together at *B*. The rig is being used to raise a 3600-lb crate at a distance $x = 12$ ft from the vertical member *DBE*. If the tension in the cable is 4 kips, determine the reaction at *E*, assuming that the cable is (*a*) anchored at *F* as shown in the figure, (*b*) attached to the vertical member at a point located 1 ft above *E*.

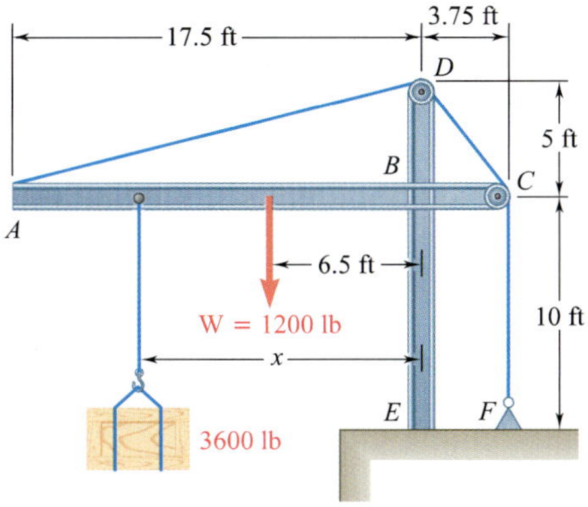

그림 *P4.22*

4.23 For the rig and crate of Prob. 4.22, and assuming that the cable is anchored at *F* as shown, determine (*a*) the required tension in cable *ADCF* if the maximum value of the couple at *E* as *x* varies from 1.5 to 17.5 ft is to be as small as possible, (*b*) the corresponding maximum value of the couple.

4.24 A traffic-signal pole may be supported in the three ways shown; in part *c*, the tension in cable *BC* is to be 1950 N. Determine the reactions for each type of support.

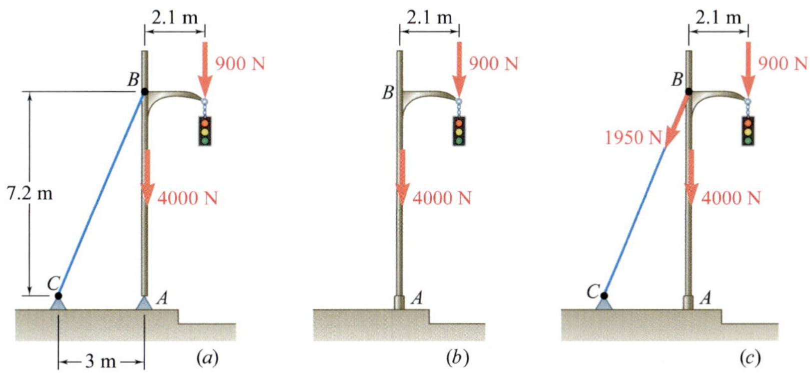

그림 P4.24

4.25 A truss may be supported in eight different ways as shown. All connections consist of frictionless pins, rollers, and short links. In each case, determine whether (*a*) the truss is completely, partially, or improperly constrained, (*b*) the reactions are statically determinate or indeterminate, (*c*) the equilibrium of the truss is maintained in the position shown. Also, wherever possible, compute the reactions, assuming that the magnitude of the force P is 12 kips.

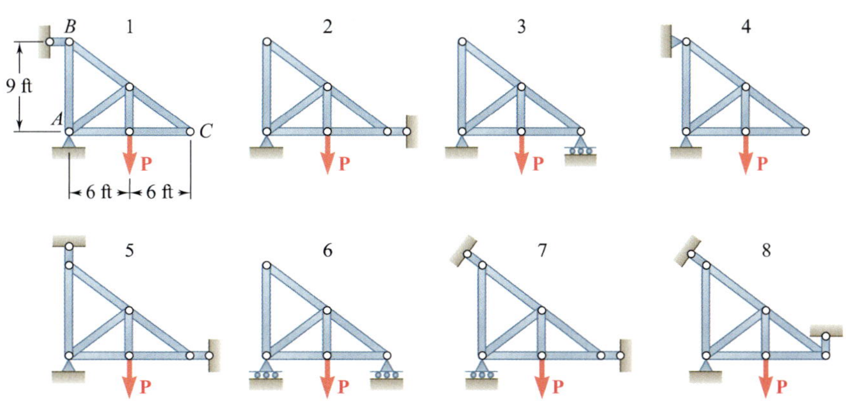

그림 P4.25

4.26 Nine identical rectangular plates, 500 × 750 mm, and each of mass m = 40 kg, are held in a vertical plane as shown. All connections consist of frictionless pins, rollers, and short links. For each case, answer the questions listed in Prob. 4.25, and wherever possible, compute the reactions.

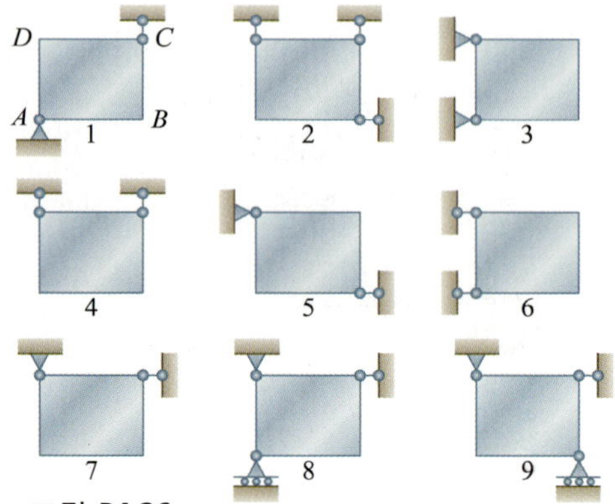

그림 P4.26

4.6 2력 물체의 평형

두 개의 힘을 받는 강체의 평형은 상당한 관심을 불러일으킨다. 이러한 물체를 일반적으로 2력 물체(two-force body)라고 부른다. 2력 물체가 평형상태에 있다면, 두 힘은 크기가 같고 같은 작용선 상에서 방향이 반대이다.

각각 A와 B에 작용하는 두 개의 힘 $\mathbf{F}_1$과 $\mathbf{F}_2$를 받는 L형의 판을 고려한다(그림 4.8a). 이 판이 평형이라면, $\mathbf{F}_1$과 $\mathbf{F}_2$의 임의 축에 대한 모멘트의 합은 영이어야 한다. 먼저, A에 대한 모멘트를 합한다. $\mathbf{F}_1$의 모멘트는 명백히 영이므로, $\mathbf{F}_2$의 모멘트 역시 영이어야 하고 $\mathbf{F}_2$의 작용선은 A를 지나야 한다(그림 4.8b). B에 대한 모멘트를 취하면 마찬가지로 $\mathbf{F}_1$의 작용선이 B를 지나야 한다(그림 4.8c). 따라서 두 힘은 같은 작용선을 갖는다(선 AB). 식 $\Sigma F_x = 0$ 혹은 $\Sigma F_y = 0$로부터, 이들은 크기가 같고 방향이 반대이다.

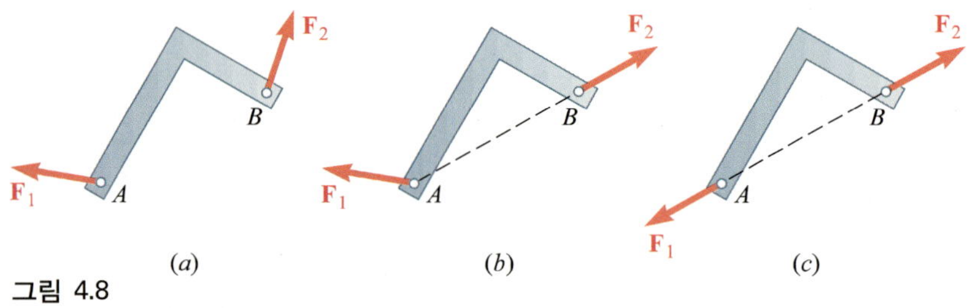

그림 4.8

두 점 A와 B에 여러 하중이 작용한다면, A에 작용하는 힘은 그들의 합력 $\mathbf{F}_1$로, B에 작용하는 힘은 $\mathbf{F}_2$로 대체할 수 있다. 2력을 받는 물체는 보다 일반적으로 단 두 점에 작용하는 힘을 받는 강체라고 정의내릴 수 있다. 합력 $\mathbf{F}_1$과 $\mathbf{F}_2$는 동일 작용선 상에서 크기가 같고 방향이 반대이어야 한다(그림 4.8).

구조물, 뼈대, 그리고 기계의 연구에 있어서 2력을 받는 물체를 인지함으로써 문제의 해결을 단순화 시킨다는 것을 깨닫게 될 것이다.

4.7 3력 물체의 평형

대단히 중요한 평형의 또 다른 경우는 3력을 받는 물체 즉, 세 개의 힘을 받는 강체 혹은 더 일반적으로, 단 세 점에 작용하는 힘을 받는 강체의 경우이다. 각각 A, B와 C에 작용하는 세 개의 힘 $\mathbf{F}_1$, $\mathbf{F}_2$, $\mathbf{F}_3$로 변환시킬 수 있는 힘계를 받는 강체를 고려한다(그림 4.9a). 이 물체가 평형상태에 있다면, 세 힘의 작용선은 한 점에서 만나거나 서로 평행하여야만 한다는 사실을 알게 된다.

강체가 평형상태에 있으므로, 임의 축에 대한 $\mathbf{F}_1$, $\mathbf{F}_2$, $\mathbf{F}_3$의 모멘트 합은 영이어야 한다. $\mathbf{F}_1$과 $\mathbf{F}_2$의 작용선이 교차한다면, 그 교점을 D로 표기하고 D에 대한 모멘트 합을 취한다(그림 4.9b). D에 대한 $\mathbf{F}_1$과 $\mathbf{F}_2$의 모멘트가 영이므로, D에 대한 $\mathbf{F}_3$의 모멘트 역시 영이어야 하고, $\mathbf{F}_3$의 작용선은 D를 지나야 한다(그림 4.9c). 따라서 세 작용선은 한 점에서 만난다. 유일한 예외는 아무 선도 교차하지 않을 때 일어난다; 이 경우 작용선은 서로 평행이다.

3력 물체(three-force body)를 포함하는 문제들은 4.3절에서 4.5절의 일반적인 방법으로 해결할 수 있으나, 방금 설명한 특성을 이용하여 간단한 삼각함수 혹은 기하 관계식으로 도식적 혹은 수학적으로 해결할 수 있다.

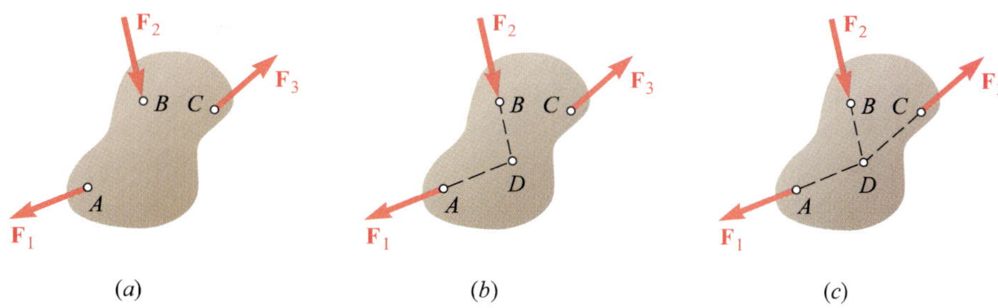

그림 4.9

문제 4.6

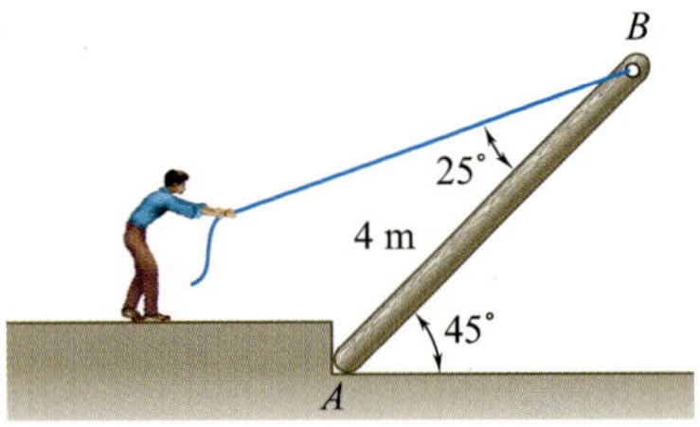

한 남한 남자가 밧줄을 당겨서 길이 4 m, 무게 10 kg의 기둥을 들어 올리고 있다. 밧줄의 인장력과 A의 반력을 구하여라.

풀이.

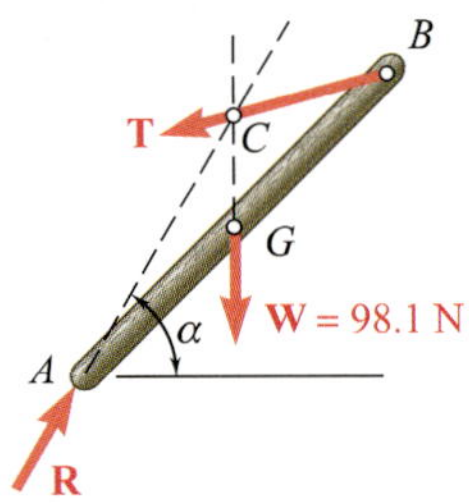

자유물체도. 기둥은 세 힘이 작용하는 3력 물체이다: 중량 **W**, 밧줄에 걸리는 힘 **T**, 그리고 *A*의 지반 반력 **R**. 다음에 주목한다.

$$\mathrm{W} = mg = (10\,\mathrm{kg})(9.81\,\mathrm{m/s^2}) = 98.1\,\mathrm{N}$$

3력 물체. 기둥은 3력 물체이므로 기둥에 작용하는 힘은 한 점에서 만나야 한다. 따라서 반력 **R**은 중량 **W**와 인장력 **T**의 작용선의 교점 *C*를 지나야 한다. 이것이 **R**이 수평선과 이루는 각 α를 결정하기 위하여 사용된다.

*B*를 지나는 수직선 *BF*와 *C*를 지나는 수평선 *CD*를 그리고 다음에 주목하면

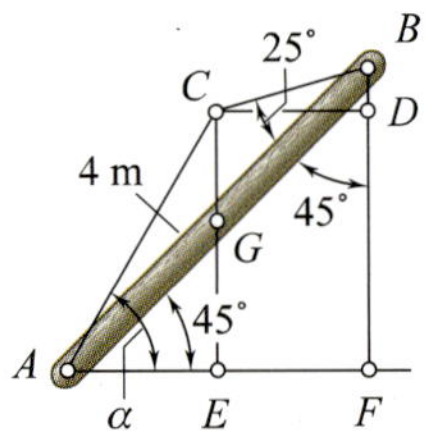

$$AF = BF = (AB)\cos 45^\circ = (4\,\mathrm{m})\cos 45^\circ = 2.828\,\mathrm{m}$$

$$CD = EF = AE = \frac{1}{2}(AF) = 1.414\,\mathrm{m}$$

$$BD = (CD)\cot(45^\circ + 25^\circ) = (1.414\,\mathrm{m})\tan 20^\circ = 0.515\,\mathrm{m}$$

$$CE = DF = BF - BD = 2.828\,\mathrm{m} - 0.515\,\mathrm{m} = 2.313\,\mathrm{m}$$

따라서 다음과 같다.

$$\tan\alpha = \frac{CE}{AE} = \frac{2.313\,\mathrm{m}}{1.414\,\mathrm{m}} = 1.636$$

$$\alpha = 58.6^\circ$$

우리는 이제 기둥에 작용하는 모든 힘의 방향을 안다.

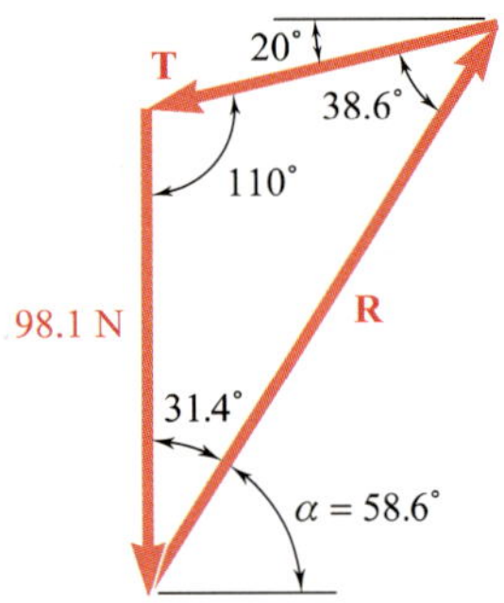

힘의 삼각형. 힘의 삼각형을 그려서 모든 내각을 알려진 힘의 방향으로부터 계산한다. 정현 법칙을 사용하면 다음과 같다.

$$\frac{\mathrm{T}}{\sin 31.4^\circ} = \frac{\mathrm{R}}{\sin 110^\circ} = \frac{98.1\,\mathrm{N}}{\sin 38.6^\circ}$$

$$\mathbf{T} = 81.9\,\mathrm{N}$$

$$\mathbf{R} = 147.8\,\mathrm{N} \measuredangle 58.6^\circ$$

Problems

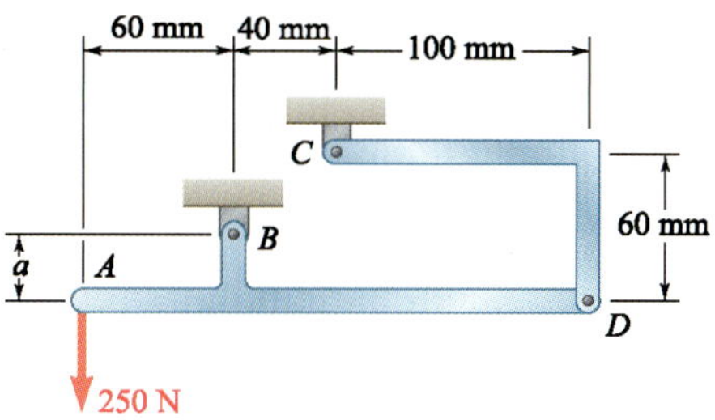

그림 P4.27

4.27 Determine the reactions at B and C when $a = 30$ mm.

4.28 The spanner shown is used to rotate a shaft. A pin fits in a hole at A, while a flat, frictionless surface rests against the shaft at B. If a 300-N force **P** is exerted on the spanner at D, find the reactions at A and B.

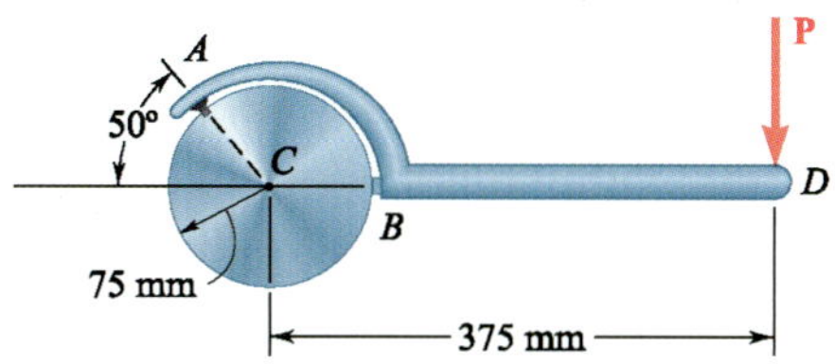

그림 P4.28

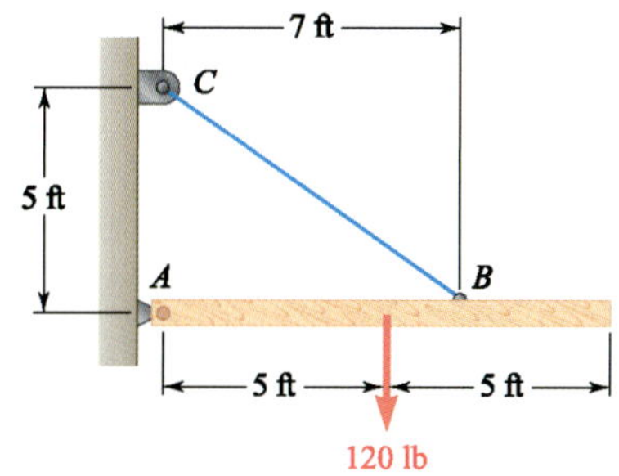

그림 P4.29

4.29 A 10-ft wooden beam weighing 120 lb is supported by a pin and bracket at A and by cable BC. Find the reaction at A and the tension in the cable.

4.30 A T-shaped bracket supports a 300-N load as shown. Determine the reactions at A and C when (*a*) $\alpha = 90°$, (*b*) $\alpha = 45°$.

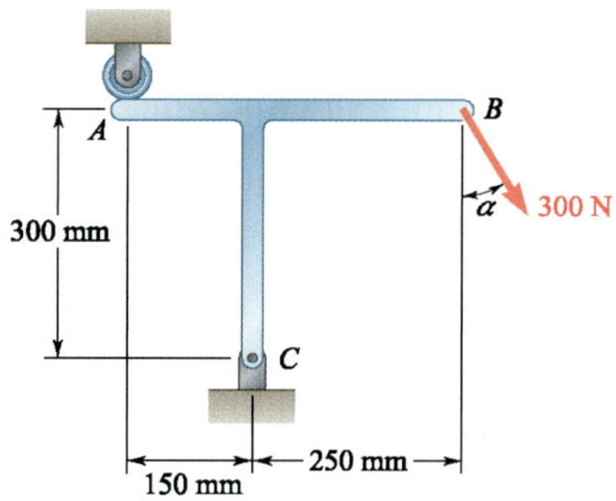

그림 P4.30

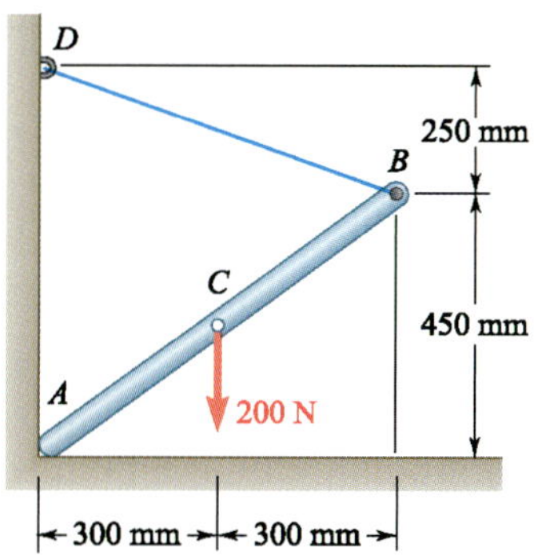

그림 P4.31

4.31 One end of a rod AB rests in the corner A, and the other is attached to cord BD. If the rod supports a 200-N load at its midpoint C, find the reaction at A and the tension in the cord.

4.32 Using the method of Sec. 4.7, solve Prob. 4.12.

4.33 Using the method of Sec. 4.7, solve Prob. 4.13.

4.34 Using the method of Sec. 4.7, solve Prob. 4.14.

4.35 Using the method of Sec. 4.7, solve Prob. 4.15.

4.36 Determine the reactions at A and E when $\alpha = 0$.

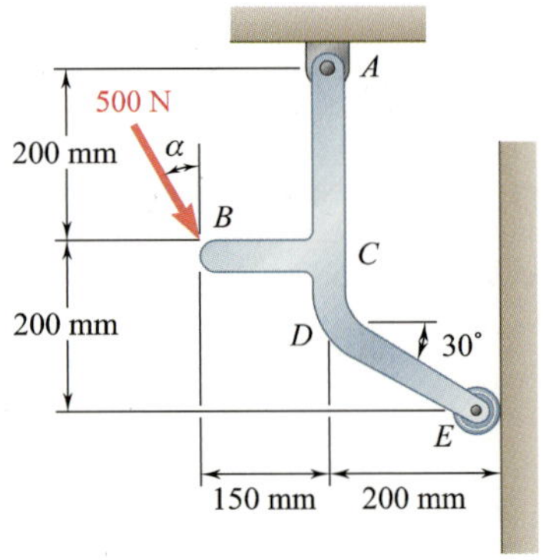

그림 ***P4.36***, **P4.37**

4.37 Determine (a) the value of α for which the reaction at A is vertical, (b) the corresponding reactions at A and E.

4.38 Determine the reactions at A and B when $\alpha = 90°$.

4.39 Determine the reactions at A and B when $\alpha = 30°$.

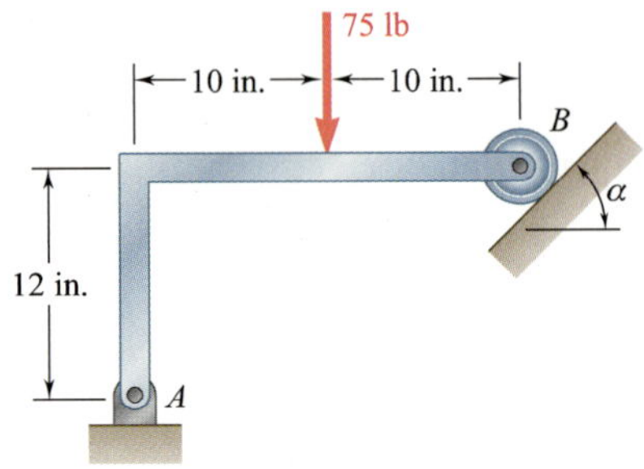

그림 **P4.38**, ***P4.39***

4.40 A slender rod BC of length L and weight W is held by two cables as shown. Knowing that cable AB is horizontal and that the rod forms an angle of 40° with the horizontal, determine (a) the angle θ that cable CD forms with the horizontal, (b) the tension in each cable.

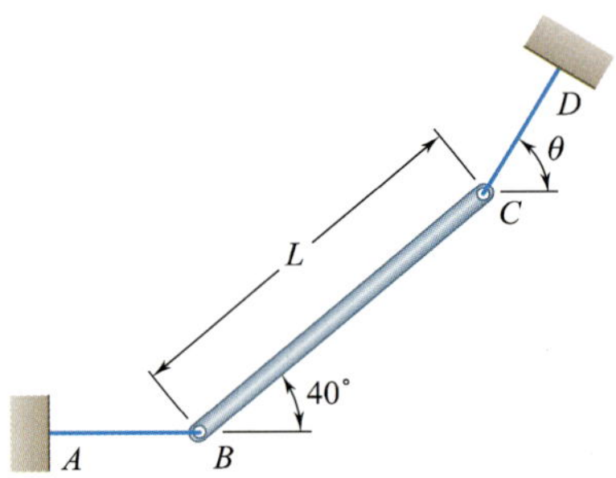

그림 **P4.40**

4.41 A slender rod AB of length L and weight W is attached to a collar at A and rests on a small wheel at C. Neglecting the effect of friction and the weight of the collar, determine the angle θ corresponding to equilibrium.

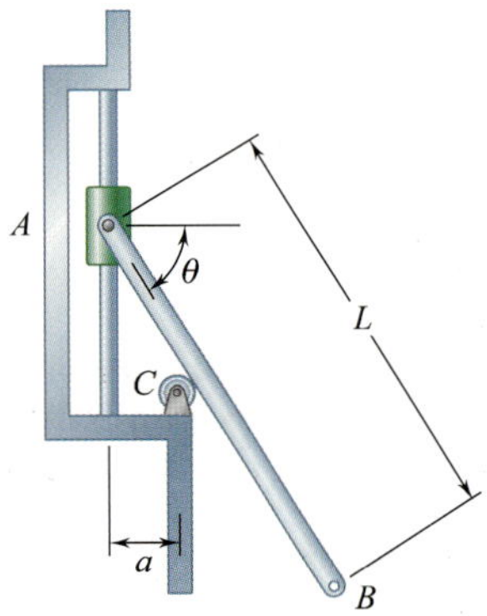

그림 ***P4.41***

4.42 Determine the reactions at A and B when $a = 7.5$ in.

4.43 Determine the value of a for which the magnitude of the reaction **B** is equal to 200 lb.

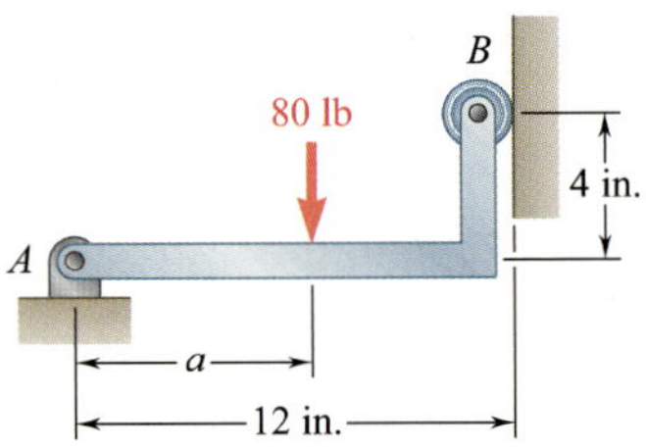

그림 **P4.42**, **P4.43**

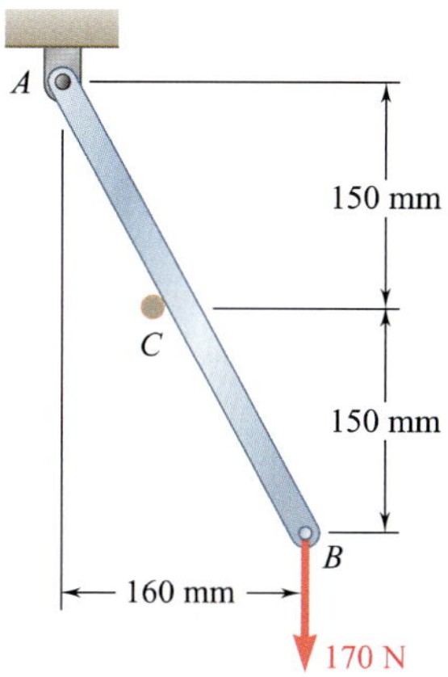

그림 P4.44

4.44 Rod AB is supported by a pin and bracket at A and rests against a frictionless peg at C. Determine the reactions at A and C when a 170-N vertical force is applied at B.

4.45 Solve Prob. 4.44 assuming that the 170-N force applied at B is horizontal and directed to the left.

4.46 A uniform plate girder weighing 6000 lb is held in a horizontal position by two crane cables. Determine the angle α and the tension in each cable.

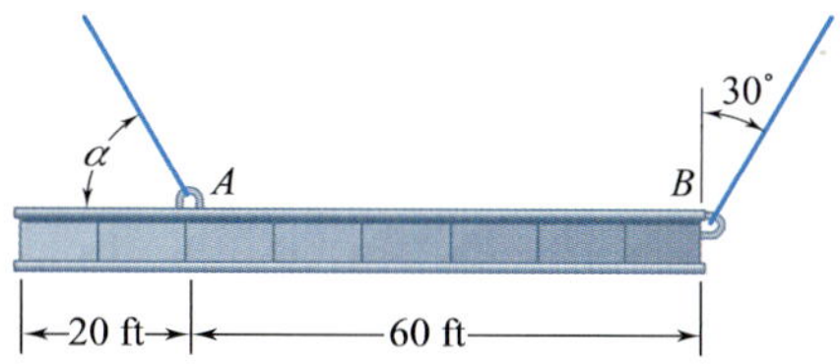

그림 P4.46

4.47 A 12-ft ladder, weighing 40 lb, leans against a frictionless vertical wall. The lower end of the ladder rests on rough ground, 4 ft away from the wall. Determine the reactions at both ends.

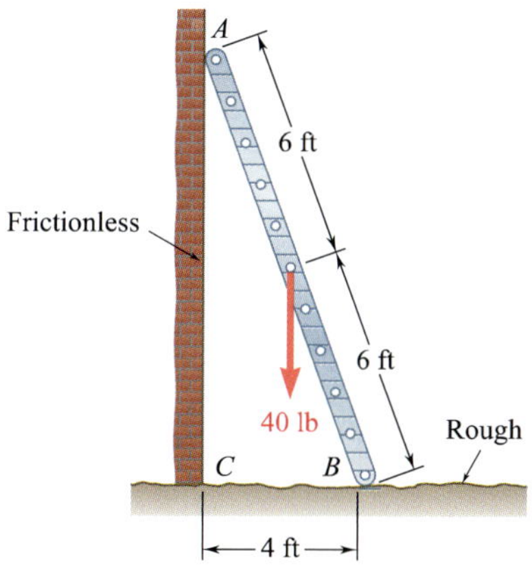

그림 P4.47

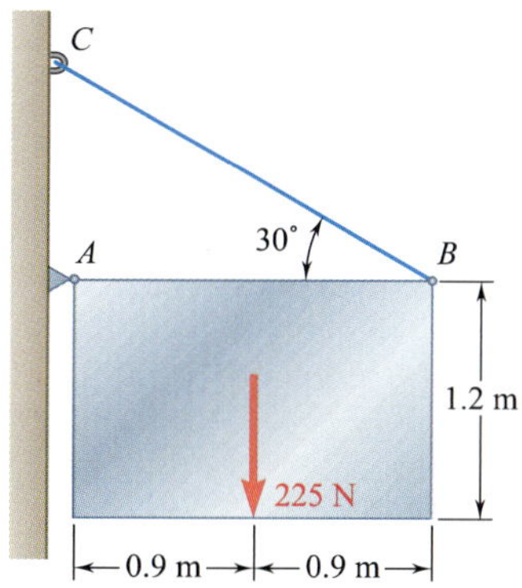

그림 P4.48

4.48 A 225-N sign is supported by a pin and bracket at A and by a cable BC. Determine the reaction at A and the tension in the cable.

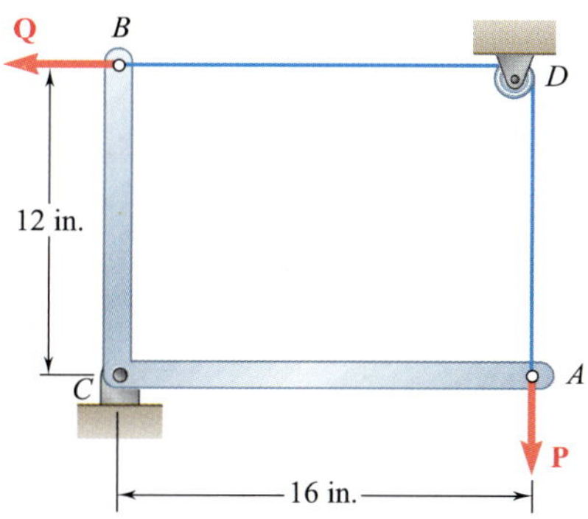

그림 P4.49

4.49 The L-shaped member ACB is supported by a pin and bracket at C and by an inextensible cord attached at A and B and passing over a frictionless pulley at D. The tension may be assumed to be the same in portions AD and BD of the cord. If the magnitudes of the forces applied at A and B are, respectively, $P = 25$ lb and $Q = 0$, determine (*a*) the tension in the cord, (*b*) the reaction at C.

4.50 For the L-shaped member of Prob. 4.49, (*a*) express the tension T in the cord in terms of the magnitudes P and Q of the forces applied at A and B, (*b*) assuming $Q = 40$ lb, find the smallest allowable value of P if the equilibrium is to be maintained.

3차원 평형

4.8 3차원에서의 강체평형

우리는 4.1절에서 일반적인 3차원의 경우 강체의 평형조건을 나타내기 위해서는 6개의 스칼라 방정식이 필요하다는 것을 알았다.

$$\Sigma F_x = 0 \qquad \Sigma F_y = 0 \qquad \Sigma F_z = 0 \tag{4.2}$$

$$\Sigma M_x = 0 \qquad \Sigma M_y = 0 \qquad \Sigma M_z = 0 \tag{4.3}$$

이 방정식을 사용하여 보통은 지점이나 연결부에서의 반력을 나타내는 6개 이하의 미지수를 해결할 수 있다.

대부분의 문제에 있어서 스칼라 방정식 (4.2)와 (4.3)은 대상 강체의 평형조건을 먼저 벡터 형태로 표현해 보면 더 쉽게 구해진다.

$$\Sigma \mathbf{F} = 0 \qquad \Sigma \mathbf{M}_O = \Sigma(\mathbf{r} \times \mathbf{F}) = 0 \tag{4.1}$$

위에서 힘 **F**와 위치벡터 **r**을 스칼라 성분과 단위벡터의 항으로 나타낸다. 다음에, 모든 벡터곱을 직접 계산에 의하거나 행렬식을 사용하여 산정한다(3.8절 참조). 이 계산을 수행함에 있어서, 현명한 O점의 선택에 의하여 3개만큼의 미지 반력 성분을 제거할 수 있음을 알게 된다. (4.1)의 각 두 관계식에서 단위벡터의 계수를 영으로 놓으면, 원하는 스칼라 방정식이 구해진다.[4)]

4.9 3차원 구조물의 지점과 연결부에서의 반력

3차원 구조물에서의 반력의 범위는 마찰이 없는 표면에 생기는 방향이 알려진 단 하나의 힘으로부터 고정단에 생기는 힘−짝힘계까지 이다. 따라서 3차원 구조물의 평형을 포함하는 문제에 있어서, 각 지점과 연결부의 반력과 관련해서 한 개에서 여섯 개까지의 미지수가 존재할 수 있다.

여러 유형의 지점과 연결부가 그들의 반력과 함께 그림 4.10에 나와 있다. 주어진 지점과 연결부에 관련된 반력의 유형과 포함된 미지수의 개수를 결정하는 간단한 방법은 6개의 기본운동(x, y, z 방향의 이동과 x, y, z 축에 대한 회전) 가운데 어느 것이 허용되고 어느 것이 방지되는 지를 알아내는

4) 어떤 문제들에서는, 평형방정식 $\Sigma M_{AB} = 0$ 를 사용하여 해로부터 두 점 A와 B의 반력을 제거하는 것이 편리하다는 것을 알게 된다. 이 식은 점 A와 B를 연결하는 축에 관한 힘의 모멘트의 결정을 포함한다(문제 4.10).

것이다.

예를 들어, 볼 지점, 마찰이 없는 표면, 그리고 케이블의 경우에는 단지 한 방향으로의 이동만이 제한되고 따라서 작용선의 방향이 알려진 한 개의 힘만이 발생한다. 거친 표면 위의 로울러와 궤도 위의 바퀴는 두 방향으로의 이동이 제한된다; 상응하는 반력은 미지의 두 힘 성분으로 구성된다. 직접 닿아있는 거친 표면과 볼－소켓 지점은 세 방향으로의 이동이 제한된다; 이 지점들은 세 미지 힘 성분을 가지고 있다.

몇몇 지점들과 연결부는 이동뿐만 아니라 회전도 제한한다; 상응하는 반력에는 힘 뿐만 아니라 모멘트도 포함된다. 예를 들어. 모든 운동(이동과 회전)을 제한하는 고정 지점에서의 반력은 세 개의 미지력과 세 개의 미지 모멘트를 포함한다. 두 축에 대한 회전이 허용되도록 설계된 만능 절점은 세 개의 미지력과 한 개의 미지 모멘트로 반력이 구성된다.

대부분의 지점과 연결부는 주로 이동을 제한하도록 설계되지만, 회전을 제한하는 경우도 가끔 있다. 그들의 반력은 주로 힘 성분이지만 모멘트를 포함할 수도 있다. 이러한 유형의 지점에는 방사상의 하중만을 지지하도록 설계된 힌지와 베어링이 포함된다(예를 들어, 저널 베어링과 로울러 베어링). 이들의 반력은 두 개의 힘 성분을 포함하지만, 두 개의 모멘틀 추가해 포함하는 경우도 있다. 또 하나의 유형에는 방사상의 하중뿐만 아니라 축방향의 하중도 지지하도록 설계된 핀－브라켓 지점, 힌지, 그리고 베어링이 포함된다. 해당되는 반력에는 세 개의 힘 성분이 포함되지만 두 개의 모멘트가 추가로 포함되는 경우도 있다. 그러나 이러한 지점들은 통상적인 사용조건에서는 상당한 정도의 모멘트는 발생하지 않는다. 따라서 모멘트가 강체의 평형을 유지하기 위해서 필요하거나, 모멘트가 발휘되도록 특별히 고안된 지점이라고 알려지지 않는 한, 단지 힘 성분만을 그들의 해석에 포함하면 된다(Probs. 4.71과 4.72).

만일 반력이 6개 이상의 미지수를 포함한다면, 방정식의 수보다 많은 미지수가 존재하는 것이고, 반력의 일부는 **정역학적으로 부정정**이다. 만일 반력이 6개 이하의 미지수를 포함한다면, 미지수보다 더 많은 방정식이 존재하는 것이고, 평형방정식의 일부는 일반적인 하중조건 하에서 만족될 수 없다; 이 강체는 단지 **부분적으로 구속되어 있다**. 그러나 주어진 문제에 대해서 어떤 특수한 하중조건 하에서는 0 = 0처럼 여분의 방정식이 사소한 것이 되고 따라서 무시해도 된다; 부분적으로만 구속되어 있어도, 이 강체는 평형을 유지한다(문제 4.7과 4.8). 여섯 개 이상의 미지수가 존재하여도, 평형방정식 중 일부는 만족되지 못할 수도 있다. 이것은 주어진 지점과 관련된 반력들이 서로 평행하거나 같은 선에서 교차하는 경우에 일어난다; 이 강체는 **부적절하게 구속되었다** 라고 불린다.

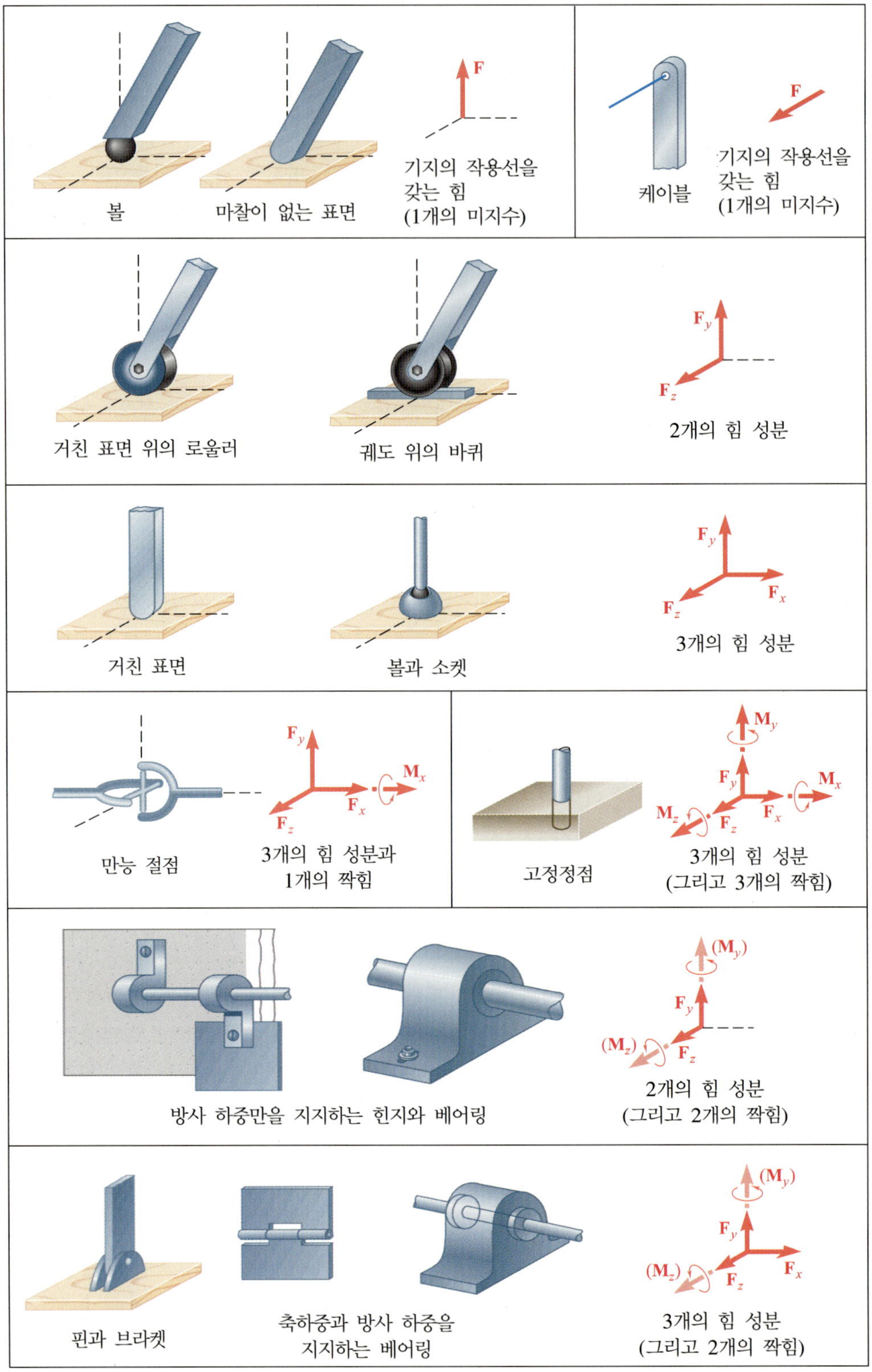

그림 4.10 지점과 연결부에서의 반력

문제 4.7

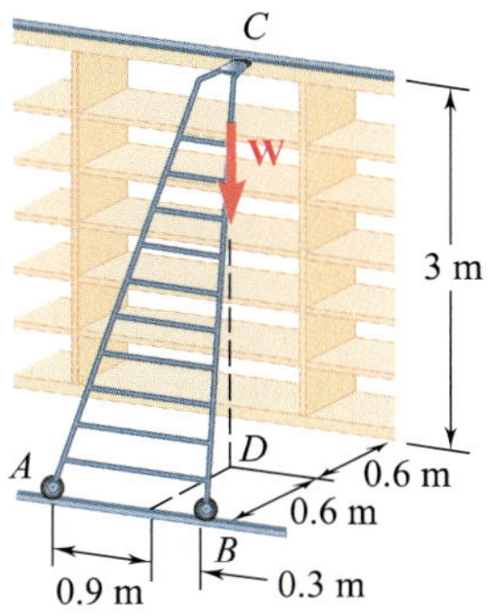

창고의 높은 곳에 가기 위해서 사용되는 20 kg의 사다리가 궤도를 따라 굴러가는 두 개의 바퀴 A와 B 그리고 벽면에 고정되어 있는 궤도에 놓여있는 무궤도 바퀴 C에 의하여 지지되어 있다. 80 kg의 남자가 사다리 위에서 오른쪽으로 기대어 서 있다. 남자와 사다리의 총무게의 작용선은 바닥의 D점을 통과한다. A, B와 C에서의 반력을 구하여라.

풀이.

자유물체도. 사다리의 자유물체도가 그려진다. 포함되는 힘들은 남자와 사다리의 총무게,

$$\mathbf{W} = -mg\mathbf{j} = -(80\,\text{kg} + 20\,\text{kg})(9.81\,\text{m/s}^2)\mathbf{j} = -(981\,\text{N})\mathbf{j}$$

와 다섯 개의 미지의 반력 성분이다. 이것은 각각의 궤도 바퀴의 반력 두 개씩과 무궤도 바퀴의 반력 한 개다. 따라서 이 사다리는 부분적으로만 구속되어 있다; 궤도를 따라 자유롭게 구를 수 있다. 그러나 주어진 하중 하에서는 방정식 $\Sigma F_x = 0$를 만족하므로 평형상태에 있다.

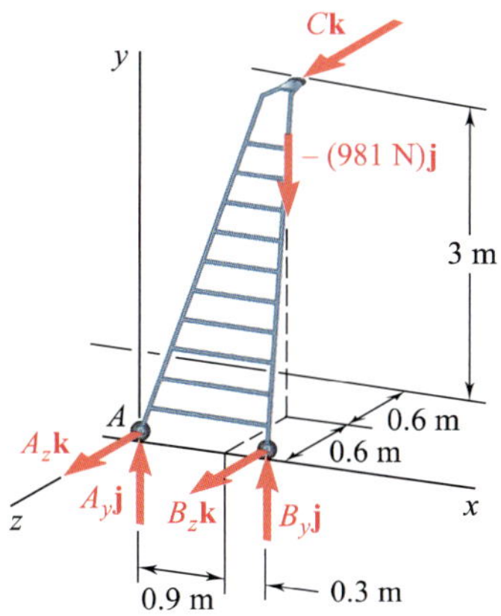

평형방정식. 사다리에 작용하는 힘들에 대한 평형방정식을 다음과 같이 나타낸다.

$$\Sigma\mathbf{F} = 0: \quad A_y\mathbf{j} + A_z\mathbf{k} + B_y\mathbf{j} - B_z\mathbf{k} - (981\,\text{N})\mathbf{j} + C\mathbf{k} = 0$$

$$(A_y + B_y - 981\,\text{N})\mathbf{j} + (A_z + B_z + C)\mathbf{k} = 0 \qquad (1)$$

$$\Sigma\mathbf{M}_A = \Sigma(\mathbf{r} \times \mathbf{F}) = 0: \quad 1.2\mathbf{i} \times (B_y\mathbf{j} + B_z\mathbf{k}) + (0.9\mathbf{i} - 0.6\mathbf{k}) \times (-981\mathbf{j}) + (0.6\mathbf{i} + 3\mathbf{j} - 1.2\mathbf{k}) \times C\mathbf{k} = 0$$

벡터곱을 계산하면 다음과 같다.

$$1.2B_y\mathbf{k} - 1.2B_z\mathbf{j} - 882.9\mathbf{k} - 588.6\mathbf{i} - 0.6C\mathbf{j} + 3C\mathbf{i} = 0$$

$$(3C - 588.6)\mathbf{i} - (1.2B_z + 0.6C)\mathbf{j} + (1.2B_y - 882.9)\mathbf{k} = 0 \qquad (2)$$

식 (2)에서 **i**, **j**, **k**의 계수를 영으로 놓으면, 다음과 같은 스칼라 방정식을 얻을 수 있고, 이것은 각각의 좌표축에 대한 모멘트의 합이 영임을 나타낸다.

$$3C - 588.6 = 0 \qquad C = +196.2\,\text{N}$$
$$1.2B_z + 0.6C = 0 \qquad B_z = -98.1\,\text{N}$$
$$1.2B_y - 882.9 = 0 \qquad B_y = +736\,\text{N}$$

따라서 B와 C에서의 반력은 다음과 같다.

$$\mathbf{B} = +(736\,\text{N})\mathbf{j} - (98.1\,\text{N})\mathbf{k} \qquad \mathbf{C} = +(196.2\,\text{N})\mathbf{k}$$

식 (1)에서 **j**와 **k**의 계수를 영으로 놓으면, y와 z 방향 성분의 합이 영인 것을 나타내는 두 개의 스칼라 방정식을 얻는다. B_y, B_z, C 대신에 위에서 구한 값을 대입하면 다음과 같다.

$$A_y + B_y - 981 = 0 \qquad A_y + 736 - 981 = 0 \qquad A_y = +245\,\text{N}$$
$$A_z + B_z + C = 0 \qquad A_z - 98.1 + 196.2 = 0 \qquad A_z = -98.1\,\text{N}$$

A에서의 반력은 다음과 같다. $\qquad \mathbf{A} = +(245\,\text{N})\mathbf{j} - (98.1\,\text{N})\mathbf{k}$

문제 4.8

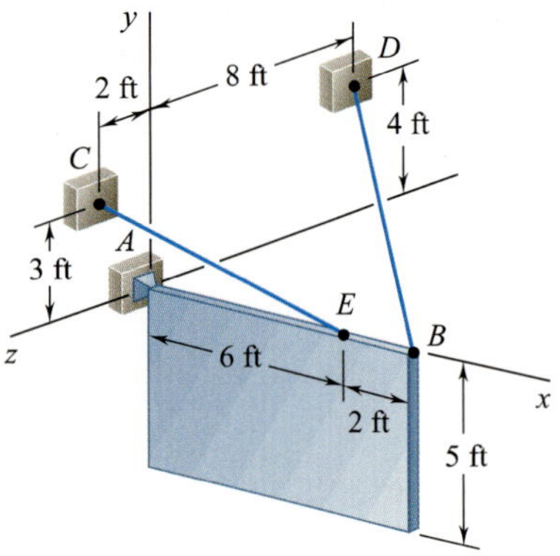

무게가 270 lb인 균일한 밀도의 5 × 8 ft 표지판이 A에서의 볼-소켓 절점에 의해서 그리고 두 개의 케이블에 의해서 지지되어 있다. 각각의 케이블에서의 인장력과 A에서의 반력을 구하여라.

풀이.

자유물체도. 표지판의 자유물체도를 그린다. 자유물체에 작용하는 힘들은 무게 $\mathbf{W} = -(270\text{ lb})\mathbf{j}$와 A, B와 E에서의 반력이다. A에서의 반력은 방향이 미지이고 세 미지 성분으로 나타낸다. 케이블이 발휘하는 힘의 방향은 알고 있으므로, 이들은 각각 크기 T_{BD}와 T_{EC}인 하나의 미지수만을 갖는다. 단지 다섯 개의 미지수만이 존재하므로 이 표지판은 부분적으로 구속되어 있다. 이것은 x축에 대하여 자유롭게 회전할 수 있다; 그러나 주어진 하중 하에서는 식 $\Sigma M_x = 0$를 만족되므로 평형상태에 있다.

힘 $\mathbf{T}_{BD}$와 $\mathbf{T}_{EC}$의 성분은 미지의 크기 T_{BD}와 T_{EC}로 나타낸다.

$$\overrightarrow{BD} = -(8\text{ ft})\mathbf{i} + (4\text{ ft})\mathbf{j} - (8\text{ ft})\mathbf{k} \qquad BD = 12\text{ ft}$$

$$\overrightarrow{EC} = -(6\text{ ft})\mathbf{i} + (3\text{ ft})\mathbf{j} + (2\text{ ft})\mathbf{k} \qquad EC = 7\text{ ft}$$

$$\mathbf{T}_{BD} = T_{BD}\left(\frac{\overrightarrow{BD}}{BD}\right) = T_{BD}\left(-\frac{2}{3}\mathbf{i} + \frac{1}{3}\mathbf{j} - \frac{2}{3}\mathbf{k}\right)$$

$$\mathbf{T}_{EC} = T_{EC}\left(\frac{\overrightarrow{EC}}{EC}\right) = T_{EC}\left(-\frac{6}{7}\mathbf{i} + \frac{3}{7}\mathbf{j} - \frac{2}{7}\mathbf{k}\right)$$

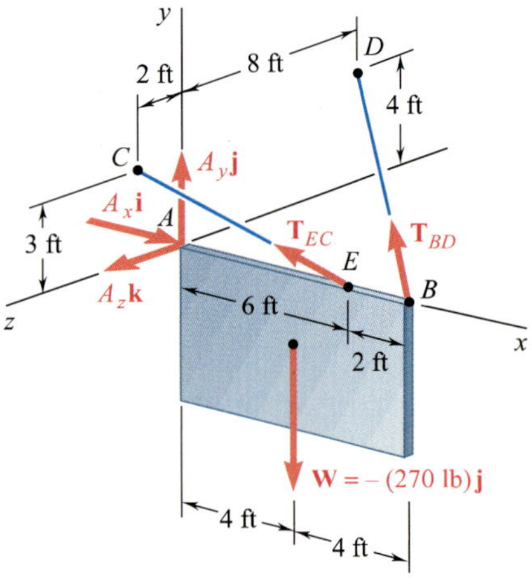

평형방정식. 표지판에 작용하는 힘들은 다음과 같은 평형방정식을 만족한다.

$$\Sigma\mathbf{F} = 0: \quad A_x\mathbf{i} + A_y\mathbf{j} + A_z\mathbf{k} + \mathbf{T}_{BD} + \mathbf{T}_{EC} - (270\text{ lb})\mathbf{j} = 0$$

$$\left(A_x - \frac{2}{3}T_{BD} - \frac{6}{7}T_{EC}\right)\mathbf{i} + \left(A_y + \frac{1}{3}T_{BD} + \frac{3}{7}T_{EC} - 270\text{ lb}\right)\mathbf{j} + \left(A_z - \frac{2}{3}T_{BD} + \frac{2}{7}T_{EC}\right)\mathbf{k} = 0 \qquad (1)$$

$$\Sigma\mathbf{M}_A = \Sigma(\mathbf{r}\times\mathbf{F}) = 0:$$

$$(8\text{ ft})\mathbf{i}\times T_{BD}\left(-\frac{2}{3}\mathbf{i} + \frac{1}{3}\mathbf{j} - \frac{2}{3}\mathbf{k}\right) + (6\text{ ft})\mathbf{i}\times T_{EC}\left(-\frac{6}{7}\mathbf{i} + \frac{3}{7}\mathbf{j} + \frac{2}{7}\mathbf{k}\right) + (4\text{ ft})\mathbf{i}\times(-270\text{ lb})\mathbf{j} = 0$$

$$(2.667\,T_{BD} + 2.571\,T_{EC} - 1080\text{ lb})\mathbf{k} + (5.333\,T_{BD} - 1.714\,T_{EC})\mathbf{j} = 0 \quad (2)$$

식 (2)에서 **j**와 **k**의 계수를 영으로 놓으면 T_{BD}와 T_{EC}에 대해서 풀 수 있는 두 개의 스칼라 방정식이 구해진다.

$$T_{BD} = 101.3\text{ lb} \qquad T_{EC} = 315\text{ lb}$$

식 (1)에서 **i**, **j**, **k**의 계수를 영으로 놓으면 세 개의 방정식이 얻어지고 여기서 **A**의 성분들을 구할 수 있다.

$$\mathbf{A} = +(338\text{ lb})\mathbf{i} + (101.2\text{ lb})\mathbf{j} - (22.5\text{ lb})\mathbf{k}$$

문제 4.9

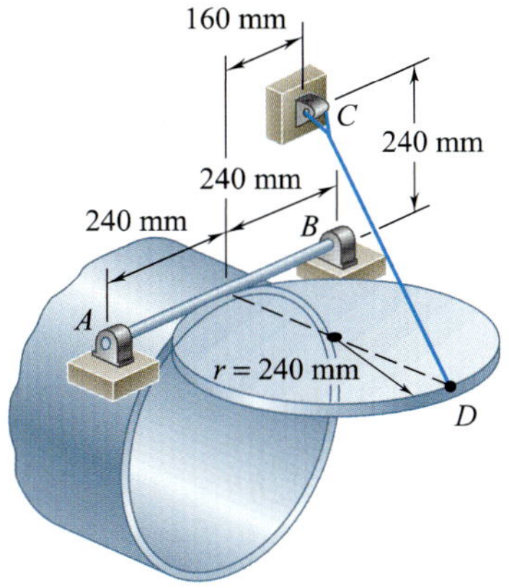

반경 r = 240 mm와 질량 30 kg을 갖는 균일한 파이프 덮개가 케이블 CD에 의하여 수평으로 지지되어 있다. B의 베어링은 축방향으로 마음대로 움직일 수 있다고 가정하고, 케이블의 인장력과 A와 B의 반력을 결정하라.

풀이.

자유물체도. 좌표축과 함께 자유물체도가 그려져 있다. 자유물체에 작용하는 힘은 덮개의 무게,

$$\mathbf{W} = -mg\mathbf{j} = -(30\,\text{kg})(9.81\,\text{m/s}^2)\mathbf{j} = -(294\,\text{N})\mathbf{j}$$

와 여섯 개의 미지 반력이다. 즉, 케이블에 의해 발휘되는 힘 $\mathbf{T}$의 크기, 힌지 A에서의 세 반력 성분, 힌지 B에서의 두 반력이다. $\mathbf{T}$의 성분들은 벡터 $\overrightarrow{DC}$를 직각좌표계 성분으로 분해함에 의하여 미지의 크기 T의 항으로 나타낼 수 있다.

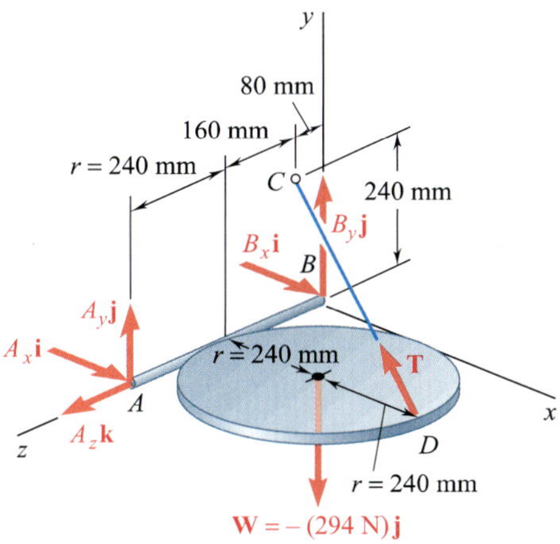

$$\overrightarrow{DC} = -(480\,\text{mm})\mathbf{i} + (240\,\text{mm})\mathbf{j} - (160\,\text{mm})\mathbf{k} \qquad DC = 560\,\text{mm}$$

$$\mathbf{T} = T\frac{\overrightarrow{DC}}{DC} = -\frac{6}{7}T\mathbf{i} + \frac{3}{7}T\mathbf{j} - \frac{2}{7}T\mathbf{k}$$

평형방정식. 파이프 덮개에 작용하는 힘들에 대한 평형방정식을 다음과 같이 표현한다.

$$\Sigma\mathbf{F} = 0: \quad A_x\mathbf{i} + A_y\mathbf{j} + A_z\mathbf{k} + B_x\mathbf{i} + B_y\mathbf{j} + \mathbf{T} - (294\,\text{N})\mathbf{j} = 0$$

$$\left(A_x + B_x - \frac{6}{7}T\right)\mathbf{i} + \left(A_y + B_y + \frac{3}{7}T - 294\,\text{N}\right)\mathbf{j} + \left(A_z - \frac{2}{7}T\right)\mathbf{k} = 0 \quad (1)$$

$$\Sigma\mathbf{M}_B = \Sigma(\mathbf{r}\times\mathbf{F}) = 0:$$

$$2r\mathbf{k}\times(A_x\mathbf{i} + A_y\mathbf{j} + A_z\mathbf{k}) + (2r\mathbf{i} + r\mathbf{k})\times\left(-\frac{6}{7}T\mathbf{i} + \frac{3}{7}T\mathbf{j} - \frac{2}{7}T\mathbf{k}\right)$$
$$+ (r\mathbf{i} + r\mathbf{k})\times(-294\,\text{N})\mathbf{j} = 0$$

$$\left(-2A_y - \frac{3}{7}T + 294\,\text{N}\right)r\mathbf{i} + \left(2A_x - \frac{2}{7}T\right)r\mathbf{j} + \left(\frac{6}{7}T - 294\,\text{N}\right)r\mathbf{k} = 0 \quad (2)$$

식 (2)에서 단위벡터의 계수들을 영으로 놓으면, 세 개의 스칼라 방정식이 작성되고, 이것을 풀어 다음을 얻는다.

$$A_x = +49.0\,\text{N} \qquad A_y = +73.5\,\text{N} \qquad T = 343\,\text{N}$$

식 (1)에서 단위벡터의 계수들을 영으로 놓으면, 세 개의 스칼라 방정식이 더 구해진다. 이 식들에 T, A_x, A_y의 값을 대입하면, 다음을 얻는다.

$$A_z = +98.0\,\text{N} \qquad B_x = +245\,\text{N} \qquad B_y = +73.5\,\text{N}$$

따라서 A와 B의 반력은 아래와 같다.

$$\mathbf{A} = +(49.0\,\text{N})\mathbf{i} + (73.5\,\text{N})\mathbf{j} + (98.0\,\text{N})\mathbf{k}$$
$$\mathbf{B} = +(245\,\text{N})\mathbf{i} + (73.5\,\text{N})\mathbf{j}$$

문제 4.10

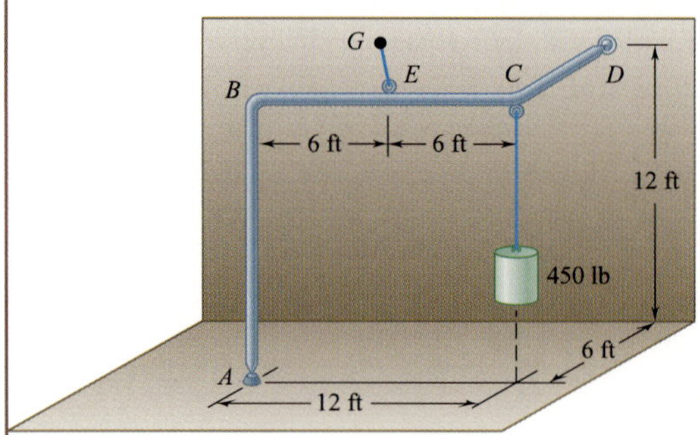

450 lb의 하중이 그림처럼 구부려진 강체 파이프 조각 $ABCD$의 코너 C에 매달려 있다. 이 파이프는 각각 마루와 수직벽에 고정되어 있는 A와 D의 볼-소켓 절점에 의해서 그리고 파이프의 BC 부분의 중점 E와 벽의 G점에 부착된 케이블에 의해 지지된다. (a) 케이블의 인장력이 최소가 되기 위한 G의 위치, (b) 그 때의 최소 인장력을 결정하라.

풀이.

자유물체도. 파이프의 자유물체도에는 하중 $\mathbf{W} = (-450 \text{ lb})\mathbf{j}$, A와 D의 반력, 그리고 케이블의 인장력 $\mathbf{T}$가 포함된다. 계산식으로부터 A와 D의 반력을 배제하기 위하여 힘들의 AD에 관한 모멘트의 합을 영으로 놓는다. AD 방향의 단위벡터를 λ로 표기하면, 다음과 같다.

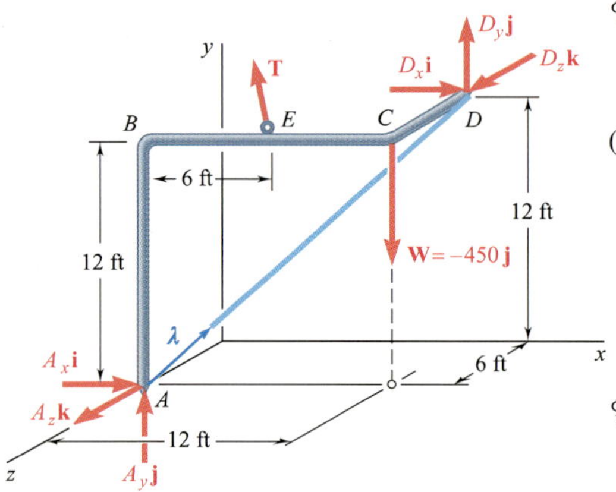

$$\Sigma M_{AD} = 0: \qquad \lambda \cdot (\overrightarrow{AE} \times \mathbf{T}) + \lambda \cdot (\overrightarrow{AC} \times \mathbf{W}) = 0 \qquad (1)$$

(1)식의 두 번째 항은 다음과 같이 계산된다.

$$\overrightarrow{AC} \times \mathbf{W} = (12\mathbf{i} + 12\mathbf{j}) \times (-450\mathbf{j}) = -5400\mathbf{k}$$

$$\lambda = \frac{\overrightarrow{AD}}{AD} = \frac{12\mathbf{i} + 12\mathbf{j} - 6\mathbf{k}}{18} = \frac{2}{3}\mathbf{i} + \frac{2}{3}\mathbf{j} - \frac{1}{3}\mathbf{k}$$

$$\lambda \cdot (\overrightarrow{AC} \times \mathbf{W}) = \left(\frac{2}{3}\mathbf{i} + \frac{2}{3}\mathbf{j} - \frac{1}{3}\mathbf{k}\right) \cdot (-5400\mathbf{k}) = +1800$$

얻어진 값들을 (1)식에 대입하면, 다음이 작성된다.

$$\lambda \cdot (\overrightarrow{AE} \times \mathbf{T}) = -1800 \text{ lb} \cdot \text{ft} \qquad (2)$$

인장력의 최소값. 혼합 3중 벡터곱에 대한 교환법칙을 기억하면, (2)식은 다음과 같이 적을 수 있다.

$$\mathbf{T} \cdot (\lambda \times \overrightarrow{AE}) = -1800 \text{ lb} \cdot \text{ft} \qquad (3)$$

위의 식은 $\mathbf{T}$의 $\lambda \times \overrightarrow{AE}$ 벡터에 대한 투사가 상수라는 것을 보여준다. 따라서 $\mathbf{T}$는 다음의 벡터와 평행일 때 최소가 된다.

$$\lambda \times \overrightarrow{AE} = \left(\frac{2}{3}\mathbf{i} + \frac{2}{3}\mathbf{j} - \frac{1}{3}\mathbf{k}\right) \times (6\mathbf{i} + 12\mathbf{j}) = 4\mathbf{i} - 2\mathbf{j} + 4\mathbf{k}$$

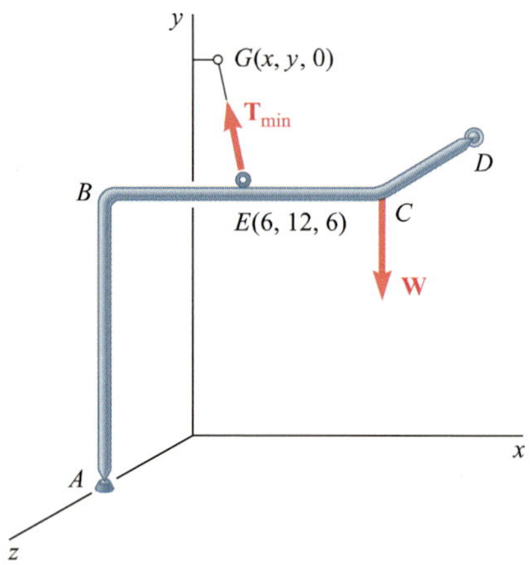

위 벡터의 단위벡터는 $\frac{2}{3}\mathbf{i} - \frac{1}{3}\mathbf{j} + \frac{2}{3}\mathbf{k}$ 이므로, 다음과 같이 적을 수 있다.

$$\mathbf{T}_{\min} = T\left(\frac{2}{3}\mathbf{i} - \frac{1}{3}\mathbf{j} + \frac{2}{3}\mathbf{k}\right) \qquad (4)$$

(3)식에 $\mathbf{T}$와 $\lambda \times \overrightarrow{AE}$를 대입하여 내적을 계산하면, $6T = -1800$을 얻고 따라서 $T = -300$이다. (4)식에 이 값을 대입하면,

$$\mathbf{T}_{\min} = -200\mathbf{i} + 100\mathbf{j} - 200\mathbf{k} \qquad T_{\min} = 300 \text{ lb}$$

G의 위치. 벡터 $\overrightarrow{EG}$ 와 힘 $\mathbf{T}_{\min}$은 같은 방향이므로 그들의 성분은 서로 비례하여야 한다. G의 좌표를 x, y, 0으로 나타내면,

$$\frac{x-6}{-200} = \frac{y-12}{+100} = \frac{0-6}{-200} \qquad x = 0 \qquad y = 15 \text{ ft}$$

Problems

4.51 Two transmission belts pass over a double-sheaved pulley that is attached to an axle supported by bearings at A and D. The radius of the inner sheave is 125 mm and the radius of the outer sheave is 250 mm. Knowing that when the system is at rest, the tension is 90 N in both portions of belt B and 150 N in both portions of belt C, determine the reactions at A and D. Assume that the bearing at D does not exert any axial thrust.

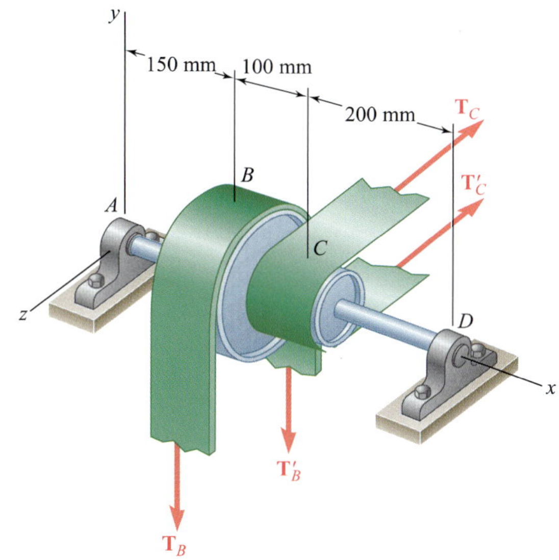

그림 P4.51

4.52 Solve Prob. 4.51, assuming that the pulley rotates at a constant rate and that $T_B = 104$ N, $T'_B = 84$ N, and $T_C = 175$ N.

4.53 A 4 × 8 ft sheet of plywood weighing 40 lb has been temporarily propped against column CD. It rests at A and B on small wooden blocks and against protruding nails. Neglecting friction at all the surfaces of contact, determine the reactions at A, B and C.

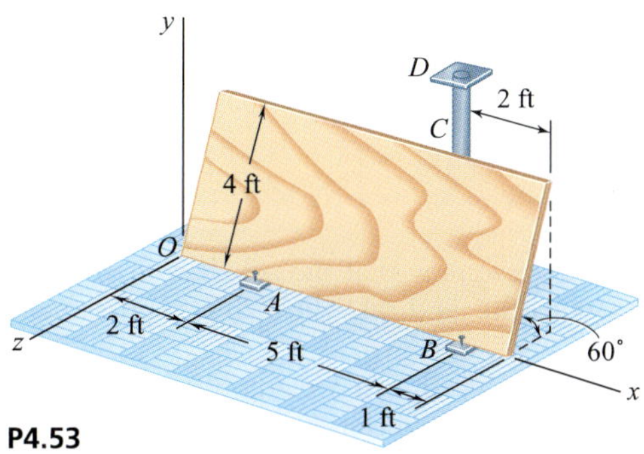

그림 P4.53

4.54 A small wrench is used to raise a 120-lb load. Find (*a*) the magnitude of the vertical force **P** that should be applied at *C* to maintain equilibrium in the position shown, (*b*) the reactions at *A* and *B*, assuming that the bearing at *B* does not exert any axial thrust.

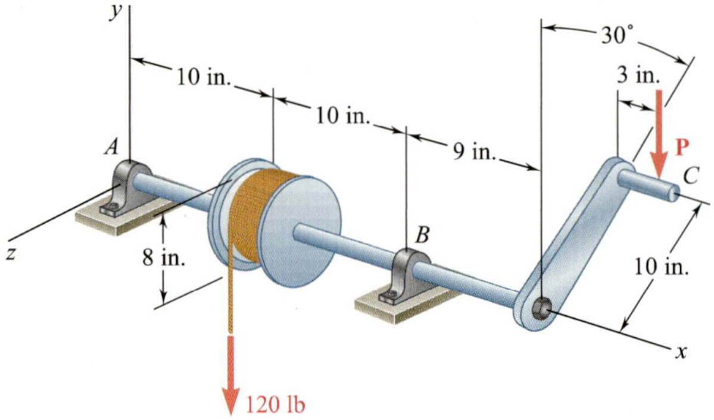

그림 **P4.54**

4.55 A 200-mm lever and a 240-mm-diameter pulley are welded to the axle *BE* that is supported by bearings at *C* and *D*. If a 720-N vertical load is applied at *A* when the lever is horizontal, determine (*a*) the tension in the cord, (*b*) the reactions at *C* and *D*. Assume that the bearing at *D* does not exert any axial thrust.

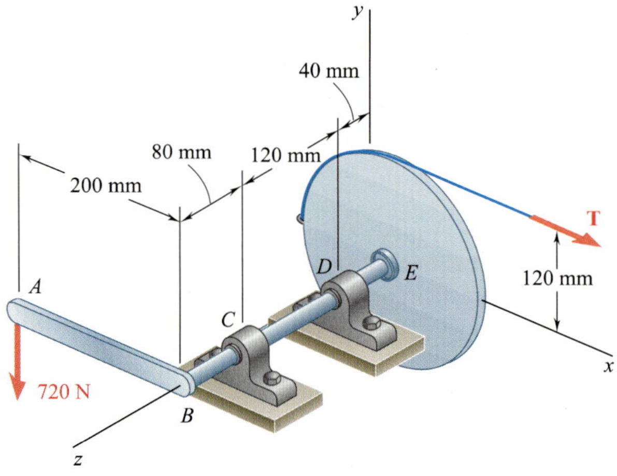

그림 ***P4.55***

4.56 Solve Prob. 4.55 assuming that the axle has been rotated clockwise in its bearings by 30° and that the 720-N load remains vertical.

4.57 The rectangular plate shown weighs 80 lb and is supported by three wires. Determine the tension in each wire.

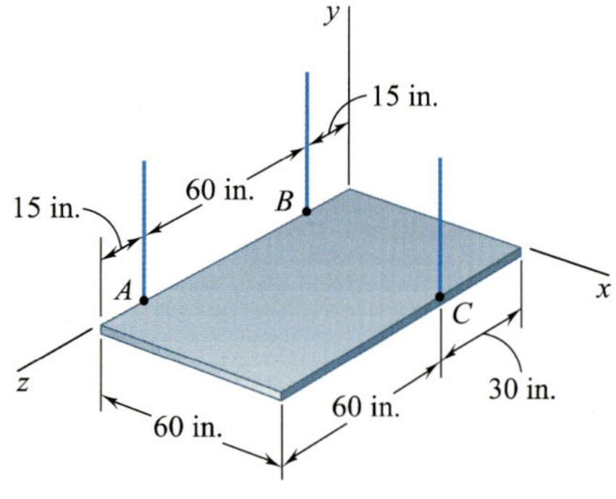

그림 ***P4.57***

4.58 A load *W* is to be placed on the 80-lb plate of Prob. 4.57. Determine the magnitude of *W* and the point where it should be placed if the tension is to be 60 lb in each of the three wires.

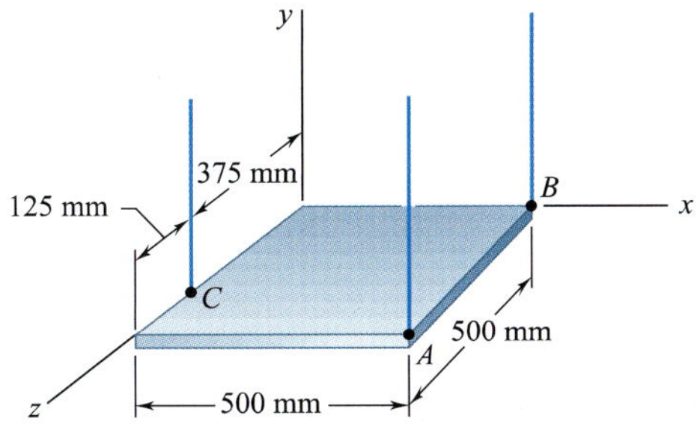

그림 P4.59

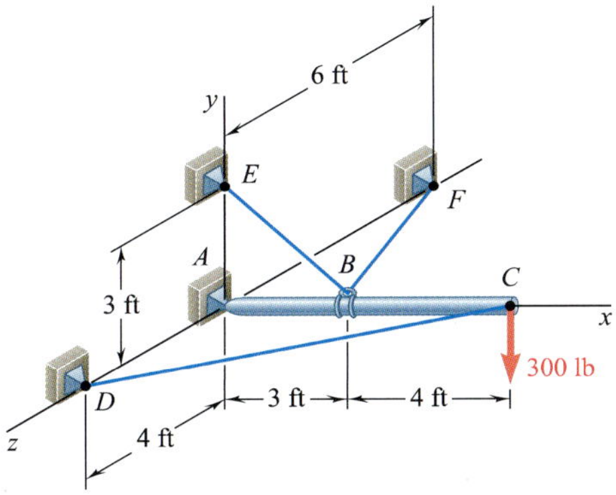

그림 *P4.63*

4.59 The 20-kg square plate is supported by the three wires shown. Determine the tension in each wire.

4.60 Determine the mass and location of the smallest block that should be placed on the 20-kg plate of Prob. 4.59 if the tensions in the three wires are to be equal.

4.61 The 12-ft boom AB is acted upon by the 850-lb force shown. Determine (*a*) the tension in each cable, (*b*) the reaction of the ball and socket at A.

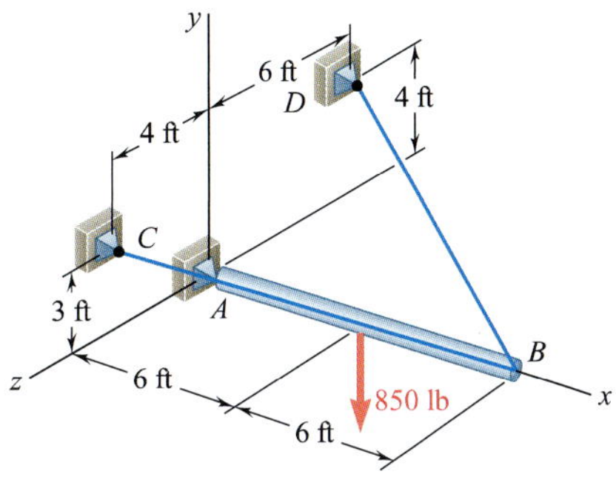

그림 P4.61

4.62 Solve Prob. 4.61 assuming that the 850-lb load is applied at point B.

4.63 A 7-ft boom is held by a ball and socket at A and by two cables EBF and DC; cable EBF passes around a frictionless pulley at B. Determine the tension in each cable.

4.64 A 300-kg crate hangs from a cable that passes over a pulley B and is attached to a support at H. The 100-kg boom AB is supported by a ball and socket at A and by two cables DE and DF. The center of gravity of the boom is located at G. Determine (*a*) the tension in cables DE and DF, (*b*) the reaction at A.

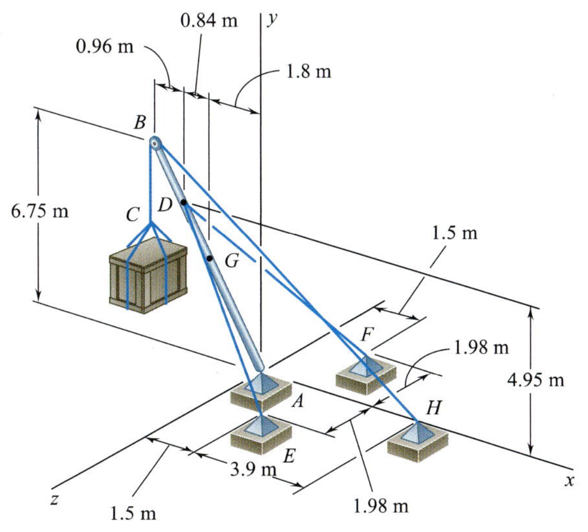

그림 P4.64

4.65 The horizontal platform $ABCD$ weighs 60 lb and supports a 240-lb load at its center. The platform is normally held in position by hinges at A and B and by braces CE and DE. If brace DE is removed, determine the reactions at the hinges and the force exerted by the remaining brace CE. The hinge at A does not exert any axial thrust.

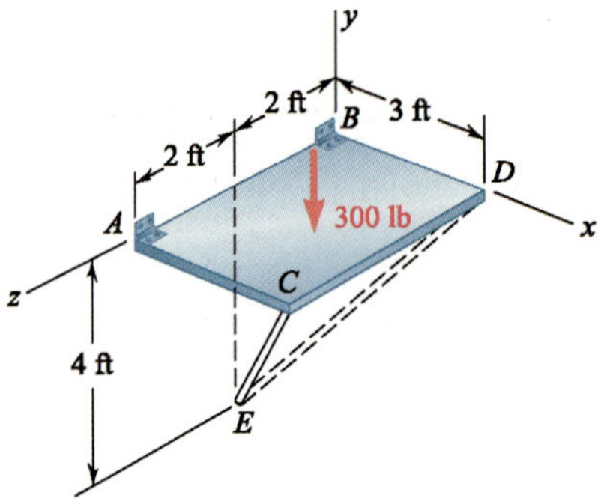

그림 P4.65

4.66 A 1.2 × 2.4-m sheet of plywood is temporarily held by nails at D and E and by two wooden braces nailed at A, B and C. Wind is blowing on the hidden face of the plywood sheet, and it is assumed that its effect may be represented by a force $P\mathbf{k}$ applied at the center of the sheet. Knowing that each brace becomes unsafe with respect to buckling when subjected to a 1.8-kN axial force, determine (*a*) the maximum allowable value of the magnitude of P of the wind force, (*b*) the corresponding value of the z component of the reaction at E. Assume that the nails are loose and do not exert any couple.

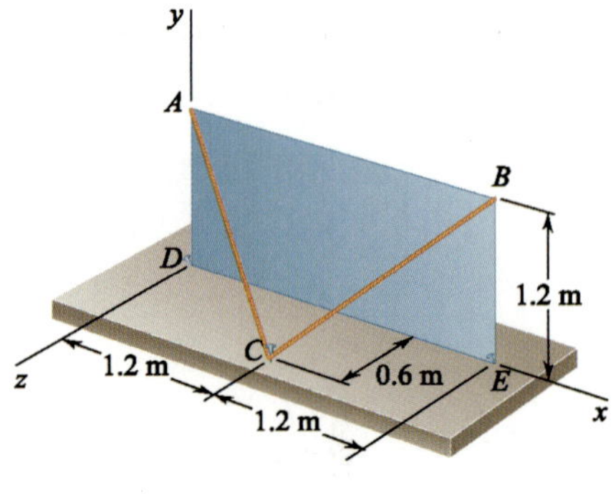

그림 P4.66

4.67 A 3 × 4-ft plate weighs 150 lb and is supported by hinges at A and B. It is held in the position shown by the 2-ft chain CD. Assuming that the hinge at A does not exert any axial thrust, determine the tension in the chain and the reactions at A and B.

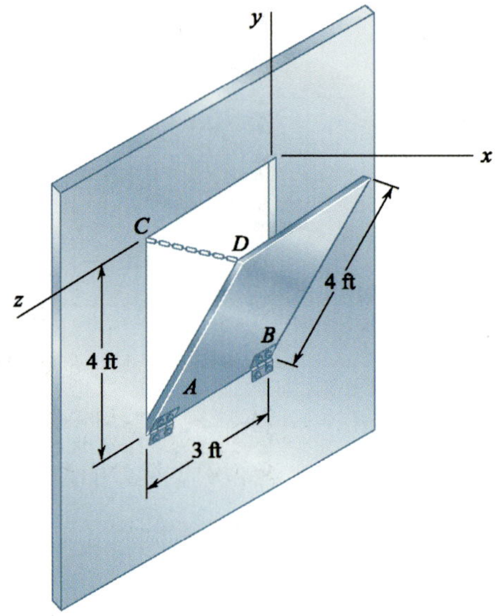

그림 P4.67

4.68 The lid of a roof scuttle weighs 75 lb. It is hinged at corners A and B and maintained in the desired position by a rod CD pivoted at C; a pin at end D of the rod fits into one of several holes drilled in the edge of the lid. For $\alpha = 50°$, determine (*a*) the magnitude of the force exerted by rod CD, (*b*) the reactions at the hinges. Assume that the hinge at B does not exert any axial thrust.

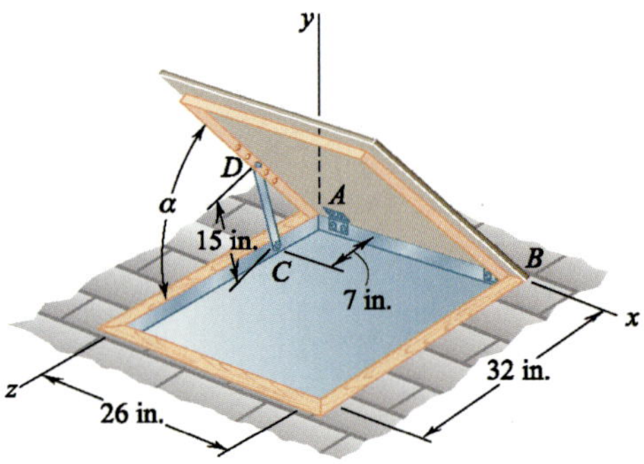

그림 P4.68

4.69 A 10-kg storm window measuring 900 × 1500 mm is held by hinges at A and B. In the position shown, it is held away from the side of the house by a 600-mm stick CD. Assuming that the hinge at A does not exert any axial thrust, determine the magnitude of the force exerted by the stick and the components of the reactions A and B.

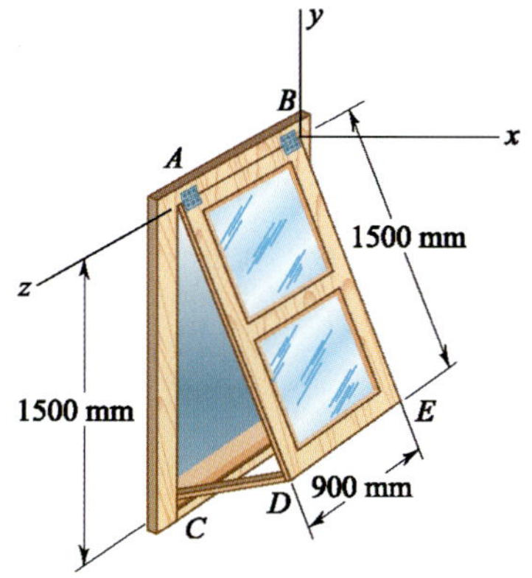

그림 P4.69

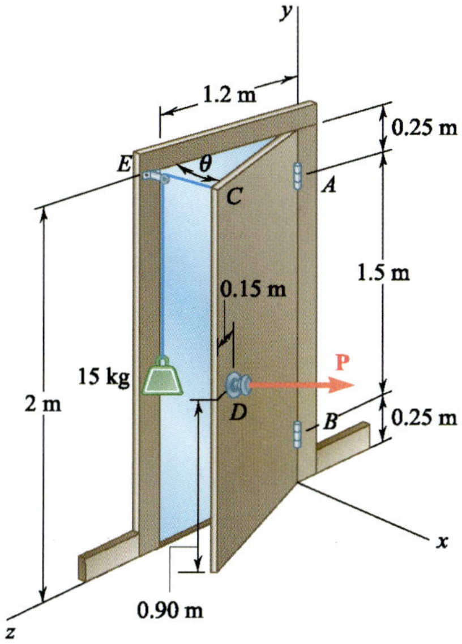

그림 P4.70

4.70 A 20-kg door is made self-closing by hanging a 15-kg counterweight from a cable attached at C. The door is held open by a force **P** applied at the knob D in a direction perpendicular to the door. Determine the magnitude of **P** and the components of the reactions A and B when $\theta = 90°$. It is assumed that the hinge at A does not exert any axial thrust.

4.71 Solve Prob. 4.65 assuming that the hinge at A has been removed and that the hinge at B can exert couples about the axes parallel to the x and y axes, respectively.

4.72 Solve Prob. 4.69 assuming that the hinge at A has been removed.

4.73 The rigid L-shaped member ABC is supported by a ball and socket at A and three cables. Determine the tension in each cable and the reaction at A caused by the 500-lb load applied at G.

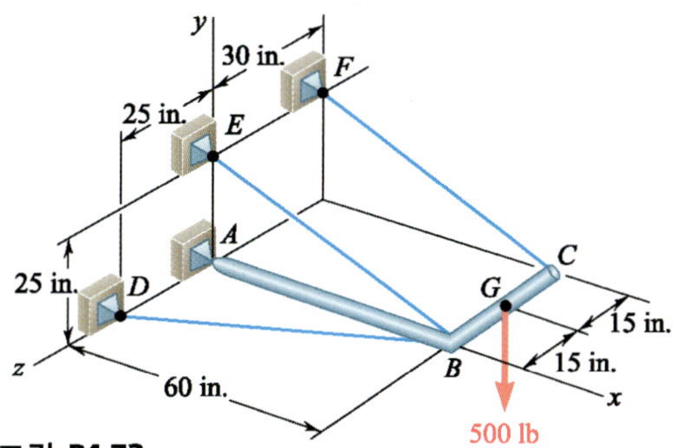

그림 P4.73

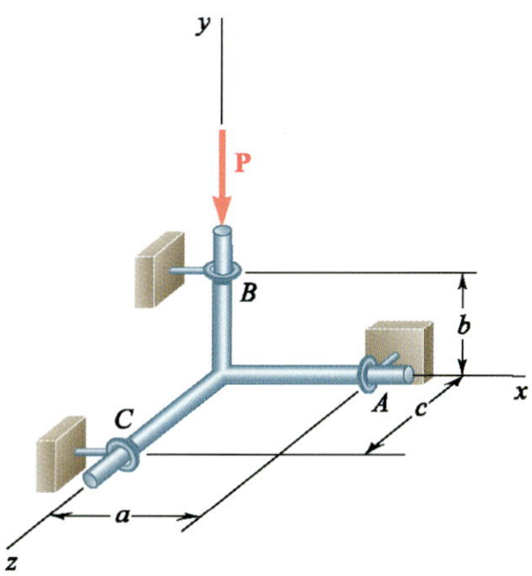

그림 P4.74

4.74 Three rods are welded together to form the "corner" shown. The corner is supported by three smooth eyebolts. Determine the reactions at A, B, and C when $P = 1.2$ kN, $a = 300$ mm, $b = 200$ mm, and $c = 250$ mm.

마찰

4.10 마찰력

앞의 절에서는 접촉면을 마찰이 없는 면이거나 거친 면으로 가정하였다. 마찰이 없는 면이라면, 각각의 접촉면이 상대방에 발휘하는 힘은 면에 수직이고, 두 면은 서로에 대해서 자유롭게 움직일 수 있다. 거친 면이라면, 한 면의 다른 면에 대한 움직임을 제한하기 위하여 접선방향의 힘이 발생한다고 가정한다.

이러한 개념은 간단한 것이나, 실제로는 마찰이 없는 면이라는 것은 존재하지 않는다. 두 면이 접촉하여 있을 때, 한 면을 다른 면에 대해서 움직이도록 시도한다면, 마찰력이라는 접선력이 항상 발생한다. 한편, 이 마찰력은 크기에 제한이 있어서, 충분히 커다란 힘이 작용한다면 움직임을 억제하지 못한다. 따라서 마찰이 없는 면과 거친 면 사이의 구분은 정도의 차이이다. 이 사실을 다음 절에서 통상적인 공학 문제에 대한 마찰과 그 응용에 대해 공부함에 의해서 명확히 보일 것이다.

두 종류의 마찰이 존재한다; 종종 쿨롬 마찰이라 불리는 **건마찰**(dry friction)과 **유체마찰**(fluid friction)이다. 유체마찰은 서로 다른 속도로 움직이는 유체층 사이에서 발생한다. 유체마찰은 파이프나 구멍을 통한 유체의 흐름을 포함하는 문제나 동유체내에 잠겨있는 물체를 다루는 경우 대단히 중요하다. 이것은 또한 윤활장치의 운동에 대한 해석에 있어서는 기본이다. 이러한 문제는 유체역학 서적에서 취급한다. 현재의 주제는 건마찰 즉, 매끄럽지 않은 면에서 접촉해 있는 강체의 마찰로 제한한다.

4.11 건마찰 법칙. 마찰계수

건마찰 법칙은 다음과 같은 실험을 통해서 예증할 수 있다. 무게 **W**의 나무토막이 수평면위에 놓여있다(그림 4.11a). 나무토막에 작용하는 힘은 무게 **W**와 표면에서의 반력이다. 무게는 아무런 수평성분을 갖고 있지 않으므로, 표면에서의 반력 역시 아무런 수평성분을 갖고 있지 않다; 따라서 반력은 표면에 수직이고 그림 4.11a에서 **N**으로 표기한다. 이제 수평력 **P**가 나무토막에 작용한다고 가정한다(그림 4.11b). **P**가 작다면, 나무토막은 움직이지 않는다; **P**와 균형을 이루는 또 다른 수평력이 존재해야만 한다. 이 또 다른 힘이 정마찰력 **F**이고, 이것은 실제로 나무토막과 수평면 사이의 전 접촉면에 걸쳐서 작용하고 있는 힘들의 합력이다. 이 힘들의 성격은 정확히 알려져 있지 않지만, 일반적으로 접촉면의 불규칙성에 기인하고 어느 정도까지는 분자

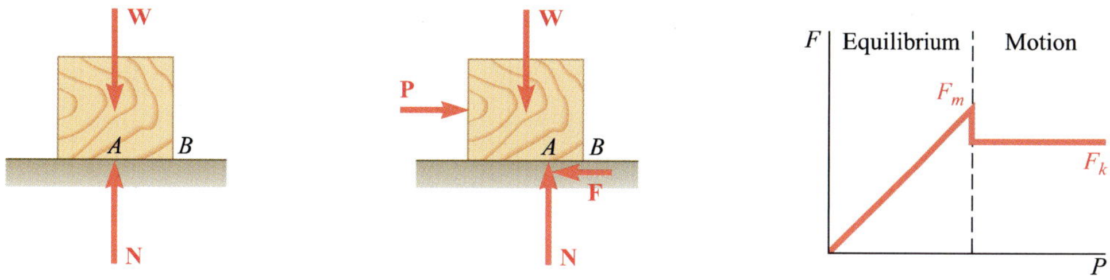

그림 4.11 (a) (b) (c)

인력에도 원인이 있다고 추측된다.

힘 **P**가 증가한다면, **P**와 반대 방향인 마찰력 **F**도 증가하고, 마침내 일정한 크기의 최대값 F_m에 도달하게 된다(그림 4.11c). **P**가 더 증가한다면, 마찰력은 더 이상 그것과 균형을 이룰 수 없게 되고 나무토막은 미끄러지기 시작한다.5) 나무토막이 움직이자마자, **F**의 크기는 F_m에서 더 작은 값인 F_k로 떨어진다. 이것은 접촉면이 서로에 대하여 움직이면 접촉면 사이의 불규칙 면에서의 상호침투가 작아지기 때문이다. 이 때 부터 나무토막은 증가하는 속도로 계속 미끄러지고, 마침내 $\mathbf{F}_k$로 표기하고 동마찰력이라 부르는 마찰력은 대략 일정한 값에 도달한다.

실험을 통해서 정마찰력의 최대값 F_m은 반력의 수직성분 N에 비례한다고 입증되었다.

$$F_m = \mu_s N \tag{4.8}$$

여기서 μ_s는 **정마찰계수**(coefficient of static friction)라고 불리는 상수이다. 마찬가지로, 동마찰력의 크기 F_k도 다음의 형태가 되고,

$$F_k = \mu_k N \tag{4.9}$$

여기서 μ_k는 **동마찰계수**(coefficient of kinetic friction)라고 불리는 상수이다. 마찰계수 μ_s와 μ_k는 접촉면의 면적과는 상관없다. 그러나 두 계수 모두 접촉면의 성질과는 밀접한 관계에 있다. 또한 이들은 표면의 정확한 상태와 관련이 있기 때문에, 5 퍼센트 이상의 정확도로 알려져 있는 경우는 드물다. 여러 가지 건조한 표면에서의 정마찰계수의 근사값이 표 4.1에 주어져 있다.

5) 마찰력의 크기 F가 0에서 F_m으로 증가함에 따라, 접촉면에 수직한 힘의 합력 **N**의 작용점 A는 우측으로 움직이게 되고 따라서 각각 **P**와 **F** 그리고 **W**와 **N**에 의해서 만들어지는 짝힘도 균형을 이루게 됨을 주목하여야 한다. F가 최대값 F_m에 도달하기 전에 **N**이 B에 도달하면, 나무토막은 미끄러지기 전에 B 주위로 기울게 된다(연습문제 4.85에서 4.88까지를 보라).

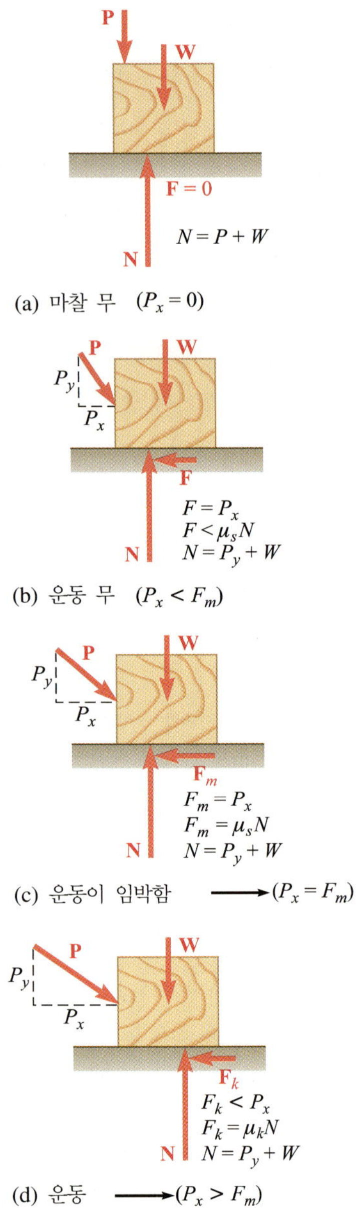

그림 4.12

동마찰계수의 해당값은 약 25 퍼센트 작다. 마찰계수는 무차원 양이므로, 표 4.1에 주어진 값들은 SI 단위계와 미국 상용 단위계에서 모두 사용할 수 있다.

표 4.1 건표면에 대한 정마찰계수의 근사값

금속 위의 금속	0.15~0.60
목재 위의 금속	0.20~0.60
석재 위의 금속	0.30~0.70
가죽 위의 금속	0.30~0.60
목재 위의 목재	0.25~0.50
가죽 위의 목재	0.25~0.50
석재 위의 석재	0.40~0.70
흙 위의 흙	0,20~1.00
콘크리트 위의 고무	0.60~0.90

위의 기술로부터 강체가 수평면위에 접촉해 있을 때, 네 가지 서로 다른 상황이 일어날 수 있는 것처럼 보인다:

1. 물체에 작용하는 힘이 접촉면을 따라 물체를 움직이려는 경향이 없다; 마찰력이 존재하지 않는다(그림 4.12a).
2. 작용력이 접촉면을 따라 물체를 움직이려는 경향이 있으나 운동을 시작하게끔 충분히 크지 못하다. 발생된 마찰력 **F**는 물체에 대한 평형방정식을 풀어서 구할 수 있다. **F**가 최대값에 도달하였다는 증거가 없으므로, 마찰력을 구하기 위하여 식 $F_m = \mu_s N$를 사용할 수 없다(그림 4.12b)
3. 작용력의 크기가 물체를 막 움직이려고 하는 정도이다. 운동이 임박했다고 말할 수 있다. 마찰력 **F**는 최대값 F_m에 도달하였고, 수직력 **N**과 함께 외력과 평형을 이룬다. 평형방정식과 식 $F_m = \mu_s N$를 모두 사용할 수 있다. 마찰력은 움직이려는 방향과 반대의 방향을 가지고 있음에 주목한다(그림 4.12c).
4. 작용력 하에서 물체가 미끄러지고 평형방정식은 더 이상 성립하지 않는다. 그러나 이제 **F**는 $\mathbf{F}_k$와 같고 식 $F_k = \mu_k N$를 사용할 수 있다. $\mathbf{F}_k$의 방향은 운동의 방향과 반대이다(그림 4.12d).

4.12 마찰각

수직력 **N**과 마찰력 **F**를 그들의 합력 **R**로 대치하는 것이 편리할 때가 종종 있다. 수평면 위에 놓여 있는 무게 **W**의 나무토막을 다시 고려한다. 나무토

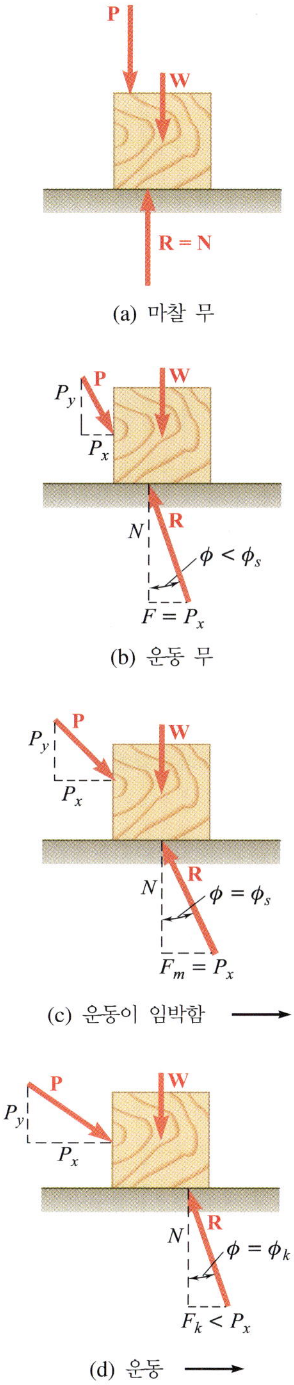

그림 4.13

막에 수평력이 작용하지 않는다면 합력 **R**은 수직력 **N**과 같다(그림 4.13a). 그러나 작용력 **P**가 나무토막을 움직이려고 하는 수평성분 $\mathbf{P}_x$를 갖고 있다면, 힘 **R**은 수평성분 **F**를 갖게 되고 따라서 면의 법선에 대해서 각 ϕ를 이룬다(그림 4.13b). $\mathbf{P}_x$가 증가하여 이제 막 움직임이 시작되면 **R**과 수선 사이의 각도가 커지게 되어 그 최대값에 도달한다(그림 4.13c). 이 값을 **정마찰각**(angle of static friction)이라고 부르고 ϕ_s로 표기한다. 그림 4.13c의 기하학으로부터, 다음을 주목한다.

$$\tan\,\phi_s = \frac{F_m}{N} = \frac{\mu_s N}{N}$$

$$\tan\,\phi_s = \mu_s \tag{4.10}$$

운동이 실제로 발생하면, 마찰력의 크기는 F_k로 떨어진다; 마찬가지로 **R**과 **N** 사이의 각 ϕ도 **동마찰각**(angle of kinetic friction)이라 불리는 더 작은 값 ϕ_k로 떨어진다(그림 4.13d). 그림 4.14에 기하학을 적용하면 다음과 같다.

$$\tan\,\phi_k = \frac{F_k}{N} = \frac{\mu_k N}{N}$$

$$\tan\,\phi_k = \mu_k \tag{4.11}$$

마찰각이 어떤 유형의 문제의 해석에 도움이 되는가를 보여주는 예가 또 있다. 판자 위에 놓인 나무토막을 고려한다. 여기에는 무게 **W**와 판자의 반력 **R**만이 작용한다. 판자는 원하는 대로 경사지게 할 수 있다. 판자가 수평이라면, 판자가 나무토막에 가하는 힘 **R**은 판자와 수직이고 무게 **W**와 평형을 이룬다(그림 4.14a). 판자가 경사각 θ로 조금 기울어지면, 힘 **R**은 판자의 수선과 θ만큼 벗어나고 **W**와의 평형은 지속된다(그림 4.14b); 이 힘의 법선 성분은 크기 $N = W\cos\theta$의 **N**이고 접선 성분은 크기 $F = W\sin\theta$인 **F**이다.

경사각을 계속 증가시키면, 움직임이 막 일어나려고 한다. 이 때 **R**과 법선 사이의 각은 최대값 ϕ_s에 도달한다(그림 4.14c). 운동이 막 시작하려 할 때의 경사각을 정지각으로 부른다. 명백히 정지각은 정마찰각 ϕ_s와 같다. 경사각 θ가 더 커지면 운동이 시작되고 **R**과 법선 사이의 각은 더 작은 값 ϕ_k로 떨어진다(그림 4.14d). 반력 **R**은 더 이상 수직이 아니고, 나무토막에 작용하는 힘들은 균형을 잃게 된다.

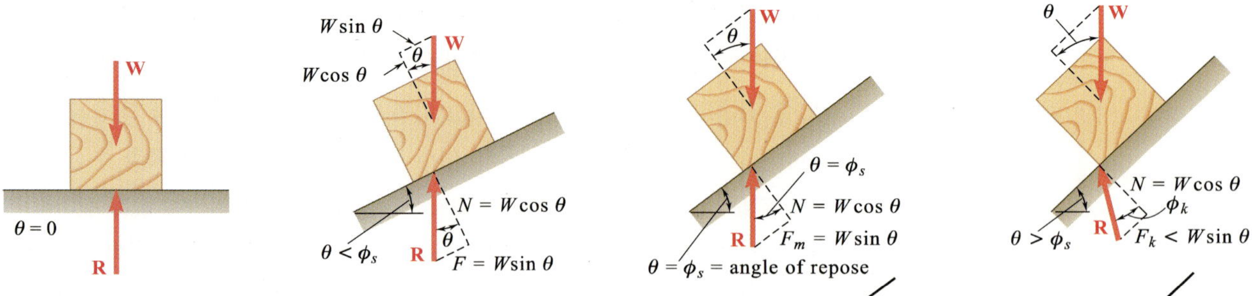

(a) 마찰 무 (b) 운동 무 (c) 운동이 임박함 (d) 운동

그림 4.14

4.13 건마찰을 포함하는 문제

사진 4.5 포장과 경사진 운반용 벨트 사이의 정마찰계수는 포장이 미끄러지지 않고 운반되도록 충분히 커야 한다.

건마찰을 포함하는 문제들은 공학적인 응용사례가 많이 발견된다. 일부는 앞 절에서 기술하였던 면 위에서 미끄러지는 나무토막과 같은 간단한 사례이고, 일부는 문제 4.13에서와 같은 복잡한 상황을 포함한다; 많은 사례들은 가속 운동을 하는 강체의 안정을 취급하고 동역학에서 다루어진다. 또한 건마찰 법칙을 응용하여 많은 통상 기계와 기구류가 해석된다.

건마찰을 포함하는 문제들을 풀기 위하여 사용하여야 하는 방법들은 앞 장에서 사용한 방법과 마찬가지이다. 문제가 회전 없는 병진운동만을 포함하고 있다면, 대상 물체는 입자로 취급되고, 2장의 방법이 사용된다. 문제가 회전운동도 포함하고 있다면, 물체는 강체로 고려되어야 한다.

대상 물체에 세 개 이상의 힘이 작용하고 있다면(접촉면에서의 반력 포함), 접촉면에서의 반력은 성분 **N**과 **F**로 표현되고, 이 문제는 평형방정식으로 해결된다. 대상 물체에 단지 세 개의 힘만이 작용한다면, 각 반력을 하나의 힘 **R**로 나타내고 힘의 삼각형을 그려서 문제를 해결하는 것이 편리하다.

마찰을 포함하는 대부분의 문제들은 다음의 세 그룹 가운데 어느 하나에 속한다: 첫 번째 그룹에서는, 모든 작용력이 주어져 있고 마찰계수가 알려져 있다; 우리는 이 물체가 정지해 있을 것인가 혹은 미끄러질 것인가를 결정하려고 한다. 평형을 유지하기 위하여 필요한 마찰력 **F**는 미지이고(이것의 크기는 $\mu_s N$과 같지 않다), 자유물체도를 그리고 평형방정식을 풀어서 수직력 **N**과 더불어 결정하여야 한다(그림 4.15a). 이제 알아낸 마찰력의 크기 F가 최대값 $F_m = \mu_s N$와 비교된다. F가 F_m보다 작거나 같다면, 이 물체는 정지해 있다. F가 F_m보다 크다면, 평형은 유지되지 못하고 운동이 일어난다; 이 때 마찰력의 실제 크기는 $F_k = \mu_k N$이다.

두 번째 그룹의 문제들에서는, 모든 작용력이 주어지고, 움직임이 임박해 있다; 우리는 정마찰계수 값을 구하려 한다. 또 다시 여기서 자유물체도를 그리고, 평형방정식을 풀어서 마찰력과 수직력을 결정한다(그림 4.15b). F에 대해서 발견한 값이 최대값 F_m임을 알고 있으므로, 마찰계수는 식 $F_m = \mu_s N$를 풀어서 알아낸다.

세 번째 그룹의 문제들에서는, 정마찰계수가 주어지고, 주어진 방향으로의 운동이 임박해 있다; 우리는 작용력 가운데 어느 하나의 크기와 방향을 결정하려 한다. 마찰력을 임박한 움직임의 방향과 반대이고 크기가 $F_m = \mu_s N$인 것으로 자유물체도 상에 나타내야 한다(그림 4.15c). 평형방정식을 작성하여 원하는 힘을 구한다.

앞에서 주시하였듯이, 단지 세 개의 힘만이 포함되어 있다면, 표면에서의 반력을 하나의 힘 **R**로 나타내고 힘의 삼각형을 그려서 문제를 해결하는 것이 더 편리함을 알았다. 이러한 해법이 문제 4.12에서 사용된다.

두 물체 A와 B가 접촉해 있다면(그림 4.16a), 각각 A가 B에 대해서 그리고 B가 A에 대해서 발휘하는 마찰력은 크기가 같고 방향이 반대이다(뉴턴의 제3법칙). 둘 중 어느 하나의 물체의 자유물체도를 그림에 있어서, 마찰력이 올바른 방향을 갖도록 적절하게 포함시키는 것이 중요하다. 다음과 같은 법칙이 성립한다; A에 작용하는 마찰력의 방향은 B에서 보았을 때 A의 움직임(임박한 운동)의 방향과 반대이다(그림 4.16b).[6] B에 작용하는 마찰력의 방향은 마찬가지로 결정된다(그림 4.16c). B에서 바라본 A의 운동은 상대적인 것에 주목하라. 예를 들어, 물체 A가 고정되어 있고 물체 B가 움직인다면, 물체 A는 B에 대해서 상대적으로 움직이게 된다. 또한 B와 A 모두 아래로 움직이는데, B가 A보다 더 빠르게 움직인다면, 물체 A는 B로부터 위쪽으로 움직이는 것으로 관측된다.

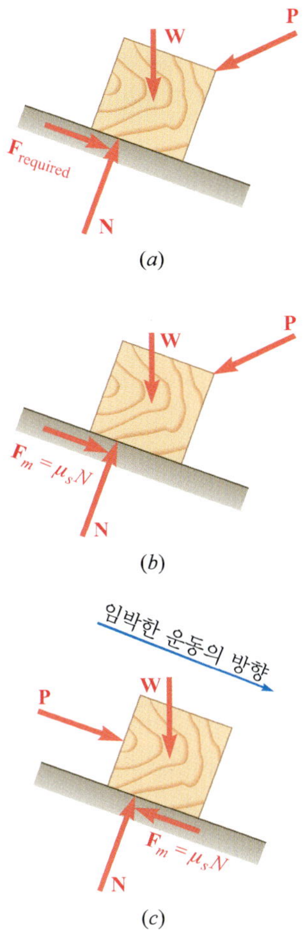

그림 4.15

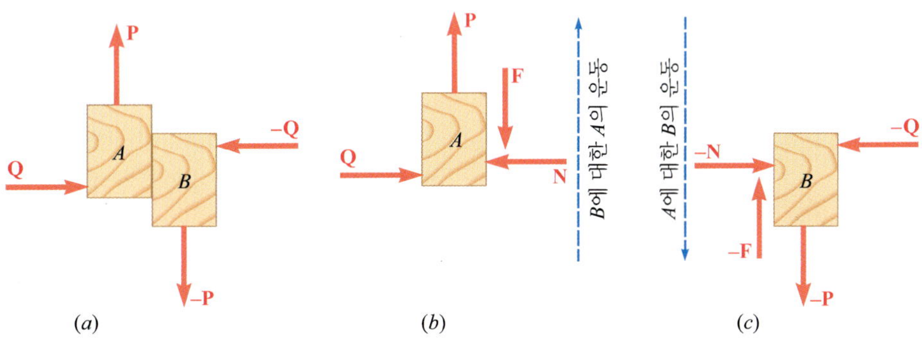

그림 4.16

6) 따라서 이것은 A로부터 바라본 B의 운동의 방향과 마찬가지이다.

문제 4.11

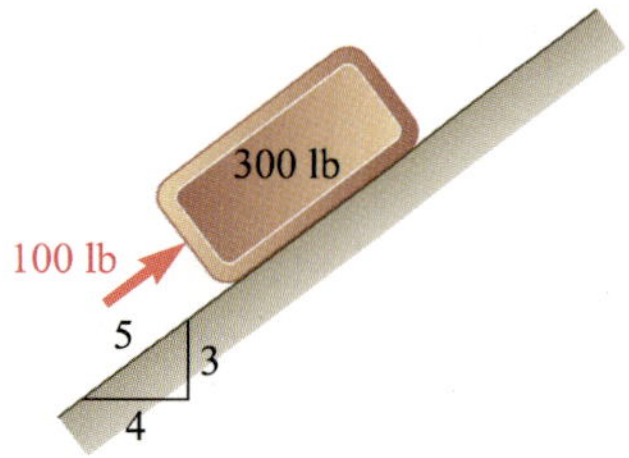

100 lb의 힘이 경사진 면에 위치한 300 lb의 블록에 그림처럼 작용하고 있다. 블록과 면 사이의 마찰계수는 $\mu_s = 0.25$이고 $\mu_k = 0.20$이다. 이 블록이 평형상태에 있는지를 결정하고, 마찰력을 구하라.

풀이.

평형에 필요한 힘. 먼저 평형을 유지하기 위하여 필요한 마찰력 값을 구한다. **F**의 방향은 좌하향이라고 가정하고 블록의 자유물체도를 그린다.

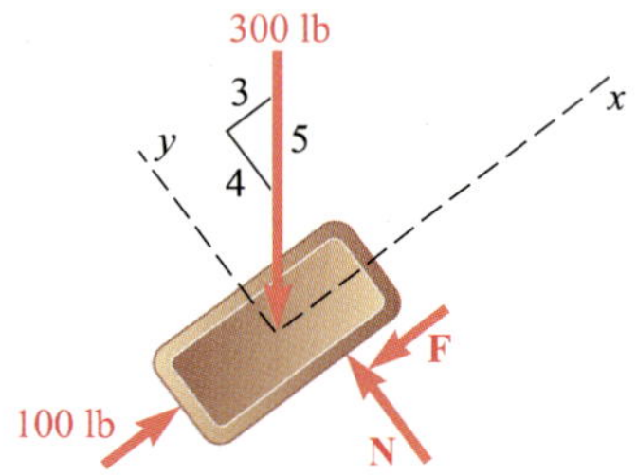

$$+\nearrow \Sigma F_x = 0: \qquad 100\text{ lb} - \frac{3}{5}(300\text{ lb}) - F = 0$$

$$F = -80\text{ lb} \qquad \mathbf{F} = 80\text{ lb}\nearrow$$

$$+\nwarrow \Sigma F_y = 0: \qquad N - \frac{4}{5}(300\text{ lb}) = 0$$

$$N = +240\text{ lb} \qquad \mathbf{N} = 240\text{ lb}\nwarrow$$

평형을 유지하기 위하여 필요한 힘 **F**는 우상향의 80 lb이다; 따라서 블록은 면 아래로 움직이려는 경향이 있다.

최대 마찰력. 발생하는 최대 마찰력의 크기는

$$F_m = \mu_s N \qquad F_m = 0.25(240\text{ lb}) = 60\text{ lb}$$

이다. 평형을 유지하기 위하여 필요한 힘(80 lb)이 구해진 최대 마찰력(60 lb)보다 크므로, 평형은 유지되지 않고 이 블록은 면 아래로 미끄러진다.

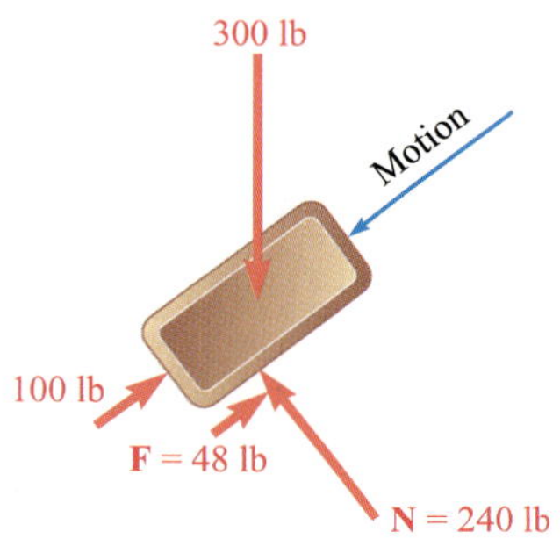

마찰력의 실제 값. 실제의 마찰력의 크기는 다음으로 구해진다;

$$F_{\text{actual}} = F_k = \mu_k N$$
$$= 0.20(240\text{ lb}) = 48\text{ lb}$$

이 힘의 방향은 운동의 방향과 반대이다; 따라서 이 힘의 방향은 우상향이다.

$$\mathbf{F}_{\text{actual}} = 48\text{ lb}\nearrow$$

블록에 작용하는 힘들이 평형을 이루고 있지 않음에 주목한다; 합력은

$$\frac{3}{5}(300\text{ lb}) - 100\text{ lb} - 48\text{ lb} = 32\text{ lb}\swarrow$$

문제 4.12

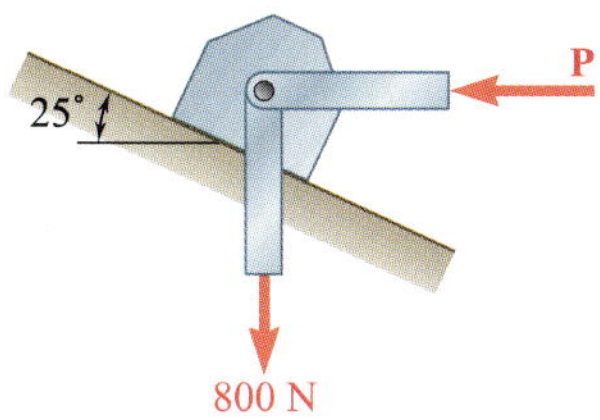

지점 블록에 그림처럼 두 개의 힘이 작용하고 있다. 블록과 경사면 사이의 마찰계수가 μ_s = 0.35이고 μ_k = 0.25인 것을 알고, 다음에 필요한 힘 **P**를 결정하라. (a) 블록이 경사면 위쪽으로 움직이기 시작함. (b) 계속 위쪽으로 움직임을 유지. (c) 블록이 아래로 미끄러지는 것을 방지.

풀이.

자유물체도. 문제의 각 단계마다 블록의 자유물체도와 800 N의 수직력, 수평력 **P**, 그리고 경사면이 블록에 미치는 힘 **R**을 포함하는 힘의 삼각형을 그린다. **R**의 방향은 각각의 경우마다 결정되어야 한다. **P**는 800 N의 힘과 수직이므로, 힘의 삼각형은 직각 삼각형이고, 따라서 쉽게 **P**가 구해질 수 있는 것에 주목한다. 그러나 대부분의 문제에 있어서는, 힘의 삼각형은 직각 삼각형이 아니고, 정현 법칙(싸인 법칙)을 사용하여 풀게 된다.

a. 블록이 움직이기 시작하기 위한 힘

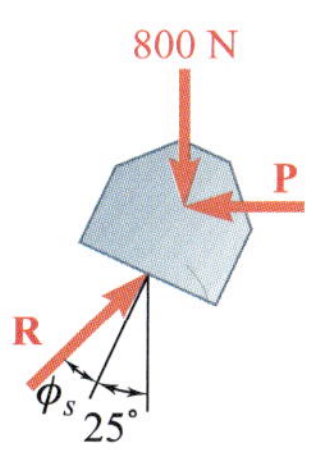

$\tan\phi_s = \mu_s$
$= 0.35$
$\phi_s = 19.29°$
$25° + 19.29° = 44.29°$

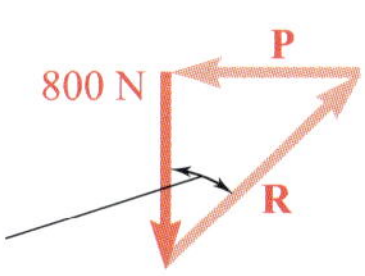

$P = (800\,\text{N})\tan 44.29°$ $\qquad$ **P** = 780 N ←

b. 블록이 위로 계속 움직이기 위한 힘

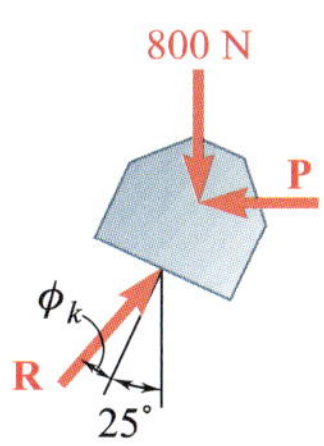

$\tan\phi_k = \mu_k$
$= 0.25$
$\phi_k = 14.04°$
$25° + 14.04° = 39.04°$

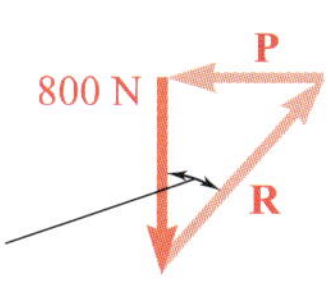

$P = (800\,\text{N})\tan 39.04°$ $\qquad$ **P** = 649 N ←

c. 블록이 아래로 미끄러짐을 방지하기 위한 힘

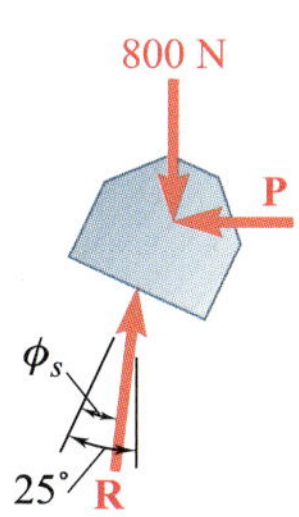

$\phi_s = 19.29°$
$25° - 19.29° = 5.71°$

$P = (800\,\text{N})\tan 5.71°$ $\qquad$ **P** = 80.0 N ←

문제 4.13

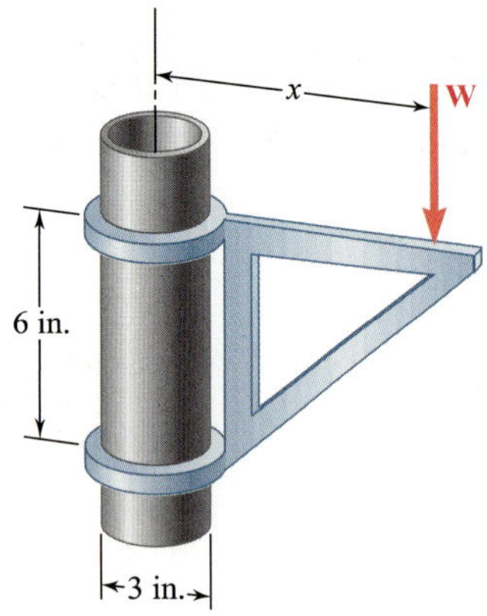

그림의 가동 브라켓은 3 in. 직경을 갖는 파이프의 임의의 높이에 위치할 수 있다. 파이프와 브라켓 사이의 정마찰 계수가 0.25일 때, 하중 **W**가 지지될 수 있는 최소거리 x를 결정하라. 브라켓의 무게는 무시하라.

풀이.

자유물체도. 브라켓의 자유물체도를 그린다. **W**는 파이프의 축으로부터 최소거리 x만큼 떨어져 있고 이제 막 브라켓이 움직이려고 하므로, A와 B 사이의 마찰력은 최대값에 도달해 있다.

$$F_A = \mu_s N_A = 0.25\,N_A$$
$$F_B = \mu_s N_B = 0.25\,N_B$$

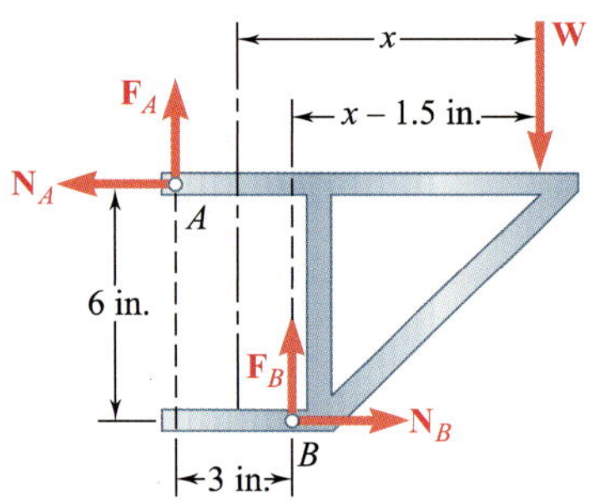

평형방정식

$$\overset{+}{\rightarrow}\Sigma F_x = 0: \quad N_B - N_A = 0$$
$$N_B = N_A$$
$$+\uparrow \Sigma F_y = 0: \quad F_A + F_B - W = 0$$
$$0.25N_A + 0.25N_B = W$$

그리고 N_B가 N_A와 같음을 알고 있으므로,

$$0.50N_A = W$$
$$N_A = 2W$$

$$+\circlearrowleft \Sigma M_B = 0: \quad N_A(6\text{ in.}) - F_A(3\text{ in.}) - W(x - 1.5\text{ in.}) = 0$$
$$6N_A - 3(0.25N_A) - Wx + 1.5W = 0$$
$$6(2W) - 0.75(2W) - Wx + 1.5W = 0$$

양변을 W로 나누고 x에 대해서 풀면,

$$x = 12\text{ in.}$$

Problems

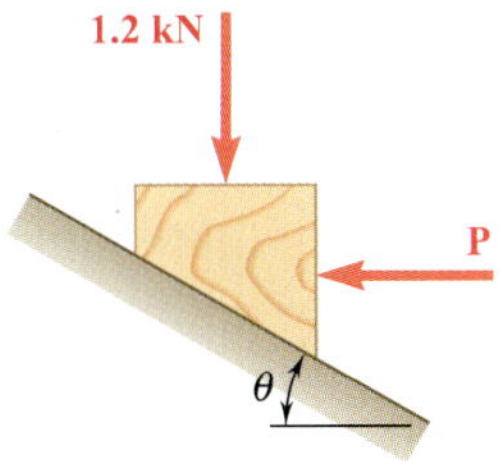

그림 P4.75

4.75 The coefficients of friction between the block and the incline are $\mu_s = 0.35$ and $\mu_k = 0.25$. Determine whether the block is in equilibrium, and find the magnitude and direction of the friction force when $\theta = 25°$ and $P = 750$ N.

4.76 Solve Prob. 4.75 when $\theta = 30°$ and $P = 150$ N.

4.77 The coefficients of friction between the 50-lb block and the incline are $\mu_s = 0.40$ and $\mu_k = 0.30$. Determine whether the block is in equilibrium, and find the magnitude and direction of the friction force when $P = 120$ lb.

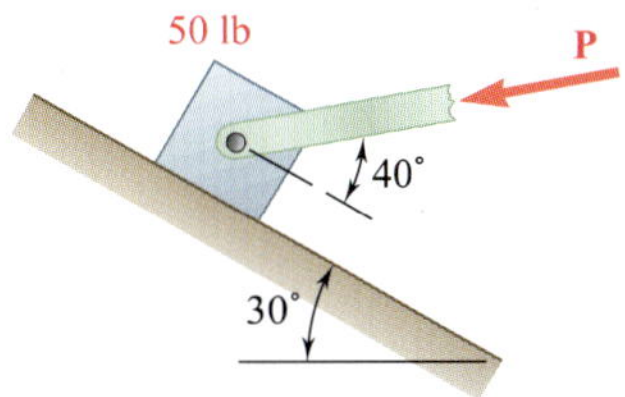

그림 P4.77

4.78 Solve Prob. 4.77 assuming that $P = 80$ lb.

4.79 A support block is acted upon by the two forces shown. Determine the magnitude of **P** required to start the block up the plane.

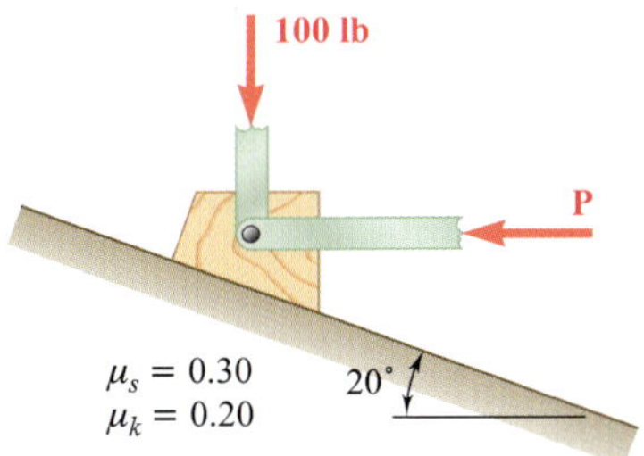

그림 *P4.79*, P4.80

4.80 Determine the smallest magnitude of the force **P** that will prevent the support block from sliding down the plane.

4.81 Denoting by ϕ_s the angle of static friction between the block and the plane, determine the magnitude and direction of the smallest force **P** that will cause the block to move up the plane.

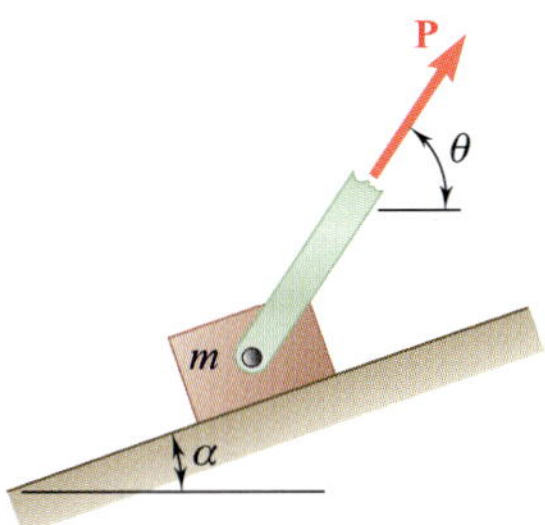

그림 P4.81, P4.82

4.82 A block of mass $m = 20$ kg rests on a rough plane as shown. Knowing that $\alpha = 25°$ and $\mu_s = 0.20$, determine the magnitude and direction of the smallest force **P** required (*a*) to start the block up the plane, (*b*) to prevent the block from moving down the plane.

4.83 The coefficients of friction between the block and the rail are $\mu_s = 0.30$ and $\mu_k = 0.25$. Knowing that $\theta = 65°$, determine the smallest value of P required (*a*) to start the block up the rail, (*b*) to keep it from moving down.

4.84 The coefficients of friction between the block and the rail are $\mu_s = 0.30$ and $\mu_k = 0.25$. Find the magnitude and direction of the smallest force **P** required (*a*) to start the block up the rail, (*b*) to keep it from moving down.

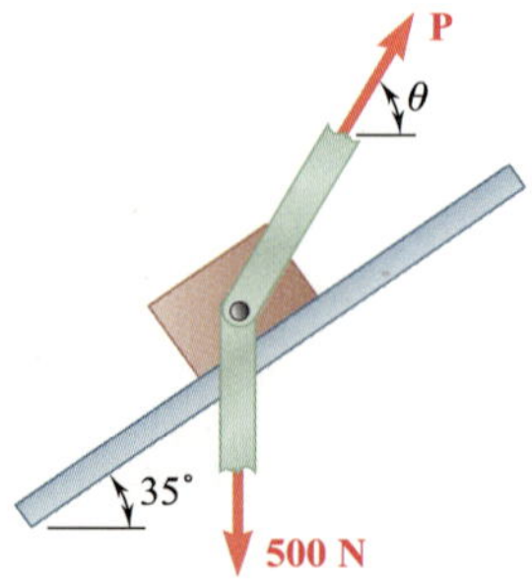

그림 P4.83, *P4.84*

4.85 A 60-kg cabinet is mounted on casters that can be locked to prevent their rotation. The coefficient of static friction between the floor and each caster is 0.35. If h = 600 mm, determine the magnitude of the force **P** required to move the cabinet to the right (*a*) if all the casters are locked, (*b*) if the casters at B are locked and the casters at A are free to rotate, (*c*) if the casters at A are locked and the casters at B are free to rotate.

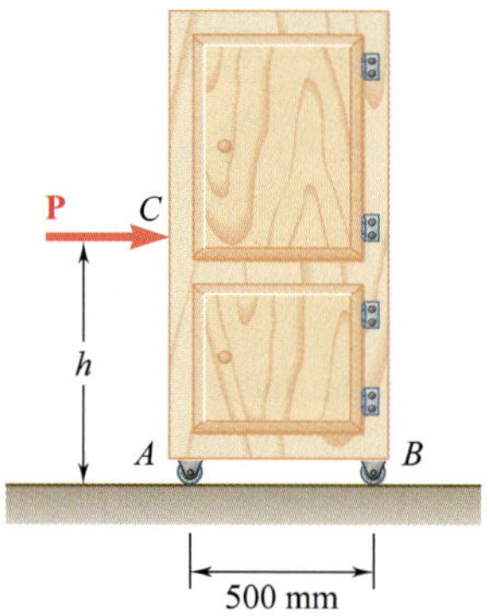

그림 P4.85, *P4.86*

4.86 A 60-kg cabinet is mounted on casters that can be locked to prevent their rotation. The coefficient of static friction between the floor and each caster is 0.35. Assuming that the casters at both A and B are locked, determine (*a*) the force **P** required to move the cabinet to the right, (*b*) the largest allowable value of h if the cabinet is not to tip over.

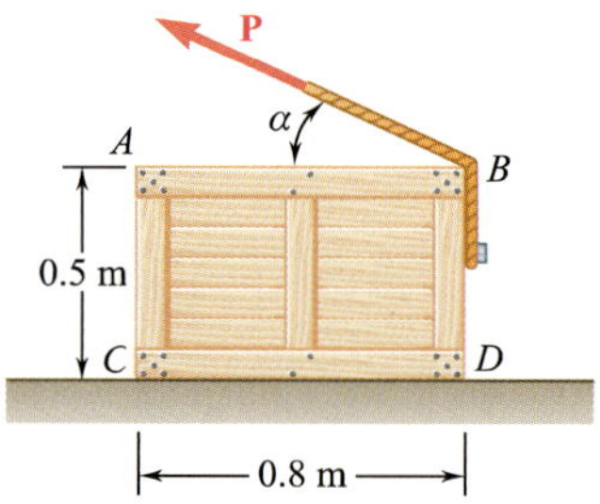

그림 P4.87, P4.88

4.87 A packing crate of mass 40 kg must be moved to the left along the floor without tipping. Knowing that the coefficient of static friction between the crate and the floor is 0.35, determine (*a*) the largest allowable value of α, (*b*) the corresponding magnitude of the force **P**.

4.88 A packing crate of mass 40 kg is pulled by a rope as shown. The coefficient of static friction between the crate and the floor is 0.35. If α = 40°, determine (*a*) the magnitude of the force **P** required to move the crate, (*b*) whether the crate will slide or tip.

4.89 A 180-lb sliding door is mounted on a horizontal rail as shown. The coefficients of static friction between the rail and the door at A and B are 0.20 and 0.30, respectively. Determine the horizontal force that must be applied to the handle C in order to move the door to the left.

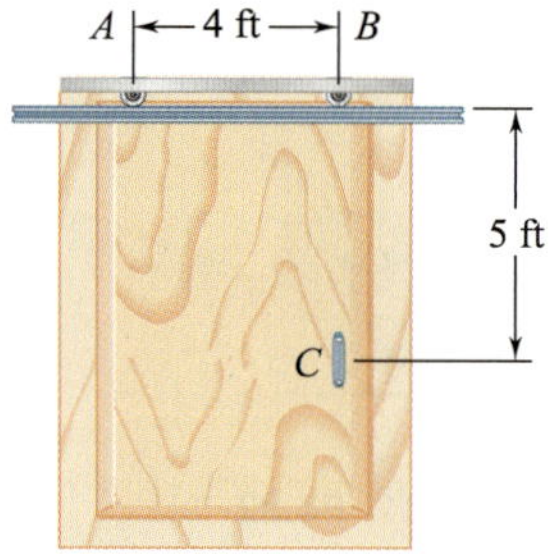

그림 *P4.89*

4.90 Solve Prob. 4.89 assuming that the door is to be moved to the right.

4.91 The 10-lb uniform rod AB is held in the position shown by the force $\mathbf{P}$. Knowing that the coefficient of friction is 0.20 at A and B, determine the smallest value of P for which equilibrium is maintained.

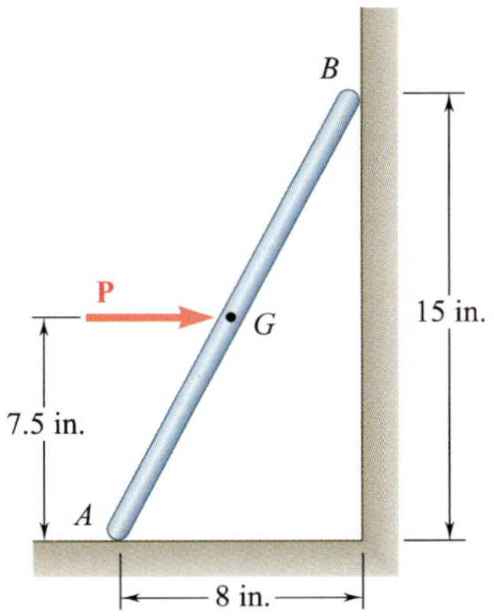

그림 P4.91

4.92 In Prob. 4.91, determine the largest value of $\mathbf{P}$ for which equilibrium is maintained.

4.93 The end A of a slender, uniform rod of length L and weight W bears on the horizontal surface, while its end B is supported by a cord BC. Knowing that the coefficients of friction are $\mu_s = 0.30$ and $\mu_k = 0.25$, determine (*a*) the maximum value of θ for which equilibrium is maintained, (*b*) the corresponding value of the tension in the cord.

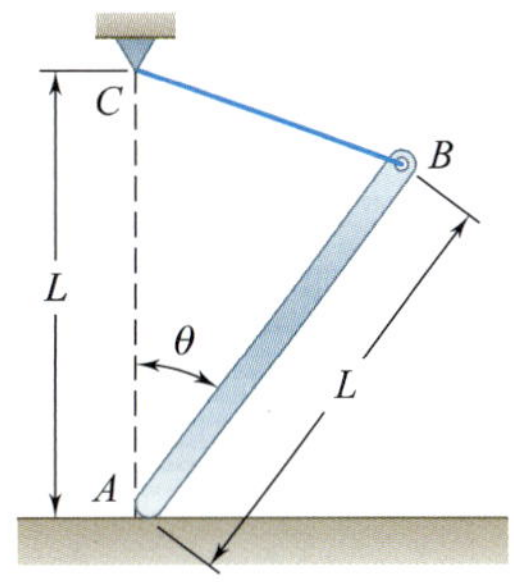

그림 P4.93

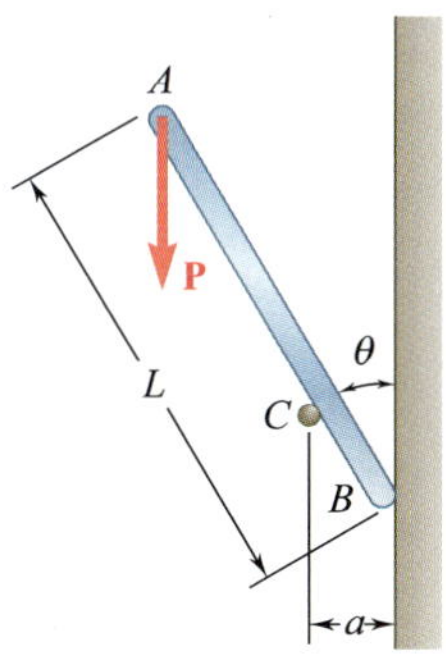

그림 P4.95

4.94 Determine whether the rod of Prob. 4.93 is in equilibrium when $\theta = 30°$, and find the magnitude and direction of the friction force exerted on the rod at A.

4.95 A slender rod of length L is lodged between peg C and the vertical wall and supports a load $\mathbf{P}$ at end A. Knowing that $L = 12.5a$, $\theta = 30°$, and that the coefficients of friction are $\mu_s = 0.20$ and $\mu_k = 0.15$ at C and zero at B, determine whether the rod is in equilibrium.

4.96 Solve Prob. 4.95 assuming that $L = 6a$, $\theta = 30°$, and that the coefficients of friction are $\mu_s = 0.20$ and $\mu_k = 0.15$ at B and zero at C.

4.97 Find the magnitude of the largest couple $\mathbf{M}$ that can be applied to the cylinder if it is not to spin. The cylinder has a weight W and a radius r, and the coefficient of static friction μ_s is the same at A and B.

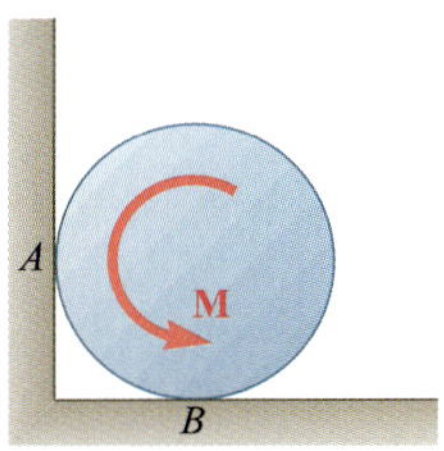

그림 P4.97, P4.98

4.98 The cylinder has a weight W and a radius r. Express in terms of W and r the magnitude of the largest couple $\mathbf{M}$ that can be applied to the cylinder if it is not to spin, assuming that the coefficient of static friction is to be (*a*) zero at A and 0.35 at B, (*b*) 0.28 at A and 0.35 at B.

복습 및 요약

평형방정식 이 장에서는 강체의 평형 즉, 강체에 작용하는 외력들이 합계 영인 힘계를 형성하는 상황에 대하여 공부하였다. 이것을 식으로 표현하면,

$$\Sigma \mathbf{F} = 0 \qquad \Sigma \mathbf{M}_O = \Sigma (\mathbf{r} \times \mathbf{F}) = 0 \tag{4.1}$$

각각의 힘과 모멘트를 직각성분으로 분해하면, 강체의 평형에 대한 필요충분 조건을 다음의 6개의 스칼라 방정식으로 나타낼 수 있다.

$$\Sigma F_x = 0 \qquad \Sigma F_y = 0 \qquad \Sigma F_z = 0 \tag{4.2}$$

$$\Sigma M_x = 0 \qquad \Sigma M_y = 0 \qquad \Sigma M_z = 0 \tag{4.3}$$

이 방정식들을 사용하여 강체에 작용하는 미지의 외력과 지점 반력을 구할 수 있다.

자유물체도 강체의 평형을 포함하는 문제를 풀 때, 그 강체에 작용하는 모든 힘들을 반드시 고려하여야 한다. 따라서 문제 해결의 첫 단계는 대상 물체와 그것에 작용하는 모든 미지 혹은 기지의 힘들을 보여주는 자유물체도를 그리는 것이다 [4.2절].

2차원 구조물의 평형 본 장의 서두에서 우리는 2차원 구조물의 평형을 고려하였다; 즉, 대상 구조물과 그것에 작용하는 힘들이 같은 평면에 놓여있다고 가정하였다. 지점에서 구조물에 작용하는 반력은 지점의 종류에 따라 한 개, 두 개, 혹은 세 개의 미지수를 포함할 수 있음을 보았다[4.3절]

2차원 구조물의 경우, 식 (4.1) 혹은 (4.2)와 (4.3)은 다음과 같은 세 개의 평형방정식으로 변환되고,

$$\Sigma F_x = 0 \qquad \Sigma F_y = 0 \qquad \Sigma M_A = 0 \tag{4.5}$$

여기서 A는 구조물 평면내의 임의 점이다[4.4절]. 이 방정식들은 세 개의 미지수를 해결하기 위하여 사용된다. 세 개의 평형방정식 (4.5)는 추가되지는 않지만, 그들 중 어느 하나는 다른 것으로 대치될 수 있다. 예를 들어,

$$\Sigma F_x = 0 \qquad \Sigma M_A = 0 \qquad \Sigma M_B = 0 \tag{4.6}$$

여기서 B는 직선 AB가 y축과 나란하지 않도록 선택된다. 또는

$$\Sigma M_A = 0 \qquad \Sigma M_B = 0 \qquad \Sigma M_C = 0 \tag{4.7}$$

여기서 점 A, B, C는 일직선상에 놓여있지 않아야 한다.

부정정, 부분 구속, 부적절한 구속

어떠한 평형방정식계를 사용하더라도 단지 세 개의 미지수만을 해결할 수 있으므로, 2차원 강체 구조물의 지점 반력이 세 개 이상의 미지수를 포함한다면 모든 반력을 완벽하게는 결정할 수 없다; 이들을 정역학적으로 부정정이라고 부른다[4.5절]. 한 편, 반력이 세 개 미만의 미지수를 포함한다면, 일반적인 하중조건 하에서 평형을 유지할 수 없다; 이 구조물은 부분적으로 구속되어 있다고 말한다. 반력이 정확하게 세 개의 미지수를 포함하고 있다고 해서 평형방정식으로 모든 세 개의 미지수를 해결할 수 있다는 보장은 없다. 반력들이 한 점에서 만나거나 평행하도록 지점이 배치되어 있다면, 반력들은 정역학적으로 부정정이고, 이 구조물은 부적절하게 구속되어 있다고 말한다.

2력 물체, 3력 물체

강체의 평형에 관한 두 특별한 경우가 관심을 불러일으킨다. 4.6절에서, 2력 물체는 두 점에서만 힘을 받는 강체로 정의되고, 이 힘들의 합력 $\mathbf{F}_1$과 $\mathbf{F}_2$는 크기가 같고 같은 작용선 상에서 방향이 반대인 것을 알았다(그림 4.17). 나중에 이 성격을 이용하면 특정한 문제의 해를 간단히 구할 수 있다. 4.7절에서, 3력 물체는 세 점에서만 힘을 받는 강체로 정의되고, 이 힘들의 합력 $\mathbf{F}_1$, $\mathbf{F}_2$와 $\mathbf{F}_3$은 한 점에서 만나거나(그림 4.18) 서로 평행인 것을 알았다. 이 성격은 3력 물체를 포함하는 문제의 해법에 대한 대안을 제공해 준다[문제 4.6].

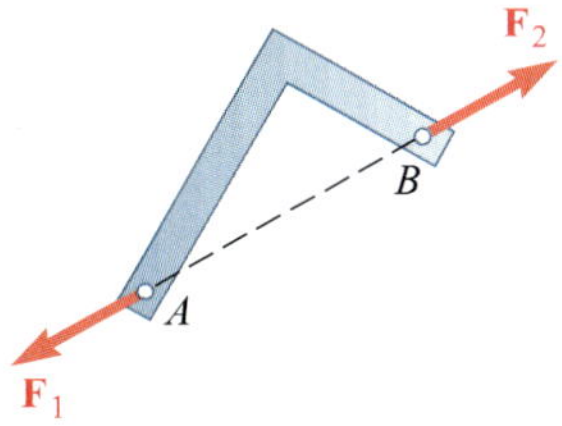

그림 4.17

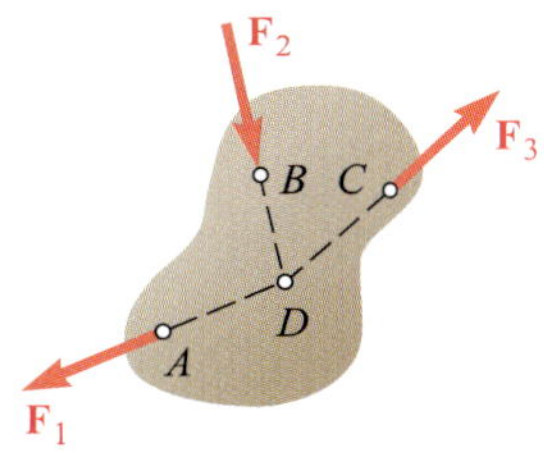

그림 4.18

3차원 물체의 평형

본 장의 중간부에서 우리는 3차원 물체의 평형을 고려하였고, 지점에서 물체에 발휘되는 반력은 지점의 종류에 따라 한 개에서 여섯 개까지의 미지수를 포함할 수 있음을 알았다[4.8절].

3차원 물체의 평형에 대한 일반적인 경우, 이 복습부의 서두에 기술한 모든 여섯 개의 스칼라 방정식 (4.2)와 (4.3)을 사용하여 여섯 개의 미지수를 해결한다[4.9절]. 그러나 대부분의 문제에 있어서 이 방정식들은 먼저 다음과 같이 적으면 더 편하게 구해지고, 여기서

$$\Sigma \mathbf{F} = 0 \qquad \Sigma \mathbf{M}_O = \Sigma(\mathbf{r} \times \mathbf{F}) = 0 \tag{4.1}$$

힘 $\mathbf{F}$와 위치벡터 $\mathbf{r}$을 스칼라 성분과 단위벡터의 항으로 나타낸다. 벡터곱은 직접 계산에 의하거나 행렬식으로 구하고, 원하는 스칼라 방정식은 단위벡터

의 계수를 영으로 놓으면 구해진다[문제 4.7에서 4.9].

관계식 (4.1)의 두 번째 항인 $\Sigma \mathbf{M}_O$를 계산할 때 현명하게 O점을 선택함에 의하여 세 개의 미지 반력 성분을 식에서 배제할 수 있음에 주목한다. 또한 두 점 A와 B에서의 반력도 식 $\Sigma M_{AB} = 0$를 적용하여 계산에서 배제할 수 있다. 이 식은 두 점 A와 B를 연결하는 축 AB에 관한 힘들의 모멘트에 대한 계산을 포함한다[문제 4.10].

반력이 여섯 개 이상의 미지수를 포함하면, 반력의 일부는 정역학적으로 부정정이다; 여섯 개 미만의 미지수를 포함하면, 이 강체는 부분적으로 구속되어 있다. 비록 여섯 개 이상의 미지수를 갖고 있다 하더라도, 주어진 지점들에 대응하는 반력들이 서로 평행하거나 같은 직선에서 만나면 이 강체는 부적절하게 구속되어 있다.

정마찰과 동마찰

본 장의 후반부에서는 건마찰 즉, 윤활유를 치지 않은 표면에 접촉해 있는 강체를 포함하는 문제에 대한 공부에 전념하였다.

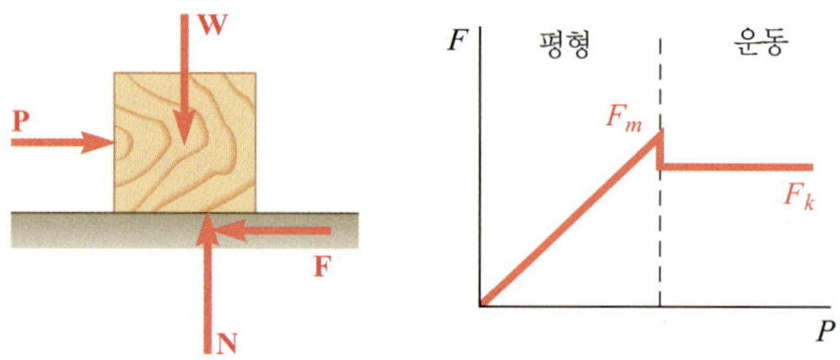

그림 4.19

수평면 위에 놓여 있는 블록에 수평력 **P**를 가하면[4.11절], 처음에는 이 강체가 움직이지 않음에 주목한다. 이것은 마찰력 **F**가 발행하여 **P**와 균형을 이루고 있음을 보여준다(그림 4.19). **P**의 크기가 증가함에 따라, **F**의 크기도 증가하고 마침내 최대값 F_m에 도달한다. **P**가 더 증가하면, 블록은 미끄러지기 시작하고 **F**의 크기는 F_m에서 더 작은 값 F_k로 떨어진다. 실험에 의해서 F_m과 F_k은 표면에서의 반력의 수직성분 N에 비례함을 입증하였다. 여기서

$$F_m = \mu_s N \qquad F_k = \mu_k N \tag{4.8, 4.9}$$

이고, μ_s와 μ_k는 각각, 정마찰계수와 동마찰계수라고 불린다. 이 계수는 접촉면의 성격과 상태에 따라 변한다. 정마찰계수의 근사값이 표 4.1에 주어져 있다.

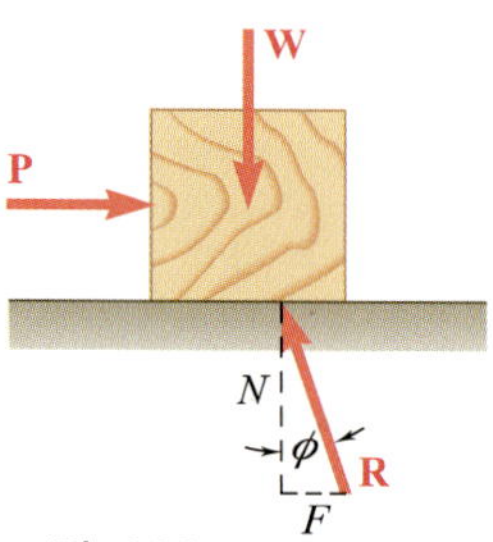

그림 4.20

마찰각

수직력 **N**과 마찰력 **F**를 그들의 합력 **R**로 대치하는 것이 편리할 때가 종종 있다(그림 4.20). 마찰력이 증가하여 최대값 $F_m = \mu_s N$에 도달하면, **R**이 표면의 법선과 이루는 각 ϕ도 증가하여 정마찰각이라 불리는 최대값 ϕ_s에 도

달한다. 움직임이 실제로 발생하면, **F**의 크기는 F_k로 떨어진다; 마찬가지로, 각 ϕ도 동마찰각이라 불리는 더 작은 값 ϕ_k로 떨어진다. 4.12절에서 보았듯이, 아래와 같다.

$$\tan \phi_s = \mu_s \qquad \tan\phi_k = \mu_k \tag{4.10, 4.11}$$

마찰을 포함하는 문제 마찰을 포함하는 평형문제를 풀 때, 마찰력 F의 크기는 단지 물체가 막 움직임을 시작하려고 할 때에만 $F_m = \mu_s N$인 것을 명심하여야 한다[4.13절]. 움직임이 임박하지 않다면, 서로 독립적인 변수로 취급되고 평형방정식으로부터 결정된다(그림 4.21a). 또한 평형을 유지하기 위하여 필요한 F의 값이 F_m보다 크지 않아야 한다는 것을 검산해야 한다; 만약에 크다면, 물체는 움직일 터이고 마찰력의 크기는 이제 $F_k = \mu_k N$이 된다[문제 4.11]. 반면에 움직임이 임박하다고 알려진다면, F는 최대값 $F_m = \mu_s N$에 도달하고(그림 4.21b), 이 식이 평형방정식에서 F에 대치된다[문제 4.13]. 물체와의 접촉면에서의 반력 **R**을 포함하여, 자유물체도 상에 단지 세 힘만이 포함되어 있다면, 힘의 삼각형을 그려서 문제를 해결하는 것이 보통은 더 편리하다[문제 4.12].

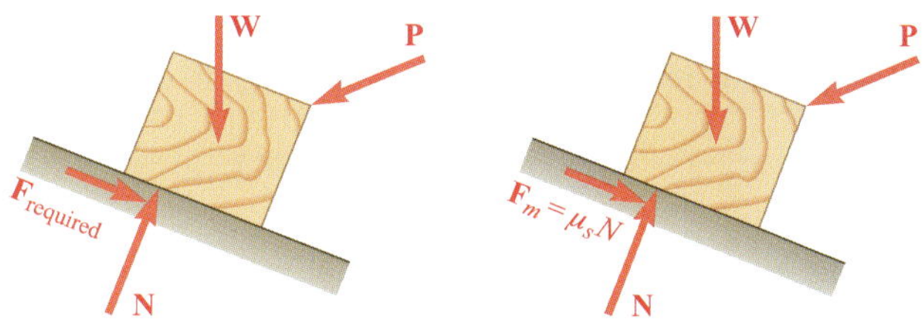

그림 4.21 (a) (b)

두 물체 A와 B에 의해서 서로에게 미치는 힘들에 대한 해석을 포함하는 문제에 있어서는, 마찰력의 방향을 올바르게 나타내는 것이 중요하다. 예를 들어, B에 의하여 A에 미치는 마찰력의 올바른 방향은 A의 B에 대한 상대운동(임박한 운동)의 방향과 반대이다[그림 4.22]

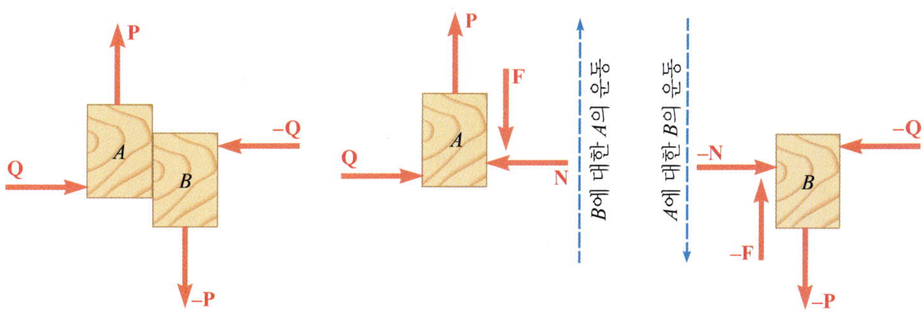

그림 4.22 (a) (b) (c)

Review Problems

4.99 The maximum allowable value for each of the reactions is 150 kN, and the reaction at A must be directed upward. Neglecting the weight of the beam, determine the range of values of P for which the beam is safe.

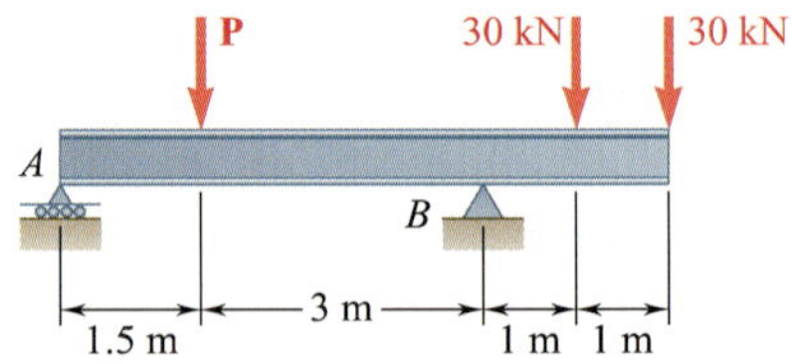

그림 P4.99

4.100 Determine the reactions at A and B for the loading shown.

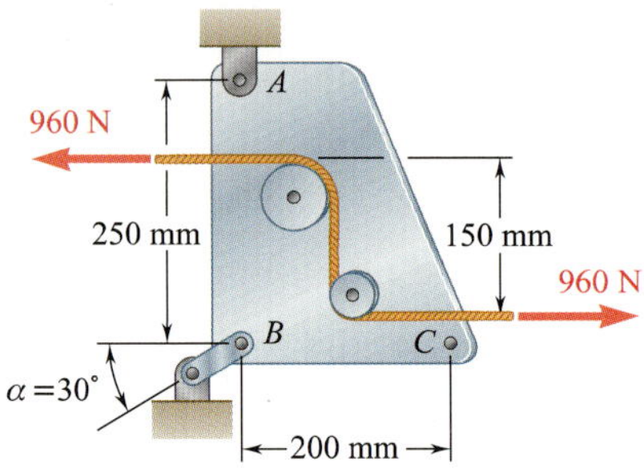

그림 *P4.100*

4.101 The light bar AD is attached to collars B and C that can move freely on vertical rods. Knowing that the surface at A is smooth, determine the reactions at A, B, and C (*a*) if $\alpha = 60°$, (*b*) if $\alpha = 90°$.

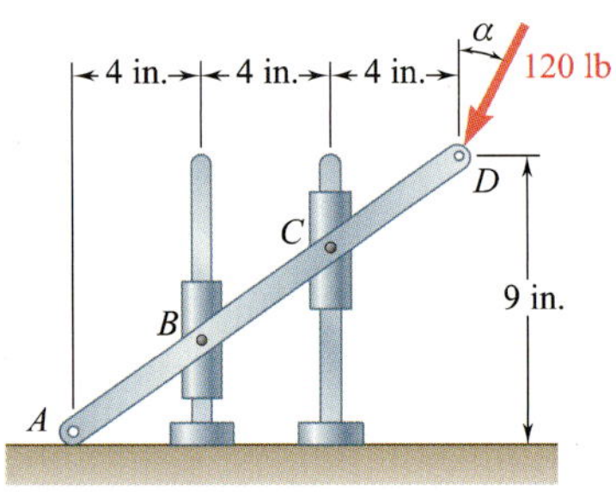

그림 P4.101

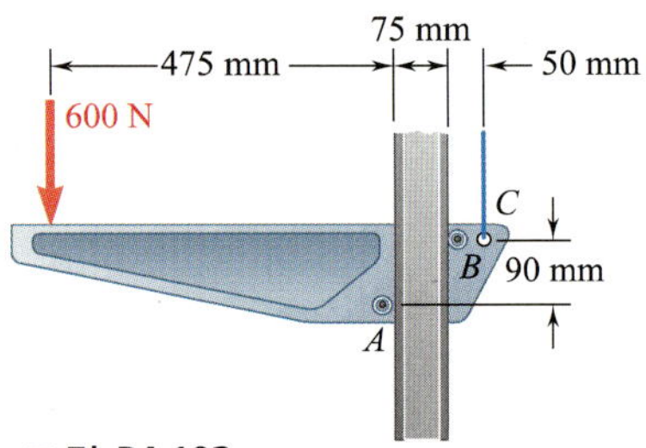

그림 P4.102

4.102 A movable bracket is held at rest by a cable attached at C and by frictionless rollers at A and B. For the loading shown, determine (*a*) the tension in the cable, (*b*) the reactions at A and B.

4.103 The 300-lb beam AB carries a 500-lb load at B. The beam is held by a fixed support at A and by the cable CD that is attached to the counterweight W. (*a*) If W = 1300 lb, determine the reaction at A. (*b*) Determine the range of values of W for which the magnitude of the couple at A does not exceed 1500 lb · ft.

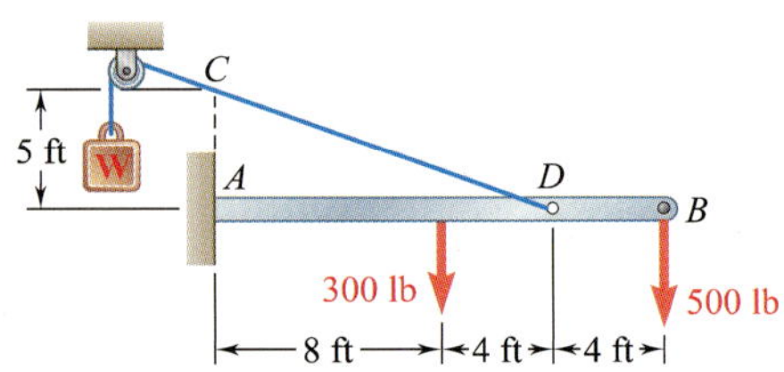

그림 *P4.103*

4.104 A 100-kg roller, of diameter 500 mm, is used on a lawn. Determine the force **F** required to make it roll over a 50-mm obstruction (*a*) if the roller is pushed as shown, (*b*) if the roller is pulled as shown.

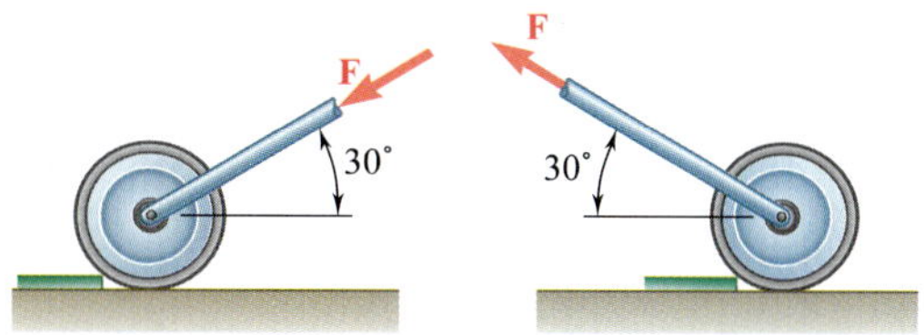

(*a*) (*b*)

그림 **P4.104**

4.105 The overhead transmission shaft *AE* is driven at a constant speed by an electric motor connected by a flat belt to pulley *B*. Pulley *C* may be used to drive a machine tool located directly below *C*, while pulley *D* drives a parallel shaft located at the same height as *AE*. Knowing that $T_B + T'_B = 36$ lb, $T_C = 40$ lb, $T'_C = 16$ lb, $T_D = 0$, and $T'_D = 0$, determine (*a*) the tension in each portion of the belt driving pulley *B*, (*b*) the reactions at the bearings *A* and *E* caused by the tension in the belts.

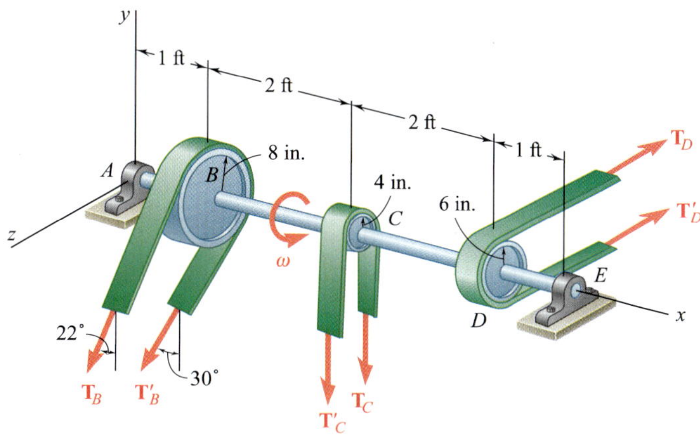

그림 **P4.105**

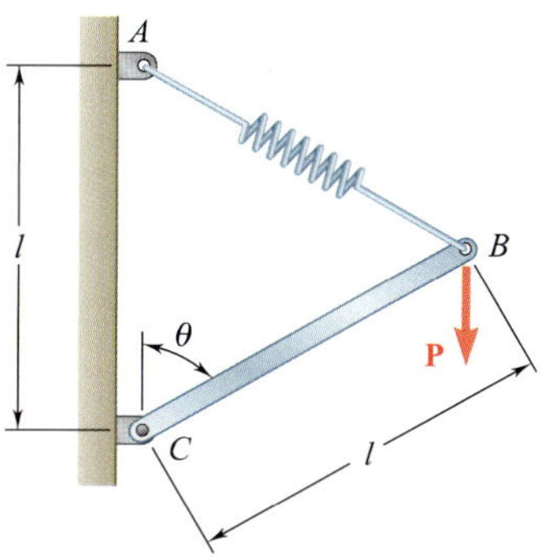

그림 ***P4.106***

4.106 A vertical load **P** is applied at end *B* of rod *BC*. The constant of the spring is *k* and the spring is unstretched when $\theta = 60°$. (*a*) Neglecting the weight of the rod, express the angle θ corresponding to the equilibrium position in terms of *P*, *k*, and *l*. (*b*) Determine the values of θ corresponding to equilibrium if $P = \frac{1}{4}kl$.

4.107 A force **P** is applied to a bent rod AD that may be supported in four different ways as shown. In each case determine the reactions at the supports.

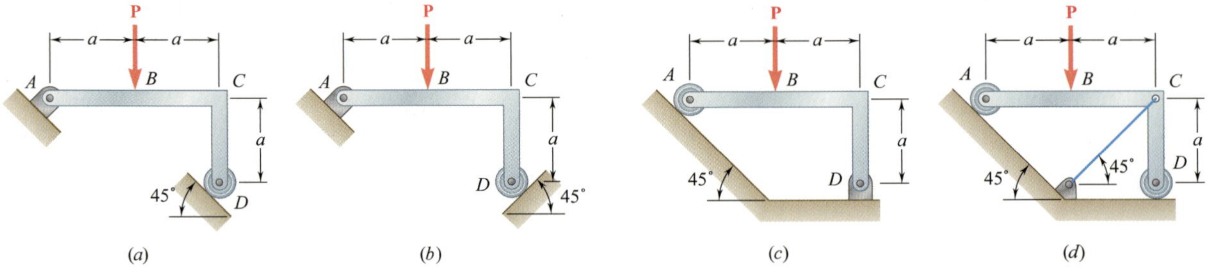

그림 P4.107

4.108 A 500-lb marquee, 8 × 10 ft, is held in a horizontal position by two horizontal hinges at A and B and by a cable CD attached to a point D located 5 ft directly above B. Determine the tension in the cable and the components of the reactions at the hinges.

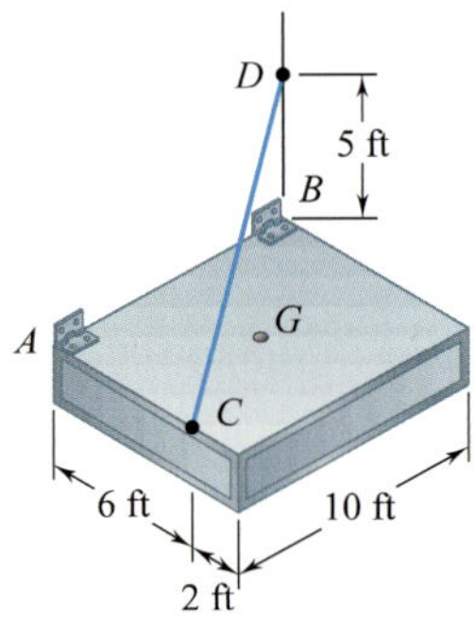

그림 P4.108

4.109 The 10-kg block is attached to link AB and rests on a conveyor belt that is moving to the left. Knowing that the coefficients of friction between the block and the belt are $\mu_s = 0.30$ and $\mu_k = 0.25$ and neglecting the weight of the link, determine (*a*) the force in link AB, (*b*) the horizontal force **P** that should be applied to the belt to maintain its motion.

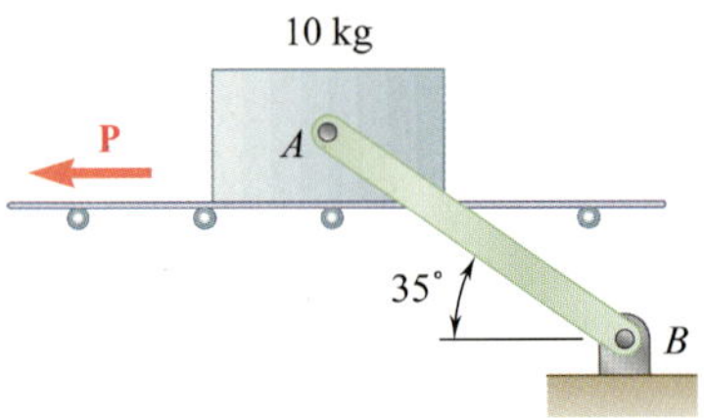

그림 P4.109

4.110 A 10-ft uniform plank of weight 45 lb rests on two joists as shown. The coefficient of static friction between the joists and the plank is 0.40. (*a*) Determine the magnitude of the horizontal force **P** required to move the plank. (*b*) Solve part *a* assuming that a single nail driven into joist A prevents motion of the plank along joist A.

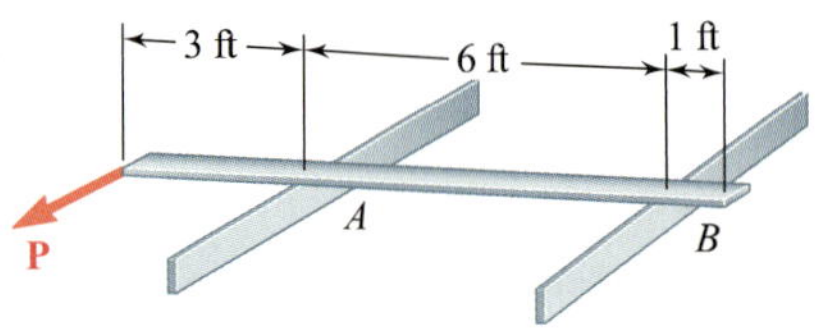

그림 P4.110

5

분포하중 : 도심과 무게중심

5.1 서 론

우리는 지금까지 지구가 강체에 대해서 행하는 인력은 한 개의 힘 **W**로 나타낼 수 있다고 가정하였다. 중력 혹은 물체의 무게라고 불리는 이 힘은 물체의 무게중심(center of gravity)에 작용한다(3.2절). 실제로, 지구는 물체를 구성하는 매 입자에 대하여 이 힘을 발휘한다. 따라서 강체에 대한 지구의 힘은 물체 전체에 걸쳐 분포하는 수많은 작은 힘들로 나타내야 한다. 그러나 여러분은 본 장에서, 이 작은 힘들을 하나의 등가인 힘 **W**로 대치할 수 있음을 배우게 된다. 또한 여러 가지 형상의 물체에 대하여 무게중심 즉, 합력 **W**의 작용점을 결정하는 방법을 배우게 된다.

사진 5.1 구성요소 사이의 정밀한 균형을 위해서는, 본 장의 주요 주제인 무게중심과 도심을 이해하여야 한다.

본 장의 앞부분에서는, 주어진 평면에 포함되어 있는 평탄한 판과 선 같은 2차원 물체를 고려한다. 판이나 선의 무게중심의 결정과 밀접한 관련이 있는 두 개의 개념이 소개된다: 면적이나 선의 무게중심과 주어진 축에 대한 면적이나 선의 1차모멘트에 대한 개념.

회전체의 표면적이나 부피에 대한 계산은 그 회전체의 표면이나 부피를 생성하는 선이나 면적의 도심의 결정과 직접 연관이 있다는 것을 배우게 된다(파푸스와 굴디누스의 정리). 그리고 5.8절에서 보듯이, 면적의 도심에 대한 결정이 분포하중을 받는 보의 해석을 단순하게 한다.

본 장의 끝부분에서는, 좌표평면에 대한 체적의 도심과 체적1차모멘트 뿐만 아니라 3차원 물체의 무게중심을 결정하는 방법에 대해서 배운다.

면적과 선

5.2 2차원 물체의 무게중심

먼저 평탄한 수평의 판을 고려한다(그림 5.1). 우리는 이 판을 n개의 작은

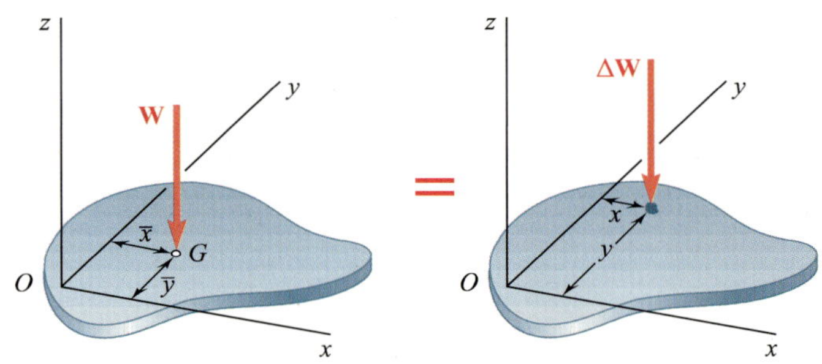

$$\Sigma M_y: \quad \bar{x}W = \Sigma x\,\Delta W$$
$$\Sigma M_x: \quad \bar{y}W = \Sigma y\,\Delta W$$

그림 5.1 판의 무게중심

요소로 분해할 수 있다. 첫 번째 요소의 좌표를 x_1과 x_2로, 두 번째 요소의 좌표를 x_2와 y_2 등으로 표기한다. 지구가 판의 각 요소에 발휘하는 힘들은 각각, $\Delta \mathbf{W}_1$, $\Delta \mathbf{W}_2$, $\cdots$, $\Delta \mathbf{W}_n$로 표기한다. 이들 힘 혹은 무게는 지구의 중심을 향한다; 그러나 실제로 쓸모가 있게 하기 위하여 서로 평행하다고 가정한다. 따라서 그들의 합력은 같은 방향의 하나의 힘이다. 이 힘의 크기 **W**는 요소의 무게의 크기들을 합하여 구한다.

$$\Sigma F_z: \quad W = \Delta W_1 + \Delta W_2 + \cdots + \Delta W_n$$

합력 **W**가 작용하는 점 G의 좌표 $\bar{x}$와 $\bar{y}$를 구하기 위하여, y와 x축에 대한 **W**의 모멘트는 요소무게의 동일 축에 대한 모멘트와 같다는 것을 다음과 같이 적는다.

$$\begin{aligned} \Sigma M_y &: \quad \bar{x}W = x_1 \Delta W_1 + x_2 \Delta W_2 + \cdots + x_n \Delta W_n \\ \Sigma M_x &: \quad \bar{y}W = y_1 \Delta W_1 + y_2 \Delta W_2 + \cdots + y_n \Delta W_n \end{aligned} \tag{5.1}$$

판이 나누어지는 요소의 수를 증가시키고 동시에 각 요소의 크기를 감소시키면, 결국 극한값으로 다음의 식을 얻는다.

$$W = \int dW \qquad \bar{x}W = \int x\,dW \qquad \bar{y}W = \int y\,dW \tag{5.2}$$

이 식은 무게 **W**와 평탄한 판의 무게중심 G의 좌표 $\bar{x}$와 $\bar{y}$를 정의한다. xy 평면 내에 놓인 선에 대해서 같은 식이 유도된다(그림 5.2). 선의 무게중심 G가 보통은 선 위에 위치하지 않는 것을 주의하라.

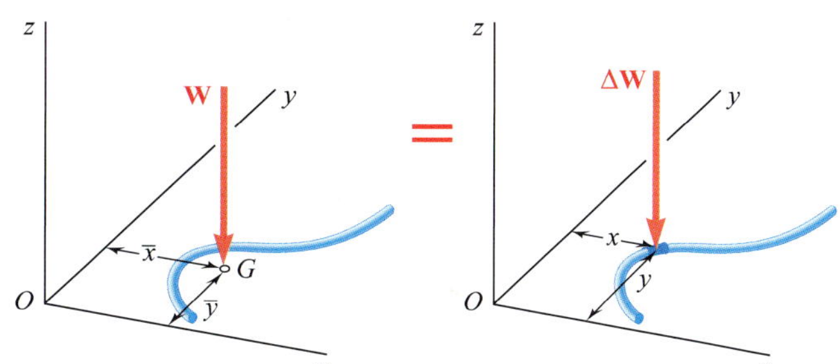

$\Sigma M_y: \quad \bar{x}W = \Sigma x\,\Delta W$

$\Sigma M_x: \quad \bar{y}W = \Sigma y\,\Delta W$

그림 5.2 선의 무게중심

5.3 면적과 선의 도심

평탄한 균일한 두께의 균질인 판의 경우, 판 요소 무게의 크기 ΔW는 다음으로 표현된다.

$$\Delta W = \gamma t \Delta A$$

여기서 γ = 재료의 비중(단위 체적 당 무게)
t = 판의 두께
ΔA = 요소의 면적이다.

마찬가지로 전체 판의 무게 W의 크기를 다음으로 나타낸다.

$$W = \gamma t A$$

여기서 A는 판의 전 면적이다.

미국 상용 단위계를 사용한다면, 비중 γ는 lb/ft^3으로, 두께 t는 ft로, 면적 ΔA와 A는 ft^2으로 나타낸다. 이때 W와 ΔW는 파운드로 나타낸다. SI 단위계를 사용한다면, γ는 N/m^3으로, t는 m으로, 면적 ΔA와 A는 m^2으로 나타낸다; 무게 W와 ΔW는 N으로 나타낸다.[1)]

모멘트 식 (5.1)에 ΔW와 W를 대입하고 γt로 나누면 다음과 같다.

$$\Sigma M_y \;:\; \bar{x}A = x_1\Delta A_1 + x_2\Delta A_2 + \cdots + x_n\Delta A_n$$
$$\Sigma M_x \;:\; \bar{y}A = y_1\Delta A_1 + y_2\Delta A_2 + \cdots + y_n\Delta A_n$$

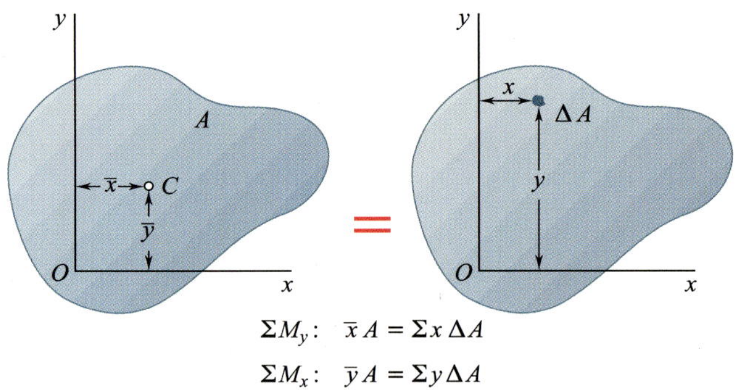

그림 5.3 면적의 도심

1) SI 단위계에서, 주어진 재료는 일반적으로 비중 γ보다는 밀도 ρ(단위 체적 당 질량)로 주어지는 것이 특징이다. 이때, 재료의 비중은 다음의 관계식으로 주어진다.

$$\gamma = \rho g$$

여기서 g = 9.81 m/s^2이다. ρ는 kg/m^3으로 나타내므로, γ는 $(kg/m^3)(m/s^2)$ 즉, N/m^3으로 표현한다.

면적 A를 더 많은 수의 요소로 나누고 동시에 각 요소의 크기를 줄여주면, 극한값으로 다음을 얻는다.

$$\bar{x}A = \int x\,dA \qquad \bar{y}A = \int y\,dA \tag{5.3}$$

이 식으로 균일한 판의 무게중심의 좌표 $\bar{x}$와 $\bar{y}$가 정의된다. 좌표가 $\bar{x}$와 $\bar{y}$인 이 점은 판의 면적의 도심 C라고 알려져 있다(그림 5.3). 판이 균질하지 않다면, 이 식을 사용하여 판의 무게중심을 결정할 수는 없다; 그러나 면적의 도심은 그 경우도 정의내릴 수 있다.

균일한 단면적을 갖는 균질의 선의 경우, 선 요소 무게의 크기 ΔW는 다음으로 표현된다.

$$\Delta W = \gamma\, a \Delta L$$

여기서 γ = 재료의 비중
a = 선의 단면적
ΔL = 요소의 길이이다.

이때, 선의 무게중심은 선의 형상을 정의하는 선 L의 도심 C와 일치한다(그림 5.4). 선 L의 도심의 좌표 $\bar{x}$와 $\bar{y}$는 다음 식으로 구해진다.

$$\bar{x}L = \int x\,dL \qquad \bar{y}L = \int y\,dL \tag{5.4}$$

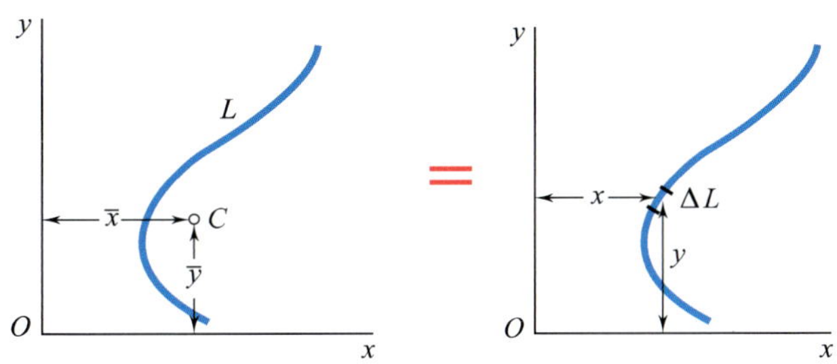

ΣM_y: $\bar{x}L = \Sigma x\,\Delta L$
ΣM_x: $\bar{y}L = \Sigma y\,\Delta L$

그림 5.4 선의 도심

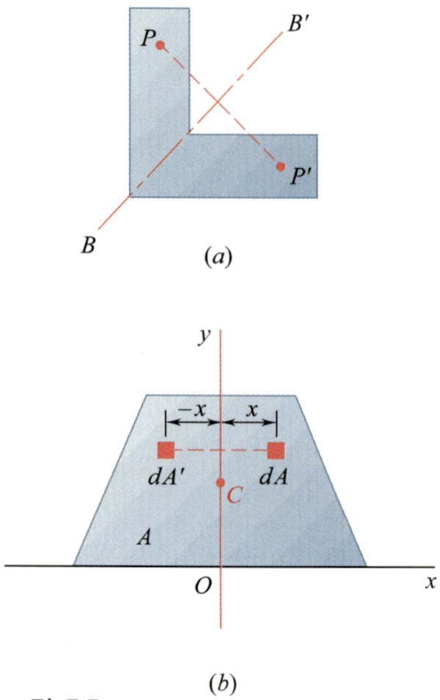

그림 5.5

5.4 면적과 선의 1차모멘트

앞 절의 식 (5.3)에서 적분 $\int x dA$는 y축에 대한 면적 A의 1차모멘트라고 알려져 있고 Q_y로 표기한다. 마찬가지로, 적분 $\int y dA$는 x축에 대한 A의 1차모멘트로 정의되고, Q_x로 표기한다. 식으로 나타내면 다음과 같다.

$$Q_y = \int x dA \qquad Q_x = \int y dA \tag{5.5}$$

식 (5.3)과 식 (5.5)를 비교하면, 면적 A의 1차모멘트는 면적과 도심의 좌표의 곱으로 표현됨을 알 수 있다.

$$Q_y = \bar{x} A \qquad Q_x = \bar{y} A \tag{5.6}$$

식 (5.6)으로부터, 면적의 도심의 좌표는 면적 1차모멘트를 면적으로 나누어 구해진다. 면적 1차모멘트는 재료역학에서 수직하중을 받는 보의 전단응력을 결정할 때에도 유용하다. 마지막으로 식 (5.6)으로부터, 면적의 도심이 좌표축 상에 위치한다면 그 좌표축에 대한 면적 1차모멘트는 영임을 알 수 있다. 바꾸어 말하면, 좌표축에 관한 면적 1차모멘트가 영이라면, 면적의 도심은 그 좌표축 상에 위치하여 있다.

식 (5.5)와 (5.6)과 유사한 관계식이 좌표축에 관한 선의 1차모멘트를 정의하고 이 모멘트를 선의 길이 L과 도심의 좌표 $\bar{x}$와 $\bar{y}$의 곱으로 나타내기 위하여 사용된다.

면적 내의 임의의 점 P에 대하여 같은 면적 내에 P'이 존재하여 선 PP'이 축 BB'에 수직이고 이 축으로 면적이 2등분 된다면, 면적 A는 축 BB'에 대하여 대칭이라고 말한다(그림 5.5a). 유사한 조건을 만족하면, 선 L은 축 BB'에 대하여 대칭이라고 불린다. 면적 A나 선 L이 대칭축 BB'를 갖고 있다면, 그들의 도심은 대칭축 상에 위치한다. 예를 들어, 그림 5.5b의 면적 A의 경우, 이것은 y축에 대하여 대칭이고, 가로좌표 x 상의 임의의 면적요소 dA에 대하여 가로좌표 $-x$를 갖는 같은 면적의 요소 dA'이 존재한다. 이 경우 식 (5.5)의 첫 번째 식의 적분은 영이 되고, 따라서 $Q_y = 0$이다. 또한 관계식 (5.3)에서 $\bar{x} = 0$이다. 따라서 면적 A나 선 L이 대칭축을 갖고 있다면, 그들의 도심 C는 그 축 상에 위치한다.

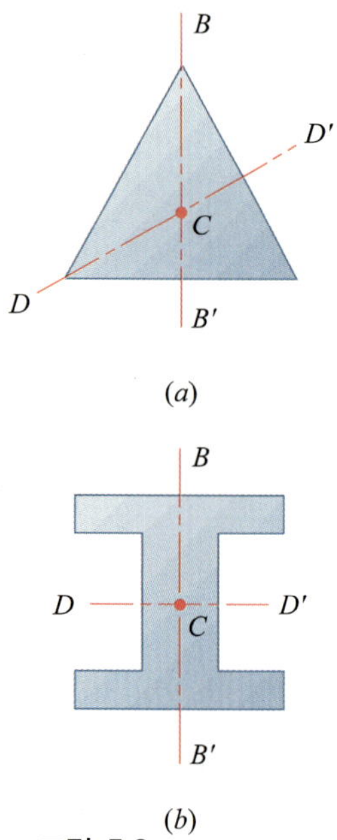

그림 5.6

더 나아가, 면적이나 선이 두 개의 대칭축을 갖고 있다면, 그들의 도심 C는 반드시 두 축의 교점에 위치해야 한다는 것을 주목한다(그림 5.6). 이러한 성격을 이용하면, 원, 타원, 정사각형, 이등분삼각형, 등 대칭의 도형에 대해서 그리고 원주 형상의 선, 정사각형의 테두리선 등에 대해서 도심의 위치를 즉각 결정할 수 있다.

도형		$\bar{x}$	$\bar{y}$	면적
삼각형	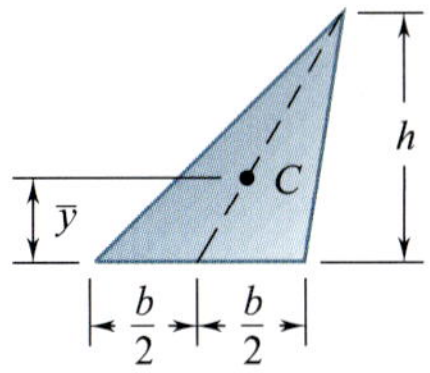		$\frac{h}{3}$	$\frac{bh}{2}$
사분원	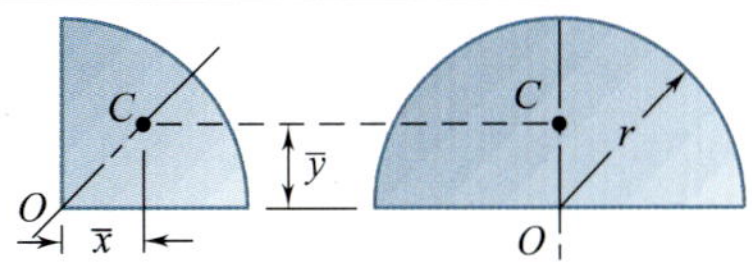	$\frac{4r}{3\pi}$	$\frac{4r}{3\pi}$	$\frac{\pi r^2}{4}$
반원		0	$\frac{4r}{3\pi}$	$\frac{\pi r^2}{2}$
사분타원	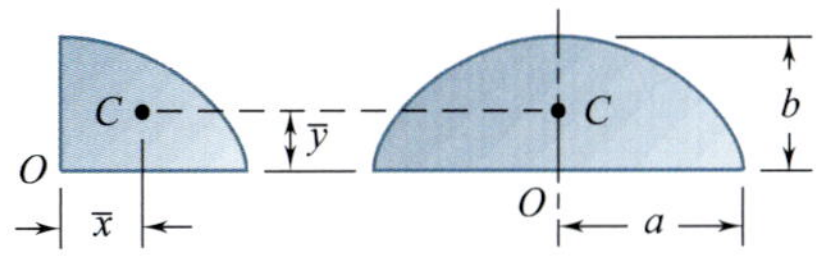	$\frac{4a}{3\pi}$	$\frac{4b}{3\pi}$	$\frac{\pi ab}{4}$
반타원		0	$\frac{4b}{3\pi}$	$\frac{\pi ab}{2}$
반포물형	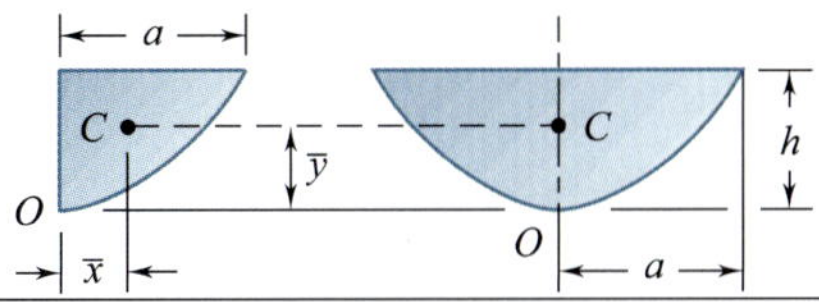	$\frac{3a}{8}$	$\frac{3h}{5}$	$\frac{2ah}{3}$
포물형		0	$\frac{3h}{5}$	$\frac{4ah}{3}$
포물형 스판드렐	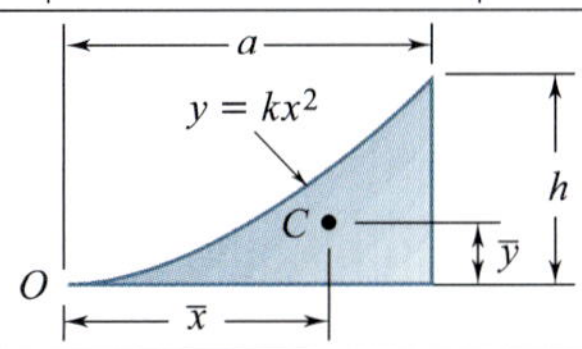	$\frac{3a}{4}$	$\frac{3h}{10}$	$\frac{ah}{3}$
일반 스판드렐	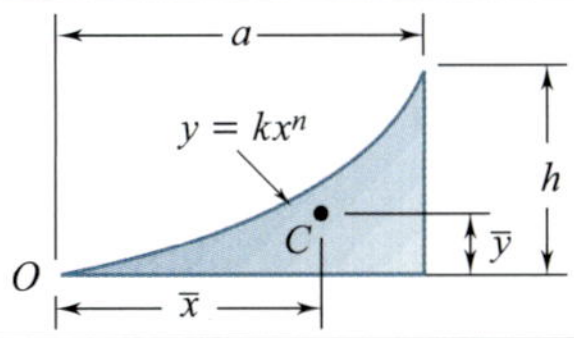	$\frac{n+1}{n+2}a$	$\frac{n+1}{4n+2}h$	$\frac{ah}{n+1}$
부채꼴	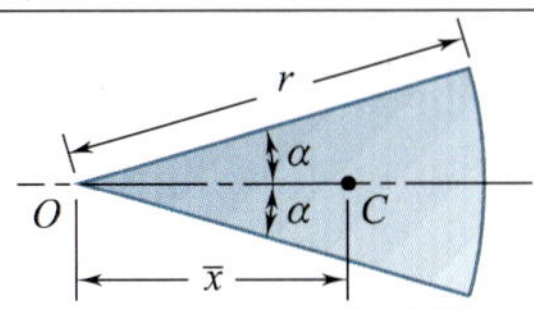	$\frac{2r\sin\alpha}{3\alpha}$	0	αr^2
사분원주	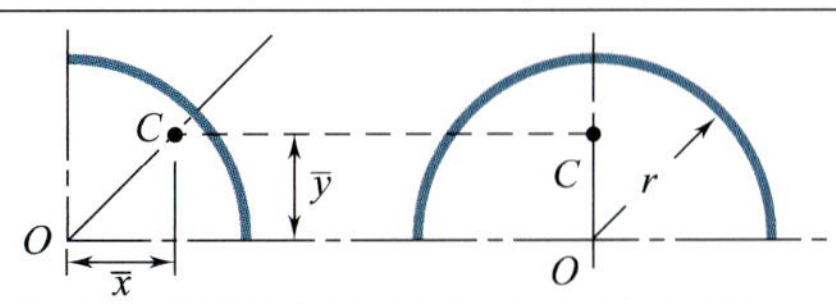	$\frac{2r}{\pi}$	$\frac{2r}{\pi}$	$\frac{\pi r}{2}$
반원주		0	$\frac{2r}{\pi}$	πr
원호	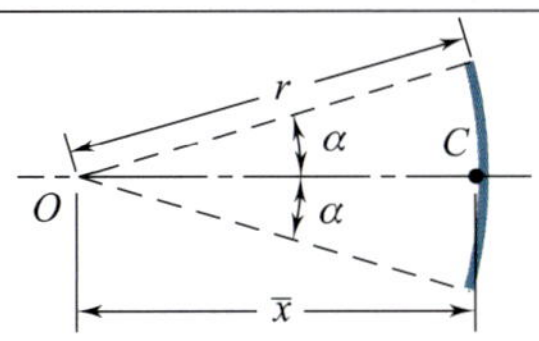	$\frac{r\sin\alpha}{\alpha}$	0	$2\alpha r$

그림 5.8 상용의 형상을 갖는 면적의 도심

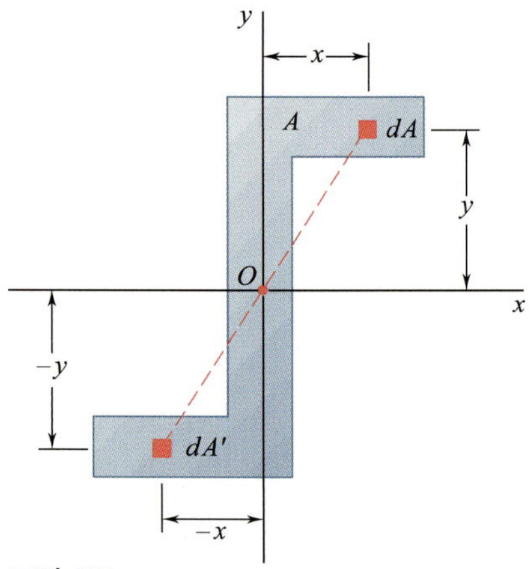

그림 5.7

좌표가 x와 y인 임의의 면적 요소 dA에 대해서 좌표가 $-x$와 $-y$인 같은 면적의 요소 dA'이 존재한다면 면적 A는 중심 O에 대해서 점대칭이라고 말한다(그림 5.7). 이 경우 식 (5.5)의 적분은 둘 다 영이고 따라서 $Q_x = Q_y = 0$이다. 또한 식 (5.3)으로부터, $\bar{x} = \bar{y} = 0$이다. 즉, 면적의 도심은 점대칭 중심 O와 일치한다. 마찬가지로, 선이 점대칭 중심 O를 갖고 있다면 선의 도심은 중심 O와 일치한다.

도형이 점대칭이라고 해서 항상 선대칭인 것은 아니고(그림 5.7), 또한 도형이 두 개의 대칭축을 갖고 있다고 해서 항상 점대칭은 아닌 것에 주목한다(그림 5.6a). 그러나 서로 직각인 두 개의 대칭축을 갖는 도형의 경우, 이 두 축의 교점이 점대칭 중심이다(그림 5.6b).

비대칭의 면적과 선에 대해서 그리고 단 한 개의 대칭축을 갖는 면적과 선에 대해서 도심을 결정하는 것을 5.6절과 5.7절에서 논의한다. 자주 나오는 도형의 면적과 선의 도심이 그림 5.8에 나와 있다.

5.5 합성판과 선

많은 경우, 편평한 판은 직사각형, 삼각형 등의 그림 5.8A의 일반적인 도형으로 나눌 수 있다. 무게중심 G의 가로좌표 $\overline{X}$는, 전체 판의 y축에 대한 모멘트는 각 부분의 같은 축에 대한 모멘트의 합과 같다고 표현함에 의해서, 각 부분의 무게중심의 가로좌표 $\bar{x}_1$, $\bar{x}_2$, $\cdots$, $\bar{x}_n$으로부터 결정된다(그림 5.9). 판의 무게중심의 세로좌표 $\overline{Y}$도 유사하게 x축에 대한 모멘트를 같다고 놓음에 의하여 결정된다. 즉, 다음과 같다.

$$\Sigma M_y \;:\; \overline{X}(W_1 + W_2 + \cdots + W_n) = \bar{x}_1 W_1 + \bar{x}_2 W_2 + \cdots + \bar{x}_n W_n$$
$$\Sigma M_x \;:\; \overline{Y}(W_1 + W_2 + \cdots + W_n) = \bar{y}_1 W_1 + \bar{y}_2 W_2 + \cdots + \bar{y}_n W_n$$

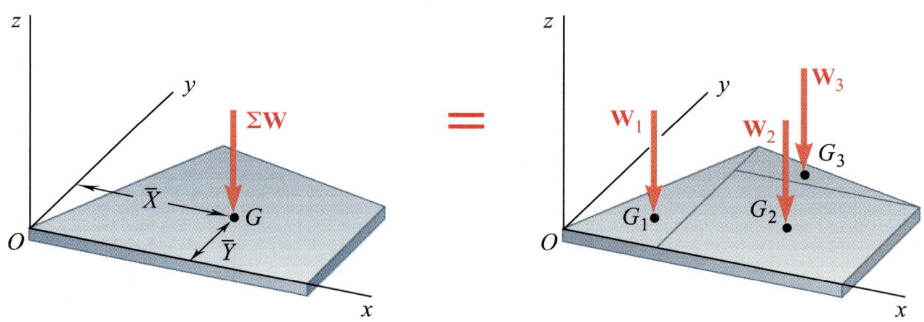

ΣM_y: $\overline{X}\Sigma W = \Sigma \bar{x} W$

ΣM_x: $\overline{Y}\Sigma W = \Sigma \bar{y} W$

그림 5.9 합성판의 무게중심

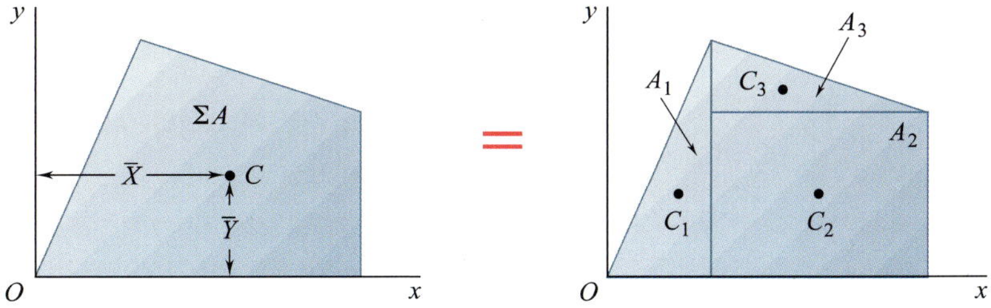

$$Q_y = \bar{X}\Sigma A = \Sigma \bar{x} A$$
$$Q_x = \bar{Y}\Sigma A = \Sigma \bar{y} A$$

그림 5.10 합성 면적의 도심

줄여서 적으면 다음과 같다.

$$\bar{X}\Sigma W = \Sigma \bar{x} W \qquad \bar{Y}\Sigma W = \Sigma \bar{y} W \tag{5.7}$$

이 식들을 풀어서 판의 무게중심의 좌표 $\bar{X}$ 와 $\bar{Y}$ 를 구한다.

판이 균질이고 균일한 두께를 갖고 있다면, 무게중심은 면적의 도심 C와 일치한다. 면적의 도심의 가로좌표 $\bar{X}$ 는, y축에 대한 합성 면적의 1차모멘트 Q_y가 $\bar{X}$ 와 전체면적의 곱과 y축에 대한 요소면적의 1차모멘트로 표시될 수 있음에 주목하면, 결정할 수 있다(그림 5.10). 도심의 세로좌표 $\bar{Y}$ 도 마찬가지로 합성면적의 1차모멘트 Q_x를 고려함에 의하여 결정된다. 따라서

$$\begin{aligned} Q_y &= \bar{X}(A_1 + A_2 + \cdots + A_n) = \bar{x}_1 A_1 + \bar{x}_2 A_2 + \cdots + \bar{x}_n A_n \\ Q_x &= \bar{Y}(A_1 + A_2 + \cdots + A_n) = \bar{y}_1 A_1 + \bar{y}_2 A_2 + \cdots + \bar{y}_n A_n \end{aligned}$$

이고, 줄여서

$$Q_y = \bar{X}\Sigma A = \Sigma \bar{x} A \qquad Q_x = \bar{Y}\Sigma A = \Sigma \bar{y} A \tag{5.8}$$

이다. 이 식들은 합성면적의 1차모멘트를 제공하거나, 이들을 이용하여 도심의 좌표 $\bar{X}$ 와 $\bar{Y}$ 를 구할 수 있다.

각각의 면적의 모멘트에 적절한 부호를 붙여야 함에 주의하여야 한다. 힘의 모멘트와 마찬가지로 면적의 1차모멘트도 양이 될 수도 음이 될 수도 있다. 예를 들어, 도심이 y축의 좌측에 위치한 면적은 그 축에 대해 음의 1차모멘트를 갖는다. 또한 제거된 면적도 음의 부호를 가져야 한다(그림 5.11).

마찬가지로, 많은 경우 합성된 선의 무게중심 혹은 도심도 이 선을 단순한 요소로 나누어서 구할 수 있다(문제 5.2 참조).

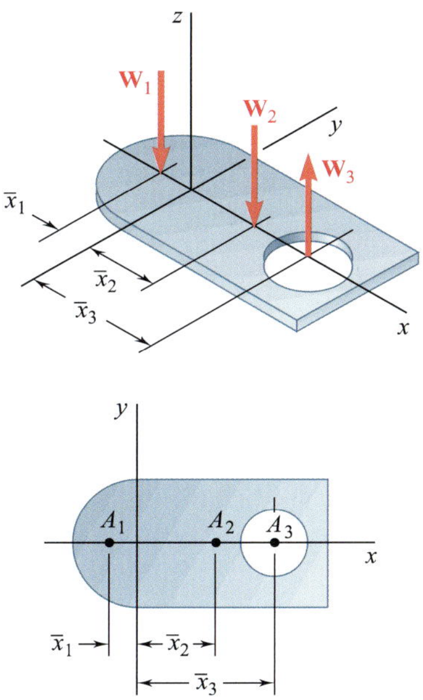

	$\bar{x}$	A	$\bar{x}A$
A_1 반원	−	+	−
A_2 직사각형	+	+	+
A_3 원형 구멍	+	−	−

그림 5.11

문제 5.1

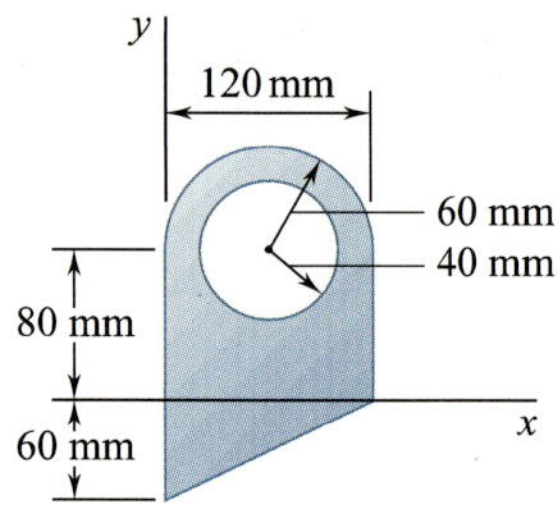

그림의 면적에 대하여 (a) x와 y축에 대한 1차모멘트, (b) 도심의 위치를 결정하라.

풀이.

면적 요소. 이 면적은 사각형, 삼각형과 반원을 더하고 원을 빼면 구해진다. 그림의 좌표축을 사용하면, 각각의 면적 요소의 면적과 도심의 좌표가 결정되고 이것을 아래의 표에 삽입한다. 원의 면적은 음으로 표기되어 있는데, 이것은 나머지 면적에서 빼야하기 때문이다. 삼각형의 도심의 좌표 $\bar{y}$가 그림의 좌표축에 대해서 음인 것에 주목한다. 좌표축에 대한 면적 요소의 1차모멘트를 계산하여 표에 삽입한다.

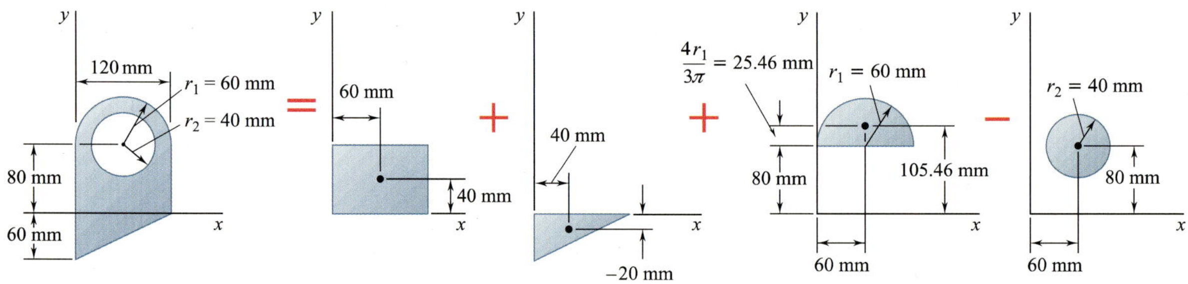

요소	A, mm^2	$\bar{x}$, mm	$\bar{y}$, mm	$\bar{x}A$, mm^3	$\bar{y}A$, mm^3
사각형	$(120)(80) = 9.6\times10^3$	60	40	$+576\times10^3$	$+384\times10^3$
삼각형	$\frac{1}{2}(120)(60) = 3.6\times10^3$	40	−20	$+144\times10^3$	-72×10^3
반원	$\frac{1}{2}\pi(60)^2 = 5.655\times10^3$	60	105.46	$+339.3\times10^3$	$+596.4\times10^3$
원	$-\pi(40)^2 = -5.027\times10^3$	60	80	-301.6×10^3	-402.2×10^3
	$\Sigma A = 13.828\times10^3$			$\Sigma\bar{x}A = +757.7\times10^3$	$\Sigma\bar{y}A = +506.2\times10^3$

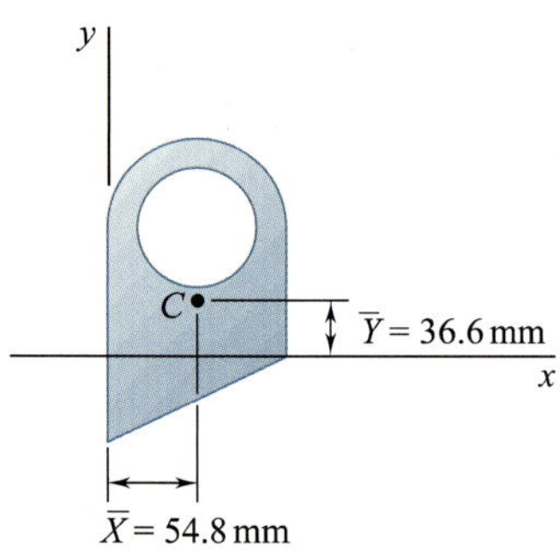

a. 면적1차모멘트. 식 (5.8)을 이용하면, 다음과 같다.

$$Q_x = \Sigma\bar{y}A = 506.2\times10^3\,\text{mm}^3 \qquad Q_x = 506\times10^3\,\text{mm}^3$$

$$Q_y = \Sigma\bar{x}A = 757.7\times10^3\,\text{mm}^3 \qquad Q_y = 758\times10^3\,\text{mm}^3$$

b. 도심의 위치. 표에 주어진 값들을 합성면적의 도심을 정의하는 식에 대입하면, 다음과 같다.

$$\bar{X}\Sigma A = \Sigma\bar{x}A: \quad \bar{X}(13.828\times10^3\,\text{mm}^2) = 757.7\times10^3\,\text{mm}^3$$

$$\bar{X} = 54.8\,\text{mm}$$

$$\bar{Y}\Sigma A = \Sigma\bar{y}A: \quad \bar{Y}(13.828\times10^3\,\text{mm}^2) = 506.2\times10^3\,\text{mm}^3$$

$$\bar{Y} = 36.6\,\text{mm}$$

문제 5.2

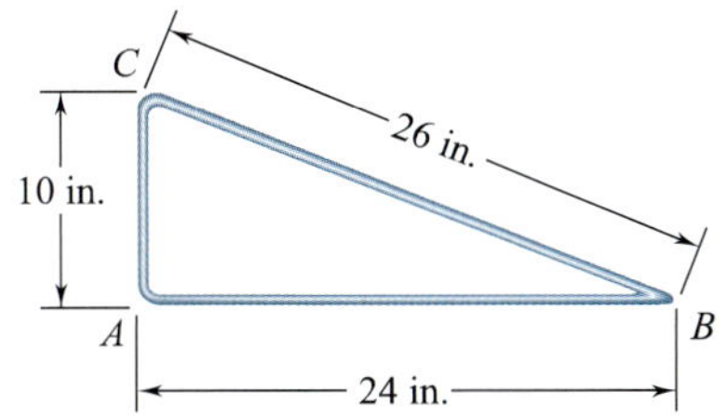

그림의 도형은 얇고 균질인 줄 조각으로 만들어진다. 무게중심의 위치를 결정하라.

풀이.

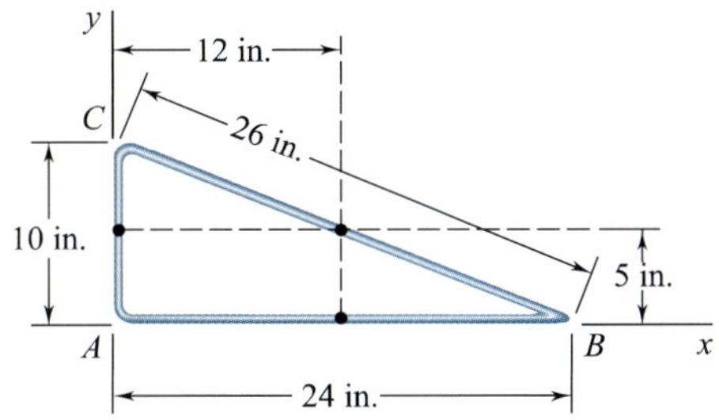

이 도형은 균질의 줄로 만들어져 있으므로, 무게중심은 선의 도심과 일치한다. 따라서 그 도심을 결정한다. 그림처럼 원점이 A인 좌표축을 설정하여, 각각의 선 요소의 도심의 좌표를 결정하고 각 좌표축에 대한 1차모멘트를 계산한다.

요소	L, in.	$\bar{x}$, in.	$\bar{y}$, in.	$\bar{x}L$, in^2	$\bar{y}L$, in^2
AB	24	12	0	288	0
BC	26	12	5	312	130
CA	10	0	5	0	50
	$\Sigma L=60$			$\Sigma\bar{x}L=600$	$\Sigma\bar{y}L=180$

표에서 구한 값을 합성 선의 도심을 정의하는 식에 대입하면 다음과 같다.

$$\bar{X}\Sigma L=\Sigma\bar{x}L: \quad \bar{X}(60\text{ in})=600\text{ in}^2 \qquad \bar{X}=10\text{ in.}$$

$$\bar{Y}\Sigma L=\Sigma\bar{y}L: \quad \bar{Y}(60\text{ in})=180\text{ in}^2 \qquad \bar{Y}=3\text{ in.}$$

문제 5.3

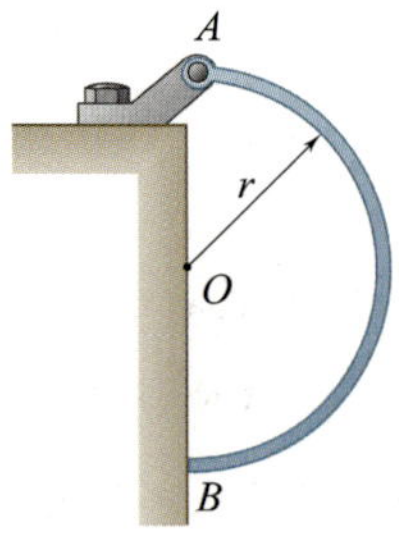

무게가 W이고 반경이 r인 균질의 반원형 막대가 A에서 핀으로 부착되어 있고 B에서 마찰이 없는 표면에 놓여있다. A와 B에서의 반력을 구하여라.

풀이.

자유물체도. 막대의 자유물체도를 그린다. 막대에 작용하는 힘은 무게중심 G(그 위치는 그림 5.8B로부터 구함)에 작용하는 무게 **W**이다. A에서의 반력은 성분 $\mathbf{A}_x$와 $\mathbf{A}_y$로 나타내고 B에서의 반력은 수평이다.

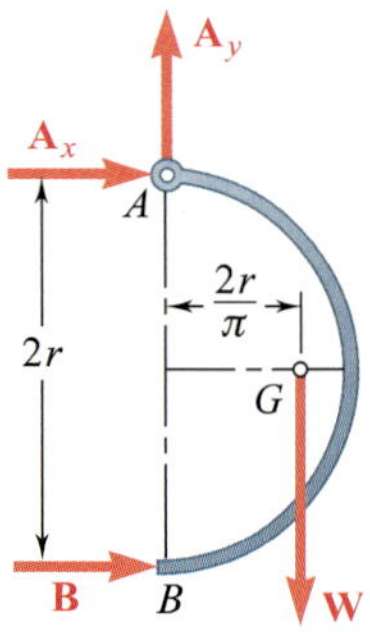

평형방정식

$$+\circlearrowright \Sigma M_A = 0: \quad B(2r) - W\left(\frac{2r}{\pi}\right) = 0$$

$$B = +\frac{W}{\pi} \qquad\qquad \mathbf{B} = \frac{W}{\pi} \rightarrow$$

$$\overset{+}{\rightarrow} \Sigma F_x = 0: \quad A_x + B = 0$$

$$A_x = -B = -\frac{W}{\pi} \qquad \mathbf{A}_x = \frac{W}{\pi} \leftarrow$$

$$+\uparrow \Sigma F_y = 0: \quad A_y - W = 0 \qquad \mathbf{A}_y = W \uparrow$$

A에서의 두 성분을 더하면,

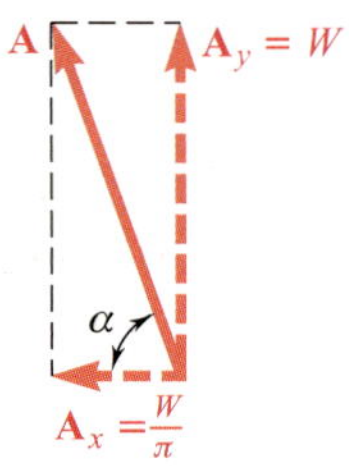

$$A = \left[W^2 + \left(\frac{W}{\pi}\right)^2\right]^{1/2} \qquad\qquad A = W\left(1 + \frac{1}{\pi^2}\right)^{1/2}$$

$$\tan\alpha = \frac{W}{W/\pi} = \pi \qquad\qquad \alpha = \tan^{-1}\pi$$

답은 다음과 같이 나타낼 수도 있다.

$$\mathbf{A} = 1.049\,W \measuredangle 72.3^\circ \qquad \mathbf{B} = 0.318\,W \rightarrow$$

Problems

5.1 through 5.8 Locate the centroid of the plane area shown.

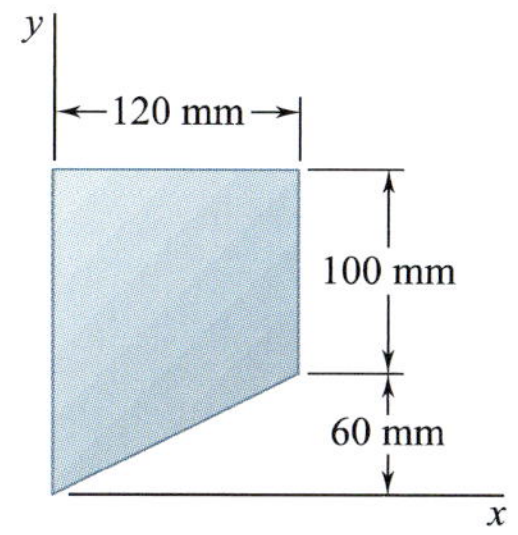

그림 P5.1

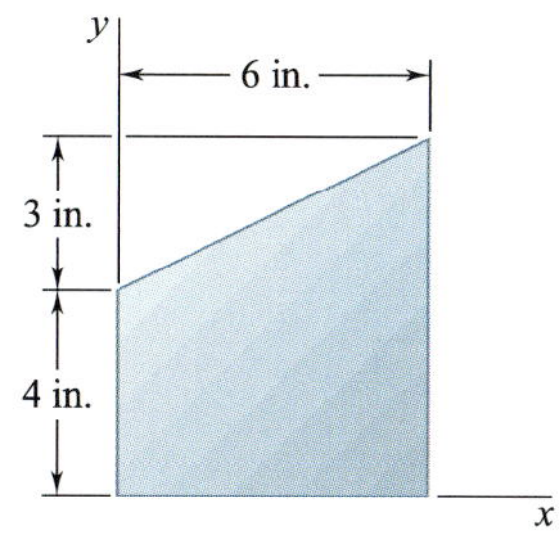

그림 P5.2

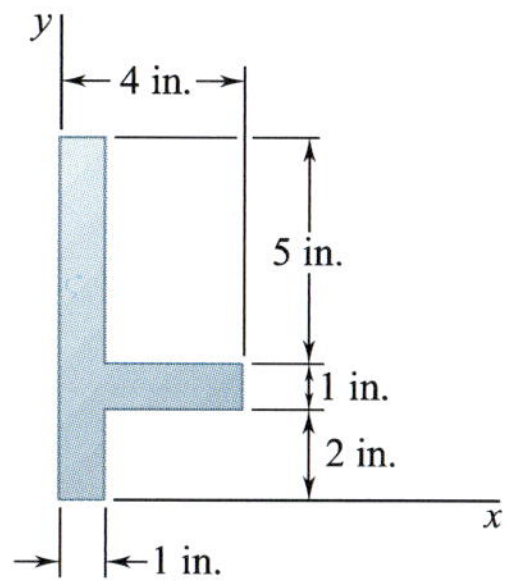

그림 P5.3

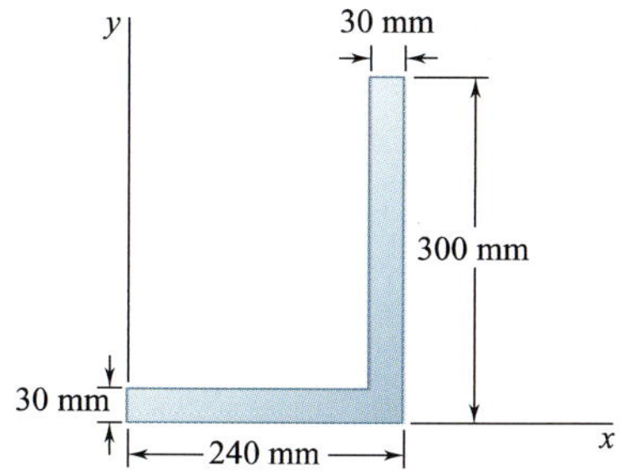

그림 *P5.4*

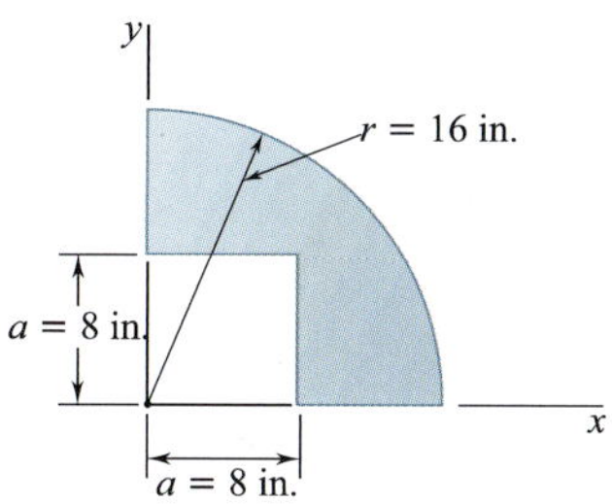

그림 P5.5

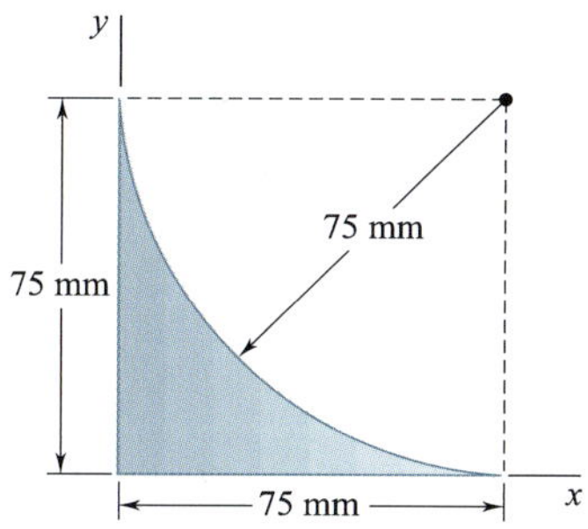

그림 P5.6

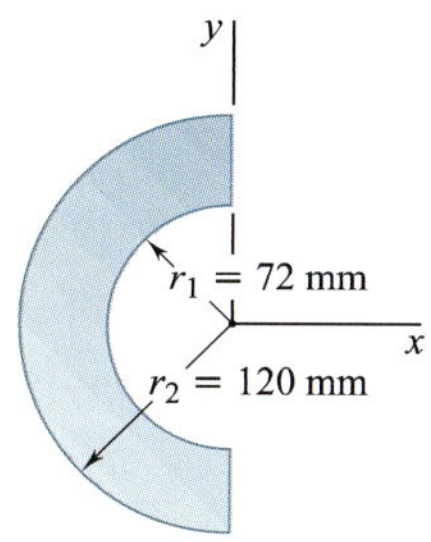

그림 P5.7

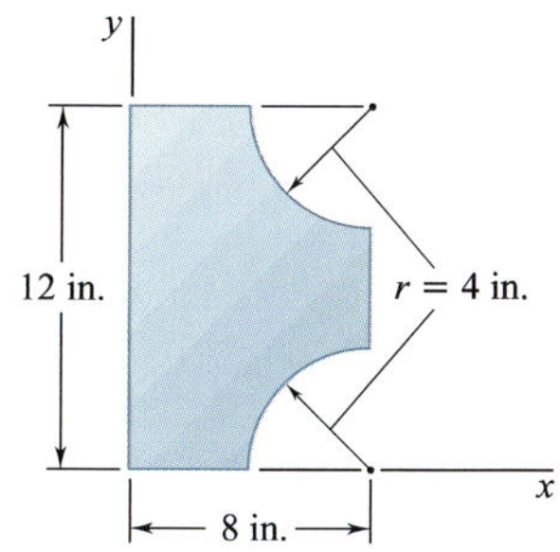

그림 P5.8

5.9 through 5.12 Locate the centroid of the plane area shown.

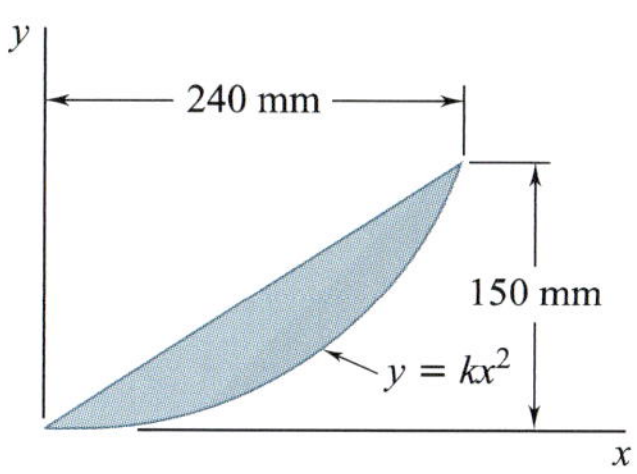

그림 P5.9

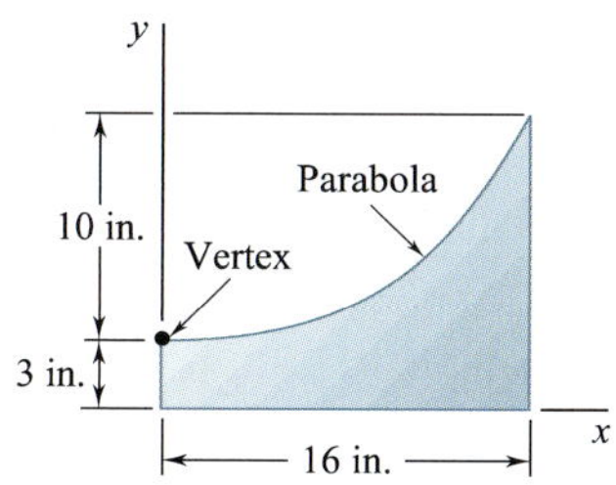

그림 P5.10

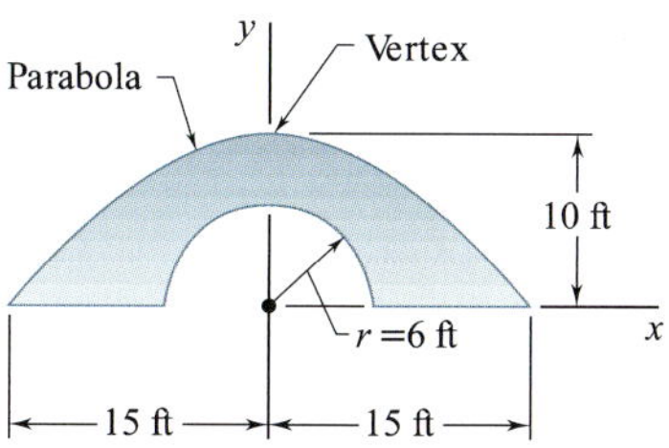

그림 P5.11

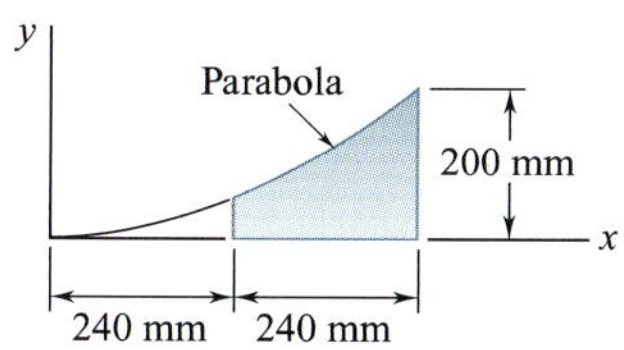

그림 P5.12

5.13 and 5.14 The horizontal x axis is drawn through the centroid C of the area shown and divides it into two component areas A_1 and A_2. Determine the first moment of each component area with respect to the x axis and explain the results obtained.

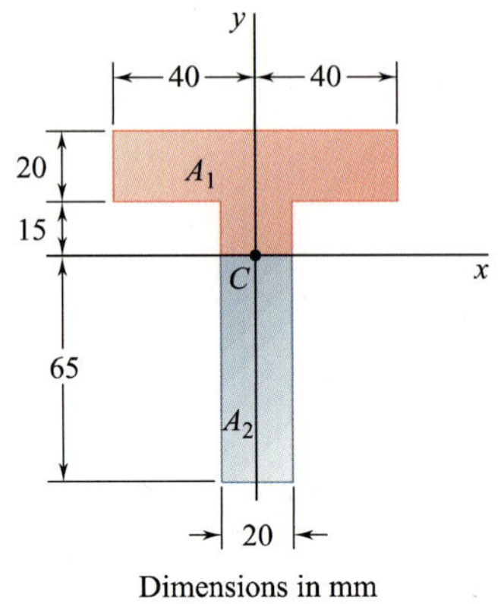

그림 **P5.13**

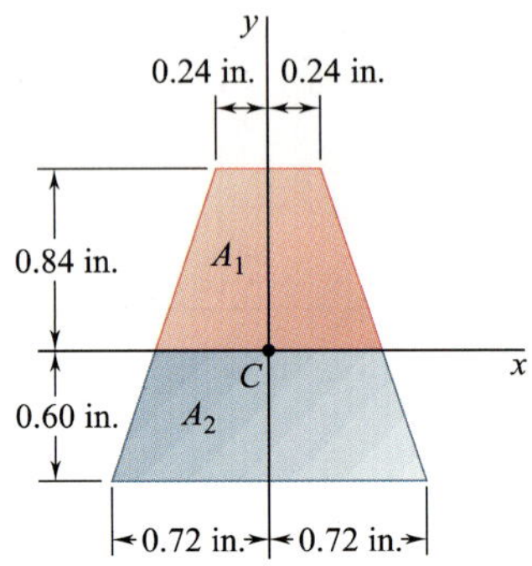

그림 **P5.14**

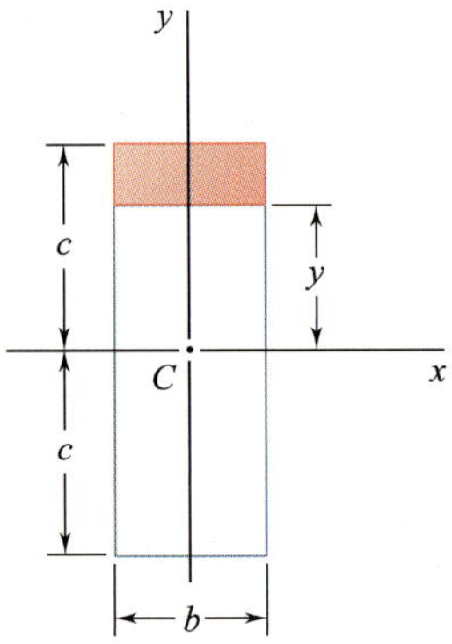

그림 ***P5.15***

5.15 The first moment of the shaded area with respect to the x axis is denoted by Q_x. (*a*) Express Q_x in terms of b, c, and the distance y from the base of the shaded area to the x axis. (*b*) For what value of y is Q_x maximum, and what is that maximum value?

5.16 A built-up beam has been constructed by nailing together seven planks as shown. The nails are equally spaced along the beam, and the beam supports a vertical load. As will be shown in Chapter 13, the shearing forces exerted on the nails at A and B are proportional to the first moments with respect to the centroidal x axis of the red-shaded areas shown, respectively, in parts a and b of the figure. Knowing that the force exerted on the nail at A is 120 N, determine the force exerted on the nail at B.

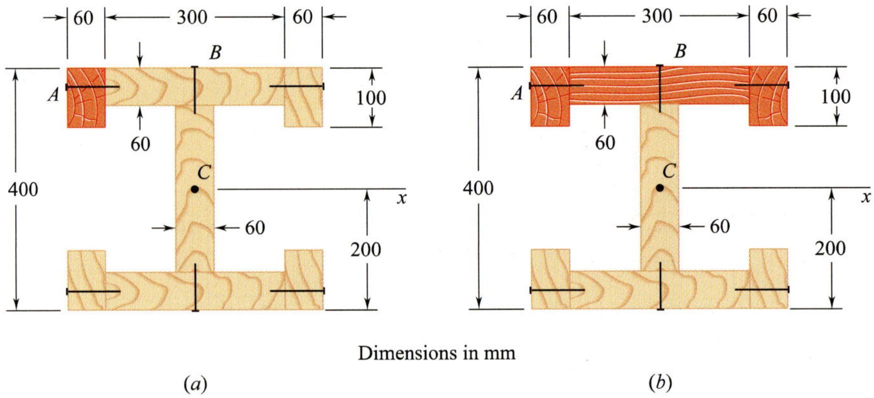

그림 ***P5.16***

5.17 through 5.20 A thin homogeneous wire is bent to form the perimeter of the figure indicated. Locate the center of gravity of the wire figure thus formed.

5.17 Fig. P5.1.
5.18 Fig. P5.2.
5.19 Fig. P5.4.
5.20 Fig. P5.8.

5.21 The homogeneous wire $ABCD$ is bent as shown and is attached to a hinge at C. Determine the length L that results in portion BCD of the wire being horizontal.

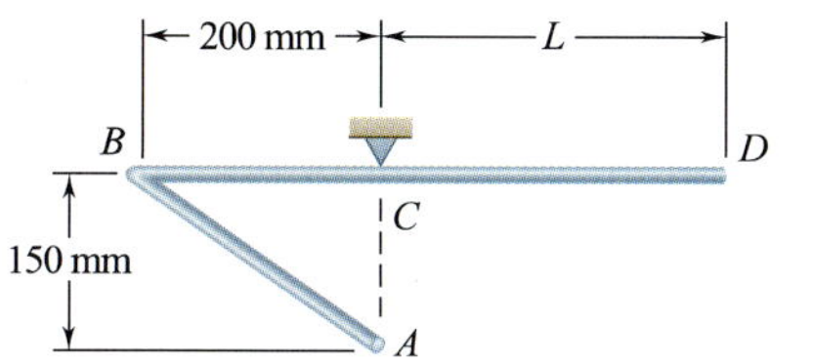

그림 P5.21, *P5.22*

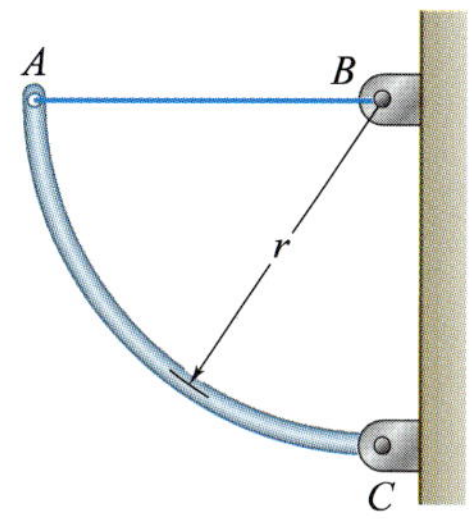

그림 P5.23

5.22 The homogeneous wire $ABCD$ is bent as shown and is attached to a hinge at C. Determine the length L that results in portion AB of the wire being horizontal.

5.23 A uniform circular rod of weight 8 lb and radius 10 in. is attached to a pin at C and to the cable AB. Determine (*a*) the tension in the cable, (*b*) the reaction at C.

5.24 Knowing that the object shown is formed of a thin homogeneous wire, determine the angle α for which the center of gravity of the object is located at the origin O.

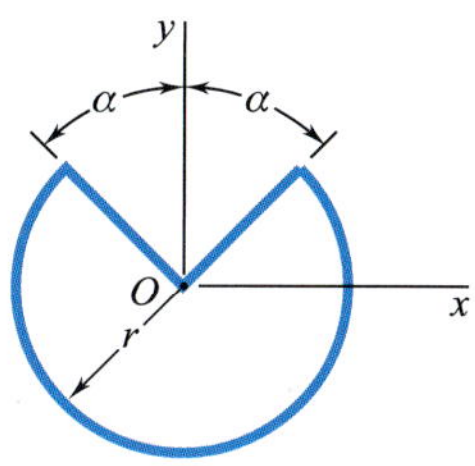

그림 *P5.24*

5.6 적분에 의한 도심의 결정

해석 곡선(즉, 대수 방정식으로 정의된 곡선)으로 둘러싸인 면적의 도심은 5.3절의 식 (5.3)을 산출하여 결정한다.

$$\bar{x}A = \int x\,dA \qquad \bar{y}A = \int y\,dA \tag{5.3}$$

면적요소 dA가 양변이 dx와 dy인 작은 사각형이라면, 이 적분을 산출하기 위해서는 x와 y에 대한 이중적분이 필요하다. dA가 양변이 dr과 $rd\theta$의 작은 요소인 극좌표를 사용할 때에도 이중적분이 필요하다.

그러나 대부분의 경우, 단일 적분을 사용하여 면적의 도심의 좌표를 결정하는 것이 가능하다. 이것은 dA로 얇은 사각형이나 띠 혹은 얇은 부채꼴이

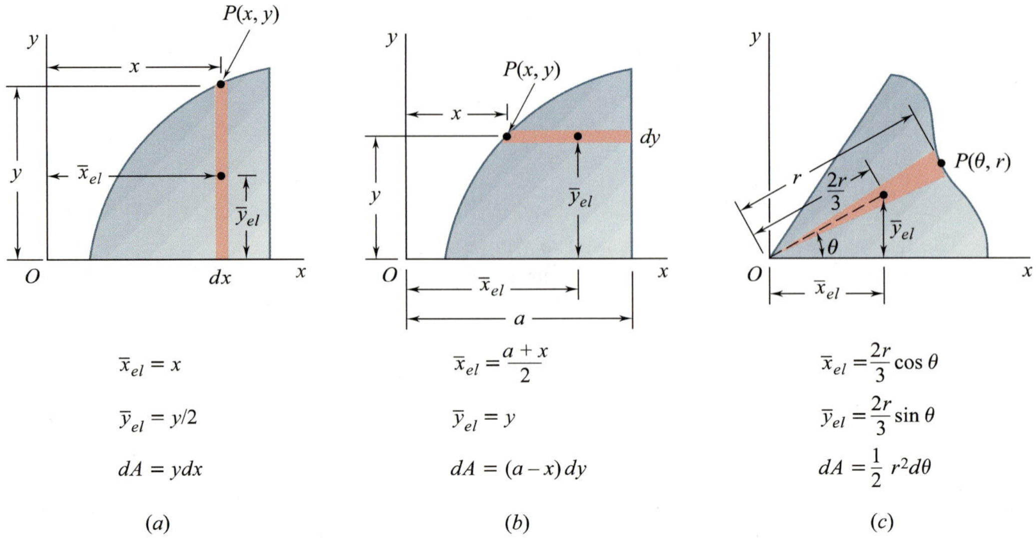

그림 5.12 미소요소의 도심과 면적

나 파이 모양의 요소를 선택함에 의하여 이루어진다(그림 5.12); 얇은 사각형의 도심은 그것의 중심에 위치하고, 얇은 부채꼴의 도심은 꼭지점에서 $\frac{2}{3}r$ 거리에 위치한다(삼각형의 경우와 마찬가지이다). 대상 면적의 도심의 좌표는, 각각의 좌표축에 대한 전체 면적의 1차모멘트는 면적요소의 해당 모멘트의 합(혹은 적분)과 같다고 놓음에 의해서 구해진다. 요소 dA의 도심의 좌표를 $\bar{x}_{el}$과 $\bar{y}_{el}$로 표기하면,

$$
\begin{aligned}
Q_y &= \bar{x}A = \int \bar{x}_{el}\, dA \\
Q_x &= \bar{y}A = \int \bar{y}_{el}\, dA
\end{aligned}
\tag{5.9}
$$

이다. 면적 A가 알려져 있지 않다면, 이것 또한 이들 요소로부터 계산할 수 있다.

면적 요소 dA의 도심의 좌표 $\bar{x}_{el}$과 $\bar{y}_{el}$는 대상 면적의 테두리 곡선 상에 위치하는 점의 좌표의 항으로 나타내야 한다. 또한 요소 dA의 면적도 그 점의 좌표와 적절한 미분의 항으로 나타내야 한다. 이것이 그림 5.12에서 세 개의 자주 사용되는 요소에 대하여 이루어졌다; 면적의 테두리 곡선의 식이 극좌표로 주어져 있다면, 그림 c의 파이프 형상의 요소가 사용되어야 한다. 적절한 식을 공식 (5.9)에 대입하여야 하고, 좌표의 하나를 나머지 하나로 나타내기 위하여 테두리 곡선의 식이 사용되어야 한다. 이때 적분은 단일 적분으로 된다. 일단 면적이 결정되고 식 (5.9)의 적분이 산출되면, 이 식들을 이용하여 면적의 도심의 좌표 $\bar{x}$와 $\bar{y}$를 구할 수 있다.

선이 대수식으로 정의되면, 선의 도심은 5.3절의 식 (5.4)를 산출함에 의하여 결정된다 :

$$\bar{x}L = \int x dL \qquad \bar{y}L = \int y dL \tag{5.4}$$

선을 정의하기 위하여 사용된 식에서 독립 변수로 어느 좌표(x, y 혹은 r, θ)를 선택하였느냐에 따라, 미소길이 dL은 다음 중 어느 하나로 대치된다 (이 식은 피타고라스 정리를 사용하여 유도할 수 있다) :

$$dL = \sqrt{1 + \left(\frac{dy}{dx}\right)^2}\, dx \qquad dL = \sqrt{1 + \left(\frac{dx}{dy}\right)^2}\, dy$$

$$dL = \sqrt{r^2 + \left(\frac{dr}{d\theta}\right)^2}\, d\theta$$

좌표 중 어느 하나를 다른 하나로 나타내기 위하여 선에 대한 식을 사용한 후에, 적분을 수행하고, 식 (5.4)를 이용하여 선의 도심의 좌표 $\bar{x}$와 $\bar{y}$를 구할 수 있다.

5.7 파푸스-굴디누스의 정리

회전면은 고정축 주위로 평면 곡선을 회전하여 얻어지는 면이다. 예를 들어 (그림 5.13), 구면은 반 원주 ABC를 직경 AC 주위로 회전하여 구해지고, 원추면은 직선 AB를 축 AC 주위로 회전하여 만들어지고, 원환체 혹은 링의 면은 원주를 이것과 교차하지 않는 축 주위로 회전하여 생성된다. 회전체는 평면적을 고정축 주위로 회전하여 얻어지는 물체이다. 그림 5.14에서와 같이, 원구, 원추, 그리고 원환은 각각 표시된 축 주위로 적절한 도형을 회전하여 만들어진다.

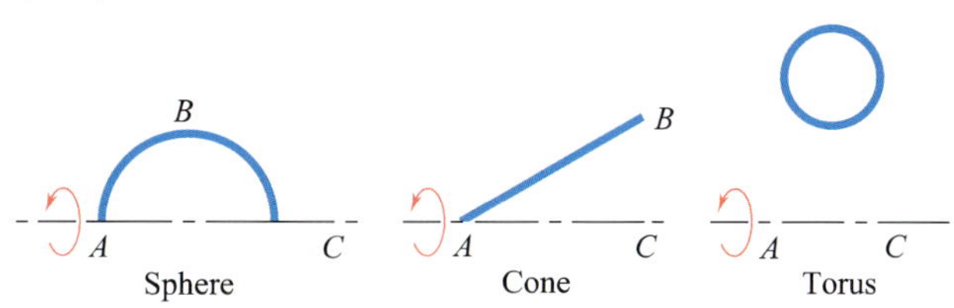

그림 5.13

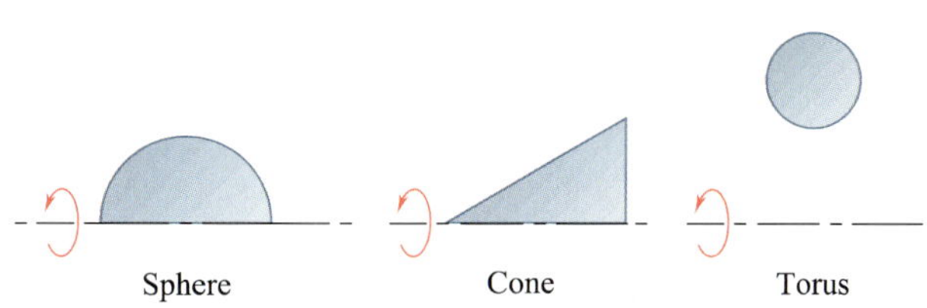

그림 5.14

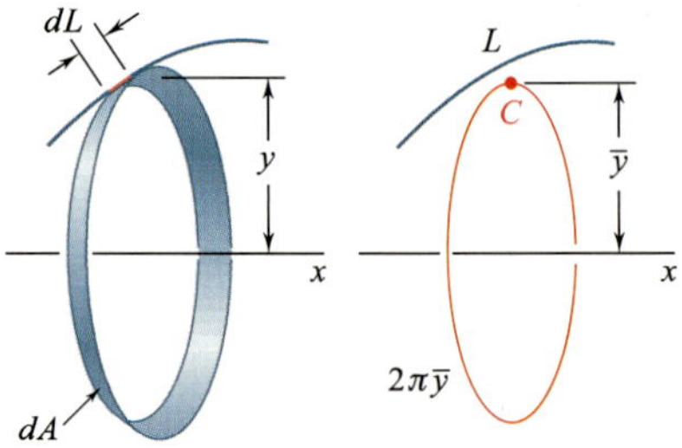

그림 5.15

정리 1. 회전면의 면적은 생성곡선의 길이와 면이 만들어지는 동안 곡선의 도심이 이동한 거리의 곱과 같다.

증명 x축 주위로 회전하는 선 L의 요소 dL을 고려한다(그림 5.15). 요소 dL이 생성하는 면적 dA는 $2\pi y\, dL$이다. 따라서 L이 생성하는 전체 면적은 $A = \int 2\pi y\, dL$이다. 5.3절에서 적분 $\int y\, dL$은 $\bar{y}L$과 같다는 사실을 발견한 것을 기억하면, 다음과 같이 적을 수 있다.

$$A = 2\pi \bar{y} L \tag{5.10}$$

여기서 $2\pi\bar{y}$는 L의 도심이 이동한 거리이다(그림 5.15). 생성곡선이 회전축을 교차하지 말아야 하는 것에 주목한다; 교차한다면, 축의 양쪽의 절편은 서로 다른 부호의 면적을 생성하게 되고, 이 정리는 성립하지 않는다.

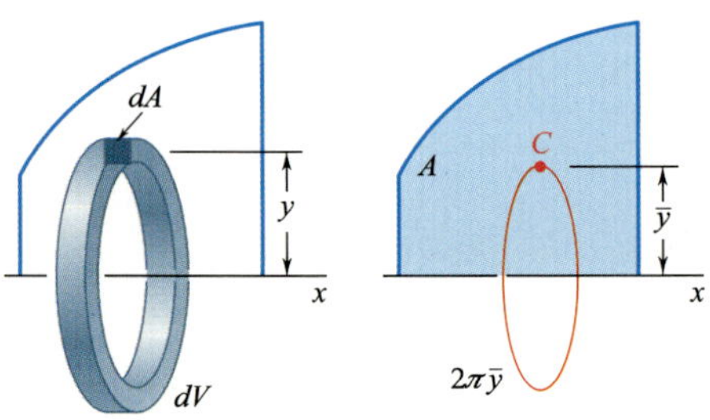

그림 5.16

정리 2. 회전체의 체적은 생성면의 면적과 체적이 만들어지는 동안 면적의 도심이 이동한 거리의 곱과 같다.

증명 x축 회전하는 면적 A의 요소 dA를 고려한다(그림 5.16). 요소 dA가 생성하는 체적 dV는 $2\pi y\, dA$이다. 따라서 A가 생성하는 전체 체적은 $V = \int 2\pi y\, dA$이고, 적문 $\int y dA$는 $\bar{y}A$와 같으므로, 다음과 같이 적을 수 있다.

$$V = 2\pi \bar{y} A \tag{5.11}$$

여기서 $2\pi\bar{y}$는 A의 도심이 이동한 거리이다(그림 5.15). 다시 한 번, 생성면적이 회전축을 교차한다면 이 정리는 성립하지 않는 것에 주목한다.

파푸스－굴디누스 정리는 회전면의 면적과 회전체의 체적을 간단히 계산하는 방법을 제공한다. 역으로, 곡선에 의해서 생성된 면의 면적을 알고 있을 때 평면곡선의 도심을 결정하거나, 면에 의해서 생성된 물체의 체적을 알고 있을 때 평면적의 도심을 결정하는데 사용될 수 있다(문제 5.8 참조).

문제 5.4

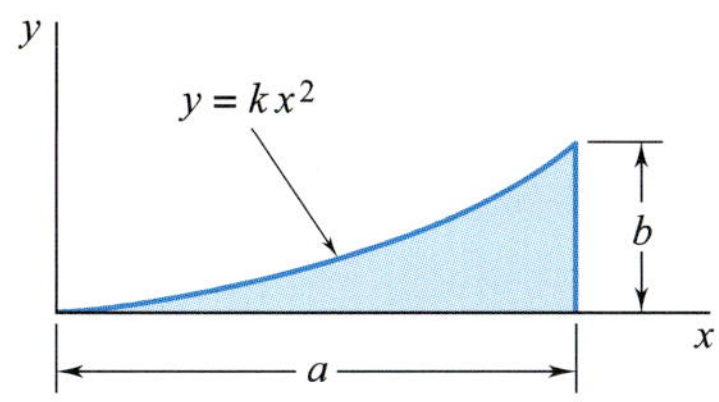

포물선 모양의 스판드렐(spandrel)의 도심의 위치를 직접 적분에 의하여 결정하라.

풀이.

상수 k의 결정. k값은 $x=a$와 $y=b$를 주어진 식에 대입하여 결정한다. $b=ka^2$이므로, $k=b/a^2$이다. 따라서 곡선의 식은 다음과 같다.

$$y=\frac{b}{a^2}x^2 \qquad \text{or} \qquad x=\frac{a}{b^{1/2}}y^{1/2}$$

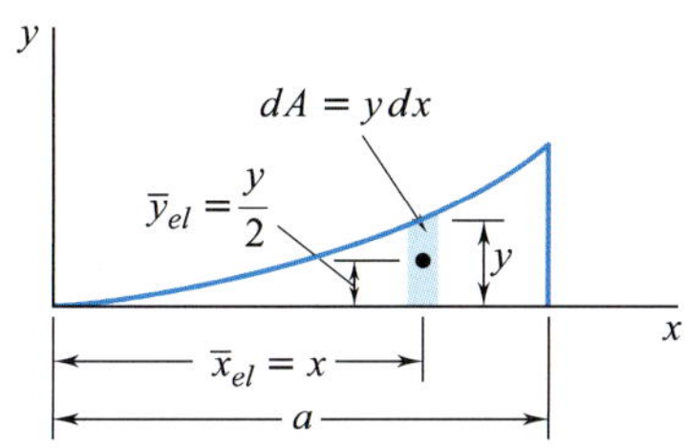

수직 미소요소. 그림처럼 미소요소를 선택하여 도형의 전체 면적을 구한다.

$$A=\int dA=\int y dx=\int_0^a \frac{b}{a^2}x^2 dx=\left[\frac{b}{a^2}\frac{x^3}{3}\right]_0^a=\frac{ab}{3}$$

미소요소의 y축에 대한 1차모멘트는 $\bar{x}_{el}\,dA$이다. 따라서 이 축에 대한 전체 면적의 1차모멘트는 다음과 같다.

$$Q_y=\int \bar{x}_{el}\,dA=\int xy\,dx=\int_0^a x\left(\frac{b}{a^2}x^2\right)dx=\left[\frac{b}{a^2}\frac{x^4}{4}\right]_0^a=\frac{a^2b}{4}$$

$Q_y=\bar{x}A$이므로,

$$\bar{x}A=\int \bar{x}_{el}\,dA \qquad \bar{x}\frac{ab}{3}=\frac{a^2b}{4} \qquad \bar{x}=\frac{3}{4}a$$

같이 하여, 미소요소의 x축에 대한 1차모멘트는 $\bar{y}_{el}\,dA$이고 전체 면적의 1차모멘트는 다음과 같다.

$$Q_x=\int \bar{y}_{el}\,dA=\int \frac{y}{2}y\,dx=\int_0^a \frac{1}{2}\left(\frac{b}{a^2}x^2\right)^2 dx=\left[\frac{b^2}{2a^4}\frac{x^5}{5}\right]_0^a=\frac{ab^2}{10}$$

$Q_x=\bar{y}A$이므로,

$$\bar{y}A=\int \bar{y}_{el}\,dA \qquad \bar{y}\frac{ab}{3}=\frac{ab^2}{10} \qquad \bar{y}=\frac{3}{10}b$$

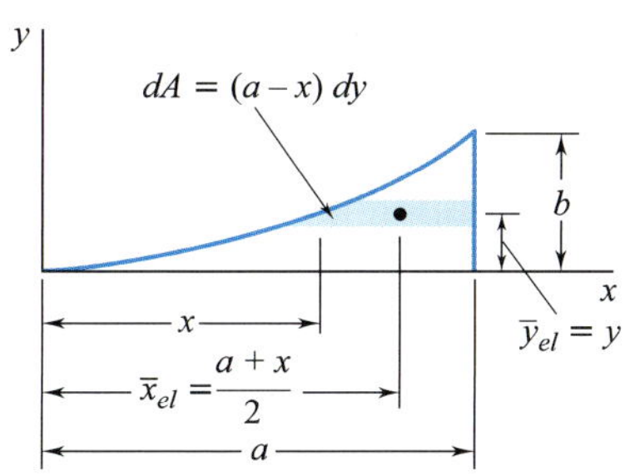

수평 미소요소. 수평요소를 고려하여도 같은 결과를 얻는다. 면적의 1차모멘트는

$$Q_y=\int \bar{x}_{el}\,dA=\int \frac{a+x}{2}(a-x)\,dy=\int_0^b \frac{a^2-x^2}{2}dy$$

$$=\frac{1}{2}\int_0^b\left(a^2-\frac{a^2}{b}y\right)dy=\frac{a^2b}{4}$$

$$Q_x=\int \bar{y}_{el}\,dA=\int y(a-x)\,dy=\int y\left(a-\frac{a}{b^{1/2}}y^{1/2}\right)dy$$

$$=\int_0^b\left(ay-\frac{a}{b^{1/2}}y^{3/2}\right)dy=\frac{ab^2}{10}$$

$\bar{x}$와 $\bar{y}$를 결정하기 위하여, 얻어진 식들을 다시 한 번 면적의 도심을 정의하는 식에 대입한다.

문제 5.5

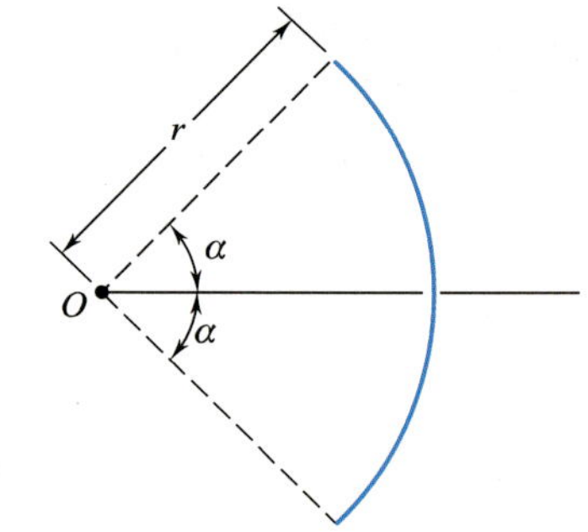

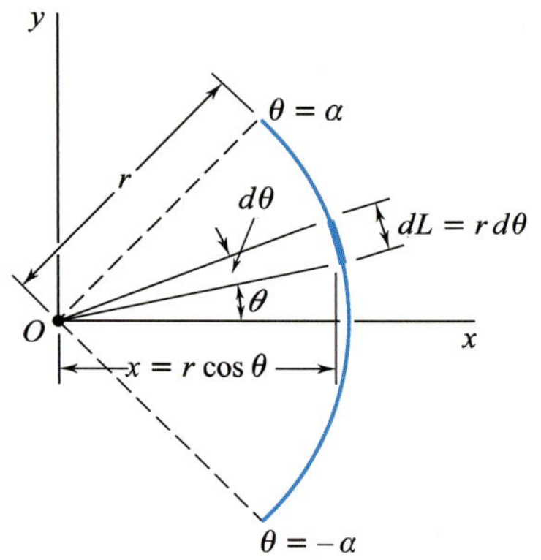

그림의 원호의 도심의 위치를 결정하라.

풀이.

원호는 x축에 대하여 대칭이므로, $\bar{y}=0$이다. 미소요소를 그림처럼 선택하면, 원호의 길이는 적분에 의하여 구해진다.

$$L=\int dL=\int_{-\alpha}^{\alpha} r\,d\theta = r\int_{-\alpha}^{\alpha} d\theta = 2r\alpha$$

y축에 대한 원호의 1차모멘트는

$$Q_y=\int x\,dL=\int_{-\alpha}^{\alpha}(r\cos\theta)(r\,d\theta)=r^2\int_{-\alpha}^{\alpha}\cos\theta\,d\theta$$
$$=r^2[\sin\theta]_{-\alpha}^{\alpha}=2r^2\sin\alpha$$

$Q_y=\bar{x}L$이므로

$$\bar{x}(2r\alpha)=2r^2\sin\alpha \qquad \bar{x}=\frac{r\sin\alpha}{\alpha}$$

문제 5.6

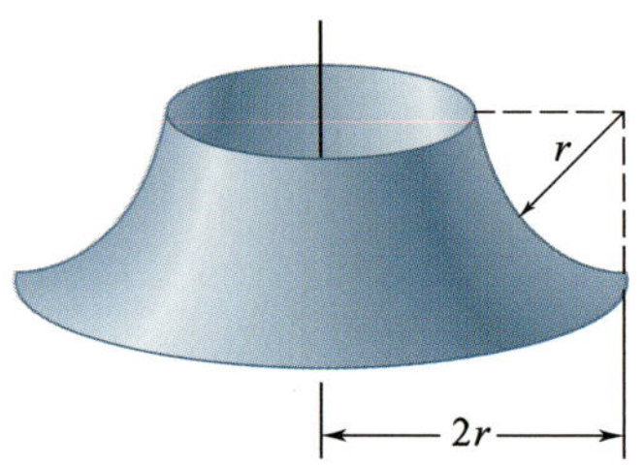

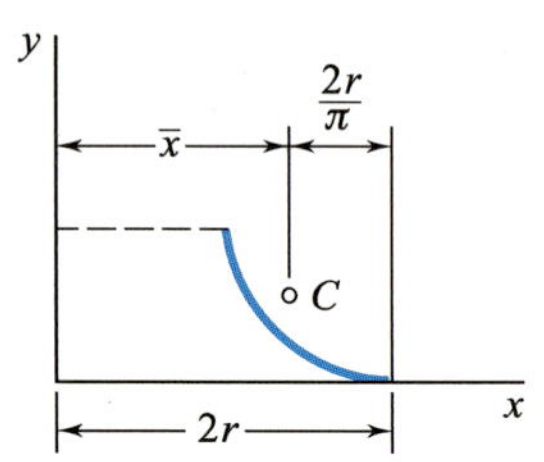

수직축 주위로 1/4 원호를 회전하여 얻어지는 그림의 회전체의 표면적을 구하여라.

풀이.

파푸스−굴디누스의 정리 I에 의하면, 생성된 면적은 원호의 길이와 그것의 도심이 이동한 거리의 곱과 같다. 그림 5.8B를 참조하면,

$$\bar{x}=2r-\frac{2r}{\pi}=2r\left(1-\frac{1}{\pi}\right)$$

$$A=2\pi\bar{x}L=2\pi\left[2r\left(1-\frac{1}{\pi}\right)\right]\left(\frac{\pi r}{2}\right)$$

$$A=2\pi r^2(\pi-1)$$

문제 5.7

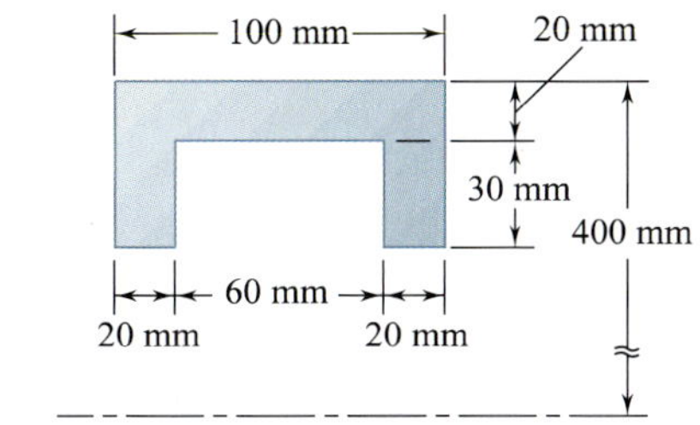

활차의 외경은 0.8 m이고, 테두리의 단면은 그림과 같다. 이 활차는 강으로 만들어졌고 강의 밀도는 $\rho = 7.85 \times 10^3\ \text{kg/m}^3$이다. 이 테두리의 질량과 무게를 구하여라.

풀이.

테두리의 체적은 파푸스-굴디누스의 정리 II를 이용하여 구한다. 이 정리의 내용은 회전체의 체적은 주어진 단면적과 1회전 하는 동안 단면의 도심이 이동한 거리의 곱과 같다는 것이다. 그러나 이 체적은, 양의 단면적을 갖는 직사각형 I과 음의 단면적을 갖는 직사각형 II로 단면이 구성되어 있다는 것을 깨닫는다면 보다 쉽게 구해진다.

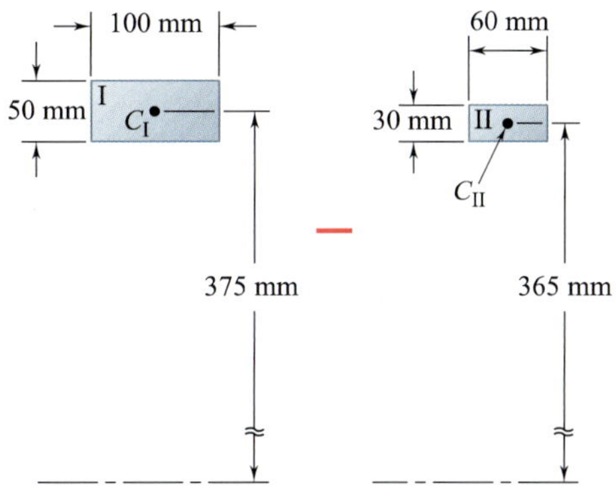

	면적, mm^2	$\bar{y}$, mm	C가 이동한 거리, mm	체적, mm^3
I	+5000	375	$2\pi\ (375) = 2356$	$(5000)(2356) = 11.78\times10^6$
II	−1800	365	$2\pi\ (365) = 2293$	$(-1800)(2293) = -4.13\times10^6$
				테두리 체적 = 7.65×10^6

$1\ \text{mm} = 10^{-3}\text{m}$ 이므로, $1\ \text{mm}^3 = (10^{-3}\text{m})^3 = 10^{-9}\text{m}^3$이고,
$V = 7.65 \times 10^6 \text{mm}^3 = (7.65 \times 10^6)(10^{-9}\text{m}^3) = 7.65 \times 10^{-3}\text{m}^3$으로 구한다.

$$m = \rho V = (7.85 \times 10^3 \text{kg/m}^3)(7.65 \times 10^{-3}\text{m}^3) \qquad m = 60.0\ \text{kg}$$

$$W = mg = (60.0\,\text{kg})(9.81\,\text{m/s}^2) = 589\,\text{kg}\cdot\text{m/s}^2 \qquad W = 589\ \text{N}$$

문제 5.8

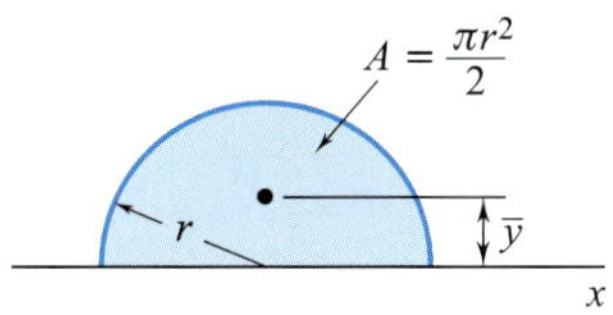

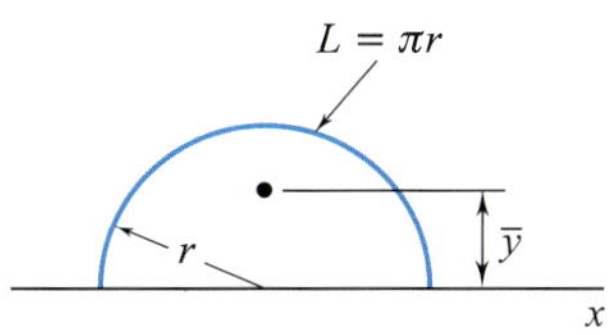

파푸스-굴디누스의 정리를 이용하여, (a) 반원 면적의 도심, (b) 반원주의 도심을 구하여라. 구의 체적과 표면적은 각각 $\frac{4}{3}\pi r^3$과 $4\pi r^2$인 것을 기억하라.

풀이.

구의 체적은 반원의 면적과 x축 주위로 1회전하는 동안 반원의 도심이 이동한 거리의 곱과 같다.

$$V = 2\pi\bar{y}A \qquad \frac{4}{3}\pi r^3 = 2\pi\bar{y}\left(\frac{1}{2}\pi r^2\right) \qquad \bar{y} = \frac{4r}{3\pi}$$

마찬가지로, 구의 표면적은 반원주의 길이와 1회전 동안 그것의 도심이 이동한 거리의 곱과 같다.

$$A = 2\pi\bar{y}L \qquad 4\pi r^2 = 2\pi\bar{y}(\pi r) \qquad \bar{y} = \frac{2r}{\pi}$$

Problems

5.25 through 5.28 Determine by direct integration the centroid of the area shown.

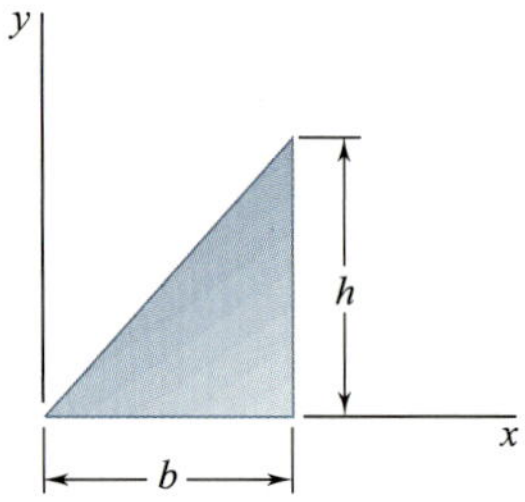

그림 P5.25

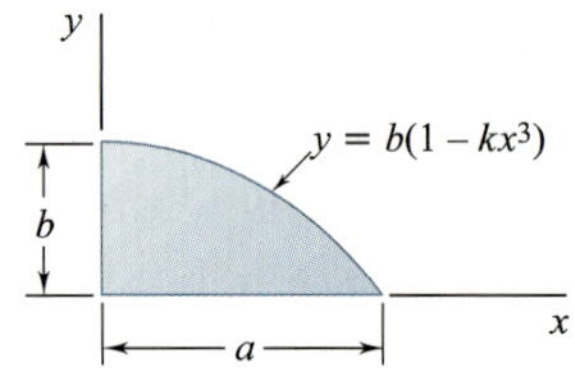

그림 P5.26

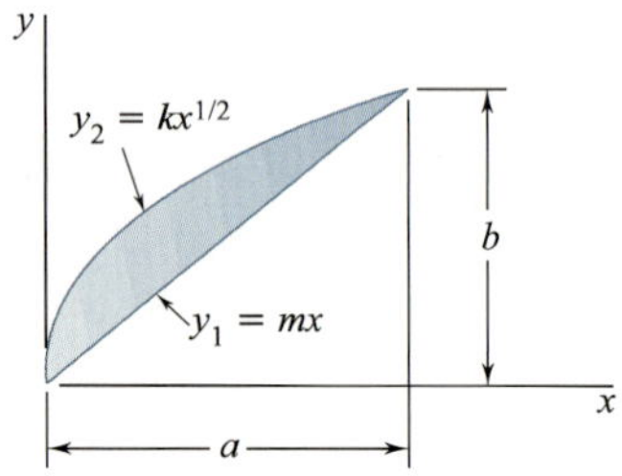

그림 P5.27

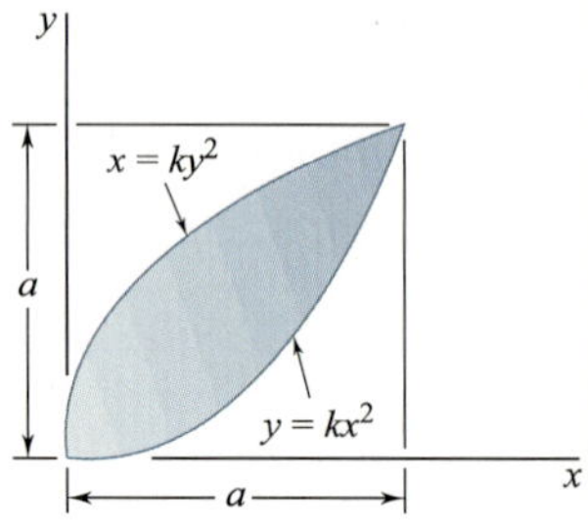

그림 P5.28

5.29 through 5.32 Derive by direct integration the expressions for $\bar{x}$ and $\bar{y}$ given in Fig. 5.8A for

5.29 A general spandrel ($y = kx^n$)

5.30 A quarter-elliptical area

5.31 A semicircular area

5.32 A semiparabolic area

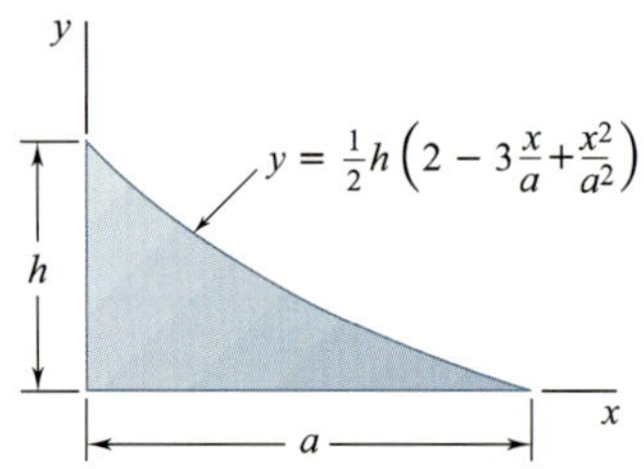

그림 P5.33, P5.34

5.33 Determine by direct integration the x coordinate of the centroid of the area shown.

5.34 Determine by direct integration the y coordinate of the centroid of the area shown.

5.35 Determine the centroid of the area shown when $a = 4$ in.

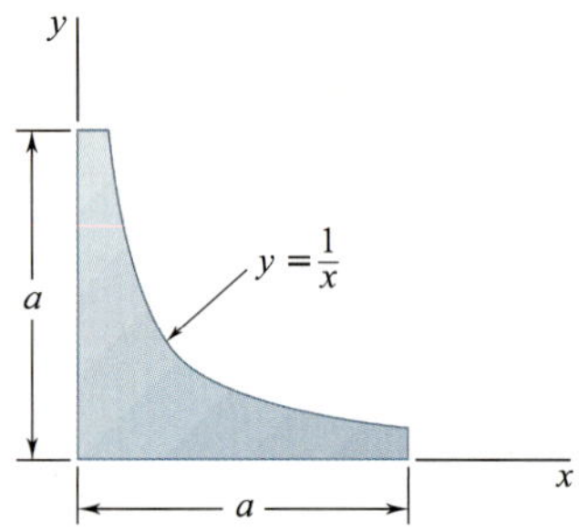

그림 P5.35, P5.36

5.36 Determine the centroid of the area shown in terms of a.

5.37 Determine the volume of the solid obtained by rotating the trapezoid of Prob. 5.2 about (a) the x axis, (b) the y axis.

5.38 Determine the volume of the solid obtained by rotating the area of Prob. 5.4 about (a) the x axis, (b) the y axis.

5.39 Determine the volume of the solid obtained by rotating the semiparabolic area shown about (a) the y axis, (b) the x axis.

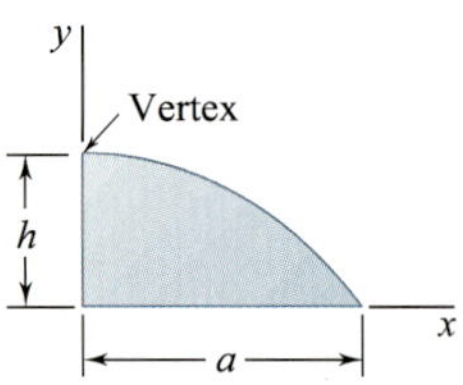

그림 P5.39

5.40 Determine the surface area and the volume of the half-torus shown.

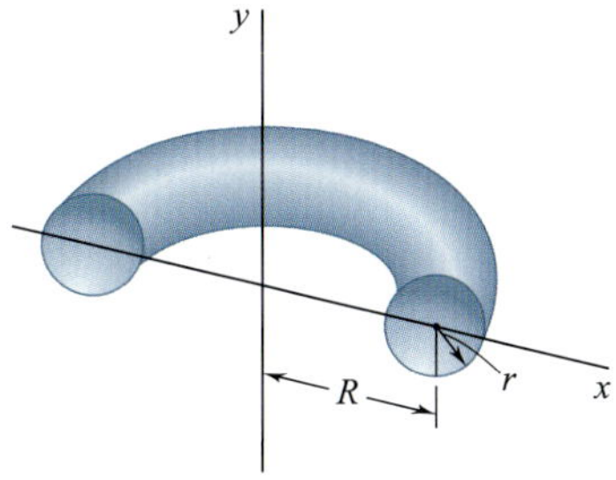

그림 *P5.40*

5.41 A spherical pressure vessel has an inside diameter of 0.8 m. Determine (*a*) the volume of liquefied propane required to fill the vessel to a depth of 0.6 m, (*b*) the corresponding mass of the liquefied propane. (Density of liquefied propane = 580 kg/m^3.)

5.42 For the pressure vessel of Prob. 5.41, determine the area of the surface in contact with the liquefied propane.

5.43 A spherical dish is formed by passing a horizontal plane through a spherical shell of radius R. Knowing that R = 10 in. and ϕ = 60°, determine the area of the inside surface of the dish.

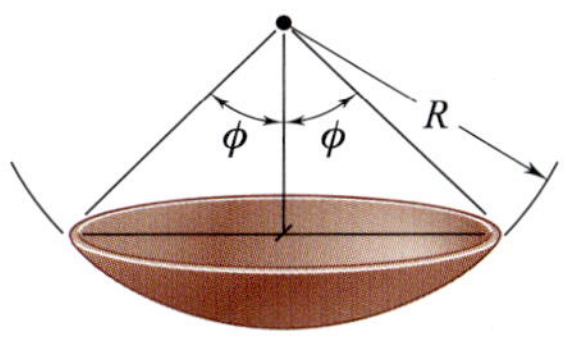

그림 **P5.43**

5.44 Determine the volume and weight of water required to completely fill the spherical dish of Prob. 5.43. (Specific weight of water = 62.4 lb/ft^3.)

5.45 Determine the volume and weight of the solid brass knob shown. (Specific weight of brass = 0.306 lb/in^3.)

5.46 Determine the total surface area of the solid brass knob shown.

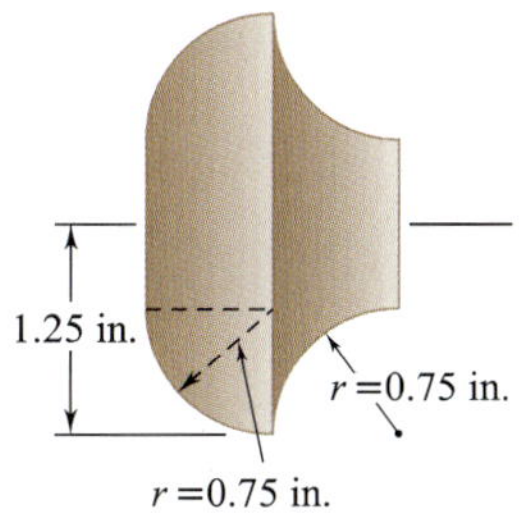

그림 **P5.45,** ***P5.46***

5.47 Determine the volume and total surface area of the body shown.

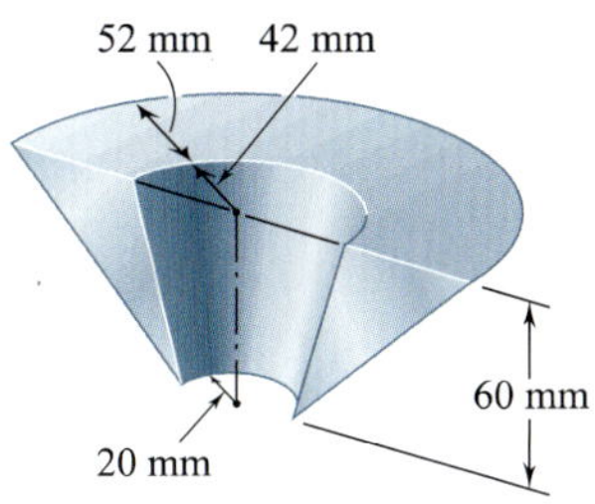

그림 ***P5.47***

5.48 Determine the volume of the steel collar obtained by rotating the shaded area shown about the vertical axis AA'.

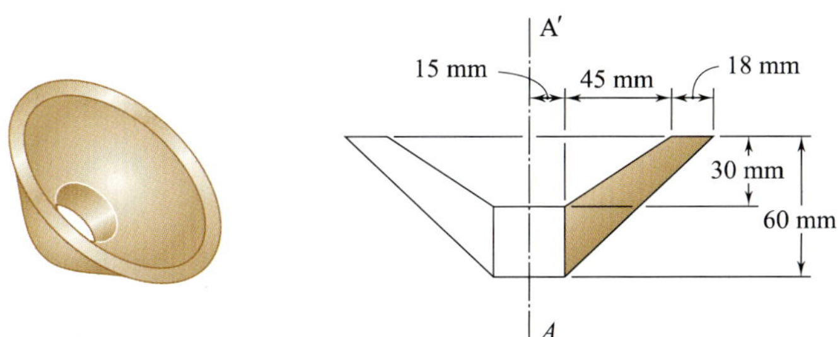

그림 **P5.48**

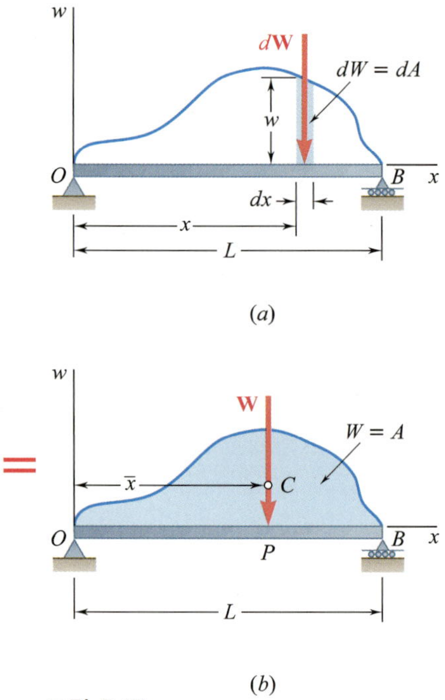

그림 5.17

*5.8 보의 분포하중

면적의 도심에 대한 개념은 평판의 무게를 취급하는 문제 이외에도 여러 다른 문제를 풀기 위하여 사용된다. 예를 들어, 분포하중을 받는 보를 고려하자; 이 하중은 직접 혹은 간접적으로 보가 지지해야 하는 재료의 무게이거나, 바람 혹은 정수압에 의하여 야기되기도 한다. 분포하중은 단위길이 당 지지하는 하중 w를 표시하여 나타낼 수 있다(그림 5.17); 이 하중은 N/m 혹은 lb/ft로 표현된다. 길이가 dx인 보 요소에 작용하는 힘의 크기는 $dW = w\,dx$이고, 보에 작용하는 전체 하중은 아래와 같다.

$$W = \int_0^L w\,dx$$

곱 $w\,dx$는 그림 5.17a의 면적요소 dA의 크기와 같다는 것을 알고 있다. 따라서 하중 W의 크기는 하중 곡선 아래의 전체 면적과 같다:

$$W = \int dA = A$$

우리는 이제 전체 분포하중의 크기 W와 같은 크기를 갖는 하나의 집중하중 $\mathbf{W}$가, 지점에서 같은 반력을 일으키기 위하여 어디에 작용하여야 하는 가를 결정한다(그림 5.17b). 그러나 주어진 분포하중의 합력을 나타내는 이 집중하중 $\mathbf{W}$는 단지 전체 보의 자유물체도를 고려할 때에만 동등한 하중이다. 동등한 집중하중 $\mathbf{W}$의 작용점 P는 O점에 대한 $\mathbf{W}$의 모멘트가 O점에 대한 요소하중 $d\mathbf{W}$의 모멘트의 합과 같다고 나타냄에 의하여 구해진다:

$$(OP)\,W = \int x\,dW$$

또는, $dW = w\,dx = dA$ 그리고 $W = A$이므로,

$$(OP)A = \int_0^L x\,dA \tag{5.12}$$

이 적분은 하중곡선 아래의 면적의 w축에 대한 1차모멘트를 나타내므로, 이것은 곱 $\bar{x}A$로 대신할 수 있다. 따라서 $OP = \bar{x}$가 되고, 여기서 $\bar{x}$는 w축에서 면적 A의 도심 C까지의 거리이다(이것은 보의 도심이 아니다).

따라서 보의 분포하중은 집중하중으로 대신할 수 있고, 이 하나의 하중의 크기는 하중곡선 하의 면적과 같고, 이것의 작용선은 그 면적의 도심을 통과한다. 그러나 이 집중하중은 외력을 고려할 때에만 주어진 하중과 동등하다. 이것은 반력을 결정할 때 사용할 수 있으나 내력과 처짐을 계산할 때는 사용할 수 없다.

사진 5.2 건물 지붕은 눈의 총 중량뿐 아니라 눈이 옆으로 미끄러짐에 따라 생기는 비대칭 분포하중도 지지할 수 있어야 한다.

문제 5.9

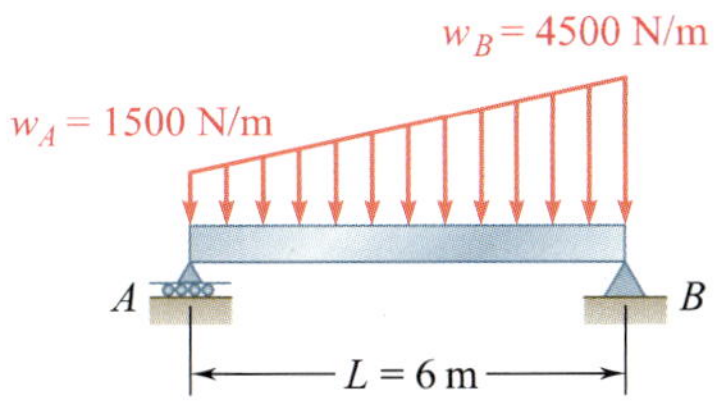

보가 그림과 같은 분포하중을 지지한다. (a) 동등한 집중하중을 결정하라. (b) 지점에서의 반력을 결정하라.

풀이.

a. 동등한 집중하중. 합력의 크기는 하중곡선 아래의 면적과 같고, 합력의 작용선은 같은 면적의 도심을 통과한다. 하중곡선 아래의 면적을 두 개의 삼각형으로 나누고 아래의 표를 작성한다. 계산과 표 작성을 단순화하기 위해, 단위 길이 당 주어진 하중을 kN/m로 변환한다.

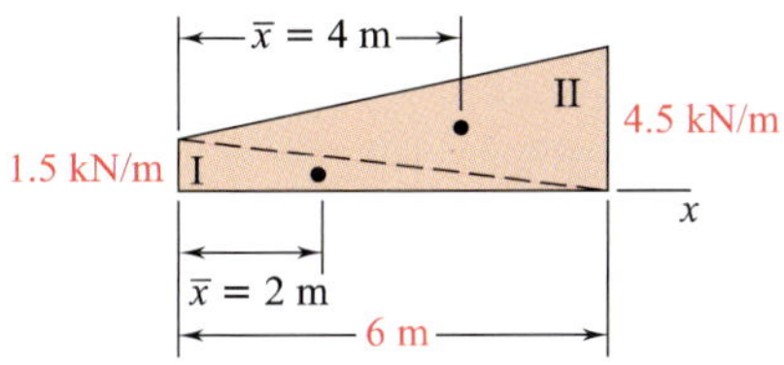

요소	A, kN	$\bar{x}$, m	$\bar{x}A$, kN · m
삼각형 I	4.5	2	9
삼각형 II	13.5	4	54
	$\Sigma A = 18.0$		$\Sigma \bar{x}A = 63$

따라서 $\bar{X}\,\Sigma A = \Sigma \bar{x} A$: $\quad \bar{X}(18\,\text{kN}) = 63\,\text{kN}\cdot\text{m} \quad \bar{X} = 3.5\,\text{m}$

동등한 집중하중은

$$\mathbf{W} = 18\,\text{kN} \downarrow$$

이고 작용선은 다음에 위치한다.

$$A\text{의 오른 쪽에서 } \bar{X} = 3.5\,\text{m}$$

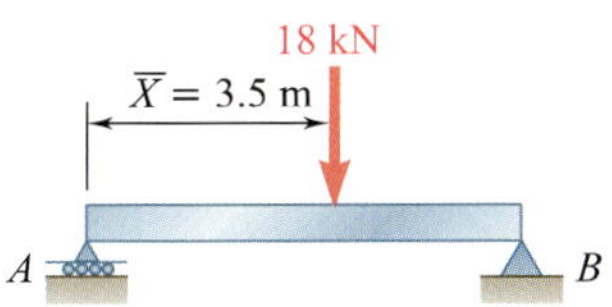

b. 반력. A의 반력은 수직이고 **A**로 표기한다; B의 반력은 성분 $\mathbf{B}_x$와 $\mathbf{B}_y$로 표기한다. 주어진 하중은 그림처럼 두 삼각형 하중의 합으로 고려한다. 각 삼각형 하중의 합력은 삼각형의 면적과 같고 그것의 도심에 작용한다. 그림의 자유물체에 대해서 다음과 같은 평형방정식을 작성한다.

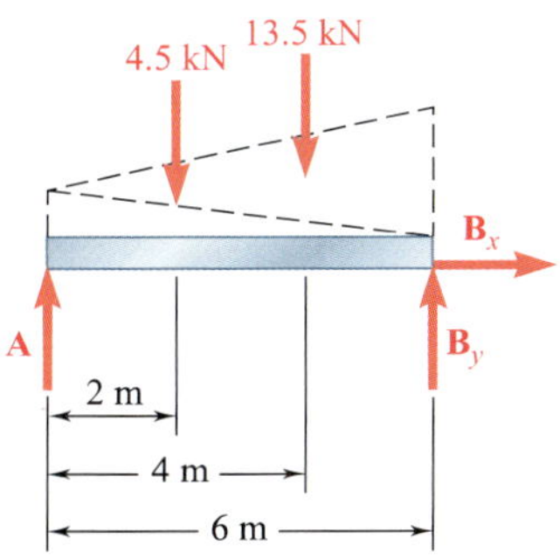

$\overset{+}{\rightarrow}\Sigma F_x = 0$: $\quad \mathbf{B}_x = 0$

$+\circlearrowleft \Sigma M_A = 0$: $\quad -(4.5\,\text{kN})(2\,\text{m}) - (13.5\,\text{kN})(4\,\text{m}) + B_y(6\,\text{m}) = 0$

$$\mathbf{B}_y = 10.5\,\text{kN} \uparrow$$

$+\circlearrowleft \Sigma M_B = 0$: $\quad +(4.5\,\text{kN})(4\,\text{m}) + (13.5\,\text{kN})(2\,\text{m}) - A(6\,\text{m}) = 0$

$$\mathbf{A} = 7.5\,\text{kN} \uparrow$$

별해. 주어진 분포하중은 (a)에서 구한 합력으로 대치한다. 반력은 평형방정식 $\Sigma F_x = 0$, $\Sigma M_A = 0$, 그리고 $\Sigma M_B = 0$를 작성하여 구한다. 우리는 다시 한 번 다음을 얻는다.

$$\mathbf{B}_x = 0 \qquad \mathbf{B}_y = 10.5\,\text{kN} \uparrow \qquad \mathbf{A} = 7.5\,\text{kN} \uparrow$$

Problems

5.49 and *5.50* Determine the magnitude and location of the resultant of the distributed load shown. Also calculate the reactions at A and B.

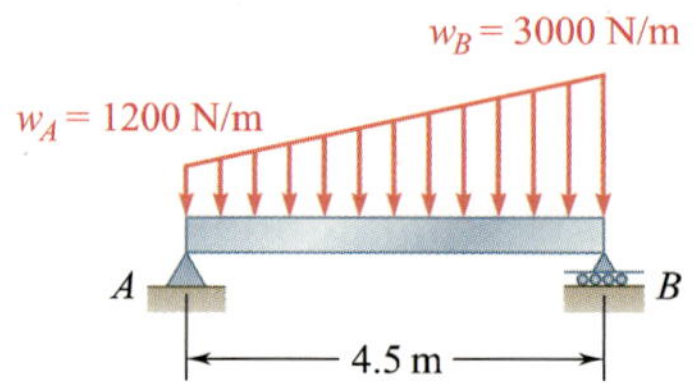

그림 P5.49

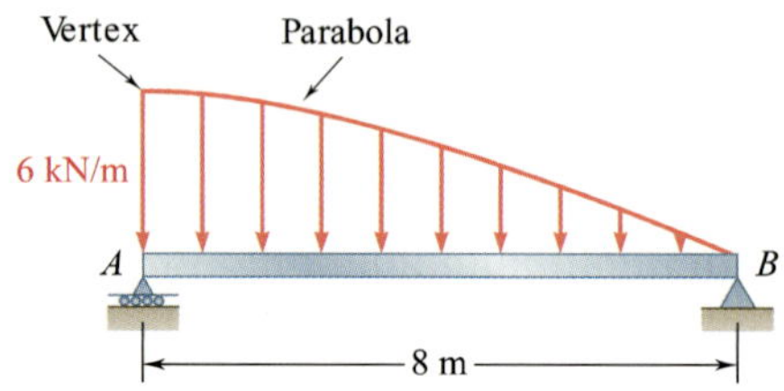

그림 *P5.50*

5.51 through 5.56 Determine the reactions at the beam supports for the given loading.

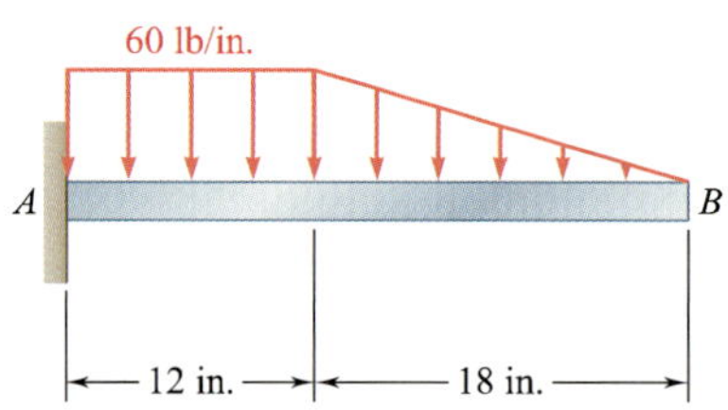

그림 P5.51

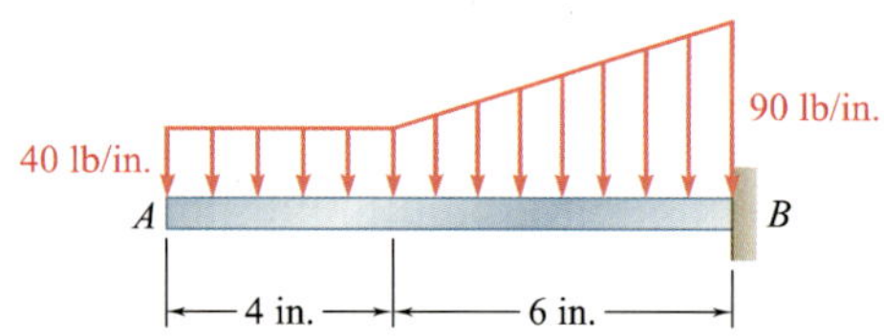

그림 *P5.52*

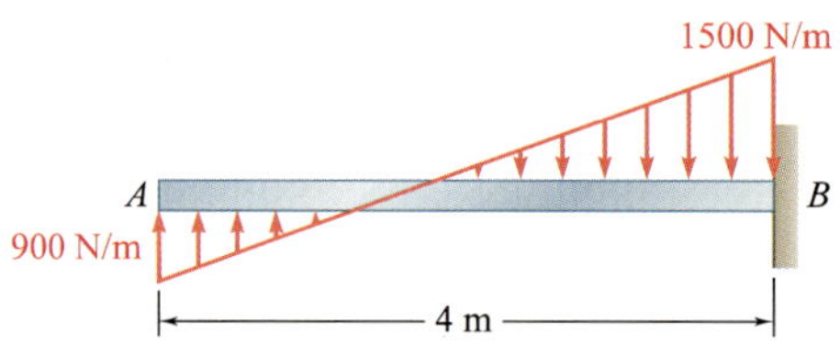

그림 P5.53

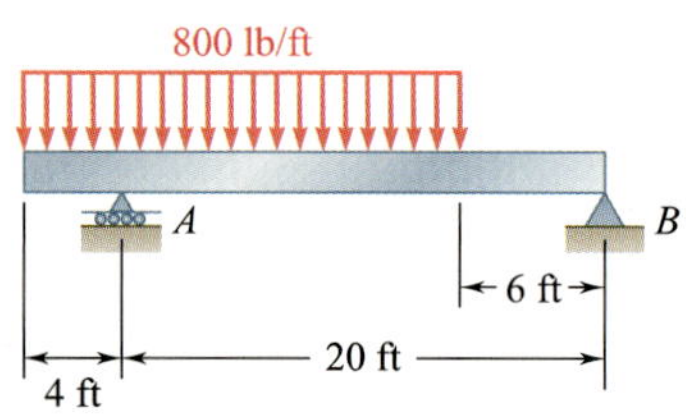

그림 P5.54

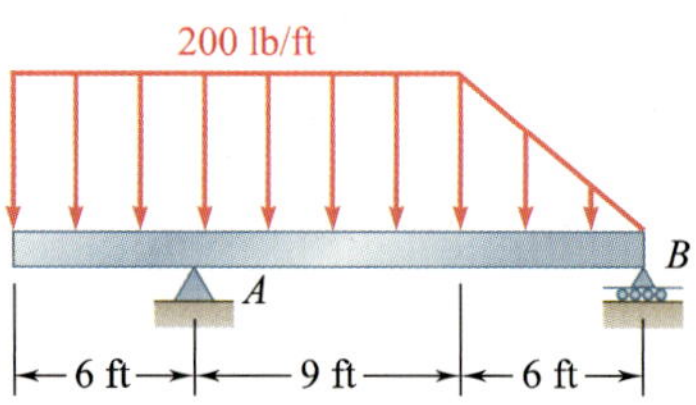

그림 P5.55

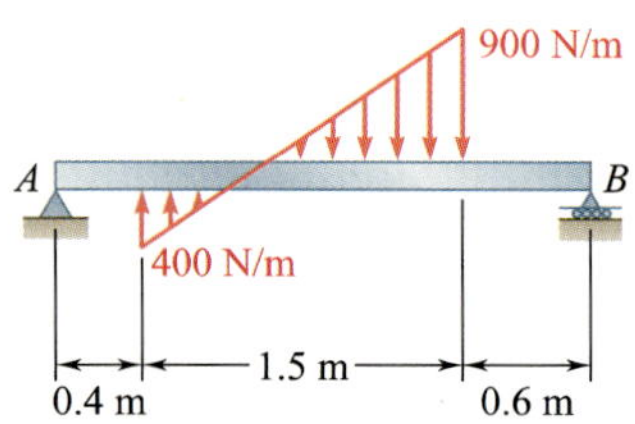

그림 P5.56

체적

*5.9 3차원 물체의 무게중심. 체적의 도심

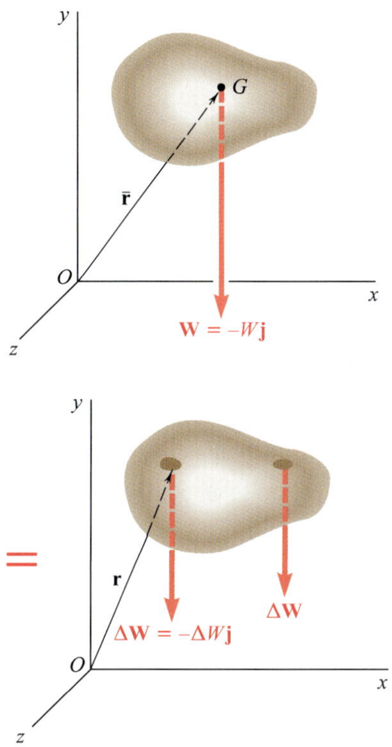

그림 5.18

3차원 물체의 무게중심 G는 물체를 작은 요소로 나누고 G에 작용하는 물체의 무게 $\mathbf{W}$는 작은 요소의 무게를 표시하는 분포력계 $\Delta\mathbf{W}$의 합과 같다고 놓는다. y축을 상향이 양인 수직방향으로 선정하고(그림 5.18) G의 위치벡터를 $\bar{\mathbf{r}}$로 표기하면 $\mathbf{W}$는 요소무게 $\Delta\mathbf{W}$의 합과 같고, 그것의 O에 대한 모멘트는 요소무게의 O에 대한 모멘트의 합과 같다고 다음으로 적을 수 있다.

$$
\begin{aligned}
\Sigma\mathbf{F}&: \quad -W\mathbf{j} = \Sigma(-\Delta W\mathbf{j}) \\
\Sigma\mathbf{M}_O&: \quad \bar{\mathbf{r}}\times(-W\mathbf{j}) = \Sigma[\mathbf{r}\times(-\Delta W\mathbf{j})]
\end{aligned}
\tag{5.13}
$$

마지막 식을 다음 형태로 다시 적으면,

$$\bar{\mathbf{r}}\,W\times(-\mathbf{j}) = (\Sigma\mathbf{r}\,\Delta W)\times(-\mathbf{j})] \tag{5.14}$$

이고, 물체의 무게 $\mathbf{W}$가 다음 조건이 충족되면 요소무게 $\Delta\mathbf{W}$의 합과 같다는 것을 알 수 있다.

$$W = \Sigma\,\Delta W \qquad \bar{\mathbf{r}}\,W = \Sigma\,\mathbf{r}\,\Delta W$$

요소의 수를 늘리고 동시에 요소의 크기를 줄이면, 극한값으로 다음을 얻는다.

$$W = \int dW \qquad \bar{\mathbf{r}}\,W = \int \mathbf{r}\,dW \tag{5.15}$$

구해진 관계식들이 물체의 방향설정과는 관계없음에 주목한다. 예를 들어, 물체와 좌표축이 z축이 상향이 되도록 회전하면, 식 (5.13)과 (5.14)에서 단위벡터 $-\mathbf{j}$는 $-\mathbf{k}$로 대치되나, 관계식 (5.15)는 변하지 않는다. 벡터 $\bar{\mathbf{r}}$과 $\mathbf{r}$을 직각성분으로 분해하면, 관계식 (5.15)의 두 번째는 세 개의 스칼라 방정식과 동등하다.

$$\bar{x}\,W = \int x\,dW \qquad \bar{y}\,W = \int y\,dW \qquad \bar{z}\,W = \int z\,dW \tag{5.16}$$

비중 γ의 균질 재료로 물체가 만들어져 있다면, 미소요소의 무게의 크기 dW는 요소의 체적 dV의 항으로 나타낼 수 있고 전체 무게의 크기 W는 전체 체적 V의 항으로 나타낼 수 있다.

$$dW = \gamma\,dV \qquad W = \gamma\,V$$

식 (5.15)의 두 번째 식에 dW와 W를 대입하면, 다음과 같이 적을 수 있다.

$$\bar{\mathbf{r}}\,V = \int \mathbf{r}\;dV \tag{5.17}$$

혹은, 스칼라 형태로

$$\bar{x}\,V = \int x\,dV \qquad \bar{y}\,V = \int y\,dV \qquad \bar{z}\,V = \int z\,dV \tag{5.18}$$

사진 5.3 우주왕복선을 나르기 위하여 변형된 비행선의 비행 특성을 예견하기 위해서는, 비행선의 무게중심을 결정하여야 한다.

좌표가 $\bar{x}$, $\bar{y}$, $\bar{z}$인 점은 물체의 체적 V의 도심이라고 알려져 있다. 물체가 균질이 아니라면, 식 (5.18)은 물체의 무게중심을 결정하기 위하여 사용될 수 없다; 그러나 식 (5.18)은 체적의 도심은 정의할 수 있다.

적분 $\int x\,dV$는 yz면에 대한 체적의 1차모멘트라고 알려진다. 마찬가지로 $\int y\,dV$와 $\int z\,dV$는 각각 zx면과 xy면에 대한 체적의 1차모멘트를 정의한다. 식 (5.18)로부터 체적의 도심이 좌표평면에 위치한다면, 그 평면에 대한 체적의 1차모멘트는 영인 것을 알 수 있다.

체적 내의 모든 점 P에 대해서 같은 체적 내에 P'이 존재하여, 선 PP'이 주어진 면에 수직이고 그 면에 의해 양분된다면, 이 체적은 주어진 면에 대하여 대칭이라 말한다. 이 면은 주어진 체적의 대칭면으로 불린다. 체적 V가 대칭면을 갖고 있을 때, 그 면에 대한 V의 1차모멘트는 영이고, 체적의 도심은 대칭면에 위치한다. 체적이 두 개의 대칭면을 갖고 있을 때, 체적의 도심은 두 면의 교선에 위치한다. 마지막으로, 체적이 명확한 한 점(즉, 공유선이 아님)에서 교차하는 세 개의 대칭면을 갖고 있을 때, 세 면의 교차점은 체적의 도심과 일치한다. 이 성격을 이용하면 구, 타원체, 정육면체, 직육면체 등의 도심의 위치를 즉시 결정할 수 있다.

비대칭 체적 혹은 단지 한 개나 두 개의 대칭면을 갖는 체적의 도심은 적분에 의하여 결정된다.[2] 여러 상용 체적의 도심이 그림 5.19에 나와 있다. 일반적으로 회전체의 도심은 그 단면의 도심과 일치하지 않음을 주목해야 한다. 따라서 반구체의 도심은 반원의 도심과 다르고, 원추제의 도심은 삼각형의 도심과 다르다.

*5.10 복합체

한 물체를 그림 5.19에 나오는 상용 도형 여러 개로 나눌 수 있다면, 이 물체의 무게중심 G는 O에 대한 전체 무게의 모멘트가 여러 구성요소의 O에 대한 모멘트의 합과 같다고 나타내면 결정할 수 있다. 5.9절에서처럼 진행하여, 무게중심 G의 좌표 $\overline{X}$, $\overline{Y}$, $\overline{Z}$를 정의하는 다음과 같은 식들을 얻는다.

$$\overline{X}\Sigma W = \Sigma \bar{x} W \qquad \overline{Y}\Sigma W = \Sigma \bar{y} W \qquad \overline{Z}\Sigma W = \Sigma \bar{z} W \tag{5.19}$$

이 물체가 균질한 재료로 구성되어 있다면, 이것의 무게중심은 체적의 도심과 일치하고, 다음과 같다.

$$\overline{X}\Sigma V = \Sigma \bar{x} V \qquad \overline{Y}\Sigma V = \Sigma \bar{y} V \qquad \overline{Z}\Sigma V = \Sigma \bar{z} V \tag{5.20}$$

2) 적분에 의한 체적의 도심의 결정을 위해서는 Ferdinand P. Beer, E. Russel Johnston, Jr., David F. Mazurek과 Elliot R. Eisenberg가 지은 Vector Mechanics for Engineers, 9판, McGraw-Hill, New York, 2010, 5.12절을 참조하라.

도형		$\bar{x}$	체적
반구체	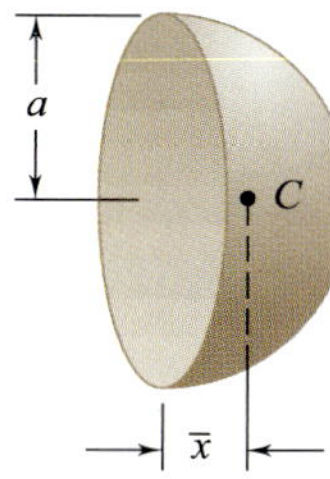	$\frac{3a}{8}$	$\frac{2}{3}\pi a^3$
반타원 회전체	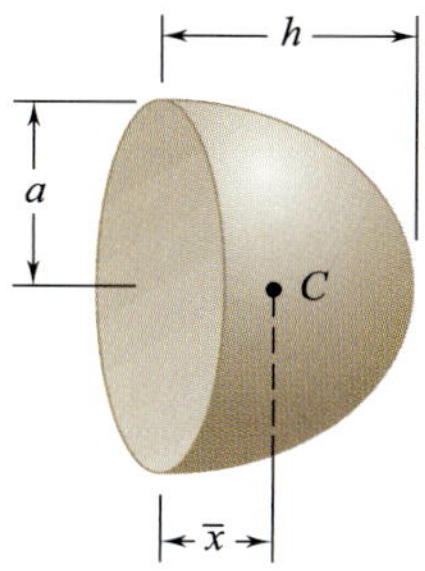	$\frac{3h}{8}$	$\frac{2}{3}\pi a^2 h$
포물형 회전체	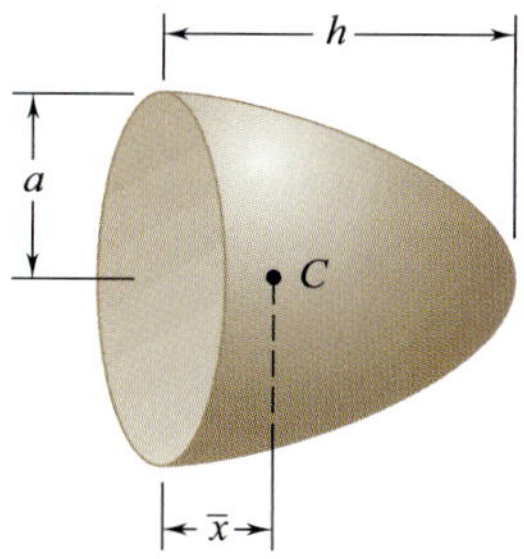	$\frac{h}{3}$	$\frac{1}{2}\pi a^2 h$
원추체	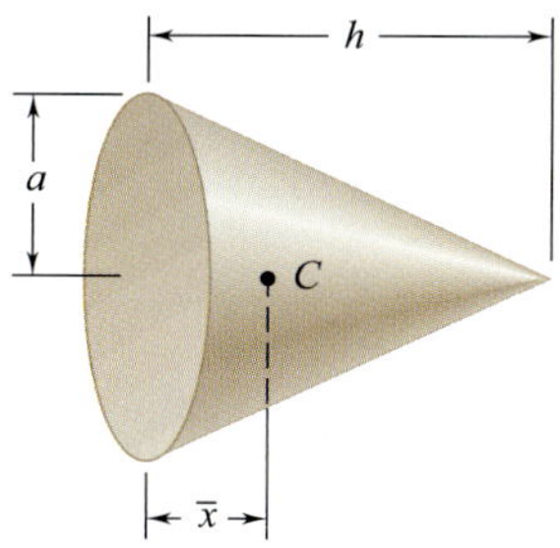	$\frac{h}{4}$	$\frac{1}{3}\pi a^2 h$
피라밋	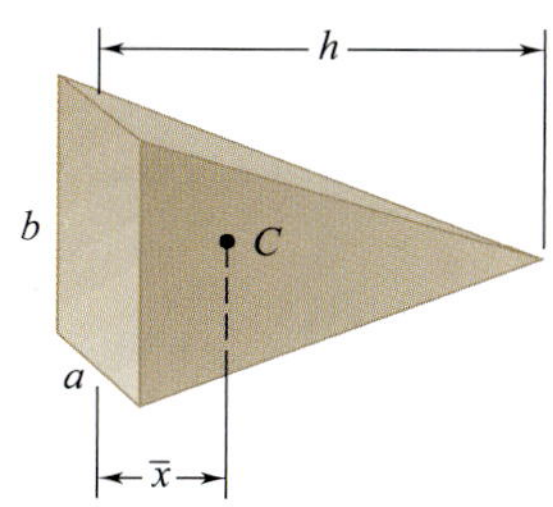	$\frac{h}{4}$	$\frac{1}{3} abh$

그림 5.19 상용 도형의 도심과 체적

문제 5.10

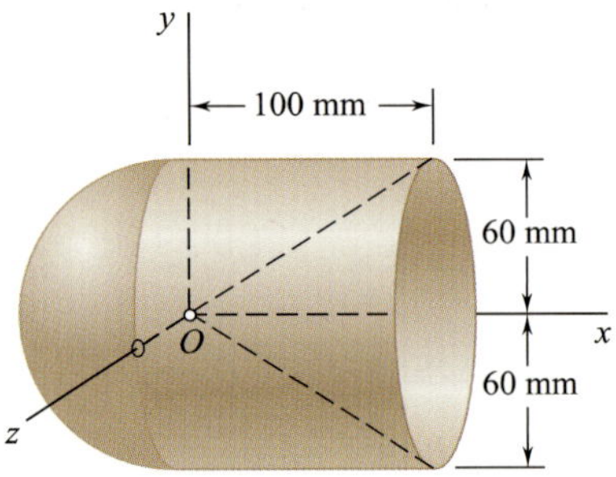

반구체와 실린더를 합하고 원추체를 떼어내 만든 그림의 균질한 회전체의 무게중심의 위치를 구하여라.

풀이.

대칭성 때문에 무게중심은 x축에 놓인다. 아래 그림에서와 같이, 이 물체는 반구체와 실린더를 합하고 원추체를 빼어 구할 수 있다. 이들 각 구성요소의 체적과 도심의 가로 좌표는 그림 5.19에서 구해지고 아래의 표에 기입된다. 물체의 전 체적과 yz면에 대한 체적의 1차모멘트가 이때 구해진다.

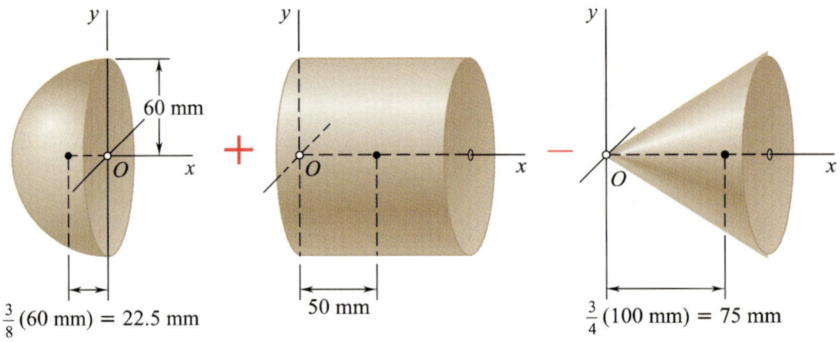

구성요소	체적, mm^3	$\bar{x}$, mm	$\bar{x}V$, mm^4
반구체	$\frac{1}{2}\frac{4\pi}{3}(60)^3 = 0.4524\times 10^6$	−22.5	-10.18×10^6
실린더	$\pi(60)^2(100) = 1.1310\times 10^6$	+50	$+56.55\times 10^6$
원추체	$-\frac{\pi}{3}(60)^2(100) = -0.3770\times 10^6$	+75	-28.28×10^6
	$\Sigma V = 1.206\times 10^6$		$\Sigma\bar{x}V = +18.09\times 10^6$

따라서

$$\bar{X}\Sigma V = \Sigma\bar{x}V: \quad \bar{X}(1.206\times 10^6\ mm^3) = 18.09\times 10^6\ mm^4$$

$$\bar{X} = 15\ mm$$

문제 5.11

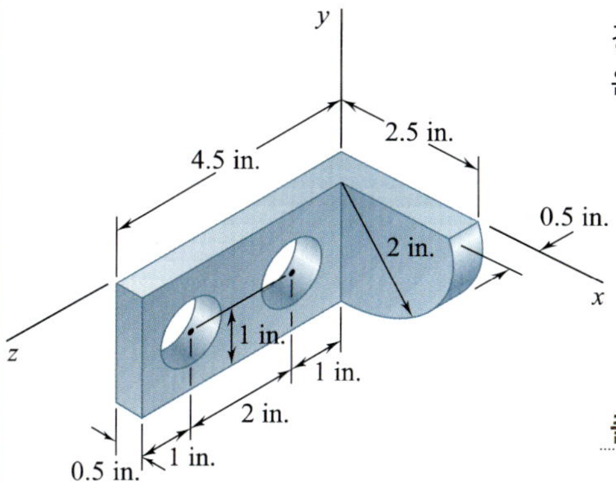

강으로 제작된 그림의 기계의 무게중심의 위치를 구하여라. 각 구멍의 직경은 1 in.이다.

풀이.

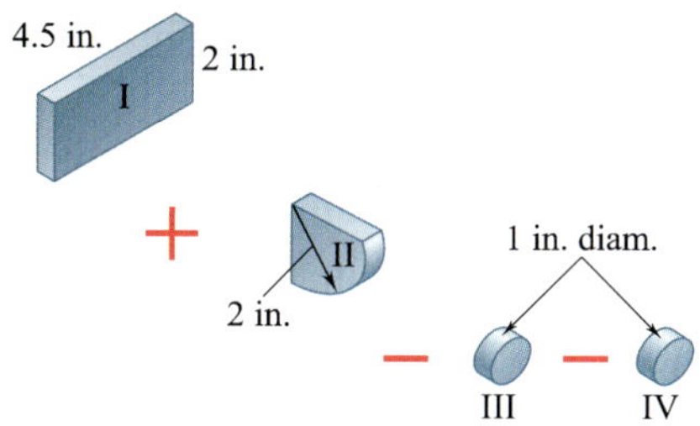

이 기계요소는 직육면체(I)와 1/4 실린더(II)를 합하고 두 개의 1 in. 직경의 실린더(III과 IV)를 빼어 구한다. 각 구성요소의 체적과 도심의 좌표가 결정되고 아래의 표에 기입된다. 표의 자료를 사용하여, 전 체적과 각각의 좌표 평면에 대한 체적의 모멘트를 결정한다.

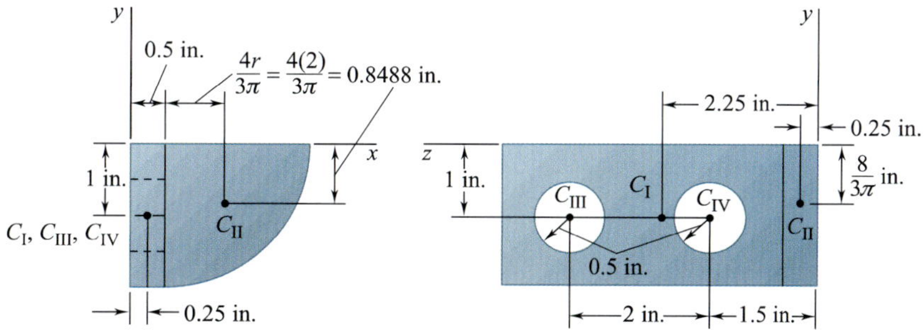

	V, in^3	$\bar{x}$, in.	$\bar{y}$, in.	$\bar{z}$, in.	$\bar{x}V$, in^4	$\bar{y}V$, in^4	$\bar{z}V$, in^4
I	$(4.5)(2)(0.5)=4.5$	0.25	-1	2.25	1.125	-4.5	10.125
II	$\frac{1}{4}\pi(2)^2(0.5)=1.571$	1.3488	-0.8488	0.25	2.119	-1.333	0.393
III	$-\pi(0.5)^2(0.5)=-0.3927$	0.25	-1	3.5	-0.098	0.393	-1.374
IV	$-\pi(0.5)^2(0.5)=-0.3927$	0.25	-1	1.5	-0.098	0.393	-0.589
	$\Sigma V=5.286$				$\Sigma\bar{x}V=3.048$	$\Sigma\bar{y}V=-5.047$	$\Sigma\bar{z}V=8.555$

따라서

$\overline{X}\Sigma V=\Sigma\bar{x}V$: $\quad \overline{X}(5.286\text{ in}^3)=3.048\text{ in}^4 \qquad \overline{X}=0.577\text{ in.}$

$\overline{Y}\Sigma V=\Sigma\bar{y}V$: $\quad \overline{Y}(5.286\text{ in}^3)=-5.047\text{ in}^4 \qquad \overline{Y}=-0.955\text{ in.}$

$\overline{Z}\Sigma V=\Sigma\bar{z}V$: $\quad \overline{Z}(5.286\text{ in}^3)=8.555\text{ in}^4 \qquad \overline{Z}=1.618\text{ in.}$

Problems

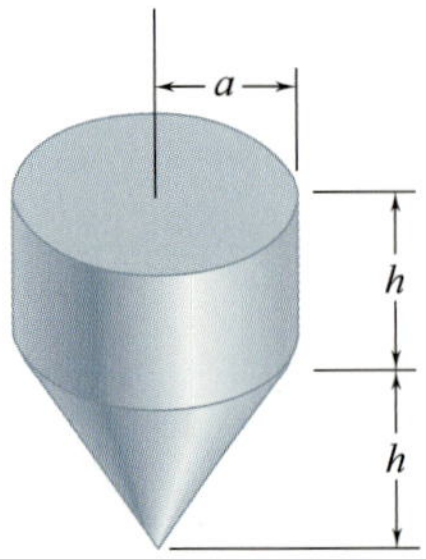

그림 P5.57

5.57 A cone and a cylinder of the same radius a and height h are attached as shown. Determine the location of the centroid of the composite body.

5.58 Determine the y coordinate of the centroid of the body shown when (*a*) $b = \frac{1}{3}h$, (*b*) $b = \frac{1}{2}h$.

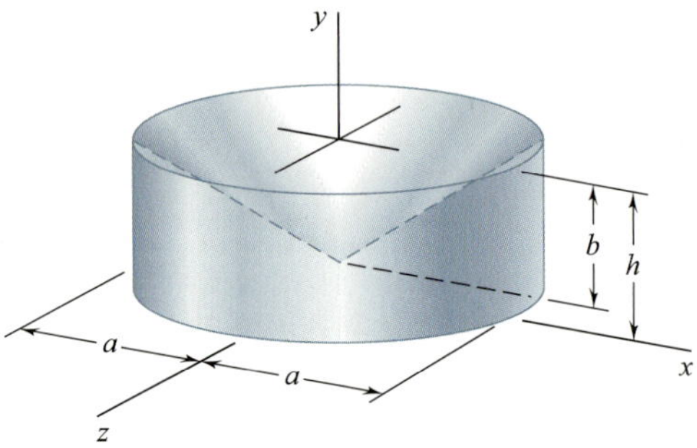

그림 P5.58

5.59 A hemisphere and a cylinder are placed together as shown. Determine the ratio h/r for which the centroid of the composite body is located in the plane between the hemisphere and the cylinder.

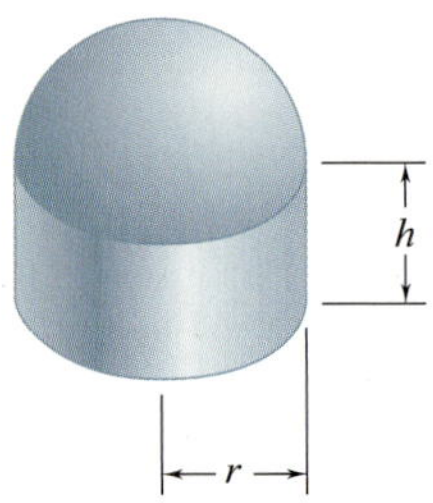

그림 P5.59

5.60 Determine the location of the center of gravity of the parabolic reflector shown, which is formed by machining a rectangular block so that the curved surface is a paraboloid of revolution of base radius a and height h.

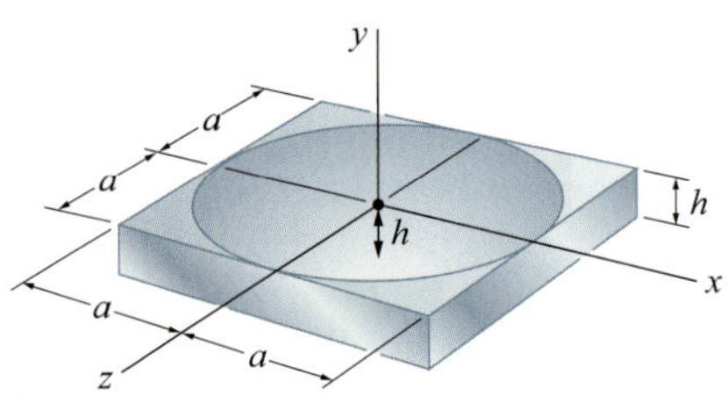

그림 P5.60그림 P5.6

5.61 For the machine element shown, locate the x coordinate of the center of gravity.

5.62 For the machine element shown, locate the y coordinate of the center of gravity.

5.63 For the machine element shown, locate the x coordinate of the center of gravity.

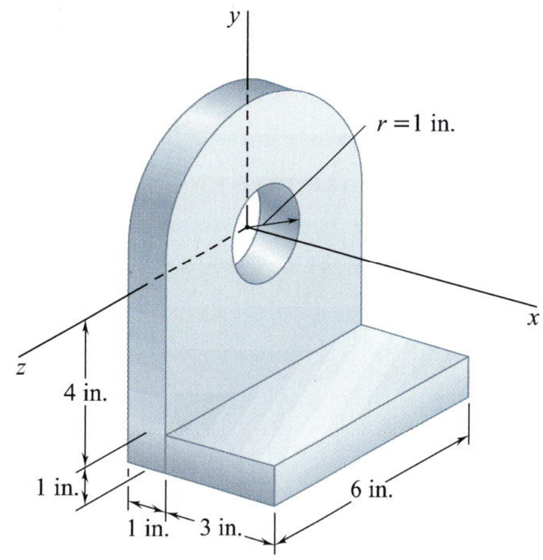

그림 P5.61, *P5.62*

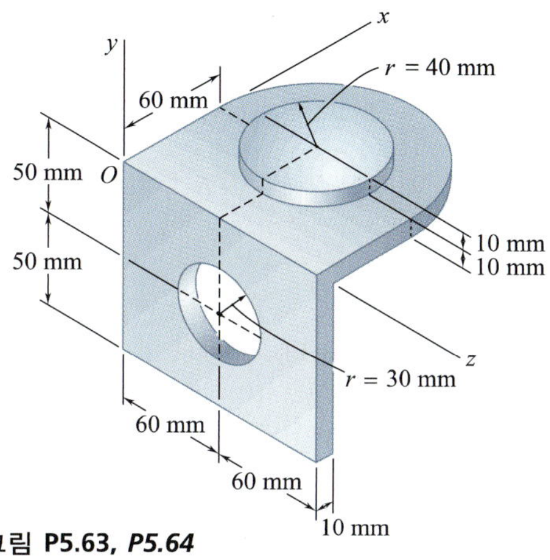

그림 P5.63, *P5.64*

5.64 For the machine element shown, locate the y coordinate of the center of gravity.

5.65 A wastebasket, designed to fit in the corner of a room, is 400 mm high and has a base in the shape of a quarter circle of radius 250 mm. Locate the center of gravity of the wastebasket, knowing that it is made of sheet metal of uniform thickness.

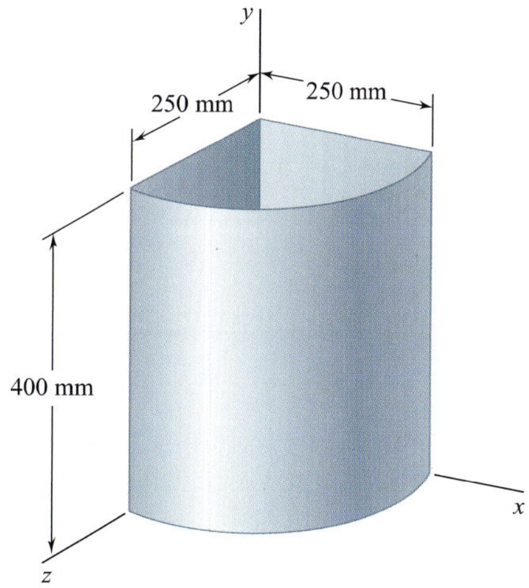

그림 P5.65

5.66 through *5.68* Locate the center of gravity of the sheet-metal form shown.

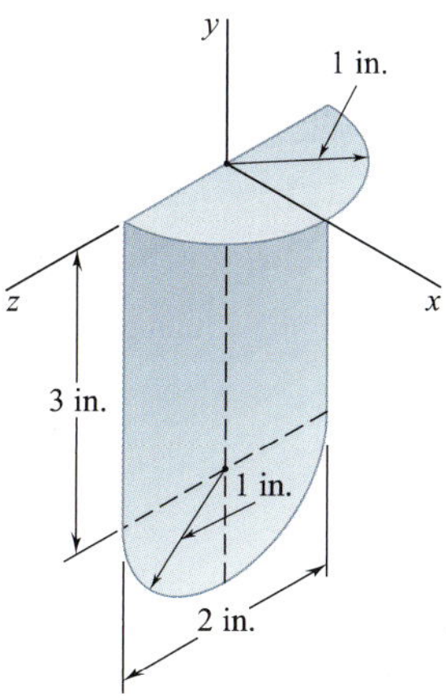

그림 P5.66

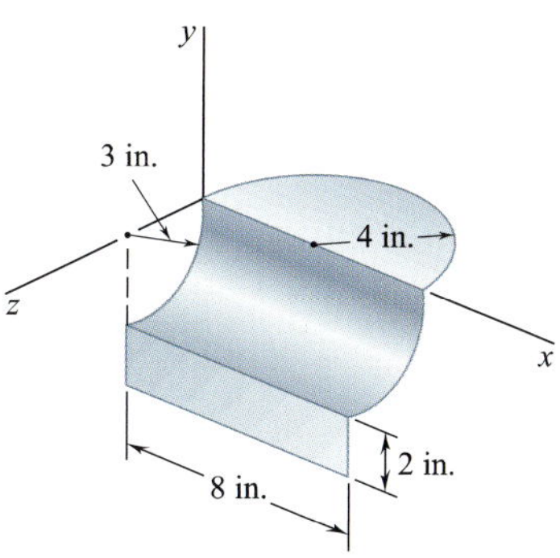

그림 *P5.67*

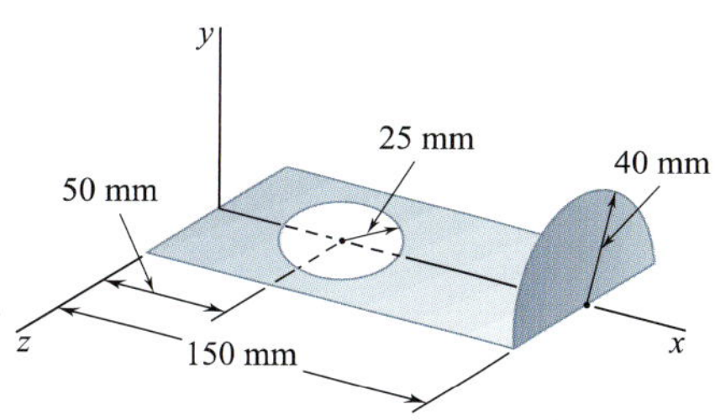

그림 *P5.68*

5.69 and 5.70 Locate the center of gravity of the figure shown, knowing that it is made of thin brass rods of uniform diameter.

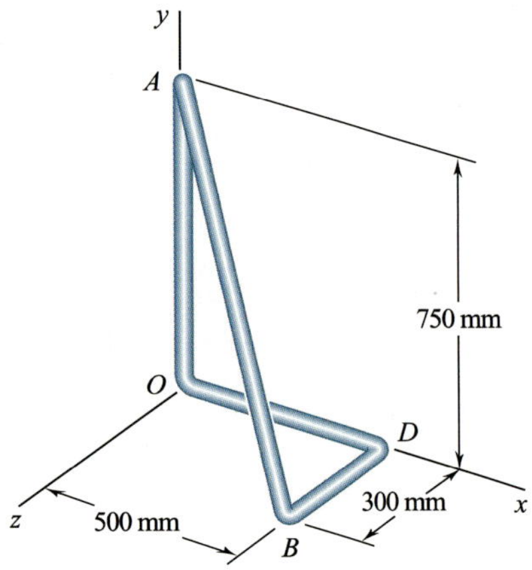

그림 P5.69

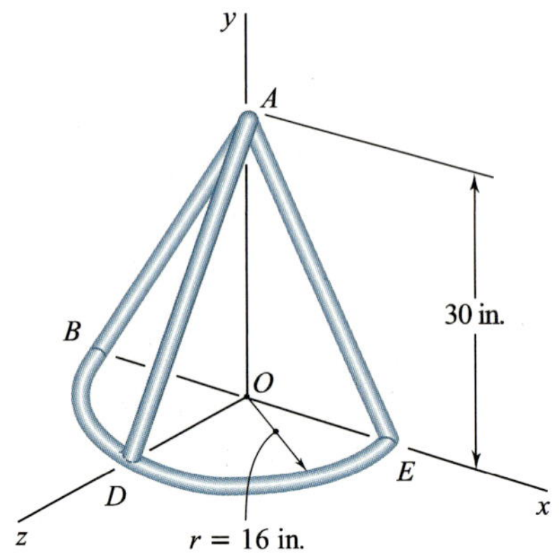

그림 P5.70

5.71 Three brass plates are brazed to a steel pipe to form the flagpole base shown. Knowing that the pipe has a wall thickness of 0.25 in. and that each plate is 0.2 in. thick, determine the location of the center of gravity of the base. (Specific weights: brass = 0.306 lb/in^3, steel = 0.284 lb/in^3.)

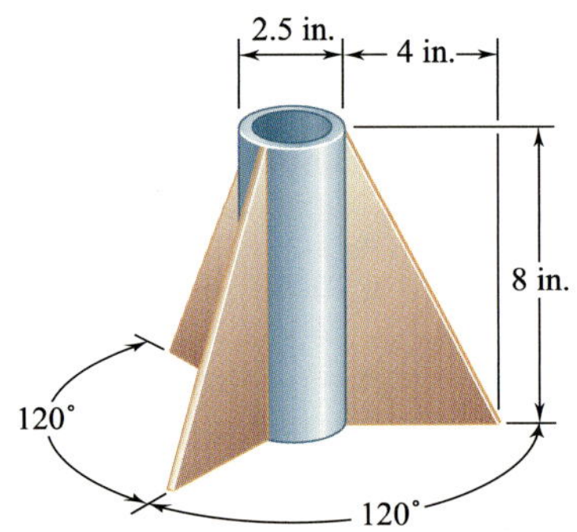

그림 P5.71

5.72 A brass collar, of length 50 mm, is mounted on an aluminum rod of length 80 mm. Locate the center of gravity of the composite body. (Densities: brass = 8470 kg/m^3, aluminum = 2800 kg/m^3.)

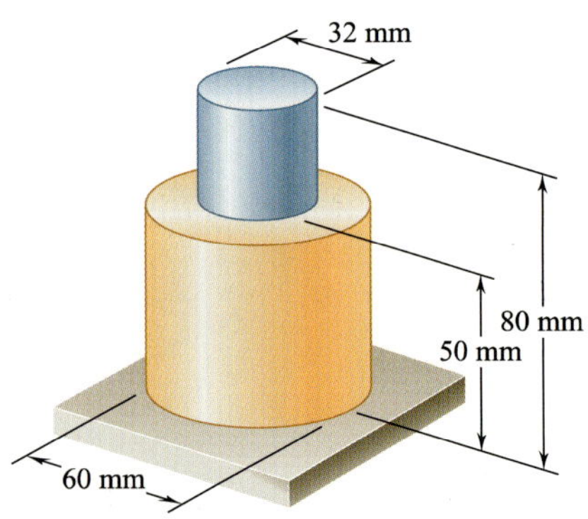

그림 P5.72

복습 및 요약

본 장에서는 주로 강체의 무게중심의 결정 즉, 물체에 대한 지구 인력의 효과를 나타내기 위하여 물체의 무게라고 하는 하나의 하중 **W**가 작용해야 하는 점 G의 결정에 전념하였다.

2차원 물체의 무게중심 본 장의 서두에서는, xy면에 포함되어 있는 평탄한 판이나 선과 같은 2차원 물체를 고려하였다. 수직 z 방향의 힘 성분과 수평 y와 x축에 대한 모멘트를 합하여[5.2절], 다음 관계식을 유도하였다.

$$W = \int dW \qquad \bar{x}W = \int x\,dW \qquad \bar{y}W = \int y\,dW \tag{5.2}$$

위 식은 물체의 무게와 무게중심의 좌표 $\bar{x}$와 $\bar{y}$를 정의한다.

면적과 선의 도심 균일한 두께를 갖는 균질의 평탄한 판의 경우[5.3절], 판의 무게중심 G는 판의 면적 A의 도심 C와 일치하고, 그것의 좌표는 다음 관계식으로 정의된다.

$$\bar{x}A = \int x\,dA \qquad \bar{y}A = \int y\,dA \tag{5.3}$$

마찬가지로, 평면에 포함되어 있고 균일한 단면적을 갖는 균질한 선의 무게중심을 결정하는 것은 선 L의 도심 C를 결정하는 것으로 되고, 다음과 같이 적을 수 있다.

$$\bar{x}L = \int x\,dL \qquad \bar{y}L = \int y\,dL \tag{5.4}$$

1차모멘트 식 (5.3)의 적분은 y와 x축에 대한 면적 A의 1차모멘트라고 불리고 각각 Q_y와 Q_x로 표기하면 다음과 같다.

$$Q_y = \bar{x}A \qquad Q_x = \bar{y}A \tag{5.6}$$

선의 1차모멘트도 유사하게 정의된다.

대칭성 면적이나 선의 도심 C의 결정은 이들이 대칭성을 갖고 있다면 간단해 진다. 면적이나 선이 축에 대해서 대칭이라면, 그것의 도심 C는 그 축 위에 놓이게 된다; 두 개의 축에 대하여 대칭이라면, C는 두 축의 교점에 위치하고, 중심 O에 대하여 대칭이라면 C는 O와 일치한다.

복합체의 무게중심 여러 상용 도형의 면적과 도심이 그림 5.8에 표로 만들어져 있다. 평탄한 판을 몇 개의 이들 도형으로 나눌 수 있다면, 이것의 무게중심 G의 좌표 $\overline{X}$와 $\overline{Y}$는 각각의 요소들의 무게중심 G_1, G_2, $\cdots$의 좌표 $\bar{x}_1$, $\bar{x}_2$, $\cdots$와 $\bar{y}_1$,

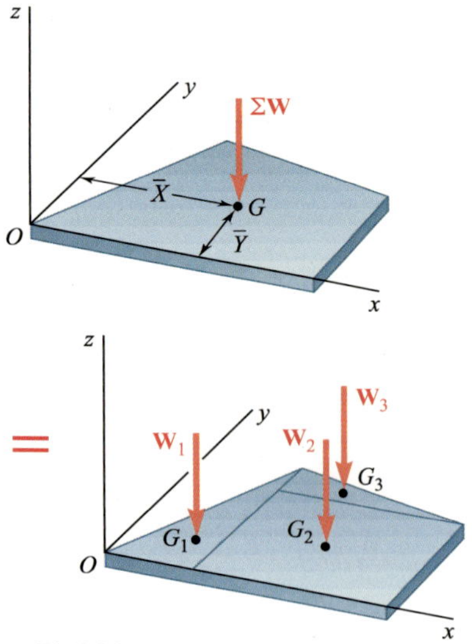

그림 5.20

$\overline{y}_2, \cdots$ 로부터 결정된다[5.5절]. 각각 y와 x축에 대한 모멘트를 같게 놓으면 다음과 같다.

$$\overline{X}\,\Sigma W = \Sigma \overline{x}\,W \qquad \overline{Y}\,\Sigma W = \Sigma \overline{y}\,W \tag{5.7}$$

판이 균질이고 균일한 두께를 갖는다면, 판의 무게중심은 판의 면적의 도심 C와 일치하고, 식 (5.7)은 다음이 된다.

$$Q_y = \overline{X}\,\Sigma A = \Sigma \overline{x} A \qquad Q_x = \overline{Y}\,\Sigma A = \Sigma \overline{y} A \tag{5.8}$$

이 식들은 복합체 면적의 1차모멘트를 제공하고, 이 식들을 풀어서 도심의 좌표 $\overline{X}$와 $\overline{Y}$를 구할 수 있다[문제 5.1]. 복합선의 무게중심의 결정도 유사한 방법으로 수행된다[문제 5.2].

적분에 의한 도심의 결정

면적이 해석 곡선으로 둘러싸여 있을 때, 이것의 도심의 좌표는 적분에 의하여 결정된다[5.6절]. 이것은 식 (5.3)의 이중적분을 산출하여 수행될 수도 있고, 그림 5.12에 나오는 얇은 직사각형 혹은 파이 모양의 요소를 사용하여 단일적분으로 수행될 수도 있다. 요소 dA의 도심의 좌표를 $\overline{x}_{el}$과 $\overline{y}_{el}$로 표기하면 다음을 얻는다.

$$Q_y = \overline{x}A = \int \overline{x}_{el}\,dA \qquad Q_x = \overline{y}A = \int \overline{y}_{el}\,dA \tag{5.9}$$

1차모멘트 Q_y와 Q_x 모두를 계산할 때, 같은 면적요소를 사용하는 것이 유리하다; 면적 A를 결정할 때에도 같은 요소가 사용된다[문제 5.4].

파푸스-굴디누스의 정리

파푸스-굴디누스의 정리는 회전체의 표면적이나 회전체의 체적을 결정하는 것과 생성곡선이나 면적의 도심을 결정하는 것을 연관시켜 준다[5.7절]. 고정된 축 주위로 길이 L의 곡선을 회전하여 얻어지는 표면의 면적 A는 다음과 같다(그림 5.21a).

$$A = 2\pi\overline{y}L \tag{5.10}$$

여기서 $\overline{y}$는 곡선의 도심 C로부터 고정 축까지의 거리를 나타낸다. 마찬가지로, 고정된 축 주위로 면적 A를 회전하여 얻어지는 물체의 체적 V는 다음과 같다(그림 5.21b).

$$V = 2\pi\overline{y}A \tag{5.11}$$

여기서 $\overline{y}$는 면적의 도심 C로부터 고정 축까지의 거리를 나타낸다.

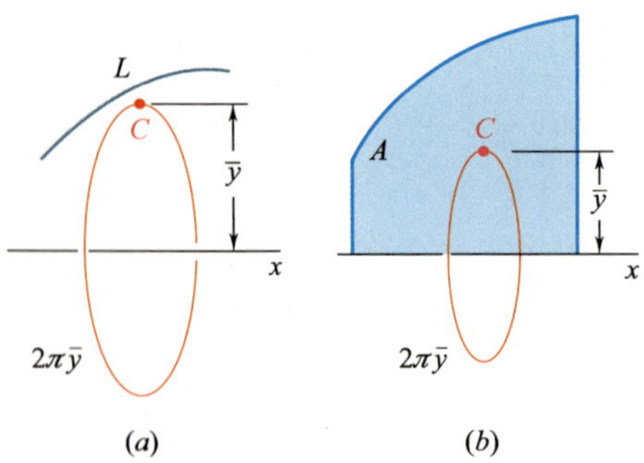

그림 5.21

분포하중 면적의 도심에 대한 개념은 평탄한 판의 무게를 취급하는 것 이외의 다른 문제를 풀기 위해서도 사용될 수 있다. 예를 들어, 보의 지점에서의 반력을 결정하기 위하여[5.8절], 분포하중 w를 하중곡선 아래의 면적 A와 크기가 같고 그 면적의 도심 C를 통과하는 집중하중 $\mathbf{W}$로 대치할 수 있다(그림 5.22).

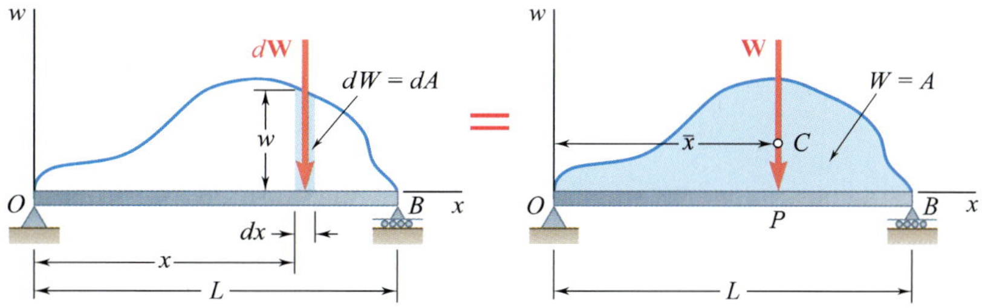

그림 5.22

3차원 물체의 무게중심 본 장의 후반부에서는 3차원 물체의 무게중심 G를 결정하는데 전념하였다. G의 좌표 $\bar{x}$, $\bar{y}$, $\bar{z}$는 다음 관계식으로 정의된다.

$$\bar{x}W = \int x\,dW \qquad \bar{y}W = \int y\,dW \qquad \bar{z}W = \int z\,dW \tag{5.16}$$

체적의 도심 균질한 물체의 경우, 무게중심 G는 물체의 체적 V의 도심 C와 일치한다; C의 좌표는 다음의 관계식으로 정의된다.

$$\bar{x}V = \int x\,dV \qquad \bar{y}V = \int y\,dV \qquad \bar{z}V = \int z\,dV \tag{5.18}$$

체적이 대칭면을 가지고 있다면, 체적의 도심 C는 그 면 위에 놓여있다; 두 개의 대칭면을 가지고 있다면, C는 두 면의 교선 위에 위치한다; 한 점 C에서 교차하는 세 개의 대칭면을 가지고 있다면, C는 그 점과 일치한다[5.9절].

복합체의 무게중심 여러 상용 3차원 도형의 체적과 도심이 그림 5.19에 표로 나와 있다. 물체를 몇 개의 이러한 도형으로 나눌 수 있을 때, 무게중심 G의 좌표 $\bar{X}$, $\bar{Y}$, $\bar{Z}$는 여러 도형들의 무게중심의 해당하는 좌표들로부터 다음과 같이 결정된다[5.10절].

$$\bar{X}\Sigma W = \Sigma\bar{x}W \qquad \bar{Y}\Sigma W = \Sigma\bar{y}W \qquad \bar{Z}\Sigma W = \Sigma\bar{z}W \tag{5.19}$$

이 물체가 균질한 재료로 만들어져 있다면, 이것의 무게중심은 체적의 도심과 일치하고 다음과 같이 적을 수 있다[문제 5.10과 5.11].

$$\bar{X}\Sigma V = \Sigma\bar{x}V \qquad \bar{Y}\Sigma V = \Sigma\bar{y}V \qquad \bar{Z}\Sigma V = \Sigma\bar{z}V \tag{5.20}$$

Review Problems

5.73 and *5.74* Locate the centroid of the plane area shown.

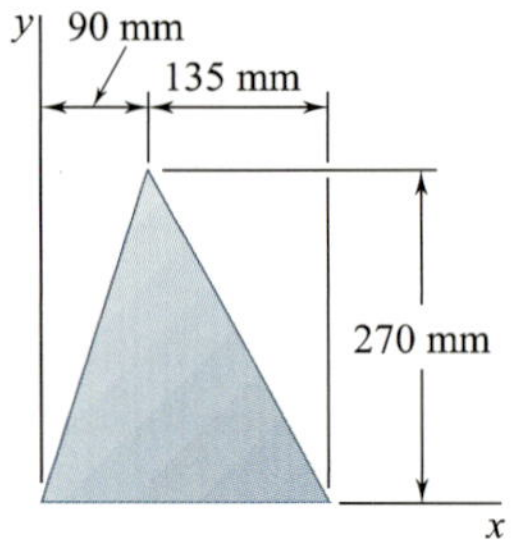

그림 P5.73

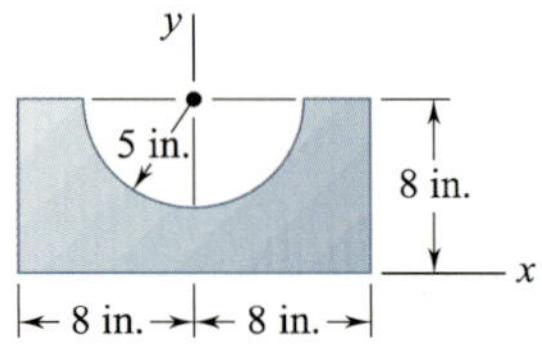

그림 *P5.74*

5.75 A thin homogenous wire is bent to form the perimeter of the plane area of Prob. 5.73. Locate the center of gravity of the wire figure thus formed.

5.76 Knowing that the figure shown is formed of a thin homogeneous wire, determine the length l of portion CE of the wire for which the center of gravity of the figure is located at point C when (a) $\theta = 15°$, (b) $\theta = 60°$.

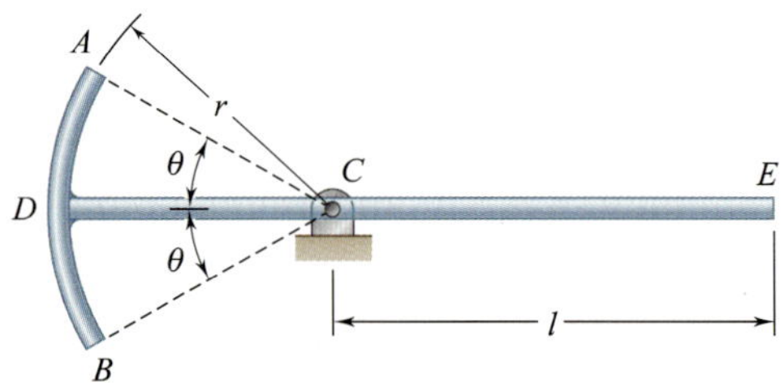

그림 P5.76

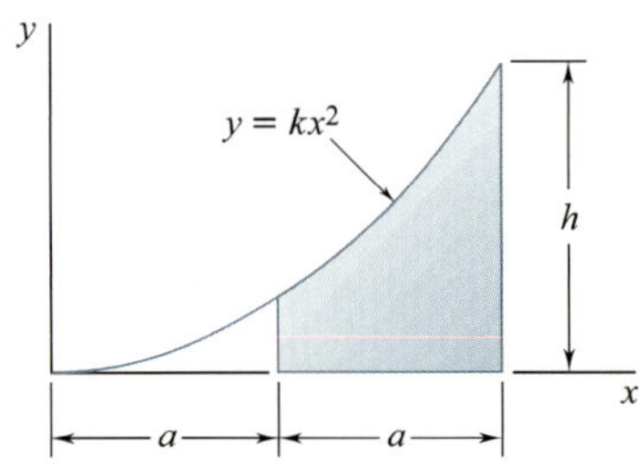

그림 P5.77

5.77 Determine by direct integration the centroid of the area shown.

5.78 Determine by direct integration the x coordinate of the centroid of the area shown.

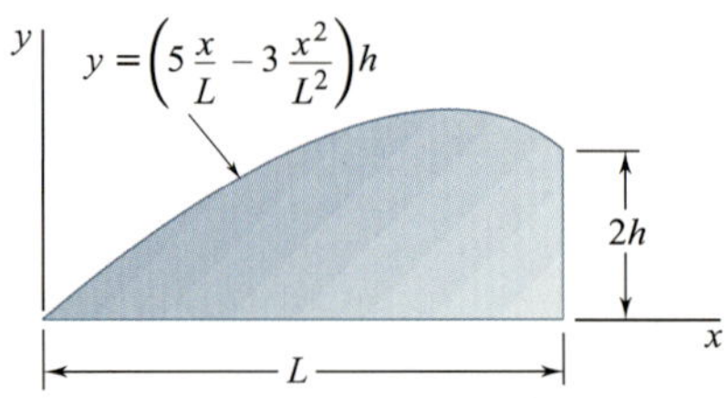

그림 *P5.78*

5.79 Determine the volume of the body shown.

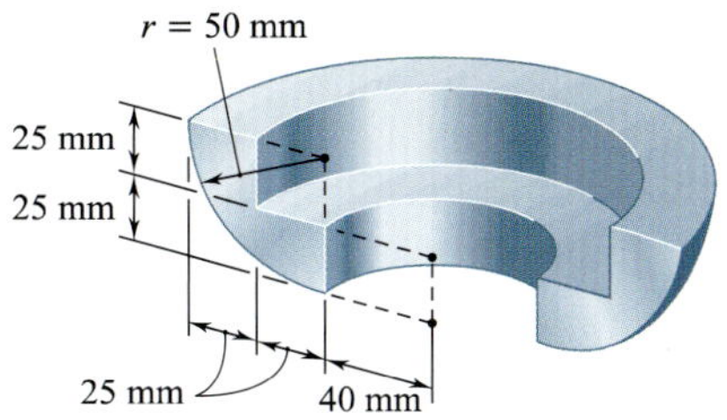

그림 P5.79, *P5.80*

5.80 Determine the total surface area of the body shown.

5.81 Determine the reactions at the beam supports for the given loading when $w_0 = 450$ lb/ft.

5.82 Determine (*a*) the distributed load w_0 at the end C of the beam ABC for which the reaction at C is zero, (*b*) the corresponding reaction at B.

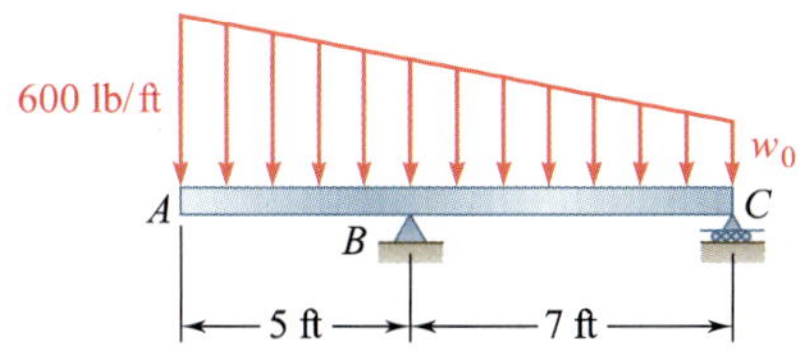

그림 P5.81, *P5.82*

5.83 Determine the center of gravity of the machine element shown.

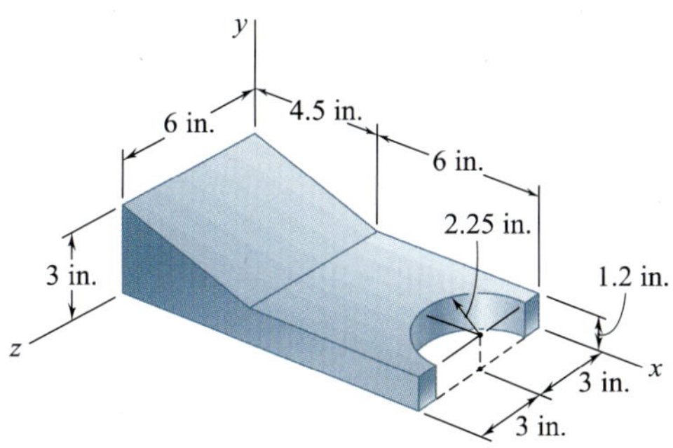

그림 P5.83

5.84 A regular pyramid 300 mm high, with a square base of side 250 mm, is made of wood. Its four triangular faces are covered with steel sheets 1 mm thick. Locate the center of gravity of the composite body. (Densities: steel = 7850 kg/m^3, wood = 500 kg/m^3.)

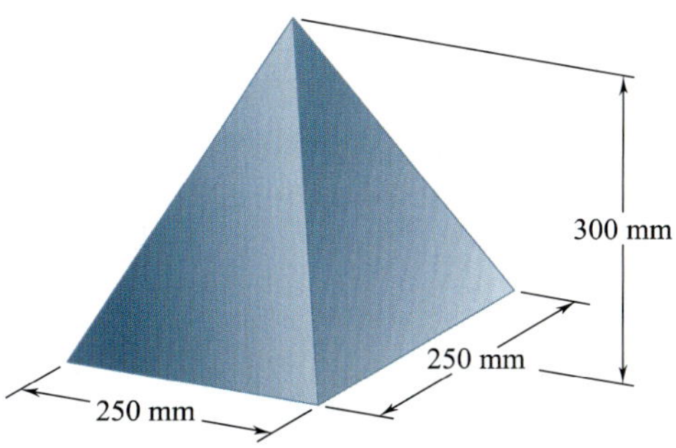

그림 P5.84

6

구조물의 해석

6.1 서 론

앞 장들에서 고려하였던 문제들은 하나의 강체의 평형과 관계되는 것이었고, 포함된 모든 힘들은 강체에 외력으로 작용하였다. 우리는 이제 여러 연결부로 구성되는 구조물의 평형을 다루는 문제들을 고려한다. 이 문제들은 구조물에 작용하는 외력뿐만 아니라 구조물의 여러 부분들을 잡아주는 힘에 대한 결정도 요구한다. 구조물 전체에 대한 견지에서 보면, 이 힘들은 내력이다.

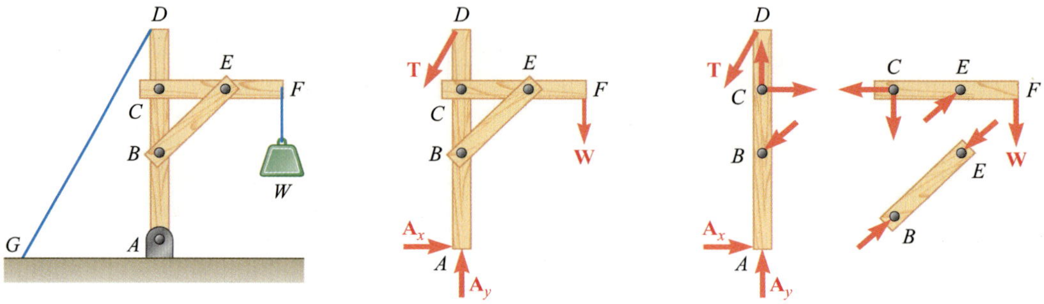

그림 6.1 (*a*) (*b*) (*c*)

예를 들어 하중 W를 지지하는 그림 6.1a의 크레인을 고려한다. 이 크레인은 마찰이 없는 힌지에서 연결된 세 개의 보 AD, CF, BE로 구성된다. 이 크레인의 자유물체도가 그림 6.1b에 그려져 있다. 그림에 보여주는 외력들은 무게 **W**, A에서의 두 반력성분 $\mathbf{A}_x$와 $\mathbf{A}_y$, 그리고 D에서 케이블에 의하여 발휘되는 힘 **T**로 구성된다. 크레인의 여러 부분들을 잡아주는 내력은 그림에 나와 있지 않다. 그러나 이 크레인을 해체하여 각 구성 부분에 대한 자유물체도를 그리면, 세 개의 보를 잡아주는 힘들도 나타난다. 왜냐하면 각 구성 부분의 입장에서 보면 이 힘들도 외력이기 때문이다.

B에서 부재 BE가 부재 AD에 작용하는 힘은 같은 점에서 부재 AD가 부재 BE에 작용하는 힘과 크기가 같고 방향이 반대로 나타나는 점에 유의한다; E에서 BE가 CF에 작용하는 힘은 CF가 BE에 작용하는 힘과 같은 크기이고 반대 방향이다; C에서 CF가 AD에 작용하는 힘의 분력은 AD가 CF에 작용하는 힘의 분력과 크기가 같고 방향이 반대이다. 이것은, 서로 접촉해 있는 물체 사이의 작용력과 반작용력은 크기가 같고, 같은 작용선을 가지며, 반대 방향이라고 하는 뉴턴의 제3법칙과 일치한다. 1장에서 지적하였듯이, 실험적인 입증에 근거한 이 법칙은 기초역학의 6개의 기본 원리 중 하나이고, 연결체를 포함하는 문제의 해결에 필수적으로 응용된다.

본 장에서는 크게 보아 세 종류의 공학 구조물을 고려한다.

1. **트러스.** 이것은 하중을 지지하도록 설계되고, 보통은 정지되어 있고, 완전히 구속된 구조물이다. 트러스는 각 부재의 끝에 위치하는 절점에서 서로 연결된 오로지 직선 부재들로 구성된다. 따라서 트러스의 부재는 **2력 부재**(two-force member) 즉, 두 개의 크기가 같고 부재를 따라 반대 방향으로 작용하는 힘을 받는 부재이다.
2. **뼈대.** 이것 역시 하중을 지지하도록 설계되고, 또한 보통은 정지되어 있으며, 완전히 구속된 구조물이다. 그러나 그림 6.1의 크레인처럼, 뼈대는 항상 적어도 한 개의 다력 부재 즉, 일반적으로 부재 방향이 아닌 세 개 혹은 그 이상의 힘을 받는 부재를 포함한다.
3. **기계.** 이것은 힘을 전달하고 변환시키도록 설계되며, 움직이는 부분이 포함된 구조물이다. 기계는 뼈대처럼 항상 한 개 이상의 다력 부재를 포함한다.

트러스

6.2 트러스의 정의

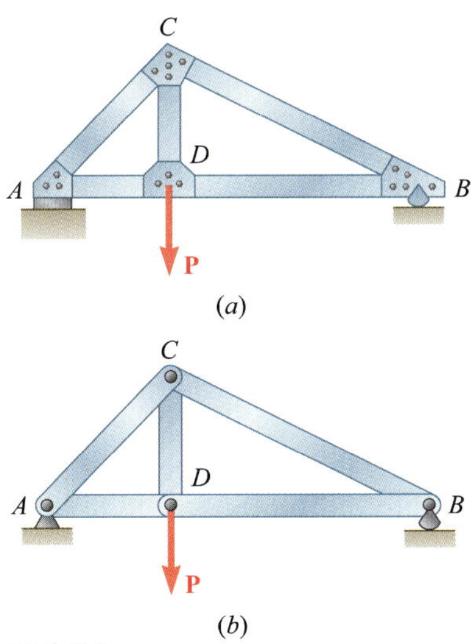

그림 6.2

트러스는 공학 구조물의 주된 유형 중 하나이다. 이것은 많은 공학 상황에 있어서, 특히 교량과 건물의 설계에 있어서 실용적이면서 경제적인 해답을 제공한다. 전형적인 트러스의 모양이 그림 6.2a에 나와 있다. 트러스는 절점에서 연결된 직선 부재들로 구성된다. 트러스 부재는 그들의 양 끝에서만 연결된다; 따라서 절점을 통과하여 연속인 부재는 없다. 예를 들어 그림 6.2a에서 부재 AB란 없다; 대신에 두 개의 개별 부재 AD와 DB만이 있을 뿐이다. 대부분의 실제 구조물들은 공간구조를 형성하기 위하여 서로 합쳐진 여러 개의 트러스들로 구성된다. 각각의 트러스는 그것과 같은 평면에서 작용하는 하중들을 지지하기 위하여 설계되고 따라서 2차원 구조물로 취급될 수 있다.

일반적으로 트러스의 부재는 세장하고 횡방향 하중을 거의 지지할 수 없다; 따라서 모든 하중은 여러 절점에 작용하여야 하고, 부재 자체에 작용할 수는 없다. 집중하중이 두 개의 절점 사이에 작용하거나, 분포하중이 트러스에 의해 지지될 때, 교량 트러스의 경우에서와 같이, 세로보와 마루보를 사용해서 하중을 절점으로 전달하는 마루 구조가 제공되어야만 한다(그림 6.3).

트러스 부재의 무게도, 부재를 연결하는 두 개의 절점에 각각 부재 무게의 절반씩 작용하도록 가정한다. 실제로는 부재들이 용접이나 볼트 혹은 리벳에 의해 접합되어 있지만, 부재들이 핀으로 연결되어 있다고 가정하는 것이 통상적이다; 따라서 각 부재단에 작용하는 힘은 단력이고 짝힘(couple)이 아니다. 그러므로 트러스 부재에 작용하는 유일한 힘은 각 부재단에 작용하는 단

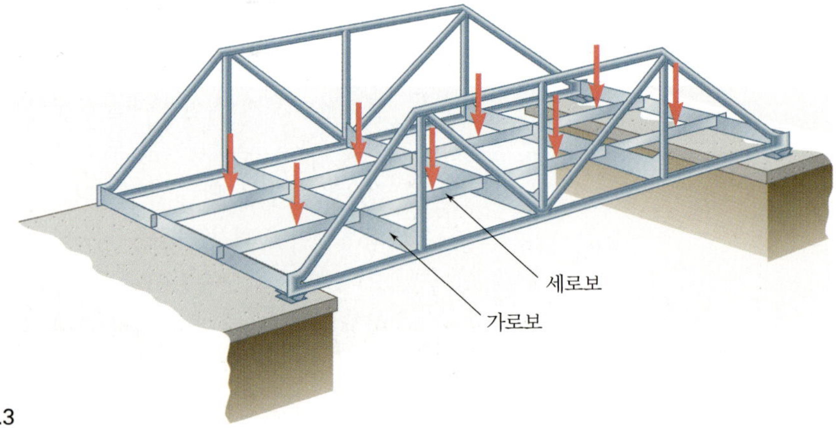

그림 6.3

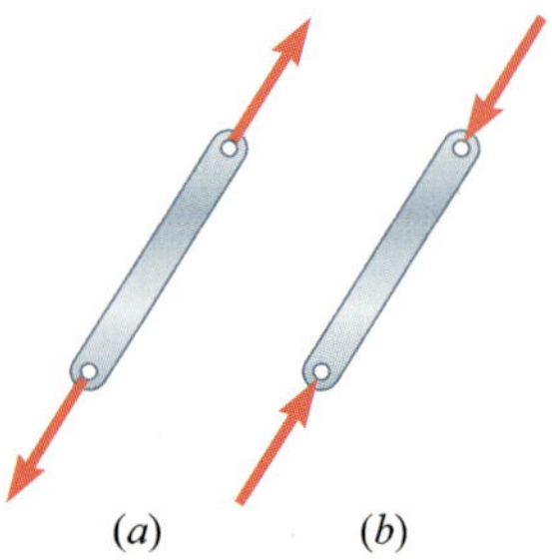

그림 6.4

력으로 가정한다. 이 때 각 부재는 2력 부재로 취급할 수 있고, 전체 트러스는 핀과 2력 부재의 집단으로 간주된다(그림 6.2b). 개별 부재는 그림 6.4의 두 스케치 가운데 어느 하나와 같이 힘을 받는다. 그림 6.4a에서는 힘들이 부재가 서로 멀어지도록 당기려고 하고 있고, 이 부재는 인장을 받는다; 그림 6.4b에서는, 힘들이 부재를 누르고 있고 이 부재는 압축을 받는다. 전형적인 여러 트러스가 그림 6.5b에 나와 있다.

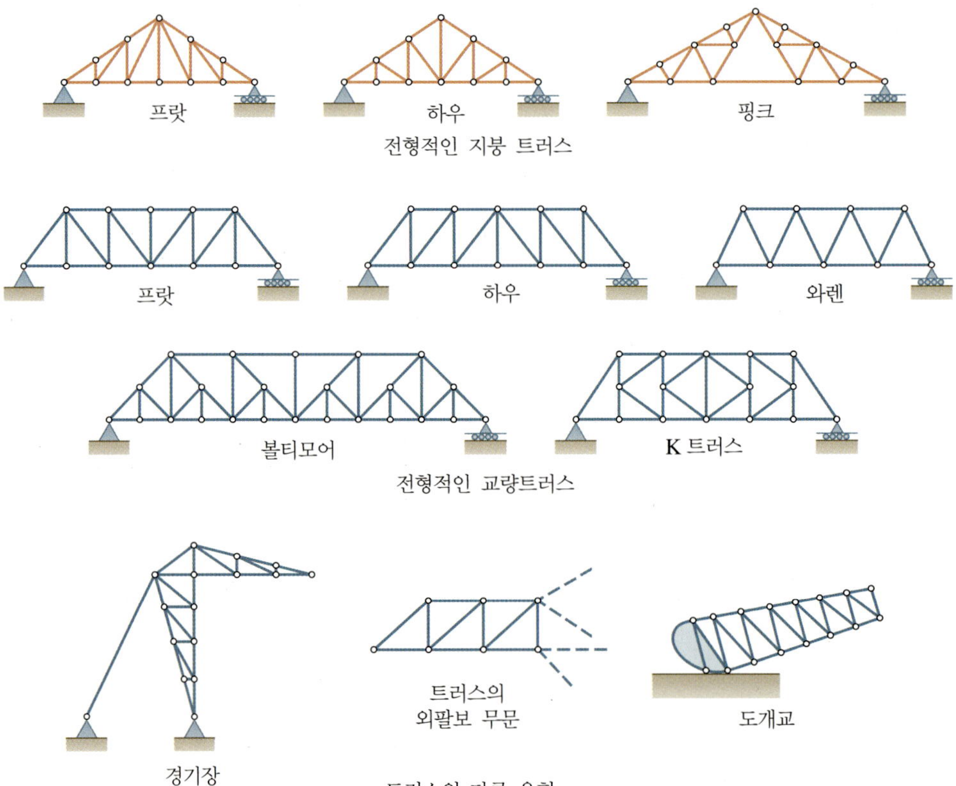

그림 6.5

6.3 단순트러스

A, B, C와 D에서 핀으로 연결된 4개의 부재로 만들어진 그림 6.6a의 트러스를 고려한다. 하중이 B에 작용한다면, 이 트러스는 크게 변형해서 완전히 원래의 모양을 잃는다. 그에 반해서, A, B와 C에서 핀으로 연결된 3개의 부재로 만들어진 그림 6.6b의 트러스는 B에 작용하는 하중으로 인해서 단지 조금만 변형한다. 이 트러스에 일어날 수 있는 유일한 변형은 부재 길이의 작은 변화이다. 그림 6.6b의 트러스는 강체 트러스라고 불리고, 여기서 강체라고 하는 용어는 트러스가 붕괴되지 않는다는 것을 지적하기 위해 사용되었다.

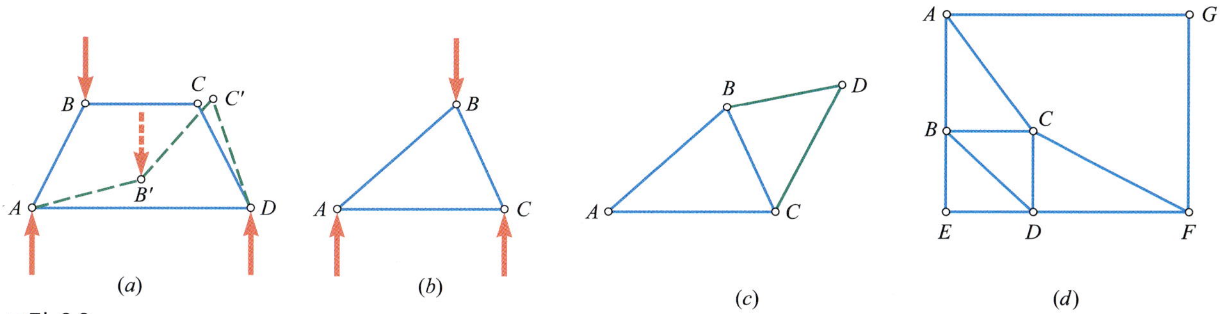

그림 6.6

그림 6.6c에서 보듯이, 더 큰 강체 트러스가 그림 6.6b의 기본 삼각형 트러스에 두 부재 BD와 CD를 첨가하여 얻어진다. 이 과정은 원하는 만큼 반복될 수 있으며, 매번 두 개의 새 부재가 첨가되어 두 개의 기존의 절점에 부착되며 새로운 절점에서 연결되면, 그 결과로 얻어지는 트러스는 강체이다.[1] 이러한 방법으로 제작되는 트러스는 단순트러스라고 불린다.

단순트러스가 항상 삼각형으로만 구성되지 않음에 주목한다. 예를 들어, 그림 6.6d의 트러스는 삼각형 ABC에 연속해서 절점 D, E, F와 G를 첨가해서 만들어진 단순트러스이다. 반면에, 강체 트러스가 삼각형으로 만들어진 것처럼 보일지라도, 그들이 항상 단순트러스는 아니다. 그림 6.5의 핀크 트러스와 볼티모어 트러스는 단순트러스가 아니다. 왜냐하면 이들은 위에서 언급한 대로 한 개의 삼각형으로부터 제작될 수 없기 때문이다. 그림 6.5에 나오는 모든 다른 트러스들은 쉽게 확인할 수 있듯이 (K 트러스에 대해서는 중앙의 삼각형 중 어느 하나부터 시작) 단순트러스이다.

그림 6.6으로 돌아가서, 그림 6.6b의 기본 삼각형 트러스는 세 개의 부재와 세 개의 절점을 가지고 있는 것에 주목한다. 그림 6.6c의 트러스는 두 개의 추가 부재와 한 개의 추가 절점을 가지고 있다. 즉, 모두 5개의 부재와

1) 3개의 절점은 일직선 상에 놓이지 않아야 한다.

사진 6.1 가동 교량의 주요 요소로서 2개의 K-트러스가 사용됨을 보여준다.

4개의 절점을 가지고 있다. 두 개의 새로운 부재가 추가될 때마다 절점의 수는 한 개 증가한다는 것을 확인한다면, 단순트러스에서 전체 부재의 개수는 $m = 2n - 3$이고, 여기서 n은 전체 절점의 개수인 것을 알 수 있다.

6.4 절점법에 의한 트러스의 해석

우리는 6.2절에서 트러스는 핀과 2력 부재의 집합체로 간주될 수 있음을 알았다. 그림 6.2의 트러스는 자유물체도가 그림 6.7a에 나와 있고, 부재를 분리하여 각각의 핀과 부재에 대해서 자유물체도를 그릴 수 있다(그림 6.7b). 각 부재에는 양단에 하나씩 두 개의 힘이 작용한다; 이 힘들은 같은 크기이고, 같은 작용선을 가지며, 방향이 반대이다(4.6절). 또한 뉴턴의 제3법칙에 의하면, 부재와 핀 사이의 작용력과 반작용력은 크기가 같고 방향이 반대이다. 따라서 부재가 그것을 연결하는 핀에 대해서 작용하는 힘은 부재 방향으로 크기가 같고 반대 방향이다. 부재가 그것을 연결하는 핀에 대해서 발휘하는 힘의 공통된 크기는, 비록 이 양이 스칼라이지만, 보통 해당 부재의 부재력이라 불린다. 트러스의 모든 내력의 작용선은 알고 있으므로, 트러스에 대한 해석은 여러 부재의 부재력을 계산하고 각각의 부재가 인장을 받는지 혹은 압축을 받는지를 결정하는 것이 된다.

전체 트러스가 평형상태에 있으므로, 각각의 핀도 평형을 만족하여야 한다. 핀이 평형상태에 있다는 것은 핀의 자유물체도를 그려서 두 개의 평형방정식을 작성하는 것으로 나타낸다(6.2절). 트러스에 n개의 핀이 포함된다면, 가용한 평형방정식이 $2n$개이고, 이것을 이용하여 $2n$개의 미지수를 풀 수 있다. 단순 트러스의 경우 $m = 2n - 3$ 즉, $2n = m + 3$이고, 따라서 핀의 자유물체도로부터 결정되는 미지수의 개수는 $m + 3$이다. 이것은 모든 부재력과 반력 $\mathbf{R}_A$의 두 성분과 반력 $\mathbf{R}_B$가 핀의 자유물체도를 고려하여 구해진다는 것을 의미한다.

전체 트러스가 평형인 강체라는 사실을 이용하여 그림 6.7a의 자유물체도에 보이는 힘들을 포함하는 3개의 방정식을 추가로 작성할 수 있다. 이 식들은 어떤 새로운 정보도 포함하고 있지 않으므로, 이들은 핀의 자유물체도로부터 얻어지는 식들과 서로 독립이 아니다. 그럼에도 불구하고, 이들은 지점에서의 반력 성분을 결정하는데 이용될 수 있다. 단순트러스의 핀과 부재는 단지 두 개의 미지수만을 포함하는 절점을 찾아내는 것이 항상 가능하도록 배치되어 있다. 이 힘들은 2.11절의 방법으로 결정될 수 있고, 그 값이 옆의 절점으로 전달되어, 이 절점에서는 기지의 값으로 취급된다. 이 과정은 모든 미지력이 결정될 때까지 반복된다.

사진 6.2 사진과 같은 지붕 트러스는 양단에서만 지지되기 때문에, 넓은, 장애물이 없는 마루 면적을 갖는 건물을 시공하는 것이 가능하다.

예를 들어, 그림 6.7의 트러스는 단지 두 개의 미지수를 갖는 절점에서 시작

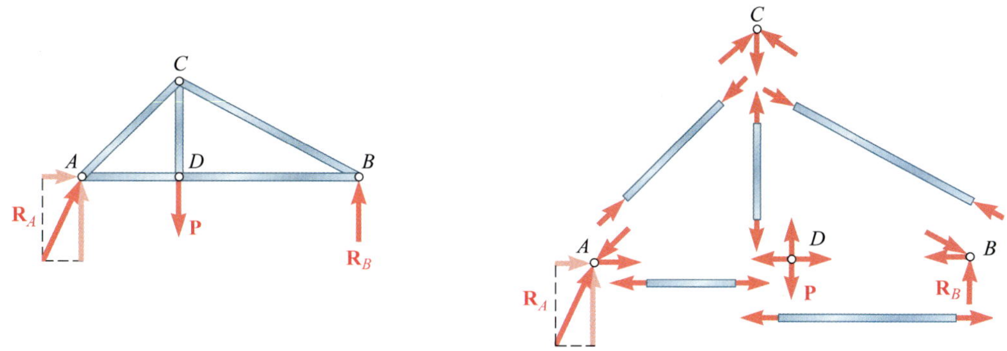

그림 6.7 (*a*) (*b*)

하여 연속해서 각 핀의 평형을 고려하여 해석된다. 이 트러스에서는 모든 핀이 적어도 3개의 미지력을 받고 있다. 따라서 자유물체로서 전체 트러스를 고려하고 강체의 평형방정식을 이용하여 지점에서의 반력을 먼저 결정하여야 한다. 이렇게 하여 $\mathbf{R}_A$가 수직인 것을 알아내고 $\mathbf{R}_A$와 $\mathbf{R}_B$의 크기를 결정한다.

따라서 절점 A에서의 미지력의 개수는 두 개가 되고, 핀 A의 평형을 고려하여 이 힘들이 결정된다. 반력 $\mathbf{R}_A$와 각각 부재 AC와 AD가 핀 A에 작용하는 힘 $\mathbf{F}_{AC}$와 $\mathbf{F}_{AD}$는 힘의 삼각형을 형성하여야 한다. 먼저 $\mathbf{R}_A$를 그린다(그림 6.8); $\mathbf{F}_{AC}$와 $\mathbf{F}_{AD}$는 각각 AC와 AD방향인 것에 주목하여 삼각형을 완성하고, $\mathbf{F}_{AC}$와 $\mathbf{F}_{AD}$의 크기와 방향을 결정한다. 크기 $\mathbf{F}_{AC}$와 F_{AD}는 각각 부재 AC와 AD의 부재력을 나타낸다. $\mathbf{F}_{AC}$가 좌하향 즉, 절점 A로 가까워지는 방향이므로, 부재 AC는 핀 A를 밀치고, 따라서 압축을 받는다. $\mathbf{F}_{AD}$는 절점 A에서 멀어지는 방향이므로, 부재 AD는 핀 A를 당기고, 따라서 인장을 받는다.

이제 우리는 절점 D로 진행하는데, 여기서는 단지 두 개의 힘 $\mathbf{F}_{DC}$와 $\mathbf{F}_{DB}$가 아직 미지이다. 다른 힘들은 주어진 하중 $\mathbf{P}$와 부재 AD가 핀에 발휘하는 힘 $\mathbf{F}_{DA}$이다. 앞에서 지적하였듯이, 이 힘은 핀 A에서 같은 방법으로 작용했던 힘 $\mathbf{F}_{AD}$와 크기가 같고 방향이 반대이다. 그림 6.8에서와 같이 절점 D에 대한 힘의 다각형을 그려서 이 다각형으로부터 힘 $\mathbf{F}_{DC}$와 $\mathbf{F}_{DB}$를 결정한다. 그러나 3개 이상의 힘들이 포함되어 있을 때에는, 두 개의 미지수에 대해서 평형방정식 $\sum F_x = 0$와 $\sum F_y = 0$를 푸는 것이 더 편리하다. 두 개의 힘 모두 절점 D에서 멀어지는 방향이므로, 부재 DC와 DB는 핀을 당기고 따라서 인장을 받는다.

이제 절점 C를 고려한다; 자유물체도가 그림 6.8에 나와 있다. 앞의 절점에 대한 해석으로부터 $\mathbf{F}_{CD}$와 $\mathbf{F}_{CA}$는 알고 있고, 단지 $\mathbf{F}_{CB}$만 미지수 이다. 각 핀의 평형이 두 개의 미지수를 결정하기 위한 충분한 정보를 제공하므

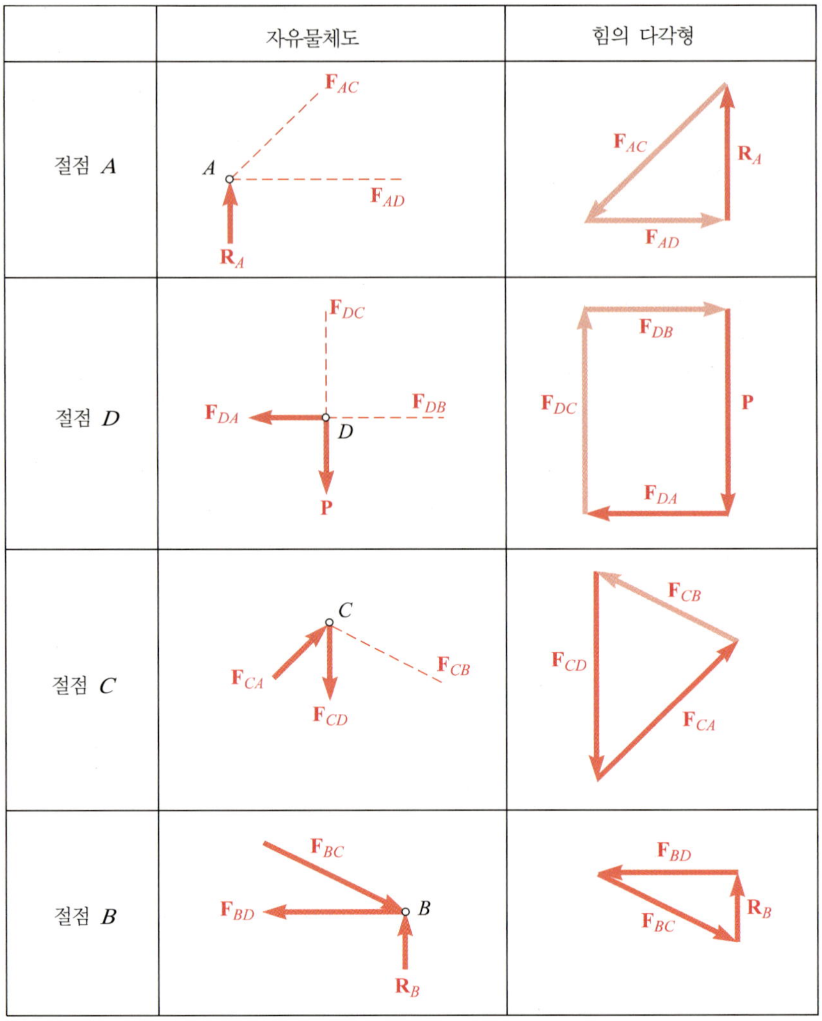

그림 6.8

로, 이 절점에서는 우리의 해석에 대한 검산을 수행할 수 있다. 힘의 삼각형을 그려서 $\mathbf{F}_{CB}$의 크기와 방향을 결정한다. $\mathbf{F}_{CB}$는 절점 C에 가까워지는 방향이므로, 부재 CB는 핀 C를 밀치고 따라서 압축을 받는다. 힘 $\mathbf{F}_{CB}$가 부재 CB와 평행인 것을 입증하여 검산이 이루어진다.

절점 B에서는, 모든 힘들을 알고 있다. 해당되는 핀이 평형상태에 있으므로, 힘의 삼각형은 폐합되고, 해석의 추가적인 검산이 이루어진다.

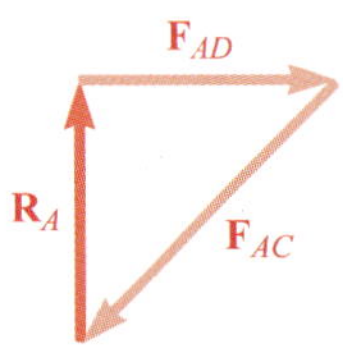

그림 6.9

그림 6.8의 힘의 다각형이 유일하지 않다는 점에 주목해야 한다. 그들은 각각 대체 형상으로 대치될 수 있다. 예를 들어, 절점 A에 해당하는 힘의 삼각형은 그림 6.9에서와 같이 그릴 수 있다. 그림 6.8에서의 삼각형은 실제로, 세 힘 $\mathbf{R}_A$, $\mathbf{F}_{AC}$ 와 $\mathbf{F}_{AD}$의 작용선이 절점 A 주위로 시계방향으로 움직일 때 나타나는 순서에 의해서 꼬리-잇기 방식으로 세 힘을 그려서 구하였

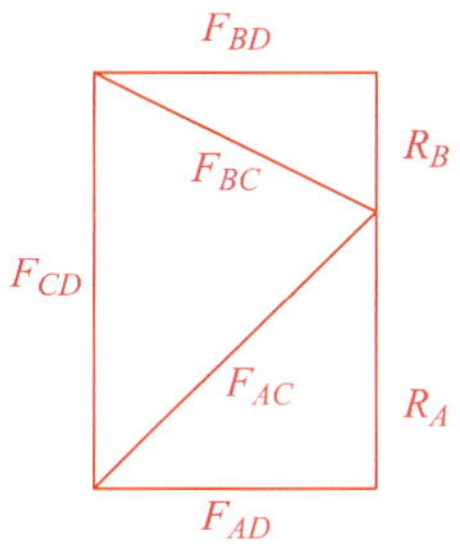

그림 6.10

다. 같은 방법으로 그린 그림 6.8의 나머지 힘의 다각형들은, 그림 6.10에서와 같이 하나의 다각형 안으로 꼭 맞게 맞출 수 있다. 멕스웰의 도형이라고 알려진 이러한 도형은 트러스 문제에 대한 도식적 해법을 상당히 편리하게 만들어 준다.

6.5 특별한 하중조건 하의 절점

두 개의 교차하는 직선 위에 놓인 4개의 부재를 연결하는 절점을 보여주는 그림 6.11a를 고려한다. 그림 6.11b의 자유물체도를 보면, 핀 A가 두 쌍의 서로 반대 방향의 힘을 받고 있음을 알 수 있다. 따라서 대응하는 힘의 다각형은 평행사변형이어야 하고(그림 6.11c), 서로 마주하는 부재력은 크기가 같다.

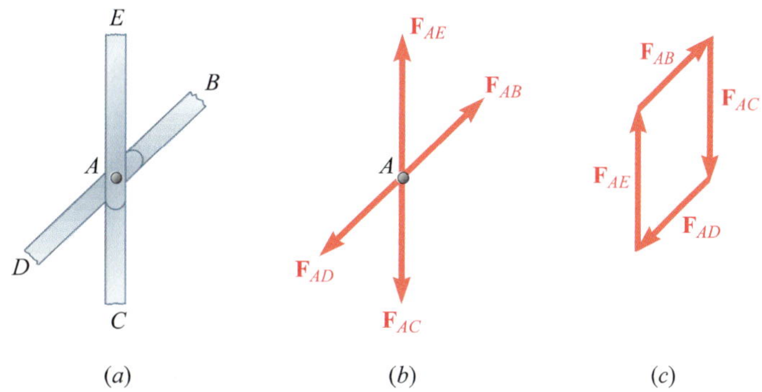

그림 6.11

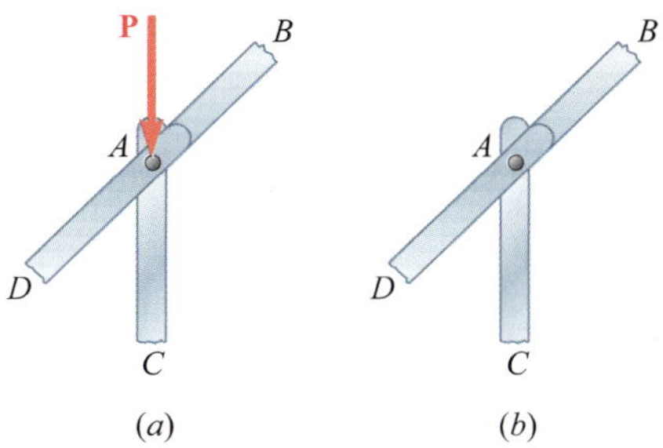

그림 6.12

다음에 그림 6.12a에서, 3개의 부재를 연결하고 하중 **P**를 지지하는 절점을 보여주는 그림 6.12a를 고려한다. 같은 선상에 2개의 부재가 놓여있고, 하중 **P**는 세 번째 부재 방향으로 작용한다. 핀 A의 자유물체도와 이에 상응하는 힘의 다각형은 $\mathbf{F}_{AE}$를 하중 **P**로 대치한다면 그림 6.11b와 c와 같다. 따라서 서로 마주보는 부재의 부재력은 같고, 나머지 부재의 부재력은 P와 같다. 특별한 관심을 갖게 하는 특수한 경우가 그림 6.12b에 나와 있다. 이 경우 아무런 외력이 절점에 작용하고 있지 않으므로, $P=0$이고 부재 AC의 부재력은 영이다. 부재 AC는 부재력이 영인 부재(zero-force members)라고 불린다.

이제 두 부재만을 연결하는 절점을 고려한다. 2.9절에서, 두 힘을 받는 입자는 두 힘이 같은 크기이고, 같은 작용선을 가지며, 반대 방향이어야, 이 입자가 평형상태에 있음을 알았다. 같은 선상에 놓인 두 개의 부재 AB와 AD를 연결하는 그림 6.13a의 절점의 경우, 핀 A가 평형이기 위해서는 두 부재의 부재력이 같아야 한다. 그림 6.13b의 절점의 경우, 두 부재의 부재력이

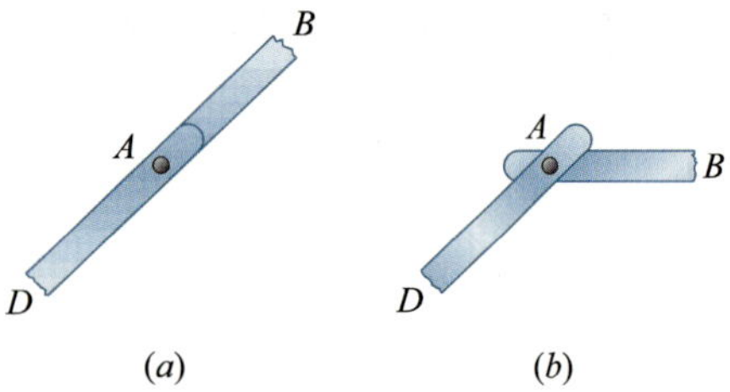

그림 6.13

모두 영이지 않다면, 핀 A는 평형일 수가 없다. 그러므로 그림 6.13b에서와 같이 연결된 부재는 부재력이 영인 부재임에 틀림없다.

위에서 열거한 특수한 하중조건 하의 절점들을 찾아내면, 트러스의 해석이 빨라진다. 예를 들어 그림 6.14에서와 같은 하중을 받는 하우 트러스를 고려해 보자. 초록색으로 표시한 모든 부재들은 부재력이 영인 것들로 인식된다. 절점 C는 세 부재를 연결하는데, 이들 중 두 개는 같은 선상에 놓여 있고, 아무런 외력을 받지 않는다; 따라서 부재 BC는 부재력이 영인 부재이다. 절점 K에 대하여 같은 논리를 전개하여, 부재 JK도 부재력이 영인 부재임을 알 수 있다. 그러나 절점 J는 이제야 절점 C와 K와 같은 상황이 되고, 부재 IJ는 부재력이 영인 부재가 된다. 절점 C, J와 K를 자세히 살펴보면, 부재 AC와 CE의 부재력은 같고, 부재 HJ와 JL의 부재력은 같으며, 부재 IK와 KL의 부재력은 같음을 알 수 있다. 20 kN의 하중이 작용하고 부재 HI가 같은 선상에 있는 절점 I로 관심을 돌려보면, 부재 HI의 부재력은 20 kN(인장)이고, 부재 GI와 IK의 부재력은 같음을 알 수 있다. 따라서 부재 GI, IK, KL의 부재력은 같다.

위에 기술한 조건이 그림 6.14의 절점 B와 D에는 적용되지 않는 것에 주목한다. 부재 DE의 부재력이 25 kN이라거나, 부재 AB와 BD의 부재력이 같다고 가정하는 것은 옳지 않다. 이 부재의 부재력과 나머지 모든 부재의 부재력은 절점 A, B, D, E, F, G, H 그리고 L에 대해서 통상적인 방법으로 해석을 수행하여야 구할 수 있다. 따라서 여러분이 이 절에서 수립한 법칙들이 적용될 수 있는 조건에 충분히 익숙해질 때까지는, 고려중인 절점이 위에서 기술한 특수한 하중조건하에 있는지 여부를 알기 위하여, 모든 핀에 대해서 자유물체도를 그려서 상응하는 평형조건식을 작성하여야 한다(또는 해당하는 힘의 다각형을 그려야 한다).

부재력이 영인 부재에 관한 최후 설명; 이 부재들은 쓸모없지 않다. 예를 들어, 그림 6.14의 부재력이 영인 부재들이 그림의 하중조건 하에서는 아무 하중도 지지하지 않지만, 같은 부재가 하중조건이 바뀌면 하중을 지지하게 될 가능성이 있다. 게다가 지금도 이 부재들은 트러스의 무게를 지지하고 트러스가 원하는 형상을 유지하기 위하여 필요하다.

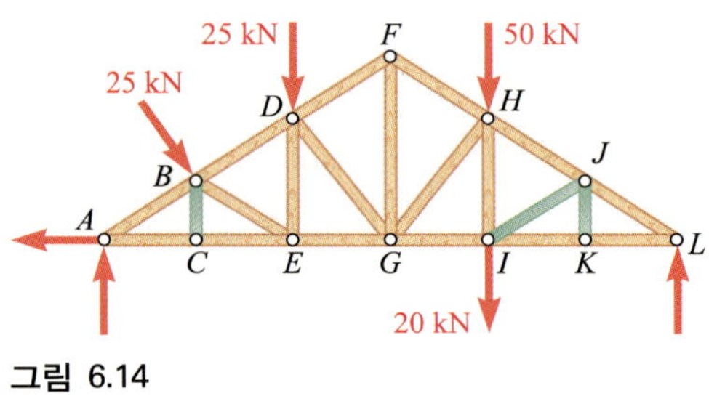

그림 6.14

문제 6.1

절점법을 사용하여 그림의 트러스의 모든 부재력을 결정하라.

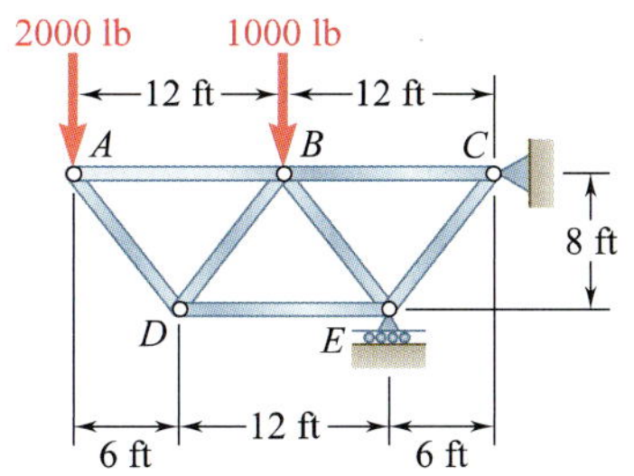

풀이.

자유물체: 전체 트러스. 전체 트러스에 대한 자유물체도를 그린다; 이 자유물체에 작용하는 외력은 작용하중과 C와 E에서의 반력이다. 다음과 같은 평형방정식을 작성한다.

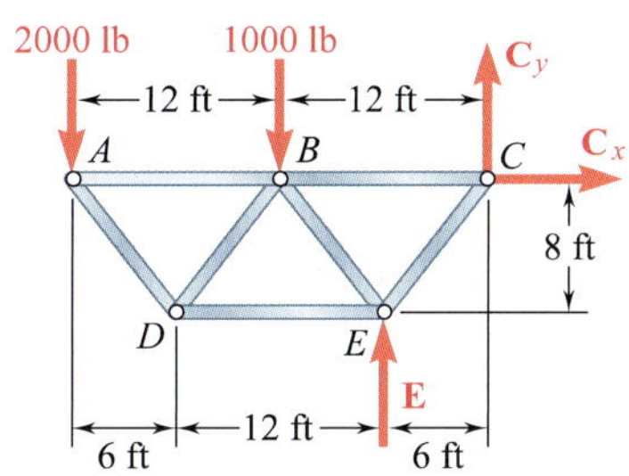

$$+\circlearrowleft M_C = 0: \quad (2000\text{ lb})(24\text{ ft}) + (1000\text{ lb})(12\text{ ft}) - E(6\text{ ft}) = 0$$

$$E = +10{,}000\text{ lb} \qquad \mathbf{E} = 10{,}000\text{ lb}\uparrow$$

$$\pm\sum F_x = 0: \qquad \mathbf{C}_x = 0$$

$$+\uparrow\sum F_y = 0: \quad -2000\text{ lb} - 1000\text{ lb} + 10{,}000\text{ lb} + C_y = 0$$

$$C_y = -7000\text{ lb} \qquad \mathbf{C}_y = 7000\text{ lb}\downarrow$$

자유물체: 절점 A. 이 절점은 단 두 개의 미지력 즉, 부재 AB와 AD가 발휘하는 힘만을 받고 있다. $\mathbf{F}_{AB}$와 $\mathbf{F}_{AD}$를 결정하기 위하여 힘의 삼각형을 사용한다. 부재 AB는 절점을 잡아 당기므로 인장이고 부재 AD은 절점을 밀치므로 압축이다. 두 부재력의 크기는 비례식으로부터 구한다.

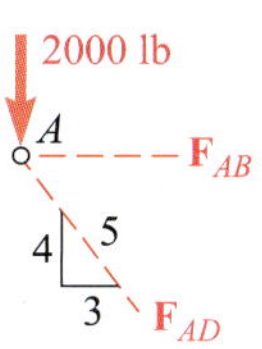

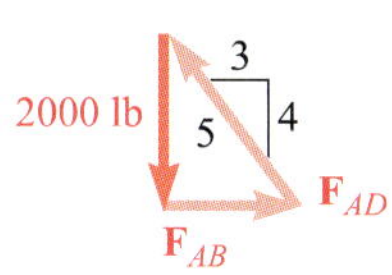

$$\frac{2000\text{ lb}}{4} = \frac{F_{AB}}{3} = \frac{F_{AD}}{5}$$

$$F_{AB} = 1500\text{ lb}\ T$$

$$F_{AD} = 2500\text{ lb}\ C$$

자유물체: 절점 D. 부재 AD가 발휘하는 힘은 이미 결정하였으므로, 이 절점에는 단지 두 개의 미지력만이 포함된다. 부재 DB와 DE에서의 미지력을 결정하기 위하여 다시 힘의 삼각형을 사용한다.

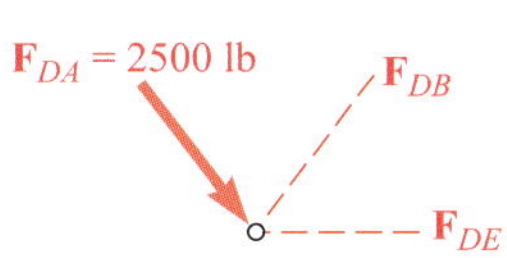

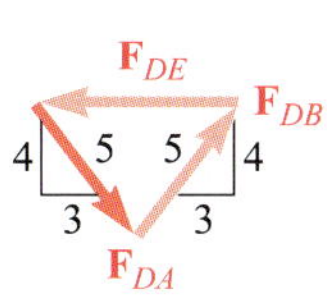

$$F_{DB} = F_{DA} \qquad F_{DB} = 2500\text{ lb}\ T$$

$$F_{DE} = 2\left(\frac{3}{5}\right)F_{DA} \qquad F_{DE} = 3000\text{ lb}\ C$$

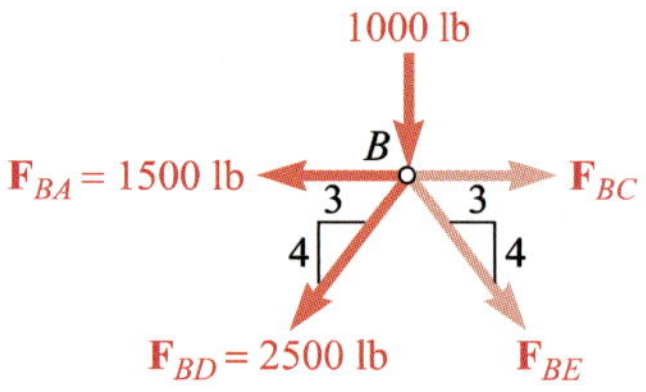

자유물체: 절점 B. 이 절점에 3개 이상의 힘이 작용하므로 평형방정식 $\Sigma F_x = 0$와 $\Sigma F_y = 0$를 풀어서 미지력 $\mathbf{F}_{BC}$와 $\mathbf{F}_{BE}$를 결정한다. 임의로 두 미지력 모두 절점에서 멀어지는 방향이라고 가정한다. 즉, 인장력으로 가정한다. 구해진 F_{BC}의 값이 양이라는 것은 가정이 올바르다는 것을 의미한다; 부재 BC는 인장을 받는다. F_{BE}의 값이 음이라는 것은 가정이 틀리다는 것을 의미한다; 부재 BE는 압축을 받는다.

$$+\uparrow \Sigma F_y = 0: \quad -1000 - \frac{4}{5}(2500) - \frac{4}{5}F_{BE} = 0$$

$$F_{BE} = -3750 \text{ lb} \qquad F_{BE} = 3750 \text{ lb } C$$

$$\overset{+}{\rightarrow} \Sigma F_x = 0: \quad F_{BC} - 1500 - \frac{3}{5}(2500) - \frac{3}{5}(3750) = 0$$

$$F_{BC} = +5250 \text{ lb} \qquad F_{BC} = 5250 \text{ lb } T$$

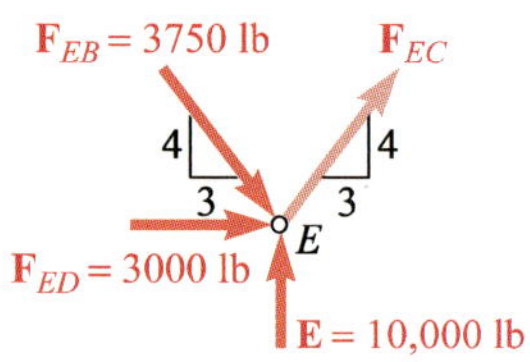

자유물체: 절점 E. 미지력 $\mathbf{F}_{EC}$는 절점에서 멀어지는 방향으로 가정한다. x성분을 합하여 다음과 같이 적는다.

$$\overset{+}{\rightarrow} \Sigma F_x = 0: \quad \frac{3}{5}F_{EC} + 3000 + \frac{3}{5}(3750) = 0$$

$$F_{EC} = -8750 \text{ lb} \qquad F_{EC} = 8750 \text{ lb } C$$

y성분을 합하면, 계산에 대한 검산이 가능하다.

$$+\uparrow \Sigma F_y = 10{,}000 - \frac{4}{5}(3750) - \frac{4}{5}(8750) \qquad \text{(검산)}$$
$$= 10{,}000 - 3000 - 7000 = 0$$

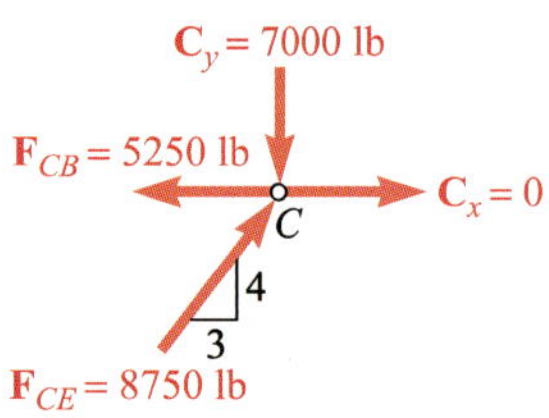

자유물체: 절점 C. 계산된 값 $\mathbf{F}_{CB}$와 $\mathbf{F}_{CE}$를 사용하여, 절점의 평형을 고려함에 의하여 반력 $\mathbf{C}_x$와 $\mathbf{C}_y$를 결정할 수 있다. 이 반력은 이미 전체 트러스 평형으로부터 결정되어 있으므로, 계산에 대한 두 검산식을 얻을 수 있다. 단순히 절점에 작용하는 모든 힘들(부재력과 반력)의 계산된 값을 사용하여 절점이 평형인지 여부를 검산할 수 있다:

$$\overset{+}{\rightarrow} \Sigma F_x = -5250 + \frac{3}{5}(8750) = -5250 + 5250 = 0 \qquad \text{(검산)}$$

$$+\uparrow \Sigma F_y = -7000 + \frac{4}{5}(8750) = -7000 + 7000 = 0 \qquad \text{(검산)}$$

Problems

6.1 through 6.18 Using the method of joints, determine the force in each member of the truss shown. State whether each member is in tension or compression.

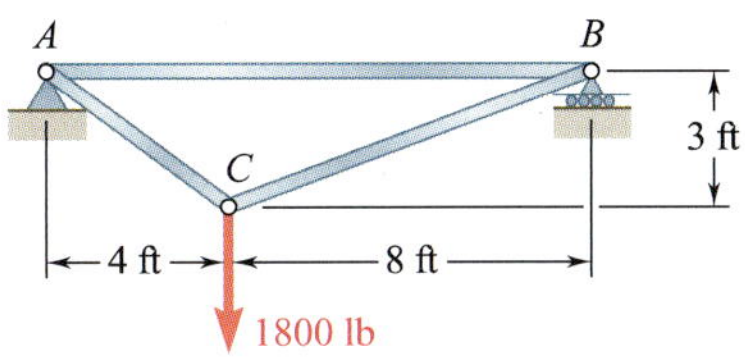

그림 P6.1

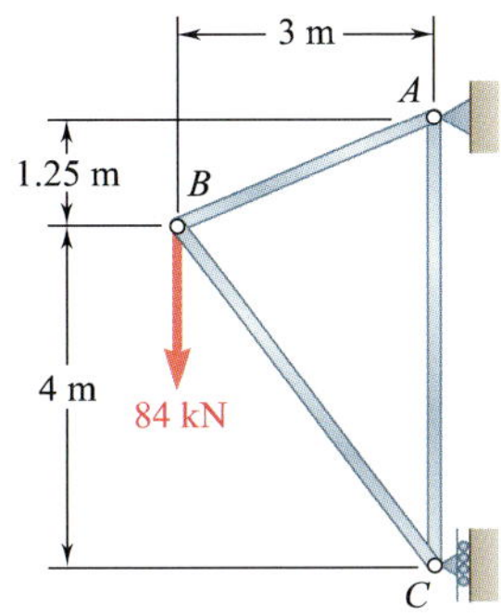

그림 P6.2

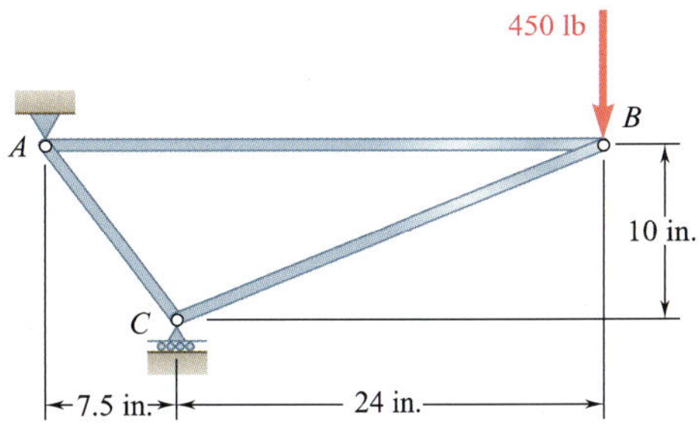

그림 P6.3

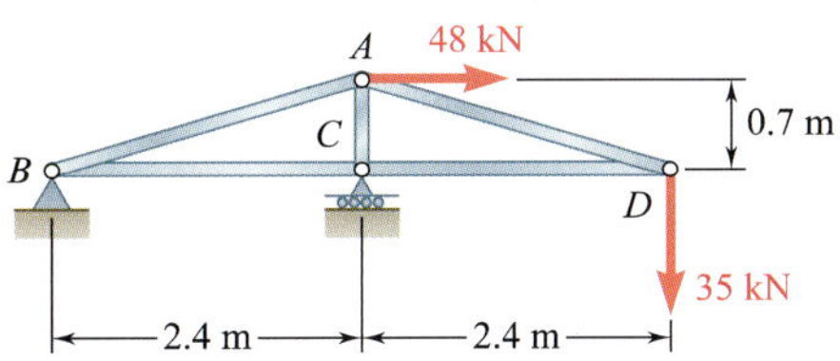

그림 P6.4

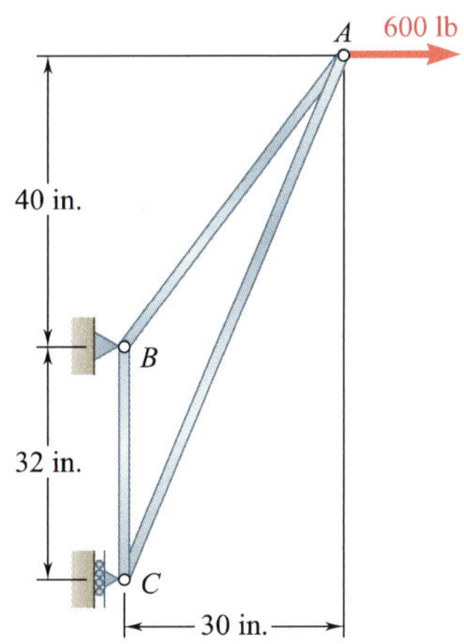

그림 P6.5

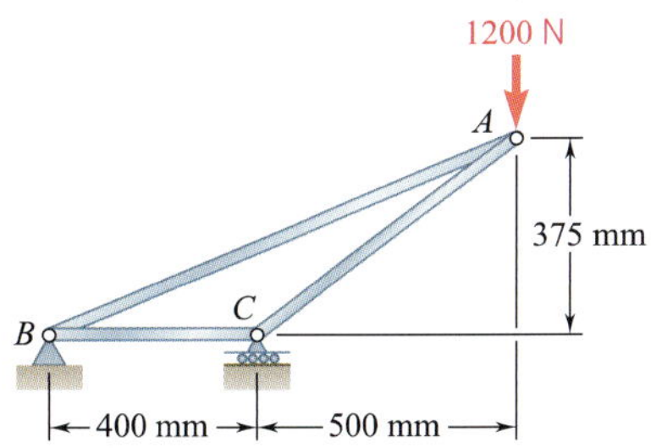

그림 P6.6

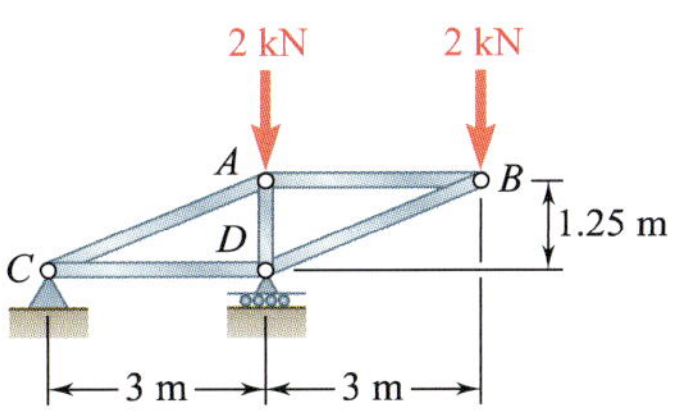

그림 P6.7

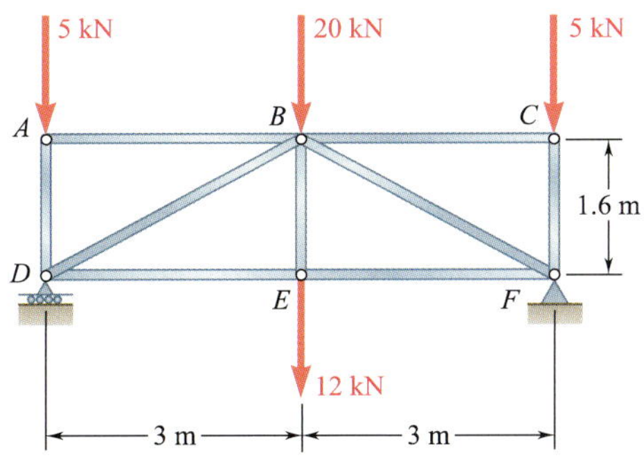

그림 P6.8

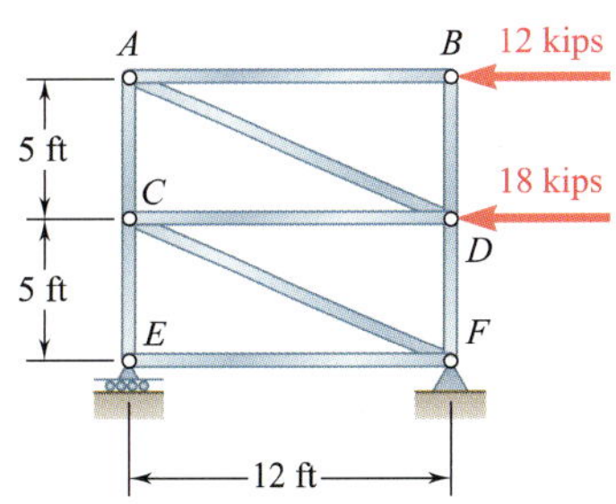

그림 P6.9

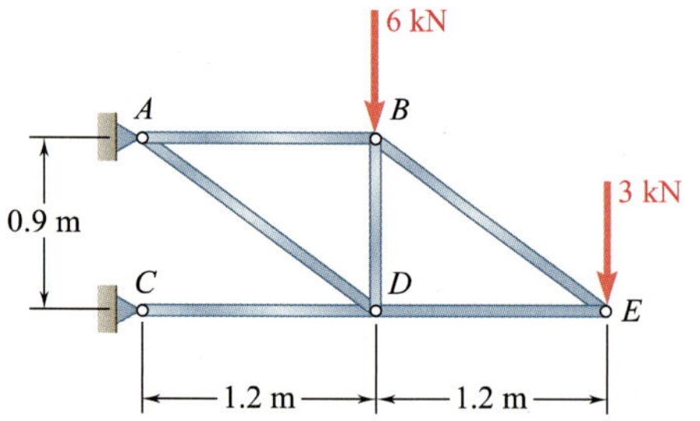

그림 P6.10

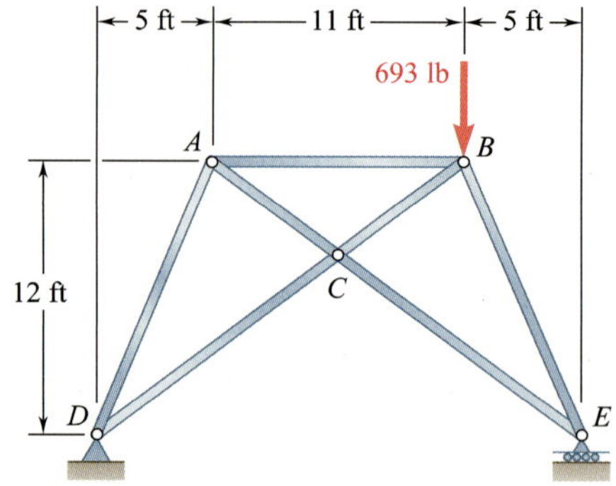

그림 P6.11

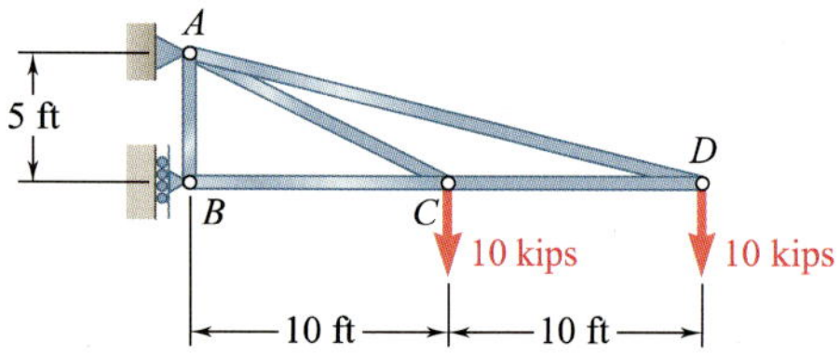

그림 P6.12

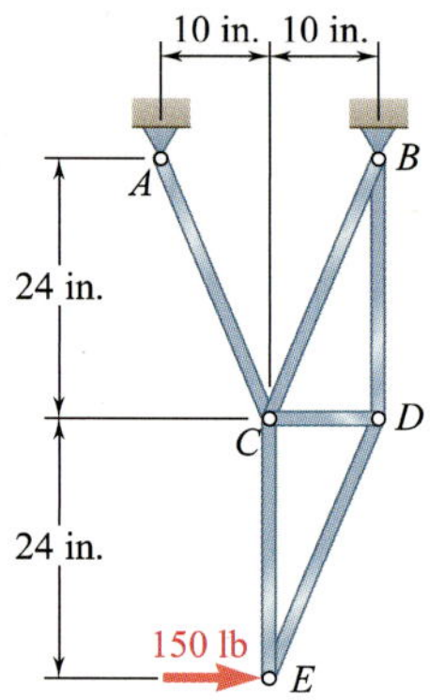

그림 P6.13

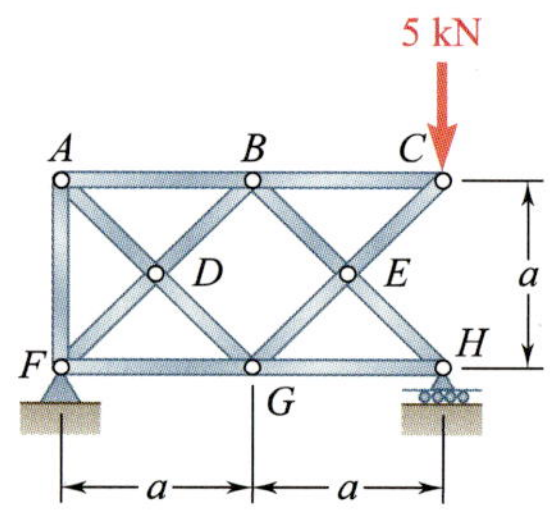

그림 P6.14

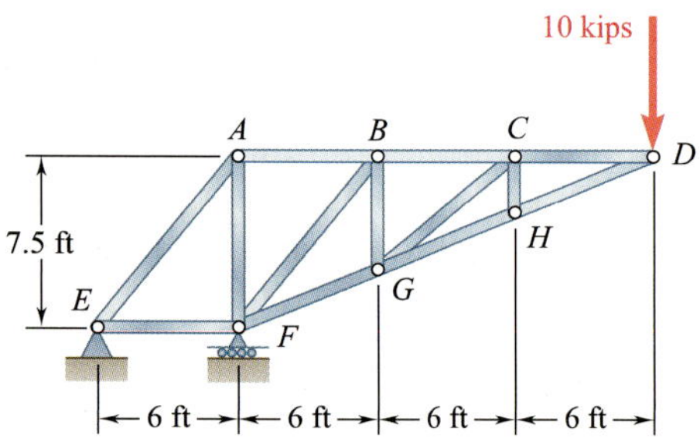

그림 P6.15

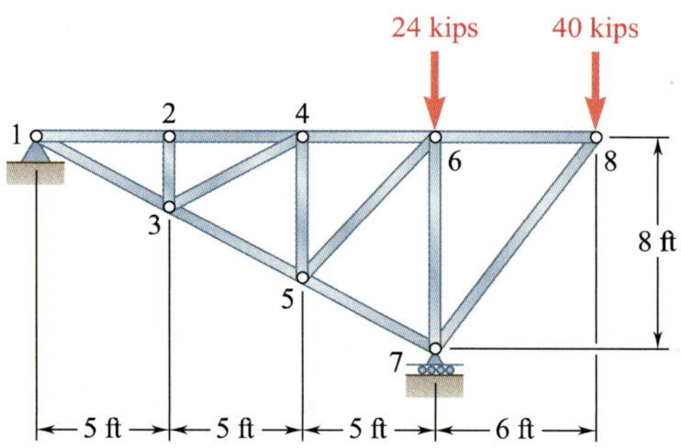

그림 P6.16

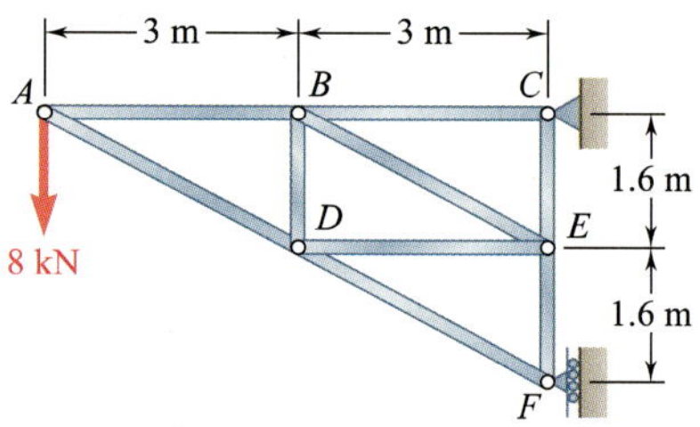

그림 P6.17

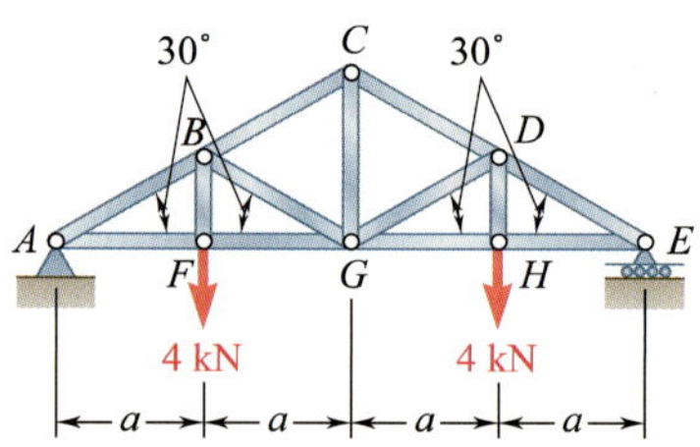

그림 P6.18

6.19 Determine whether the trusses given as Probs. 6.17, 6.21, and 6.23 are simple trusses.

6.20 Determine whether the trusses given as Probs. 6.12, 6.14, 6.22, and 6.24 are simple trusses.

6.21 through 6.24 Determine the zero-force members in the truss shown for the given loading.

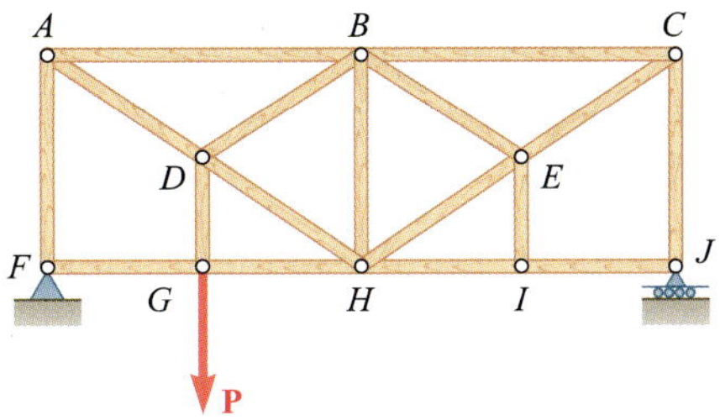

그림 P6.21

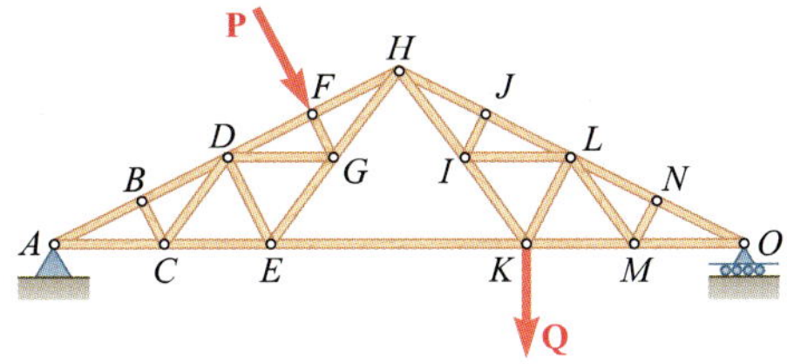

그림 P6.22

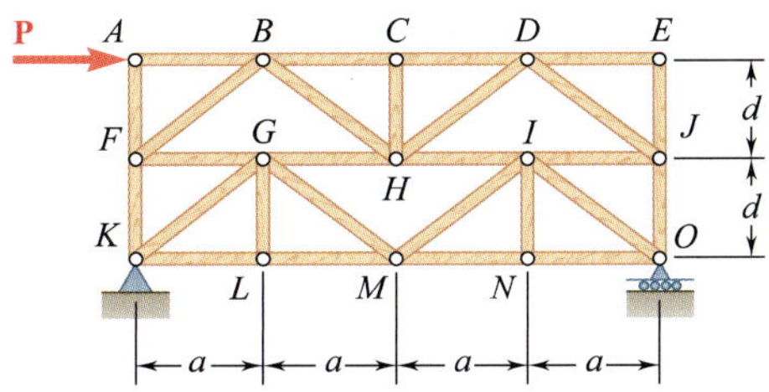

그림 P6.23

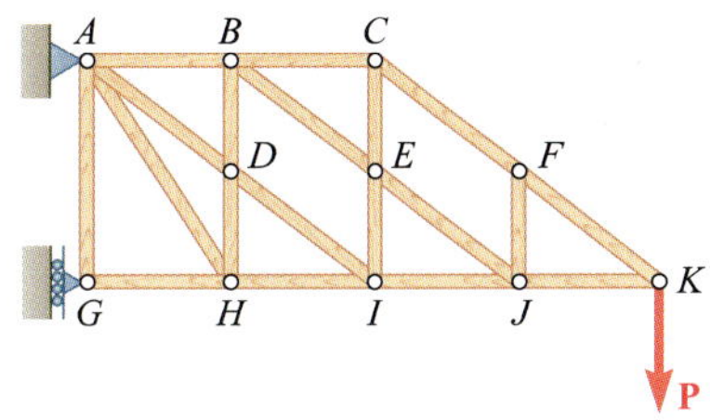

그림 P6.24

6.6 단면법에 의한 트러스의 해석

절점법(method of joints)은 트러스의 모든 부재력을 결정하려고 할 때 가장 효과적이다. 그러나 단지 한 개의 부재 혹은 극소수 부재의 부재력만을 원할 때에는 **단면법**(method of sections)이 보다 능률적이다.

예를 들어, 그림 6.15a에 있는 트러스의 부재 BD의 부재력을 결정하고자 한다고 가정해 보자. 이를 위해, 부재 BD가 절점 B나 절점 D에 작용하는 힘을 결정하여야만 한다. 절점법을 사용한다면, 자유물체로 절점 B나 절점 D를 선택할 것이다. 그러나 구하고자 하는 부재력이 트러스의 일부분에 작용하는 외력이라면, 여러 개의 절점과 부재들로 구성되는 트러스의 보다 큰 부분을 자유물체로 선택할 수도 있다. 또한 합해서 단지 3개만의 미지력이

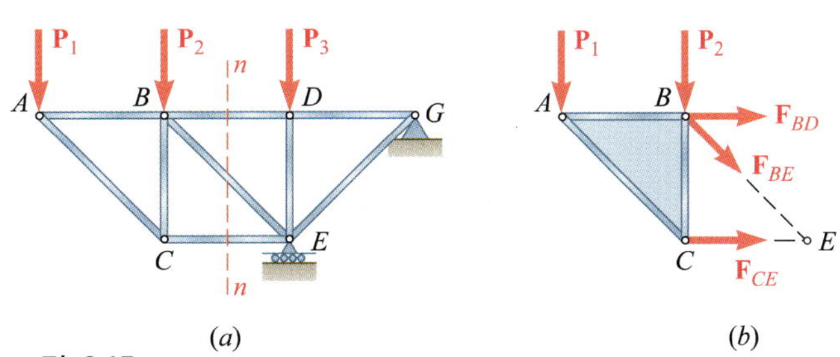

그림 6.15

작용하도록 트러스의 일부를 선택한다면, 구하고자 하는 부재력은 트러스의 선택한 부분에 대한 평행방정식을 풀어서 구할 수 있다. 실제로는, 원하는 부재를 포함하여 3개의 부재를 지나도록 단면을 내어 즉, 트러스를 두 개의 분리된 부분으로 완전히 나누지만 3개 이상의 부재를 지나지 않도록 선을 그려서, 이용하고자 하는 트러스의 일부를 구한다. 잘려진 부재를 제거한 후 얻어지는 트러스의 두 부분 가운데 어느 하나라도 자유물체로 이용될 수 있다.[2)]

그림 6.15a에서는, 단면 nn은 부재 BD, BE와 CE를 통과하고, 트러스의 ABC 부분이 자유물체로 선택된다(그림 6.15b). 이 자유물체에 작용하는 힘은 각각 A와 B에 작용하는 하중 $\mathbf{P}_1$과 $\mathbf{P}_2$ 그리고 3개의 미지력 $\mathbf{F}_{BD}$, $\mathbf{F}_{BE}$와 $\mathbf{F}_{CE}$이다. 제거된 부재의 부재력이 인장인지 압축인지 모르므로, 3개의 힘은 마치 부재들이 인장을 받는 것처럼 자유물체로부터 멀어지는 방향으로 임의로 그려졌다.

강체 ABC가 평형상태에 있다는 사실은 3개의 미지력에 대해서 풀 수 있는 3개의 평형방정식을 작성함에 의하여 표현된다. 단지 힘 $\mathbf{F}_{BD}$만 원한다면, 나머지 다른 미지력은 포함하지 않는 하나의 방정식만 작성하면 된다. 따라서 방정식 $\sum M_E = 0$가 힘 $\mathbf{F}_{BD}$의 크기 F_{BD}를 제공해 준다(그림 6.15). 답에서 양의 부호는 $\mathbf{F}_{BD}$의 방향에 대한 원래의 가정이 옳다는 것을 나타내고, 부재 BD는 인장이다; 음의 부호는 가정이 틀리고 BD는 압축이라는 것을 나타낸다.

한편, 단지 힘 $\mathbf{F}_{CE}$만 원한다면, $\mathbf{F}_{BD}$와 $\mathbf{F}_{BE}$를 포함하지 않는 방정식을 작성하여야 한다. 적절한 방정식은 $\sum M_B = 0$이다. 또한 구하고자 하는 힘의 크기 $\mathbf{F}_{CE}$의 양의 부호는 올바른 가정 즉, 인장을 나타낸다; 음의 부호는 틀린 가정 즉, 압축을 나타낸다.

단지 부재력 $\mathbf{F}_{BE}$만 원한다면, 절절한 방정식은 $\sum F_y = 0$이다. 부재가 인장 인지 압축인지는 다시 답의 부호로부터 결정된다.

단지 하나의 부재력만이 결정되었을 때는, 독립적으로 검산용 계산을 하는 것은 불가능하다. 그러나 자유물체에 작용하는 모든 미지력이 결정되었을 때는 추가의 방정식을 작성하여 계산에 대한 검산을 할 수 있다. 예를 들어, 위의 방법으로 $\mathbf{F}_{BD}$, $\mathbf{F}_{BE}$와 $\mathbf{F}_{CE}$가 결정되었다면, $\sum F_x = 0$을 입증함에 의하여 검산이 가능하다.

2) 어떤 트러스의 해석에 있어서는, 3개 이상의 부재를 지나도록 단면을 낸다; 잘려진 부재의 부재력 가운데 어느 하나(혹은 두 개도 가능)는 단지 하나의 미지수만을 포함하는 평형방정식을 발견할 수 있다면 구해진다(연습문제 6.41에서 6.43 참조).

*6.7 여러 개의 단순트러스로 이루어진 트러스

두 단순트러스 ABC와 DEF를 고려해 보자. 그들이 그림 6.16a에서처럼 3개의 봉 BD, BE 그리고 CE에 의해서 연결된다면, 그들은 함께 강체 트러스 $ABDF$를 형성한다. 트러스 ABC와 DEF는 또한 절점 B와 D를 하나의 절점 B로 합치고 절점 C와 E를 봉 CE로 연결함에 의하여 하나의 강체 트러스로 합쳐질 수 있다(그림 6.16b). 이렇게 하여 얻어진 트러스는 핑크 트러스(Fink truss)라고 알려져 있다. 그림 6.16a와 b의 트러스는 단순트러스가 아님을 주목한다; 이들은 삼각형 트러스에 연속해서 두 개의 부재를 6.3절에서 기술한대로 합하여 제작될 수 없다. 그러나 이들은 단순트러스 ABC와 DEF를 합쳐주는 연결시스템(그림 6.16a에서 3개의 봉, 그림 6.16b에서 하나의 핀과 하나의 봉)과 4.4와 4.5절에서 설명한 반력시스템을 비교하여 검토하면, 강체 트러스이다. 여러 개의 단순트러스를 강체로 연결하여 만든 트러스는 **복합트러스**(compound truss)라고 알려져 있다.

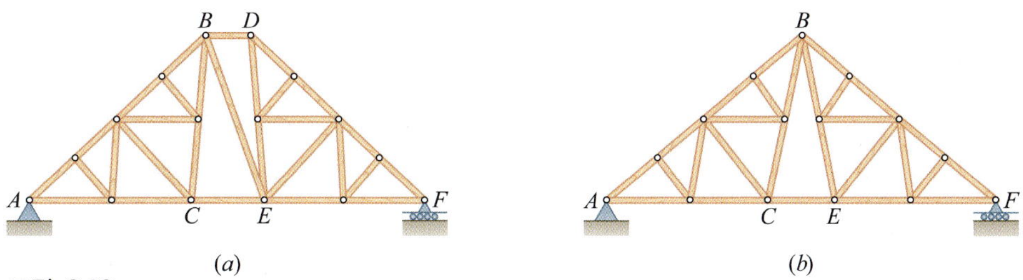

그림 6.16

복합트러스에서 부재의 개수 m과 절점의 개수 n은 공식 $m = 2n - 3$으로 관계 된다. 복합트러스가 마찰이 없는 핀과 로울러에 의해서 지지되어 있다면(3개의 미지 반력을 포함함), 전체 미지수의 개수는 $m + 3$이고, 이 숫자는 n 핀이 평형상태에 있다는 것을 나타내어 얻어지는 $2n$개의 방정식 수와 같다(이것은 $m = 2n - 3$이 된다)는 것을 확인하여 위의 공식은 입증된다. 핀과 로울러에 의해서 혹은 동등한 반력 시스템에 의해서 지지되는 복합트러스는 정역학적으로 정정이고, 강체이며, 완전하게 구속되어 있다. 이것은 모든 미지 반력과 부재력을 정역학적인 방법에 의해서 결정할 수 있으며, 이 트러스는 붕괴되지도 움직이지도 않는다는 것을 의미한다. 그러나 많은 원수의 연립방정식을 푸는 경우는 예외로 하고 부재력 모두가 절점법에 의해서 결정되는 것은 아니다. 예를 들어 그림 6.16a의 복합트러스의 경우, 부재 BD, BE와 CE를 지나게 단면을 내어 이들 부재력을 결정하는 것이 보다 능률적이다.

이제, 단순트러스 ABC와 DEF가 4개의 봉 BD, BE, CD와 CE에

의하여 연결된다고 가정한다(그림 6.17). 이 때, 부재의 개수 m은 $2n-3$보다 크다; 이렇게 얻어진 트러스는 지나친 **강체**(overrigid)이고, 4개의 부재 BD, BE, CD와 CE 중 하나는 남는 부재(redundant)라고 불린다. 트러스가 A의 핀과 F의 로울러에 의해 지지된다면, 전체 미지수의 수는 $m+3$이다. $m>2n-3$이므로, $m+3$개의 미지수는 이제 가용한 독립된 방정식의 수 $2n$보다 크다; 이 트러스는 정역학적으로 부정정이다.

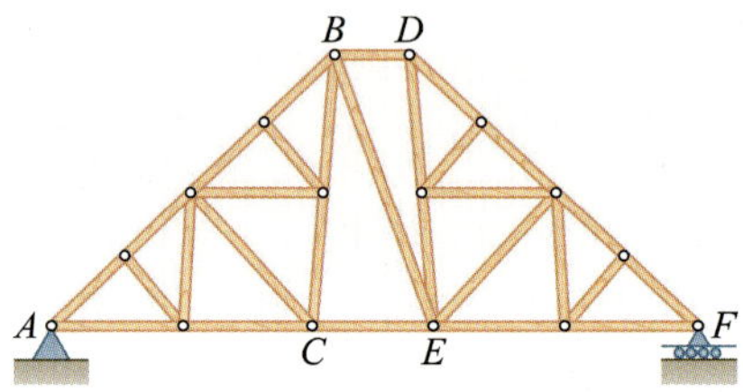

(a)

그림 6.16 반복

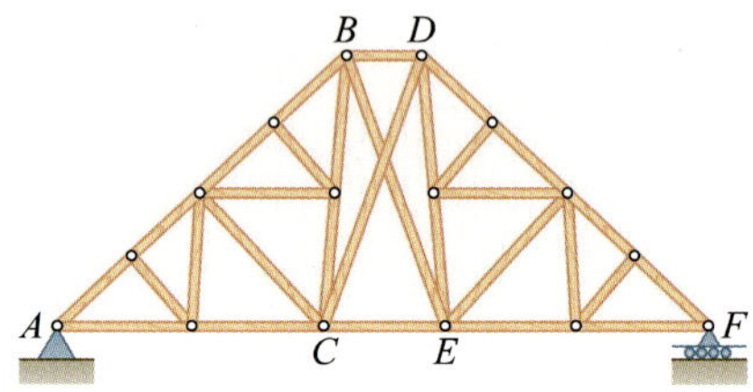

그림 6.17

마지막으로, 두 개의 단순트러스 ABC와 DEF가 그림 6.18a에서와 같이 핀에 의해 합쳐졌다고 가정하자. 부재의 개수 m은 $2n-3$보다 작다. 트러스가 A의 핀과 F의 로울러에 의해 지지된다면, 전체 미지수의 수는 $m+3$이다. $m<2n-3$이므로, 미지수의 개수 $m+3$은 이제 만족하여야 하는 평형방정식의 수 $2n$보다 작다; 이 트러스는 **비강체**(nonrigid)이고 자중으로 인해 붕괴된다. 그러나 이것을 지지하기 위하여 두 개의 핀이 사용된다면, 이 트러스는 강체가 되고 붕괴되지 않는다(그림 6.18b). 전체 미지수의 개수는 이제 $m+4$가 되고 이것은 방정식의 개수 $2n$과 같다. 보다 일반적으로, 지점에서의 반력이 r개의 미지수를 포함한다면, 복합트러스가 정역학적으로 정정이고, 강체이며, 완전히 구속되기 위한 조건은 $m+r=2n$이다. 그러나 이것은 지점에서 분리하였을 때 강체가 되지 않는 구조물에 대해서는 필요조건이지만, 충분조건은 아니다(6.10절 참조).

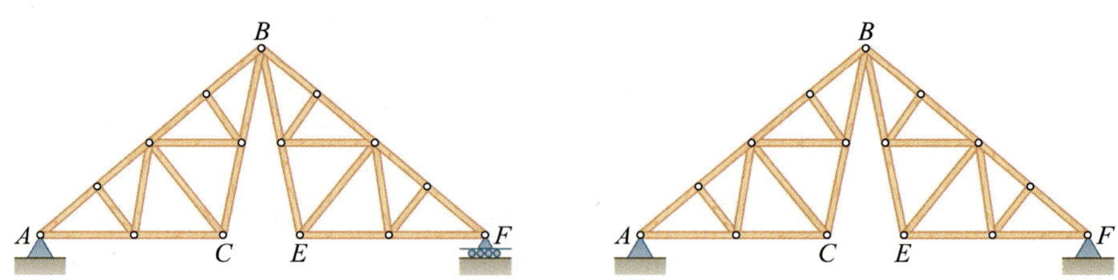

(a) (b)

그림 6.18

문제 6.2

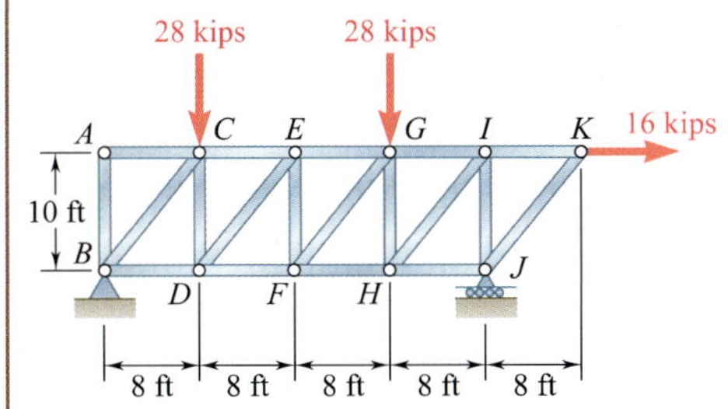

그림의 트러스에서 부재 *EF*와 *GI*의 부재력을 결정하라.

풀이.

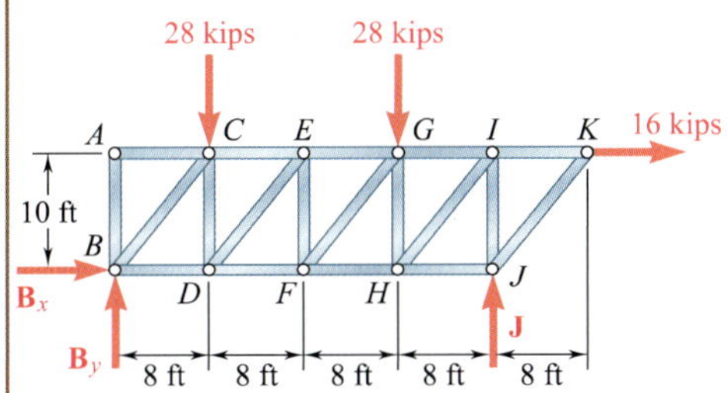

자유물체: 전체트러스. 전체 트러스에 대한 자유물체도를 그린다; 이 자유물체에 작용하는 외력은 작용력과 *B*와 *J*에서의 반력이다. 다음과 같이 평형방정식을 작성한다.

$$+\circlearrowleft \Sigma M_B = 0:$$
$$-(28\text{ kips})(8\text{ ft}) - (28\text{ kips})(24\text{ ft}) - (16\text{ kips})(10\text{ ft}) + J(32\text{ ft}) = 0$$
$$J = +33\text{ kips} \qquad \mathbf{J} = 33\text{ kips} \uparrow$$
$$\xrightarrow{+} \Sigma F_x = 0: \qquad B_x + 16\text{ kips} = 0$$
$$B_x = -16\text{ kips} \qquad \mathbf{B}_x = 16\text{ kips} \leftarrow$$
$$+\circlearrowleft \Sigma M_J = 0:$$
$$(28\text{ kips})(24\text{ ft}) + (28\text{ kips})(8\text{ ft}) - (16\text{ kips})(10\text{ ft}) - B_y(32\text{ ft}) = 0$$
$$B_y = +23\text{ kips} \qquad \mathbf{B}_y = 23\text{ kips} \uparrow$$

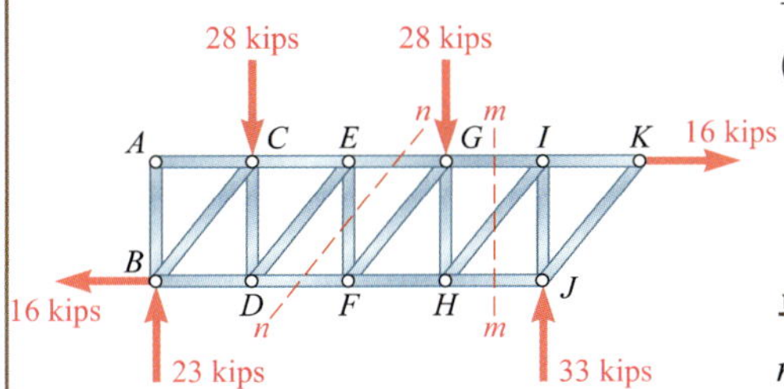

부재 *EF*의 부재력. 부재 *EF*와 단 2개의 추가 부재를 지나도록 단면 *nn*으로 트러스를 자른다. 잘라지는 부재들을 제거한 후, 트러스의 좌측 부분을 자유물체로 선택한다. 3개의 미지수가 포함된다; 2개의 수평력을 제외시키기 위하여, 다음의 식을 작성한다.

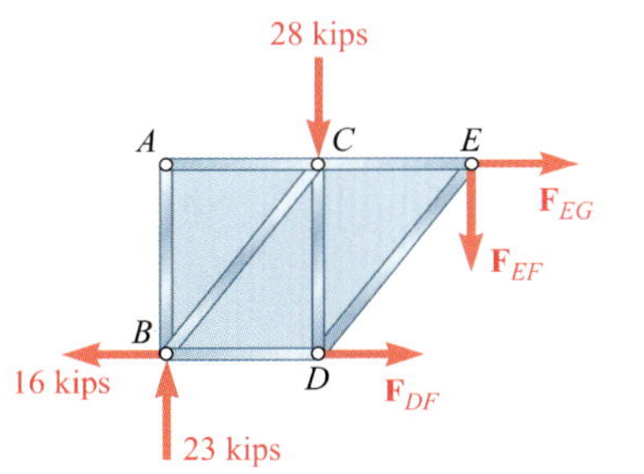

$$+\uparrow \Sigma F_y = 0: \quad +23\text{ kips} - 28\text{ kips} - F_{EF} = 0$$
$$F_{EF} = -5\text{ kips}$$

부재 *EF*가 인장이 되도록 $\mathbf{F}_{EF}$의 방향을 가정하였다; 얻어진 음의 부호는 이 부재가 압축인 것을 지적한다.

$$F_{EF} = 5\text{ kips} \quad C$$

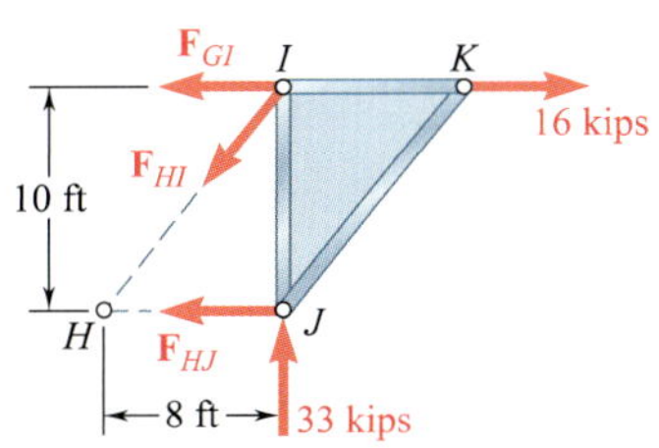

부재 *GI*의 부재력. 부재 *GI*와 단 2개의 추가 부재를 지나도록 단면 *mm*으로 트러스를 자른다. 잘라지는 부재들을 제거한 후, 트러스의 우측 부분을 자유물체로 선택한다. 3개의 미지수가 다시 포함된다; *H*를 지나는 2개의 힘을 제외시키기 위하여, 다음의 식을 작성한다.

$$+\circlearrowleft \Sigma M_H = 0: \quad (33\text{ kips})(8\text{ ft}) - (16\text{ kips})(10\text{ ft}) + F_{GI}(10\text{ ft}) = 0$$
$$F_{GI} = -10.4\text{ kips} \qquad F_{GI} = 10.4\text{ kips} \quad C$$

문제 6.3

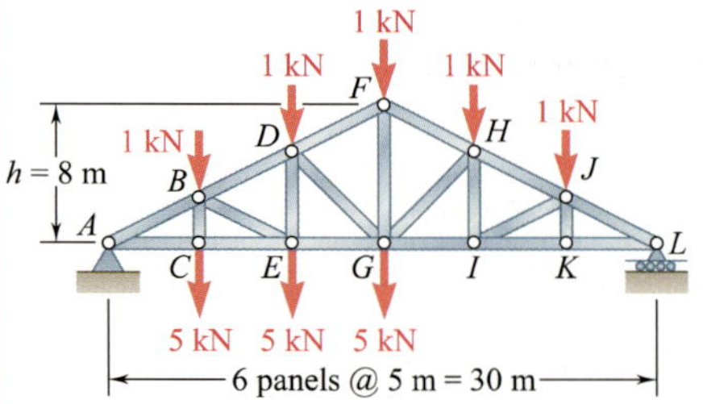

그림의 지붕 트러스에서 부재 FH, GH와 GI의 부재력을 결정하라.

풀이.

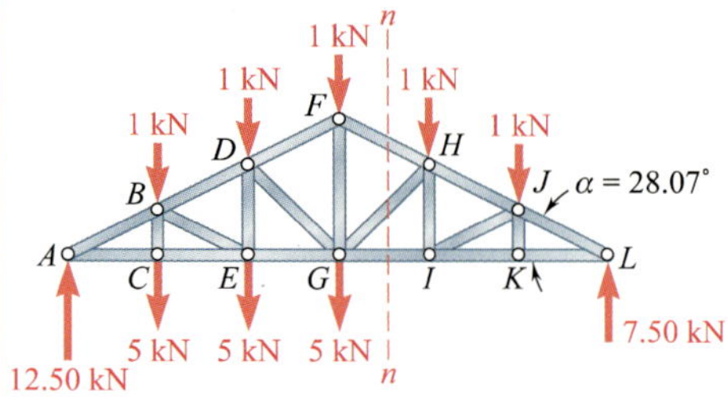

자유물체: 전체 트러스. 전체 트러스의 자유물체도에서 A와 L에서의 반력을 구한다.

$$\mathbf{A} = 12.50 \text{ kN} \uparrow \qquad \mathbf{L} = 7.50 \text{ kN} \uparrow$$

다음을 주목한다.

$$\tan\alpha = \frac{FG}{GL} = \frac{8\text{m}}{15\text{m}} = 0.5333 \qquad \alpha = 28.07^\circ$$

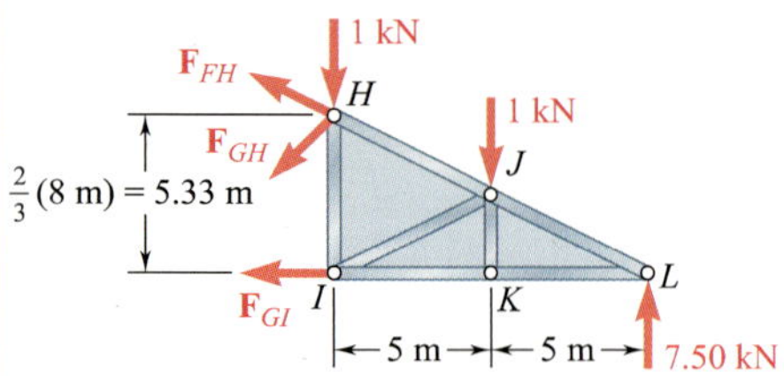

부재 GI의 부재력. 그림처럼 단면 nn으로 트러스를 통과시킨다. 트러스의 HLI 부분을 자유물체로 선택하여, F_{GI}의 값을 다음으로 구한다.

$$+\circlearrowleft \Sigma M_H = 0: \quad (7.50 \text{ kN})(10 \text{ m}) - (1 \text{ kN})(5 \text{ m}) - F_{GI}(5.33 \text{ m}) = 0$$

$$F_{GI} = -13.13 \text{ kN} \qquad F_{GI} = 13.13 \text{ kN} \ T$$

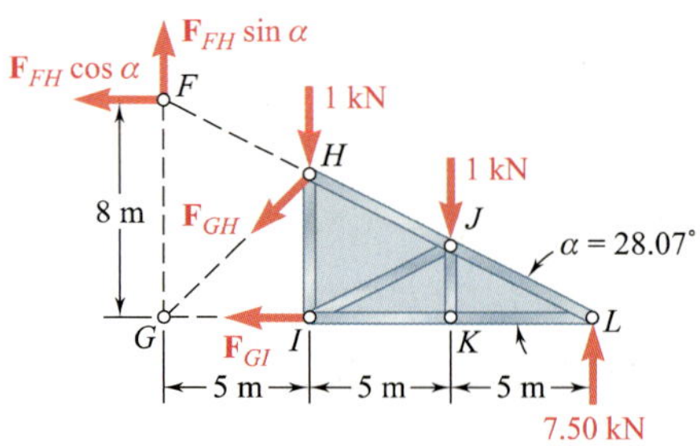

부재 FH의 부재력. F_{FH}값은 식 $\Sigma M_G = 0$로부터 구한다. $\mathbf{F}_{FH}$를 작용선을 따라 F점에 작용하도록 이동하고, 여기서 이 힘을 x와 y 성분으로 분해한다. G점에 대한 $\mathbf{F}_{FH}$의 모멘트는 $(F_{FH}\cos\alpha)(8\text{m})$ 이다.

$$+\circlearrowleft \Sigma M_G = 0:$$

$$(7.50\text{kN})(15\text{m}) - (1\text{kN})(10\text{m}) - (1\text{kN})(5\text{m}) + (F_{FH}\cos\alpha)(8\text{m}) = 0$$

$$F_{FH} = -13.81 \text{ kN} \qquad F_{FH} = 13.81 \text{ kN} \ C$$

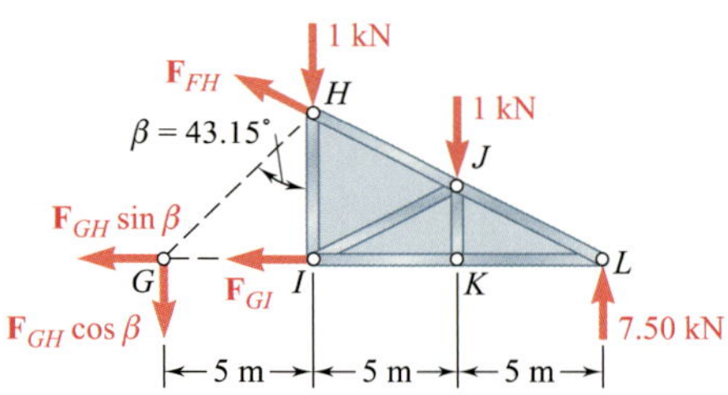

부재 GH의 부재력. 먼저 다음을 주목한다.

$$\tan\beta = \frac{GI}{HI} = \frac{5\text{m}}{\frac{2}{3}(8\text{m})} = 0.9375 \qquad \beta = 43.15^\circ$$

F_{GH}의 값은 G점에서 $\mathbf{F}_{GH}$를 x와 y성분으로 분해하고 식 $\Sigma M_L = 0$를 풀어서 구한다.

$$+\circlearrowleft \Sigma M_L = 0: \quad (1\text{kN})(10\text{m}) + (1\text{kN})(5\text{m}) + (F_{GH}\cos\beta)(15\text{m}) = 0$$

$$F_{GH} = -1.371 \text{ kN} \qquad F_{GH} = 1.371 \text{ kN} \ C$$

Problems

6.25 Determine the force in members BD and CD of the truss shown.

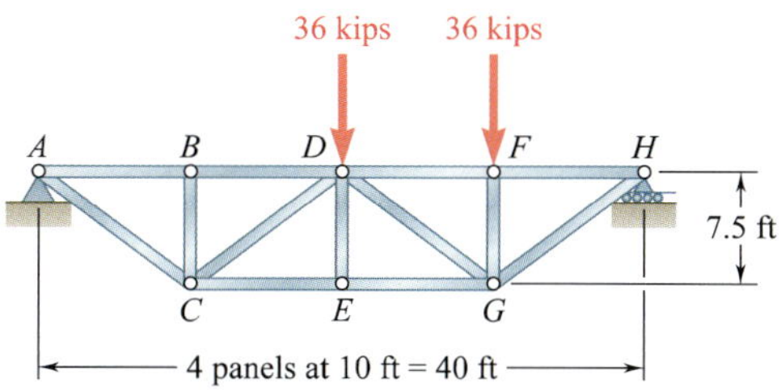

그림 P6.25, P6.26

6.26 Determine the force in members DF and DG of the truss shown.

6.27 Determine the force in members FG and FH of the truss shown when $P = 35$ kN.

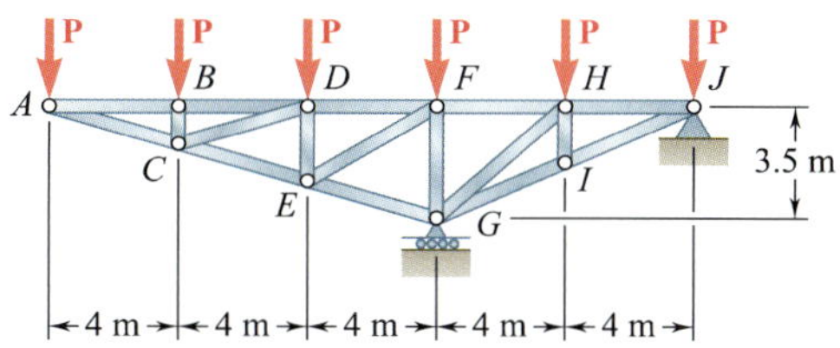

그림 P6.27, P6.28

6.28 Determine the force in members EF and EG of the truss shown when $P = 35$ kN.

6.29 Determine the force in members DE and DF of the truss shown when $P = 20$ kips.

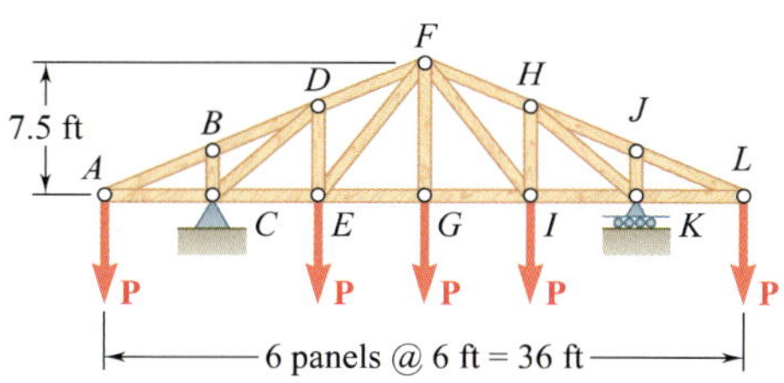

그림 P6.29, ***P6.30***

6.30 Determine the force in members EG and EF of the truss shown when $P = 20$ kips.

6.31 Determine the force in members DF and DE of the truss shown.

6.32 Determine the force in members CD and CE of the truss shown.

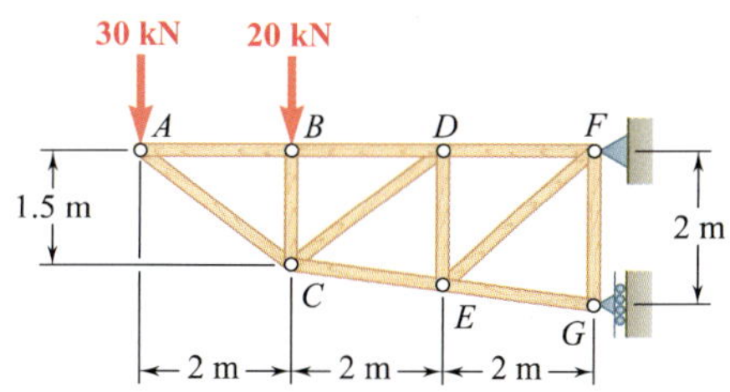

그림 P6.31, ***P6.32***

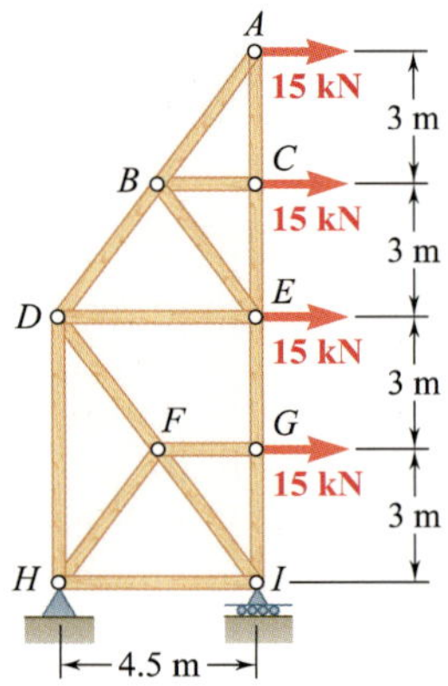

그림 P6.33, P6.34

6.33 Determine the force in members *BD* and *DE* of the truss shown.

6.34 Determine the force in members *FH* and *DH* of the truss shown.

6.35 Determine the force in members *FH*, *GH*, and *GI* of the stadium truss shown.

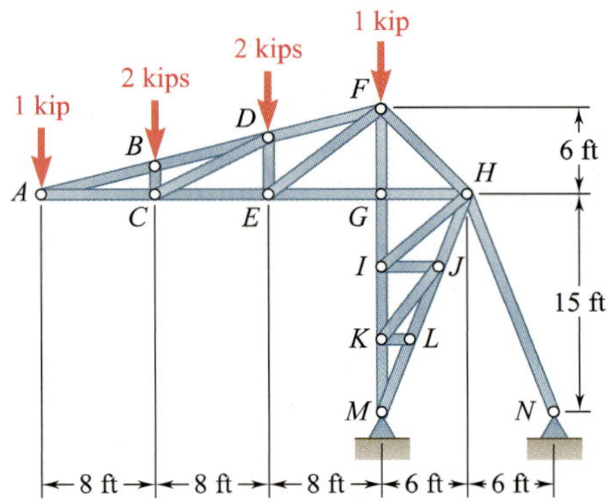

그림 P6.35, *P6.36*

6.36 Determine the force in members *DF*, *DE*, and *CE* of the stadium truss shown.

6.37 Determine the force in members *CE*, *DE*, and *DF* of the truss shown.

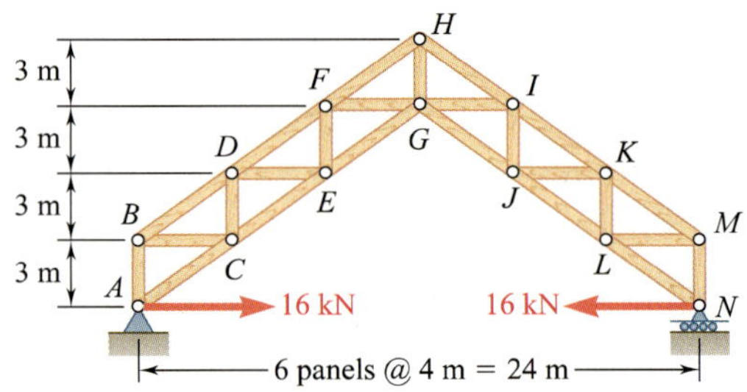

그림 P6.37, *P6.38*

6.38 Determine the force in members *GI*, *GJ*, and *HI* of the truss shown.

6.39 Determine the force in members *AD*, *CD*, and *CE* of the truss shown.

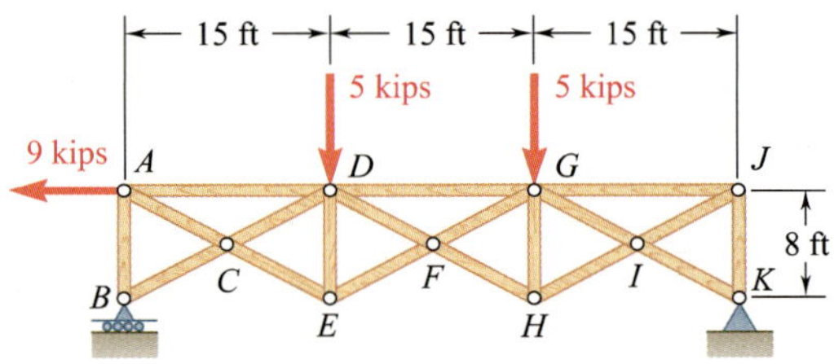

그림 P6.39, P6.40

6.40 Determine the force in members *DG*, *FG*, and *FH* of the truss shown.

6.41 Determine the force in member GJ of the truss shown. (*Hint:* Use section a-a.)

6.42 Determine the force in members AB and KL of the truss shown. (*Hint:* Use section a-a.)

6.43 Determine the force in members DG and FH of the truss shown. (*Hint:* Use section a-a.)

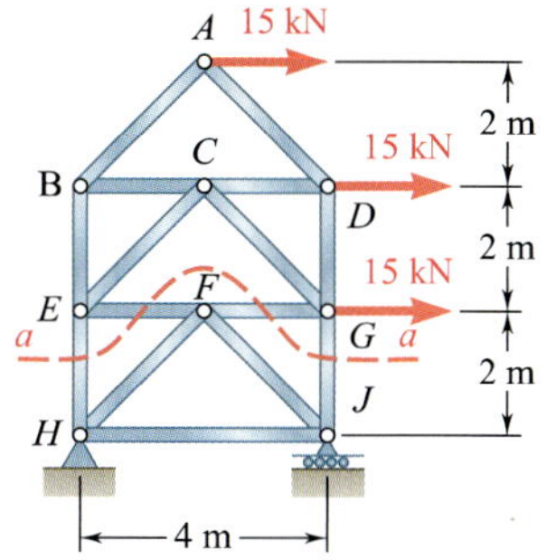

그림 P6.41

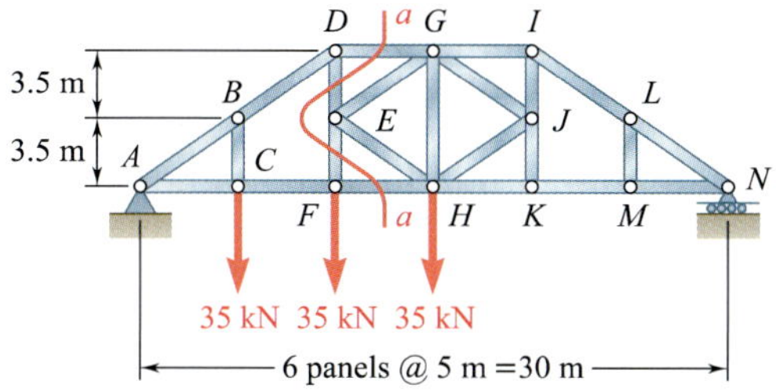

그림 *P6.43*

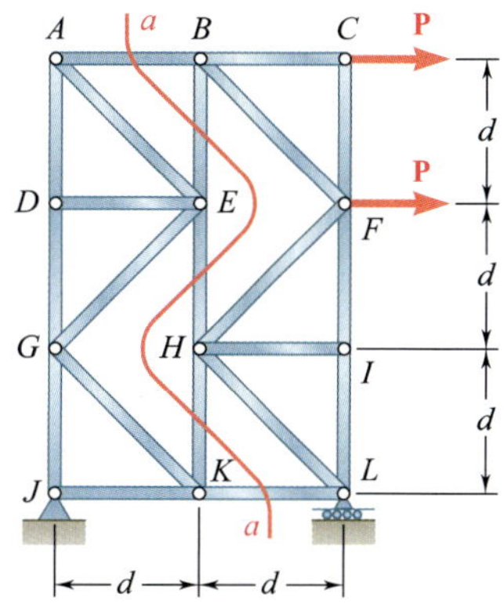

그림 P6.42

6.44 The diagonal members in the center panels of the truss shown are very slender and can act only in tension; such members are known as *counters*. Determine the force in member DE and in the counters that are acting under the given loading.

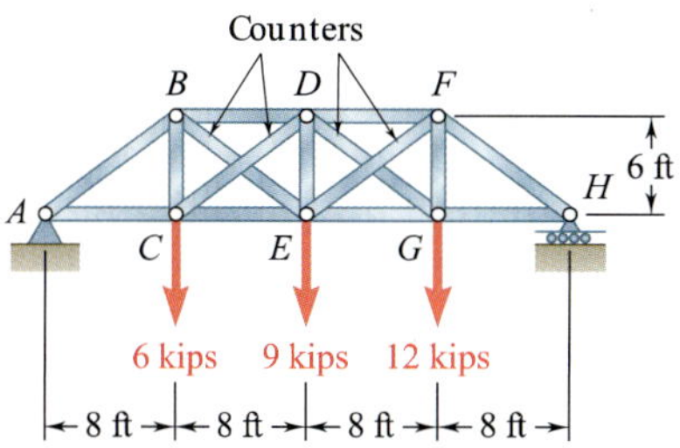

그림 P6.44

6.45 Solve Prob. 6.44 assuming that the 6-kip load has been removed.

6.46 Solve Prob. 6.44 assuming that the 9-kip load has been removed.

6.47 and 6.48 Classify each of the given structures as completely, partially, or improperly constrained; if completely constrained, further classify as determinate or indeterminate. All members can act both in tension and in compression.

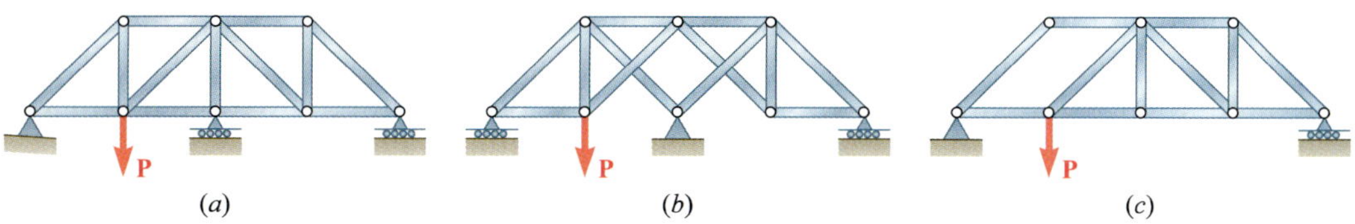

그림 P6.47

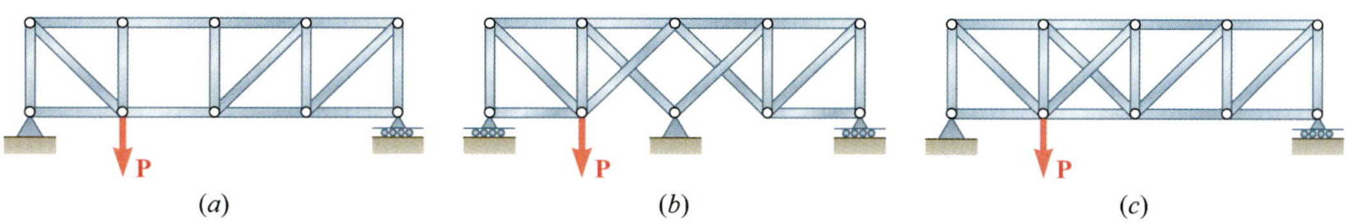

그림 P6.48

뼈대와 기계

6.8 다력 부재를 갖는 구조물

트러스에서는, 핀과 직선 2력 부재만으로 구성되는 구조물을 고려하였다. 2력 부재에 작용하는 힘의 방향은 부재 자체의 방향이라고 알려져 있다. 우리는 이제 적어도 하나 이상의 부재가 **다력 부재**(multiforce members)인 구조물 즉, 3개 이상의 힘을 받는 부재를 갖는 구조물을 고려한다. 이 힘들은 일반적으로 그들이 작용하고 있는 부재의 방향이 아니다; 그들의 방향은 미지수이고, 따라서 두 개의 미지 성분으로 이 힘들을 나타낸다.

뼈대와 기계는 다력 부재를 갖고 있는 구조물이다. 뼈대는 하중을 지지하도록 설계되고, 보통은 움직이지 않으며, 충분히 구속되어 있다. 기계는 힘을 전달하고 변환시키도록 설계되고, 움직일 수도 있고 움직이지 않을 수도 있으며, 항상 움직이는 부분을 포함한다.

6.9 뼈대의 해석

뼈대 해석의 첫 번째 예로서, 6.1절에서 기술한, 주어진 하중 W를 지지하는 크레인(그림 6.19a)을 다시 고려한다. 전체 뼈대에 대한 자유물체도가 그림 6.19b에 나와 있다. 이 그림을 이용하여 뼈대에 작용하는 외력을 결정할 수 있다. A에 관한 모멘트를 합하여 케이블에 작용하는 힘 $\mathbf{T}$를 먼저 결정하고 나서, x와 y 성분을 합하여 핀 A에서의 반력의 성분 $\mathbf{A}_x$와 $\mathbf{A}_y$를 결정한다.

뼈대의 여러 부분을 잡아주는 내력을 결정하기 위해서는, 뼈대를 분해하여 각 구성부에 대한 자유물체도를 그려야 한다(그림 6.19c). 먼저 2력 부재를 고려한다. 이 뼈대에서는 부재 BE가 유일한 2력 부재이다. 부재의 양단에 작용하는 힘은 크기가 같고, 같은 작용선을 가지며, 방향이 반대이다(4.6절). 따라서 이들은 BE 방향이고, 각각 $\mathbf{F}_{BE}$와 $-\mathbf{F}_{BE}$로 표기한다. 그들의 방향

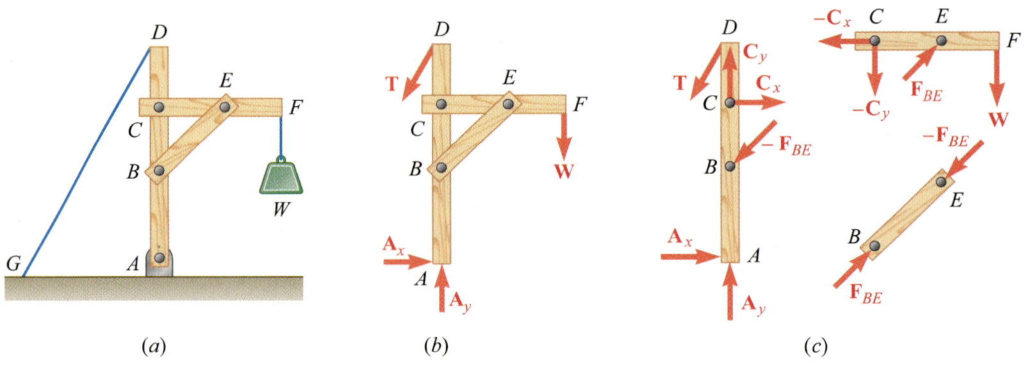

그림 6.19

은 임의로 그림 6.19c에서와 같이 가정한다; 나중에 두 힘의 공통의 크기 F_{BE}에 대해서 구한 부호를 보고 이 가정이 옳은지 틀린지를 확인한다.

이제 다력 부재 즉, 세 개 이상의 힘을 받는 부재를 고려한다. 뉴턴의 제3법칙에 따라, B에서 부재 BE가 부재 AD에 대해서 발휘하는 힘은 AD가 BE에 발휘하는 힘 $\mathbf{F}_{BE}$와 크기가 같고 방향이 반대이다. 마찬가지로, E에서 부재 BE가 부재 CF에 대해서 발휘하는 힘은 CF가 BE에 발휘하는 힘 $-\mathbf{F}_{BE}$와 크기가 같고 방향이 반대이다. 따라서 2력 부재 BE가 AD와 CF에 발휘하는 힘은 각각 $-\mathbf{F}_{BE}$와 $\mathbf{F}_{BE}$이다; 이들은 같은 크기 F_{BE}를 갖고 반대 방향이며 그림 6.19c에서와 같은 방향이어야 한다.

C에 두 다력 부재가 연결되어 있다. C에 작용하는 힘들의 방향과 크기가 모두 미지이므로, 이 힘들을 그들의 x와 y 성분으로 나타낸다. 부재 AD에 작용하는 힘의 성분 $\mathbf{C}_x$와 $\mathbf{C}_y$는 임의로 우향과 상향이라 가정한다. 뉴턴의 제3법칙에 따라, 부재 CF가 AD에 발휘하는 힘과 AD가 CF에 발휘하는 힘은 크기가 같고 방향이 반대이므로, 부재 CF에 작용하는 힘의 성분은 좌향과 하향이어야 한다; 그들은 각각 $-\mathbf{C}_x$와 $-\mathbf{C}_y$로 표기된다, 힘 $\mathbf{C}_x$가 실제로 우향이고 힘 $-\mathbf{C}_x$가 좌향인지의 여부는 나중에 그들의 공통된 크기 C_x의 부호로부터 결정된다. 양의 부호이면 가정이 옳은 것이고, 음의 부호이면 가정이 틀린 것이다. 다력 부재에 대한 자유물체도는 A, D와 F에 작용하는 외력들을 보여줌에 의하여 완성된다.[3)]

이제 내력들이 두 다력 부재 중 어느 하나를 고려하여 결정된다. 예를 들어 CF의 자유물체도를 선택하여, 각각 F_{BE}, C_y와 C_x의 크기를 제공하는 방정식 $\sum M_C = 0$, $\sum M_E = 0$, $\sum F_x = 0$를 작성한다. 이 값은 부재 AD 역시 평형상태에 있음을 입증하여 검산할 수 있다.

그림 6.19의 핀은 연결된 두 부재 중 어느 하나와 합쳐져 있어서 그것의 자유물체도는 필요하지 않음에 주목한다. 이렇게 가정하면 뼈대와 기계의 해석을 항상 단순화할 수 있다. 그러나 핀이 3개 이상의 부재를 연결할 때, 혹은 핀이 지점과 2개 이상의 부재를 연결할 때, 혹은 핀에 하중이 작용할 때에는, 핀이 어느 부재에 속하는 지 확실한 결정을 내려야 한다(다력 부재들이 포함된다면, 핀은 이 부재 중 어느 하나에 부착되어야 한다). 이때 핀에 작용하는 힘들이 명확하게 판별된다. 이것이 문제 6.6에 설명되어 있다.

3) 한 부재가 다른 부재에 대해서 작용하는 힘을 크기가 같고 방향이 반대인 두 번째 부재가 첫 번째 부재에 작용하는 힘과 음의 부호를 사용하여 구별하는 것은, 두 힘이 서로 다른 자유물체도에 속하여 쉽게 혼동되지 않기 때문에, 전적으로 필요한 것은 아니다. 문제에서는, 서로 다른 자유물체에 작용하는 크기가 같고 방향이 반대인 힘을 같은 기호를 사용하여 나타낸다. 이러한 조건이라면, 주어진 힘 성분의 부호는 그 성분의 방향과 해당되는 좌표축의 방향을 직접 관련시키는 것은 아니라는 점에 주목한다. 오히려 양의 부호는 자유물체도에서 그 성분에 대해서 가정된 방향이 올바르다는 것을 지적하고, 음의 부호는 그것이 틀리다는 것을 지적한다.

6.10 지점에서 분리되면 비강체인 뼈대

6.9절에서 해석한 크레인은 지점의 도움이 없이도 같은 형상을 유지할 수 있도록 제작되었다; 따라서 이것은 강체로 간주된다. 그러나 많은 뼈대들은 지점에서 분리되면 붕괴된다; 이러한 뼈대들은 강체로 간주될 수 없다. 예를 들어, 그림 6.20a에서와 같이, 중점에 각각, 하중 **P**와 **Q**를 받는 두 부재 AC와 CB로 구성되는 뼈대를 고려한다; 이 부재들은 A와 B에서 핀으로 지지되어 있고 C에서 핀으로 연결되어 있다. 이 뼈대는 지점에서 분리되면 자기 모양을 유지하지 못한다; 따라서 이것은 개별적으로 강체인 부분 AC와 CB로 구성된 것으로 간주된다.

방정식 $\Sigma F_x = 0$, $\Sigma F_y = 0$와 $\Sigma M = 0$(임의의 주어진 점에 대한)는 강체에 대한 평형조건을 나타낸다(4장); 강체에 대한 자유물체도 즉, 부재 AC와 CB에 대한 자유물체도와 연결해서 이 방정식을 사용하여야 한다(그림 6.20b). 이 부재들은 다력 부재들이므로, 또한 지점과 연결부에서 핀이 사용되므로, A와 B에서의 반력과 C에서의 힘은 각각 두 성분으로 나타낸다. 뉴턴의 제3법칙에 따라 CB가 AC에 작용하는 힘의 성분과 AC가 CB에 작용하는 힘의 성분을 크기가 같고 방향이 반대인 벡터로 나타낸다; 따라서 첫 번째 성분들이 $\mathbf{C}_x$와 $\mathbf{C}_y$로 구성된다면, 두 번째 성분들은 $-\mathbf{C}_x$와 $-\mathbf{C}_y$로 나타낸다. 자유물체 AC에는 4개의 미지력 성분이 작용하나, 이 자유물체가 평형인 것을 나타내기 위하여 단지 3개의 독립된 평형방정식을 사용할 수 있음을 주목한다; 마찬가지로, CB에 대해서도, 4개의 미지수와 단 3개의 방정식이 관련된다. 그러나 두 개의 부재에 대한 해석에서 단지 6개의 서로 다른 미지수가 포함되어 있고, 이 부재들의 평형을 표현하기 위하여 전부 6개의 방정식이 이용가능하다. 자유물체 AC에 대해서 $\Sigma M_A = 0$를 작성하고 CB에 대해서 $\Sigma M_B = 0$를 작성하면, 성분 $\mathbf{C}_x$와 $-\mathbf{C}_x$의 공통 크기 C_x와 성분 $\mathbf{C}_y$와 $-\mathbf{C}_y$의 공통 크기 C_y를 구할 수 있는 2원 연립방정식을 얻는다. 이제, 각각의 두 자유물체에 대해서 $\Sigma F_x = 0$와 $\Sigma F_y = 0$를 작성하고, 순차적으로 크기 A_x, A_y, B_x와 B_y를 구한다.

그림 6.20

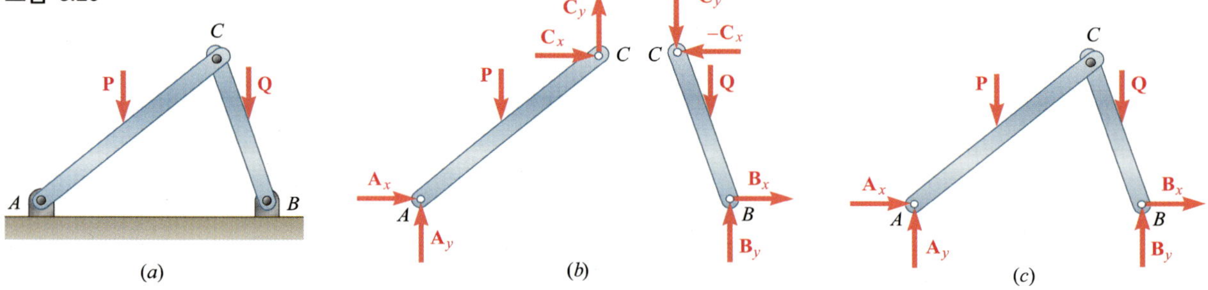

자유물체 AC에 작용하는 힘들이 평형방정식 $\sum F_x = 0$, $\sum F_y = 0$와 $\sum M = 0$(임의의 주어진 점에 대한)를 만족하고, 또한 CB에 작용하는 힘들이 평형방정식을 만족하므로 두 자유물체에 작용하는 힘들을 동시에 고려하여도 이 식들은 만족되어야 함을 알 수 있다. C에서의 내력들은 서로 상쇄되므로, 뼈대 ACB가 강체가 아닐지라도 이 뼈대의 자유물체도에 나오는 외력들이 평형방정식을 만족하여야 한다(그림 6.20c). 이 방정식들이 A와 B에서의 반력 성분들 중 몇 개를 결정하기 위하여 사용될 수도 있다. 그러나 또한 **전체 뼈대에 대한 자유물체도로부터 모든 반력을 완벽하게 결정할 수는 없음**을 깨닫는다. 따라서 외력만을 결정하고자 한다고 해도, 뼈대를 분해하여 구성 부분들의 자유물체도를 고려하는 것이 필요하다(그림 6.20b). 그 이유는 강체가 아닌 구조물의 평형에 대해서 자유물체 ACB의 평형방정식이 충분조건이 아니고 필요조건이기 때문이다.

본 절의 두 번째 단락에서 설명한 해법에는 연립방정식이 포함되어 있다. 자유물체 AC와 CB뿐만 아니라 자유물체 ACB도 이용하는 더 능률적인 방법을 이제 소개한다. 자유물체 ACB에 대해서 $\sum M_A = 0$와 $\sum M_B = 0$를 작성하여 B_y와 A_y를 구한다. 자유물체 AC에 대해서 $\sum M_C = 0$, $\sum F_x = 0$와 $\sum F_y = 0$를 작성하여 순차적으로 A_x, C_x와 C_y를 구한다. 마지막으로, ACB에 대해서 $\sum F_x = 0$를 작성하여, B_x를 구한다.

그림 6.20의 뼈대에 대한 해석은 6개의 미지력 성분과 6개의 독립된 평형방정식을 포함한다는 것을 알았다. (전체 뼈대에 대한 평형방정식은 원래의 6개의 방정식으로부터 구한 것이고, 따라서 서로 독립이 아니다.) 게다가, 실제로 모든 미지력들을 결정할 수 있고, 모든 방정식들이 만족됨을 검토하였다. 이 뼈대는 **정역학적으로 정정이고, 강체라고 간주된다**.[4] 일반적으로, 구조물이 정역학적으로 정정이고 강체인지의 여부를 결정하기 위해서는, 구조물의 각 구성 요소에 대한 자유물체도를 그려서 포함된 반력과 내력의 수를 세어보아야 한다. 또한 독립된 평형방정식의 수(전체 구조물이나 이미 해석된 구성 요소의 일부에 대한 방정식은 제외하고)도 결정하여야 한다. 방정식의 수보다 미지수의 수가 더 많으면, 이 구조물은 **정역학적으로 부정정**이다. 방정식의 수보다 미지수의 수가 적으면, 이 구조물은 강체가 아니다. 미지수의 수가 방정식의 수와 같고, **모든 미지수를 결정할 수 있으며, 모든 방정식이 일반적인 하중조건 하에서 만족되면, 이 구조물은 정역학적으로 정정이고 강체이다.** 그러나 부재와 지점의 부적절한 배치로 인하여, 모든 미지수가 결정될 수 없고 **모든 방정식이 만족될 수 없으면**, 이 구조물은 **정역학적으로 부정정이고 강체가 아니다.**

4) 여기서 단어 "강체"는 뼈대가 지점에 부착되어 있는 한 그 모양을 유지할 수 있다는 것을 가리키기 위하여 사용되었다.

문제 6.4

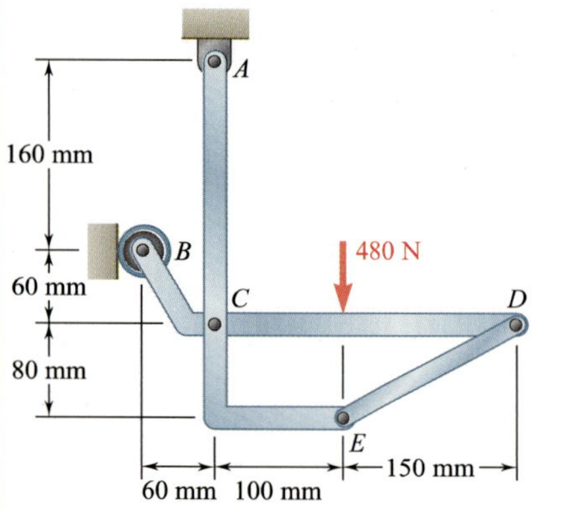

그림의 뼈대에서, 부재 ACE와 BCD가 C에서의 핀과 링크 DE에 의해서 연결되어 있다. 그림의 하중에 대해서, 링크 DE의 부재력과 C에서 부재 BCD에 가해지는 힘의 성분들을 결정하라.

풀이.

자유물체: 전체 뼈대. 단지 세 개의 미지 반력만이 포함되므로, 전체 뼈대의 자유물체를 고려하여 반력을 계산한다.

$$+\uparrow \Sigma F_y = 0: \quad A_y - 480\,\text{N} = 0 \quad A_y = +480\,\text{N} \quad \mathbf{A}_y = 480\,\text{N}\uparrow$$

$$+\circlearrowleft \Sigma M_A = 0: \quad -(480\text{N})(100\text{mm}) + B(160\text{mm}) = 0$$

$$B = +300\,\text{N} \qquad \mathbf{B} = 300\,\text{N}\rightarrow$$

$$\overset{+}{\rightarrow}\Sigma F_x = 0: \quad B + A_x = 0$$

$$300\,\text{N} + A_x = 0 \quad A_x = -300\,\text{N} \quad \mathbf{A}_x = 300\,\text{N}\leftarrow$$

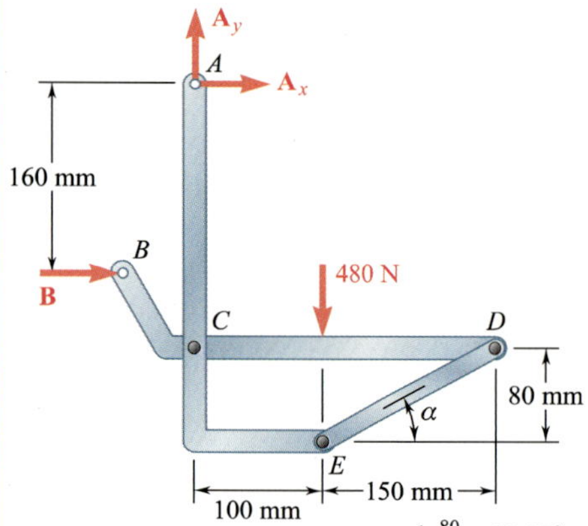

$\alpha = \tan^{-1}\frac{80}{150} = 28.07°$

부재. 이제 뼈대를 해체한다. C에서 단 두 부재만이 연결되어 있으므로, ACE와 BCD에 작용하는 힘의 분력들은 각각, 크기가 같고 방향이 반대이며 그림과 같은 방향으로 작용한다고 가정한다. 링크 DE는 인장을 받고 있으며, D와 E에서 크기가 같고 방향이 반대이며 그림의 방향으로 작용한다고 가정한다.

자유물체: 부재 BCD. 자유물체 BCD를 이용하여, 다음을 작성한다.

$$+\circlearrowright \Sigma M_C = 0:$$

$$(F_{DE}\sin\alpha)(250\text{mm}) + (300\text{N})(80\text{mm}) + (480\text{N})(100\text{mm}) = 0$$

$$F_{DE} = -561\,\text{N} \qquad F_{DE} = 561\,\text{N}\ C$$

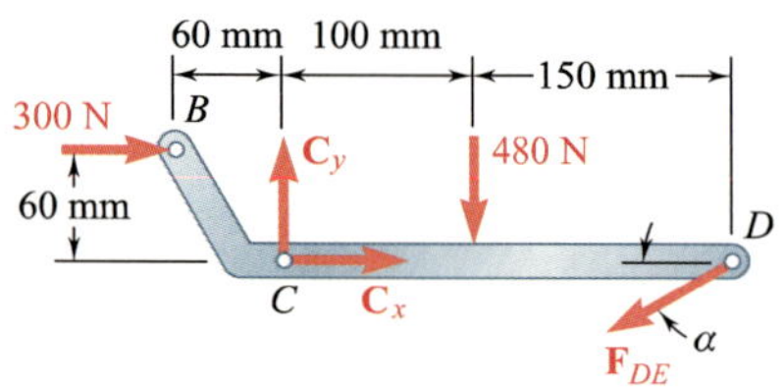

$$\overset{+}{\rightarrow}\Sigma F_x = 0: \quad C_x - F_{DE}\cos\alpha + 300\,\text{N} = 0$$

$$C_x - (-561\,\text{N})\cos 28.07° + 300\,\text{N} = 0 \quad C_x = -795\,\text{N}$$

$$+\uparrow \Sigma F_y = 0: \quad C_y - F_{DE}\sin\alpha - 480\,\text{N} = 0$$

$$C_y - (-561\,\text{N})\sin 28.07° - 480\,\text{N} = 0 \quad C_y = +216\,\text{N}$$

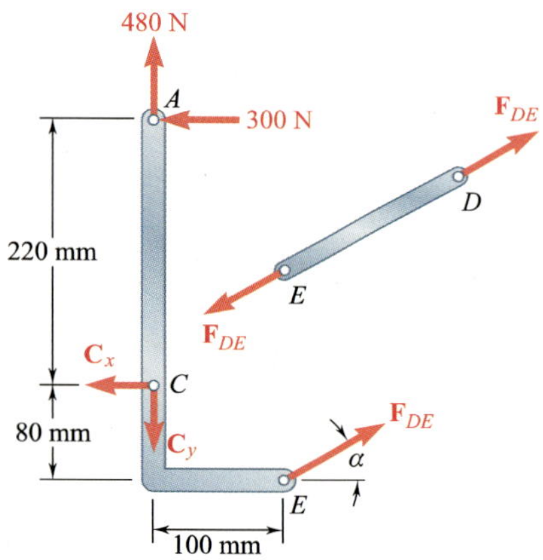

구해진 C_x와 C_y에 대한 부호로부터, 부재 BCD에 작용하는 힘의 성분 $\mathbf{C}_x$와 $\mathbf{C}_y$는 각각, 좌향과 상향으로 작용한다고 결론지을 수 있다. 따라서 다음과 같다.

$$\mathbf{C}_x = 795\,\text{N}\leftarrow, \quad \mathbf{C}_y = 216\,\text{N}\uparrow$$

자유물체: 부재 ACE (검산). 자유물체 ACE를 고려하여 계산을 검산한다. 예를 들어,

$$+\circlearrowleft \Sigma M_A = (F_{DE}\cos\alpha)(300\text{mm}) + (F_{DE}\sin\alpha)(100\text{mm}) - C_x(220\text{mm})$$

$$= (-561\cos\alpha)(300) + (-561\sin\alpha)(100) - (795)(220) = 0$$

문제 6.5

그림의 뼈대의 각 부재에 작용하는 부재력의 성분들을 결정하라.

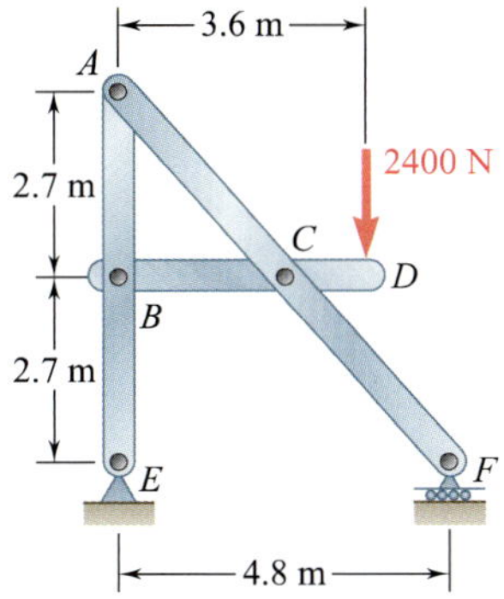

풀이.

자유물체: 전체 뼈대. 미지 반력의 수가 세 개이므로, 전체 뼈대에 대한 자유물체도를 고려하여 반력을 계산한다.

$$+\circlearrowleft \Sigma M_E = 0: \quad -(2400\text{ N})(3.6\text{ m}) + F(4.8\text{ m}) = 0$$

$$F = +1800\text{ N} \qquad \mathbf{F} = 1800\text{ N}\uparrow$$

$$+\uparrow \Sigma F_y = 0: \quad -2400\text{ N} + 1800\text{ N} + E_y = 0$$

$$E_y = +600\text{ N} \qquad \mathbf{E}_y = 600\text{ N}\uparrow$$

$$\overset{+}{\rightarrow}\Sigma F_x = 0: \qquad \mathbf{E}_x = 0$$

부재. 이 뼈대를 이제 해체한다; 각 절점에서 단지 두 개의 부재만이 연결되어 있으므로, 각 부재의 절점에 그림과 같은 크기가 같고 방향이 반대인 성분들이 나와 있다.

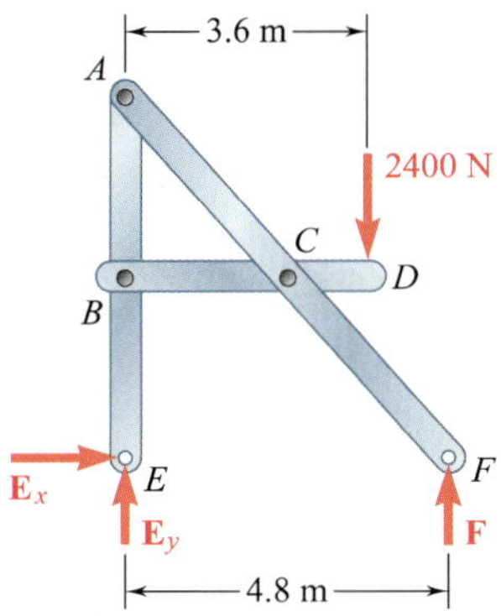

자유물체: 부재 BCD

$$+\circlearrowleft \Sigma M_B = 0: \quad (-2400\text{ N})(3.6\text{ m}) + C_y(2.4\text{ m}) = 0 \quad C_y = +3600\text{ N}$$

$$+\circlearrowleft \Sigma M_C = 0: \quad (-2400\text{ N})(1.2\text{ m}) + B_y(2.4\text{ m}) = 0 \quad B_y = +1200\text{ N}$$

$$\overset{+}{\rightarrow}\Sigma F_x = 0: \qquad -B_x + C_x = 0$$

부재 BCD만을 고려해서는 B_x와 C_x 어느 것도 결정할 수 없는 것을 주목한다. B_y와 C_y에 대해서 구한 양의 부호는 힘의 성분 $\mathbf{B}_y$와 $\mathbf{C}_y$가 가정한 방향인 것을 가리킨다.

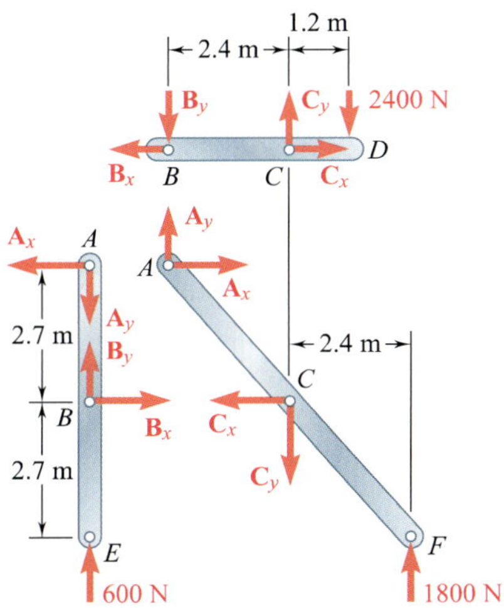

자유물체: 부재 ABE

$$+\circlearrowleft \Sigma M_A = 0: \quad B_x(2.7\text{ m}) = 0 \qquad B_x = 0$$

$$\overset{+}{\rightarrow}\Sigma F_x = 0: \quad +B_x - A_x = 0 \qquad A_x = 0$$

$$+\uparrow \Sigma F_y = 0: \quad -A_y + B_y + 600\text{ N} = 0$$

$$-A_y + 1200\text{ N} + 600\text{ N} = 0 \qquad A_y = +1800\text{ N}$$

자유물체: 부재 BCD. 이제 부재 BCD로 돌아가서, 다음을 작성한다.

$$\overset{+}{\rightarrow}\Sigma F_x = 0: \quad -B_x + C_x = 0 \qquad 0 + C_x = 0 \qquad C_x = 0$$

자유물체: 부재 ACF (검산). 이제 모든 미지 성분들을 구하였다; 결과를 검산하기 위하여, 부재 ACF가 평형인 것을 입증한다.

$$+\circlearrowleft \Sigma M_C = (1800\text{ N})(2.4\text{ m}) - A_y(2.4\text{ m}) - A_x(2.7\text{ m})$$

$$= (1800\text{ N})(2.4\text{ m}) - (1800\text{ N})(2.4\text{ m}) - 0 = 0 \qquad \text{(검산)}$$

문제 6.6

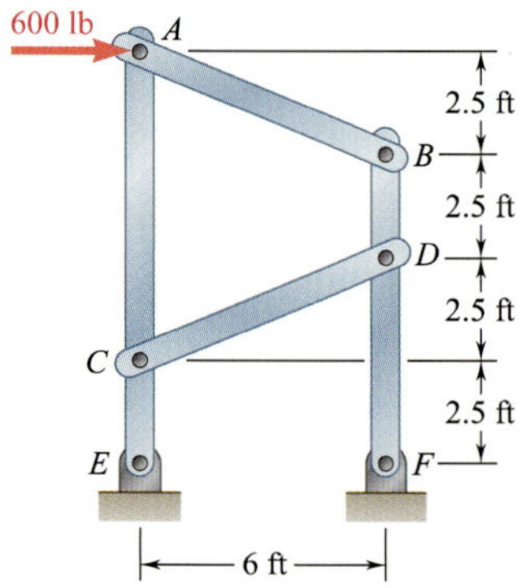

600 lb의 수평력이 그림의 뼈대에서 핀 A에 작용한다. 뼈대의 두 수직 부재에 작용하는 부재력을 결정하라.

풀이.

자유물체: 전체 뼈대. 전체 뼈대가 자유물체로 선택된다; 비록 반력이 4개의 미지수를 포함하지만, $\mathbf{E}_y$와 $\mathbf{F}_y$는 다음을 작성하여 결정할 수 있다.

$$+\circlearrowleft \Sigma M_E = 0: \quad -(600\text{ lb})(10\text{ ft}) + F_y(6\text{ ft}) = 0$$

$$F_y = +1000\text{ lb} \qquad \mathbf{F}_y = 1000\text{ lb}\uparrow$$

$$+\uparrow \Sigma F_y = 0: \quad E_y + F_y = 0$$

$$E_y = -1000\text{ lb} \qquad \mathbf{E}_y = 1000\text{ lb}\downarrow$$

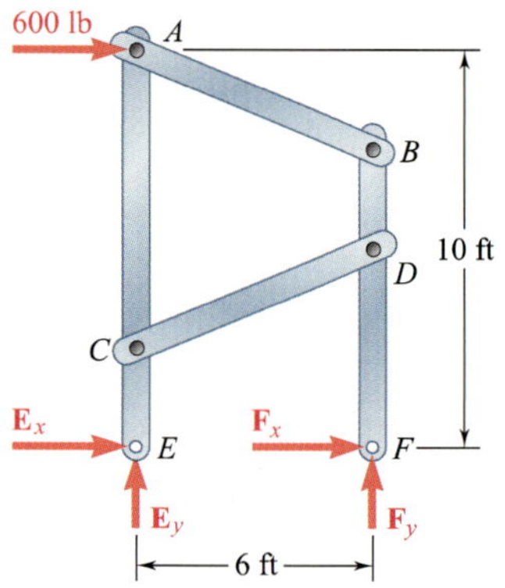

부재. 전체 뼈대에 대한 평형방정식은 $\mathbf{E}_x$와 $\mathbf{F}_x$를 결정하기에 충분하지 않다. 풀이를 진행하기 위해서 이제 여러 부재들의 자유물체도를 고려해야 한다. 부재를 해체할 때에, 핀 A는 다력 부재 ACE에 부착되어 있다고 가정한다, 따라서 600 lb의 하중은 이 부재에 작용한다. 또한 AB와 CD는 2력 부재인 것에 주목한다.

자유물체: 부재 ACE

$$+\uparrow \Sigma F_y = 0: \quad -\frac{5}{13}F_{AB} + \frac{5}{13}F_{CD} - 1000\text{ lb} = 0$$

$$+\circlearrowleft \Sigma M_E = 0: -(600\text{ lb})(10\text{ ft}) - \left(\frac{12}{13}F_{AB}\right)(10\text{ft}) - \left(\frac{12}{13}F_{CD}\right)(2.5\text{ft}) = 0$$

위의 방정식을 연립하여, 다음을 구한다.

$$F_{AB} = -1040\text{ b} \qquad F_{CD} = +1560\text{ lb}$$

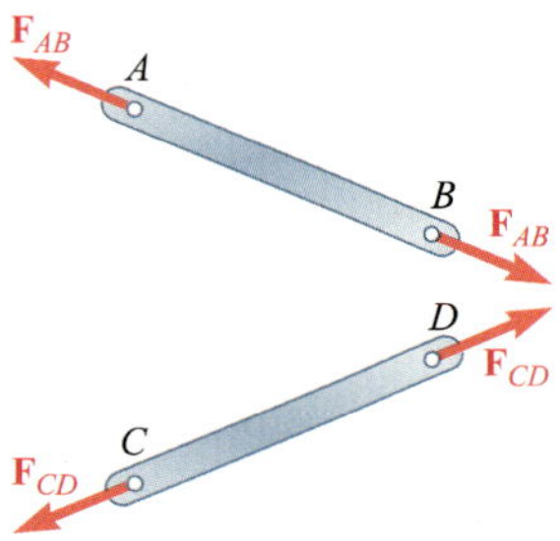

위의 부호로부터, F_{CD}의 방향은 올바르고, F_{AB}의 방향은 틀린 것을 알 수 있다. 이제 x 성분의 합을 구하여,

$$\overset{+}{\rightarrow}\Sigma F_x = 0: \quad 600\text{ lb} + \frac{12}{13}(-1040\text{ lb}) + \frac{12}{13}(+1560\text{ lb}) + E_x = 0$$

$$E_x = -1080\text{ lb} \qquad \mathbf{E}_x = 1080\text{ lb}\leftarrow$$

자유물체: 전체 뼈대. E_x를 구하였으므로, 전체 뼈대에 대한 자유물체도로 돌아가서 다음을 작성한다.

$$\overset{+}{\rightarrow}\Sigma F_x = 0: \quad 600\text{ lb} - 1080\text{ lb} + F_x = 0$$

$$F_x = +480\text{ lb} \qquad \mathbf{F}_x = 480\text{ lb}\rightarrow$$

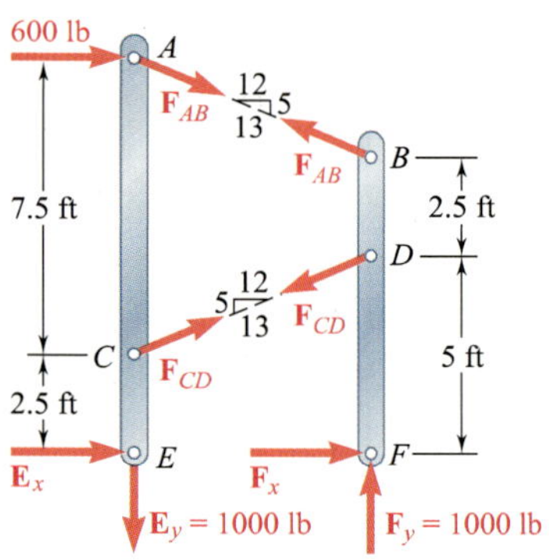

자유물체: 부재 BDF (검산). 부재 BDF에 작용하는 힘들이 방정식 $\Sigma M_B = 0$을 만족하는 것을 입증하여 우리의 계산을 검산할 수 있다.

$$+\circlearrowleft \Sigma M_B = -\left(\frac{12}{13}F_{CD}\right)(2.5\text{ ft}) + (F_x)(7.5\text{ ft})$$

$$= -\frac{12}{13}(1560\text{ lb})(2.5\text{ ft}) + (480\text{ lb})(7.5\text{ ft})$$

$$= -3600\text{ lb}\cdot\text{ft} + 3600\text{ lb}\cdot\text{ft} = 0 \qquad \text{(검산)}$$

Problems

6.49 through 6.51 Determine the force in member *BD* and the components of the reaction at *C*.

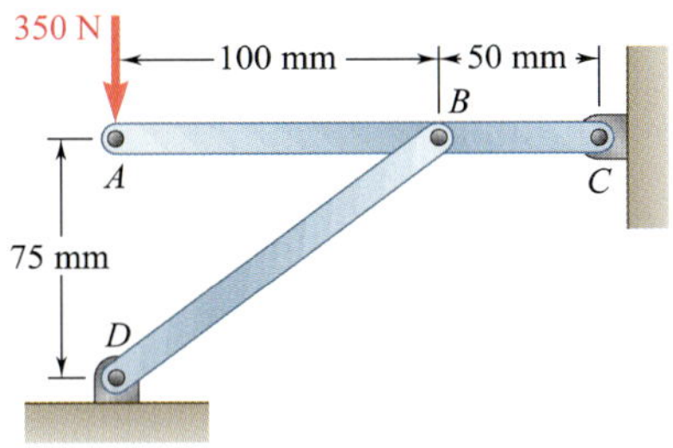

그림 P6.49

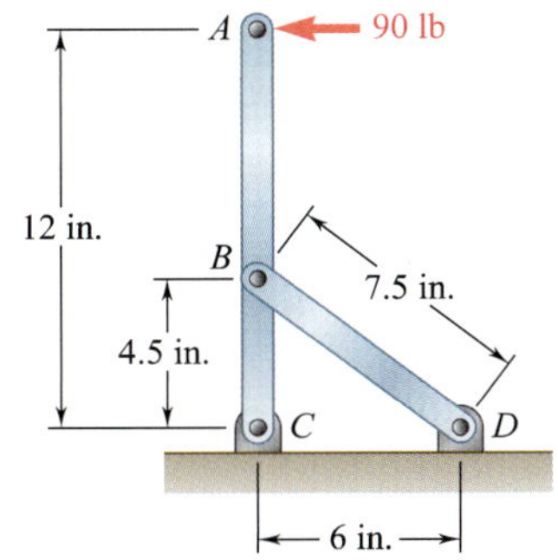

그림 P6.50

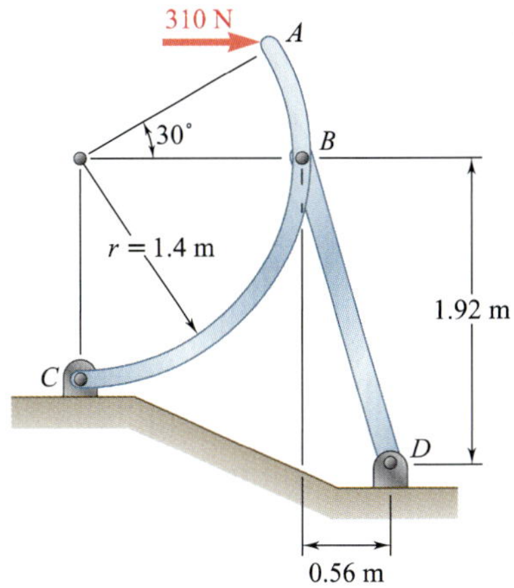

그림 P6.51

6.52 Determine the components of all the forces acting on member *ABCD* of the assembly shown.

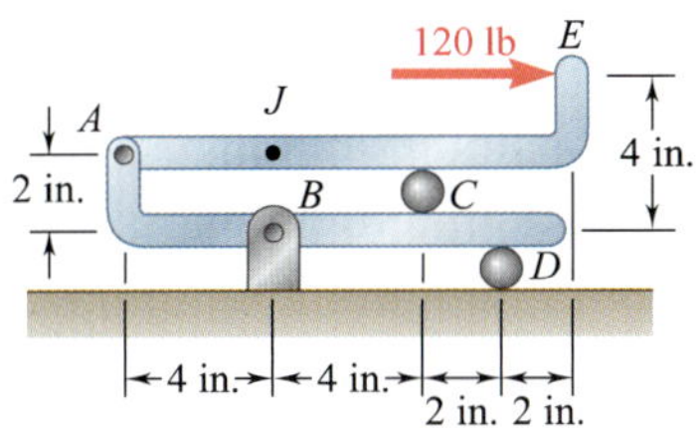

그림 P6.52

6.53 Determine the components of all the forces acting on member *ABCD* when $\theta = 0$.

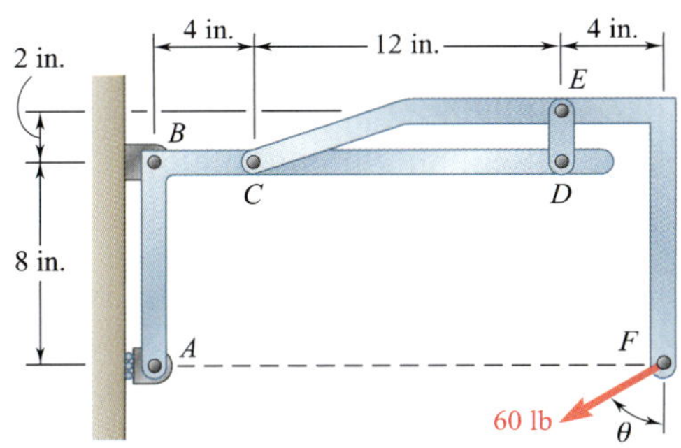

그림 P6.53, *P6.54*

6.54 Determine the components of all the forces acting on member *ABCD* when $\theta = 90°$.

6.55 An aircraft tow bar is positioned by means of a single hydraulic cylinder *CD* that is connected to two identical arm-and-wheel units *DEF*. The entire tow bar has a mass of 200 kg, and its center of gravity is located at *G*. For the position shown, determine (*a*) the force exerted by the cylinder on bracket *C*, (*b*) the force exerted on each arm by the pin at *E*.

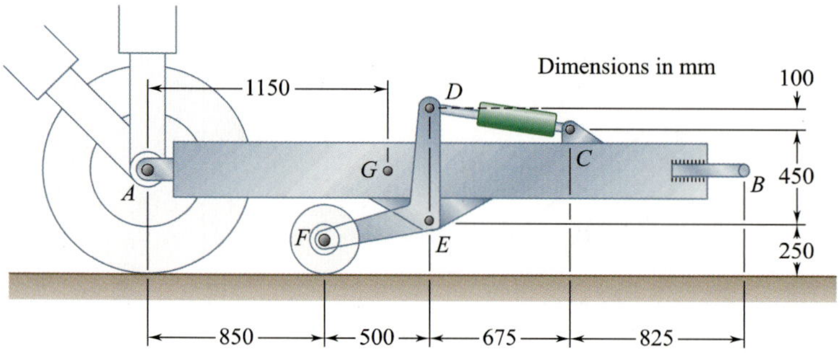

그림 P6.55

6.56 Solve Prob. 6.55, assuming that a 70-kg mechanic is standing on the tow bar at point *B*.

6.57 Knowing that $P = 90$ lb and $Q = 60$ lb, determine the components of all the forces acting on member *BCDE* of the assembly shown.

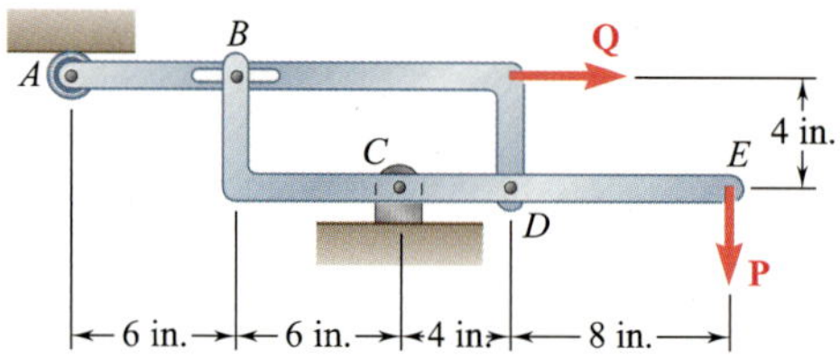

그림 P6.57

6.58 The marine crane shown is used in offshore drilling operations. Determine (*a*) the force in link *CD*, (*b*) the force in the brace *AC*, (*c*) the force exerted at *A* on the boom *AB*.

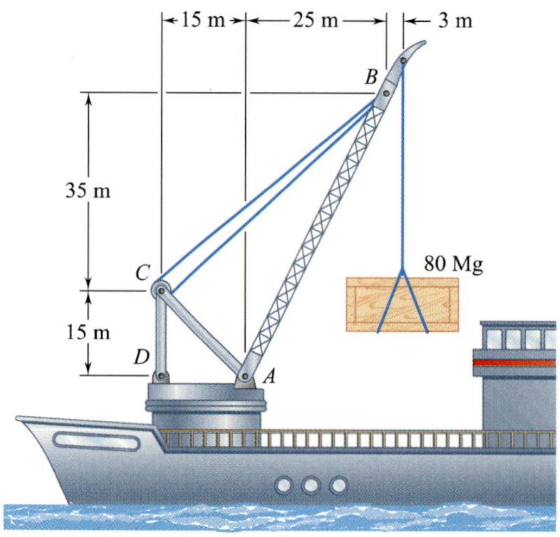

그림 P6.58

6.59 Determine the components of the reactions at D and E if the frame is loaded by a clockwise couple of magnitude 150 N · m applied (a) at point A, (b) at point B.

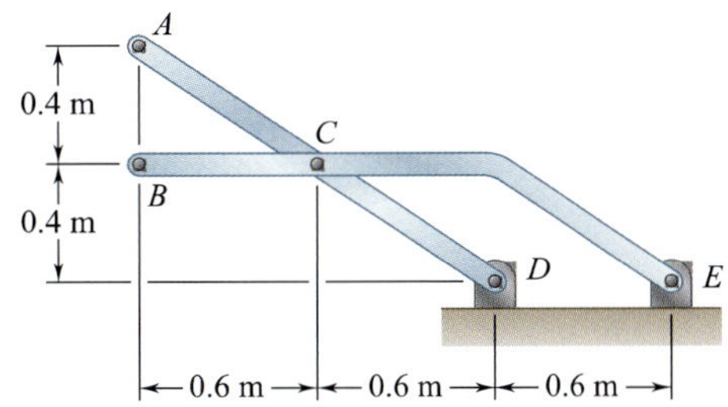

그림 P6.59

6.60 Determine the components of the force exerted at B on member BE (a) if the 200-lb load is applied as shown, (b) if the 200-lb load is moved along its line of action and is applied at point F.

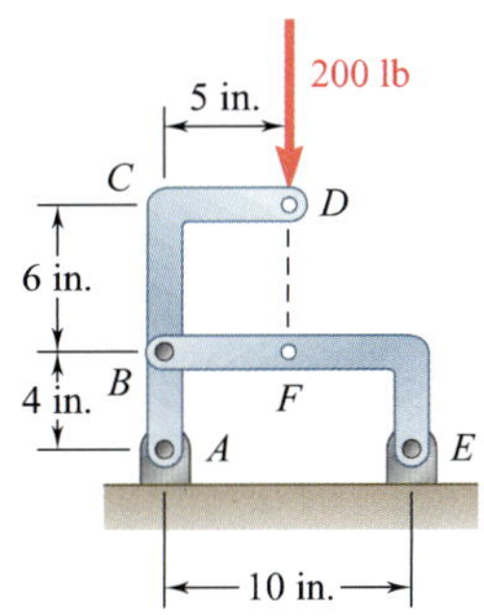

그림 *P6.60*

6.61 Determine all of the forces exerted on member AI if the frame is loaded by a clockwise couple of magnitude 180 lb · ft applied (a) at point D, (b) at point E.

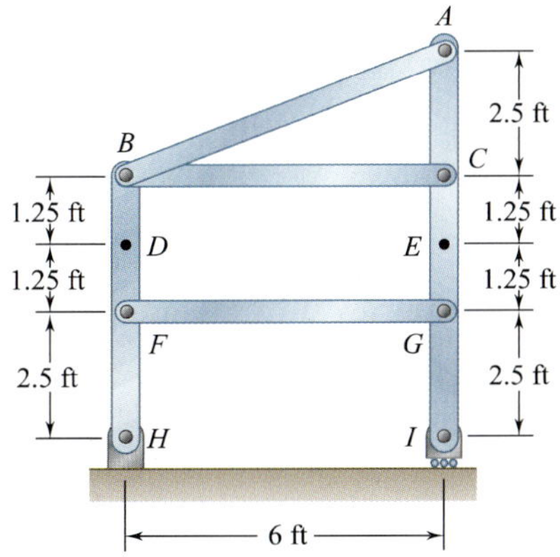

그림 P6.61, P6.62

6.62 Determine all of the forces exerted on member AI if the frame is loaded by a 48-lb force directed horizontally to the right and applied (a) at point D, (b) at point E.

6.63 The hydraulic cylinder CF, which partially controls the position of rod DE, has been locked in the position shown. Knowing that $\theta = 60°$, determine (*a*) the force **P** for which the tension in link AB is 410 N, (*b*) the corresponding force exerted on member BCD at point C.

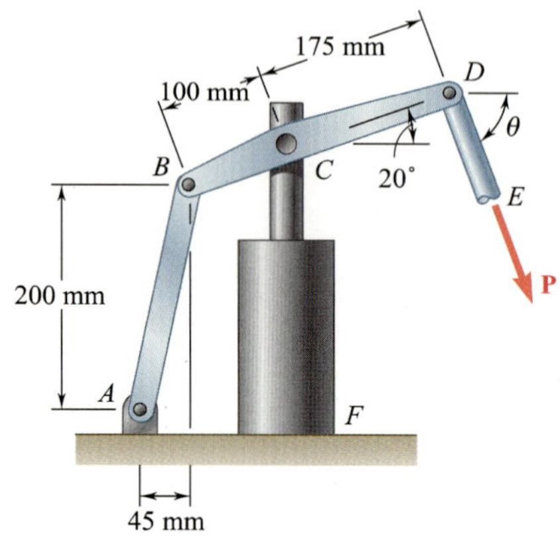

그림 *P6.63*, P6.64

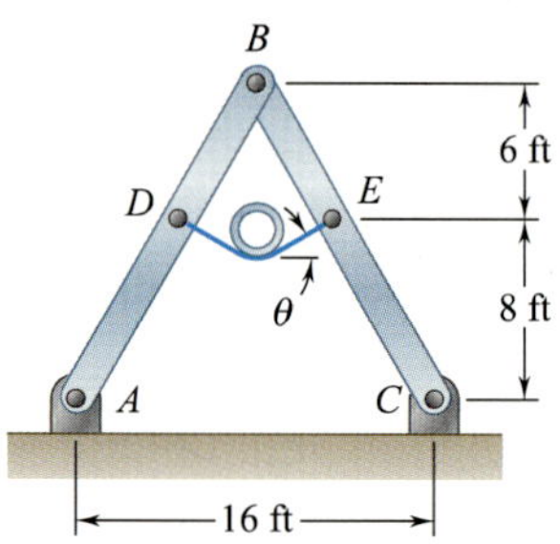

그림 P6.65

6.64 The hydraulic cylinder CF, which partially controls the position of rod DE, has been locked in the position shown. Knowing that $P = 400$ N and $\theta = 75°$, determine (*a*) the force in link AB, (*b*) the corresponding force exerted on member BCD at point C.

6.65 A pipe weights 40 lb/ft and is supported every 30 ft by the small frame shown. Knowing that $\theta = 30°$, determine the components of the reactions and the components of the force exerted at B on member AB.

6.66 A 2-ft diameter pipe is supported every 16 ft by the small frame shown. Knowing that the combined weight of the pipe and its contents is 300 lb/ft and neglecting the effect of friction, determine the components (*a*) of the reaction at E, (*b*) of the force exerted at C on member CDE.

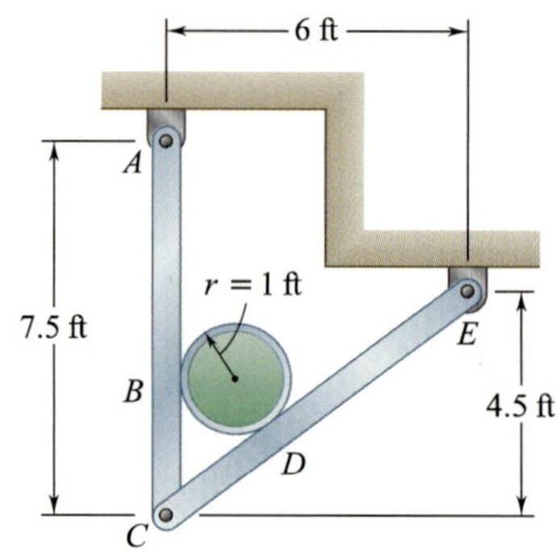

그림 P6.66

6.67 Knowing that each pulley has a radius of 250 mm, determine the components of the reactions at D and E.

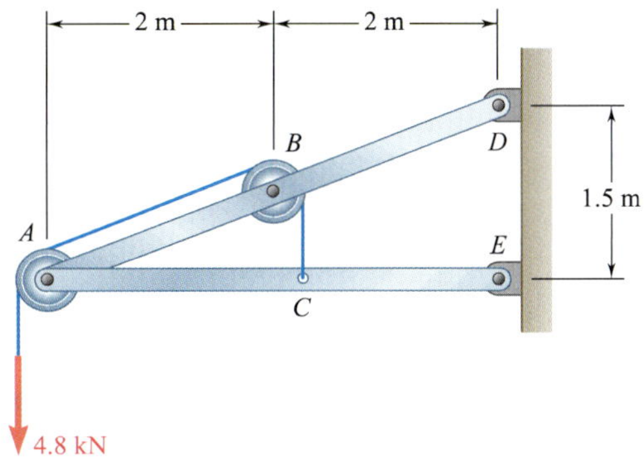

그림 P6.67

6.68 Knowing that the pulley has a radius of 75 mm, determine the components of the reactions at A and B.

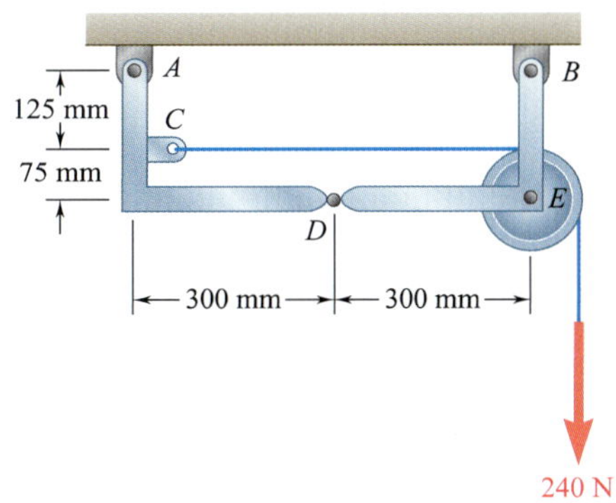

그림 *P6.68*

6.69 The cab and motor units of the front-end loader shown are connected by a vertical pin located 60 in. behind the cab wheels. The distance from C to D is 30 in. The center of gravity of the 50-kip motor unit is located at G_m, while the centers of gravity of the 18-kip cab and 16-kip load are located, respectively, at G_c and G_l. Knowing that the machine is at rest with its brakes released, determine (*a*) the reactions at each of the four wheels, (*b*) the forces exerted on the motor unit at C and D.

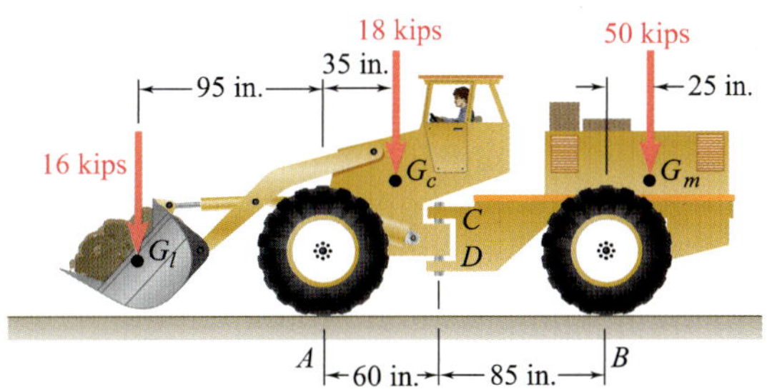

그림 P6.69

6.70 Solve Prob. 6.69, assuming that the 16-kip load has been removed.

6.71 The tractor and scraper units shown are connected by a vertical pin located 0.6 m behind the tractor wheels. The distance from C to D is 0.75 m. The center of gravity of the 10-Mg tractor unit is located at G_t. The scraper unit and the load have a total mass of 50 Mg and a combined center of gravity located at G_s. Knowing that the machine is at rest, with its brakes released, determine (*a*) the reactions at each of the four wheels, (*b*) the forces exerted on the tractor unit at C and D.

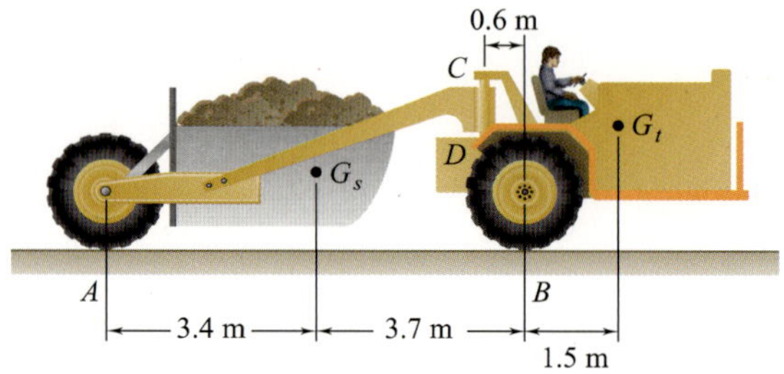

그림 P6.71

6.72 The 1000-kg trailer is attached to a 1250-kg automobile by a ball-and-socket trailer hitch at D. Determine (*a*) the reactions at each of the six wheels when the automobile and trailer are at rest, (*b*) the additional load on each of the automobile wheels due to the trailer.

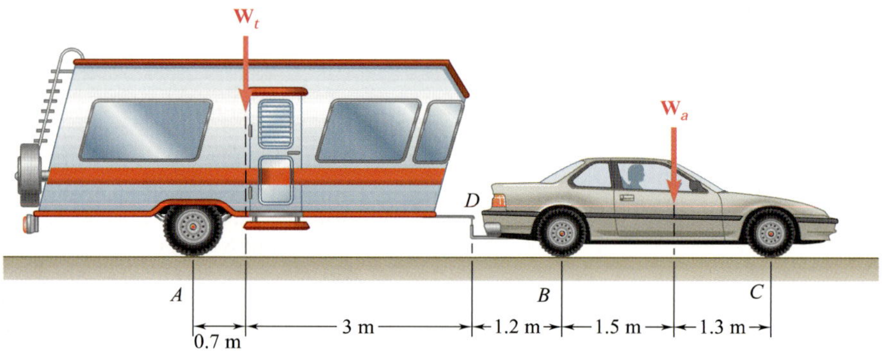

그림 P6.72

6.11 기계

기계는 힘을 전달하고 변환하도록 설계된 구조물이다. 이들은 간단한 도구부터 복잡한 기구까지 포함하는데, 주된 목적이 입력하중을 출력하중으로 변환시키는 것이다. 예를 들어, 선을 자르기 위해서 사용하는 집게를 보자(그림 6.21a). 손잡이에 크기가 같고 방향이 반대인 두 힘 **P**와 −**P**를 주면, 이들은 선에 크기가 같고 방향이 반대인 두 힘 **Q**와 −**Q**를 가한다(그림 6.21b).

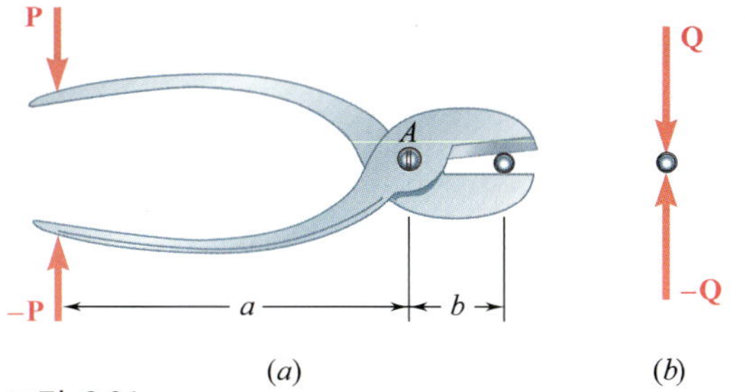

그림 6.21

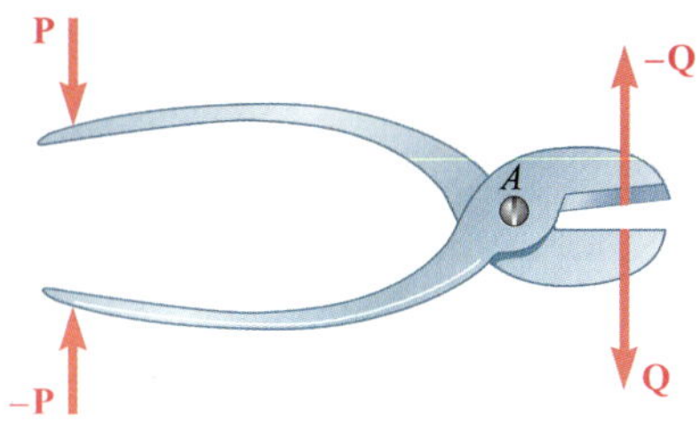

그림 6.22

입력하중의 크기 P를 알 때, 출력하중의 크기 Q를 결정하기 위하여, (혹은 역으로, Q를 알 때 P를 결정하기 위하여) 입력하중 **P**와 −**P** 그리고 선이 집게에 가하는 반력 −**Q**와 **Q**를 보여주는 집게만의 자유물체도를 그린다(그림 6.22). 그러나 집게는 강체가 아닌 구조물이므로, 미지력을 결정하기 위하여 구성 요소 가운데 어느 하나를 자유물체로 사용한다. 예를 들어, 그림 6.23a를 고려하면, A에 대한 모멘트를 취하여, P의 항으로 Q를 혹은 Q의 항으로 P를 정의하는 관계식 $Pa = Qb$를 얻는다. 같은 자유물체도를 사용하여 A에서의 내력 성분을 결정할 수 있다; $A_x = 0$이고 $A_y = P + Q$이다.

사진 6.3 사진의 램프는 위치가 자유자재이다. 여러 자유물체를 고려하여, 스프링의 힘과 절점에서의 내력을 결정할 수 있다.

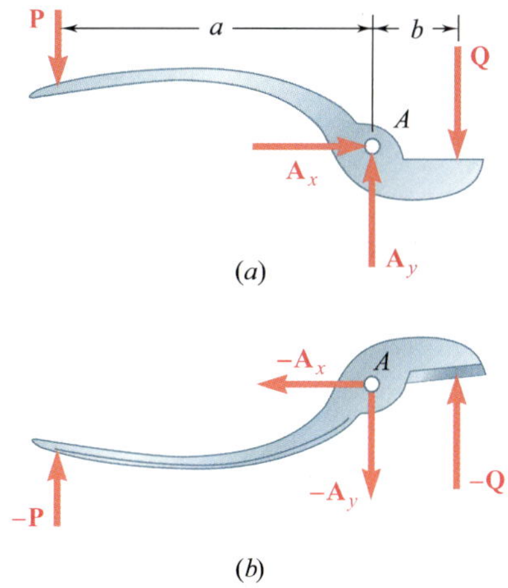

그림 6.23

더욱 복잡한 기계의 경우에는 일반적으로 여러 개의 자유물체를 사용하여 여러 내력들을 포함하는 연립방정식을 풀어야 할 필요가 있다. 자유물체는 입력하중과 출력하중인 반력을 포함하도록 선택되어야 하고, 포함된 미지력 성분의 총수가 가용한 독립된 방정식의 수를 초과하지 말아야 한다. 문제 풀이를 시도하기 전에, 대상 구조물의 정정 여부를 결정하는 것이 바람직하다. 기계는 움직이는 부분을 포함하고 있어서 강체가 아니기 때문에, 기계가 강체인가 여부에 대한 쟁점은 없다

문제 6.7

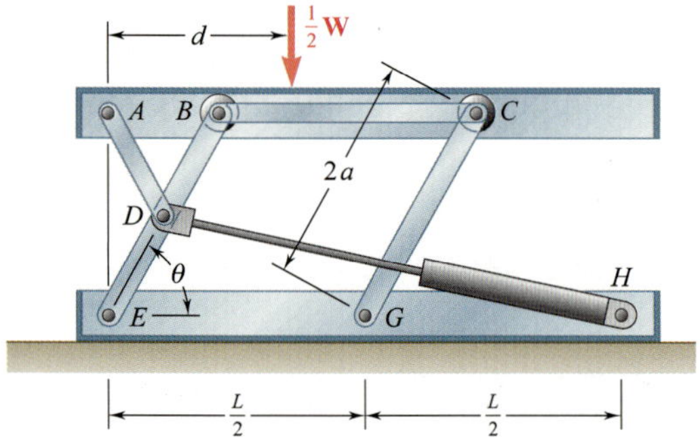

수압 리프트 판이 1000 kg의 상자를 들어올리기 위하여 사용된다. 이것은 가동판과 두 개의 수압 실린더에 의해서 같은 힘을 내는 두 개의 똑같은 링크장치로 구성된다. (그림에는 한 개의 링크장치와 한 개의 실린더만 나와 있다.) 부재 EDB와 CG는 각각 길이가 $2a$이고, 부재 AD는 EDB의 중점에서 핀으로 연결된다. 상자 무게의 반이 그림의 시스템에 의해서 지지되도록 상자가 판위에 놓여 있다면, $\theta = 60°$, $a = 0.70\text{m}$, 그리고 $L = 3.20\text{ m}$인 경우에 대해서 상자를 들어올리기 위해 각각의 실린더가 발휘해야 하는 힘을 결정하라. 구해진 결과가 거리 d에 상관이 없음을 보여라.

풀이.

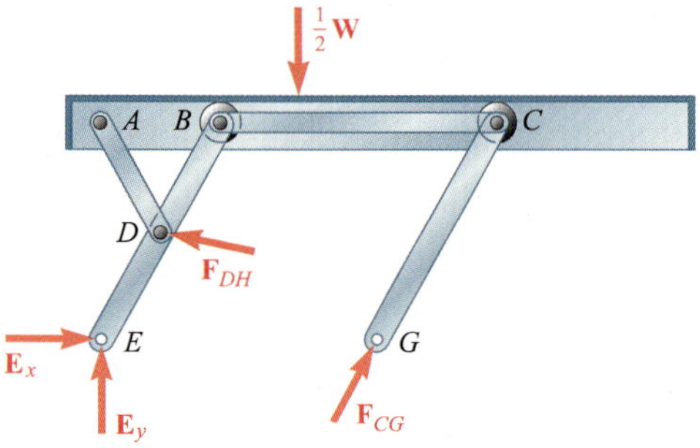

이 기계는 가동판과 링크장치로 구성된다. 이것의 자유물체도에는 실린더가 내는 입력하중 $\mathbf{F}_{DH}$와 출력하중과 크기가 같고 방향이 반대인 무게 ½**W**, 그리고 그림의 방향으로 가정된 E와 G에서의 반력이 포함된다. 3개 이상의 미지수가 포함되므로, 이 그림은 사용하지 않는다. 이 기구를 해체해서 각 구성요소에 대한 자유물체도를 그린다. AD, BC 그리고 CG는 2력 부재인 점에 주목한다. 이미 부재 CG는 압축으로 가정하였다; 이제 AD와 BC는 인장이고 그들에 작용하는 힘은 그림과 같은 방향이라고 가정한다. 2력 부재가 가동판과 부재 BDE, 그리고 로울러 C에 작용하는 힘을 표시하기 위하여 크기가 같고 방향이 반대인 벡터를 사용한다.

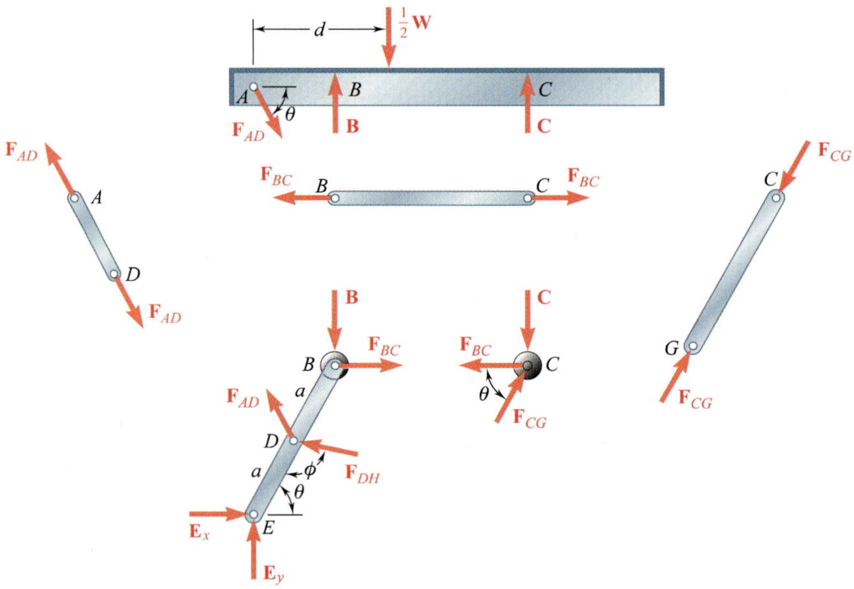

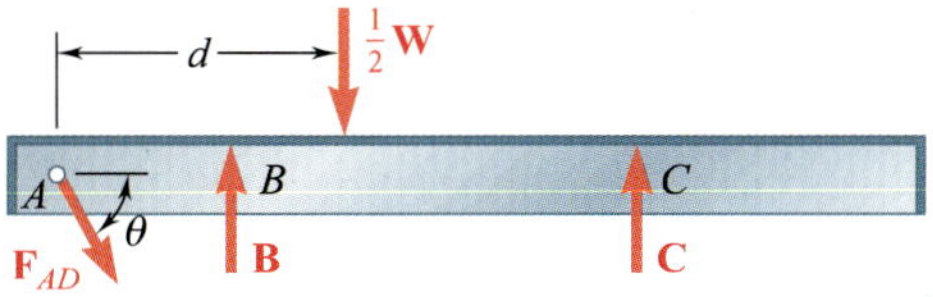

자유물체: 가동판 ABC.

$$\xrightarrow{+}\Sigma F_x = 0: \qquad F_{AD}\cos\theta = 0 \qquad F_{AD} = 0$$

$$+\uparrow \Sigma F_y = 0: \qquad B + C - \frac{1}{2}W = 0 \quad B + C = \frac{1}{2}W \tag{1}$$

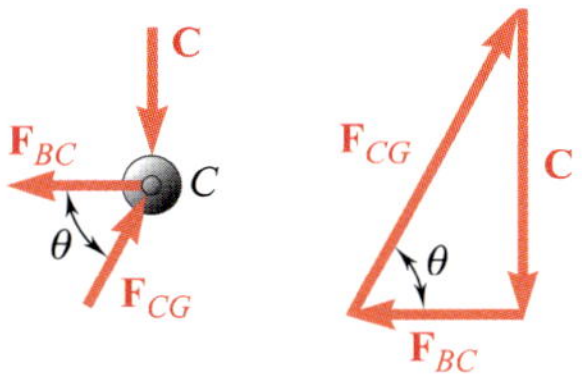

자유물체: 로울러 C. 힘의 삼각형을 그려서 $F_{BC} = C\cot\theta$를 얻는다.

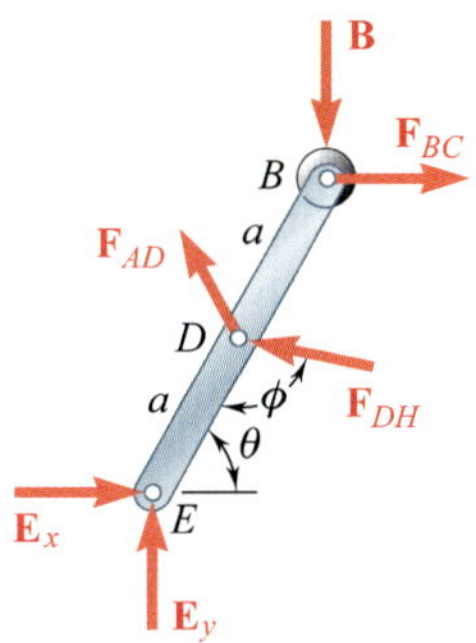

자유물체: 부재 BDE. $F_{AD} = 0$인 것을 기억하면,

$+\circlearrowleft \Sigma M_E = 0$:

$$F_{DH}\cos(\phi - 90^\circ)a - B(2a\cos\theta) - F_{BC}(2a\sin\theta) = 0$$
$$F_{DH}a\sin\phi - B(2a\cos\theta) - (C\cot\theta)(2a\sin\theta) = 0$$
$$F_{DH}\sin\phi - 2(B + C)\cos\theta = 0$$

(1)식으로부터, 다음을 얻는다.

$$F_{DH} = W\frac{\cos\theta}{\sin\phi} \tag{2}$$

구한 결과가 d와 상관없음을 확인할 수 있다.

삼각형 EDH에 정현법칙을 적용하면, 다음과 같다.

$$\frac{\sin\phi}{EH} = \frac{\sin\theta}{DH} \qquad \sin\phi = \frac{EH}{DH}\sin\theta \tag{3}$$

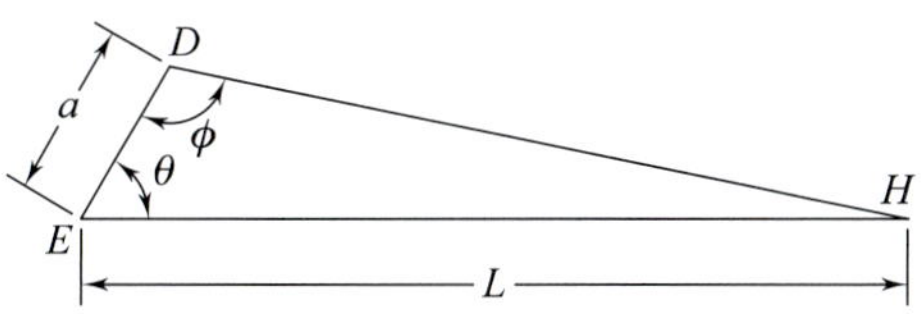

이제 여현법칙을 사용하면 다음과 같다.

$$(DH)^2 = a^2 + L^2 - 2aL\cos\theta$$
$$= (0.70)^2 + (3.20)^2 - 2(0.70)(3.20)\cos 60^\circ$$
$$(DH)^2 = 8.49 \qquad DH = 2.91\ \text{m}$$

또한 다음을 주의한다.

$$W = mg = (1000\ \text{kg})(9.81\ \text{m/s}^2) = 9810\ \text{N} = 9.81\ \text{kN}$$

(3)의 $\sin\phi$를 (2)에 대입하고, 수치 값들 사용하여 다음을 작성한다.

$$F_{DH} = W\frac{DH}{EH}\cot\theta = (9.81\ \text{kN})\frac{2.91\ \text{m}}{3.20\ \text{m}}\cot 60^\circ$$

$$F_{DH} = 5.15\ \text{kN}$$

Problems

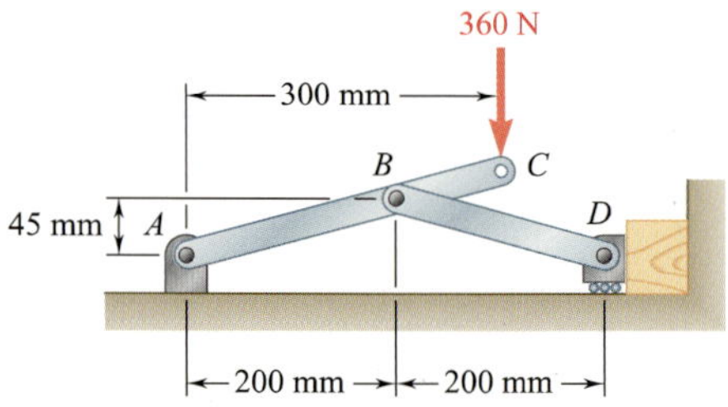

그림 P6.73

6.73 A 360-N force is applied to the toggle vise at *C*. Determine (*a*) the horizontal force exerted on the block at *D*, (*b*) the force exerted on member *ABC* at *B*.

6.74 The control rod *CE* passes through a horizontal hole in the body of the toggle clamp shown. Determine (*a*) the force **Q** required to hold the clamp in equilibrium, (*b*) the corresponding force in link *BD*.

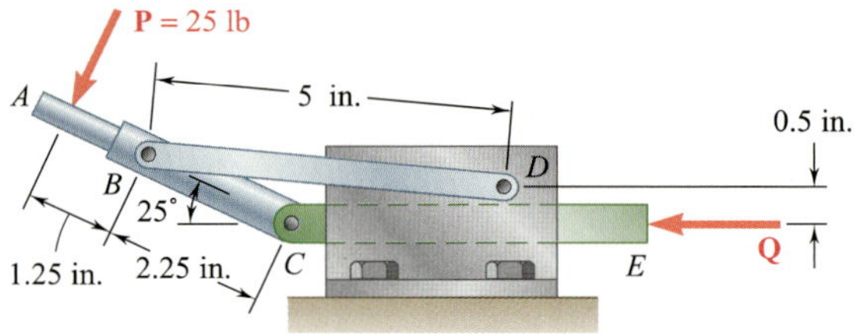

그림 P6.74

6.75 The shear shown is used to cut and trim electronic-circuit-board laminates. For the position shown, determine (*a*) the vertical component of the force exerted on the shearing blade at *D*, (*b*) the reaction at *C*.

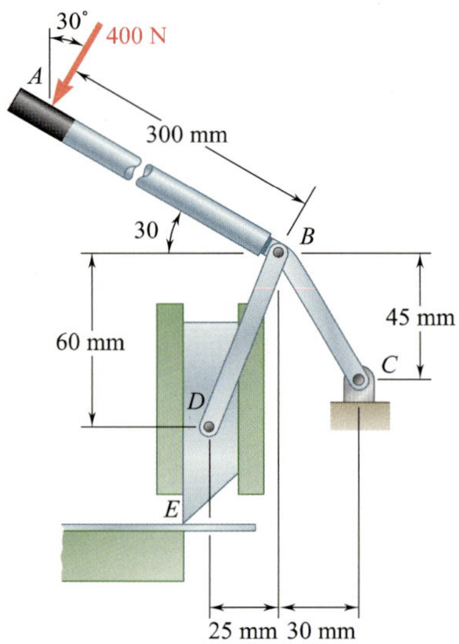

그림 P6.75

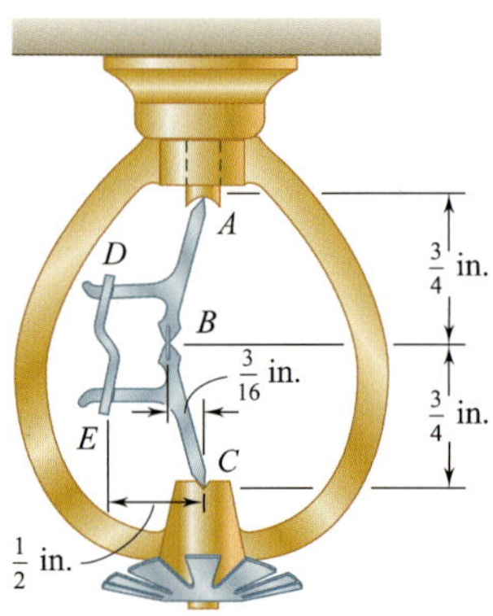

그림 P6.76

6.76 Water pressure in the supply system exerts a downward force of 30 lb on the vertical plug at *A*. Determine the tension in the fusible link *DE* and the force exerted on member *BCE* at *B*.

6.77 A 9-m length of railroad rail of mass 40 kg/m is lifted by the tongs shown. Determine the forces exerted at D and F on tong BDF.

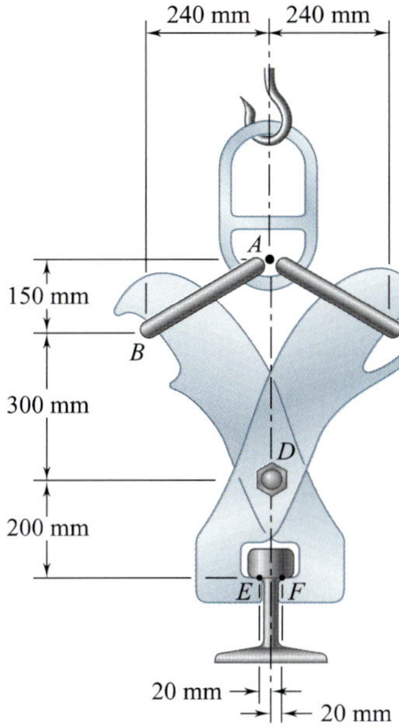

그림 *P6.77*

6.78 A steel ingot weighing 8000 lb is lifted by a pair of tongs as shown. Determine the forces exerted at C and E on the tong BCE.

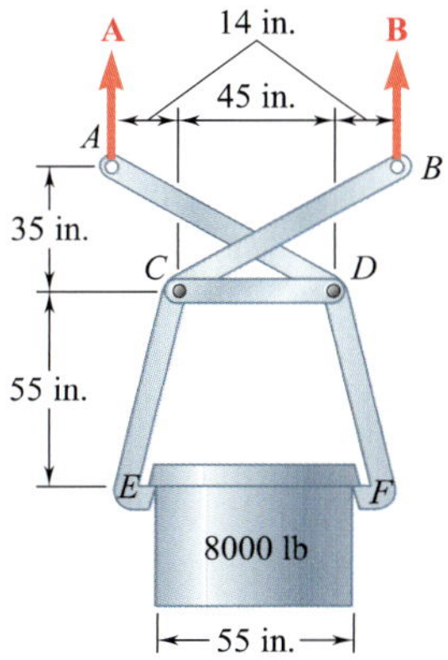

그림 P6.78

6.79 If the toggle shown is added to the tongs of Prob. 6.78 and the load is lifted by applying a single force at G, determine the forces exerted at C and E on the tong BCE.

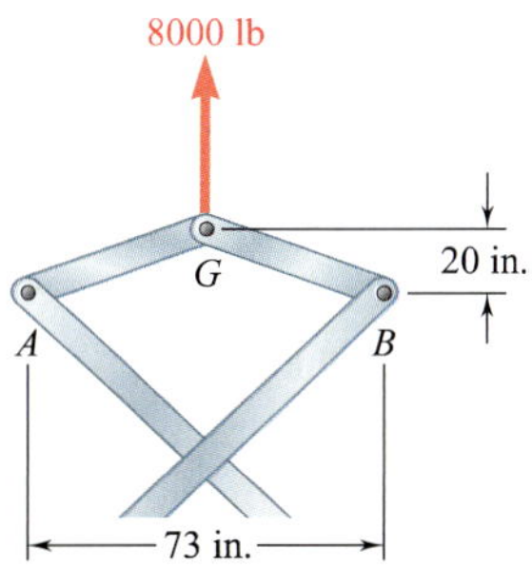

그림 *P6.79*

6.80 The gear-pulling assembly shown consists of a crosshead *CF*, two grip arms *ABC* and *FGH*, two links *BD* and *EG*, and a threaded center rod *JK*. Knowing that the center rod *JK* must exert a 4800-N force on the vertical shaft *KL* in order to start the removal of the gear, determine all the forces acting on grip arm *ABC*. Assume that the rounded ends of the crosshead are smooth and exert horizontal forces on the grip arms.

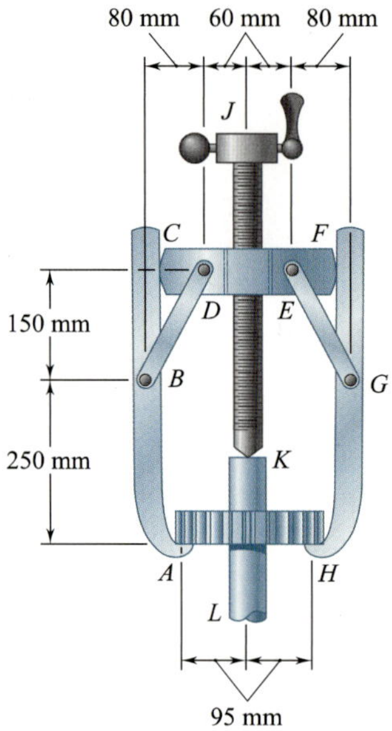

그림 P6.80

6.81 A force **P** of magnitude 2.4 kN is applied to the piston of the engine system shown. For each of the two positions shown, determine the couple **M** required to hold the system in equilibrium.

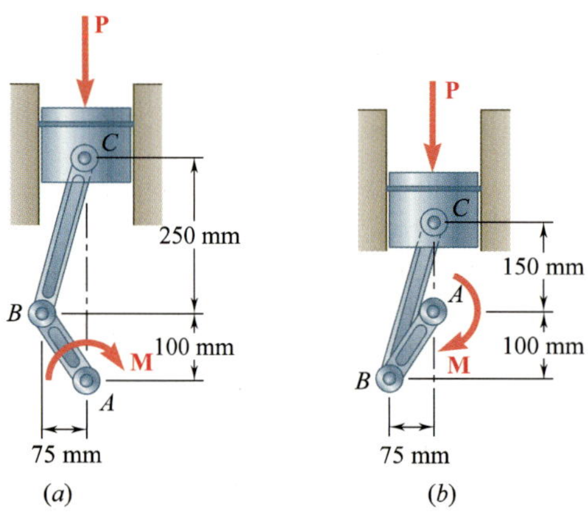

그림 P6.81, P6.82

6.82 A couple **M** of magnitude 315 N · m is applied to the crank of the engine system shown. For each of the two positions shown, determine the force **P** required to hold the system in equilibrium.

6.83 and *6.84* Two rods are connected by a frictionless collar *B*. Knowing that the magnitude of the couple $\mathbf{M}_A$ is 500 lb · in., determine (*a*) the couple $\mathbf{M}_C$ required for equilibrium, (*b*) the corresponding components of the reaction at *C*.

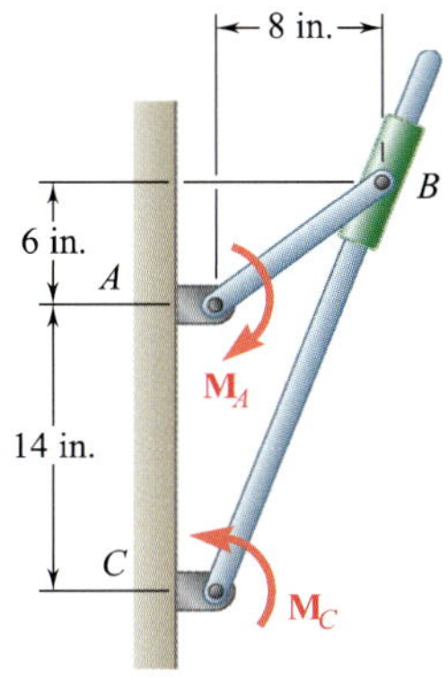

그림 P6.83

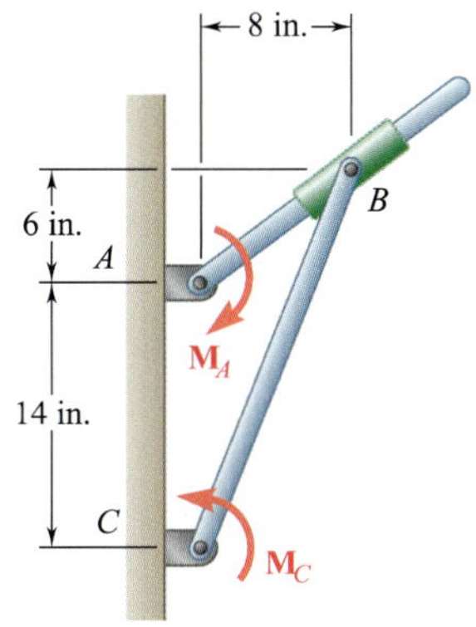

그림 *P6.84*

6.85 Two 300-N forces are applied to the handles of the pliers as shown. Determine (*a*) the magnitude of the forces exerted on the rod, (*b*) the force exerted by the pin at *A* on portion *AB* of the pliers.

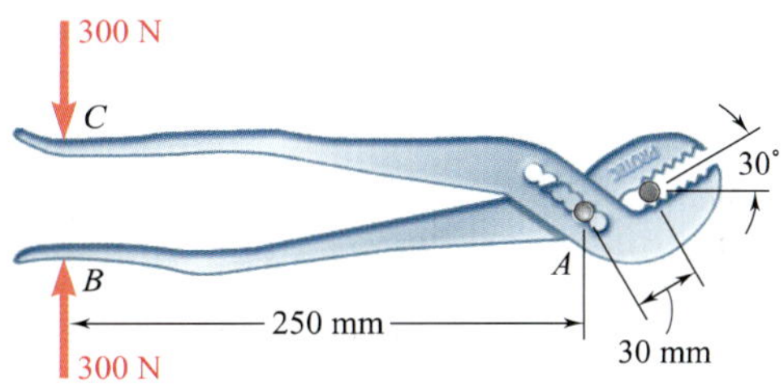

그림 P6.85

6.86 In using the bolt cutter shown, a worker applies two 100-lb forces to the handles. Determine the magnitude of the forces exerted by the cutter on the bolt.

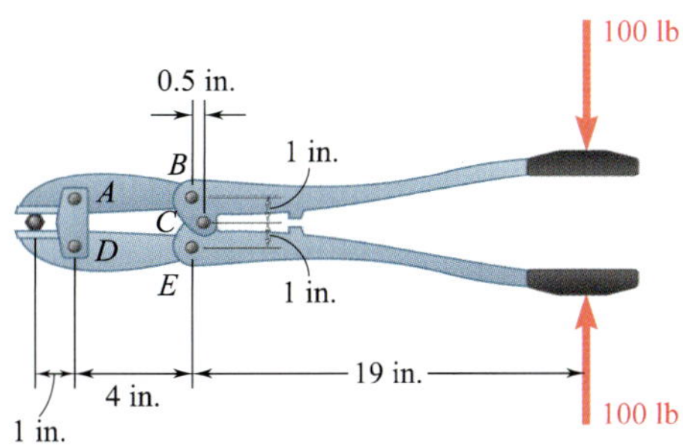

그림 P6.86

6.87 The upper blade and lower handle of the compound-lever shears are pin connected to the main element ABE at A and B, respectively, and to the short link CD at C and D, respectively. Determine the forces exerted on a twig when two 120-N forces are applied to the handles.

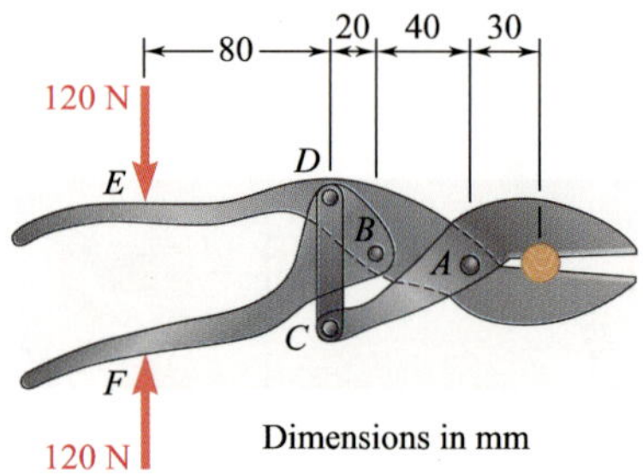

그림 *P6.87*

6.88 A hand-operated hydraulic cylinder has been designed for use where space is severely limited. Determine the magnitude of the force exerted on the piston at D when two 90-lb forces are applied as shown.

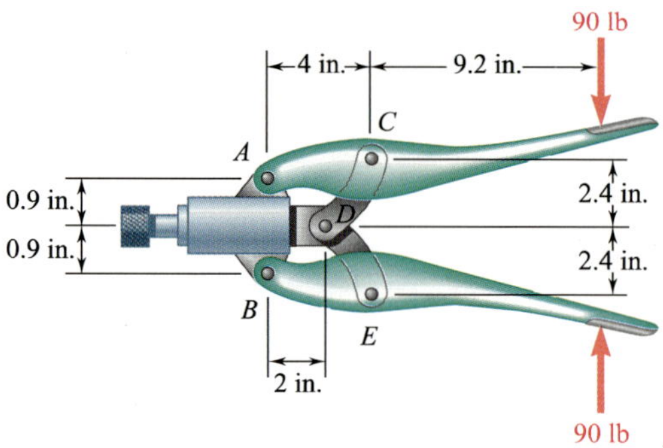

그림 P6.88

6.89 A shelf is held horizontally by a self-locking brace that consists of two parts EDC and CDB hinged at C and bearing against each other at D. If the shelf is 10 in. wide and weighs 24 lb, determine the force $\mathbf{P}$ required to release the brace. (*Hint:* To release the brace, the forces of contact at D must be zero.)

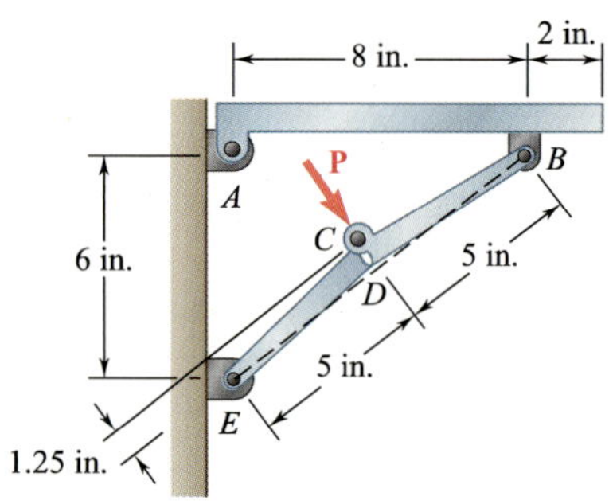

그림 P6.89

6.90 Since the brace shown must remain in position even when the magnitude of **P** is very small, a single safety spring is attached at D and E. The spring DE has a constant of 50 lb/in. and an unstretched length of 7 in. Knowing that $l = 10$ in. and that the magnitude of **P** is 800 lb, determine the force **Q** required to release the brace.

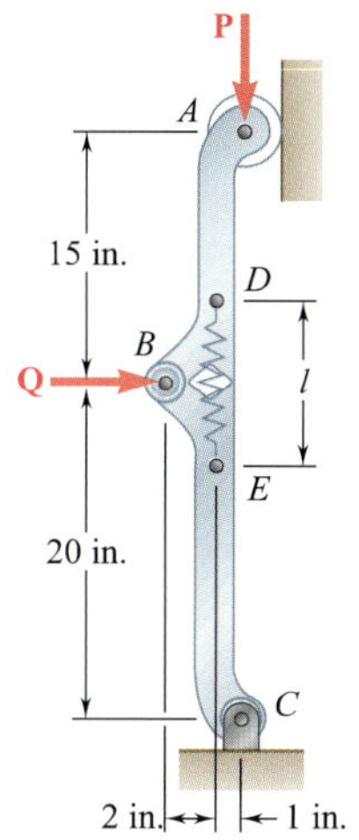

그림 **P6.90**

6.91 and 6.92 Determine the force **P** that must be applied to the toggle CDE to maintain bracket ABC in the position shown.

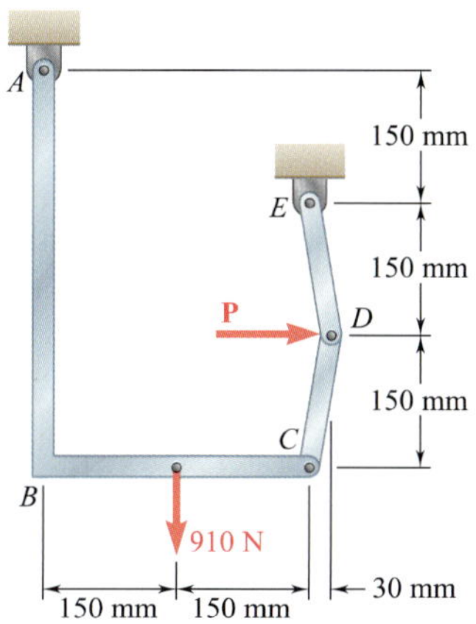

그림 **P6.91**

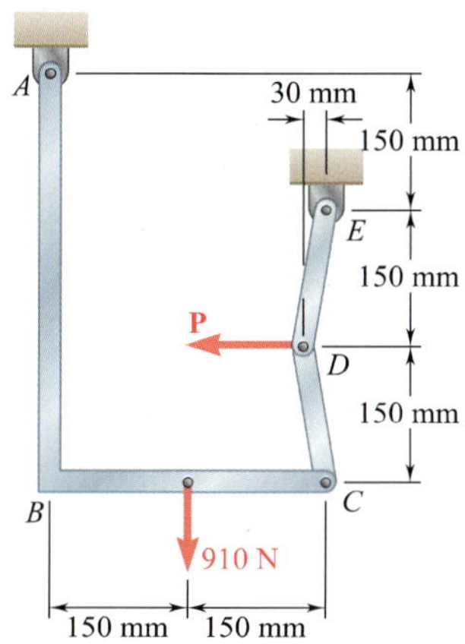

그림 **P6.92**

6.93 In the boring rig shown, the center of gravity of the 3000-kg tower is located at point G. For the position shown, determine the force exerted by the hydraulic cylinder AB.

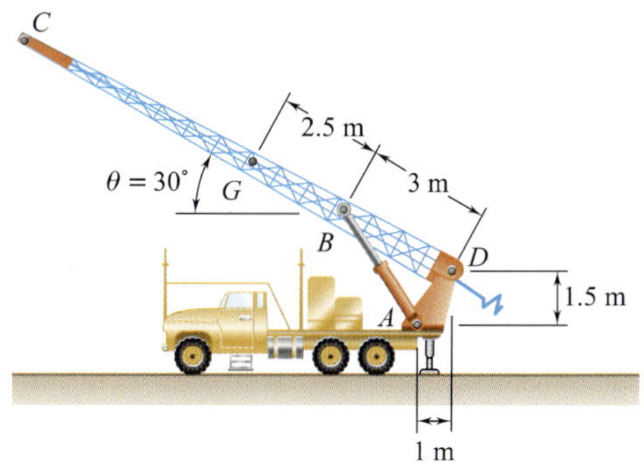

그림 **P6.93**

6.94 The action of the backhoe bucket is controlled by the three hydraulic cylinders shown. Determine the force exerted by each cylinder in supporting the 3000-lb load shown.

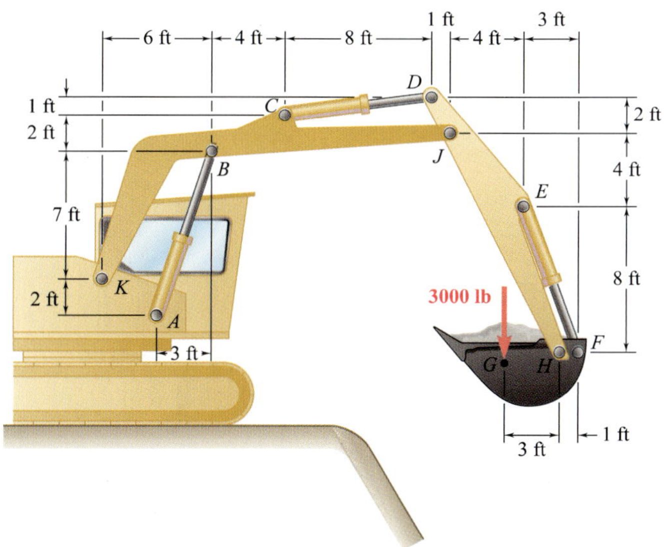

그림 **P6.94**

6.95 The motion of the backhoe bucket is controlled by the hydraulic cylinders AB, DE, and FI. Determine the force exerted by each cylinder in supporting the 7.5-kN load shown.

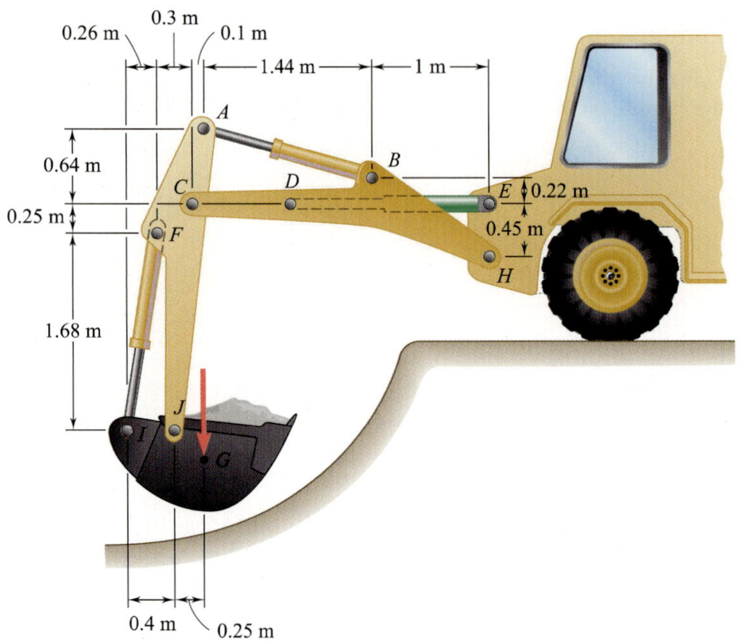

그림 P6.95

6.96 The elevation of the platform is controlled by two identical mechanisms, only one of which is shown. A load of 1200 lb is applied to the mechanism shown. Knowing that the pin at C can transmit only a horizontal force, determine (*a*) the force in link BE, (*b*) the components of the force exerted by the hydraulic cylinder on H.

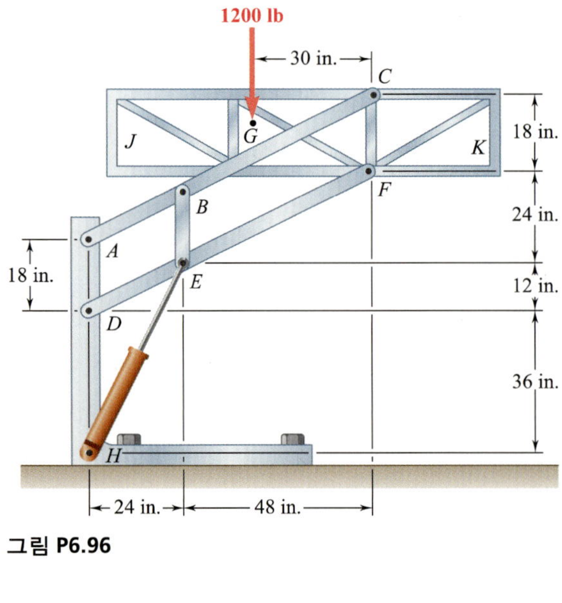

그림 P6.96

복습 및 요약

본 장에서는 구조물의 여러 요소를 붙잡아 주는 내력을 결정하는 방법을 공부하였다.

트러스의 해석 본 장의 전반부에서는 트러스의 해석 즉, 양단에서만 연결된 직선 부재들로 구성된 구조물의 해석에 집중하였다. 부재는 세장하고 횡하중을 지지할 수 없으며 모든 하중은 절점에서만 작용한다; 따라서 트러스는 핀과 2력 부재들로 구성된다고 가정한다[6.2절].

단순트러스 트러스가 작은 하중 하에서 크게 변형하거나 붕괴되지 않도록 설계되었다면 이 트러스는 강체로 불린다. 3개의 절점에서 연결된 3개의 부재로 구성되는 삼각형 트러스는 명백히 강체 트러스이고(그림 6.24a) 새로운 두 개의 부재를 첫 번째 것에 추가하여 새로운 절점에서 연결하여 구한 트러스도 역시 그렇다(그림 6.24b). 이 과정을 되풀이 하여 얻어진 트러스는 단순트러스라고 불린다. 단순트러스에서 전체 부재의 개수는 $m = 2n - 3$이고, 여기서 n은 전체 절점의 개수임을 확인할 수 있다[6.3절]

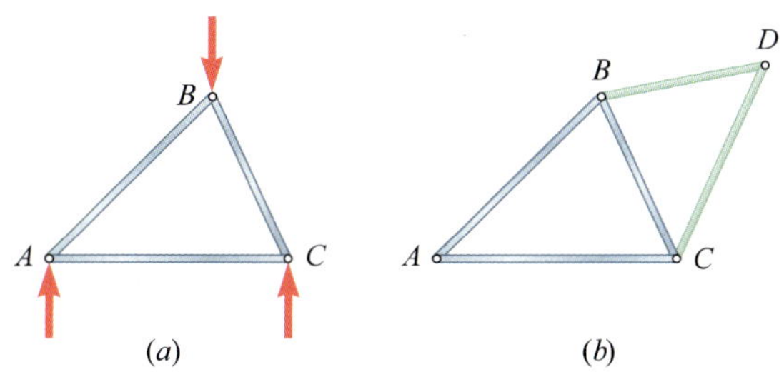

그림 6.24

절점법 단순트러스의 여러 부재의 부재력은 절점법에 의하여 결정할 수 있다[6.4절]. 먼저, 전체 트러스를 자유물체로 간주하여 지점에서의 반력이 구해진다. 다음에 각각의 핀에 대한 자유물체도를 그려서 부재나 그것이 연결된 지점이 핀에 작용하는 힘들을 표시한다. 부재들은 직선 2력 부재들이므로, 부재가 핀에 작용하는 힘들은 그 부재 방향이고, 힘의 크기만이 미지이다. 단순트러스의 경우 항상 단 2개의 미지력만이 각각의 자유물체도에 포함되도록 순서를 정하여 핀의 자유물체도를 그릴 수 있다. 이 힘들은 해당되는 2개의 평형 방정식으로부터 구해진다 –혹은 단지 3개의 힘만이 포함된 경우– 상응하는 힘의 삼각형으로부터 구해진다. 부재가 핀에 대해서 발휘하는 힘이 핀을 향한다면, 이 부재는 압축이다; 핀으로부터 멀어지는 방향이라면, 이 부재는 인장이다[문제 6.1]. 먼저 특수한 하중조건을 받는 절점을 확인하면 트러스의 해석이 신속해 진다[6.5절].

단면법 트러스의 단 하나의 부재력 혹은 매우 작은 개수의 부재력만 원한다면 절점법보다는 단면법이 보통 더 선호된다[6.6절]. 예를 들어, 그림 6.25a의 트러스에서 부재 BD의 부재력을 결정하기 위하여, 부재 BD, BE와 CE를 지나는 단면을 내어 이 부재들을 제거하고, 트러스의 ABC 부분을 자유물체로 사용한다(그림 6.25b). $\Sigma M_E = 0$를 작성하여, 부재 BD의 부재력을 나타내는 힘 $\mathbf{F}_{BD}$의 크기를 결정한다. 양의 부호는 이 부재가 인장임을 나타내고, 음의 부호는 이 부재가 압축임을 나타낸다[문제 6.2와 6.3].

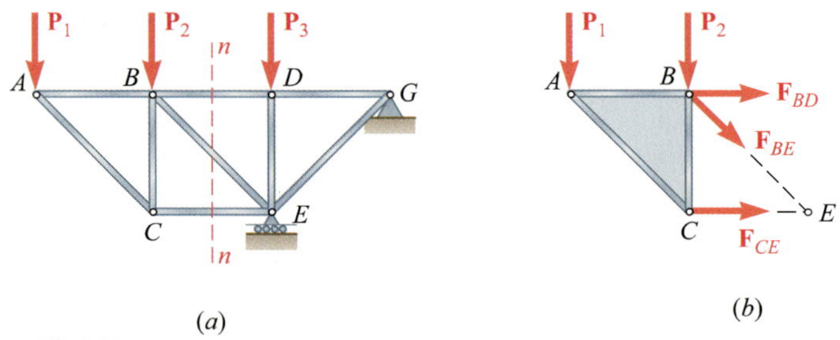

그림 6.25

복합트러스 단면법은 복합트러스 즉, 그림 6.24a의 기본 삼각형으로부터는 만들 수 없고 여러 개의 단순트러스를 강체로 연결하여 만들어 지는 트러스의 해석에 있어서 특히 유용하다[6.7절]. 복합트러스가 적절하게 연결되어 있다면(예를 들어, 한 개의 핀과 한 개의 링크 혹은 한 점에서 만나지 않고 평행하지도 않은 3개의 링크) 그리고 결과의 트러스가 적절히 지지되어 있다면(예를 들어, 한 개의 핀과 한 개의 로울러), 이 복합트러스는 정역학적으로 정정이고, 강체이며, 완전하게 구속되어 있다. 이 경우. 다음의 필요조건이 − 충분조건은 아님 − 만족된다; $m + r = 2n$, 여기서 m은 전체 부재의 개수, r은 지점 반력을 나타내는 미지수의 개수, 그리고 n은 절점의 개수이다.

뼈대와 기계 본 장의 두 번째 부분에서는 뼈대와 기계의 해석에 집중한다. 뼈대와 기계는 다력 부재 즉, 3개 이상의 힘을 받는 부재를 포함한다. 뼈대는 하중을 지지하도록 설계되고 보통은 움직이지 않고, 완전히 구속된 구조물이다. 기계는 힘을 전달하거나 변환하도록 설계되고 항상 움직이는 부분을 포함한다[6.8절].

뼈대의 해석 뼈대를 해석하기 위해서, 먼저 전체 뼈대를 자유물체로 고려하여 3개의 평형방정식을 작성한다[6.9절]. 뼈대를 지점에서 분리하였을 때 강체를 유지한다면, 반력은 단지 3개의 미지수만을 포함하고 이 방정식들을 사용하여 결정될 수 있다[문제 6.4와 6.5]. 한 편, 뼈대를 지점에서 분리하였을 때, 강체가 아니라면, 반력은 3개 이상의 미지수를 포함하고 뼈대의 평형방정식으로부터 완전히 결정될 수는 없다[6.10절 참조; 문제 6.6]

다력 부재 우리는 이제 뼈대를 해체하여 여러 부재들이 2력 부재인지 다력 부재인지 확인한다; 핀은 그들이 연결된 부재 중 어느 하나에 합쳐져 있다고 가정한다. 두 개의 다력 부재가 같은 2력 부재에 연결되어 있을 때, 2력 부재는 다력 부재에 미지이지만 크기가 같고 2력 부재 방향이지만 서로 반대 방향의 힘을 미친다는 것을 주의하여, 각각의 다력 부재에 대한 자유물체도를 그린다. 두 개의 다력 부재가 핀에 연결되어 있을 때, 이들은 서로에 대하여 크기가 같고 방향이 반대인 두 미지 성분으로 표시되는 힘을 발휘한다. 이제 다력 부재들에 대한 자유물체도로부터 얻은 평형방정식을 풀어서 여러 내력들을 구한다[문제 6.4와 6.5]. 또한 평형방정식은 지점에서의 반력을 구하기 위하여 사용될 수 있다[문제 6.6]. 실제로, 뼈대가 정역학적으로 정정이고 강체이면, 다력 부재에 대한 자유물체도는 미지력(반력 포함)의 개수와 같은 개수의 평형방정식을 제공한다[6.10절]. 그러나 앞에서 제안하였듯이, 먼저 연립해서 풀어야 하는 방정식의 수를 최소화할 수 있도록 전체 뼈대의 자유물체도를 고려하는 것이 바람직하다.

기계의 해석 기계를 해석하기 위하여서는, 이것을 해체하여, 뼈대의 경우와 같은 과정을 거쳐, 각각의 다력 부재에 대한 자유물체도를 그린다. 이에 상응하는 평형방정식이 기계가 발휘하는 출력하중을 여러 연결부에서의 내력들 뿐만 아니라 기계에 작용된 입력하중의 항으로 제공한다[6.11절;문제 6.7]

Review Problems

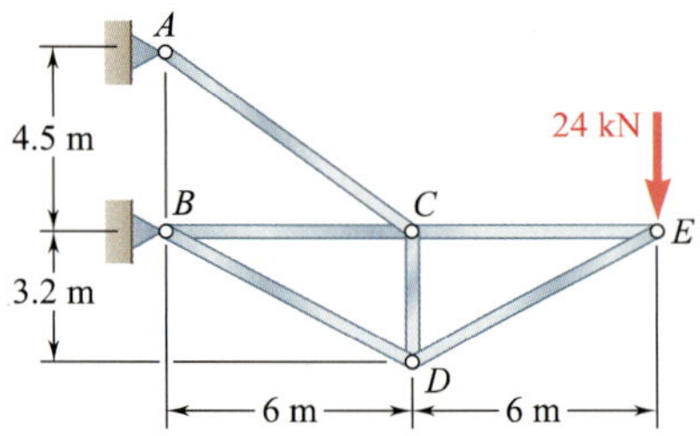

그림 *P6.97*

6.97 Using the method of joints, determine the force in each member of the truss shown.

6.98 Determine the force in each member of the truss shown.

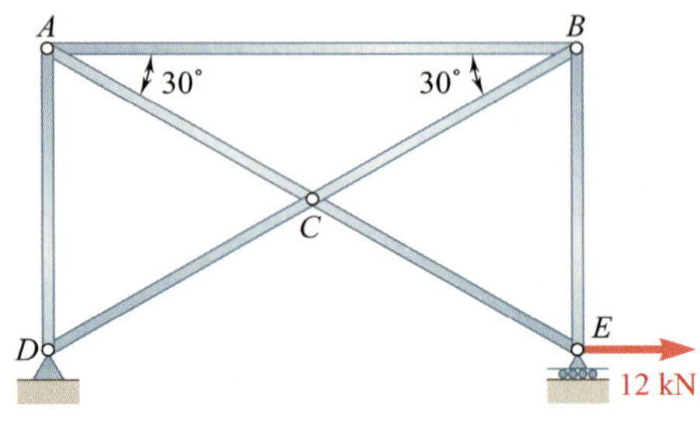

그림 *P6.98*

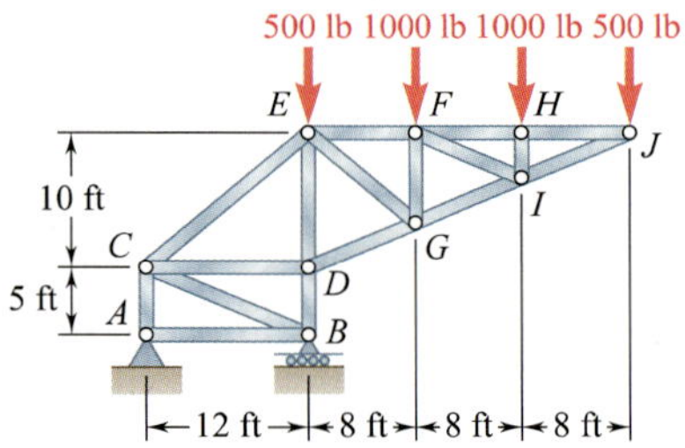

그림 P6.99, P6.100

6.99 Determine the force in members *EF*, *FG*, and *GI* of the truss shown.

6.100 Determine the force in members *CE*, *CD*, and *CB* of the truss shown.

6.101 The low-bed trailer shown is designed so that the rear end of the bed can be lowered to ground level in order to facilitate the loading of equipment or wrecked vehicles. A 1400-kg vehicle has been hauled to the position shown by a winch; the trailer is then returned to a traveling position where $\alpha = 0$ and both *AB* and *BE* are horizontal. Considering only the weight of the disabled automobile, determine the force that must be exerted by the hydraulic cylinder to maintain a position with $\alpha = 0$.

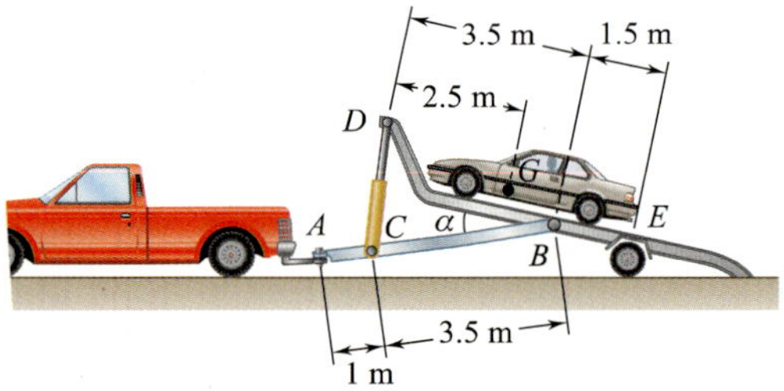

그림 P6.101

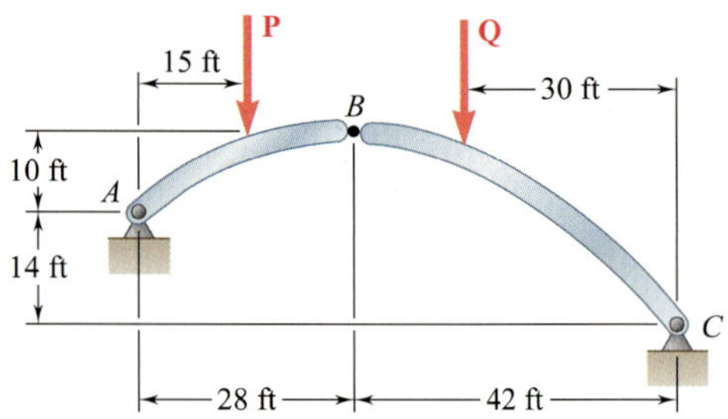

그림 *P6.102*

6.102 The axis of the three-hinged arch *ABC* is a parabola with vertex at *B*. Knowing that $P = 109.2$ kips and $Q = 72.8$ kips, determine (*a*) the components of the reaction at *C*, (*b*) the components of the force exerted at *B* on segment *AB*.

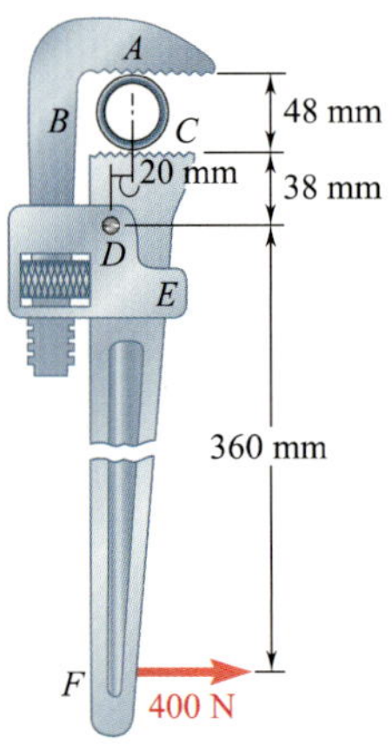

그림 P6.103

6.103 A 48-mm-diameter pipe is gripped by the Stillson wrench shown. Portions *AB* and *DE* of the wrench are rigidly attached to each other, and portion *CF* is connected by a pin at *D*. Assuming that no slipping occurs between the pipe and the wrench, determine the components of the forces exerted on the pipe at *A* and *C*.

6.104 The compound-lever pruning shears shown can be adjusted by placing pin A at various ratchet positions on blade ACE. Knowing that 292-lb vertical forces are required to complete the pruning of a twig, determine the magnitude P of the forces that must be applied to the handles when the shears are adjusted as shown.

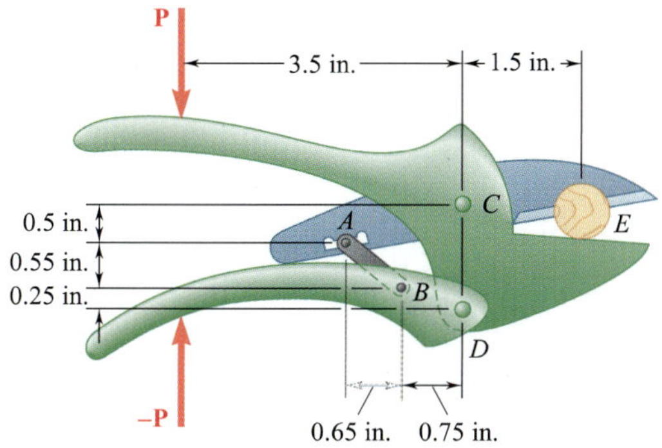

그림 P6.104

6.105 Determine the couple **M** that must be applied to the crank CD to hold the mechanism in equilibrium. The block at D is pinned to the crank CD and is free to slide in a slot cut in member AB.

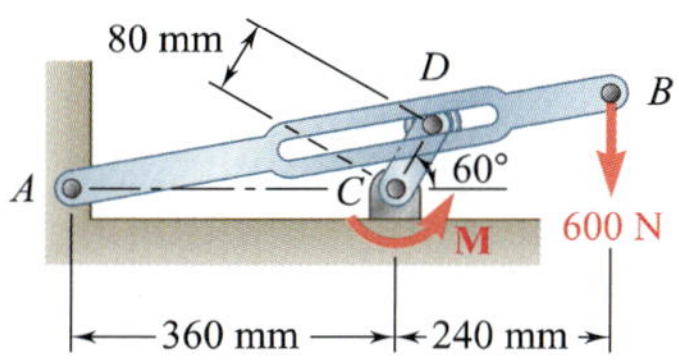

그림 ***P6.105***

6.106 An automobile front-wheel assembly supports 750 lb. Determine the force exerted by the spring and the components of the forces exerted on the frame at points A and D.

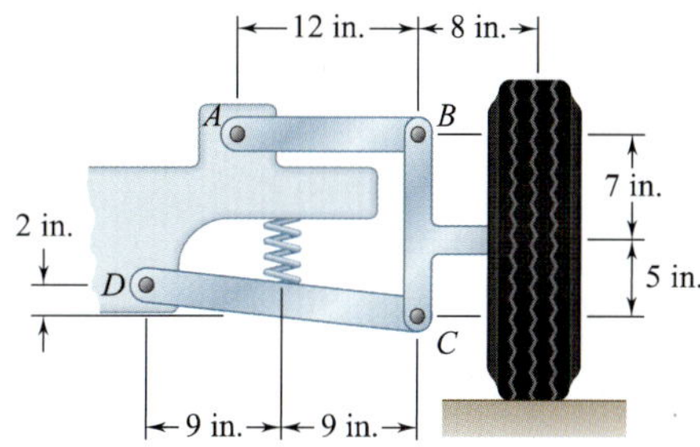

그림 P6.106

6.107 For the bevel-gear system shown, determine the required value of α if the ratio of M_B to M_A is to be three.

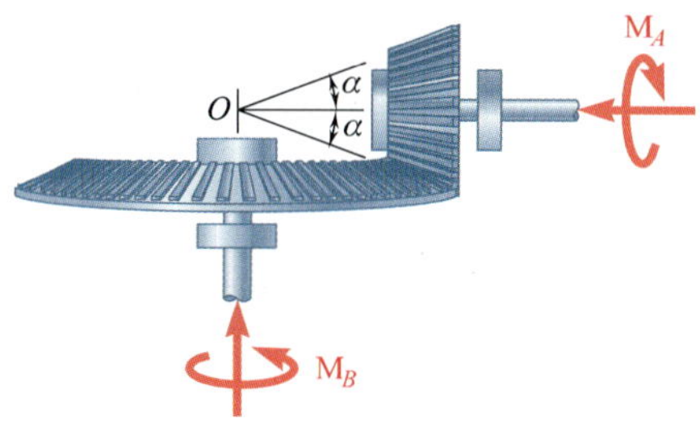

그림 ***P6.107***

6.108 A 400-kg block may be supported by a small frame in each of the four ways shown. The diameter of the pulley is 250 mm. For each case, determine (a) the force components and the couple representing the reaction at A, (b) the force exerted at D on the vertical member.

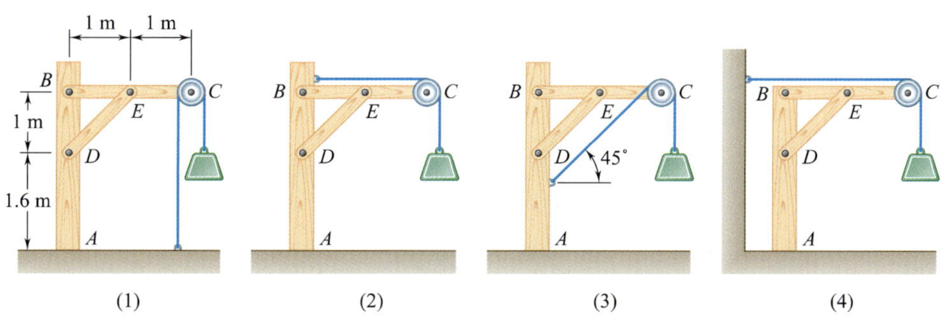

그림 P6.108

7

분포력: 면적의 관성모멘트

7.1 서론

우리는 제5장에서 면이나 체적을 갖는 물체에 분포되어 작용하는 다양한 형태의 역계를 해석하였다. 3가지 주요한 형태의 분포력이 고려되었는데, (1) 동일한 두께를 갖는 균질한 평판의 무게(5.3절−5.6절), (2) 보에 작용하는 분포하중(5.8절), 그리고 (3) 균질한 3차원 물체의 무게(5.9절−5.10절)이다. 균질한 평판의 경우 평판의 미소요소의 무게 ΔW는 미소요소의 면적 ΔA에 비례하였다. 보에 작용하는 분포하중의 경우 여러 개로 분할된 미소요소에 작용하는 분포력의 합인 등가집중력 ΔW는 해당되는 하중선도의 미소면적 ΔA와 같음을 알 수 있었다. 즉, 분포하중의 등가집중력은 하중선도의 면적과 같다. 한편, 균질한 3차원 물체의 경우 물체의 미소요소의 무게 ΔW는 해당되는 미소요소의 체적 ΔV에 비례한다. 즉, 제5장에서 고려되었던 모든 경우에서 보듯이, 하중선도의 미소요소에 대한 등가집중력의 크기는 그 힘과 관련된 미소요소의 면적이나 체적에 비례한다는 것을 알 수 있었다. 그러므로 이 힘들의 전체합력은 해당되는 물체의 미소면적이나 미소체적을 모두 더함으로써 얻을 수 있게 된다. 그리고 임의의 주어진 기준축을 중심으로 합력에 대한 모멘트는 이 축에 대한 단면 또는 체적의 1차모멘트를 계산함으로 결정될 수 있다.

이 장에서는 등가집중력 $\Delta\mathbf{F}$는 작용하는 미소면적 ΔA뿐만 아니라 임의의 기준축에서 ΔA까지 떨어진 거리를 고려할 때 어떤 물리량을 보이는지 알아보도록 한다. 좀 더 자세히 말하면, 단위면적당 작용하는 힘의 크기 $\Delta F/\Delta A$는 기준축으로부터의 거리에 선형으로 변화한다고 가정한다. 다음 절에 설명된 바와 같이, 이와 같은 힘의 형태는 보의 휨에 나타난다. 개개의 미소요소에서 발생되는 등가집중력들은 면적 A에 분포되어 작용하고 x축으로부터의 거리 y에 선형으로 변화한다고 가정할 때, 이 힘들의 합력 $\mathbf{R}$은 **단면1차모멘트**(first moment of area) $Q_x = \int y dA$와 관련이 있는 반면 합력 $\mathbf{R}$이 작용하는 위치는 x축에 대해 면적 A의 **단면2차모멘트**(second moment of area) 또는 **관성모멘트**(moment of inertia) $I_x = \int y^2 dA$와 연관이 있다. 주어진 x축과 y축에 대해 다양한 형태의 면적의 관성모멘트를 계산하는 것을 배울 것이다. 또한 면적 A의 극관성모멘트 $J_O = \int r^2 dA$ 도 이 장에서 소개될 것이다. 여기서 원점 O로부터 떨어진 r은 미소면적 dA까지 떨어진 거리를 의미한다. 계산을 원활히 하기 위해 x축에 대한 단면 A의 관성모멘트 I_x와 x축과 평행되게 떨어진 x'축에 대한 동일단면의 관성모멘트 $I_{x'}$과의 관계(평행축정리; parallel−axis theory)도 기술될 것이다.

7.2 면적의 관성모멘트 또는 단면2차모멘트

미소면적 ΔA에 작용하는 분포하중의 등가집중력 ΔF는 해당요소의 면적에 비례하며, 주어진 기준축으로부터 ΔA까지의 거리에 선형으로 변화한다는 것을 생각할 수 있다. 예를 들면, 양단에 크기가 같고 반대방향의 짝힘이 작용하고 있는 일정단면의 보가 있다고 하자. 이 경우 보의 내부에 전단력은 발생되지 않으므로 순수휨(pure bending) 상태라 할 수 있다. 이 때 미소면적 ΔA에 작용하는 등가집중력 ΔF는 보의 단면의 도심을 관통하는 축으로부터 ΔA까지의 거리 y에 직선변화를 하기 때문에 $\Delta F = ky\Delta A$임을 알 수 있다. 그림 7.1에서 표시된 x축을 **중립축**(neutral axis)이라 한다. 중립축을 중심으로 한쪽 편에 작용하는 힘은 압축력을 나타내고, 반면에 다른쪽 편에 작용하는 힘은 상대적으로 인장력을 의미하며 중립축에 작용하는 힘은 0이 된다.

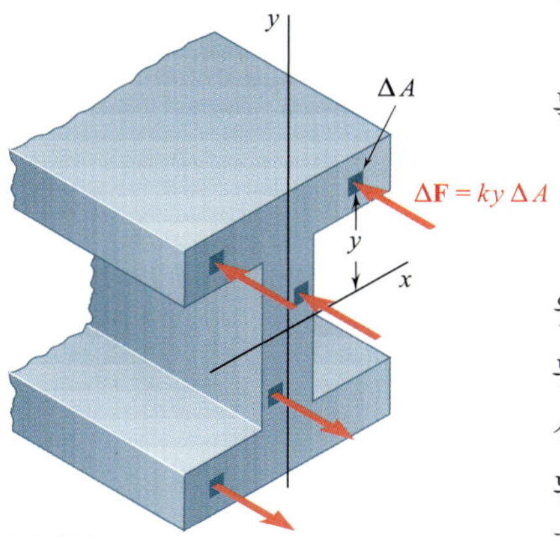

그림 7.1

미소면적에 작용하는 힘 $\Delta \mathbf{F}$을 전단면에 대해 모두 더한 합력 $\mathbf{R}$의 크기는 아래와 같이 표현된다.

$$R = \int ky\,dA = k\int y\,dA$$

윗 식의 마지막 부분은 x축에 대한 단면1차모멘트 Q_x이며, 이 값은 $\bar{y}A$와 동일하다. 여기서 A는 보 단면의 전체면적, $\bar{y}$는 중립축으로부터 단면의 도심까지의 거리이며 이 값은 0이 되므로 중립축에 대한 단면1차모멘트는 0이 된다. 따라서 중립축을 중심으로 $+y$와 $-y$만큼 떨어진 미소면적 ΔA에 작용하는 등가집중력 $\Delta \mathbf{F}$는 서로 짝힘(couple)을 형성하게 된다. 이 짝힘(휨모멘트)의 크기는 미소요소에 작용하는 휨모멘트 $\Delta M_x = y\Delta F = ky^2\Delta A$을 전단면에 대해 적분함으로써 얻을 수 있다.

$$M = \int ky^2\,dA = k\int y^2\,dA$$

윗 식의 마지막 부분은 보 단면의 x축에 대한 **단면2차모멘트 또는 관성모멘트**[1)]라 하며 I_x로 표시된다. 이 값은 중립축인 x축으로부터 떨어진 미소요소의 면적 dA에 거리 y의 제곱을 곱한 후 보 단면 전체에 대해 적분함으로써 얻을 수 있다. 여기서 y^2dA은 항상 양의 값이므로 거리 y의 부호에 상관없이 I_x는 항상 양의 값을 갖는다.

1) 일반적으로 관성모멘트보다는 단면2차모멘트가 더 적절한 표현이라 할 수 있다. 왜냐하면 이론적으로 관성모멘트는 질량을 적분한 것과 관련된 물리량이다. 그러나 실무에서는 관성모멘트도 질량과 같이 면적과 연계되어 많이 사용된다.

7.3 적분에 의한 면적의 관성모멘트 산정

앞 절에서 우리는 x축에 대한 단면2차모멘트 또는 관성모멘트의 정의에 대해 살펴보았다. 유사한 개념으로 y축에 대한 단면 A의 관성모멘트 I_y는 다음과 같이 쓸 수 있다(그림 7.2a).

$$I_x = \int y^2 dA \qquad I_y = \int x^2 dA \tag{7.1}$$

이와 같은 적분형태는 미소면적 dA를 양방향 좌표축의 어느 한 축에 평행한 얇은 띠 형태의 직사각형으로 간주하게 되면 쉽게 계산할 수 있게 되므로 면적 A에 대한 **직사각형 관성모멘트**(rectangular moment of inertia)임을 알 수 있다. 즉, I_x를 계산하기 위해 x축에 평행한 직사각형 띠를 고려하면 이 면적은 x축으로부터 y만큼 떨어지게 된다(그림 7.2b); 따라서 이 띠의 관성모멘트 dI_x는 미소면적 dA에 y^2을 곱함으로써 얻을 수 있다. 같은 방법으로 I_y를 계산하기 위해서 y축에 평행인 직사각형 띠의 미소면적 dA에 거리 x^2을 곱해주면 dI_y를 구할 수 있다(그림 7.2c).

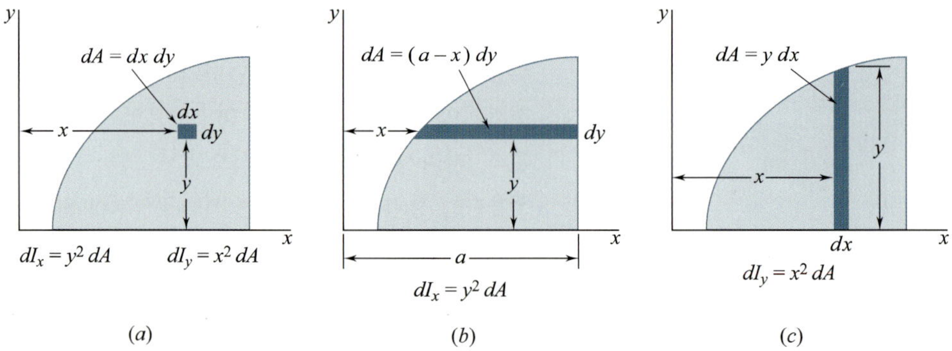

그림 7.2

직사각형 단면의 관성모멘트. 직사각형 단면의 바닥선에 대한 관성모멘트를 구해보도록 하자(그림 7.3). 그림에서 보듯이 바닥선 x축으로부터 y만큼 떨어진 거리에 직사각형 형태의 얇은 띠를 고려한다.

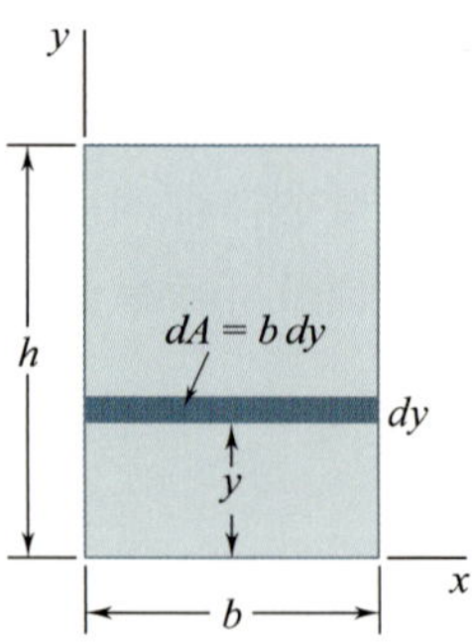

그림 7.3

$$dA = b\,dy \qquad dI_x = y^2 b\,dy$$

$$I_x = \int_0^h by^2\,dy = \frac{1}{3}bh^3 \tag{7.2}$$

동일한 띠요소를 사용한 I_x와 I_y 산정. 위에서 방금 구한 식 (7.2)를 사용하여 그림 7.2c의 직사각형 띠의 관성모멘트를 구해보도록 하자. y축에

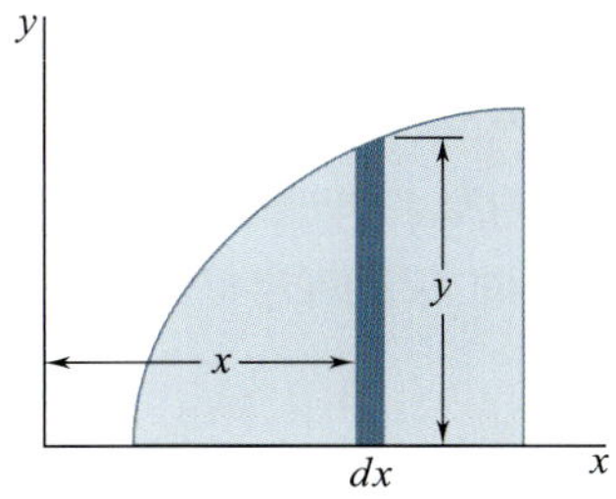

$dI_x = \frac{1}{3}y^3\,dx$

$dI_y = x^2 y\,dx$

그림 7.4

평행인 직사각형 띠의 x축에 대한 관성모멘트 dI_x는 식 (7.2)와 비교하여 $b = dx$, $h = y$로 대체하면 다음 관계를 나타낼 수 있다.

$$dI_x = \frac{1}{3}y^3 dx$$

반면에 y축에 대한 직사각형 띠의 관성모멘트는

$$dI_y = x^2 dA = x^2 y dx$$

그러므로 주어진 면적(그림 7.4)에 대한 관성모멘트 I_x와 I_y는 동일한 직사각형 띠요소를 갖고 계산할 수 있다.

7.4 극관성모멘트

원형축의 비틂과 관련된 문제나 슬래브의 회전을 다루는 문제 등에는 매우 중요한 적분형태가 있다.

$$J_O = \int \rho^2 dA \tag{7.3}$$

여기서 ρ는 원점(또는 극점) O로부터 미소면적 dA까지의 거리를 의미한다(그림 7.5). 이 적분을 극점(pole)에 대한 면적 A의 **극관성모멘트**(polar moment of inertia)라 한다. 주어진 단면의 극관성모멘트는 동일한 단면의 관성모멘트 I_x와 I_y를 알고 있을 때 쉽게 구할 수 있다. 실제로 $\rho^2 = x^2 + y^2$의 관계가 있으므로

$$J_O = \int \rho^2 dA = \int (x^2 + y^2) dA = \int y^2 dA + \int x^2 dA$$

즉,

$$J_O = I_x + I_y \tag{7.4}$$

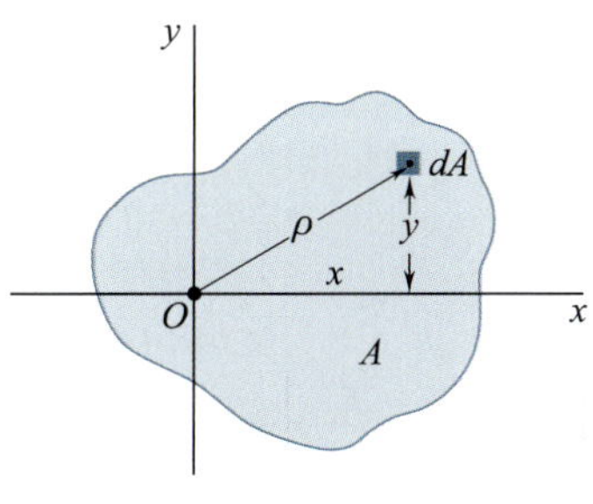

그림 7.5

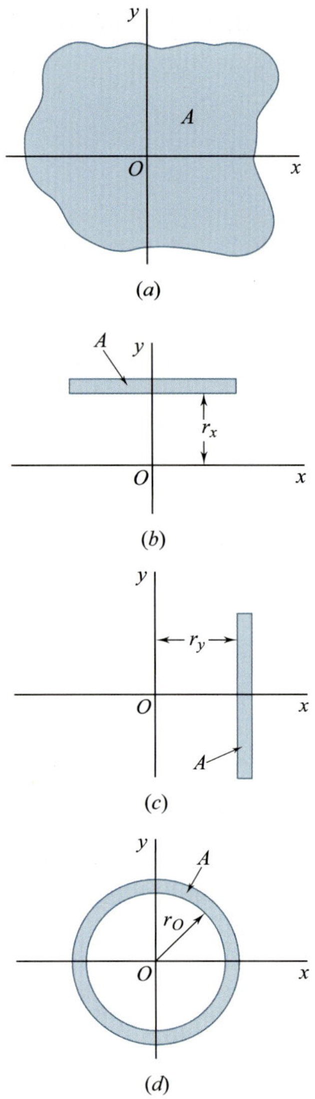

그림 7.6

7.5 회전반지름

x축에 대한 관성모멘트 I_x를 갖는 단면 A를 고려해보자(그림 7.6a). 다시 단면 A가 x축에 평행인 미소면적을 갖는 직사각형 띠로 단순화되어 있다고 생각해보자(그림 7.6b). 직사각형 띠의 면적을 A, x축으로부터의 거리를 r_x라 하면 관성모멘트는 다음과 같다.

$$I_x = r_x^2 A$$

이 식을 r_x에 대해 정리하면

$$r_x = \sqrt{\frac{I_x}{A}} \tag{7.5}$$

여기서 r_x를 x축에 대한 면적 A의 **회전반지름**(radius of gyration)이라 한다. 비슷한 방법으로 y축과 극점 O에 대한 회전반지름을 구할 수 있다(그림 7.6c와 d).

$$I_y = r_y^2 A \qquad r_y = \sqrt{\frac{I_y}{A}} \tag{7.6}$$

$$J_O = r_O^2 A \qquad r_O = \sqrt{\frac{J_O}{A}} \tag{7.7}$$

식 (7.4)를 회전반지름의 항으로 다시 정리하면 다음과 같다.

$$r_O^2 = r_x^2 + r_y^2 \tag{7.8}$$

예제 7.1 그림 7.7과 같은 직사각형 단면이 주어졌을 때 바닥선에 대한 회전반지름 r_x를 계산해 보자.

식 (7.5)와 (7.2)를 사용하면

$$r_x^2 = \frac{I_x}{A} = \frac{\frac{1}{3}bh^3}{bh} = \frac{h^2}{3} \qquad r_x = \frac{h}{\sqrt{3}}$$

직사각형의 회전반지름 r_x는 그림 7.7에 나타나 있다. 즉, 바닥선으로부터의 직사각형의 도심까지의 종거(ordinate) $\bar{y} = h/2$와 회전반지름은 서로 다른 값을 보여주므로 혼동하지 않기를 바란다. 즉, r_x는 단면의 관성모멘트와 연관이 있는 반면, 종거 $\bar{y}$는 단면1차모멘트와 관련이 있음을 알 수 있다. ■

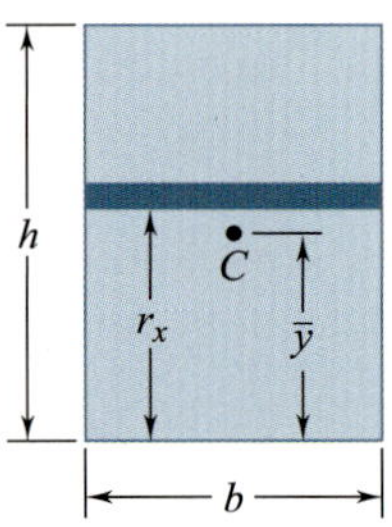

그림 7.7

문제 7.1

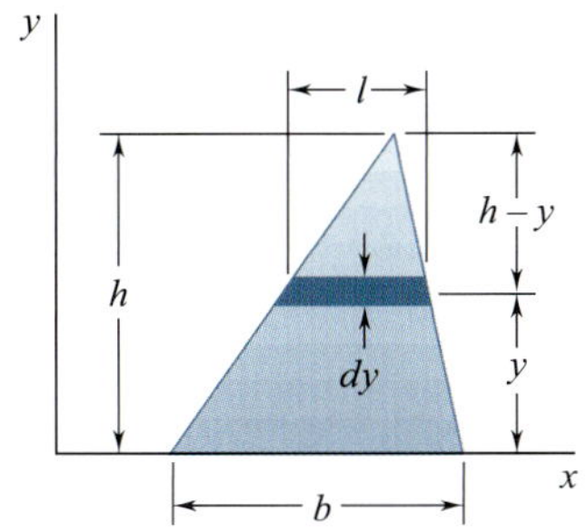

바닥선에 대한 삼각형 도형의 관성모멘트를 계산하시오.

풀이.

밑변의 길이가 b, 높이가 h인 삼각형이 그림과 같다; x축은 바닥선과 일치되어 있다. x축으로부터 y만큼 떨어진 위치에 미소면적 dA를 갖는 띠로 가정할 때

$$dI_x = y^2 dA \qquad dA = l\,dy$$

한편, 삼각형의 닮은꼴 성질로부터

$$\frac{l}{b} = \frac{h-y}{h} \qquad l = b\frac{h-y}{h} \qquad dA = b\frac{h-y}{h}dy$$

적분구간을 $y=0$에서 $y=h$까지 dI_x를 적분하면 삼각형의 바닥선에 대한 관성모멘트를 구할 수 있게 된다. 즉,

$$I_x = \int y^2 dA = \int_0^h y^2 b\frac{h-y}{h}dy = \frac{b}{h}\int_0^h (hy^2 - y^3)dy$$

$$= \frac{b}{h}\left[h\frac{y^3}{3} - \frac{y^4}{4}\right]_0^h \qquad I_x = \frac{bh^3}{12}$$

문제 7.2

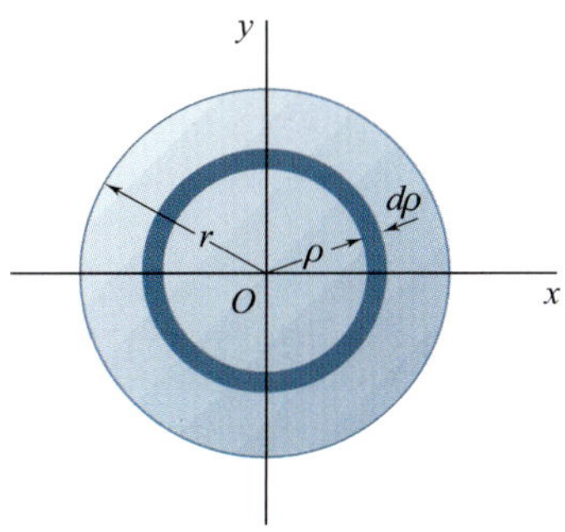

(a) 직접 적분을 사용하여 원형단면의 도심에 대한 극관성모멘트를 결정하시오. (b) 문제 a의 결과를 사용하여 직경방향(그림에서 x방향)에 대한 관성모멘트를 구하시오.

풀이.

a. 극관성모멘트. 원의 도심으로부터 동심원방향으로 미소면적 dA를 가정하였다. 이 때 미소면적 dA의 모든 부분들은 도심으로부터 ρ만큼 떨어져 있다고 가정하기 때문에 다음과 같이 표현할 수 있다.

$$dJ_O = \rho^2 dA \qquad dA = 2\pi\rho\,d\rho$$

$$J_O = \int dJ_O = \int_0^r \rho^2(2\pi\rho\,d\rho) = 2\pi\int_0^r \rho^3 d\rho \qquad J_O = \frac{\pi}{2}r^4$$

b. 직경방향에 대한 관성모멘트. 원형단면의 대칭성을 이용하면 $I_x = I_y$가 된다. 이 관계식을 다시 정리해 보면

$$J_O = I_x + I_y = 2I_x \qquad \frac{\pi}{2}r^4 = 2I_x \qquad I_{\text{diameter}} = I_x = \frac{\pi}{4}r^4$$

문제 7.3

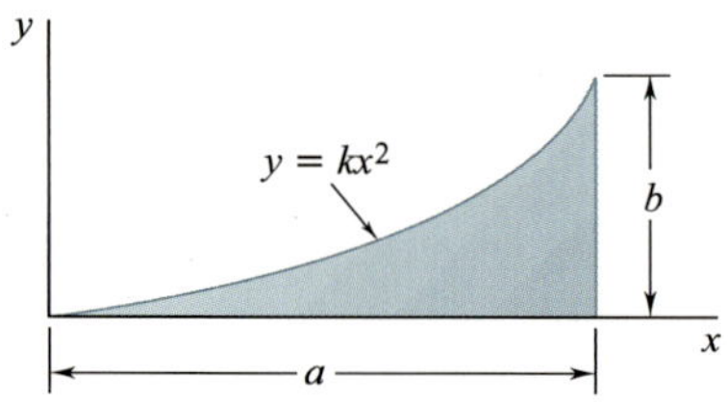

(a) 각각의 축 방향에 대한 음영면적의 관성모멘트를 결정하시오.(주어진 음영면적의 도형성질은 문제 5.4에 나타나 있다.) (b) 문제 a의 결과를 사용하여 각각의 축 방향에 대한 회전반지름을 구하시오.

풀이.

문제 5.4를 참고하면 주어진 도형의 곡선식과 음영면적을 구할 수 있게 된다. 즉,

$$y = \frac{b}{a^2}x^2 \qquad A = \frac{1}{3}ab$$

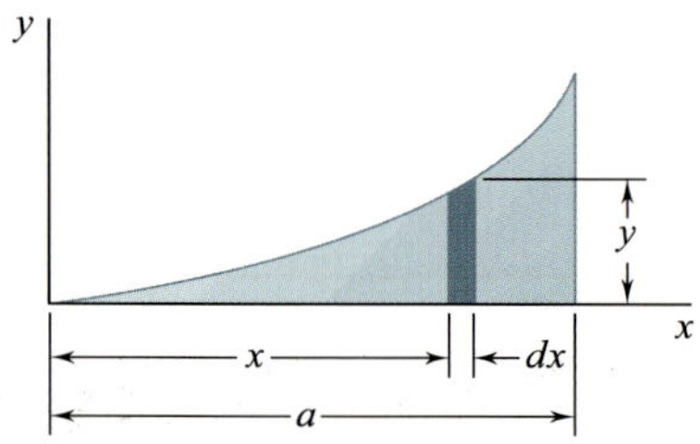

관성모멘트 I_x. 그림과 같이 x축으로부터 수직방향으로 미소면적을 갖는 띠를 고려해 보자. x축으로부터 미소면적의 모든 부분들까지의 거리는 서로 다르기 때문에 이 미소요소를 얇은 직사각형 도형으로 취급할 수 있다. 따라서 x축에 대한 직사각형 미소면적의 관성모멘트는 다음과 같다. 즉,

$$dI_x = \frac{1}{3}y^3\,dx = \frac{1}{3}\left(\frac{b}{a^2}x^2\right)^3 dx = \frac{1}{3}\frac{b^3}{a^6}x^6\,dx$$

$$I_x = \int dI_x = \int_0^a \frac{1}{3}\frac{b^3}{a^6}x^6\,dx = \left[\frac{1}{3}\frac{b^3}{a^6}\frac{x^7}{7}\right]_0^a$$

$$I_x = \frac{ab^3}{21}$$

관성모멘트 I_y. 윗 문제와 같이 동일한 미소면적의 띠로 가정한다. 이 경우는 y축으로부터 미소면적의 모든 부분까지의 거리가 같기 때문에 아래와 같이 표현할 수 있다.

$$dI_y = x^2\,dA = x^2(y\,dx) = x^2\left(\frac{b}{a^2}x^2\right)dx = \frac{b}{a^2}x^4\,dx$$

$$I_y = \int dI_y = \int_0^a \frac{b}{a^2}x^4\,dx = \left[\frac{b}{a^2}\frac{x^5}{5}\right]_0^a$$

$$I_y = \frac{a^3b}{5}$$

회전반지름 r_x, r_y. 회전반지름의 정의에 따라 다음과 같이 구할 수 있다.

$$r_x^2 = \frac{I_x}{A} = \frac{ab^3/21}{ab/3} = \frac{b^2}{7} \qquad r_x = \sqrt{\frac{1}{7}}\,b$$

그리고

$$r_y^2 = \frac{I_y}{A} = \frac{a^3b/5}{ab/3} = \frac{3}{5}a^2 \qquad r_y = \sqrt{\frac{3}{5}}\,a$$

Problems

7.1 through *7.4* Determine by direct integration the moment of inertia of the shaded area with respect to the y axis.

7.5 through *7.8* Determine by direct integration the moment of inertia of the shaded area with respect to the x axis.

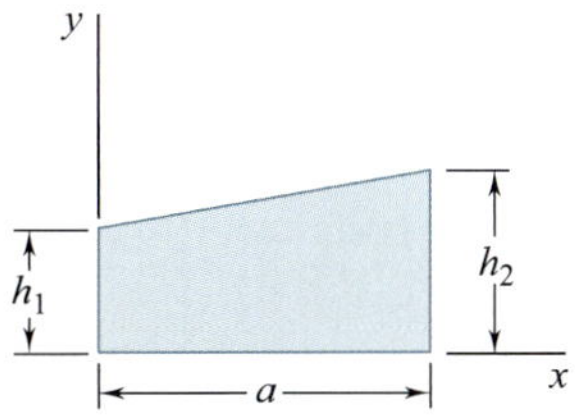

그림 P7.1, P7.5

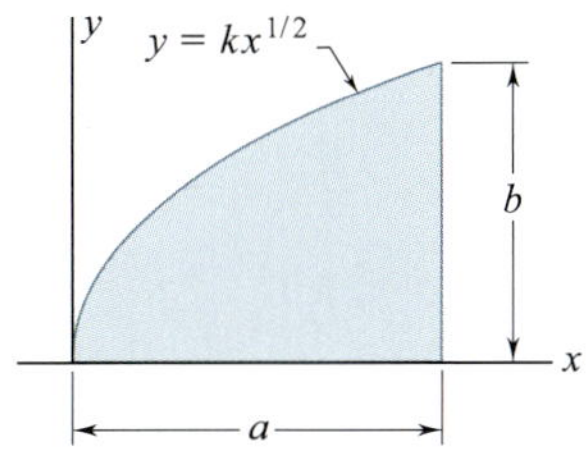

그림 P7.2, P7.6

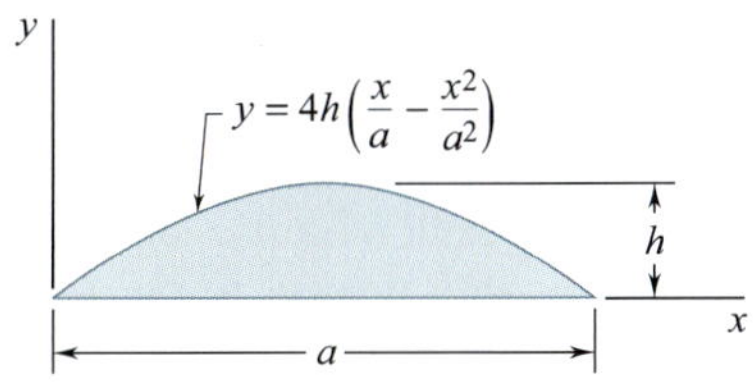

그림 P7.3, *P7.7*

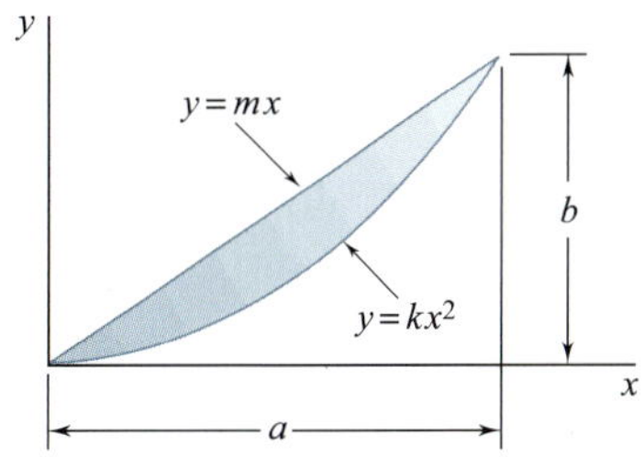

그림 P7.4, *P7.8*

7.9 through *7.12* Determine the moment of inertia and radius of gyration of the shaded area shown with respect to the x axis.

7.13 through *7.16* Determine the moment of inertia and radius of gyration of the shaded area shown with respect to the y axis.

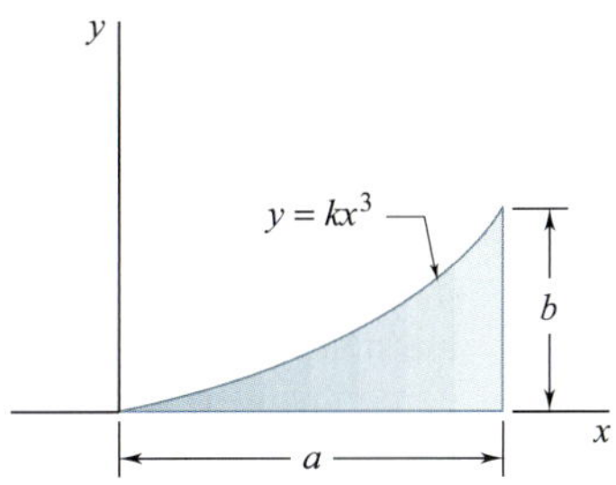

그림 P7.9, P7.13

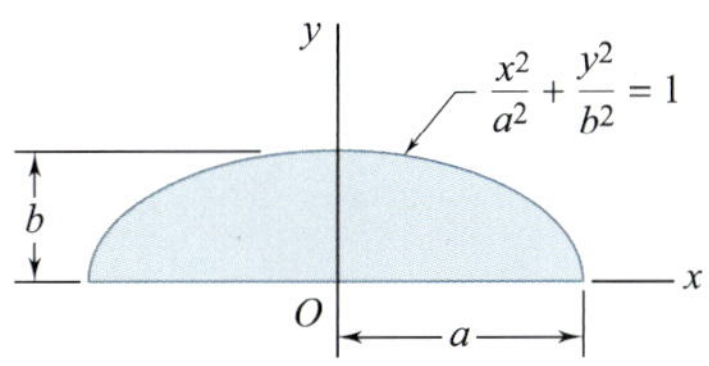

그림 P7.10, P7.14

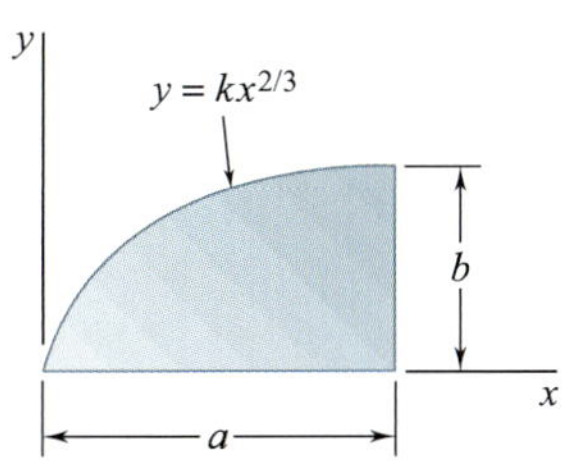

그림 P7.11, *P7.15*

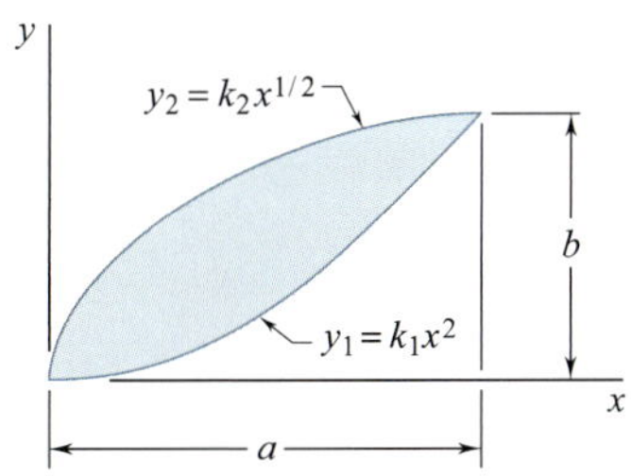

그림 P7.12, *P7.16*

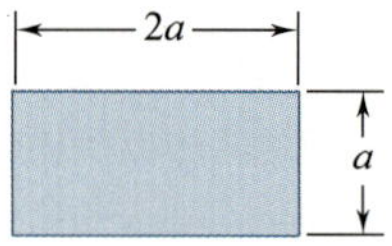

그림 P7.17, P7.18

7.17 Determine the polar moment of inertia and the polar radius of gyration of the rectangle shown with respect to the midpoint of one of its (*a*) longer sides, (*b*) shorter sides.

7.18 Determine the polar moment of inertia and the polar radius of gyration of the rectangle shown with respect to one of its corners.

7.19 Determine the polar moment of inertia and the polar radius of gyration of the trapezoid shown with respect to point *P*.

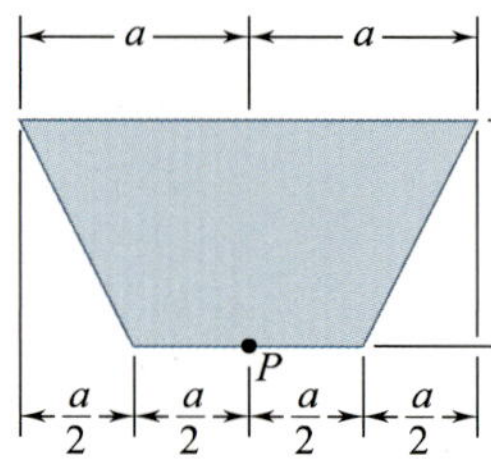

그림 *P7.19*

7.20 Determine the polar moment of inertia and the polar radius of gyration of the semielliptical area of Prob. 7.10 with respect to *O*.

7.21 (*a*) Determine by direct integration the polar moment of inertia of the annular area shown with respect to point *O*. (*b*) Using the result of part *a*, determine the moment of inertia of the given area with respect to the *x* axis.

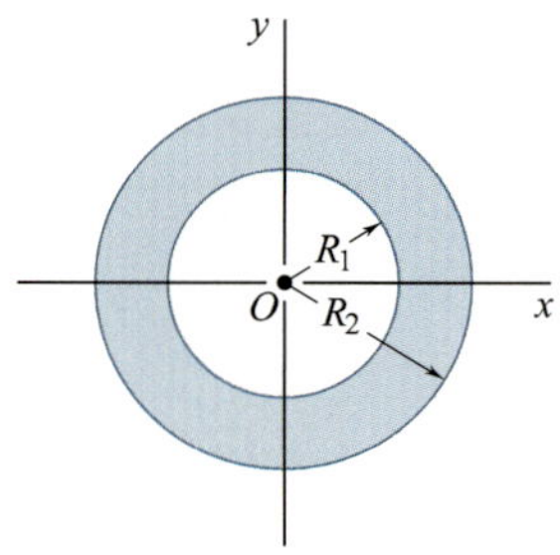

그림 P7.21, *P7.22*

7.22 (*a*) Show that the polar radius of gyration r_O of the annular area shown is approximately equal to the mean radius $R_m = (R_1 + R_2)/2$ for small values of the thickness $t = R_2 - R_1$. (*b*) Determine the percentage error introduced by using R_m in place of r_O for the following values of t/R_m: 1, $\frac{1}{2}$, and $\frac{1}{10}$.

7.23 Determine the moment of inertia of the shaded area with respect to the *x* axis.

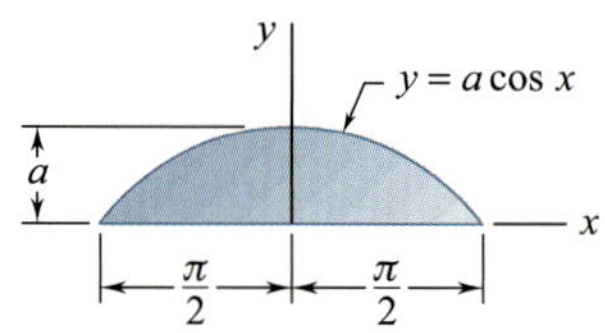

그림 P7.23, P7.24

7.24 Determine the moment of inertia of the shaded area with respect to the *y* axis.

7.6 평행축정리

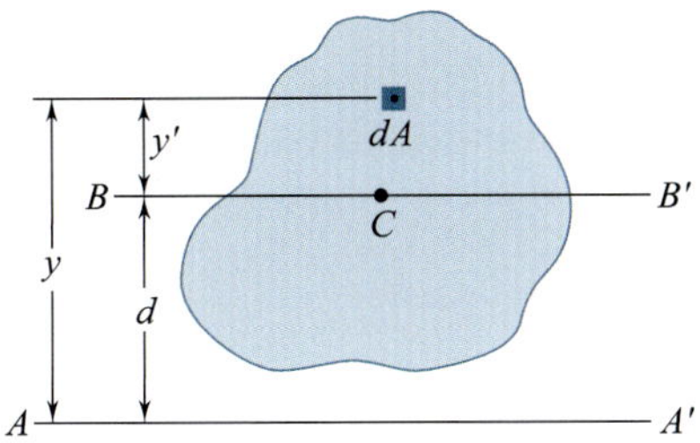

그림 7.8

그림 7.8과 같이 축 AA'에 대한 면적 A의 관성모멘트는 $I_{AA'}$를 고려해 보자. 축 AA'으로부터 미소면적 dA까지의 거리를 y라고 하면

$$I_{AA'} = \int y^2\,dA$$

다음에는 주어진 도형의 도심 C를 지나는 축 BB'를 그려보자; 이 축을 **도심축**(centroidal axis)이라 한다. 축 BB'에서 미소면적 dA까지의 수직거리를 y'로 표시하면 $y = y' + d$가 되며 d는 두 개의 축 AA'와 BB'간의 이동거리를 나타낸다. 이 관계를 위의 적분식 y에 대입하면 다음과 같다.

$$I_{AA'} = \int y^2\,dA = \int (y'+d)^2\,dA$$

$$= \int y'^2\,dA + 2d\int y'\,dA + d^2\int dA$$

윗 식에서 첫 번째 적분항은 도심축 BB'에 대한 관성모멘트 $\overline{I}_{BB'}$를 나타낸다. 두 번째 적분항은 도심축 BB'에 대한 단면1차모멘트를 의미하는데 면적의 도심 C가 이 축 위에 놓이기 때문에 단면1차모멘트는 0이 되기 때문에 두 번째 적분항도 0이 된다. 마지막으로, 세 번째 적분항은 단면을 적분한 값이므로 전체면적 A가 된다. 그러므로 다음과 같이 표현할 수 있다.

$$I_{AA'} = \overline{I}_{BB'} + Ad^2 \tag{7.9}$$

이 식은 주어진 비도심축 AA'에 대한 관성모멘트 $I_{AA'}$는 AA'로부터 평행이동된 도심축 BB'에 대한 관성모멘트 $\overline{I}_{BB'}$와 단면적 A와 두 축간의 평행이동거리를 제곱한 d^2을 곱한 값을 더함으로써 얻을 수 있다. 이 정리는 **평행축정리**(parallel-axis theorem)라 알려져 있다. $I_{AA'}$ 대신에 $r^2_{AA'}A$를, $\overline{I}_{BB'}$ 대신에 $\overline{r}^{\,2}_{BB'}A$를 대입하면 이 정리는 다음과 같이도 표현될 수 있다. 즉,

$$r^2_{AA'} = \overline{r}^{\,2}_{BB'} + d^2 \tag{7.10}$$

이 정리는 극관성모멘트에도 적용될 수 있다. 즉, 임의의 점 O를 중심으로 한 면적의 극관성모멘트 J_O와 도심 C에 대한 동일한 면적에 대한 극관성모멘트 $\overline{J}_C$와의 관계는 다음과 같이 나타낼 수 있다. O와 C 사이의 거리를 d로 표시할 경우

$$J_O = \overline{J}_C + Ad^2 \qquad \text{or} \qquad r^2_O = \overline{r}^{\,2}_C + d^2 \tag{7.11}$$

예제 7.2 평행축정리의 응용으로 원 하단부의 접선(그림 7.9)에 대한 원형단면의 관성모멘트 I_T을 결정하시오. 단, 문제 7.2에서 원형단면의 도심축에 대한 관성모멘트는 $\bar{I} = \pi r^4/4$임을 알고 있다. 그러므로 아래와 같이 나타낼 수 있다.

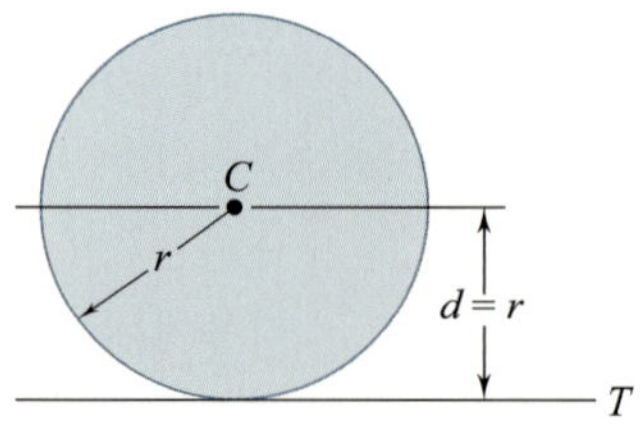

그림 7.9

$$I_T = \bar{I} + Ad^2 = \frac{1}{4}\pi r^4 + (\pi r^2)r^2 = \frac{5}{4}\pi r^4 \quad ■$$

예제 7.3 평행축정리는 삼각형(그림 7.10)의 도심축에 대한 관성모멘트를 구하는데도 사용될 수 있다. 우리는 이미 문제 7.1로부터 삼각형 바닥선 AA'에 대한 관성모멘트가 $bh^3/12$임을 알 수 있었다. 따라서 여기에 평행축정리를 적용하면

$$I_{AA'} = \bar{I}_{BB'} + Ad^2$$

$$\bar{I}_{BB'} = I_{AA'} - Ad^2 = \frac{1}{12}bh^3 - \frac{1}{2}bh\left(\frac{1}{3}h\right)^2 = \frac{1}{36}bh^3$$

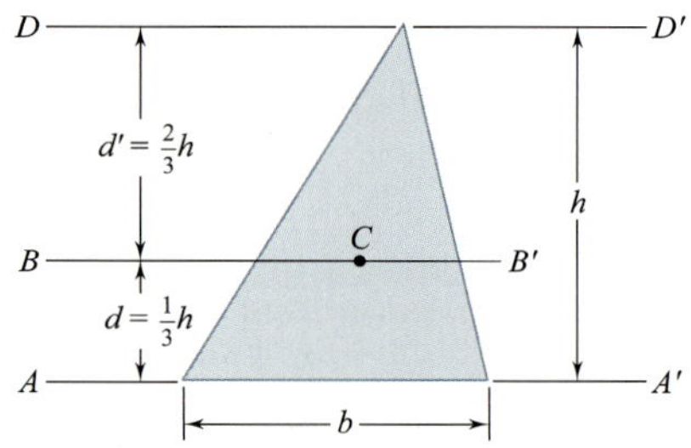

그림 7.10

여기서 Ad^2항은 삼각형의 도심축에 대한 관성모멘트를 구하기 위해 바닥선에 대한 관성모멘트에서 빼준 것임을 알 수 있다. 다시 말하면 Ad^2항은 도심축에서 평행이동된 비도심축으로 전환할 경우는 더해주고, 반대로 비도심축에서 도심축으로 전환할 때는 빼준다는 것을 알 수 있다. 결론적으로 평행이동된 비도심축에 대한 관성모멘트에 비해 도심축에 대한 관성모멘트는 항상 상대적으로 작은 값을 보인다.

다시 그림 7.10으로 돌아가면 도심축과 평행인 DD'선(꼭지점을 지나는 선)에 대한 관성모멘트도 구해볼 수 있다. 즉,

$$I_{DD'} = \bar{I}_{BB'} + Ad'^2 = \frac{1}{36}bh^3 + \frac{1}{2}bh\left(\frac{2}{3}h\right)^2 = \frac{1}{4}bh^3$$

$I_{DD'}$는 $I_{AA'}$로부터 직접구할 수 없다는 점에 주의하여야 한다. 따라서 평행축정리는 단면의 도심을 관통하는 축이 한 개 또는 두 개가 있을 경우만 적용이 가능한 것이다. ■

7.7 합성면적의 관성모멘트

그림 7.11에 수록된 여러 개의 일반 기하형상(원, 삼각형, 직사각형 등)으로 합성된 면적 A를 고려해 보자. 임의의 축에 대한 면적 A의 관성모멘트는 면적을 이루고 있는 각각의 요소들 A_1, A_2, A_3, $\cdots$의 동일한 축에 대한 관성모멘트의 합으로 구한다. 그림 7.11과 같은 일반 기하형상으로 구성된 합성면적(composite area)의 임의의 축에 대한 관성모멘트는 그림 7.11에 나타난 일반 기하형상의 도심축에 대한 관성모멘트를 사용할 수 있다. 그러나 각 요소들의 관성모멘트를 더하기 전에 평행축정리를 사용하여 우리가 원하는 임의의 축에 대한 관성모멘트로 계산한 후 합산하여야 한다. 이러한 내용은 문제 7.4와 7.5에 나타나 있다.

여러 형태의 형상을 갖는 구조용 부재에 대한 단면성질은 부록 B에 요약되어 있다. 7.2절에서 설명한 바와 같이 보 단면의 중립축에 대한 관성모멘트는 휨모멘트를 계산하는데 매우 중요하게 사용된다. 따라서 관성모멘트의 산정은 구조용 부재의 해석과 설계를 위해 필수적으로 선행되어야 할 내용이다.

한편, 합성면적의 회전반지름은 각 요소들의 회전반지름의 합과 같지 않음에 유의하여야 한다. 합성면적의 회전반지름을 구하려면 먼저 합성면적의 관성모멘트를 계산하는 것이 필요하다.

사진 7.1 부록 B에는 압연강의 형상에 따른 단면계수들이 표로 요약되어 있다. 건물시공에 흔히 사용되는 광폭 플랜지를 갖는 W-형강의 두 가지 형상.

도형	그림	관성모멘트
사각형	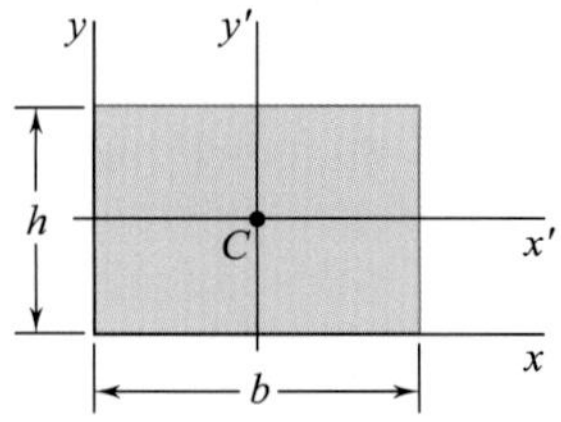	$\bar{I}_{x'} = \frac{1}{12}bh^3$ $\bar{I}_{y'} = \frac{1}{12}b^3h$ $I_x = \frac{1}{3}bh^3$ $I_y = \frac{1}{3}b^3h$ $J_C = \frac{1}{12}bh(b^2 + h^2)$
삼각형	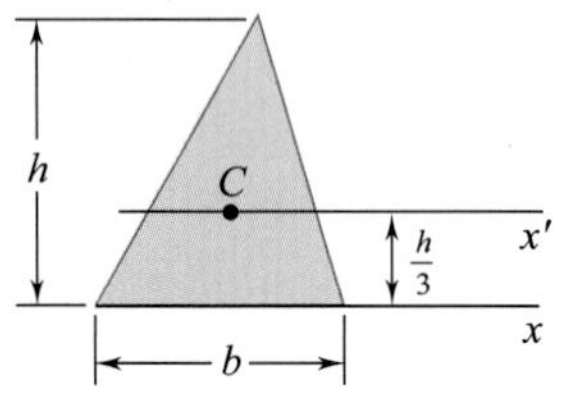	$\bar{I}_{x'} = \frac{1}{36}bh^3$ $I_x = \frac{1}{12}bh^3$
원	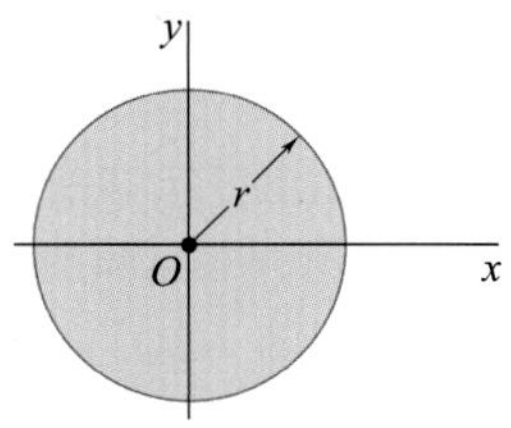	$\bar{I}_x = \bar{I}_y = \frac{1}{4}\pi r^4$ $J_O = \frac{1}{2}\pi r^4$
반원	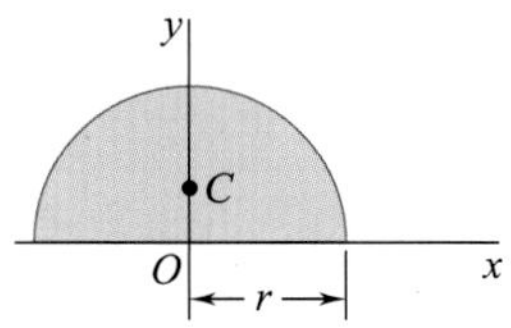	$I_x = I_y = \frac{1}{8}\pi r^4$ $J_O = \frac{1}{4}\pi r^4$
사분원	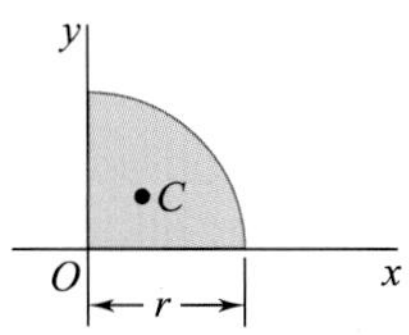	$I_x = I_y = \frac{1}{16}\pi r^4$ $J_O = \frac{1}{8}\pi r^4$
타원	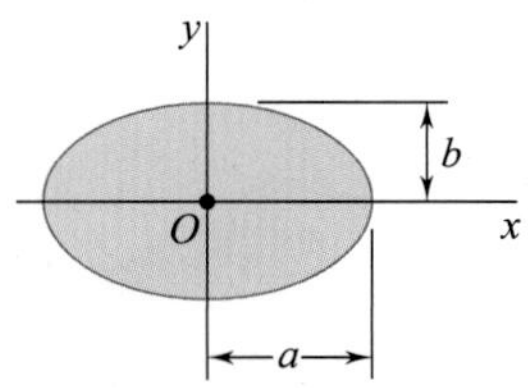	$\bar{I}_x = \frac{1}{4}\pi ab^3$ $\bar{I}_y = \frac{1}{4}\pi a^3b$ $J_O = \frac{1}{4}\pi ab(a^2 + b^2)$

그림 7.11 일반 기하형상의 관성모멘트

문제 7.4

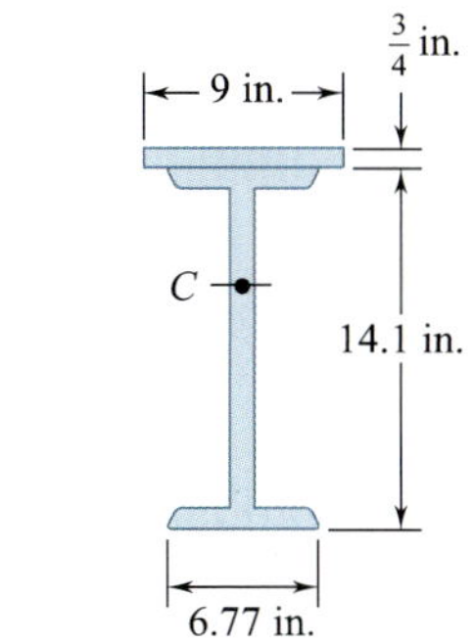

W14 × 38 구조용 부재의 강도를 높이기 위해 상부 플랜지에 9 × ¾ in.의 판으로 보강하였다. 이 합성단면의 도심축에 대한 관성모멘트와 회전반지름을 구하시오.

풀이.

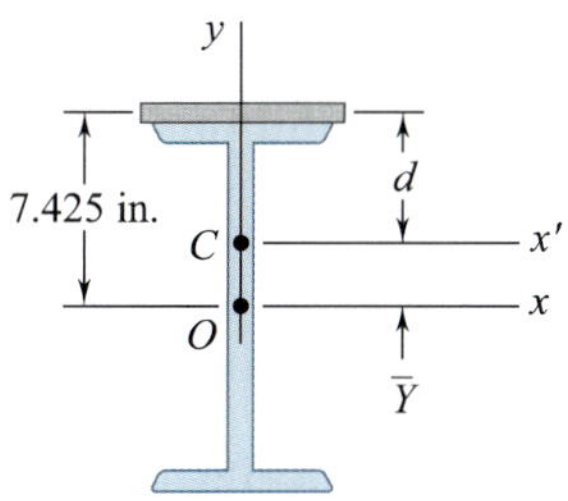

W－형(광폭플랜지; wide flange)단면을 갖는 구조용 부재의 도심의 좌표를 O라 하고, 합성면적의 도심의 위치는 C로 표시할 때 두 개의 도심간 거리는 $\overline{Y}$로 표시한다. 이 때 제5장에서 배운 바와 같이 $\overline{Y}$의 위치를 결정할 수 있다. 먼저 부록 B를 참고하여 W－형 단면의 면적을 알 수 있다. 또한 W－형 단면의 도심 O에서 보강판의 도심까지의 거리를 $\bar{y}$라고 하면

$$A = (9\ \text{in.})(0.75\ \text{in.}) = 6.75\ \text{in}^2$$

$$\bar{y} = \frac{1}{2}(14.1\ \text{in.}) + \frac{1}{2}(0.75\ \text{in.}) = 7.425\ \text{in.}$$

단면	면적, in^2	$\bar{y}$, in.	$\bar{y}A$, in^3
보강판	6.75	7.425	50.12
W－형 단면	11.2	0	0
	$\Sigma A = 17.95$		$\Sigma \bar{y} A = 50.12$

$$\overline{Y}\Sigma A = \Sigma \bar{y} A \qquad \overline{Y}(17.95) = 50.12 \qquad \overline{Y} = 2.792\ \text{in.}$$

관성모멘트. 합성면적의 도심을 지나는 축 x'에 대한 W－단면과 보강판의 관성모멘트를 계산하기 위해 평행축정리가 사용된다. 합성면적의 도심축은 따로 고려되는 각 요소의 도심축과 일치되지 않는다. 먼저 W－단면의 도심축에 대한 관성모멘트 $\bar{I}_x$를 부록 B를 참고하면 합성면적의 도심축에 대한 관성모멘트를 구할 수 있다.

W－형 단면,

$$I_{x'} = \bar{I}_x + A\overline{Y}^2 = 385 + (11.2)(2.792)^2 = 472.3\ \text{in}^4$$

보강판,

$$I_{x'} = \bar{I}_x + Ad^2 = \left(\frac{1}{12}\right)(9)\left(\frac{3}{4}\right)^3 + (6.75)(7.425 - 2.792)^2 = 145.2\ \text{in}^4$$

합성면적에 대하여

$$I_{x'} = 472.3 + 145.2 = 617.5\ \text{in}^4 \qquad I_{x'} = 618\ \text{in}^4$$

회전반지름.

$$r_{x'}^2 = \frac{I_{x'}}{A} = \frac{617.5\ \text{in}^4}{17.95\ \text{in}^2} \qquad r_{x'} = 5.87\ \text{in.}$$

문제 7.5

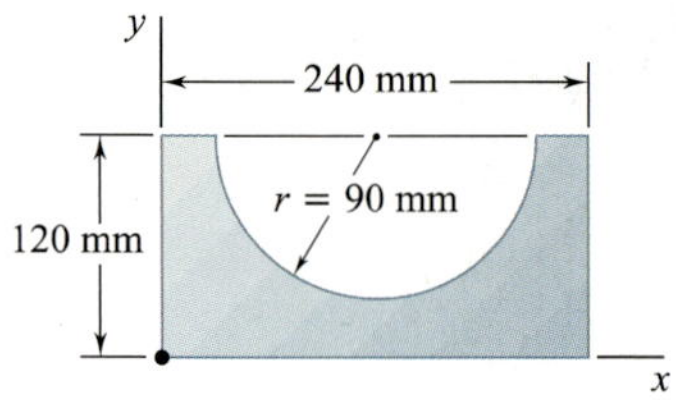

x축에 대한 음영면적의 관성모멘트를 구하시오.

풀이.

주어진 음영면적은 직사각형 도형에서 반원을 빼주면 얻을 수 있다. 따라서 x축에 대한 직사각형과 반원의 관성모멘트를 각각 계산하면 된다.

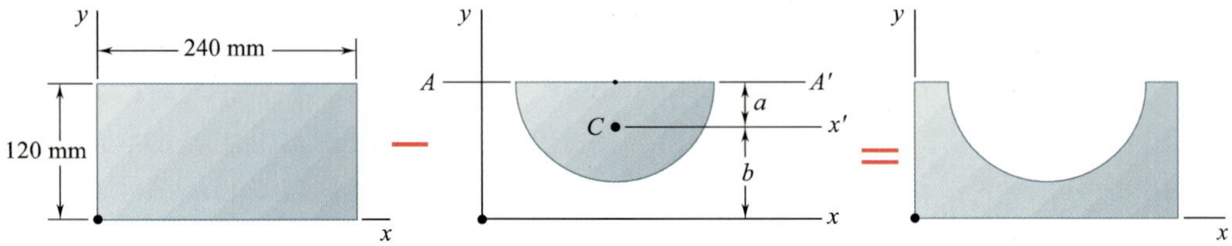

직사각형의 관성모멘트. 그림 7.11을 참고하면

$$I_x = \frac{1}{3}bh^3 = \frac{1}{3}(240\text{ mm})(120\text{ mm})^3 = 138.2\times 10^6\text{ mm}^4$$

반원의 관성모멘트. 그림 5.8을 참고하면 지름을 지나는 AA'로부터 반원의 도심까지의 거리 a를 구할 수 있다.

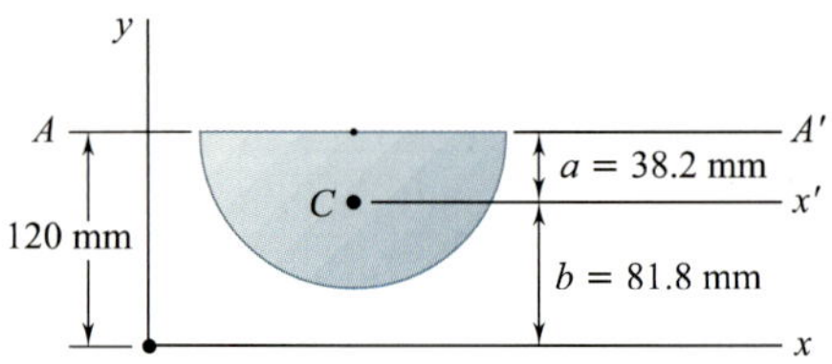

$$a = \frac{4r}{3\pi} = \frac{(4)(90\text{ mm})}{3\pi} = 38.2\text{ mm}$$

한편, x축으로부터 반원의 도심까지의 거리를 b라 하면

$$b = 120\text{ mm} - a = 120\text{ mm} - 38.2\text{ mm} = 81.8\text{ mm}$$

그림 7.11을 사용하면 반원의 AA'축에 대한 관성모멘트와 면적을 구할 수 있다.

$$I_{AA'} = \frac{1}{8}\pi r^4 = \frac{1}{8}\pi(90\text{ mm})^4 = 25.76\times 10^6\text{ mm}^4$$

$$A = \frac{1}{2}\pi r^2 = \frac{1}{2}\pi(90\text{ mm})^2 = 12.72\times 10^3\text{ mm}^2$$

평행축정리를 사용하면 반원의 도심축에 대한 관성모멘트 $\bar{I}_{x'}$를 계산할 수 있다.

$$I_{AA'} = \bar{I}_{x'} + Aa^2$$

$$25.76\times 10^6\text{ mm}^4 = \bar{I}_{x'} + (12.72\times 10^3\text{ mm}^2)(38.2\text{ mm})^2$$

$$\bar{I}_{x'} = 7.20\times 10^6\text{ mm}^4$$

다시 한 번 평행축정리를 적용하면 구하고자 하는 x축에 대한 관성모멘트를 구할 수 있게 된다.

$$I_x = \bar{I}_{x'} + Ab^2 = 7.20\times 10^6\text{ mm}^4 + (12.72\times 10^3\text{ mm}^2)(81.8\text{ mm})^2$$

$$= 92.3\times 10^6\text{ mm}^4$$

주어진 도형의 관성모멘트. 직사각형 도형에서 반원을 빼주면 구할 수 있으므로

$$I_x = 138.2\times 10^6\text{ mm}^4 - 92.3\times 10^6\text{ mm}^4 \qquad I_x = 45.9\times 10^6\text{ mm}^4$$

Problems

7.25 through *7.28* Determine the moment of inertia and the radius of gyration of the shaded area with respect to the x axis.

***7.29* through 7.32** Determine the moment of inertia and the radius of gyration of the shaded area with respect to the y axis.

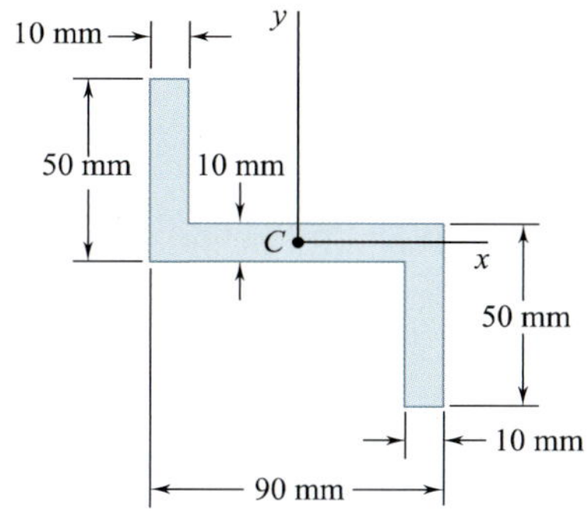

그림 P7.25, *P7.29*

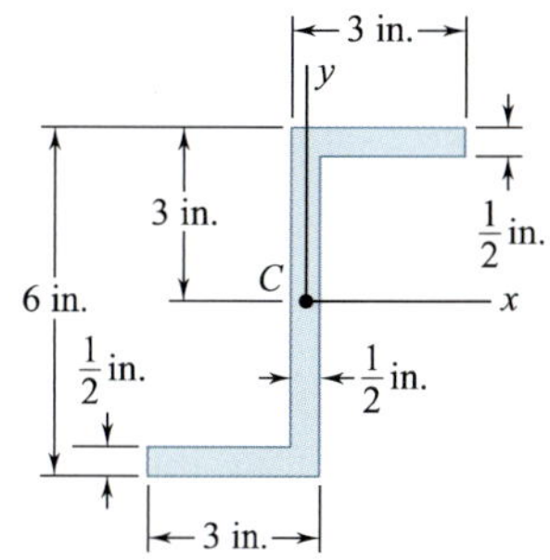

그림 P7.26, P7.30

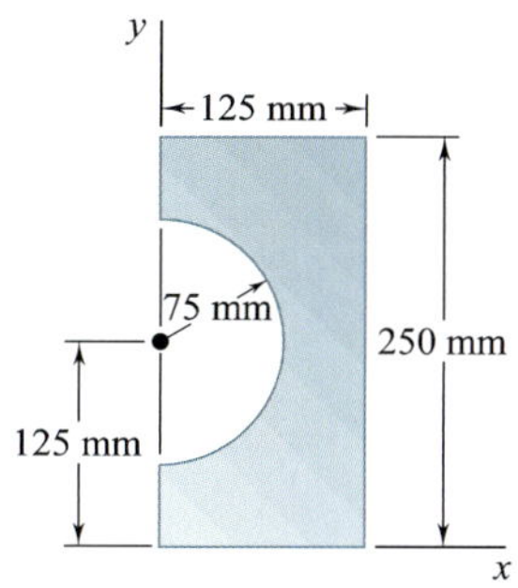

그림 P7.27, P7.31

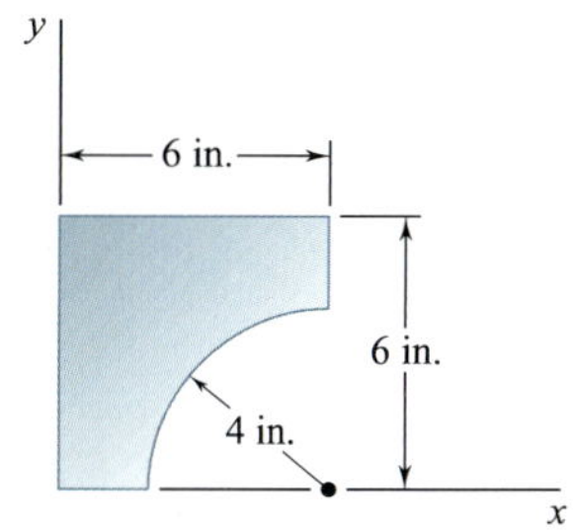

그림 *P7.28*, P7.32

7.33 Determine the shaded area and its moment of inertia with respect to a centroidal axis parallel to AA', knowing that its moments of inertia with respect to AA' and BB' are, respectively, 2.2×10^6 mm^4 and 4×10^6 mm^4, and that $d_1 = 25$ mm and $d_2 = 10$ mm.

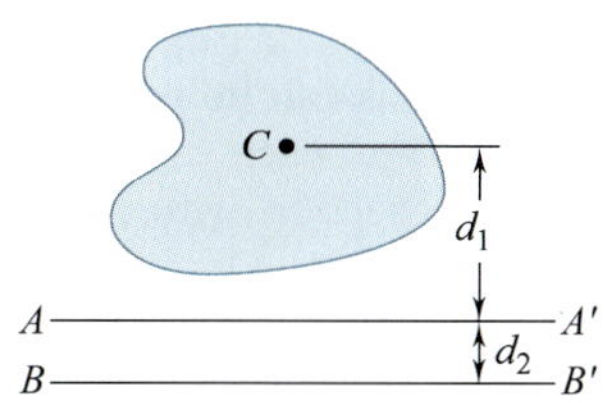

그림 P7.33, *P7.34*

7.34 Knowing that the shaded area is equal to 6000 mm^2 and that its moment of inertia with respect to AA' is 18×10^6 mm^4, determine its moment of inertia with respect to BB' for $d_1 = 50$ mm and $d_2 = 10$ mm.

7.35 and 7.36 Determine the moments of inertia $\bar{I}_x$ and $\bar{I}_y$ of the area shown with respect to centroidal axes that are respectively parallel and perpendicular to the side AB.

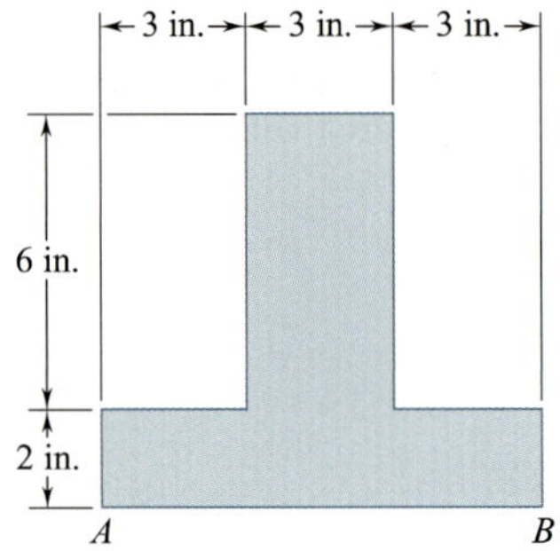

그림 P7.35

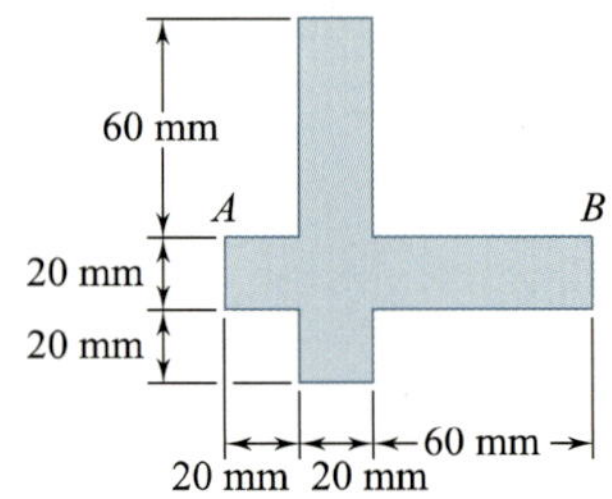

그림 P7.36

7.37 Determine the moments of inertia $\bar{I}_x$ and $\bar{I}_y$ of the area shown with respect to centroidal axes that are respectively parallel and perpendicular to the side AB.

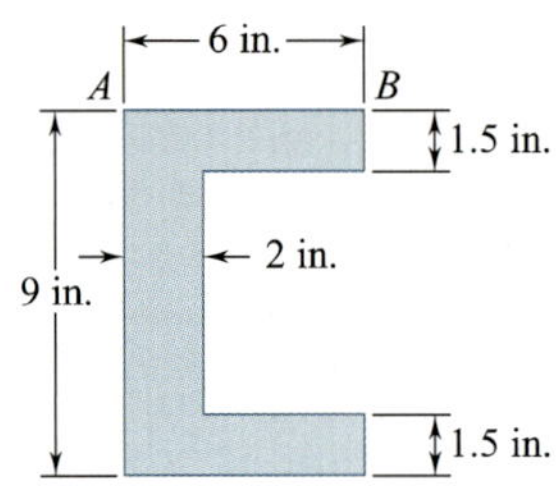

그림 *P7.37*, P7.38

7.38 Determine the centroidal polar moment of inertia of the area shown.

7.39 and 7.40 Determine the polar moment of inertia of the area shown with respect to (*a*) point O, (*b*) the centroid of the area.

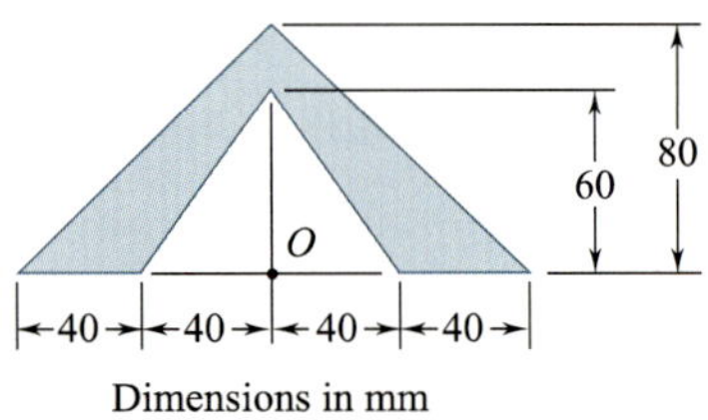

그림 P7.39

7.41 Two W8 × 31 rolled sections can be welded at A and B in either of the two ways shown. For each arrangement, determine the moment of inertia of the section with respect to the horizontal centroidal axis.

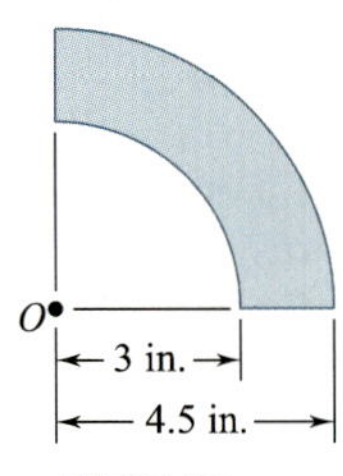

그림 P7.40

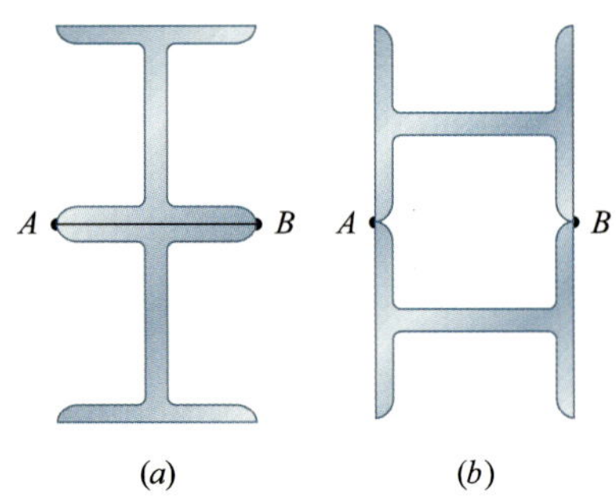

그림 P7.41

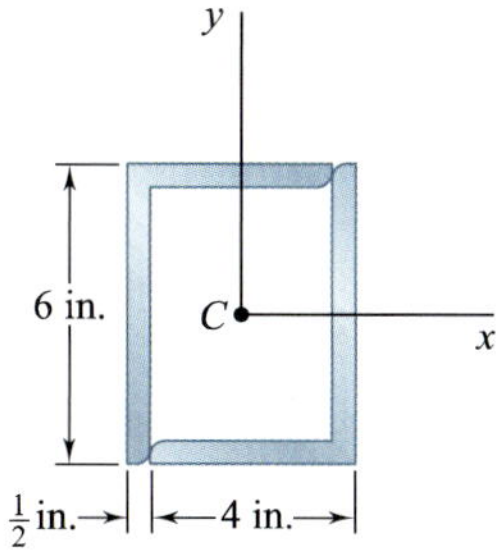

그림 *P7.42*

7.42 Two $6 \times 4 \times \frac{1}{2}$-in. angles are welded together to form the section shown. Determine the moments of inertia and the radii of gyration of the section with respect to the centroidal axes shown.

7.43 Two channels and two plates are used to form the column section shown. For $b = 200$ mm, determine the moments of inertia and the radii of gyration of the combined section with respect to the centroidal axes.

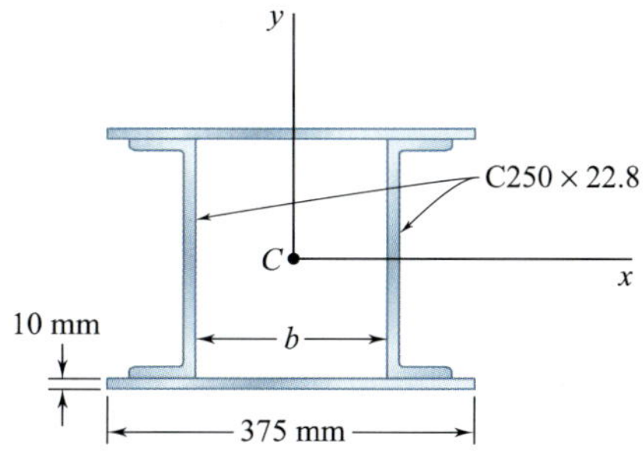

그림 **P7.43**

7.44 In Prob. 7.43, determine the distance b for which the centroidal moments of inertia $\bar{I}_x$ and $\bar{I}_y$ of the column section are equal.

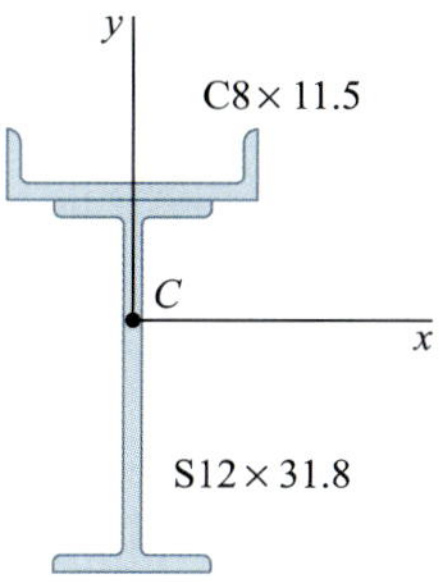

그림 **P7.45**

7.45 The strength of the rolled S section shown is increased by welding a channel to its upper flange. Determine the moments of inertia of the combined section with respect to its centroidal x and y axes.

7.46 A channel and a plate are welded together as shown to form a section that is symmetrical with respect to the y axis. Determine the moments of inertia of the section with respect to its centroidal x and y axes.

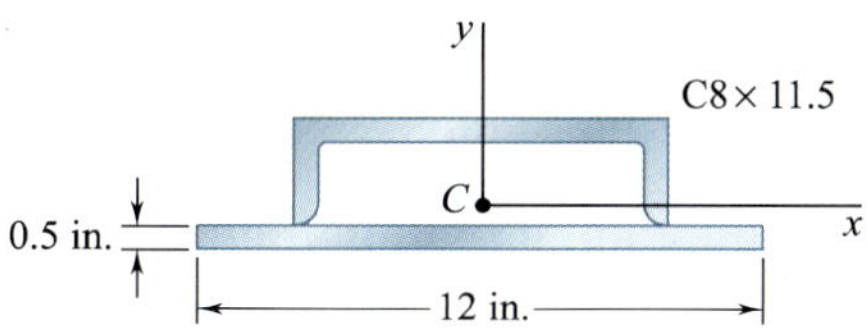

그림 **P7.46**

7.47 Two L102 × 102 × 12.7-mm angles are welded to a 12-mm steel plate as shown. For $b = 250$ mm, determine the moments of inertia of the combined section with respect to centroidal axes that are respectively parallel and perpendicular to the plate.

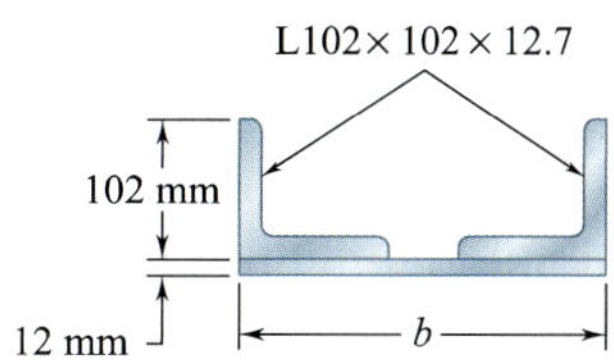

그림 **P7.47**

7.48 Solve Prob. 7.47 assuming that $b = 300$ mm.

복습 및 요약

이 장에서는 면적 A를 여러 개의 미소요소로 나누었을 때 각 요소에 분포되어 작용하는 등가집중력 $\Delta\mathbf{F}$의 합력 $\mathbf{R}$을 결정하는 방법에 대해 논의하였다. 그리고 등가집중력 $\Delta\mathbf{F}$의 크기는 각 요소의 면적과 임의의 축(휨을 받는 보의 경우 도심축) x로부터 미소요소까지 떨어져 있는 거리 y에 비례한다는 것을 알 수 있다. 그러므로 $\Delta F = ky\Delta A$로 표현할 수 있고, 합력 $\mathbf{R}$은 면적 A에 대한 **단면1차모멘트** $Q_x = \int y dA$에 비례함을 알 수 있다. 반면에, x축에 대한 합력 $\mathbf{R}$의 모멘트는 면적 A의 **관성모멘트** 또는 **단면2차모멘트** $I_x = \int y^2 dA$에 비례한다는 것을 알 수 있다[7.2절].

직사각형 관성모멘트

주어진 면적[7.3절]을 여러 개의 직사각형 띠로 나누어 계산하는 방식의 **직사각형 관성모멘트**(rectangular moments of inertia)는 아래의 적분식으로 구할 수 있다.

$$I_x = \int y^2 dA \qquad I_y = \int x^2 dA \tag{7.1}$$

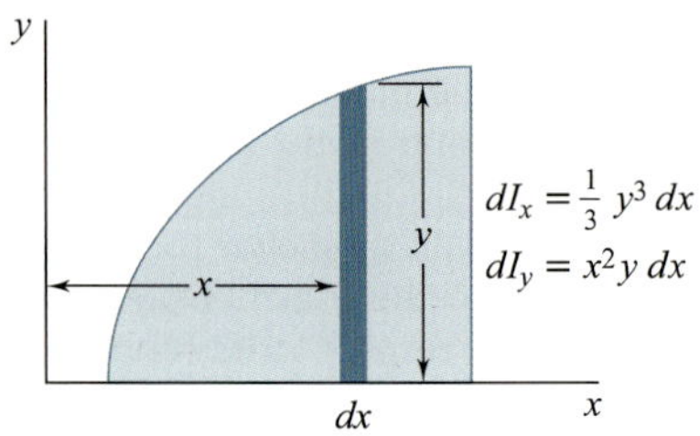

그림 7.12

좌표축의 어느 한 방향에 평행으로 얇은 띠모양의 미소요소(직사각형으로 간주) dA를 선택한 후 한 번의 적분을 통해 위의 적분계산을 줄일 수 있다. 즉, 직사각형 단면에 대한 관성모멘트[문제 7.3]의 공식을 사용하여 선택된 띠모양의 미소요소에 대한 관성모멘트 dI_x와 dI_y(그림 7.12)를 산정할 수 있으며, 이를 전체면적에 대해 바로 적분하면 구하고자 하는 I_x와 I_y를 결정할 수 있다.

극관성모멘트

극점(pole) 또는 좌표축의 원점에 대한 면적 A의 **극관성모멘트**(polar moment of inertia)는 다음과 같이 표현된다.

$$J_O = \int \rho^2 dA \tag{7.3}$$

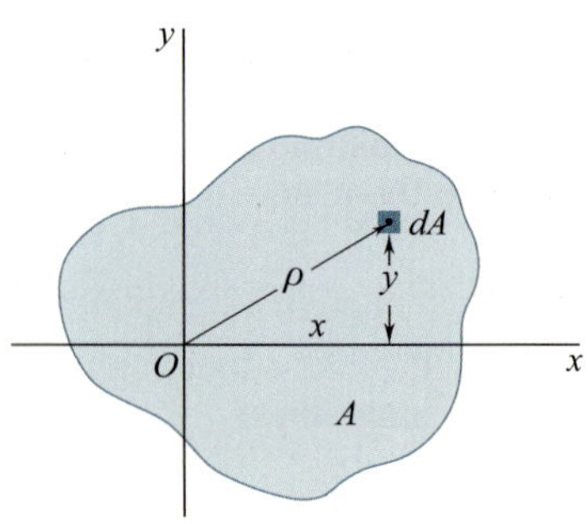

그림 7.13

여기서 r은 극점 O에서 미소요소 dA까지의 거리(그림 7.13)를 나타낸다. 위의 그림으로부터 $\rho^2 = x^2 + y^2$임을 알고 있기 때문에 다음과 같은 식을 설정할 수 있다.

$$J_O = I_x + I_y \tag{7.4}$$

회전반지름 x축에 대한 면적 A의 **회전반지름**(radius of gyration)은 r_x로 정의되는데, 여기서 $I_x = r_x^2 A$이다. 유사한 개념으로 y축과 극점 O에 대한 회전반지름도 아래 식과 같이 정의될 수 있다. 즉,

$$r_x = \sqrt{\frac{I_x}{A}} \qquad r_y = \sqrt{\frac{I_y}{A}} \qquad r_O = \sqrt{\frac{J_O}{A}} \tag{7.5-7.7}$$

평행축정리 7.6절에 **평행축정리**(parallel-axis theorem)가 서술되어 있다. 임의의 축 AA'(그림 7.14)에 대한 관성모멘트는 도심축 BB'에 대한 관성모멘트에 면적 A와 두 축간의 평행이동거리 d의 제곱을 곱한 항을 더함으로써 구할 수 있다. 즉,

$$I_{AA'} = I_{BB'} + Ad^2 \tag{7.9}$$

또한 이 식은 도심축과 평행인 AA'에 대한 관성모멘트를 알고 있을 경우 도심축 BB'를 구할 때도 사용될 수 있다. 물론 이 경우 Ad^2항은 $I_{AA'}$에서 빼주어야 함에 유의하여야 한다.

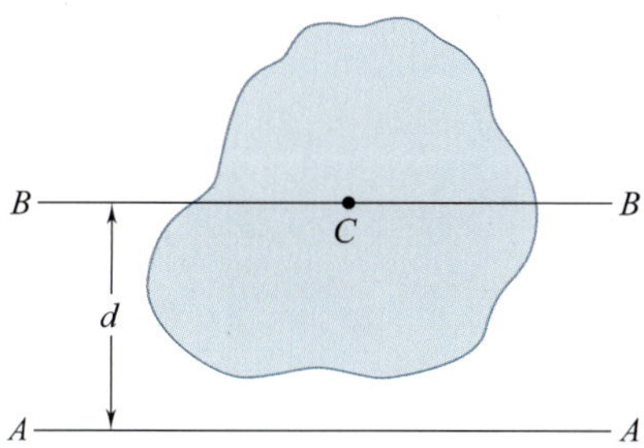

그림 7.14

이러한 관계는 극관성모멘트에도 적용할 수 있다. 다시 말하면, 도심 C에 대한 극관성모멘트 $\overline{J}_C$와 임의의 점 O에 대한 극관성모멘트 J_O의 관계는 O와 C 사이의 거리를 d라고 할 때 다음과 같이 정의할 수 있다.

$$J_O = \overline{J}_C + Ad^2 \tag{7.11}$$

합성면적 평행축정리는 주어진 임의의 축에 대한 **합성면적**(composite area)의 관성모멘트를 계산하는데 유효하게 사용될 수 있다[7.7절]. 합성면적을 여러 개의 일반 기하형상으로 나눈 다음 각 도형의 도심축에 대한 관성모멘트를 그림 7.11과 부록 B를 참고하여 먼저 산정할 수 있다. 다음에는 요구하는 기준축을 중심으로 한 관성모멘트를 평행축정리를 사용하여 각각 도형에 대해 구한 후 이 값들을 모두 더함으로써 최종 합성면적에 대한 관성모멘트를 결정하게 된다[문제 7.4와 7.5].

Review Problems

7.49 Determine by direct integration the moment of inertia of the shaded area with respect to the y axis.

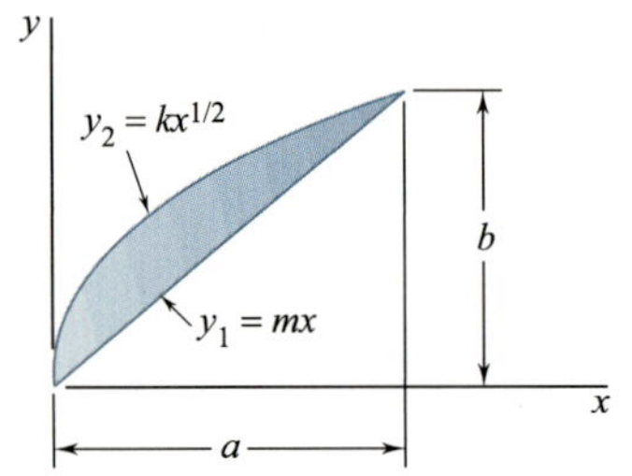

그림 **P7.49, *P7.50***

7.50 Determine by direct integration the moment of inertia of the shaded area with respect to the x axis.

7.51 Determine the moment of inertia and radius of gyration of the shaded area shown with respect to the x axis.

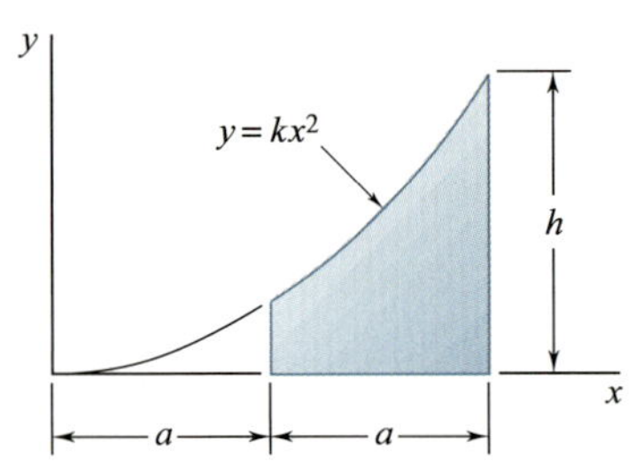

그림 **P7.51, *P7.52***

7.52 Determine the moment of inertia and radius of gyration of the shaded area shown with respect to the y axis.

7.53 Determine the polar moment of inertia and the polar radius of gyration of an equilateral triangle of side a with respect to one of its vertices.

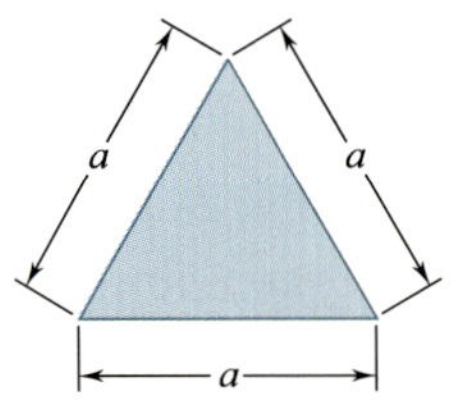

그림 **P7.53**

7.54 Determine the moments of inertia of the shaded area shown with respect to the x and y axes when $a = 20$ mm.

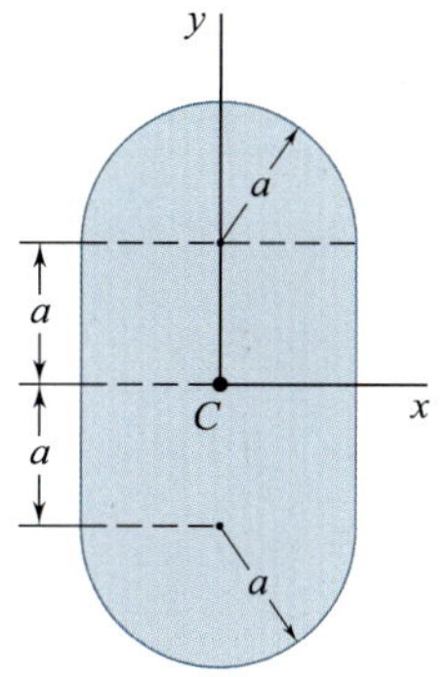

그림 P7.54

7.55 (a) Determine I_x and I_y if $b = 10$ in. (b) Determine the dimension b for which $I_x = I_y$.

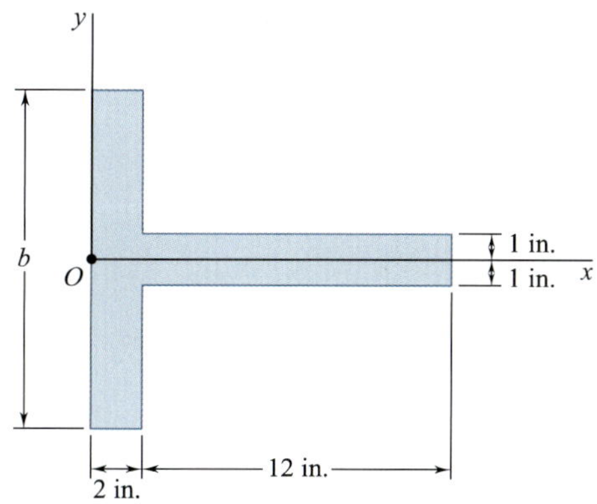

그림 P7.55

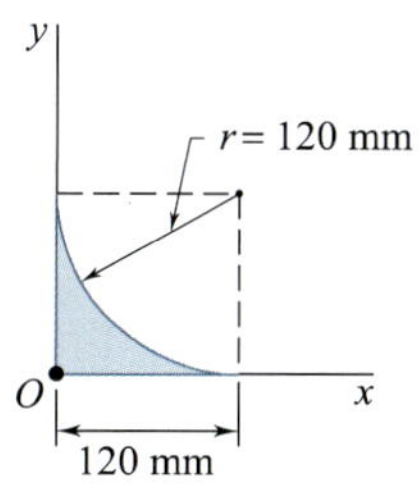

그림 P7.56

7.56 Determine the moment of inertia of the shaded area shown with respect to the y axis.

7.57 The shaded area is equal to 5000 mm^2. Determine its centroidal moments of inertia $\bar{I}_x$ and $\bar{I}_y$, knowing that $\bar{I}_y = 2\bar{I}_x$ and that the polar moment of inertia of the area about point A is $J_A = 22.5 \times 10^6$ mm^4.

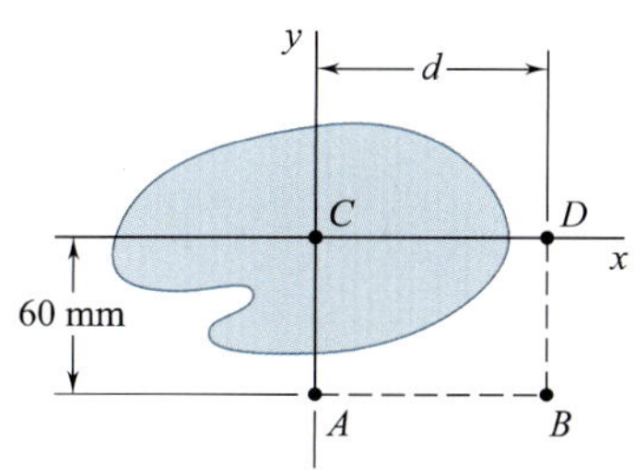

그림 P7.57

7.58 Determine the polar moment of inertia and the polar radius of gyration of the shaded area shown with respect to its centroid C.

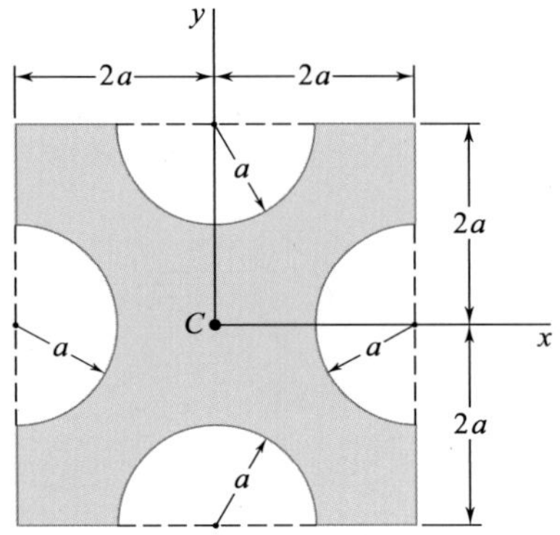

그림 P7.58

7.59 Determine the polar moment of inertia of the area shown with respect to (*a*) point O, (*b*) the centroid of the area.

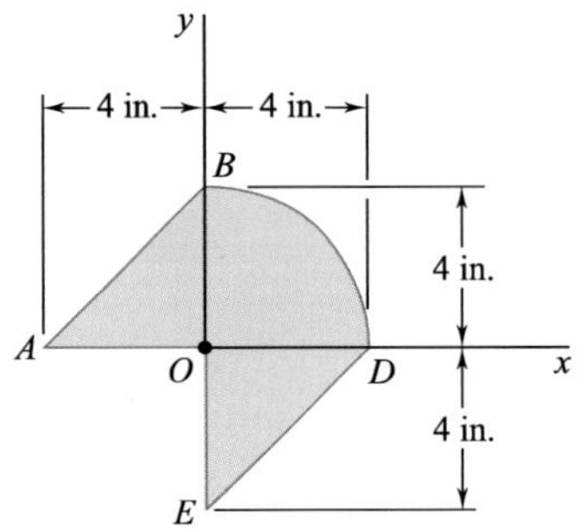

그림 *P7.59*

7.60 Three 1-in. steel plates are bolted to four L6 × 6 × 1-in. angles to form the column whose cross section is shown. Determine the moments of inertia and the radii of gyration of the section with respect to centroidal axes that are respectively parallel and perpendicular to the flanges.

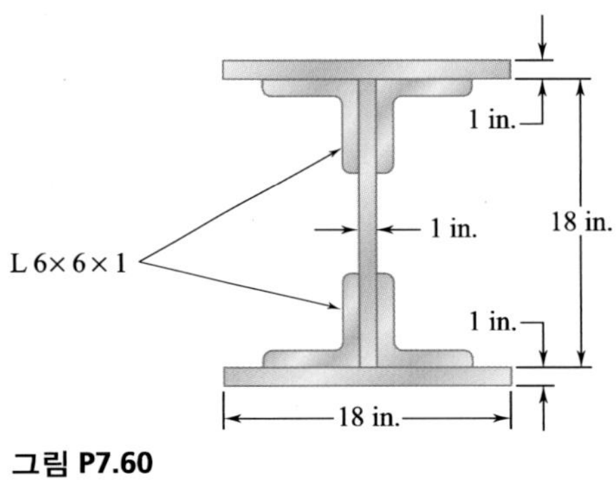

그림 P7.60

8

응력의 개념

8.1 서론

재료역학을 공부하는 주요한 목적은 향후 엔지니어로서 다양한 형태의 기계와 하중지지 구조물을 해석하고 설계할 수 있는 능력을 가질 수 있게 하는 것이다. 주어진 구조물의 해석과 설계는 **응력**과 **변형**의 산정을 포함한다. 이 장에서는 주로 응력의 개념에 주안점을 두고자 한다.

8.2절에서는 구조물의 부재 내부에서 발생되는 응력의 개념이 소개되고, 부재에서 발생되는 내력으로부터 어떻게 응력을 계산하는지를 알아보도록 한다. 계속하여 축방향 하중(8.3절)을 받는 부재 내부에서 발생되는 **수직응력**(normal stress), 크기가 같고 방향이 반대로 작용하는 횡방향력(transverse forces)(8.4절)에 의한 **전단응력**(shearing stress), 그리고 부재들 사이에 핀이나 볼트에 의한 연결상태(8.5절)에서 발생되는 **지압응력**(bearing stress) 등이 고려될 것이다. 8.6절에서는 간단한 구조물을 대상으로 부재 내에서 발생되는 여러 응력들을 어떻게 계산하는지 설명하고, 공학적 설계에 대해서는 8.7절에서 논의할 것이다.

8.8절에서는 축방향 하중 즉, 인장 또는 압축만을 받는 **이력부재**(two-force member)가 다시 고려되며, **경사면** 상에서 발생되는 수직응력과 전단응력을 알아볼 것이다. 반면에 8.9절에서는 일반하중 조건에서 3차원 물체의 임의의 점에서 발생되는 6개의 응력상태에 대한 소개가 있을 것이다. 마지막으로 8.10절에서는 주어진 재료의 시험시편으로부터 **극한강도**(ultimate strength)의 산정과 **허용하중**(allowable load)의 계산에 사용되는 **안전계수**(factor of safety) 사용에 주안점을 두어 살펴보기로 한다.

8.2 구조부재의 응력

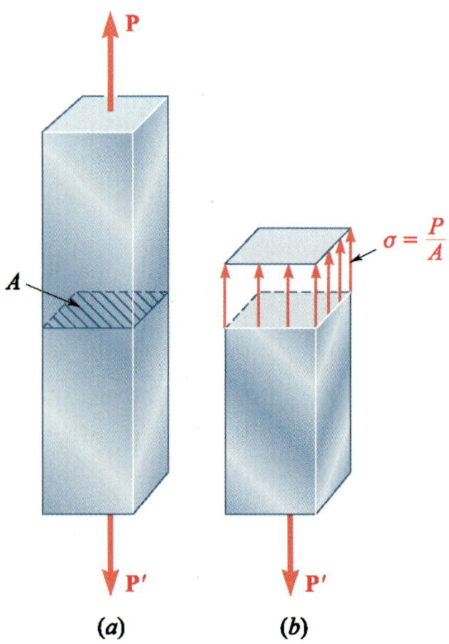

그림 8.1

단위면적당 작용하는 힘, 또는 주어진 단면에 분포되어 작용하는 힘의 세기를 일컬어 그 단면의 **응력**이라 한다. 응력이 단면에 수직으로 작용할 때 이를 **수직응력**이라 하고 그리스 문자 σ(sigma)로 표현한다. 단면적 A를 갖는 부재에 축방향 하중 **P**가 작용하면 그 때 발생되는 수직응력은 다음과 같다.

$$\sigma = \frac{P}{A} \tag{8.1}$$

이 응력이 양의 부호를 가지면 인장응력(인장상태의 부재)을, 음의 부호를 가지면 압축응력(압축상태의 부재)을 표시한다.

국제표준단위계인 SI(international system of units) 단위계를 사용할 경우, 하중 P는 뉴턴(N), 면적 A는 m^2이므로 수직응력 σ의 단위는 N/m^2으로 나타낼 수 있으며, 이를 파스칼(Pa)이라 한다. 그러나 실제사용시 이 수치값은 대단히 작기 때문에 킬로파스칼(kPa), 메가파스칼(MPa)와 기가파스칼(GPa) 등의 확장단위를 붙여 사용한다. 예를 들면,

$$1\ \mathrm{kPa} = 10^3\ \mathrm{Pa} = 10^3\ \mathrm{N/m^2}$$
$$1\ \mathrm{MPa} = 10^6\ \mathrm{Pa} = 10^6\ \mathrm{N/m^2}$$
$$1\ \mathrm{GPa} = 10^9\ \mathrm{Pa} = 10^9\ \mathrm{N/m^2}$$

한편, 미국상용단위계인 USCS(U.S. customary system of units) 단위계를 사용할 경우, 하중 P는 파운드(lb) 또는 킬로파운드(kip), 그리고 면적 A는 in^2으로 나타내기 때문에 수직응력의 단위는 psi(lb/in^2) 또는 ksi(kip/in^2)로 표시된다.[1)]

8.3 축방향 하중. 수직응력

앞 절 그림 8.1에 보이는 부재의 양단에 P와 P′가 작용하고 있다. 두 개의 힘은 부재의 축방향으로 작용하고 있기 때문에 이를 **축방향 하중**(axial loading)상태에 있다고 한다. 축방향 하중상태의 실제 구조부재의 예는 사진 8.1에 보이는 바와 같이 교량트러스내의 구조부재가 해당된다.

사진 8.1 인장 또는 압축을 받는 이력부재로 구성된 교량트러스

1) 역학에 사용되는 주요한 SI단위와 US상용단위는 제1장의 표에 정리되어 있다. 이 표로부터 1 psi는 약 7 kPa이고, 1ksi는 7 MPa에 해당된다.

그림 8.1(b)과 같이 부재내의 내력과 그와 관련된 응력은 단면에 수직으로 작용하므로 이를 **수직응력**이라 한다. 그러므로 식 (8.1)은 축방향 하중을 받는 부재의 수직응력을 산정할 수 있게 한다.

$$\sigma = \frac{P}{A} \tag{8.1}$$

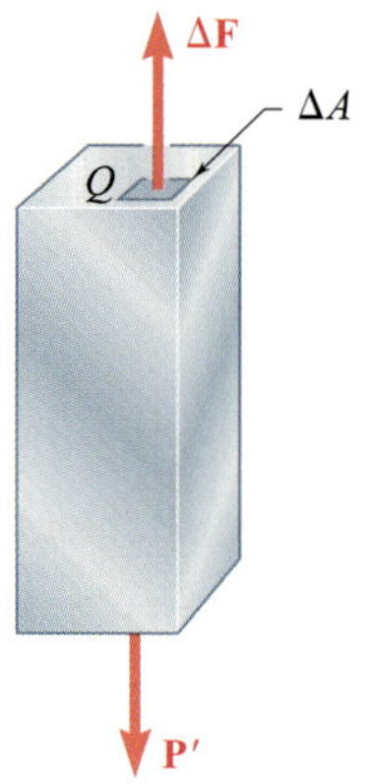

그림 8.2

식 (8.1)에서 수직응력 σ는 단면에 분포되어 작용하는 내력의 합력인 P를 단면적 A로 나누어서 얻을 수 있다. 그러므로 이 값은 단면의 특정점에 작용하는 응력이라기 보다는 전체 단면에 작용하는 평균값을 나타낸다. 단면의 주어진 점 Q에서의 응력을 정의하기 위해 미소면적 ΔA(그림 8.2)를 고려해 보자. $\Delta \mathbf{F}$의 크기를 ΔA로 나누면 ΔA내에서의 평균응력으로 구할 수 있게 된다. 만약에 ΔA 크기가 0으로 수렴하면 주어진 점 Q에서 발생되는 응력은 다음과 같이 나타낼 수 있다.

$$\sigma = \lim_{\Delta A \to 0} \frac{\Delta F}{\Delta A} \tag{8.2}$$

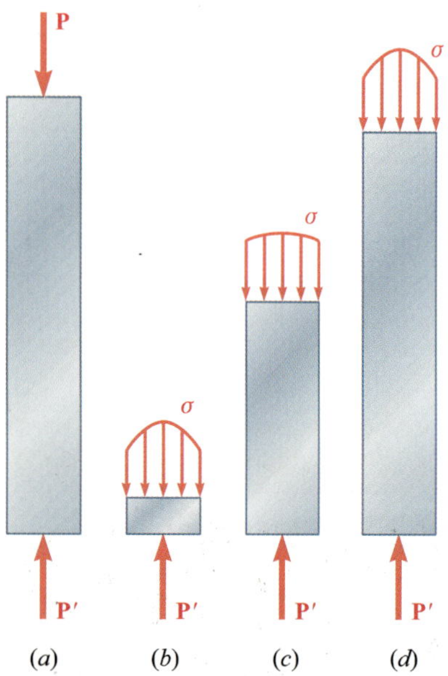

그림 8.3

일반적으로 특정점 Q에서의 응력값은 식 (8.1)을 사용한 평균응력과 다를 수 있기 때문에 수직응력 σ는 단면의 위치에 따라 다른 값을 가질 수 있다. 크기가 같고 방향이 서로 반대인 집중하중 $\mathbf{P}$와 $\mathbf{P}'$가 작용하는 긴 막대(그림 8.3a)에서 집중하중이 작용하는 점에서 어느 정도 떨어진 위치(그림 8.3c)에서는 응력의 변화량이 작기 때문에 식 (8.1)과 같이 수직응력이 거의 일정함을 알 수 있는 반면, 집중하중이 작용하는 점과 가까운 위치(그림 8.3b와 d)에서는 단면내의 응력값의 변화가 큼을 알 수 있다.

식 (8.2)를 사용하여 미소면적에 작용하는 등가집중력 dF를 전 단면에 대해 적분하면 분포된 내력의 합력을 구할 수 있게 된다. 즉,

$$\int dF = \int_A \sigma \, dA$$

그러나 그림 8.3에 보이는 막대의 각 단면위치에서의 평형조건은 이 크기가 집중하중 P와 같아야 한다. 즉,

$$P = \int dF = \int_A \sigma \, dA \tag{8.3}$$

그림 8.3의 (b), (c), (d)와 같이 임의의 위치에서 단면상에 작용하는 2차원 응력분포도로부터 단면두께방향을 고려한 응력블록 또는 응력체적의 합력은 하중 P와 같음을 의미한다. 이는 막대의 여러 단면에서 변화되는 응력분포에 관하여 정역학적 이론 즉, 평형방정식만으로 얻을 수 있는 유일한 정보이

다. 그러나 주어진 임의의 단면에서 실제 응력분포를 평형방정식만으로 예측하는 것은 어렵기 때문에 국부적 응력집중에 의한 변형상태에 관한 적합방정식이 필요하게 되므로 **부정정구조**(statically indeterminate)에 해당된다. 즉, 이러한 응력분포의 규명을 위해서는 막대의 양단에 작용하는 하중상태에 따라 영향을 받는 부재의 변형이 고려되어야만 한다. 이와 관련된 내용은 제9장에서 보다 자세히 논의될 것이다.

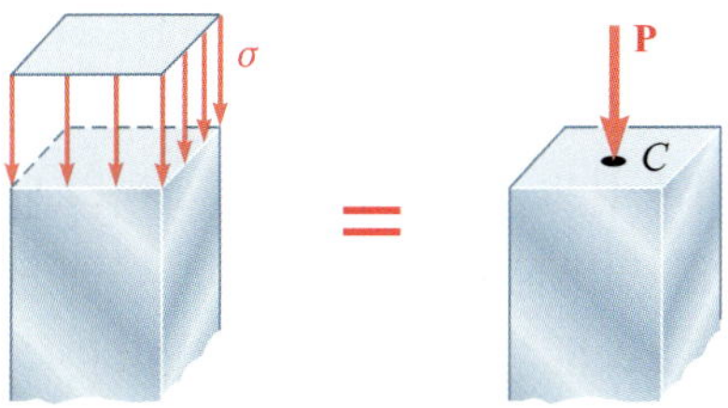

그림 8.4

실무적으로는 양단의 하중재하점 부근을 제외하고는 축방향 부재의 수직응력은 균등하다고 가정한다. 따라서 수직응력 σ는 평균수직응력 σ_{ave}와 같으며 식 (8.1)로 계산된다. 그러나 단면에 등분포응력이 작용할 때 즉, 단면에 발생되는 내력이 단면에 걸쳐 균등하게 분포되었다고 가정할 때, 정역학이론으로부터 내력의 합인 **P**는 단면의 도심 C에 작용해야만 한다는 것이다(그림 8.4). 즉, **집중하중 P와 P′의 작용선은 반드시 단면의 도심을 지날 때만 응력의 등분포상태가 가능하다**는 것을 의미한다(그림 8.5). 이와 같은 형태의 하중을 **중심하중**(centric loading)이라 하며 트러스나 핀접합 구조물의 모든 직선상태의 인장 또는 압축만을 받는 이력부재에서 발생된다. 그러나 그림 8.6(a)와 같이 이력부재에 작용하는 축방향하중이 **편심하중**(eccentric loading)으로 작용하면, 그림 8.6(b)에 보는 바와 같이 단면법을 사용하여 부재의 임의의 면을 절단한 부재의 정적평형조건을 만족시키기 위해 힘 **P**와 휨모멘트 **M** ($M = Pd$)이 작용하게 된다. 따라서 힘의 분포와 관련된 응력분포는 휨모멘트의 영향으로 균등할 수 없을 뿐만 아니라 그림 8.3에 보는 바와 같이 대칭일 수도 없게 된다. 이러한 내용은 제11장에서 자세히 다루어 질 것이다.

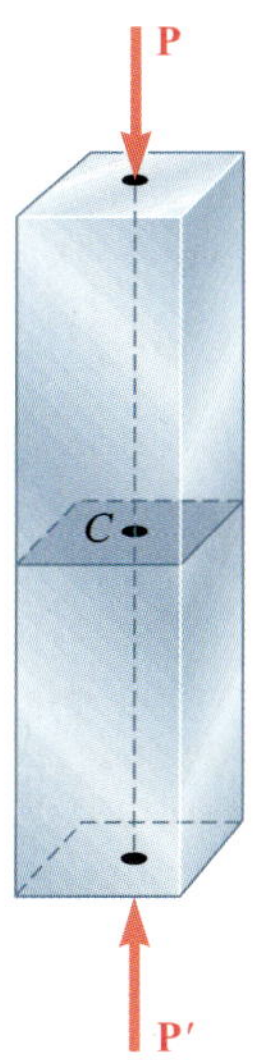

그림 8.5

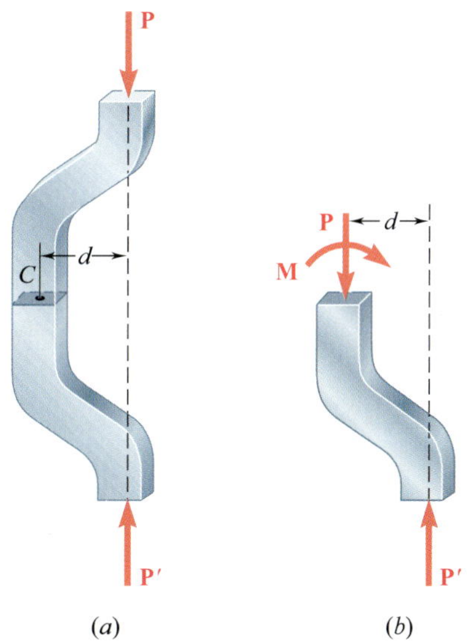

그림 8.6

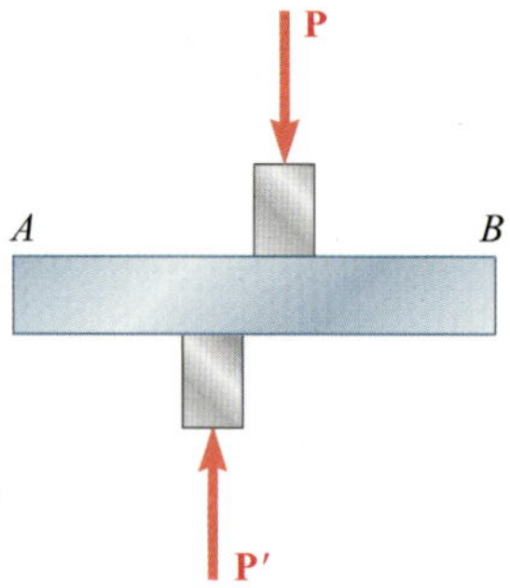

그림 8.7

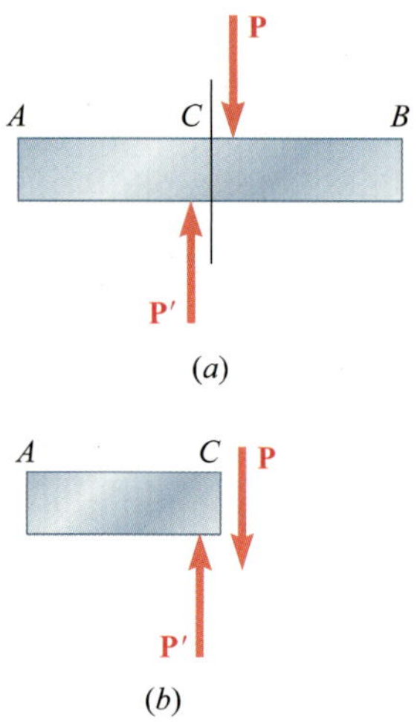

그림 8.8

8.4 전단응력

앞의 8.2절과 8.3절에서 논의된 내력과 그와 관련된 응력이 고려하는 단면에 대해 수직으로 작용하였다. 한편, 부재 AB에 두 개의 하중 $\mathbf{P}$와 $\mathbf{P}'$가 횡방향으로 크기는 같고 반대방향(그림 8.7)으로 작용할 때 매우 다른 형태의 응력이 얻어진다. 두 개의 힘(그림 8.8a)이 C단면에 교차해서 작용할 때, 단면 C에서의 내력을 구하기 위해 단면법을 적용하여 그림 8.8b에 보이는 AC 부분에 대한 그림을 고려할 수 있다. 정적평형으로부터 내력은 단면내에 존재하여야 하고 외력 **P**와 같아야 한다. 이와 같은 내력을 **전단력**이라 하고 단면에 접선방향으로 작용한다. 전단력 P를 단면적 A로 나눈 값을 **평균전단응력**(average shearing stress)이라 하며, 그리스 문자 τ(tau)로 표시한다. 즉,

$$\tau_{\text{ave}} = \frac{P}{A} \tag{8.4}$$

여기서 주의해야할 점은 전단응력이 전체 단면에 균등하게 작용한다는 가정하에 평균전단응력값을 사용한다는 것이다. 앞에서의 수직응력과는 달리 단면의 전단응력 분포는 균등하다고 가정할 수 없다. 제13장에서 설명되는 바와 같이 실제 전단응력 τ는 부재표면 또는 부재연단(extreme fiber)에서는 0이고, 반면에 도심을 지나는 중립축에서는 평균전단응력 τ_{ave}보다 훨씬 큰 최대전단응력 $\tau_{\max}$이 발생된다. 그럼에도 불구하고 평균전단응력을 실무에서 사용하는 이유는 식의 간편성이 첫째 이유이고, 둘째는 단면형상이 직사각형인 경우 최대전단응력은 $\frac{3}{2}\tau_{\text{ave}}$이고 원형의 경우 $\frac{4}{3}\tau_{\text{ave}}$로 복잡한 전단공식을 사용하지 않고도 쉽게 최대전단응력을 계산할 수 있기 때문이다.

전단응력은 흔히 다양한 구조부재와 기계요소들을 연결하는데 사용되는 볼트, 핀 그리고 리벳 등에서 발생된다. 두 개의 인장판 A와 B가 볼트 CD(그림 8.9)에 의해 연결되어 있다고 하자. 만약 두 개의 평판이 인장력 F를 받을 때 응력은 볼트의 EE'면에서 발생될 것이다(그림 8.10). EE'면의 응력상태를 살펴보기 위해 단면법을 적용하여 EE'면을 가상으로 절단한 후 EE' 상단부에 정적평형조건을 사용하면 인장력 F와 크기가 같은 전단력 P가 발생됨을 알 수 있다. 다시 말하면 단면 내에 작용하는 힘은 단면에 접선방향으로 작용하여 부재를 절단하려는 힘인 전단력인 것이다. 식 (8.4)에 따라 전단력 $P=F$를 단면적 A로 나누면 평균전단응력을 구할 수 있다. 즉,

$$\tau_{\text{ave}} = \frac{P}{A} = \frac{F}{A} \tag{8.5}$$

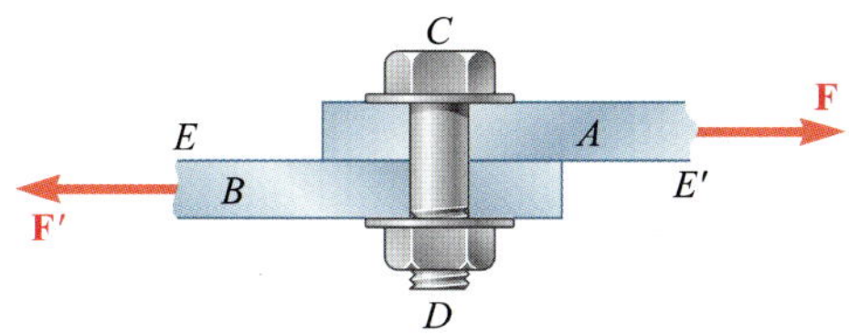

그림 8.9

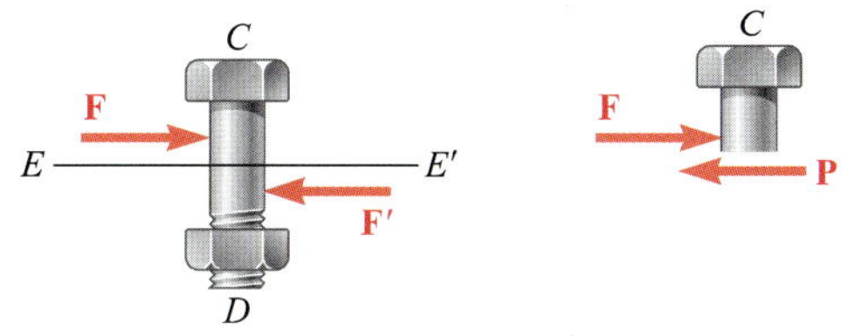

(a) (b)

그림 8.10

위의 그림과 같은 볼트 연결상태는 전단면(shear area)이 1개 이므로 **일면전단**(single shear)이라 하고 **겹침이음**(lap joint)이라 한다. 그러나 볼트연결상태에 따라 다른 하중환경이 발생될 수 있다. 예를 들면, 인장판 A와 B를 연결하기 위해 연결판 C와 D가 사용된다면(그림 8.11), 볼트 HJ에서 발생되는 전단력은 두 개의 전단면 KK'와 LL'에서 발생되며 볼트 EG에서도 동일하게 발생된다. 이와 같이 전단면이 2개인 것을 **이면전단**(double shear)이라 하고, 이와 같은 볼트 연결상태를 일컬어 **맞대기이음**(butt joint)이라 한다. 이 경우 각 전단면에서 발생되는 평균전단응력을 구하기 위해 두 개의 전단면 사이의 볼트부분만을 분리하여 그린 자유물체도에 정적평형조건을 적용한다(그림 8.12). 각 전단면에서 발생되는 전단력 P는 인장력 F와 같아야 하므로 $P = F/2$가 된다. 따라서 평균전단응력은 아래 식과 같다.

$$\tau_{\text{ave}} = \frac{P}{A} = \frac{F/2}{A} = \frac{F}{2A} \tag{8.6}$$

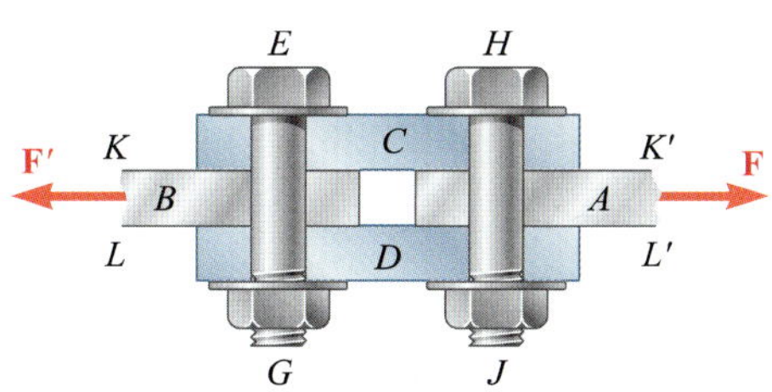

그림 8.11

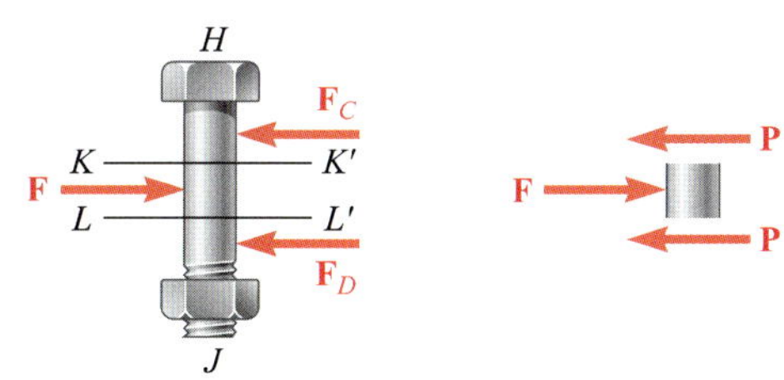

(a) (b)

그림 8.12

8.5 지압응력

볼트, 핀 그리고 리벳과 같은 연결부재는 위의 겹침이음이나 맞대기이음을 할 경우 볼트, 핀 그리고 리벳과 판의 접촉면인 **지압면**(bearing surface) 사이에 서로 압박하는 응력이 발생된다. 예를 들어, 앞 절의 그림 8.9를 다시 고려하면 두 개의 인장판이 당겨짐에 따라 볼트가 인장판 A에 발생시키는 힘 **P**는 크기가 같고 방향이 반대인 인장판이 볼트에 발생시키는 힘 **F**가 발생된

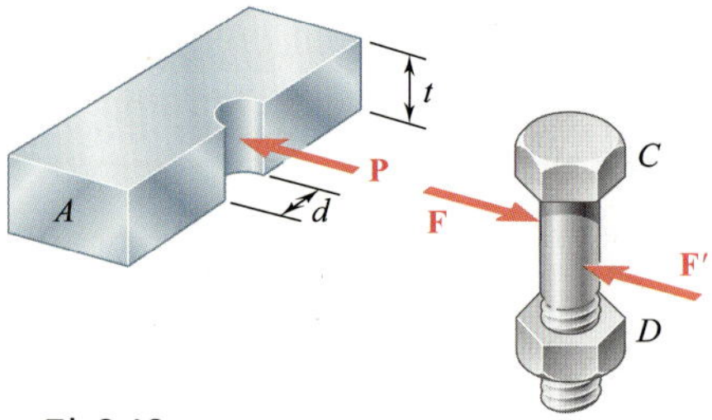

그림 8.13

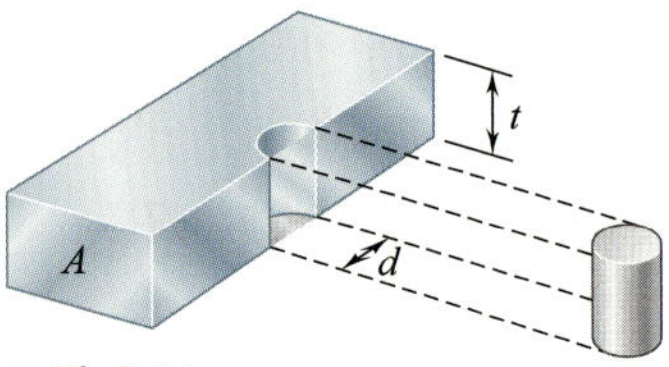

그림 8.14

다. 이와 같이 볼트와 인장판의 접촉면(지압면) 사이에 서로 주고 받는 힘은 뉴턴의 제3법칙인 작용－반작용 법칙에 기인함을 알 수 있다(그림 8.13). 인장판에 작용하는 힘 **P**는 지름이 d이고 판의 두께 d로 이루어지는 반원형 실린더의 내부표면(지압면)에 작용한다. 그러나 이 힘에 의해 지압면에 분포되어 작용하는 응력의 분포는 균등하지 않고 포물선형태의 복잡한 형상을 보이기 때문에 실무에서는 계산상의 편의를 위해 평균응력 개념을 사용한다. 이러한 응력을 지압응력(bearing stress)이라 하고 작용력 P를 반원형 실린더의 투영면적 즉, 직사각형면적 td로 나누어 계산한다(그림 8.14).

$$\sigma_b = \frac{P}{A} = \frac{P}{td} \tag{8.7}$$

8.6 단순구조물의 해석

앞의 내용으로부터 간단한 2차원 평면구조의 부재와 연결부에서의 응력을 결정할 수 있으며 아울러 그러한 구조물의 설계가 가능하다.

그림 8.15에 보이는 구조물은 30 kN 하중을 지지하도록 설계되어 있다. 30×50 mm 직사각형단면의 받침대 AB와 20 mm 직경을 갖는 원형단면의 막대로 구성되어 있으며, 받침대와 막대는 B점에서 핀으로 연결되어 있고 A와 C에서 브래킷에 각각 지지되고 있다.

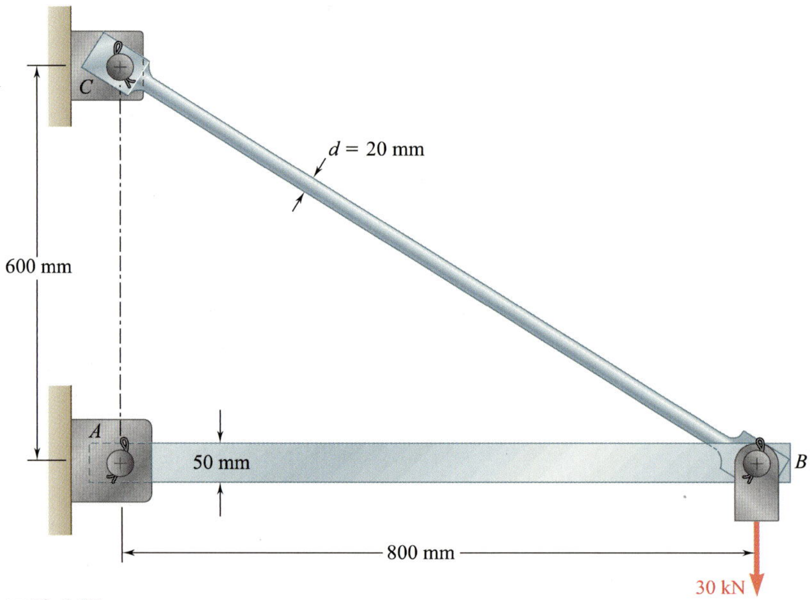

그림 8.15

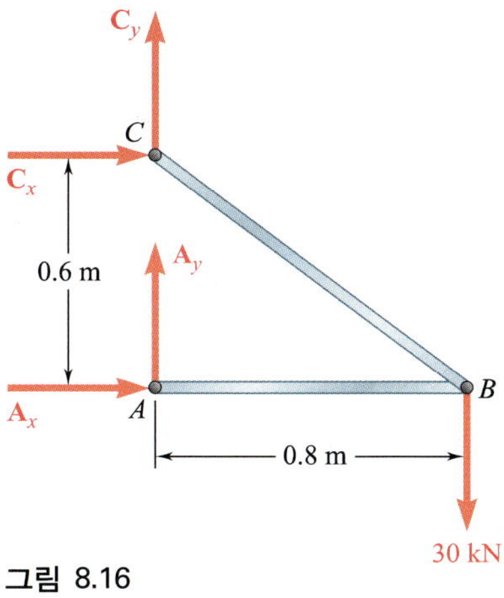

그림 8.16

정역학의 평형방정식을 사용하여 지점의 반력과 부재내부의 내력을 구할 수 있다. 지점 A와 C로부터 부재들을 분리시킨 자유물체도(그림 8.16)를 그리고 지점의 반력성분과 외력을 표시한다. 반력들은 지점 A에서는 $\mathbf{A}_x$와 $\mathbf{A}_y$, 지점 C에서는 $\mathbf{C}_x$와 $\mathbf{C}_y$로 나타난다. 3개의 평형방정식을 아래와 같이 적어보면

$$+\circlearrowleft \Sigma M_C = 0 : \quad A_x(0.6\text{ m}) - (30\text{ kN})(0.8\text{ m}) = 0 \tag{8.8}$$

$$A_x = +40\text{ kN}$$

$$\overset{+}{\rightarrow} \Sigma F_x = 0 : \quad A_x + C_x = 0 \tag{8.9}$$

$$C_x = -A_x \qquad C_x = -40\text{ kN}$$

$$+\uparrow \Sigma F_y = 0 : \quad A_y + C_y - 30\text{ kN} = 0 \tag{8.10}$$

$$A_y + C_y = +30\text{ kN}$$

4개의 미지반력중 2개의 반력성분을 결정하였다. 다음에는 받침대 AB를 B점에서 분리하여 자유물체도를 그린 후 평형조건을 사용한다(그림 8.17).

$$+\circlearrowleft \Sigma M_B = 0 : \quad -A_y(0.8\text{ m}) = 0 \qquad A_y = 0 \tag{8.11}$$

식 (8.11)로부터 구한 A_y를 식 (8.10)에 대입하면, $C_y = +30\text{ kN}$을 얻을 수 있다. 지점 A와 C에서 발생되는 반력들을 벡터형으로 나타내면 다음과 같다.

$$\mathbf{A}_x = 40\text{ kN} \rightarrow, \quad \mathbf{C}_x = 40\text{ kN} \leftarrow, \quad \mathbf{C}_y = 30\text{ kN} \uparrow$$

A점에서의 반력은 받침대 AB 부재의 축방향으로 작용하며 압축력을 유발시킨다. C점에서의 반력 C_x와 C_y는 각각 B에서부터 C까지의 거리의 수평성분과 수직성분에 비례함을 알 수 있으므로 C점에 작용하는 반력 C_x와 C_y의 합력은 피타고라스정리에 의해 50 kN이며 인장력으로 작용된다.

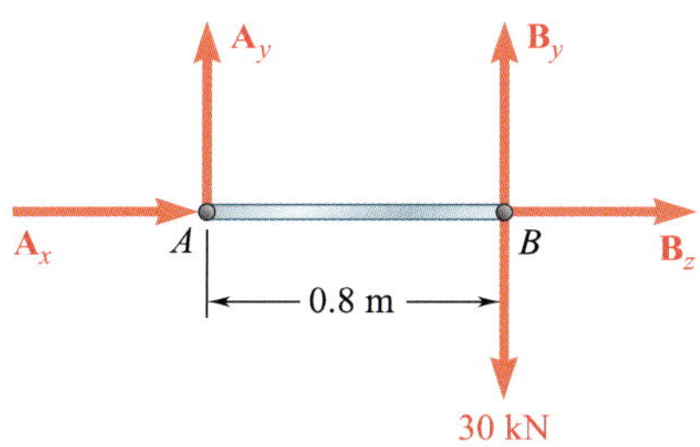

그림 8.17

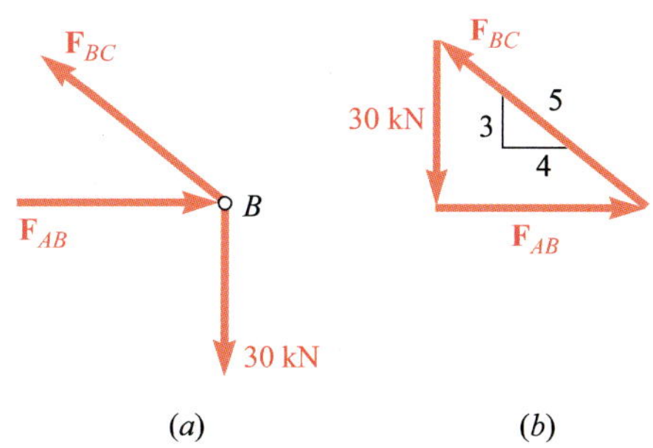

그림 8.18

이러한 결과들은 AB와 BC 부재가 이력부재라는 것을 알기 때문에 예측이 가능한 것이다. 즉, 부재 AB에서는 양단 A와 B, 부재 BC에서는 B와 C에 크기는 같고 방향이 반대이며 동일 작용선상에 2개의 힘이 인장 또는 압축으로 작용한다는 것을 의미한다. 이러한 성질을 이용하여 핀 B를 중심으로 작성한 자유물체도를 고려하여 보다 간단하게 해를 구할 수 있다. 핀 B에 작용하는 힘은 부재 AB와 BC에 각각 $\mathbf{F}_{AB}$와 $\mathbf{F}_{BC}$와 외력 30 kN(그림 8.18a)가 정적평형상태에 놓인다. 그림 8.18b와 같이 힘의 삼각형(force triangle)을 사용하여 부재력을 산정할 수 있다.

힘 $\mathbf{F}_{BC}$는 BC 부재를 따라 작용하므로 부재의 경사는 3/4가 된다. 그러므로 힘의 삼각형을 이용한 비례식을 나타낼 수 있다.

$$\frac{F_{AB}}{4} = \frac{F_{BC}}{5} = \frac{30\text{ kN}}{3}$$

이 식으로부터 부재력을 직접 구할 수 있다. 즉,

$$F_{AB} = 40\text{ kN} \qquad F_{BC} = 50\text{ kN}$$

그림 8.19에서 보듯이 핀 B과 연결되는 받침대 AB와 막대 BC에 작용하는 힘 $\mathbf{F}'_{AB}$와 $\mathbf{F}'_{BC}$는 $\mathbf{F}_{AB}$와 $\mathbf{F}_{BC}$에 대해 크기가 같고 방향이 반대이다.

각 부재의 양단에서 작용하는 힘들을 알기 때문에 부재내의 내력을 구할 수 있게 된다. 막대 BC 내에 있는 임의의 점을 단면법에 의해 가상으로 자르게 되면 2개의 부재 BD와 CD로 나눌 수 있다(그림 8.20). 구조물의 B점에 30 kN의 하중이 작용할 때 정적평형상태에 따라 D점에는 50 kN의 힘들이 분리된 2개의 부재 양단에 인장력으로 작용하기 때문에 BC 부재 내부의 내력이 50 kN이라는 것을 알 수 있다. 또한 그림 8.20과 같이 인장력을 받는 $\mathbf{F}_{BC}$와 $\mathbf{F}'_{BC}$의 힘의 작용방향도 확인할 수 있다. 같은 방법으로 받침

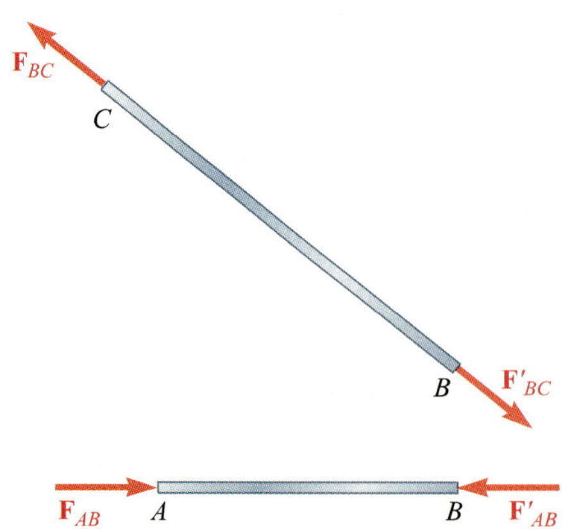

그림 8.19

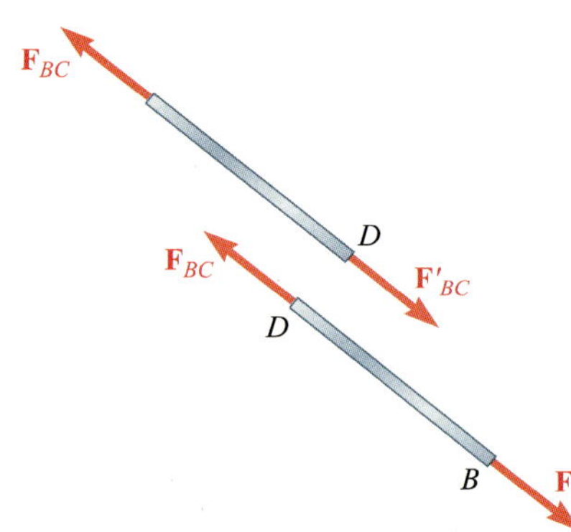

그림 8.20

대에 작용하는 40 kN은 압축상태임을 알 수 있다.

지금부터는 부재와 연결부에서의 응력을 산정하는 방법을 알아보도록 하자. 그림 8.21과 같이 20 mm 직경을 갖는 막대 BC의 양쪽 끝이 20×40 mm의 직사각형 평판으로 되어 있고, 반면에 받침대 AB는 30×40 mm인 직사각형 단면을 갖고 B점에 클레비스(clevis) 핀으로 연결되어 있다. 두 부재는 B점에서 핀으로 연결되어 있고, U－형 브래킷에 30 kN의 하중을 지지하고 있다. 받침대 AB는 A점에서 이중 브래킷에 핀을 체결하여 지지되어 있고, 반면에 막대 BC의 C점에서 단일 브래킷으로 연결되어 있다. 사용된 모든 핀들의 직경은 25 mm이다.

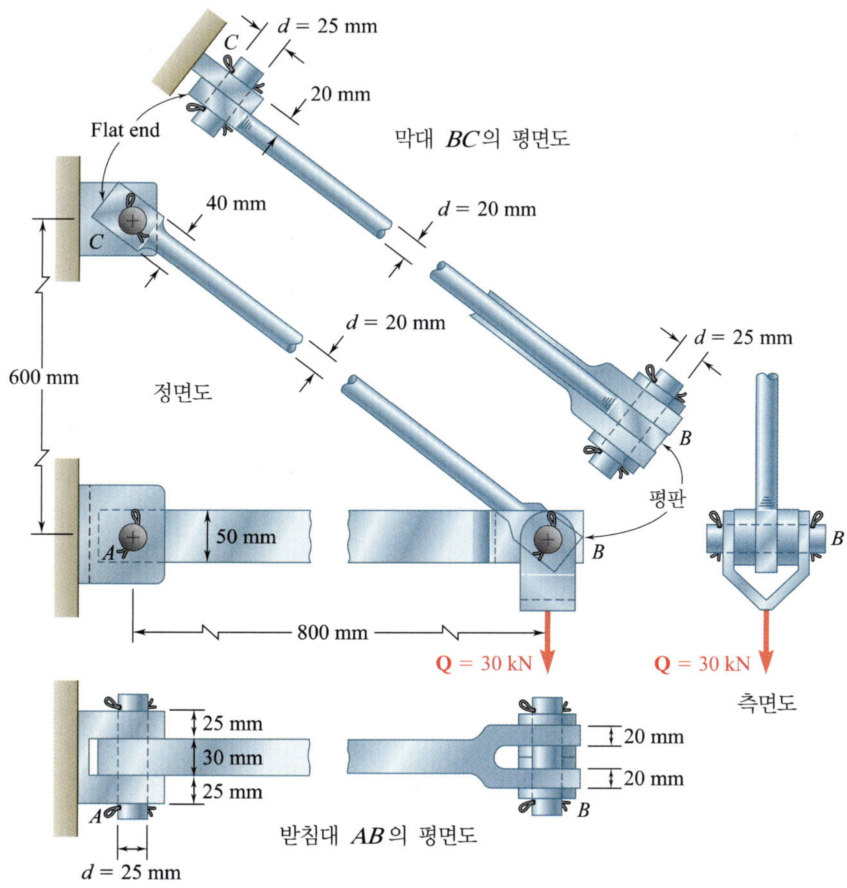

그림 8.21

a. 받침대 AB 와 막대 BC 의 수직응력 산정. 막대 BC에는 $F_{BC}=$ 50 kN의 인장력이 발생된다. 막대의 직경이 20 mm이므로 식 (8.1)을 사용하여 수직응력을 구할 수 있다. 즉,

$$P=F_{BC}=+50\text{ kN}=+50\times10^{3}\text{ N}$$

$$A = \pi r^2 = \pi\left(\frac{20\mathrm{mm}}{2}\right) = \pi(10\times 10^{-3}\,\mathrm{m})^2 = 314\times 10^{-6}\,\mathrm{m}^2$$

$$\sigma_{BC} = \frac{P}{A} = \frac{+50\times 10^3\,\mathrm{N}}{314\times 10^{-6}\,\mathrm{m}^2} = +159\times 10^6\,\mathrm{Pa} = +159\,\mathrm{MPa}$$

그러나 막대의 직사각형 평판 부분도 인장을 받기 때문에 핀 연결에 의해 구멍이 있는 가장 좁은 단면에서는 더 높은 응력이 발생된다. 구멍이 난 부분을 제외한 순단면적(net area)은 아래와 같다.

$$A = (20\,\mathrm{mm})(40\,\mathrm{mm} - 25\,\mathrm{mm}) = 300\times 10^{-6}\,\mathrm{m}^2$$

이 단면에 발생되는 평균수직응력은 다음과 같다.

$$(\sigma_{BC})_{\mathrm{end}} = \frac{P}{A} = \frac{50\times 10^3\,\mathrm{N}}{300\times 10^{-6}\,\mathrm{m}^2} = 167\,\mathrm{MPa}$$

이 값은 원공(circular hole) 주위에서의 평균값을 나타내고, 9.15절에서 보듯이 응력은 실제로 평균값에 비해 훨씬 큰 응력을 보인다. 따라서 하중이 증가함에 따라 막대는 원형단면보다는 직사각형 평판의 원공부에서 파괴될 것이 확실하므로 단면설계시 직사각형 부분의 폭 또는 두께를 증가시키는 것을 검토해야 한다.

우리의 관심을 받침대 AB로 돌려보면 받침대에 작용하는 힘은 $F_{AB} = 40\,\mathrm{kN}$의 압축력이 작용하고 있다는 것을 이미 알고 있다. 받침대의 직사각형 단면적은 $A = 30\,\mathrm{mm}\times 50\,\mathrm{mm} = 1.5\times 10^{-3}\,\mathrm{m}^2$이므로 핀 A와 B 사이의 수직응력은 다음과 같이 계산할 수 있다.

$$\sigma_{AB} = -\frac{40\times 10^3\,\mathrm{N}}{1.5\times 10^{-3}\,\mathrm{m}^2} = -26.7\times 10^6\,\mathrm{Pa} = -26.7\,\mathrm{MPa}$$

한편, A 및 B 부분의 최소면적을 갖는 단면에서는 응력을 받지 않음에 주의해야 한다. 왜냐하면 막대 BC는 핀을 당기는 경우인데 비해 받침대의 경우는 부재가 압축상태이므로 핀을 밀게 되기 때문이다.

b. 다양한 연결부의 전단응력 산정. 볼트, 핀 또는 리벳과 같은 연결부에서 발생되는 전단응력을 결정하기 위해, 다양한 연결상태에 따라 연결부에서 작용하는 힘을 우선 파악해야 한다. 그러므로 그림 8.22a을 예로 하면 핀 C의 경우 핀과 연결된 BC 부재에 50 kN의 인장력이 작용하며, 그림 8.22b의 브래킷에 의해 크기는 같고 방향이 반대로 작용하고 있음을 알 수 있다. 이 힘은 핀을 절단하려는 힘이므로 전단력으로 작용된다. DD' 단면을 중심으로 단면법을 사용하여 가상으로 자를 경우, DD' 단면 아래 부분에 전단

력이 작용하는 핀 부분을 그림 8.22c와 같이 그리면 $P=50$ kN 의 전단력이 절단면에 접선방향으로 작용하는 것을 알 수 있다. 핀의 단면적은

$$A=\pi r^2=\pi\left(\frac{25\ \text{mm}}{2}\right)^2=\pi(12.5\times 10^{-3}\ \text{m})^2=491\times 10^{-6}\ \text{m}^2$$

이기 때문에 C점의 핀에서 발생되는 평균전단응력은 다음과 같이 구할 수 있다.

$$\tau_{\text{ave}}=\frac{P}{A}=\frac{50\times 10^3\ \text{N}}{491\times 10^{-6}\ \text{m}^2}=102\ \text{MPa}$$

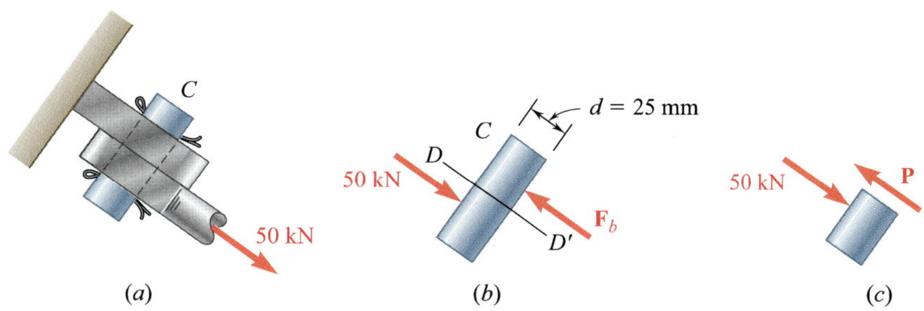

그림 8.22

지금부터는 그림 8.23과 같이 핀 A의 연결부를 고려하면, 전단면이 2개이므로 이면전단(double shear)이 되는 것에 유의해야 한다. 핀과 전단응력이 발생되는 핀의 DD'와 EE'단면 사이의 부분만을 분리하여 자유물체도를 그리면 정적평형으로부터 $P=20$ kN이 됨을 알 수 있다. 따라서 이면전단을 받는 핀의 경우 평균전단응력은 다음과 같다.

$$\tau_{\text{ave}}=\frac{P}{A}=\frac{20\ \text{kN}}{491\times 10^{-6}\ \text{m}^2}=40.7\ \text{MPa}$$

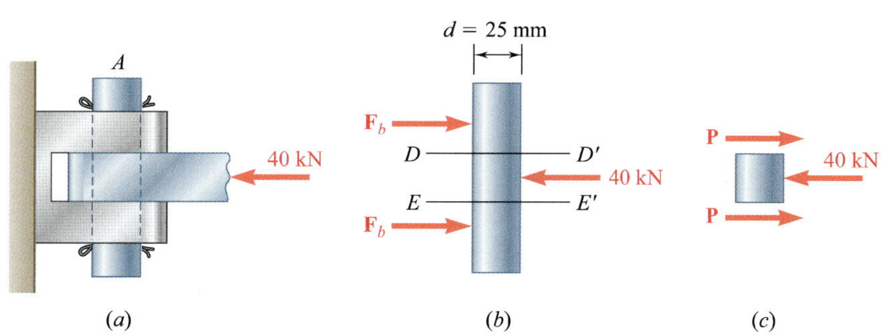

그림 8.23

한편, 그림 8.24a와 같이 B점의 핀에 대해서는 막대 BC, 받침대 AB와 브래킷에 의해 발생되는 힘들에 따라 5개의 부분으로 나누어 고려해 보자. 이어서 DE부분(그림 8.24b)과 DG부분(그림 8.24c)을 따라 분리하여 힘의 작용상태를 생각해보자. 먼저 E단면에서는 전단력 $P_E = 15\ \text{kN}$이 발생하는 반면, G단면에서는 $P_G = \sqrt{15^2 + 20^2} = 25\ \text{kN}$의 전단력이 발생된다. 그리고 핀에 작용하는 하중이 대칭이므로 핀 B에서 발생되는 전단력의 최대값은 $P_G = 25\ \text{kN}$이 되며 가장 큰 전단응력은 단면 G와 H에서 발생된다.

$$\tau_{\text{ave}} = \frac{P_G}{A} = \frac{25\ \text{kN}}{491 \times 10^{-6}\ \text{m}^2} = 50.9\ \text{MPa}$$

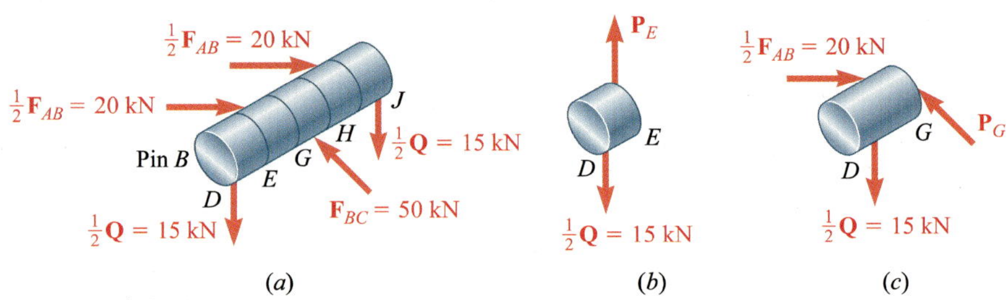

그림 8.24

c. 지압응력의 산정. 부재 AB의 A점에서 발생되는 (공칭)지압응력을 계산하기 위해서 8.5절의 식 (8.7)을 사용한다. 그림 8.21로부터 $t = 30\ \text{mm}$와 $d = 25\ \text{mm}$이고 부재에 작용하는 힘은 $P = F_{AB} = 40\ \text{kN}$일 때 지압응력은 다음과 같이 구할 수 있다.

$$\sigma_b = \frac{P}{td} = \frac{40\ \text{kN}}{(30\ \text{mm})(25\ \text{mm})} = 53.3\ \text{MPa}$$

A점의 브래킷에서 발생되는 지압응력은 $t = 2(25\ \text{mm}) = 50\ \text{mm}$와 $d = 25\ \text{mm}$이므로 아래와 같다.

$$\sigma_b = \frac{P}{td} = \frac{40\ \text{kN}}{(50\ \text{mm})(25\ \text{mm})} = 32.0\ \text{MPa}$$

부재 AB의 B점, 부재 BC의 B점 및 C점 그리고 C점의 브래킷에서 발생되는 지압응력의 산정도 동일한 방법으로 구할 수 있다.

8.7 설계

그림 8.15의 구조물을 다시 고려해 보자. 그리고 강재로 만들어진 막대 BC의 최대허용응력이 $\sigma_{\text{all}} = 165$ MPa라 가정하자. 이 경우 막대 BC는 재하된 하중을 안전하게 지지할 수 있을까? 막대 BC에 작용하는 힘 F_{BC}의 크기와 수직응력 σ_{BC}는 각각 50 kN과 159 MPa로 이미 구한 바가 있다. 이 값은 사용된 강재의 허용응력보다 작기 때문에 막대 BC는 안전하게 하중을 지지하고 있는 것으로 판단된다. 또한 주어진 하중에 의해 발생되는 변형량이 허용한계에 도달하는지도 판단해야 한다. 축방향 하중에 의한 변형량에 대해서는 제9장에서 다시 논의될 것이다. 또 다른 고려사항은 압축력을 받는 부재의 **안정성**(stability) 즉, **좌굴**(buckling)에 관한 것이다. 즉, 부재의 안정성이란 부재가 압축력을 받을 때 갑작스런 부재형상의 변화없이 직선상태로 지지할 수 있는 능력이라 할 수 있는데, 다시 말하면 가늘고 긴 부재에 압축력이 작용할 때 이 압축력에 의해 휨이 발생되면서 휘게 된다. 이 때 이 압축력을 제거하게 되면 다시 직선상태를 유지하려는 탄성복원력이 작용된다. 그러나 압축력이 점점 커져서 **임계하중**(critical load) 또는 **좌굴하중**(buckling load)에 도달하게 되면 압축력을 제거하더라도 원래 형상으로 복원되지 못하며 휨상태가 커지면서 갑작스런 붕괴가 발생된다. 이와 관련된 내용은 제16장에서 다루어 질 것이다.

엔지니어의 역할은 주어진 하중에서 구조물과 기계의 해석에 국한되지 않는다. 즉, 엔지니어에게 보다 중요한 임무는 구조물이 제 기능을 잘 수행할 수 있도록 적절한 부재의 선택 및 배치 등을 통한 새로운 구조물의 **설계**라고 할 수 있다. 설계의 한 예로 그림 8.15의 구조물로 다시 돌아가 보자. 그리고 허용응력이 $\sigma_{\text{all}} = 100$ MPa인 알루미늄 부재로 구성되어 있다고 가정하자. 여전히 동일한 하중에서는 막대 BC에 작용하는 힘은 $P = F_{BC} = 50$ kN 이므로 부재내의 수직응력은 식 (8.1)을 사용하면 다음과 같다.

$$\sigma_{\text{all}} = \frac{P}{A} \qquad A = \frac{P}{\sigma_{\text{all}}} = \frac{50 \times 10^3\ \text{N}}{100 \times 10^6\ \text{Pa}} = 500 \times 10^{-6}\ \text{m}^2$$

여기서 $A = \pi r^2$이므로

$$r = \sqrt{\frac{A}{\pi}} = \sqrt{\frac{500 \times 10^{-6}\ \text{m}^2}{\pi}} = 12.62 \times 10^{-3}\ \text{m} = 12.62\ \text{mm}$$

$$d = 2r = 25.2\ \text{mm}$$

그러므로 직경이 26 mm 이상의 알루미늄 막대를 사용하면 적절할 것이다.

문제 8.1

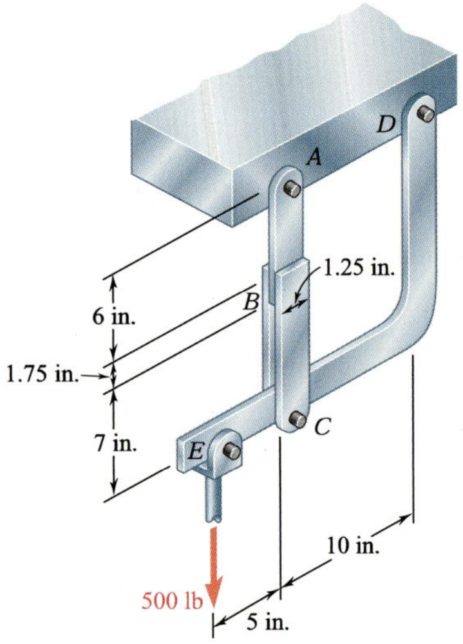

그림과 같은 벽걸이 내부에 ABC 링크의 상단부와 하단부의 두께가 각각 3/8 in.와 1/4 in. 이다. B부분에 에폭시수지의 접착제로 상단부와 하단부가 접합되어 있다. A점에는 3/8 in. 직경의 핀으로, C점에는 1/4 in. 직경의 핀으로 각각 연결되어 있다. 여기서 (a) 핀 A의 전단응력, (b) 핀 C의 전단응력, (c) 링크 ABC의 최대수직응력, (d) B의 접합면의 평균전단응력, (e) 연결부 C의 지압응력을 결정하시오.

풀이.

자유물체도: 전체벽걸이. 링크 ABC는 이력부재(two−force member)이므로 A점의 반력은 수직으로 작용하고, D점의 반력은 D_x 성분과 D_y 성분으로 표시되며 다음과 같이 정리할 수 있다.

$$+\circlearrowleft \Sigma M_D = 0: \quad (500 \text{ lb})(15 \text{ in.}) - F_{AC}(10 \text{ in.}) = 0$$

$$F_{AC} = +750 \text{ lb} \quad F_{AC} = 750 \text{ lb} \quad \textit{tension}$$

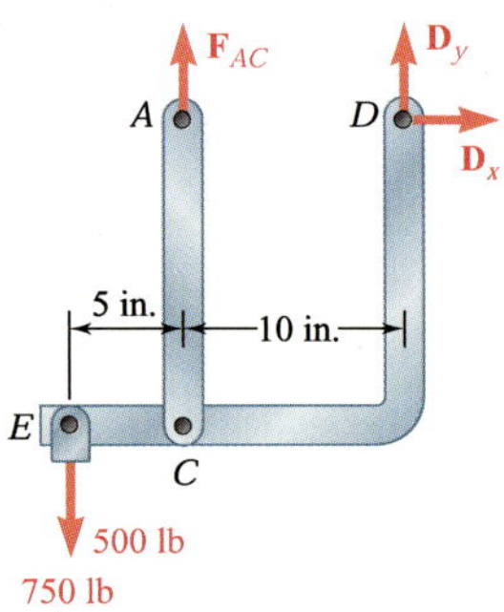

a. 핀 A의 전단응력. 3/8 in. 직경의 핀이 일면전단 상태이므로 다음과 같이 계산할 수 있다.

$$\tau_A = \frac{F_{AC}}{A} = \frac{750 \text{ lb}}{1/4\,\pi(0.375 \text{ in.})^2} \qquad \tau_A = 6790 \text{ psi}$$

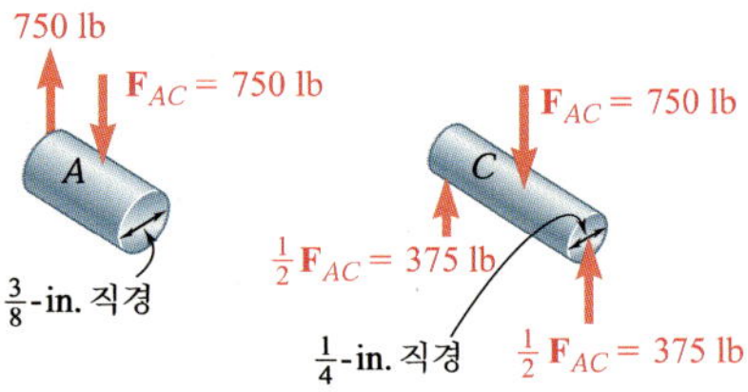

b. 핀 C의 전단응력. 1/4 in. 직경의 핀이 이면전단 상태이므로 다음과 같이 계산할 수 있다.

$$\tau_C = \frac{1/2\,F_{AC}}{A} = \frac{375 \text{ lb}}{1/4\,\pi(0.25 \text{ in.})^2} \qquad \tau_C = 7640 \text{ psi}$$

c. 링크 ABC의 최대수직응력. 단면적이 가장 작은 곳에서 최대응력이 발생되므로 3/8 in.의 원공이 뚫려 있는 A점의 단면에서 발생된다. 그러므로

$$\sigma_A = \frac{F_{AC}}{A_{\text{net}}} = \frac{750 \text{ lb}}{(3/8 \text{ in.})(1.25 \text{ in.} - 0.375 \text{ in.})} = \frac{750 \text{ lb}}{0.328 \text{ in}^2} \qquad \sigma_A = 2290 \text{ psi}$$

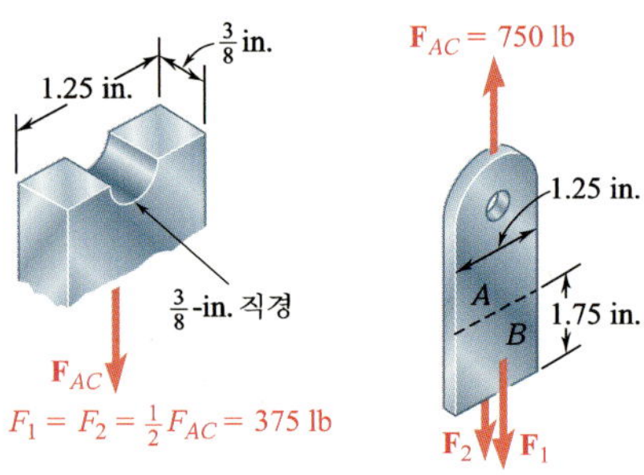

d. B점의 평균전단응력. 링크의 상단부는 양면으로 접착되어 있으므로 전단력은 각각의 접착면에서 발생된다. 즉, $F_1 = (750 \text{ lb})/2 = 375$ lb의 전단력이 발생되며 평균전단응력은 전단력을 접착면적으로 나누어 구할 수 있다.

$$\tau_B = \frac{F_1}{A} = \frac{375 \text{ lb}}{(1.25 \text{ in.})(1.75 \text{ in.})} \qquad \tau_B = 171.4 \text{ psi}$$

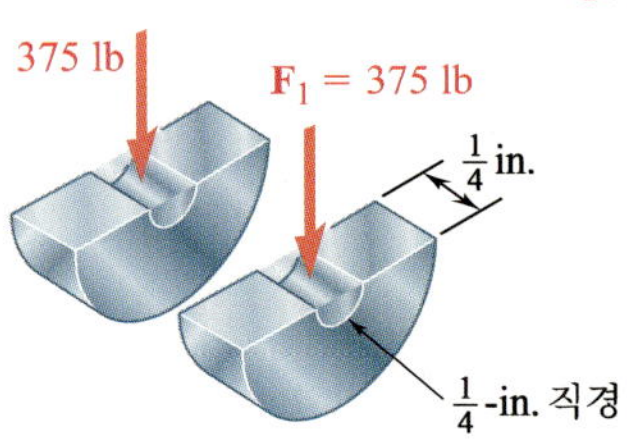

e. C점의 지압응력. 링크의 하단부는 2개의 부분으로 되어 있기 때문에 각 부분에 걸리는 힘은 $F_1 = 375$ lb이고, 지압응력이 작용하는 공칭 지압면적은 $(0.25 \text{ in.})(0.25 \text{ in.}) = 0.0625 \text{ in}^2$이 된다. 따라서 지압응력은 다음과 같다.

$$\sigma_b = \frac{F_1}{A} = \frac{375 \text{ lb}}{0.0625 \text{ in}^2} \qquad \sigma_b = 6000 \text{ psi}$$

문제 8.2

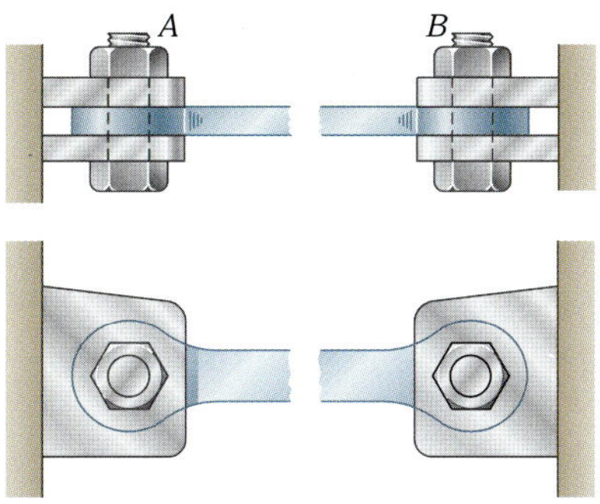

그림과 같이 강재로 된 수평결합부재(tie bar)가 $P=120$ kN의 인장력을 받고 있으며, 양단 A와 B에서 이중 브래킷 사이로 볼트가 체결되어 있다. 이 부재는 20 mm 두께로 제작될 것이며 사용되는 강재의 최대수직응력, 최대전단응력 및 최대지압응력은 각각 $\sigma=175$ MPa, $\tau=100$ MPa, $\sigma_b=350$ MPa 이다. 이 때 다음과 같은 치수들을 결정하시오. (a) 볼트의 직경 d, (b) 부재 양단의 크기 b, (c) 부재의 높이 h.

풀이.

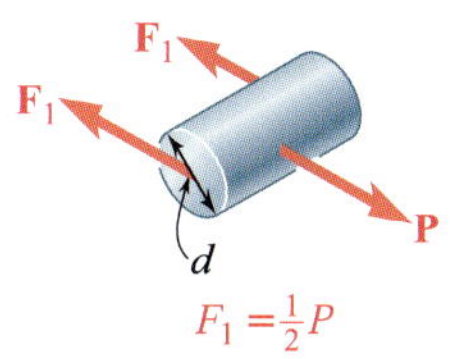

a. 볼트의 직경. 볼트는 전단면이 2개인 이면전단 상태이므로 $F_1=1/2\,P=60$ kN이고 허용전단응력이 100 MPa이므로 다음과 같이 나타낼 수 있다.

$$\tau=\frac{F_1}{A}=\frac{60\text{ kN}}{1/4\,\pi d^2}\qquad 100\text{ MPa}=\frac{60\text{ kN}}{1/4\,\pi d^2}\qquad d=27.6\text{ mm}$$

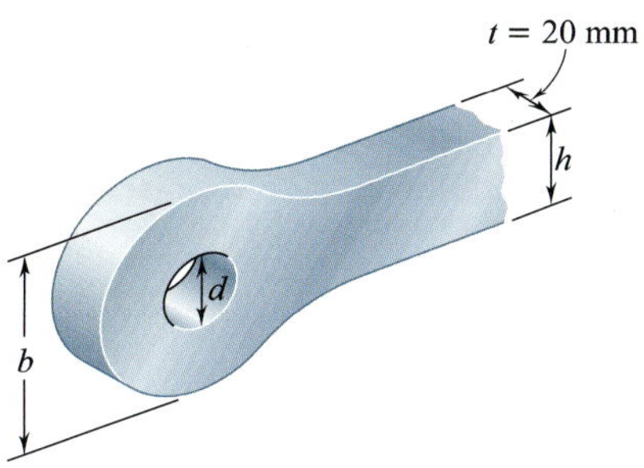

그러므로 설계시에는 다음과 같이 결정할 수 있다. $d=28\text{ mm}$

이 시점에서 20 mm 두께의 수평결합부재와 28 mm 직경의 볼트사이에서의 지압응력에도 안전해야 하므로 이에 대한 검토를 해야 한다. 즉,

$$\tau_b=\frac{P}{td}=\frac{120\text{ kN}}{(0.020\text{ m})(0.028\text{ m})}=214\text{ MPa}<350\text{ MPa}\qquad \text{O.K.}$$

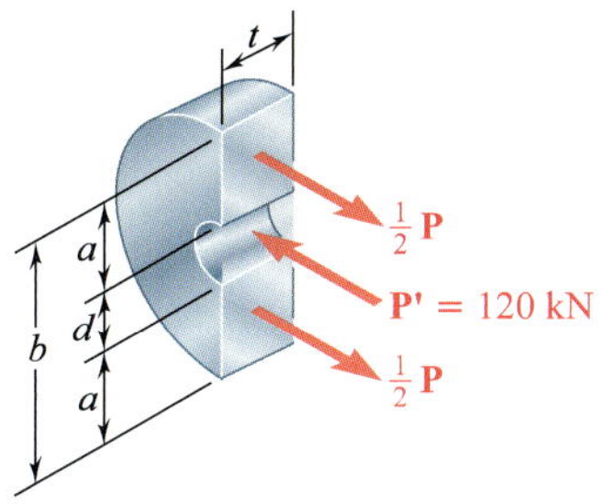

b. 부재 양단의 치수 b**.** 수평결합부재의 양단을 고려해보자. 그림에서 보는 바와 같이 부재의 두께가 $t=20$ mm인 강재이고, 평균인장응력 175 MPa는 허용인장응력을 초과하지 못하므로 아래와 같이 나타낼 수 있다.

$$\sigma=\frac{1/2\,P}{ta}\qquad 175\text{ MPa}=\frac{60\text{ kN}}{(0.02\text{ m})\,a}\qquad a=17.14\text{ mm}$$

$$b=d+2a=28\text{ mm}+2(17.14\text{ mm})\qquad b=62.3\text{ mm}$$

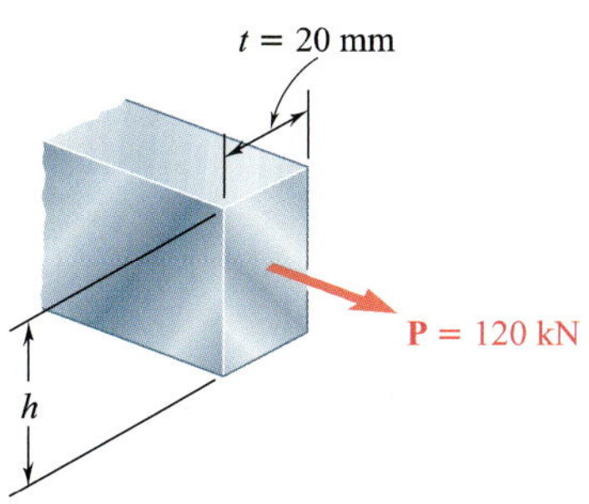

c. 부재의 높이 h**.** 부재의 두께가 $t=20$ mm이므로

$$\sigma=\frac{P}{th}\qquad 175\text{MPa}=\frac{120\text{ kN}}{(0.020\text{ m})\,\text{h}}\qquad h=34.3\text{ mm}$$

그러므로 설계시에는 다음과 같이 결정할 수 있다. $h=35\text{ mm}$

Problems

8.1 Two solid cylindrical rods AB and BC are welded together at B and loaded as shown. Knowing that $d_1 = 50$ mm and $d_2 = 30$ mm, find the average normal stress at the midsection of (*a*) rod AB, (*b*) rod BC.

8.2 Two solid cylindrical rods AB and BC are welded together at B and loaded as shown. Knowing that the average normal stress must not exceed 140 MPa in either rod, determine the smallest allowable values of d_1 and d_2.

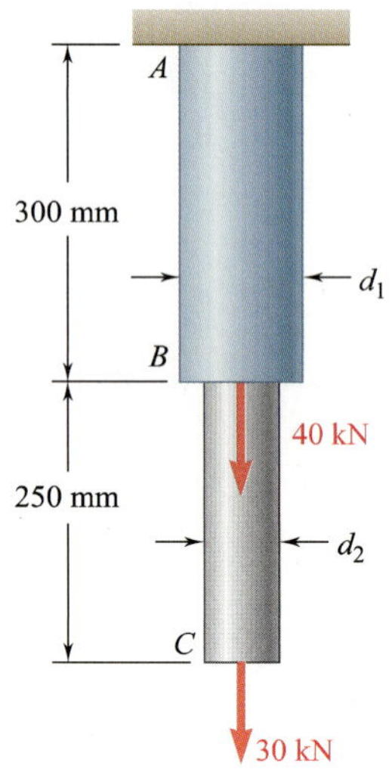

그림 **P8.1, P8.2**

8.3 Two solid cylindrical rods AB and BC are welded together at B and loaded as shown. Determine the average normal stress at the midsection of (*a*) rod AB, (*b*) rod BC.

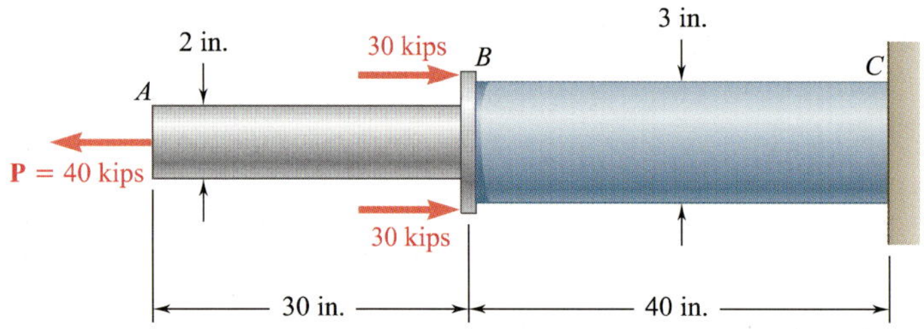

그림 **P8.3**

8.4 In Prob. 8.3, determine the magnitude of the force **P** for which the tensile stress in rod AB has the same magnitude as the compressive stress in rod BC.

8.5 Link BD consists of a single bar 30 mm wide and 12 mm thick. Knowing that each pin has a 10-mm diameter, determine the maximum value of the average normal stress in link BD if (*a*) $\theta = 0°$, (*b*) $\theta = 90°$.

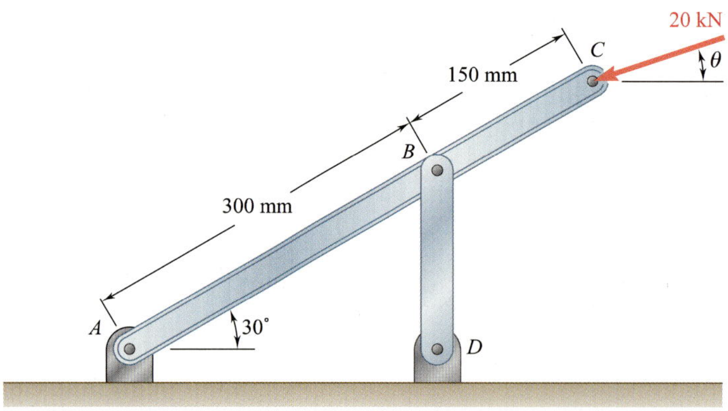

그림 ***P8.5***

8.6 Knowing that the central portion of the link BD has a uniform cross-sectional area of 800 mm^2, determine the magnitude of the load $\mathbf{P}$ for which the normal stress in that portion of BD is 50 MPa.

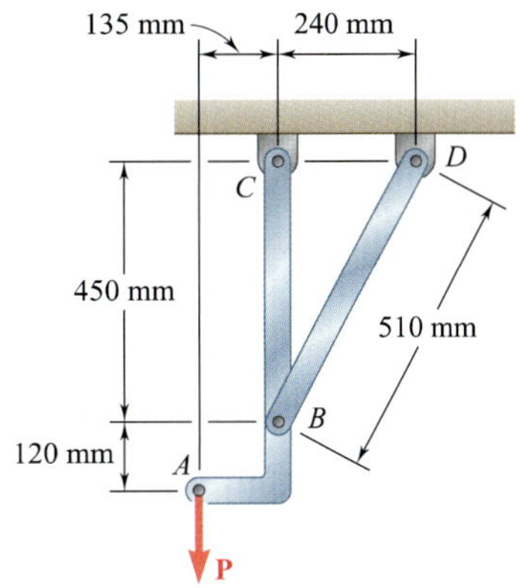

그림 P8.6

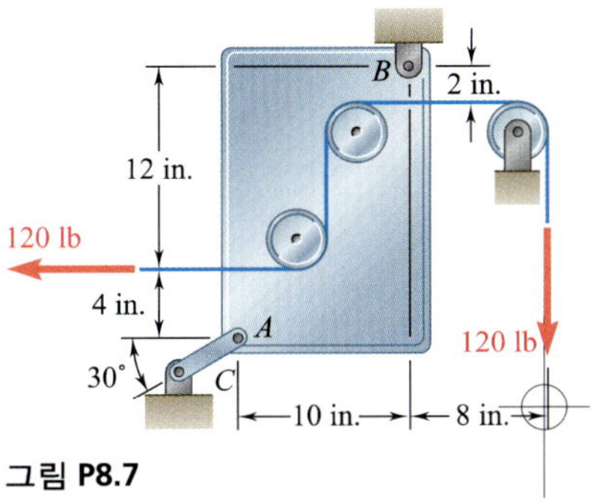

그림 P8.7

8.7 Link AC has a uniform rectangular cross section $\frac{1}{8}$ in. thick and 1 in. wide. Determine the normal stress in the central portion of the link.

8.8 Two horizontal 5-kip forces are applied to pin B of the assembly shown. Knowing that a pin of 0.8-in. diameter is used at each connection, determine the maximum value of the average normal stress (*a*) in link AB, (*b*) in link BC.

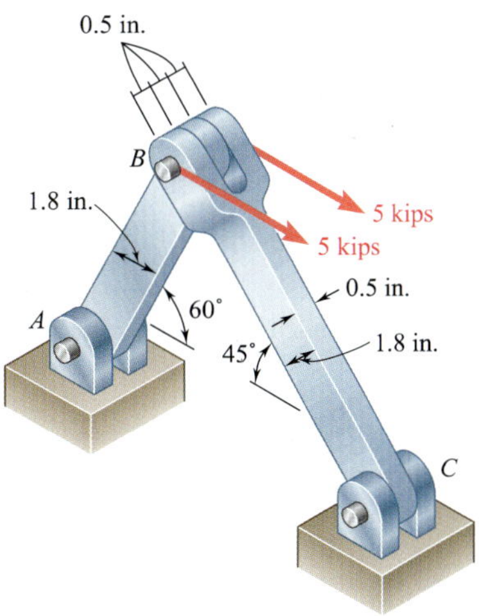

그림 *P8.8*

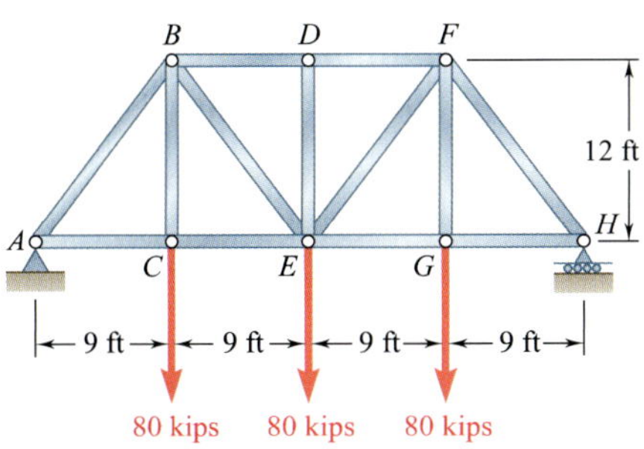

그림 P8.9, P8.10

8.9 For the Pratt bridge truss and loading shown, determine the average normal stress in member BE, knowing that the cross-sectional area of that member is 5.87 in^2.

8.10 Knowing that the average normal stress in member CE of the Pratt bridge truss shown must not exceed 21 ksi for the given loading, determine the cross-sectional area of the member that will yield the most economical and safe design. Assume that both ends of the member will be adequately reinforced.

8.11 A couple **M** of magnitude 1500 N · m is applied to the crank of an engine. For the position shown, determine (*a*) the force **P** required to hold the engine system in equilibrium, (*b*) the average normal stress in the connecting rod *BC*, which has a 450-mm^2 uniform cross section.

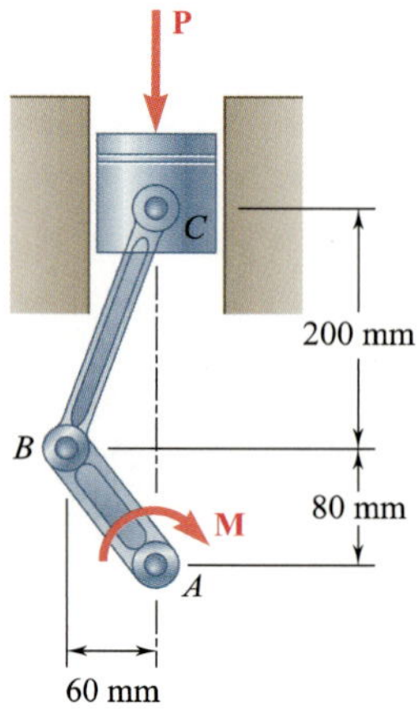

그림 P8.11

8.12 Two hydraulic cylinders are used to control the position of the robotic arm *ABC*. Knowing that the control rods attached at *A* and *D* each have a 20-mm diameter and happen to be parallel in the position shown, determine the average normal stress in (*a*) member *AE*, (*b*) member *DG*.

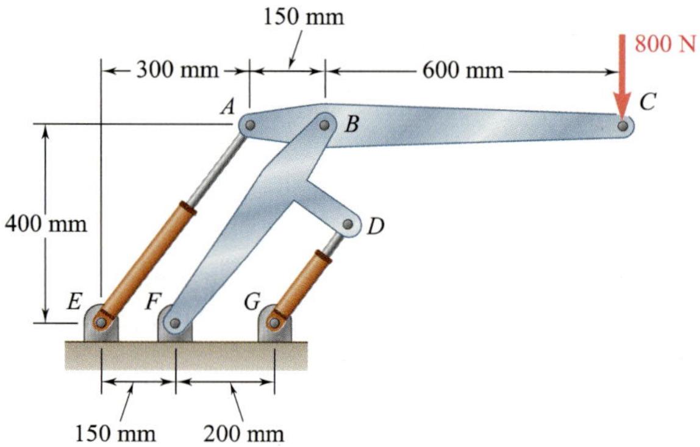

그림 P8.12

8.13 The wooden members *A* and *B* are to be joined by plywood splice plates that will be fully glued on the surfaces in contact. As part of the design of the joint, and knowing that the clearance between the ends of the members is to be 8 mm, determine the smallest allowable length *L* if the average shearing stress in the glue is not to exceed 800 kPa.

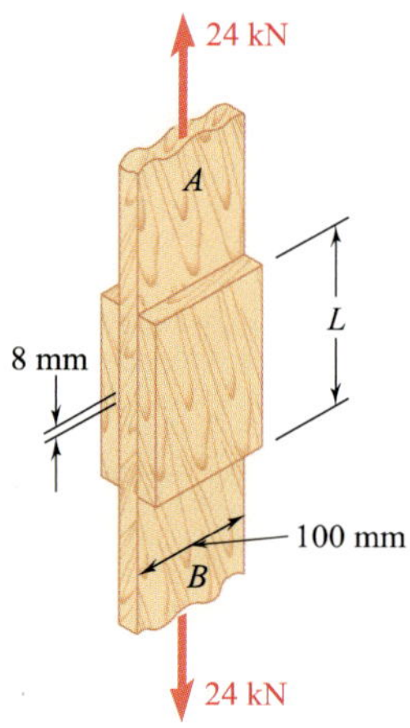

그림 *P8.13*

8.14 Determine the diameter of the largest circular hole that can be punched into a sheet of polystyrene 6 mm thick, knowing that the force exerted by the punch is 45 kN and that a 55-MPa average shearing stress is required to cause the material to fail.

8.15 Two wooden planks, each $\frac{7}{8}$ in. thick and 6 in. wide, are joined by the glued mortise joint shown. Knowing that the joint will fail when the average shearing stress in the glue reaches 120 psi, determine the smallest allowable length *d* of the cuts if the joint is to withstand an axial load of magnitude $P = 1200$ lb.

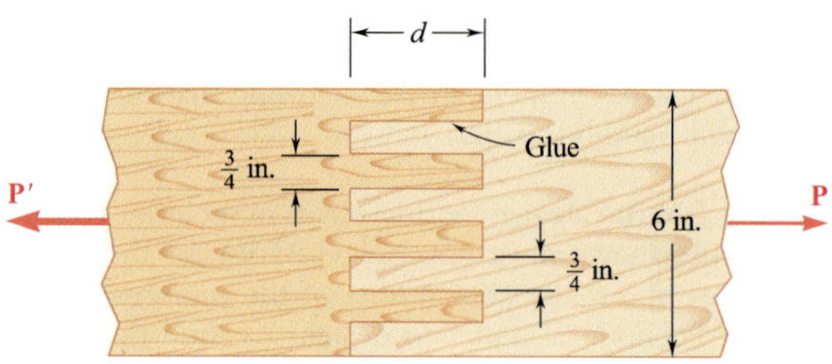

그림 *P8.15*

8.16 A load **P** is applied to a steel rod supported as shown by an aluminum plate into which a 0.6-in.-diameter hole has been drilled. Knowing that the shearing stress must not exceed 18 ksi in the steel rod and 10 ksi in the aluminum plate, determine the largest load **P** that can be applied to the rod.

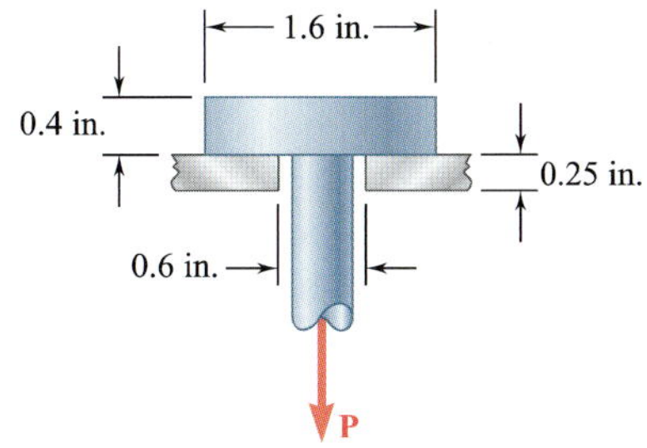

그림 P8.16

8.17 An axial load **P** is supported by a short W250 × 67 column of cross-sectional area $A = 8580\ \text{mm}^2$ and is distributed to a concrete foundation by a square plate as shown. Knowing that the average normal stress in the column must not exceed 150 MPa and that the bearing stress on the concrete foundation must not exceed 12.5 MPa, determine the side a of the plate that will provide the most economical and safe design.

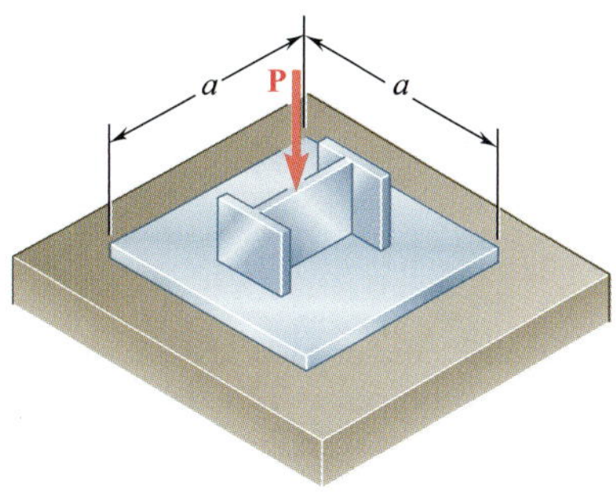

그림 P8.17

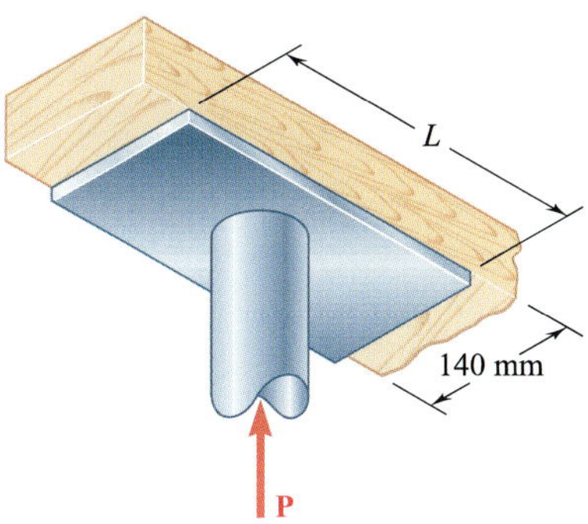

그림 P8.18

8.18 The axial force in the column supporting the timber beam shown is $P = 75$ kN. Determine the smallest allowable length L of the bearing plate if the bearing stress in the timber is not to exceed 3.0 MPa.

8.19 Three wooden planks are fastened together by a series of bolts to form a column. The diameter of each bolt is $\frac{1}{2}$ in. and the inner diameter of each washer is $\frac{5}{8}$ in., which is slightly larger than the diameter of the holes in the planks. Determine the smallest allowable outer diameter d of the washers, knowing that the average normal stress in the bolts is 5 ksi and that the bearing stress between the washers and the planks must not exceed 1.2 ksi.

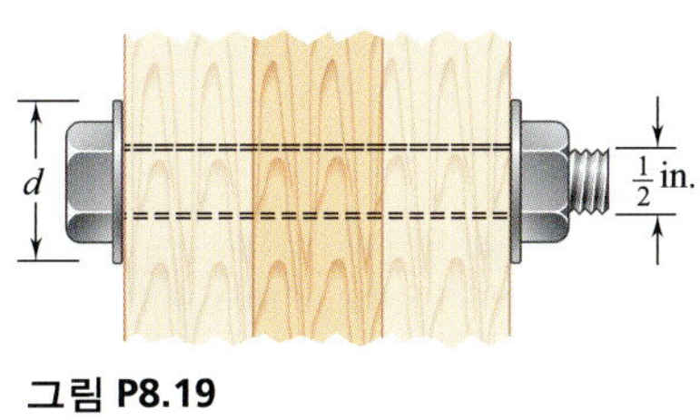

그림 P8.19

8.20 Link AB, of width $b = 2$ in. and thickness $t = \frac{1}{4}$ in., is used to support the end of a horizontal beam. Knowing that the average normal stress in the link is -20 ksi and that the average shearing stress in each of the two pins is 12 ksi, determine (*a*) the diameter d of the pins, (*b*) the average bearing stress in the link.

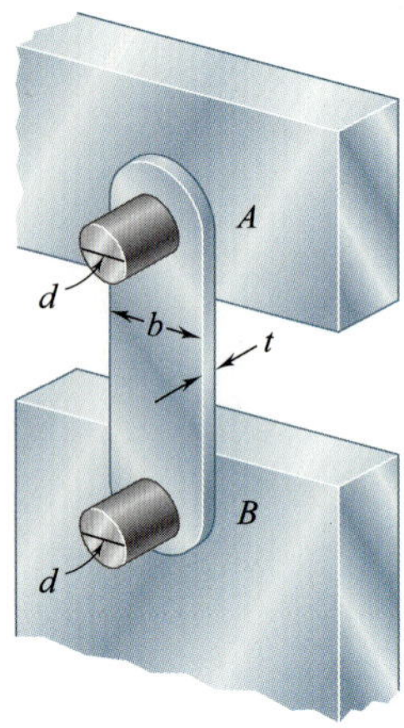

그림 P8.20

8.21 For the assembly and loading of Prob. 8.8, determine (*a*) the average shearing stress in the pin at A, (*b*) the average bearing stress at A in member AB.

8.22 The hydraulic cylinder CF, which partially controls the position of rod DE, has been locked in the position shown. Member BD is $\frac{5}{8}$ in. thick and is connected to the vertical rod by a $\frac{3}{8}$-in.-diameter bolt. Determine (*a*) the average shearing stress in the bolt, (*b*) the bearing stress at C in member BD.

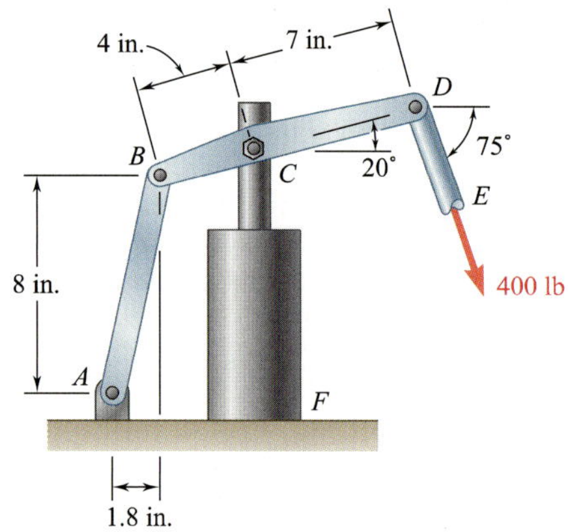

그림 P8.22

8.23 Knowing that $\theta = 40°$ and $P = 9$ kN, determine (*a*) the smallest allowable diameter of the pin at B if the average shearing stress in the pin is to not exceed 120 MPa, (*b*) the corresponding average bearing stress in member AB at B, (*c*) the corresponding average bearing stress in each of the support brackets at B.

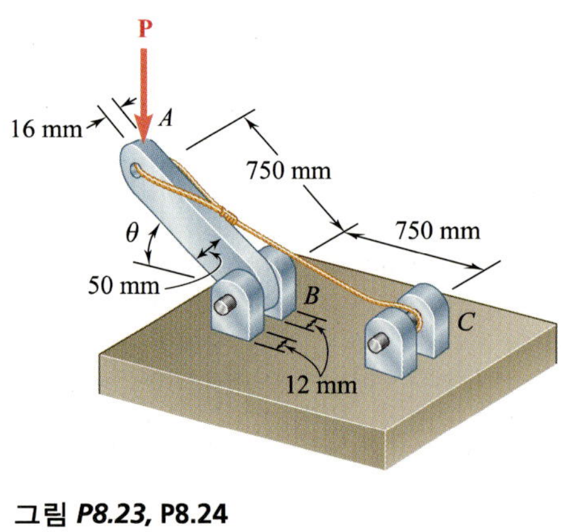

그림 *P8.23*, P8.24

8.24 Determine the largest load **P** that can be applied at A when $\theta = 60°$, knowing that the average shearing stress in the 10-mm-diameter pin at B must not exceed 120 MPa and that the average bearing stress in member AB and in the bracket at B must not exceed 90 MPa.

8.8 축방향 하중 작용시 경사면의 응력

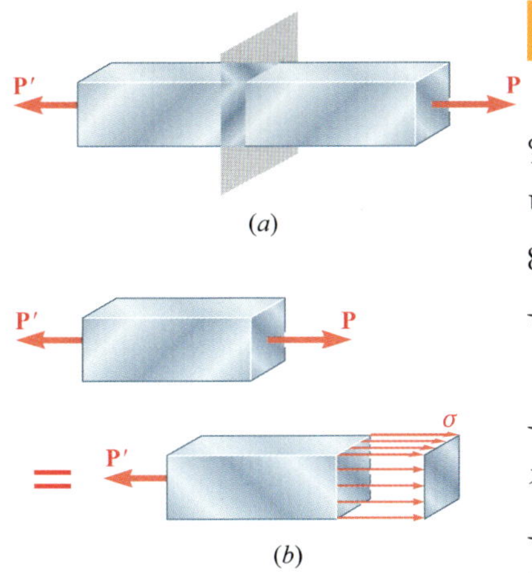

그림 8.25

앞 절에서 이력부재(그림 8.25a)의 길이방향으로 작용하는 축방향력은 부재 내에 수직응력을 유발하고(그림 8.25b), 반면에 볼트나 핀의 횡방향(그림 8.26a)으로 작용하는 횡방향력은 연결부(그림 8.26b)에서 전단응력을 유발함을 알 수 있었다.

한편으로 축방향력은 수직응력을, 다른 한편으로 횡방향력은 전단응력을 유발시키는 관계의 원인은 이러한 응력들이 부재나 연결부의 축방향에 대해 직각인 단면상에서만 고려되기 때문이다. 이 절에서 알 수 있듯이 축방향력은 부재축에 대해 직각이 아닌 임의의 경사면에서는 수직응력과 전단응력을 동시에 유발한다. 이와 유사하게 핀이나 볼트에 작용하는 횡방향력도 직각이 아닌 단면에서는 2개의 응력을 동시에 발생시킨다.

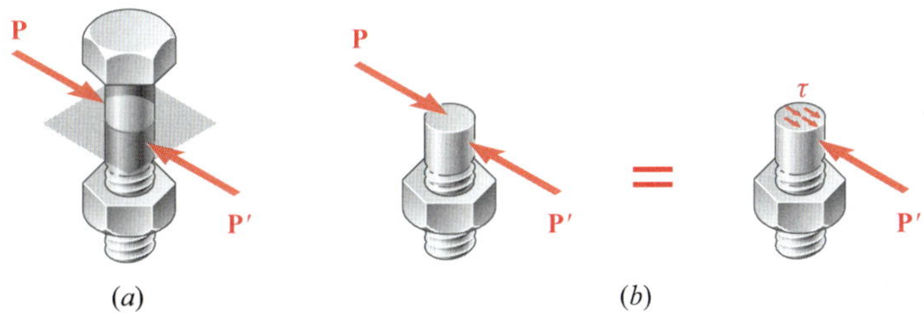

그림 8.26

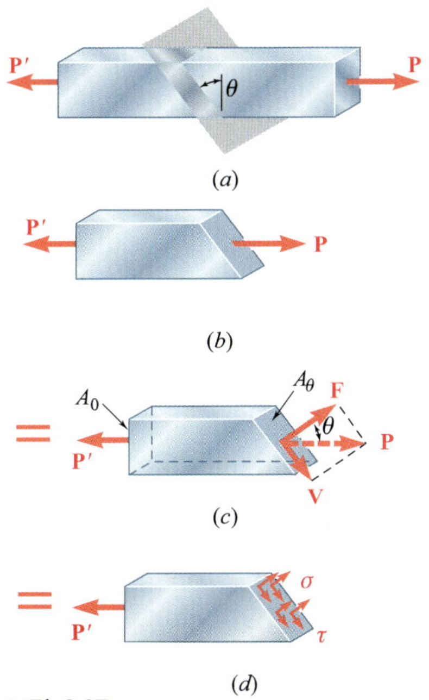

그림 8.27

축방향력 P와 P′를 받는 그림 8.25와 같은 이력부재를 생각해보자. 부재축에 직각인 면과 각 θ를 이루는 단면을 중심으로 단면법을 사용하여 가상으로 자른 후(그림 8.27a) 단면의 왼쪽부분에 대한 자유물체도를 그려보면(그림 8.27b) 평형조건으로부터 경사면에서는 하중 **P**와 같은 크기의 힘이 작용하게 된다.

이 힘 **P**는 그림 8.27c와 같이 경사면의 직각성분과 접선성분으로 각각 **F**와 **V**의 분력으로 나눌 수 있다. 즉,

$$F = P\cos\theta \qquad V = P\sin\theta \tag{8.12}$$

여기서 **F**는 경사면에 직각방향으로 분포되어 작용하는 수직응력의 합력을, 그리고 **V**는 전단응력의 합력이 된다(그림 8.27d). 그러므로 경사면에 작용하는 수직응력과 전단응력의 평균값은 각각 F와 V를 경사면의 면적 A_θ로 나누면 구할 수 있게 된다.

$$\sigma = \frac{F}{A_\theta} \qquad \tau = \frac{V}{A_\theta} \tag{8.13}$$

식 (8.12)를 식 (8.13)에 대입하고, 그림 8.27에서 보는 바와 같이 부재축에 직각인 단면을 A_0라 할 때 경사면의 면적은 $A_0 = A_\theta \cos\theta$, 또는 $A_\theta = A_0/\cos\theta$가 되므로 다음과 같이 정리할 수 있다.

$$\sigma = \frac{P\cos\theta}{A_0/\cos\theta} \qquad \tau = \frac{P\sin\theta}{A_0/\cos\theta}$$

또는

$$\sigma = \frac{P}{A_0}\cos^2\theta \qquad \tau = \frac{P}{A_0}\sin\theta\cos\theta \tag{8.14}$$

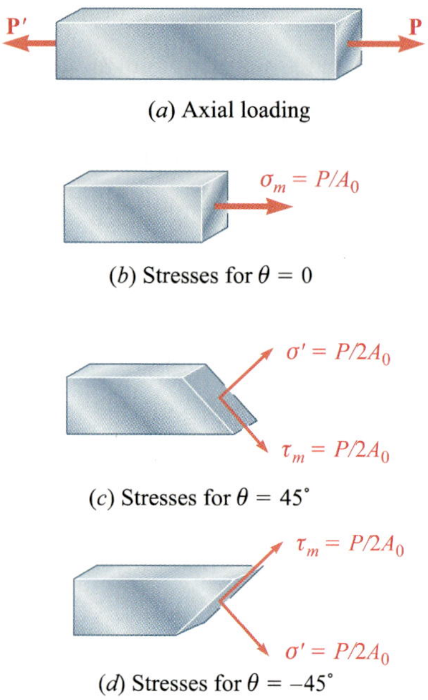

(*a*) Axial loading

(*b*) Stresses for $\theta = 0$

(*c*) Stresses for $\theta = 45°$

(*d*) Stresses for $\theta = -45°$

그림 8.28

식 (8.14)로부터 경사면의 최대수직응력은 $\theta = 0°$일 때 발생된다. 이는 부재축의 직각단면에서 최대값이 발생되고, $\theta = 90°$에 가까워지면 수직응력은 0에 접근함을 알 수 있다. $\theta = 0°$일 때 최대수직응력을 계산해보면 8.2절에서 구한 값과 일치함을 알 수 있다. 즉,

$$\sigma_m = \frac{P}{A_0} \tag{8.15}$$

한편, 식 (8.14)의 둘째 식으로부터 전단응력 τ는 $\theta = 0°$와 $\theta = 90°$에서 0이 되고, $\theta = 45°$에서 최대가 됨을 알 수 있다. 즉, 최대전단응력은 다음과 같다.

$$\tau_m = \frac{P}{A_0}\sin 45°\cos 45° = \frac{P}{2A_0} \tag{8.16}$$

식 (8.14)의 첫째 식에 의하면 $\theta = 45°$ 경사면에서 발생되는 수직응력 σ'도 $P/2A_0$가 됨을 알 수 있다. 즉,

$$\sigma' = \frac{P}{A_0}\cos^2 45° = \frac{P}{2A_0} \tag{8.17}$$

식 (8.15), 식 (8.16)과 식 (8.17)에서 얻은 결과들은 그림 8.28에 도식적으로 나타내었다. 동일한 하중상태에서도 그림 8.28(b)과 같이 경사면의 각도에 따라 $\theta = 0°$에서는 최대수직응력 $\sigma_m = P/A_0$이 발생되는 반면에 전단응력은 0이 되거나, 그림 8.28c와 8.28d와 같이 $\theta = \pm 45°$에서는 최대전단응력이 발생됨과 동시에 같은 크기의 수직응력도 동시에 발생된다. 즉, $\sigma' = \tau_m = P/2A_0$가 된다.

8.9 일반하중 조건에서의 응력. 응력의 성분

앞 절에서는 축방향 하중을 받는 부재와 횡방향 하중을 받는 연결부에 국한하여 살펴보았다. 그러나 대부분의 구조부재나 기계요소는 좀 더 다양한 하

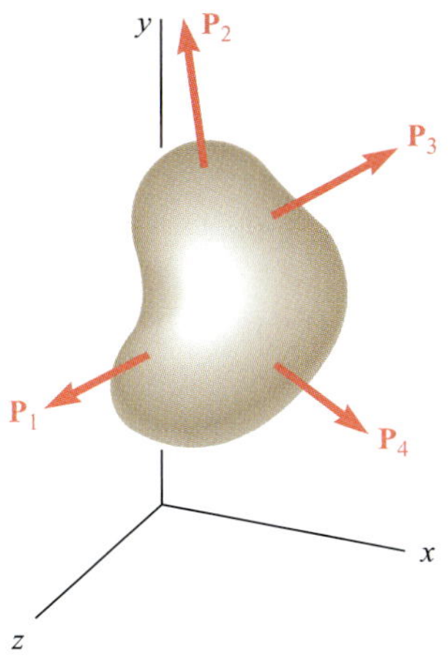

그림 8.29

중상태에 놓이게 된다.

여러 가지 하중 $\mathbf{P}_1$, $\mathbf{P}_2$ 등을 받는 물체를 생각해보자(그림 8.29) 물체내의 임의의 점 Q에서 이러한 하중에 의해 발생되는 응력상태를 알아보기 위해 단면법을 사용한다. 즉, $yz-$평면에 평행하면서 Q점을 통과하게 가상으로 단면을 자르면 단면의 좌측부분은 원래 주어진 외력이 작용하며 자른 단면에서는 정적평형상태를 만족하기 위한 내력인 수직력과 전단력이 단면에 분포되어 발생된다. Q점 주위의 미소면적 ΔA에 작용하는 수직력과 전단력을 각각 $\Delta\mathbf{F}^x$와 $\Delta\mathbf{V}^x$로 표시한다(그림 8.30a). 여기서 윗첨자 x는 $\Delta\mathbf{F}^x$와 $\Delta\mathbf{V}^x$가 x축에 직각인 단면상에 작용한다는 것을 의미한다. 수직력 $\Delta\mathbf{F}^x$는 작용방향은 쉽게 이해되지만, 반면에 전단력 $\Delta\mathbf{V}^x$의 작용방향은 주어진 하중상태에 따라 단면의 접선방향으로 임의의 방향이 될 수 있다.

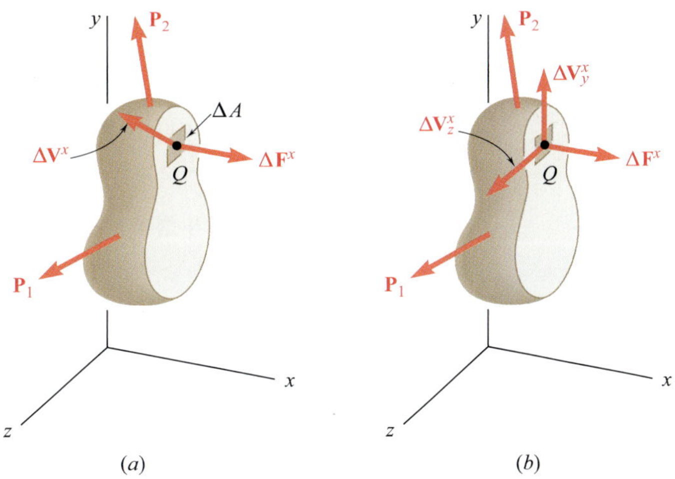

그림 8.30

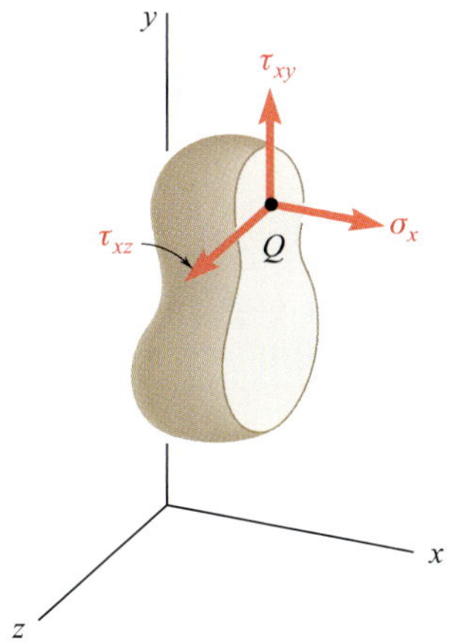

그림 8.31

그러므로 $\Delta\mathbf{V}^x$는 y축과 z축에 평행하게 2개의 분력 $\Delta\mathbf{V}^x_y$와 $\Delta\mathbf{V}^x_z$으로 분해할 수 있다(그림 8.30b). 각 힘들을 미소면적 ΔA로 나누어 주고, ΔA를 0에 수렴시키면 그림 8.31과 같이 한 점 Q에서 발생되는 응력성분을 결정할 수 있게 된다. 즉,

$$\sigma_x = \lim_{\Delta A \to 0} \frac{\Delta F^x}{\Delta A} \qquad \tau_{xy} = \lim_{\Delta A \to 0} \frac{\Delta V^x_y}{\Delta A} \qquad \tau_{xz} = \lim_{\Delta A \to 0} \frac{\Delta V^x_z}{\Delta A} \tag{8.18}$$

σ_x, τ_{xy}, τ_{xz}에 사용된 첫 번째 첨자 x는 이들 응력이 x축에 직각인 면에 작용한다는 것을 나타낸다. 그리고 τ_{xy}, τ_{xz}의 두 번째 첨자는 분력성분이 작용하는 방향을 의미한다. 수직응력 σ_x는 화살표가 양(+)의 x방향을 가리킬 때 양의 값이다. 즉, 물체가 인장상태이면 양(+)의 값이고, 반대로 압축상태

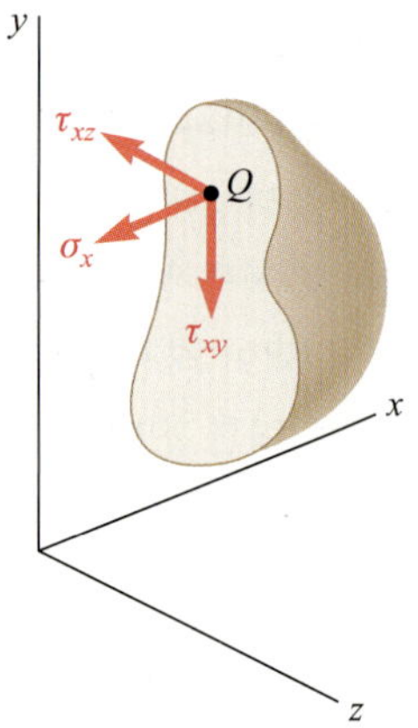

그림 8.32

이면 음(−)의 값이다. 마찬가지로 전단응력이 작용하는 화살표 방향이 각각 y축과 z축의 양의 방향으로 작용하면 양(+)의 값을 갖게 된다.

위의 해석은 Q점을 지나는 수직면에 대해 우측부분을 갖고도 동일한 결과를 보임을 알 수 있다(그림 8.32). 즉, 수직력과 전단력 $\Delta \mathbf{F}^x$, $\Delta \mathbf{V}_y^x$와 $\Delta \mathbf{V}_z^x$은 위의 해석값과 크기는 같고 방향이 반대인 것을 알 수 있다. 여기서 주의해야 할 점은 그림 8.32의 절단된 수직면은 (−)x축 방향을 향하고 있는 반면에 위의 해석에 사용된 그림 8.30의 절단면은 (+)x축 방향을 향하고 있다는 것이 차이점이다. 그러므로 그림 8.32의 σ_x는 비록 음(−)의 방향으로 작용하더라도 절단된 수직면도 음(−)의 방향으로 일치하므로 최종적인 판단은 양(+)의 값을 갖게 된다. 같은 개념으로 τ_{xy}와 τ_{xz}의 경우도 양(+)의 값을 갖기 위해서는 그림 8.32와 같이 전단응력 성분이 y축과 z축의 음(−)의 방향으로 작용해야 한다.

한편, $zx-$평면에 평행이고 Q점을 지나는 절단면을 고려할 때 같은 방법으로 응력성분 σ_y, τ_{yz} 및 τ_{yx}를 정의할 수 있다. 마지막으로 $xy-$평면에 평행이고 Q점을 지나는 절단면에는 응력성분 σ_z, τ_{zx} 및 τ_{zy}가 발생된다.

점 Q의 응력상태의 시각화를 돕기 위해 Q점을 중심으로 한 변의 길이가 a인 조그만 크기의 정육면체를 직각좌표계와 일치하게 고려하면, 이 입방체의 6면에 작용하는 응력성분을 도시할 수 있다(그림 8.33). 그림에 보인 바와 같이 x, y, z 축에 직각인 면에 작용하는 3개의 수직응력 성분은 각각 σ_x, σ_y 및 σ_z이며, 6개의 전단응력 성분은 τ_{xy}, τ_{xz}, ⋯ 등 이다. 전단응력의 정의에 따라 τ_{xy}는 x축에 직각인 절단면에 발생하는 전단응력이 y방향으로 작용함을 나타내고, τ_{yx}는 y축에 직각인 절단면에 발생하고 x축 방향으로 작용한다. 그림 8.33에서는 오직 3개의 면에 작용하는 응력성분들만 나타낼 수 있다. 따라서 보이지 않는 나머지 3개의 면에는 크기가 같고 방향이 반대인 응력성분이 존재하게 된다. 육면체의 각 면에 작용하는 응력은 Q점의 응력과 약간의 차이가 있으나 변의 길이 a가 0에 수렴되면 오차는 무시할 수 있게 된다.

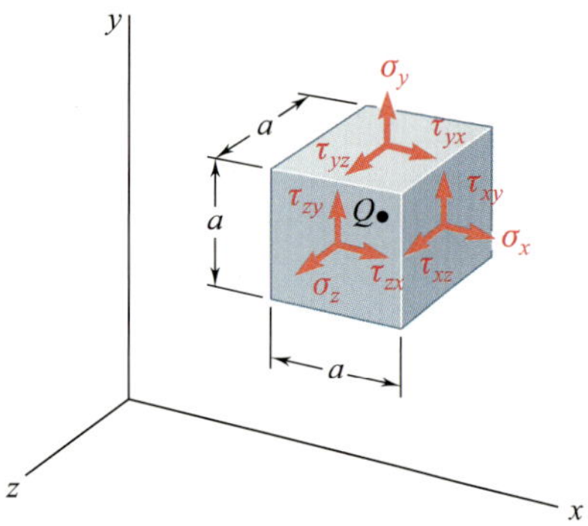

그림 8.33

전단응력 성분 사이의 중요한 관계를 유도해 보도록 하자. 먼저 중심의 위치가 Q이고 단면적이 ΔA이며 한 변의 길이가 a인 입방체의 자유물체도를 고려하도록 하자(그림 8.34). 각 면에 작용하는 수직력과 전단력은 해당 응력 성분에 미소면적 ΔA을 곱하면 구할 수 있다. 먼저 3개의 평형방정식을 적어 보면 다음과 같다.

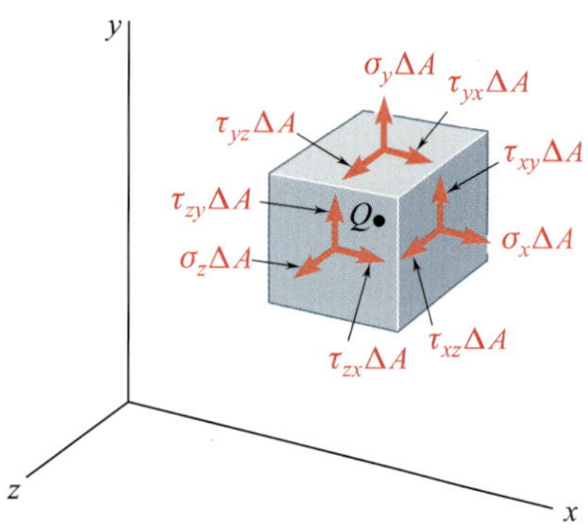

그림 8.34

$$\Sigma F_x = 0 \qquad \Sigma F_y = 0 \qquad \Sigma F_z = 0 \tag{8.19}$$

그림 8.34에 실제 보이는 힘들과 크기가 같고 방향이 반대이면서 보이지 않

는 육면체면에 작용하는 힘들은 서로 정적평형상태이므로 식 (8.19)을 만족하게 된다. 이제는 중심점 Q에서 x, y 및 z축에 각각 평행되도록 그린 x', y' 및 z'축에 대한 모멘트평형을 고려하면 다음과 같이 적을 수 있다.

$$\sum M_{x'} = 0 \qquad \sum M_{y'} = 0 \qquad \sum M_{z'} = 0 \tag{8.20}$$

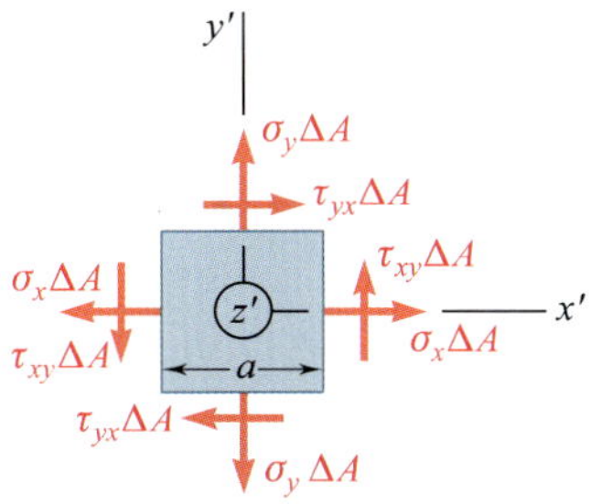

그림 8.35

그림 8.35와 같이 $x'y'$−평면으로 투영시킨 그림을 그린 후 z'축을 중심으로 모멘트가 0이 아닌 힘을 유발하는 것은 오직 전단력뿐이다. 이 힘들은 2개의 짝힘(couple)을 유발하는데, 하나는 반시계방향(+)의 모멘트 $(\tau_{xy}\Delta A)a$와 또 다른 하나는 시계방향(−)의 모멘트 $-(\tau_{yx}\Delta A)a$가 되며 식 (8.20)의 마지막 식을 만족하게 된다. 즉,

$$+\circlearrowleft \sum M_{z'} = 0: \qquad (\tau_{xy}\Delta A)a - (\tau_{yx}\Delta A)a = 0$$

이 결과로부터 다음과 같은 결론을 내릴 수 있다.

$$\tau_{xy} = \tau_{yx} \tag{8.21}$$

이 식의 의미는 x축에 직각인 단면에 작용하는 전단응력의 y방향 성분은 y축에 직각인 단면에 작용하는 전단응력의 x방향 성분과 같다는 것이다. 식 (8.20)에서 나머지 2개의 식으로부터 유사한 방법으로 다음과 같은 관계를 유도할 수 있다.

$$\tau_{yz} = \tau_{zy} \qquad \tau_{zx} = \tau_{xz} \tag{8.22}$$

식 (8.21)과 식 (8.22)로부터 주어진 점 Q에서의 응력상태를 정의하기 위해서는 원래 정의한 9개 응력성분 대신에 6개의 응력성분만으로도 충분하다는 결론을 내릴 수 있다. 이 6개의 응력성분은 σ_x, σ_y, σ_z, τ_{xy}, τ_{yz} 및 τ_{zx}이다. 또한 주어진 점에서 전단응력은 한 면에만 작용될 수 없다. 같은 크기의 전단응력이 반드시 그 면에 직각인 면에도 작용해야만 한다. 예를 들면, 그림 8.26의 횡방향 하중을 받는 볼트에서, 볼트의 중심 Q에 대한 미소 육면체를 고려해보면(그림 8.36a) 같은 크기의 전단응력들이 2개의 수평면과 **P**와 **P**′에 대해 직각방향인 2개의 수직면에 작용하고 있음을 알 수 있다(그림 8.36b).

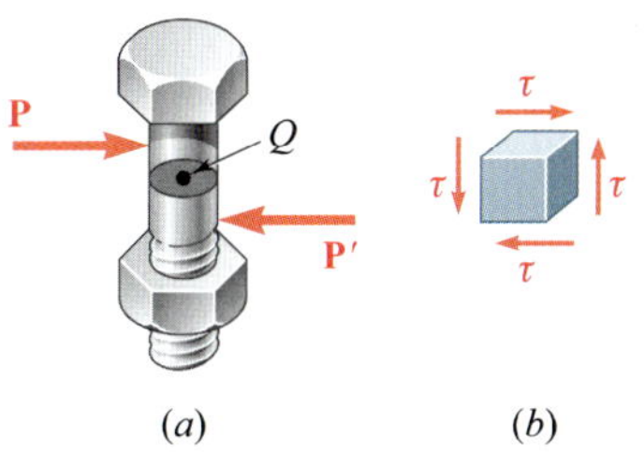

그림 8.36

응력성분에 대한 논의를 끝내기 전에 축방향 하중을 받는 부재를 다시 살펴보도록 하자. 부재의 면들과 각각 평행인 면들을 갖는 미소 육면체와 8.8절에서 얻은 결과를 종합해 보면, 부재의 응력상태는 그림 8.37a에 나타난 바와 같음을 알 수 있다. 즉, x축에 대해 직각방향의 단면에서 수직응력 σ_x만이 작용하는 것을 알 수 있다. 그러나 미소 육면체를 z축에 대해 45° 만큼

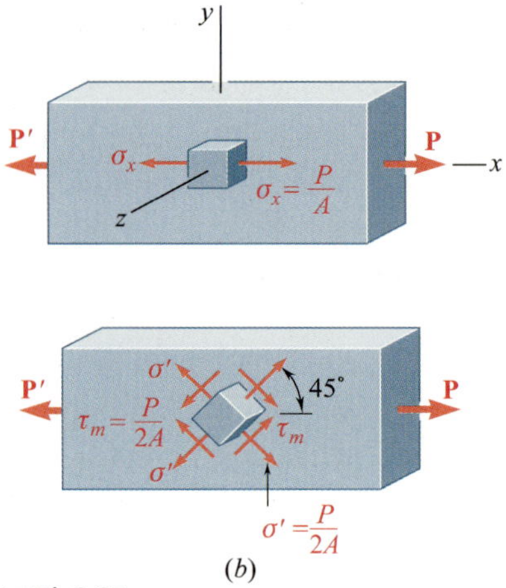

그림 8.37

회전시켜 그림 8.28c와 8.28d에서 고려했던 단면방향과 일치시키면, 미소 육면체의 4면에서는 같은 크기의 수직응력과 전단응력이 작용하다고 결론지을 수 있다(그림 8.37b). 그러므로 동일한 하중상태에서도 주어진 점에서의 응력상태는 고려하는 응력요소의 방향을 어떻게 가정하느냐에 따라 응력분포는 달라진다는 것이다. 보다 자세한 내용은 제14장에서 다루어 질 것이다.

8.10 설계시 고려사항

지금까지 단순한 하중조건하에서 막대, 볼트 및 핀에서 발생되는 응력을 산정하는 것을 배웠다. 앞으로 좀 더 복잡한 상태에서의 응력을 결정하는 방법을 알아볼 것이다. 그러나 공학적인 응용에서는 응력의 결정 그 자체가 끝이 아니다. 더 정확히 말하면, 응력에 대한 지식은 엔지니어들이 그들의 가장 중요한 임무 즉, 주어진 기능을 안전하고 경제적으로 수행할 구조물과 기계의 설계를 돕는데 사용된다.

a. 재료의 극한강도 산정. 설계자에 의해 고려되어야 할 중요한 요소는 주어진 하중하에서 선택된 재료가 어떻게 거동할 것 인가를 예측하는 것이다. 주어진 재료를 위해 이러한 거동은 준비된 시험시편을 갖고 규정된 시험을 통해 결정된다. 예를 들면, 강재시험시편을 준비한 후 실험실의 만능시험기(UTM)에 장치한 후 9.3절과 같이 단면의 중심축에 작용하도록 인장력을 가한다. 인장력의 크기가 증가할수록 시험시편에는 다양한 변화 즉, 길이와 직경의 변화가 측정된다. 결국 시험시편이 저항할 수 있는 가장 큰 하중이 재하되면서 재료는 파단되거나 재하능력이 현저히 작아진다. 이와 같이 가장 큰 하중을 일컬어 시험시편의 **극한하중**(ultimate load)이라 하며 P_U로 표시한다. 인장력이 단면의 중심축에 작용하는 중심하중이므로, 극한하중을 시험시편의 원래 단면적으로 나눔으로써 재료의 **극한수직응력**(ultimate normal stress)을 구할 수 있다. 이 응력은 다른 말로 재료의 **극한인장강도**(ultimate strength in tension)라고도 하며 다음과 같이 정의된다.

$$\sigma_U = \frac{P_U}{A} \tag{8.23}$$

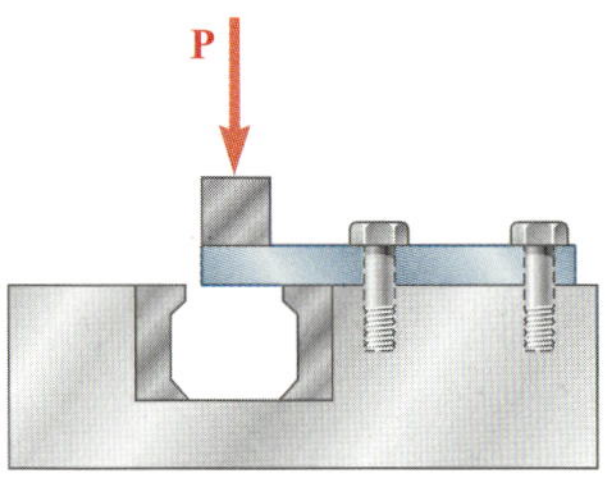

그림 8.38

반면에 재료의 **극한전단응력**(ultimate shearing stress) 또는 **극한전단강도**(ultimate strength in shear)를 결정하는데도 여러 가지의 시험방법이 있다. 가장 많이 사용되는 방법은 원형튜브(10.5절)의 비틂시험을 통하는 것이다. 덜 정확하지만 보다 직접적인 방법은 직사각형 또는 원형 막대를 전단장치(그림 8.38)에 고정시키고 일면전단상태로 하중 P를 증가시키면서 극한전단하중 P_U를 구하는 것이다. 만약에 시편의 자유단을 그림 8.39와 같이 단단한 고정틀 위에 거치하게 되면 이면전단에 대한 극한전단하중이 얻어진다. 두 가지 방법중 어느 것이나 극한전단응력 τ_U는 극한전단하중을 전단이 발생되는 단면의 면적으로 나누어 구할 수 있다. 여기서 주의할 점은 일면전단의 경우는 나누어야 할 면적은 시편의 면적 A이고, 반면에 이면전단의 경우는 $2A$가 된다는 것이다.

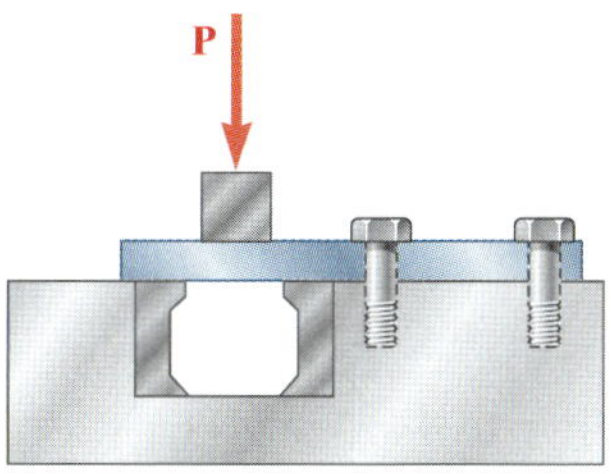

그림 8.39

b. 허용하중과 허용응력. 안전계수. 구조부재나 기계부품이 정상적인 사용환경에서 허용되는 최대하중은 극한하중에 비해 현저히 작은 수준의 하중으로 설계한다. 이와 같이 작은 하중을 **허용하중**(allowable load)이라 하고, 가끔 **사용하중**(working load) 또는 **설계하중**(design load)라고도 한다. 그러므로 허용하중이 적용될 때는 부재가 실제 파괴되는 시점인 극한하중 능력보다 낮은 수준을 파괴하중으로 간주한다. 나머지의 여유하중은 안전성능을 보장하기 위하여 예비로 비축하여 두는 것이다. 극한하중과 허용하중의 비를 **안전계수**(factor of safety)라 정의한다.

$$\text{안전계수} = F.S. = \frac{\text{극한하중}}{\text{허용하중}} \tag{8.24}$$

응력개념을 사용한 또 다른 안전계수의 정의는 다음과 같다.

$$\text{안전계수} = F.S. = \frac{\text{극한응력}}{\text{허용응력}} \tag{8.25}$$

하중과 응력사이에 선형적인 관계일 때 식 (8.24)와 식 (8.25)에 사용된 두 식들은 동일하게 사용될 수 있다. 그러나 대부분의 실무적용에서는 하중이 극한하중에 가까워질수록 이와 같은 선형관계는 성립되지 않기 때문에 주어진 설계의 실제 안전평가에는 식 (8.25)가 사용될 수 없다. 그럼에도 불구하고 식 (8.25)에 근거를 둔 허용응력법(allowable stress method)은 많이 사용되고 있다.

c. 적절한 안전계수의 선정. 다양한 실무에 적용될 수 있는 안전계수의 선정은 가장 중요한 공학적 과제중 하나이다. 한편으로는, 안전계수가 너무 작게 선정되면 구조물의 파괴확률은 훨씬 높아지게 된다. 다른 한편으로는, 안전계수가 불필요하게 크게 선정되면 비경제적이고 비합리적인 결과를 초래한다. 주어진 설계조건에서 적절한 안전계수의 선정은 다음과 같은 여러 가지 고려사항에 기초를 둔 공학적 판단을 요구한다.

1. **재료특성의 변화.** 재료의 성분, 강도, 치수 등은 모두 제조과정에서 약간의 변화를 받을 수 있다. 또한 제조, 보관, 운송 및 시공 중에 재료의 성질이 변할 수 있고 열이나 변형에 의해 잔류응력이 도입될 수 있다.
2. **반복하중의 영향.** 구조부재나 기계부품들은 사용수명중 많은 횟수의 반복하중(cyclic load)을 받을 수 있다. 이와 같이 하중을 반복해서 받게 될 경우 대부분의 재료에서는 극한응력이 감소하게 된다. 이와 같은 현상을 피로(fatigue)라고 하며 만약 무시하고 설계할 경우 갑작스런 파괴가 발생될 수 있다.
3. **하중조건의 불확실성.** 완전한 정확도를 갖는 하중은 몇 가지 없다. 예를 들면, 가스폭발 하중을 정확히 모델링하기는 쉽지 않다. 따라서 대부분의 설계하중은 공학적 추정이라 할 수 있다. 여기에 더하여, 미래시점에서 사용조건의 변동이나 변화는 실제하중의 변화를 유발한다. 이러한 이유로 정확한 하중예측이 어려운 동적하중, 반복하중 또는 충격하중 등에는 더 높은 안전계수가 요구된다.
4. **파괴의 형태.** 취성재료(brittle materials)는 흔히 사전에 어떠한 조짐도 없이 급작스런 파괴를 유발한다. 반면에 구조용 강재와 같은 연성재료(ductile materials)는 파괴에 이르기 전에 항복(yielding)이라 불리는 상당한 양의 변형을 유발시키는 단계를 거치게 되며, 이는 과부하 하중이 걸리고 있다는 경고로 볼 수 있다. 그러나 좌굴이나 안정성에 의한 파괴는 재료가 취성이든 연성이든 상관없이 갑작스런 파괴를 유발한다. 그러므로 갑작스런 파괴의 가능성이 존재할 경우 더 높은 안전계수를 사용해야 한다.
5. **해석방법의 불확실성.** 모든 해석 및 설계 방법은 어떤 단순화된 가정에 기초를 두기 때문에 때로는 상당한 오차를 내포하기도 한다. 따라서 계산된 응력은 실제응력의 근사값이 될 수 있다.
6. **부실한 유지관리나 외부환경에 의한 열화현상.** 오랫동안 사용수명중에 재료는 상당한 수준의 성능저하를 갖고 오는 열화(deterioration) 현상을 보이게 된다. 즉, 녹, 부식 또는 화학물질에 의해 손상될 수 있기 때문에 녹이나 부식을 제어하기 어렵고 발견하기 어려운 위치의 부재에 대해서는 더 높은 안전계수가 요구된다.
7. **전체구조물에 대한 중요도.** 버팀대나 2차 부재는 많은 경우에 1차 부재에 비해 낮은 안전계수를 사용한다.

위의 고려사항들 외에도 파괴가 발생되어 인명과 재산에 미칠 위험성에 대한 몇 가지 추가 사항들이 있다. 즉, 파괴로 인해 인명에 위험성을 주지 않고 재산피해도 미미할 경우, 더욱 낮은 안전계수가 고려되어야 한다. 마지막으로, 실제적으로 고려할 점은 너무 과다하지 않은 안전계수를 갖는 세심한 설계가 되지 않을 경우 구조물이나 기계가 설계기능을 제대로 수행할 수 없다는 것이다. 예를 들면, 항공기의 경우 무게에 대해 과다한 안전계수를 적용하면 지나치게 높은 수준의 양력을 고려해야 하므로 실제 항공기의 비행기준에 허용할 수 없는 효과를 나타내게 된다.

대부분의 구조물이나 기계의 실무적용을 위해 안전계수는 해당 분야의 학술단체, 산업체, 연방국가, 주 또는 시당국에서 종사하는 전문가들로 구성된 위원회에서 제정한 설계규정(design specification)나 건축시방서(building code)에 명시되어 있다. 그러한 설계규정이나 건축시방서의 예는 다음과 같다.

1. 강재 : AISC (American Institute of Steel Construction), Specification for Structural Steel Buildings
2. 콘크리트 : ACI (American Concrete Institute), Building Code Requirement for Structural Concrete
3. 목재 : Forest and Paper Association, NDS (National Design Specification for Wood Construction)
4. 고속도로 교량 : AASHTO (American Association of State Highway and Transfortation Officials), Standard Specifications for Highway Bridges

***d. 하중저항계수 설계법(LRFD).** 위에서 살펴본 바와 같이 허용응력설계법은 구조물과 기계요소의 설계와 관련한 모든 불확실성을 하나의 안전계수로 대표하는 방식이다. 이에 비해 구조기술자사이에 주로 인정을 받는 다른 설계방법은 구조물의 저항능력과 관련된 불확실성과 지지해야할 하중과 관련된 불확실성을 구별할 수 있는 3가지 계수를 통해 가능하게 하는 방식이다. 이 방법을 일컬어 **하중저항계수설계법**(LRFD; Load and Resistance Factor Design)이라 하며, 설계자로 하여금 구조물에 의해 지지되는 **활하중** P_L과 관련된 불확실성과 구조물의 자중에 의한 **사하중** P_D과 관련된 불확실성을 보다 분명히 할 수 있게 한다.

이 설계법이 사용될 때, 구조물의 **극한하중** P_U 즉, 구조물의 사용이 더 이상 어려워질 때의 하중이 먼저 결정되어야 한다. 아래와 같이 제안되는 설계식은 부등호를 만족할 때 허용된다.

$$\gamma_D P_D + \gamma_L P_L \le \phi P_U \tag{8.26}$$

계수 ϕ는 **저항계수**(resistance factor)라 하고 구조물자체의 저항능력과 관련된 불확실성을 설명하며 통상 1보다 작은 값이 된다. 그리고 γ_D, γ_L은 하중계수(load factor)라 하며 각각 사하중과 활하중과 관련된 불확실성을 나타내는데 사용되며 통상 1보다 큰 값을 갖는다. 여기서 γ_L은 일반적으로 γ_D보다 크다. 이 교재에서는 허용응력법이 사용될 것이다.

문제 8.3

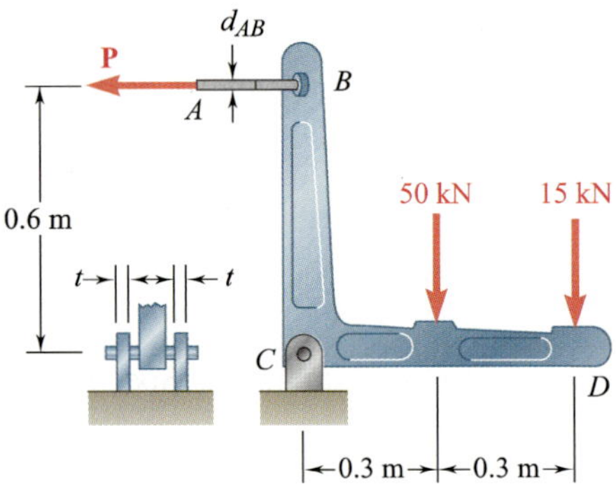

그림에 보인 바와 같이 브래킷 BCD에 2개의 힘이 작용하고 있다. (a) 제어막대 AB는 강재로 만들어졌으며 극한수직응력이 600 MPa일 때 파괴에 대한 안전계수를 3.3으로 할 때 제어막대의 직경을 구하시오. (b) 지점 C점의 핀은 강재이며 극한전단응력이 350 MPa이다. 전단에 대한 안전계수도 3.3으로 할 때 핀의 직경을 구하시오. (c) 지점 C의 브래킷의 소요두께를 구하시오. 단, 강재의 허용지압응력은 300 MPa이다.

풀이.

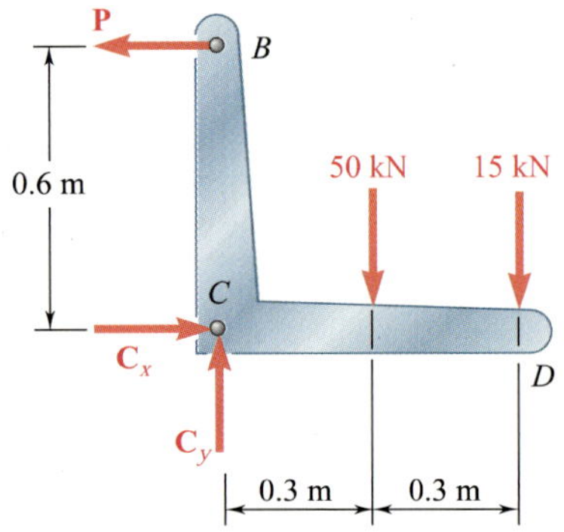

자유물체도: 전체 브래킷. 지점 C의 반력은 2개의 직각분력 C_x와 C_y로 나누어 나타낼 수 있다. 평형조건을 사용하면

$$+\circlearrowleft \Sigma M_C = 0 : P(0.6\,\mathrm{m}) - (50\,\mathrm{kN})(0.3\,\mathrm{m}) - (15\,\mathrm{kN})(0.6\,\mathrm{m}) = 0$$

$$P = 40\text{ kN}$$

$$\Sigma F_x = 0: \qquad C_x = 40\text{ kN}$$

$$\Sigma F_y = 0: \qquad C_y = 65\text{ kN} \qquad C = \sqrt{C_x^2 + C_y^2} = 76.3\text{ kN}$$

a. 제어막대 AB. 안전계수가 3.3이므로 허용응력은 다음과 같다.

$$\sigma_{\text{all}} = \frac{\sigma_U}{F.S.} = \frac{600\text{ MPa}}{3.3} = 181.8\text{ MPa}$$

$P = 40$ kN일 때 소요단면적은

$$A_{\text{req}} = \frac{P}{\sigma_{\text{all}}} = \frac{40\text{ kN}}{181.8\text{ kN}} = 220 \times 10^{-6}\text{m}^2$$

$$A_{\text{req}} = \frac{\pi}{4} d_{AB}^2 = 220 \times 10^{-6}\text{m}^2 \qquad d_{AB} = 16.74\text{ mm}$$

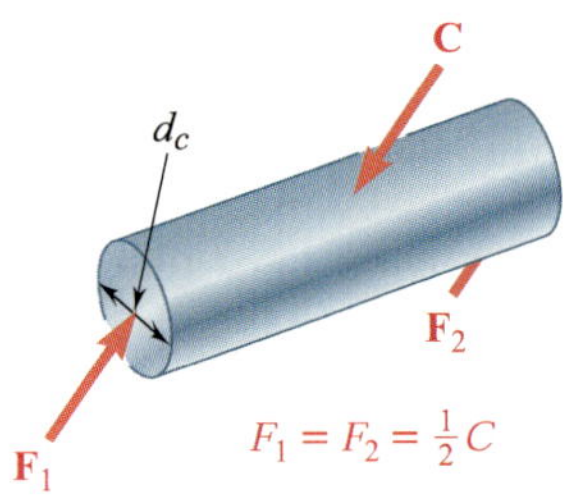

b. 핀 C의 전단. 전단에 대한 안전계수도 3.3이므로

$$\tau_{\text{all}} = \frac{\tau_U}{F.S.} = \frac{350\text{ MPa}}{3.3} = 106.1\text{ MPa}$$

핀은 이면전단 상태이므로 다음과 같이 적을 수 있다.

$$A_{\text{req}} = \frac{C/2}{\tau_{\text{all}}} = \frac{(76.3\text{ kN})/2}{106.1\text{ MPa}} = 360\text{ mm}^2$$

$$A_{\text{req}} = \frac{\pi}{4} d_C^2 = 360\,\text{mm}^2 \qquad d_C = 21.4\text{ mm} \qquad \text{Use: } d_C = 22\text{ mm}$$

실무에서의 사용성과 가공성을 고려하여 계산치보다 큰 22 mm가 추천된다.

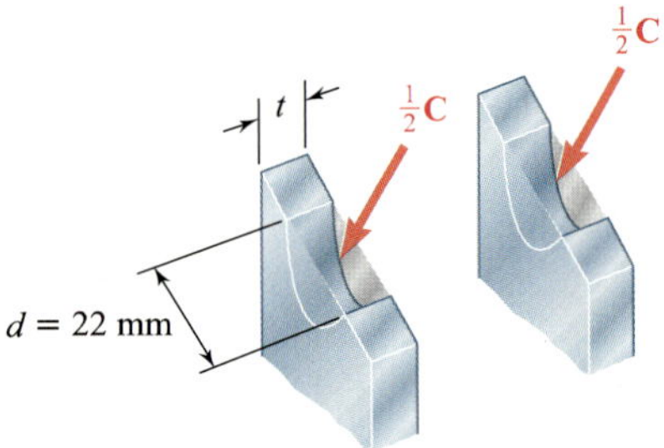

c. 지점 C의 지압. 지점 C의 핀 직경을 d=22mm로 사용하면 각 브래킷의 공칭지압면적(투영면적)은 22 t가 된다. 2장의 브래킷으로 연결되어 있으므로 각각 브래킷에서 발생되는 힘은 $C/2$가 된다. 그러므로 허용지압응력이 300 MPa이므로 아래와 같이 나타낼 수 있다.

$$A_{\text{req}} = \frac{C/2}{\sigma_{\text{all}}} = \frac{(76.3\text{ kN})/2}{300\text{ MPa}} = 127.2\text{ mm}^2$$

그러므로 $22t = 127.2 \qquad t = 5.78\text{ mm} \qquad \text{Use: } t = 6\text{ mm}$

문제 8.4

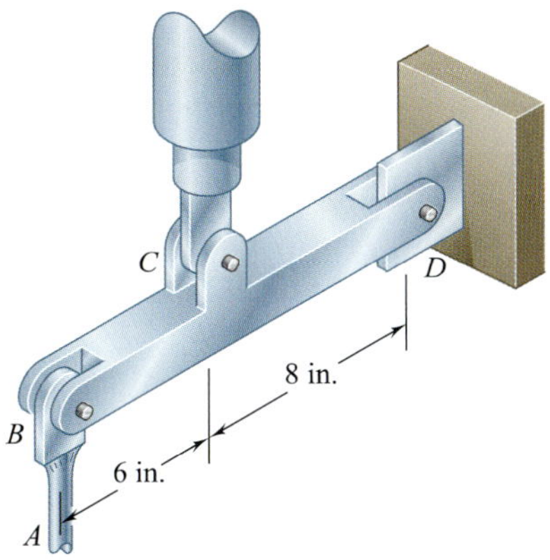

강체로 된 보 BCD가 B점에서 제어막대와 볼트로 연결되어 있으며, 또 C점에서 유압실린더와 역시 볼트로 연결되어 있고, D점에서 고정단으로 지지되어 있다. 사용된 볼트의 직경은 각각 다음과 같다. 즉, $d_B = d_D = 3/8$ in.이고 $d_C = 1/2$ in.이다. 각각의 볼트체결은 이면전단 상태이고 강재로 된 볼트의 극한전단응력은 $\tau_U = 40$ ksi이다. 한편, 강재로 된 제어막대의 직경은 $d_A = 7/16$ in.이고, 극한인장응력은 $\sigma_U = 60$ ksi이다. 만약에 모든 부재요소의 최소안전계수를 3.0이라 하면 C점의 유압실린더에 재하될 수 있는 최대 상향력(upward force)을 구하시오.

풀이.

각각 3개의 볼트와 제어막대에서 사용되는 파괴에 대한 안전계수는 3.0 이상이다. 부재요소별로 나누어 4개의 기준이 독립적으로 고려될 것이다.

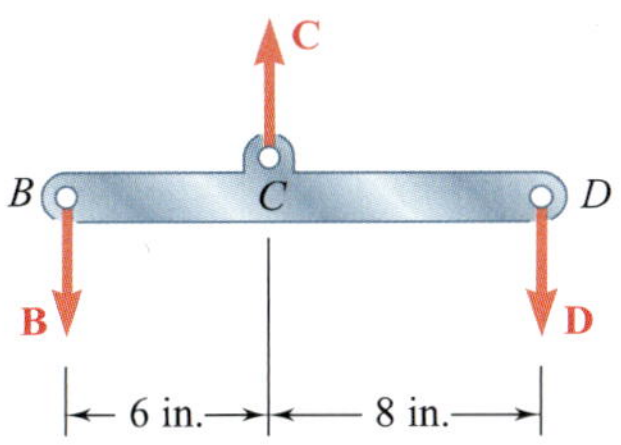

자유물체도: 강체보 BCD. C점에서의 힘을 B점과 D점의 힘으로 표현하면 다음과 같다.

$$+\circlearrowleft \Sigma M_D = 0: \quad B(14 \text{ in.}) - C(8 \text{ in.}) = 0 \qquad C = 1.750B \qquad (1)$$

$$+\circlearrowleft \Sigma M_B = 0: \quad -D(14 \text{ in.}) + C(6 \text{ in.}) = 0 \qquad C = 2.33D \qquad (2)$$

제어막대. 안전계수 3.0에 대해 아래 식을 적을 수 있다.

$$\sigma_{all} = \frac{\sigma_U}{F.S.} = \frac{60 \text{ ksi}}{3.0} = 20 \text{ ksi}$$

따라서 제어막대의 허용력은

$$B = \sigma_{all}(A) = (20 \text{ ksi}) \frac{1}{4}\pi\left(\frac{7}{16} \text{ in.}\right)^2 = 3.01 \text{ kips}$$

위의 (1)식에 의해 C의 최대허용력을 구할 수 있다.

$$C = 1.750B = 1.750(3.01 \text{ kips}) \qquad C = 5.27 \text{ kips}$$

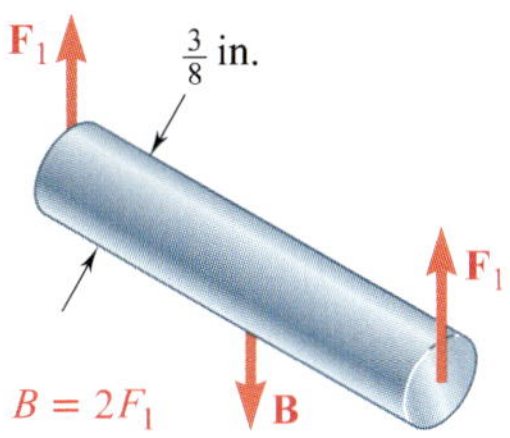

B점의 볼트. $\tau_{all} = \tau_U / F.S. = (40 \text{ ksi})/3 = 13.33$ ksi 볼트는 이면전단 상태이므로 볼트에서 발생되는 허용되는 작용력 **B**는

$$B = 2F_1 = 2(\tau_{all} A) = 2(13.33 \text{ ksi})(\pi/4)(3/8 \text{ in.})^2 = 2.94 \text{ kips}$$

식(1)로부터: $C = 1.750B = 1.750(2.94 \text{ kips}) \qquad C = 5.15 \text{ kips}$

D점의 볼트. 볼트 B와 같은 상태이므로 허용력은 $D = B = 2.94$ kips이다. 식 (2)로부터

$$C = 2.33D = 2.33(2.94 \text{ kips}) \qquad C = 6.85 \text{ kips}$$

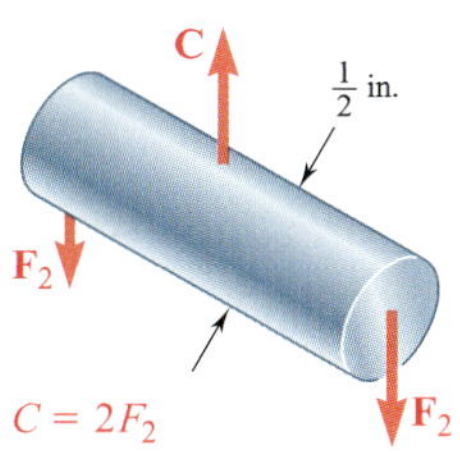

C점의 볼트. $\tau_{all} = 13.33$ ksi이므로 다음과 같이 나타낼 수 있다.

$$C = 2F_2 = 2(\tau_{all} A) = 2(13.33 \text{ ksi})(\pi/4)(1/2 \text{ in.})^2 \qquad C = 5.23 \text{ kips}$$

요약. C점에서 각각 4개의 최대 허용력을 구했다. 모든 허용기준을 만족시키려면 제일 작은 값을 선택할 수밖에 없다. $C = 5.15$ kips

Problems

8.25 Two wooden members of 3 × 6-in. uniform rectangular cross section are joined by the simple glued scarf splice shown. Knowing that $P = 2400$ lb, determine the normal and shearing stresses in the glued splice.

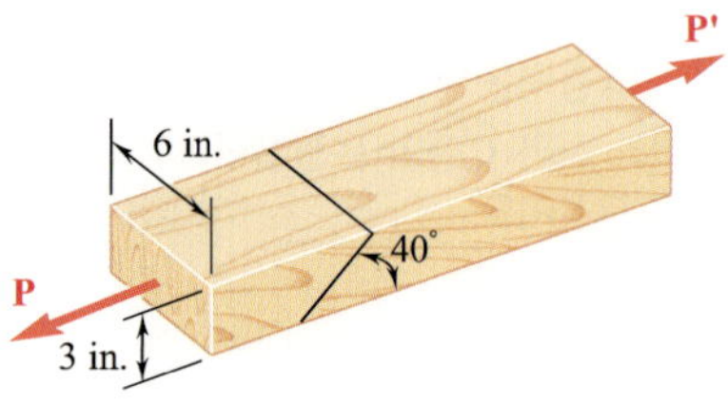

그림 P8.25, P8.26

8.26 Two wooden members of 3 × 6-in. uniform rectangular cross section are joined by the simple glued scarf splice shown. Knowing that the maximum allowable shearing stress in the glued splice is 90 psi, determine (*a*) the largest load **P** that can be safely applied, (*b*) the corresponding tensile stress in the splice.

8.27 The 6-kN load **P** is supported by two wooden members of 75 × 125-mm uniform cross section that are joined by the simple glued scarf splice shown. Determine the normal and shearing stresses in the glued splice.

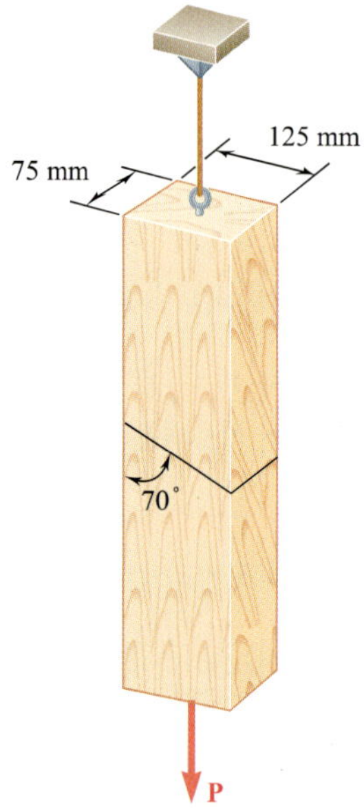

그림 P8.27, P8.28

8.28 Two wooden members of 75 × 125-mm uniform cross section are joined by the simple glued scarf splice shown. Knowing that the maximum allowable tensile stress in the glued splice is 500 kPa, determine (*a*) the largest load **P** that can be safely supported, (*b*) the corresponding shearing stress in the splice.

8.29 A 240-kip load **P** is applied to the granite block shown. Determine the resulting maximum value of (*a*) the normal stress, (*b*) the shearing stress. Specify the orientation of the plane on which each of these maximum values occurs.

8.30 A centric load **P** is applied to the granite block shown. Knowing that the resulting maximum value of the shearing stress in the block is 2.5 ksi, determine (*a*) the magnitude of **P**, (*b*) the orientation of the surface on which the maximum shearing stress occurs, (*c*) the normal stress exerted on that surface, (*d*) the maximum value of the normal stress in the block.

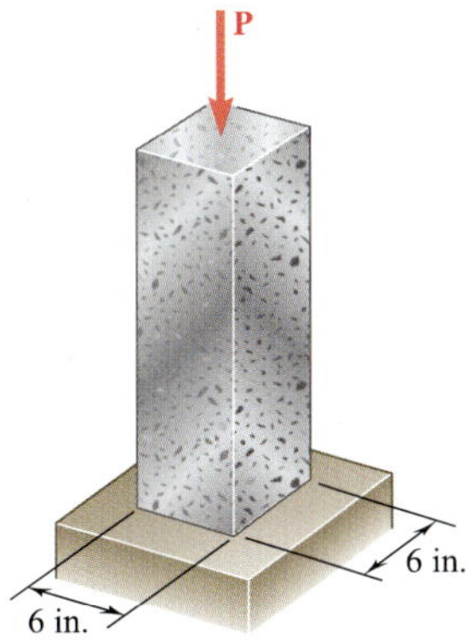

그림 *P8.29*, **P8.30**

8.31 A steel pipe of 300-mm outer diameter is fabricated from 6-mm-thick plate by welding along a helix that forms an angle of 25° with a plane perpendicular to the axis of the pipe. Knowing that a 250-kN axial force **P** is applied to the pipe, determine the normal and shearing stresses in directions respectively normal and tangential to the weld.

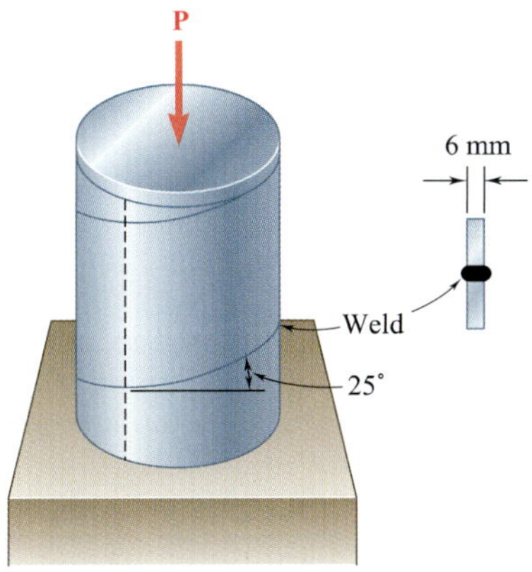

그림 *P8.31, P8.32*

8.32 A steel pipe of 300-mm outer diameter is fabricated from 6-mm-thick plate by welding along a helix that forms an angle of 25° with a plane perpendicular to the axis of the pipe. Knowing that the maximum allowable normal and shearing stresses in the directions respectively normal and tangential to the weld are $\sigma = 50$ MPa and $\tau = 30$ MPa, determine the magnitude P of the largest axial force that can be applied to the pipe.

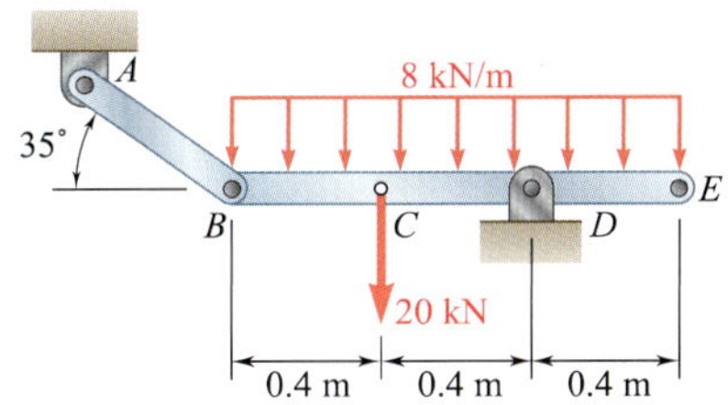

그림 **P8.33**

8.33 Link AB is to be made of a steel for which the ultimate normal stress is 450 MPa. Determine the cross-sectional area for AB for which the factor of safety will be 3.50. Assume that the link will be adequately reinforced around the pins at A and B.

8.34 Member ABC, which is supported by a pin and bracket at C and a cable BD, was designed to support the 4-kip load **P** as shown. Knowing that the ultimate load for cable BD is 25 kips, determine the factor of safety with respect to cable failure.

8.35 Knowing that the ultimate load for cable BD is 25 kips and that a factor of safety of 3.2 with respect to cable failure is required, determine the magnitude of the largest force **P** that can be safely applied as shown to member ABC.

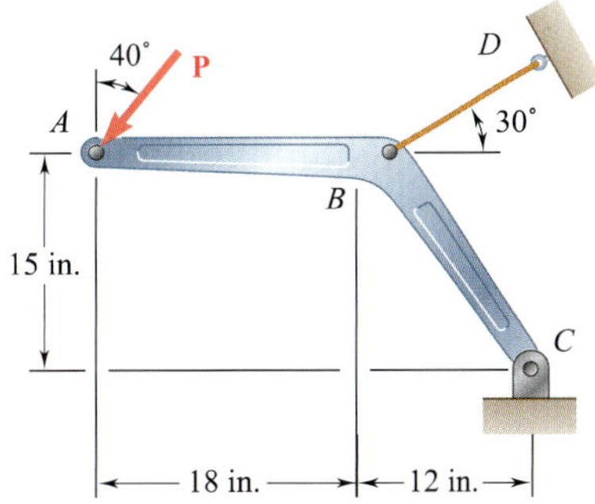

그림 **P8.34, P8.35**

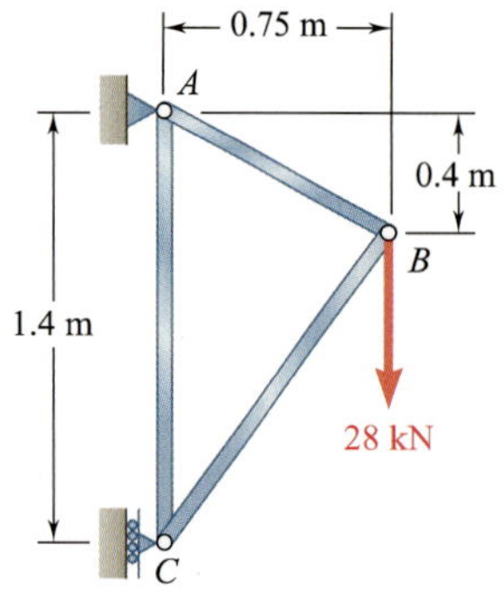

그림 P8.36

8.36 Members *AB* and *AC* of the truss shown consist of bars of square cross section made of the same alloy. It is known that a 20-mm-square bar of the same alloy was tested to failure and that an ultimate load of 120 kN was recorded. If a factor of safety of 3.2 is to be achieved for both bars, determine the required dimensions of the cross section of (*a*) bar *AB*, (*b*) bar *AC*.

8.37 Three $\frac{3}{4}$-in.-diameter steel bolts are to be used to attach the steel plate shown to a wooden beam. Knowing that the plate will support a 24-kip load and that the ultimate shearing stress for the steel used is 52 ksi, determine the factor of safety for this design.

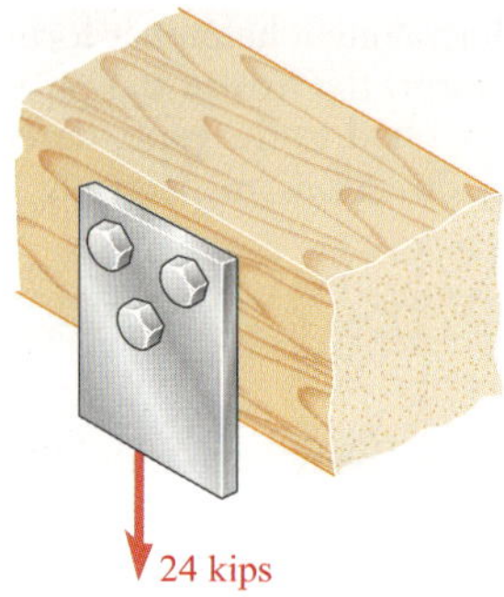

그림 *P8.37*

8.38 Two plates, each 3 mm thick, are used to splice a plastic strip as shown. Knowing that the ultimate shearing stress of the bonding between the surfaces is 900 kPa, determine the factor of safety with respect to shear when $P = 1500$ N.

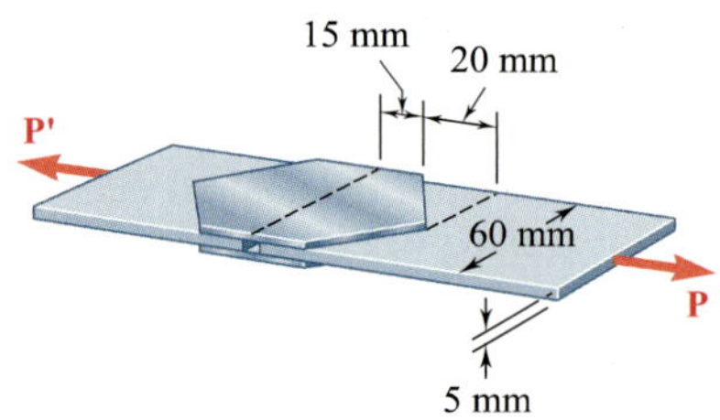

그림 P8.38

8.39 Two wooden members of 3.5 × 5.5-in. uniform rectangular cross section are joined by the simple glued scarf splice shown. Knowing that the maximum allowable shearing stress in the glued splice is 75 psi, determine the largest axial load **P** that can be safely applied.

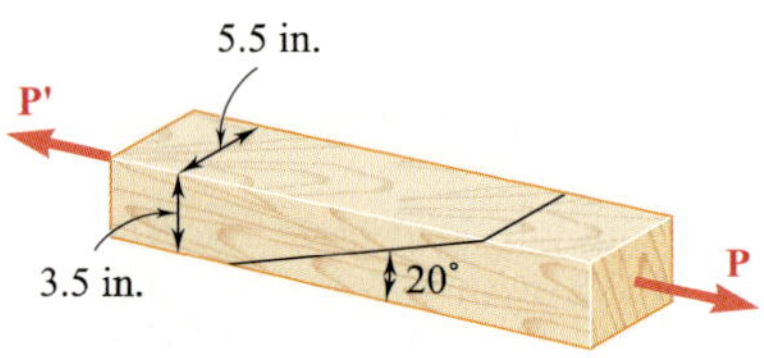

그림 P8.39

8.40 A load **P** is supported as shown by a steel pin that has been inserted in a short wooden member hanging from the ceiling. The ultimate strength of the wood used is 60 MPa in tension and 7.5 MPa in shear, while the ultimate strength of the steel is 150 MPa in shear. Knowing that the diameter of the pin is $d = 16$ mm and that the magnitude of the load is $P = 20$ kN, determine (*a*) the factor of safety for the pin, (*b*) the required values of b and c if the factor of safety for the wooden member is to be the same as that found in part *a* for the pin.

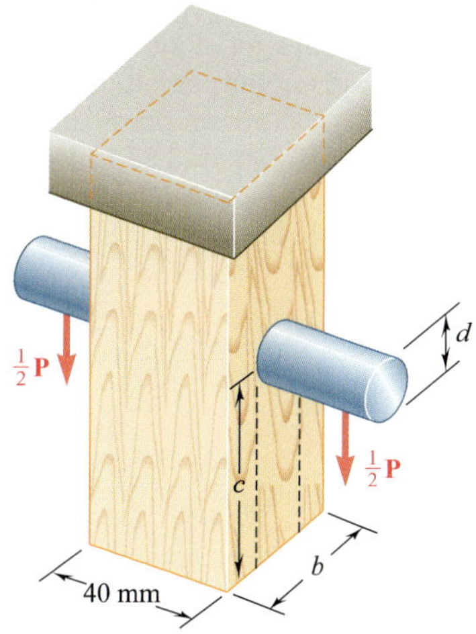

그림 *P8.40*

8.41 A steel plate $\frac{5}{16}$ in. thick is embedded in a horizontal concrete slab and is used to anchor a high-strength vertical cable as shown. The diameter of the hole in the plate is $\frac{3}{4}$ in., the ultimate strength of the steel used is 36 ksi, and the ultimate bonding stress between plate and concrete is 300 psi. Knowing that a factor of safety of 3.60 is desired when $P = 2.5$ kips, determine (*a*) the required width a of the plate, (*b*) the minimum depth b to which a plate of that width should be embedded in the concrete slab. (Neglect the normal stresses between the concrete and the lower end of the plate.)

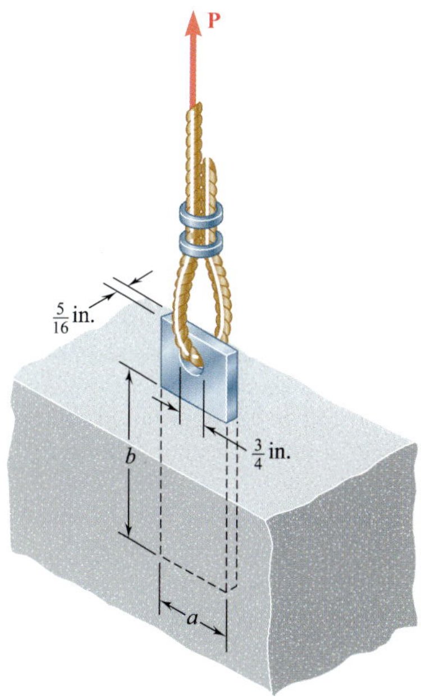

그림 P8.41

8.42 Determine the factor of safety for the cable anchor in Prob. 8.41 when $P = 3$ kips, knowing that $a = 2$ in. and $b = 7.5$ in.

8.43 In the structure shown, an 8-mm-diameter pin is used at A and 12-mm-diameter pins are used at B and D. Knowing that the ultimate shearing stress is 100 MPa at all connections and the ultimate normal stress is 250 MPa in each of the two links joining B and D, determine the allowable load **P** if an overall factor of safety of 3.0 is desired.

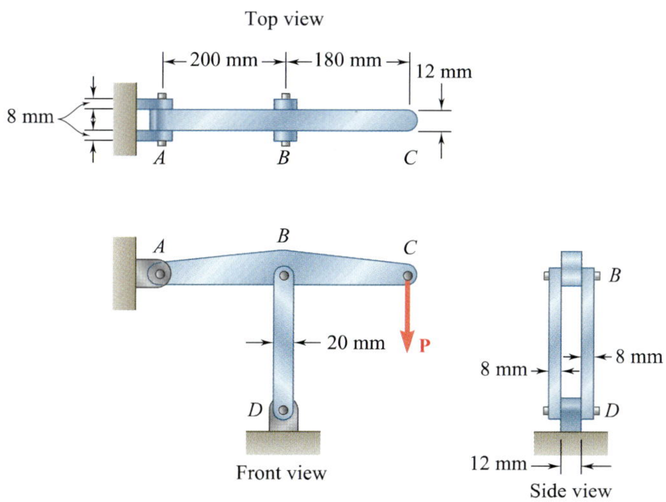

그림 *P8.43*, P8.44

8.44 In an alternative design for the structure of Prob. 8.43, a pin of 10-mm-diameter is to be used at A. Assuming that all other specifications remain unchanged, determine the allowable load **P** if an overall factor of safety of 3.0 is desired.

8.45 Link AC is made of a steel with a 65-ksi ultimate normal stress and has a $\frac{1}{4} \times \frac{1}{2}$-in. uniform rectangular cross section. It is connected to a support at A and to member BCD at C by $\frac{3}{8}$-in.-diameter pins, while member BCD is connected to its support at B by a $\frac{5}{16}$-in.-diameter pin; all of the pins are made of a steel with a 25-ksi ultimate shearing stress and are in single shear. Knowing that a factor of safety of 3.25 is desired, determine the largest load **P** that can be applied at D. Note that link AC is not reinforced around the pin holes.

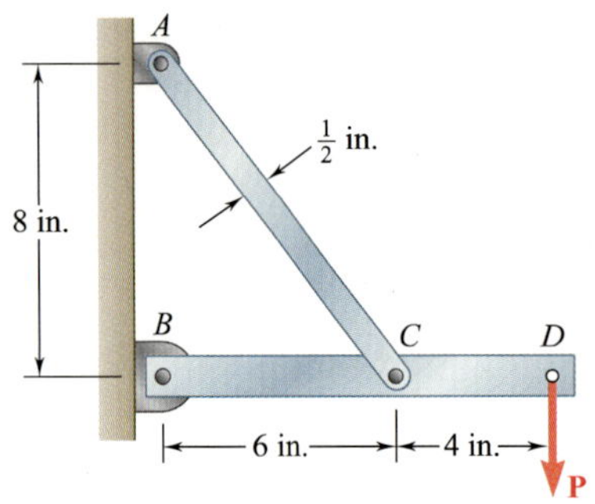

그림 **P8.45**

8.46 Solve Prob. 8.45 assuming that the structure has been redesigned to use $\frac{5}{16}$-in.-diameter pins at A and C as well as at B and that no other change has been made.

8.47 Each of the two vertical links CF connecting the two horizontal members AD and EG has a 10 × 40-mm uniform rectangular cross section and is made of a steel with an ultimate strength in tension of 400 MPa, while each of the pins at C and F has a 20-mm diameter and is made of a steel with an ultimate strength in shear of 150 MPa. Determine the overall factor of safety for the links CF and the pins connecting them to the horizontal members.

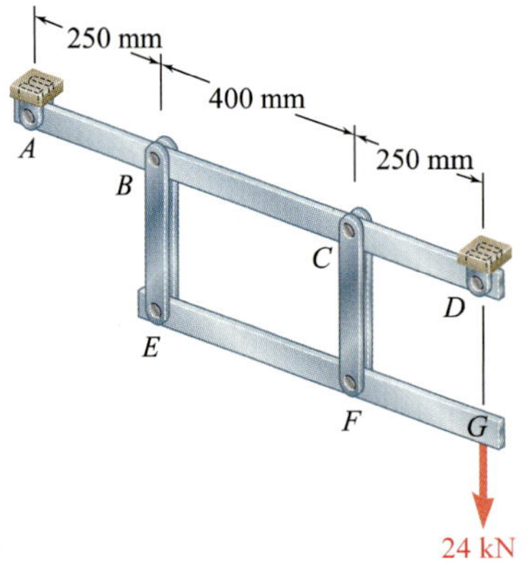

그림 **P8.47**

8.48 Solve Prob. 8.47 assuming that the pins at C and F have been replaced by pins with a 30-mm diameter.

복습 및 요약

이 장에서는 응력의 개념에 집중을 두어 설명하였으며 기계와 하중지지 구조물의 해석과 설계에 사용된 방법들에 대해 소개하였다.

축방향 하중. 수직응력

먼저 8.2절에 소개된 **축방향 하중**(axial loading)을 받는 이력부재를 대상으로 응력의 개념이 설명되었다. 부재내의 수직응력(normal stress)은 하중의 크기 P를 부재의 단면적 A(그림 8.40)로 나누어 산정된다.

$$\sigma = \frac{P}{A} \tag{8.1}$$

8.3절에 언급한 바와 같이 식 (8.1)로 구한 수직응력 σ는 단면의 특정점 Q에서의 응력이라기보다는 단면에 균등하게 분포되어 작용되는 **평균응력**을 나타낸다. Q점 주위의 미소면적 ΔA와 이 미소면적에 작용하는 힘 ΔF를 고려하면 Q점에서의 응력을 정의할 수 있다.

$$\sigma = \lim_{\Delta A \to 0} \frac{\Delta F}{\Delta A} \tag{8.2}$$

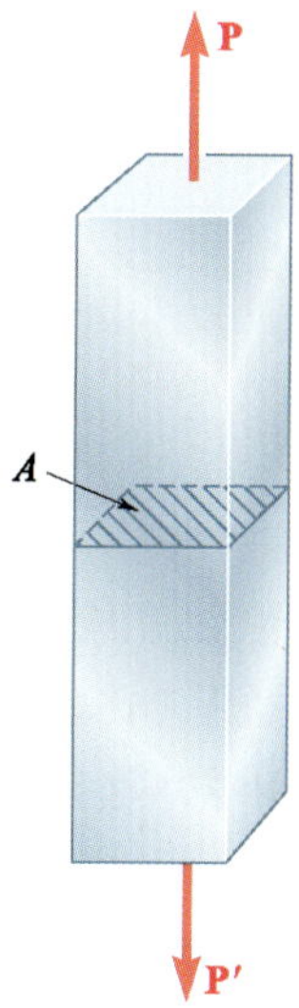

그림 8.40

일반적으로 Q점에서의 응력 σ는 식 (8.1)에 의해 구한 평균응력과는 상이하며 Q의 위치에 따라 달라진다. 특히, 하중재하점에 가까운 단면에서는 응력분포가 일정하지 못하고 응력집중이 발생된다. 반면에, 하중 재하점에서 멀리 떨어져 있으면 응력의 변화량이 작기 때문에 비교적 균등하게 작용되므로 평균응력개념을 사용할 수 있다. 실제로 축방향 하중을 받는 부재내의 수직응력의 분포는 하중재하점 부근을 제외하고는 **균등**하다고 가정한다.

그러나 주어진 단면에서 응력분포가 균등하기 위해서는 축방향 하중 **P**와 **P′**의 작용선이 단면의 도심 C를 반드시 통과해야 한다. 이러한 하중을 **중심하중**(centric load)이라 한다. 단면의 도심 C를 통과하지 않는 **편심하중**(eccentric load)의 경우에는 휨이 발생되므로 응력분포는 일정하지 않다. 편심하중을 받는 부재의 응력에 대해서는 제11장에서 논의될 것이다.

횡방향 하중. 전단응력

크기가 같고 방향이 반대인 횡방향 하중 **P**와 **P′**가 그림 8.41과 같이 부재 AB에 작용할 경우, 두 힘의 작용점사이에 위치한 단면 즉, 절단되려는 면에서는 **전단응력**(shearing stress) τ가 발생된다[8.4절]. 이 응력들은 단면의 위치에 따라 크게 변화되므로 전단응력분포는 균등하다고 가정할 수 없다. 그러나 사용성의 편의를 위해 **평균전단응력**(average shearing stress)이 흔히 사용된다. 즉, 하중 P에 의해 발생되는 내력인 전단력을 단면적 A로 나누게 되면 단면내에 균등하게 분포되어 작용하는 평균전단응력이 구해진다.

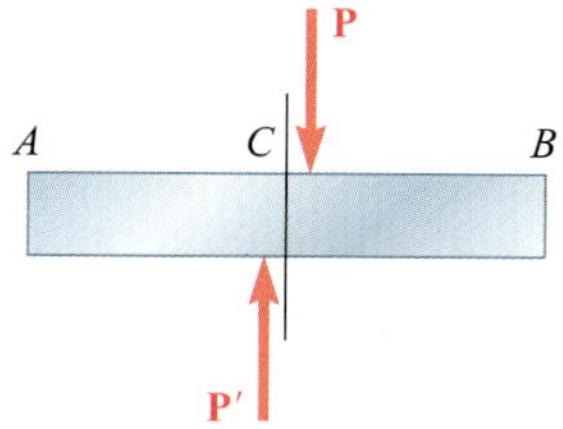

그림 8.41

$$\tau_{\text{ave}} = \frac{P}{A} \tag{8.4}$$

일면전단 및 이면전단 전단응력은 2개의 구조부재나 기계요소를 연결하는 볼트, 핀 또는 리벳 등에서 발생된다. 예를 들면, 볼트 CD(그림 8.42)의 경우 전단면(shear area)이 1개 이므로 **일면전단**(single shear)이 되며 다음과 같이 평균전단응력을 나타낼 수 있다.

$$\tau_{\text{ave}} = \frac{P}{A} = \frac{F}{A} \tag{8.5}$$

반면에, 볼트 EG와 HJ(그림 8.43)의 경우는 전단면이 2개 이므로 **이면전단**(double shear)이라 하고 아래와 같이 평균전단응력을 정의할 수 있다.

$$\tau_{\text{ave}} = \frac{P}{A} = \frac{F/2}{A} = \frac{F}{2A} \tag{8.6}$$

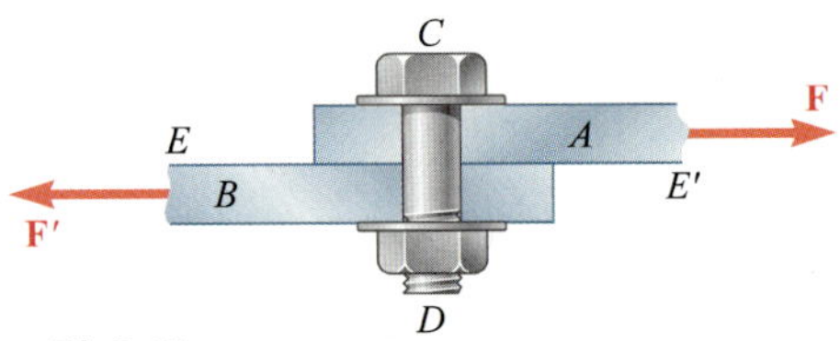

그림 8.42

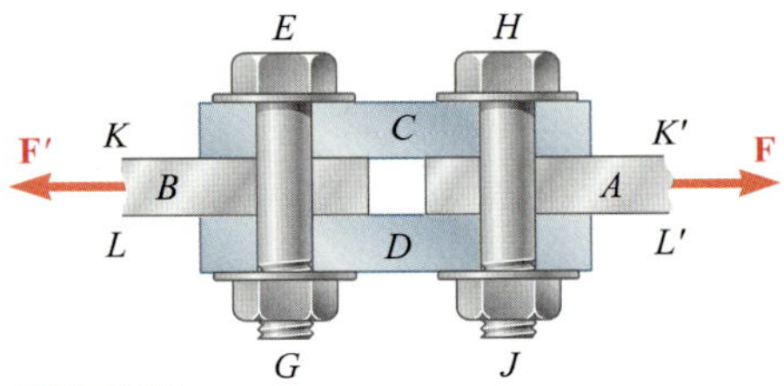

그림 8.43

지압응력 볼트, 핀 또는 리벳 등은 연결되어 있는 인장판과의 접촉면인 **지압면**(bearing surface)을 따라 서로 접촉면을 압박하는 힘이 발생된다[8.5절]. 예를 들면, 그림 8.42에서 인장판이 당겨짐에 따라 볼트와 인장판이 접촉되는 반원형 단면(그림 8.44)에는 **지압응력**(bearing stress)이 발생된다. 이 응력의 분포는 포물선 형태의 매우 복잡한 형상을 보이므로 실무에서는 하중 P를 접촉면의 투영면적(td)으로 나누어서 얻은 평균값인 지압응력 σ_b을 사용한다. 여기서 t는 인장판의 두께이고, d는 볼트의 직경을 나타낸다.

$$\sigma_b = \frac{P}{A} = \frac{P}{td} \tag{8.7}$$

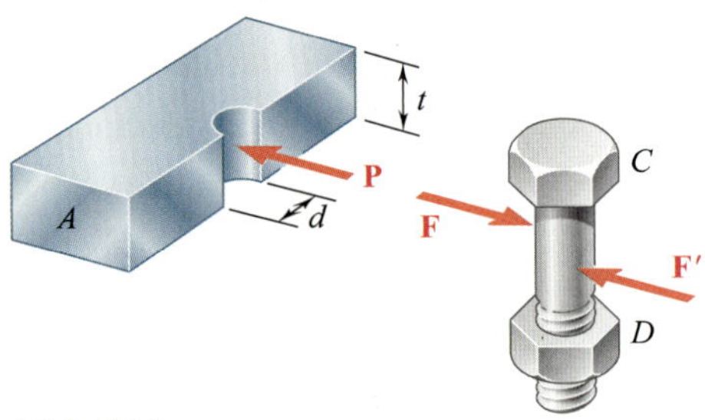

그림 8.44

8.6절에서는 앞 절에서 소개된 이론적 개념을 주어진 하중을 받는 두 개의 핀으로 연결된 단순구조물에 적용하여 실제 계산하는 과정을 살펴보았다. 즉, 실제로 핀 연결 구조물에서 가장 좁은 단면에서의 수직응력, 연결부에 체결되어 있는 여러 종류의 핀에서 발생되는 전단응력, 그리고 각 연결부에서 유발되는 지압응력 등을 계산하는 방법을 자세히 살펴보았다.

설계 8.7절에서는 주로 구조물과 기계의 설계 방법에 대해 간략하게 소개하였다.

경사면의 응력 8.8절에서는 축방향 하중을 받는 이력부재의 **경사면**에서 발생되는 응력에 대해 살펴보았다. 일반적으로 축방향 하중을 받더라도 부재축에 직각방향인 수직면 A_0(그림 8.45)에 대해 경사각 θ를 갖는 임의의 경사면에서는 **수직응력**과 **전단응력**이 동시에 발생되어 외력에 저항하는 것을 알 수 있었다. 한편, 경사면에서 발생되는 수직응력과 전단응력은 다음과 같이 유도되었다.

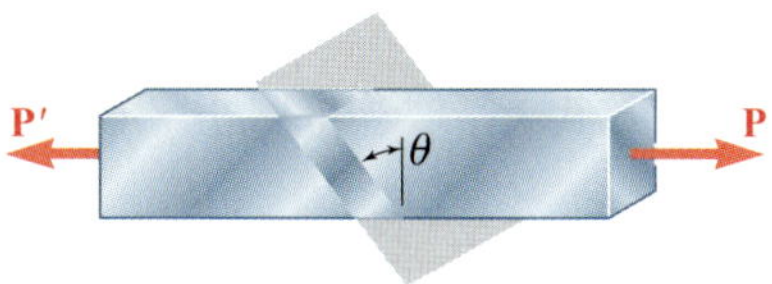

그림 8.45

$$\sigma = \frac{P}{A_0}\cos^2\theta \qquad \tau = \frac{P}{A_0}\sin\theta\cos\theta \tag{8.14}$$

이 식으로부터 $\theta = 0°$일 때 최대수직응력이 발생되고 그 크기는 $\sigma_m = P/A_0$이다. 이때는 전단응력은 발생되지 않는다. 반면에, $\theta = 45°$일 때 최대전단응력이 발생되고 그 크기는 $\tau_m = P/2A_0$이다. 이때는 수직응력도 동시에 발생되는데 그 크기는 최대전단응력과 동일한 $\sigma = P/2A_0$가 됨을 알 수 있다.

일반하중 조건에서의 응력 다음에는 가장 일반적인 하중조건에서 물체내의 한 점 Q에서 발생되는 응력상태에 대해 논의하였다[8.9절]. 점 Q를 중심에 둔 미소의 정육면체를 고려하면(그림 8.46), x축에 대해 직각인 면에 발생되는 수직응력을 σ_x와 τ_{xz}으로 표시하였다. 정육면체의 다른 2면에도 같은 방식으로 응력성, 동일분을 정의한 후 정적평형조건을 적용하면 $\tau_{xy} = \tau_{yx}$, $\tau_{yz} = \tau_{zy}$ 및 $\tau_{zx} = \tau_{xz}$임

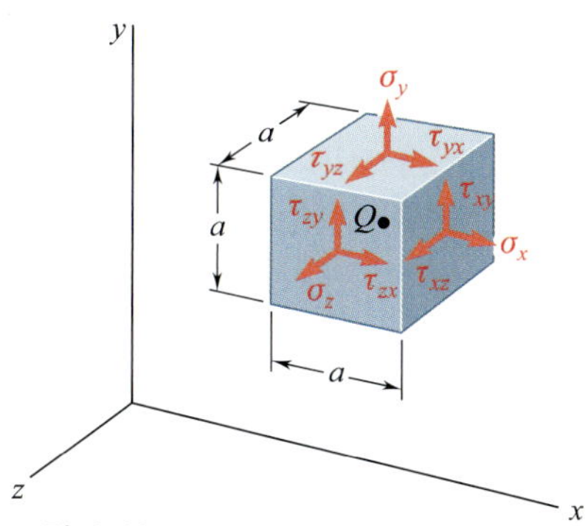

그림 8.46

을 알 수 있었다. 주어진 점 Q에서의 응력상태를 정의하기 위해서는 원래 정의한 9개 응력성분 대신에 6개의 응력성분만으로도 충분하다는 결론을 내릴 수 있다. 이 6개의 응력성분은 σ_x, σ_y, σ_z, τ_{xy}, τ_{yz} 및 τ_{zx}이다.

안전계수 8.10절에서는 구조물의 공학설계에 사용되는 다양한 개념들에 대해 주로 논의되었다. 주어진 구조부재나 기계요소의 **극한하중**은 부재나 요소가 파괴될 시점의 하중으로 부재가 받을 수 있는 최대하중을 말한다. 이 값은 시험시편을 갖고 수행되는 재료실험을 통해 얻을 수 있는 **극한응력**(ultimate stress) 또는 **극한강도**(ultimate strength)로부터 계산될 수 있다. 극한하중은 **허용하중**(allowable load)에 비해 상당히 커야만 된다. 여기서 허용하중이란 정상적인 조건하에서 충분히 안전하게 외력을 지지할 수 있도록 가정한 하중으로 설계시의 최대하중이라 할 수 있다. 허용하중에 대한 극한하중의 비를 **안전계수**(factor of safety)라 정의한다. 즉,

$$\text{안전계수} = F.S. = \frac{\text{극한하중}}{\text{허용하중}} \tag{8.24}$$

주어진 구조물의 설계시 사용되는 안전계수의 결정은 여러 가지 고려사항들에 따라 달라질 수 있는데 이와 관련된 사항들은 8.10절에 수록하여 두었다.

하중저항계수 설계법(LRFD) 8.10절에서 위의 허용응력 설계법을 대체할 수 있는 **하중저항계수설계법**(Load and Resistance Factor Design)의 설명을 끝으로 제8장의 논의가 마감되었다. 이 설계법은 엔지니어로 하여금 구조물의 저항능력과 외부하중에 관련된 불확실성을 적절한 계수를 부여하여 보다 분명히 구분하는 방법이다.

Review Problems

8.49 A 40-kN axial load is applied to a short wooden post that is supported by a concrete footing resting on undisturbed soil. Determine (*a*) the maximum bearing stress on the concrete footing, (*b*) the size of the footing for which the average bearing stress in the soil is 145 kPa.

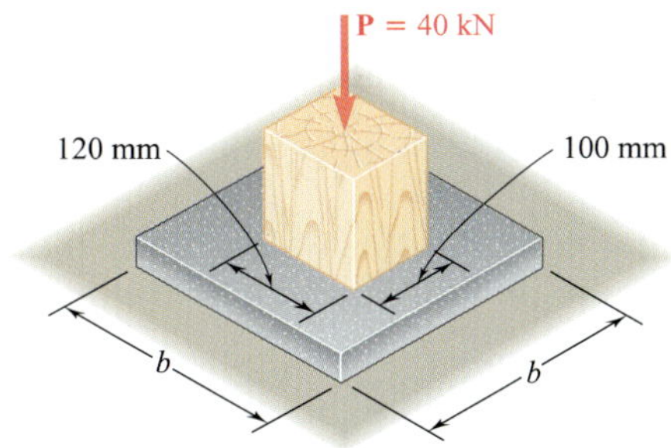

그림 P8.49

8.50 The frame shown consists of four wooden members, *ABC*, *DEF*, *BE*, and *CF*. Knowing that each member has a 2 × 4-in. rectangular cross section and that each pin has a $\frac{1}{2}$-in. diameter, determine the maximum value of the average normal stress (*a*) in member *BE*, (*b*) in member *CF*.

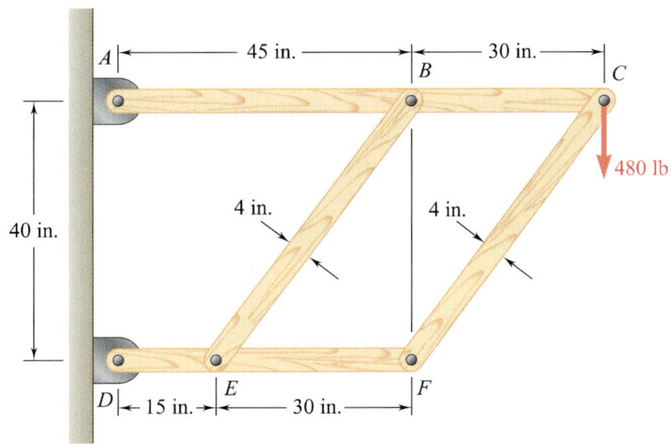

그림 *P8.50*

8.51 Two steel plates are to be held together by means of $\frac{1}{4}$-in.-diameter high-strength steel bolts fitting snugly inside cylindrical brass spacers. Knowing that the average normal stress must not exceed 30 ksi in the bolts and 18 ksi in the spacers, determine the outer diameter of the spacers that yields the most economical and safe design.

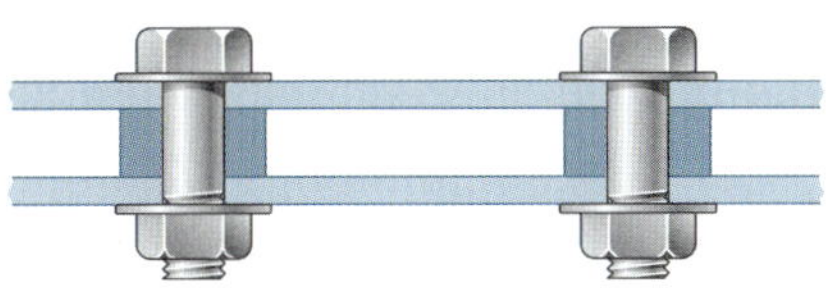

그림 P8.51

8.52 When the force **P** reached 8 kN, the wooden specimen shown failed in shear along the surface indicated by the dashed line. Determine the average shearing stress along that surface at the time of failure.

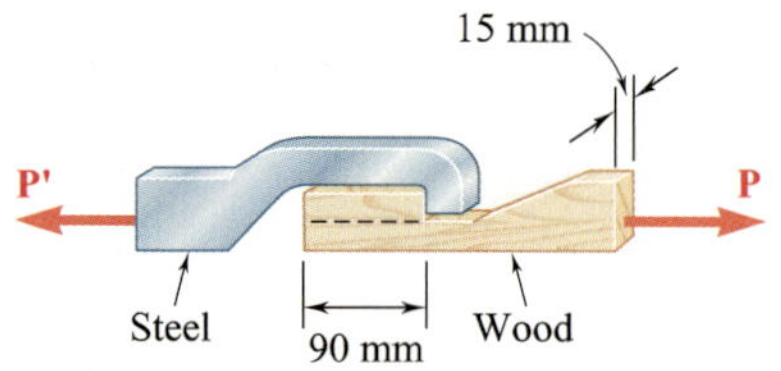

그림 *P8.52*

8.53 Knowing that link DE is 1 in. wide and $\frac{1}{8}$ in. thick, determine the normal stress in the central portion of that link when (*a*) $\theta = 0$, (*b*) $\theta = 90°$.

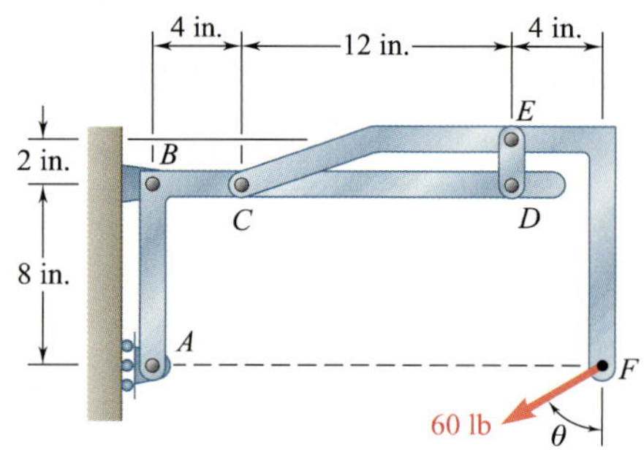

그림 P8.53

8.54 Two wooden planks, each 12 mm thick and 225 mm wide, are joined by the dry mortise joint shown. Knowing that the wood used shears off along its grain when the average shearing stress reaches 8 MPa, determine the magnitude P of the axial load that will cause the joint to fail.

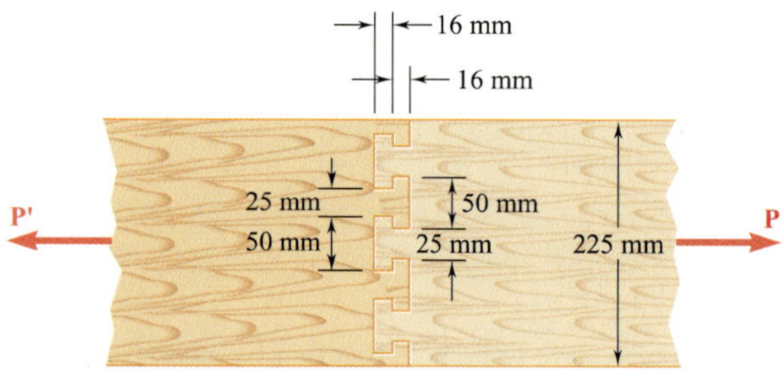

그림 P8.54

8.55 Two identical linkage-and-hydraulic-cylinder systems control the position of the forks of a fork-lift truck. The load supported by the one system shown is 1500 lb. Knowing that the thickness of member BD is $\frac{5}{8}$ in., determine (*a*) the average shearing stress in the $\frac{1}{2}$-in.-diameter pin at B, (*b*) the bearing stress at B in member BD.

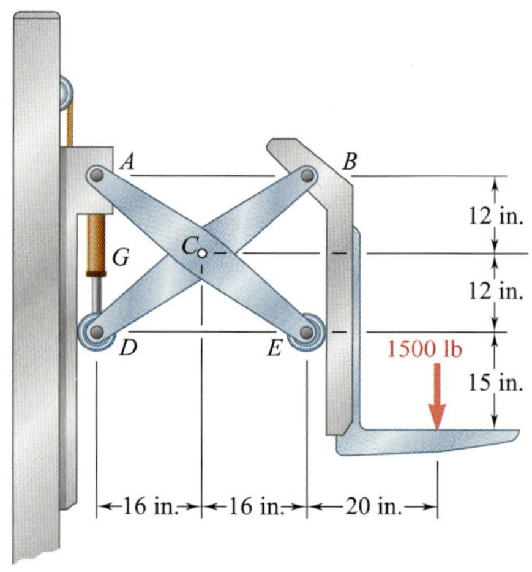

그림 P8.55

8.56 A $\frac{1}{2}$-in.-diameter steel rod *AB* is fitted to a round hole near end *C* of the wooden member *CD*. For the loading shown, determine (*a*) the maximum average normal stress in the wood, (*b*) the distance *b* for which the average shearing stress is 90 psi on the surfaces indicated by the dashed lines, (*c*) the average bearing stress on the wood.

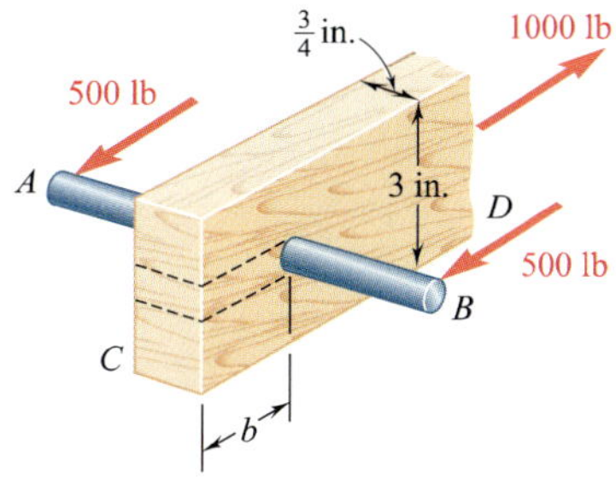

그림 P8.56

8.57 A steel loop *ABCD* of length 1.2 m and of 10-mm diameter is placed as shown around a 24-mm-diameter aluminum rod *AC*. Cables *BE* and *DF*, each of 12-mm diameter, are used to apply the load **Q**. Knowing that the ultimate strength of the aluminum used for the rod is 260 MPa and that the ultimate strength of the steel used for the loop and the cables is 480 MPa, determine the largest load **Q** that can be applied if an overall factor of safety of 3 is desired.

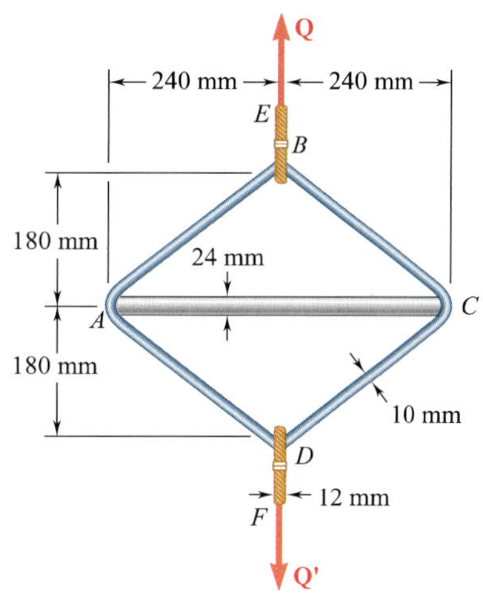

그림 P8.57

8.58 Two wooden members of 75 × 125-mm uniform rectangular cross section are joined by the simple glued joint shown. Knowing that $P = 3.6$ kN and that the ultimate strength of the glue is 1.1 MPa in tension and 1.4 MPa in shear, determine the factor of safety.

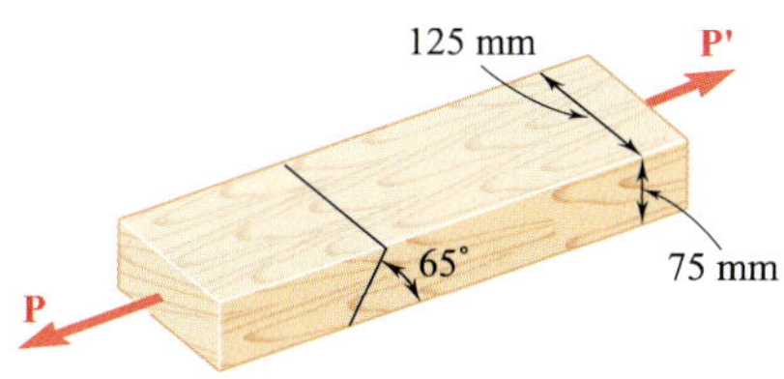

그림 P8.58

8.59 Link BC is 6 mm thick, has a width $w = 25$ mm, and is made of a steel with a 480-MPa ultimate strength in tension. What was the safety factor used if the structure shown was designed to support a 16-kN load **P**?

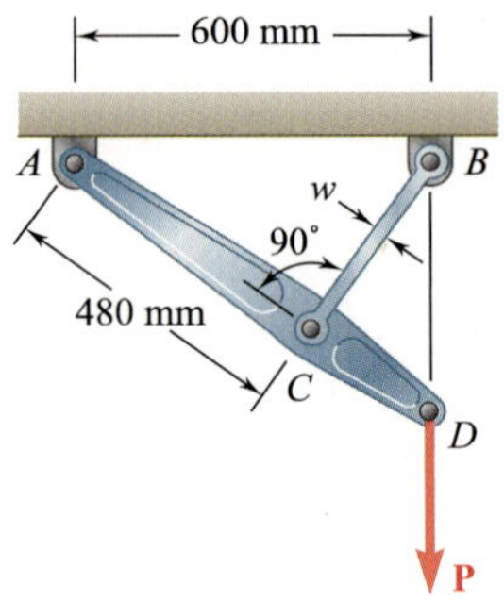

그림 *P8.59*

8.60 The two portions of member AB are glued together along a plane forming an angle θ with the horizontal. Knowing that the ultimate stress for the glued joint is 2.5 ksi in tension and 1.3 ksi in shear, determine the range of values of θ for which the factor of safety of the members is at least 3.0.

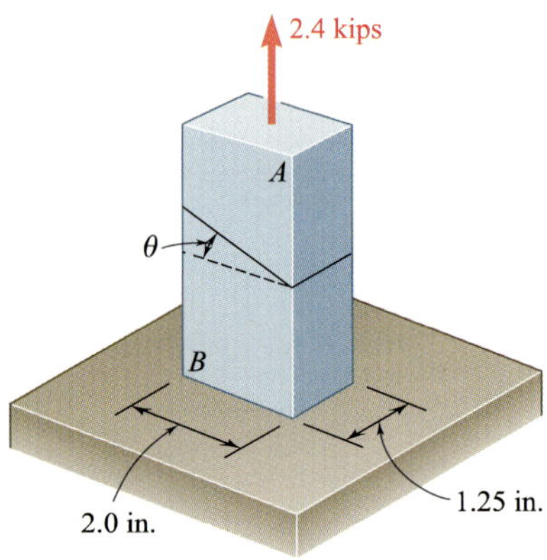

그림 **P8.60**

9

응력과 변형률－축방향 하중

9.1 서론

제8장에서는 구조물이나 기계에 작용하는 하중에 의하여 여러 가지 형태의 부재나 연결부에서 발생되는 응력을 해석하였다. 아울러 규정된 하중조건하에서 파괴되지 않도록 단순한 형태의 부재나 연결부를 설계하는 방법도 배웠다. 구조물의 해석과 설계의 또 다른 중요한 측면은 구조물에 작용하는 하중에 의해 발생되는 **변형**이다. 분명히 말해서, 구조물이 의도했던 목적을 충족시킬 수 없을 만큼 과다한 변형이 발생되는 것을 피하는 것이 중요하다. 예를 들면, 교량의 처짐이 너무 클 경우 다소 출렁거릴 수 있기 때문에 탑승자는 심리적으로 위험을 느낄 수 있다. 한편, 변형의 해석은 응력을 산정하는데 도움이 될 수도 있다. 실제로, 정역학 이론만을 적용하여 부재의 단면력을 결정하는 것은 항상 가능한 것은 아니다. 그 이유는 정역학은 변형이 없는 강체구조물(rigid structure)로 가정하기 때문이다. **변형이 가능한** 구조물로 고려하고 각 부재의 변형량을 계산할 수 있으면, 소위 **부정정구조**(statically indeterminate)의 부재력을 계산할 수 있게 된다. 여기서 부정정구조란 정역학의 틀에서는 결정할 수 없는 구조 즉, 평형방정식만으로는 부재력을 구할 수 없는 구조를 말한다. 따라서 변형에 관한 적합방정식을 추가로 세워야 모든 반력 및 부재력을 계산할 수 있게 된다. 또한 8.3절에서 설명한 바와 같이 비록 부재에 작용하는 힘을 알고 있더라도 주어진 부재의 응력분포가 균등하지 않고 응력집중 등에 의해 포물선 분포를 할 경우 평형방정식만으로 결정할 수 없는 부정정문제가 될 수 있다. 따라서 부재내의 실제 응력분포를 예측하기 위해서는 부재 내에서 발생되는 변형량을 계산하는 것이 필요하다. 이 장에서는 **축방향 하중**하에서 막대나 평판 등에서 발생되는 구조부재의 변형에 대해 논의할 것이다.

먼저 단위길이당 부재의 변형량인 **수직변형률** ϵ가 정의될 것이다. 하중증가에 따른 응력 σ와 변형률 ϵ의 상관관계를 그래프로 그리면 사용된 재료의 **응력−변형률선도**(stress−strain diagram)가 작성된다. 이 선도로부터 재료의 중요한 특성인 **탄성계수**(modulus of elasticity)를 결정할 수 있으며, 재료가 **연성**인지 아니면 **취성**인지를 판단할 수 있게 한다(9.2절−9.4절).

또한 응력−변형률선도로부터 재하시킨 하중을 모두 제거한 후에 시편의 변형률이 0인 상태로 복원되는지−이 경우의 재료는 **탄성**이라 한다−아니면 **영구변형**(permanent set) 또는 **소성변형**(plastic deformation)이 발생하는 지 여부를 판단할 수 있게 한다(9.5절).

9.6절에서는 **피로현상**(fatigue)에 대해 주안점을 둘 것이다. 피로현상은 비록 부재내의 응력이 탄성범위 내에 있을지라도 반복하중의 횟수가 매우 클 경우 구조물이나 기계요소의 파괴를 유발시킬 수 있다.

제9장에서 다루는 변형에 대한 기본적인 이론은 9.7절로 종료되는데, 다양한 축방향 하중 조건하에서의 다양한 형태의 부재의 변형을 산정하는 것이 주로 다루어 질 것이다.

9.8절과 9.9절에서는 **부정정문제**(statically indeterminate problems)가 논의될 것이다. 부정정문제란 반력과 부재력을 정역학적 평형방정식만으로는 해결할 수 없는 구조문제를 말한다. 즉, 고려하는 부재의 자유물체도로부터 유도된 평형방정식에 기하학적 적합성(geometric fitness)으로부터 얻어지는 변형을 포함한 관계식인 적합방정식을 추가하여 해결하는 구조문제를 의미한다.

9.10절에서 9.13절에서는 방향에 상관없이 재료의 특성이 일정한 재료 즉, 등방성재료와 관련된 추가적인 재료상수가 소개될 것이다. 이에 포함되는 재료상수에는 축방향과 횡방향 변형률과의 상관비를 나타내는 **포아손비**(Poisson's ratio)와 전단응력과 전단변형률간의 비례상수인 **강성계수**(modulus of rigidity) 또는 **전단탄성계수**가 있다. 또한 다축하중하에서의 등방성 재료에 대한 응력－변형률 관계도 유도될 것이다.

지금까지 이 교재에서 설명되었던 재료는 응력들은 주어진 단면에 균등하게 분포되며 탄성범위내 있는 것으로 가정되었다. 첫 번째 가정의 타당성에 대해서는 9.14절에서 논의될 것이고, 반면에 판재의 필렛(fillet) 근방이나 원공(circular hole) 주위에서 발생되는 **응력집중**(stress concentration)은 9.15절에서 다루어 질 것이다.

9.2 축방향 하중하의 수직변형률

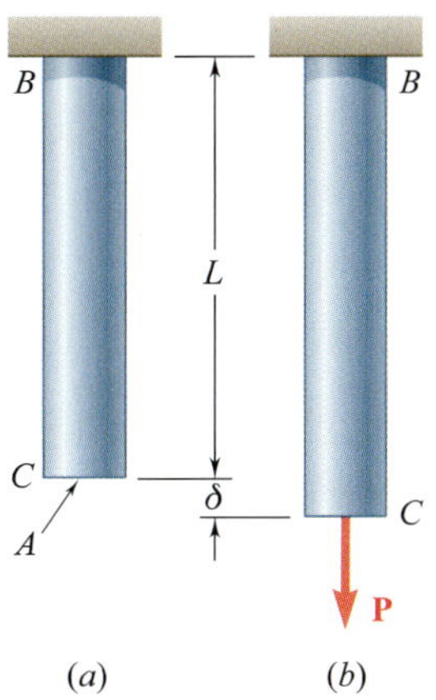

그림 9.1

길이가 L이고 일정한 단면적 A를 갖는 막대 BC가 B에 매달려 있다(그림 9.1a). 만약 막대의 하단 C에 하중 **P**를 재하하면 막대는 늘어난다(그림 9.1b). 하중의 크기 P에 대한 변형량 δ를 도시하면 하중－변형선도(load－deflection diagram)를 얻을 수 있게 된다(그림 9.2). 이 선도는 고려하는 막대의 해석에 유용한 정보를 제공하는 반면, 같은 재료지만 단면의 치수가 다른 막대의 변형을 예측하기 위해 직접적으로 사용할 수는 없다. 실제로 하중 **P**에 의해 막대 BC에서 발생되는 변형이 δ라고 하면, 막대의 길이는 동일하게 L이지만 단면적은 $2A$인 막대 $B'C'$(그림 9.3)에서 동일한 변형 δ를 유발하기 위해서는 하중 **2P**가 필요하다. 두 가지 경우 모두 막대에서 발생되는 수직응력 $\sigma = P/A$은 같게 됨을 알 수 있다. 한편, 단면적은 A로 같고 길이가 $2L$인 막대 $B''C''$(그림 9.4)에 하중 **P**가 작용하면 변형은 2δ가 된

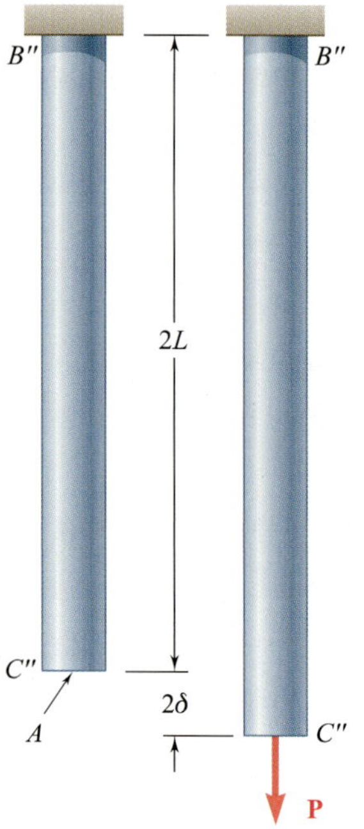

그림 9.4

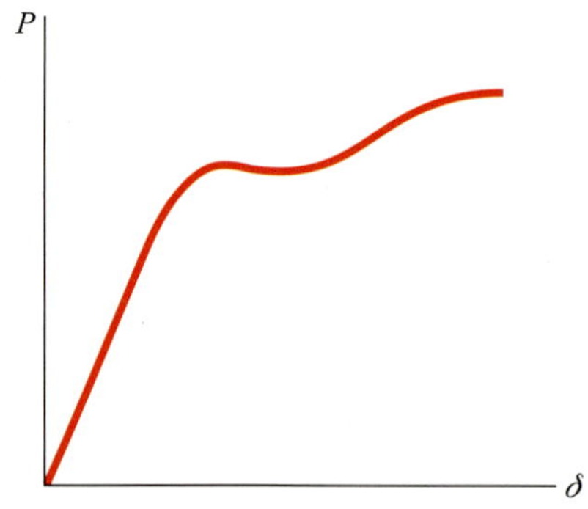

그림 9.2

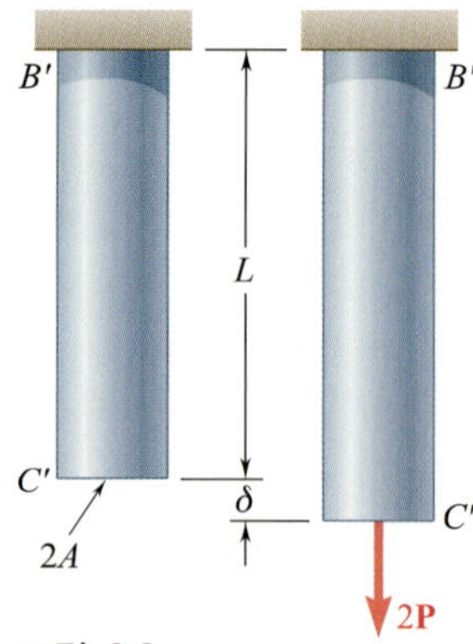

그림 9.3

다. 즉, 막대 BC에서 유발되는 변형 δ에 비해 2배 큰 변형이 발생된다. 그러나 두 가지 경우 모두 막대의 길이에 대한 변형의 비 δ/L는 일정하게 된다. 이와 같은 관찰로부터 **변형률**(strain)의 개념이 도입된다. 축방향 하중하의 막대에서 발생되는 **수직변형률**(normal strain)은 막대의 **단위길이당 변형**으로 정의된다. 수직변형률은 통상 그리스 문자 ϵ(epsilon)로 아래와 같이 나타낸다.

$$\epsilon = \frac{\delta}{L} \tag{9.1}$$

변형률 $\epsilon = \delta/L$에 대한 수직응력 $\sigma = P/A$의 관계를 도시하면 사용된 특정시편의 치수에 무관하게 재료의 특성을 나타내는 곡선그래프를 얻을 수 있는데, 이를 **응력–변형률선도**(stress–strain diagram)라 한다. 이에 대한 자세한 내용은 9.3절에서 다루어 질 것이다.

앞에서 논의된 바와 같이 막대 BC는 단면적의 크기 A가 같기 때문에 수직응력 σ는 단면 전체에 걸쳐 P/A의 값이 일정하다고 가정하였다. 그러므로 변형률 ϵ를 막대의 전체길이 L에 대한 전체 변형 δ의 비로 정의하는 것은 적절한 것이다. 그러나 단면적의 크기 A가 변하는 부재의 경우, 수직응력 $\sigma = P/A$도 부재의 길이에 따라 변화된다. 그리고 변형전의 길이 Δx를 갖는 미소요소 위치에서 임의의 점 Q의 변형률을 어떻게 정의하느냐가 필요하다(그림 9.5). 주어진 하중에서 미소요소에서 발생되는 변형을 $\Delta\delta$로 표시하면 Q점에서의 **수직변형률**을 다음과 같이 정의할 수 있다.

$$\epsilon = \lim_{\Delta x \to 0} \frac{\Delta\delta}{\Delta x} = \frac{d\delta}{dx} \tag{9.2}$$

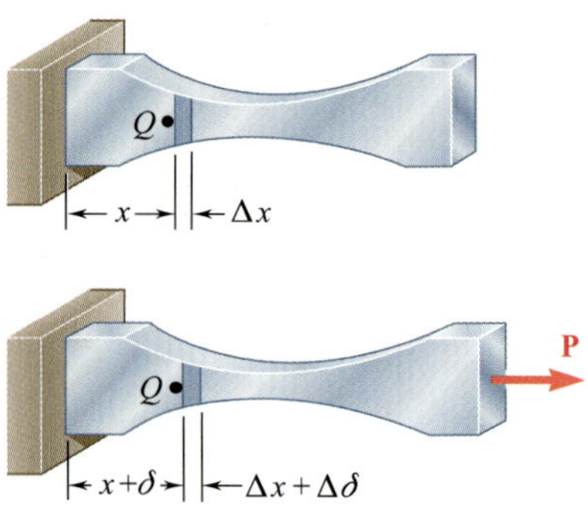

그림 9.5

한편, 변형과 길이는 같은 단위로 표시되므로 δ/L(또는 $d\delta/dx$)로 정의되는 수직변형률 ϵ은 **무차원량**이 된다. 따라서 주어진 부재의 수직변형률 계산을 위해 국제표준단위계(SI 단위계) 또는 미국상용단위계(USCS 단위계)를 사용하는 것에 상관없이 동일한 값을 얻게 된다. 예를 들면, 길이가 $L=$ 0.600 m이고 일정단면을 갖는 막대를 생각해보자. 이 때 하중에 의해 늘어난 변형이 $\delta = 150\times10^{-6}\,\mathrm{m}$ 일 때 상응하는 변형률은 다음과 같다.

$$\epsilon = \frac{\delta}{L} = \frac{150\times10^{-6}\,\mathrm{m}}{0.600\,\mathrm{m}} = 250\times10^{-6}\,\mathrm{m/m} = 250\times10^{-6}$$

변형은 마이크로미터(micrometer) 단위로 $\delta = 150\,\mu\mathrm{m}$로도 나타낼 수 있으므로 아래와 같이 적을 수 있다.

$$\epsilon = \frac{\delta}{L} = \frac{150\,\mu\mathrm{m}}{0.600\,\mathrm{m}} = 250\,\mu\mathrm{m/m} = 250\,\mu$$

그리고 "250 마이크로(micro)"라고 읽는다. 만약 미국상용단위계(USCS 단위계)가 사용되면, 윗 문제와 동일한 막대의 길이와 변형은 각각 $L=23.6$ in.와 $\delta = 5.91\times10^{-3}\,\mathrm{in.}$가 되므로 해당되는 변형률은

$$\epsilon = \frac{\delta}{L} = \frac{5.91\times10^{-3}\,\mathrm{in.}}{23.6\,\mathrm{in.}} = 250\times10^{-6}\,\mathrm{in./in.}$$

여기서 SI 단위를 사용한 경우가 똑 같은 값을 보여준다. 그러나 관습적으로 변형률을 무차원이나 μ로 표현할 수도 있지만 길이와 변형에서 사용되었던 단위 즉, in.나 μin.를 그대로 유지하여 $\epsilon = 250\times10^{-6}$in./in. 또는 $\epsilon = 250$ μin./in.로 나타내기도 한다.

9.3 응력-변형률선도

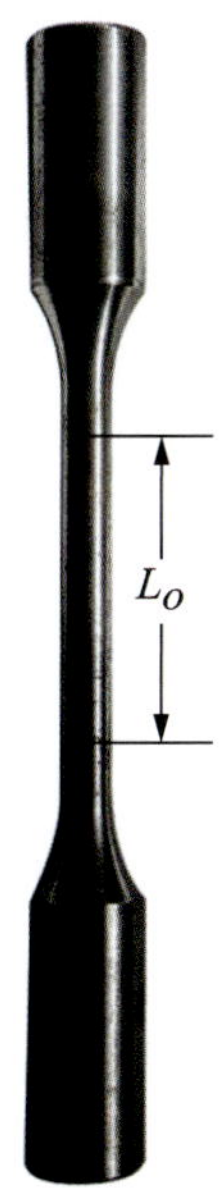

사진 9.1 대표적인 인장 시험 시편의 형상

주어진 재료에서 응력과 변형률의 상관관계를 나타내는 선도가 재료의 중요한 특성을 나타낸다는 것을 9.2절에서 살펴보았다. 재료의 응력-변형률선도를 구하기 위해 재료의 **인장시험**이 수행된다. 흔히 사용되는 시편의 한 형태가 사진 9.1에 보여지고 있다. 시편의 원통형 중심부의 단면적은 정확하게 측정되어 있고 서로 L_0만큼 떨어진 위치에 게이지 표시점을 새겨둔다. 여기서 변형전의 초기길이인 L_0를 **게이지길이**(gage length)라 한다.

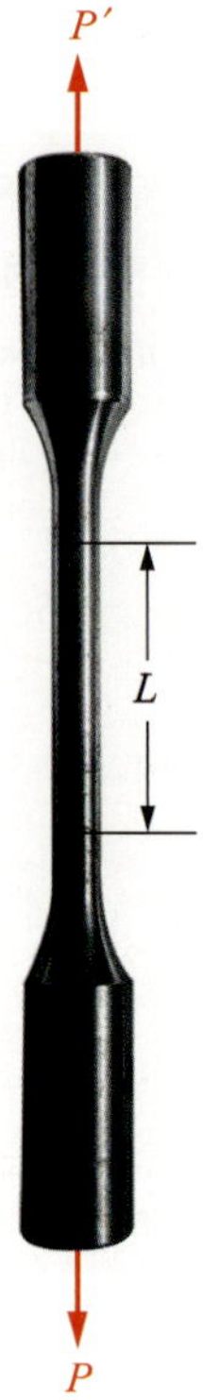

사진 9.3 인장력을 받는 시험시편

사진 9.2 만능재료시험기(U.T.M.)

다음에는 중심하중 **P**가 작용할 수 있도록 인장시험기(사진 9.2) 위에 시편을 장착한다. 인장력 **P**를 증가시키게 되면 게이지 표시점 사이의 거리는 늘어나 L이 된다(사진 9.3). 늘어난 거리 L은 다이얼 게이지로 측정하며 가해진 하중 P에 상응하는 신장량(elongation) $\delta = L - L_0$를 기록해 둔다. 또 다른 다이얼 게이지는 종종 시편의 직경의 변화를 측정하고 기록하는데 사용된다. 각 쌍의 P와 δ 값으로부터 수직응력 σ는 P를 시편의 초기단면적 A_0로 나누어 계산되며, 변형률 ϵ은 L을 초기길이 L_0로 나누어 산정한다. 응력－변형률선도는 횡축에 ϵ, 그리고 종축에 σ를 표시하여 작성될 수 있다.

여러 재료에 대한 응력－변형률선도의 형태도 다양하게 나타난다. 그리고 같은 재료에 대한 인장시험 결과는 서로 달라질 수도 있다. 그 이유는 시편의 온도와 하중재하 속도 등에 따라 영향을 받을 수 있기 때문이다. 그러나 다양한 형태의 응력－변형률선도에도 불구하고 공통된 특성을 갖는 두 가지 범주로 나누어 볼 수 있는데, **연성**(ductile) 재료와 **취성**(brittle) 재료이다.

많은 금속합금뿐만 아니라 구조용 강재를 포함하는 연성재료는 정상온도에서 항복(yielding)에 대한 저항능력으로 특성 지워진다. 시편이 계속 증가되는 하중을 받게 되면 매우 느린 속도로 시편의 길이가 선형으로 증가하

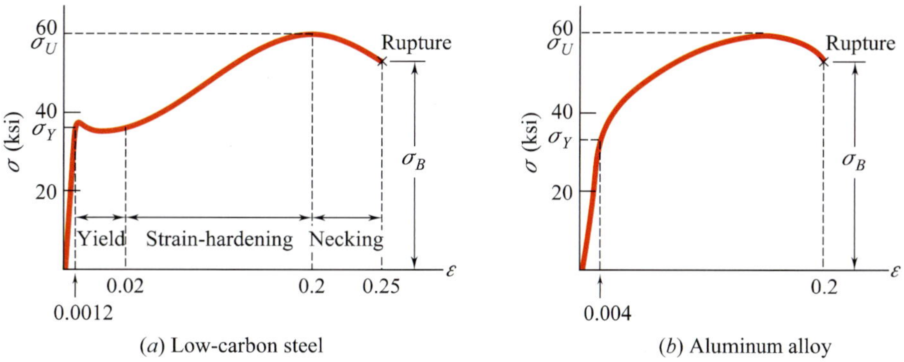

그림 9.6 두 가지 대표적인 연성재료의 응력-변형률선도

사진 9.4 연성재료의 파단형상

므로 응력-변형률선도의 초기부분은 가파른 기울기를 갖는 직선이 된다(그림 9.6). 그러나 응력의 임계치 σ_Y에 도달하게 되면 시편은 상대적으로 재하하중의 작은 증가에도 큰 변형상태를 유발한다. 이 변형은 경사면을 따라 발생되는 재료의 미끄러짐에 의해 생기며 주로 전단응력에 기인한다. 두 가지 대표적인 연성재료의 응력-변형률선도(그림 9.6)로부터 항복이후의 신장량은 항복전의 신장량에 비해 약 200배 정도 큰 것을 알 수 있다. 하중이 어떤 최대값에 도달하면 시편의 중앙부분에서의 지름이 국부적 불안정에 의해 감소하기 시작한다. 이 현상을 **넥킹**(necking)이라 한다. 넥킹이 시작된 후 시편이 최종적으로 파단(rupture)될 때까지 다소 낮은 하중에서도 시편은 더 신장된다(사진 9.4). 파단은 시편의 원표면에 대해 약 45°각을 이루는 원뿔형 표면을 따라 발생됨을 알 수 있다. 이 결과는 연성재료의 파괴는 주로 전단파괴에 기인하는데 축방향 하중을 받는 시편의 부재축에 대해 45°면에서 최대전단응력이 발생된다는 사실을 확인시켜 준다(8.8절). 여기서 항복이 시작되는 응력 σ_Y를 재료의 **항복강도**(yield strength) 또는 **항복응력**(yield stress)이라 하고, 시편에 작용하는 최대하중에 대응하는 최대응력 σ_U을 **극한강도**(ultimate strength) 또는 **극한응력**(ultimate stress)이라 한다. 그리고 파단시의 응력 σ_B을 **파단강도**(breaking strength)라 한다.

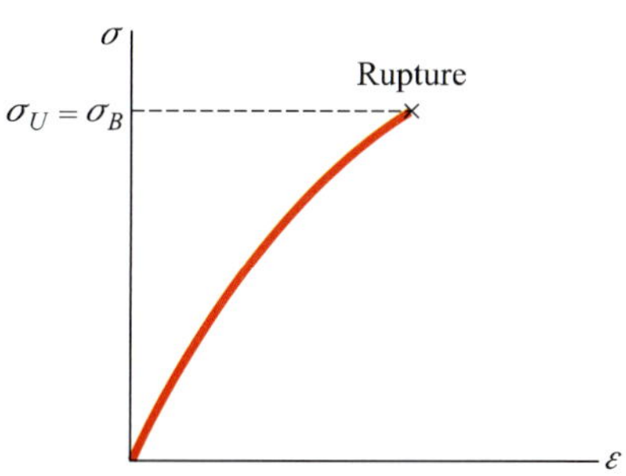

그림 9.7 대표적인 취성재료의 응력-변형률선도

한편, 주철, 유리 그리고 석재 등을 포함하는 취성재료는 신장량의 변화률의 현저한 변화가 없이 파단이 발생된다(그림 9.7). 그러므로 취성재료의 경우 극한강도와 파단강도 사이의 차이가 없고, 특히 항복현상은 발생되지 않는다. 또, 파단시까지 발생된 변형률은 연성재료에 비해 훨씬 작음을 알 수 있다. 취성재료에는 넥킹현상이 발생되지 않으면 파단시의 파단면은 하중에 직각방향 즉, $\theta = 0°$을 따라 일어남을 알 수 있다. 이러한 결과로부터 취성재료의 파괴에는 수직응력에 의한 인장파괴임을 알 수 있는데, 그 근거는 파단면인 $\theta = 0°$일 때 최대수직응력이 발생되고, 이 면에서는 전단응력은 0이

됨을 8.8절에서 이미 배워 알고 있다[1].

그림 9.6의 응력–변형률선도는 구조용 강재와 알루미늄 모두 연성재료이지만 서로 다른 항복특성을 갖고 있음을 보여 준다. 구조용 강재의 경우(그림 9.6a) 항복이 발생되는 시점 이후에 상당한 크기의 변형률이 발생되는데 비해 응력값은 일정한 상태로 유지된다. 다음 단계는 극한강도 σ_U에 도달하기까지 시편의 신장이 증가하는 것을 유지하기 위해서는 응력도 증가되어야 한다. 이러한 재료의 성질은 **변형경화**(strain hardening) 현상에 기인하는 것이다. 구조용 강재의 항복강도는 인장시험동안 계기에 기록되는 하중의 변화상태를 주시하면 쉽게 알 수 있다. 하중이 서서히 증가하다가 약간 낮은 값으로 떨어지는 것을 관찰할 수 있는데, 이 현상은 시편이 계속 신장되는 중의 짧은 특정기간 동안 유지된다. 시험을 매우 조심스럽게 수행하면 항복이 시작되기 바로 직전에 작용하는 하중에 의해 발생되는 응력 즉, **상항복점**(upper yield point)과 항복상태를 유지하는데 필요한 하중으로부터 구한 응력 즉, **하항복점**(lower yield point)을 구별할 수 있다. 상항복점은 하중의 재하속도에 따라 다소 변동적이기 때문에 재료의 하항복점을 항복응력으로 사용하여야 한다.

알루미늄(그림 9.6b)과 많은 다른 연성재료의 경우는 강재의 경우와 달리 항복후 응력–변형률 곡선이 수평이 되는 경향이 없기 때문에 뚜렷한 항복의 시작점을 결정하기가 쉽지 않다. 대신에 극한강도에 도달할 때 까지 비선형으로 응력이 증가하게 된다. 극한강도 이후는 강재와 동일하게 넥킹현상이 발생되면서 최종적으로 파단이 된다. 이러한 재료에 대해서 항복강도 σ_Y는 오프셋법(offset method)에 의해 결정될 수 있다. 예를 들면 0.2% 오프셋의 항복강도가 많이 사용되는데 변형률이 $\epsilon = 0.2\%$ (또는 0.002)인 점에서 응력–변형률 곡선의 초기 직선부분과 평행되게 선을 그려 만나는 점을 항복강도로 추정하는 방식이다(그림 9.8). 다시 말하면 그림 9.8의 Y점에 대응하는 응력 σ_Y을 0.2% 오프셋에서의 항복강도라 하고 이 방법을 0.2% 오프셋법이라 한다.

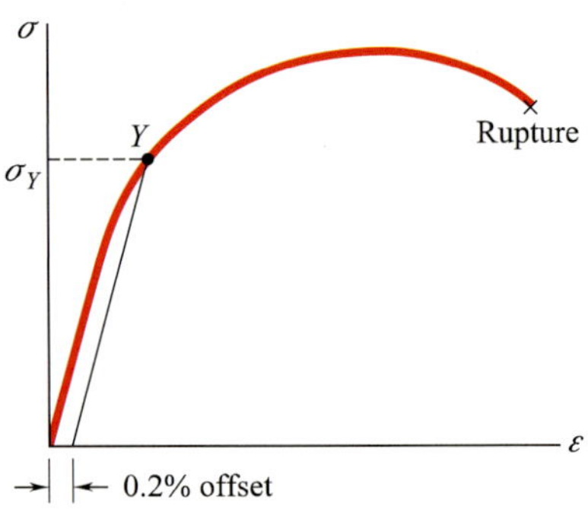

그림 9.8 0.2% 오프셋법에 의한 항복강도의 결정

재료의 연성을 나타내는 표준 측정법을 **연신율**(percent elongation)이라 하며 다음과 같이 정의된다.

$$\text{연신율} = 100 \times \frac{L_B - L_0}{L_0} (\%)$$

1) 이 절에서 서술된 인장시험은 정상온도에서 수행된 것으로 가정되었다. 그러나 정상온도에서 연성인 재료도 매우 낮은 온도에서는 취성재료의 특성을 보일 수 있다. 반면에, 매우 높은 온도에서는 취성재료라도 연성과 같은 거동을 할 수 있다. 그러므로 정상범주를 벗어난 온도에서는 재료의 성분에 따라 연성인지 취성인지를 규정짓는 것보다는 실제로 *연성상태의 재료* 또는, *취성상태의 재료*로 거동하고 있는지를 판단하는 것이 중요하다.

여기서 L_0와 L_B는 각각 인장시험시편의 초기길이와 파단시의 최종길이를 나타낸다. 예를 들면, 항복강도가 50 ksi인 흔히 사용되는 구조용 강재에 2 in.의 게이지길이를 사용할 경우 최소연신율은 21% 정도 된다. 즉, 파단시의 평균변형률이 적어도 0.21 in./in.이 됨을 의미한다.

가끔 사용되는 또 다른 연성을 나타내는 측정법을 **단면감소백분율**(percent reduction in area)이라 하며 다음과 같이 정의된다.

$$\text{단면감소백분율} = 100 \times \frac{A_0 - A_B}{A_0} (\%)$$

여기서 A_0와 A_B는 각각 시편의 초기단면적과 파단시의 최소단면적을 나타낸다. 구조용강재의 경우 60~70%의 단면감소백분율이 일반적이다.

여기까지 인장시험에 대해서만 살펴보았다. 만약에 연성재료로 된 시편이 인장 대신에 압축상태의 하중을 받으면 응력-변형률선도의 초기직선부와 항복 및 변형경화에 대응하는 부분이 기본적으로 동일하다. 특히 주목할 만한 것은 주어진 강재의 경우 인장시와 압축시의 항복강도는 동일하다는 사실이다. 변형률이 점점 더 커짐에 따라 인장과 압축에 대한 응력-변형률 곡선은 서로 차이를 보이면서 발산하는 형태를 보인다. 여기서도 주의해야할 점은 압축시 넥킹현상은 발생되지 않는다는 것이다. 반면에, 대부분 취성재료의 경우 압축시의 극한강도가 인장시의 극한강도에 비해 훨씬 크다는 것을 알 수 있다. 그 이유는 미세균열 또는 공동(cavity)과 같은 초기흠집(flaw)이 존재하기 때문이며, 이러한 결함은 인장시 재료의 강도를 취약하게 만들 수 있다. 반면에 압축파괴에 대한 저항에는 큰 영향을 미치지 않는다.

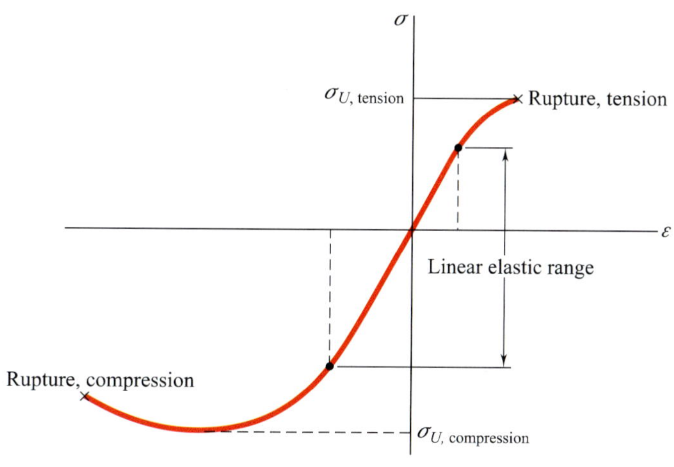

그림 9.9 콘크리트의 응력-변형률선도

인장시와 압축시에 서로 다른 재료성질을 보이는 예로 **콘크리트**를 들 수 있는데, 콘크리트 재료의 응력-변형률 선도는 그림 9.9에 도시되어 있다. 이 선도의 인장부를 보면 첫째로 변형률이 응력에 비례적으로 변하는 선형탄성 구간이 관찰된다. 항복점에 도달한 이후 파단이 발생될 때까지 변형률은 응력에 비해 빠르게 증가된다. 그러나 압축시의 재료거동은 달라진다. 첫째로, 선형탄성구간은 인장부에 비해 현저히 커진다. 둘째로, 응력이 최대값에 도달할 때도 파단은 발생되지 않는다. 대신에 변형률이 파단이 발생될 때까지 증가하는 동안 응력의 크기는 감소함을 알 수 있다. 여기서 주목할 점은 응력-변형률 곡선의 직선구간의 기울기로 정의되는 탄성계수는 인장시나 압축시나 동일하다는 점이다. 이 결과는 대부분 취성재료에서 발견되는 공통사항이다.

9.4 Hooke의 법칙. 탄성계수

대부분의 공학구조물은 상대적으로 작은 변형이 허용되도록 설계되므로 대응되는 응력-변형률선도의 직선구간에 해당된다. 이 선도(그림 9.6)의 초기부는 직선구간이므로 응력 σ와 변형률 ϵ은 비례관계에 있다. 즉,

$$\sigma = E\epsilon \tag{9.3}$$

이와 같은 관계를 영국의 수학자 Robert Hooke(1635-1703)의 이름을 따서 **Hooke의 법칙**이라 한다. 비례상수 E는 재료의 **탄성계수**(modulus of elasticity) 또는 영국의 과학자 Thomas Young(1773-1829)의 이름을 따서 **Young의 계수**(Young's modulus)라 한다. 변형률 ϵ은 무차원 물리량이므로 탄성계수 E는 응력 σ와 같은 단위를 갖게 된다. 즉, SI단위로 파스칼(Pa) 또는 메가단위(MPa)나 기가단위(GPa)의 배수가 사용되며, 미국상용단위로는 psi 또는 ksi가 해당된다.

주어진 재료에 대해 Hooke의 법칙이 사용될 수 있는 직선구간의 최대응력을 **비례한도**(proportional limit)라 한다. 그림 9.6a와 같이 뚜렷한 항복점을 갖고 있는 연성재료의 경우 비례한도는 항복점과 거의 일치한다. 구조용 강재를 제외한 일반적인 연성재료의 경우에는 완만한 곡선형태가 되므로 σ와 ϵ의 직선관계가 끝나는 점을 찾기가 어렵기 때문에 비례한도를 쉽게 정의할 수 없다. 그러므로 이러한 재료들은 실제의 비례한도보다 다소 큰 응력값까지 Hooke의 법칙을 적용하여도 큰 오차를 유발하지는 않는다.

구조용으로 사용되는 금속들의 물리적 성질 즉, 강도, 연성 및 부식저항 등은 합금, 열처리 그리고 제조과정에 따라 큰 영향을 받을 수 있다. 예를 들면, 순철(pure iron)과 3가지 다른 등급의 강재(그림 9.10)에 대한 응력-

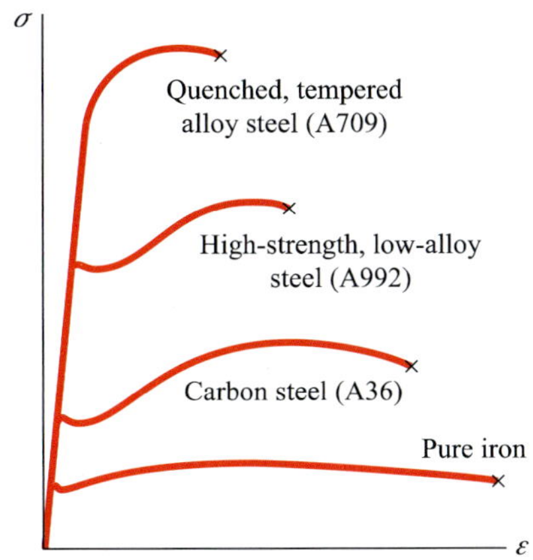

그림 9.10 순철과 다른 등급의 강재에 대한 응력-변형률선도

변형률선도로부터 항복강도, 극한강도, 그리고 파단시의 변형률(연성)에 큰 차이가 있음을 알 수 있다. 그러나 이들 모두의 탄성계수는 동일하다. 다시 말하면, 선형탄성 구간내에서 변형에 저항하는 능력인 "**강성도**(stiffness)"는 같다. 그러므로 주어진 구조물에 저강도 강재 대신에 고강도 강재로 바꾸고 모든 단면치수는 같게 유지하면 구조물의 내하력 즉, 외부하중에 저항하는 능력은 증가될 수 있으나 변형에 저항하는 능력인 강성도의 변화는 없다는 것이다.

지금까지 고려된 각종 재료는 수직응력과 변형률의 관계 즉, $\sigma = E\epsilon$는 하중의 작용방향에 무관하다는 것이다. 다시 말하면, 인장시험시 하중을 종방향으로 가한 경우나 횡방향으로 가한 경우, 모두 재료의 기계적 성질을 나타내는 탄성계수 E가 동일하다. 이와 같이 방향에 상관없이 동일한 기계적 성질을 보이는 재료를 등방성(isotropic) 재료라 한다. 반면에 방향에 따라 재료의 성질이 달라지는 재료를 이방성(anisotropic) 재료라 한다.

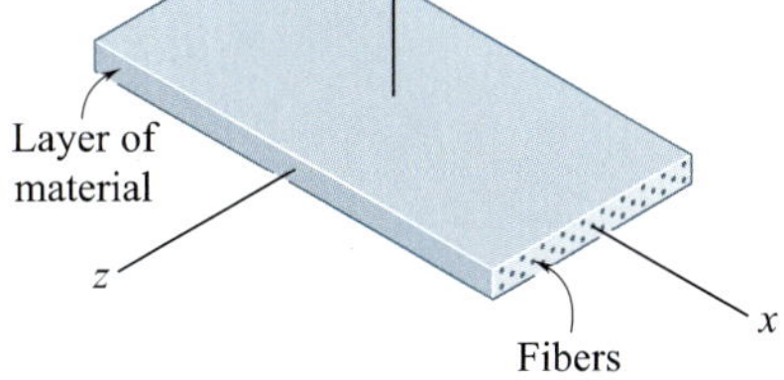

그림 9.11 섬유강화복합재료의 층구조

이방성재료의 중요한 특징은 **섬유강화복합재료**(fiber-reinforced composite materials)로 이루어졌다는 것이다. 복합재료는 강성이 큰 섬유를 강성이 약한 모재 즉, 섬유를 둘러싸고 있는 부분인 **기지**(matrix)에 끼워 넣으면서 만들어 진다. 섬유강화재료로 사용되는 것에는 탄소, 흑연, 유리 및 폴리머 등이 있는 반면 다양한 형태의 **수지**(resin)가 복합재료의 기지로 사용된다. 그림 9.11은 기지에 매입된 많은 개수의 수평방향 섬유로 구성된 복합재료의 **층구조**(layer or lamina)를 보여주고 있다. 층 구조에 섬유배치방향과 평행인 x축 방향으로 축방향 하중이 작용하면 복합재료의 비례한도를 넘지 않는 한 x축 방향으로의 수직응력 σ_x와 변형률 ϵ_x는 Hooke의 법칙을 따른다. 유사한 개념으로, 섬유배치방향에 직각인 y축 방향으로 작용하는 축방향 하중도 σ_y와 ϵ_y 사이에 Hooke의 법칙을 만족하게 한다. 아울러 z축 방향에 대해서

도 응력과 변형률 사이에는 직선관계가 유지된다는 결과를 얻을 수 있다. 그러나 하중의 작용방향에 따라 대응되는 각각의 탄성계수 E_x, E_y와 E_z는 서로 다른 값을 보인다. 왜냐하면 섬유들이 x축에 평행으로 배치되어 있기 때문에 x축에 따라 작용하는 하중의 경우가 y축이나 z축 방향으로 작용하는 하중의 경우에 비해 훨씬 큰 저항력을 갖게 된다. 따라서 E_x가 E_y와 E_z에 비해 훨씬 클 것이다.

일반적인 **적층구조**는 여러 겹의 층으로 쌓여서 이루어진다. 적층구조에 오직 인장력만이 작용하면 모든 층의 섬유들은 가급적 최대의 강도를 보이기 위해 하중과 같은 방향으로 배치해야만 한다. 그러나 압축을 받는 적층구조의 경우 기지에 사용되는 재료가 압축력에 의해 발생될 수 있는 섬유의 좌굴(buckling)이나 **뒤틀림**(kinking)을 방지해주기에는 충분한 강도를 갖고 있지 못하다. 적층구조의 좌굴저항성은 일부의 층들에 배치된 섬유의 방향을 하중 작용 방향에 직각방향으로 조정함으로써 증가될 수 있다. 일부 층들의 섬유 배치 방향을 30°, 45° 또는 60° 등으로 바꿈에 따라 면내전단에 대한 저항성을 높일 수 있다. 따라서 일반적인 적층구조는 모든 층의 섬유들이 한 방향으로 배치하는 것보다는 여러 방향의 조합으로 배치하였을 경우가 휨이나 전단에 대한 저항능력을 증대시킬 수 있다.

*9.5 재료의 탄성 및 소성거동

시험시편에 하중이 재하되어 발생된 변형률이 하중을 제거할 경우 이 변형률이 0인 상태로 복원되면 이 재료를 **탄성**이라 한다. 재료가 탄성거동을 하는 범위 내에서의 최대응력을 재료의 **탄성한도**(elastic limit)라 한다.

만일 재료가 그림 9.6a처럼 뚜렷한 항복점을 갖고 있을 경우, 탄성한도, 비례한도(9.4절), 그리고 항복점은 기본적으로 동일하게 취급된다. 다시 말하면 응력이 항복점 이하로 유지되는 한 재료는 선형탄성 거동을 한다. 그러나 항복점을 초과하게 되면 9.3절에 설명한 바와 같이 항복이 발생되고 하중을 제거하더라도 원점으로 복원되지 않고 응력–변형률 곡선(그림 9.12)의 초기 직선부 AB에 평행한 선 CD를 따라 선형적으로 감소한다. 하중을 제거한 이후에 변형률 ϵ가 0인 상태로 돌아가지 않는 현상은 재료의 **영구변형**(permanent set) 또는 **소성변형**(plastic deformation)이 발생되었다는 것을 가리킨다. 대부분 재료의 경우 소성변형은 응력이 도달할 수 있는 최대값 뿐만 아니라 하중이 제거되기 전까지 소요된 시간에 따라 영향을 받는다. 소성변형중 응력에 의한 부분은 **미끄럼**(slip)에 의한 것이고, 온도에 따라 영향을 받는 부분은 **크리프**(creep)에 의한 것이다.

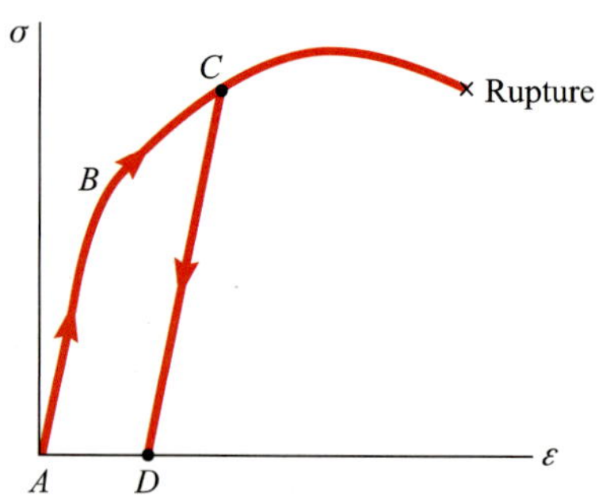

그림 9.12

재료가 뚜렷한 항복점을 갖고 있지 않을 때 탄성한도는 정확하게 결정될

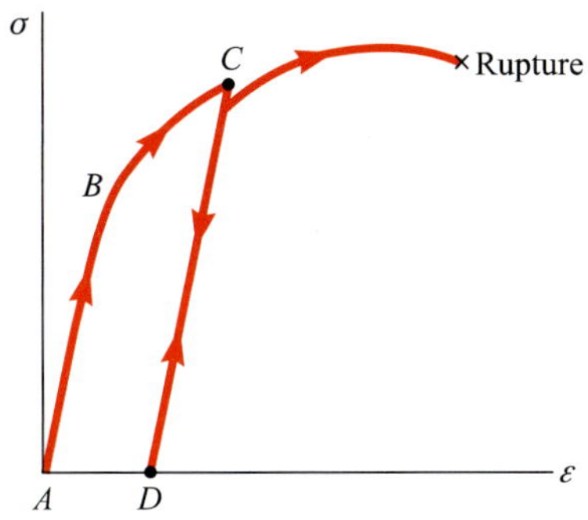

그림 9.13

수 없다. 그러나 오프셋법(9.3절)에 의해 정의된 항복강도를 탄성한도와 같다고 가정해도 오차는 매우 작게 된다. 실제로 그림 9.8을 참고하면, 항복점 Y를 결정하기 위해 사용된 직선은 최대응력 σ_Y에 도달한 이후 하중을 제거할 때 응력이 선형적으로 감소되는 형태를 나타낸다. 여기서 소성변형률 즉, 응력이 0일 때 영구변형을 말하는데 이 값은 선택한 오프셋만큼 작다.

하중을 재하(loading)하고 제하(unloading)한 후에 다시 하중을 시편에 가하게 되면 새로운 하중곡선은 거의 C점에 도달할 때까지 바로 앞 단계의 하중제거시의 경로와 거의 같게 될 것이다. 그 다음에 우측으로 방향을 틀면서 원래의 응력－변형률선도와 연결된다. 새로 하중을 가한 하중곡선의 직선부는 원래 응력－변형률선도의 직선부과 비교할 때 더 긴 것을 알 수 있다. 그 결과 비례한도와 탄성한도는 시편에 초기하중을 재하하는 동안 발생되는 변형경화에 기인하여 증가되었다. 그러나 파단점 R은 변화하지 않기 때문에 시편의 연성은 D점으로부터 측정해야 하므로 오히려 감소됨을 알 수 있다.

위에서 설명된 내용은 시편이 같은 방향으로 하중을 두 번 받는다는 가정이며 두 번의 하중은 모두 인장력이었다. 지금부터는 두 번째 하중이 첫 번째 하중의 반대방향으로 작용하는 경우를 고려해 보자.

먼저 재료는 인장시나 압축시에 모두 항복강도가 같은 연강을 가정한다. 초기하중은 인장력으로 응력－변형률선도의 C점까지 올 때까지 재하된다(그림 9.14). 하중을 제거한 후(D점), 항복응력 σ_Y가 발생되는 항복점 H에 도달할 때까지 압축력을 가한다. 응력－변형률선도의 DH부분은 곡선이기 때문에 명확한 항복점을 보여주지 못한다. 통상 인장시의 항복강도에 비해 압축시의 항복강도가 더 작게 되는데 이를 Bauschinger 효과라 한다. 그 이유는 인장에서 압축으로 역방향 하중을 가하게 되면 인장시에 발생된 변형에 의해 잔류응력이 부재내에 남아있기 때문이다. 한편, 압축하중이 지속됨에 따라 재료는 선 HJ를 따라 항복된다.

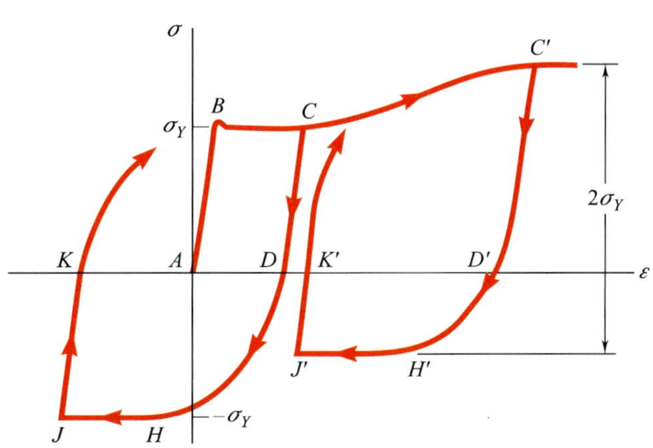

그림 9.14

J점에 도달한 이후에 하중을 제거하면 응력은 선 JK를 따라 0인 상태가 되고, 선 JK의 기울기는 탄성계수 E와 같음을 알 수 있다. 결과로 발생되는 영구변형 AK는 BC와 HJ 구간의 길이에 따라 양, 음 또는 0이 될 수 있다. 만약 이 상태에서 시편에 인장하중을 재차 가하면 K점에서 시작되는 응력－변형률선도(점선표시)는 항복응력에 도달할 때까지 우측으로 상승하는 곡선형태가 될 것이다.

재료의 변형경화를 유발할 수 있도록(C'점) 초기하중을 충분히 크게 재하한 후 하중을 제거하면 선 $C'D'$를 따라 하중곡선이 변화된다. 여기에 다시 반대방향으로 압축력을 가하면 최대압축응력 H'점에 도달하게 되고 이 상태를 계속 유지하면서 선 $H'J'$를 따라 항복하게 된다. 이 때 최대압축응력의 크기는 σ_Y보다 작지만 C'에서 H'까지의 전체 응력변화량은 $2\sigma_Y$와 같다.

만약 K점과 K'점이 원점 A와 일치하게 되면 영구변형 즉, 소성변형은 0이 되고 시편은 변형전의 원래 상태로 복원되는 것을 의미한다. 그러나 내부적으로 원자구조나 결정체구조의 변화에 기인한 원자배열의 전위(dislocation)가 발생될 것이고 같은 하중재하 순서가 반복되는 동안 시편은 비교적 적은 반복후에 어떠한 경고없이 급작스레 파단될 것이다. 그 이유는 시편이 받은 과도한 소성변형이 재료의 특성에 갑작스런 변화를 유발하기 때문이다. 그러므로 소성영역내에 있는 재료에 역하중 즉, 인장에서 압축 또는 압축에서 인장으로 하중을 변환시키게 되면 위험하게 되므로 주의 깊은 제어가 필요하다. 이러한 상황은 손상받은 재료를 곧게 펴거나 구조물 또는 기계를 가지런하게 마무리 짓는 작업에서 발생될 수 있다.

*9.6 반복하중. 피로

앞 절에서 축방향 하중을 받는 시험시편의 거동에 대해 살펴보았다. 이 중에서 시편 내에 발생되는 최대응력이 재료의 탄성한도를 초과하지 않은 상태에서 하중을 제거하면 시편은 변형전의 원래상태로 복원되는 것을 기억할 수 있다. 이러한 이유로 응력이 탄성범위 내에 있다고 가정하면 주어진 하중이 여러 번 반복되어도 별 영향이 없을 것으로 결론지을 수 있다. 그러한 결론은 하중이 수십 번 또는 수백 번 정도의 반복될 경우에는 적절하다고 할 수 있다. 그러나 뒤에 설명되겠지만 하중이 수천 번 또는 수백만 번 반복할 경우에는 맞지 않으며, 이 경우에는 정적상태에서 예측된 파괴응력보다 훨씬 낮은 수준의 응력에서 파단이 발생될 것이다. 이러한 현상을 **피로**(fatigue)라 한다. 피로파괴는 재료가 정상적으로 연성이라도 취성적 양상을 보인다.

반복하중(repeated load)이나 변동하중(fluctuated load)을 받는 모든 구조

물과 기계요소들의 설계시 반드시 피로현상이 고려되어야 한다. 구조부재의 유효수명 동안 예상되는 하중의 반복횟수를 **피로수명**(fatigue life)이라 하며 구조물의 특성에 따라 크게 차이가 난다. 예를 들면, 산업용 크레인을 지지하는 보의 경우 25년 동안 200만 번(하루에 약 300번) 정도의 하중을 받으며, 자동차 크랭크축의 경우 자동차가 200,000 마일을 주행하면 약 5억번의 하중을 반복해서 받을 것이다. 그리고 터어빈 날개깃(turbine blade)의 피로수명은 대략 수천억 번이 될 수 있다.

어떤 반복하중들은 시간에 따라 하중의 진폭이 규칙적(constant－amplitude loading)으로 또는 불규칙적(variable－amplitude loading)으로 변동하는 양상을 보이기도 한다. 예를 들면, 자동차 크랭크축은 일정한 하중진폭을 보이며 규칙적으로 반복해서 작용하는 반면, 교량을 통과하는 차량의 경우는 차량의 무게나 속도 등에 따라 시간변화에 따라 하중진폭이 변하는 반복하중을 보이기 때문에 교량의 자중에 의해 발생되는 응력과 차량에 의해 발생되며 변동하는 응력을 유발하게 된다. 피로현상을 더욱 심화시킬 수 있는 반복하중의 형태는 인장과 압축이 같은 크기와 주기로 반복하여 작용하는 경우가 해당된다. 예를 들면, 기차의 차축에서 발생되는 응력은 바퀴의 반 회전 후에 인장에서 압축으로 변환되는 시스템이다.

시편의 파괴를 유발할 때까지 한 가지 형태의 하중을 가하는 연속하중 또는 인장과 압축을 교대로 주는 **교번하중**(reversal loading)의 반복횟수를 증가함에 따라 부재가 저항할 수 있는 최대응력수준의 변화를 실험을 통해 결정할 수 있다. 일련의 피로시험이 수행되면 반복횟수가 증가함에 따른 서로 다른 재료의 최대응력 수준의 변화 즉, $\sigma-n$ 곡선을 그릴 수 있다. 각 실험에 대하여 종축에는 최대응력 σ을, 횡축에는 반복횟수 n이 그려지는데, 파단시까지 소요되는 반복횟수가 크기 때문에 반복횟수 n은 대수눈금으로 그리는 것이 일반적이다.

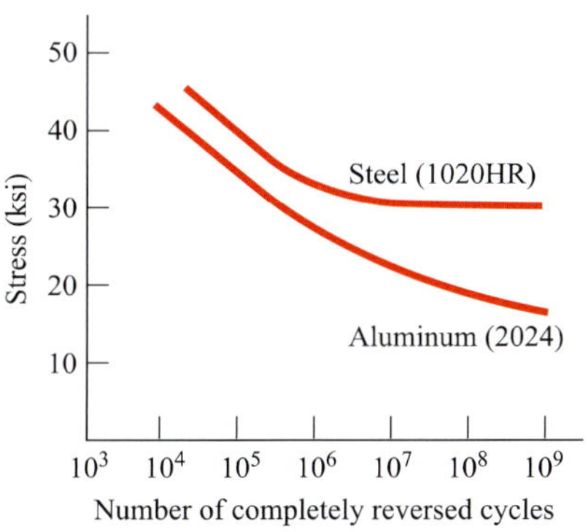

그림 9.15

강재에 대한 전형적인 $\sigma-n$ 곡선이 그림 9.15에 나타나 있다. 작용하는 최대응력이 클 경우 시편이 파단될 때까지 상대적으로 적은 반복횟수가 소요되는 반면, 작용하는 최대응력의 크기가 감소하면 파단을 일으키는데 소요되는 반복횟수는 **내구한도**(endurance limit)로 알려진 응력에 도달할 때까지 증가한다. 내구한도란 무한대의 반복횟수를 견딜 수 있는 최대 변동응력 즉, $\sigma-n$곡선에 있어서 수평부분의 응력을 말하며 **피로한도**(fatigue limit)라고도 한다. 구조용 강재와 같은 저탄소강의 경우 내구한도는 정적상태의 극한강도의 절반정도 수준으로 감소된다.

알루미늄이나 구리와 같은 비철금속의 경우 대표적인 $\sigma-n$곡선(그림 9.15)은 구조용 강재와 달리 하중의 반복횟수가 증가됨에 따라 파괴시의 응력은 계속 감소되는 것을 보여준다. 이러한 비철금속의 경우 피로한도는 5억

회의 반복횟수 후에 파괴될 때의 해당응력으로 정의된다.

피로에 의해 파괴된 시험시편, 축, 스프링과 다른 구조요소를 검사해보면 파괴는 미세균열이나 유사한 결함에서 시작됨을 알 수 있다. 하중단계를 높임에 따라 균열의 크기는 서서히 증가된다. 계속적인 반복하중이 작용하는 동안, 시편의 손상되지 않은 부분이 최대하중을 견디기에 충분하지 않을 때까지 균열은 재료를 통해 전파되며 마지막에는 급작스런 취성파괴가 발생된다. 피로파괴는 균열 또는 초기결함(표면흠집이나 재료내의 기포)에 의해 발생되기 때문에 시편의 표면조건은 실험에서 얻어지는 내구한도의 값에 중요한 영향을 미친다. 기계가공 및 연마된 시편에 대한 내구한도는 압연 또는 단조(forged)된 요소나 부식된 요소에 비해 더 높은 것을 알 수 있다. 염분을 갖는 해수내 또는 근처와 산성이 강한 외부환경이 예상되는 곳에 구조물을 설치할 경우는 피로에 의한 내구한도는 정상적인 값에 비해 50% 정도 낮추어 고려하는 것이 바람직하다.

9.7 축방향 하중하의 부재의 변형

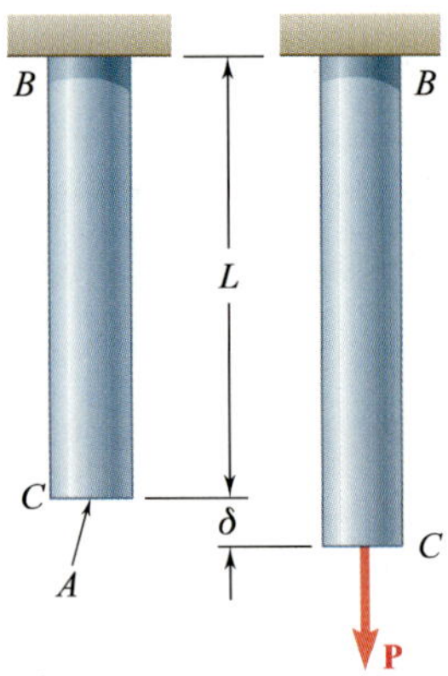

그림 9.16

단면의 도심에 작용하는 중심하중 **P**를 받는 길이가 L이고 단면적이 A로 균일한 막대 BC를 생각해보자(그림 9.16). 만일 축방향 수직응력 $\sigma = P/A$이 재료의 비례한도를 넘지 않는다면 Hooke의 법칙을 사용할 수 있다. 즉,

$$\sigma = E\epsilon \tag{9.3}$$

이 식을 변환하면

$$\epsilon = \frac{\sigma}{E} = \frac{P}{AE} \tag{9.4}$$

한편, 9.2절에서 변형률 ϵ은 $\epsilon = \delta/L$임을 배웠기 때문에 다음과 같이 나타낼 수 있다.

$$\delta = \epsilon L \tag{9.5}$$

(9.4)식을 (9.5)식에 대입하면 변형량을 산정하는 식을 얻을 수 있다.

$$\delta = \frac{PL}{AE} \tag{9.6}$$

식 (9.6)은 막대가 균일(탄성계수 E가 일정)하고 단면적 A가 일정하며 하중이 막대의 끝단에 작용할 경우에만 유효하다. 만일 하중이 부재내 임의의 위치에 작용하고 서로 다른 단면과 재료로 구성되어 있다면 식 (9.6)을 사용할 수 있는 조건을 만족할 수 있도록 몇 개의 요소로 분할한 후 계산해야 한다. 요소 i번째에 해당되는 내력, 요소길이, 단면적과 탄성계수를 각각 P_i, L_i, A_i 그리고 E_i로 나타내면 전체막대에 대한 변형은 다음과 같은 식으로 계산할 수 있다.

$$\delta = \sum_i \frac{P_i L_i}{A_i E_i} \tag{9.7}$$

변단면(그림 9.5)을 갖는 막대에 대해 9.2절에서 살펴본 바와 같이 계산해야 할 위치 Q점에서의 변형률 ϵ은 $\epsilon = d\delta/dx$로 정의될 수 있다. $d\delta$에 대해 풀고 ϵ대신에 식 (9.4)를 대입하면 미소길이 dx에 대한 변형을 구할 수 있게 된다.

$$d\delta = \epsilon\, dx = \frac{P\,dx}{AE}$$

그러므로 전체막대에 걸쳐 발생되는 전체변형 δ는 막대의 길이 L에 대해 적분하면 구할 수 있다.

$$\delta = \int_0^L \frac{P\,dx}{AE} \tag{9.8}$$

단면적 A가 x의 함수일 때뿐만 아니라 하중 P가 길이 x의 함수가 되는 경우 즉, 막대가 수평상태가 아니라 연직으로 매달려 있을 경우는 자중을 고려해야 하므로 연직높이에 따라 자중에 의한 내력의 크기가 달라진다. 이러한 경우에는 식 (9.6)대신에 식 (9.8)을 사용해야 한다.

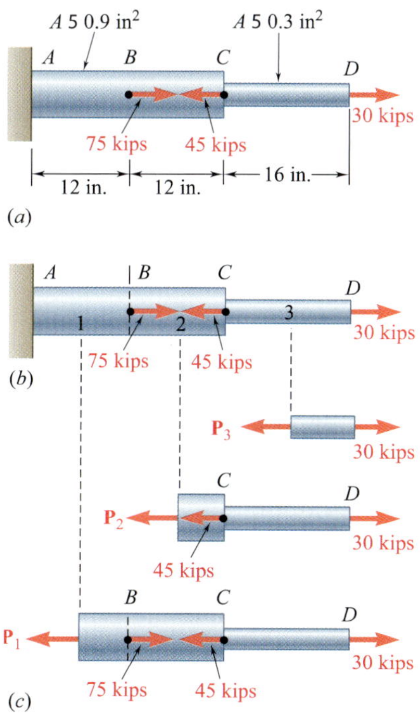

그림 9.17

예제 9.1 그림 9.17a와 같이 주어진 축방향 하중을 받는 강재 막대의 변형을 결정하시오. (단, $E = 29 \times 10^6$ psi)

그림 9.17b와 같이 막대를 3개의 부분으로 나눈다. 즉,

$$L_1 = L_2 = 12 \text{ in.} \qquad L_3 = 16 \text{ in.}$$
$$A_1 = A_2 = 0.9 \text{ in}^2 \qquad A_3 = 0.3 \text{ in}^2$$

부재내에 발생되는 내력 P_1, P_2, P_3를 구하기 위해 단면법(method of section)을 사용하여 각 부분을 가상적으로 관통하는 선으로 자른 후, 나누어진 2개의 파트중 우측 파트를 고려하여 자유물체도를 그림 9.17c와 같이 그린 후 정적평형조건을 적용한다.

$$P_1 = 60 \text{ kips} = 60 \times 10^3 \text{ lb}$$
$$P_2 = -15 \text{ kips} = -15 \times 10^3 \text{ lb}$$
$$P_3 = 30 \text{ kips} = 30 \times 10^3 \text{ lb}$$

이 값들을 식 (9.7)에 대입하면, 전체막대에 대한 변형을 구할 수 있다.

$$\delta = \sum_i \frac{P_i L_i}{A_i E_i} = \frac{1}{E}\left(\frac{P_1 L_1}{A_1} + \frac{P_2 L_2}{A_2} + \frac{P_3 L_3}{A_3}\right)$$

$$= \frac{1}{29\times 10^6}\left[\frac{(60\times 10^3)(12)}{0.9} + \frac{(-15\times 10^3)(12)}{0.9} + \frac{(30\times 10^3)(16)}{0.3}\right]$$

$$\delta = \frac{2.20\times 10^6}{29\times 10^6} = 75.9\times 10^{-3}\ \text{in.}\ ■$$

식 (9.6)을 유도할 때 사용되었던 그림 9.16의 막대 BC와 문제 9.1에서 방금 논의되었던 그림 9.17의 막대 AD는 모두 한쪽 끝단이 고정으로 지지되었다. 그러므로 각각의 경우 막대의 변형 δ는 자유단에서의 변위와 같음을 알 수 있었다. 그러나 막대의 양단이 모두 지지되어 있지 않고 움직일 때 막대의 변형은 한쪽 단의 변위와 반대쪽 단에서의 변위간의 상대변위로 구한다. 예를 들면, 그림 9.18a와 같이 길이가 똑같이 L인 3개의 탄성막대가 A점에서 핀으로 연결되어 있는 조립체를 생각해보자. 만일 B점에 하중 **P**가 작용하면(그림 9.18b), 3개의 막대는 각각 변형될 것이다. 막대 AC와 AC'는 C와 C'에서 고정지지 되어 있기 때문에 두 부재에 대한 공통변형은 A점에서의 변위에 의해 측정된다. 반면에, 막대 AB의 양단은 움직이므로 AB의 변형은 A점과 B점에서의 변위 δ_A와 δ_B의 차이 즉, A점에 대한 B점의 상대변위로 측정된다. 이 상대변위를 $\delta_{B/A}$로 표시하면 다음과 같이 표현할 수 있다.

$$\delta_{B/A} = \delta_B - \delta_A = \frac{PL}{AE} \tag{9.9}$$

여기서 A는 막대 AB의 단면적이고 E는 탄성계수이다.

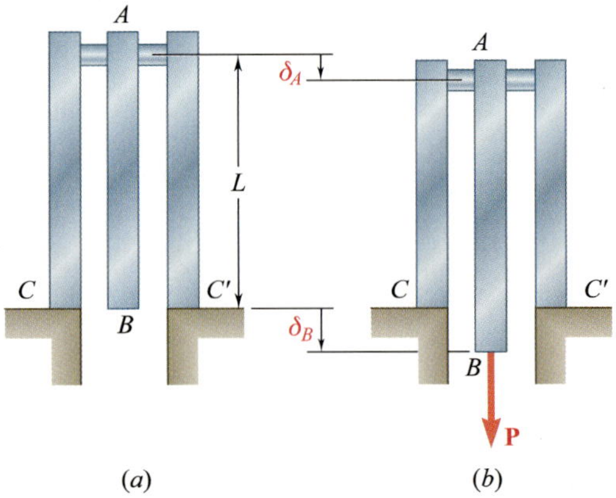

그림 9.18

문제 9.1

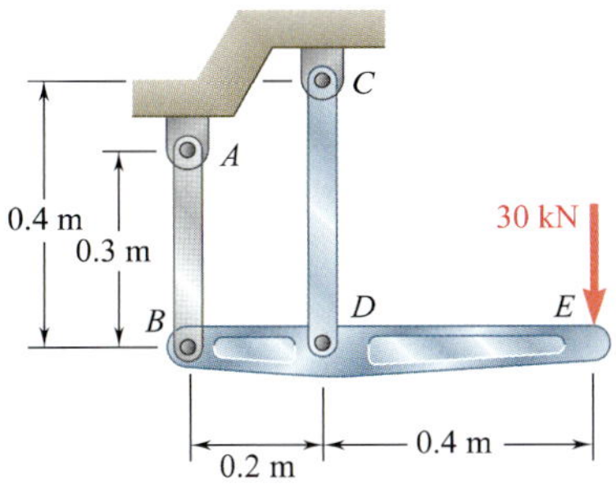

강체로 된 막대 BDE가 2개의 링크 AB와 CD에 의해 연결되어 있다. 링크 AB는 알루미늄($E=70$ GPa) 재료이고 단면적은 500 mm^2인 반면, 링크 CD는 강재($E=200$ GPa)로 되어 있으며 단면적은 600 mm^2이다. 그림과 같이 30 kN의 힘이 작용할 때 (a) B점, (b) D점, (c) E점의 처짐을 구하시오.

풀이.

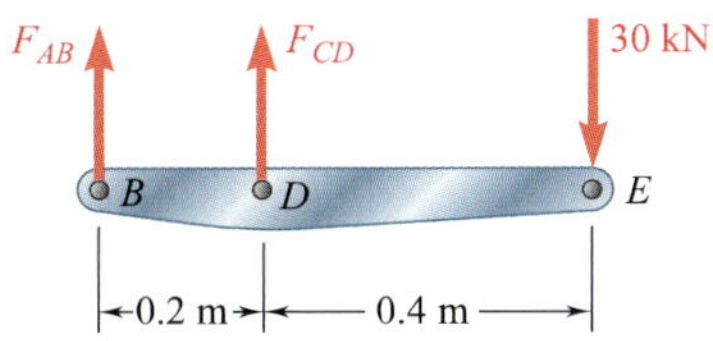

자유물체도: 막대 *BDE*

$$+\circlearrowleft \Sigma M_B = 0: -(30\text{ kN})(0.6\text{ m}) + F_{CD}(0.2\text{ m}) = 0$$

$$F_{CD} = +90\text{ kN} \qquad F_{CD} = 90\text{ kN} \quad (\text{인장})$$

$$+\circlearrowleft \Sigma M_D = 0: -(30\text{ kN})(0.4\text{m}) - F_{AB}(0.2\text{ m}) = 0$$

$$F_{AB} = -60\text{ kN} \qquad F_{AB} = 60\text{ kN} \quad (\text{압축})$$

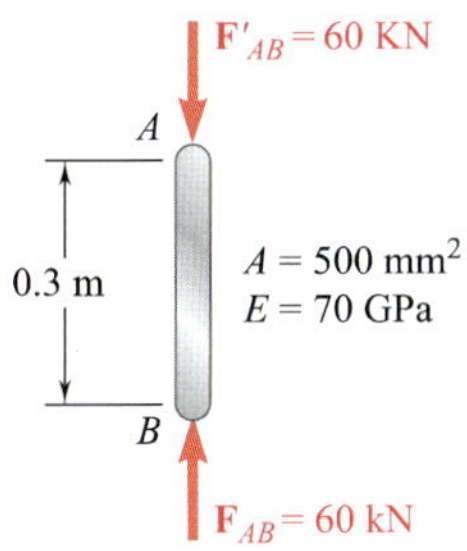

a. *B* 점의 처짐. 링크 AB에 발생되는 내력은 압축력이므로 하중을 다음과 같이 나타낼 수 있다. 즉, $P = -60$ kN

$$\delta_B = \frac{PL}{AE} = \frac{(-60 \times 10^3\text{ N})(0.3\text{ m})}{(500 \times 10^{-6}\text{ m}^2)(70 \times 10^9\text{ Pa})} = -514 \times 10^{-6}\text{ m}$$

음의 부호는 부재 AB가 수축됨을 말하므로 처짐방향은 B점에서 상향이다.

$$\delta_B = 0.514\text{ mm} \uparrow$$

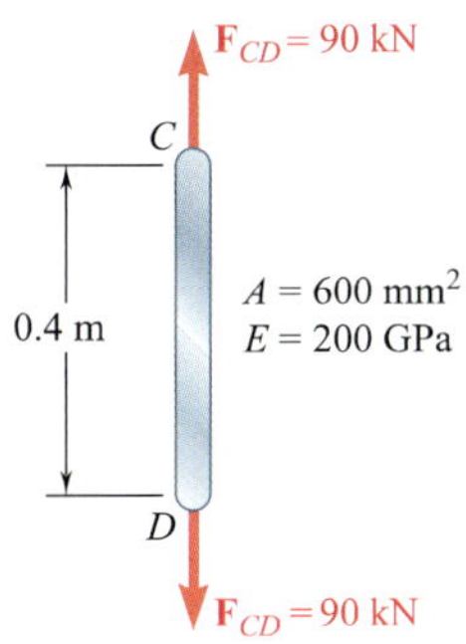

b. *D* 점의 처짐. 막대 CD에는 $P = 90$ kN이 작용하므로 다음과 같이 계산할 수 있다.

$$\delta_D = \frac{PL}{AE} = \frac{(90 \times 10^3\text{ N})(0.4\text{ m})}{(600 \times 10^{-6}\text{ m}^2)(200 \times 10^9\text{ Pa})}$$

$$= 300 \times 10^{-6}\text{ m}$$

$$\delta_D = 0.300\text{ mm} \downarrow$$

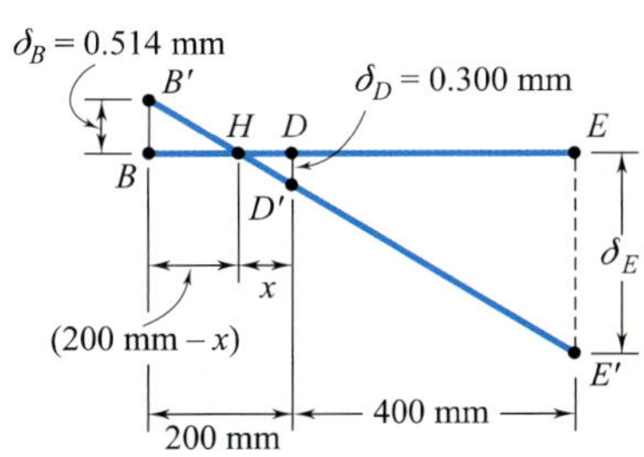

c. *E* 점의 처짐. B점과 D점에서 작용력에 의해 변형된 각각의 위치는 막대 BDE가 강체(rigid bar)이므로 B'와 D'가 되며 $B'D'E'$는 일직선이 된다. 따라서 삼각형의 닮은꼴 특성으로부터 다음과 같이 나타낼 수 있다.

$$\frac{BB'}{DD'} = \frac{BH}{HD} \qquad \frac{0.514\text{ mm}}{0.300\text{ mm}} = \frac{(200\text{ mm}) - x}{x} \qquad x = 73.7\text{ mm}$$

$$\frac{EE'}{DD'} = \frac{HE}{HD} \qquad \frac{\delta_E}{0.300\text{ mm}} = \frac{(400\text{ mm}) + (73.7\text{ mm})}{73.7\text{ mm}}$$

$$\delta_E = 1.928\text{ mm} \downarrow$$

문제 9.2

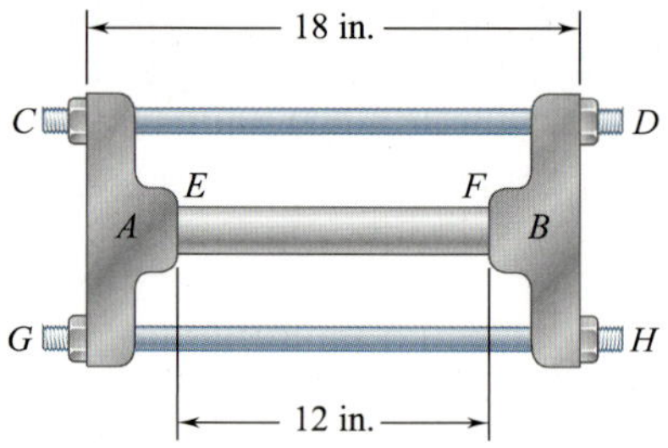

강체로 된 주조물 A, B가 직경 ¾ in.인 2개의 강재볼트 CD와 GH로 연결되어 있으며 동시에 직경 1.5 in. 알루미늄 막대 EF에 꽉 물려 있다. 각 볼트는 피치가 0.1 in.인 한줄나선볼트(single−threaded bolt)이며 꽉 끼워진 후에 D와 H의 너트를 1/4바퀴 돌려 조여 있다. 강재와 알루미늄의 탄성계수 E는 각각 29×10^6 psi와 10.6×10^6 psi이다. 이 때 막대에 작용하는 수직응력을 구하시오.

풀이.

변형

볼트 CD와 GH. 너트를 조이면 2개의 강재볼트에는 인장력이 작용되는데 대칭성 때문에 동일한 인장력 P_b와 변형 δ_B를 유발한다. 즉,

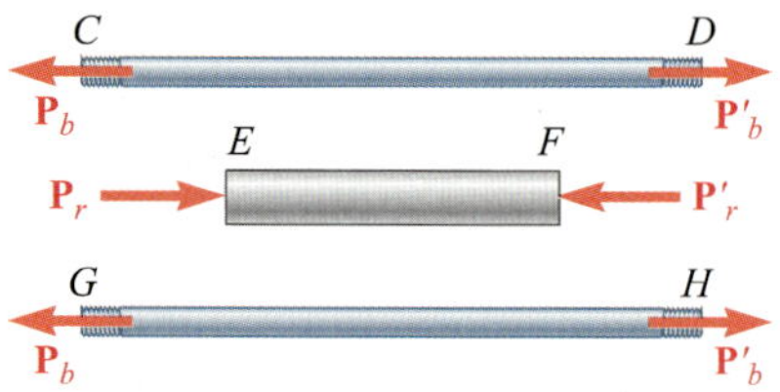

$$\delta_b=+\frac{P_bL_b}{A_bE_b}=\frac{P_b(18\text{ in.})}{1/4\,\pi(0.75\text{ in.})^2(29\times10^6\text{ psi})}=+1.405\times10^{-6}P_b \quad (1)$$

막대 EF. 막대 EF는 너트를 조임에 따라 압축력을 받게 된다. 막대의 압축력을 P_r, 변형을 δ_r이라 하면

$$\delta_r=-\frac{P_rL_r}{A_rE_r}=-\frac{P_r(12\text{ in.})}{1/4\,\pi(1.5\text{ in.})^2(10.6\times10^6\text{ psi})}=-0.6406\times10^{-6}P_r \quad (2)$$

B에 대한 D의 상대변위. 너트를 1/4바퀴 회전시키면 볼트의 양단 D와 H에만 영향을 주므로, 주조물 B와의 상대변위 1/4(0.1 in.)가 발생된다. 따라서 B에 대한 D의 상대변위는 다음과 같이 나타낼 수 있다.

$$\delta_{D/B}=\frac{1}{4}(0.1\text{ in.})=0.025\text{ in.} \quad (3)$$

여기서 $\delta_{D/B}=\delta_D-\delta_B$이고, δ_D와 δ_B는 각각 D와 B에서의 변위이다. 만일 주조물 A가 고정되어 있고 너트 D와 H가 조여진다면 이들 변위는 각각 볼트와 막대의 변형과 같을 것이다. 그러므로

$$\delta_{D/B}=\delta_b-\delta_r \quad (4)$$

식 (1)과 식 (2)를 식 (3)에 대입하면

$$0.025\text{ in.}=1.405\times10^{-6}P_b+0.6406\times10^{-6}P_r \quad (5)$$

자유물체도: 주조물 B

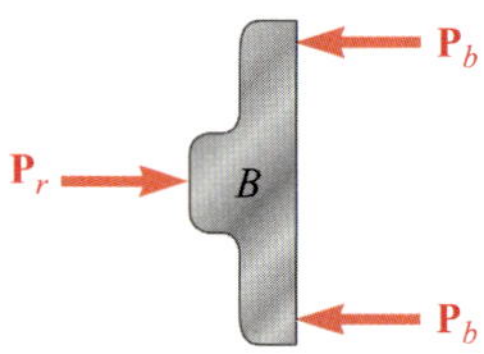

$$\overset{+}{\rightarrow}\Sigma F=0: \qquad P_r-2P_b=0 \qquad P_r=2P_b \quad (6)$$

볼트와 막대의 내력. 식 (6)의 P_r을 식 (5)에 대입하면 다음과 같다.

$$0.025\text{ in.}=1.405\times10^{-6}P_b+0.6406\times10^{-6}(2P_b)$$

$$P_b=9.307\times10^3\text{ lb}=9.307\text{ kips}$$

$$P_r=2P_b=2(9.307\text{ kips})=18.61\text{ kips}$$

막대의 응력

$$\sigma_r=\frac{P_r}{A_r}=\frac{18.61\text{ kips}}{1/4\,\pi(1.5\text{ in.})^2} \qquad \sigma_r=10.53\text{ ksi}$$

Problems

9.1 A 4.8-ft-long steel wire of $\frac{1}{4}$-in. diameter is subjected to a 750-lb tensile load. Knowing that $E = 29 \times 10^6$ psi, determine (*a*) the elongation of the wire, (*b*) the corresponding normal stress.

9.2 Two gage marks are placed exactly 250 mm apart on a 12-mm-diameter aluminum rod with $E = 73$ GPa and an ultimate strength of 140 MPa. Knowing that the distance between the gage marks is 250.28 mm after a load is applied, determine (*a*) the stress in the rod, (*b*) the factor of safety.

9.3 A nylon thread is subjected to a 2-lb tensile load. Knowing that $E = 0.7 \times 10^6$ psi and that the length of the thread increases by 1.1%, determine (*a*) the diameter of the thread, (*b*) the stress in the thread.

9.4 A 9-m length of 6-mm-diameter steel wire is to be used in a hanger. It is noted that the wire stretches 18 mm when a tensile force **P** is applied. Knowing that $E = 200$ GPa, determine (*a*) the magnitude of the force **P**, (*b*) the corresponding normal stress in the wire.

9.5 A steel rod is 2.2 m long and must not stretch more than 1.2 mm when an 8.5-kN load is applied to it. Knowing that $E = 200$ GPa, determine (*a*) the smallest diameter rod that should be used, (*b*) the corresponding normal stress caused by the load.

9.6 A control rod made of yellow brass must not stretch more than $\frac{1}{8}$ in. when the tension in the wire is 800 lb. Knowing that $E = 15 \times 10^6$ psi and that the maximum allowable normal stress is 32 ksi, determine (*a*) the smallest diameter that can be selected for the rod, (*b*) the corresponding maximum length of the rod.

9.7 An aluminum pipe must not stretch more than 0.05 in. when it is subjected to a tensile load. Knowing that $E = 10.1 \times 10^6$ psi and that the allowable tensile strength is 14 ksi, determine (*a*) the maximum allowable length of the pipe, (*b*) the required area of the pipe if the tensile load is 127.5 kips.

9.8 A cast-iron tube is used to support a compressive load. Knowing that $E = 69$ GPa and that the maximum allowable change in length is 0.025%, determine (*a*) the maximum normal stress in the tube, (*b*) the minimum wall thickness for a load of 7.2 kN if the outside diameter of the tube is 50 mm.

9.9 A block of 10-in. length and 1.8×1.6-in. cross section is to support a centric compressive load **P**. The material to be used is a bronze for which $E = 14 \times 10^6$ psi. Determine the largest load that can be applied, knowing that the normal stress must not exceed 18 ksi and that the decrease in length of the block should be at most 0.12% of its original length.

9.10 A 9-kN tensile load will be applied to a 50-m length of steel wire with $E = 200$ GPa. Determine the smallest-diameter wire that can be used knowing that the normal stress must not exceed 150 MPa and that the increase in the length of the wire should be at most 25 mm.

9.11 The 4-mm-diameter cable BC is made of a steel with $E = 200$ GPa. Knowing that the maximum stress in the cable must not exceed 190 MPa and that the elongation of the cable must not exceed 6 mm, find the maximum load **P** that can be applied as shown.

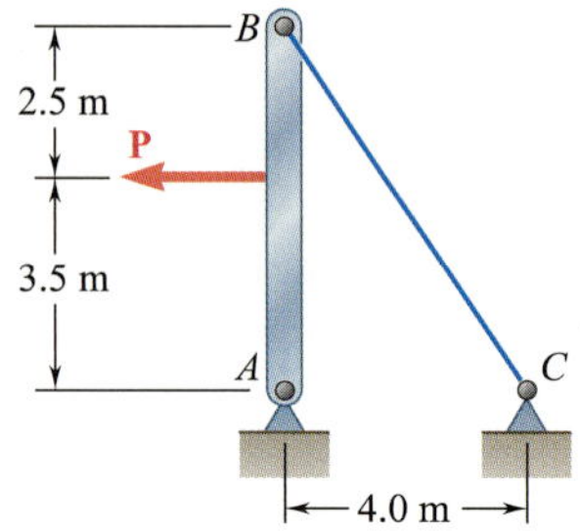

그림 P9.11

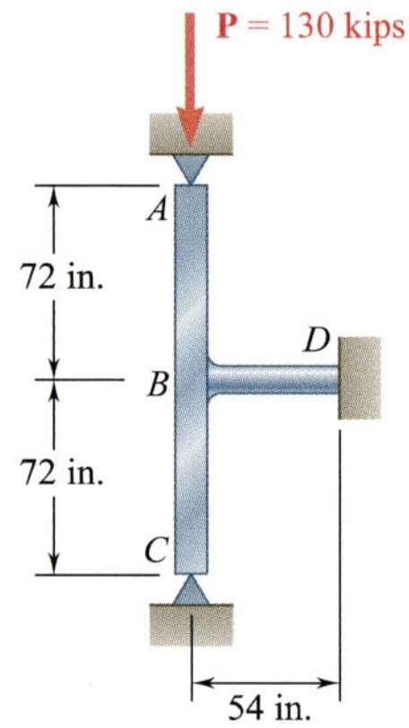

그림 P9.12

9.12 Rod BD is made of steel ($E = 29 \times 10^6$ psi) and is used to brace the axially compressed member ABC. The maximum force that can be developed in member BD is $0.02P$. If the stress must not exceed 18 ksi and the maximum change in length of BD must not exceed 0.001 times the length of ABC, determine the smallest-diameter rod that can be used for member BD.

9.13 The specimen shown is made from a 1-in.-diameter cylindrical steel rod with two 1.5-in.-outer-diameter sleeves bonded to the rod as shown. Knowing that $E = 29 \times 10^6$ psi, determine (*a*) the load **P** so that the total deformation is 0.002 in., (*b*) the corresponding deformation of the central portion BC.

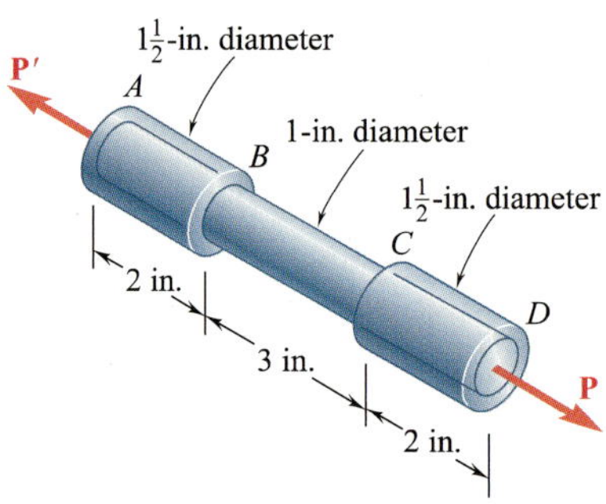

그림 P9.13

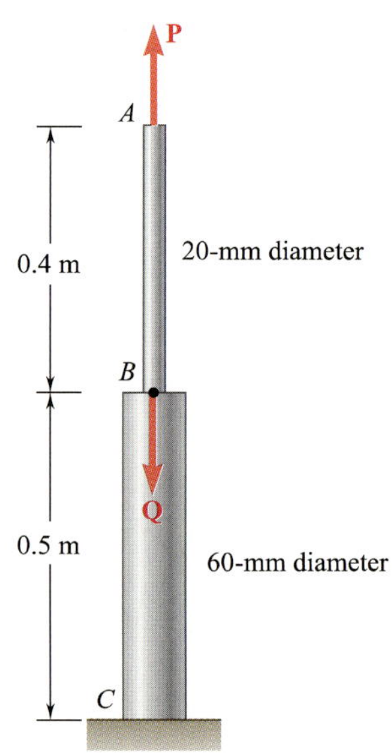

그림 P9.14, P9.15

9.14 Both portions of the rod ABC are made of an aluminum for which $E = 70$ GPa. Knowing that the magnitude of **P** is 4 kN, determine (*a*) the value of **Q** so that the deflection at A is zero, (*b*) the corresponding deflection of B.

9.15 The rod ABC is made of an aluminum for which $E = 70$ GPa. Knowing that $P = 6$ kN and $Q = 42$ kN, determine the deflection of (*a*) point A, (*b*) point B.

9.16 Two solid cylindrical rods are joined at B and loaded as shown. Rod AB is made of steel ($E = 29 \times 10^6$ psi), and rod BC of brass ($E = 15 \times 10^6$ psi). Determine (*a*) the total deformation of the composite rod ABC, (*b*) the deflection of point B.

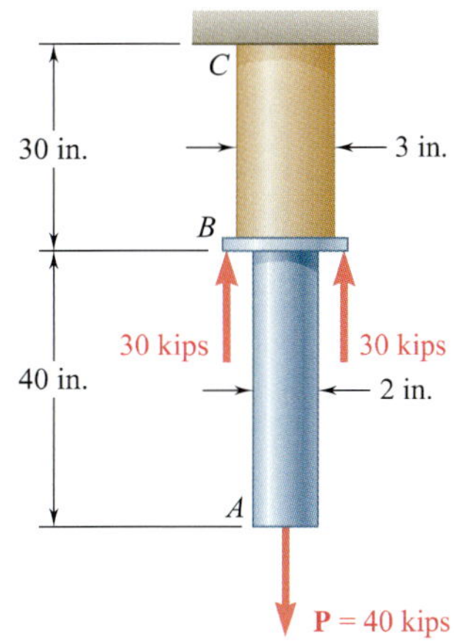

그림 *P9.16*

9.17 A $\frac{1}{8}$-in.-thick hollow polystyrene cylinder ($E = 0.45 \times 10^6$ psi) and a rigid circular plate (only part of which is shown) are used to support a 10-in.-long steel rod AB ($E = 29 \times 10^6$ psi) of $\frac{1}{4}$-in. diameter. If an 800-lb load **P** is applied at B, determine (*a*) the elongation of rod AB, (*b*) the deflection of point B, (*c*) the average normal stress in rod AB.

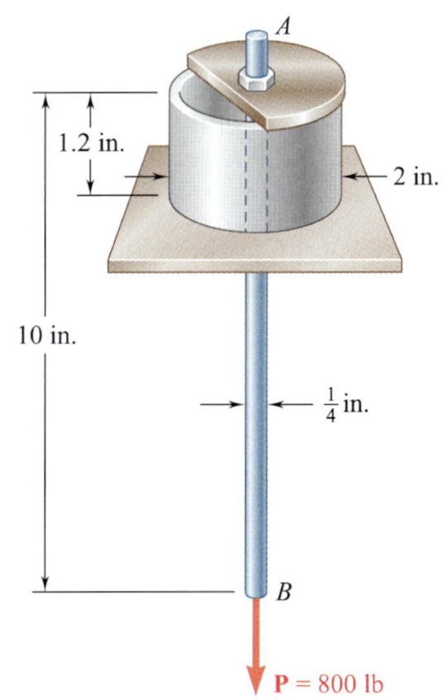

그림 **P9.17**

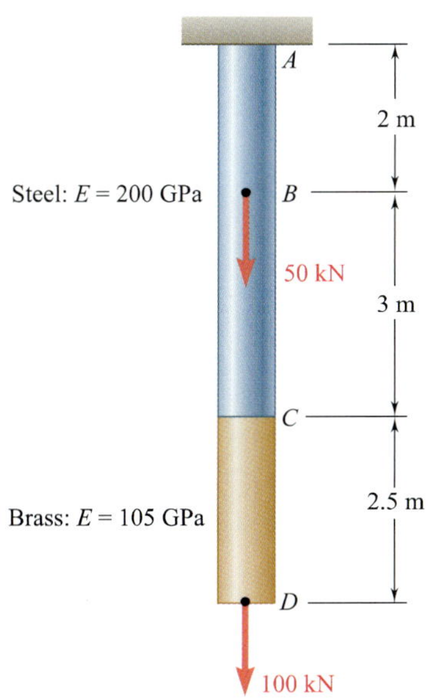

그림 **P9.18**

9.18 The 36-mm-diameter steel rod ABC and a brass rod CD of the same diameter are joined at point C to form the 7.5-m rod $ABCD$. For the loading shown and neglecting the weight of the rod, determine the deflection of (*a*) point C, (*b*) point D.

9.19 The steel frame (E = 200 GPa) shown has a diagonal brace BD with an area of 1920 mm^2. Determine the largest allowable load **P** if the change in length of member BD is not to exceed 1.6 mm.

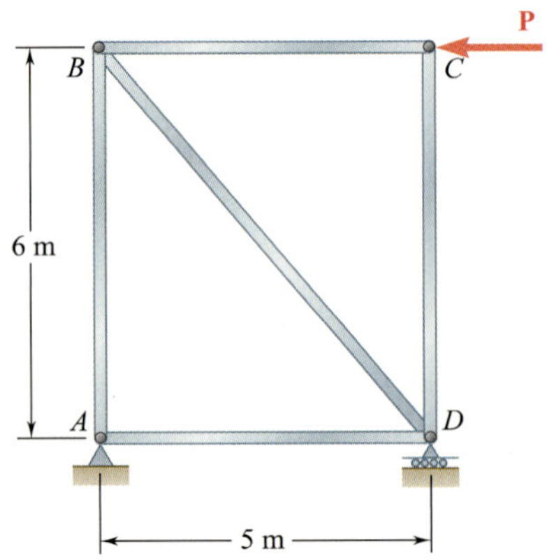

그림 P9.19

9.20 For the steel truss ($E = 29 \times 10^6$ psi) and loading shown, determine the deformations of members AB and AD, knowing that their cross-sectional areas are 4.0 in^2 and 2.8 in^2, respectively.

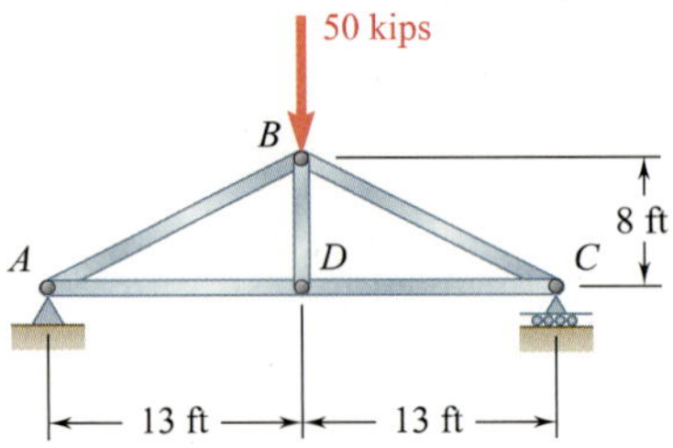

그림 P9.20

9.21 Members AB and BC are made of steel ($E = 29 \times 10^6$ psi) with cross-sectional areas of 0.80 in^2 and 0.64 in^2, respectively. For the loading shown, determine the elongation of (a) member AB, (b) member BC.

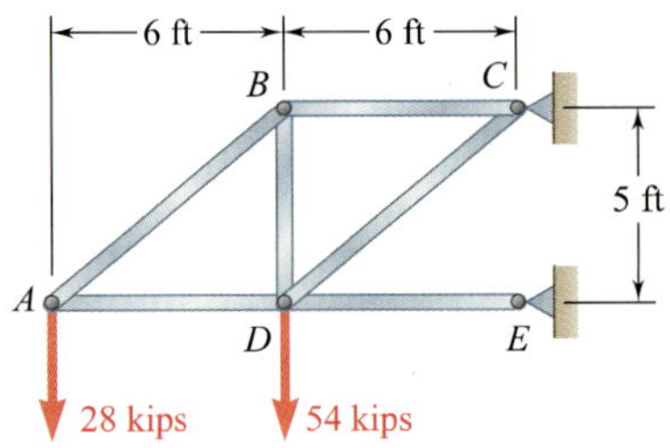

그림 P9.21

9.22 Members ABC and DEF are joined with steel links (E = 200 GPa). Each of the links is made of a pair of 25 × 35-mm plates. Determine the change in length of (a) member BE, (b) member CF.

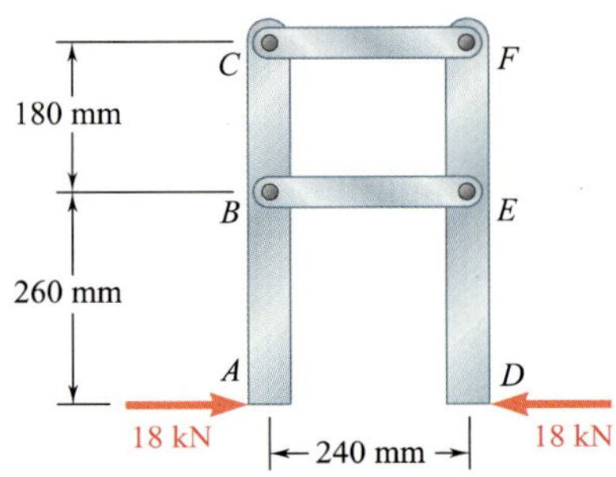

그림 *P9.22*

9.23 Each of the links AB and CD is made of aluminum (E = 75 GPa) and has a cross-sectional area of 125 mm^2. Knowing that they support the rigid member BC, determine the deflection of point E.

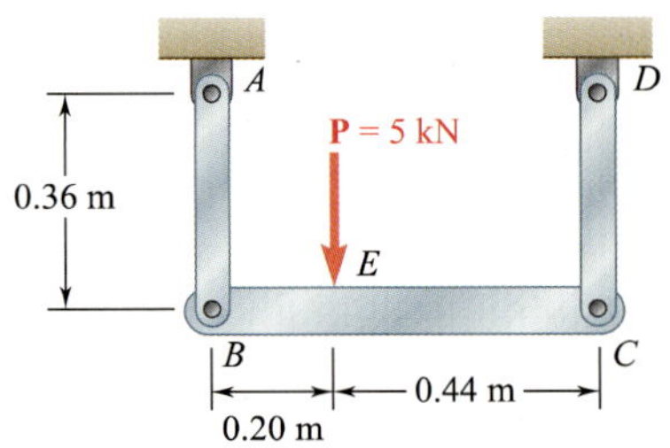

그림 P9.23

9.24 Link BD is made of brass ($E = 15 \times 10^6$ psi) and has a cross-sectional area of 0.40 in^2. Link CE is made of aluminum ($E = 10.4 \times 10^6$ psi) and has a cross-sectional area of 0.50 in^2. Determine the maximum force **P** that can be applied vertically at point A if the deflection of A is not to exceed 0.014 in.

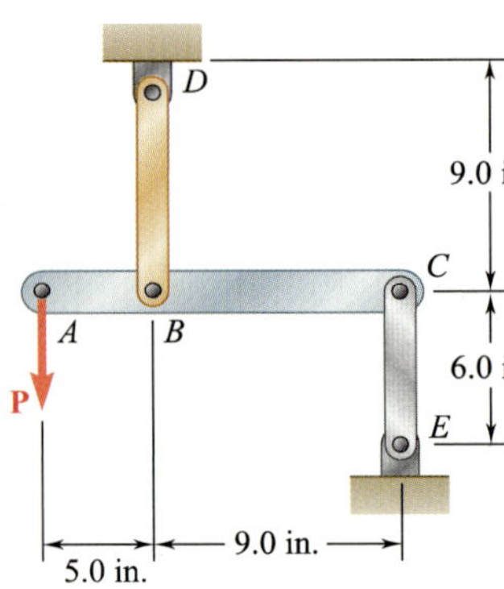

그림 *P9.24*

9.8 부정정 문제

앞 절에서 고려되었던 문제들은 주어진 하중조건하에서 부재의 임의의 단면에서 발생되는 내력을 결정하기 위해 단면법을 사용하기 위한 자유물체도를 그린 후 **평형방정식**(equilibrium equation)을 적용하였다. 구해진 내력은 식 (9.7) 또는 식 (9.8)에 대입하여 부재의 변형을 계산할 수 있었다.

그러나 정역학의 평형방정식만으로는 내력을 결정할 수 없는 많은 문제들이 있다. 사실상 이러한 문제들의 대부분에서는 외력인 반력조차 단순히 부재의 자유물체도를 그린 후 평형방정식만을 적용하여 산정할 수 없게 된다. 따라서 구조물의 기하학적 형상의 변화를 고려한 변형과 관련된 방정식 즉, **적합방정식**(compatibility equation)을 평형방정식에 추가해야만 한다. 정역학적 평형방정식만으로 반력 또는 내력을 결정하기에 충분하지 않은 구조를 일컬어 **부정정**(statically indeterminate)이라 한다. 다음의 문제들은 이러한 형태의 문제를 어떻게 해결하는지를 보여준다.

예제 9.2 길이가 L, 단면적이 A_1, 그리고 탄성계수가 E_1인 원형막대가 동일한 길이 L, 단면적 A_2, 그리고 탄성계수가 E_2(그림 9.19a)인 원형튜브 안에 놓여있다. 그림과 같이 무한강성을 갖는 강판 끝단에 하중 **P**를 가할 때 막대와 튜브의 변형은 얼마인가?

원형막대와 원형튜브에 발생되는 내력을 각각 P_1과 P_2로 나타낸 후 3개의 부재(그림 9.19b, c, d)에 대해 자유물체도를 그린다. 세 번째 자유물체도는 다음과 같은 중요한 평형조건을 제공한다.

$$P_1 + P_2 = P \tag{9.10}$$

하나의 평형방정식만으로는 두 개의 미지력 P_1과 P_2를 결정하기에 충분하지 않기 때문에 이 예제는 부정정이 된다.

그러나 예제의 기하학적 관계로부터 막대와 튜브의 변형 δ_1과 δ_2는 같아야 한다. 식 (9.6)을 사용하면 다음과 같이 나타낼 수 있다.

$$\delta_1 = \frac{P_1 L}{A_1 E_1} \qquad \delta_2 = \frac{P_2 L}{A_2 E_2} \tag{9.11}$$

δ_1과 δ_2가 같기 때문에

$$\frac{P_1}{A_1 E_1} = \frac{P_2}{A_2 E_2} \tag{9.12}$$

식 (9.10)과 식 (9.12)를 P_1과 P_2에 대해 연립하여 풀면 다음과 같다.

$$P_1 = \frac{A_1 E_1 P}{A_1 E_1 + A_2 E_2} \qquad P_2 = \frac{A_2 E_2 P}{A_1 E_1 + A_2 E_2}$$

식 (9.11)의 어느 것을 사용하여도 막대와 튜브의 공통변위를 구할 수 있다. ■

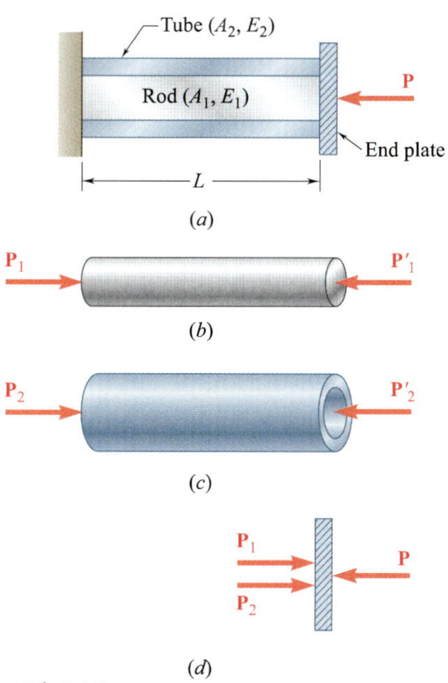

그림 9.19

예제 9.3 길이가 L이고 일정단면을 갖는 막대 AB가 하중을 받기 전에 A점과 B점의 강체 지지대(rigid support) 부착되어 있다. 하중 P가 C점에 작용할 때(그림 9.20a) AC부분과 BC부분에서 발생되는 응력은 얼마인가?

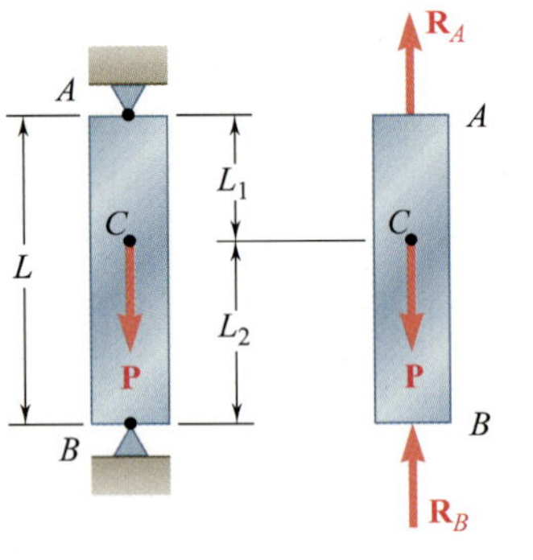

그림 9.20

막대의 자유물체도(그림 9.20b)를 그리면 다음과 같은 평형방정식을 세울 수 있다.

$$R_A + R_B = P \tag{9.13}$$

이 방정식은 2개의 미지반력 R_A와 R_B를 결정하기에 충분하지 않으므로 이 예제는 부정정이 된다. 그러나 막대의 전체 신장량 δ가 0이라는 기하학적 관계로부터 반력들을 구할 수 있다. AC부분과 BC부분의 신장을 각각 δ_1, δ_2라 하면 다음과 같은 변위에 대한 적합방정식을 세울 수 있다.

$$\delta = \delta_1 + \delta_2 = 0$$

또는, δ_1과 δ_2를 대응하는 내력의 항 P_1과 P_2로 나타내면

$$\delta = \frac{P_1 L_1}{AE} + \frac{P_2 L_2}{AE} = 0 \tag{9.14}$$

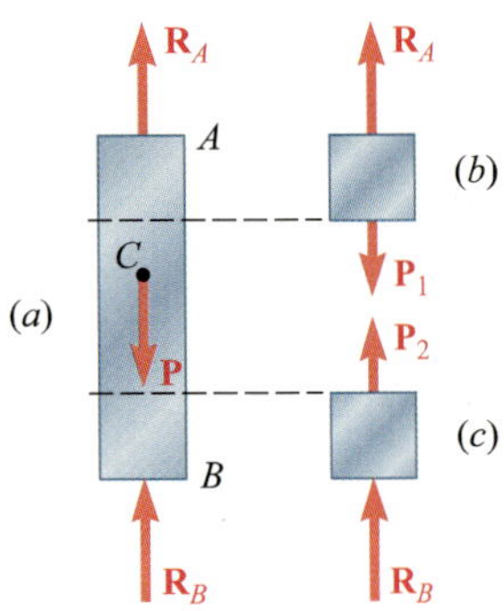

그림 9.21

그러나 그림 9.21의 부분 b와 c들에 대한 각각의 자유물체도로부터 $P_1 = R_A$이고 $P_2 = -R_B$가 됨을 알 수 있다. 이 값들을 식 (9.14)에 대입하면 다음과 같이 나타낼 수 있다.

$$R_A L_1 - R_B L_2 = 0 \tag{9.15}$$

식 (9.13)과 식 (9.15)를 R_A와 R_B에 대해 연립으로 풀면 $R_A = PL_2/L$와 $R_B = PL_1/L$를 얻을 수 있다. 그러므로 구하고자 하는 AC 부분의 응력 σ_1과 BC부분의 응력 σ_2는 각 부분의 내력 $P_1 = R_A$와 $P_2 = -R_B$을 막대의 단면적으로 나누면 결정할 수 있게 된다. 즉,

$$\sigma_1 = \frac{PL_2}{AL} \qquad \sigma_2 = -\frac{PL_1}{AL} \quad ■$$

중첩법. 구조물이 정적평형 상태를 유지하는데 필요한 지점수보다 더 많은 지점에서 지지될 경우 부정정이 된다. 이 경우는 사용 가능한 평형방정식의 수보다 미지반력의 수가 더 많게 된다. 평형방정식의 수를 초과하는 여분의 반력들을 **부정정력**(redundant force)으로 지정하고 이 힘에 대응하는 지점조건을 제거한 이완구조물(released structure) 즉, 정정구조물로 생각하는 것이 편리할 때가 종종 있다. 예를 들면, 그림 9.21과 같이 평형방정식의 수가 1개이므로 여분의 반력수도 1개이므로 이를 1차부정정이라 한다. 다시 말하면, 부정정력의 갯수만큼을 부정정 차수(degree of indeterminacy)라 한다. 여기서 반력 R_A를 부정정력으로 지정하면 B점은 그대로 고정으로 하고 부정정력이 작용하는 점은 자유단으로 가정하는 이완구조물(정정구조물)이 된다. 이 때 C점에 작용하는 하중 P에 의해 발생되는 A점에서의 수축량은

반력 R_A를 하중으로 작용시켜 발생되는 A점에서의 신장량과의 합이 0이라는 적합방정식을 세움으로써 미지반력 R_A을 구할 수 있었다. 마찬가지로 부정정력이 여러 개일 경우는 각각의 부정정력에 따른 이완구조물을 부정정 차수만큼 독립적으로 분리하여 그린다. 각각의 부정정력에 의해 발생되는 변형들을 **중첩법**(superposition method)에 의해 합친 변형의 합은 실제 하중이 작용하여 유발시키는 변형과 같다는 적합조건으로 해결하는 방식이다. 즉, 예제의 실제 해는 주어진 외력과 부정정력에 의해 유발되는 변형들을 정정상태로 분리하여 생각하고 각각의 경우의 결과들을 더하거나 중첩해서 얻을 수 있다[2).

예제 9.4 그림 9.22와 같이 하중이 작용되기 전 양 지점에 고정시킨 후 하중을 가했을 때 A점과 B점에서의 반력을 산정하시오.

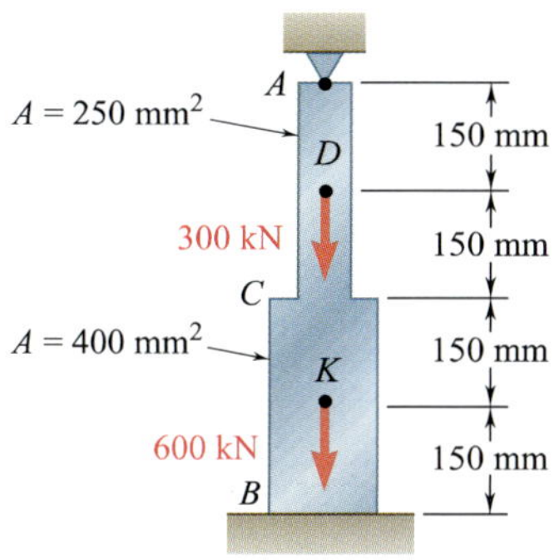

그림 9.22

B점의 반력을 부정정력 또는 여분력으로 지정하고 대응되는 지지조건을 풀어 정정구조로 만든다. 다음에는 그림 9.23a와 같이 반력 R_B를 미지력으로 간주하고, 실제 막대의 B점에서의 변형 δ는 0이라는 적합조건으로부터 결정될 수 있

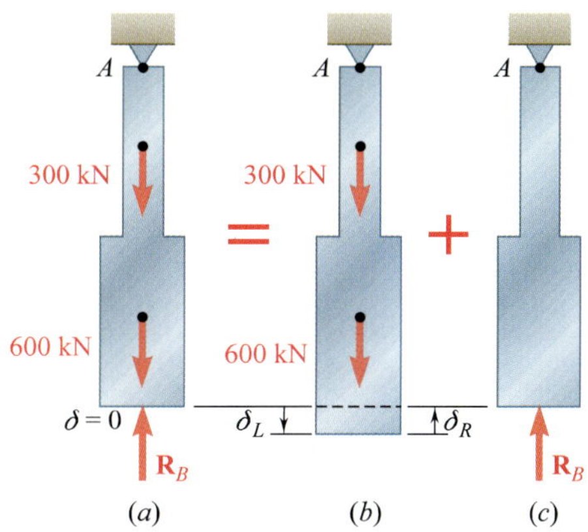

그림 9.23

2) 여러 가지 하중들에 의한 복합적인 거동을 이 방법으로 얻을 수 있는 일반적인 경우들은 9.11절에서 다루어진다.

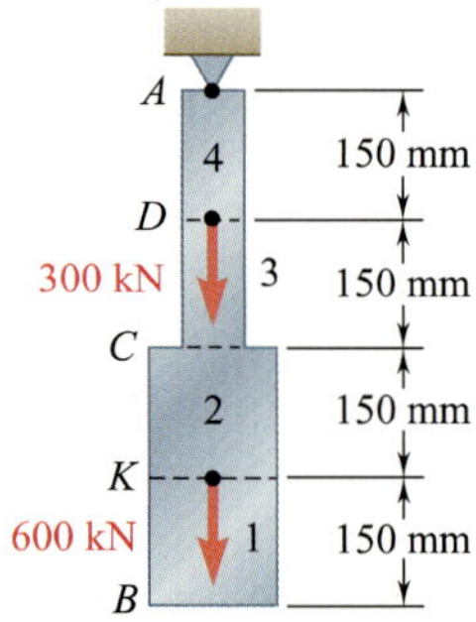

그림 9.24

다. 그림 9.23a는 2개의 독립된 이완구조물(정정구조물) 즉, 9.23b와 9.23c와 같이 주어진 하중이 작용할 때의 변형 δ_L과 부정정력 $\mathbf{R}_B$를 하중으로 가했을 때의 변형 δ_R의 합이 0이라는 적합조건($\delta=\delta_L+\delta_R=0$)을 사용하여 부정정력을 결정할 수 있다.

먼저 실제하중이 작용할 경우의 변형 δ_L을 구하기 위해서는 막대내의 내력이 일정하지 않으므로 그림 9.24와 같이 내력변화와 단면적의 변화가 예상되는 4개의 부분으로 나눈 다음 식 (9.7)을 사용하여 구하도록 한다. 예제 9.1과 같은 해석과정을 따르기 위한 필요한 값들은 다음과 같다.

$$P_1=0 \qquad P_2=P_3=600\times10^3\ \text{N} \qquad P_4=900\times10^3\ \text{N}$$
$$A_1=A_2=400\times10^{-6}\ \text{m}^2 \qquad A_3=A_4=250\times10^{-6}\ \text{m}^2$$
$$L_1=L_2=L_3=L_4=0.150\ \text{m}$$

이 값들을 식 (9.7)에 대입하면, 변형 δ_L을 계산할 수 있다.

$$\delta_L=\sum_{i=1}^{4}\frac{P_iL_i}{A_iE}=\left(0+\frac{600\times10^3\text{N}}{400\times10^{-6}\text{m}^2}+\frac{600\times10^3\ \text{N}}{250\times10^{-6}\ \text{m}^2}+\frac{900\times10^3\ \text{N}}{250\times10^{-6}\ \text{m}^2}\right)\frac{0.150\ \text{m}}{E}$$

$$\delta_L=\frac{1.125\times10^9}{E} \tag{9.16}$$

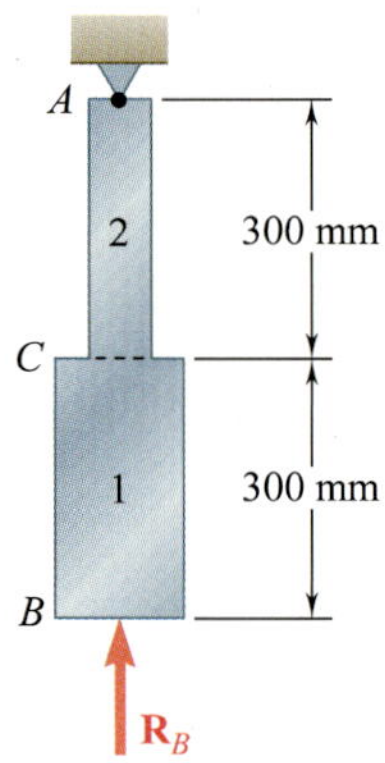

그림 9.25

이제는 부정정력 R_B를 하중으로 가했을 때의 변형 δ_R을 구하기 위해 그림 9.25와 같이 막대내의 내력은 변하지 않는 반면 단면적의 변화만이 예상되므로 2개의 부분으로 나누어 생각한다.

$$P_1=P_2=-R_B$$
$$A_1=400\times10^{-6}\ \text{m}^2 \qquad A_2=250\times10^{-6}\ \text{m}^2$$
$$L_1=L_2=0.300\ \text{m}$$

이 값들을 식 (9.7)에 대입하면 변형 δ_R을 구할 수 있다.

$$\delta_R=\frac{P_1L_1}{A_1E}+\frac{P_2L_2}{A_2E}=-\frac{(1.95\times10^3)R_B}{E} \tag{9.17}$$

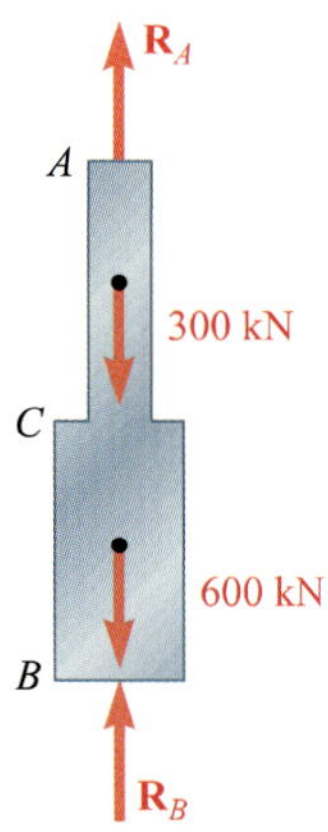

그림 9.26

앞에서 언급한 바와 같이 막대의 전체변형 δ는 0이 되므로 다음과 같은 적합방정식을 세울 수 있다.

$$\delta=\delta_L+\delta_R=0 \tag{9.18}$$

그리고 식 (9.16)과 식 (9.17)의 δ_L과 δ_R을 식 (9.18)에 대입하면

$$\delta=\frac{1.125\times10^9}{E}-\frac{(1.95\times10^3)R_B}{E}=0$$

R_B에 대해 풀면 미지반력을 구할 수 있게 된다.

$$R_B=577\times10^3\ \text{N}=577\ \text{kN}$$

한편 상단의 지점 A의 반력 R_A는 그림 9.26의 자유물체도로부터 평형조건을 사용하여 구할 수 있다.

$$+\uparrow \Sigma F_y = 0: \quad R_A - 300\text{ kN} - 600\text{ kN} + R_B = 0$$
$$R_A = 900\text{ kN} - R_B = 900\text{ kN} - 577\text{ kN} = 323\text{ kN}$$

일단 반력들이 결정되면 막대내에서 발생되는 응력과 변형률은 쉽게 산정할 수 있다. 막대의 전체변형이 0인 반면, 외력이 작용하는 한 각각의 부재부분에서는 반드시 인장 또는 압축변형이 발생된다. ■

예제 9.5 예제 9.4와 똑같은 제원과 하중을 받는 강재막대의 지점 A와 지점 B에서의 반력을 구하시오. 단, 하중이 작용되기 전 막대와 지면사이에 4.50 mm의 간격이 있다(그림 9.27). 막대의 탄성계수는 $E = 200$ GPa이다.

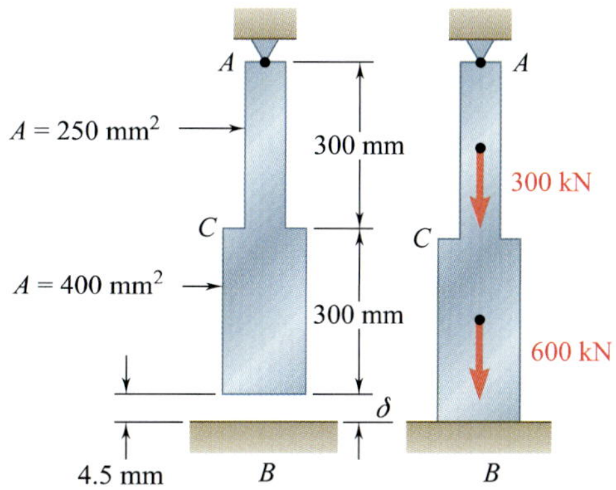

그림 9.27

이 예제는 예제 9.4와 같은 해석절차를 따른다. B점에서의 반력 R_B을 부정정력으로 하고 각각 주어진 하중과 부정정력에 의해 발생되는 변형을 δ_L과 δ_R을 계산할 수 있다. 위의 예제와 다른 점은 변위에 대한 적합조건이다. 즉, 이 경우 막대의 전체변형 $\delta = 0$이 아니고 $\delta = 4.5$ mm가 된다.

$$\delta = \delta_L + \delta_R = 4.5 \times 10^{-3}\text{ m} \tag{9.19}$$

식 (9.16)과 식 (9.19)로부터 구한 δ_L과 δ_R와 $E = 200\text{ GPa} = 200 \times 10^9$ Pa을 식 (9.19)에 대입하면

$$\delta = \frac{1.125 \times 10^9}{200 \times 10^9} - \frac{(1.95 \times 10^3) R_B}{200 \times 10^9} = 4.5 \times 10^{-3}\text{ m}$$

R_B에 대해 풀면

$$R_B = 115.4 \times 10^3\text{ N} = 115.4\text{ kN}$$

A점에서의 반력 R_A도 그림 9.27과 같이 막대에 대한 자유물체도로부터 구할 수 있다.

$$+\uparrow \Sigma F_y = 0: \quad R_A - 300\text{ kN} - 600\text{ kN} + R_B = 0$$
$$R_A = 900\text{ kN} - R_B = 900\text{ kN} - 115.4\text{ kN} = 785\text{ kN} \quad ■$$

9.9 온도변화에 의한 문제

지금까지 논의된 문제들은 하중을 받는 동안 모든 부재들과 구조물들이 같은 온도상태로 유지되어 있다고 가정되었다. 그러나 지금부터는 온도변화를 포함하는 여러 경우에 대해 고려해보자.

먼저 마찰력이 없는 평활한 수평면에 외부 간섭이 없이 자유로이 놓인 일정단면을 갖는 균질한 막대 AB를 고려해 보자(그림 9.28a). 만약 ΔT만큼의 온도상승을 하면 온도변화 ΔT와 막대길이 L에 비례적으로 신장이 δ_T만큼 발생된다(그림 9.28b). 즉,

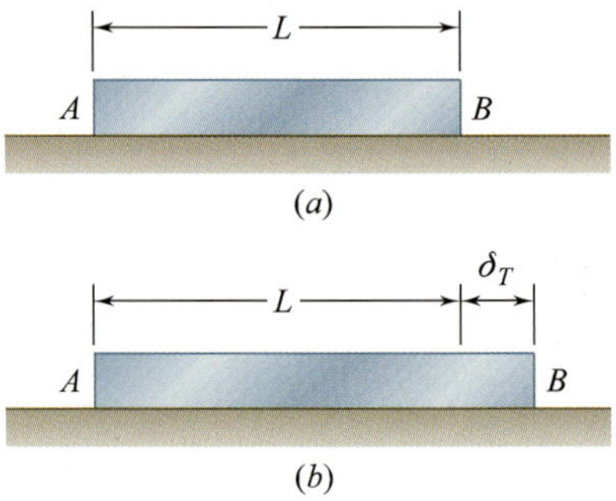

그림 9.28

$$\delta_T = \alpha(\Delta T)L \tag{9.20}$$

여기서 α는 일정한 재료특성을 나타내는 열팽창계수라 한다. δ_T와 L은 길이의 단위이므로 α는 **섭씨 1° 당** 또는 **화씨 1° 당의 변형률**로 표시하며 사용되는 온도가 섭씨 또는 화씨이냐에 따라 달리 사용된다.

변형량 δ_T는 변형률 $\epsilon_T = \delta_T/L$과 관계 지을 수 있기 때문에 식 (9.20)으로부터 다음과 같이 나타낼 수 있다.

$$\epsilon_T = \alpha \Delta T \tag{9.21}$$

변형률 ϵ_T는 막대의 온도변화에 영행을 받으므로 **열변형률**(thermal strain)이라 한다. 그림 9.28의 경우는 아무런 구속없이 자유로이 신장되므로 **열변형률 ϵ_T와 관련된 응력은 발생되지 않는다.**

이번에는 길이가 L인 동일한 막대의 양단을 고정지지(그림 9.29a)한 상태를 가정해보자. 열을 가하기 전 초기상태에는 변형률과 응력 모두 0이다. 만약 ΔT를 상승시키면 양단의 구속조건 때문에 부재는 늘어날 수 없으므로 막대의 신장 δ_T는 0이 된다. 막대는 균질하고 일정단면을 갖고 있기 때문에 막대의 임의의 위치에서 변형률 $\epsilon_T = \delta_T/L$도 0이 된다. 그러나 막대의 신장을 억제하는 반력이 양단에서 발생됨을 주목해야 한다. 이것이 그림 9.28과 다른 점이다. 다시 말하면 막대가 자유롭게 신장될 경우는 변형과 이에 대응하는 변형률은 발생되나 부재내에는 역학적으로 아무런 작용력이 없기 때문에 응력은 0이 되는 반면, 그림 9.29의 경우는 막대가 자유롭게 신장하려고 하지만 양단이 고정이기 때문에 변형과 변형률은 0이 되지만, 양단에서 발생되는 억제력은 곧 크기가 같고 방향이 반대인 반력 $\mathbf{P}$와 $\mathbf{P}'$으로 작용되어 부재에 압축력으로 도입된다. 따라서 응력이 발생된다(그림 9.29b).

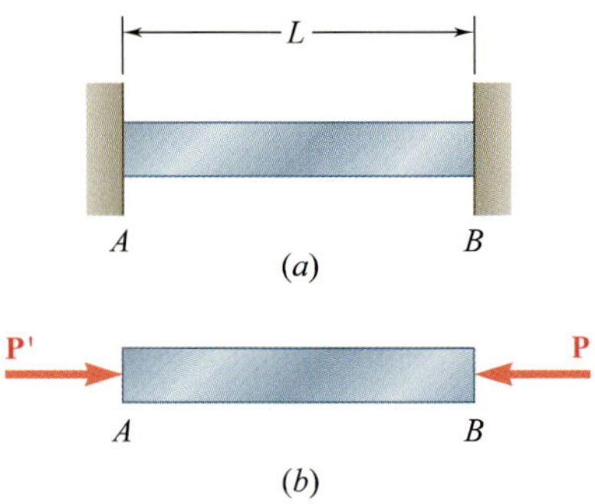

그림 9.29

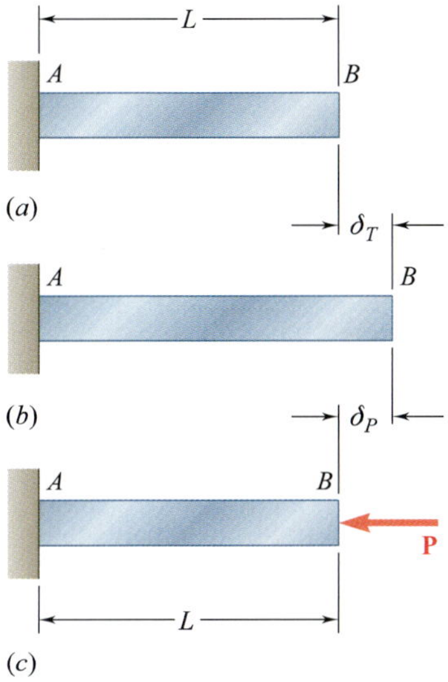

그림 9.30

온도변화 ΔT에 의해 유발되는 응력 σ를 결정하려면 해석해야 할 문제가 부정정이라는 것을 알아야 한다. 그러므로 먼저 막대의 변형은 0이라는 조건으로부터 양단에서 발생되는 반력 P의 크기를 구해야 한다. 9.8절의 중첩법을 사용하기 위해 그림 9.29의 부정정 문제를 그림 9.30과 같이 고정단 B를 이완시킨 2개의 정정구조로 나눈다. 하나는 온도변화 ΔT를 상승시킴에 따른 신장 δ_T가 발생되는 문제이고(그림 9.30b), 두 번째는 부정정력 P를 하중으로 재하하는 문제이다(그림 9.30c). 이 두 문제를 중첩하면서 B점에서의 변위에 대한 적합조건($\delta = \delta_T + \delta_P = 0$)을 만족시키면 미지의 부정정력 P를 얻을 수 있다. 먼저 식 (9.20)을 사용하여 δ_T를 계산한다.

$$\delta_T = \alpha(\Delta T)L$$

다음에는 부정정력 **P**를 B점에 하중으로 재하하였을 때 발생되는 변형 δ_P은 다음과 같다.

$$\delta_R = \frac{PL}{AE}$$

막대의 전체변형은 양단고정이므로 0이 된다. 이것을 식으로 표현하면 적합방정식이 된다.

$$\delta = \delta_T + \delta_R = \alpha(\Delta T)L + \frac{PL}{AE} = 0$$

윗 식을 풀면 미지반력 P를 구할 수 있다. 즉,

$$P = -AE\alpha(\Delta T)$$

그러므로 온도변화 ΔT에 따라 막대에 발생되는 응력은 다음과 같다.

$$\sigma = \frac{P}{A} = -E\alpha(\Delta T) \tag{9.22}$$

여기서 얻은 결과와 막대의 변형률이 0이 되는 양단고정의 부정정 문제의 경우 오직 단면적이 일정하고 균질한 재료의 막대를 사용할 때만 적용된다는 것을 기억해야만 한다. 온도변화를 받고 단면적, 길이 및 재료성질이 서로 다른 부분들로 구성된 막대가 양단고정 되어 변형률이 0인 상태를 유발하는 구속된 구조물을 해석할 때는 예제 9.4의 해석절차와 같이 단면과 재료변화가 예상되는 부분을 분리하여 해석한 후 중첩법을 사용하여 문제를 해결한다. 즉, 온도변화에 의한 변형과 부정정 반력들에 의한 변형을 분리하여 고려하고 얻어진 해들을 중첩할 수 있다.

예제 9.6 막대의 온도가 −50℉일 때 그림과 같은 강재막대(그림 9.31)의 AC 부분과 CB부분에서 발생되는 응력을 결정하시오. 단, 초기상태의 강재막대는 +75℉일 때 양단이 고정지지 되게 끼워 맞추어졌다. 강재의 탄성계수와 열팽창계수는 각각 $E = 29 \times 10^6$ psi와 $\alpha = 6.5 \times 10^6/°\text{F}$ 이다.

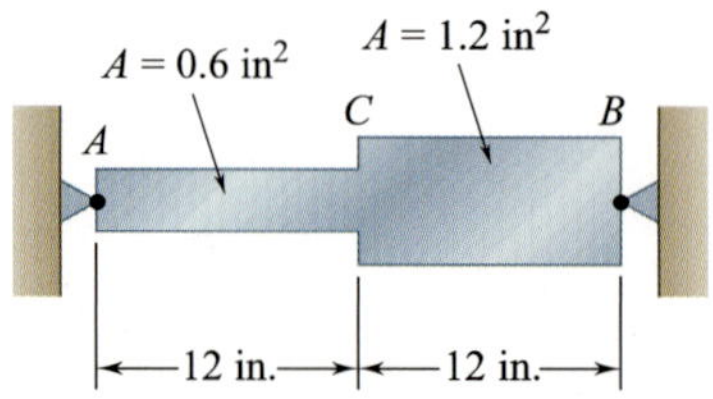

그림 9.31

먼저 양 지점에서의 반력을 구해보자. 부정정 구조이므로 B점의 고정지지를 떼어내어 정정구조로 만들고 온도변화를 가한다.

$$\Delta T = (-50°\text{F}) - (75°\text{F}) = -125°\text{F}$$

온도변화에 따른 변형(그림 9.32b)은

$$\begin{aligned}\delta_T &= \alpha(\Delta T)L = (6.5 \times 10^{-6}/°\text{F})(-125°\text{F})(24\text{ in.})\\ &= -19.50 \times 10^{-3}\text{ in.}\end{aligned}$$

다음에는 B점에서 발생되는 반력 $\mathbf{R}_B$를 부정정력으로 지정하고, 이를 하중으로 재하(그림 9.32c)하면 식 (9.7)을 사용하여 대응되는 변형 δ_R을 구할 수 있다. 먼저 아래의 값들을

$$L_1 = L_2 = 12\text{ in.}$$

$$A_1 = 0.6\text{ in}^2 \qquad A_2 = 1.2\text{ in}^2$$

$$P_1 = P_2 = R_B \qquad E = 29 \times 10^6\text{ psi}$$

식 (9.7)에 대입하면 다음과 같이 변형 δ_R을 구할 수 있다.

$$\begin{aligned}\delta_R &= \frac{P_1L_1}{A_1E} + \frac{P_2L_2}{A_2E}\\ &= \frac{R_B}{29 \times 10^6\text{ psi}}\left(\frac{12\text{ in.}}{0.6\text{ in}^2} + \frac{12\text{ in.}}{1.2\text{ in}^2}\right)\\ &= (1.0345 \times 10^{-6}\text{ in./lb})\ R_B\end{aligned}$$

강재막대의 전체변형은 부과된 구속조건에 의해 0이 되므로 다음과 같은 변위에 대한 적합방정식을 세울 수 있다.

$$\begin{aligned}\delta &= \delta_T + \delta_R = 0\\ &= -19.50 \times 10^{-3}\text{ in.} + (1.0345 \times 10^{-6}\text{ in./lb})\ R_B = 0\end{aligned}$$

이로부터 반력 R_B를 구할 수 있다.

$$R_B = 18.85 \times 10^3\text{ lb} = 18.85\text{ kips}$$

반력 R_A는 정적평형으로부터 구할 수 있으며 R_B에 비해 크기는 같고 방향이

반대이다.

막대의 2부분에 작용하는 힘들은 $P_1 = P_2 = 18.85$ kips 이므로 AC부분과 CB 부분에서 발생되는 응력은 아래와 같다.

$$\sigma_1 = \frac{P_1}{A_1} = \frac{18.85 \text{ kips}}{0.6 \text{ in}^2} = +31.42 \text{ ksi}$$

$$\sigma_2 = \frac{P_2}{A_2} = \frac{18.85 \text{ kips}}{1.2 \text{ in}^2} = +15.71 \text{ ksi}$$

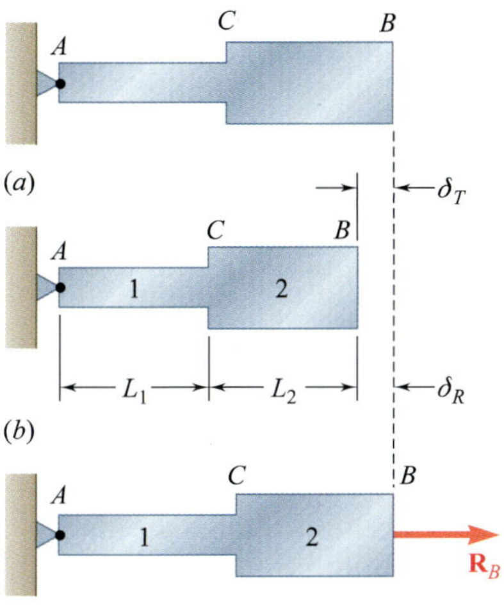

그림 9.32

막대의 전체변형은 0인 반면, AC부분과 CB부분의 변형은 0이 되지 않는다. 따라서 2부분의 변형이 0이라 가정하여 해를 구하게 되면 오류를 범하게 된다. 다시 말하면 AC부분과 CB부분의 변형률 또한 0이 되지 않는다. 이 점을 자세히 서술하기 위해, 막대의 AC부분에서 발생되는 변형률 ϵ_{AC}를 구해보자. 이 값은 두 가지 요인 즉, 온도변화 ΔT와 반력 R_B에 의해 발생된다. 먼저 온도변화 ΔT(그림 9.32b)에 의해 B점이 자유단인 정정구조 상태에서 발생된다. 식 (9.21)에 의해

$$\epsilon_T = \alpha \Delta T = (6.5 \times 10^{-6}/°\text{F})(-125°\text{F})$$
$$= -812.5 \times 10^{-6} \text{ in./in.}$$

ϵ_{AC}는 반력 $\mathbf{R}_B$에 의해 발생(그림 9.32c) 되는 응력 σ_1에 의해서도 발생된다. Hooke의 법칙으로부터 2번째 요인에 의한 변형률을 계산할 수 있다.

$$\frac{\sigma_1}{E} = \frac{+31.42 \times 10^3 \text{ psi}}{29 \times 10^6 \text{ psi}} = +1083.4 \times 10^{-6} \text{ in./in.}$$

그러므로 2가지 요인에 의한 변형률들을 더하게 되면 AC부분에서 발생되는 변형률 ϵ_{AC}를 구할 수 있다.

$$\epsilon_{AC} = \epsilon_T + \frac{\sigma_1}{E} = -812.5 \times 10^{-6} + 1083.4 \times 10^{-6}$$
$$= +271 \times 10^{-6} \text{ in./in.}$$

한편 막대의 CB부분에도 유사한 계산을 통하면 변형률 ϵ_{CB}도 결정할 수 있다.

$$\epsilon_{CB} = \epsilon_T + \frac{\sigma_2}{E} = -812.5 \times 10^{-6} + 541.7 \times 10^{-6}$$
$$= -271 \times 10^{-6} \text{ in./in.}$$

막대의 2부분에서 발생되는 변형 δ_{AC}와 δ_{CB}는 다음과 같이 나타낼 수 있다.

$$\delta_{AC} = \epsilon_{AC}(AC) = (+271 \times 10^{-6})(12 \text{ in.}) = +3.25 \times 10^{-3} \text{ in.}$$

$$\delta_{CB} = \epsilon_{CB}(CB) = (-271 \times 10^{-6})(12 \text{ in.}) = -3.25 \times 10^{-3} \text{ in.}$$

결과에서 보듯이 막대의 전체변형은 0인 반면, 2부분의 각각 변형은 0이 아니다. ■

문제 9.3

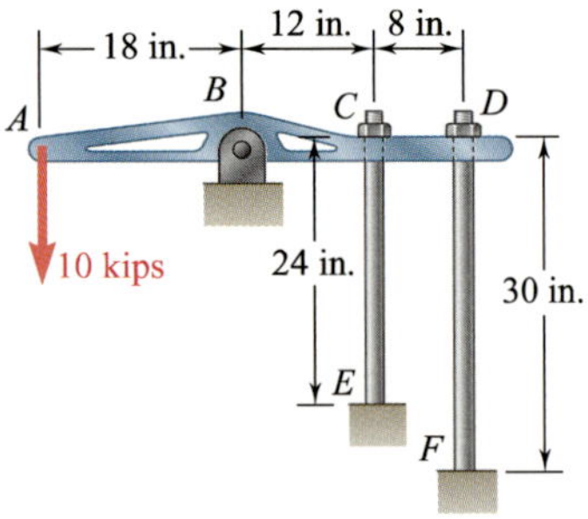

그림과 같이 1/2 in. 직경의 막대 CE와 3/4 in. 직경의 막대 DF가 강체부재로 된 $ABCD$에 부착되어 있다. 위의 막대들은 알루미늄으로 만들어져 있고 탄성계수는 $E = 10.6 \times 10^6$ psi일 때 다음을 결정하시오. (a) 그림과 같이 하중이 작용할 때 막대에 발생되는 부재력, (b) 대응되는 A점의 처짐.

풀이.

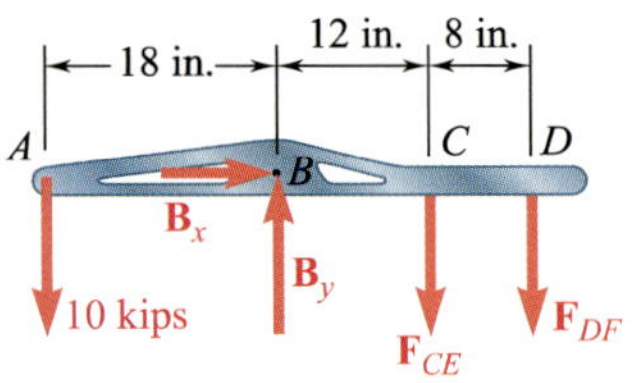

힘의 평형조건. 강체부재 $ABCD$에 대한 자유물체도를 그리게 되면 B점의 반력과 막대들에서 발생되는 힘들의 관계는 부정정 구조이다. 다시 말하면 사용할 수 있는 평형방정식은 3개인데 비해 미지력은 4개가 된다. 먼저 B점에 대한 회전에 대한 정적평형을 검토하면

$$+\circlearrowleft \Sigma M_B = 0: \quad (10 \text{ kips})(18 \text{ in.}) - F_{CE}(12 \text{ in.}) - F_{DF}(20 \text{ in.}) = 0$$

$$12F_{CE} + 20F_{DF} = 180 \qquad (1)$$

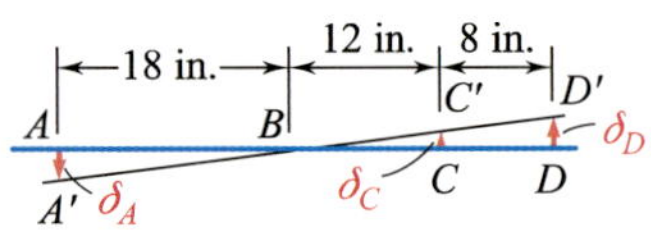

변위의 적합조건. 10 kips의 하중이 작용한 후 강체막대의 위치는 $A'B'C'D'$로 변형된다.

$$\frac{\delta_C}{12 \text{ in.}} = \frac{\delta_D}{20 \text{ in.}} \qquad \delta_C = 0.6\delta_D \qquad (2)$$

$$\frac{\delta_A}{18 \text{ in.}} = \frac{\delta_D}{20 \text{ in.}} \qquad \delta_A = 0.9\delta_D \qquad (3)$$

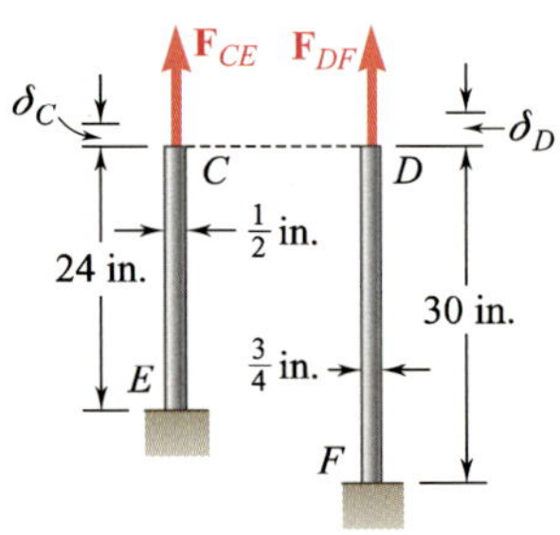

변위계산. 식 (9.6)을 사용하면, 아래와 같이 나타낼 수 있다.

$$\delta_C = \frac{F_{CE} L_{CE}}{A_{CE} E} \qquad \delta_D = \frac{F_{DF} L_{DF}}{A_{DF} E}$$

δ_C와 δ_D를 식 (2)에 대입하면

$$\delta_C = 0.6\delta_D \qquad \frac{F_{CE} L_{CE}}{A_{CE} E} = 0.6 \frac{F_{DF} L_{DF}}{A_{DF} E}$$

$$F_{CE} = 0.6 \frac{L_{DF}}{L_{CE}} \frac{A_{CE}}{A_{DF}} F_{DF} = 0.6\left(\frac{30 \text{ in.}}{24 \text{ in.}}\right)\left[\frac{1/4\pi(1/2 \text{ in.})^2}{1/4\pi(3/4 \text{ in.})^2}\right] F_{DF}$$

$$F_{CE} = 0.333F_{DF}$$

막대의 부재력. F_{CE}를 식 (1)에 대입하고 모든 힘들이 kips단위로 표현되어 있기 때문에 각 막대들에 발생되는 부재력은 다음과 같다.

$$12(0.333F_{DF}) + 20F_{DF} = 180 \qquad F_{DF} = 7.50 \text{ kips}$$

$$F_{CE} = 0.333F_{DF} = 0.333(7.50 \text{ kips}) \qquad F_{CE} = 2.50 \text{ kips}$$

***A* 점의 처짐.** *D*점에서의 처짐은

$$\delta_D = \frac{F_{DF} L_{DF}}{A_{DF} E} = \frac{(7.50 \times 10^3 \text{ lb})(30 \text{ in.})}{1/4\pi(3/4 \text{ in.})^2 (10.6 \times 10^6 \text{ psi})} \qquad \delta_D = 48.0 \times 10^{-3} \text{ in.}$$

식 (3)에 의해 δ_A를 결정할 수 있다.

$$\delta_A = 0.9\delta_D = 0.9(48.0 \times 10^{-3} \text{ in.}) \qquad \delta_A = 43.2 \times 10^{-3} \text{ in.}$$

문제 9.4

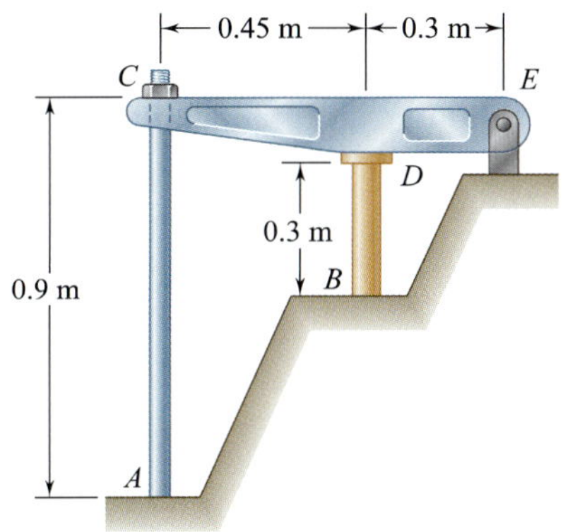

강체로 된 부재 *CDE*가 *E*점에서 핀으로 지지되어 있고 30 mm 직경의 황동 실린더 *BD*위에 놓여 있다. 22 mm 직경의 강봉 *AC*는 20℃의 상태에서 강체부재의 구멍을 통해 너트로 조여 있으며 *A*점의 지반에 놓여 있다. 강봉은 20℃의 상태를 그대로 유지하는 반면, 황동실린더는 50℃ 로 온도를 높인다. 온도변화가 없을 경우에는 응력이 발생되지 않다고 가정할 때 황동실린더에서 유발되는 응력을 산정하시오. 단, 재료의 탄성계수와 열팽창계수는 아래와 같다.

강봉 *AC* : $E = 200$ GPa, $\alpha = 11.7 \times 10^{-6}/℃$
황동실린더 : $E = 105$ GPa, $\alpha = 20.9 \times 10^{-6}/℃$

풀이.

힘의 평형조건. 이 구조물도 부정정이 된다. 따라서 평형조건과 적합조건을 동시에 고려해야 한다. 먼저 전체구조의 자유물체도로부터 *E*점을 중심으로 모멘트평형을 만족해야 하므로 다음과 같은 식을 세울 수 있다.

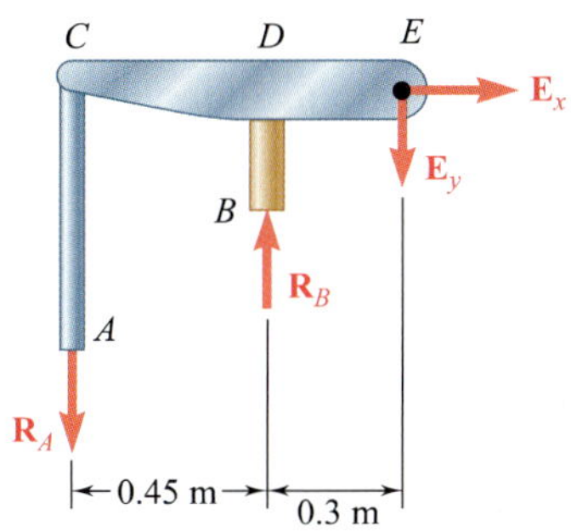

$$+\circlearrowleft \Sigma M_E = 0: \quad R_A(0.75 \text{ m}) - R_B(0.3 \text{ m}) = 0 \qquad R_A = 0.4R_B \quad (1)$$

변위의 적합조건. 중첩법을 사용하여 R_B를 부정정력으로 지정한다. 따라서 *B*점의 지지를 제거하여 이완구조(정정구조)로 가정한 후에 실린더의 온도상승은 *B*점은 그림 ①과 같이 δ_T만큼 아래로 늘어나면서 변형된다. 다음에는 반력 R_B를 하중으로 가하면 그림 ②와 같이 위로 δ_T와 같은 크기의 δ_1이 발생된다. 그러므로 변위의 적합조건은 그림 ③과 같이 2개의 변형을 합친 결과 *B*점에서의 전체변형은 0이 된다.

변형 δ_T의 산정. 온도변화 $\varDelta T$는 $50° - 20° = 30°$가 된다. 즉, 온도변화에 의한 황동실린더의 변형 δ_T는

$$\delta_T = L(\varDelta T)\alpha = (0.3\text{m})(30℃)(20.9 \times 10^{-6}/℃) = 188.1 \times 10^{-6}\text{m} \downarrow$$

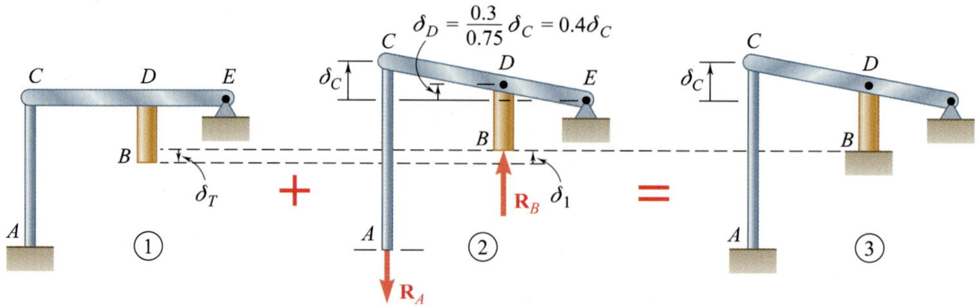

처짐 δ_1. 그림 ②로부터 $\delta_D = 0.4\delta_C$이고 $\delta_1 = \delta_D + \delta_{B/D}$의 관계를 얻을 수 있다.

$$\delta_C = \frac{R_A L}{AE} = \frac{R_A(0.9\text{ m})}{1/4\pi(0.022\text{ m})^2(200\text{ GPa})} = 11.84 \times 10^{-9} R_A \uparrow$$

$$\delta_D = 0.40\delta_C = 0.4(11.84 \times 10^{-9} R_A) = 4.74 \times 10^{-9} R_A \uparrow$$

$$\delta_{B/D} = \frac{R_B L}{AE} = \frac{R_B(0.3\text{ m})}{1/4\pi(0.03\text{ m})^2(105\text{ GPa})} = 4.04 \times 10^{-9} R_B \uparrow$$

식 (1)로부터 $R_A = 0.4R_B$이므로

$$\delta_1 = \delta_D + \delta_{B/D} = [4.74(0.4R_B) + 4.04R_B]10^{-9} = 5.94 \times 10^{-9} R_B \uparrow$$

그러나 $\delta_T = \delta_1$이므로:

$$188.1 \times 10^{-6}\text{m} = 5.94 \times 10^{-9} R_B \qquad R_B = 31.7\text{ kN}$$

실린더의 응력. $\sigma_B = \frac{R_B}{A} = \frac{31.4\text{ kN}}{1/4\pi(0.03\text{ m})^2}$ $\qquad \sigma_B = 44.8\text{ MPa}$

Problems

9.25 An axial force of 60 kN is applied to the assembly shown by means of rigid end plates. Determine (*a*) the normal stress in the brass shell, (*b*) the corresponding deformation of the assembly.

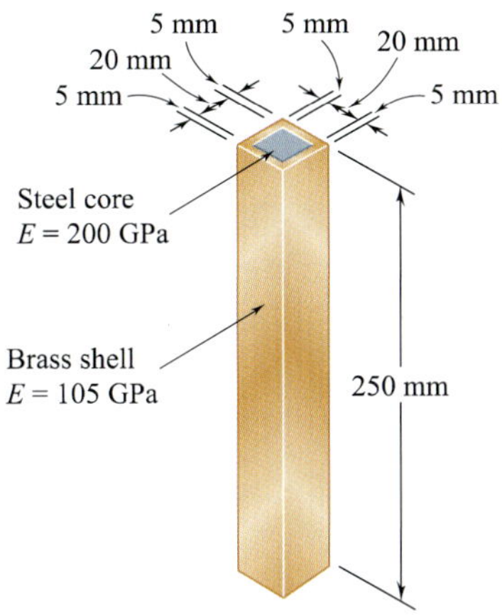

그림 P9.25, P9.26

9.26 The length of the assembly decreases by 0.15 mm when an axial force is applied by means of rigid end plates. Determine (*a*) the magnitude of the applied force, (*b*) the corresponding stress in the steel core.

9.27 The 4.5-ft concrete post is reinforced with six steel bars, each with a $1\frac{1}{8}$-in. diameter. Knowing that $E_s = 29 \times 10^6$ psi and $E_c = 4.2 \times 10^6$ psi, determine the normal stresses in the steel and in the concrete when a 350-kip axial centric force **P** is applied to the post.

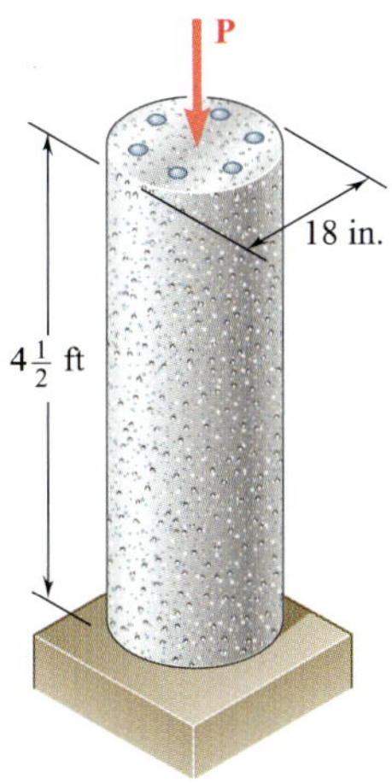

그림 P9.27

9.28 For the concrete post of Prob. 9.27, determine the maximum centric force that can be applied if the allowable normal stress is 20 ksi in the steel and 2.4 ksi in the concrete.

9.29 Three steel rods ($E = 29 \times 10^6$ psi) support an 8.5-kip load **P**. Each of the rods AB and CD has a 0.32-in^2 cross-sectional area and rod EF has a 1-in^2 cross-sectional area. Neglecting the deformation of rod BED, determine (*a*) the change in length of rod EF, (*b*) the stress in each rod.

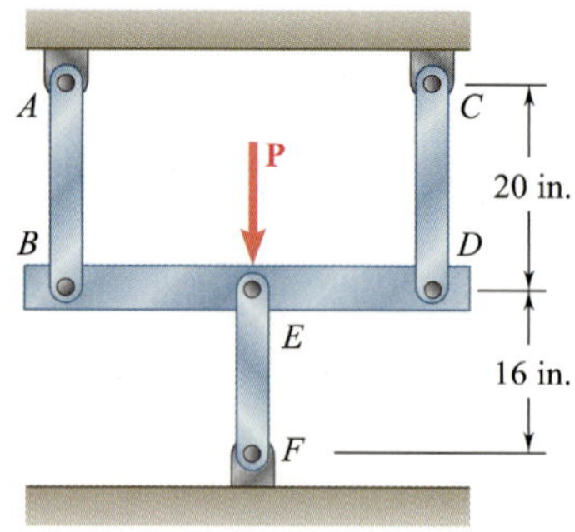

그림 *P9.29*

9.30 Two cylindrical rods, one of steel and the other of brass, are joined at C and restrained by rigid supports at A and E. For the loading shown and knowing that $E_s = 200$ GPa and $E_b = 105$ GPa, determine (*a*) the reactions at A and E, (*b*) the deflection of point C.

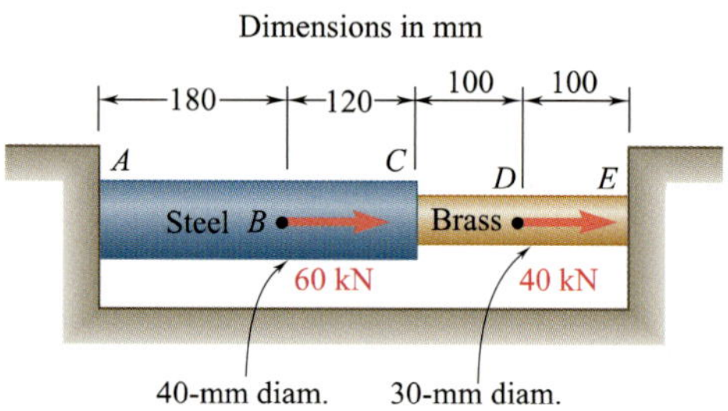

그림 P9.30

9.31 Solve Prob. 9.30 assuming that rod AC is made of brass and rod CE is made of steel.

9.32 Two cylindrical rods, CD made of steel ($E = 29 \times 10^6$ psi) and AC made of aluminum ($E = 10.4 \times 10^6$ psi), are joined at C and restrained by rigid supports at A and D. Determine (*a*) the reactions at A and D, (*b*) the deflection of point C.

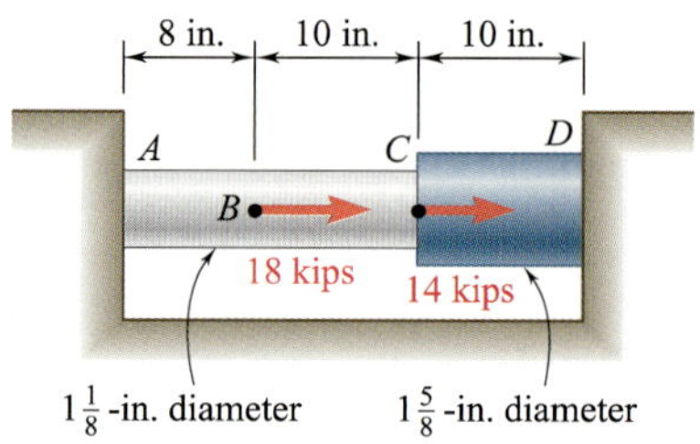

그림 P9.32

9.33 Three wires are used to suspend the plate shown. Aluminum wires of $\frac{1}{8}$-in. diameter are used at A and B while a steel wire of $\frac{1}{12}$-in. diameter is used at C. Knowing that the allowable stress for aluminum ($E = 10.4 \times 10^6$ psi) is 14 ksi and that the allowable stress for steel ($E = 29 \times 10^6$ psi) is 18 ksi, determine the maximum load **P** that can be applied.

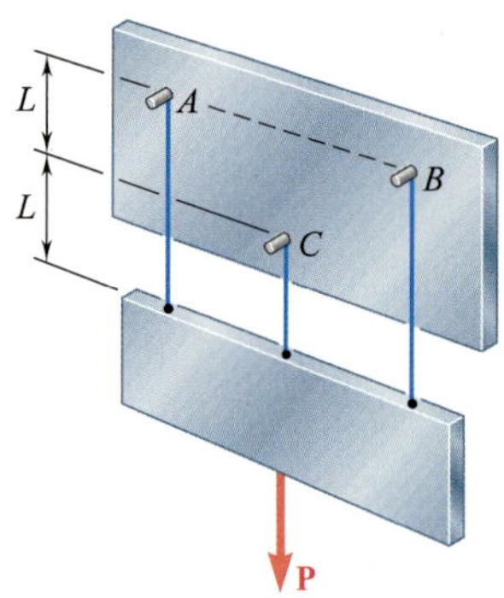

그림 P9.33

9.34 The rigid bar AD is supported by two steel wires of $\frac{1}{16}$-in. diameter ($E = 29 \times 10^6$ psi) and a pin and bracket at D. Knowing that the wires were initially taut, determine (*a*) the additional tension in each wire when a 220-lb load **P** is applied at D, (*b*) the corresponding deflection of point D.

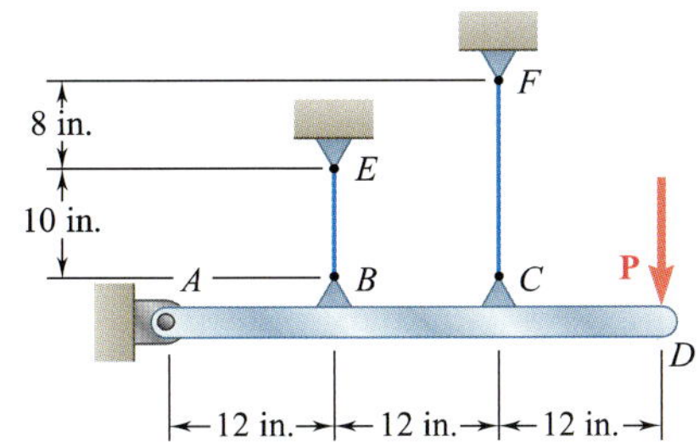

그림 *P9.34*

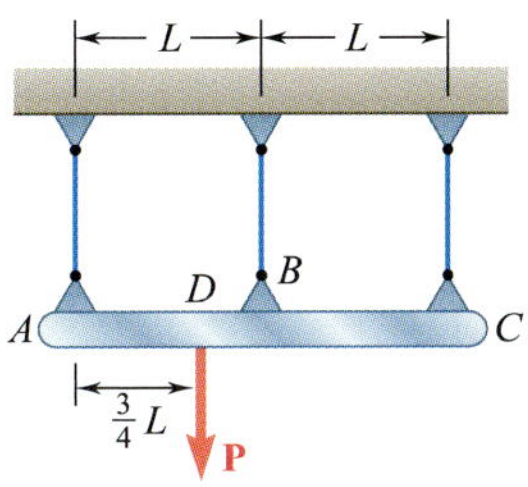

그림 P9.35

9.35 The rigid rod ABC is suspended from three wires of the same material. The cross-sectional area of the wire at B is equal to half of the cross-sectional area of the wires at A and C. Determine the tension in each wire caused by the load **P**.

9.36 The rigid bar $ABCD$ is suspended from four identical wires. Determine the tension in each wire caused by the load **P**.

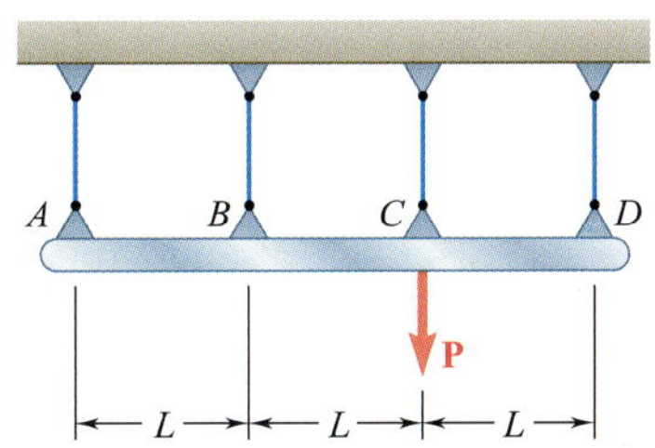

그림 P9.36

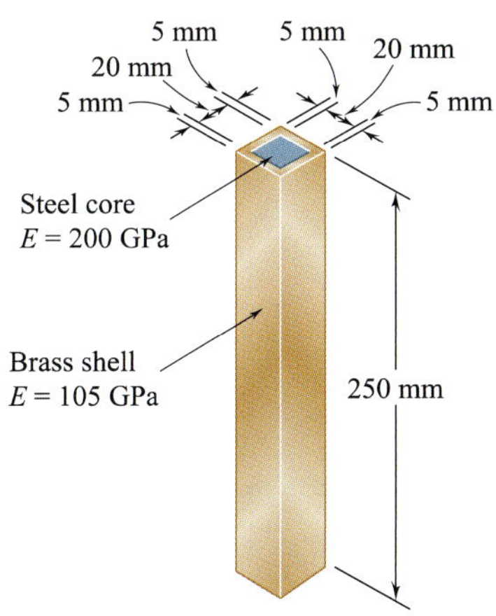

그림 P9.37

9.37 The brass shell ($\alpha_b = 20.9 \times 10^{-6}/°\text{C}$) is fully bonded to the steel core ($\alpha_s = 11.7 \times 10^{-6}/°\text{C}$). Determine the largest allowable increase in temperature if the stress in the steel core is not to exceed 55 MPa.

9.38 The assembly shown consists of an aluminum shell ($E_a = 70$ GPa, $\alpha_a = 23.6 \times 10^{-6}/°\text{C}$) fully bonded to a steel core ($E_s = 200$ GPa, $\alpha_s = 11.7 \times 10^{-6}/°\text{C}$) and is unstressed at a temperature of 20°C. Considering only axial deformations, determine the stress in the aluminum shell when the temperature reaches 180°C.

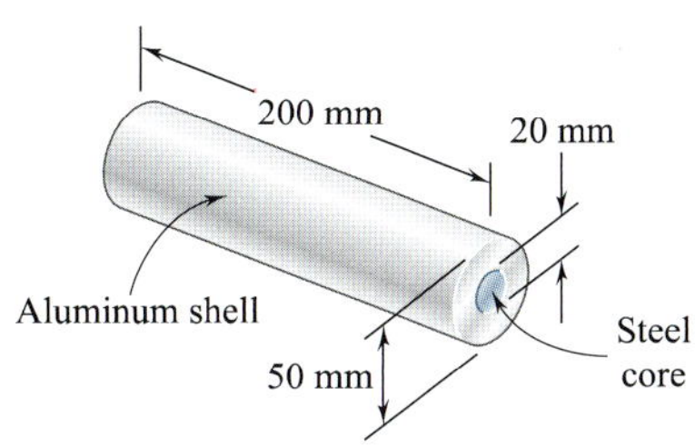

그림 *P9.38*

9.39 A 4-ft concrete post is reinforced by four steel bars, each of $\frac{3}{4}$-in. diameter. Knowing that $E_s = 29 \times 10^6$ psi, $\alpha_s = 6.5 \times 10^{-6}/°F$ and $E_c = 3.6 \times 10^6$ psi and $\alpha_c = 5.5 \times 10^{-6}/°F$, determine the normal stresses induced in the steel and in the concrete by a temperature rise of 80°F.

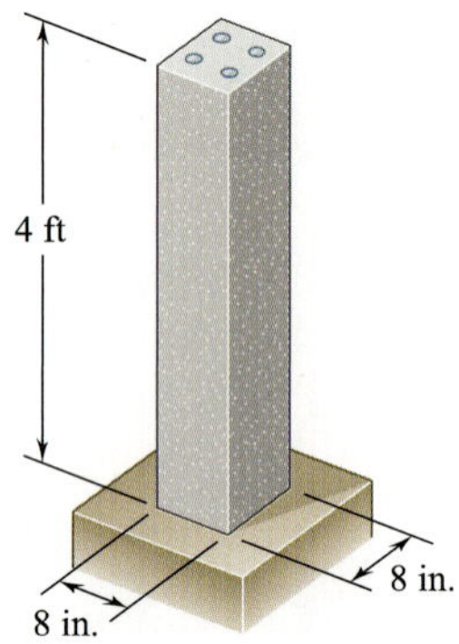

그림 P9.39

9.40 The steel rails for a railroad track ($E_s = 29 \times 10^6$ psi, $\alpha_s = 6.5 \times 10^{-6}/°F$) were laid out at a temperature of 30°F. Determine the normal stress in the rails when the temperature reaches 125°F assuming that the rails (*a*) are welded to form a continuous track, (*b*) are 39 ft long with $\frac{1}{4}$-in. gaps between them.

9.41 A rod consisting of two cylindrical portions *AB* and *BC* is restrained at both ends. Portion *AB* is made of brass (E_b = 105 GPa, $\alpha_b = 20.9 \times 10^{-6}/°C$) and portion *BC* is made of aluminum (E_a = 72 GPa, $\alpha_a = 23.9 \times 10^{-6}/°C$). Knowing that the rod is initially unstressed, determine (*a*) the normal stresses induced in portions *AB* and *BC* by a temperature rise of 42°C, (*b*) the corresponding deflection of point *B*.

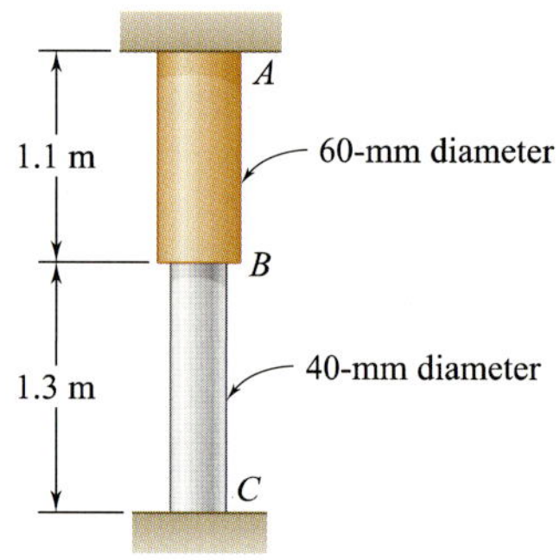

그림 P9.41

9.42 A rod consisting of two cylindrical portions *AB* and *BC* is restrained at both ends. Portion *AB* is made of steel ($E_s = 29 \times 10^6$ psi, $\alpha_s = 6.5 \times 10^{-6}/°F$) and portion *BC* is made of brass ($E_b = 15 \times 10^6$ psi, $\alpha_b = 10.4 \times 10^{-6}/°F$). Knowing that the rod is initially unstressed, determine (*a*) the normal stresses induced in portions *AB* and *BC* by a temperature rise of 65°F, (*b*) the corresponding deflection of point *B*.

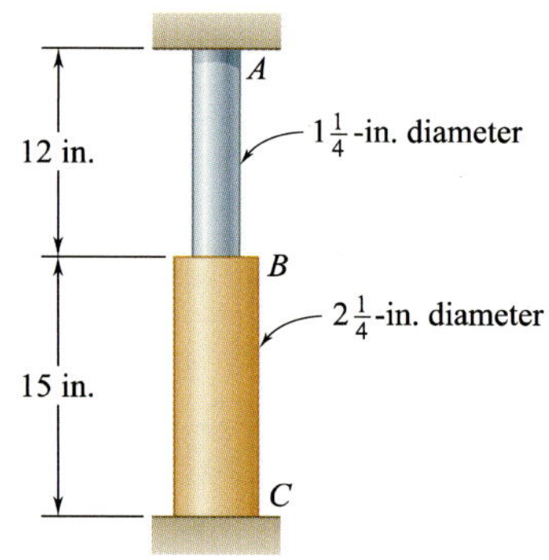

그림 P9.42

9.43 For the rod of Prob. 9.42, determine the maximum allowable temperature change if the stress in the steel portion *AB* is not to exceed 18 ksi and if the stress in the brass portion *BC* is not to exceed 7 ksi.

9.44 Determine (*a*) the compressive force in the bars shown after a temperature rise of 96°C, (*b*) the corresponding change in length of the bronze bar.

9.45 Knowing that a 0.5-mm gap exists when the temperature is 20°C, determine (*a*) the temperature at which the normal stress in the aluminum bar will be equal to –90 MPa, (*b*) the corresponding exact length of the aluminum bar.

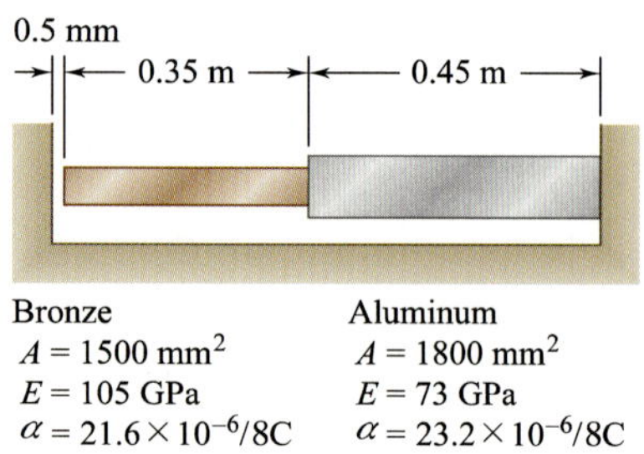

그림 P9.44, *P9.45*

9.46 At room temperature (70°F) a 0.02-in. gap exists between the ends of the rods shown. At a later time when the temperature has reached 320°F, determine (*a*) the normal stress in the aluminum rod, (*b*) the change in length of the aluminum rod.

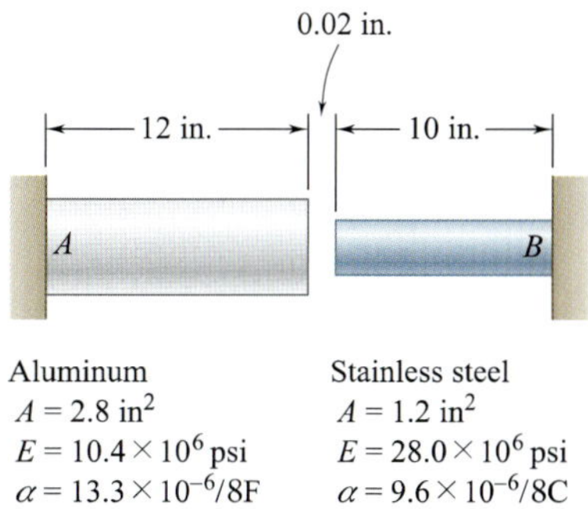

그림 P9.46

9.47 A brass link (E_b = 15 × 10^6 psi, α_b = 10.4 × 10^{-6}/°F) and a steel rod (E_s = 29 × 10^6 psi, α_s = 6.5 × 10^{-6}/°F) have the dimensions shown at a temperature of 65°F. The steel rod is cooled until it fits freely into the link. The temperature of the whole assembly is then raised to 100°F. Determine (*a*) the final normal stress in the steel rod, (*b*) the final length of the steel rod.

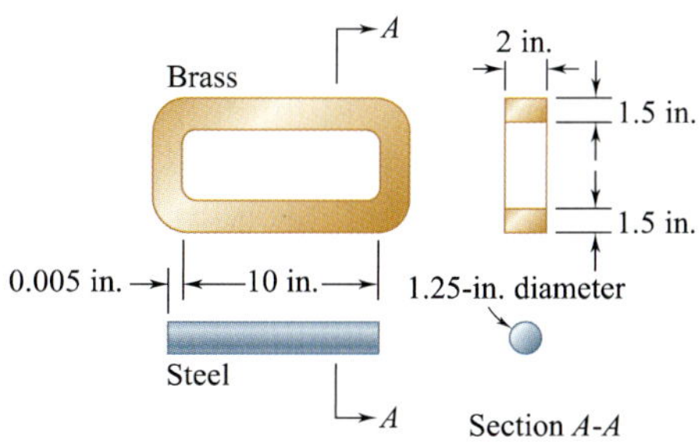

그림 P9.47

9.48 Two steel bars (E_s = 200 GPa and α_s = 11.7 × 10^{-6}/°C) are used to reinforce a brass bar (E_b = 105 GPa, α_b = 20.9 × 10^{-6}/°C) that is subjected to a load P = 25 kN. When the steel bars were fabricated, the distance between the centers of the holes that were to fit on the pins was made 0.5 mm smaller than the 2 m needed. The steel bars were then placed in an oven to increase their length so that they would just fit on the pins. Following fabrication, the temperature in the steel bars dropped back to room temperature. Determine (*a*) the increase in temperature that was required to fit the steel bars on the pins, (*b*) the stress in the brass bar after the load is applied to it.

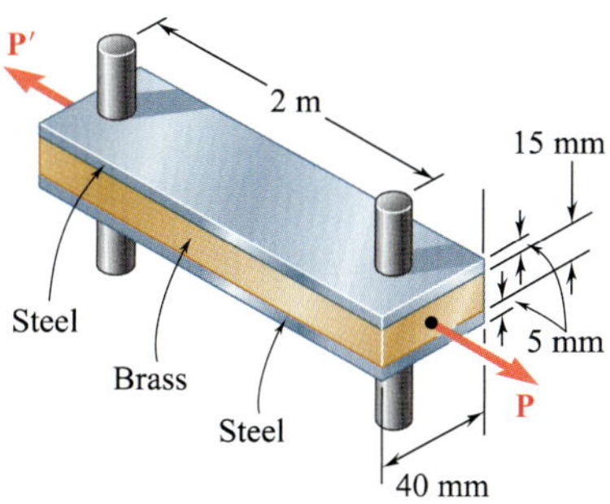

그림 P9.48

9.10 포아송비

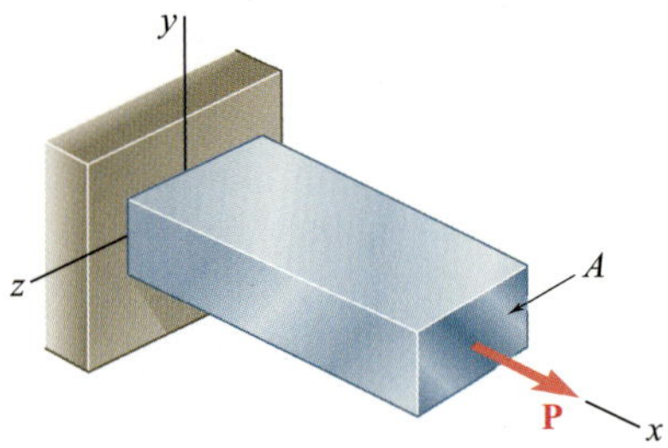

(a)

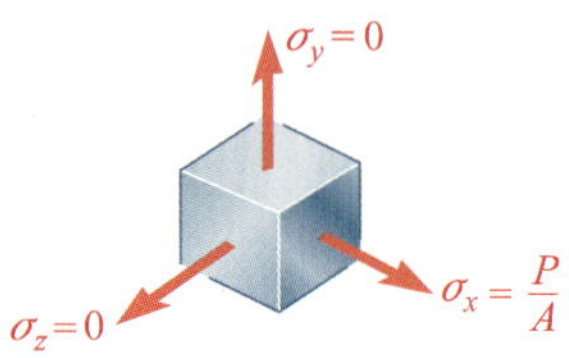

(b)

그림 9.33

제9장의 앞 부분에서 균질하고 가느다란 부재가 축방향 하중을 받을 때 재료의 탄성한도를 넘지 않는 한 유발된 응력과 변형률은 Hooke의 법칙을 만족한다는 것을 살펴보았다. 하중 **P**가 x축 방향으로 작용한다고 가정하면(그림 9.33a) 수직응력은 $\sigma_x = P/A$이고 A는 막대의 단면적이 된다. 그리고 Hooke의 법칙으로부터

$$\epsilon_x = \sigma_x / E \tag{9.23}$$

여기서 E는 재료의 탄성계수이다.

한편 y축과 z축에 직각인 단면에서 발생되는 수직응력들은 모두 0이 됨을 알 수 있다. 즉, $\sigma_y = \sigma_z = 0$(그림 9.33b). 이 응력들에 대응되는 변형률 ϵ_y와 ϵ_z 또한 0이라 쉽게 결론지을 수 있다. 그러나 이 경우는 그렇지 않다. 모든 공학재료들은 축방향 인장력 **P**에 의해 하중작용방향 즉, 종방향으로의 신장과 동시에 다른 횡방향으로는 수축을 동반한다(그림 9.34). 이 절과 계속되는 절(9.11−9.13)에서는 모든 재료들은 **균질** 및 **등방성**인 재료로 가정된다. 즉, 재료의 기계적 성질이 **위치**와 **방향**에 무관하게 일정하다는 가정이다. 즉, 어떤 횡방향으로 임의의 위치에서 동일한 변형을 하므로 변형률도 같다는 것을 의미한다. 그러므로 그림 9.33과 같은 하중조건하에서 횡방향 변형률은 $\epsilon_y = \epsilon_z$이 된다. 이와 같은 변형률을 방향에 상관없이 공통적으로 **횡방향 변형률**이라 한다. 주어진 재료의 기계적 성질을 나타내는 중요한 상수를 프랑스 수학자 Siméon Denis Poisson(1781−1840)의 이름을 따서 포아송비(Poisson's ratio)라 하고 그리스 문자 ν(nu)로 표기한다. 이 값은 그림 9.33과 같은 하중상태에서 다음과 같이 정의된다.

$$\nu = -\frac{\text{횡방향 변형률}}{\text{종방향 변형률}} \tag{9.24}$$

또는

$$\nu = -\frac{\epsilon_y}{\epsilon_x} = -\frac{\epsilon_z}{\epsilon_x} \tag{9.25}$$

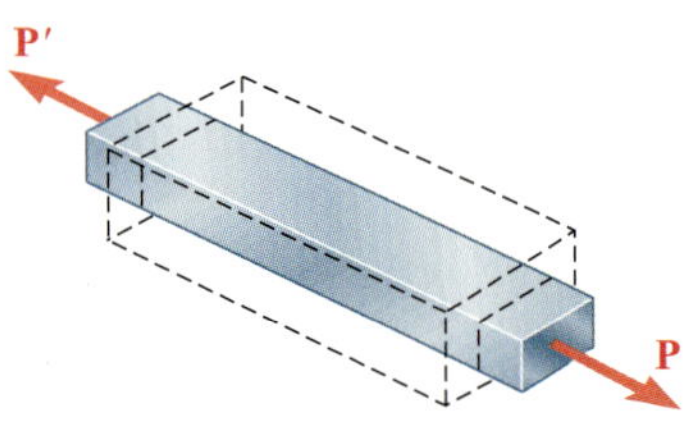

그림 9.34

대부분 공학용 재료들은 종방향으로는 양(+)의 변형률이 발생될 경우, 횡방향으로는 음(−)의 변형률이 발생되므로 서로 다른 부호를 갖게 된다. 식 (9.24)와 식 (9.25) 앞에 음(−)을 붙인 이유는 포아송비가 양(+)의 값을 갖

기 때문이다. 왜냐하면, 대부분 공학용 재료[3]들은 포아슨비의 범위가 $0 \leq \nu \leq 0.5$에 있기 때문이다. $\nu = 0.0$인 재료는 병마개로 쓰이는 코르크(cork)가 있고 $\nu = 0.5$인 재료는 물이 있다. 식 (9.25)를 ϵ_y와 ϵ_z에 대해 풀고 식 (9.23)을 연관시키면 x축 방향으로 축방향 하중이 작용할 때의 종방향 및 횡방향 변형률을 산정할 수 있는 관계식이 된다.

$$\epsilon_x = \frac{\sigma_x}{E} \qquad \epsilon_y = \epsilon_z = -\frac{\nu\sigma_x}{E} \tag{9.26}$$

예제 9.7 길이가 500 mm이고 직경이 16 mm인 균질하고 등방성인 막대가 12 kN의 축방향 하중을 받음에 따라 길이는 300μm가 신장된 반면 직경은 2.4μm 수축되었다. 이 재료의 탄성계수와 포아슨비를 구하시오.

막대의 단면적은 다음과 같다.

$$A = \pi r^2 = \pi(8 \times 10^{-3}\ \text{m})^2 = 201 \times 10^{-6}\ \text{m}^2$$

그림 9.35와 같이 부재의 축방향으로 x축을 선택하면 아래와 같이 나타낼 수 있다.

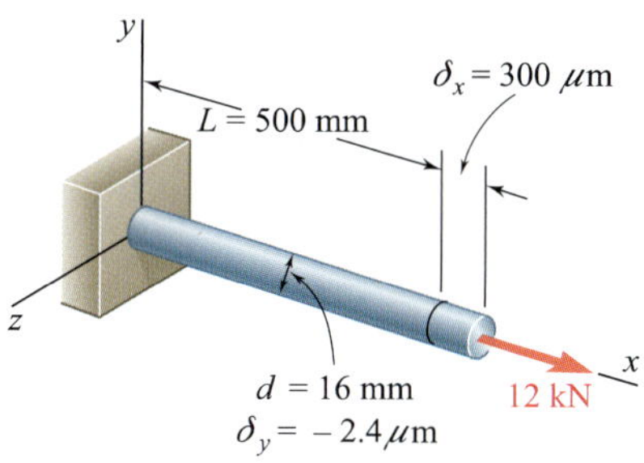

그림 9.35

$$\sigma_x = \frac{P}{A} = \frac{12 \times 10^3\ \text{N}}{201 \times 10^{-6}\ \text{m}^2} = 59.7\ \text{MPa}$$

$$\epsilon_x = \frac{\delta_x}{L} = \frac{300\ \mu\text{m}}{500\ \text{mm}} = 600 \times 10^{-6}$$

$$\epsilon_y = \frac{\delta_y}{d} = \frac{-2.4\ \mu\text{m}}{16\ \text{mm}} = -150 \times 10^{-6}$$

Hooke의 법칙 $\sigma_x = E\epsilon_x$로부터 탄성계수를 결정할 수 있다.

$$E = \frac{\sigma_x}{\epsilon_x} = \frac{59.7\ \text{MPa}}{600 \times 10^{-6}} = 99.5\ \text{GPa}$$

그리고 식 (9.25)로부터 포아슨비를 구할 수 있다.

$$\nu = -\frac{\epsilon_y}{\epsilon_x} = -\frac{-150 \times 10^{-6}}{600 \times 10^{-6}} = 0.25 \quad \blacksquare$$

9.11 다축응력. 일반적 Hooke의 법칙

지금까지는 일축 방향으로만 작용하는 축방향 하중을 받는 가느다란 부재를

3) 그러나 폴리머 폼(polymer foams)과 같은 실험적 재료는 종방향 인장이 발생될 때 횡방향으로도 팽창되는 재료이므로 종방향과 횡방향 변형률들이 모두 양(+)이 된다. 따라서 포아슨비는 음(−)의 부호를 갖는다.(Roderic Lakes,"Foam Structures with a Negative Poisson's Ratio," *Science,* 27 Feb. 1987, Vol.235, pp.1038−1040.)

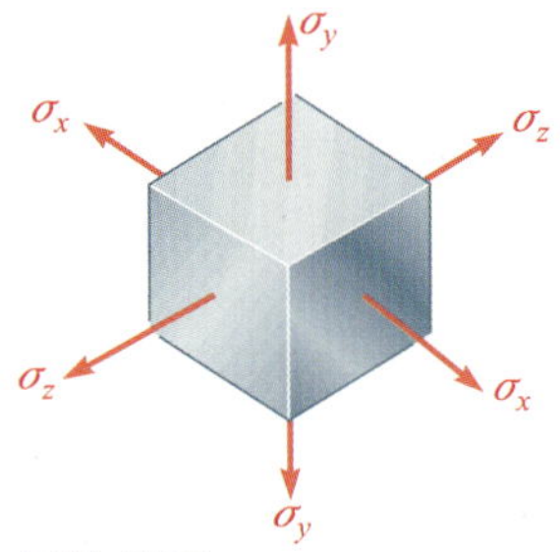

그림 9.36

다루어 왔다. 이 축을 x축으로 하고 주어진 지점에 내력 P가 작용할 경우 대응되는 응력성분은 각각 $\sigma_x = P/A$, $\sigma_y = 0$, $\sigma_z = 0$이 됨을 알 수 있었고 이를 일축응력(uni−axial loading) 상태라 한다.

이제는 구조물의 요소에 모든 좌표축 방향 즉, 3축 방향으로 하중이 작용함에 따라(그림 9.36) 0이 아닌 3가지 수직응력 σ_x, σ_y, σ_z이 발생되는 **다축응력**(multi−axial loading) 상태에 대해 살펴보도록 한다. 그림 9.36에서 보는 바와 같이 전단응력이 고려되지 않았기 때문에 8.9절에서 논의되었던 일반적 응력상태는 아니라는 것에 주의해야 한다.

육면체 형상(그림 9.37a)으로 된 등방성 재료로 된 구조요소를 고려해 보자. 육면체의 변 길이를 모두 단위길이 1로 선택할 수 있으므로 정육면체로 가정한다. 주어진 다축하중하에서 구조요소는 각각 $1 + \epsilon_x$, $1 + \epsilon_y$, $1 + \epsilon_z$ 만큼 팽창된 **직육면체**로 변형된다. 여기서 ϵ_x, ϵ_y, ϵ_z는 3축 방향으로의 수직변형률을 나타낸다(그림 9.37b). 한편, 고려하고 있는 요소를 둘러싸고 있는 다른 요소들의 변형결과 현재 고려하고 있는 요소의 변형이 없이도 위치가 직선으로 이동되는 변위 즉, 직선변위가 발생될 수 있다. 이와 같이 재료가 하중에 의해 발생되는 변형이 없이도 주위 요소들의 변형에 의해 강제적으로 밀려나는 현상 즉, 위치의 이동이 발생되는 것을 강체변위(rigid−body displacement)라 한다. 여기서 강체변위는 배제하고 순수하게 하중에 의한 요소의 **실제변형**만을 고려하기로 한다.

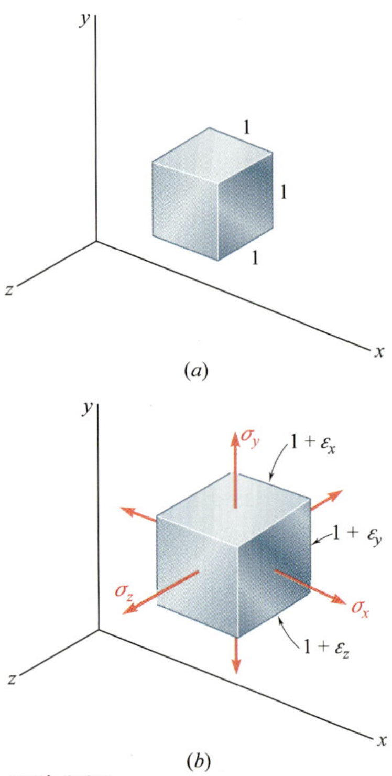

그림 9.37

응력성분 σ_x, σ_y, σ_z의 항으로 표시되는 변형률성분 ϵ_x, ϵ_y, ϵ_z을 표현하기 위해 각각의 응력성분을 하나씩 작용시켜 발생되는 변형률성분을 경우의 수만큼 모두 합치도록 한다. 이 방법은 이 교재에서 반복되게 사용되는 **중첩원리**(principle of superposition)에 기초를 둔다. 이 원리는 구조물에 주어진 다축하중이 작용하여 유발시키는 효과 즉, 변형성분과 변형률성분은 다축하중에 대한 영향을 따로따로 고려하여 얻어진 결과들을 모두 더함으로써 구할 수 있다는 것으로 아래 조건들이 만족되어야 한다.

1. 각각의 변형성분은 그 것을 유발시키는 하중과 선형적인 관계에 있다.
2. 주어진 하중에 의한 변형은 작으며 다른 하중들의 재하조건에 영향을 미치지 않는다.

다축응력 상태의 경우 첫 번째 조건은 발생되는 응력의 최대값이 재료의 비례한도를 넘지 않아야 만족된다. 두 번째 조건은 고려하고 있는 면에서 발생되는 응력이 다른 면들의 변형을 유발하지 않는다는 것을 만족해야 한다. 즉, 다른 면의 응력계산에 영향을 줄 만큼의 변형이 크지 않다는 것이다.

먼저 응력성분 σ_x의 영향을 고려해 보면 9.10절로부터 σ_x는 x축 방향으로 σ_x/E의 변형률을 유발하며 동시에 y축과 z축 방향으로 포아슨 효과에 의해 $-\nu\sigma_x/E$의 변형률을 발생시킴을 알 수 있다. 이와 유사하게 σ_y만을 따로 작용하면 y축 방향으로 σ_y/E의 변형률을, 다른 축 방향으로 각각 $-\nu\sigma_y/E$를 유발한다. 마지막으로 응력성분 σ_z는 z축 방향으로 σ_z/E의 변형률을, x와 y방향으로 $-\nu\sigma_z/E$의 변형률을 일으킨다. 얻어진 결과들을 모두 조합하면 다음과 같은 다축응력 상태의 변형률을 응력성분의 항으로 구할 수 있게 된다.

$$\begin{aligned}\epsilon_x &= +\frac{\sigma_x}{E}-\frac{\nu\sigma_y}{E}-\frac{\nu\sigma_z}{E}\\ \epsilon_y &= -\frac{\nu\sigma_x}{E}+\frac{\sigma_y}{E}-\frac{\nu\sigma_z}{E}\\ \epsilon_z &= -\frac{\nu\sigma_x}{E}-\frac{\nu\sigma_y}{E}+\frac{\sigma_z}{E}\end{aligned} \tag{9.27}$$

식 (9.27)을 균질 및 등방성 재료의 다축응력 상태의 일반적 Hooke의 법칙이라 한다. 앞에서 지적한 바와 같이, 얻어진 결과들은 응력이 비례한도를 초과하지 않고 변형이 크지 않는 한 정당화될 수 있다. 또한 응력의 부호가 양(+)은 인장, 그리고 음(−)은 압축을 나타내고 이에 대응되는 변형률도 각각 신장과 수축을 의미한다.

예제 9.8 그림 9.38과 같은 강재블록이 모든 면에 균등한 압력을 받고 있다. 변 AB의 길이변화는 -1.2×10^{-3} in.일 때 다음 질문에 답하시오. (a) 다른 두 변의 길이변화, (b) 강재블록의 면에 작용하는 압력 p. 단, 강재의 탄성계수와 포아슨비는 각각 $E=29\times10^6$ psi, $\nu=0.29$이다.

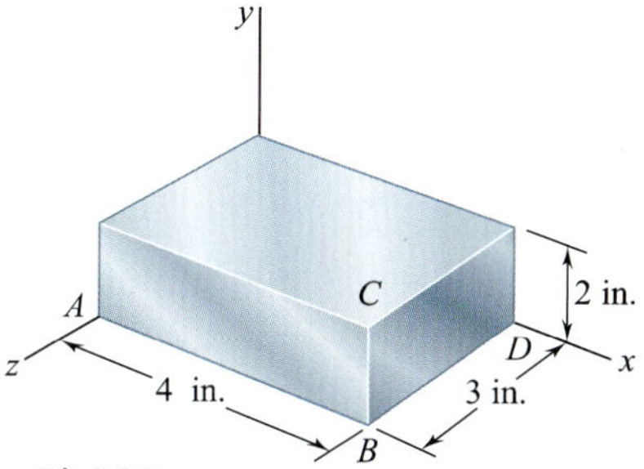

그림 9.38

a) 다른 변의 길이변화. $\sigma_x=\sigma_y=\sigma_z=-p$을 식 (9.27)에 대입하면 변형률성분들을 알 수 있다.

$$\epsilon_x=\epsilon_y=\epsilon_z=-\frac{p}{E}(1-2\nu)$$

한편,

$$\begin{aligned}\epsilon_x=\delta_x/AB&=(-1.2\times10^{-3}\text{ in.})/(4\text{ in.})\\ &=-300\times10^{-6}\text{ in./in.}\end{aligned}$$

그러므로 변형률성분을 계산할 수 있다. 즉,

$$\epsilon_x=\epsilon_y=\epsilon_z=-300\times10^{-6}\text{ in./in.}$$

이 값들로부터 변형성분도 얻을 수 있다.

$$\delta_y=\epsilon_y(BC)=(-300\times10^{-6})(2\text{ in.})=-600\times10^{-6}\text{ in.}$$
$$\delta_z=\epsilon_z(BD)=(-300\times10^{-6})(3\text{ in.})=-900\times10^{-6}\text{ in.}$$

(b) 압력 p. 식 (9.28)을 p에 대해 풀면 구할 수 있다.

$$p = -\frac{E\epsilon_x}{1-2\nu} = -\frac{(29\times10^6\,\mathrm{psi})(-300\times10^{-6})}{1-0.58}$$

$$p = 20.7\ \mathrm{ksi} \quad ■$$

9.12 전단변형률

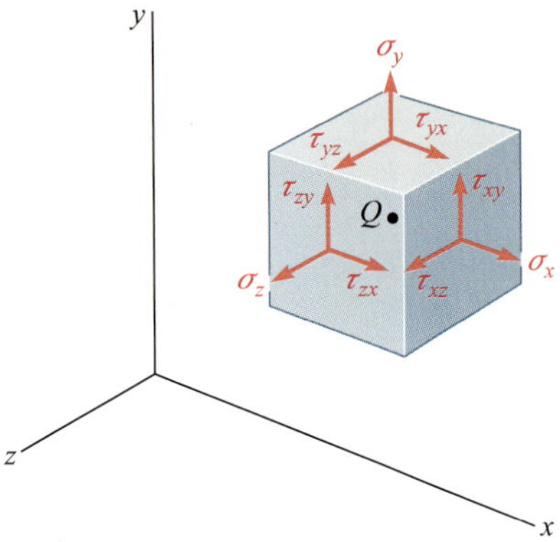

그림 9.39

9.11절에서 유도된 균질 및 등방성 재료의 응력과 변형률 관계를 나타내는 식 (9.27)에는 전단응력의 항이 포함되지 않았다. 그림 9.39와 같이 보다 일반적 응력상태를 나타내기 위해서는 전단응력 τ_{xy}, τ_{yz}, τ_{zx}이 고려될 것이다.(물론 τ_{yx}, τ_{zy}, τ_{xz}도 나타낼 것이다.) 이 변형률들은 수직변형률과 직접적인 영향이 없고, 모든 변형들이 작게 유지되는 한 전단응력 성분은 식 (9.27)의 유도와 정당성에 아무런 영향을 미치지 않는다. 그러나 전단응력은 재료의 직육면체 형상을 **경사진 평행육면체**(oblique parallelepiped)로 변형시키려 할 것이다.

먼저 x축과 y축에 각각 직각인 면에 전단응력 τ_{xy}와 τ_{yx}만이 작용하고 다른 응력성분은 0인 모든 변의 길이가 1인 정육면체(그림 9.40) 요소를 생각해 보자.(8.9절로부터 $\tau_{xy} = \tau_{yx}$임을 알고 있다.) 전단응력에 의해 정육면체 요소는 길이는 똑같이 1인 마름모꼴(rhomboid)로 변형된다(그림 9.41). 즉, 전단응력을 받는 4개의 면에 의해 형성되는 모서리각 중 2개는 $\pi/2$에서 $\pi/2-\gamma_{xy}$로 감소되는 반면, 나머지 2개의 각은 $\pi/2+\gamma_{xy}$로 증가함을 알 수 있다. 단위가 라디안으로 정의되는 미소 각 γ_{xy}는 x와 y방향으로의 **전단변형률**(shear strain)이라 정의된다. 그림 9.41과 같이 각각 $+x$축 방향과 $+y$축 방향을 향하는 2개의 면이 이루는 각이 감소될 경우 전단변형률 γ_{xy}는 양(+)의 값이 되고, 반대일 경우 음(−)의 값이 된다.

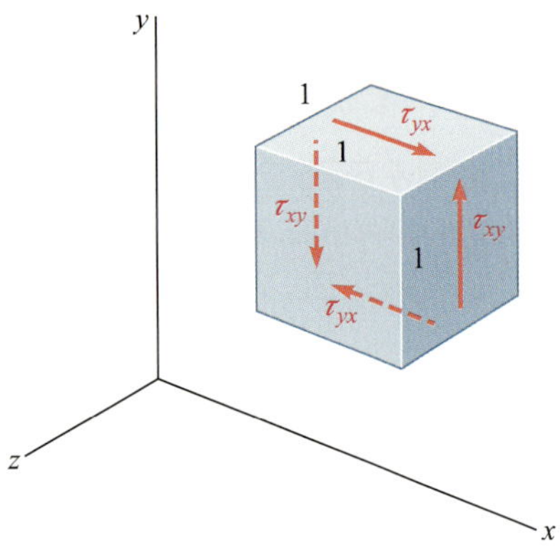

그림 9.40

여기서도 주의해야 할 점은 고려하고 있는 요소를 둘러싸고 있는 다른 요소들의 변형의 결과로, 고려하고 있는 요소도 강제적으로 같이 회전이동하려는 변위 즉, 회전변위가 발생된다. 수직변형률의 경우는 다른 요소들의 변형의 결과로 고려하고 있는 요소가 강제적으로 직선변위가 발생됨을 알고 있다. 이와 같이 재료가 외력에 의해 스스로 변형되면서 요소의 위치가 이동되지 않고 주변요소들의 변형에 의해 영향을 받아 같이 위치를 이동하는 것을 강체변위라 배웠다. 강체변위에는 위에서 언급된 회전변위와 직선변위가 있는데, 전단변형률은 재료의 각 변화를 유발하는 바, 전단응력에 의해 발생되는 강체변위는 회전변위에 해당된다. 그러나 여기서는 순수한 재료의 실제변

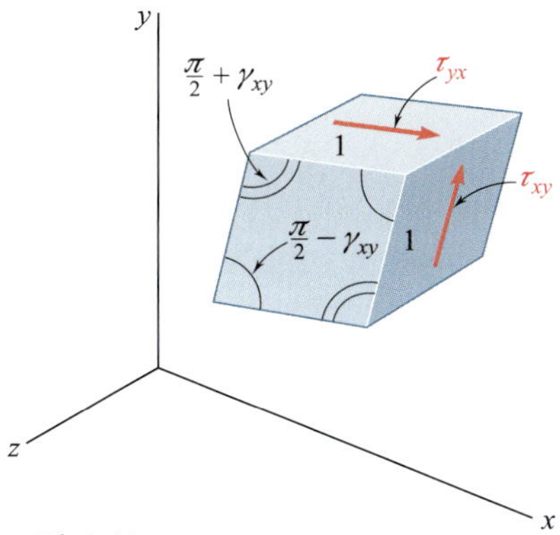

그림 9.41

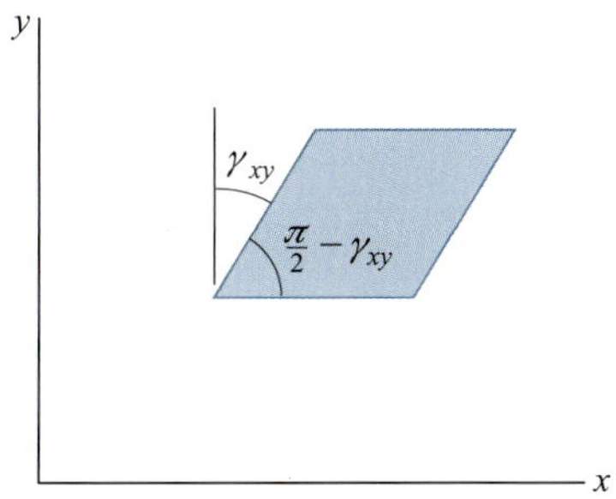

그림 9.42

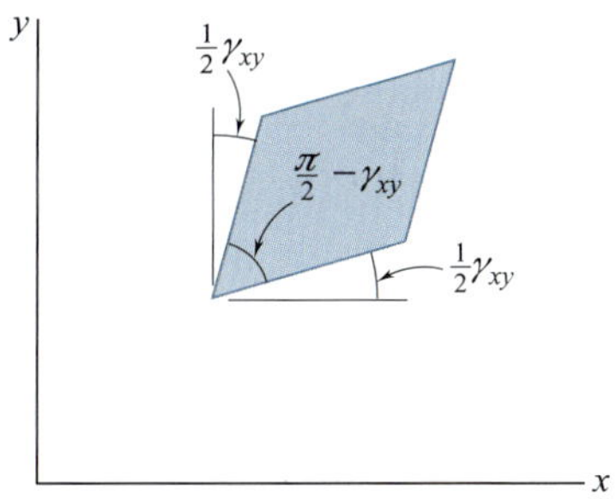

그림 9.43

형만을 고려하며 어떠한 강체변위[4]를 고려한 중첩된 변위는 배제한다.

전단변형률 γ_{xy}에 대한 전단응력 τ_{xy}를 계속적으로 표시하게 되면 고려하는 재료의 전단응력－전단변형률 선도를 얻을 수 있다. 제10장에서 설명되는 **비틀시험**을 통해 얻을 수 있다. 이 장의 앞 부분에서 설명되었던 동일한 재료의 인장시험으로부터 수직응력－변형률선도를 작도한 방법과 유사하다. 그러나 전단에 의한 항복강도와 극한강도는 인장에 의한 값들에 비해 1/2정도이다. 수직응력－변형률선도와 마찬가지로 전단응력－전단변형률 선도의 초기부분도 직선상태를 나타낸다. 최대전단응력이 전단에서의 비례한도를 넘지 않고 균질 및 등방성 재료일 경우 아래와 같이 나타낼 수 있다.

$$\tau_{xy} = G\,\gamma_{xy} \tag{9.28}$$

이와 같은 관계를 **전단응력과 전단변형률에 대한 Hooke의 법칙**이라 하고, 상수 G을 재료의 **강성계수**(modulus of rigidity) 또는 **전단탄성계수**(shear modulus)라 한다. 전단변형률 γ_{xy}가 무차원인 라디안(radian)으로 표현되기 때문에 전단탄성계수 G의 단위는 전단응력 τ_{xy}과 같은 파스칼(Pa) 또는 psi가 된다. 통상 재료의 전단탄성계수 G는 탄성계수 E의 1/3 이상에서 1/2 이하가 됨을 알 수 있다.

한편, 모든 변의 길이가 1인 정육면체 요소에 전단응력 τ_{yz}과 τ_{zy}(그림 9.44a)가 작용하고 있을 때 전단변형률 γ_{yz}은 응력이 작용하는 두 면에 의해 형성되는 각 변화량으로 정의된다. 유사한 방법으로 전단변형률 γ_{zx}도 전단응력 τ_{zx}와 τ_{xz}(그림 9.44b)를 받는 요소를 고려함으로써 결정된다. 이 전단응력들이 전단시의 비례한도를 초과하지 않을 경우 아래와 같은 Hooke의 법칙을 쓸 수 있다.

$$\tau_{yz} = G\,\gamma_{yz} \qquad \tau_{zx} = G\,\gamma_{zx} \tag{9.29}$$

여기서 상수 G는 식 (9.28)에 사용된 것과 같다.

4) 변형률 γ_{xy}를 정의함에 있어서, 어떤 저자들은 임의로 요소의 실제변형을 고려할 때 그림 9.42와 같이 요소의 수평면은 회전하지 않는 강체거동을 한다는 가정을 한다. 즉, 수평면의 회전은 고정시키고 수직면에 대한 각 변화량을 전단변형률 γ_{xy}로 정의하는 것이다. 다른 가정은 수평면에 대해 반시계방향으로 $1/2\gamma_{xy}$, 그리고 수직면에 대해 시계방향으로 $1/2\gamma_{xy}$의 강체변위를 주는 방식으로 그림 9.43과 같다. 이러한 가정들은 불필요한 혼동을 일으킬지 모르므로 주어진 면 즉, 수직면과 수평면을 기준으로 한 구속적인 조건하에서의 회전보다는 단지 두 면에 의해 이루어진 각 변화량을 전단변형률 γ_{xy}로 정의한다.

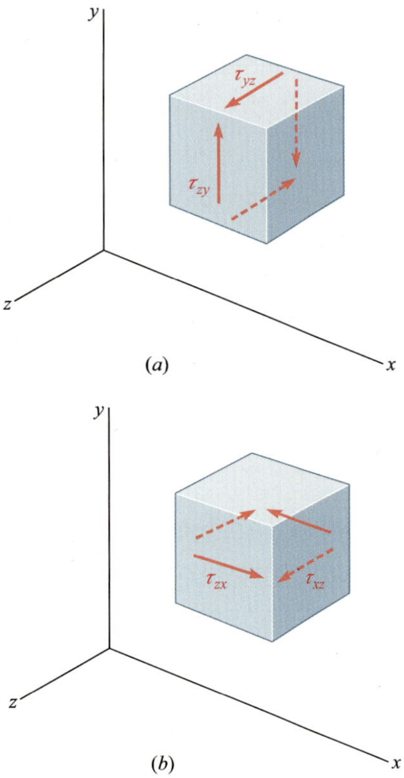

그림 9.44

그림 9.39에 나타낸 바와 같이 일반적 응력상태를 나타내기 위해 수직응력이나 전단응력이 해당되는 비례한도들을 넘지 않는다고 가정할 경우, 9.11절의 수직변형률과 수직응력과의 관계와 이 절에서 얻은 전단변형률과 전단응력과의 결과를 중첩원리에 의해 모두 합칠 수 있다. 이를 다축응력상태에서 균질 및 등방성재료에 대한 일반적 Hooke의 법칙(generalized Hooke's law)이라 한다.

$$
\begin{aligned}
\epsilon_x &= +\frac{\sigma_x}{E} - \frac{\nu\sigma_y}{E} - \frac{\nu\sigma_z}{E} \\
\epsilon_y &= -\frac{\nu\sigma_x}{E} + \frac{\sigma_y}{E} - \frac{\nu\sigma_z}{E} \\
\epsilon_z &= -\frac{\nu\sigma_x}{E} - \frac{\nu\sigma_y}{E} + \frac{\sigma_z}{E}
\end{aligned}
\qquad (9.30)
$$

$$
\gamma_{xy} = \frac{\tau_{xy}}{G} \qquad \gamma_{yz} = \frac{\tau_{yz}}{G} \qquad \gamma_{zx} = \frac{\tau_{zx}}{G}
$$

임의의 응력조합 즉, 다축응력 상태에 의해 주어진 재료의 변형을 예측하기 위해 식 (9.30)을 적용하려면 3개의 서로 다른 상수 E, ν, G가 실험적으로 결정되어야 한다. 실제로 주어진 재료에 대해 단지 2개의 상수만 실험적으로 구하면 된다. 다음 절에서 보듯이 3번째 상수는 간단한 연산에 의해 구할 수 있기 때문이다.

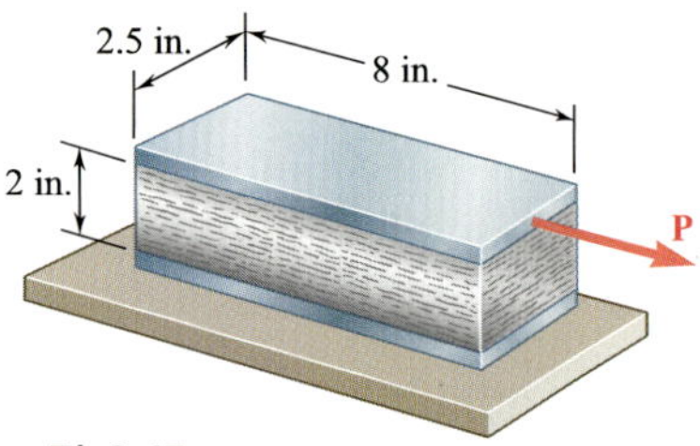

그림 9.45

예제 9.9 전단탄성계수 $G = 90$ ksi인 재료로 된 직사각형 블록이 강체로 된 두 개의 수평판에 접착되어 있다. 아래판은 고정되어 있는 반면, 윗판은 수평력 **P**(그림 9.45)를 받고 있다. 수평력에 의해 윗판이 0.04 in. 이동되었을 때 다음 사항들을 구하시오. (a) 재료의 평균전단변형률, (b) 윗판에 작용하는 수평력 **P**.

(a) 전단변형률. 먼저 변 AB의 중심위치 C에 좌표중심을 선택하고 그림 9.46과 같이 좌표방향을 세운다. 정의에 따라, 전단변형률 γ_{xy}는 수직면과 변 AB와 변 DE의 중심점을 잇는 선 CF와 이루는 각과 같다. 이 각은 미소하고 라디안으로 표현되기 때문에 다음과 같이 나타낼 수 있다.

$$
\gamma_{xy} \approx \tan\gamma_{xy} = \frac{0.04 \text{ in.}}{2 \text{ in.}} \qquad \gamma_{xy} = 0.020 \text{ rad}
$$

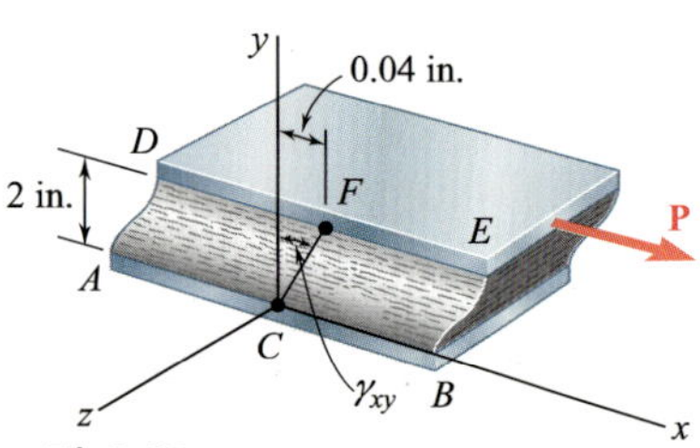

그림 9.46

(b) 수평력. 먼저 재료에 작용하는 전단응력을 구하도록 한다. Hooke의 법칙에 따라

$$
\tau_{xy} = G\gamma_{xy} = (90 \times 10^3 \text{ psi})(0.020 \text{ rad}) = 1800 \text{ psi}
$$

그러므로 윗 판에 작용하는 힘은

$$
P = \tau_{xy} A = (1800 \text{ psi})(8 \text{ in.})(2.5 \text{ in.}) = 36.0 \times 10^3 \text{ lb}
$$

$$
P = 36.0 \text{ kips} \qquad ■
$$

*9.13 축방향 하중하의 변형에 대한 추가사항. E, ν 와 G의 관계

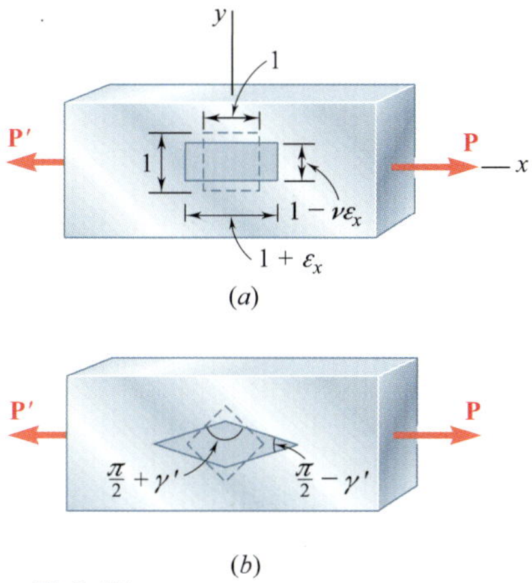

그림 9.47

9.10절에서 x축 방향으로 인장력 **P**를 받는 가느다란 부재가 x축 방향(종방향)으로는 신장을 y축과 z축 방향(횡방향)으로는 수축을 유발시킴을 알 수 있었다. ϵ_x를 종방향 변형률이라 하면, 횡방향 변형률은 $\epsilon_y = \epsilon_z = -\nu\epsilon_x$와 같다. 이 때 ν는 포아슨비라 한다. 그러므로 그림 9.47a와 같이 3변의 길이가 1인 정육면체 요소가 인장력을 받게 되면 3변의 길이가 각각 $1+\epsilon_x$, $1-\nu\epsilon_x$, $1-\nu\epsilon_x$로 길이변화를 하여 직육면체로 변형된다(그림에서는 요소의 한 면만 도시되었다). 반면에 하중이 작용하는 축에 대해 45°로 경사진 방향에 대한 요소는 마름모꼴로 변형됨을 알 수 있다. 즉, 축방향 하중 **P**는 그림 9.47b와 같이 요소의 찌그러짐에 따른 각의 변화가 증가되거나 감소되는 양만큼의 전단변형률 γ'를 요소내에 유발시킨다.

수직변형률처럼 축방향 하중에 의해 유발되는 전단변형률은 새삼스러운 것이 아니다. 왜냐하면 8.9절 후반부에서 이미 축방향 하중 **P**는 부재축에 대해 45° 경사진 면에서는 동일한 크기의 수직응력과 전단응력이 발생됨을 알 수 있었기 때문이다. 이해를 돕기 위해 그림 8.37을 여기에 반복하여 도시하였다. 또한 8.8절에 의하면 하중이 작용하면 축방향에 대해 45°면에서 전단응력은 최대가 발생됨을 알 수 있다. 전단응력과 전단변형률에 대한 Hooke의 법칙에 따라 그림 9.47b의 요소에 정의된 전단변형률 γ'도 45° 경사면에서 최대가 된다. 즉, $\gamma' = \gamma_m$.

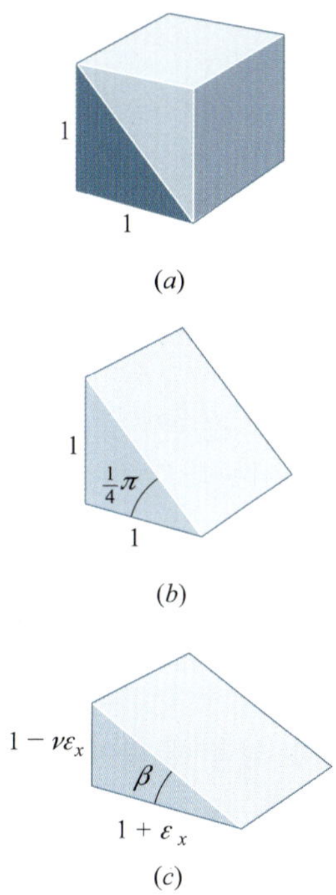

그림 9.48

한편 축방향으로의 변형률 ϵ_x와 최대전단변형률 γ_m과의 상관관계를 유도하기로 한다. 이 목적을 위해 그림 9.48a와 같은 정육면체를 대각선 방향의 면에 대해 절단한 그림 9.48b와 같은 등단면부재(prismatic member)를 고려해 보자. 그림 9.47a를 참조하면, 하중이 작용함에 따라 그림 9.48c와 같이 변형된다. 즉, 수평방향과 수직방향으로 각각 $1+\epsilon_x$와 $1-\nu\epsilon_x$로 길이의 변화가 발생된다. 원래 그림 9.48b와 같이 정확히 직각상태의 절반인 $\pi/4$의 경사각이 그림 9.48c와 같이 β로 변화된다. 이 각 β는 그림 9.47b와 같이 $\pi/2-\gamma_m$의 절반이 된다. 즉,

$$\beta = \frac{\pi}{4} - \frac{\gamma_m}{2}$$

두 각의 차이를 고려한 탄젠트 덧셈공식을 이용하면 다음과 같다.

$$\tan\beta = \tan\left(\frac{\pi}{4} - \frac{\gamma_m}{2}\right) = \frac{\tan\frac{\pi}{4} - \tan\frac{\gamma_m}{2}}{1 + \tan\frac{\pi}{4}\tan\frac{\gamma_m}{2}} = \frac{1 - \tan\frac{\gamma_m}{2}}{1 + \tan\frac{\gamma_m}{2}}$$

여기서 $\gamma_m/2$은 미소하므로 $\tan\gamma_m/2 \approx \gamma_m/2$로 대체할 수 있다.

$$\tan\beta = \frac{1-\dfrac{\gamma_m}{2}}{1+\dfrac{\gamma_m}{2}} \tag{9.31}$$

그림 9.48c로부터 다음의 관계를 찾을 수 있다.

$$\tan\beta = \frac{1-\nu\epsilon_x}{1+\epsilon_x} \tag{9.32}$$

식 (9.31)과 식 (9.32)을 등치로 놓고 γ_m에 대해 풀면

$$\gamma_m = \frac{(1+\nu)\epsilon_x}{1+\dfrac{1-\nu}{2}\epsilon_x}$$

$\epsilon_x \ll 1$이므로 윗 식의 분모는 1과 같다고 가정할 수 있다. 즉,

$$\gamma_m = (1+\nu)\,\epsilon_x \tag{9.33}$$

이 식은 최대전단변형률 γ_m과 축방향변형률 ϵ_x와의 관계를 나타낸다.

한편, 재료상수 E, ν, G간의 관계를 구하기 위해 Hooke의 법칙을 적용한다. 즉, $\gamma_m = \tau_m/G$와 축방향 하중 작용시 $\epsilon_x = \sigma_x/E$이다. 그러므로 식 (9.33)은 다음과 같이 표현할 수 있다.

$$\frac{\tau_m}{G} = (1+\nu)\frac{\sigma_x}{E}$$

또는

$$\frac{E}{G} = (1+\nu)\frac{\sigma_x}{\tau_m} \tag{9.34}$$

그림 8.37로부터 $\sigma_x = P/A$와 $\tau_m = P/2A$이므로 $\sigma_x/\tau_m = 2$가 됨을 알 수 있다. 이 값을 식 (9.34)에 대입하고 양변을 2로 나누면 다음과 같은 관계식을 유도할 수 있다.

$$\frac{E}{2G} = 1+\nu \tag{9.35}$$

이 식은 E, ν, G중에 2개를 실험적으로 구할 수 있을 때 나머지 한 개를 결정할 수 있게 한다. 예를 들면, E와 ν를 알고 있을 때 전단탄성계수 G를 계산할 경우 식 (9.35)를 G에 대해 정리하면 다음과 같다.

$$G = \frac{E}{2(1+\nu)} \tag{9.35'}$$

문제 9.5

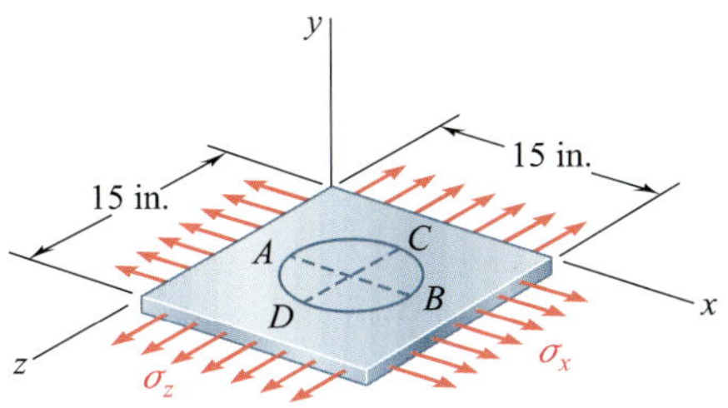

두께가 $t=3/4$ in.인 무응력 상태의 알루미늄판위에 직경이 $d=9$ in.인 원이 그려져 있다. 이 때 수직응력 $\sigma_x = 12$ ksi와 $\sigma_y = 20$ ksi을 작용시킨다. $E = 10 \times 10^6$ psi이고 $\nu = 1/3$일 때 다음의 변화량들을 구하시오. (a) 직경 AB의 길이, (b) 직경 CD의 길이, (c) 알루미늄 판의 두께.

풀이.

Hooke의 법칙. 여기서 $\sigma_y = 0$이므로 식 (9.27)에 의해 각 좌표계방향으로 수직변형률을 계산할 수 있다. 즉,

$$\begin{aligned}\epsilon_x &= +\frac{\sigma_x}{E} - \frac{\nu\sigma_y}{E} - \frac{\nu\sigma_z}{E} \\ &= \frac{1}{10 \times 10^6 \text{psi}}\left[(12\text{ksi}) - 0 - \frac{1}{3}(20\text{ksi})\right] = +0.533 \times 10^{-3}\text{in./in.}\end{aligned}$$

$$\begin{aligned}\epsilon_y &= -\frac{\nu\sigma_x}{E} + \frac{\sigma_y}{E} - \frac{\nu\sigma_z}{E} \\ &= \frac{1}{10 \times 10^6 \text{psi}}\left[-\frac{1}{3}(12\text{ksi}) + 0 - \frac{1}{3}(20\text{ksi})\right] = -1.067 \times 10^{-3}\text{in./in.}\end{aligned}$$

$$\begin{aligned}\epsilon_z &= -\frac{\nu\sigma_x}{E} - \frac{\nu\sigma_y}{E} + \frac{\sigma_z}{E} \\ &= \frac{1}{10 \times 10^6 \text{psi}}\left[-\frac{1}{3}(12\text{ksi}) - 0 + (20\text{ksi})\right] = +1.600 \times 10^{-3}\text{in./in.}\end{aligned}$$

a. 직경 *AB*. 길이변화는 $\delta_{B/A} = \epsilon_x d$ 이다.

$$\delta_{B/A} = \epsilon_x d = (+0.533 \times 10^{-3} \text{ in./in.})(9\text{in.})$$

$$\delta_{B/A} = +4.8 \times 10^{-3} \text{ in.}$$

b. 직경 *CD*.

$$\delta_{C/D} = \epsilon_z d = (+1.600 \times 10^{-3} \text{ in./in.})(9\text{in.})$$

$$\delta_{C/D} = +14.4 \times 10^{-3} \text{ in.}$$

c. 판의 두께. 알루미늄 판의 두께가 $t=3/4$ in.이므로 두께의 변화량은 다음과 같다.

$$\delta_t = \epsilon_y t = (-1.067 \times 10^{-3} \text{ in./in.})(\frac{3}{4}\text{in.})$$

$$\delta_t = -0.800 \times 10^{-3} \text{ in.}$$

Problems

9.49 In a standard tensile test a steel rod of $\frac{7}{8}$-in. diameter is subjected to a tension force of 17 kips. Knowing that $\nu = 0.3$ and $E = 29 \times 10^6$ psi, determine (*a*) the elongation of the rod in an 8-in. gage length, (*b*) the change in diameter of the rod.

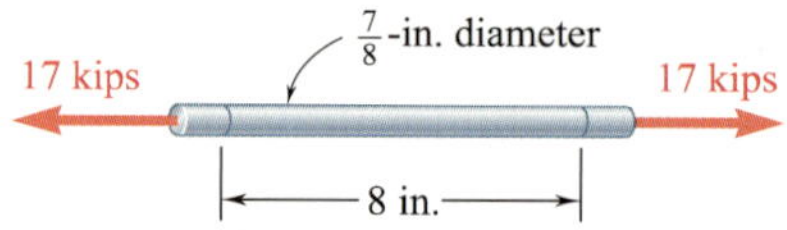

그림 P9.49

9.50 A standard tension test is used to determine the properties of an experimental plastic. The test specimen is a 15-mm-diameter rod, and it is subjected to a 3.5-kN tensile force. Knowing that an elongation of 11 mm and a decrease in diameter of 0.62 mm are observed in a 120-mm gage length, determine the modulus of elasticity, the modulus of rigidity, and Poisson's ratio of the material.

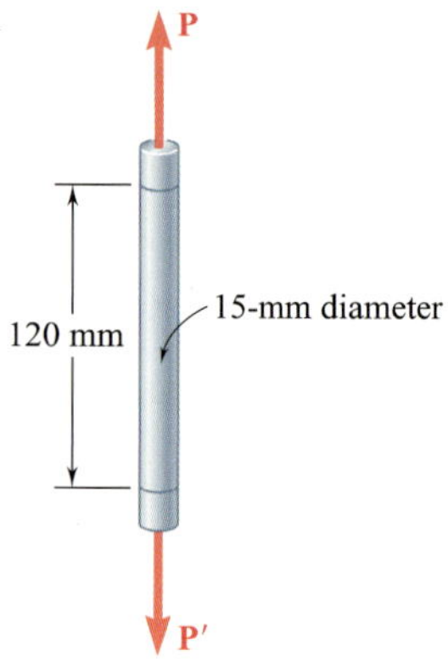

그림 P9.50

9.51 A 2-m length of an aluminum pipe of 240-mm outer diameter and 10-mm wall thickness is used as a short column and carries a centric axial load of 640 kN. Knowing that $E = 73$ GPa and $\nu = 0.33$, determine (*a*) the change in length of the pipe, (*b*) the change in its outer diameter, (*c*) the change in its wall thickness.

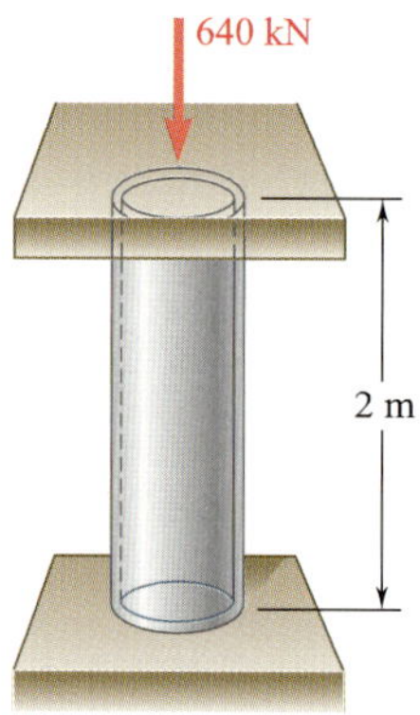

그림 *P9.51*

9.52 The change in diameter of a large steel bolt is carefully measured as the nut is tightened. Knowing that $E = 200$ GPa and $\nu = 0.29$, determine the internal force in the bolt if the diameter is observed to decrease by 13 μm.

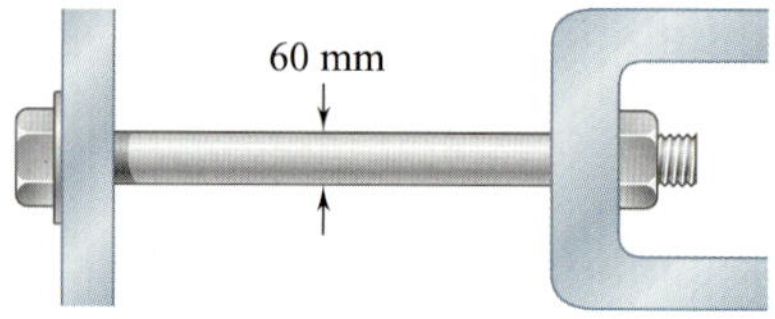

그림 P9.52

9.53 An aluminum plate ($E = 74$ GPa, $\nu = 0.33$) is subjected to a centric axial load that causes a normal stress σ. Knowing that, before loading, a line of slope 2:1 is scribed on the plate, determine the slope of the line when $\sigma = 125$ MPa.

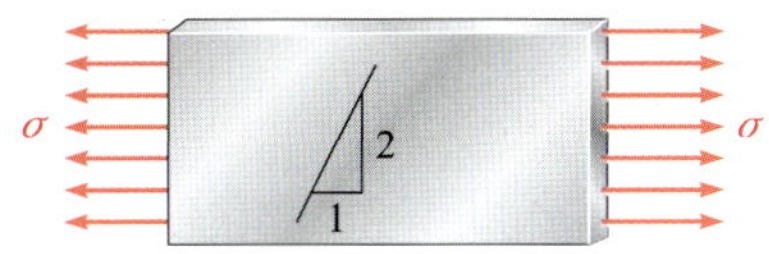

그림 P9.53

9.54 A 600-lb tensile load is applied to a test coupon made from $\frac{1}{16}$-in. flat steel plate ($E = 29 \times 10^6$ psi, $\nu = 0.30$). Determine the resulting change (*a*) in the 2-in. gage length, (*b*) in the width of portion *AB* of the test coupon, (*c*) in the thickness of portion *AB*, (*d*) in the cross-sectional area of portion *AB*.

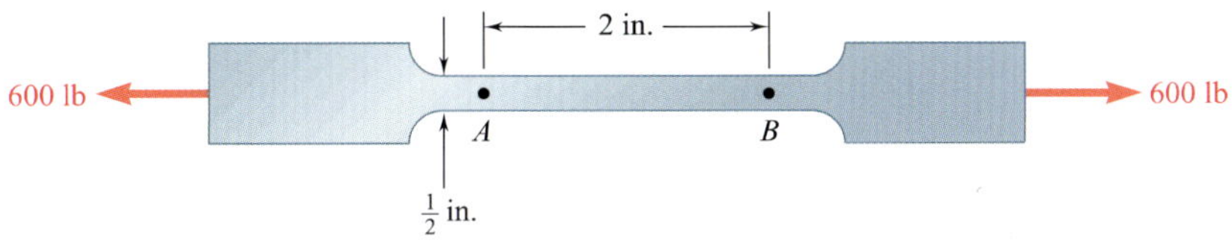

그림 P9.54

9.55 The aluminum rod *AD* is fitted with a jacket that is used to apply a hydrostatic pressure of 6000 psi to the 12-in. portion *BC* of the rod. Knowing that $E = 10.1 \times 10^6$ psi and $\nu = 0.36$, determine (*a*) the change in the total length *AD*, (*b*) the change in diameter at the middle of the rod.

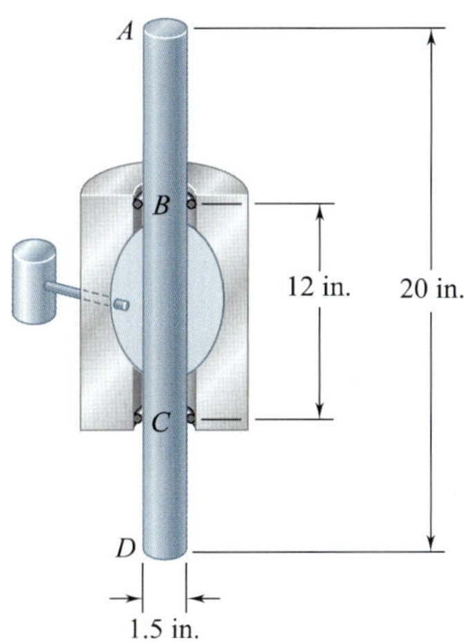

그림 P9.55

9.56 For the rod of Prob. 9.55, determine the forces that should be applied to the ends *A* and *D* of the rod (*a*) if the axial strain in portion *BC* of the rod is to remain zero as the hydrostatic pressure is applied, (*b*) if the total length *AD* of the rod is to remain unchanged.

9.57 A 20-mm square has been scribed on the side of a large steel pressure vessel. After pressurization, the biaxial stress condition of the square is as shown. Using the data available in App. A, for structural steel, determine the percent change in the slope of diagonal *DB* due to the pressurization of the vessel.

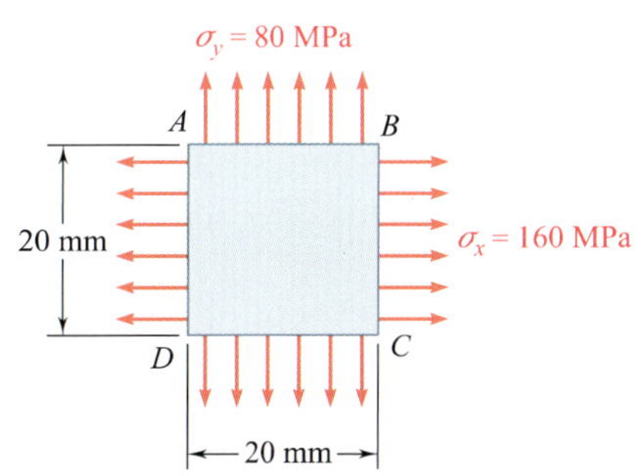

그림 *P9.57*

9.58 A fabric used in air-inflated structures is subjected to a biaxial loading that results in normal stresses $\sigma_x = 120$ MPa and $\sigma_z = 160$ MPa. Knowing that the properties of the fabric can be approximated as $E = 87$ GPa and $\nu = 0.34$, determine the change in length of (*a*) side *AB*, (*b*) side *BC*, (*c*) diagonal *AC*.

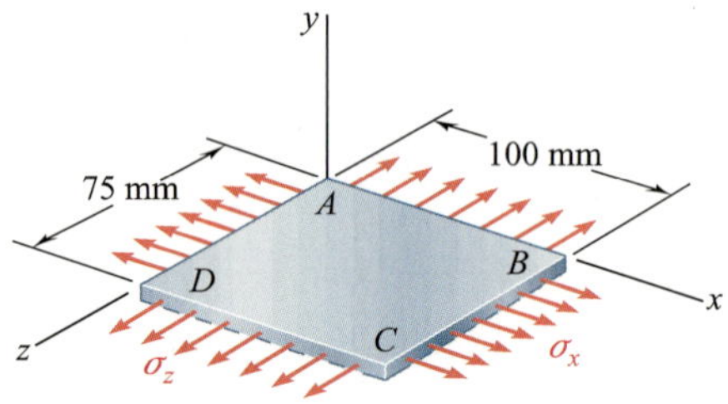

그림 P9.58

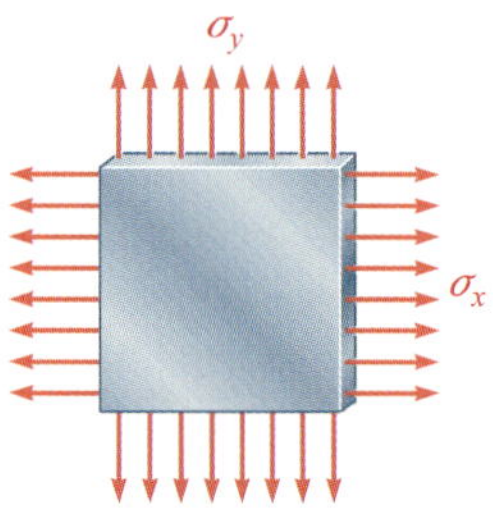

그림 P9.59

9.59 In many situations it is known that the normal stress in a given direction is zero. For example, $\sigma_z = 0$ in the case of the thin plate shown. For this case, which is known as *plane stress,* show that if the strains ε_x and ε_y have been determined experimentally, we can express σ_x, σ_y and ε_z as follows:

$$\sigma_x = E\frac{\varepsilon_x + \nu\varepsilon_y}{1 - \nu^2}$$

$$\sigma_y = E\frac{\varepsilon_y + \nu\varepsilon_x}{1 - \nu^2}$$

$$\varepsilon_z = -\frac{\nu}{1 - \nu}(\varepsilon_x + \varepsilon_y)$$

9.60 In many situations physical constraints prevent strain from occurring in a given direction. For example, $\varepsilon_z = 0$ in the case shown, where longitudinal movement of the long prism is prevented at every point. Plane sections perpendicular to the longitudinal axis remain plane and the same distance apart. Show that for this situation, which is known as *plane strain*, we can express σ_z, ε_x, and ε_y as follows:

$$\sigma_z = \nu(\sigma_x + \sigma_y)$$

$$\varepsilon_x = \frac{1}{E}[(1 - \nu^2)\sigma_x - \nu(1 + \nu)\sigma_y]$$

$$\varepsilon_y = \frac{1}{E}[(1 - \nu^2)\sigma_y - \nu(1 + \nu)\sigma_x]$$

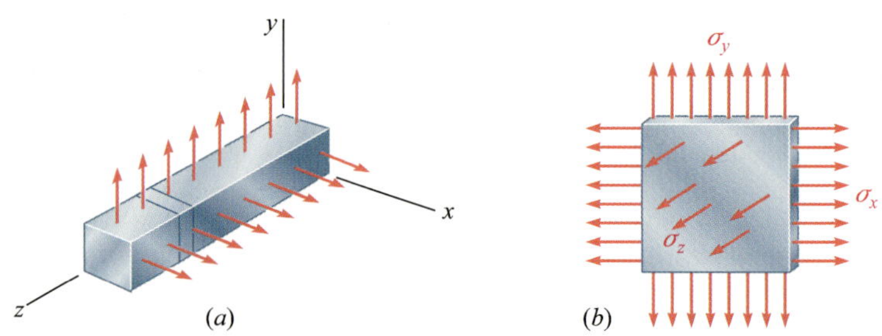

그림 P9.60

9.61 The plastic block shown is bonded to a rigid support and to a vertical plate to which a 240-kN load **P** is applied. Knowing that for the plastic used $G = 1050$ MPa, determine the deflection of the plate.

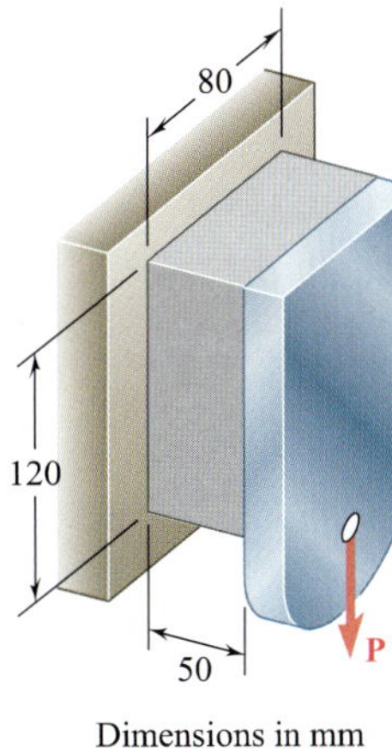

그림 P9.61

9.62 A vibration isolation unit consists of two blocks of hard rubber bonded to a plate AB and to rigid supports as shown. Knowing that a force of magnitude $P = 6$ kips causes a deflection $\delta = \frac{1}{16}$ in. of plate AB, determine the modulus of rigidity of the rubber used.

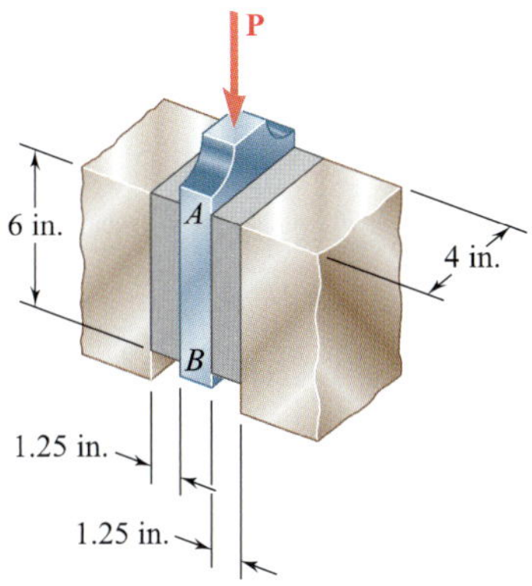

그림 *P9.62*, P9.63

9.63 A vibration isolation unit consists of two blocks of hard rubber with a modulus of rigidity $G = 2.75$ ksi bonded to a plate AB and to rigid supports as shown. Denoting by P the magnitude of the force applied to the plate and by δ the corresponding deflection, determine the effective spring constant, $k = P/\delta$, of the system.

9.64 An elastomeric bearing ($G = 0.9$ MPa) is used to support a bridge girder as shown to provide flexibility during earthquakes. The beam must not displace more than 10 mm when a 22-kN lateral load is applied as shown. Knowing that the maximum allowable shearing stress is 420 kPa, determine (*a*) the smallest allowable dimension b, (*b*) the smallest required thickness a.

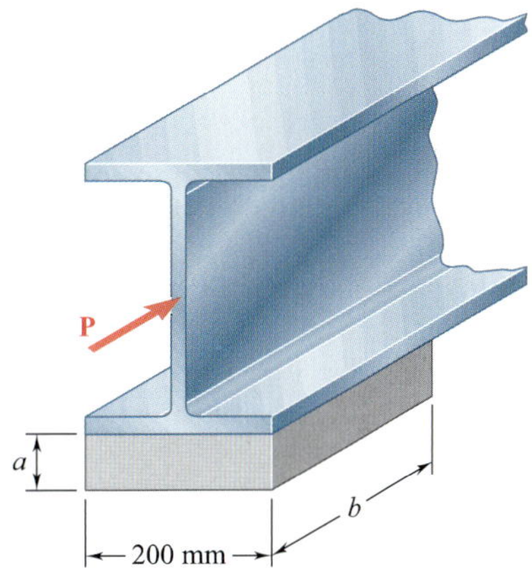

그림 P9.64

9.14 축방향 하중하의 응력–변형률 분포. St. Venant의 원리

그림 9.49

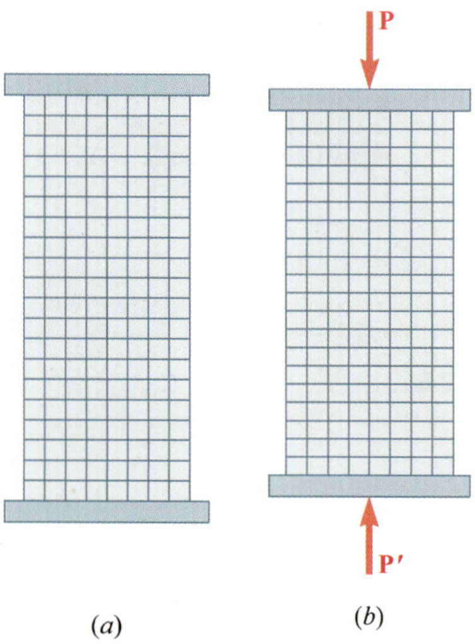

그림 9.50

우리는 지금까지 축방향 하중이 가해진 부재에서 부재축에 직각인 어느 단면에서나 수직응력은 균등하다고 가정하였다. 이와 같은 가정은 8.3절에서 살펴본 바와 같이 하중작용점 근처에서는 큰 오차를 유발할 수 있다. 그러나 부재의 주어진 단면에서의 실제응력을 결정하는 것은 부정정문제의 해를 필요로 한다.

9.8절에서 부정정문제는 **힘**의 결정뿐만 아니라 힘에 의해 발생되는 **변형**을 고려함으로써 풀 수 있다. 이러한 까닭에 부재내의 **응력**의 결정은 응력에 의해 발생되는 **변형률**의 해석을 필요로 한다. 이 문제는 좀 더 높은 수준의 역학교과서에서 볼 수 있는 접근법으로 부재 양단에서 다양한 형태의 하중이 작용함에 따른 응력분포를 결정하기 위해서는 대학원과정에서 배우는 수학적인 탄성론(theory of elasticity)이 사용된다. 우리 손에 맡겨져 있는 보다 제한된 수학적 도구를 갖고는 응력해석 또한 제한된 범위에 대해 가능하다. 즉, 균질 및 등방성 재료로 된 부재의 양단에 무한강성을 갖는 강체판을 위치시킨 후 하중을 가해 힘이 고르게 미칠 수 있게 고려하는 것이다(그림 9.49).

강체판의 중앙에 하중이 재하되면[5], 강체판은 부재의 길이는 감소시키는 반면, 부재의 폭과 두께를 증가시키면서 회전없이 서로를 향하여 움직일 것이다. 그 결과 부재는 직선을 유지하고 변형전의 단면이 평면인 상태가 변형 후에도 유지되며 부재의 모든 요소들은 동일한 형태로 변형될 것이라고 가정하는 것은 합리적이라 할 수 있다. 그 이유는 주어진 강체판의 양단에서 변위에 대한 적합조건을 만족하기 때문이다. 이 결과는 그림 9.50에 잘 나타나 있다. 즉, 고무재료된 모델의 변형전과 변형 후[6]의 그림을 도시하였다. 한편, 모든 요소가 동일한 형태로 변형을 하게 되면 전체부재를 통해 임의의 면에서 변형률의 분포도 균등하게 된다. 다시 말하면, 종방향 변형률 ϵ_y와 횡방향 변형률 $\epsilon_x = -\nu\epsilon_y$는 일정하게 된다. 또한 응력이 비례한도를 넘지 않으면 Hooke의 법칙에 따라 $\sigma_y = E\epsilon_y$가 되며 이는 수직응력 σ_y 또한 일정함을 의미한다. 그러므로 부재전체에 걸쳐 응력분포는 어느 위치에서나 일정함을 알 수 있다. 즉,

$$\sigma_y = (\sigma_y)_{\text{ave}} = \frac{P}{A}$$

5) 좀 더 자세히 말하면 하중의 작용선이 부재 단면의 도심을 관통하는 중심하중이어야 한다(8.3절 참조).

6) 부재가 길고 가느다란 경우 하중을 충분히 증가시키면 휨에 의해 좌굴이 발생되어 구부러진 형상을 보인다(제16장 참조).

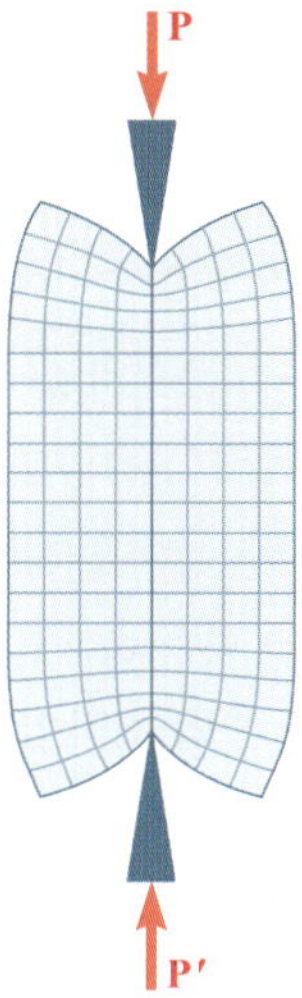

그림 9.51

반면에, 그림 9.51과 같이 하중이 한 점에 집중해서 작용하면 하중 작용점 부근의 요소들은 매우 큰 응력을 받게 된다. 즉, 부재의 모서리부분의 요소들은 큰 영향을 받지 않는다. 이 결과는 하중 작용점 부근에서는 큰 변형과 변형률이 발생되는 반면, 부재의 모서리부근에서는 변형이 발생되지 않는다는 관찰을 통해 쉽게 확인할 수 있다. 그러나 부재의 양단에서 점점 더 떨어져 있는 위치로 갈수록 변형이 점차적으로 같아지고 아울러 부재의 단면에서 발생되는 응력과 변형률의 분포도 점차 균등하게 된다. 이러한 현상은 그림 9.52에 도시하였는데 집중하중을 받는 직사각형 부재의 여러 위치에서의 응력분포를 고급역학으로 해석한 결과를 보인 것이다. 양단 어느 쪽으로부터 부재의 폭 b만큼 떨어진 단면에서의 응력분포는 거의 균등한 것으로 간주할 수 있다. 즉, 단면의 어느 위치에서나 응력 σ_y는 평균값인 P/A로 가정할 수 있다. 그러므로 단면의 위치가 부재의 폭보다 같거나 클 경우 하중을 그림 9.49와 그림 9.51에 상관없이 응력의 분포가 일정하다고 할 수 있다. 다시 말하면, 하중 작용점에 가까운 부근을 제외하고 응력의 분포는 하중작용 형태와 무관하고 가정할 수 있다. 이와 같은 서술은 축방향 하중뿐만 아니라 실제로 작용되는 어떤 하중의 형태와 무관하게 적용될 수 있는데 이를 프랑스의 수학자이며 공학자인 Adhémar Barré de Saint-Venant(1797-1886)의 이름을 따서 St. Venant의 원리라 부른다.

St. Venant의 원리는 구조부재의 응력을 계산하기 위해 주어진 하중을 좀 더 간단한 형태의 하중으로 대체하는 것을 가능케 함에도 불구하고 이 원리를 적용하는 데는 두 가지 중요한 사항들을 명심해야 한다. 즉,

1. 실제하중과 응력계산시 사용된 하중은 크기, 작용점 및 작용방향이 동일해야 한다. 즉, 정역학적으로 등가(statically equivalent)이어야 한다.
2. 하중 작용점 부근에서는 이 방법으로 응력을 계산할 수 없기 때문에, 고급역학이론 및 실험법에 의해 응력분포를 산정해야 한다.

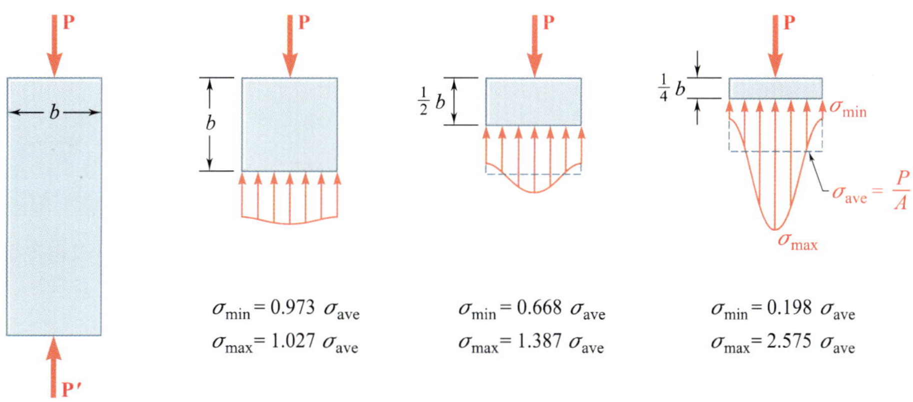

그림 9.52

또한 그림 9.50의 부재에서 균등한 응력분포를 얻기 위해 사용된 강체판은 부재의 횡방향으로 자유롭게 팽창되는 것을 허용하도록 해야 한다. 따라서 강체판과 부재간에는 완전히 접착되어 있지 않고 단순히 강체판이 부재와 접촉되어 있으며 부재의 횡방향 팽창을 방해하지 않도록 충분히 매끄럽다고 가정되어야 한다. 이러한 부재 양단의 구속조건은 압축시에는 가능하나 인장시에는 물리적으로 실현시키기 어렵다. 그러나 부재의 응력분포가 균등할 수 있도록 부재에 하중을 작용시키기 위한 양단의 구속방법이 실현되거나 실제 사용될 수 있느냐는 크게 문제가 되지 않는다. 중요한 점은 이러한 응력분포를 예측할 수 있는 **모델을 상상**할 수 있다는 것이고, 이 모델과 실제하중 조건에 의한 결과들을 서로 비교할 수 있다는 점도 무척 의미가 있는 일이라는 것을 명심해야 한다. 이것은 실제 물리적 현상을 규명하기 위해서는 여러 가지 다른 역학적 모델을 제시한 후 그 결과들을 비교하면서 보다 나은 해석법을 찾아 나갈 수 있는 연구의 토대가 되는 것이기 때문이다.

9.15 응력집중

앞 절에서는 살펴본 바와 같이, 집중하중이 작용하는 점 부근의 응력은 부재 내의 평균응력에 비해 훨씬 큰 값에 도달할 수 있다. 구조부재가 부재내부의 원공(hole)이나 사각형 개구부(cut－out) 또는 단면이나 두께의 급격한 변화 등으로 인한 불연속 단면을 갖고 있을 때 국부적으로 매우 높은 응력이 불연속 주위에서 발생된다.

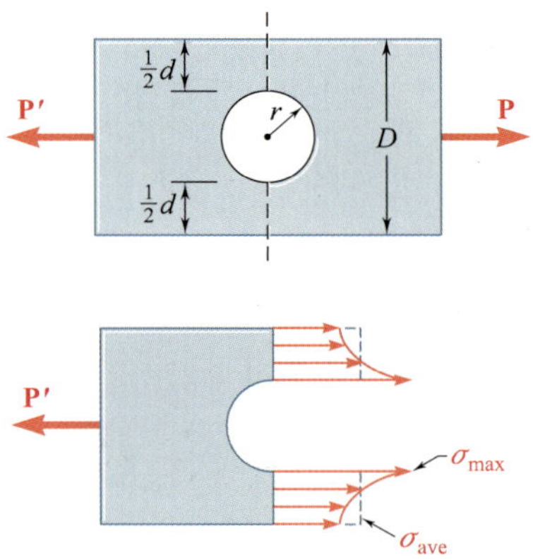

그림 9.53 인장력을 받는 평판의 원공주위의 응력분포

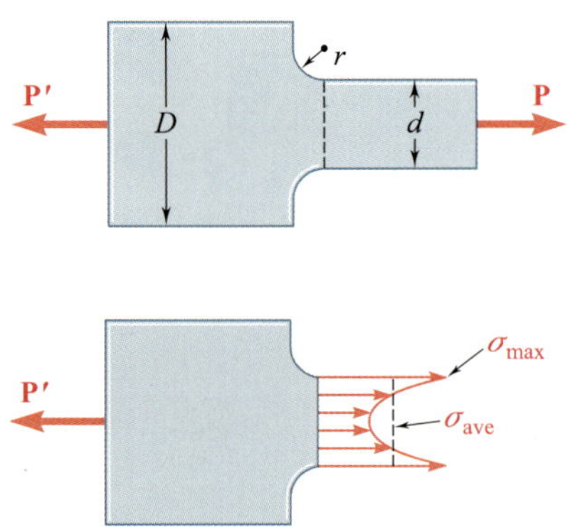

그림 9.54 인장력을 받는 평판의 필렛 용접부의 응력분포

그림 9.53과 그림 9.54는 두 가지 불연속 단면의 경우 최대응력이 발생되는 임계단면(critical section)에서의 응력분포를 보여준다. 그림 9.53은 **원공**을 갖는 평판에 인장력이 작용할 때 원공의 중앙을 지나는 면에서의 응력분포를 보여주고 있다. 그림 9.54는 단면의 폭이 다른 두 개의 인장판이 **필렛**에 의해 연결되어 있을 때 단면의 폭이 최소인 연결부에서의 응력분포를 나타내고 있으며, 여기에서 최대응력이 발생된다.

이 결과들은 광탄성법(photoelastic method)을 사용해 실험적으로 얻어졌다. 다행히 이와 같은 부재의 설계를 위해 필요한 최대응력을 고급역학을 통해 계산할 수 없는 기술자들에게 이 결과들은 부재치수나 사용재료에 상관없이 사용될 수 있다. 다만, 단면의 기하학적 형상비에 따라 달라 질 수 있다. 즉, 원공문제의 경우 r/d비, 필렛문제의 경우 r/d와 D/d에 따라 최대응력 값은 영향을 받는다. 다시 말하면, 설계 기술자들은 주어진 하중하에서 계산된 **최대응력**이 **허용응력**을 초과하는지 여부에 관심을 갖는 반면, 그렇지 않은 단면에서는 충분히 안전하기 때문에 관심에서 벗어난다. 이러한 이유로 임계단면에서 발생되는 실제응력분포 보다는 응력의 최대값에 보다 흥미를 갖게 되는 것이다. 이러한 이유로 불연속부의 임계단면(최소폭 단면)에서 발생되는 평균응력과 최대응력의 비를 다음과 같이 정의한다.

$$K = \frac{\sigma_{\max}}{\sigma_{\text{ave}}} \tag{9.36}$$

여기서 K를 일컬어 주어진 불연속 단면에서의 **응력집중계수**(stress concentration factor)라 정의한다. 응력집중계수는 앞에서 언급한 바와 같이 기하학적 형상비인 r/d와 D/d에 따라 계산되는데 얻어진 결과들은 그림 9.55와 같이 그래프로 도시하였다. 축하중 P를 받는 주어진 부재의 불연속부에서의 최대응력을 구하려면 먼저 임계단면에서의 평균응력 $\sigma_{\text{ave}} = P/A_{\text{net}}$를 구한 후 그림 9.55에서 결정된 응력집중계수 K를 곱함으로써 산정된다. 여기서 A_{net}는 불연속 단면의 순단면(net area of section)이라 하며 단면의 최소폭을 지나는 단면에 따라 계산된 단면적이다. 예를 들면, 그림 9.55의 원공문제의 경우 $A_{\text{net}} = td$가 되며, t는 평판의 두께를 나타낸다. 따라서 평균응력은 $\sigma_{\text{ave}} = P/td$로 계산된다. 여기서 주의해야 할 점은 이 계산절차는 최대응력 $\sigma_{\max}$이 재료의 비례한도를 넘지 않을 경우에만 유효하다는 것이다. 왜냐하면, 그림 9.55에 도시된 K값들은 응력과 변형률 관계가 선형이라는 가정하에 구해졌기 때문이다.

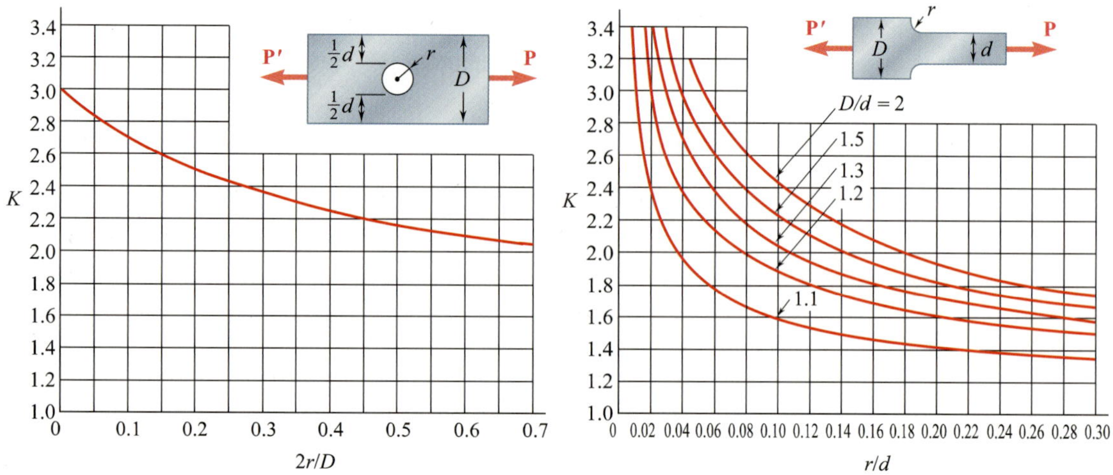

(a) 원공을 갖는 인장판 (b) 필렛을 갖는 인장판

그림 9.55 인장력을 받는 평판의 응력집중계수[7)]

예제 9.10 두께가 10 mm이고, 단면폭이 각각 40 mm와 60 mm인 두 개의 강판이 반경 $r = 6$ mm인 필렛으로 연결되어 있다. 이 강판이 안전하게 지지할 수 있는 최대하중 **P**을 구하시오. 단, 강판의 허용응력은 165 MPa이다.

먼저 필렛문제에 대한 기하형상비를 계산한다. 즉,

$$\frac{D}{d} = \frac{60\text{mm}}{40\text{mm}} = 1.50 \qquad \frac{r}{d} = \frac{8\text{mm}}{40\text{mm}} = 0.20$$

그림 9.55b에서 $D/d = 1.50$에 해당하는 곡선을 사용하면 $r/d = 0.20$에 대한 응력집중계수 K를 눈금을 읽어 결정할 수 있다.

$$K = 1.82$$

이 값을 식 (9.36)에 대입하면 σ_{ave}에 대해 식을 정리하면

$$\sigma_{\text{ave}} = \frac{\sigma_{\text{max}}}{1.82}$$

최대응력은 허용응력을 초과할 수 없으므로 $\sigma_{\text{max}} = 165$ MPa를 대입하면 최소폭 단면($d = 40$ mm)에서의 평균응력은 다음과 같다.

$$\sigma_{\text{ave}} = \frac{165\text{ MPa}}{1.82} = 90.7\text{ MPa}$$

한편, $\sigma_{\text{ave}} = P/A_{\text{net}}$이므로

$$P = A_{\text{net}}\sigma_{\text{ave}} = (40\text{ mm})(10\text{ mm})(90.7\text{ MPa}) = 36.3 \times 10^3\text{ N}$$

$$P = 36.3\text{kN} \quad ■$$

7) 이 그래프의 출처는 W.D. Pilkey, *Peterson's Stress Concentration Factors,* 2nd ed., John Wiley & Sons, New York, 1997.

Problems

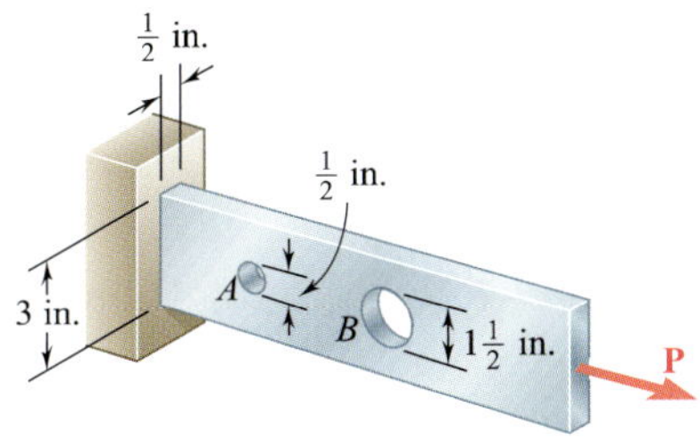

그림 P9.65, *P9.66*

9.65 Two holes have been drilled through a long steel bar that is subjected to a centric axial load as shown. For $P = 6.5$ kips, determine the maximum value of the stress (*a*) at *A*, (*b*) at *B*.

9.66 Knowing that $\sigma_{all} = 16$ ksi, determine the maximum allowable value of the centric axial load **P**.

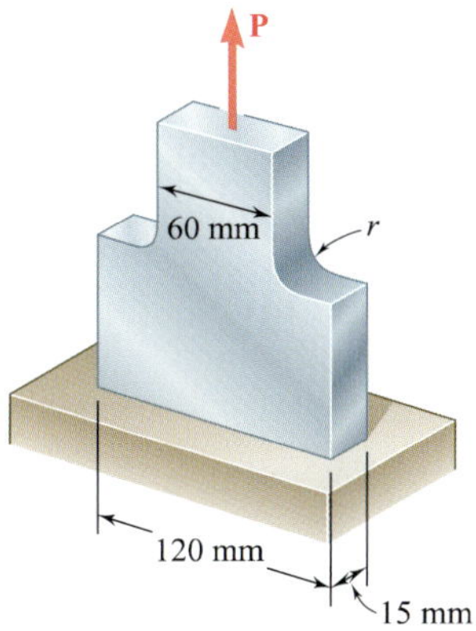

그림 *P9.67*, P9.68

9.67 Knowing that, for the plate shown, the allowable stress is 125 MPa, determine the maximum allowable value of *P* when (*a*) $r = 12$ mm, (*b*) $r = 18$ mm.

9.68 Knowing that $P = 38$ kN, determine the maximum stress when (*a*) $r = 10$ mm, (*b*) $r = 16$ mm, (*c*) $r = 18$ mm.

9.69 (*a*) Knowing that the allowable stress is 140 MPa, determine the maximum allowable magnitude of the centric load **P**. (*b*) Determine the percent change in the maximum allowable magnitude of **P** if the raised portions are removed at the ends of the specimen.

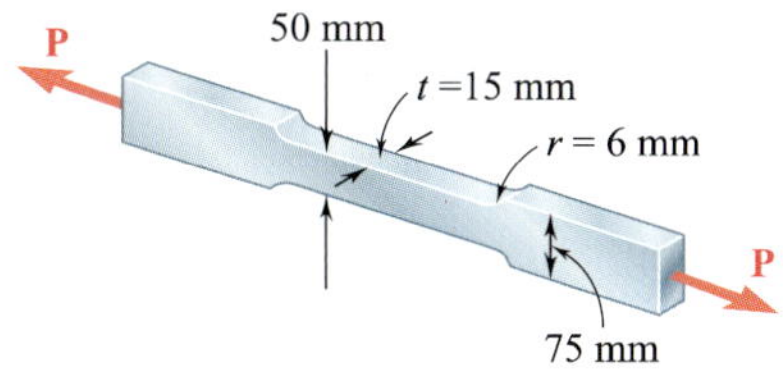

그림 *P9.69*

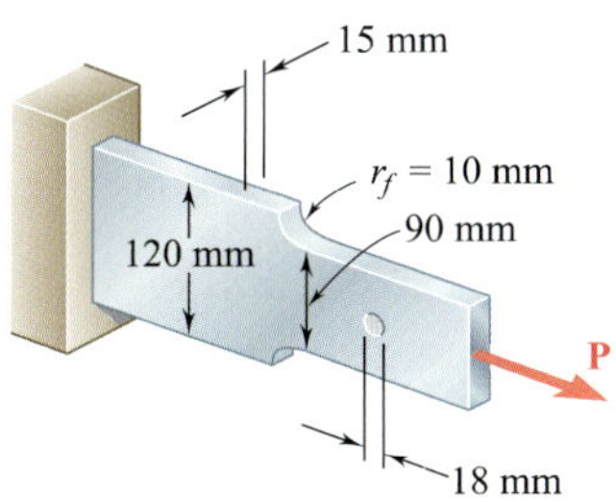

그림 P9.70

9.70 A centric axial force is applied to the steel bar shown. Knowing that σ_{all} is 135 MPa, determine the maximum allowable load **P**.

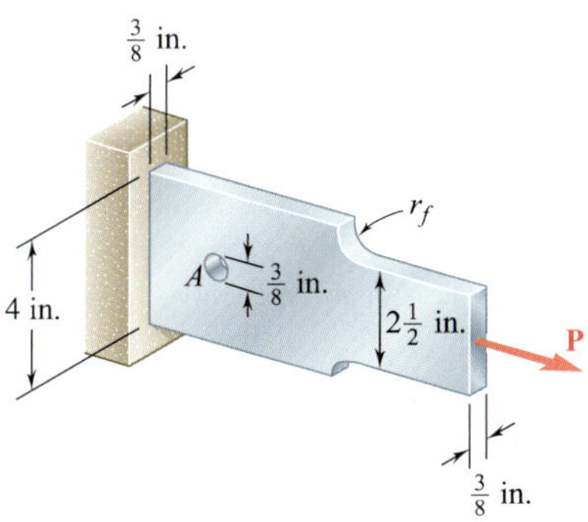

그림 P9.71

9.71 Knowing that the hole has a diameter of $\frac{3}{8}$ in., determine (*a*) the radius r_f of the fillets for which the same maximum stress occurs at the hole *A* and at the fillets, (*b*) the corresponding maximum allowable load **P** if the allowable stress is 15 ksi.

9.72 For $P = 8.5$ kips, determine the minimum plate thickness *t* required if the allowable stress is 18 ksi.

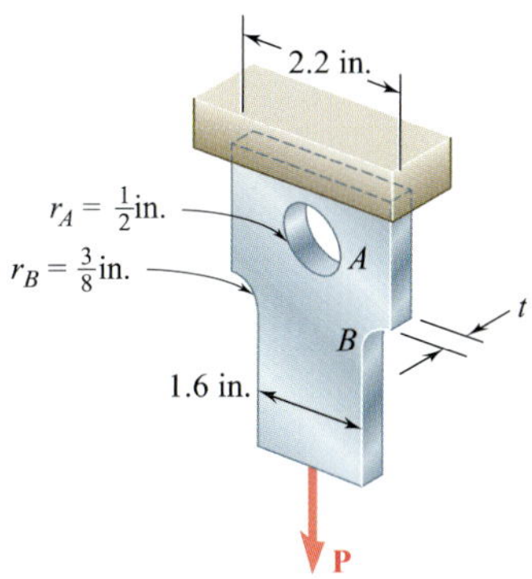

그림 P9.72

|복습 및 요약|

이 장에서는 변형률의 개념에 대한 소개, 다양한 형태의 재료에서 발생되는 응력과 변형률의 상관관계에 대한 논의, 그리고 축방향 하중을 받는 구조요소의 변형량 산정에 대해 주로 살펴보았다.

수직변형률 길이가 L이고 일정단면을 갖는 막대가 축방향 하중 **P**(그림 9.56)에 의해 발생되는 변형을 δ라고 표시할 때 단위길이당 변형인 수직변형률(normal strain) ϵ은 다음과 같이 정의된다[9.2절].

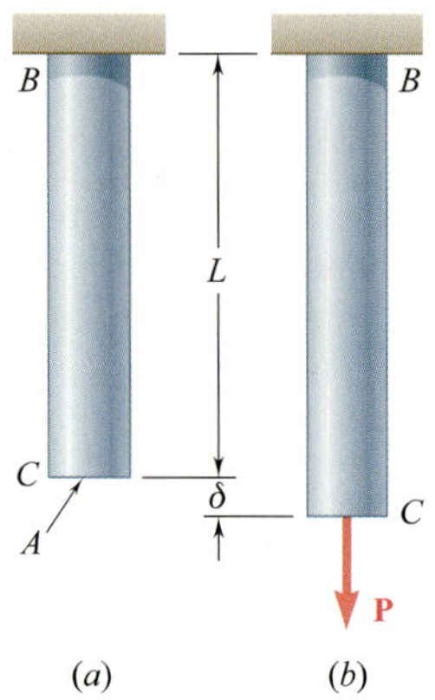

그림 9.56

$$\epsilon = \frac{\delta}{L} \tag{9.1}$$

변단면을 갖는 막대의 경우 임의의 점 Q를 포함하는 미소요소를 고려함으로써 Q점에서 발생되는 수직변형률을 정의할 수 있었다. 요소의 길이를 Δx라 하고, 주어진 하중에 의해 발생된 변형을 $\Delta\delta$라 나타내면 수직변형률은 다음과 같다.

$$\epsilon = \lim_{\Delta x \to 0} \frac{\Delta\delta}{\Delta x} = \frac{d\delta}{dx} \tag{9.2}$$

응력-변형률선도 하중이 증가함에 따른 응력 σ와 변형률 ϵ의 관계를 도시하면 사용된 재료에 대한 응력-변형률선도(stress-strain diagram)를 구할 수 있다[9.3절]. 이 선도로부터 취성재료와 연성재료를 구분할 수 있다. 취성재료로 된 시험시편은 뚜렷한 신장의 변화가 없이 파단되는 반면(그림 9.58), 연성재료로 된 시험시편은 항복강도(yield strength)라고 불리는 임계응력에 도달한 후 항복된다. 즉, 하중증가가 상대적으로 작아도 재료의 파단전까지 현저한 신장을 보여준다(그림 9.57). 콘크리트와 같은 취성재료는 인장시험과 압축시험시 서로 다른 재료적 성질을 나타낸다.

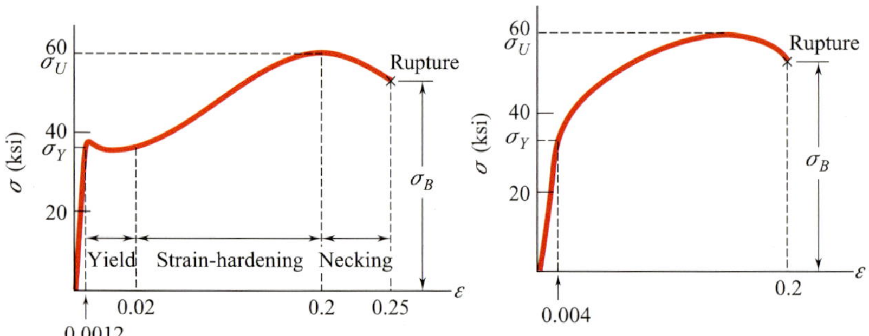

(a) Low-carbon steel

(b) Aluminum alloy

그림 9.57

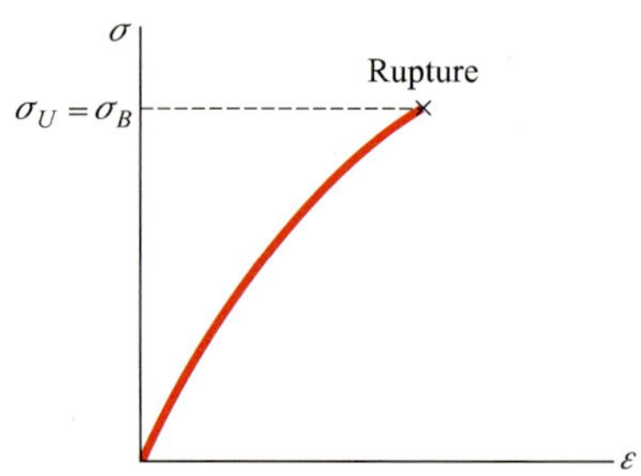

그림 9.58

Hooke의 법칙과 탄성계수

9.4절에서 설명된 바와 같이 응력－변형률선도의 초기부분은 직선을 나타낸다. 이것은 작은 변형하에서 응력은 변형률에 직접적으로 비례관계에 있음을 의미한다.

$$\sigma = E\epsilon \tag{9.3}$$

이와 같은 관계를 Hooke의 **법칙**이라 하고 계수 E를 재료의 **탄성계수**(modulus of elasticity)라 한다. 식 (9.3)이 적용될 수 있는 최대응력을 재료의 **비례한도**(proportional limit)라 한다.

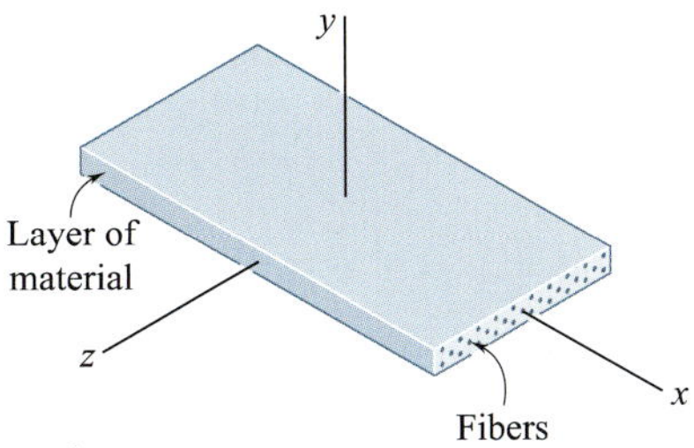

그림 9.59

여기까지 고려된 재료를 **등방성**(isotropic)이라 한다. 부재의 재료적 성질 즉, 탄성계수나 포아슨비 등이 방향에 상관없이 일정한 재료를 뜻한다. 또한 9.4절에서는 방향에 따라 재료적 성질이 달라지는 **이방성**(anisotropic) 재료에 대해서도 논의한 바 있다. 대표적인 것이 **섬유강화복합재료**(fiber－reinforced composite materials)인데 강성이 큰 섬유를 강성이 약한 모재 즉, 섬유를 둘러싸고 있는 부분인 **기지**(matrix)에 끼워 넣으면서 만들어 진다(그림 9.59). 이 경우 하중의 작용방향에 따라 서로 다른 탄성계수가 사용되어져야 한다.

탄성한도와 소성변형

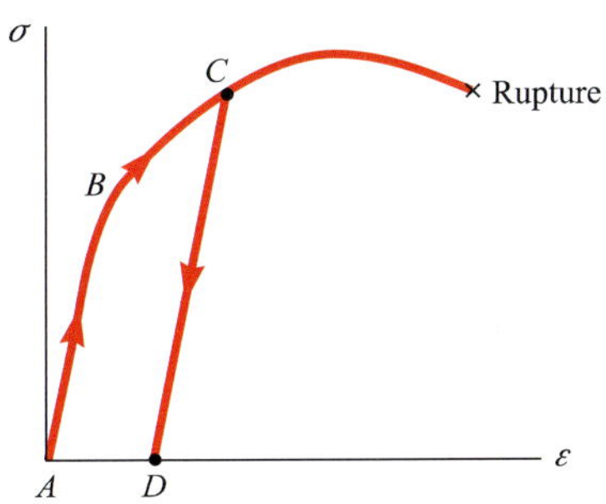

그림 9.60

주어진 하중에 의해 시험시편에 유발된 변형률이 하중을 제거함에 따라 0으로 복원된다면 이 재료는 **탄성**으로 거동한다. 탄성적으로 거동할 수 있는 최대응력을 재료의 **탄성한도**(elastic limit)라 한다[9.5절]. 만약 탄성한도가 초과되면 응력과 변형률의 직선거동 감소되며 하중을 제거하더라도 변형률은 0의 상태로 복원되지 않는다(그림 9.60). 대신에 재료의 **영구변형**(permanent set) 또는 **소성변형**(plastic deformation)이 발생된다.

피로와 내구한도

9.6절에서는 응력상태가 여전히 탄성범위내에 있어도 매우 큰 횟수의 반복하중이 작용하게 되면 구조부재나 기계요소가 파괴되는 **피로**(fatigue) 현상에 대해 논의하였다. 표준피로시험에 의하면 시편의 파괴를 유발하기 위해 계속적인 하중의 재하－제하(loading－and－unloading)를 통해 반복횟수 n를 증가시킴에 따른 부재에서 발생되는 최대응력수준 σ의 변화 즉, $\sigma-n$ 곡선을 그릴 수 있다. 반복횟수가 무한대에 가까워도 파괴되지 않는 응력을 시험에 사용된 재료의 **내구한도**(endurance limit)라 한다. 즉, 내구한도란 무한대의 반복횟수를 견딜 수 있는 최대 변동응력 즉, $\sigma-n$곡선에 있어서 수평부분의 응력을 말하며 **피로한도**(fatigue limit)라고도 한다.

축방향 하중하의 탄성변형

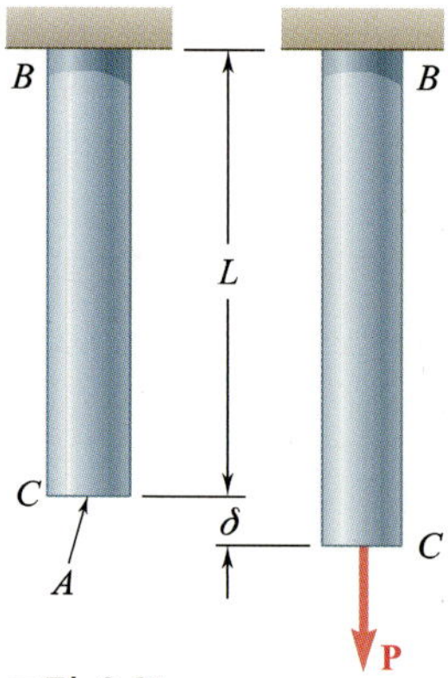

그림 9.61

9.7절에서는 여러 가지 축방향 하중의 조건하의 다양한 기계 및 구조요소에서 발생되는 탄성변형에 대해 자세히 살펴보았다. 길이가 L이고, 단면적이 A인 막대에 부재의 끝단에 중심하중 **P**(그림 9.61)가 재하되면 대응되는 변형은 다음과 같다.

$$\delta = \frac{PL}{AE} \tag{9.6}$$

만일 막대내부의 여러 위치에서 하중이 작용하거나 서로 다른 재료나 단면적을 갖는 부분의 조합으로 구성될 경우 막대의 변형 δ는 각 부분에서 발생되는 변형의 합으로 표현된다[예제 9.1].

$$\delta = \sum_i \frac{P_i L_i}{A_i E_i} \tag{9.7}$$

부정정문제

9.8절에서는 **부정정문제**(statically indeterminate problems)의 해를 구하는 것에 집중하였다. 부정정문제란 반력이나 내력을 정적 평형조건만으로는 풀 수 없는 문제를 말한다. 고려하고 있는 부재의 자유물체도로부터 유도된 평형방정식에 문제의 기하학적 관계 즉, 변형과 관련된 적합방정식을 추가하여 해결할 수 있게 된다. 예를 들면, 그림 9.62처럼 막대와 막대를 둘러싸고 있는 원형튜브에서 발생되는 내력을 구하려면 한편으로는 2개의 내력의 합이 외력 P와 같다는 것과 다른 한편으로는 막대와 튜브의 변형이 같다는 조건[예제 9.2]을 사용하여 결정할 수 있다. 유사한 방법으로, 그림 9.63a의 그림에서 지점반력들은 그림 9.63b의 자유물체도에 대한 평형조건 하나 만으로는 구할 수 없다. 따라서 막대의 전체변형이 0이라는 변위에 대한 적합조건을 추가하게 되면 풀 수 있게 된다[예제 9.3].

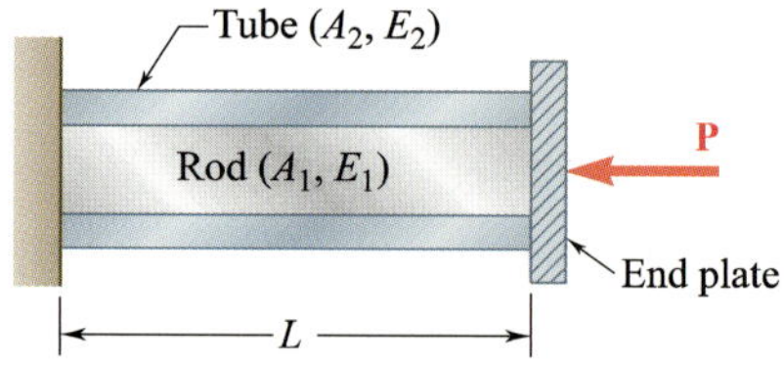

그림 9.62

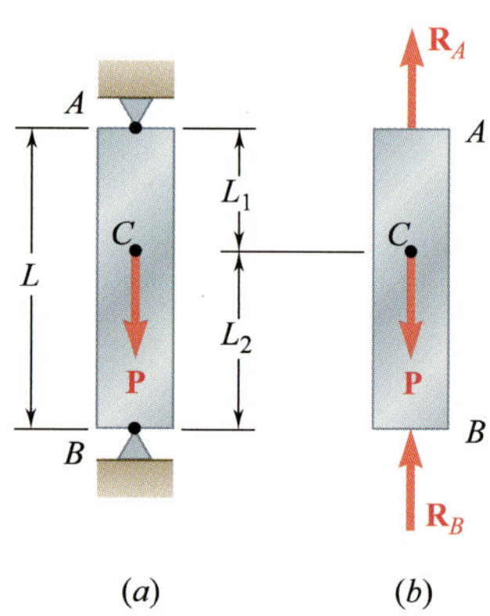

그림 9.63

온도변화에 의한 문제 9.9절에서 **온도변화**를 포함하는 문제들을 살펴보았다. 먼저 길이가 L인 막대 AB가 **구속되지 않은** 상태에서 온도변화 ΔT가 상승하게 되면 막대의 신장은 아래 식과 같다.

$$\delta_T = \alpha(\Delta T)L \tag{9.20}$$

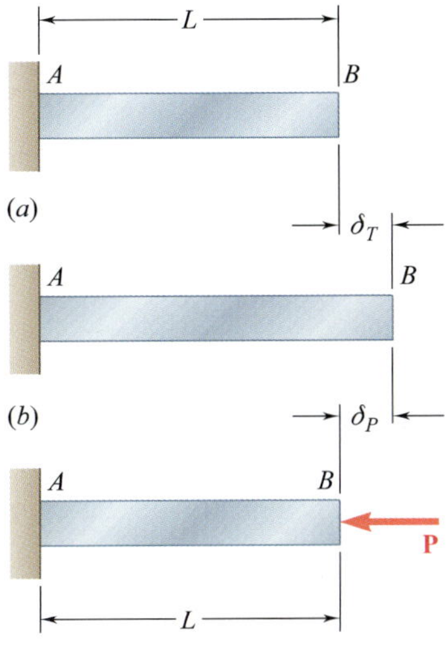

그림 9.65

여기서 α는 재료의 **열팽창계수**(coefficient of thermal expansion)라 한다. 따라서 대응되는 **열변형률**(thermal strain)은 다음과 같다.

$$\epsilon_T = \alpha \Delta T \tag{9.21}$$

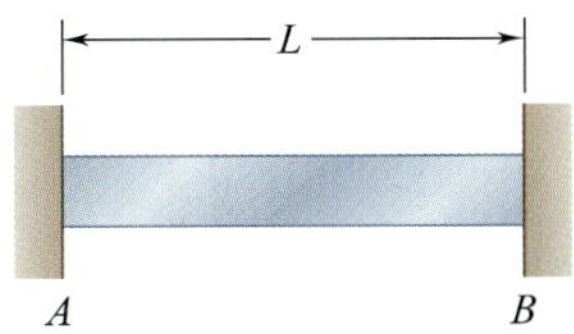

그림 9.64

이 경우 막대가 구속되지 않은 상태에서 자유스럽게 팽창되므로 열변형률과 관련된 응력은 0이 된다. 그러나 막대 AB가 고정지지로 **구속되어** 있을 경우(그림 9.64) 온도가 상승함에 따라 신장되는 것을 지점에서 억제하기 때문에 반력이 발생되며, 이 반력은 부재에 압축응력으로 작용된다. 반력 **P**를 구하기 위해 B점의 고정지점(그림 9.65)으로부터 막대를 떼어내서 정정구조로 만든 다음, 한편으로는 온도변화 ΔT를 가해 신장되는 변형 δ_T를 구하고, 다른 한편으로는 반력 P를 하중으로 가해 수축되는 변형 δ_P를 구한다. 부재의 전체변형은 0이 된다. 즉, 적합조건은 $\delta = \delta_T + \delta_P = 0$이므로 이 식을 풀게 되면 지점의 반력 P가 결정된다. 막대 AB의 전체변형률은 분명히 0이 되는 반면, 여러 단면과 재료의 조합으로 구성된 막대의 경우는 각 부분에서 발생되는 변형률은 0이 되지 않는다. 왜냐하면, 각 부분에서 발생되는 변형량은 항상 0이 되지 않으며 신장과 압축이 동시에 발생될 수 있고, 각 부분의 변형의 합은 반드시 0을 만족시켜준다[예제 9.6].

횡방향 변형률과 포아슨비 균질하고 가느다란 막대(그림 9.66)에 축방향 하중 **P**가 작용할 때, 막대의 종방향 뿐만 아니라 횡방향으로도 변형률이 유발된다[9.10절]. 이와 같은 변형률을 **횡방향 변형률**(lateral strain)이라 하고, 종방향 변형률에 대한 횡방향 변형률을 **포아슨비**(Poisson's ratio)라 정의하며 통상 그리스 문자 ν로 나타낸다. 즉,

$$\nu = -\frac{\text{횡방향 변형률}}{\text{종방향 변형률}} \tag{9.24}$$

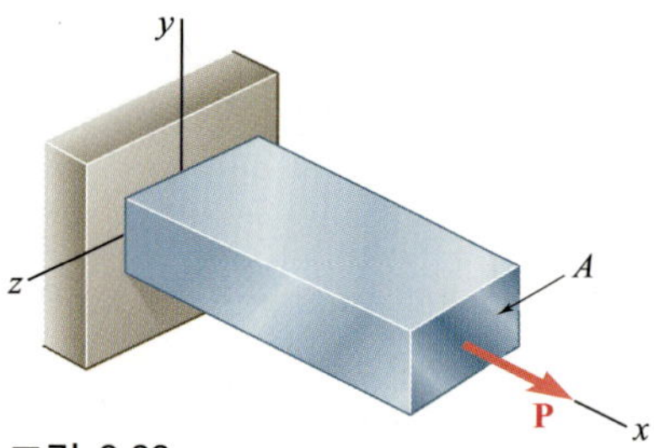

그림 9.66

막대의 종방향 변형률은 $\epsilon_x = \sigma_x/E$가 됨을 알기 때문에 x방향으로 축방향 하중이 작용하게 되면 다음의 관계식을 얻을 수 있다.

$$\epsilon_x = \frac{\sigma_x}{E} \qquad \epsilon_y = \epsilon_z = -\frac{\nu\sigma_x}{E} \tag{9.26}$$

다축응력 위의 결과는 그림 9.67의 응력상태를 유발하는 다축응력(multi−axial loading)의 경우가 9.11절에 확장되어 설명되었다. 변형률의 관계는 다음 식으로 나타나 있으며, 이를 다축응력 상태의 일반적 Hooke의 **법칙**(generalized Hooke's law)이라 한다.

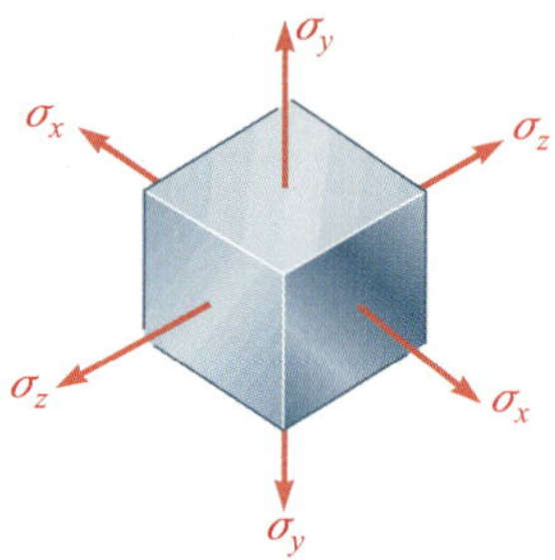

그림 9.67

$$\begin{aligned}
\epsilon_x &= +\frac{\sigma_x}{E} - \frac{\nu\sigma_y}{E} - \frac{\nu\sigma_z}{E} \\
\epsilon_y &= -\frac{\nu\sigma_x}{E} + \frac{\sigma_y}{E} - \frac{\nu\sigma_z}{E} \\
\epsilon_z &= -\frac{\nu\sigma_x}{E} - \frac{\nu\sigma_y}{E} + \frac{\sigma_z}{E}
\end{aligned} \tag{9.27}$$

전단변형률과 전단탄성계수 제8장에서 살펴본 바와 같이 가장 일반적 하중이 작용할 경우 재료의 응력상태는 수직응력뿐만 아니라 전단응력도 포함한다(그림 9.68). 일반적으로 전단응력은 재료의 직육면체 요소를 **경사진 평행육면체**(oblique parallelepiped)로 변형시킨다[9.12절]. 예를 들면, 그림 9.69에 표시된 크기가 동일한 전단응력 τ_{xy}와 τ_{yx}는 이 응력들이 작용하는 두 면이 이루는 각의 변화량 γ_{xy}를 증가시키거나 또는 감소시키는 형태로 유발된다. 이 각은 라디안 단위로 표

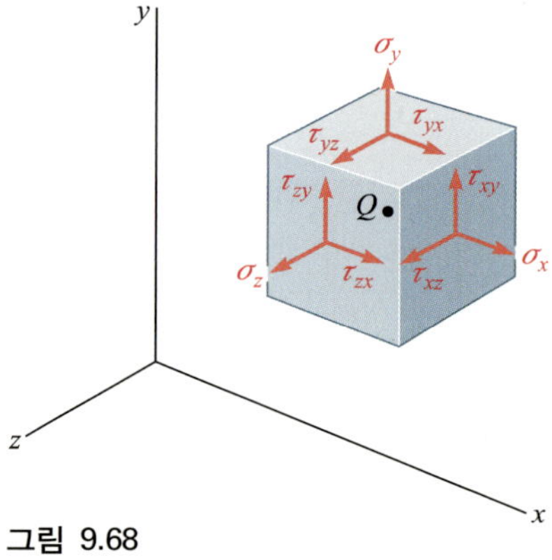

그림 9.68

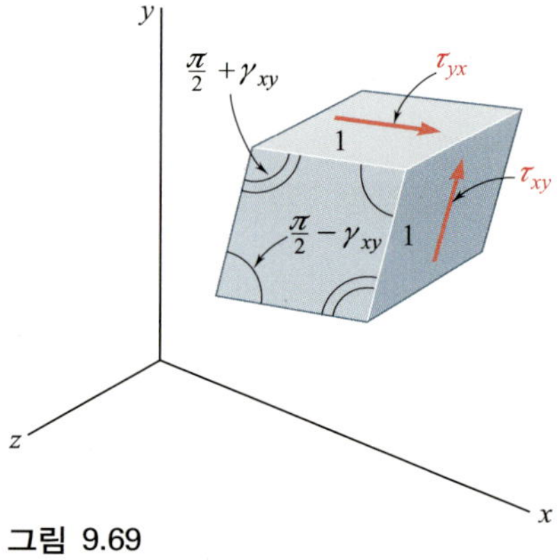

그림 9.69

시되며 x와 y방향에 대응되는 **전단변형률**(shear strain)이라 정의된다. 같은 방법으로 γ_{yz}과 γ_{zx}도 나타낼 수 있다. 즉,

$$\tau_{xy} = G\gamma_{xy} \quad \tau_{yz} = G\gamma_{yz} \quad \tau_{zx} = G\gamma_{zx} \tag{9.28, 9.29}$$

이 식은 전단시의 비례한도내에 있는 균질 및 등방성 재료에 대해서만 유효하다. 이 식에서 상수 G는 재료의 **강성계수**(modulus of rigidity) 또는 **전단탄성계수**(shear modulus)라 하고, **전단응력**과 **전단변형률**에 대한 Hooke의 **법칙**을 나타낸다. 식 (9.27)과 같이 합치게 되면 가장 일반적 응력조건에서 균질하고 등방성 재료를 위한 일반적 Hooke의 법칙을 나타낸다.

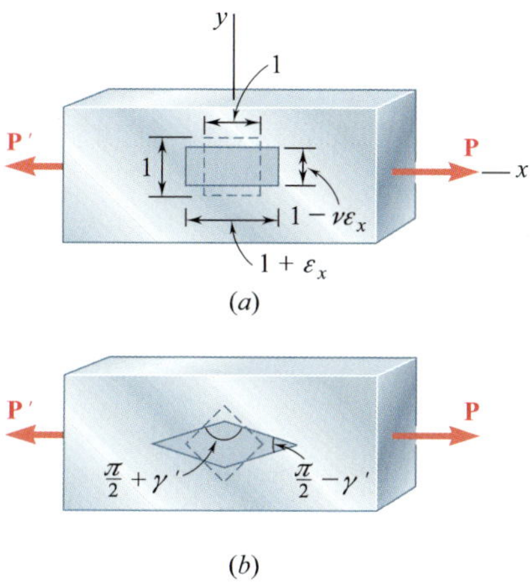

그림 9.70

9.13절에서는 가느다란 막대에 축방향 하중이 작용할 경우 부재축 방향으로 놓인 요소에서는 종방향과 횡방향으로의 수직변형률만 발생되는 반면, 이 요소를 부재축에 대해 45°로 회전시킬 경우 수직변형률과 전단변형률 모두 발생됨을 알 수 있다(그림 9.70). 또한 3개의 재료상수 E, ν, G는 서로 독립적이 아니고 다음의 관계를 만족한다.

$$\frac{E}{2G} = 1 + \nu \tag{9.35}$$

이 식을 이용하면 2개의 재료상수를 알 때 나머지 1개의 재료상수를 구할 수 있게 한다.

St. Venant의 원리 9.14절에는 St. Venant의 원리(Saint−Venant's principle)가 논의되었다. 이 원리는 하중 작용점 부근을 제외하고는 주어진 부재의 응력분포가 부재에 직접적으로 집중하중이 작용하거나 아니면 부재에 강체판을 대고 집중하중을 작용하든가 실제 하중작용의 형태에 무관하다는 것이다. 따라서 이 원리는 부재에 집중하중이 작용할 때 응력집중이 발생되는 하중 작용점 부근을 제외하고는 부재의 응력분포가 균등하다는 가정을 할 수 있게 한다.

응력집중 원공이나 부재단면의 급작스런 변화가 발생되는 구조부재의 불연속부 주위에서는 응력집중이 발생된다[9.15절]. 임계단면(최소폭 단면)에서 발생되는 평균응력에 대한 불연속부에서 유발되는 최대응력의 비를 단면의 불연속부에서의 **응력집중계수**(stress concentration factor)라 정의하며 K로 표시한다.

$$K = \frac{\sigma_{\max}}{\sigma_{\text{ave}}} \tag{9.36}$$

여기서 원공과 필렛을 갖는 평판에 대한 응력집중계수 K는 그림 9.55에 주어져 있다.

Review Problems

9.73 The aluminum rod ABC ($E = 10.1 \times 10^6$ psi), which consists of two cylindrical portions AB and BC, is to be replaced with a cylindrical steel rod DE ($E = 29 \times 10^6$ psi) of the same overall length. Determine the minimum required diameter d of the steel rod if its vertical deformation is not to exceed the deformation of the aluminum rod under the same load and if the allowable stress in the steel rod is not to exceed 24 ksi.

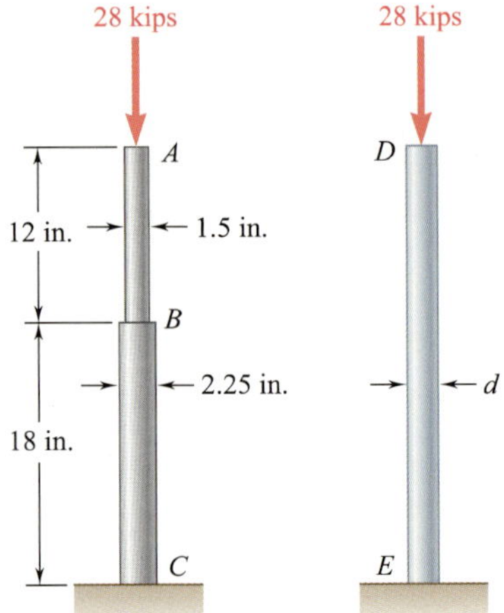

그림 P9.73

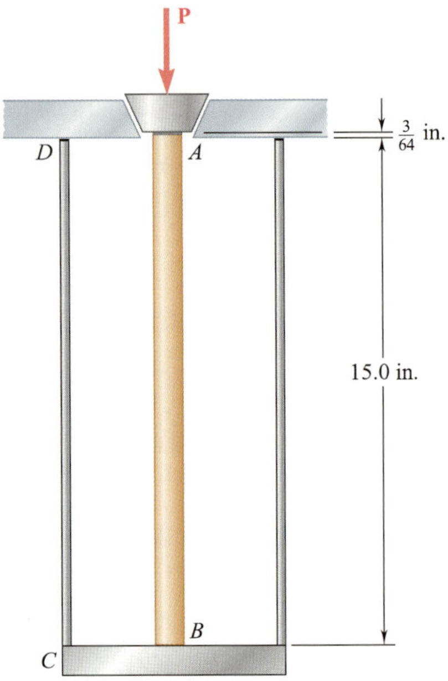

그림 *P9.74*

9.74 The brass tube AB ($E = 15 \times 10^6$ psi) has a cross-sectional area of 0.22 in^2 and is fitted with a plug at A. The tube is attached at B to a rigid plate that is itself attached at C to the bottom of an aluminum cylinder ($E = 10.4 \times 10^6$ psi) with a cross-sectional area of 0.40 in^2. The cylinder is then hung from a support at D. In order to close the cylinder, the plug must move down through $\frac{3}{64}$ in. Determine the force **P** that must be applied to the cylinder.

9.75 The length of the 2-mm-diameter steel wire CD has been adjusted so that with no load applied, a gap of 1.5 mm exists between the end B of the rigid beam ACB and a contact point E. Knowing that $E = 200$ GPa, determine where a 20-kg block should be placed on the beam in order to cause contact between B and E.

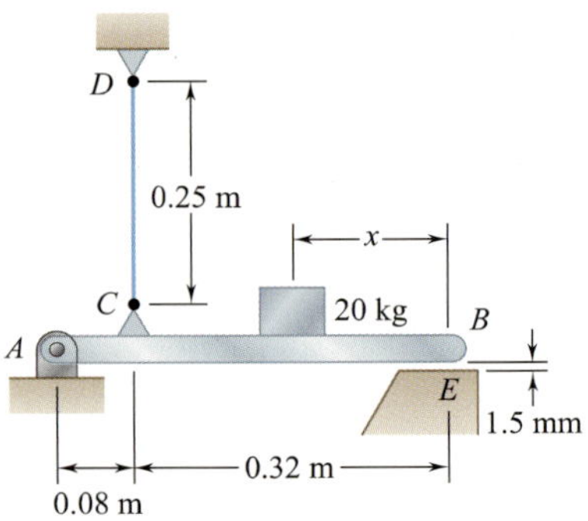

그림 P9.75

9.76 The uniform rods AB and BC are made of steel and are loaded as shown. Knowing that $E = 29 \times 10^6$ psi, determine the magnitude and direction of the deflection of point B when $\theta = 22°$.

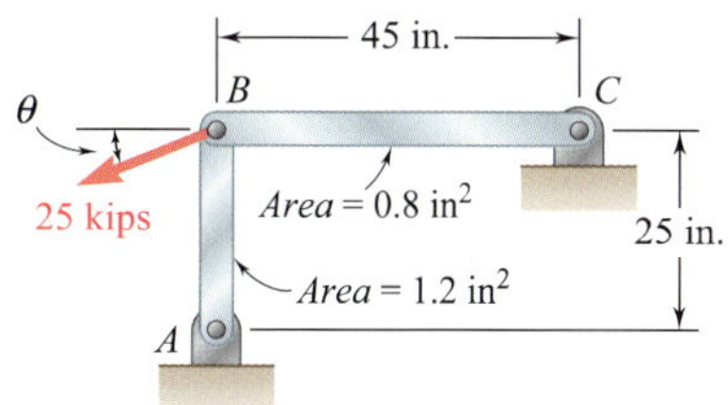

그림 P9.76

9.77 The steel bars BE and AD each have a 6 × 18-mm cross section. Knowing that $E = 200$ GPa, determine the deflections of points A, B, and C of the rigid bar ABC.

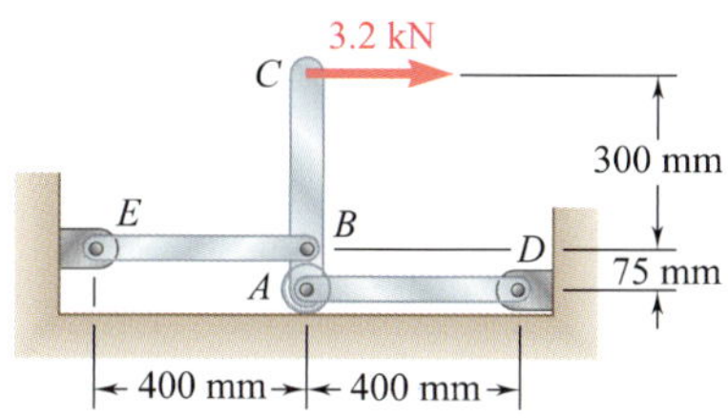

그림 P9.77

9.78 In Prob. 9.77, the 3.2-kN force caused point C to deflect to the right. Using $\alpha = 11.7 \times 10^{-6}/°C$, determine (*a*) the overall change in temperature that causes point C to return to its original position, (*b*) the corresponding total deflection of points A and B.

9.79 An axial centric force P is applied to the composite block shown by means of a rigid end plate. Determine (*a*) the value of h if the portion of the load carried by the aluminum plates is half the portion of the load carried by the brass core, (*b*) the total load if the stress in the brass is 80 MPa.

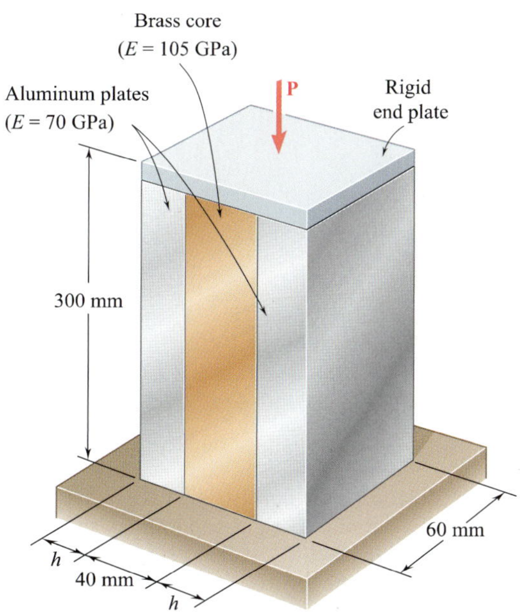

그림 *P9.79*

9.80 A steel tube ($E = 29 \times 10^6$ psi) with a $1\frac{1}{4}$-in. outer diameter and a $\frac{1}{8}$-in. thickness is placed in a vise that is adjusted so that its jaws just touch the ends of the tube without exerting any pressure on them. The two forces shown are then applied to the tube. After these forces are applied, the vise is adjusted to decrease the distance between its jaws by 0.008 in. Determine (*a*) the forces exerted by the vise on the tube at *A* and *D*, (*b*) the change in length of the portion *BC* of the tube.

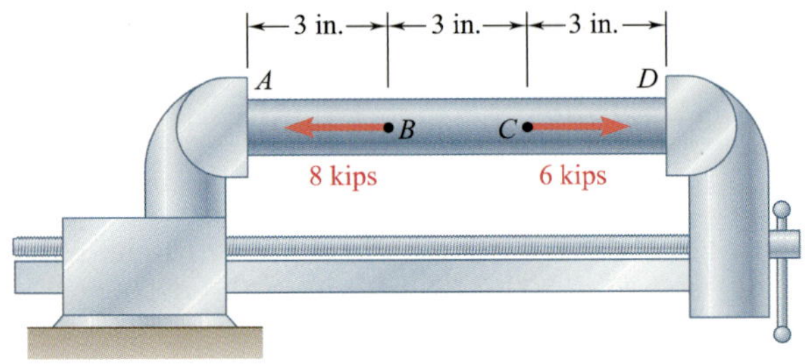

그림 **P9.80**

9.81 The block shown is made of a magnesium alloy for which $E = 6.5 \times 10^6$ psi and $\nu = 0.35$. Knowing that $\sigma_x = -20$ ksi, determine (*a*) the magnitude of σ_y for which the change in the height of the block will be zero, (*b*) the corresponding change in the area of the face *ABCD*, (*c*) the corresponding change in the volume of the block.

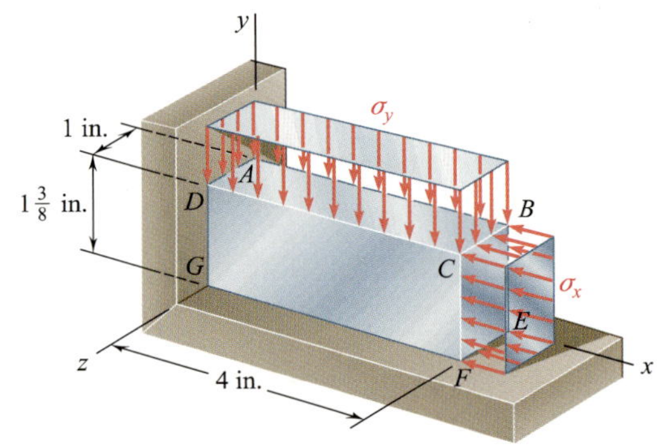

그림 ***P9.81***

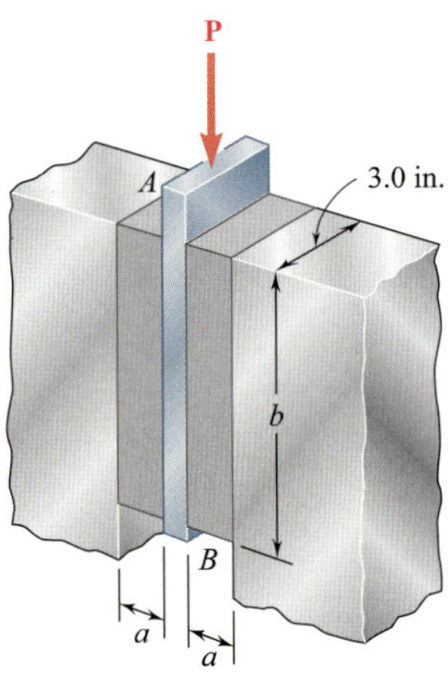

그림 **P9.82**

9.82 A vibration isolation unit consists of two blocks of hard rubber bonded to plate *AB* and to rigid supports as shown. For the type and grade of rubber used, $\tau_{all} = 220$ psi and $G = 1800$ psi. Knowing that a centric vertical force of magnitude $P = 3.2$ kips must cause a 0.1-in. vertical deflection of the plate *AB*, determine the smallest allowable dimensions *a* and *b* of the block.

9.83 A hole is to be drilled in the plate at A. The diameters of the bits available to drill the hole range from 9 to 27 mm in 6-mm increments. If the allowable stress in the plate is 145 MPa, determine (*a*) the diameter d of the largest bit that can be used if the allowable load **P** at the hole is to exceed that at the fillets, (*b*) the corresponding allowable load **P**.

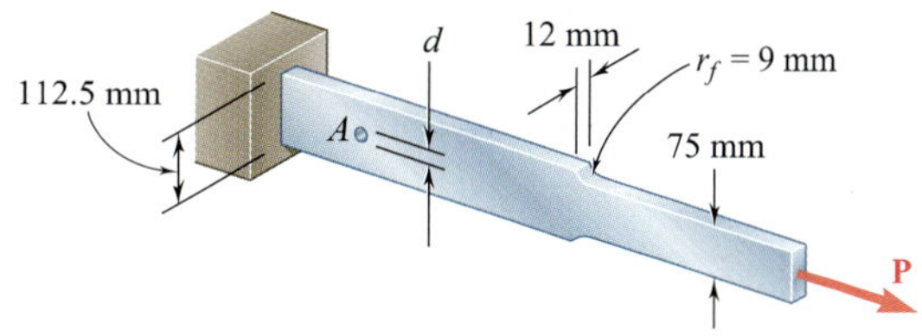

그림 P9.83, P9.84

9.84 (*a*) For $P = 58$ kN and $d = 12$ mm, determine the maximum stress in the plate shown. (*b*) Solve part *a* assuming that the hole at A is not drilled.

10

비틂(Torsion)

10.1 서론

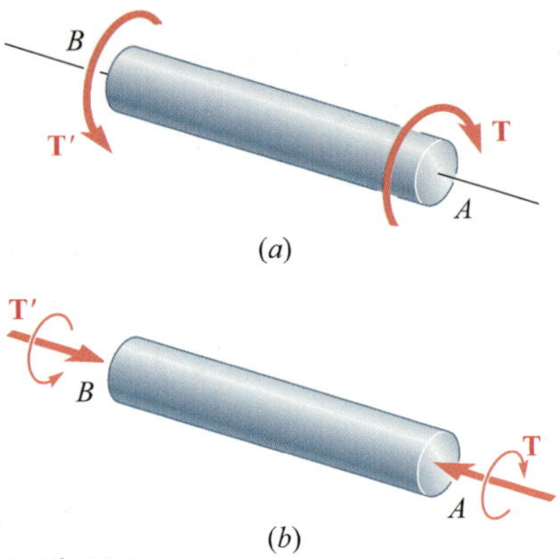

그림 10.1

8장과 9장에서 축하중(부재의 축을 따라 작용하는 하중)이 작용하는 구조부재의 응력과 변형률을 계산하는 방법을 배웠다. 이번 장에서는 **비틂**(torsion)이 작용하는 구조부재를 다루고자 한다. 보다 구체적으로 이야기하면, 비틂짝힘(혹은 **토크**(torque)) T와 T′이 작용하는 원형단면 부재의 응력과 변형률을 해석하고자 한다(그림 10.1). 이 짝힘들은 크기가 T이고 방향이 반대인, 그림 10.1a의 곡선화살 혹은 그림 10.1b의 짝힘벡터로 나타내는, 벡터량이다.

비틂을 받는 부재는 공학의 많은 응용분야에서 볼 수 있다. 가장 일반적인 예로 한 점에서 다른 점으로 힘을 전달하는데 사용되는 **전동축**을 들 수 있다. 예를 들어, 사진 10.1에 보이는 축은 자동차의 엔진에서 후면바퀴로 힘을 전달하는데 사용된다. 이들 축은 그림 10.1에 보이는 바와 같은 중실단면(solid shaft)이거나 혹은 중공단면(hollow shaft)이다.

사진 10.1 사진에 보이는 자동차 전동장치에서 축은 엔진에서 후면바퀴로 힘을 전달한다.

전동축 AB에 의해 연결된 증기터빈 A와 전기 발전기 B로 구성된 그림 10.2a의 시스템을 고려해보자. 이 시스템을 3개 부분으로 나누어 보면(그림 10.2b), 터빈이 축에 비틂짝힘(twisting couple) 혹은 토크 T를 작용하고, 축은 동일한 토크를 발전기에 작용하고 있는 것을 볼 수 있을 것이다. 그러나 역으로 보면 발전기가 크기가 같고 방향이 반대인 토크 T′을 축에 반작용으로 작용하고, 축은 터빈에 토크 T′을 반작용으로 작용하고 있다.

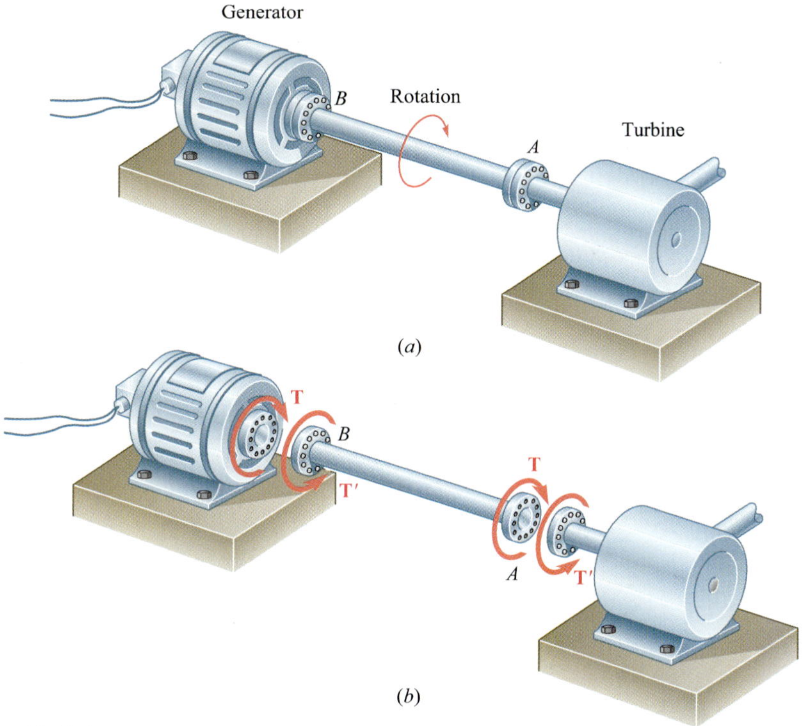

그림 10.2

여기서 우선 원형인 축에 발생하는 응력과 변형을 해석해 보고자 한다. 10.3절에서는 원형축의 중요한 성질을 다음과 같이 설명하고 있다: **원형축이 비틀을 받을 때, 모든 단면은 평면을 유지하며 뒤틀어지지 않는다.** 다시 말하면, 축의 여러 단면들이 서로 다른 각도로 회전하는 동안, 각 단면은 고형의 강체 슬래브처럼 회전한다는 것이다. 이러한 성질을 이용하면 **원형축에서의 전단변형률 분포를 구할 수 있으며, 축의 축선(axis of shaft)에서 멀어지면서 전단변형률이 선형으로 변한다는 결론을 내릴 수 있게 된다.**

전단응력과 변형률에 대한 Hooke의 법칙을 사용한 **탄성영역**에서의 변형을 고려하면, 원형축에서의 **전단응력 분포**를 결정하고 **탄성비틀공식**(10.4절)을 유도할 수 있다.

10.5절에서는 토크가 작용하는 원형축의 **비틀각(angle of twist)**을 탄성변형의 가정을 사용하여 구하는 방법을 배울 것이며, 10.6절에서는 **부정정축 (statically indeterminate shaft)**을 포함한 문제들의 해법을 다룰 것이다.

10.2 축응력에 대한 예비 고찰

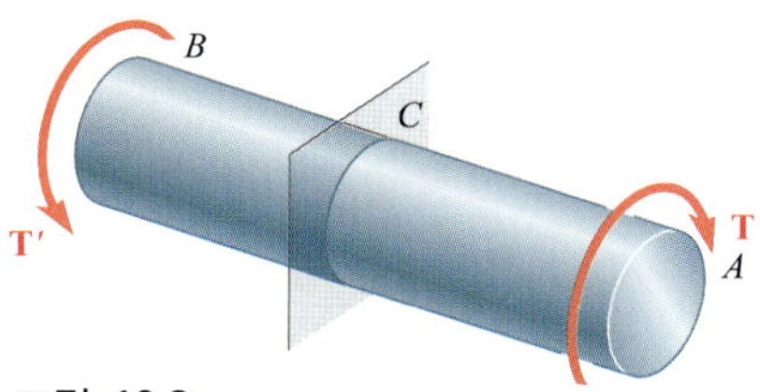

그림 10.3

A와 B에 크기가 같고 방향이 반대인 토크 $\mathbf{T}$와 $\mathbf{T}'$가 작용하는 축 AB에서, 임의점 C를 지나며 축의 축선에 수직인 하나의 단면을 고려하자(그림

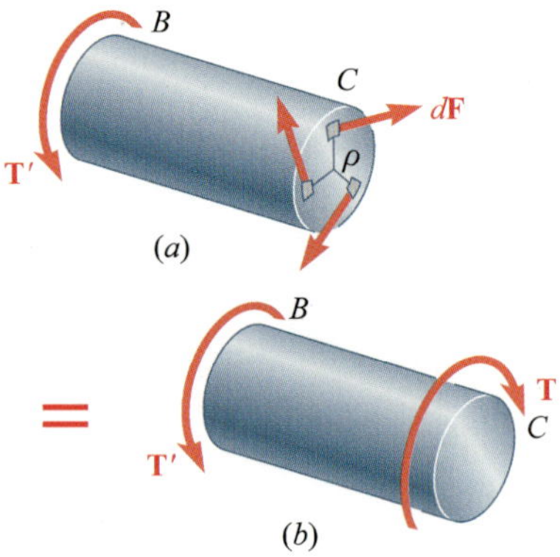

그림 10.4

10.3). 축 BC 부분의 자유물체도에는 축이 비틀리면서 AC 부분이 BC 부분에 작용하는 축의 반경에 직각인 전단력 분력 $d\mathbf{F}$가 발생한다(그림 10.4a). 그리고 자유물체도 BC 부분의 평형조건에 의해 이 분력들의 합은 내부 토크 $\mathbf{T}$와 동일하고, 또한 $\mathbf{T}'$과는 크기가 같고 방향이 반대가 된다(그림 10.4b). 분력 $d\mathbf{F}$에서 축의 축선까지의 수직거리를 ρ라고 하고, 축의 축선 주위의 전단력 $d\mathbf{F}$에 의한 모멘트의 합이 토크 $\mathbf{T}$와 크기가 같다고 하면, 다음 식을 세울 수 있다.

$$\int \rho\, dF = T$$

여기서 τ가 미소면적 dA에 작용하는 전단응력이라면, $dF = \tau dA$가 되므로 다음 식을 구할 수 있다.

$$\int \rho\,(\tau\, dA) = T \tag{10.1}$$

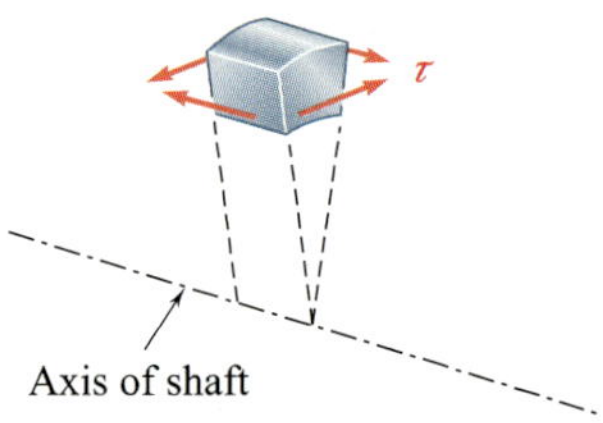

그림 10.5

위의 식은 축의 한 단면에서 전단응력에 의해 만족되어야 하는 중요한 조건을 나타내지만, 단면에 이들 응력들이 어떻게 분포하고 있는지를 말해주지는 않는다. 즉 8.3절에서 이미 설명한 것처럼 작용하는 하중에 의한 응력의 실제 분포가 부정정이 되면, 분포는 정역학적 방법으로는 구할 수가 없게 된다. 이 문제를 풀기 위해 8.3절에서 축중심하중에 의해 발생하는 수직응력은 등분포한다고 가정하였고, 9.14절에서 집중하중(concentrated load)이 작용하는 주위를 제외하고는 이 가정이 정당하다는 것을 확인한 바가 있다. 그러나 탄성인 축에서의 전단응력의 분포에 이와 동일한 가정을 적용하는 것은 올바르지 않다. 즉 축에 발생하는 변형을 해석할 때까지는 축에서의 응력분포에 관해 판단하는 것을 미루어야 하며, 이것은 다음 절에서 설명할 것이다.

여기서 또 다른 하나의 사항을 관찰할 필요가 있다. 8.9절에서 지적한 것처럼, 전단력은 한쪽 면에서만 발생할 수 없다. 그림 10.5에 보이는 아주 작은 축 요소 하나를 고려하면, 축에 작용하는 토크는 축의 축선에 수직인 면에서의 전단응력 τ를 발생시킨다. 그러나 8.9절에서 논의하였던 평형조건에 따라, 축의 축선을 포함하고 일정한 각도로 벌려져 있는 두 평면에 의해 형성된 면에서도 동일한 응력이 발생하게 된다. 비틂에 의해 이러한 전단응력들이 실제로 발생한다는 것은 "축"을 그림 10.6a에서처럼 양단의 디스크에 각각 핀 연결한 널조각들로 만들어진 것으로 간주하여 설명할 수 있다. 두 개의 인접한 널조각에 페인트칠을 하고 크기가 같고 방향이 반대인 토크들을 "축" 양단에 작용하면, 널조각이 서로 미끄러지는 것을 볼 수 있다(그림 10.6b). 이러한 미끄러짐이 점착력 있는 균질의 재료로 만들어진 축에서는 실제로 발생하지 않지만 이러한 미끄러짐과 같은 경향은 존재하며, 이것이

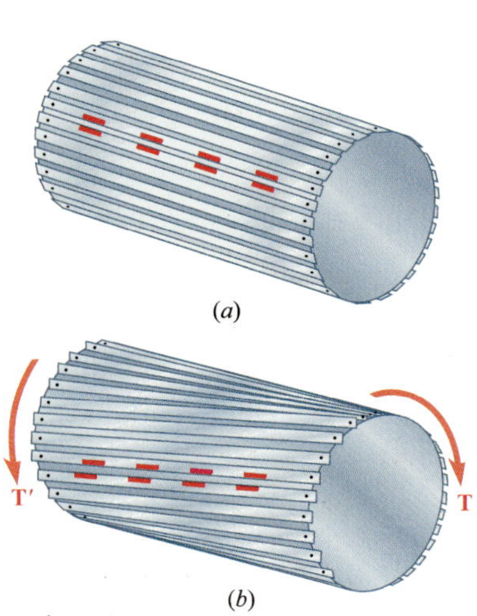

그림 10.6

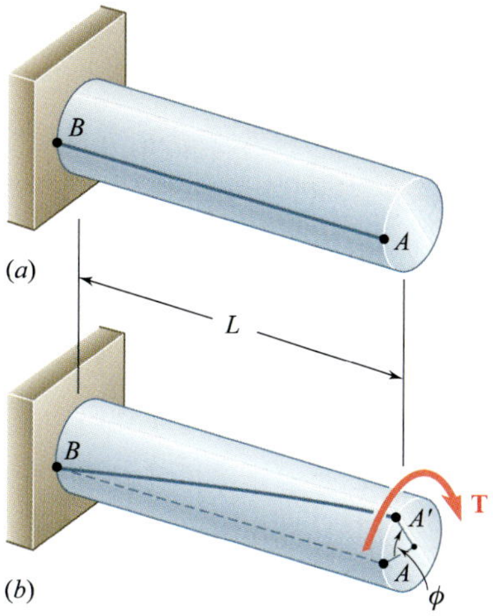

그림 10.7

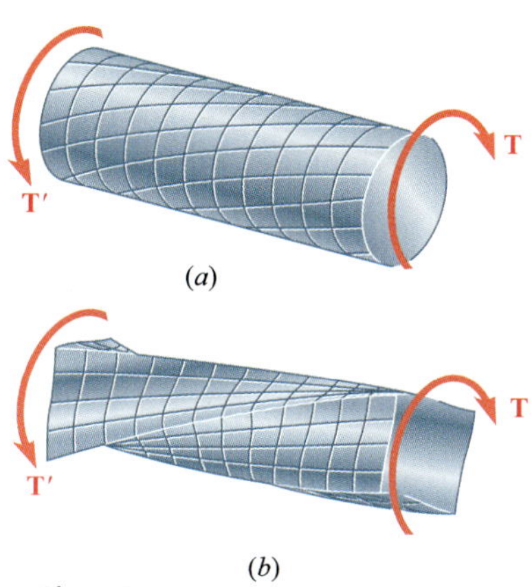

그림 10.8

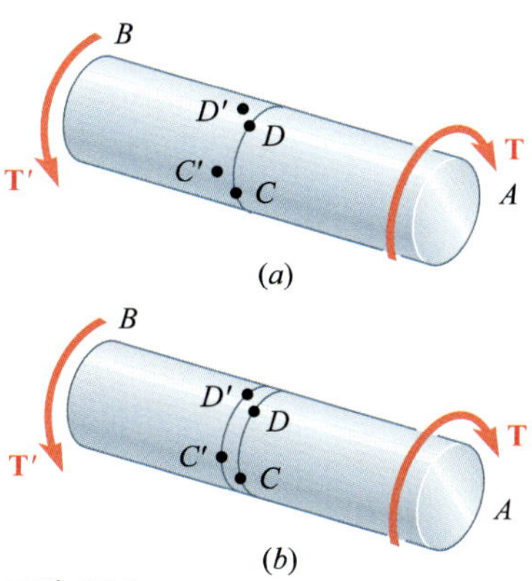

그림 10.9

종방향 평면과 축의 축선에 수직인 평면 모두에 응력이 발생한다는 것을 보여준다.1)

10.3 원형축의 변형

한쪽 끝에서 고정지점에 붙어 있는 축을 고려해보자(그림 10.7a). 만약 토크 **T**가 다른 쪽 끝에 작용한다면, 자유단은 비틂각이라 불리는 각도 ϕ 만큼 비틀릴 것이다(그림 10.7b). 관찰에 의하면, 일정 범위의 T값 내에서 비틂각 ϕ는 T에 비례하며, 또한 ϕ는 축의 길이 L에도 비례한다는 것도 보여준다. 다시 말하면, 동일한 재료와 동일한 단면이지만 길이가 두 배인 축의 비틂각은 동일한 토크 **T**에서 두 배만큼 커지게 된다는 것이다. 따라서 해석의 목적은 ϕ, L, T 사이에 존재하는 특별한 관계를 구하는 것이 된다. 해석의 또 다른 목적으로 축에서의 전단응력의 분포를 결정하는 것이 있지만, 이것은 앞 절에서 설명한 것처럼 정역학의 기초만으로는 얻을 수가 없는 것이다.

여기서 원형단면의 중요한 성질을 주목할 필요가 있다. 원형축이 비틂을 받으면, **모든 단면은 평면을 유지하고 뒤틀어지지 않는다.** 다시 말하면, 축의 여러 단면들이 서로 다른 각도로 회전하는 동안, 각 단면은 고형의 강체 슬래브처럼 회전한다. 이것은 비틂을 받는 고무모델의 변형을 보여주는 그림 10.8a에서 알 수 있다. 이러한 성질은 중실단면 혹은 중공단면에 상관없이 원형이 아닌 단면에서는 얻을 수 없는 원형단면만의 특징이다. 예를 들면, 정사각형 단면이 비틂을 받는 경우, 단면들이 뒤틀리고(warp) 평면을 유지하지 못하게 된다(그림 10.8b).

원형축은 축대칭(axisymmetric)이기 때문에 원형축의 단면은 평면을 유지하고 뒤틀어지지 않는다. 즉 축이 축선에 대해 임의의 각도로 회전하더라도 고정점에서 바라보면 축의 외관은 동일하게 유지한다. (반면에 정사각형 봉은 90° 혹은 180°로 회전될 때만 동일한 외관을 유지한다.) 이러한 원형축의 축대칭은 원형축의 단면이 평면을 유지하고 뒤틀어지지 않는다는 것을 이론적으로 증명하는데 사용될 수 있다.

축 단면의 원주 상에 C와 D점을 정하고, 축이 비틀어진 후의 위치를 C'과 D'이라고 하자(그림 10.9a). 회전에 의해 D점이 C점으로 옮겨지면, 축과 하중의 축대칭에 의해 D'점도 C'점으로 옮겨지게 된다(그림 10.9b). 여기서 C'과 D'이 있는 원이 원래 원과 다른 지를 살펴보자. 그림 10.9b에서

1) 세로로 길게 찢어진 마분지 관의 비틂도 종방향 평면에 전단응력이 존재한다는 것을 설명해준다.

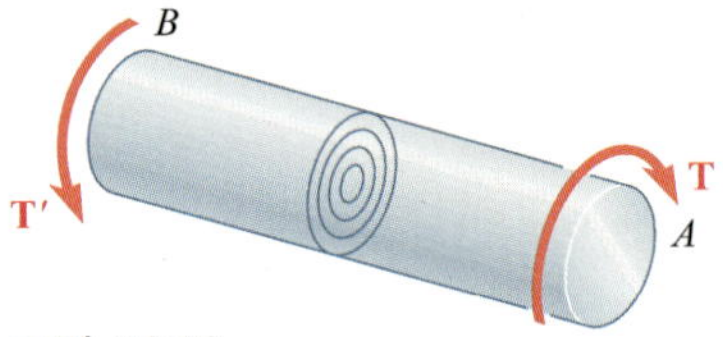

그림 10.10

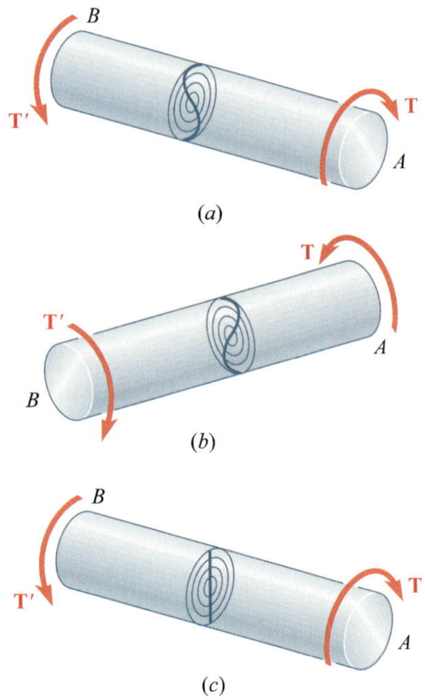

그림 10.11

보듯이 C'과 D'이 있는 새로운 원은 원래 원의 왼쪽에 위치한다고 가정할 수 있으며, 축의 모든 단면에 동일한 내력 토크 T가 작용하기 때문에 모든 단면이 동일한 상황이 된다. 따라서 A단에서 축을 바라보는 관찰자는 축에 그려진 원이 하중에 의해 멀어진다고 결론지을 것인 반면, B점에서 축을 보는 관찰자는 동일한 하중(앞쪽에서는 시계방향이고 뒤쪽에서는 반시계방향인 짝힘)으로 원이 자기 쪽으로 다가 온다는 상반되는 결론에 도달하게 될 것이다. 이러한 상반된 결과로 우리의 가정이 잘못되었으며 C'과 D'점이 C와 D점과 같은 원에 놓여 있다는 것을 증명하게 된다. 따라서 축이 비틂에 따라 원래 원은 자신의 평면 내에서만 회전한다. 동일한 추론이 대상 단면에 있는 보다 작은 동심원에도 적용될 수 있기 때문에, 전체 단면이 평면을 유지한다는 결론을 내릴 수 있다(그림 10.10).

위의 논거에서 축이 비틂을 받을 때 그림 10.10의 다양한 동심원들이 서로 다른 양만큼 회전할 가능성을 배제하지는 않았다. 만약 그런 일이 발생한다면, 단면 직경이 그림 10.11a에 보이는 것처럼 곡선으로 비틀어지게 될 것이다. A점에서 이 곡선을 바라보는 관찰자는 축의 바깥쪽 층들이 안쪽 층들보다 더 많이 비틀어진다고 결론지을 것이지만, 반면에 B점에서 보는 관찰자는 그 반대의 결론을 내릴 것이다(그림 10.11b). 이러한 불일치로 인해 주어진 단면의 어느 직경도 직선을 유지한다는 결론을 내릴 수 있게 된다. 따라서 원형축의 어떤 단면도 평면을 유지하며 뒤틀리지 않는다.

지금까지의 논의에서 비틂짝힘 **T**와 **T**′의 작용 형식은 무시하였다. 축의 한쪽 끝에서 다른 쪽 끝 사이에 있는 모든 단면들이 평면을 유지하고 뒤틀리지 않는다면, 짝힘을 작용할 때 축 끝단들도 역시 확실하게 평면을 유지하고 뒤틀리지 않도록 해야 한다. 이것은 축의 끝에 견고하게 붙인 강체판에 짝힘 **T**와 **T**′을 작용하여 구현할 수 있다(그림 10.12a). 그런 후 하중을 작용하면, 모든 단면이 확실히 평면을 유지하고 뒤틀리지 않으며 변형은 축의 길이를 따라 균등하게 발생하게 된다. 즉 그림 10.12a에 보이는 간격이 일정한 모든 원들이 인접한 원들에 대해 상대적으로 동일한 양만큼 회전하게 되고, 각 직선은 같은 각도로 여러 개의 원들을 가로지르는 (나선)곡선으로 변하게 된다(그림 10.12b).

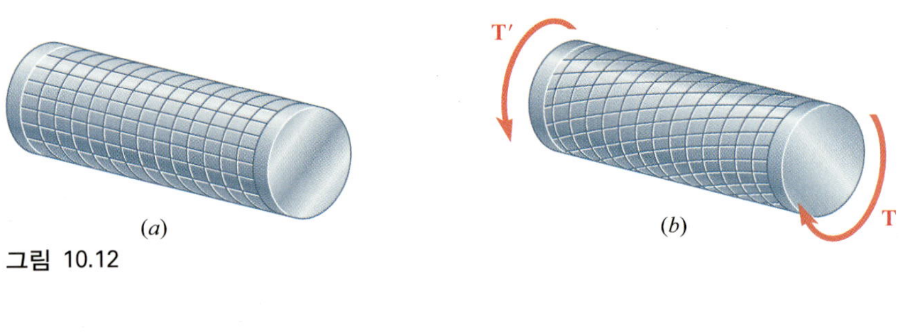

그림 10.12

이번 절과 다음 절에서 유도하는 공식들은 단부강체판 가정을 기초로 한 것이다. 실제 마주치게 되는 하중조건은 그림 10.12의 모델에 대한 것과는 크게 다를 것이다. 그러나 이 모델의 주요 장점은, 9.14절에서 단부강체판으로 쉽고 정확하게 풀 수 있는 축하중 문제를 정의할 수 있었던 것처럼, 정확한 해를 얻을 수 있는 비틂 문제를 이 모델을 사용하여 정의할 수 있다는 것이다. Saint-Venant 원리에 의해 이런 이상화된 모델로 구한 결과를 많은 공학응용문제로 확장할 수 있다. 그러나 이러한 결과들은 그림 10.12에 보이는 특별한 모델과 관계되는 것이라는 것을 명심해야 한다.

이제 각도 ϕ만큼 비틀어진 길이 L, 반경 c인 원형축에서의 전단변형률 분포를 구해보도록 하자(그림 10.13a). 축에서 반경이 ρ인 실린더를 분리하고, 하중을 작용하기 전에 실린더 표면에 두 개의 인접한 원과 두 개의 인접한 직선으로 형성되는 작은 정사각형 요소를 고려해보자(그림 10.13b). 축이 비틂하중을 받음에 따라 이 요소는 마름모 모양으로 변형된다(그림 10.13c). 9.12절에서 한 요소에서의 전단변형률 γ는 요소 측면들 사이의 각도변화로 측정하였다. 따라서 요소 두 측면을 정의하는 원들은 변하지 않기 때문에 전단변형률 γ는 선 AB와 선 $A'B$ 사이의 각도가 된다(여기서 γ의 단위는 radian이다.).

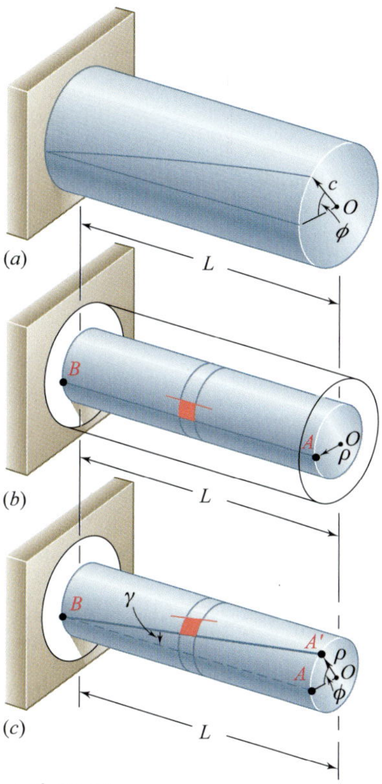

그림 10.13

그림 10.13c에서 γ가 작은 값일 때, 원호길이 AA'는 $AA' = L\gamma$로 표현할 수 있다. 또한 $AA' = \rho\phi$이기 때문에 $L\gamma = \rho\phi$이 되고, 따라서

$$\gamma = \frac{\rho\phi}{L} \tag{10.2}$$

이 된다. 여기서 γ와 ϕ는 radian으로 나타낸다. 예상한 바와 같이 이렇게 구해진 공식에서 비틂을 받는 축의 한 점에서의 전단변형률 γ는 비틂각 ϕ와 비례하며, 또한 축의 축선에서 고려하는 점까지의 거리 ρ에 비례한다. **즉 원형축에서의 전단변형률은 축의 축선으로부터의 거리에 따라 선형으로 변한다.**

식 (10.2)에서 전단변형률은 축 표면(즉 $\rho = c$)에서 최대가 된다. 따라서

$$\gamma_{\max} = \frac{c\phi}{L} \tag{10.3}$$

가 된다. 식 (10.2)와 식 (10.3)에서 ϕ를 소거하면, 축의 축선에서부터의 거리 ρ에서 전단변형률 γ를 다음과 같이 구할 수 있다.

$$\gamma = \frac{\rho}{c}\gamma_{\max} \tag{10.4}$$

10.4 응력

지금까지 비틂을 받는 원형축에 대해 논의하면서 응력-변형률에 대한 어떤 특별한 관계도 가정하지 않았다. 이제 축에서의 모든 전단응력이 항복강도 τ_Y보다 작도록 토크 T가 작용하는 경우를 고려해보자. 이것은 축의 응력이 선형한계 내에 있으며 또한 탄성한계보다도 아래에 있다는 것을 의미한다는 것을 9장에서 이미 알게 되었다. 따라서 Hooke의 법칙이 적용되며, 영구적인 변형은 없다.

9.12절의 전단응력과 변형률에 대한 Hooke의 법칙을 기억하면, 다음 관계식을 적을 수 있다.

$$\tau = G\gamma \tag{10.5}$$

여기서 G는 강성계수 혹은 재료의 전단탄성계수(shear modulus)이다. 식 (10.4) 양쪽에 G를 곱하면 다음이 된다.

$$G\gamma = \frac{\rho}{c} G\gamma_{\max}$$

혹은, 식 (10.5)를 사용하여 다음 식을 구할 수 있다.

$$\tau = \frac{\rho}{c}\tau_{\max} \tag{10.6}$$

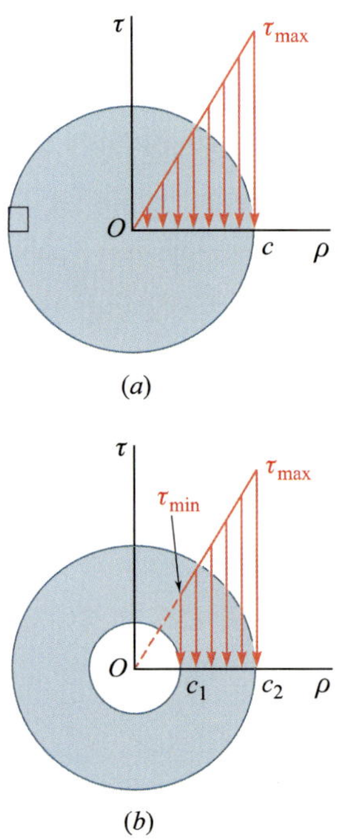

그림 10.14

항복강도(혹은 비례한도)가 원형축의 어느 부위에서도 초과되지 않는 한, 이 식은 축의 전단응력이 축의 축선에서부터의 거리 ρ에 따라 선형으로 변한다는 것을 보여준다. 그림 10.14a는 반경이 c인 중실단면 원형축에서의 응력분포를 보여주며, 그림 10.14b는 내경 c_1, 외경 c_2인 중공단면 원형축에서의 응력분포를 보여준다. 식 (10.6)에서 중공단면에 대한 다음 식을 세울 수 있다.

$$\tau_{\min} = \frac{c_1}{c_2}\tau_{\max} \tag{10.7}$$

10.2절에서 아래 식과 같이 축의 한 단면에 작용하는 전단력 분력에 의한 모멘트의 합은 축에 작용하는 크기가 T인 토크와 같다고 하였다.

$$\int \rho\,(\tau\, dA) = T \tag{10.1}$$

식 (10.6)에서 τ을 식 (10.1)에 대입하면, 다음 식을 얻을 수 있다.

$$T = \int \rho\tau\, dA = \frac{\tau_{\max}}{c}\int \rho^2\, dA$$

그러나 마지막 항의 적분은 단면 중심 O에 대한 단면의 극관성모멘트 J을 나타내므로, 다음 식이 된다.

$$T = \frac{\tau_{max} J}{c} \tag{10.8}$$

혹은 τ_{max}에 대해 풀면, 다음 식이 된다.

$$\tau_{max} = \frac{Tc}{J} \tag{10.9}$$

식 (10.9)의 τ_{max}을 식 (10.6)에 대입하면, 축의 축선에서부터의 거리 ρ로 다음과 같이 전단응력을 표현할 수 있다.

$$\tau = \frac{T\rho}{J} \tag{10.10}$$

식 (10.9)와 식 (10.10)은 탄성비틂공식(elastic torsion formulas)으로 알려져 있다. 정역학으로부터 반경이 c인 원의 극관성모멘트는 $J = \frac{1}{2}\pi c^4$으로 구해지며, 내경 c_1, 외경 c_2인 중공단면 원형축의 극관성모멘트는 다음과 같다.

$$J = \frac{1}{2}\pi c_2^4 - \frac{1}{2}\pi c_1^4 = \frac{1}{2}\pi\left(c_2^4 - c_1^4\right) \tag{10.11}$$

식 (10.9)와 식 (10.10)에 SI 단위가 사용된다면, T의 단위는 N · m, c와 ρ는 m, J는 m^4의 단위를 갖는다. 따라서 전단응력은 N/m^2 즉, Pa로 표현된다. U.S. 상용단위를 사용하면, T는 lb · in., c와 ρ는 in., J는 in^4의 단위를 가지며, 전단응력은 psi 단위가 된다.

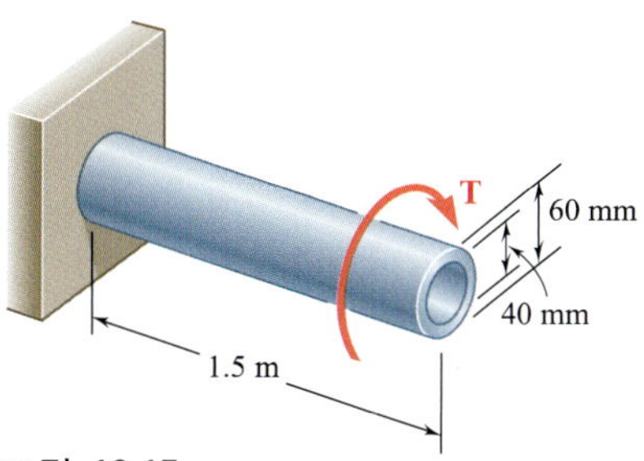

그림 10.15

예제 10.1 중공단면 강재 실린더 축의 길이가 1.5 m, 내경과 외경이 각각 40 및 60 mm이다(그림 10.15). (a) 전단응력이 120 MPa를 넘지 않는다면 축에 작용될 수 있는 최대 토크는 얼마인가? (b) 이 경우 축에서의 전단응력 최소값은 얼마인가?

a. 최대허용토크. 축에 작용할 수 있는 가장 큰 토크 **T**는 $\tau_{max} = 120$ MPa에 대한 것이다. 이 값은 강재에 대한 허용강도 보다 작기 때문에 식 (10.9)를 사용할 수 있다. 이 식을 T에 대해 풀면 다음과 같다.

$$T = \frac{J\tau_{max}}{c} \tag{10.12}$$

극관성모멘트(polar moment of inertia) J는 $c_1 = \frac{1}{2}(40\ \text{mm}) = 0.02\ \text{m}$, $c_2 = \frac{1}{2}(60\ \text{mm}) = 0.03\ \text{m}$인 경우 식 (10.11)에 의해 다음과 같이 계산된다.

$$J=\frac{1}{2}\pi\left(c_2^4-c_1^4\right)=\frac{1}{2}\pi\left(0.03^4-0.02^4\right)=1.021\times10^{-6}\ \mathrm{m}^4$$

이 J와 $\tau_{\max}$을 식 (10.12)에 대입하고, $c=c_2=0.03$ m 이라고 하면, 다음이 얻어진다.

$$T=\frac{J\tau_{\max}}{c}=\frac{(1.021\times10^{-6}\,\mathrm{m}^4)(120\times10^6\,\mathrm{Pa})}{0.03\ \mathrm{m}}=4.08\ \mathrm{kN\cdot m}$$

b. 최소전단응력. 전단응력의 최소값은 축의 내부 표면에서 발생한다. $\tau_{\min}$과 $\tau_{\max}$이 c_1과 c_2에 비례하는 것을 보여주는 식 (10.7)으로부터 다음 값이 구해진다.

$$\tau_{\min}=\frac{c_1}{c_2}\tau_{\max}=\frac{0.02\ \mathrm{m}}{0.03\ \mathrm{m}}(120\ \mathrm{MPa})=80\ \mathrm{MPa}\quad\blacksquare$$

식 (10.9)와 식 (10.10)의 비틂공식은 끝단에 토크가 가해지는 균일한 원형단면의 축에서 구하였지만, 이 공식들은 다양한 단면을 갖는 축과 끝단이 아닌 곳에 토크가 작용하는 축에도 역시 사용할 수 있다(그림 10.16a). 축 단면 S에서의 전단응력 분포는 식 (10.9)에서 구할 수 있으며, 여기서 J는 그 단면에서의 극관성모멘트, T는 그 단면에서의 내력 토크를 나타낸다. T의 값은 단면 S의 한쪽에 위치한 축 부분에 대한 자유물체도를 그려서 구할 수 있으며(그림 10.16b), 내력 토크 $\mathbf{T}$를 포함한 해당 부분에 작용하는 토크의 합은 영이 된다(문제 10.1 참조).

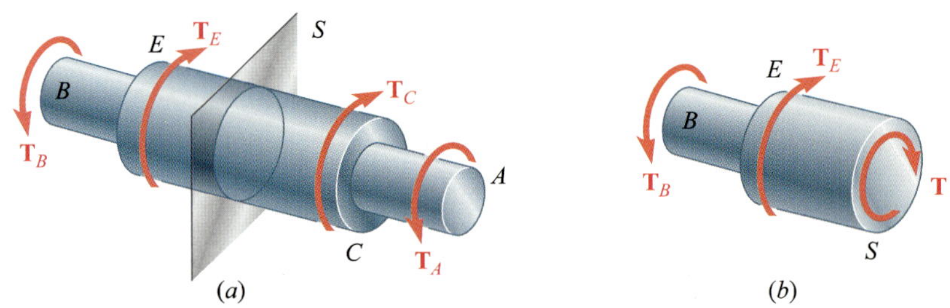

그림 10.16

지금까지 축에서의 응력에 대한 해석은 전단응력에 한정하였다. 이것은 선택한 요소의 면이 축의 축선에 평행이거나 수직이 되도록 돌려졌기 때문이다(그림 10.5). 앞선 논의(8.8절과 8.9절)에서 수직응력, 전단응력, 혹은 이들의 조합은 같은 하중조건 하에서 선택한 요소의 방향에 따라 구해질 수 있다. 비틂을 받는 원형축의 표면에 위치한 a와 b의 두 요소를 고려하여 보자(그림 10.17). 요소 a의 면들은 축의 축선에 대해 각각 평행이거나 수직이기 때문에 요소의 유일한 응력은 식 (10.9)로 정의되는 전단응력 $\tau_{\max}=Tc/J$이다. 반면에, 축의 축선에 대해 임의의 각도로 기울어져 있는 요소 b의 면들에는 수직응력과 전단응력이 조합으로 작용한다.

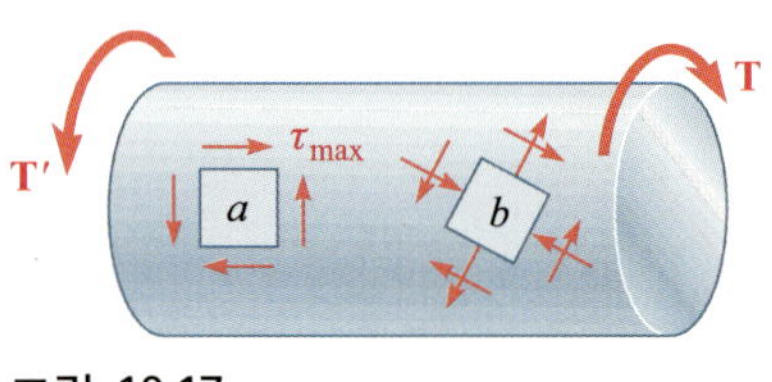

그림 10.17

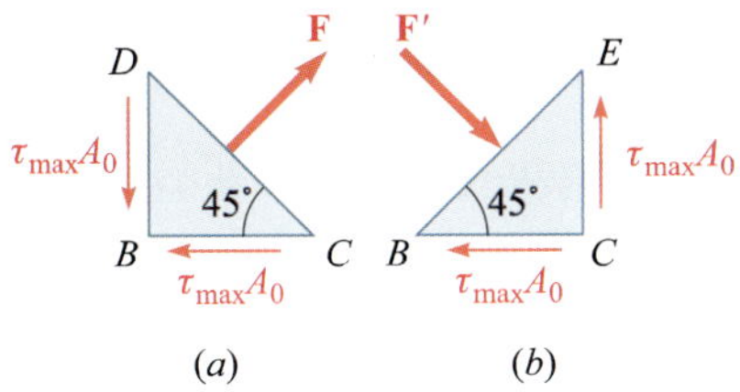

그림 10.18

특별한 경우에 해당하는 요소 c(그림에는 보이지 않음)가 축의 축선에 45° 기울어진 경우를 고려해보자. 이 요소의 면에서의 응력을 구하기 위해, 그림 10.18에 보이는 두 개의 삼각형 요소를 고려하고 자유물체도를 그려 보자. 그림 10.18a의 요소에서 면 BC와 면 BD에 작용하는 응력은 전단응력 $\tau_{max} = Tc/J$이다. 따라서 이에 상응하는 전단력의 크기는 $\tau_{max}A_0$이며, 여기서 A_0는 표면적을 타나낸다. 두 전단응력들의 면 DC를 따른 성분은 크기가 같고 방향이 반대이기 때문에, 면 DC에 작용하는 힘 $\mathbf{F}$는 그 면에 수직이어야 한다. 이것은 인장력이며, 그 크기는 아래와 같다.

$$F = 2(\tau_{max}A_0)\sin 45° = \tau_{max}A_0\sqrt{2} \tag{10.13}$$

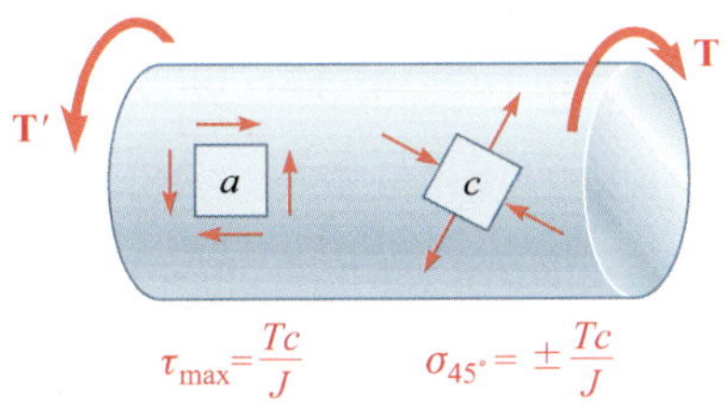

그림 10.19

이에 대한 응력은 힘 F를 면 DC의 단면적 A로 나누어 구하며, $A = A_0\sqrt{2}$ 이므로, 다음이 된다.

$$\sigma = \frac{F}{A} = \frac{\tau_{max}A_0\sqrt{2}}{A_0\sqrt{2}} = \tau_{max} \tag{10.14}$$

그림 10.18b의 요소에 대한 동일한 해석에서 면 BE에서의 응력은 $\sigma = -\tau_{max}$이 된다. 축의 축선에 45° 기울어진 요소의 면에 작용하는 응력은 $\pm\tau_{max}$인 수직응력이라 결론지을 수 있다. 그러므로 그림 10.19에서 요소 a는 순수전단 상태인 반면, 같은 그림의 요소 c는 두 면에서는 인장응력이 그리고 나머지 두 면에는 압축응력이 작용한다. 여기서 관련되는 모든 응력들은 동일한 크기 Tc/J를 갖고 있음을 주목할 필요가 있다.2)

9.3절에서 배운 바와 같이, 연성(ductile)재료는 일반적으로 전단에 의해 파괴된다. 따라서 비틂이 작용할 때, 연성재료로 만든 시편은 종방향 축에 수직인 평면을 따라 파단된다(예시 10.1a). 반면에 취성(brittle)재료는 전단보다는 인장에 취약하다. 따라서 비틂이 작용할 때, 취성재료로 만든 시편은 인장이 최대인 방향에 수직인 면을 따라 파단되는 경향이 있다. 즉 시편의 종방향 축에 45° 기울어진 면을 따라 파단된다(예시 10.1b).

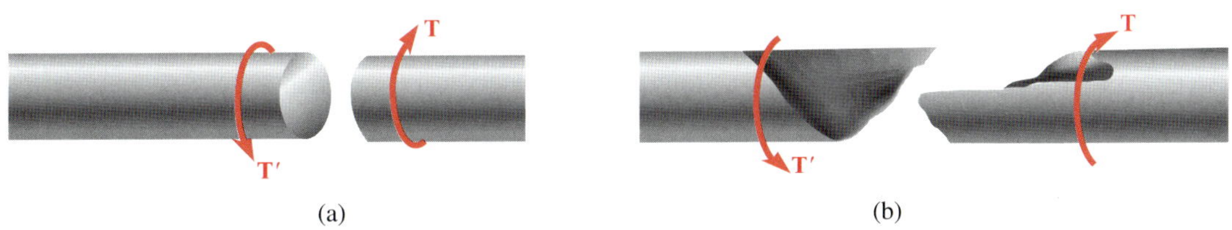

예시 10.1

2) 그림 10.17의 요소 b와 같이 임의의 각도로 회전한 요소에서의 응력들은 14장에서 논의할 것이다.

문제 10.1

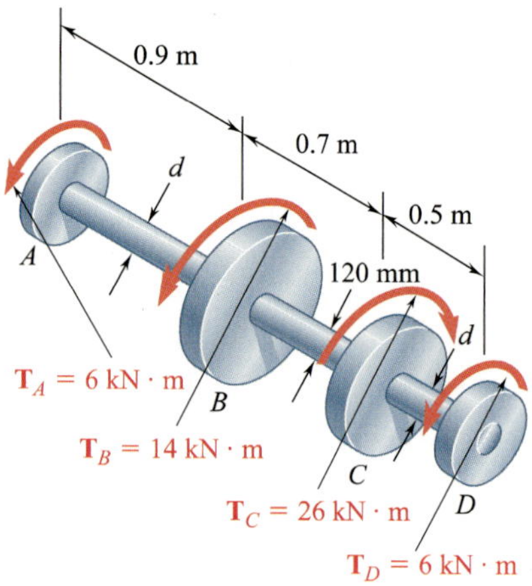

내경과 외경이 각각 90 mm와 120 mm인 중공단면인 축 BC가 있다. 축 AB와 CD는 중실단면이고 직경이 d이다. 그림에 보이는 하중에 대해 다음을 구하시오. (a) 축 BC에서의 최대 및 최소전단응력, (b) 축 AB와 CD의 허용전단응력이 65 MPa인 경우, 이들 축에 대한 요구직경 d.

풀이.

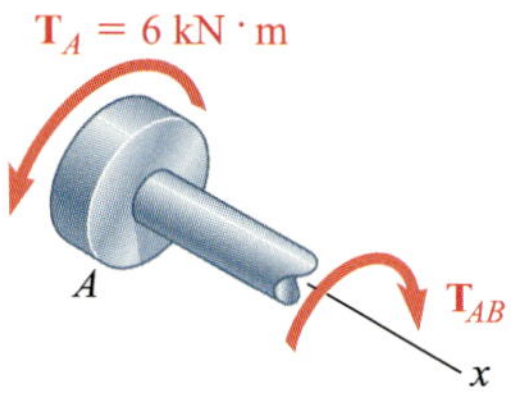

정역학 방정식. 축 AB에서의 토크를 $\mathbf{T}_{AB}$라고 하고, 축 AB의 한 단면을 잘라 그림에 보이는 자유물체도를 만들면, 다음 식을 구할 수 있다.

$$\Sigma M_x = 0 : \quad (6\text{ kN}\cdot\text{m}) - T_{AB} = 0 \qquad T_{AB} = 6\text{ kN}\cdot\text{m}$$

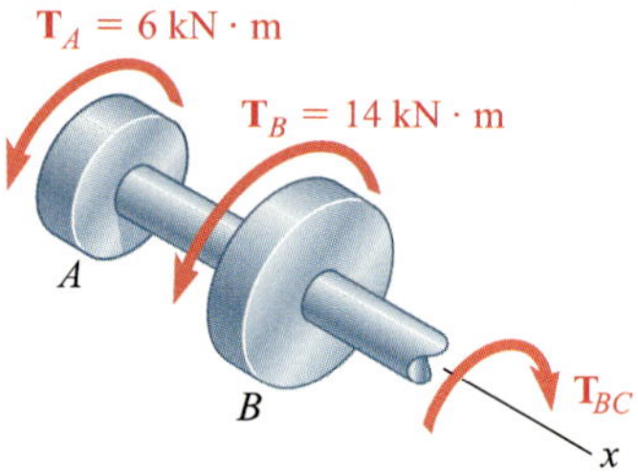

그림에 보이는 축 BC의 한 단면을 자른 자유물체도에서는 다음 식을 구할 수 있다.

$$\Sigma M_x = 0 : \ (6\text{ kN}\cdot\text{m}) + (14\text{ kN}\cdot\text{m}) - T_{BC} = 0 \qquad T_{BC} = 20\text{ kN}\cdot\text{m}$$

a. 축 BC. 중공단면에 대해 다음을 구할 수 있다.

$$J = \frac{\pi}{2}(c_2^4 - c_1^4) = \frac{\pi}{2}\left[(0.060)^4 - (0.045)^4\right] = 13.92 \times 10^{-6}\text{ m}^4$$

최대전단응력. 외부 표면에서 구할 수 있다.

$$\tau_{\max} = \tau_2 = \frac{T_{BC}c_2}{J} = \frac{(20\text{ kN}\cdot\text{m})(0.060\text{ m})}{13.92 \times 10^{-6}\text{ m}^4}$$

$$\tau_{\max} = 86.2\text{ MPa}$$

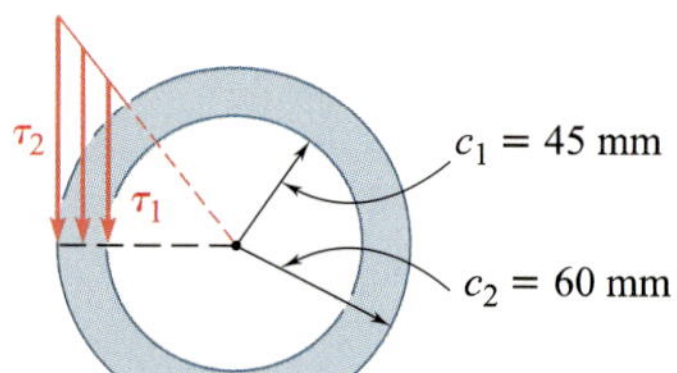

최소전단응력. 축의 축선으로부터의 거리에 응력이 비례한다는 것에서 다음을 구할 수 있다.

$$\frac{\tau_{\min}}{\tau_{\max}} = \frac{c_1}{c_2} \qquad \frac{\tau_{\min}}{86.2\text{ MPa}} = \frac{45\text{ mm}}{60\text{ mm}}$$

$$\tau_{\min} = 64.7\text{ MPa}$$

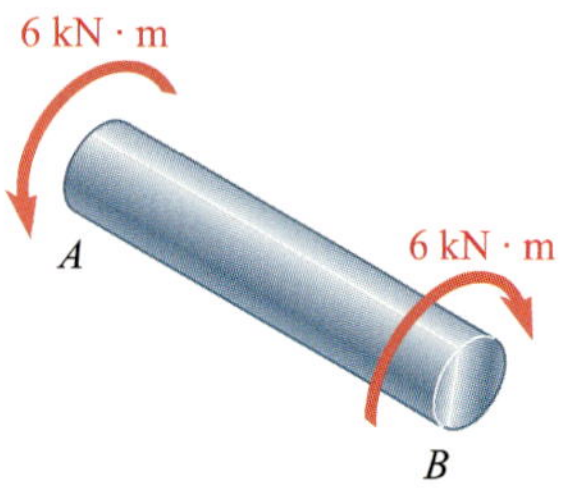

b. 축 AB와 CD. 두 축에서의 토크의 크기는 $T = 6\text{ kN}\cdot\text{m}$이며, 허용전단응력은 $\tau_{\text{all}} = 65\text{ MPa}$이다. 축의 반경을 c라고 하면, 다음을 구할 수 있다.

$$\tau = \frac{Tc}{J} \qquad 65\text{ MPa} = \frac{(6\text{ kN}\cdot\text{m})c}{\frac{\pi}{2}c^4}$$

$$c^3 = 58.8 \times 10^{-6}\text{ m}^3 \qquad c = 38.9 \times 10^{-3}\text{ m}$$

$$d = 2c = 2(38.9\text{ mm}) \qquad d = 77.8\text{ mm}$$

문제 10.2

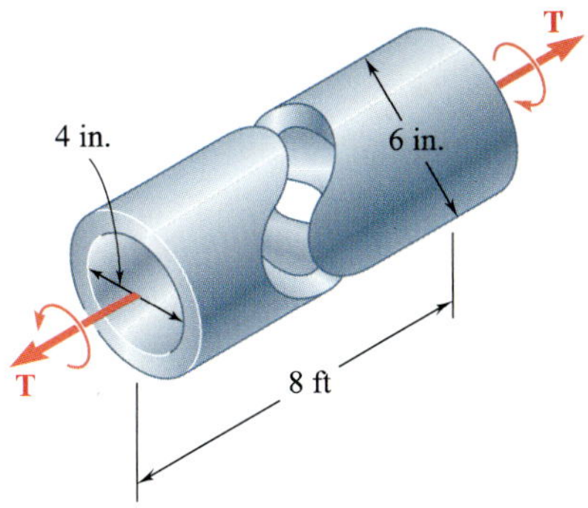

모터와 발전기를 연결하는 장축의 예비설계에서 내경과 외경이 각각 4 in.와 6 in.인 중공단면 축을 사용하도록 요청받았다. 허용전단응력이 12 ksi인 경우, 다음을 구하시오.

(a) 설계되는 축이 전달할 수 있는 최대 토크
(b) 같은 중량의 중실단면 축이 전달할 수 있는 최대 토크
(c) 중량이 같고 외경이 8 in.인 중공단면 축이 전달할 수 있는 최대 토크

풀이.

a. 설계된 중공단면 축. 중공단면에 대해 다음을 구할 수 있다.

$$J = \frac{\pi}{2}\left(c_2^4 - c_1^4\right) = \frac{\pi}{2}\left[(3\text{ in.})^4 - (2\text{ in.})^4\right] = 102.1\text{ in}^4$$

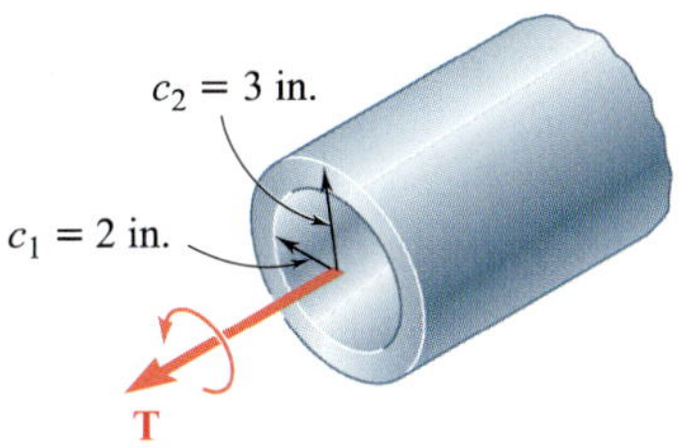

식 (10.9)를 사용하면 다음을 구할 수 있다.

$$\tau_{\max} = \frac{Tc_2}{J} \qquad 12\text{ ksi} = \frac{T(3\text{ in.})}{102.1\text{ in}^4} \qquad T = 408\text{ kip}\cdot\text{in.}$$

b. 중량이 같은 중실단면 축. 설계된 축과 중량 및 길이가 동일한 중실단면 축에 대해 단면적은 다음과 같다.

$$A_{(a)} = A_{(b)}$$
$$\pi\left[(3\text{ in.})^2 - (2\text{ in.})^2\right] = \pi c_3{}^2 \qquad c_3 = 2.24\text{ in.}$$

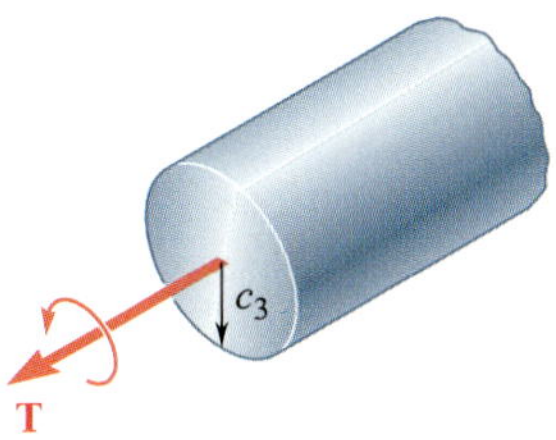

$\tau_{\text{all}} = 12$ ksi이므로,

$$\tau_{\max} = \frac{Tc_3}{J} \qquad 12\text{ ksi} = \frac{T(2.24\text{ in.})}{\frac{\pi}{2}(2.24\text{ in.})^4} \qquad T = 211\text{ kip}\cdot\text{in.}$$

c. 8 in. 직경 중공단면 축. 동일한 중량이 되기 위해 단면적이 다시 동일해야 한다. 이 축의 내경을 다음으로 구할 수 있다.

$$A_{(a)} = A_{(c)}$$
$$\pi\left[(3\text{ in.})^2 - (2\text{ in.})^2\right] = \pi\left[(4\text{ in.})^4 - c_5^2\right] \qquad c_5 = 3.317\text{ in.}$$

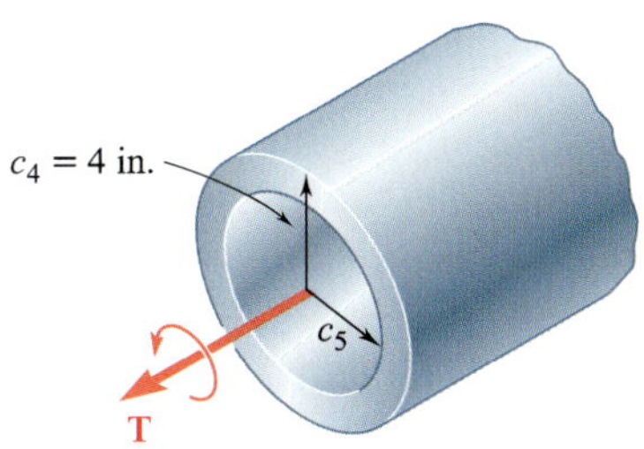

$c_5 = 3.317$ in., $c_4 = 4$ in.에 대해,

$$J = \frac{\pi}{2}\left[(4\text{ in.})^4 - (3.317\text{ in.})^4\right] = 212\text{ in.}^4$$

$\tau_{\text{all}} = 12$ ksi와 $c_4 = 4$ in.이므로,

$$\tau_{\max} = \frac{Tc_4}{J} \qquad 12\text{ ksi} = \frac{T(4\text{ in.})}{212\text{ in}^4} \qquad T = 636\text{ kip}\cdot\text{in.}$$

Problems

10.1 Determine the torque **T** that causes a maximum shearing stress of 70 MPa in the steel cylindrical shaft shown.

10.2 Determine the maximum shearing stress caused by a torque of magnitude $T = 800\ \text{N} \cdot \text{m}$.

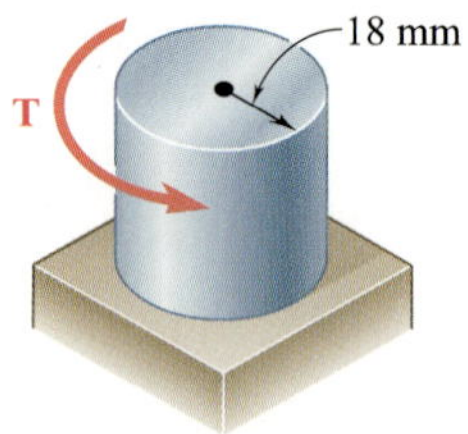

그림 **P10.1, P10.2**

10.3 (*a*) For the hollow shaft and loading shown, determine the maximum shearing stress. (*b*) Determine the diameter of a solid shaft for which the maximum shearing stress in the loading shown is the same as in part *a*.

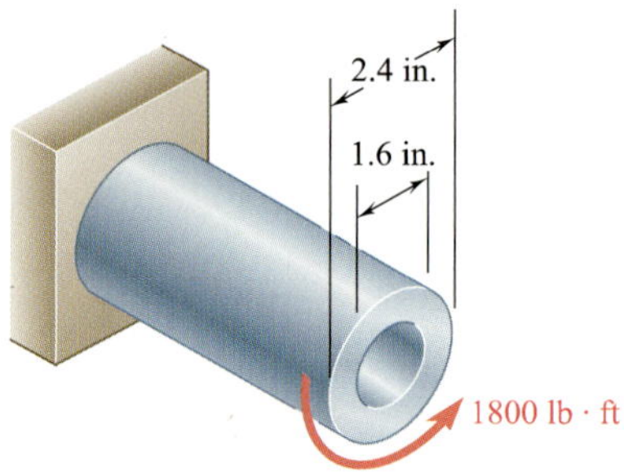

그림 **P10.3**

10.4 (*a*) Determine the torque that can be applied to a solid shaft of 3.6-in. outer diameter without exceeding an allowable shearing stress of 10 ksi. (*b*) Solve part *a*, assuming that the solid shaft is replaced by a hollow shaft of the same mass and of 3.6-in. inner diameter.

10.5 (*a*) For the 3-in.-diameter solid cylinder and loading shown, determine the maximum shearing stress. (*b*) Determine the inner diameter of the hollow cylinder, of 4-in. outer diameter, for which the maximum stress is the same as in part *a*.

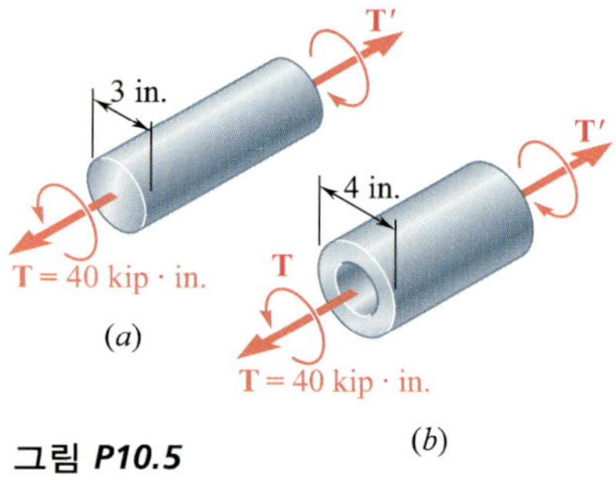

그림 ***P10.5***

10.6 (*a*) Determine the torque that can be applied to a solid shaft of 0.75-in. diameter without exceeding an allowable shearing stress of 10 ksi. (*b*) Solve part *a* assuming that the solid shaft has been replaced by a hollow shaft of the same cross-sectional area and with an inner diameter equal to half of its outer diameter.

10.7 The torques shown are exerted on pulleys *A*, *B*, and *C*. Knowing that both shafts are solid, determine the maximum shearing stress in (*a*) shaft *AB*, (*b*) shaft *BC*.

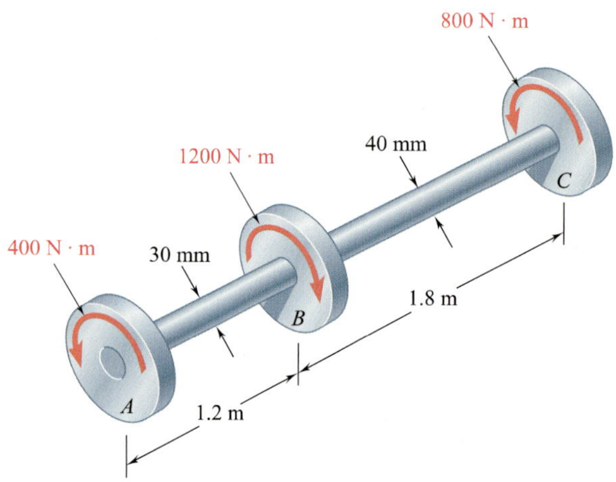

그림 **P10.7, *P10.8***

10.8 The shafts of the pulley assembly shown are to be redesigned. Knowing that the allowable shearing stress in each shaft is 60 MPa, determine the smallest allowable diameter of (*a*) shaft *AB*, (*b*) shaft *BC*.

10.9 Knowing that each of the shafts AB, BC, and CD consist of solid circular rods, determine (*a*) the shaft in which the maximum shearing stress occurs, (*b*) the magnitude of that stress.

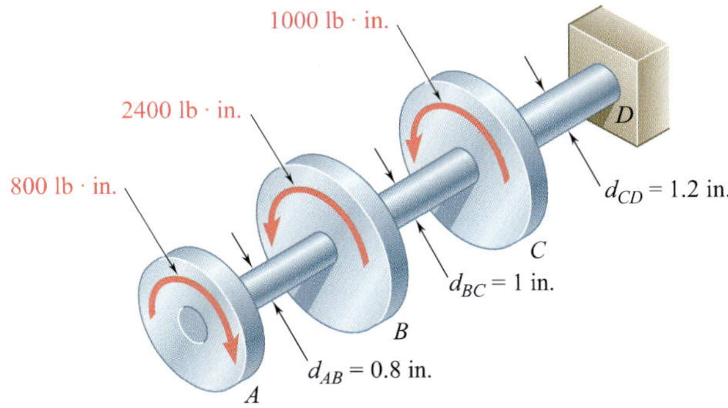

그림 P10.9, P10.10

10.10 Knowing that a 0.40-in.-diameter hole has been drilled through each of the shafts AB, BC, and CD, determine (*a*) the shaft in which the maximum shearing stress occurs, (*b*) the magnitude of that stress.

10.11 Under normal operating conditions, the electric motor exerts a torque of 2.4 kN · m on shaft AB. Knowing that each shaft is solid, determine the maximum shearing stress (*a*) in shaft AB, (*b*) in shaft BC, (*c*) in shaft CD.

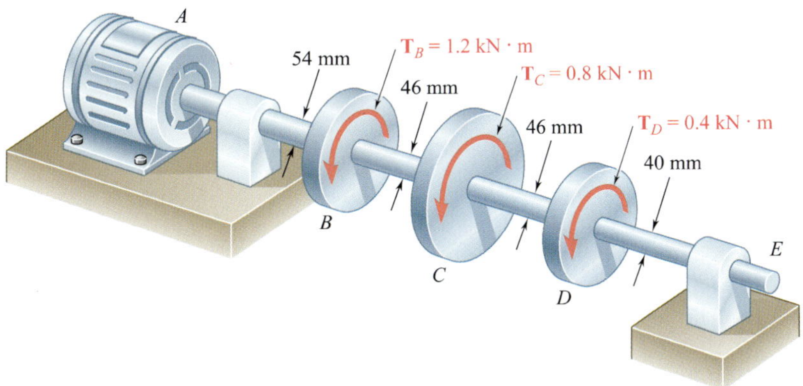

그림 *P10.11*

10.12 In order to reduce the total mass of the assembly of Prob. 10.11, a new design is being considered in which the diameter of shaft BC will be smaller. Determine the smallest diameter of shaft BC for which the maximum value of the shearing stress in the assembly will not be increased.

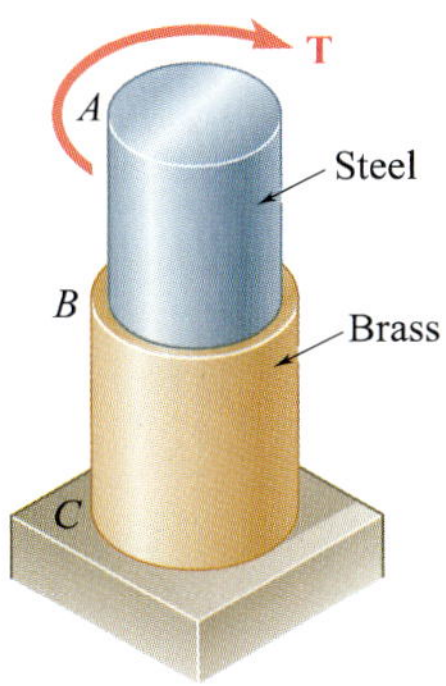

그림 P10.13, *P10.14*

10.13 The allowable shearing stress is 15 ksi in the 1.5-in.-diameter steel rod AB and 8 ksi in the 1.8-in.-diameter rod BC. Neglecting the effect of stress concentrations, determine the largest torque that can be applied at A.

10.14 The allowable shearing stress is 15 ksi in the steel rod AB and 8 ksi in the brass rod BC. Knowing that a torque of magnitude T = 10 kip · in. is applied at A and neglecting the effect of stress concentrations, determine the required diameter of (*a*) rod AB, (*b*) rod BC.

10.15 The solid rod AB has a diameter $d_{AB} = 60$ mm and is made of a steel for which the allowable shearing stress is 85 MPa. The pipe CD, which has an outer diameter of 90 mm and a wall thickness of 6 mm, is made of an aluminum for which the allowable shearing stress is 54 MPa. Determine the largest torque **T** that can be applied at A.

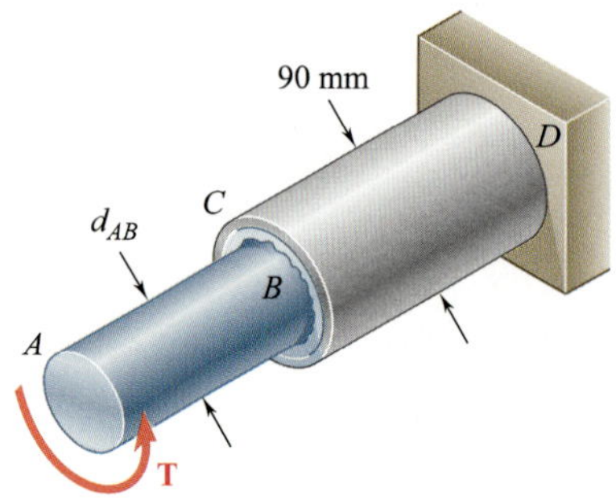

그림 P10.15

10.16 The allowable shearing stress is 50 MPa in the brass rod AB and 25 MPa in the aluminum rod BC. Knowing that a torque of magnitude $T = 1250$ N · m is applied at A, determine the required diameter of (*a*) rod AB, (*b*) rod BC.

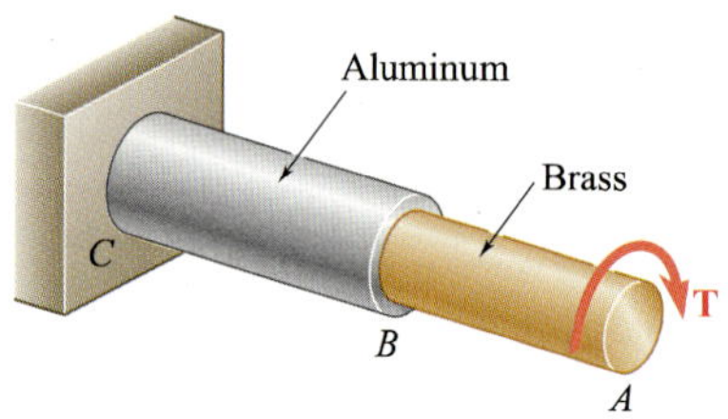

그림 P10.16

10.17 The solid shaft shown is formed of a brass for which the allowable shearing stress is 55 MPa. Neglecting the effect of stress concentrations, determine the smallest diameters d_{AB} and d_{BC} for which the allowable shearing stress is not exceeded.

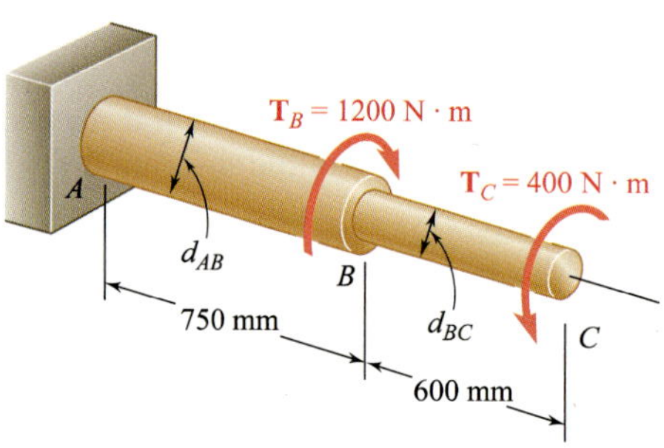

그림 P10.17, P10.18

10.18 Solve Prob. 10.17 assuming that the direction of $\mathbf{T}_C$ is reversed.

10.19 and 10.20 Under normal operating conditions a motor exerts a torque of magnitude $T_F = 1200$ lb · in. at F. Knowing that the allowable shearing stress is 10.5 ksi in each shaft, determine for the given data the required diameter of (*a*) shaft *CDE*, (*b*) shaft *FGH*.

10.19 $r_D = 8$ in., $r_G = 3$ in.
10.20 $r_D = 3$ in., $r_G = 8$ in.

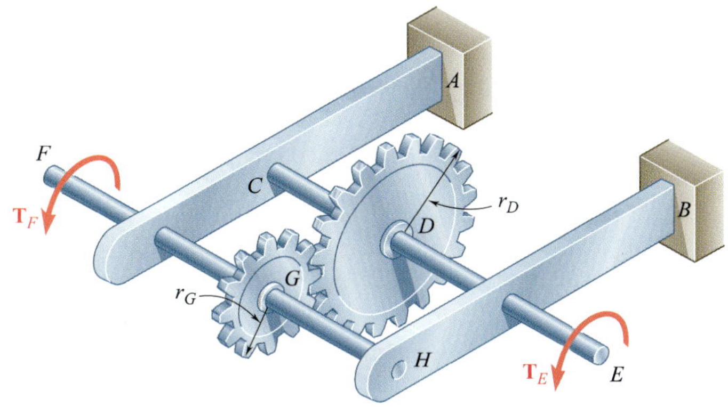

그림 *P10.19*, **P10.20**

10.21 A torque of magnitude $T = 1000$ N · m is applied at D as shown. Knowing that the diameter of shaft *AB* is 56 mm and that the diameter of shaft *CD* is 42 mm, determine the maximum shearing stress in (*a*) shaft *AB*, (*b*) shaft *CD*.

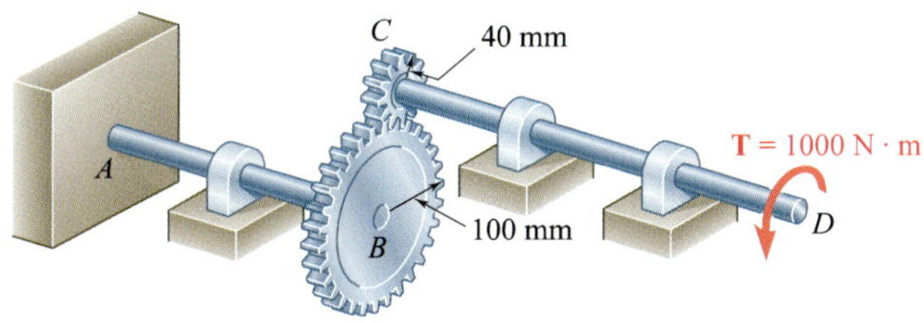

그림 P10.24, *P10.22*

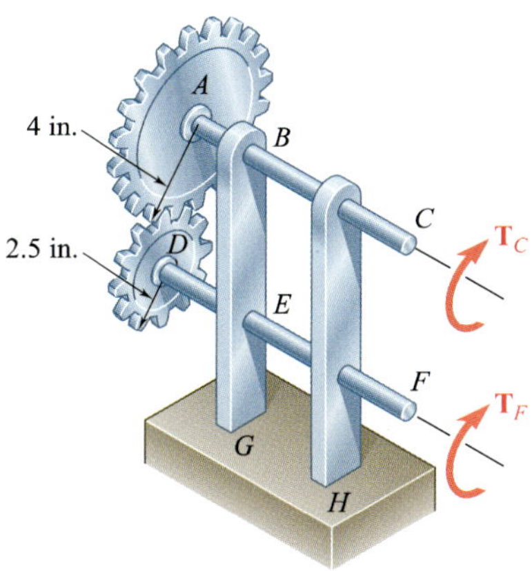

그림 P10.23, P10.24

10.22 A torque of magnitude $T = 1000$ N · m is applied at D as shown. Knowing that the allowable shearing stress is 60 MPa in each shaft, determine the required diameter of (*a*) shaft *AB*, (*b*) shaft *CD*.

10.23 Two solid shafts are connected by gears as shown and are made of a steel for which the allowable shearing stress is 8500 psi. Knowing that a torque of magnitude $T_C = 5$ kip · in. is applied at C and that the assembly is in equilibrium, determine the required diameter of (*a*) shaft *BC*, (*b*) shaft *EF*.

10.24 Two solid shafts are connected by gears as shown and are made of a steel for which the allowable shearing stress is 7000 psi. Knowing that the diameters of the two shafts are, respectively, $d_{BC} = 1.6$ in. and $d_{EF} = 1.25$ in., determine the largest torque $\mathbf{T}_C$ that can be applied at C.

10.5 비틂각

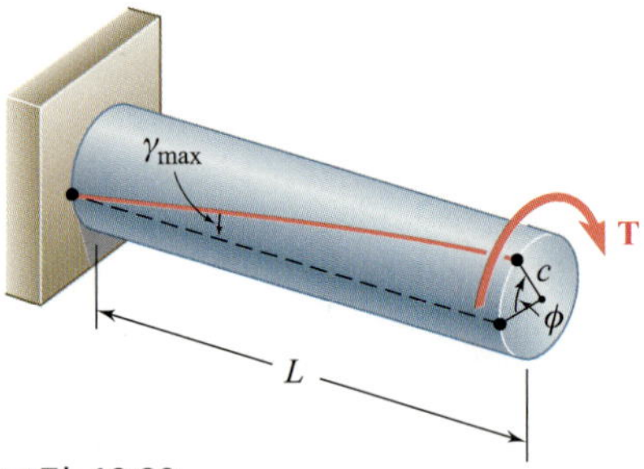

그림 10.20

이번 절에서는 원형축의 비틂각 ϕ와 축에 작용하는 토크 T 사이의 관계를 유도하고자 한다. 전체 축은 탄성상태를 유지하는 것으로 가정한다. 우선 자유단에 토크 T가 작용하는 길이가 L이고 반경 c의 균일한 단면을 가진 축의 경우를 고려하며(그림 10.20), 10.3절에서 유도한 비틂각 ϕ와 최대 전단변형률 γ_{max}의 다음 관계식을 사용한다.

$$\gamma_{max} = \frac{c\phi}{L} \tag{10.3}$$

탄성영역에서는 항복응력이 축의 어느 부위에서도 초과되지 않기 때문에, Hooke의 법칙 $\gamma_{max} = \tau_{max}/G$을 적용하여 혹은 식 (10.9)에 의해 다음 식을 구할 수 있다.

$$\gamma_{max} = \frac{\tau_{max}}{G} = \frac{Tc}{JG} \tag{10.15}$$

식 (10.3)과 식 (10.15)의 오른쪽 항들이 같다고 하면, 다음과 같이 ϕ를 구할 수 있다.

$$\phi = \frac{TL}{JG} \tag{10.16}$$

여기서 ϕ의 단위는 radian이다. 구해진 관계식은 탄성영역 내에서 **비틂각 ϕ는 축에 작용하는 토크 T에 비례한다**는 것을 보여주며, 이것은 10.3절 초반부에 인용한 실험적 증거와 일치한다.

식 (10.16)은 주어진 재료의 강성계수를 결정하는 전통적인 방법을 제시한다. 직경과 길이를 아는 실린더 봉의 형태로 재료시편을 만들어 비틂실험 기계(사진 10.2)에 놓는다. T의 크기를 증가시키면서 토크가 시편에 작용하고,

사진 10.2 비틂실험 기계

이로 인한 시편길이 L에서의 비틂각 ϕ를 기록한다. 재료의 항복강도가 초과되지 않는 한 T에 대한 ϕ점을 찍으면 직선에 들어오게 된다. 이 선의 기울기가 JG/L를 나타내며, 이것으로부터 강성계수 또는 전단탄성계수 G를 계산할 수 있다.

예제 10.2 예제 10.1의 축 끝에 비틂각 2°가 발생하게 하기 위해 얼마나 큰 토크를 작용해야 하는가? 강재의 강성계수는 $G=77$ GPa를 사용하시오.

식 (10.16)을 T에 대해 풀면, 다음을 얻는다.

$$T = \frac{JG}{L}\phi$$

여기에 다음 값들을 대입하고,

$$G = 77 \times 10^9 \text{ Pa}, \quad L = 1.5 \text{ m}$$

$$\phi = 2°\left(\frac{2\pi \text{ rad}}{360°}\right) = 34.9 \times 10^{-3} \text{ rad}$$

예제 10.1을 참조하여 주어진 단면에 대해 다음을 계산하면,

$$J = 1.021 \times 10^{-6} \text{ in}^4$$

최종적으로 다음과 같이 토크를 계산할 수 있다.

$$T = \frac{JG}{L}\phi = \frac{(1.021 \times 10^{-6} \text{ m}^4)(77 \times 10^9 \text{ Pa})}{1.5 \text{ m}}(34.9 \times 10^{-3} \text{ rad})$$

$$T = 1.829 \times 10^3 \text{ N} \cdot \text{m} = 1.829 \text{ kN} \cdot \text{m} \quad ■$$

예제 10.3 예제 10.1과 10.2에 사용된 중공단면 강재 축의 내측 표면에 70 MPa의 전단응력을 발생시키는 비틂각은 얼마인가?

우선 이 문제를 풀기 위해 적용할 방법은 식 (10.10)을 사용하여 주어진 τ에 대한 토크 T를 구하고, 식 (10.16)을 사용하여 구한 T값에 대한 비틂각 ϕ를 구하는 것이다. 그러나 이보다 직접적인 방법을 사용할 수 있다. 우선 Hooke의 법칙에 의해 축 내측 표면에서의 전단변형률을 계산하면 다음과 같다.

$$\gamma_{\min} = \frac{\tau_{\min}}{G} = \frac{70 \times 10^6 \text{ Pa}}{77 \times 10^9 \text{ Pa}} = 909 \times 10^{-6}$$

또한 그림 10.13c에서 호 AA'의 길이를 γ와 ϕ항으로 표현하여 구한 식 (10.2)를 사용하면 다음을 구할 수 있다.

$$\phi = \frac{L\gamma_{\min}}{c_1} = \frac{1500 \text{ mm}}{20 \text{ mm}}(909 \times 10^{-6}) = 68.2 \times 10^{-3} \text{ rad}$$

따라서 비틂각을 각도로 구하면 다음과 같다.

$$\phi = (68.2 \times 10^{-3} \text{ rad})\left(\frac{360°}{2\pi \text{ rad}}\right) = 3.91° \quad ■$$

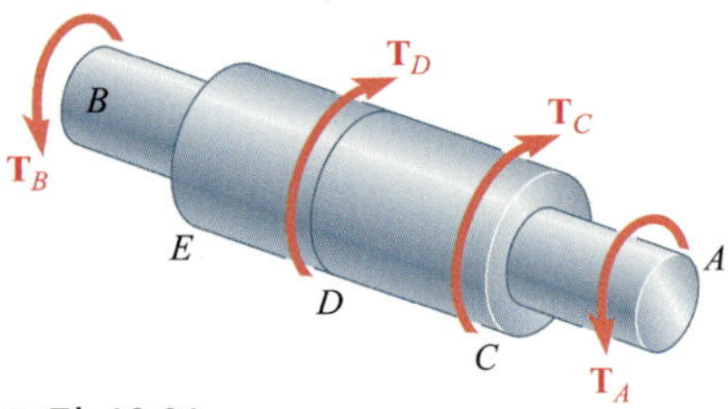

그림 10.21

비틂각에 대한 식 (10.16)은 축이 균질이고(즉 G가 일정하고) 균일한 단면을 가지고 있으며, 축의 끝에만 하중이 작용하는 경우에 적용할 수 있다. 만약 토크가 축의 끝이 아닌 곳에 작용하는 경우, 혹은 축이 단면이 다르고 재료도 다른 여러 부분들로 구성되어 있는 경우, 식 (10.16)을 적용하기 위한 요구조건은 요소단위별로 분리하여 개별적으로 만족되어야 한다. 예를 들면, 그림 10.21에 보이는 축 AB는 AC, CD, DE 및 EB 4개의 서로 다른 부분으로 고려되어야 한다. 축의 총 비틂각(B단에 대해 A단이 회전한 각)은 각 요소단위의 비틂각을 대수학적으로 더하여 구한다. 부위 i의 내력 토크, 길이, 단면 극관성모멘트, 강성계수를 각각 T_i, L_i, J_i 및 G_i라고 하면, 축의 총 비틂각은 다음으로 표현할 수 있다.

$$\phi = \sum_i \frac{T_i L_i}{J_i G_i} \tag{10.17}$$

축의 한 부분에서의 내력 토크 T_i는 그 부분의 단면을 자른 후, 자른 단면의 한쪽에 위치한 축 부분의 자유물체도를 그려서 구한다. 10.4절에서 이미 설명하였고 그림 10.16에서 설명하는 이 절차를 문제 10.3에서 적용한다.

그림 10.22에 보이는 것처럼 변하는 원형 단면을 가진 축의 경우, 식 (10.16)은 두께 dx인 디스크에 적용할 수 있다. 디스크 한 면이 다른 면에 대해 회전하는 각도는 다음과 같다.

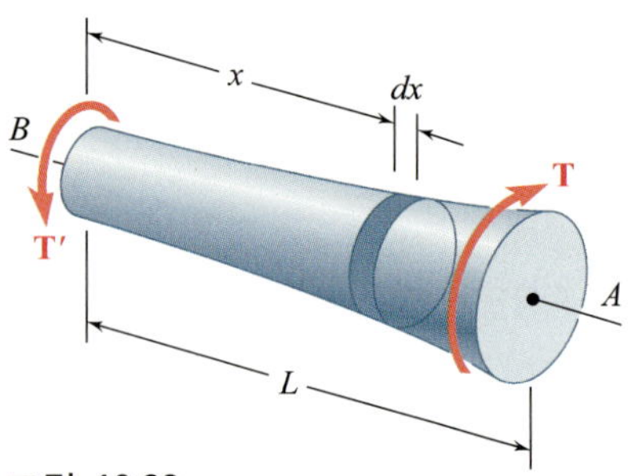

그림 10.22

$$d\phi = \frac{T\,dx}{JG}$$

여기서 J는 x의 함수로 결정될 수 있으며, x를 0에서 L까지 적분하면 축의 총 비틂각을 다음의 식으로 얻을 수 있다.

$$\phi = \int_0^L \frac{T\,dx}{JG} \tag{10.18}$$

식 (10.16)을 유도하기 위해 사용되었던 그림 10.20의 축과 예제 10.2와 예제 10.3에서 다루었던 그림 10.15의 축 모두 고정단에 한쪽 끝을 붙여 두었다. 따라서 각 경우, 축의 비틂각 ϕ는 자유단에서의 회전각과 같다. 그러나 축의 양쪽 끝이 모두 회전할 때는 축의 한쪽 끝이 반대쪽 끝에 대해 회전하는 각도와 같다. 예를 들어 C점에서 맞물려 있는 기어들에 붙어 있는 각각 길이 L, 반경 c, 강성계수 G인 두 개의 축 AD와 BE로 구성된 그림 10.23a에 있는 조립품을 고려해보자. 토크 $\mathbf{T}$를 E점에 작용하면(그림 10.23b), 두 축 모두 비틀어진다. 축 AD의 D단은 고정되어 있기 때문에,

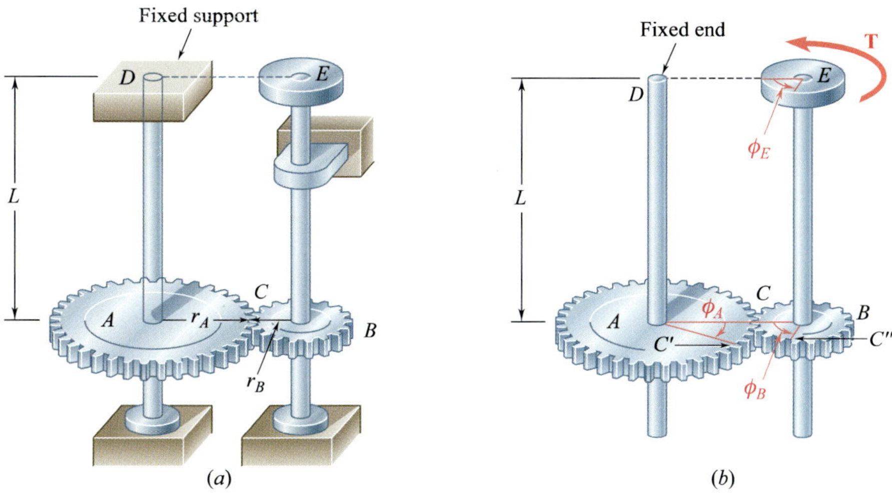

그림 10.23

AD의 비틂각은 A단의 회전각 ϕ_A로 측정하면 된다. 반면에 축 BE은 양단이 회전하기 때문에, BE의 회전각은 회전각 ϕ_B와 ϕ_E 사이의 차이와 같다. 즉 비틂각은 E단이 B단에 대해 회전하는 각도와 같다. 이 상대적인 회전각을 $\phi_{E/B}$라고 하면, 다음 식으로 구해진다.

$$\phi_{E/B} = \phi_E - \phi_B = \frac{TL}{JG}$$

예제 10.4 그림 10.23의 조립품에서 $r_A = 2r_B$인 경우, E점에 토크 $\mathbf{T}$가 작용할 때 축 BE의 E단에서의 회전각을 구하시오.

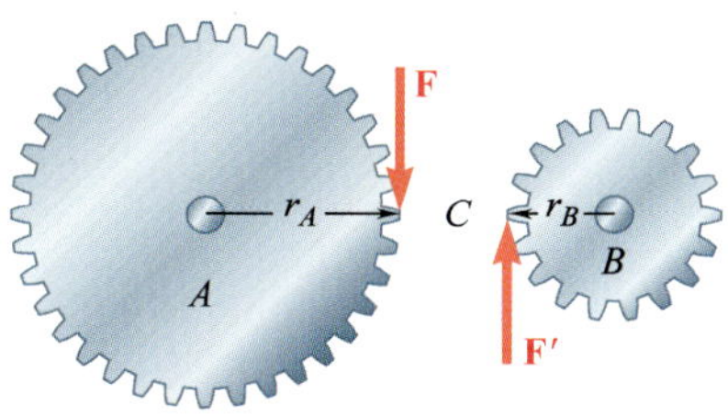

그림 10.24

우선 축 AD에 작용하는 토크 $\mathbf{T}_{AD}$를 구한다. 크기가 같고 방향이 반대인 힘 $\mathbf{F}$와 $\mathbf{F}'$가 C점에서 두 기어에 작용하고(그림 10.24) $r_A = 2r_B$이면, 축 AD에 작용하는 토크는 축 BE에 작용하는 토크의 2배가 된다. 즉 $T_{AD} = 2T$이다. 축 AD의 D단이 고정단이기 때문에, 기어 A의 회전각 ϕ_A는 축의 비틂각과 같으며 다음 식이 된다.

$$\phi_A = \frac{T_{AD}L}{JG} = \frac{2TL}{JG}$$

그림 10.23b에서 호 CC'와 CC''는 같아야 하기 때문에, $r_A\phi_A = r_B\phi_B$에서 다음 식이 얻어진다.

$$\phi_B = (r_A/r_B)\phi_A = 2\phi_A$$

따라서 다음 식을 구할 수 있다.

$$\phi_B = 2\phi_A = \frac{4TL}{JG}$$

축 BE를 고려하면, 축의 비틂각은 B단에 대한 E단이 회전한 각도 $\phi_{E/B}$와 같으며, E단의 회전각은 다음으로 구해진다.

$$\phi_E = \phi_B + \phi_{E/B}$$

$$= \frac{4TL}{JG} + \frac{TL}{JG} = \frac{5TL}{JG} \quad \blacksquare$$

10.6 부정정축

10.4절에서 설명한 바와 같이 축에서의 응력을 구하기 위해서는 우선 축의 여러 부분에서 내력 토크를 계산할 필요가 있다. 이들 토크는 한 단면의 한쪽에 위치한 축 부분에 대한 자유물체도를 그리고, 그 자유물체도에 작용하는 토크의 합이 영이라는 식을 세워 정역학에 의해 구하였다.

그러나 내력 토크가 정역학만으로는 구할 수 없는 경우가 있다. 사실 외력 토크(즉 지점 혹은 연결부를 통해 축에 작용하는 토크) 그 자체는 전체 축의 자유물체도에서 구할 수 없다. 평형조건식을 축의 변형이 포함된 관계식으로 보완하고 문제의 기하적 조건을 고려하여 구하여야 한다. 정역학만으로 외력 및 내력 토크를 구하기에 충분하지 않기 때문에, 축은 부정정이라 불린다. 다음 예제와 문제 10.5에서 부정정축을 해석하는 방법을 보게 될 것이다.

예제 10.5 원형축 AB는 길이가 10 in., 직경이 $\frac{7}{8}$ in.인 강재 실린더이며, B단에서부터 길이 5 in., 직경 $\frac{5}{8}$ in. 구멍이 뚫려있다. 축은 양쪽 끝에서 고정지점에 붙어 있으며, 중앙 단면에 토크 90 lb·ft가 작용한다(그림 10.25). 각 지점에서 축에 작용하는 토크를 구하시오.

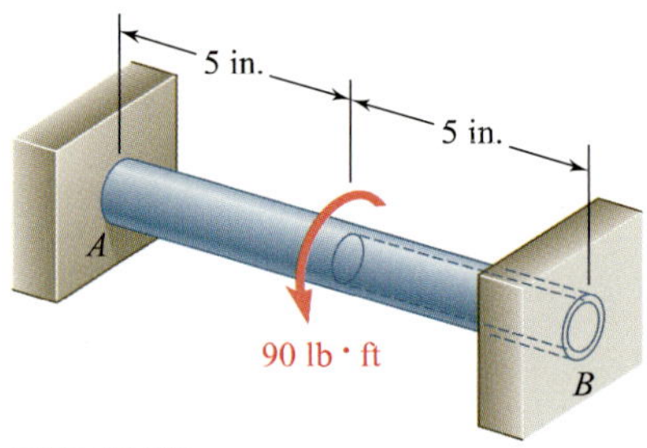

그림 10.25

축의 자유물체도를 그리고 지점에 작용하는 토크를 $\mathbf{T}_A$와 $\mathbf{T}_B$라 하면, 다음 평형방정식을 구할 수 있다.

$$T_A + T_B = 90 \text{ lb} \cdot \text{ft}$$

이 식만으로 2개의 미지 토크 $\mathbf{T}_A$와 $\mathbf{T}_B$를 구하는 것은 충분하지 않기 때문에, 축은 부정정이다.

그러나 축 AB의 양단이 모두 고정되어 있어서 축 AB의 총 비틂각은 영이라는 점을 알게 되면, $\mathbf{T}_A$와 $\mathbf{T}_B$를 구할 수 있다. ϕ_1과 ϕ_2를 각각 AC와 CB 부분의 비틂각이라고 하면, 다음 식을 얻을 수 있다.

$$\phi = \phi_1 + \phi_2 = 0$$

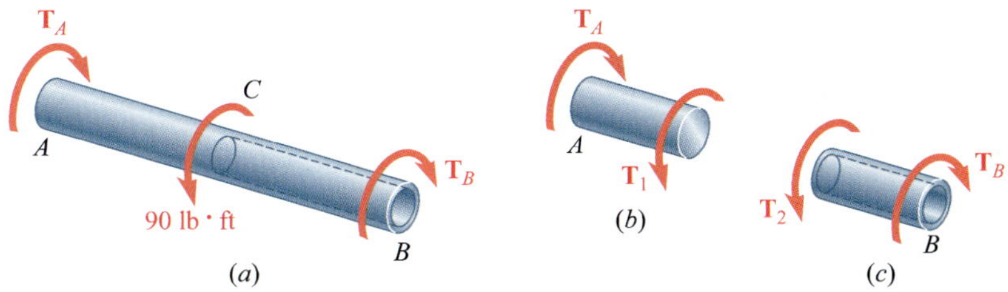

그림 10.26

A단을 포함한 축의 작은 부분의 자유물체도(그림 10.26b) AC에서 내력 토크 T_1는 T_A와 같으며, B단을 포함한 축의 작은 부분의 자유물체도(그림 10.26c) CB에서 내력 토크 T_2는 T_B와 같다. 축 AC와 CB 부분은 반대 방향으로 비틀리므로, 식 (10.16)을 사용해서 다음 식을 얻을 수 있다.

$$\phi = \phi_1 + \phi_2 = \frac{T_A L_1}{J_1 G} - \frac{T_B L_2}{J_2 G} = 0$$

이것을 T_B에 대해 풀면 다음과 같다.

$$T_B = \frac{L_1 J_2}{L_2 J_1} T_A$$

여기에 다음 수치 데이터를 대입하면,

$$L_1 = L_2 = 5 \text{ in.}$$

$$J_1 = \frac{1}{2}\pi\left(\frac{7}{16}\text{ in.}\right)^4 = 57.6 \times 10^{-3} \text{ in}^4$$

$$J_2 = \frac{1}{2}\pi\left[\left(\frac{7}{16}\text{ in.}\right)^4 - \left(\frac{5}{16}\text{ in.}\right)^4\right] = 42.6 \times 10^{-3} \text{ in}^4$$

다음 관계식을 구하게 된다.

$$T_B = 0.740\, T_A$$

이 식을 원래의 평형방정식에 대입하면 다음이 구해진다.

$$1.740\, T_A = 90 \text{ lb} \cdot \text{ft}$$

$$T_A = 51.7 \text{ lb} \cdot \text{ft} \qquad T_B = 38.3 \text{ lb} \cdot \text{ft}$$ ■

문제 10.3

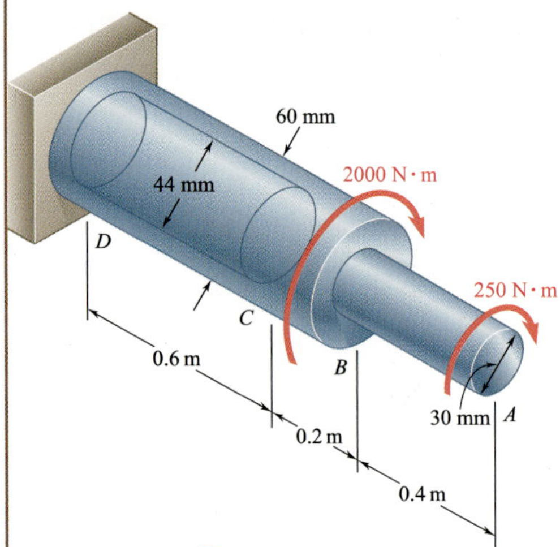

수평 축 AD는 D점에서 고정기반에 붙어 있고 그림에 보이는 토크들이 작용하고 있다. 44 mm 직경의 구멍이 축의 CD부분에 뚫려 있다. 전체 축이 $G=77$ GPa인 강재로 만들어져 있는 경우, A단에서의 비틂각을 구하시오.

풀이.

축을 AB, BC, CD 3부분으로 나누고, 각 부분이 균일한 단면과 일정한 내력 토크를 갖고 있기 때문에, 식 (10.17)을 적용할 수 있다.

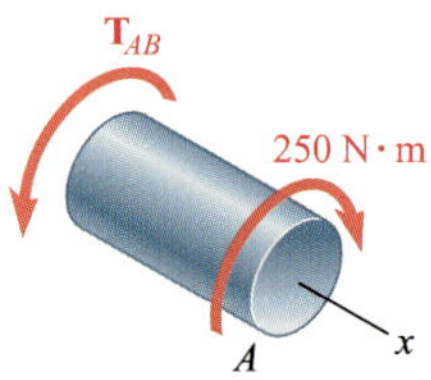

정역학. A와 B 사이 축의 한 단면에서 자른 자유물체도를 사용하여 다음을 구할 수 있다.

$$\Sigma M_x = 0: \quad (250\ \text{N}\cdot\text{m}) - T_{AB} = 0 \qquad T_{AB} = 250\ \text{N}\cdot\text{m}$$

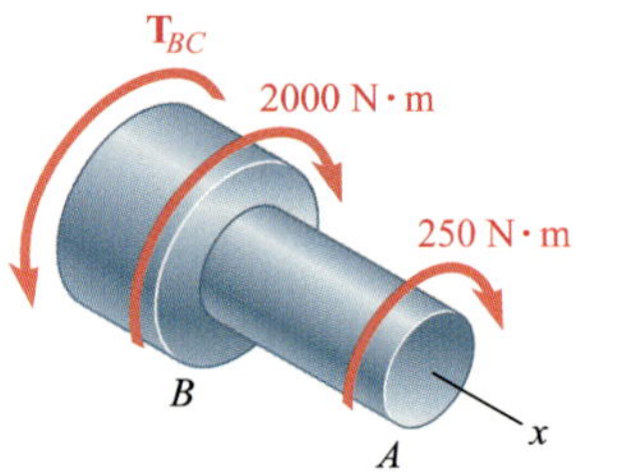

B와 C 사이의 단면을 자르면 다음을 구할 수 있다.

$$\Sigma M_x = 0: \quad (250\ \text{N}\cdot\text{m}) + (2000\ \text{N}\cdot\text{m}) - T_{BC} = 0$$

$$T_{BC} = 2250\ \text{N}\cdot\text{m}$$

C점에는 토크가 작용하지 않기 때문에, $T_{CD} = T_{BC} = 2250\ \text{N}\cdot\text{m}$

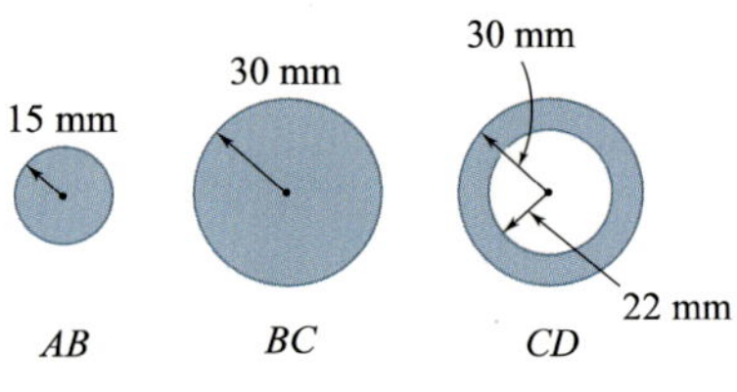

극관성모멘트.

$$J_{AB} = \frac{\pi}{2}c^4 = \frac{\pi}{2}(0.015\ \text{m})^4 = 0.0795 \times 10^{-6}\ \text{m}^4$$

$$J_{BC} = \frac{\pi}{2}c^4 = \frac{\pi}{2}(0.030\ \text{m})^4 = 1.272 \times 10^{-6}\ \text{m}^4$$

$$J_{CD} = \frac{\pi}{2}(c_2^4 - c_1^4) = \frac{\pi}{2}\left[(0.030\,\text{m})^4 - (0.022\,\text{m})^4\right] = 0.904 \times 10^{-6}\ \text{m}^4$$

비틂각. 식 (10.17)을 적용하고 전체 축의 $G=77$ GPa이므로, 다음 식이 구해진다.

$$\phi_A = \sum_i \frac{T_i L_i}{J_i G} = \frac{1}{G}\left(\frac{T_{AB}L_{AB}}{J_{AB}} + \frac{T_{BC}L_{BC}}{J_{BC}} + \frac{T_{CD}L_{CD}}{J_{CD}}\right)$$

$$\phi_A = \frac{1}{77\,\text{GPa}}\left(\frac{(250\,\text{N}\cdot\text{m})(0.4\,\text{m})}{0.0795\times10^{-6}\text{m}^4} + \frac{(2250\,\text{N}\cdot\text{m})(0.2\,\text{m})}{1.272\times10^{-6}\text{m}^4} + \frac{(250\,\text{N}\cdot\text{m})(0.6\,\text{m})}{0.904\times10^{-6}\text{m}^4}\right)$$

$$= 0.01634 + 0.00459 + 0.01939 = 0.0403\ \text{rad}$$

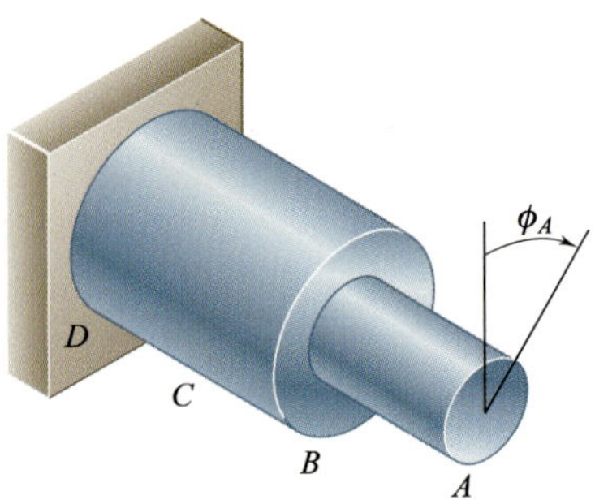

$$\phi_A = (0.0403\ \text{rad})\frac{360°}{2\pi\ \text{rad}} \qquad \phi_A = 2.31°$$

문제 10.4

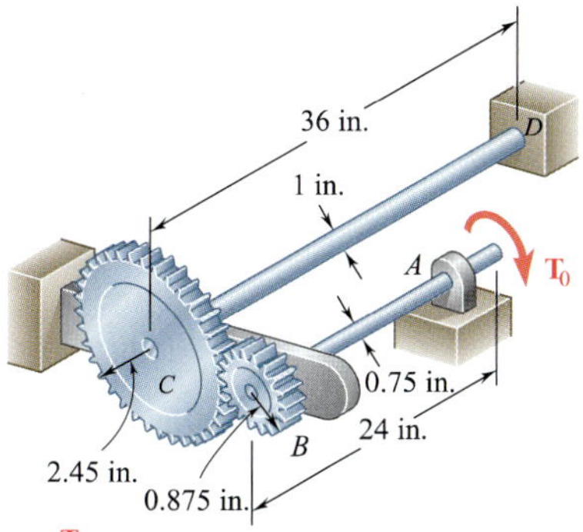

그림과 같이 2개의 중실단면 강재 축이 기어에 의해 연결되어 있다. 각 축에서 $G = 11.2\times10^6$ psi이고 허용전단응력이 8 ksi인 경우, 다음을 구하시오. (a) 축 AB의 A단에 작용할 수 있는 최대 토크 T_0, (b) 이때 축 AB의 A단이 회전하는 각도.

풀이.

정역학. F가 기어 이빨 사이의 접선하중의 크기를 나타낸다면, 다음 식을 구할 수 있다.

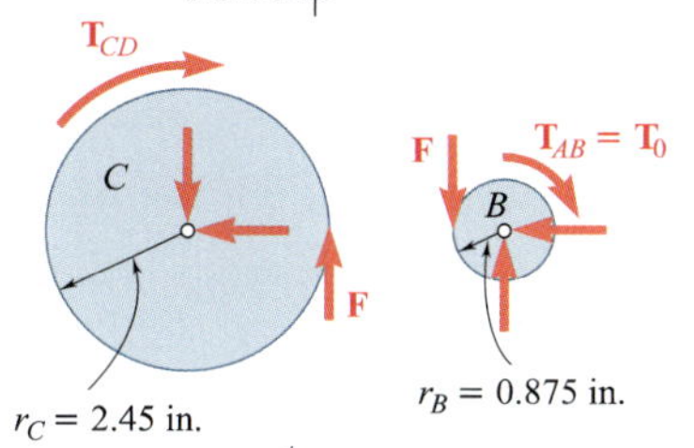

$$\begin{array}{ll} \text{기어 } B. & \Sigma M_B = 0 \;:\; F(0.875\text{ in.}) - T_0 = 0 \\ \text{기어 } C. & \Sigma M_C = 0 \;:\; F(2.45\text{ in.}) - T_{CD} = 0 \end{array} \qquad T_{CD} = 2.8\,T_0 \qquad (1)$$

운동학. 기어들의 주변 운동이 같다면, 다음 식을 구할 수 있다.

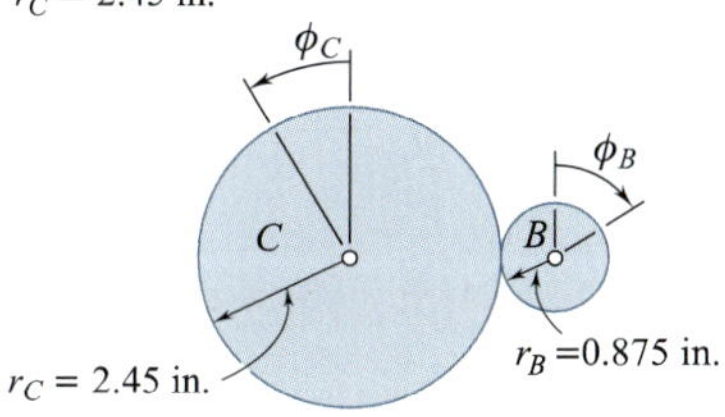

$$r_B\phi_B = r_C\phi_C \qquad \phi_B = \phi_C\frac{r_C}{r_B} = \phi_C\frac{2.45\text{ in.}}{0.875\text{ in.}} = 2.8\,\phi_C \qquad (2)$$

a. 토크 T_0.

축 AB. $T_{AB} = T_0$, $c = 0.375$ in.이며, 최대 허용전단응력이 8000 psi이므로, 다음이 구해진다.

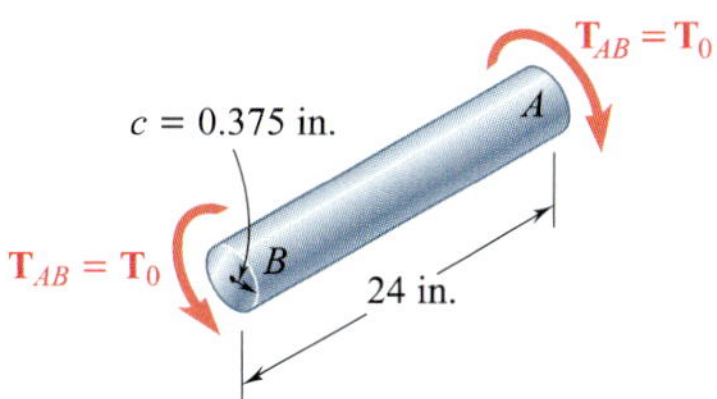

$$\tau = \frac{T_{AB}\,c}{J} \qquad 8000\text{ psi} = \frac{T_0(0.375\text{ in.})}{\frac{1}{2}\pi(0.375\text{ in.})^4} \qquad T_0 = 663\text{ lb}\cdot\text{in.}$$

축 CD. 식 (1)에서 $T_{CD} = 2.8\,T_0$, $c = 0.5$ in. 그리고 $\tau_{\text{all}} = 8000$ psi이므로, 다음이 구해진다.

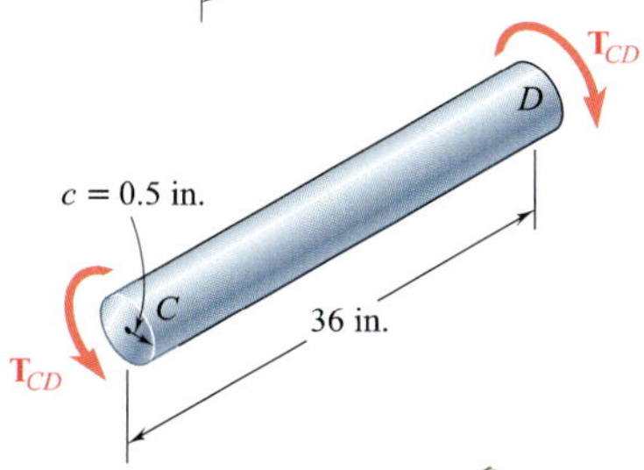

$$\tau = \frac{T_{CD}\,c}{J} \qquad 8000\text{ psi} = \frac{2.8\,T_0(0.5\text{ in.})}{\frac{1}{2}\pi(0.5\text{ in.})^4} \qquad T_0 = 561\text{ lb}\cdot\text{in.}$$

최대허용토크. T_0에 대해 구한 값 중 작은 것을 선택한다.

$$T_0 = 561\text{ lb}\cdot\text{in.}$$

b. A단에서의 회전각. 각 축에서의 비틂각을 우선 계산한다.

축 AB. $T_{AB} = T_0 = 561\text{ lb}\cdot\text{in.}$이므로, 다음이 구해진다.

$$\phi_{A/B} = \frac{T_{AB}L}{JG} = \frac{(561\text{ lb}\cdot\text{in.})(24\text{ in.})}{\frac{1}{2}\pi(0.375\text{ in.})^4(11.2\times10^6\text{ psi})} = 0.0387\text{ rad} = 2.22°$$

축 CD. $T_{CD} = 2.8\,T_0 = 2.8(561\text{ lb}\cdot\text{in.})$이므로,

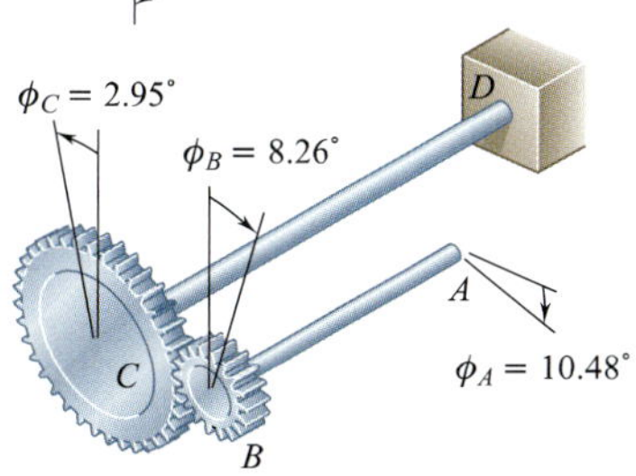

$$\phi_{C/D} = \frac{T_{CD}L}{JG} = \frac{2.8(561\text{ lb}\cdot\text{in.})(36\text{ in.})}{\frac{1}{2}\pi(0.5\text{ in.})^4(11.2\times10^6\text{ psi})} = 0.0514\text{ rad} = 2.95°$$

축 CD의 D단은 고정단이므로, $\phi_C = \phi_{C/D} = 2.95°$가 된다. 식 (2)를 사용하여, 기어 B의 회전각을 다음과 같이 구할 수 있다.

$$\phi_A = \phi_B + \phi_{A/B} = 8.26° + 2.22° \qquad \phi_A = 10.48°$$

문제 10.5

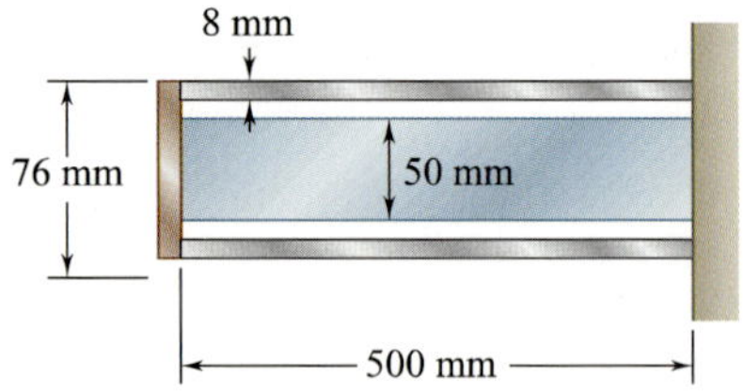

강재 축과 알루미늄 튜브가 고정지점과 강체 디스크에 그림과 같이 연결되어 있다. 강재 축의 허용응력이 120 MPa, 알루미늄 튜브의 허용응력이 70 MPa이라면, 초기응력이 '0'인 경우 디스크에 작용할 수 있는 최대 토크 $\mathbf{T}_0$를 구하시오.

풀이.

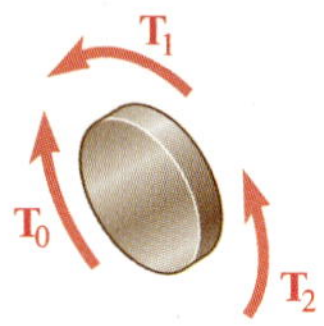

정역학. 자유물체도. 튜브에 의해 디스크에 작용하는 토크를 $\mathbf{T}_1$, 축에 의해 작용하는 토크를 $\mathbf{T}_2$라고 하면 다음 식을 구할 수 있다.

$$T_0 = T_1 + T_2 \tag{1}$$

변형. 튜브와 축 모두 강체 디스크에 연결되어 있기 때문에,

$$\phi_1 = \phi_2 : \qquad \frac{T_1 L_1}{J_1 G_1} = \frac{T_2 L_2}{J_2 G_2}$$

$$\frac{T_1(0.5\,\text{m})}{(2.003\times10^{-6}\,\text{m}^4)(27\,\text{GPa})} = \frac{T_2(0.5\,\text{m})}{(0.614\times10^{-6}\,\text{m}^4)(77\,\text{GPa})}$$

$$T_2 = 0.874\,T_1 \tag{2}$$

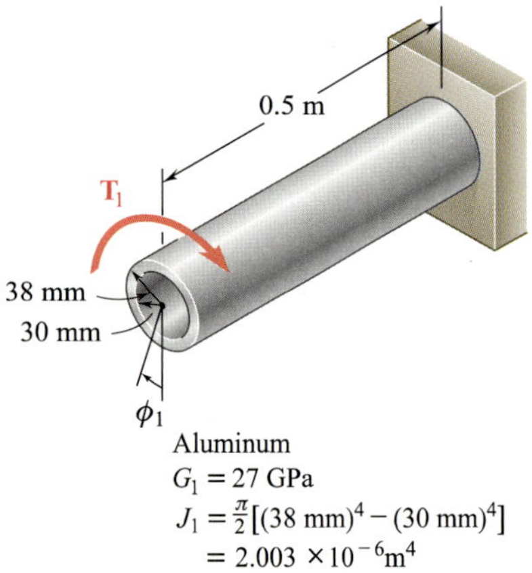

전단응력. $\tau_{\text{alum}} \leq 70$ MPa 요구조건이 중요하다고 가정하면, 알루미늄 튜브에 대해 다음 식을 얻을 수 있다.

$$T_1 = \frac{\tau_{\text{alum}} J_1}{c_1} = \frac{(70\,\text{MPa})(2.003\times10^{-6}\,\text{m}^4)}{0.0038\,\text{m}} = 3690\ \text{N}\cdot\text{m}$$

식 (2)를 사용하여 T_2을 계산하고, 강재 축의 최대전단응력을 구한다.

$$T_2 = 0.874\,T_1 = 0.874(3690) = 3225\ \text{N}\cdot\text{m}$$

$$\tau_{\text{steel}} = \frac{T_2 c_2}{J_2} = \frac{(3225\,\text{N}\cdot\text{m})(0.025\,\text{m})}{0.614\times10^{-6}\,\text{m}^4} = 131.3\ \text{MPa}$$

강재의 허용응력 120 MPa을 초과하기 때문에 가정이 틀리게 되었다. 따라서 $\tau_{\text{steel}} = 120$ MPa로 한 경우에 대해 최대 토크 $\mathbf{T}_0$를 구한다. 우선 토크 $\mathbf{T}_2$를 결정하면,

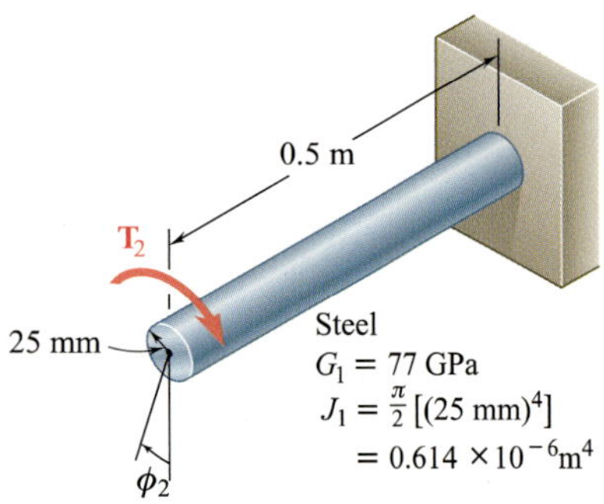

$$T_2 = \frac{\tau_{\text{steel}} J_2}{c_2} = \frac{(120\,\text{MPa})(0.614\times10^{-6}\,\text{m}^4)}{0.025\,\text{m}} = 2950\ \text{N}\cdot\text{m}$$

식 (2)에서,

$$2950\,\text{N}\cdot\text{m} = 0.874\,T_1 \qquad T_1 = 3375\ \text{N}\cdot\text{m}$$

식 (1)을 사용하여 최대허용 토크를 구할 수 있다.

$$T_0 = T_1 + T_2 = 3375\,\text{N}\cdot\text{m} + 2950\,\text{N}\cdot\text{m}$$

$$T_0 = 6235\ \text{N}\cdot\text{m}$$

Problems

10.25 For the aluminum shaft shown ($G = 3.9 \times 10^6$ psi), determine (*a*) the torque **T** that causes an angle of twist of 5°, (*b*) the angle of twist caused by the same torque **T** in a solid cylindrical shaft of the same length and cross-sectional area.

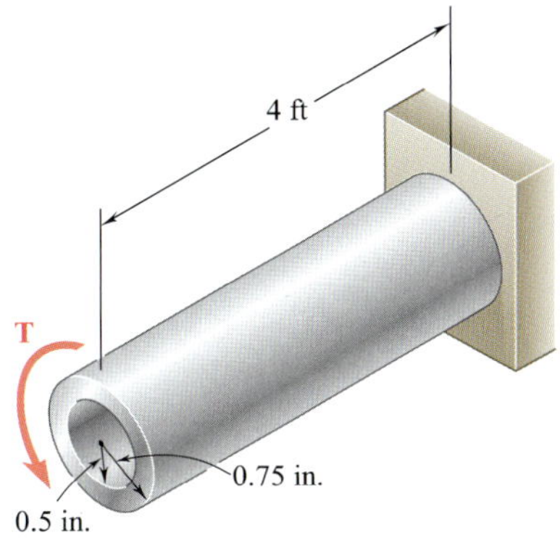

그림 P10.25

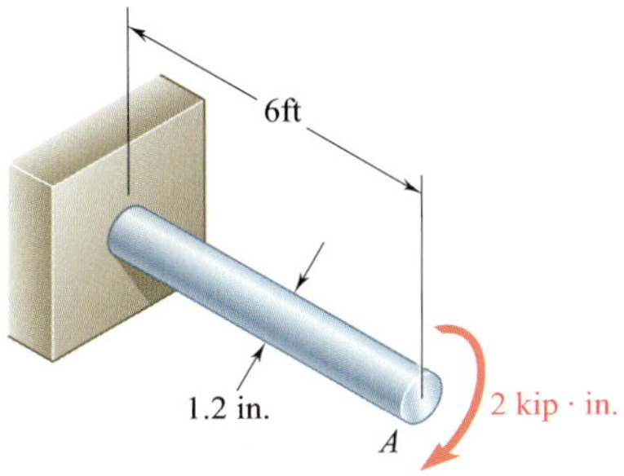

그림 P10.26

10.26 (*a*) For the solid steel shaft shown ($G = 11.2 \times 10^6$ psi), determine the angle of twist at *A*. (*b*) Solve part (*a*), assuming that the steel shaft is hollow with a 1.2-in. outer diameter and a 0.8-in. inner diameter.

10.27 Determine the largest allowable diameter of a 3-m-long steel rod (G = 77 GPa) if the rod is to be twisted through 30° without exceeding a shearing stress of 80 MPa.

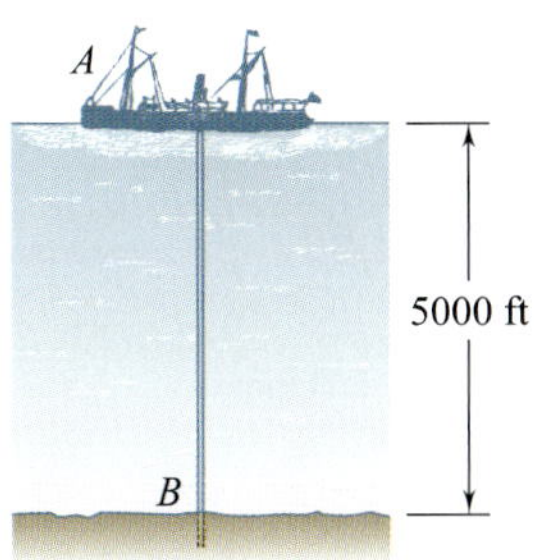

그림 P10.28

10.28 The ship at *A* has just started to drill for oil on the ocean floor at a depth of 5000 ft. Knowing that the top of the 8-in.-diameter steel drill pipe ($G = 11.2 \times 10^6$ psi) rotates through two complete revolutions before the drill bit at *B* starts to operate, determine the maximum shearing stress caused in the pipe by torsion.

10.29 The torques shown are exerted on pulleys *A* and *B*. Knowing that the shafts are solid and made of steel (G = 77 GPa), determine the angle of twist between (*a*) *A* and *B*, (*b*) *A* and *C*.

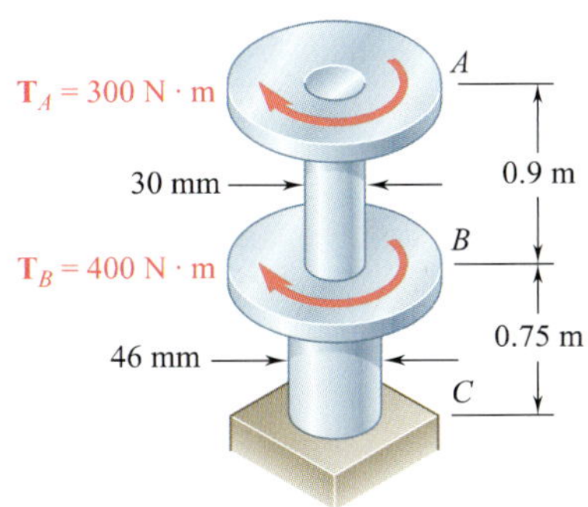

그림 *P10.29*

10.30 The torques shown are exerted on pulleys B, C, and D. Knowing that the entire shaft is made of aluminum (G = 27 GPa), determine the angle of twist between (*a*) C and B, (*b*) D and B.

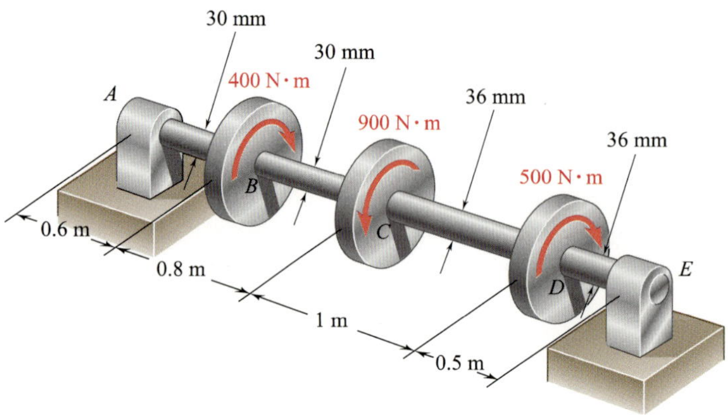

그림 P10.30

10.31 The aluminum rod BC ($G = 3.9 \times 10^6$ psi) is bonded to the brass rod AB ($G = 5.6 \times 10^6$ psi). Knowing that each rod is solid and has a diameter of 0.5 in., determine the angle of twist (*a*) at B, (*b*) at C.

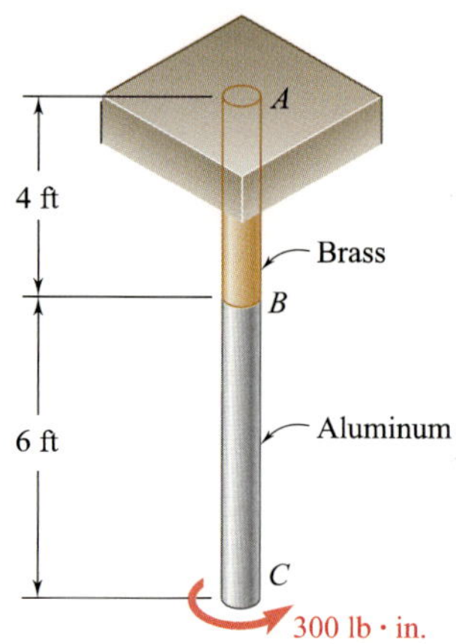

그림 *P10.31*

10.32 The solid brass rod AB (G = 39 GPa) is bonded to the solid aluminum rod BC (G = 27 GPa). Determine the angle of twist (*a*) at B, (*b*) at A.

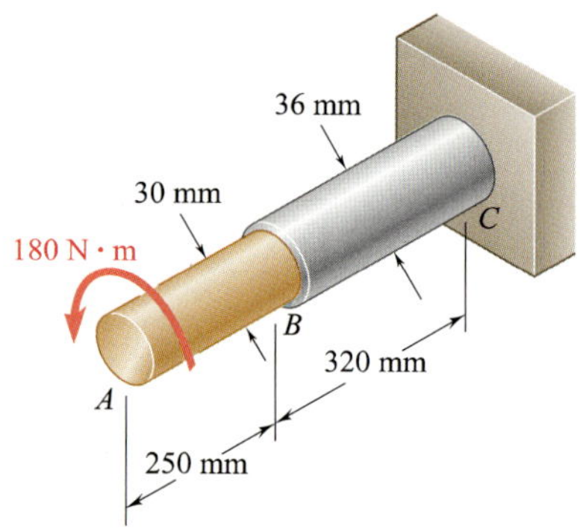

그림 P10.32

10.33 Two solid steel shafts (G = 77 GPa) are connected by the gears shown. Knowing that the radius of gear B is r_B = 20 mm, determine the angle through which end A rotates when T_A = 75 N · m.

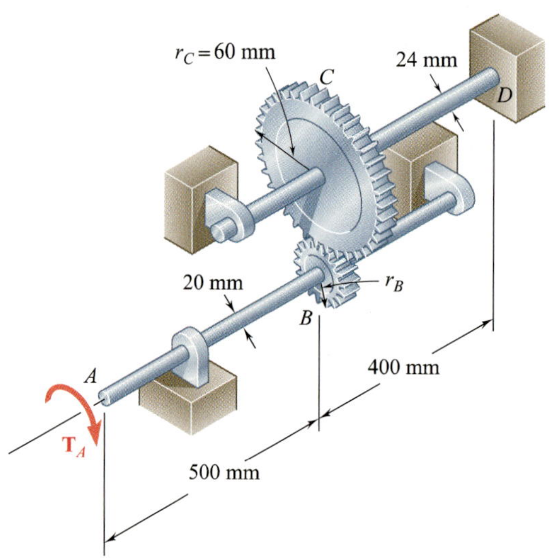

그림 P10.33

10.34 Solve Prob. 10.33 assuming that a change in design of the assembly resulted in the radius of gear B being increased to 30 mm.

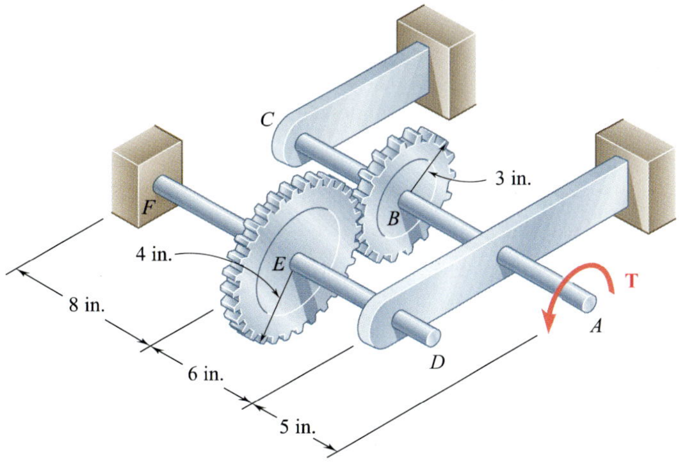

그림 *P10.35*

10.36 Solve Prob. 10.35 assuming that after a design change the radius of gear B is 4 in. and the radius of gear E is 3 in.

10.37 The design specifications of a 1.2-m-long solid transmission shaft require that the angle of twist of the shaft not exceed 4° when a torque of 750 N · m is applied. Determine the required diameter of the shaft, knowing that the shaft is made of a steel with an allowable shearing stress of 90 MPa and a modulus of rigidity of 77.2 GPa.

10.38 The design specifications of a 2-m-long solid circular transmission shaft require that the angle of twist of the shaft not exceed 3° when a torque of 9 kN · m is applied. Determine the required diameter of the shaft, knowing that the shaft is made of (*a*) a steel with an allowable shearing stress of 90 MPa and a modulus of rigidity of 77 GPa, (*b*) a bronze with an allowable shearing stress of 35 MPa and a modulus of rigidity of 42 GPa.

10.39 The design of the gear-and-shaft system shown requires that steel shafts of the same diameter be used for both AB and CD. It is further required that $\tau_{max} \leq 9$ ksi and that the angle ϕ_D through which end D of shaft CD rotates not exceed 2°. Knowing that $G = 11.2 \times 10^6$ psi, determine the required diameter of the shafts.

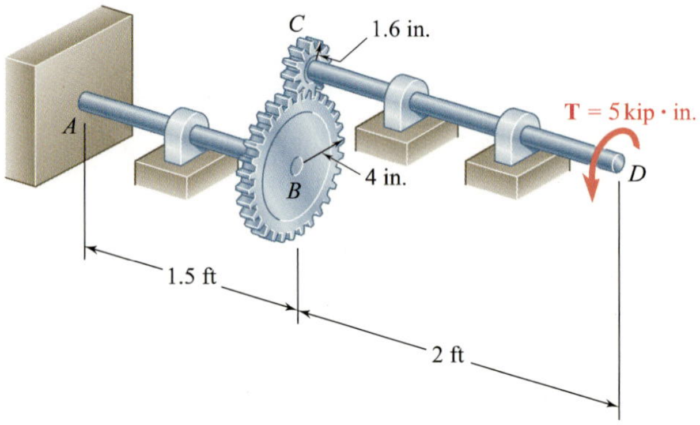

그림 P10.39, P10.40

10.40 In the gear-and-shaft system shown, the diameters of the shafts are $d_{AB} = 2$ in. and $d_{CD} = 1.5$ in. Knowing that $G = 11.2 \times 10^6$ psi, determine the angle through which end D of shaft CD rotates.

10.41 A torque of magnitude $T = 35$ kip · in. is applied at end A of the composite shaft shown. Knowing that the modulus of rigidity is 11.2×10^6 psi for the steel and 3.9×10^6 psi for the aluminum, determine (*a*) the maximum shearing stress in the steel core, (*b*) the maximum shearing stress in the aluminum jacket, (*c*) the angle of twist at A.

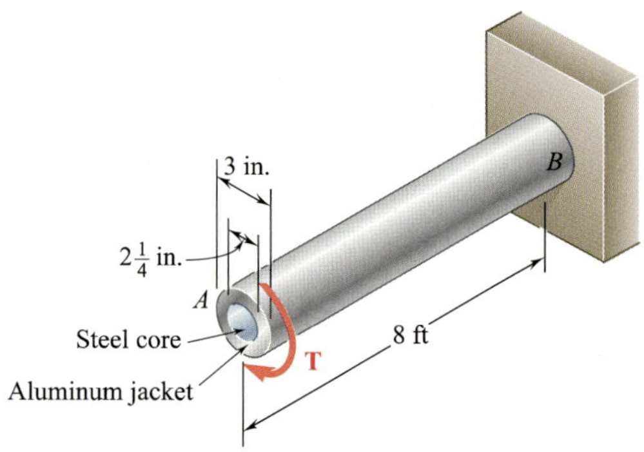

그림 P10.41, P10.42

10.42 The composite shaft shown is to be twisted by applying a torque **T** at end A. Knowing that the modulus of rigidity is 11.2×10^6 psi for the steel and 3.9×10^6 psi for the aluminum, determine the largest angle through which end A can be rotated if the following allowable stresses are not be exceeded: $\tau_{steel} = 8500$ psi and $\tau_{aluminum} = 6500$ psi.

10.43 The composite shaft shown consists of a 0.2-in.-thick brass jacket ($G_{brass} = 5.6 \times 10^6$ psi) bonded to a 1.2-in.-diameter steel core ($G_{steel} = 11.2 \times 10^6$ psi). Knowing that the shaft is subjected to 5 kip · in. torques, determine (*a*) the maximum shearing stress in the steel core, (*b*) the angle of twist of *B* relative to end *A*.

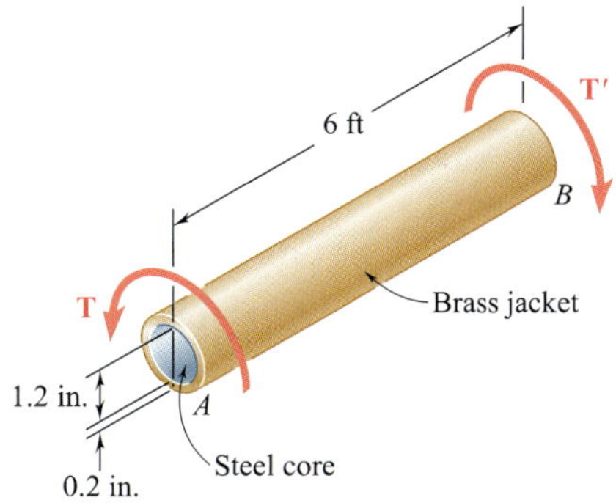

그림 ***P10.43***, **P10.44**

10.44 The composite shaft shown consists of a 0.2-in.-thick brass jacket ($G_{brass} = 5.6 \times 10^6$ psi) bonded to a 1.2-in.-diameter steel core ($G_{steel} = 11.2 \times 10^6$ psi). Knowing that the shaft is being subjected to the torques shown, determine the largest angle through which it can be twisted if the following allowable stresses are not to be exceeded: $\tau_{steel} = 15$ ksi and $\tau_{brass} = 8$ ksi.

10.45 Two solid steel shafts ($G = 77.2$ GPa) are connected to a coupling disk *B* and to fixed supports at *A* and *C*. For the loading shown, determine (*a*) the reaction at each support, (*b*) the maximum shearing stress in shaft *AB*, (*c*) the maximum shearing stress in shaft *BC*.

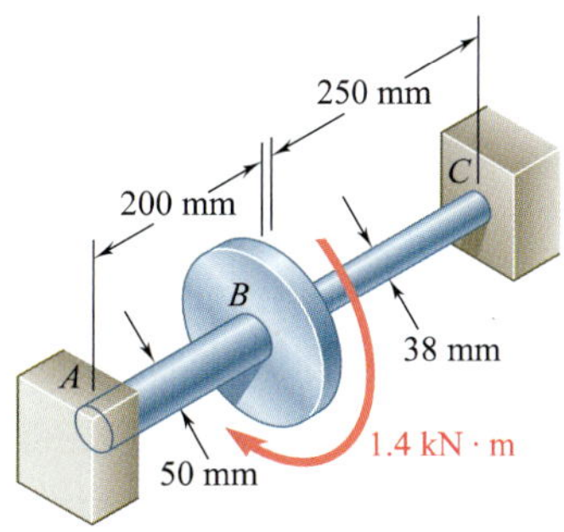

그림 **P10.45**

10.46 Solve Prob. 10.45 assuming that shaft *AB* is replaced by a hollow shaft of the same outer diameter and of 25-mm inner diameter.

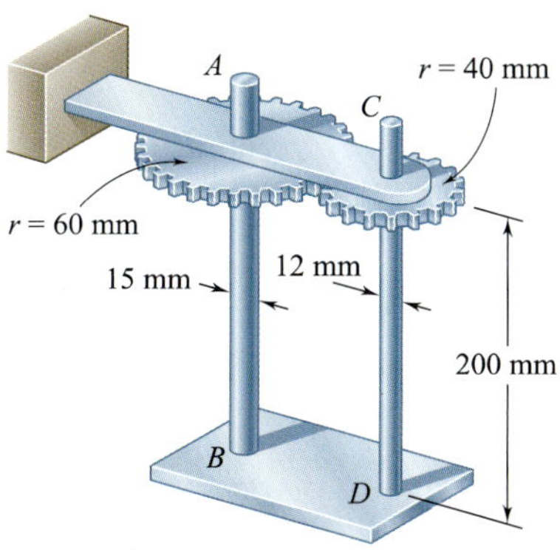

그림 **P10.47**

10.47 At a time when rotation is prevented at the lower end of each shaft, a 50-N · m torque is applied to end *A* of shaft *AB*. Knowing that $G = 77$ GPa for both shafts, determine (*a*) the maximum shearing stress in shaft *CD*, (*b*) the angle of rotation at *A*.

10.48 Solve Prob. 10.47 assuming that the 50-N · m torque is applied to end *C* of shaft *CD*.

|복습 및 요약|

원형축에서의 변형

이번 장은 비틂짝힘(즉 토크)을 받는 축의 해석 및 설계에 관한 것이었으며, 논의는 원형축에 한정하였다.

예비 고찰(10.2절)에서 원형축의 단면에서 응력분포는 부정정이라는 점을 지적하였다. 따라서 이들 응력을 결정하기 위해서는 축에 발생하는 변형에 대한 해석이 앞서 요구되었다(10.3절). 비틂을 받는 원형축에서 **모든 단면은 평면을 유지하고 뒤틀리지 않는다**는 것을 증명하였기 때문에, 축의 축선에서 ρ 거리만큼 떨어져 있으며 축의 축선에 평행인 면과 수직인 면을 가지고 있는 작은 요소에서의 전단응력은 다음 식으로 유도할 수 있었다.

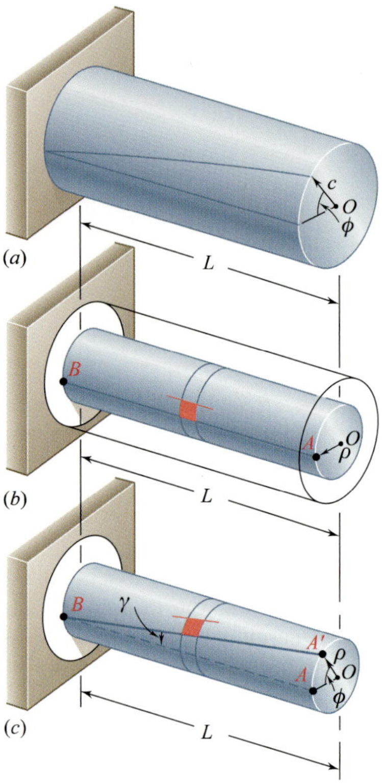

그림 10.27

$$\gamma = \frac{\rho \phi}{L} \tag{10.2}$$

여기서 ϕ는 길이 L인 축의 비틂각이다(그림 10.27).

식 (10.2)는 **원형축에서의 전단변형률은 축의 축선으로부터의 거리에 따라 선형으로 변한다**는 것을 보여준다. 변형률은 축의 표면에서 최대가 되며, 여기서 ρ는 축의 반경 c와 같다. 따라서,

$$\gamma_{\max} = \frac{c\phi}{L} \qquad \gamma = \frac{\rho}{c}\gamma_{\max} \tag{10.3, 10.4}$$

탄성영역 내에 있는 원형축에서의 전단응력을 고려하고, 전단응력과 변형률에 대한 Hooke의 법칙 $\tau = G\gamma$를 적용하면 다음 식을 구할 수 있다.

$$\tau = \frac{\rho}{c}\tau_{\max} \tag{10.6}$$

탄성영역 내에서의 전단응력

이 식은 탄성영역 내에서 **원형축의 전단응력 τ는 축의 축선으로부터의 거리에 따라 선형으로 변한다**는 것을 또한 보여준다. 축의 한 단면에 작용하는 전단력 분력의 모멘트 합을 축에 작용하는 토크 T의 크기로 나타내면, 다음 탄성비틂공식을 얻게 된다.

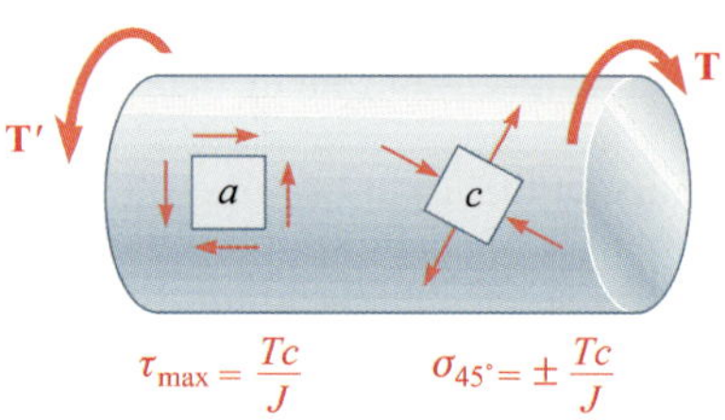

그림 10.28

$$\gamma_{\max} = \frac{Tc}{J} \qquad \gamma = \frac{T\rho}{J} \tag{10.9, 10.10}$$

여기서 c는 단면 반경이고 J는 단면중심에 대한 극관성모멘트이다. 중실단면 축에 대해 $J = \frac{1}{2}\pi c^4$, 내경이 c_1, 외경이 c_2인 중공단면 축에 대해서는 $J = \frac{1}{2}\pi\left(c_2^4 - c_1^4\right)$이다.

그림 10.28의 요소 a는 순수전단인 반면, 같은 그림의 요소 c는 크기가 Tc/J로 같은 2개의 인장 수직응력과 2개의 압축 수직응력을 받고 있다. 이것이 비틂실험에서 일반적으로 전단으로 파괴되는 연성재료가 왜 시편축에 수직한 면을 따라 파단이 되는지를 설명하여 준다. 반면, 전단보다는 인장에 취약한 취성재료는 축에 45°각도로 형성되는 면을 따라 파단된다.

비틂각 10.5절에서 탄성영역 내에서 원형축의 비틂각 ϕ는 축에 작용하는 토크 T에 비례함을 알았다(그림 10.29). ϕ를 radians로 표현하면, 다음과 같다.

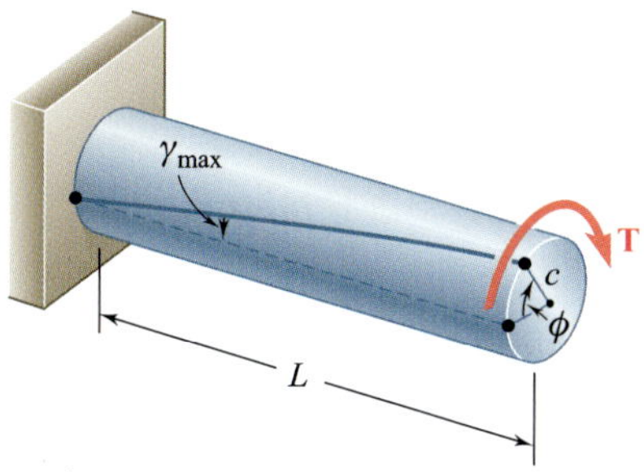

그림 10.29

$$\phi = \frac{TL}{JG} \tag{10.16}$$

여기서 L = 축 길이
J = 단면 극관성모멘트
G = 재료의 전단탄성계수(혹은 재료의 강성계수)

축의 끝이 아닌 다른 곳에서 토크를 받거나 혹은 재료가 다를 수도 있는 여러 단면들로 축이 이루어져 있는 경우, 축의 비틂각은 각 부분의 비틂각의 산술적 합으로 다음과 같이 표현하여야 한다[문제 10.3]:

$$\phi = \sum_i \frac{T_i L_i}{J_i G_i} \tag{10.17}$$

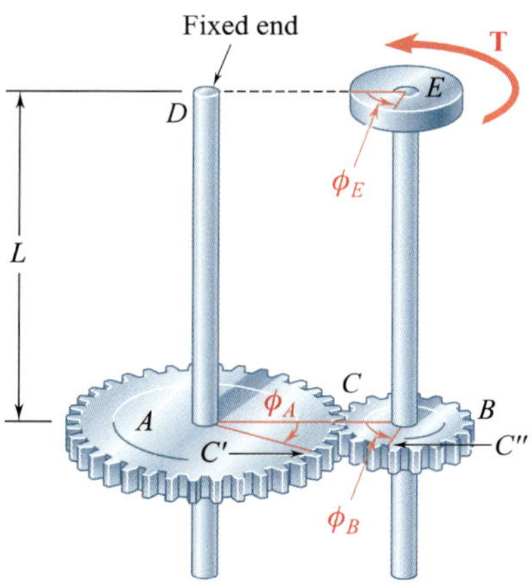

그림 10.30

축의 양단이 모두 회전할 때(그림 10.30), 축의 비틂각은 각 단에서의 회전각 ϕ_B와 ϕ_E의 차이와 같다. 두 축 AD와 BE가 기어 A와 기어 B에 연결되어 있는 경우, C에서 기어 톱니에 의해 서로에 작용하는 힘들은 크기가 같고 방향이 반대이기 때문에, 기어 A에 의해 축 AD에 작용하는 토크와 기어 B에 의해 축 BE에 작용하는 토크는 각각 두 기어의 반경 r_A와 r_B에 직접적으로 비례한다. 반면에 기어 톱니에 의한 호 CC'과 CC''는 동일하기 때문에, 두 기어가 회전함에 의한 각도 ϕ_A와 ϕ_B는 반경 r_A와 r_B에 반비례한다[예제 10.4와 문제 10.4].

부정정축 축 지점에서의 반력 혹은 내력 토크가 정역학만으로는 구할 수 없는 경우, 축을 부정정이라 한다[10.6절]. 자유물체도에서 구한 평형방정식은 축의 변형을 포함한 관계식으로 보완하여야 하고 문제의 기하적 조건을 고려하여 구하여야 한다[예제 10.5와 문제 10.5].

Review Problems

10.49 Knowing that the internal diameter of the hollow shaft shown is d = 0.9 in., determine the maximum shearing stress caused by a torque of magnitude T = 9 kip · in.

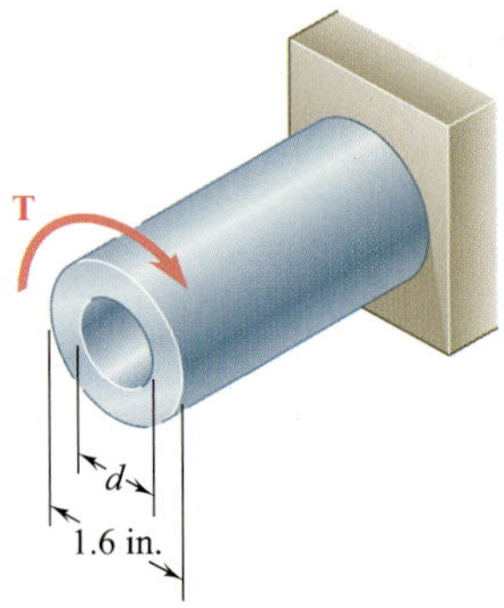

그림 P10.49, P10.50

10.50 Knowing that d = 1.2 in., determine the torque **T** that causes a maximum shearing stress of 7.5 ksi in the hollow shaft shown.

10.51 The solid spindle AB has a diameter d_s = 1.5 in. and is made of a steel with an allowable shearing stress of 12 ksi, while the sleeve CD is made of a brass with an allowable shearing stress of 7 ksi. Determine the largest torque **T** that can be applied at A.

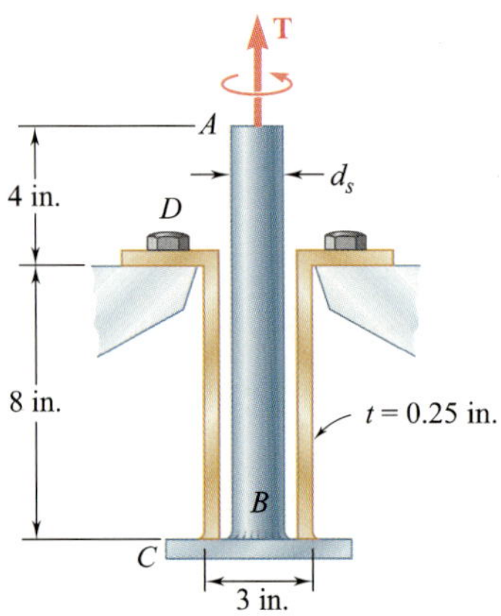

그림 *P10.51*, P10.52

10.52 The solid spindle AB is made of a steel with an allowable shearing stress of 12 ksi, while sleeve CD is made of a brass with an allowable shearing stress of 7 ksi. Determine (a) the largest torque **T** that can be applied at A if the allowable shearing stress is not to be exceeded in sleeve CD, (b) the corresponding required value of the diameter d_s of spindle AB.

10.53 (*a*) Determine the torque that can be applied to a solid shaft of 90-mm outer diameter without exceeding an allowable shearing stress of 75 MPa. (*b*) Solve part *a* assuming that the solid shaft is replaced by a hollow shaft of the same mass and of 90-mm inner diameter.

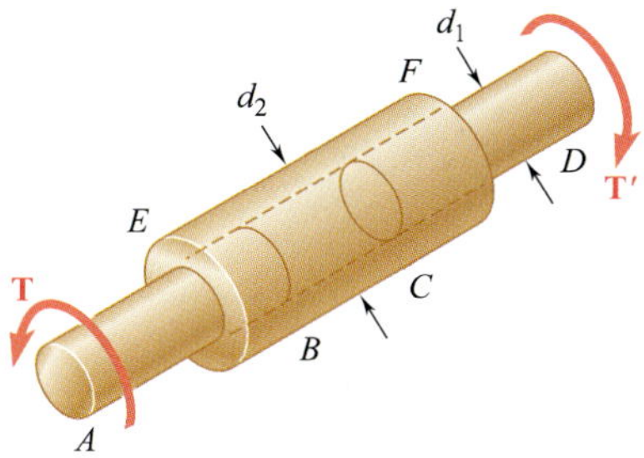

그림 *P10.54*

10.54 Two solid brass rods *AB* and *CD* are brazed to a brass sleeve *EF*. Determine the ratio d_2/d_1 for which the same maximum shearing stress occurs in the rods and in the sleeve.

10.55 The aluminum rod *AB* (G = 27 GPa) is bonded to the brass rod *BD* (G = 39 GPa). Knowing that portion *CD* of the brass rod is hollow and has an inner diameter of 40 mm, determine the angle of twist at *A*.

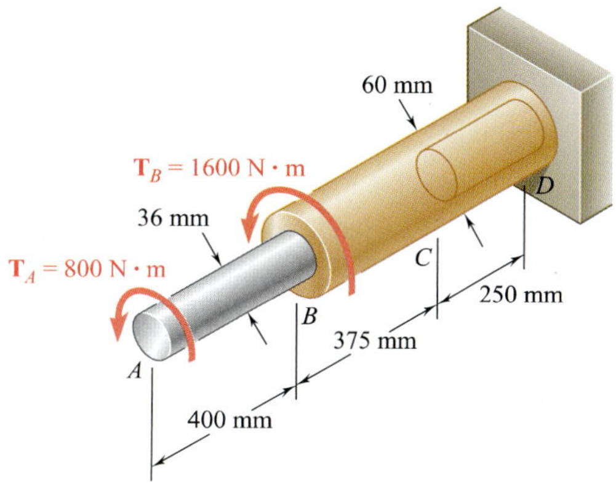

그림 P10.55

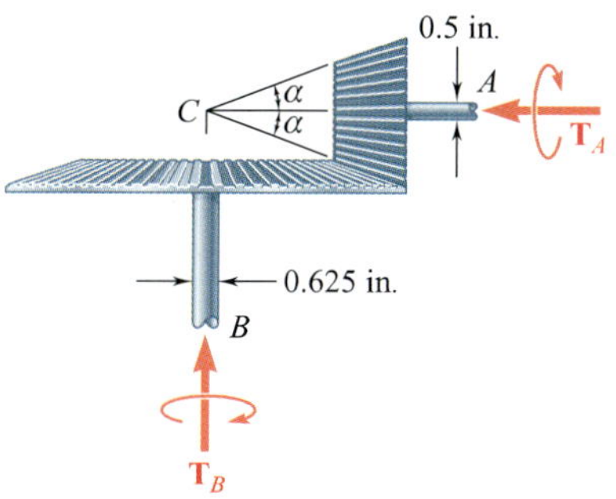

그림 P10.56

10.56 In the bevel-gear system shown, $\alpha = 18.43°$. Knowing that the allowable shearing stress is 8 ksi in each shaft and that the system is in equilibrium, determine the largest torque $\mathbf{T}_A$ that can be applied at *A*.

10.57 The solid cylindrical steel rod *BC* of length L = 24 in. is attached to the rigid lever *AB* of length a = 15 in. and to the support at *C*. Design specifications require that the displacement of *A* not exceed 1 in. when a 100-lb force **P** is applied at *A*. Determine the required diameter of the rod. $G = 11.2 \times 10^6$ psi and τ_{all} = 15 ksi.

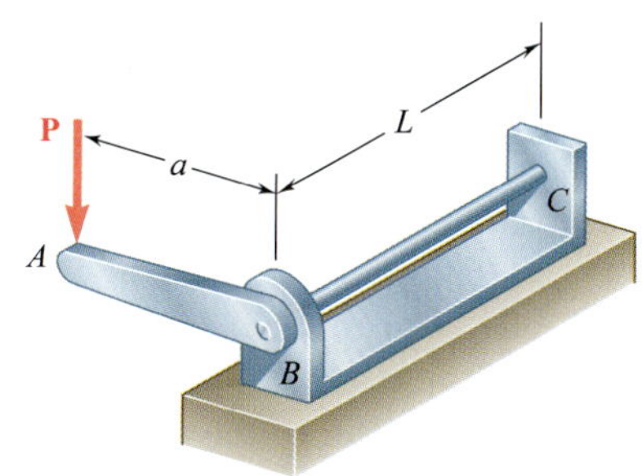

그림 *P10.57*

10.58 Two solid steel shafts, each of 30-mm diameter, are connected by the gears shown. Knowing that $G = 77$ GPa, determine the angle through which end A rotates when a torque of magnitude $T = 200$ N · m is applied at A.

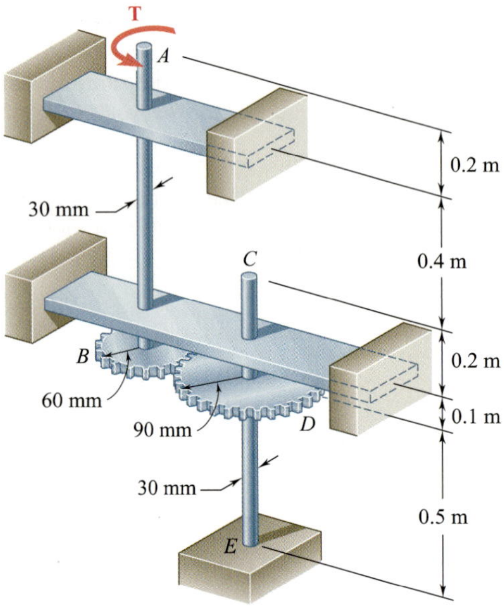

그림 P10.58

10.59 Two solid steel shafts are fitted with flanges that are then connected by fitted bolts so that there is no relative rotation between the flanges. Knowing that $G = 77$ GPa, determine the maximum shearing stress in each shaft when a torque of magnitude $T = 500$ N · m is applied to flange B.

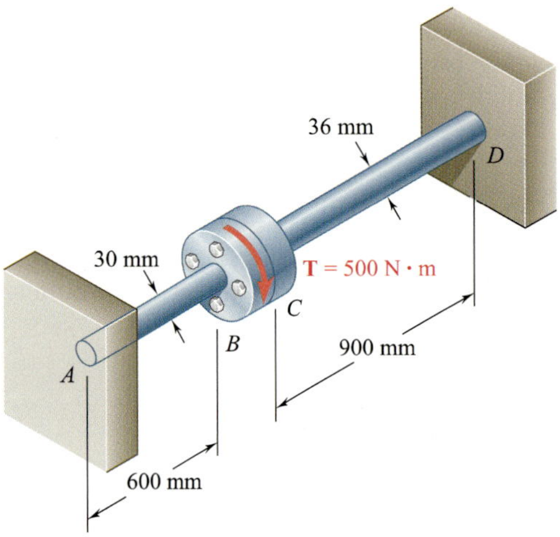

그림 P10.59

10.60 The steel jacket CD has been attached to the 40-mm-diameter steel shaft AE by means of rigid flanges welded to the jacket and to the rod. The outer diameter of the jacket is 80 mm and its wall thickness is 4 mm. If 500 N · m torques are applied as shown, determine the maximum shearing stress in the jacket.

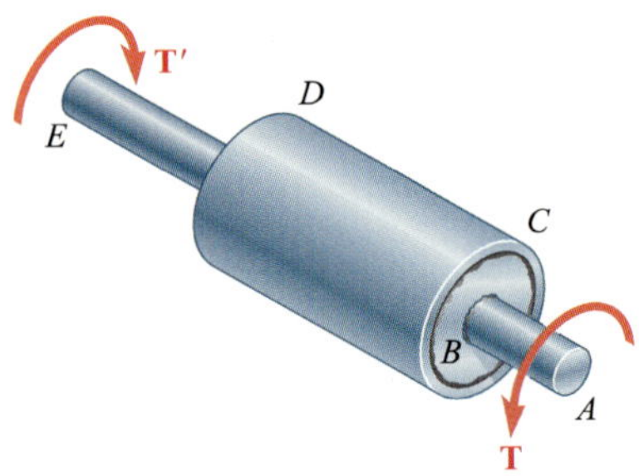

그림 P10.60

11

순수휨

11.1 서론

앞선 3개의 장에서는 축하중 혹은 비틂짝힘을 받는 등단면부재(prismatic members)에서의 응력을 구하는 방법을 배웠다. 이번 장과 다음 2개의 장에서는 휨(bending)을 받는 등단면부재에서의 응력과 변형률을 해석하게 될 것이다. 휨은 보와 거더(girder)와 같은 많은 기계 및 구조 요소를 설계하는데 사용되는 주요 개념이다.

이번 장에서는 동일한 종방향 평면에 작용하는 크기가 같고 방향이 반대인 짝힘 **M**과 **M**′을 받는 등단면부재의 해석을 할 것이며, 이러한 부재를 순수휨(pure bending)을 받는 부재라고 한다. 부재는 대칭면을 갖고 있으며 짝힘 **M**과 **M**′은 그 평면에 작용하는 것으로 가정한다(그림 11.1).

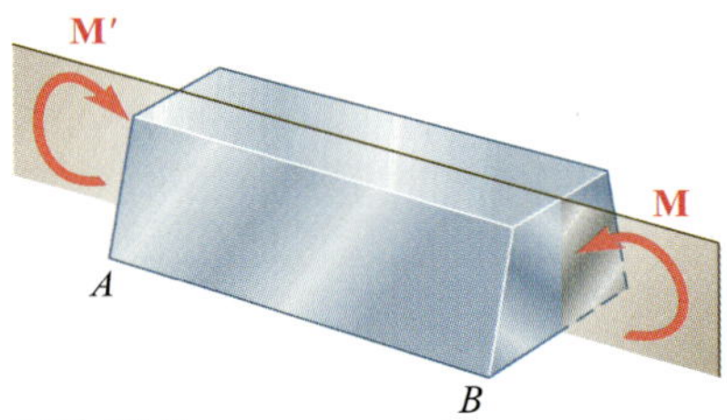

그림 11.1

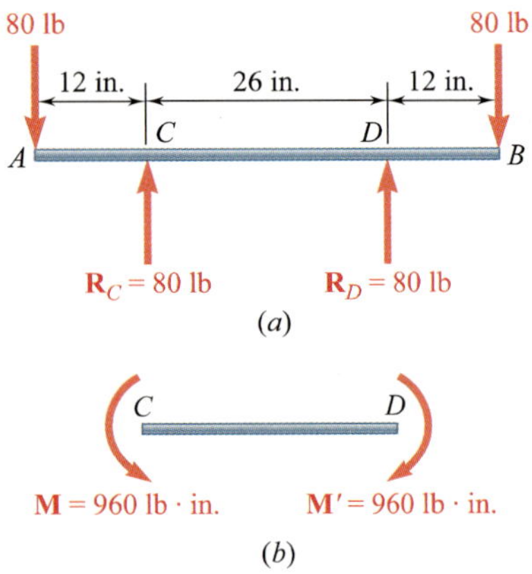

그림 11.2

순수휨의 예로 역도선수에 의해 머리 위로 들려지는 바벨의 봉을 들 수 있다. 봉은 역도선수의 손에서 떨어진 거리가 같은 곳에서는 같은 중량을 받는다. 봉의 자유물체도의 대칭성에 의해(그림 11.2a), 손에서의 반력은 중량과 크기가 같고 방향이 반대이어야 한다. 따라서 봉의 중앙 CD부분에서는 중량과 반력이 두 개의 크기가 같고 방향이 반대인 짝힘 960 lb · in.으로 대체될 수 있으며, 이것으로 봉의 중앙부분은 순수휨에 있다는 것을 보여준다. 작은 스포츠용 2륜마차에 대한 유사한 해석에서도 트레일러에 붙어 있는 두 점 사이에서 축은 순수휨 상태에 있는 것을 보여준다.

순수휨을 직접 적용하는 것이 흥미롭다고 하여도 구해진 결과를 편심축하중 및 횡방향 하중(transverse loads)과 같은 다른 형태의 하중에 대한 해석에 사용하지 않는다면, 전체 장의 내용을 순수휨에 대한 것으로만 하는 것은 합리적이지 않다.

사진 11.1은 두 조각의 목재를 접착제로 붙이기 위해 힘 150 lb를 가하는데 사용되는 12 in. 길이의 강봉 클램프를 보여준다. 그림 11.3a는 목재에 의해 클램프에 작용하는 크기가 같고 방향이 반대인 힘을 보여준다. 이 힘들은 클램프의 직선부분에 편심으로 작용하게 된다. 그림 11.3b는 클램프 단면 CC'을 자르고 클램프의 윗부분 반쪽에 대한 자유물체도를 그린 것으로, 이

사진 11.1

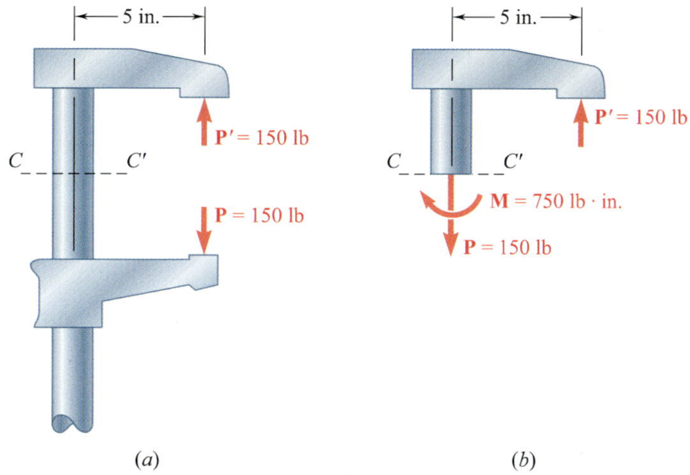

그림 11.3

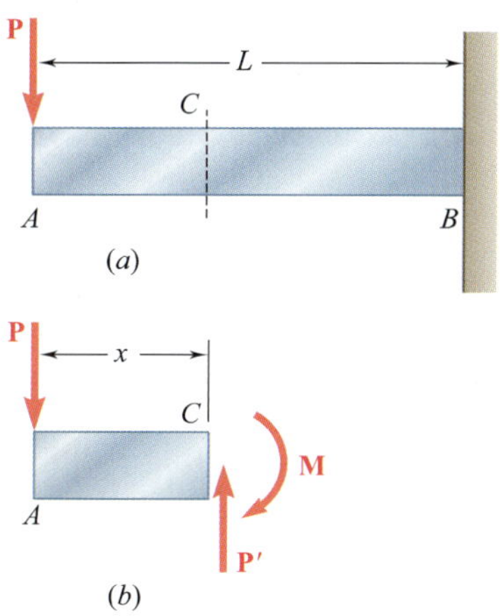

그림 11.4

그림에서 단면에서의 내력은 축력 P 150 lb와 짝힘 M 750 lb · in.와 같다는 것을 알게 된다. 따라서 편심하중에 의한 응력분포를 구하기 위해서는 중심하중에 의한 응력과 순수휨에 의한 응력해석의 결과를 조합하여야 한다. 이런 내용은 11.6절에서 심도 깊게 다룰 것이다.

순수휨에 대한 연구는 보에 대한 학습(즉, 다양한 형태의 횡방향 하중을 받는 등단면부재에 대한 학습)에서도 중요하다. 예를 들면, 자유단에 집중하중 P가 작용하는 외팔보 AB를 고려해보자(그림 11.4a). A에서 x만큼 떨어진 C를 지나는 단면에서 내력은 P와 크기가 같고 방향이 반대인 P′과 크기가 $M = Px$인 짝힘 M으로 구성되어 있음을 볼 수 있다. 이 면에서의 수직응력 분포는 보가 마치 순수휨을 받는 것처럼 짝힘 M에서 구할 수 있다. 반면에, 이 단면에서의 전단응력은 힘 P′에 좌우된다. 13장에서 단면에서의 이들의 분포를 구하는 방법을 배우게 될 것이다.

이번 장의 첫 부분에서는 대칭면이 있고 Hooke의 법칙을 따르는 재료로 구성된 균질의 부재에서의 순수휨에 의한 응력과 변형을 해석한다. 휨에 의한 응력에 대한 예비 고찰(11.2절)에서는 부재 단면에서의 수직응력이 만족해야 할 기본 방정식을 유도하는데 정역학적 방법을 사용할 것이다. 11.3절에서 순수휨을 받는 부재에서 횡단면(transverse sections)은 평면을 유지한다는 것을 증명할 것이며, 11.4절에서는 수직응력과 탄성영역 내에서 부재에 대한 곡률반경(radius of curvature)을 구하는데 사용할 공식을 유도할 것이다.

11.5절에서는 강재와 콘크리트의 특징을 잘 활용하여 건물 및 교량의 시공에 광범위하게 사용되고 있는 철근콘크리트보와 같이 하나 이상의 재료로 구성된 합성부재의 응력과 변형을 공부하게 될 것이다. 동일한 하중을 받는 합성부재(composite members)처럼 동일한 변형을 하는 균일재료로 된 부재의

단면을 나타내는 치환단면(transformed section)을 그리는 법을 배울 것이다. 치환단면은 원래의 합성부재에서의 응력과 변형을 구하는데 사용될 것이다.

11.6절에서는 사진 11.1에 보이는 것처럼 순수휨에 의한 응력과 편심축하중에 의한 응력을 중첩하여 대칭면에서 편심축하중을 해석하는 방법을 배울 것이다.

등단면부재의 휨에 대한 공부는 비대칭휨의 해석(11.7절)과 편심축하중의 일반적인 경우(11.8절)에 대한 것으로 마무리할 것이다.

11.2 순수휨을 받는 대칭부재

대칭단면이 있고 그 면에 작용하는 크기가 같고 방향이 반대인 짝힘 **M**과 **M**′이 작용하는 등단면부재 AB를 고려하자(그림 11.5a). 단면이 임의의 점 C에서 부재 AB를 지나면, 부재 AC 부분에 대한 평형조건으로부터 단면에서의 내력이 짝힘 **M**과 동일하게 된다(그림 11.5b). 따라서 순수휨을 받는 등단면부재의 한 단면에서의 내력은 짝힘과 동일하다. 짝힘모멘트 M은 단면에서의 휨모멘트를 나타낸다. 일상적인 부호에 따라, 양(+)의 부호는 그림 11.5a와 같이 보의 요상이 면 위쪽에서 휠 때의 M에 적용하며, 반대의 경우에 음(−)의 부호를 적용한다.

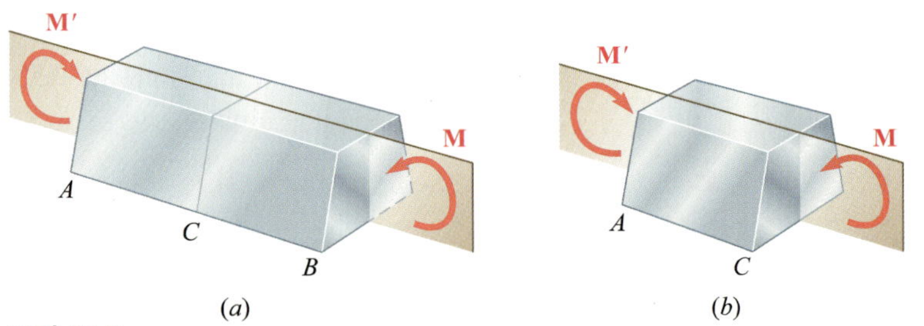

그림 11.5

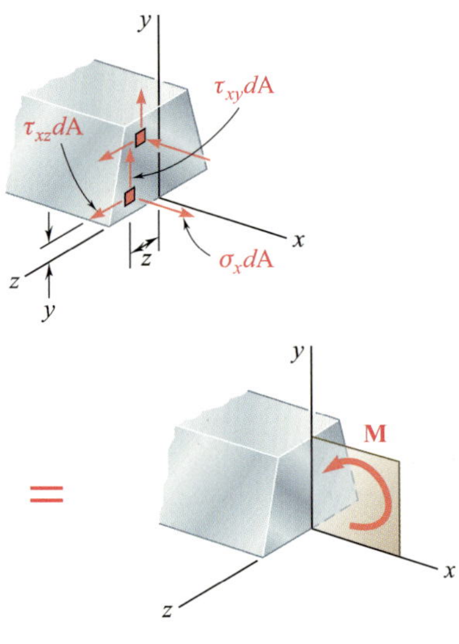

그림 11.6

단면의 한 점에서의 수직응력을 σ_x, 전단응력들을 τ_{xy} 및 τ_{xz}라고 하면, 단면에 작용하는 요소 내력의 합은 짝힘 **M**과 동일하게 된다(그림 11.6).

정역학에서 짝힘(couple) **M**은 두 개의 크기가 같고 방향이 반대인 힘으로 이루어져 있기 때문에, 이들 힘들의 임의 방향에 대한 성분들의 합은 영이 된다. 또한 짝힘모멘트는 이 평면에 수직인 어떤 축에 대해서도 동일하며, 이 평면에 포함된 축에서는 영이 된다. 그림 11.6에 보이는 것처럼 임의로 z축을 선택하고, 분력힘의 축방향 성분의 합과 모멘트의 합이 해당 축방향 하중 성분과 짝힘 **M**의 모멘트와 같다고 하면, 내력과 짝힘 **M**의 등방성을 다음과 같이 표현할 수 있다:

$$x\text{성분 :} \quad \int \sigma_x \, dA = 0 \tag{11.1}$$

$$y\text{축에 대한 모멘트 :} \quad \int z\sigma_x \, dA = 0 \tag{11.2}$$

$$z\text{축에 대한 모멘트 :} \quad \int -y\sigma_x \, dA = M \tag{11.3}$$

3개의 추가 공식으로 y성분, z성분, 및 x축에 대한 모멘트의 합이 영이라고 하여 구할 수 있지만, 이들 공식들은 전단응력 성분만을 포함하고, 다음 절에서 보다시피 이들 전단응력의 성분들은 모두 영이 되기 때문에 여기에 정리하지 않았다.

여기서 두 가지 점이 언급되어야한다: (1) 식 (11.3)의 음(−)의 부호는 인장응력($\sigma_x > 0$)으로 수직력 $\sigma_x dA$가 z축에 대한 음의 모멘트(시계방향)를 발생시키기 때문이며, (2) 부재 AB의 대칭면에 짝힘을 작용하면 y축에 대해 대칭인 수직응력 분포가 얻어지기 때문에 식 (11.2)가 예상될 수 있다는 것이었다.

다시 말하지만, 주어진 단면에서의 실제 응력분포는 정역학만으로는 구할 수 없다. 이것은 부정정 문제이며 부재에 발생하는 변형을 해석하여야만 구할 수 있다.

11.3 순수휨을 받는 대칭부재의 변형

대칭면이 있는 등단면부재에 대칭면에서 양단에 크기가 같고 방향이 반대인 짝힘 M과 M′이 작용할 때, 등단면부재의 변형을 해석하자. 부재는 짝힘 작용에 의해 휠 것이지만, 대칭면에 대해 대칭을 유지할 것이다(그림 11.7). 또한 휨모멘트 M은 어떤 단면에서나 동일하기 때문에, 부재는 균일하게 휘게 될 것이다. 따라서 부재의 상단면이 짝힘의 평면과 만나는 선 AB는 일정한 곡률(curvature)을 갖는다. 다시 말하면, 원래 직선이었던 선 AB가 중심이

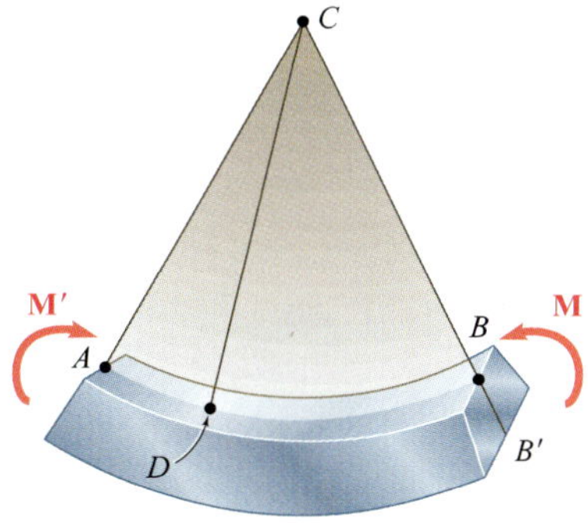

그림 11.7

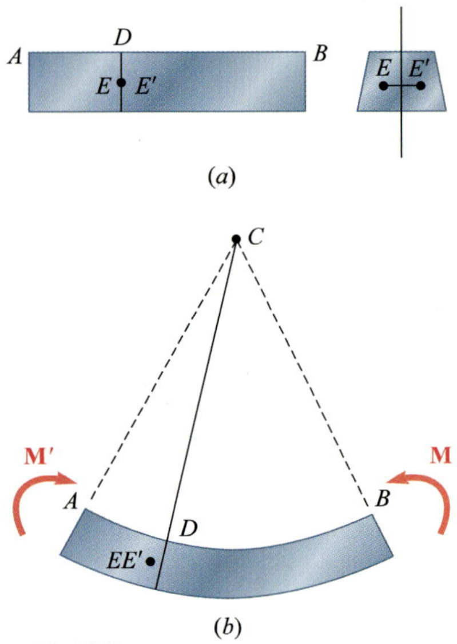

그림 11.8

C인 원으로 변형되어 부재의 하단면이 대칭평면과 만나는 (그림에 보이지 않는) 선 $A'B'$가 된다. 선 AB는 그림에 보이는 것처럼 부재가 휠 때 즉, $M>0$일 때 길이가 줄어들며, 반면에 $A'B'$는 길어진다.

다음으로 부재 축에 수직인 단면은 평면을 유지하며 단면의 평면이 C점을 지난다는 것을 증명하고자 한다. 만약 이렇게 되지 않을 경우, D를 지나는 원 단면의 E점이(그림 11.8a) 부재가 휜 후에 선 CD를 포함하는 대칭면에 수직되는 평면에 놓여있지 않게 된다(그림 11.8b). 그러나 부재가 대칭이기 때문에 정확하게 같은 방법으로 변형되는 또 다른 E'점이 있어야 한다. 만약 보가 휜 후, 그림 11.8b에 보이는 것처럼, 두 점이 모두 CD로 정의되는 평면의 왼쪽에 위치한다고 가정하자. 부재에서 휨모멘트 M은 일정하기 때문에, 유사한 상황이 다른 단면에서도 발생하며, 따라서 E와 E'에 상응하는 점들이 역시 왼쪽으로 이동하여야 한다. 따라서 A에서의 관찰자는 하중이 여러 단면에서 E와 E'점들이 앞쪽으로(관찰자 방향으로) 이동하는 것으로 결론짓게 될 것이고, B에서의 관찰자는 하중은 (거꾸로 된 것을 제외하고는) 같아 보이지만 정반대의 결론에 도달할 것이다. 이러한 불일치에 의해 E와 E'는 CD에 의해 정의되는 평면에 놓여야 하며, 따라서 단면은 평면을 유지하고 C점을 지나게 된다는 결론에 도달하게 된다. 그러나 이러한 검토에서 단면 평면 내에서의 변형의 가능성이 배제된 것은 아니다.

부재가 면들이 3개의 좌표평면에 평행한 수많은 작은 정육면체 요소들로 나뉜다고 가정하자. 짝힘 $\mathbf{M}$과 $\mathbf{M}'$이 작용할 때 이들 요소들이 그림 11.9에 보이는 것처럼 변형하는 성질이 있다고 하자. 그림 11.9의 2개의 사출면에 나타나는 모든 면들이 각각 90° 각도를 이루기 때문에, $\gamma_{xy}=\gamma_{zx}=0$ 즉, $\tau_{xy}=\tau_{zx}=0$라는 결론을 내리게 된다. 그리고 아직 검토되지 않은 3개의 응력요소 즉, σ_y, σ_z, τ_{yz}는 부재의 표면에서는 영이어야 한다. 반면에 이로

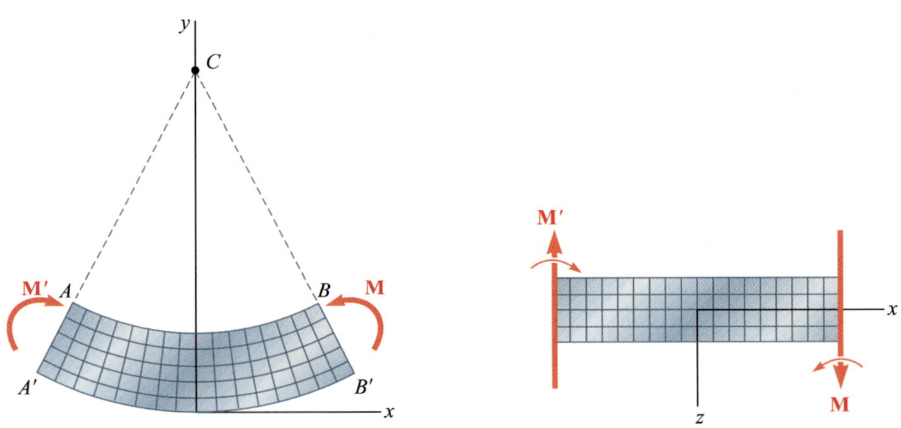

그림 11.9 (a) 종방향, 수직단면(대칭면) (b) 종방향, 수평면

인한 변형에는 그림의 횡단면의 요소들 사이의 상호작용이 필요 없기 때문에, 이들 응력성분은 부재 전체에서 영과 같다고 가정할 수 있다. 이 가정은 변형이 작은 가는 부재에 대한 실험적 증거와 탄성이론에 의해 검증되었다. 여기에 고려된 작은 정육면체 요소에 작용하는 유일한 영이 아닌 응력성분은 수직성분인 σ_x라고 결론지을 수 있다. 따라서 순수휨을 받는 가는 부재의 어느 점에서라도 1축응력 상태가 된다. $M > 0$인 경우, 선 AB와 $A'B'$는 길이가 각각 줄어들고 늘어나기 때문에, 변형률 ϵ_x와 응력 σ_x는 부재의 상단부에서는 음(−: 압축)이고 하단부에서는 양(+: 인장)이 된다.

위의 결과에 따라 부재의 상단면과 하단면 사이에서 ϵ_x와 σ_x이 영인 평행인 면이 존재해야 하며, 이 면을 **중립면**(neutral surface)이라 부른다. 중립면은 원호 DE를 따라 대칭면을 가로지른다(그림 11.10a). 또한 중립면은 단면의 중립축(neutral axis)이라 불리는 직선을 따른 횡단면을 가로지른다(그림 11.10b). 좌표원점은 앞서 했던 것처럼 부재의 하단면 보다는 중립면에서 선택하며, 이로 인한 중립면으로부터의 거리는 좌표축 y가 된다.

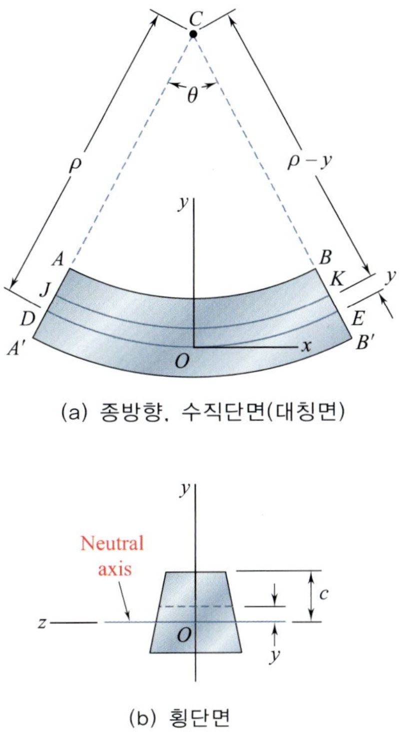

그림 11.10

호 DE의 반경을 ρ(그림 11.10a), θ를 DE에 대한 중심각이라고 하고, DE의 길이를 변형되지 않은 부재의 길이 L과 같다고 하면, 다음 식이 성립된다.

$$L = \rho\theta \tag{11.4}$$

중립면에서 위로 y만큼 떨어진 곳에 위치한 호 JK를 고려하면 이 호의 길이 L'은 다음과 같다.

$$L' = (\rho - y)\theta \tag{11.5}$$

호 JK의 원래 길이는 L과 같았기 때문에 JK의 변형은 다음과 같다.

$$\delta = L' - L \tag{11.6}$$

식 (11.4)와 식 (11.5)를 식 (11.6)에 대입하면,

$$\delta = (\rho - y)\theta - \rho\theta = -y\theta \tag{11.7}$$

JK에 있는 요소들에서의 종방향 변형률 ϵ_x는 δ를 JK의 원래 길이 L로 나누어 구하며, 다음과 같다.

$$\epsilon_x = \frac{\delta}{L} = \frac{-y\theta}{\rho\theta}$$

혹은

$$\epsilon_x = -\frac{y}{\rho} \tag{11.8}$$

음(−)의 부호가 된 것은 휨모멘트가 양(+)이어서 보가 위로 오목해졌기 때문이다.

단면은 평면을 유지한다 라는 조건 때문에, 동일한 변형이 대칭면에 평행한 모든 평면에서 발생될 것이다. 따라서 식 (11.8)에 주어진 변형률값은 어느 곳에서나 유효하며, **종방향 수직변형률 ϵ_x는 중립면에서부터의 거리 y에 선형으로 변한다**고 결론지을 수 있다.

변형률 ϵ_x는 y 자체가 가장 클 때 최대값을 갖는다. 즉 중립면에서 가장 먼 거리(부재의 상단면 혹은 하단면에 해당함)를 c라고 하고 변형률의 절대 최대값을 ϵ_m이라고 하면, 다음 식이 얻어진다.

$$\epsilon_m = \frac{c}{\rho} \tag{11.9}$$

식 (11.9)를 ρ에 대해 풀고 그 값을 식 (11.8)에 대입하면, 다음 식을 또한 구할 수 있다.

$$\epsilon_c = -\frac{y}{c}\epsilon_m \tag{11.10}$$

부재 중립면의 위치를 아직 정하지 못하였기 때문에, 부재의 한 점에서의 변형률과 응력을 계산하지 못하는 상태에서 순수휨이 작용하는 부재의 변형에 대한 해석을 일단 마무리하고자 한다. 이 면의 위치를 정하기 위해서는 사용하는 재료의 응력-변형률 관계를 먼저 규정하여야 한다.[1)]

11.4 응력과 변형

휨모멘트 M로 인한 부재의 수직응력이 항복강도 σ_Y보다 낮게 유지되는 경우를 고려하자. 이것은 부재의 응력이 비례한계와 탄성한계 아래에 있다는 것을 의미한다. 영구적인 변형은 없기 때문에, 1축응력에 대한 Hooke의 법칙이 적용될 수 있다. 재료가 균일하다고 가정하고 탄성계수를 E라고 하면, 종방향 x에서 다음 식을 얻게 된다.

$$\sigma_x = E\,\epsilon_x \tag{11.11}$$

식 (11.10)을 사용하고 식의 양쪽 항들에 E를 곱하면, 다음 식을 구할 수 있다.

1) 그러나 부재가 대칭 수직면과 대칭 수평면(즉, 직사각형 단면의 부재)인 경우, 그리고 응력-변형률 곡선이 인장과 압축에 동일한 경우, 중립축은 대칭면과 일치한다.

$$E\,\epsilon_x = -\frac{y}{c}(E\epsilon_m)$$

혹은 식 (11.11)을 사용하면, 다음이 된다.

$$\sigma_x = -\frac{y}{c}\sigma_m \tag{11.12}$$

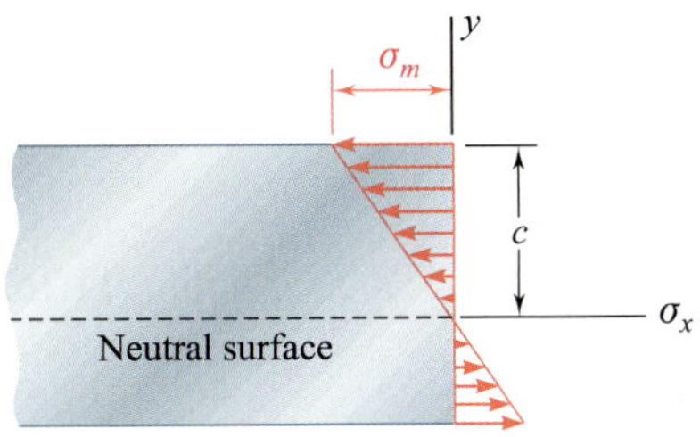

그림 11.11

여기서 σ_m은 응력의 절대최대값을 나타낸다. 이 결과는 탄성영역에서 수직응력이 중립면에서부터의 거리에 따라 선형으로 변한다는 것을 보여준다(그림 11.11).

여기서 중립축의 위치 혹은 응력의 최대값 σ_m은 아직 모르는 것이며, 이 두 값들은 정역학에서 구하였던 식 (11.1)과 식 (11.3)의 관계를 사용하면 구할 수 있다. 식 (11.12)에서 σ_x를 식 (11.1)에 대입하면,

$$\int \sigma_x\,dA = \int\left(-\frac{y}{c}\sigma_m\right)dA = -\frac{\sigma_m}{c}\int y\,dA = 0$$

이로부터 다음을 구할 수 있다.

$$\int y\,dA = 0 \tag{11.13}$$

이 방정식은 중립축에 대한 단면 1차모멘트는 영이어야 한다는 것을 보여준다. 다시 말하면, 순수휨을 받는 부재에서 응력이 탄성영역 내에 있는 동안 중립축은 단면도심을 지난다.

11.2절에서 임의의 수평축 z에 대해 유도되었던 식 (11.3)은 아래와 같다.

$$\int(-y\,\sigma_x\,dA) = M \tag{11.3}$$

z축이 단면의 중립축과 일치한다고 하면, 식 (11.12)에서 구한 σ_x를 식 (11.3)에 대입하여 다음을 구할 수 있다.

$$\int(-y)\left(-\frac{y}{c}\sigma_m\right)dA = M$$

혹은

$$\frac{\sigma_m}{c}\int y^2\,dA = M \tag{11.14}$$

순수휨의 경우 중립축이 단면도심을 지나기 때문에, I는 짝힘 **M**의 평면에 수직인 도심축에 대한 단면의 관성모멘트 혹은 단면2차모멘트이다. 식 (11.14)를 σ_m에 대해 풀면, 다음 식을 얻을 수 있다.[2)]

2) 휨모멘트는 양으로 가정하였다. 휨모멘트가 음이면, 식 (11.15)에서 M을 절대값 $|M|$으로 교체하여야 한다.

$$\sigma_m = \frac{Mc}{I} \tag{11.15}$$

식 (11.15)에서 σ_m을 식 (11.12)에 대입하면, 중립축에서 거리 y 떨어진 곳에서의 수직응력 σ_x를 구할 수 있다.

$$\sigma_x = -\frac{My}{I} \tag{11.16}$$

식 (11.15)와 식 (11.16)을 탄성휨공식(elastic flexure formulas)이라 하며, 휨 혹은 부재의 "휘어짐"에 의한 수직응력 σ_x는 때로는 휨응력(flexural stress)이라고도 한다. 휨모멘트 M이 양이면 중립축 위쪽 ($y > 0$)에서 압축 ($\sigma_x < 0$)이고, M이 음이면 인장($\sigma_x > 0$)이다.

식 (11.15)로 돌아가서, I/c비는 단면의 치수에만 좌우된다. 이 비율을 아래 식과 같이 탄성단면계수(elastic section modulus) S라 한다.

$$\text{탄성단면계수} = S = \frac{I}{c} \tag{11.17}$$

I/c에 대한 S를 식 (11.15)에 대입하면, 다른 형태의 다음 공식을 얻을 수 있다.

$$\sigma_m = \frac{M}{S} \tag{11.18}$$

최대응력 σ_m은 탄성단면계수 S에 반비례하므로, 보는 현실 가능한 큰 값의 S로 설계하여야 한다. 예를 들면, 폭이 b, 깊이 h인 직사각형 단면의 목재보의 경우, S는 다음 식이 된다.

$$S = \frac{I}{c} = \frac{\frac{1}{12}bh^3}{h/2} = \frac{1}{6}bh^2 = \frac{1}{6}Ah \tag{11.19}$$

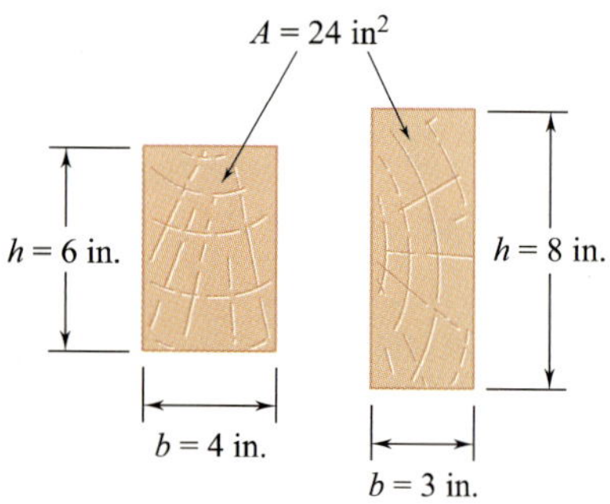

그림 11.12

여기서 A는 보의 단면적이다. 이 식은 동일한 단면적 A를 갖는 두 개의 보(그림 11.12)에서 깊이 h가 큰 보가 보다 큰 단면계수를 가지게 되고, 따라서 보다 휨에 효과적으로 저항할 것이라는 것을 보여준다.[3)]

구조강재의 경우, 미국 표준보(S-보)와 광폭플랜지보(W-보)(사진 11.2)가 단면의 큰 부분이 중립축에서 먼 곳에 위치하고 있기 때문에(그림 11.13) 다른 모양의 단면들보다 선호되고 있다. 따라서 주어진 단면적과 깊이에 대해,

3) 그러나 h/b비의 값이 큰 보는 횡방향으로는 불안정할 수 있다.

사진 11.2 광폭플랜지 강재보로 많은 건물의 뼈대를 형성한다.

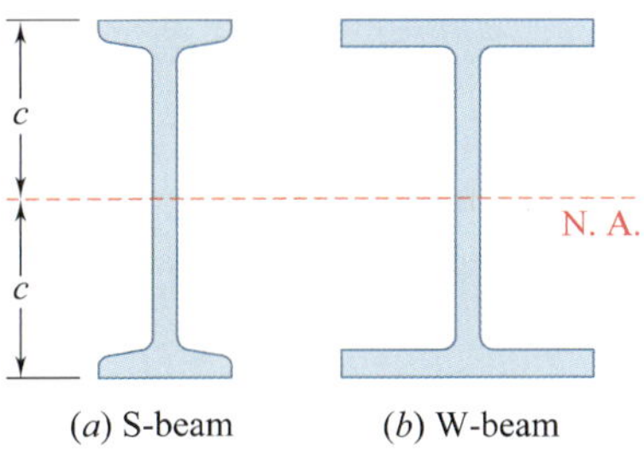

그림 11.13

큰 값의 I와 그에 따른 큰 값의 S를 갖도록 설계를 하게 된다. 일반적으로 제작되는 보의 탄성단면계수 값들은 이러한 보들의 다양한 치수값을 정리한 표에서 얻을 수 있다. 표준보의 주어진 단면에서의 최대응력 σ_m을 구하기 위해서, 엔지니어는 표에서 탄성단면계수 S값을 읽거나 단면에서의 휨모멘트 M을 S로 나누기만 하면 된다.

휨모멘트 M에 의한 부재의 변형은 중립면의 곡률로 측정할 수 있다. 곡률은 곡률반경 ρ의 역수로 정의되며, 식 (11.9)를 $1/\rho$에 대해 풀어서 다음과 같이 구할 수 있다.

$$\frac{1}{\rho} = \frac{\epsilon_m}{c} \tag{11.20}$$

그러나 탄성영역에서 $\epsilon_m = \sigma_m / E$이며, ϵ_m을 식 (11.20)에 대입하고 식 (11.15)를 사용하면 다음 식을 구할 수 있다.

$$\frac{1}{\rho} = \frac{\sigma_m}{Ec} = \frac{1}{Ec}\frac{Mc}{I}$$

혹은

$$\frac{1}{\rho} = \frac{M}{EI} \tag{11.21}$$

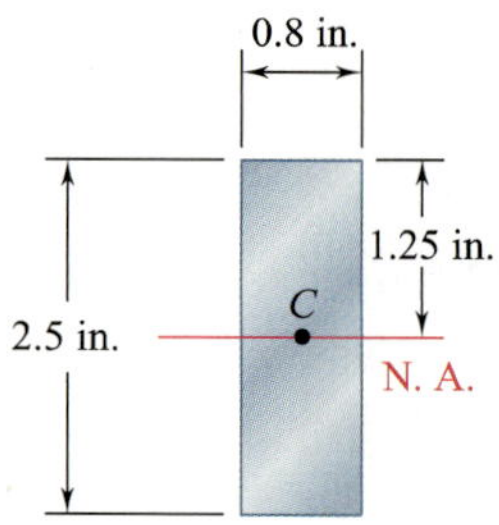

그림 11.15

예제 11.1 0.8×2.5 in. 직사각형 단면의 강봉의 대칭 수직평면에 2개의 크기가 같고 방향이 반대인 짝힘이 작용하는 경우(그림 11.14), 봉이 항복하게 하는 모멘트 M값을 구하시오. $\sigma_Y = 36$ ksi로 가정하시오.

그림 11.14

중립축이 단면도심 C를 지나기 때문에, $c = 1.25$ in.(그림 11.15)이며, 직사각형 단면의 중앙 관성모멘트는

$$I = \frac{1}{12}bh^3 = \frac{1}{12}(0.8\,\text{in.})(2.5\,\text{in.})^3 = 1.042\ \text{in}^4$$

식 (11.15)를 M에 대해 풀고, 위의 데이터를 대입하면, 다음이 구해진다.

$$M = \frac{I}{c}\sigma_m = \frac{1.042\ \text{in}^4}{1.25\ \text{in.}}(36\ \text{ksi}) \qquad M = 30\ \text{kip}\cdot\text{in.}$$ ■

예제 11.2 반경 $r = 12$ mm인 반원단면의 알루미늄 봉(그림 11.16)이 평균반경 $\rho = 2.5$ m인 원호 모양으로 휘었다. 봉의 평편한 면이 호의 곡률중심 방향을 향하고 있는 경우, 봉에서의 최대 인장 및 압축응력을 구하시오. $E = 70$ GPa를 사용하시오.

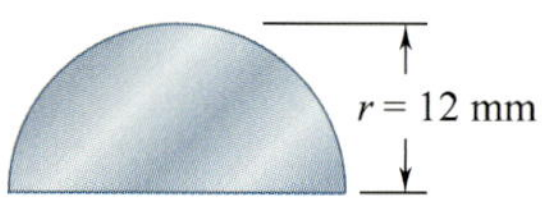

그림 11.16

주어진 곡률반경 ρ에 대한 휨모멘트 M을 구하기 위해 식 (11.21)을 사용할 수 있으며, σ_m을 구하기 위해 식 (11.15)를 사용할 수 있다. 그러나 ϵ_m을 구하기 위해서는 식 (11.9)를 사용하는 것이 간편하고, 따라서 Hooke의 법칙으로 σ_m을 간편하게 구할 수 있다. 반원단면 도심 C의 세로좌표 $\bar{y}$는

$$\bar{y} = \frac{4r}{3\pi} = \frac{4(12\ \text{mm})}{3\pi} = 5.093\ \text{mm}$$

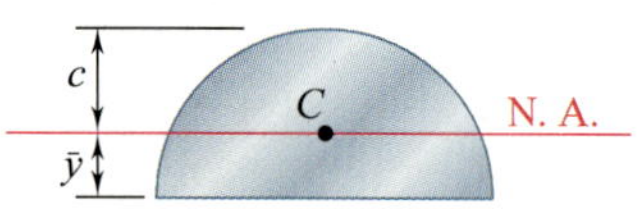

그림 11.17

중립축은 C를 지나고(그림 11.17), 중립축에서 가장 멀리 있는 단면의 점은 다음 거리 c만큼 떨어져 있다.

$$c = r - \bar{y} = 12\ \text{mm} - 5.093\ \text{mm} = 6.907\ \text{mm}$$

식 (11.9)를 사용하여 다음을 구할 수 있다.

$$\epsilon_m = \frac{c}{\rho} = \frac{6.907\times10^{-3}\ \text{m}}{2.5\ \text{m}} = 2.763\times10^{-3}$$

따라서, Hooke의 법칙을 적용하면

$$\sigma_m = E\epsilon_m = (70\times10^9\ \text{Pa})(2.763\times10^{-3}) = 193.4\ \text{MPa}$$

봉의 이 면이 곡률중심에서 멀리 있는 쪽에 있기 때문에, 응력은 인장응력이 된다. 최대압축응력은 봉의 평편한 면에서 발생한다. 응력은 중립축으로부터의 거리에 비례하므로, 다음으로 구해진다.

$$\sigma_{comp} = -\frac{\bar{y}}{c}\sigma_m = -\frac{5.093\,\text{mm}}{6.907\,\text{mm}}(193.4\,\text{MPa}) = -142.6\ \text{MPa}$$ ■

문제 11.1

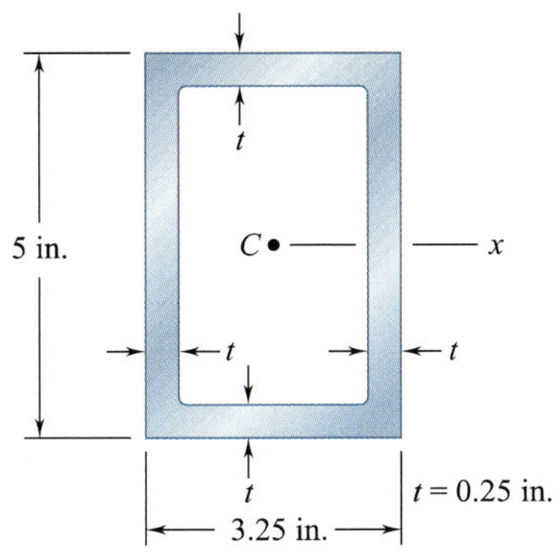

그림에 보이는 직사각형 튜브는 $\sigma_Y = 40$ ksi, $\sigma_U = 60$ ksi, 그리고 $E = 10.6 \times 10^6$ psi인 알루미늄 합금에서 사출되어 나온 것이다. 필렛(fillets)의 효과를 무시하고 다음을 구하시오. (a) 안전율이 3.00인 경우 휨모멘트 M, (b) 이 경우의 튜브 곡률반경.

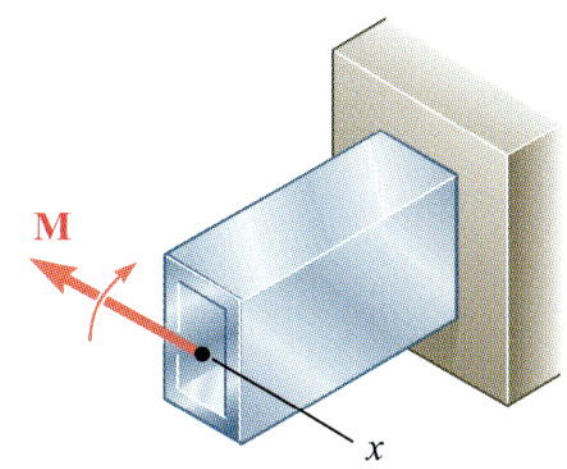

풀이.

관성모멘트. 튜브 단면적을 그림에 보이는 2개의 직사각형의 차이로 구하고, 직사각형의 중앙 관성모멘트 공식을 적용하면 다음을 구하게 된다.

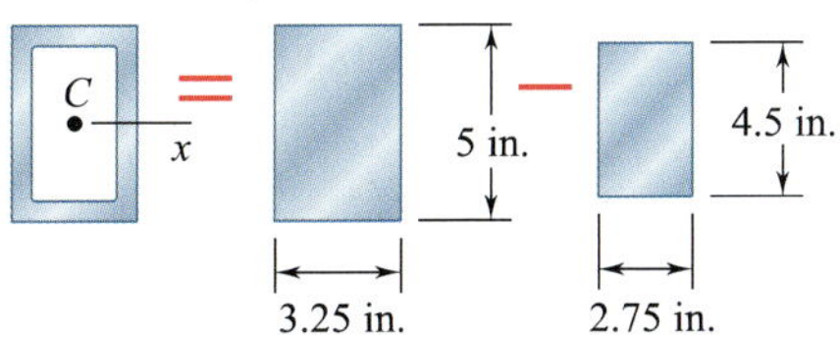

$$I = \frac{1}{12}(3.25)(5)^3 - \frac{1}{12}(2.75)(4.5)^3 \qquad I = 12.97 \text{ in}^4$$

허용응력. 안전율 3.00과 극한응력 60 ksi에서 다음이 구해진다.

$$\sigma_{all} = \frac{\sigma_U}{F.S.} = \frac{60 \text{ ksi}}{3.00} = 20 \text{ ksi}$$

$\sigma_{all} < \sigma_Y$이므로, 튜브는 탄성영역을 유지하게 되고 따라서 11.4절의 결과들을 적용할 수 있다.

a. 휨모멘트. $c = \frac{1}{2}(5 \text{ in.}) = 2.5 \text{ in.}$이므로,

$$\sigma_{all} = \frac{Mc}{I} \qquad M = \frac{I}{c}\sigma_{all} = \frac{12.97 \text{ in}^4}{2.5 \text{ in.}}(20 \text{ ksi}) \qquad M = 103.8 \text{ kip} \cdot \text{in.}$$

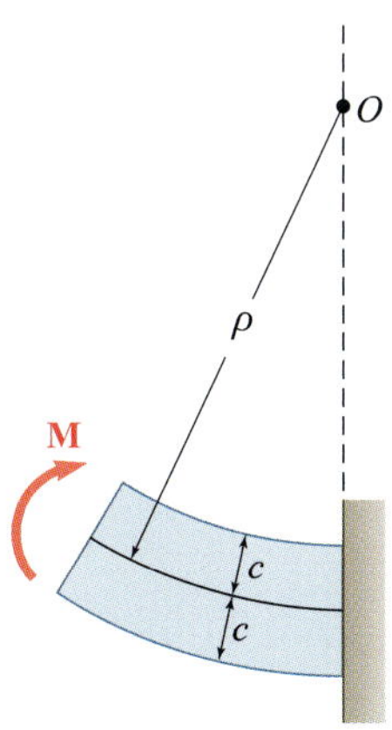

b. 곡률반경. $E = 10.6 \times 10^6$ psi이며, 이 값과 I와 M에 대해 구한 값을 식 (11.21)에 대입하면 다음을 구할 수 있다.

$$\frac{1}{\rho} = \frac{M}{EI} = \frac{103.8 \times 10^3 \text{ lb} \cdot \text{in.}}{(10.6 \times 10^6 \text{ psi})(12.97 \text{ in}^4)} = 0.755 \times 10^{-3} \text{ in}^{-1}$$

$$\rho = 1325 \text{ in.} \qquad \rho = 110.4 \text{ ft}$$

다른 풀이법. 최대응력이 $\sigma_{all} = 20$ ksi이라는 것을 알기 때문에, 최대 변형률 ϵ_m을 구할 수 있고, 또한 식 (11.9)를 사용할 수 있다.

$$\epsilon_m = \frac{\sigma_{all}}{E} = \frac{20 \text{ ksi}}{10.6 \times 10^6 \text{ psi}} = 1.887 \times 10^{-3} \text{ in./in.}$$

$$\epsilon_m = \frac{c}{\rho} \qquad \rho = \frac{c}{\epsilon_m} = \frac{2.5 \text{ in.}}{1.887 \times 10^{-3} \text{ in./in.}}$$

$$\rho = 1325 \text{ in.} \qquad \rho = 110.4 \text{ ft}$$

문제 11.2

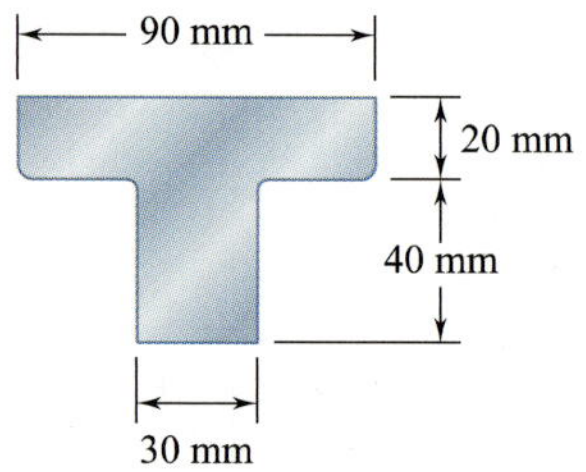

주철로 만든 기계부품에 그림에 보이는 것처럼 3 kN·m의 짝힘이 작용한다. E=165 GPa이고 필렛 효과를 무시하는 경우 다음을 구하시오. (a) 주철부에서의 최대인장응력 및 압축응력, (b) 주철부의 곡률반경.

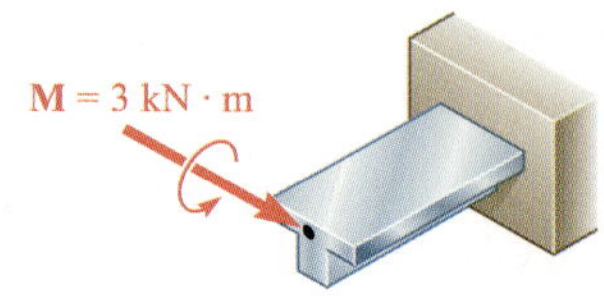

풀이.

도심. T형 단면을 그림과 같이 2개의 직사각형 단면으로 분리하면 다음과 같다.

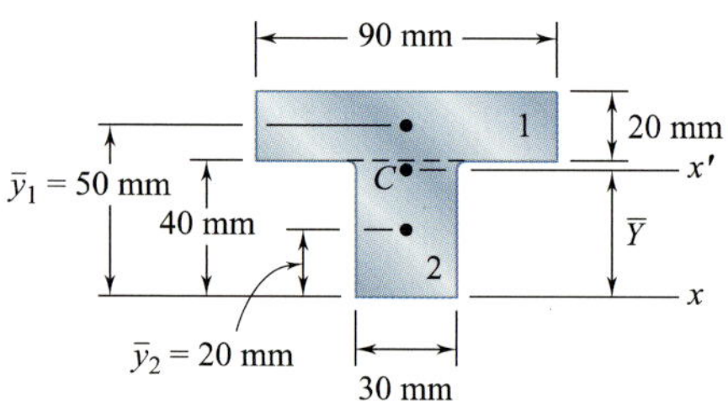

	면적, mm^2	$\bar{y}$, mm	$\bar{y}A$, mm^3
1	(20)(90)=1800	50	90×10^3
2	(40)(30)=1200	20	24×10^3
	$\Sigma A=3000$		$\Sigma\bar{y}A=114\times10^3$

$$\bar{Y}\Sigma A=\Sigma\bar{y}A$$
$$\bar{Y}(3000)=114\times10^6$$
$$\bar{Y}=38\text{ mm}$$

중앙 관성모멘트. 합성단면의 도심을 지나는 축 x'에 대한 각 직사각형의 관성모멘트를 구하기 위해 평행축 이론이 적용된다. 이를 직사각형의 관성모멘트에 더하여 다음을 구할 수 있다.

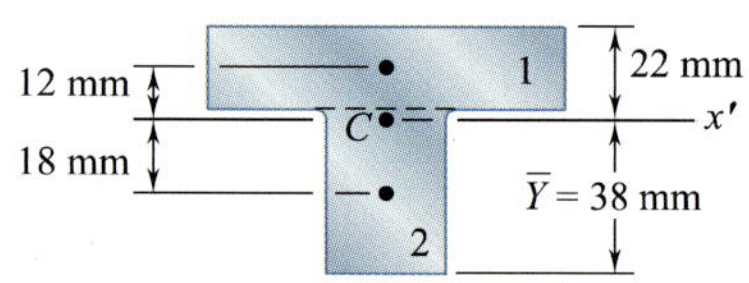

$$I_{x'}=\Sigma(\bar{I}+Ad^2)=\Sigma\left(\frac{1}{12}bh^3+Ad^2\right)$$
$$=\frac{1}{12}(90)(20)^3+(90\times20)(12)^2+\frac{1}{12}(30)(40)^3+(30\times40)(18)^2$$
$$=868\times10^3\text{ mm}^4$$

$$I=868\times10^{-9}\text{ m}^4$$

a. 최대인장응력. 작용하는 짝힘으로 인해 주철부분이 아래쪽으로 휘기 때문에, 곡률중심은 단면 아래에 위치하게 된다. 따라서 최대인장응력은 곡률중심에서 가장 멀리 있는 A점에 발생한다.

$$\sigma_A=\frac{Mc_A}{I}=\frac{(3\text{ kN}\cdot\text{m})(0.022\text{ m})}{868\times10^{-9}\text{ m}^4}\qquad \sigma_A=+76.0\text{ MPa}$$

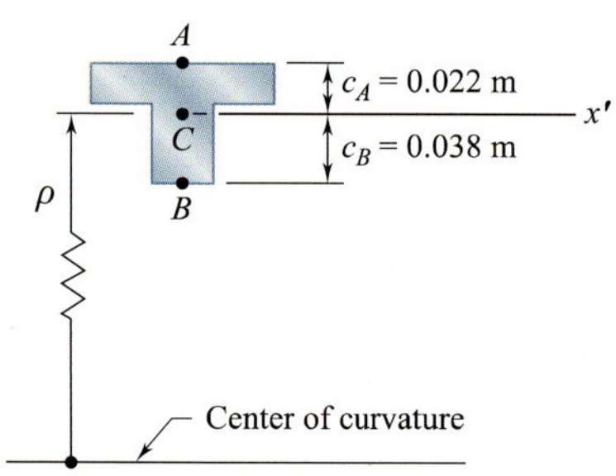

최대압축응력. 최대압축응력은 B점에 아래와 같이 발생한다.

$$\sigma_B=-\frac{Mc_B}{I}=-\frac{(3\text{ kN}\cdot\text{m})(0.038\text{ m})}{868\times10^{-9}\text{ m}^4}\qquad \sigma_B=-131.3\text{ MPa}$$

b. 곡률반경. 식 (11.21)에서 다음을 구할 수 있다.

$$\frac{1}{\rho}=\frac{M}{EI}=\frac{3\text{ kN}\cdot\text{m}}{(165\text{ GPa})(868\times10^{-9}\text{ m}^4)}\qquad \rho=47.7\text{ m}$$
$$=20.95\times10^{-3}\text{ m}^{-1}$$

Problems

11.1 and 11.2 Knowing that the couple shown acts in a vertical plane, determine the stress at (*a*) point *A*, (*b*) point *B*.

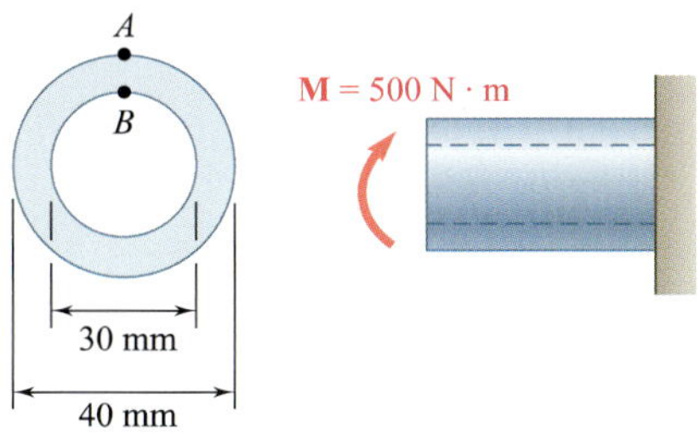

그림 P11.1

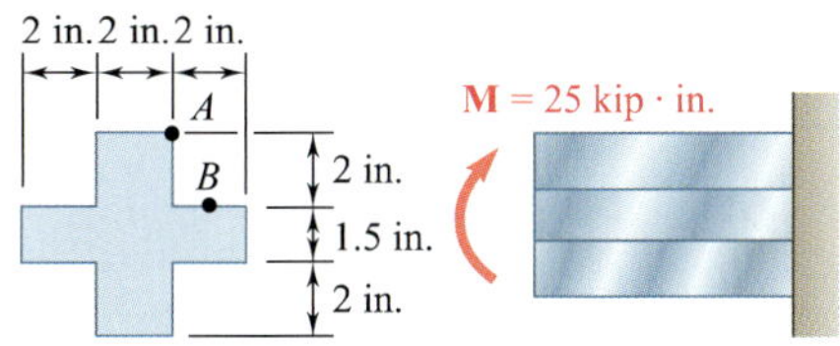

그림 P11.2

11.3 Using an allowable stress of 155 MPa, determine the largest bending moment M_x that can be applied to the wide-flange beam shown. Neglect the effect of the fillets.

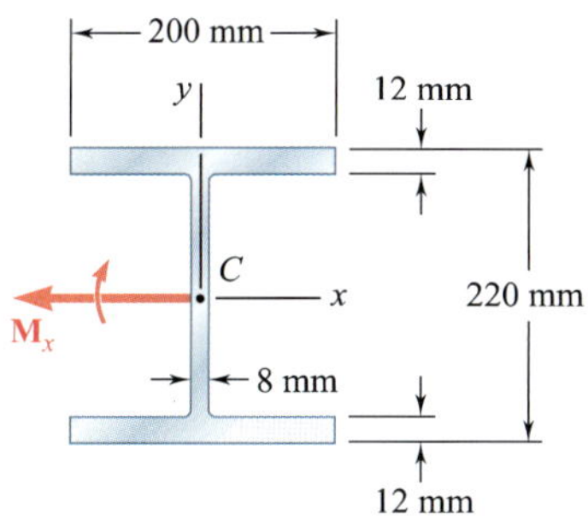

그림 P11.3

11.4 Solve Prob. 11.3, assuming that the wide-flange beam is bent about the y axis by a couple of moment M_y.

11.5 A nylon spacing bar has the cross section shown. Knowing that the allowable stress for the grade of nylon used is 24 MPa, determine the largest couple $\mathbf{M}_z$ that can be applied to the bar.

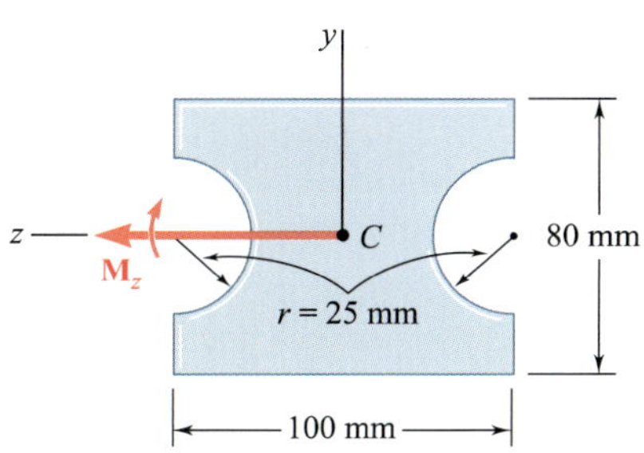

그림 *P11.5*

11.6 Using an allowable stress of 16 ksi, determine the largest couple that can be applied to each pipe.

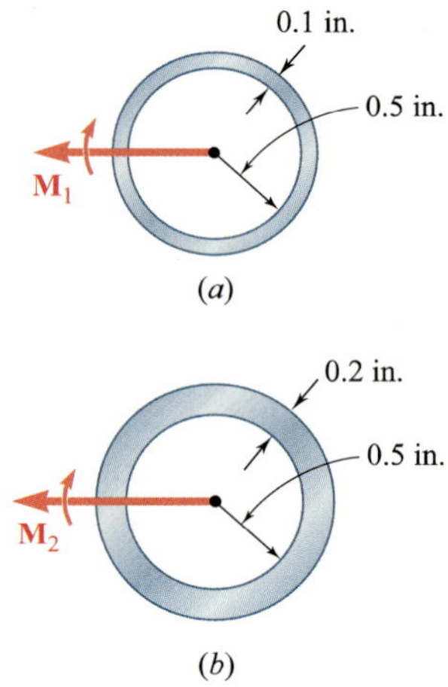

그림 P11.6

11.7 and *11.8* Two W4 × 13 rolled sections are welded together as shown. Knowing that for the steel alloy used $\sigma_Y = 36$ ksi and $\sigma_U = 58$ ksi and using a factor of safety of 3.0, determine the largest couple that can be applied when the assembly is bent about the z axis.

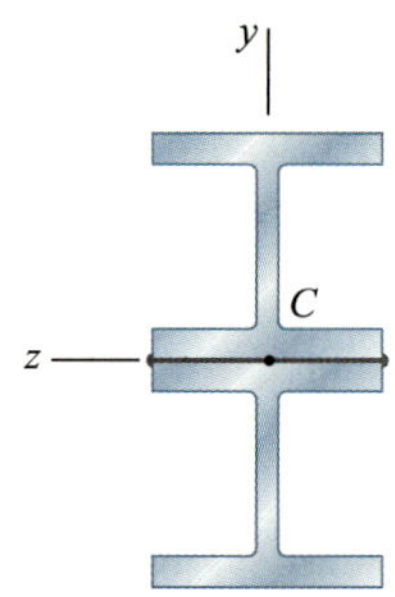

그림 P11.7

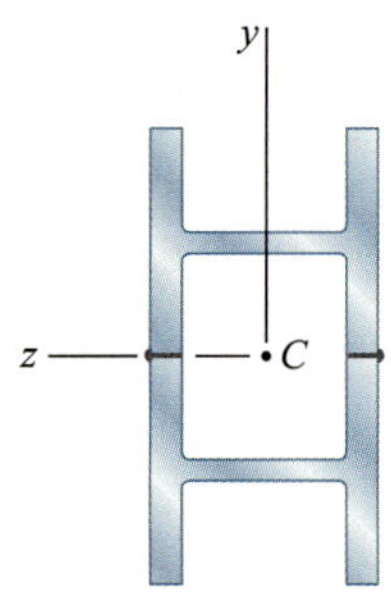

그림 *P11.8*

11.9 through *11.11* Two vertical forces are applied to the beam of the cross section shown. Determine the maximum tensile and compressive stresses in portion BC of the beam.

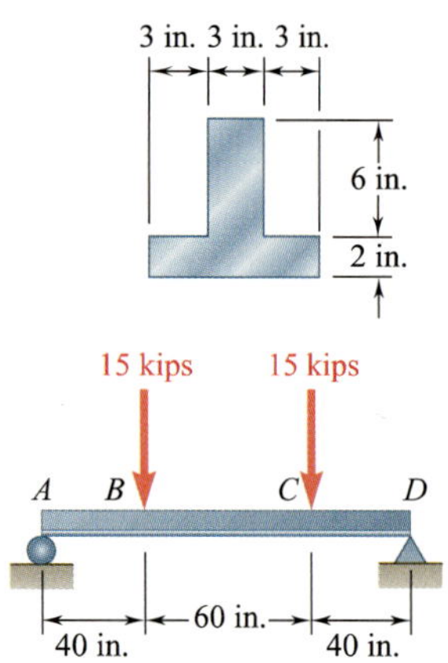

그림 P11.9

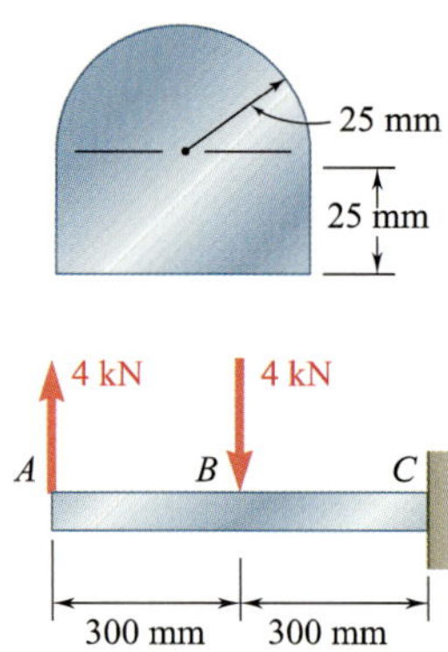

그림 P11.10

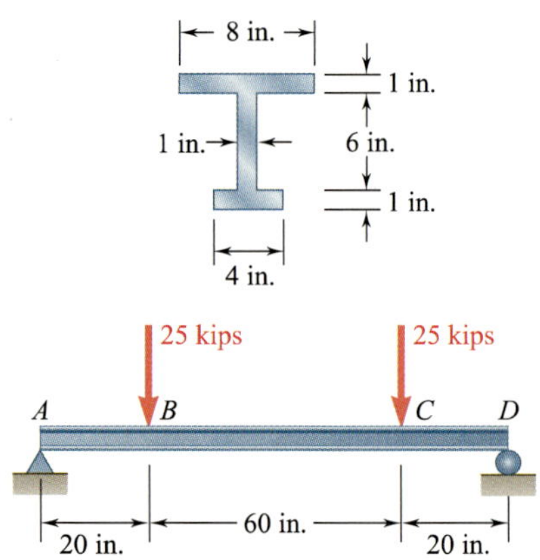

그림 *P11.11*

11.12 Two equal and opposite couples of magnitude $M = 15\ \text{kN} \cdot \text{m}$ are applied to the channel-shaped beam AB. Observing that the couples cause the beam to bend in a horizontal plane, determine the stress (a) at point C, (b) at point D, (c) at point E.

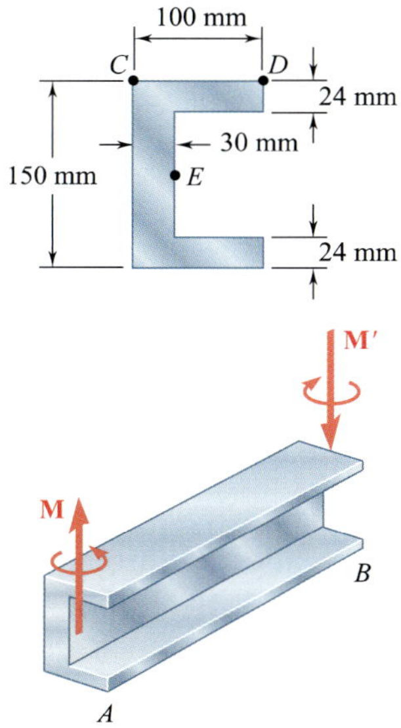

그림 **P11.12**

11.13 Knowing that a beam of the cross section shown is bent about a horizontal axis and that the bending moment is 3.5 kip · in., determine the total force acting on the shaded portion of the beam.

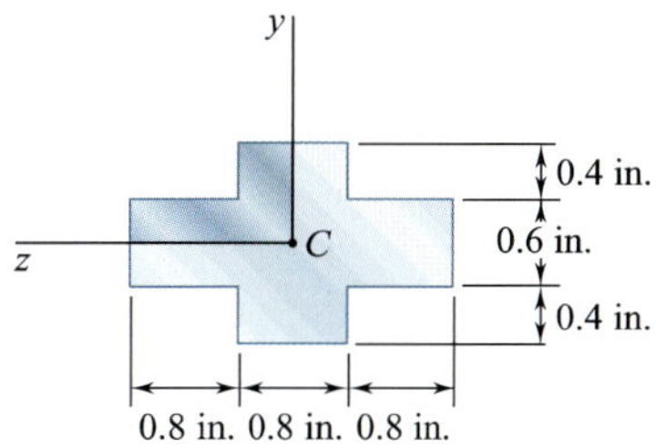

그림 **P11.13**

11.14 Solve Prob. 11.13 assuming that the beam is bent about a vertical axis and that the bending moment is 6 kip · in.

11.15 Knowing that a beam of the cross section shown is bent about a horizontal axis and that the bending moment is 8 kN · m, determine the total force acting on the top flange.

11.16 Knowing that a beam of the cross section shown is bent about a vertical axis and that the bending moment is 4 kN · m, determine the total force acting on the shaded portion of the lower flange.

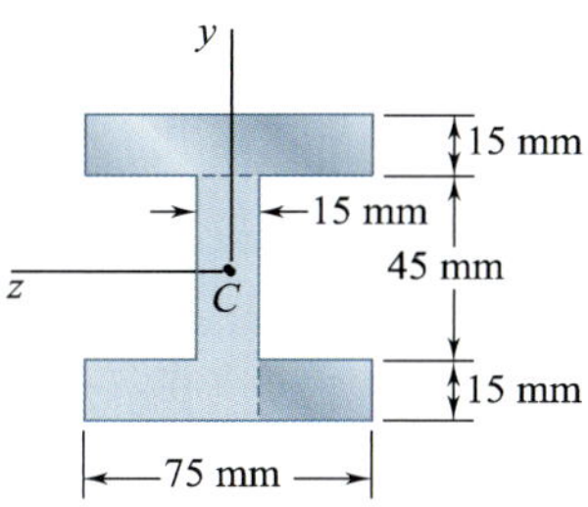

그림 ***P11.15,*** **P11.16P**

11.17 Knowing that for the extruded beam shown the allowable stress is 120 MPa in tension and 150 MPa in compression, determine the largest couple **M** that can be applied.

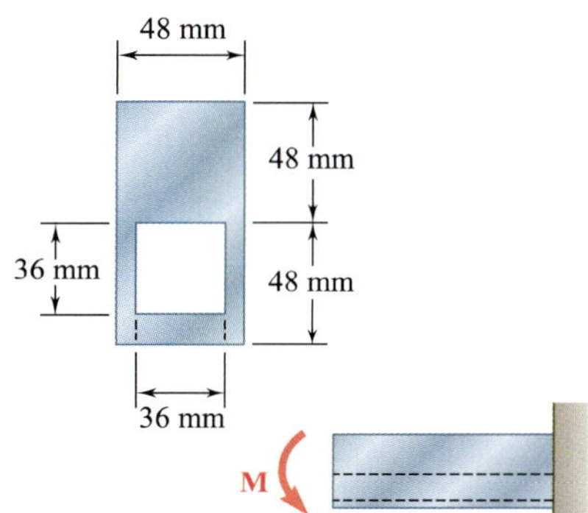

그림 **P11.17**

11.18 Knowing that for the extruded beam shown the allowable stress is 12 ksi in tension and 16 ksi in compression, determine the largest couple **M** that can be applied.

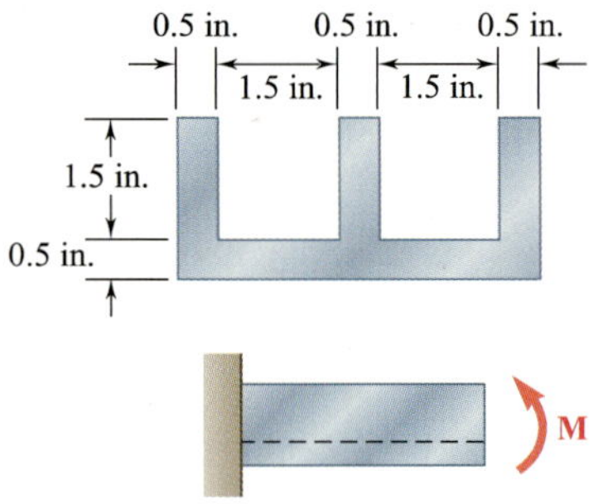

그림 **P11.18**

11.19 For the casting shown, determine the largest couple **M** that can be applied without exceeding either of the following allowable stresses: $\sigma_{all} = +6$ ksi and $\sigma_{all} = -15$ ksi.

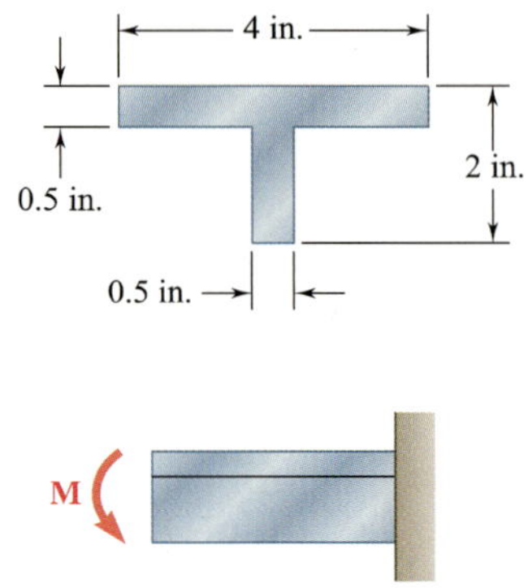

그림 **P11.19**

11.20 The beam shown is made of a nylon for which the allowable stress is 24 MPa in tension and 30 MPa in compression. Determine the largest couple **M** that can be applied to the beam.

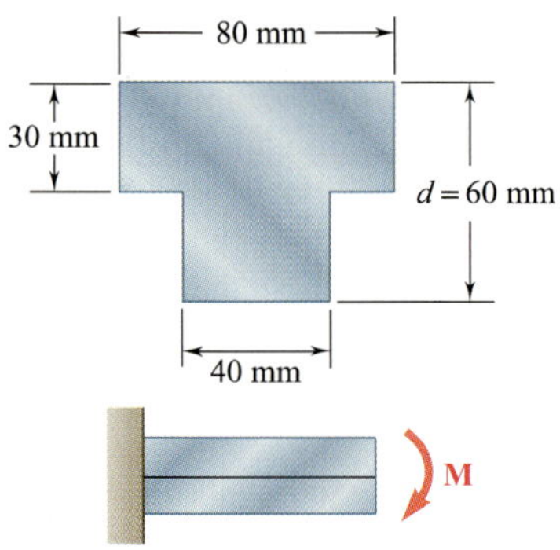

그림 **P11.20**

11.21 Solve Prob. 11.20 assuming that $d = 80$ mm.

11.22 Knowing that for the beam shown the allowable stress is 12 ksi in tension and 16 ksi in compression, determine the largest couple **M** that can be applied.

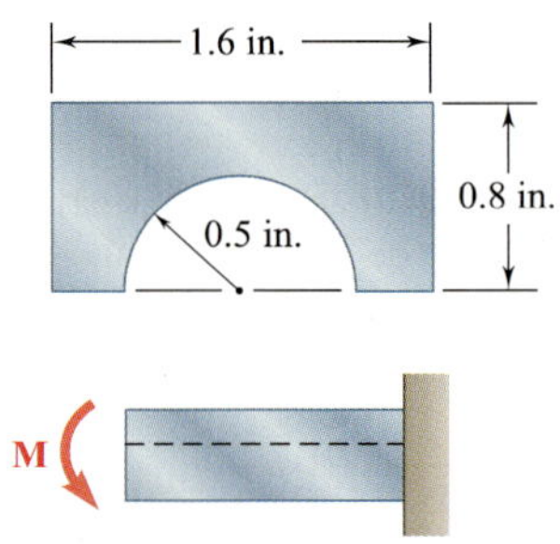

그림 **P11.22**

11.23 Straight rods of 0.30-in. diameter and 200-ft length are sometimes used to clear underground conduits of obstructions or to thread wires through a new conduit. The rods are made of high-strength steel and, for storage and transportation, are wrapped on spools of 5-ft diameter. Assuming that the yield strength is not exceeded, determine (*a*) the maximum stress in a rod, when the rod, which was initially straight, is wrapped on the spool, (*b*) the corresponding bending moment in the rod. Use $E = 29 \times 10^6$ psi.

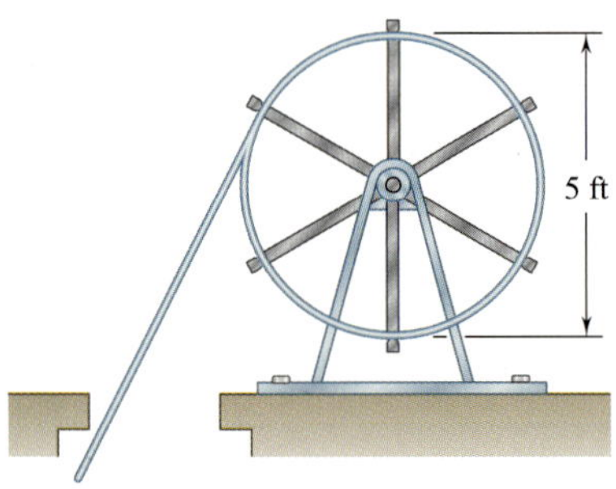

그림 ***P11.23***

11.24 A 24 kN · m couple is applied to the W200 × 46.1 rolled-steel beam shown. (*a*) Assuming that the couple is applied about the *z* axis as shown, determine the maximum stress and the radius of curvature of the beam. (*b*) Solve part *a* assuming that the couple is applied about the *y* axis. Use E = 200 GPa.

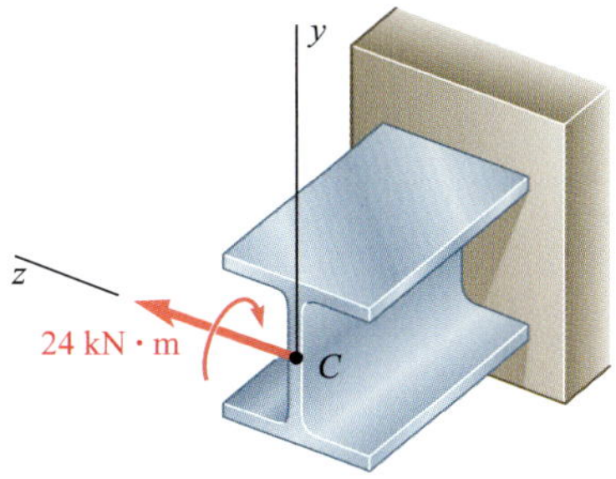

그림 P11.24

11.5 여러 재료로 합성된 부재의 휨

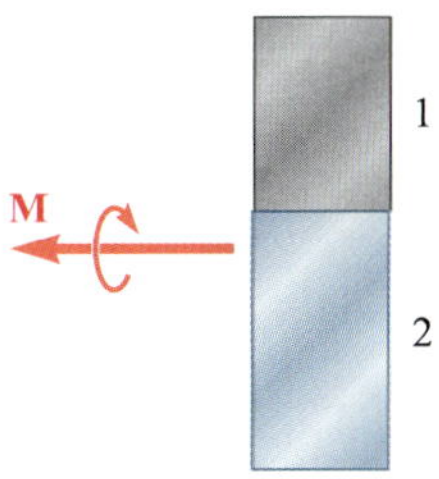

그림 11.18

11.4절에서 유도된 식들은 탄성계수가 E인 균질의 재료라는 가정을 기반으로 한 것이었다. 만약 순수휨을 받는 부재가 서로 다른 탄성계수를 가진 2개 혹은 그 이상의 재료로 되어 있다면, 부재의 응력을 구하는 방법은 수정되어야 한다.

예를 들면, 그림 11.18에 보이는 단면처럼 서로 다른 재료를 가진 2개 부위로 합성된 봉이 서로 접착된 경우를 생각해보자. 이 합성보는 단면이 전체 길이에서 일정하고, 사용한 재료들의 응력-변형률 관계에 대해 11.3절에서 어떤 가정도 하지 않았기 때문에, 11.3절에서 표현한대로 변형을 할 것이다. 따라서 수직변형률 ϵ_x는 단면 중립축으로부터의 거리 y에 따라 선형으로 변하고(그림 11.19a와 b), 식 (11.8)이 성립된다.

$$\epsilon_x = -\frac{y}{\rho} \tag{11.8}$$

그러나 중립축이 합성단면의 도심을 지난다고 가정할 수는 없기 때문에, 이 중립축의 위치를 결정하는 것을 해석의 목표 중 하나로 한다.

두 재료의 탄성계수 E_1과 E_2가 서로 다르기 때문에, 각 재료에서 얻어지는 수직응력 역시 다음과 같이 다르게 된다.

$$\sigma_1 = E_1\epsilon_x = -\frac{E_1 y}{\rho} \qquad \sigma_2 = E_2\epsilon_x = -\frac{E_2 y}{\rho} \tag{11.22}$$

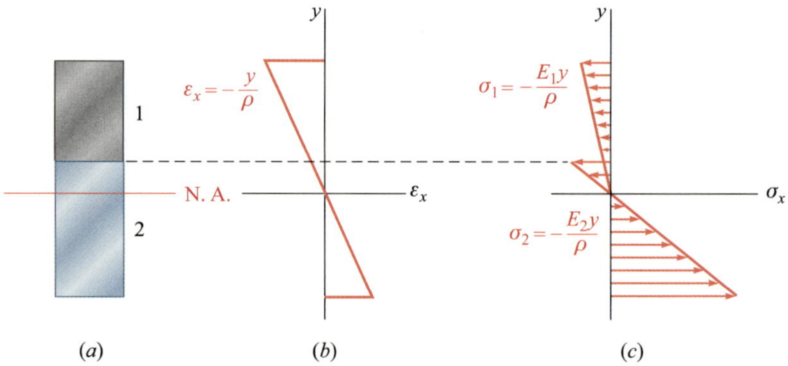

그림 11.19 두 재료로 이루어진 봉에서의 변형률과 응력의 분포

즉 2개의 직선으로 된 응력분포를 얻게 된다(그림 11.19c). 식 (11.22)에 따라 단면 상단부에 있는 면적이 dA인 요소에 작용하는 힘 dF_1은 다음과 같다.

$$dF_1 = \sigma_1\, dA = -\frac{E_1 y}{\rho} dA \tag{11.23}$$

하단부에 있는 면적 dA로 같은 요소에 작용하는 힘 dF_2는 다음과 같다.

$$dF_2 = \sigma_2\, dA = -\frac{E_2 y}{\rho} dA \tag{11.24}$$

두 탄성계수의 비 E_2/E_1을 n이라고 하면, dF_2를 다음과 같이 표현할 수 있다.

$$dF_2 = -\frac{nE_1 y}{\rho} dA = -\frac{E_1 y}{\rho}(n\, dA) \tag{11.25}$$

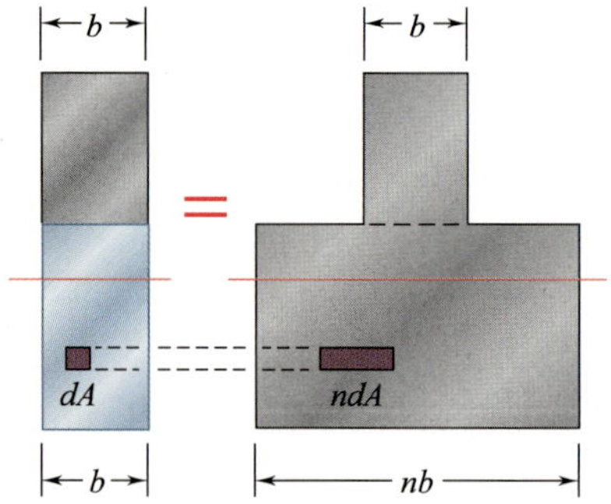

그림 11.20 합성봉의 치환단면

식 (11.23)과 식 (11.25)를 비교하여 보면, 동일한 힘 dF_2는 첫 번째 재료로 된 면적이 $n\,dA$인 요소에 작용하는 힘이 되는 것을 알 수 있다. 다시 말하면, 하단부 요소의 폭을 n배 곱하고 두 부분이 모두 첫 번째 재료로 되어 있다면, 봉의 휨저항은 동일하게 유지된다. 이렇게 폭을 넓히거나(즉 $n > 1$) 혹은 좁히는 것($n < 1$)은 중립축으로부터 각 요소까지의 거리 y는 동일하게 유지되어야 하기 때문에 **단면의 중립축에 평행한 방향으로만** 영향을 주어야 한다. 이런 방법으로 얻어진 새로운 단면을 부재의 **치환단면**(transformed section)이라 한다(그림 11.20).

치환단면은 탄성계수가 E_1인 균질재료로 된 부재의 단면을 나타내기 때문에, 11.4절에서 설명한 방법을 단면의 중립축과 단면의 여러 위치에서의 수직응력을 구하는데 사용할 수 있다. 중립축은 치환단면의 도심을 지나며

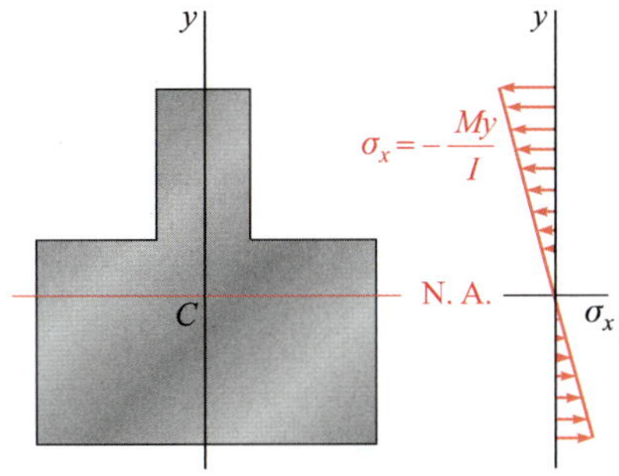

그림 11.21 치환단면에서의 응력분포

(그림 11.21), 가상의 균질 부재의 대응점에서의 응력 σ_x는 식 (11.16)으로 구해진다.

$$\sigma_x = -\frac{My}{I} \tag{11.16}$$

여기서 y는 중립면으로부터의 거리이며, I는 도심축에 대한 치환단면의 관성모멘트이다.

원래의 합성봉 단면 상단부에 위치한 점에서의 응력 σ_1을 구하기 위해서는 치환단면의 대응점에서의 응력 σ_x를 단순히 계산하면 된다. 그러나 단면 하단부에 위치한 점에서의 응력 σ_2를 구하기 위해서는 치환단면의 대응점에서 계산한 응력 σ_x에 n을 곱하여야만 한다. 앞에서 이미 설명한 것처럼, 치환단면의 면적이 $n\,dA$인 요소와 원단면의 면적이 dA인 요소에는 동일한 분력힘 dF_2가 작용하기 때문에, 원단면의 한 점에서의 응력 σ_2는 치환단면의 대응점에서의 응력을 n배 해야 한다.

합성부재의 변형 또한 치환단면을 사용하여 구할 수 있다. 치환단면은 계수가 E_1인 균질한 재료로 된 단면을 나타내기 때문에, 합성단면과 동일한 형태로 변형한다. 그러므로 식 (11.21)을 사용하여 합성부재의 곡률을 다음과 같이 구하게 된다.

$$\frac{1}{\rho} = \frac{M}{E_1 I}$$

여기서 I는 치환단면의 중립축에 대한 관성모멘트이다.

예제 11.3 철($E_s = 29\times10^6$ psi)과 황동($E_b = 15\times10^6$ psi)를 서로 접착하여 만든 봉이 그림과 같은 단면을 갖고 있다(그림 11.22). 봉이 휨모멘트가 $M = 40$ kip · in.인 순수휨을 받을 때 철과 황동에서의 최대 응력을 구하시오.

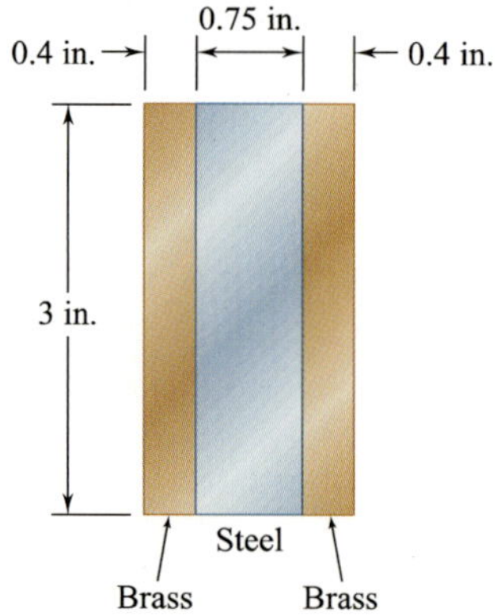

그림 11.22

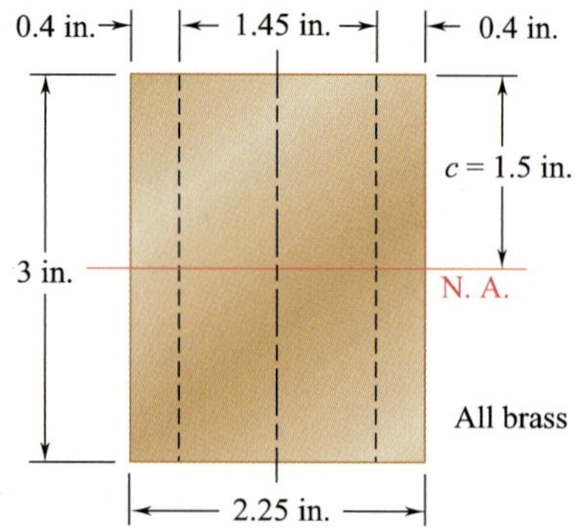

그림 11.23

전체가 황동으로 된 등가의 봉에 대한 치환단면이 그림 11.23에 보인다. 여기서

$$n = \frac{E_s}{E_b} = \frac{29 \times 10^6\,\text{psi}}{15 \times 10^6\,\text{psi}} = 1.993$$

이기 때문에, 원래 철인 부분을 대체한 중간 황동부분의 폭을 원 폭에 1.933을 곱하여 다음으로 한다.

$$(0.75\text{ in.})(1.933) = 1.45\text{ in.}$$

이 치수의 변화는 중립축에 평행한 방향으로 되었다. 치환단면의 도심축에 대한 관성모멘트는 다음과 같고,

$$I = \frac{1}{12}bh^3 = \frac{1}{12}(2.25\text{ in.})(3\text{ in.})^3 = 5.063\text{ in}^4$$

중립축으로부터의 최대 거리는 $c = 1.5$ in.이며, 식 (11.15)를 사용하여 치환단면에서의 최대 응력을 구할 수 있다.

$$\sigma_m = \frac{Mc}{I} = \frac{(40\text{ kip}\cdot\text{in.})(1.5\text{ in.})}{5.063\text{ in}^4} = 11.85\text{ ksi}$$

구해진 값은 또한 원 합성봉의 황동단면에서의 최대 응력을 나타낸다. 그러나 치환단면을 원래 단면으로 되돌릴 때 중간 부분의 면적을 계수 $n = 1.933$로 감소해야 하기 때문에, 철 부분에서의 최대 응력은 치환단면에서 얻은 값보다 클 것이다. 따라서 다음 결론을 얻게 된다.

$$(\sigma_{\text{brass}})_{\max} = 11.85\text{ ksi}$$
$$(\sigma_{\text{steel}})_{\max} = (1.933)(11.85\text{ ksi}) = 22.9\text{ ksi}$$ ■

사진 11.3

2개의 서로 다른 재료로 된 구조부재의 중요한 예는 철근콘크리트보(사진 11.3)에서 볼 수 있다. 양의 휨모멘트를 받을 때, 이들 보는 보의 하단면에서 조금 떨어진 위치에 있는 철근에 의해 보강된다(그림 11.24a). 콘크리트는 인

장에 매우 취약하기 때문에 중립면 아래쪽은 균열이 발생할 것이고, 따라서 철근이 전체 인장하중을 받게 될 것이다. 반면 철근콘크리트보의 상단부는 압축하중을 받게 될 것이다.

철근콘크리트보의 치환단면을 얻기 위해, 철근의 전체 단면적 A_s를 등가면적 nA_s로 치환한다(그림 11.24b). 여기서 n은 철근과 콘크리트의 탄성계수 비인 E_s/E_c이다. 반면에 보에서 콘크리트는 압축에서만 효과적으로 거동하기 때문에, 중립축 위쪽에 위치한 단면 부분만을 치환단면에서 사용하여야 한다.

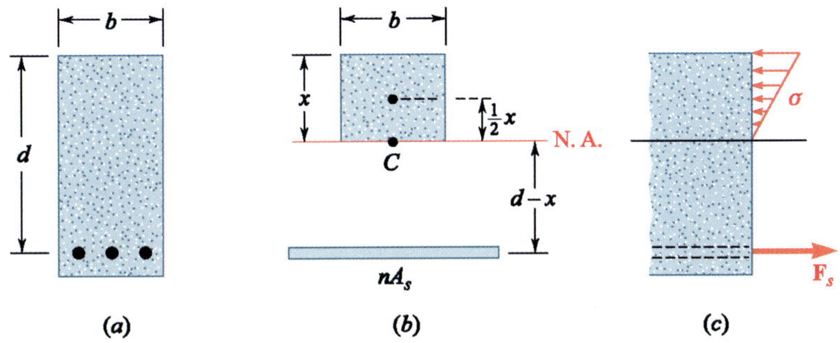

그림 11.24

중립축의 위치는 보의 상단면에서 치환단면의 도심 C까지 거리 x를 구하여 결정할 수 있다. 보의 폭을 b라고 하고 상단면에서 철근의 중심선까지의 거리를 d라고 하면, 중립축에 대한 치환단면의 1차모멘트는 영이 되어야 한다. 치환단면의 두 부분의 각 부분에 대한 1차모멘트는 중립축에서 각 부분의 도심까지의 거리에 면적을 곱하여 다음으로 얻을 수 있다.

$$(bx)\frac{x}{2} - nA_s(d-x) = 0$$

혹은

$$\frac{1}{2}bx^2 + nA_s x - nA_s d = 0 \tag{11.26}$$

이 2차방정식을 x에 대해 풀면, 보에서의 중립축의 위치와 효과적으로 사용될 콘크리트보의 단면위치를 모두 구하게 된다.

치환단면에서의 응력들은 이번 절에서 이미 설명한 바와 같이 결정할 수 있다(문제 11.4를 참조). 콘크리트에서의 압축응력 분포와 철근에서의 인장력 $\mathbf{F}_x$는 그림 11.24c에서 볼 수 있다.

문제 11.3

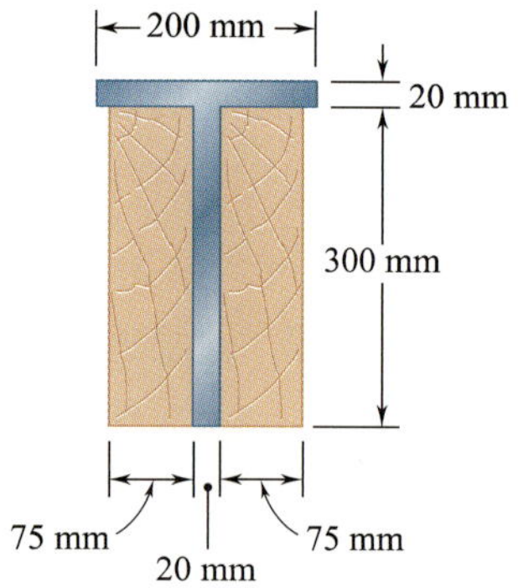

2개의 철판이 그림에 보이는 2개의 참나무 목재에 볼트로 연결되어 보강된 T형 보를 형성하도록 용접되었다. 나무의 탄성계수는 12.5 GPa, 강재의 탄성계수는 200 GPa이다. 휨모멘트 $M = 50\ \text{kN}\cdot\text{m}$가 합성보에 작용하는 경우, 다음을 구하시오. (a) 나무에서의 최대 응력, (b) 강재 상부 모서리에서의 응력.

풀이.

치환단면. 우선 다음 비를 계산한다.

$$n = \frac{E_s}{E_w} = \frac{200\ \text{GPa}}{12.5\ \text{GPa}} = 16$$

단면 강재부분의 수평방향 치수에 $n = 16$을 곱하면 전체가 나무로 된 치환단면을 얻게 된다.

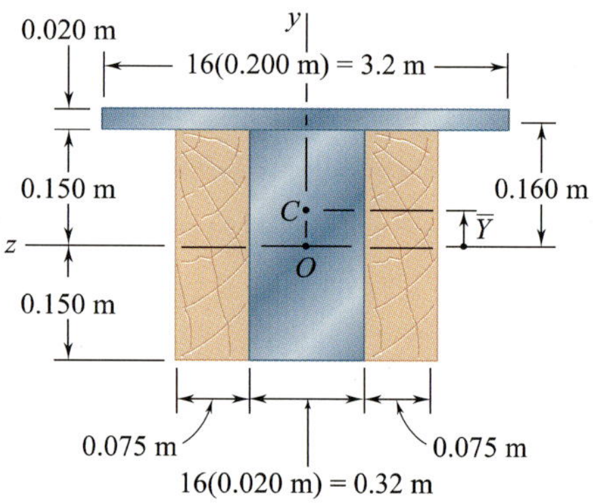

중립축. 중립축은 치환단면의 도심을 지난다. 단면이 2개의 직사각형으로 되어 있기 때문에, 다음을 계산할 수 있다.

$$\overline{Y} = \frac{\Sigma \bar{y} A}{\Sigma A} = \frac{(0.160\ \text{m})(3.2\ \text{m} \times 0.020\ \text{m}) + 0}{3.2\ \text{m} \times 0.020\ \text{m} + 0.470\ \text{m} \times 0.300\ \text{m}} = 0.050\ \text{m}$$

중앙 관성모멘트. 평행축이론을 사용하면,

$$I = \frac{1}{12}(0.470)(0.300)^3 + (0.470 \times 0.300)(0.050)^2 + \frac{1}{12}(3.2)(0.020)^3 + (3.2 \times 0.020)(0.160 - 0.050)^2$$

$$I = 2.19 \times 10^{-3}\ \text{m}^4$$

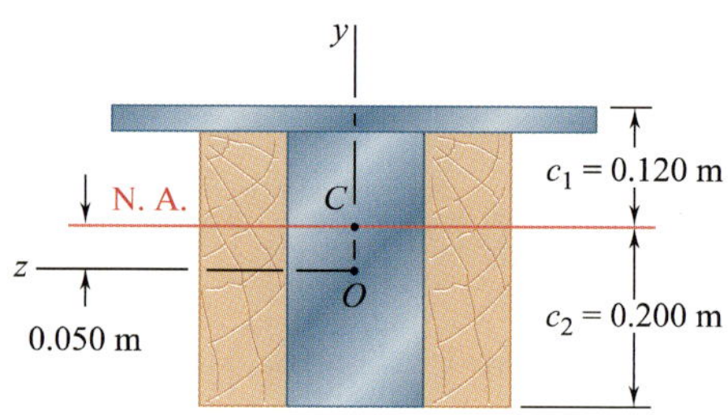

a. 나무에서의 최대 응력. 중립축에서 가장 멀리 떨어져 있는 나무 부분은 하단 모서리를 따라 위치한 곳이다. 여기서 $c_2 = 0.200\ \text{m}$이며,

$$\sigma_w = \frac{Mc_2}{I} = \frac{(50 \times 10^3\ \text{N}\cdot\text{m})(0.200\ \text{m})}{2.19 \times 10^{-3}\ \text{m}^4} \qquad \sigma_w = 4.57\ \text{MPa}$$

b. 강재에서의 최대 응력. $c_1 = 0.120\ \text{m}$인 상단 모서리를 따라 위치한 곳이 가장 멀리 떨어져 있다. 치환단면에서는 나무에 등가의 응력이 발생되며, 이는 강재에서의 응력에 n배를 곱한 것이다.

$$\sigma_s = n\frac{Mc_1}{I} = (16)\frac{(50 \times 10^3\ \text{N}\cdot\text{m})(0.120\ \text{m})}{2.19 \times 10^{-3}\ \text{m}^4} \qquad \sigma_s = 43.8\ \text{MPa}$$

문제 11.4

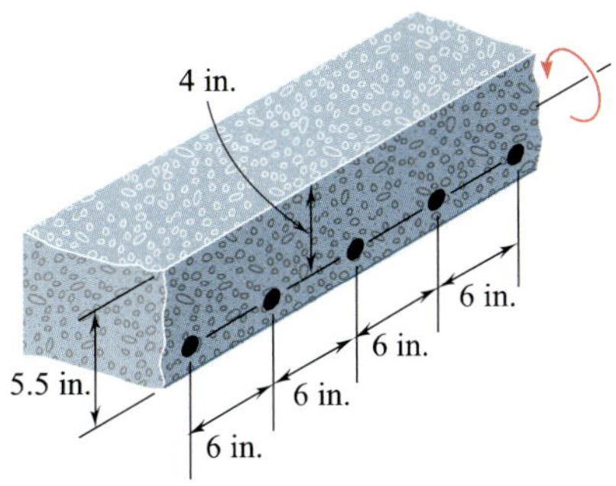

콘크리트 바닥슬래브를 슬래브 하단면에서 위쪽으로 1.5 in. 떨어진 곳에 $\frac{5}{8}$ in. 직경의 철근을 중심간격이 6 in.이 되도록 배근하여 보강하였다. 사용되는 콘크리트의 탄성계수는 3.6×10^6 psi이고, 강재의 탄성계수는 29×10^6 psi이다. 각 1 ft 폭의 슬래브에 휨모멘트 40 kip · in.가 작용하는 경우, 다음을 구하시오. (a) 콘크리트에서의 최대 응력, (b) 강재에서의 최대 응력.

풀이.

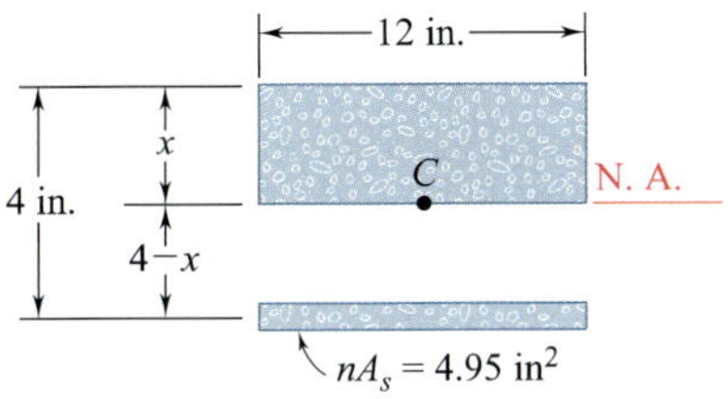

치환단면. 총단면적이 아래와 같은 2개의 $\frac{5}{8}$ in. 직경의 철근이 있는 폭 12 in. 슬래브 부분을 고려하자.

$$A_s = 2\left[\frac{\pi}{4}\left(\frac{5}{8}\ \text{in.}\right)^2\right] = 0.614\ \text{in}^2$$

콘크리트는 압축력만을 받으므로, 모든 인장력은 철근에 의해 전달된다. 치환단면은 그림에 보이는 것처럼 2개의 면적으로 구성된다. 하나는 압축을 받는 (중립축 위에 위치한) 콘크리트 부분이며, 나머지는 치환된 철근면적 nA_s이다.

$$n = \frac{E_s}{E_c} = \frac{29\times10^6\ \text{psi}}{3.6\times10^6\ \text{psi}} = 8.06$$

$$nA_s = 8.06(0.614\ \text{in}^2) = 4.95\ \text{in}^2$$

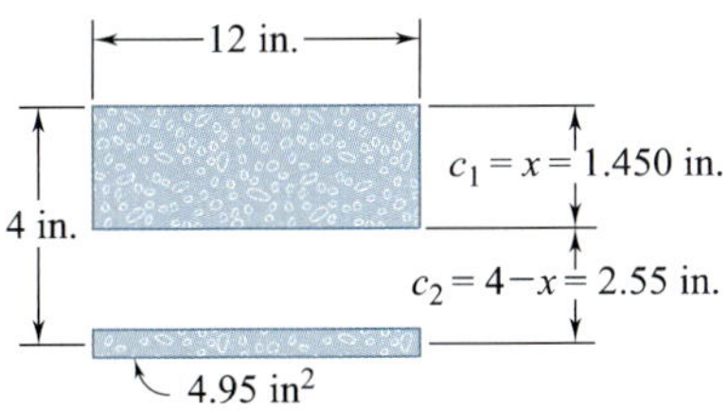

중립축. 슬래브의 중립축은 치환단면의 도심을 지난다. 치환면적의 중립축에 대한 모멘트 합을 취하면 다음 식을 얻게 된다.

$$12x\left(\frac{x}{2}\right) - 4.95(4-x) = 0 \qquad x = 1.450\ \text{in.}$$

관성모멘트. 치환단면의 중앙 관성모멘트는 다음과 같다.

$$I = \frac{1}{3}(12)(1.450)^3 + 4.95(4-1.450)^2 = 44.4\ \text{in}^4$$

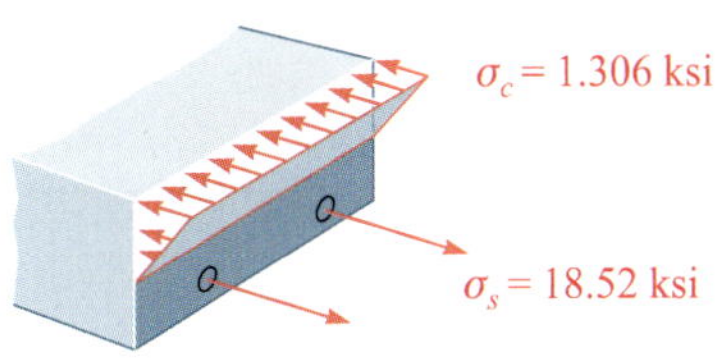

a. 콘크리트에서의 최대 응력. 슬래브 상부에서 $c_1 = 1.450$ in.이며, 다음 응력이 구해진다.

$$\sigma_c = \frac{Mc_1}{I} = \frac{(40\ \text{kip}\cdot\text{in.})(1.450\ \text{in.})}{44.4\ \text{in}^4} \qquad \sigma_c = 1.306\ \text{ksi}$$

b. 강재에서의 응력. 강재 부분에서는, $c_2 = 2.55$ in., $n = 8.06$에서 다음 응력이 구해진다.

$$\sigma_s = n\frac{Mc_2}{I} = 8.06\frac{(40\ \text{kip}\cdot\text{in.})(2.55\ \text{in.})}{44.4\ \text{in}^4} \qquad \sigma_s = 18.52\ \text{ksi}$$

Problems

11.25 and 11.26 A bar having the cross section shown has been formed by securely bonding brass and aluminum stock. Using the data given below, determine the largest permissible bending moment when the composite bar is bent about a horizontal axis.

	Aluminum	Brass
Modulus of elasticity	70 GPa	105 GPa
Allowable stress	100 MPa	160 MPa

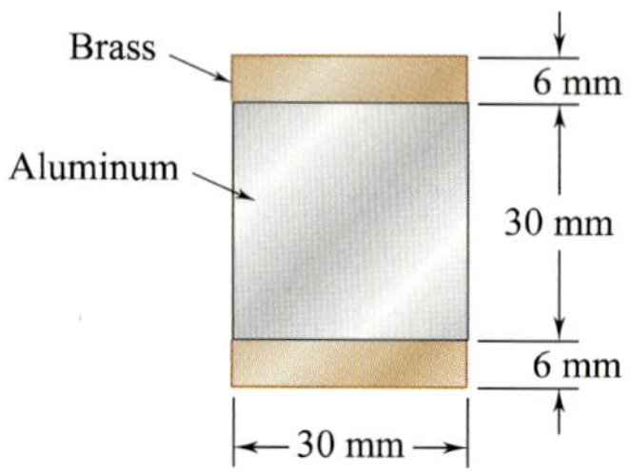

그림 P11.25

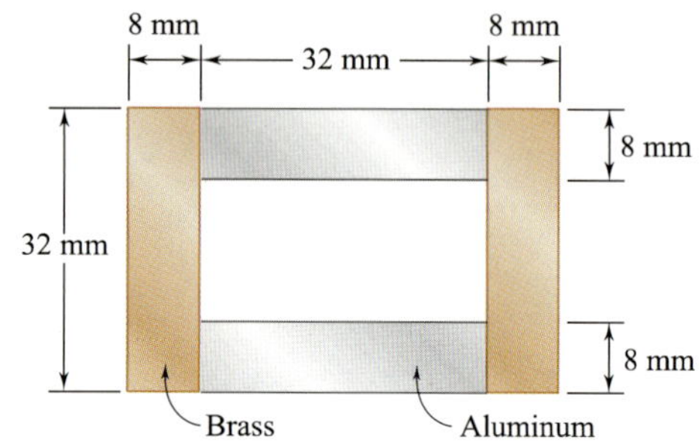

그림 P11.26

11.27 and 11.28 For the composite bar indicated, determine the largest permissible bending moment when the bar is bent about a vertical axis.

11.27 Bar of Prob. 11.25.

11.28 Bar of Prob. 11.26.

11.29 through 11.31 Wooden beams and steel plates are securely bolted together to form the composite member shown. Using the data given below, determine the largest permissible bending moment when the composite member is bent about a horizontal axis.

	Wood	Steel
Modulus of elasticity	2×10^6 psi	30×10^6 psi
Allowable stress	2000 psi	22 ksi

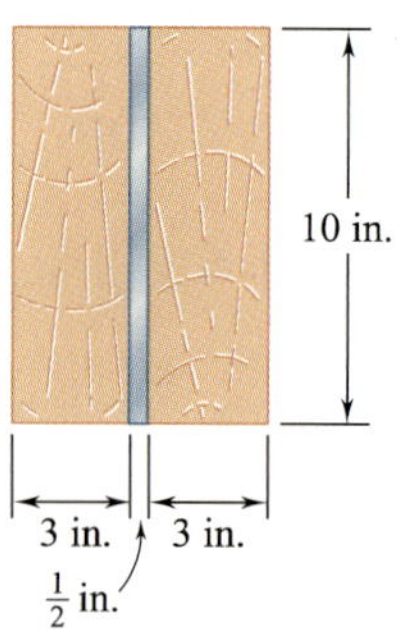

그림 P11.29

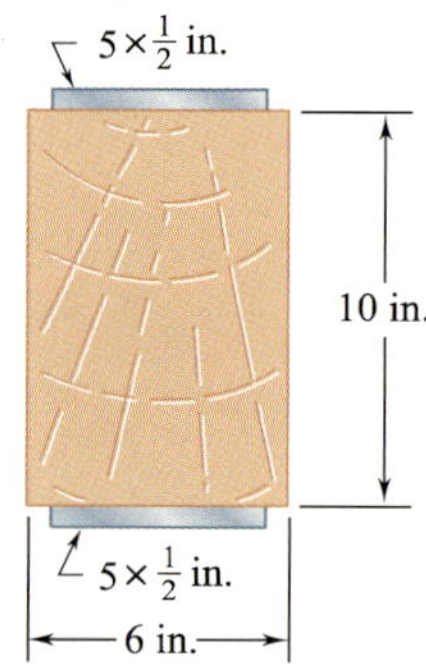

그림 P11.30

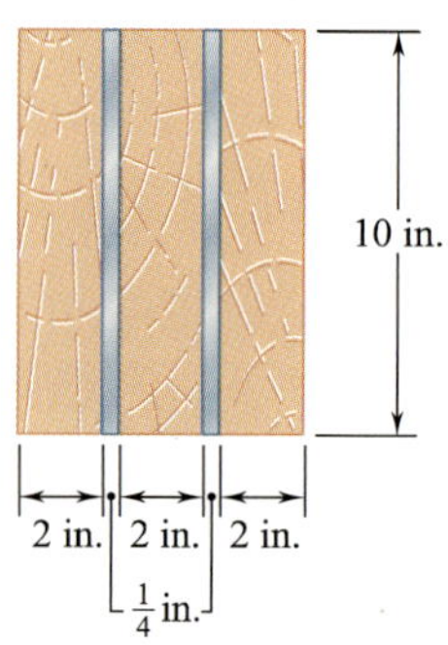

그림 P11.31

11.32 For the composite member of Prob. 11.31, determine the largest permissible bending moment when the member is bent about a vertical axis.

11.33 and 11.34 A copper strip (E_c = 105 GPa) and an aluminum strip (E_a = 75 GPa) are bonded together to form the composite bar shown. Knowing that the bar is bent about a horizontal axis by a couple of moment 35 N · m, determine the maximum stress in (*a*) the aluminum strip, (*b*) the copper strip.

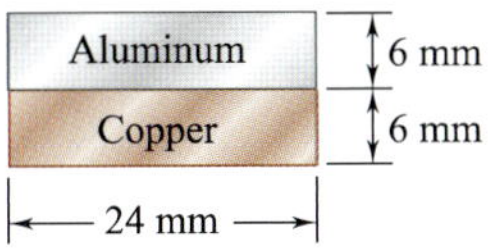

그림 **P11.33**

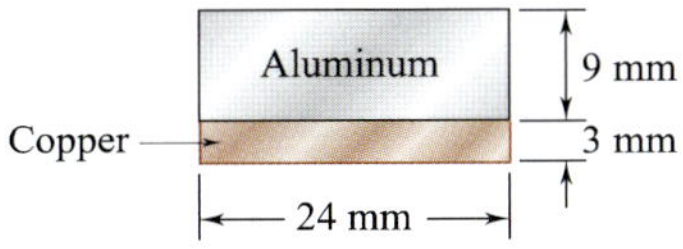

그림 **P11.34**

11.35 and 11.36 The 6 × 12-in. timber beam has been strengthened by bolting to it the steel reinforcement shown. The modulus of elasticity for wood is 1.8 × 10^6 psi and for steel 29 × 10^6 psi. Knowing that the beam is bent about a horizontal axis by a couple of moment 450 kip · in., determine the maximum stress in (*a*) the wood, (*b*) the steel.

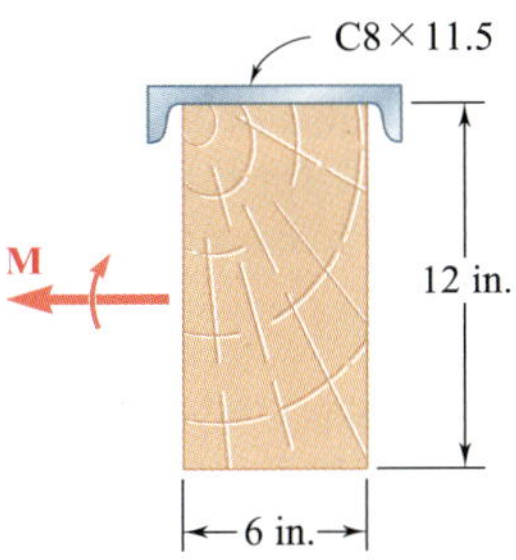

그림 **P11.35**

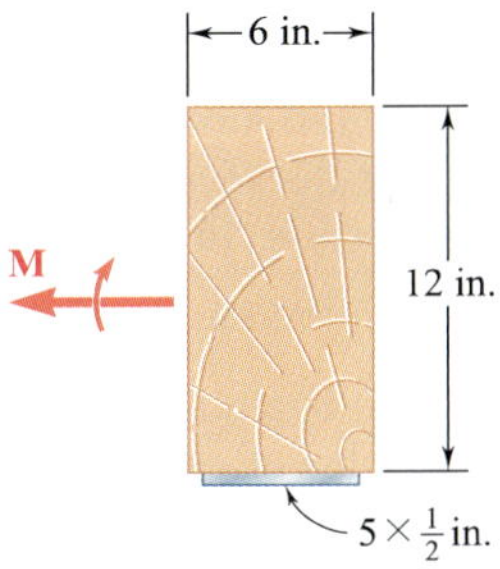

그림 **P11.36**

11.37 and 11.38 For the composite bar indicated, determine the radius of curvature caused by the couple of moment 35 N · m.
11.37 Bar of Prob. 11.33.
11.38 Bar of Prob. 11.34.

11.39 and 11.40 For the composite bar indicated, determine the radius of curvature caused by the couple of moment 450 kip · in.
11.39 Bar of Prob. 11.35.
11.40 Bar of Prob. 11.36.

11.41 The reinforced concrete beam shown is subjected to a positive bending moment of 175 kN · m. Knowing that the modulus of elasticity is 25 GPa for the concrete and 200 GPa for the steel, determine (*a*) the stress in the steel, (*b*) the maximum stress in the concrete.

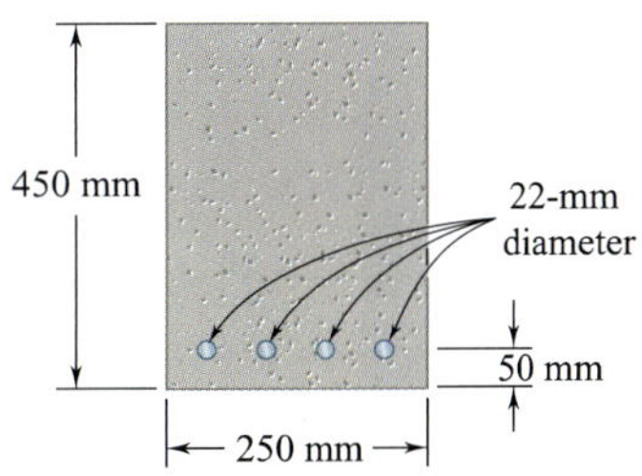

그림 **P11.41**

11.42 Solve Prob. 11.41 assuming that the 450-mm depth of the beam is increased to 500 mm.

11.43 A concrete slab is reinforced by 16-mm-diameter steel rods placed on 180-mm centers as shown. The modulus of elasticity is 20 GPa for the concrete and 200 GPa for the steel. Using an allowable stress of 9 MPa for the concrete and 120 MPa for the steel, determine the largest allowable positive bending moment in a portion of the slab 1 m wide.

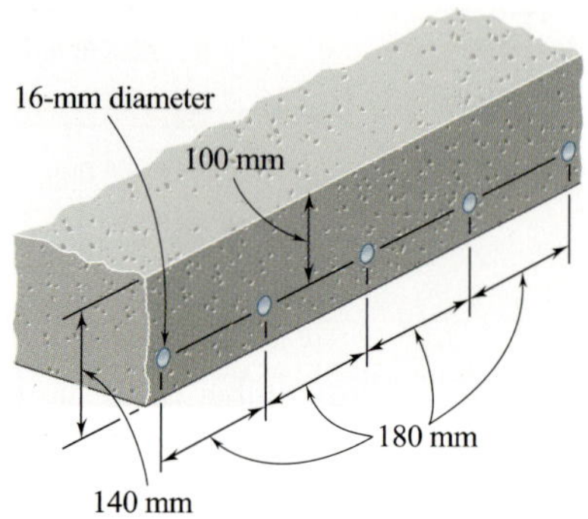

그림 *P11.43*

11.44 Solve Prob. 11.43 assuming that the spacing of the 16-mm-diameter rods is increased to 225 mm on centers.

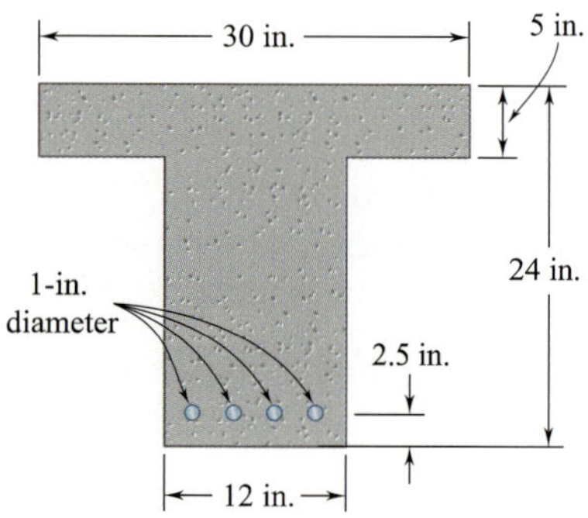

그림 P11.45

11.45 Knowing that the bending moment in the reinforced concrete beam is +150 kip · ft and that the modulus of elasticity is 3.75×10^6 psi for the concrete and 30×10^6 psi for the steel, determine (*a*) the stress in the steel, (*b*) the maximum stress in the concrete.

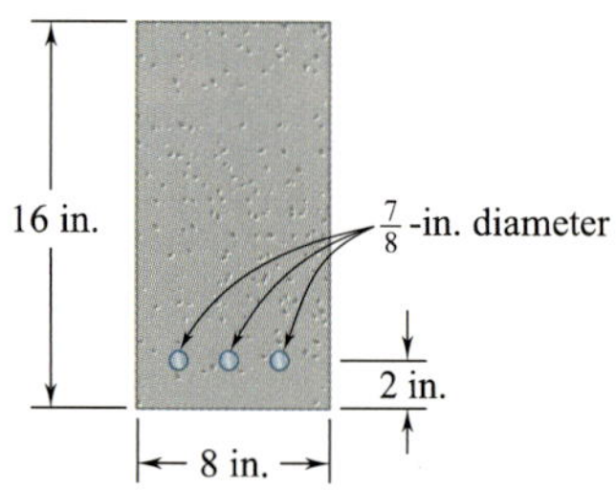

그림 P11.46

11.46 A concrete beam is reinforced by three steel rods placed as shown. The modulus of elasticity is 3×10^6 psi for the concrete and 30×10^6 psi for the steel. Using an allowable stress of 1350 psi for the concrete and 20 ksi for the steel, determine the largest permissible positive bending moment in the beam.

***11.47* and 11.48** Five metal strips, each of 0.5×1.5-in. cross section, are bonded together to form the composite beam shown. The modulus of elasticity is 30×10^6 psi for the steel, 15×10^6 psi for the brass, and 10×10^6 psi for the aluminum. Knowing that the beam is bent about a horizontal axis by a couple of moment 12 kip · in., determine (*a*) the maximum stress in each of the three metals, (*b*) the radius of curvature of the composite beam.

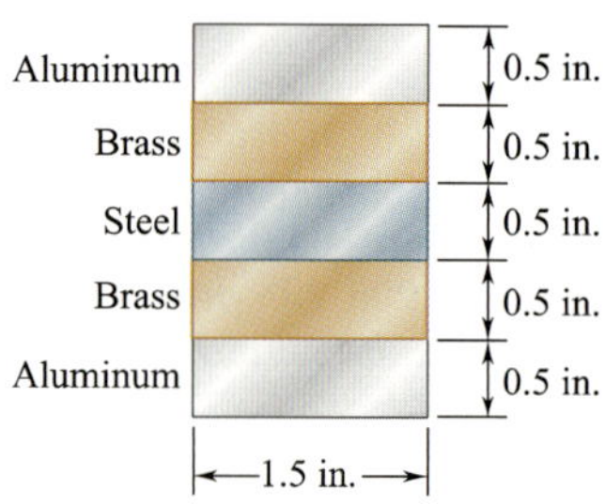

그림 *P11.47*

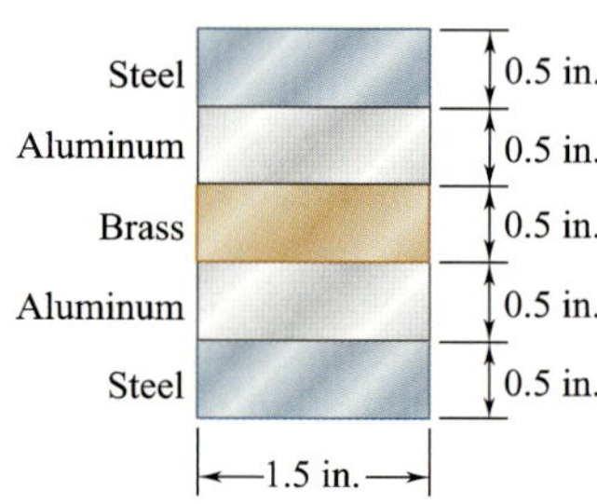

그림 P11.48

11.6 대칭면에 작용하는 편심축하중

8.3절에서 하중 P와 P′의 작용선이 단면의 도심을 지나는 경우에만 축하중을 받는 부재 단면에서의 응력분포를 균등하다고 가정할 수 있음을 보았다. 이러한 하중을 중심하중(centric load)이라고 한다. 이번 절에서는 하중의 작용선이 단면 도심을 지나지 않는 편심하중(eccentric load)일 때, 응력의 분포를 해석하고자 한다.

사진 11.4와 11.5는 편심하중의 두 가지 예를 보여준다. 가로등의 경우, 전등의 중량이 전주에 편심하중으로 작용한다. 마찬가지로, 압착기에 작용하는 수직력은 압착기 배면 지주에 편심하중으로 작용한다.

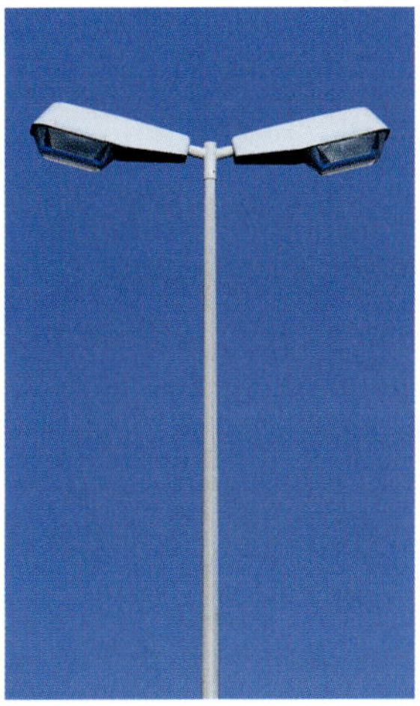

사진 11.4

사진 11.5

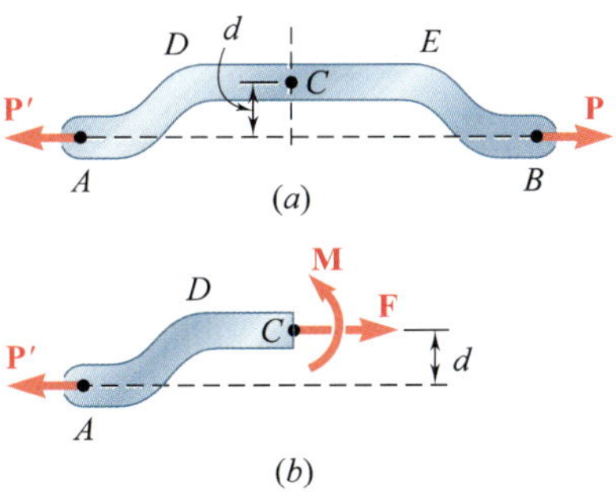

그림 11.25

이번 절에서의 해석은 대칭면을 가진 부재에 한정할 것이며, 하중은 부재의 대칭면에 작용한다고 가정한다(그림 11.25a). 하나의 단면에 작용하는 내력은 단면 도심 C에 작용하는 힘 F와 부재의 대칭면에 작용하는 짝힘 M으로 나타낼 수 있다. 자유물체도 AC의 평형조건에서 힘 F는 P′과 크기가 같고 방향이 반대이며, 짝힘모멘트 M은 C점을 중심으로 한 P′의 모멘트와 크기가 같고 방향이 반대가 된다. 도심 C에서 P와 P′ 힘의 작용선 AB까지 거리를 d라고 하면, 다음을 구할 수 있다.

$$F = P \quad \text{그리고} \quad M = Pd \tag{11.27}$$

여기서 부재 AB의 직선부분 DE를 AB에 분리하고 집중하중 P와 P′과 휨짝힘 M과 M′을 동시에 작용하면, 단면의 내력은 동일한 힘과 짝힘으

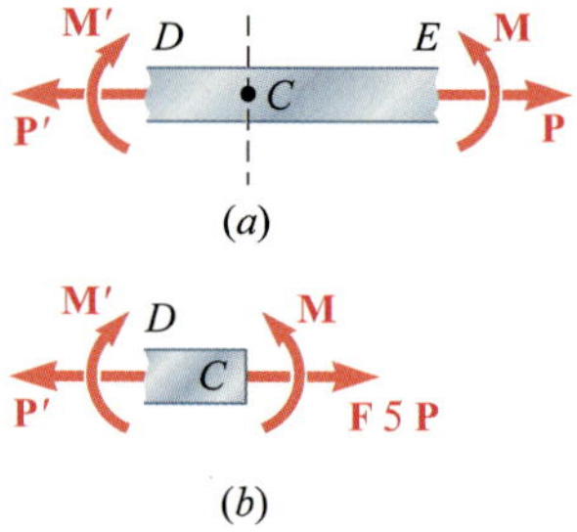

그림 11.26

로 나타낼 수 있다는 것을 알 수 있다(그림 11.26). 따라서 원래의 편심하중에 의한 응력분포는 집중하중 P, P′에 의한 등분포응력과 휨짝힘 M, M′에 의한 선형분포 응력의 중첩에 의해 다음과 같이 구할 수 있다.

$$\sigma_x = (\sigma_x)_{\text{centric}} + (\sigma_x)_{\text{bending}}$$

혹은 식 (8.1)과 식 (11.16)에 의해:

$$\sigma_x = \frac{P}{A} - \frac{My}{I} \tag{11.28}$$

여기서 A는 단면적, I는 중앙 관성모멘트, y는 단면의 도심축으로부터의 거리이다. 관계식에서 단면에서의 응력분포는 **등분포가 아니라 선형임**을 알 수 있다. 단면치수와 하중의 편심에 따라, 그림 11.27과 같이 합성응력들은 모두 동일한 부호를 갖거나, 그림 11.28과 같이 일부는 양, 나머지는 음의 값이 될 수 있다. 후자의 경우, $\sigma_x = 0$이 되는 선이 단면을 지나게 되며, 이 선은 단면의 중립축을 의미하게 된다. $y = 0$인 곳에서 $\sigma_x \neq 0$이기 때문에 중립축은 단면의 도심축과 일치하지 않게 된다.

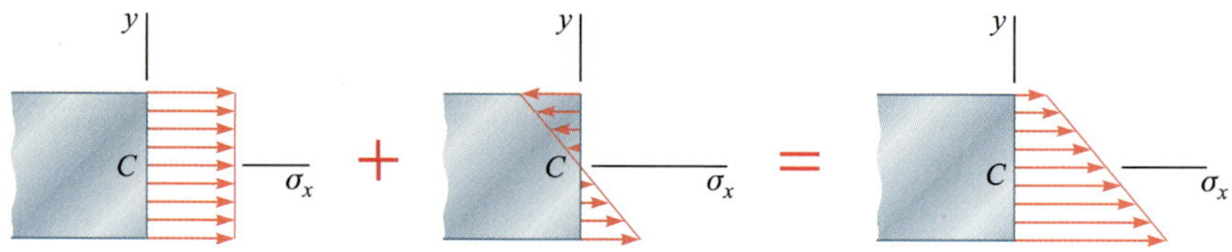

그림 11.27

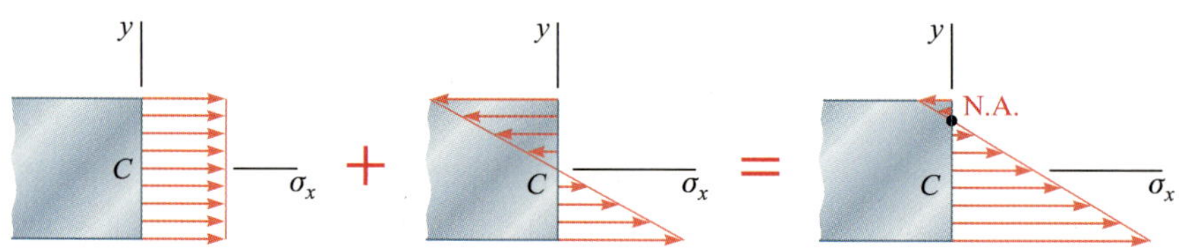

그림 11.28

이렇게 얻어진 결과는 중첩의 원리(9.11절)와 Saint-Venant의 원리(9.14절)의 적용조건이 만족되는 경우에만 유효하다. 즉, 응력들이 재료의 비례한계를 넘지 않아야 하며, 휨에 의한 변형이 그림 11.25의 거리 d에 심각한 영향을 미치지 않아야 하며, 또한 응력이 계산되는 단면은 같은 그림에 있는 D 혹은 E점에 너무 가깝지 않아야만 한다는 것을 의미한다.

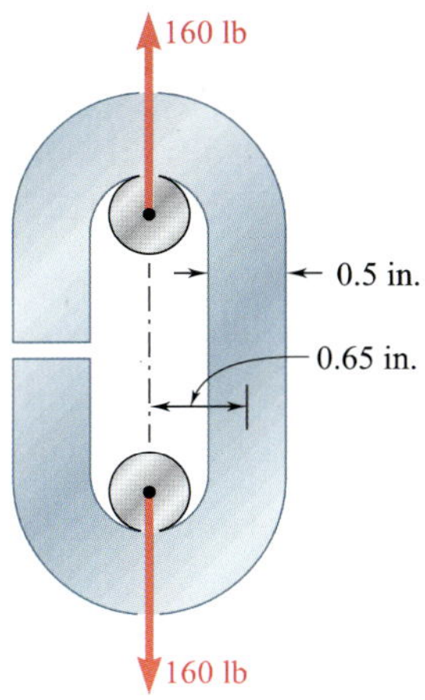

그림 11.29

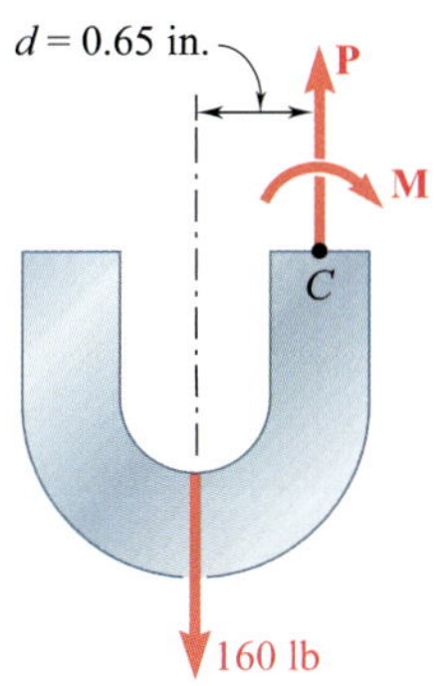

그림 11.30

예제 11.4 0.5 in. 직경의 저탄소강봉을 그림(그림 11.29) 모양으로 휘어 열린-고리체인을 만들었다. 체인이 160 lb의 힘을 받는 경우, 다음을 구하시오. (a) 고리 직선 부분에서의 최대인장응력 및 압축응력, (b) 단면 도심과 중립축 사이의 거리.

(a) 최대인장응력 및 압축응력. 단면의 내력은 다음 크기를 갖는 집중력 P와 휨짝힘 M(그림 11.30)과 같다.

$$P = 160\ \text{lb}$$
$$M = Pd = (160\ \text{lb})(0.65\ \text{in.}) = 104\ \text{lb} \cdot \text{in.}$$

이에 대한 응력분포는 그림 11.31의 a와 b에 주어져 있다. 집중하중 P에 의한 분포는 등분포이며 $\sigma_0 = P/A$와 같다.

$$A = \pi c^2 = \pi(0.25\ \text{in.})^2 = 0.1963\ \text{in}^2$$
$$\sigma_0 = \frac{P}{A} = \frac{160\ \text{lb}}{0.1963\ \text{in}^2} = 815\ \text{psi}$$

휨짝힘 M에 의한 분포는 최대응력이 $\sigma_m = Mc/I$인 선형이다.

$$I = \frac{1}{4}\pi c^4 = \frac{1}{4}\pi(0.25\ \text{in.})^4 = 3.068 \times 10^{-3}\ \text{in}^4$$
$$\sigma_m = \frac{Mc}{I} = \frac{(140\ \text{lb} \cdot \text{in.})(0.25\ \text{in.})}{3.068 \times 10^{-3}\ \text{in}^4} = 8475\ \text{psi}$$

이들 두 분포를 중첩하면, 주어진 편심하중에 대한 응력분포를 구할 수 있다(그림 11.31c). 단면에서 가장 큰 인장 및 압축응력은 각각 다음과 같다.

$$\sigma_t = \sigma_0 + \sigma_m = 815 + 8475 = 9290\ \text{psi}$$
$$\sigma_c = \sigma_0 - \sigma_m = 815 - 8475 = -7660\ \text{psi}$$

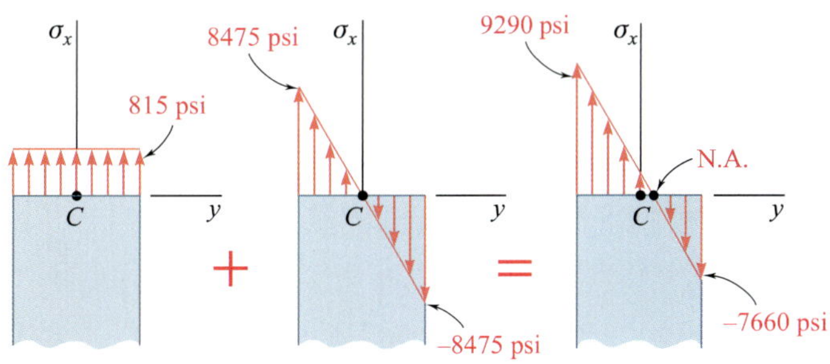

그림 11.31 (a) (b) (c)

(b) 도심과 중립축 사이의 거리. 단면의 도심과 중립축 사이의 거리 y_0는 식 (11.28)에서 $\sigma_x = 0$으로 두고 y_0에 대해 풀면 된다.

$$0 = \frac{P}{A} - \frac{My_0}{I}$$
$$y_0 = \left(\frac{P}{A}\right)\left(\frac{I}{M}\right) = (815\ \text{psi})\frac{3.068 \times 10^{-3}\ \text{in}^4}{104\ \text{lb} \cdot \text{in.}}$$
$$y_0 = 0.0240\ \text{in.} \quad ■$$

문제 11.5

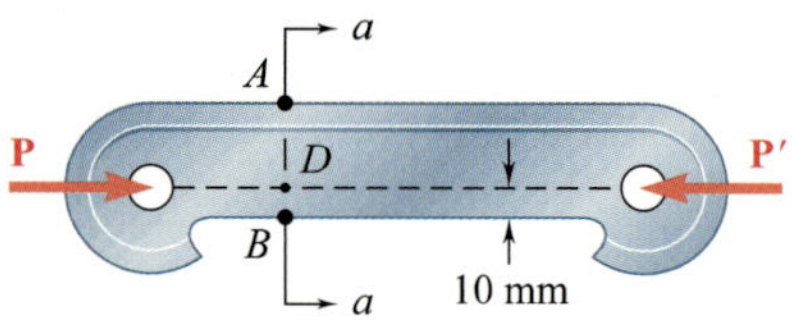

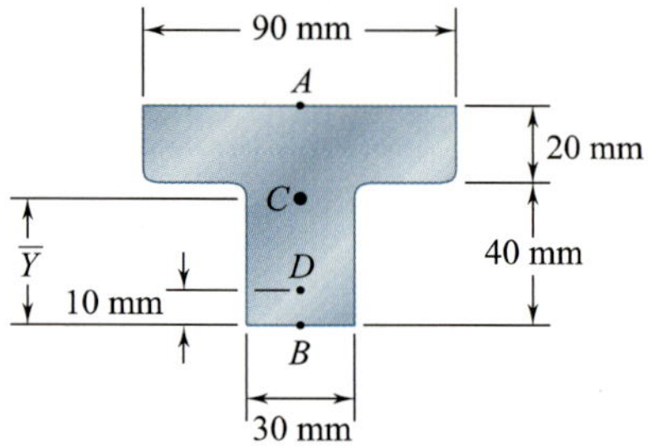

Section a–a

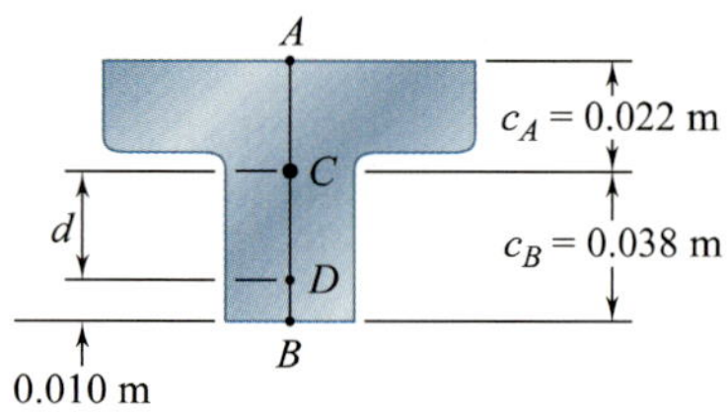

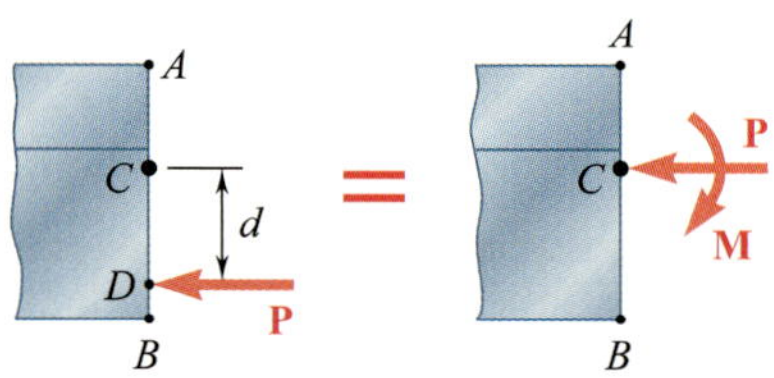

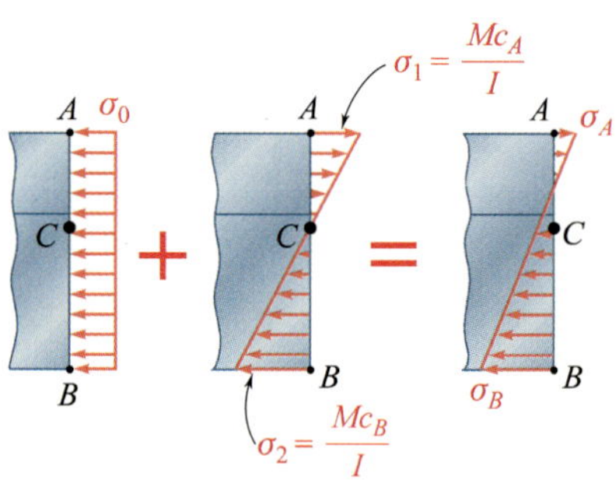

(1) (2) (3)

그림에 보이는 주철고리의 허용응력이 인장에서는 30 MPa, 압축에서는 120 MPa인 경우, 고리에 작용할 수 있는 최대 힘 P를 구하시오(주: 고리의 T형 단면은 문제 11.2에서 이미 고려한 것이다.).

풀이.

단면 성질. 문제 11.2에서 다음을 구하였다.

$$A = 3000\ \text{mm}^2 = 3\times10^{-3}\ \text{m}^2 \qquad \overline{Y} = 38\ \text{mm} = 0.038\ \text{m}$$

$$I = 868\times10^{-9}\ \text{m}^4$$

여기서 다음을 구할 수 있다.

$$d = (0.038\ \text{m}) - (0.010\ \text{m}) = 0.028\ \text{m}$$

***C* 에서의 힘과 짝힘.** P를 도심 C에서의 등가 힘-짝힘 체계로 대체하면 다음과 같다.

$$P = P \qquad M = P(d) = P(0.028\ \text{m}) = 0.028P$$

도심에 작용하는 힘 P에 의해 등분포응력(그림 1), 휨짝힘 M에 의해 선형분포응력(그림 2)이 발생한다.

$$\sigma_0 = \frac{P}{A} = \frac{P}{3\times10^{-3}} = 333P \qquad \text{(압축)}$$

$$\sigma_1 = \frac{Mc_A}{I} = \frac{(0.028P)(0.022)}{868\times10^{-9}} = 710P \qquad \text{(인장)}$$

$$\sigma_2 = \frac{Mc_B}{I} = \frac{(0.028P)(0.038)}{868\times10^{-9}} = 1226P \qquad \text{(압축)}$$

중첩. 총 응력분포(그림 3)는 집중력 P와 짝힘 M에 의한 응력분포들을 중첩하여 구한다. 인장을 양, 압축을 음으로 하여 다음 식이 구해진다.

$$\sigma_A = -\frac{P}{A} + \frac{Mc_A}{I} = -333P + 710P = +377P \qquad \text{(인장)}$$

$$\sigma_B = -\frac{P}{A} - \frac{Mc_B}{I} = -333P - 1226P = -1559P \qquad \text{(압축)}$$

최대허용력. A점에서의 인장응력이 허용인장응력 30 MPa과 같아지게 하는 P의 크기는 다음으로 구할 수 있다.

$$\sigma_A = 377P = 30\ \text{MPa} \qquad P = 79.6\ \text{kN}$$

또한 B점에서의 응력이 허용압축응력 120 MPa과 같아지게 하는 P의 크기는 다음으로 구할 수 있다.

$$\sigma_B = -1559P = -120\ \text{MPa} \qquad P = 77.0\ \text{kN}$$

따라서 모든 허용응력을 초과하지 않고 적용할 수 있는 가장 큰 힘 P의 크기는 구한 값들 중에서 작은 것이 된다.

$P = 77.0$ kN

|Problems|

11.49 Two forces **P** can be applied separately or at the same time to a plate that is welded to a solid circular bar of radius r. Determine the largest compressive stress in the circular bar (*a*) when both forces are applied, (*b*) when only one of the forces is applied.

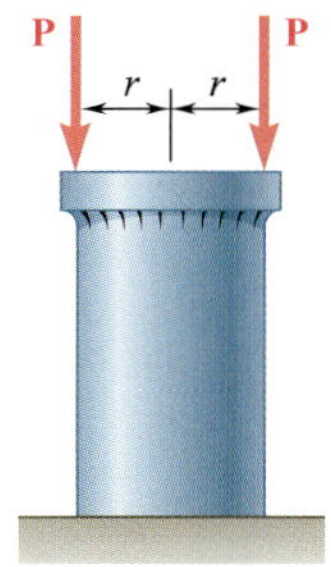

그림 **P11.49**

11.50 As many as three axial loads each of magnitude $P = 10$ kips can be applied to the end of a W8 × 21 rolled-steel shape. Determine the stress at point A (*a*) for the loading shown, (*b*) if loads are applied at points 1 and 2 only.

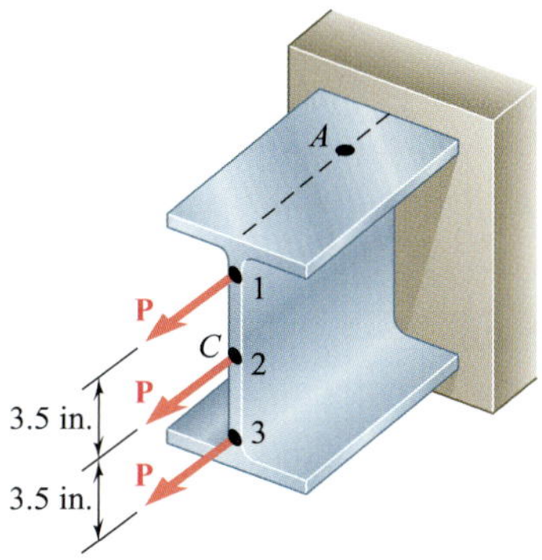

그림 **P11.50, P11.51**

11.51 As many as three axial loads each of magnitude $P = 10$ kips can be applied to the end of a W8 × 21 rolled-steel shape. Determine the stress at point A (*a*) for the loading shown, (*b*) if loads are applied at points 2 and 3 only.

11.52 Knowing that the magnitude of the horizontal force **P** is 8 kN, determine the stress at (*a*) point A, (*b*) point B.

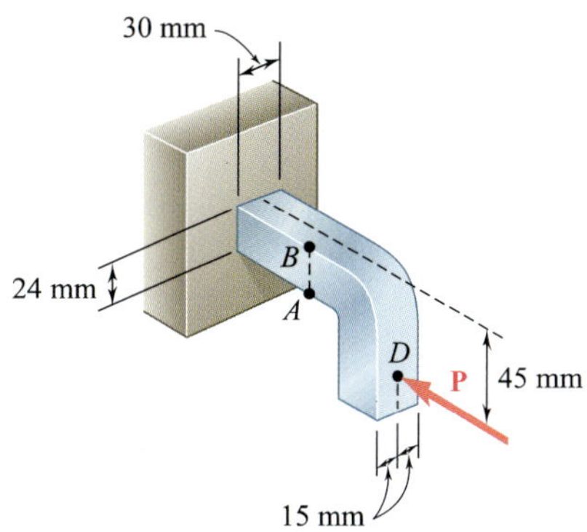

그림 **P11.52**

11.53 The vertical portion of the press shown consists of a rectangular tube having a wall thickness $t = \frac{1}{2}$ in. Knowing that the press has been tightened on wooden planks being glued together until $P =$ 6 kips, determine the stress (*a*) at point A, (*b*) point B.

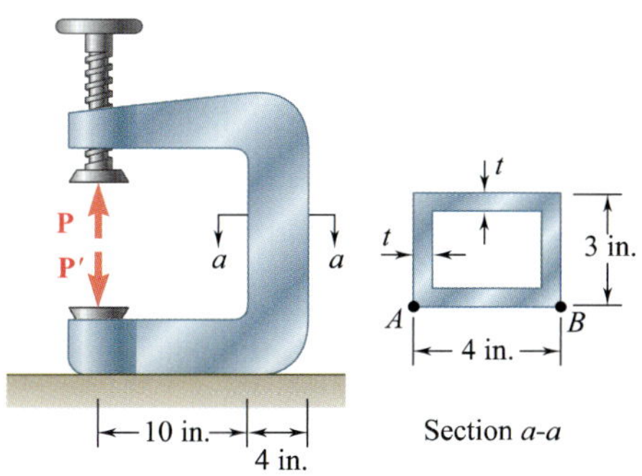

그림 ***P11.53***

11.54 Solve Prob. 11.53 assuming that $t = \frac{3}{8}$ in.

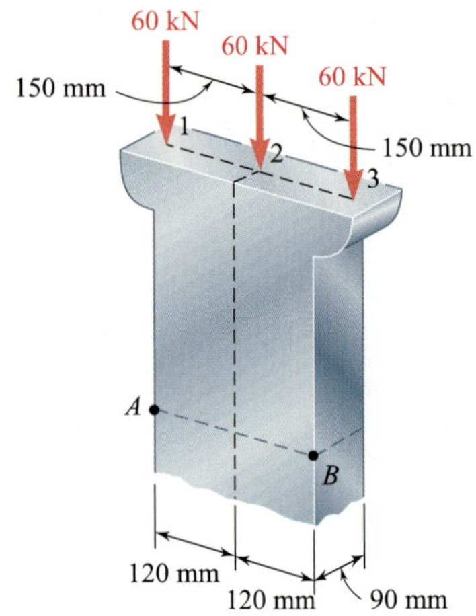

그림 *P11.55*, P11.56

11.55 Determine the stress at points A and B (a) for the loading shown, (b) if the 60-kN loads are applied at points 1 and 2 only.

11.56 Determine the stress at points A and B (a) for the loading shown, (b) if the 60-kN loads applied at points 2 and 3 are removed.

11.57 An offset h must be introduced into a solid circular rod of diameter d. Knowing that the maximum stress after the offset is introduced must not exceed four times the stress in the rod when it was straight, determine the largest offset that can be used.

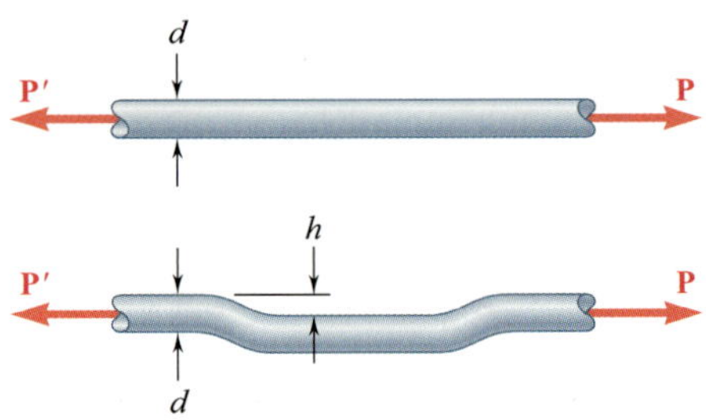

그림 P11.57, P11.58

11.58 An offset h must be introduced into a metal tube of 18-mm outer diameter and 2-mm wall thickness. Knowing that the maximum stress after the offset is introduced must not exceed four times the stress in the tube when it was straight, determine the largest offset that can be used.

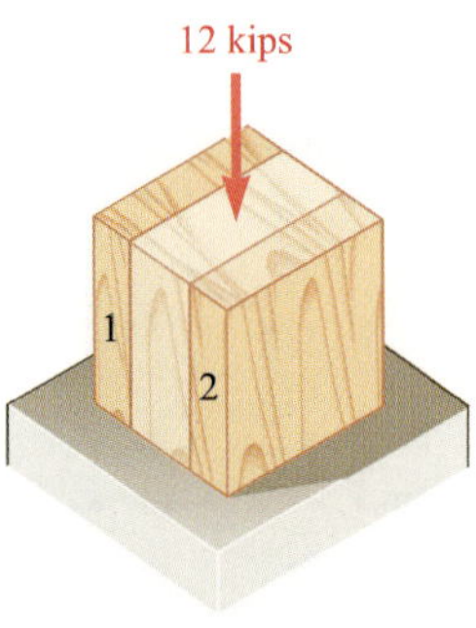

그림 P11.59

11.59 A short column is made by nailing two 1×4-in. planks to a 2×4-in. timber. Determine the largest compressive stress created in the column by a 12-kip load applied as shown at the center of the top section of the timber if (a) the column is as described, (b) plank 1 is removed, (c) both planks are removed.

11.60 Knowing that the allowable stress in section ABD is 10 ksi, determine the largest force **P** that can be applied to the bracket shown.

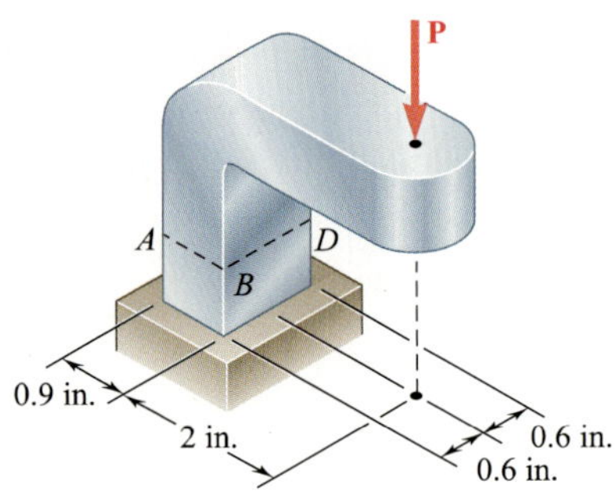

그림 P11.60

11.61 A milling operation was used to remove a portion of a solid bar of square cross section. Knowing that a = 1.2 in., d = 0.8 in., and σ_{all} = 8 ksi, determine the magnitude P of the largest forces that can be safely applied at the centers of the ends of the bar.

11.62 A milling operation was used to remove a portion of a solid bar of square cross section. Forces of magnitude P = 4 kips are applied at the center of the ends of the bar. Knowing that a = 1.2 in. and σ_{all} = 8 ksi, determine the smallest allowable depth d of the milled portion of the rod.

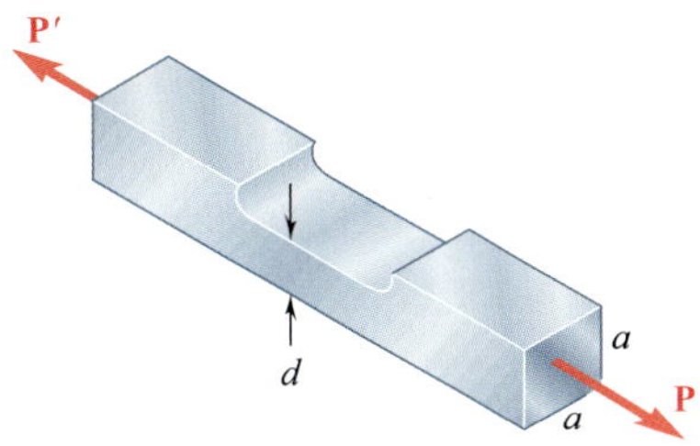

그림 ***P11.61***, **P11.62**

11.63 The two forces shown are applied to a rigid plate supported by a steel pipe of 140-mm outer diameter and 120-mm inner diameter. Knowing that the allowable compressive stress is 100 MPa, determine the range of allowable values of P.

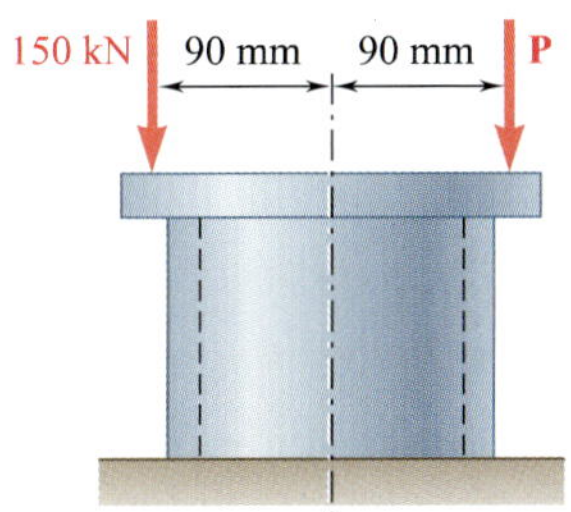

그림 ***P11.63***, **P11.64**

11.64 The two forces shown are applied to a rigid plate supported by a steel pipe of 140-mm outer diameter and 120-mm inner diameter. Determine the range of allowable values of P for which all stresses in the pipe are compressive and less than 100 MPa.

11.65 The shape shown was formed by bending a thin steel plate. Assuming that the thickness t is small compared to the length a of a side of the shape, determine the stress (a) at A, (b) at B, (c) at C.

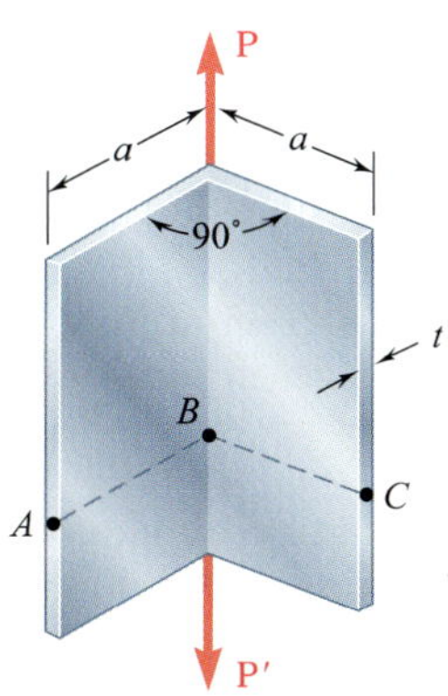

그림 **P11.65**

11.66 Knowing that the allowable stress in section *a-a* of the hydraulic press shown is 40 MPa in tension and 80 MPa in compression, determine the largest force **P** that can be exerted by the press.

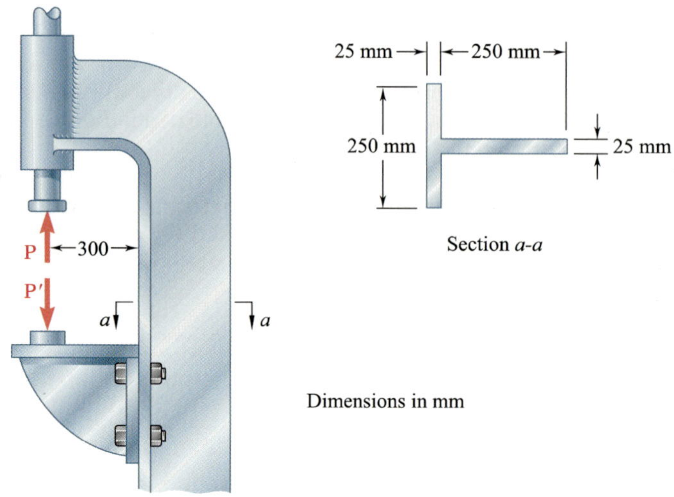

그림 **P11.66**

11.67 A vertical force **P** of magnitude 20 kips is applied at a point *C* located on the axis of symmetry of the cross section of a short column. Knowing that $y = 5$ in., determine (*a*) the stress at point *A*, (*b*) the stress at point *B*, (*c*) the location of the neutral axis.

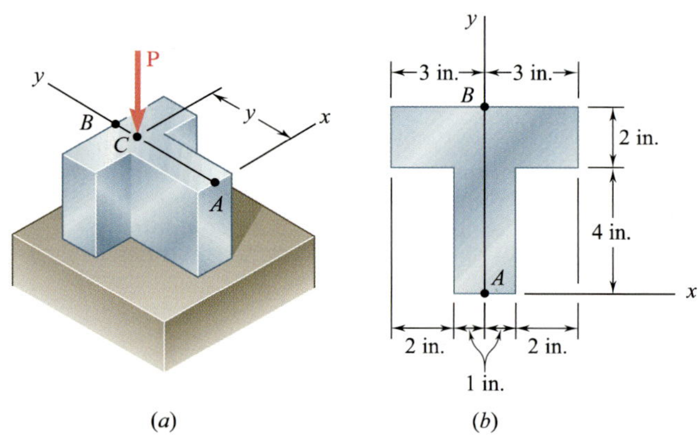

그림 ***P11.67***, **P11.68**

11.68 A vertical force **P** is applied at a point *C* located on the axis of symmetry of the cross section of a short column. Determine the range of values of *y* for which tensile stresses do not occur in the column.

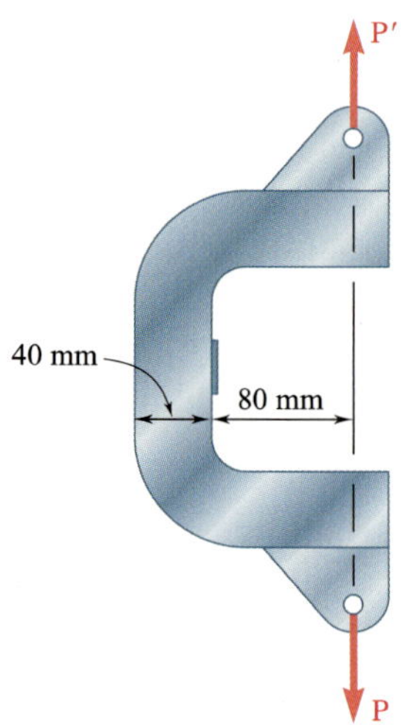

그림 ***P11.69***

11.69 The C-shaped steel bar is used as a dynamometer to determine the magnitude *P* of the forces shown. Knowing that the cross section of the bar is a square of side 40 mm and that the strain on the inner edge was measured and found to be 450 μ, determine the magnitude *P* of the forces. Use $E = 200$ GPa.

11.70 A short length of a rolled-steel column supports a rigid plate on which two loads **P** and **Q** are applied as shown. The strains at two points A and B on the center lines of the outer faces of the flanges have been measured and found to be $\varepsilon_A = -400 \times 10^{-6}$ in./in. and $\varepsilon_B = -300 \times 10^{-6}$ in./in. Knowing that $E = 29 \times 10^6$ psi, determine the magnitude of each load.

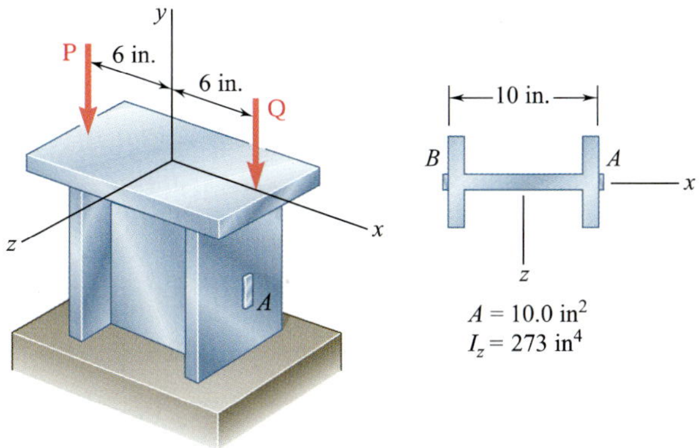

그림 P11.70

11.71 Solve Prob. 11.70 assuming that the measured strains are $\varepsilon_A = -350 \times 10^{-6}$ in./in. and $\varepsilon_B = -50 \times 10^{-6}$ in./in.

11.72 An eccentric force **P** is applied as shown to a steel bar of 25×90-mm cross section. The strains at A and B have been measured and found to be $\varepsilon_A = +350\ \mu$ and $\varepsilon_B = -70\ \mu$. Knowing that $E = 200$ GPa, determine (*a*) the distance d, (*b*) the magnitude of the force **P**.

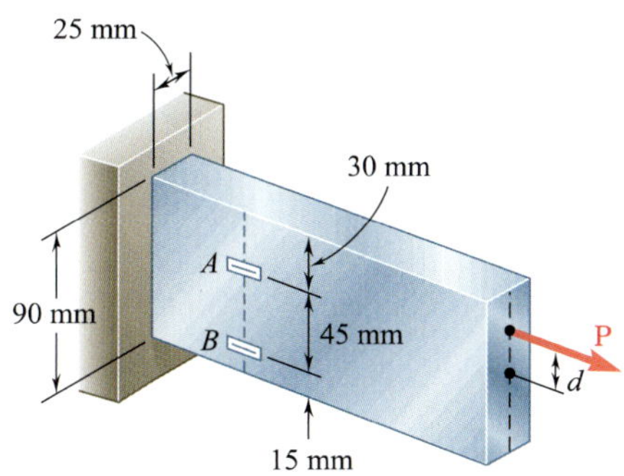

그림 P11.71

*11.7 비대칭휨

지금까지 순수휨에 대한 해석은 최소한 하나의 대칭면을 갖고 있으며, 이 면에 짝힘이 작용하는 부재에 한정되었다. 이러한 부재의 대칭성과 그에 따른 하중으로 인해 부재는 짝힘이 작용하는 면에 대해 대칭을 유지하고 그 면내에서 휜다고 결론지을 수 있었다(11.3절). 그림 11.32가 그러한 예를 보여 준다; a는 수직 및 수평의 2개 대칭면을 가지고 있는 부재의 단면을 보여주며, b는 수직 대칭면 하나를 가지고 있는 부재의 단면을 보여 준다. 두 경우 모두에서 단면에 작용하는 짝힘은 부재의 수직 대칭면에 작용하고, 수평방향 짝힘벡터를 **M**으로 나타내며, 단면의 중립축은 짝힘의 축과 일치한다.

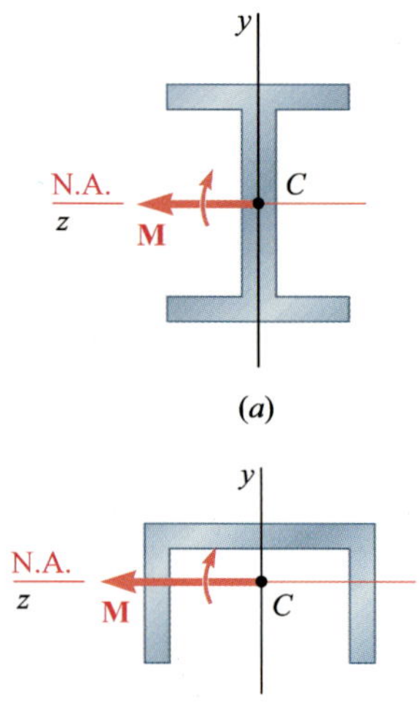

그림 11.32

여기서 짝힘들이 다른 평면에 작용하거나 혹은 부재가 어떤 대칭면도 갖고 있지 않음으로 인해 휨짝힘이 부재의 대칭면에 작용하지 않는 상황을 고려해 보자. 이런 상황에서는 부재가 짝힘이 작용하는 면에서 휜다고 가정할 수 없다. 그림 11.33이 이런 예를 보여준다. 각 그림에서, 단면에 작용하는 짝힘은 수직면에서 작용하도록 가정되었으며, 수평방향 짝힘벡터를 **M**으로 나타내었다. 그러나 수직면은 대칭면이 아니기 때문에, 부재가 그 면에서 혹은 짝힘축과 일치하는 단면 중립축에서 휜다고 기대할 수 없다.

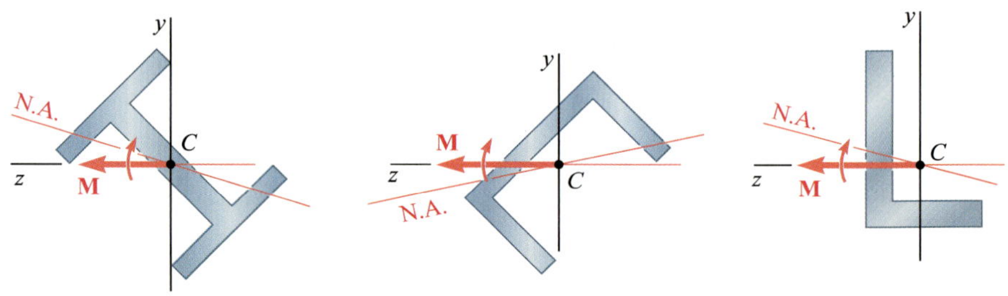

그림 11.33

따라서 임의 모양의 단면의 중립축이 단면에 작용하는 힘을 나타내는 짝힘 **M**의 축과 일치하는 정확한 조건을 결정하고자 한다. 그림 11.34는 이런 단면 하나를 보여주는 것으로, 짝힘벡터 **M**과 중립축이 모두 z축 방향을 향하는 것으로 가정하였다. 내력 $\sigma_x dA$이 짝힘 **M**과 등가의 체계를 형성하도록 표현하면, 다음 식들이 구해지는 것을 11.2절에서 설명하였다.

x성분 : $$\int \sigma_x \, dA = 0 \tag{11.1}$$

y축에 대한 모멘트 : $$\int z \sigma_x \, dA = 0 \tag{11.2}$$

z축에 대한 모멘트 : $$\int -y \sigma_x \, dA = M \tag{11.3}$$

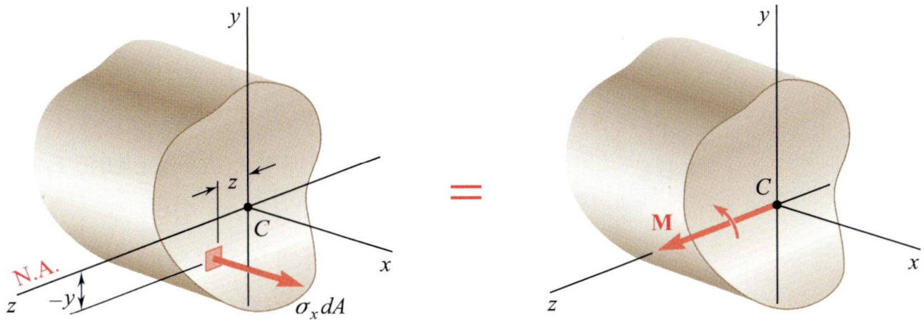

그림 11.34

앞서 보았듯이 모든 응력이 비례한계 내에 있는 경우, 첫 번째 공식은 중립축이 도심축이어야 한다는 것을, 마지막 식에서는 $\sigma_x = -My/I$ 기본 관계식이 얻어짐을 알았다. 11.2절에서 단면은 y축에 대해 대칭이라고 가정하였기 때문에 식 (11.2)는 그때는 별 의미가 없는 것이었지만, 임의 모양의 단면을 고려하는 지금의 경우에는 식 (11.2)가 아주 중요해졌다. 응력이 재료의 비례한계 내에 있다고 가정하면, 식 (11.2)에 $\sigma_x = -\sigma_m y/c$를 대입하여 다음 식을 구할 수 있다.

$$\int z\left(-\frac{\sigma_m y}{c}\right)dA = 0 \quad \text{혹은} \quad \int yz\,dA = 0 \tag{11.29}$$

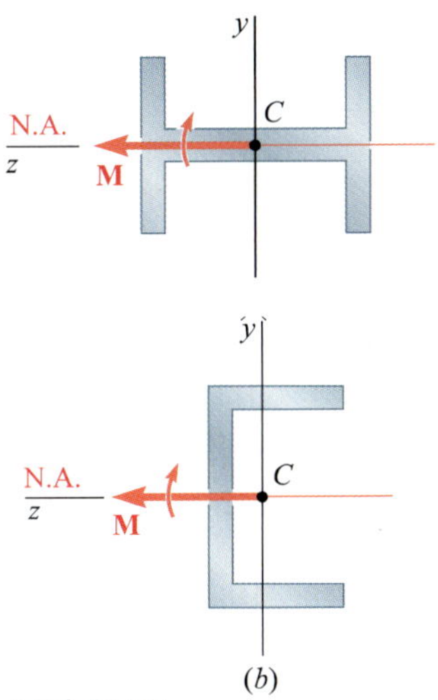

그림 11.35

적분 $\int yz\,dA$는 y 및 z축에 대한 단면상승모멘트 I_{yz}를 나타내며, 축들이 단면의 주도심축이면 적분은 영이 될 것이다.[4] 따라서 짝힘벡터 **M**이 단면 주도심축들 중 하나를 따라 작용하는 경우에 한해서만, 단면의 중립축은 단면에 작용하는 힘을 나타내는 짝힘 **M**의 축과 일치한다고 결론내릴 수 있다.

그림 11.32에 보이는 단면들은 좌표축 중 최소한 하나에 대해서는 대칭이다. 각 경우, y축과 z축이 단면의 주도심축이 된다. 짝힘벡터 **M**이 주도심축 중 하나를 따라 작용하기 때문에, 중립축이 짝힘의 축과 일치할 것이라는 것을 검증할 수 있다. 또한 단면이 90° 회전한 경우(그림 11.35), b경우처럼 짝힘이 부재의 대칭면에서 작용하지 않는다고 할지라도 짝힘벡터 **M**이 주도심축 방향으로 여전히 작용하게 되면, 중립축은 짝힘축과 다시 일치하게 될 것이다.

반면, 그림 11.33에서는 좌표축 중 어느 것도 단면의 대칭축이 아니며, 좌표축들은 주축이 아니게 된다. 따라서 짝힘 **M**은 주도심축을 따라 작용하지 않으며, 중립축은 짝힘축과 일치하지 않게 된다. 그러나 그림 11.33c에서 보듯이, 어떤 단면이 비대칭일지라도 그 단면은 주도심축들은 갖게 된다. 만약

4) Ferdinand P. Beer, E. Russel Johnson, Jr., David F. Mazurek, and Elliot R. Eisenberg, *Vector Mechanics for Engineers*, 9th ed. McGraw-Hill, New York, 2010, 9.8-9.10절 참조.

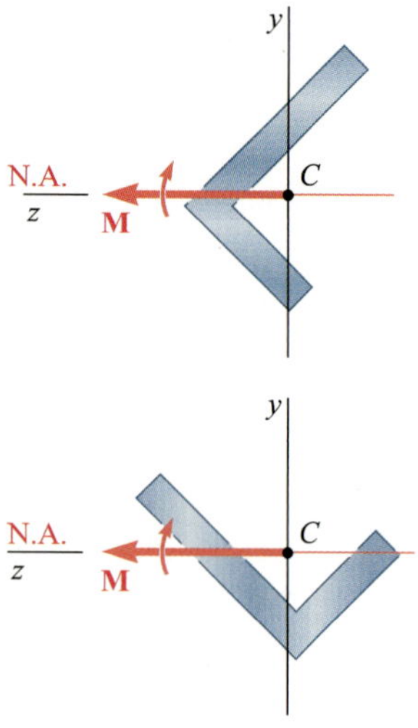

(b)

그림 11.36

짝힘벡터 M이 이러한 단면의 주도심축 중 하나를 따라 작용하면, 중립축은 짝힘축과 일치하게 될 것이며(그림 11.36), 11.3절과 11.4절에서 대칭부재에 대해 유도한 식들을 이들 경우에서 응력을 구하는데 적용할 수 있다.

대부분의 비대칭휨(unsymmetric bending)의 경우에도 응력을 구하는데 중첩의 원리를 사용할 수 있다. 우선 수직면과 각도 θ를 이루는 평면에 작용하는 휨짝힘 $\mathbf{M}$과 $\mathbf{M}'$을 받는 수직 대칭면이 있는 부재를 고려하자(그림 11.37). 단면에 작용하는 힘을 나타내는 짝힘벡터 $\mathbf{M}$은 수평 z축에 대해 같은 각도 θ를 이루게 될 것이다(그림 11.38). 벡터 $\mathbf{M}$을 z축과 y축을 따라 작용하는 성분벡터 $\mathbf{M}_z$와 $\mathbf{M}_y$로 분리하면 다음과 같이 된다.

$$M_z = M\cos\theta \qquad M_y = M\sin\theta \tag{11.30}$$

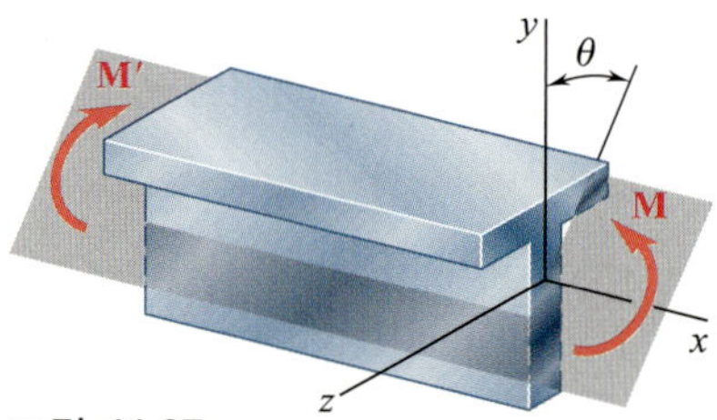

그림 11.37

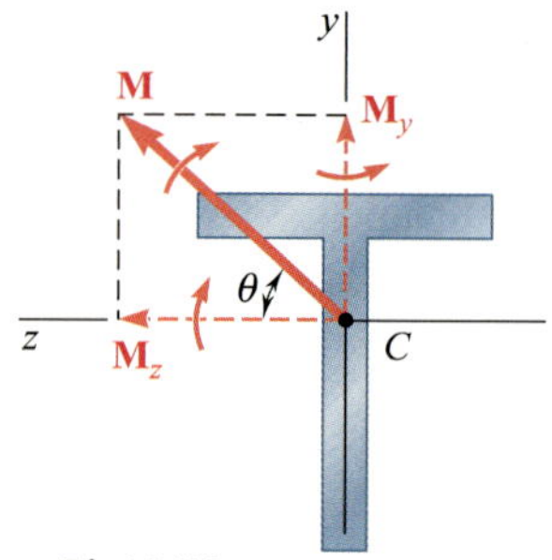

그림 11.38

y축과 z축은 단면의 주도심축이기 때문에, $\mathbf{M}_z$와 $\mathbf{M}_y$ 각 짝힘을 적용하여 얻어지는 응력을 결정하기 위해 식 (11.16)을 사용할 수 있다. 짝힘 $\mathbf{M}_z$은 수직면에 작용하고 그 면에서 부재를 휘게 하며(그림 11.39), 그 결과 얻어지는 응력은 다음과 같다.

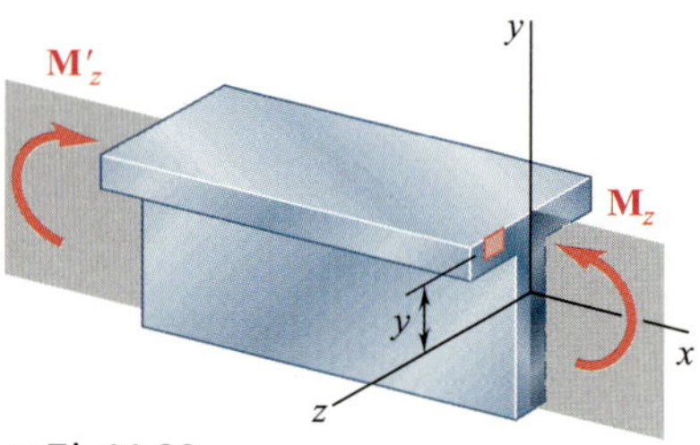

그림 11.39

$$\sigma_x = -\frac{M_z y}{I_z} \tag{11.31}$$

여기서 I_z는 주도심 z축에 대한 단면의 관성모멘트이다. 음의 부호는 xz면 위에서($y > 0$) 압축이며, 아래에서($y < 0$) 인장이기 때문이다. 반면, 짝힘 $\mathbf{M}_y$은 수평면에 작용하고 그 면에서 부재를 휘게 하며,(그림 11.40) 그 결과 얻어지는 응력은 다음과 같다.

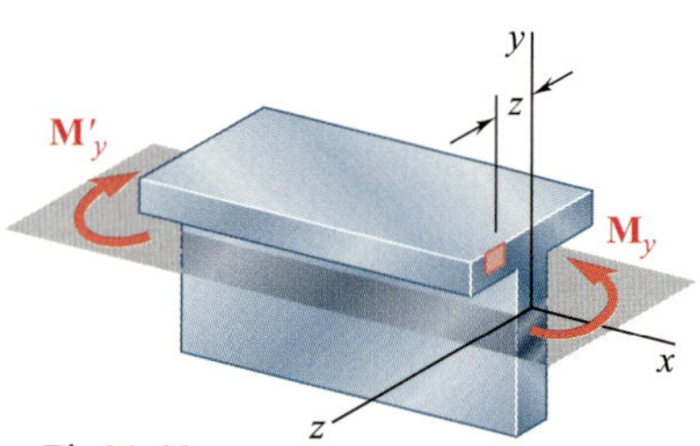

그림 11.40

$$\sigma_x = +\frac{M_y z}{I_y} \tag{11.32}$$

여기서 I_y는 주도심 y축에 대한 단면의 관성모멘트이며, 양의 부호는 xy면 왼쪽에서($z > 0$) 인장이며, 오른쪽에서($z < 0$) 압축이기 때문이다. 원 짝힘 $\mathbf{M}$에 의해 발생하는 응력의 분포는 각각 식 (11.31)과 (11.32)에 의해 정의

되는 응력분포들을 중첩하여 구할 수 있다.

$$\sigma_x = -\frac{M_z y}{I_z} + \frac{M_y z}{I_y} \tag{11.33}$$

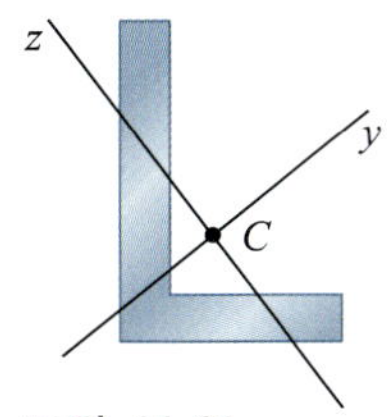

그림 11.41

이렇게 구해진 공식은 주도심 y축과 z축이 결정된 후, 그림 11.41에서 보는 것처럼 비대칭단면에서의 응력을 계산하는데 사용될 수 있다. 반면, 식 (11.33)은 중첩의 원리의 적용조건이 만족되는 경우에 한하여 유효하다. 다시 말하면, 합성된 응력이 재료의 비례한계를 초과하거나, 혹은 하나의 짝힘 성분에 의한 변형이 다른 것에 의한 응력의 분포에 심각하게 영향을 미친다면, 이 식은 사용하지 않아야 한다.

식 (11.33)은 비대칭휨에 의한 응력분포가 선형임을 보여 준다. 그러나 이 절의 앞부분에서 이미 지적한 바와 같이, 단면의 중립축은 일반적으로 휨짝힘의 축과 일치하지 않는다. 중립축에서는 어느 점에서도 수직응력이 영이기 때문에, 그 축을 정의하는 공식은 식 (11.33)에서 $\sigma_x = 0$으로 하여 구할 수 있다. 즉,

$$-\frac{M_z y}{I_z} + \frac{M_y z}{I_y} = 0$$

혹은 이 식을 y에 대해 풀고 식 (11.30)에서 M_z와 M_y에 대입하면 다음 식이 얻어진다.

$$y = \left(\frac{I_z}{I_y}\tan\theta\right)z \tag{11.34}$$

이렇게 구한 공식은 기울기가 $m = (I_z/I_y)\tan\theta$인 직선 식이 된다. 따라서 중립축이 z축과 이루는 각도 ϕ(그림 11.42)는 다음 관계식으로 정의된다.

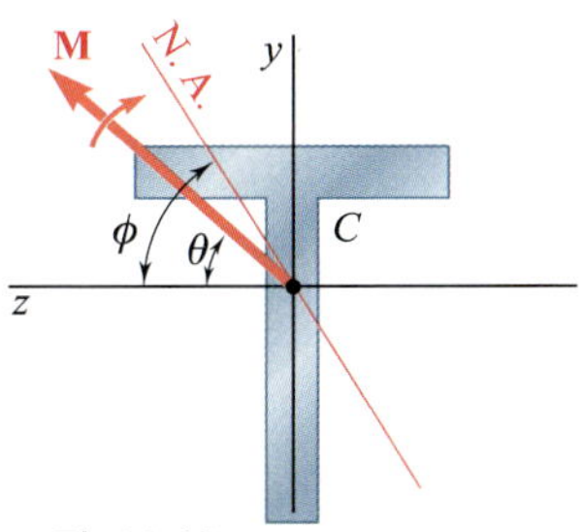

그림 11.42

$$\tan\phi = \frac{I_z}{I_y}\tan\theta \tag{11.35}$$

여기서 θ는 짝힘벡터 $\mathbf{M}$이 동일한 축을 형성하게 하는 각도이다. I_z와 I_y 모두 양이기 때문에, ϕ와 θ는 동일한 부호를 갖게 된다. 또한 $I_z > I_y$일 때 $\phi > \theta$이고, $I_z < I_y$일 때 $\phi < \theta$이다. 따라서 중립축은 항상 짝힘벡터 $\mathbf{M}$과 최소 관성모멘트에 해당하는 주축 사이에 위치하게 된다.

예제 11.5 1600 lb · in. 짝힘이 1.5 in.×3.5 in. 직사각형 단면인 목재보에 수직선과 30° 각도를 이루는 평면에 작용하고 있을 때(그림 11.43), 다음을 구하시오. (a) 보에서의 최대 응력, (b) 중립면이 수평면과 이루는 각도.

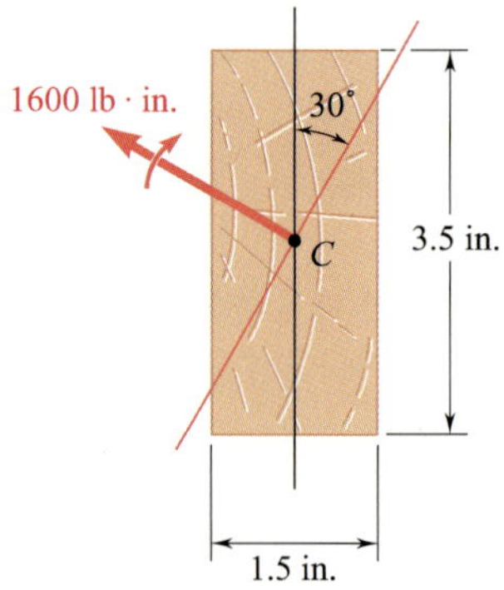

그림 11.43

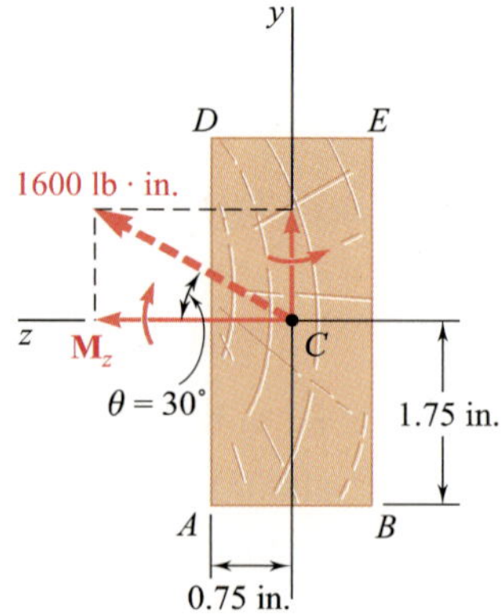

그림 11.44

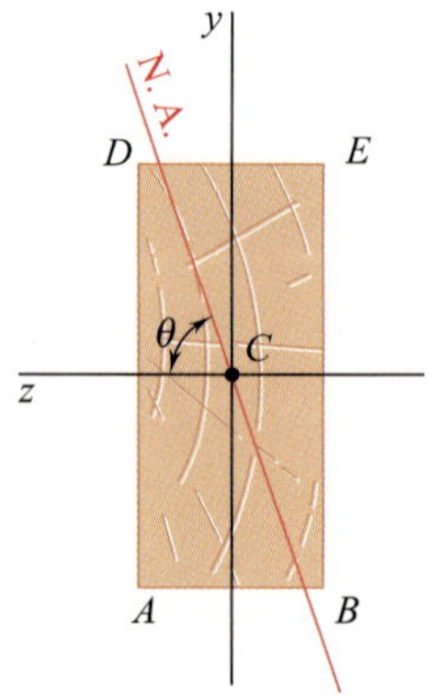

그림 11.45

(a) 최대 응력. 짝힘벡터 성분 M_z와 M_y를 우선 결정하면,(그림 11.44):

$$M_z = (1600\ \mathrm{lb \cdot in.})\cos 30° = 1386\ \mathrm{lb \cdot in.}$$
$$M_y = (1600\ \mathrm{lb \cdot in.})\sin 30° = 800\ \mathrm{lb \cdot in.}$$

또한 y축과 z축에 대한 단면의 관성모멘트를 계산하면,

$$I_z = \frac{1}{12}(1.5\ \mathrm{in.})(3.5\ \mathrm{in.})^3 = 5.359\ \mathrm{in}^4$$
$$I_y = \frac{1}{12}(3.5\ \mathrm{in.})(1.5\ \mathrm{in.})^3 = 0.9844\ \mathrm{in}^4$$

M_z로 인한 가장 큰 인장응력은 AB를 따라 다음과 같이 발생한다.

$$\sigma_1 = \frac{M_z y}{I_z} = \frac{(1386\ \mathrm{lb \cdot in.})(1.75\ \mathrm{in.})}{5.359\ \mathrm{in}^4} = 452.6\ \mathrm{psi}$$

M_y로 인한 가장 큰 인장응력은 AD를 따라 다음과 같이 발생한다.

$$\sigma_2 = \frac{M_y z}{I_y} = \frac{(800\ \mathrm{lb \cdot in.})(0.75\ \mathrm{in.})}{0.9844\ \mathrm{in}^4} = 609.5\ \mathrm{psi}$$

그러므로, 조합하중에 의한 가장 큰 인장응력은 A에 발생하며 다음 값이 된다.

$$\sigma_{\max} = \sigma_1 + \sigma_2 = 452.6 + 609.5 = 1062\ \mathrm{psi}$$

그리고 가장 큰 압축응력은 E에 동일한 크기로 발생한다.

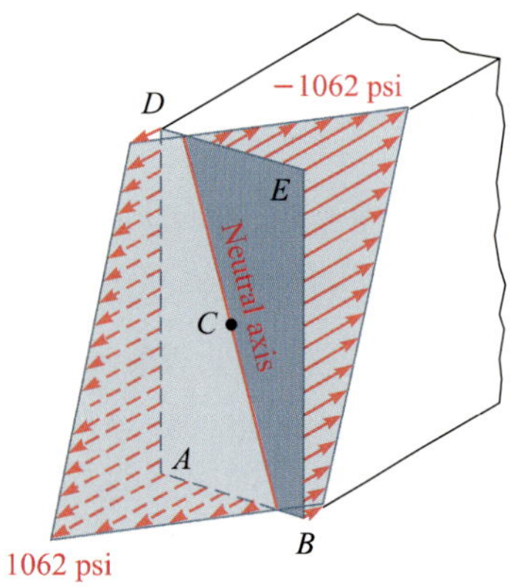

그림 11.46

(b) 수평면에 대한 중립면의 각도. 중립면이 수평면과 이루는 각도 ϕ(그림 11.45)는 식 (11.35)로 구할 수 있다:

$$\tan\phi = \frac{I_z}{I_y}\tan\theta = \frac{5.359\ \mathrm{in}^4}{0.9844\ \mathrm{in}^4}\tan 30° = 3.143$$

$$\phi = 72.4°$$

단면에서의 응력 분포는 그림 11.46에서 볼 수 있다. ■

*11.8 편심축하중의 일반적인 경우

11.6절에서 부재의 대칭면에 작용하는 편심축하중에 의해 부재에 발생하는 응력을 해석하였다. 이번 절에서는 축하중이 대칭면에 작용하지 않는 보다 일반적인 경우에 대해 공부하고자 한다.

직선부재 AB가 크기가 같고 방향이 반대인 편심축하중 P와 P′을 받는 경우를 고려하고, 힘의 작용선에서 부재 단면의 주도심축까지의 거리를 a와 b라고 하자(그림 11.47a). 그림 11.47a의 편심력 P는 그림 11.47b에 나타낸 것처럼 집중력 P와 모멘트가 $M_y = Pa$ 및 $M_z = Pb$인 2개의 짝힘 $\mathbf{M}_y$과 $\mathbf{M}_z$로 구성된 시스템과 정역학적으로 등가이다. 동일하게, 편심 P′은 도심 축력 P′과 짝힘 $\mathbf{M}_y'$ 및 $\mathbf{M}_z'$와 등가이다.

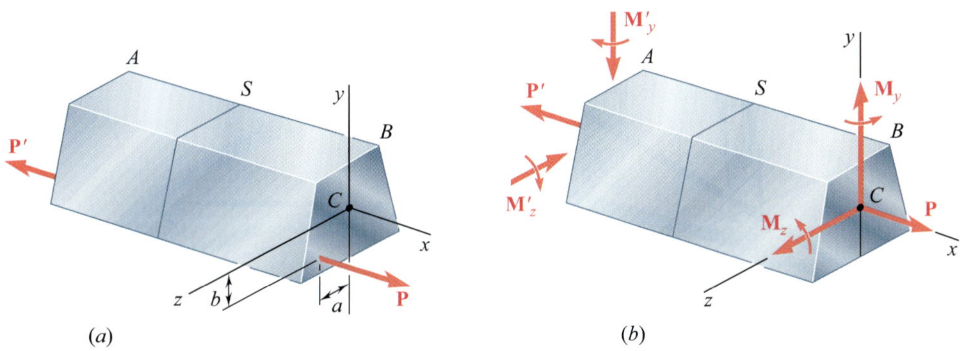

그림 11.47

Saint-Venant의 원리(9.14절)에 의해, 단면이 부재의 끝에 너무 가깝지 않는 한, 부재 단면 S에서의 응력분포를 구하기 위해 그림 11.47a의 원래 하중을 그림 11.47b의 정역학적 등가하중(equivalent loading)으로 대체할 수 있다. 또한 중첩의 원리를 적용할 수 있는 조건이 만족되는 한, 그림 11.47b의 하중에 의한 응력들은 도심축하중 P와 휨짝힘 $\mathbf{M}_y$, $\mathbf{M}_z$에 대한 응력을 중첩하여 구할 수 있다(9.11절). 짝힘벡터가 단면 주도심축을 따라 작용하기 때문에, 집중하중 P에 의한 응력은 식 (8.1), 휨짝힘에 의한 응력은 식 (11.33)에 의해 구할 수 있다. 따라서 다음 식이 얻어진다.

$$\sigma_x = \frac{P}{A} - \frac{M_z y}{I_z} + \frac{M_y z}{I_y} \tag{11.36}$$

여기서 y와 z는 단면의 주도심축으로부터의 거리이다. 이렇게 구해진 관계식은 단면에서의 응력분포가 선형임을 보여준다.

식 (11.36)에서 조합응력 σ_x를 계산할 때, 오른쪽 3개 항의 부호를 정확하게 결정하도록 주의해야 한다. 왜냐하면, 이들 각 항은 하중 P와 P′의 방향과 단면의 주도심축에 대한 이들이 작용하는 하중선의 위치에 따라 양이 될 수도 있고 음이 될 수도 있기 때문이다. 단면의 치수와 P와 P′ 작용선의 위치에 따라 식 (11.36)에 의해 단면의 여러 곳에서 구해지는 조합응력 σ_x는 모두 같은 부호를 가질 수도 있고, 혹은 일부는 양, 나머지는 음이 될 수도 있다. 후자의 경우, 응력이 영인 곳을 따라 단면에 선을 그을 수 있을 것이다. 식 (11.36)에서 $\sigma_x = 0$이라고 하면, 단면의 중립축을 나타내는 직선의 식을 구할 수 있다.

$$\frac{M_z y}{I_z} - \frac{M_y z}{I_y} = \frac{P}{A}$$

예제 11.6 수직하중 4.80 kN이 그림에 보이는 것처럼 80 mm×120 mm 직사각형 단면의 목재 기둥에 작용하고 있을 때(그림 11.48), 다음을 구하시오. (a) A, B, C와 D점에서의 응력, (b) 단면에서의 중립축의 위치.

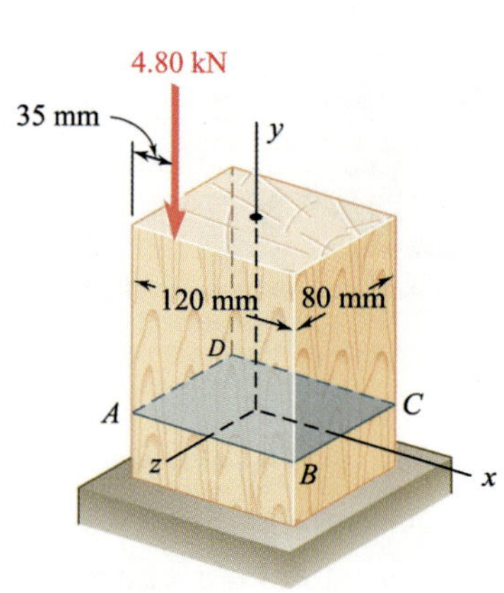

그림 11.48

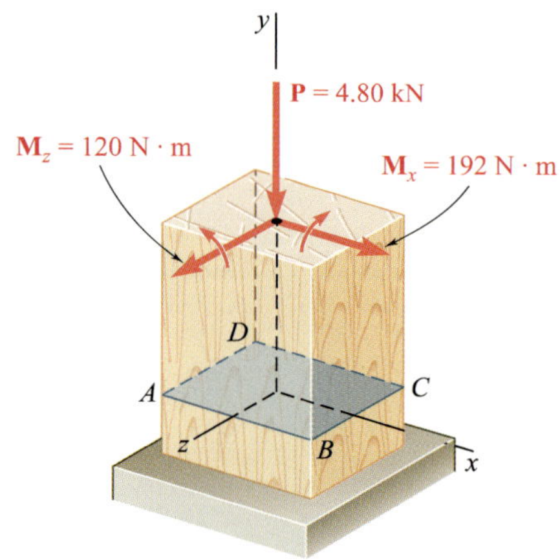

그림 11.49

(a) 응력. 주어진 편심하중을 단면의 주도심축을 따라 작용하는 집중하중 P와 2개의 짝힘 M_x와 M_z로 구성된 등가 시스템으로 대체한다(그림 11.49).

$$M_x = (4.80\ \text{kN})(40\ \text{mm}) = 192\ \text{N}\cdot\text{m}$$
$$M_z = (4.80\ \text{kN})(60\ \text{mm} - 35\ \text{mm}) = 120\ \text{N}\cdot\text{m}$$

단면의 면적과 도심 관성모멘트를 계산하면 다음과 같다:

$$A = (0.080\ \text{m})(0.120\ \text{m}) = 9.60 \times 10^{-3}\ \text{m}^2$$
$$I_x = \frac{1}{12}(0.120\ \text{m})(0.080\ \text{m})^3 = 5.12 \times 10^{-6}\ \text{m}^4$$
$$I_z = \frac{1}{12}(0.080\ \text{m})(0.120\ \text{m})^3 = 11.52 \times 10^{-6}\ \text{m}^4$$

집중하중 P에 의한 응력 σ_0은 단면에서 음(−)이고 등분포이다.

$$\sigma_0 = \frac{P}{A} = \frac{-4.80\ \text{kN}}{9.60 \times 10^{-3}\ \text{m}^2} = -0.5\ \text{MPa}$$

휨짝힘 $\mathbf{M}_x$와 $\mathbf{M}_z$에 의한 응력은 단면에서 선형으로 분포하며, 각각 다음의 최대값을 갖는다.

$$\sigma_1 = \frac{M_x z_{\max}}{I_x} = \frac{(192\ \text{N}\cdot\text{m})(40\ \text{mm})}{5.12 \times 10^{-6}\ \text{m}^4} = 1.5\ \text{MPa}$$
$$\sigma_2 = \frac{M_z x_{\max}}{I_z} = \frac{(120\ \text{N}\cdot\text{m})(60\ \text{mm})}{11.52 \times 10^{-6}\ \text{m}^4} = 0.625\ \text{MPa}$$

단면 모서리에서의 응력은 다음과 같다.

$$\sigma_y = \sigma_0 \pm \sigma_1 \pm \sigma_2$$

여기서 부호는 그림 11.49에서 결정할 수 있다. $\mathbf{M}_x$에 의한 응력들이 C와 D에서 양이고, A와 B에서 음이며, $\mathbf{M}_z$에 의한 응력들은 B와 C에서 양이고, A와 D에서 음이다.

$$\sigma_A = -0.5 - 1.5 - 0.625 = -2.625\ \text{MPa}$$
$$\sigma_B = -0.5 - 1.5 + 0.625 = -1.375\ \text{MPa}$$
$$\sigma_C = -0.5 + 1.5 + 0.625 = +1.625\ \text{MPa}$$
$$\sigma_D = -0.5 + 1.5 - 0.625 = +0.375\ \text{MPa}$$

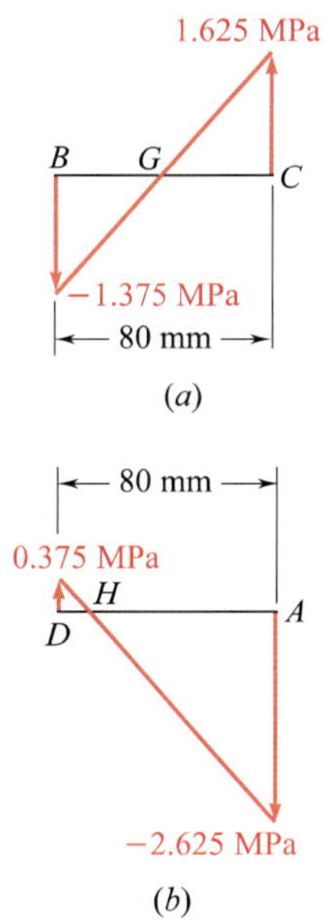

그림 11.50

(b) 중립축. 응력이 B와 C 사이의 G점과, D와 A 사이의 H점에서 영이다(그림 11.50). 응력분포가 선형이므로, 다음을 구할 수 있다.

$$\frac{BG}{80\ \text{mm}} = \frac{1.375}{1.625 + 1.375} \qquad BG = 36.7\ \text{mm}$$
$$\frac{HA}{80\ \text{mm}} = \frac{2.625}{2.625 + 0.375} \qquad HA = 70\ \text{mm}$$

중립축은 점 G와 H를 통과하게 그릴 수 있다(그림 11.51)

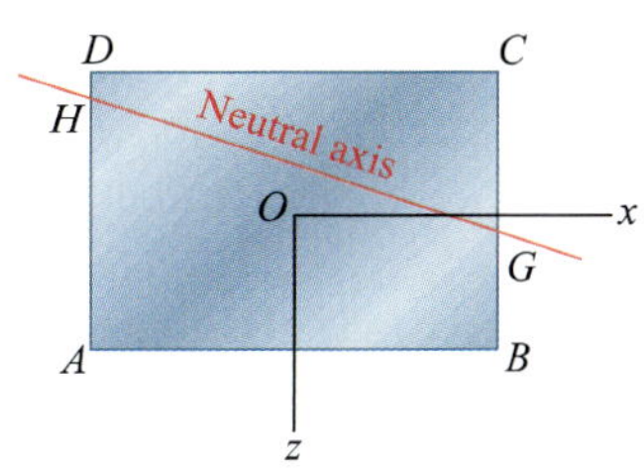

그림 11.51

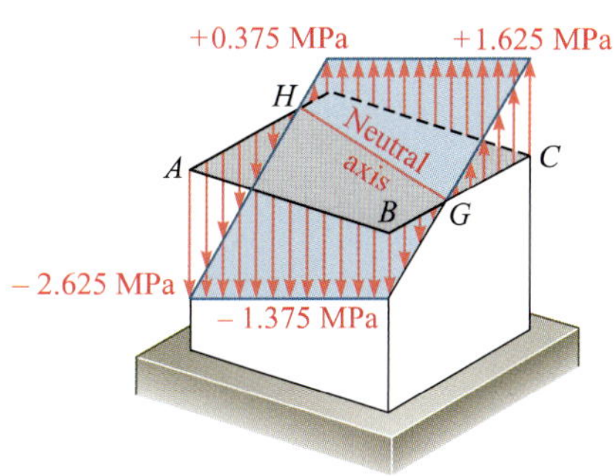

그림 11.52

단면에서의 응력분포는 그림 11.52에서 볼 수 있다. ■

문제 11.6

수평하중 P가 그림에서 보이는 것처럼 S10×25.4 압연강 부재의 짧은 단면에 작용하고 있다. 부재의 압축응력이 12 ksi를 초과하지 않는 경우, 최대 허용하중 P를 구하시오.

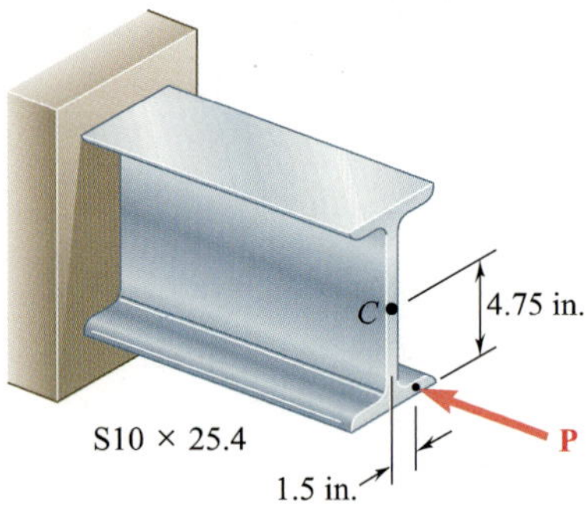

풀이.

단면 성질. 다음 자료들은 부록 B에서 가져 왔다.

면적 : $A = 7.45\ \text{in}^2$

단면계수 : $S_x = 24.6\ \text{in}^3 \qquad S_y = 2.89\ \text{in}^3$

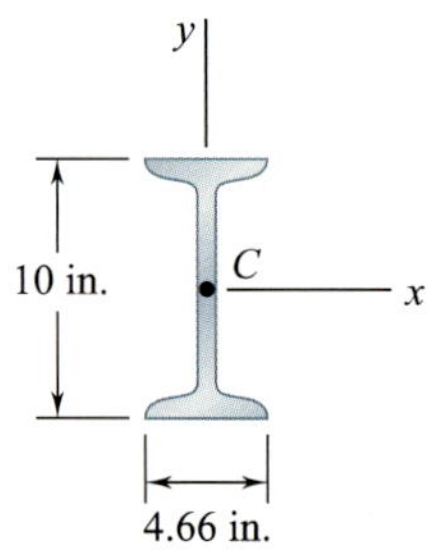

짝힘벡터 $\mathbf{M}_x$와 $\mathbf{M}_y$는 단면 주축을 따라 작용하고 있다.

수직응력. 각각 집중하중 P와 짝힘 $\mathbf{M}_x$와 $\mathbf{M}_y$에 의한 A, B, D와 E점에서의 절대응력값은 다음과 같다.

$$\sigma_1 = \frac{P}{A} = \frac{P}{7.45\ \text{in}^2} = 0.1342P$$

$$\sigma_2 = \frac{M_x}{S_x} = \frac{4.75P}{24.6\ \text{in}^3} = 0.1931P$$

$$\sigma_3 = \frac{M_y}{S_y} = \frac{1.5P}{2.89\ \text{in}^3} = 0.5190P$$

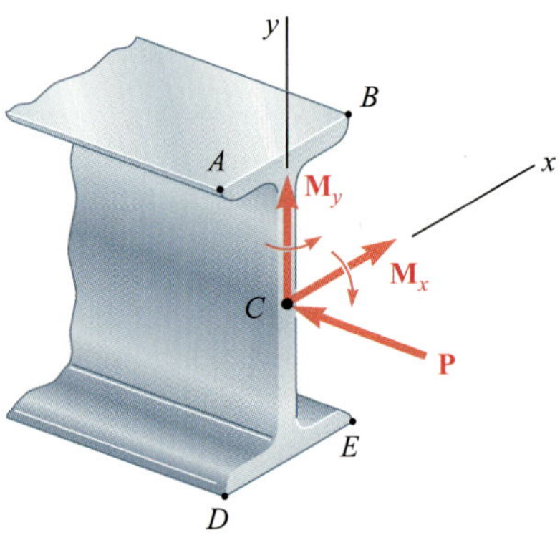

중첩. 각 점에서의 총 응력은 P, $\mathbf{M}_x$와 $\mathbf{M}_y$에 의한 응력을 중첩하여 구할 수 있다. 각 응력의 부호는 힘-짝힘 체계의 그림을 잘 검토하여 결정한다.

$$\sigma_A = -\sigma_1 + \sigma_2 + \sigma_3 = -0.1342P + 0.1931P + 0.5190P = +0.578P$$

$$\sigma_B = -\sigma_1 + \sigma_2 - \sigma_3 = -0.1342P + 0.1931P - 0.5190P = -0.460P$$

$$\sigma_D = -\sigma_1 - \sigma_2 + \sigma_3 = -0.1342P - 0.1931P + 0.5190P = +0.192P$$

$$\sigma_E = -\sigma_1 - \sigma_2 - \sigma_3 = -0.1342P - 0.1931P - 0.5190P = -0.846P$$

최대 허용하중. 최대 허용하중은 E점에서 발생한다.
$\sigma_{\text{all}} = -12$ ksi이므로, 다음이 구해진다.

$$\sigma_{\text{all}} = \sigma_E \qquad -12\ \text{ksi} = -0.846P \qquad P = 14.18\ \text{kips}$$

Problems

11.73 through 11.78 The couple **M** is applied to a beam of the cross section shown in a plane forming an angle β with the vertical. Determine the stress at (*a*) point *A*, (*b*) point *B*, (*c*) point *D*.

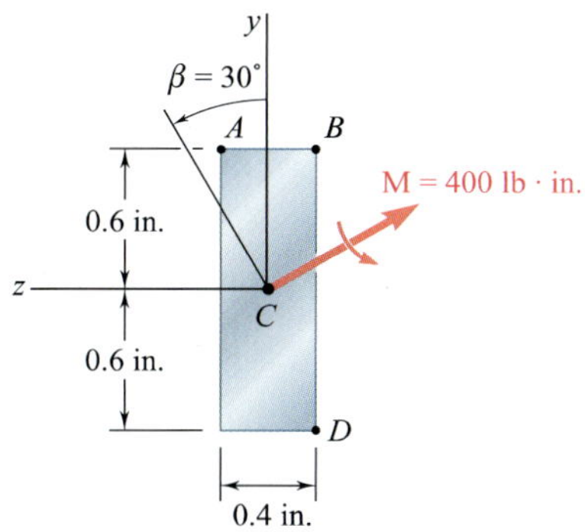

그림 P11.73

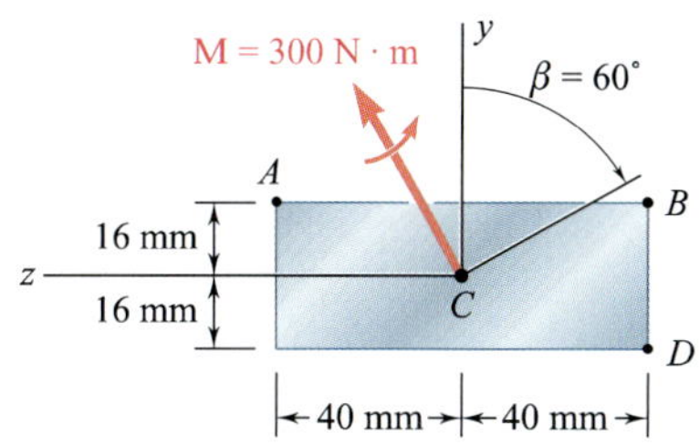

그림 P11.74

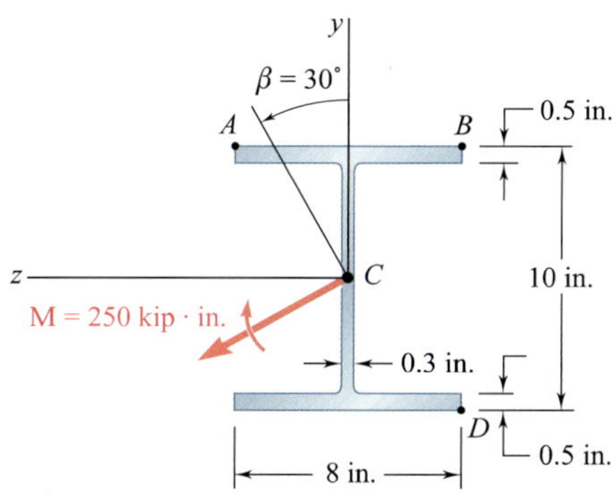

그림 P11.75

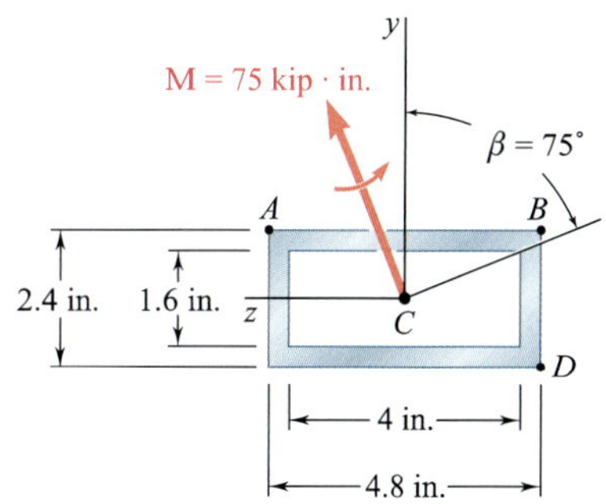

그림 P11.76

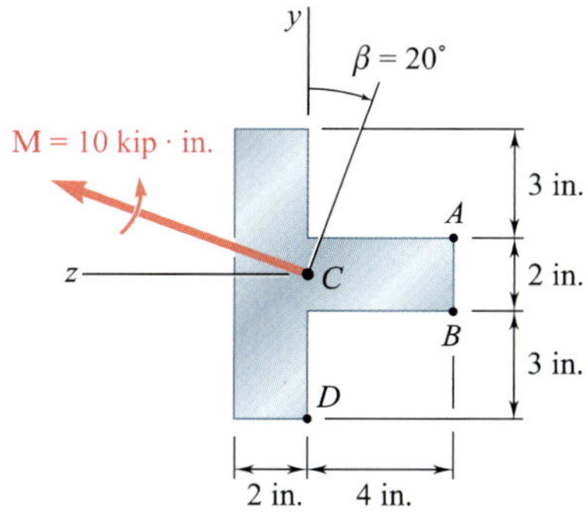

그림 *P11.77*

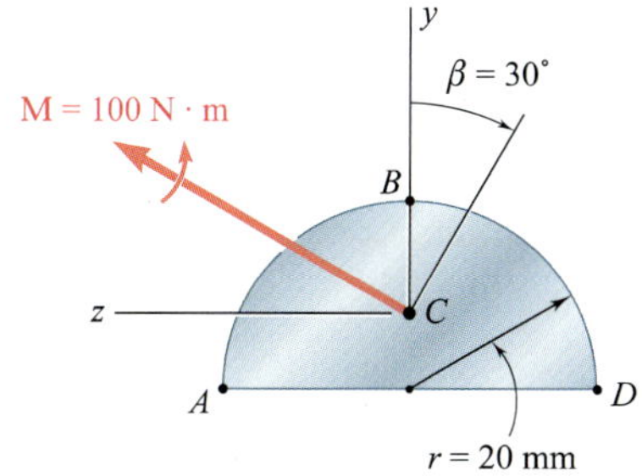

그림 P11.78

11.79 through 11.84 The couple **M** acts in a vertical plane and is applied to a beam oriented as shown. Determine (*a*) the angle that the neutral axis forms with the horizontal plane, (*b*) the maximum tensile stress in the beam.

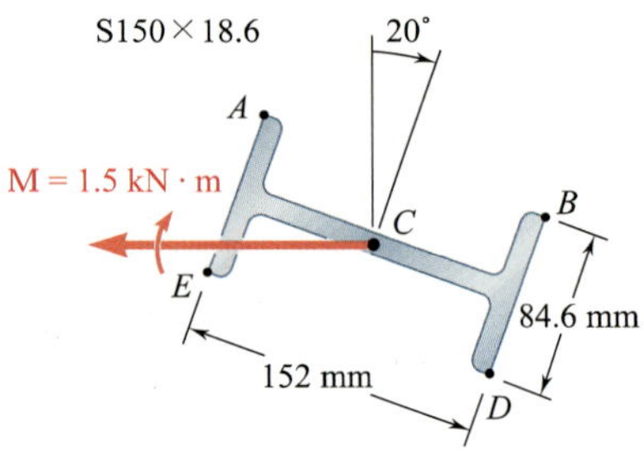

그림 *P11.79*

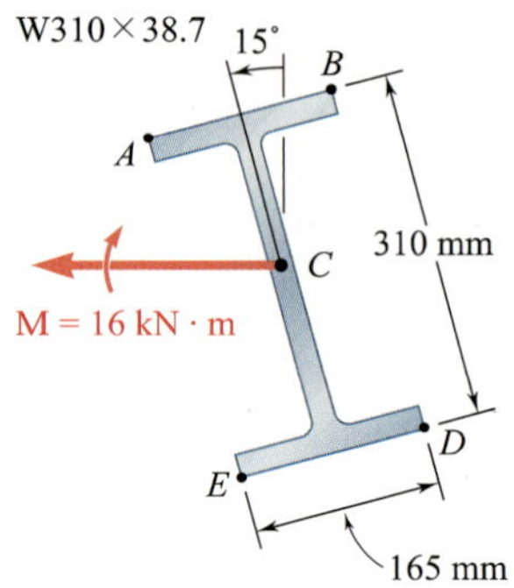

그림 P11.80

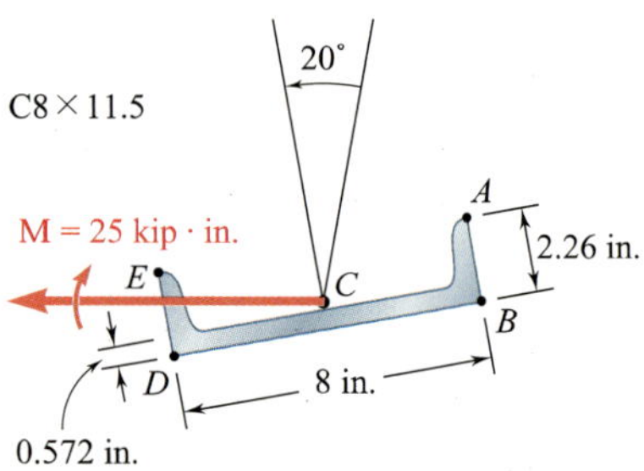

그림 P11.81

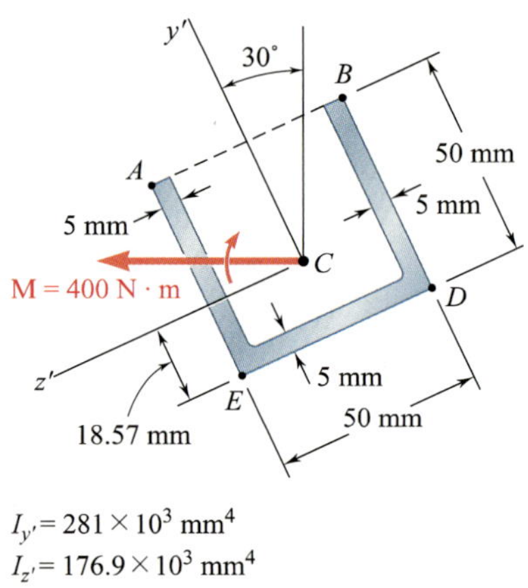

그림 P11.82

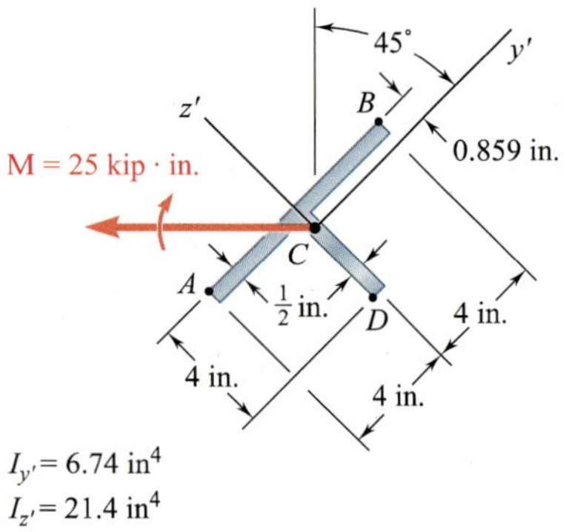

그림 P11.83

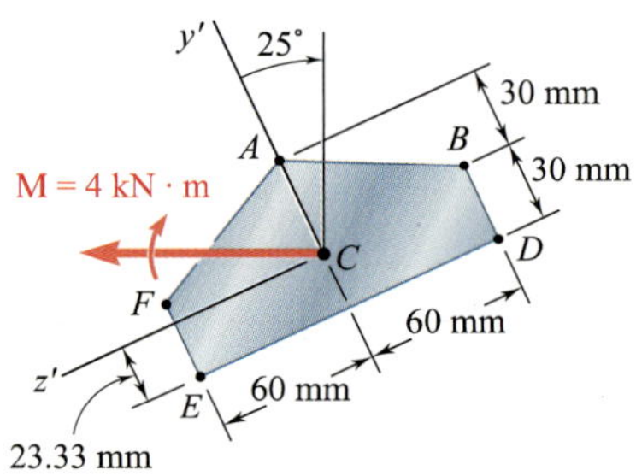

그림 P11.84

11.85 For the loading shown, determine (*a*) the stress at points *A* and *B*, (*b*) the point where the neutral axis intersects line *ABD*.

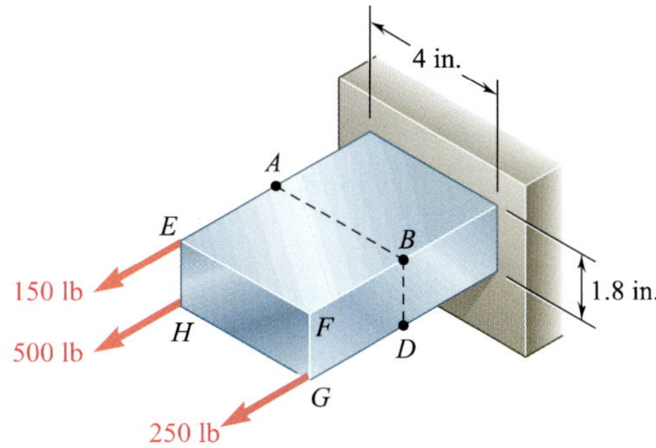

그림 P11.85

11.86 Solve Prob. 11.85 assuming that the magnitude of the force applied at *G* is increased from 250 lb to 400 lb.

11.87 The tube shown has a uniform wall thickness of 0.5 in. For the given loading, determine (*a*) the stress at points *A* and *B*, (*b*) the point where the neutral axis intersects line *ABD*.

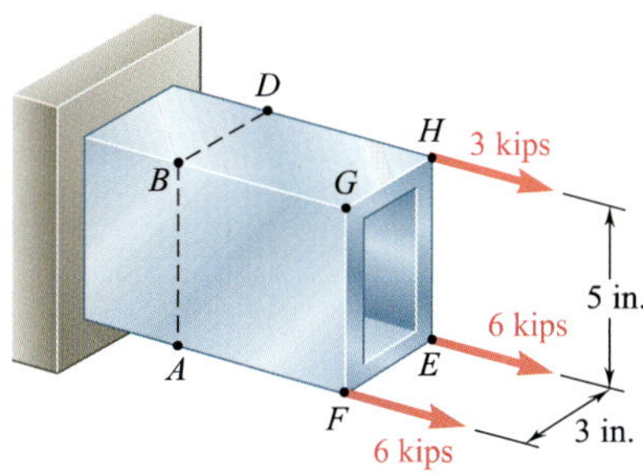

그림 P11.87

11.88 Solve Prob. 11.87 assuming that the 6-kip force at point *E* is removed.

11.89 An axial load **P** of magnitude 50 kN is applied as shown to a short section of a W150 × 24 rolled-steel member. Determine the largest distance *a* for which the maximum compressive stress does not exceed 90 MPa.

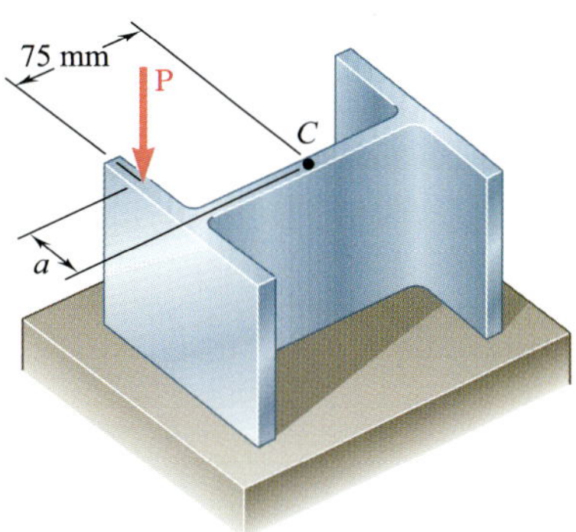

그림 P11.89

11.90 An axial load **P** of magnitude 30 kN is applied as shown to a short section of a C150 × 12.2 rolled-steel channel. Determine the largest distance a for which the maximum compressive stress does not exceed 60 MPa.

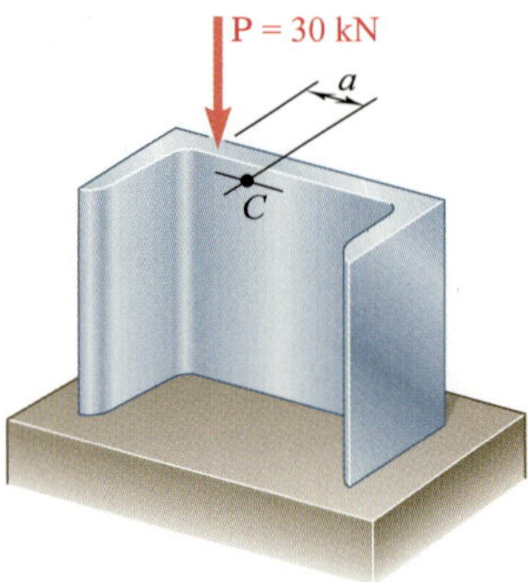

그림 *P11.90*

11.91 A horizontal load **P** is applied to the beam shown. Knowing that a = 20 mm and that the tensile stress in the beam is not to exceed 75 MPa, determine the largest permissible load **P**.

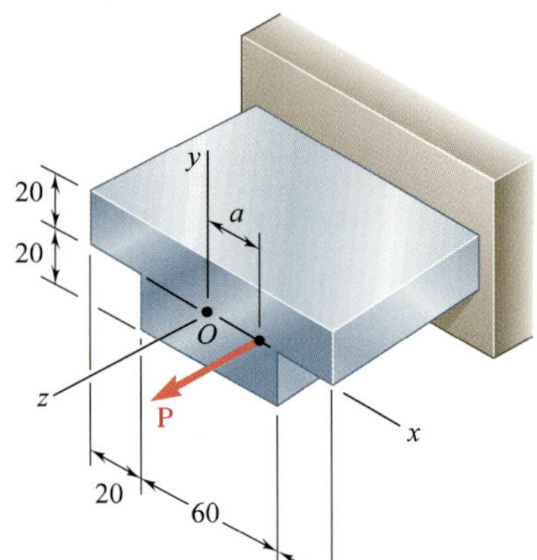

그림 *P11.91*, *P11.92*

11.92 A horizontal load **P** of magnitude 100 kN is applied to the beam shown. Determine the largest distance a for which the maximum tensile stress in the beam does not exceed 75 MPa.

복습 및 요약

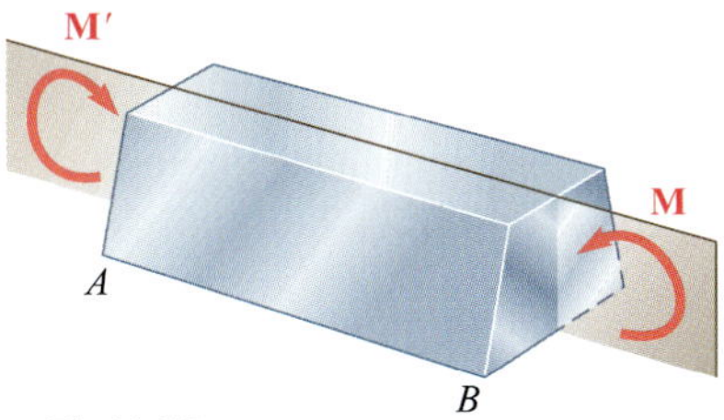

그림 11.53

이번 장에서는 순수휨을 받는 부재의 해석을 공부하였다. 즉, 동일한 종방향 평면에 작용하는 크기가 같고 방향이 반대인 짝힘 $\mathbf{M}$과 $\mathbf{M}'$이 작용하는 부재에서의 응력과 변형을 고려하였다(그림 11.53).

휨에 의한 수직변형률

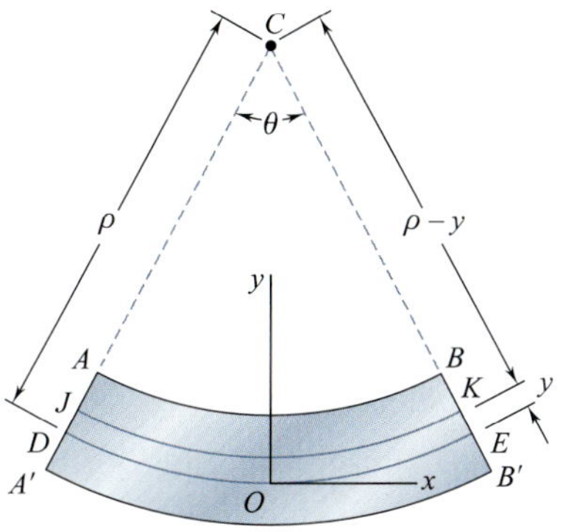

그림 11.54

우선 대칭면이 있는 부재가 그 대칭면에 작용하는 짝힘을 받는 경우를 공부하였다. 부재의 가능한 변형을 고려하여, 부재가 변형하면서 **횡단면은 평면을 유지한다**는 것을 증명하였다[11.3절]. 그리고 순수휨을 받는 부재는 수직 변형률과 응력이 영인 곳을 따라 중립면을 가지며, 종방향 **수직변형률** ϵ_x는 **중립면으로부터의 거리에 따라 선형으로 변한다**는 것을 알았다.

$$\epsilon_x = -\frac{y}{\rho} \tag{11.8}$$

여기서 ρ는 **중립면의 곡률반경**이다(그림 11.54). 중립면과 횡단면이 만나는 곳이 단면의 중립축이다.

탄성영역에서의 수직응력

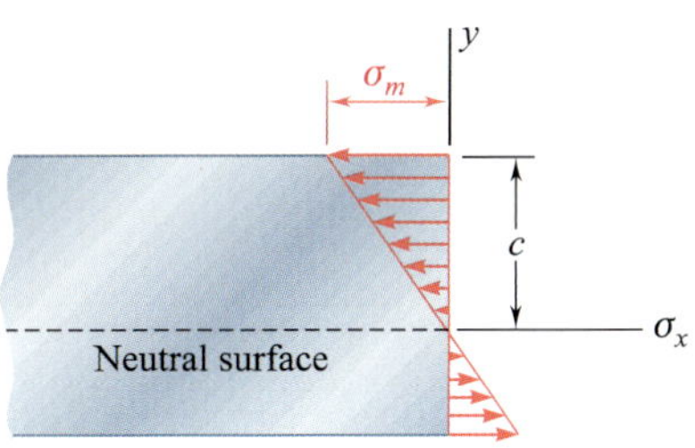

그림 11.55

Hooke의 법칙을 따르는 재료로 구성된 부재[11.4절]에서 수직응력 σ_x는 **중립축으로부터의 거리에 따라 선형으로 변한다**는 것을 알았다(그림 11.55). 최대 응력을 σ_m이라고 하면, 다음 식이 구해진다.

$$\sigma_x = -\frac{y}{c}\sigma_m \tag{11.12}$$

여기서 c는 중립축에서 단면의 한 점까지의 최대 거리이다.

탄성휨공식

분력 $\sigma_x dA$의 합을 영이라고 하여, 중립축이 순수휨을 받는 부재 단면의 도심을 지난다는 것을 증명하였다. 그리고 분력의 모멘트의 합이 휨모멘트와 같다고 하여, 최대 수직응력에 대한 탄성휨공식을 유도하였다.

$$\sigma_m = \frac{Mc}{I} \tag{11.15}$$

여기서 I는 중립축에 대한 단면의 관성모멘트이다. 또한 중립축에서 거리 y만큼 떨어진 곳에서의 수직응력을 구하였다.

$$\sigma_x = -\frac{My}{I} \tag{11.16}$$

탄성단면계수 I와 c는 단면의 치수에만 의존하므로, 탄성단면계수를 다음과 같이 정의하였다.

$$S = \frac{I}{c} \tag{11.17}$$

그리고 단면계수를 최대수직응력을 구하는데 사용하였다.

$$\sigma_m = \frac{M}{S} \tag{11.18}$$

부재의 곡률 부재의 곡률은 곡률반경의 역수이기 때문에, 부재의 곡률을 다음과 같이 표현하였다.

$$\frac{1}{\rho} = \frac{M}{EI} \tag{11.21}$$

여러 재료로 합성된 부재 다음으로, 서로 다른 탄성계수를 갖는 여러 재료로 합성된 부재의 휨을 고려하였다. 횡단면이 평면을 유지하는 동안, 일반적으로 **중립축은 합성단면의 도심을 지나지 않는다**는 것을 발견하였다(그림 11.56). 재료의 탄성계수비를 사용하여, 전체를 하나의 재료로 한 등가 부재에 해당하는 치환단면을 구하였다. 이 등가인 균질의 부재에서의 응력을 구하기 위하여 앞서 개발되었던 방법들을 사용하였으며(그림 11.57), 합성보의 응력을 구하기 위해 탄성계수의 비를 다시 사용하였다[문제 11.3과 11.4].

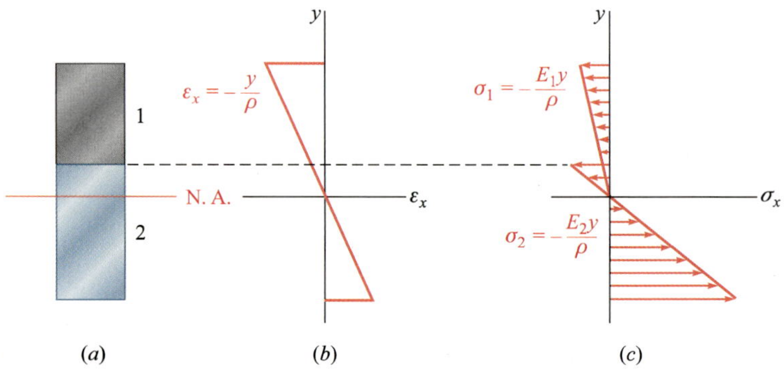

그림 11.56

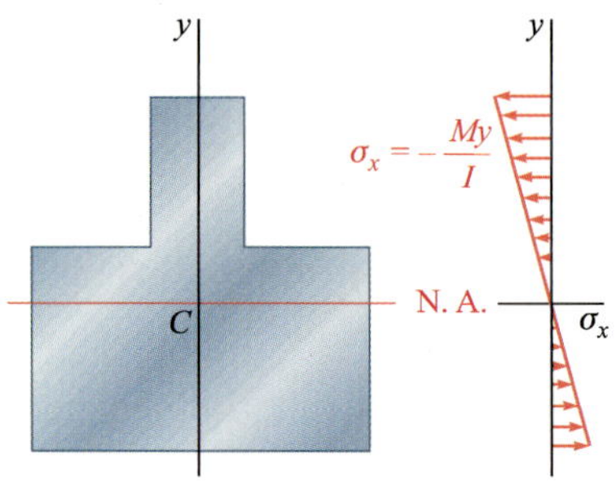

그림 11.57

편심축하중 11.6절에서는 대칭면에 편심으로 하중이 작용하는 부재의 응력을 공부하였다. 해석에서는 앞서 개발된 방법들을 적용하였다. 편심하중을 단면 도심에 위치하는 힘 - 짝힘 체계로 대체하였으며(그림 11.58), 집중하중과 짝힘에 의한 응력들을 중첩하였다(그림 11.59).

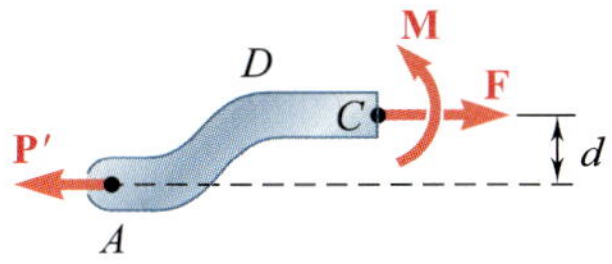

그림 11.58

$$\sigma_x = \frac{P}{A} - \frac{My}{I} \tag{11.28}$$

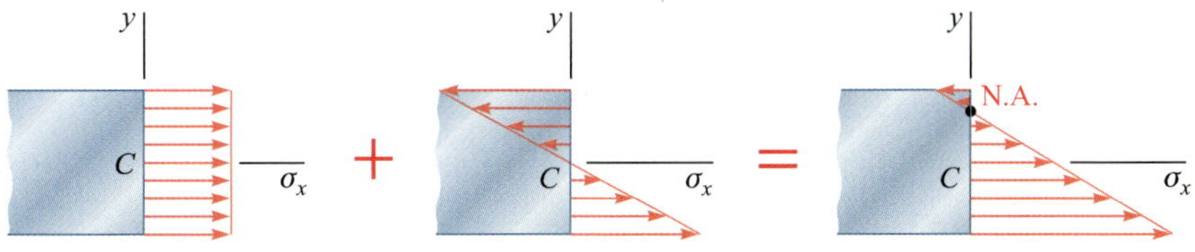

그림 11.59

비대칭휨 다음으로 비대칭단면 부재의 휨을 고려하였다[11.7절]. 단면의 주도심축 중 하나를 따라 짝힘벡터 **M**이 작용하는 경우, 휨공식들이 사용될 수 있다는 것을 알았다. 필요한 경우, **M**을 주축을 따른 성분으로 분리하고 각 짝힘에 의한 응력을 중첩하였다(그림 11.60과 11.61).

$$\sigma_x = -\frac{M_z y}{I_z} + \frac{M_y z}{I_y} \tag{11.33}$$

그림 11.62에 보이는 짝힘 **M**에 대해, 중립축의 방향을 다음 식으로 구하였다.

$$\tan\phi = \frac{I_z}{I_y}\tan\theta \tag{11.35}$$

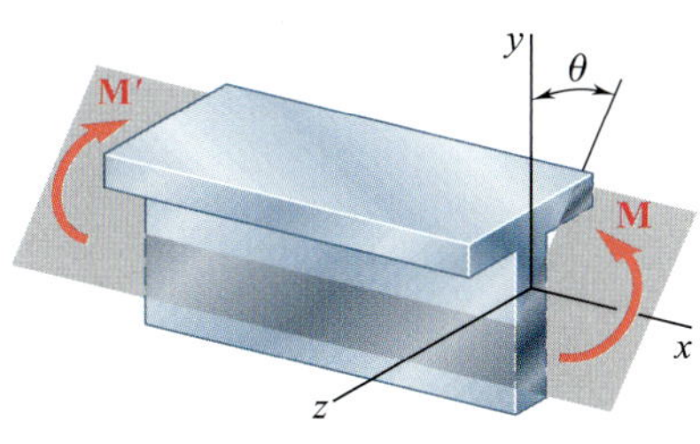

그림 11.60

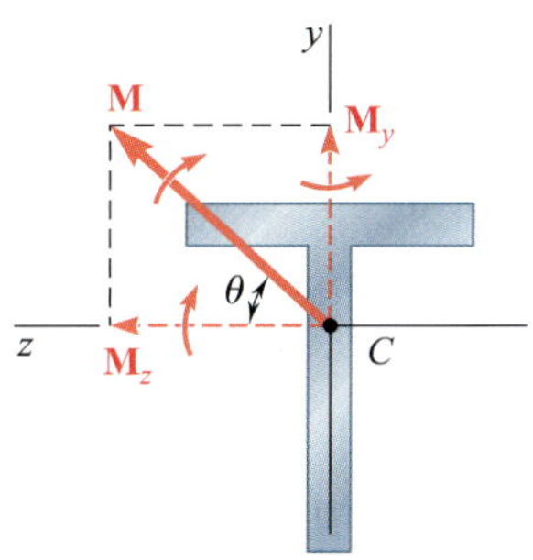

그림 11.61

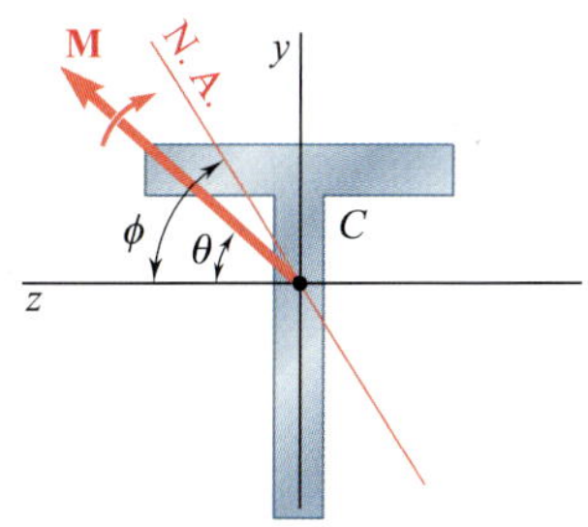

그림 11.62

일반적인 편심축하중 편심축하중이 작용하는 일반적인 경우를 11.8절에서 고려하였으며, 여기서 하중을 도심에 위치하는 힘-짝힘 체계로 다시 대체하였다. 그런 후, 주축 방향으로 작용하는 집중하중과 2개의 짝힘성분에 의한 응력들을 중첩하였다.

$$\sigma_x = \frac{P}{A} - \frac{M_z y}{I_z} + \frac{M_y z}{I_y} \tag{11.36}$$

Review Problems

11.93 Knowing that the hollow beam shown has a uniform wall thickness of 0.25 in., determine (*a*) the largest couple that can be applied without exceeding the allowable stress of 20 ksi, (*b*) the corresponding radius of curvature of the beam. Use $E = 10.6 \times 10^6$ psi.

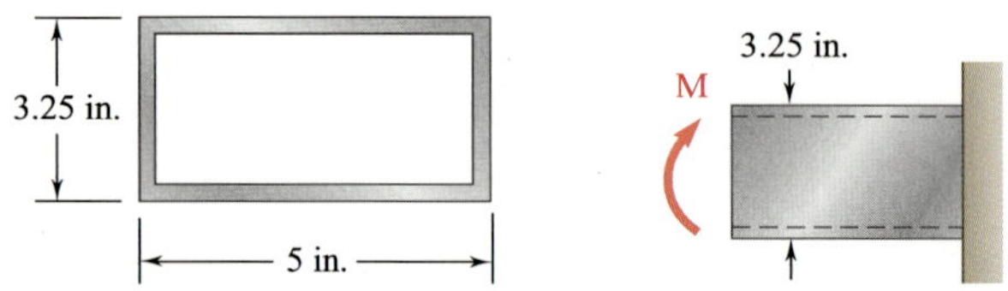

그림 P11.93

11.94 (*a*) Using an allowable stress of 120 MPa, determine the largest couple **M** that can be applied to a beam of the cross section shown. (*b*) Solve part *a* assuming that the cross section of the beam is an 80-mm square.

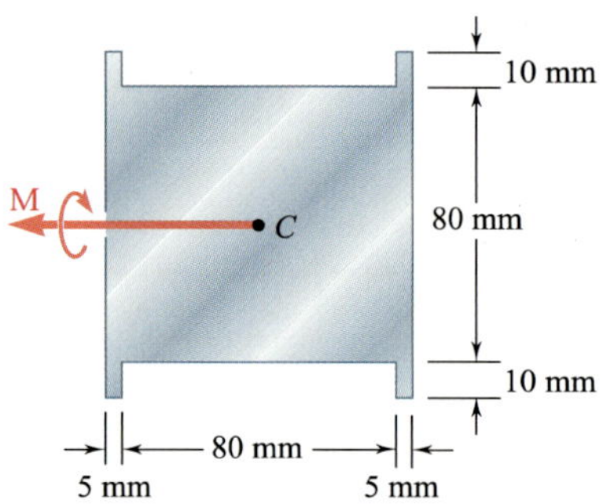

그림 P11.94

11.95 A steel bar ($E_s = 210$ GPa) and an aluminum bar ($E_a = 70$ GPa) are bonded together to form the composite bar shown. Determine the maximum stress in (*a*) the aluminum and (*b*) the steel when the bar is bent about a horizontal axis with $M = 60$ N · m.

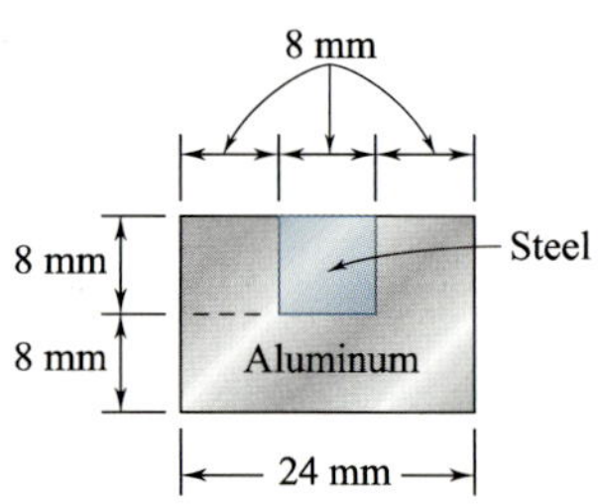

그림 *P11.95*

11.96 A single vertical force **P** is applied to a short steel post as shown. Gages located at A, B, and C indicate the following strains: $\varepsilon_A = -500\ \mu$, $\varepsilon_B = -1000\ \mu$, and $\varepsilon_C = -200\ \mu$. Knowing that $E = 29 \times 10^6$ psi, determine (*a*) the magnitude of **P**, (*b*) the line of action of **P**, (*c*) the corresponding strain at the hidden edge of the post, where $x = -2.5$ in. and $z = -1.5$ in.

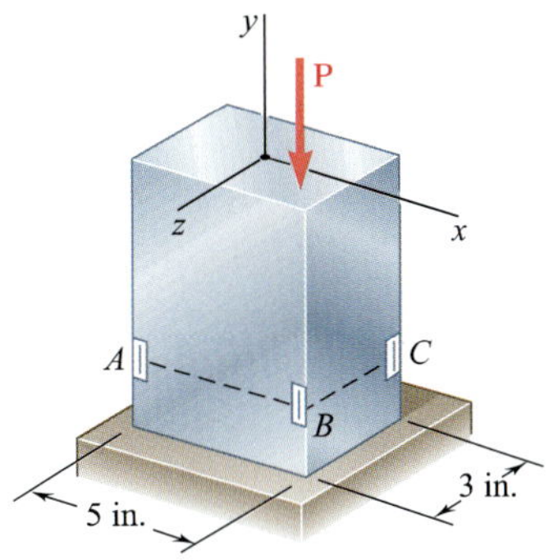

그림 **P11.96**

11.97 Two vertical forces are applied to a beam of the cross section shown. Determine the maximum tensile and compressive stresses in portion BC of the beam.

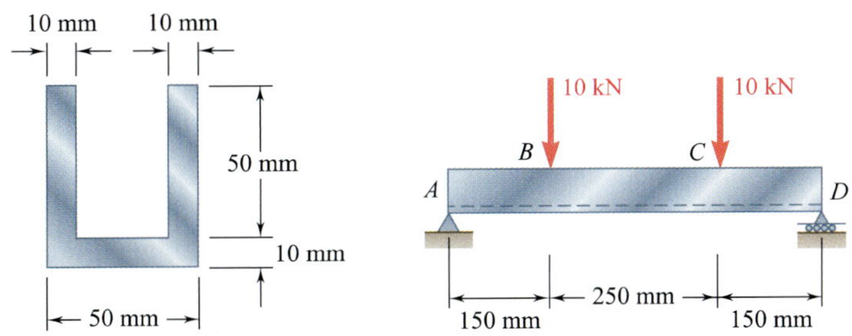

그림 **P11.97**

11.98 In order to increase corrosion resistance, a 0.08-in.-thick cladding of aluminum has been added to a steel bar as shown. The modulus of elasticity is $E = 29 \times 10^6$ psi for steel and $E = 10.4 \times 10^6$ psi for aluminum. For a bending moment of 12 kip · in., determine (*a*) the maximum stress in the steel, (*b*) the maximum stress in the aluminum, (*c*) the radius of curvature of the bar.

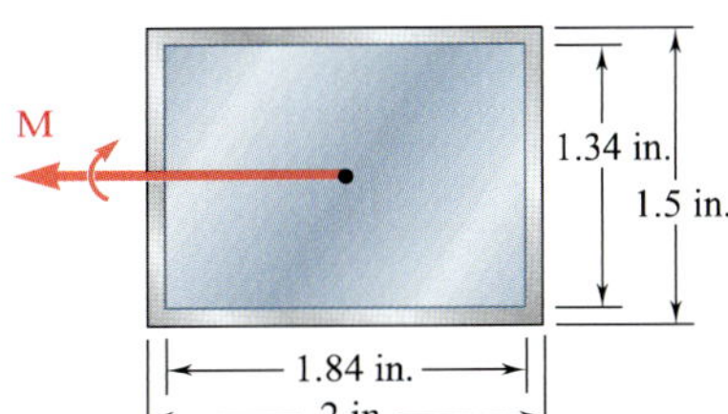

그림 ***P11.98***

11.99 A 6 × 10-in. timber beam has been strengthened by bolting to it the steel straps shown. The modulus of elasticity is $E = 1.5 \times 10^6$ psi for the wood and $E = 30 \times 10^6$ psi for the steel. Knowing that the beam is bent about a horizontal axis by a couple of moment 200 kip · in., determine the maximum stress in (*a*) the wood, (*b*) the steel.

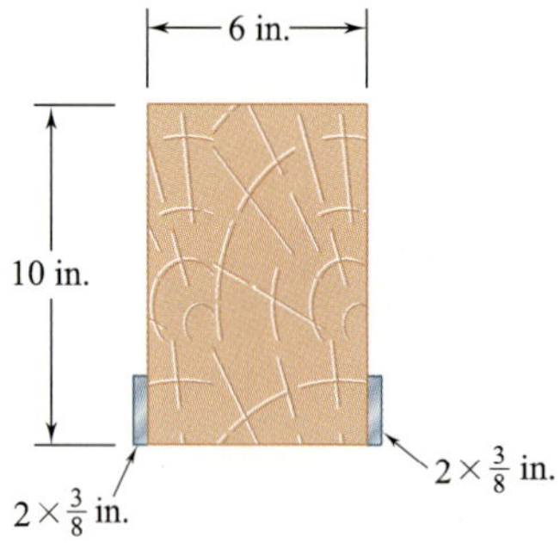

그림 P11.99

11.100 The four forces shown are applied to a rigid plate supported by a solid steel post of radius *a*. Determine the maximum stress in the post when (*a*) all four forces are applied, (*b*) the force at *D* is removed, (*c*) the forces at *C* and *D* are removed.

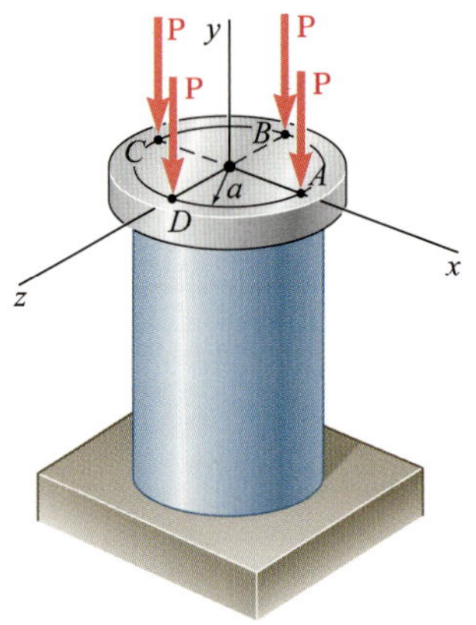

그림 *P11.100*

11.101 A couple **M** of moment 8 kN · m acting in a vertical plane is applied to a W200 × 19.3 rolled-steel beam as shown. Determine (*a*) the angle that the neutral axis forms with the horizontal plane, (*b*) the maximum stress in the beam.

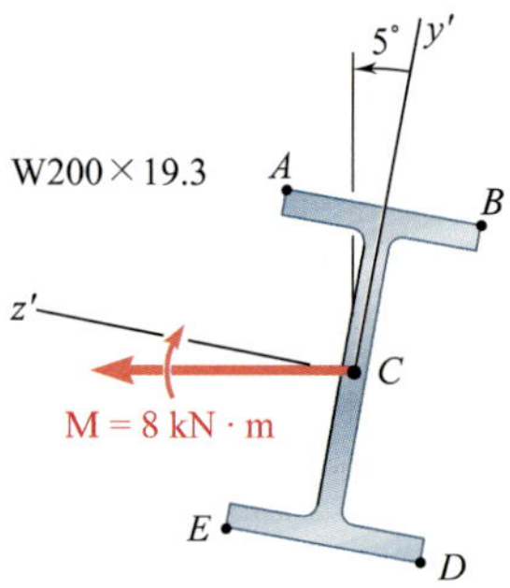

그림 P11.101

11.102 The couple **M**, which acts in a vertical plane ($\beta = 0$), is applied to an aluminum beam of the cross section shown. Determine (*a*) the stress at point *A*, (*b*) the stress at point *B*, (*c*) the radius of curvature of the beam. Use $E = 72$ GPa.

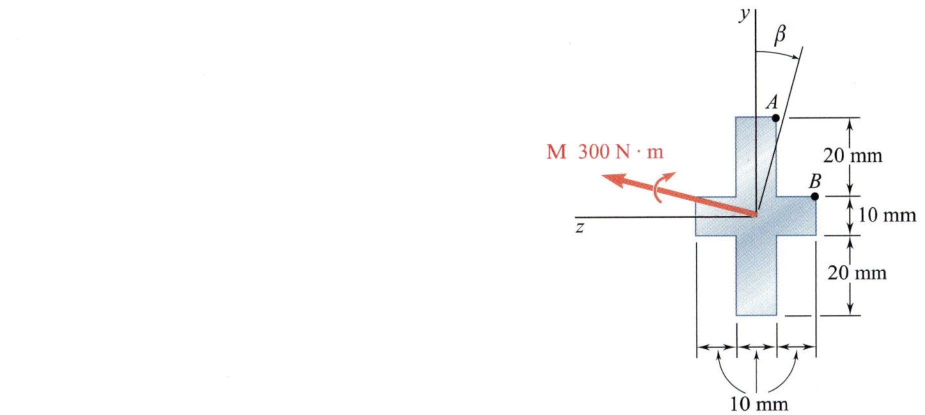

그림 P11.102, *P11.103*

11.103 The couple **M** is applied to a beam of the cross section shown in a plane forming an angle $\beta = 15°$ with the vertical. Determine (*a*) the stress at point *A*, (*b*) the stress at point *B*, (*c*) the angle that the neutral axis forms with the horizontal.

11.104 A couple **M** will be applied to a beam of rectangular cross section that is to be sawed from a log of circular cross section. Determine the ratio d/b for which (*a*) the maximum stress σ_m will be as small as possible, (*b*) the radius of curvature of the beam will be maximum.

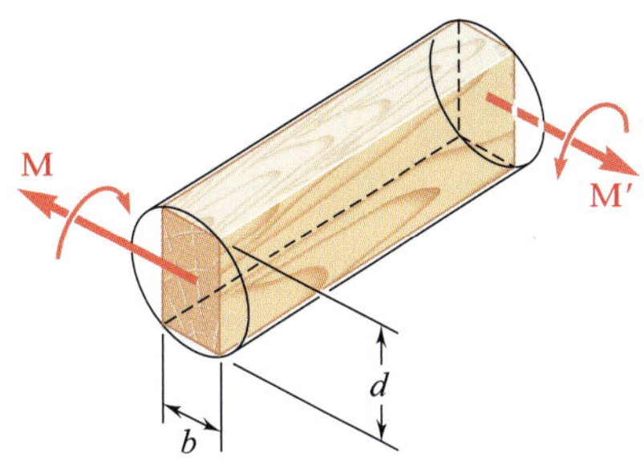

그림 P11.104

12

휨을 받는 보의 해석과 설계

12.1 서론

사진 12.1

이번 장과 다음 장의 대부분에서, 부재 종방향의 여러 점에 작용하는 하중을 지지하는 구조부재인, 보의 해석과 설계를 다룬다. 보는 일반적으로, 여러 페이지에 있는 그림에서 본 것처럼, 직선으로 된 긴 등단면부재(prismatic members)이다. 강재 및 알루미늄 보는 구조공학과 기계공학 모두에서 중요한 역할을 하며, 목재 보는 가정집을 건축할 때 많이 사용된다(사진 12.1). 대부분의 경우, 하중은 보의 축에 수직으로 작용하며, 이러한 횡방향 하중은 보에 휨과 전단만을 일으킨다. 하중이 보에 직각으로 작용하지 않는 경우에는, 하중은 보에 축력을 가져오기도 한다.

보의 횡방향 하중은 (N, lb, 혹은 kN, kips 단위로 표현되는) 집중하중 $\mathbf{P}_1$, $\mathbf{P}_2$, ⋯, (N/m, kN/m, lb/ft 혹은 kips/ft로 표현되는) 분포하중 w, 혹은 이들의 조합으로 이루어진다. 단위길이당 하중 w가 보의 일부분에 일정한 값으로 작용할 때(그림 12.1b의 A와 B 사이), 이 하중을 보의 그 부위에 작용하는 등분포하중이라 한다.

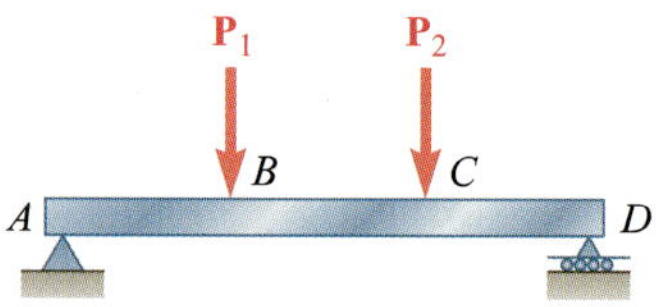

(a) 집중하중

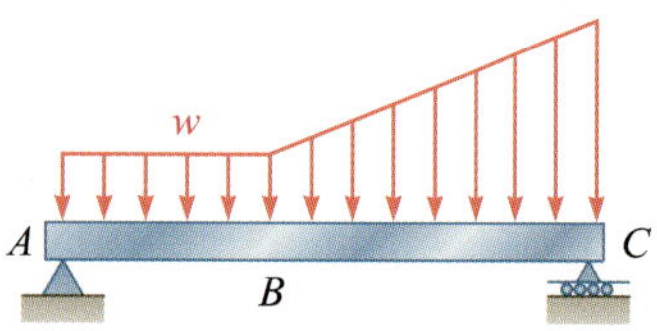

(b) 분포하중

그림 12.1

보는 보가 지지되는 방법에 따라 구분한다. 그림 12.2에 보는 바와 같이 다양한 형태의 보가 종종 사용된다. 그림의 여러 부분에 있는 거리 L을 지간(span)이라 한다. 그림 a, b, c에 있는 보들의 지점에서의 반력이 총 3개의 미지수만을 갖기 때문에, 정역학적 방법들에 의해 구할 수 있다. 이러한 보들을 정정이라고 하며, 이번 장과 다음 장에서 논의할 것이다. 반면에, 그림 11.2의 d, e, f에 있는 보들의 지점에서의 반력은 3개 이상의 미지수를 가지고 있기 때문에, 정역학적 방법만으로는 구할 수 없으며 변형에 대한 보의 저항과 관련된 보의 성질을 고려하여야만 한다. 이러한 보들을 부정정이라고 하며, 이들의 해석은 보의 변형이 논의되는 15장까지 미루어 둘 것이다.

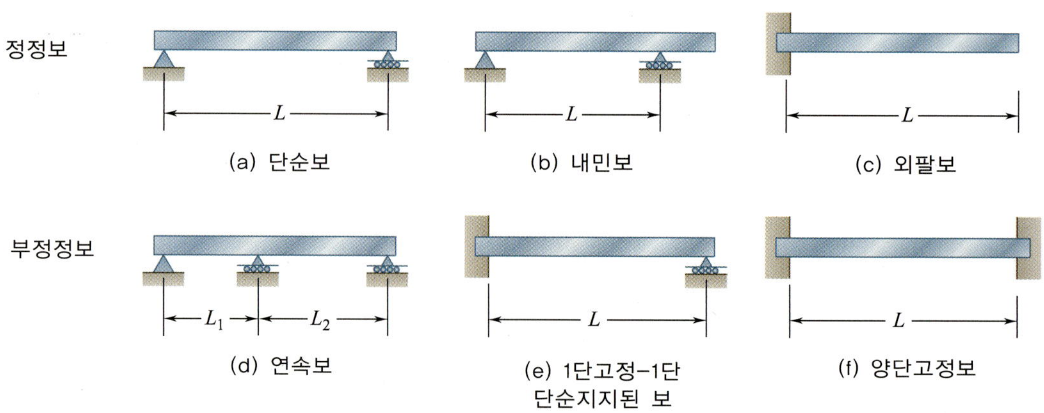

그림 12.2

때로는 2개 이상의 보가 하나의 연속구조물을 형성하기 위해 힌지들에 의해 연결되기도 한다. 그림 12.3에서 H점에서 힌지 연결된 2개의 보 문제를 볼 수 있다. 지점에서의 반력들이 4개의 미지수이므로 2개 보 시스템의 자유물체도에서 모든 반력들을 구할 수는 없다. 그러나 각 보의 자유물체도를 개별적으로 고려하면 반력들을 구할 수 있다; 즉, (힌지에서의 2개 힘성분을 포함하여) 총 6개의 미지수가 있고, 6개의 식이 있게 된다.

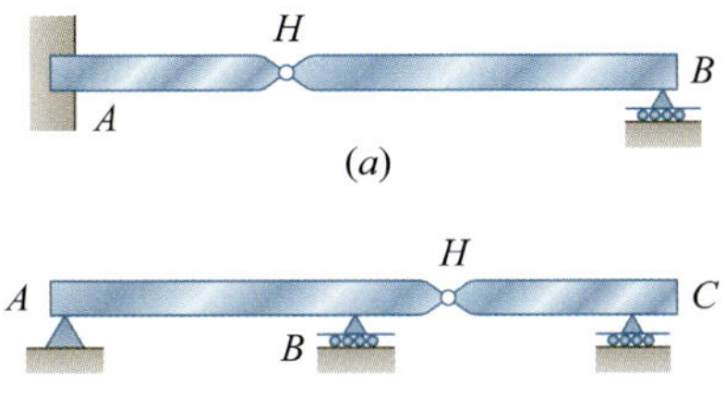

그림 12.3

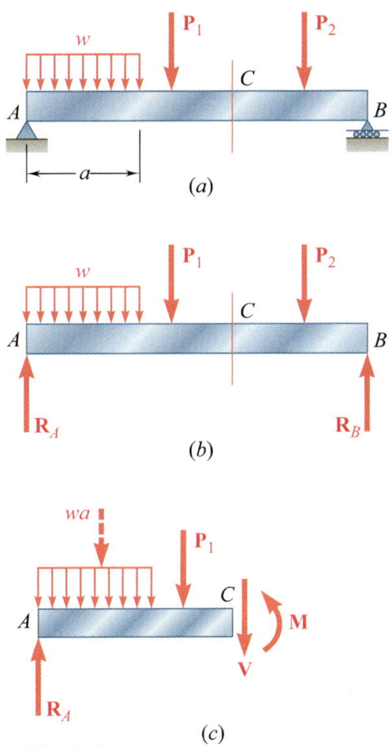

그림 12.4

11.1절에서 본 것처럼, 보의 끝에 집중하중 **P**가 작용하는 외팔보에서 C점을 지나는 단면을 자르면(그림 11.4), 이 단면의 내력은 하중 **P**와 크기가 같고 방향이 반대인 전단력 **P**$'$과 C점에 대한 **P**의 모멘트와 같은 모멘트의 휨짝힘(bending couple) **M**으로 구성되었다는 것을 알 수 있다. 동일한 상황이 다른 형태의 지점과 하중의 경우에도 적용된다. 예를 들면, 2개의 집중하중과 등분포하중이 작용하는 단순지지보 AB를 고려해보자(그림 12.4a). C점을 지나는 단면에서의 내력을 구하기 위해, 우선 지점에서의 반력을 계산하기 위해 전체 보의 자유물체도를 그려야 한다(그림 12.4b). 그런 다음, C를 지나는 단면을 잘라 AC의 자유물체도를 그리고(그림 12.4c), 이 자유물체도에서 전단력 **V**와 휨모멘트 **M**을 구한다.

휨짝힘 **M**은 이 단면에 수직응력을 발생시키고, 전단력 **V**는 단면에 전단응력을 발생시킨다. 대부분의 경우 보의 설계에서 강도를 지배하는 기준은 보의 수직응력의 최대값이다. 따라서 보의 수직응력을 결정하는 것이 이번 장의 주제이며, 전단응력은 13장에서 논의할 것이다.

단면의 수직응력의 분포는 그 단면의 휨모멘트(bending moment) 값 M과 단면의 치수에 의존하므로[1], 11.4절에서 유도한 탄성휨공식들을 최대응력과 단면의 한 점에서의 응력을 구하는데 사용할 수 있다. 따라서 다음 공식을 얻을 수 있다.[2]

1) 단면의 수직응력 분포는 전단응력에 의한 변형의 영향을 받지 않는 것으로 가정한다.
2) 11.2절에서 설명한 바와 같이 고려되는 점에서 보의 요철이 위쪽을 향하는지 아래쪽을 향하는지에 따라 M은 양이 될 수도, 음이 될 수도 있다. 따라서 여기서 고려되는 횡방향 하중의 경우, M부호는 보를 따라 변할 수 있다. 반면에 σ_m은 양이기 때문에, 식 (12.1)에 M의 절대값이 사용되었다.

$$\sigma_m = \frac{|M|\,c}{I} \qquad \sigma_x = -\frac{My}{I} \tag{12.1, 12.2}$$

여기서 I는 짝힘면에 수직인 중심축에 대한 단면의 관성모멘트이고, y는 중립축으로부터의 거리, c는 그 거리의 최대값이다(그림 11.11). 보의 탄성단면계수 $S = I/c$를 소개한 11.4절에서 단면의 수직응력 σ_m의 최대값은 다음으로 나타낼 수 있다.

$$\sigma_m = \frac{|M|}{S} \tag{12.3}$$

σ_m이 S에 반비례한다는 것은 큰 단면계수를 가진 보를 선택하는 것이 중요하는 것을 강조한다. 다양한 압연강 단면의 단면계수가 부록 B에 주어져 있으며, 11.4절에서 설명한 것처럼, 직사각형 모양의 단면계수는 다음으로 표현할 수 있다.

$$S = \frac{1}{6}bh^2 \tag{12.4}$$

식 (12.3)은 또한 균일한 단면을 가진 보에서 σ_m은 $|M|$에 비례한다는 것을 보여준다. 따라서 보의 수직응력 최대값은 $|M|$이 가장 큰 단면에서 발생하며, 주어진 하중조건에 대한 보의 설계에서 가장 중요한 부분은 가장 큰 휨모멘트의 위치와 크기를 결정하는 것이다.

이 일은 휨모멘트도를 그려보면 보다 쉽게 할 수 있다. 즉, 휨모멘트 M의 값을 보의 여러 곳에서 구하고 보의 끝으로부터의 거리 x에 대해 그린다. 그리고 동시에 x에 대한 전단력 V를 그려 전단력도를 그린다면 보다 더 쉽게 할 수 있다.

전단력과 휨모멘트 값들을 기록하는데 사용되는 부호규약은 12.2절에서 논의할 것이다. V와 M의 값은 보의 부분들에 대한 자유물체도를 연속적으로 그려 보의 여러 점에서 구한다. 12.3절에서 하중, 전단력, 휨모멘트의 관계가 유도될 것이며, 전단력도와 휨모멘트도를 얻기 위해 사용될 것이다. 이러한 접근법은 휨모멘트의 가장 큰 절대최대값을 결정하고, 따라서 보에서의 최대수직응력을 결정하는 것을 손쉽게 한다.

12.4절에서는 휨을 받는 보에서 보의 최대수직응력이 허용응력을 초과하지 않도록 설계하는 것을 배울 것이다. 이미 지적한 바와 같이, 이 부분이 보의 설계를 지배하는 기준이 된다.

12.2 전단력도와 휨모멘트도

12.1절에서 지적한 바와 같이, 보에서의 전단력과 휨모멘트의 절대최대값을

결정하는 것은 V와 M을 보의 한쪽 끝에서부터의 거리 x로 그린다면 아주 쉬워진다. 또한 15장에서 보게 될 것처럼, x의 함수로 M을 정의하는 것은 보의 처짐을 구하는데 절대적이다.

이번 절의 문제와 예제들에서, 전단력도(shear diagram)와 휨모멘트도(bending-moment diagram)는 보의 선택된 점에서의 V와 M의 값을 구하여 그리게 될 것이다. 이 값들은 일반적인 방법으로 즉, 값들을 구하는 점을 지나는 단면을 자르고(그림 12.5a), 단면의 한쪽에 위치한 보의 부분에 대한 평형조건을 고려하여(그림 12.5b) 구하게 될 것이다. C점에서 상향 혹은 하향 화살표로 표시된 전단력을 나타내는 전단력 **V**와 **V**′은 반대 기호를 가지고 있기 때문에, 자유물체도 AC와 CB에서 어느 것을 고려하고 있는지 동시에 지적하지 않는 이상 의미가 없게 된다. 이런 이유로, 전단력 V는 부호를 가지고 기록되어야 한다: 즉 전단력이 그림 12.5b에 보이는 방향으로 그려지는 경우를 양의 부호로, 그렇지 않는 경우를 음의 부호로 정의한다. 휨모멘트 M에 대해서도 유사한 부호규약을 적용한다. 휨짝힘이 그림에 보이는 방향으로 향하면 양으로, 그렇지 않으면 음으로 고려한다.[3] 지금까지의 부호규약을 요약하면 다음과 같다.

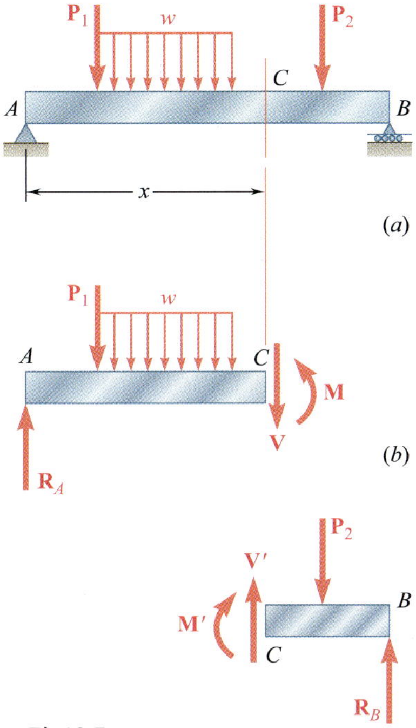

그림 12.5

보의 한 점에서의 전단력 V와 휨모멘트 M은 보의 각 부분에 작용하는 내력과 짝힘이 그림 12.6a에 있는 방향으로 향하면 양의 부호이다.

이 규약들은 다음 사항들을 알면 보다 쉽게 기억될 수 있다.

1. 보의 한 점에서의 전단력은 보에 작용하는 **외력**(하중과 반력)이 그림 12.6b에 나타낸 바와 같이 한 점에서 보를 찢는 형태로 작용할 때 양이다.
2. 보의 한 점에서의 휨모멘트는 보에 작용하는 **외력**이 그림 12.6c에 나타낸 바와 같이 한 점에서 보를 휘는 형태로 작용할 때 양이다.

전단력과 휨모멘트의 값들이 양인 그림 12.6에 묘사된 상황은 정확히 단일 집중하중이 보의 중앙에 작용하는 단순지지보의 왼쪽 반쪽에서 발생하는 상황이다. 이 특별한 경우는 다음 예제에서 충분히 논의하도록 한다.

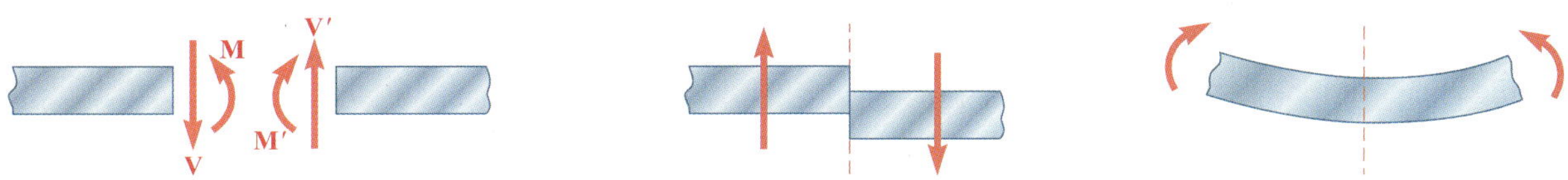

(a) 내력
(양의 전단력과 양의 모멘트)

(b) 외력의 영향
(양의 전단력)

(c) 외력의 영향
(양의 휨모멘트)

그림 12.6

3) 이 규약은 11.2절에서 이미 사용하였던 것과 동일하다.

예제 12.1 중앙점 C에서 단일 집중하중 **P**를 받는 지간 L의 단순지지 보에 대한 전단력도와 휨모멘트도를 구하시오(그림 12.7).

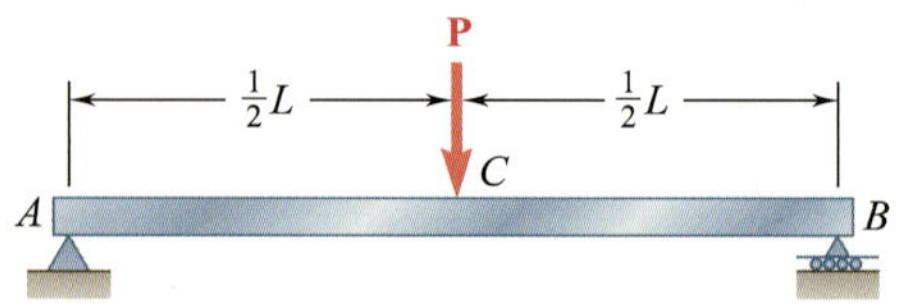

그림 12.7

우선 전체 보에 대한 자유물체도에서 지점에서의 반력을 구한다(그림 12.8a).; 각 반력의 크기가 $P/2$로 동일함을 알 수 있다.

다음으로 보를 A와 C 사이의 D점에서 자르고 자유물체도 AD와 DB를 그린다(그림 12.8b). 전단력과 모멘트가 양이라고 가정하고, 그림 12.6a에서 나타낸 바에 따라 내력 **V**와 **V**′, 내력짝힘 **M**과 **M**′의 방향을 표시한다. 자유물체도 AD에 대해 자유물체도에 작용하는 힘의 수직성분의 합과 D를 중심으로 한 모멘트의 합이 영이라고 하면, $V=+P/2$, $M=+Px/2$를 구할 수 있다. 따라서 전단력과 휨모멘트 모두 양이 된다: 이것은 그림 12.6b와 c에서 나타낸 것과 같이, A에서의 반력이 전단하려는 경향과 D에서 보를 휘게 하는 경향을 관찰하면 검토할 수 있다. 그런 다음 A와 C 사이에서 V와 M을 그린다(그림 12.8d와 e): 전단력은 일정한 값 $V=P/2$이며, 반면 휨모멘트는 $x=0$에서 $M=0$이고, $x=L/2$에서 $M=PL/4$이 되도록 선형으로 증가한다.

여기서 C와 E 사이의 E점에서 보를 자르고 자유물체도 EB를 고려하면(그림 12.8c), 자유물체도에 작용하는 힘의 수직성분의 합과 E를 중심으로 한 모멘트의 합이 영이 되고, $V=-P/2$와 $M=P(L-x)/2$를 얻게 된다. 그러므로 전단력은 음이 되고 휨모멘트는 양이 된다. 이것은 B에서의 반력이 그림 12.6c에서 나타낸 바와 같이 E에서 보를 휘게 하지만, 그림 12.6b에 보인 것과는 반대되는 형태로 전단력이 보를 찢는 것을 관찰하여 검토할 수 있다. 이제 그림 12.8d와 e의 전단력도와 휨모멘트도를 완성할 수 있게 되었다; 전단력은 C와 B 사이에서 일정한 값 $V=-P/2$이고, 반면 휨모멘트는 $x=L/2$에서 $M=PL/4$에서 $x=L$에서 $M=0$이 되도록 선형으로 감소한다. ■

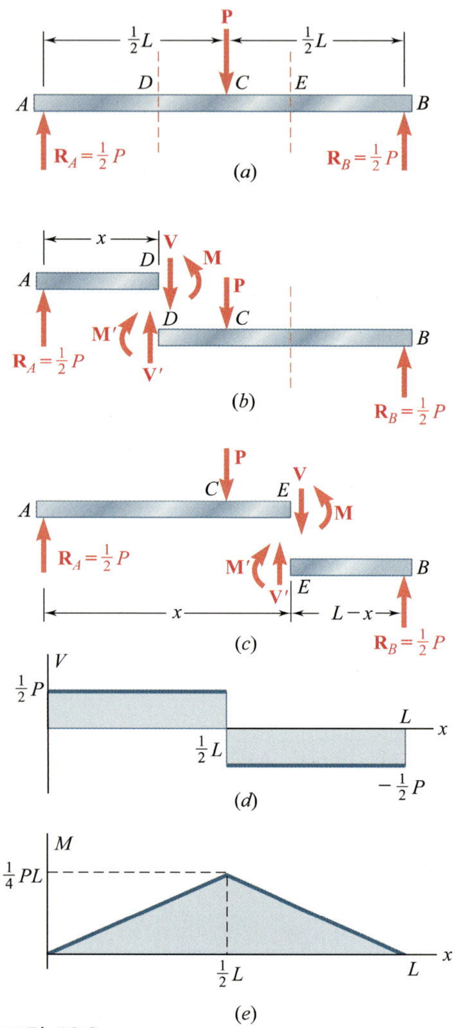

그림 12.8

위 문제에서, 보에 집중하중들만 작용할 때, 하중 사이에서 전단력은 일정하며 휨모멘트는 선형으로 변하는 것을 보았다. 그러므로, 이런 상황에서 하중과 반력이 작용하는 점들의 바로 왼쪽과 바로 오른쪽의 단면에서 V와 M 값들을 구한다면 전단력도와 휨모멘트도를 쉽게 그릴 수 있을 것이다(문제 12.1 참조).

예제 12.2 등분포하중 w을 받는 지간 L의 외팔보 AB의 전단력도와 휨모멘트도를 그리시오(그림 12.9).

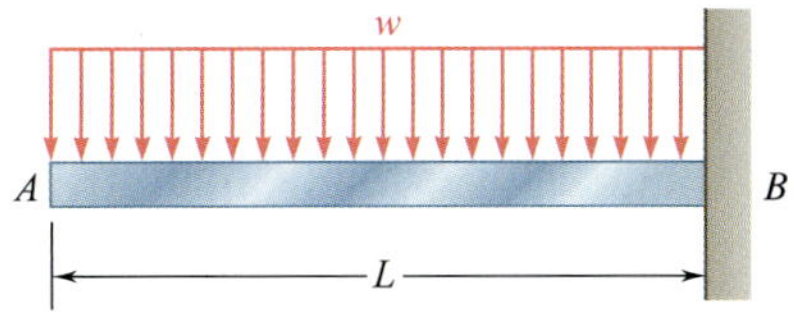

그림 12.9

A와 B 사이의 C점에서 보를 자르고 그림 12.6a에 나타낸 바에 따라 V와 M의 방향을 정해 자유물체도 AC를 그린다(그림 12.10a). A에서 C까지의 거리를 x로 하고 AC에 분포하는 하중을 AC의 중앙점에 작용하는 하중 wx로 대체하면, 다음을 구할 수 있다.

$$+\uparrow \Sigma F_y = 0: \qquad -wx - V = 0 \qquad V = -wx$$

$$+\circlearrowleft \Sigma M_C = 0: \qquad wx\left(\frac{x}{2}\right) + M = 0 \qquad M = -\frac{1}{2}wx^2$$

전단력도는 기울어진 직선이 되며(그림 12.10b), 휨모멘트도는 2차포물선이 된다(그림 12.10c). V와 M의 최대값은 모두 B에 발생하며, 다음 값이 된다.

$$V_B = -wL \qquad M_B = -\frac{1}{2}wL^2 \quad ■$$

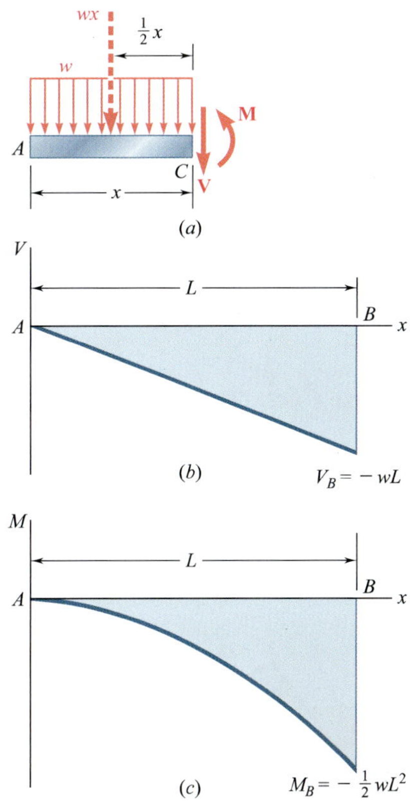

그림 12.10

문제 12.1

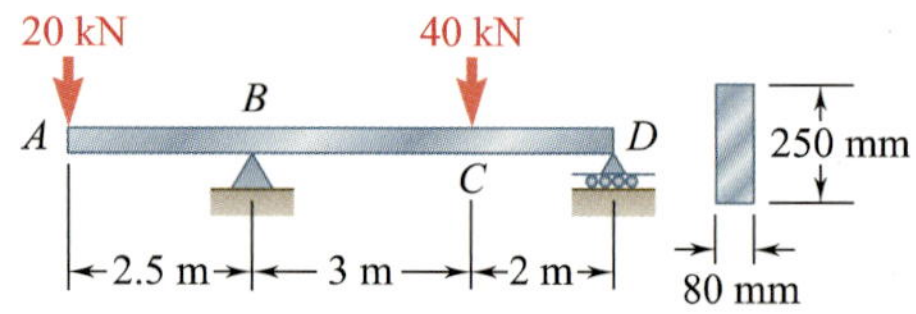

그림에 보이는 목재보와 하중에 대해 전단력도와 휨모멘트도를 그리고 휨에 의한 최대수직응력을 구하시오.

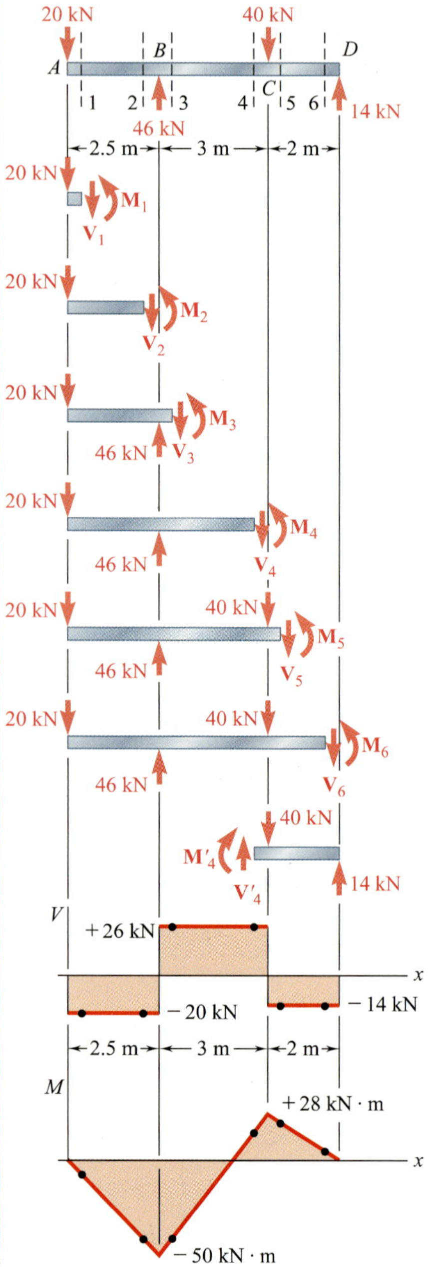

풀이.

반력. 전체 보를 자유물체도로 보면, 다음을 구할 수 있다.

$$R_B = 46 \text{ kN} \uparrow \qquad R_D = 14 \text{ kN} \uparrow$$

전단력도와 휨모멘트도. 우선 A에 작용하는 20 kN 하중의 바로 오른쪽에서의 내력을 구한다. 단면 1의 왼쪽에 있는 보의 토막을 자유물체도로 보고, V와 M이 (표준부호규약에 따라) 양이라고 가정하면, 다음을 구할 수 있다.

$$+\uparrow \Sigma F_y = 0: \quad -20 \text{ kN} - V_1 = 0 \qquad V_1 = -20 \text{ kN}$$

$$+\circlearrowleft \Sigma M_1 = 0: \quad (20 \text{ kN})(0 \text{ m}) + M_1 = 0 \qquad M_1 = 0$$

다음으로 단면 2의 왼쪽에 있는 보의 부분을 자유물체도로 보면, 다음을 구할 수 있다.

$$+\uparrow \Sigma F_y = 0: \quad -20 \text{ kN} - V_2 = 0 \qquad V_2 = -20 \text{ kN}$$

$$+\circlearrowleft \Sigma M_2 = 0: \quad (20 \text{ kN})(2.5 \text{ m}) + M_2 = 0 \qquad M_2 = -50 \text{ kN} \cdot \text{m}$$

단면 3, 4, 5, 그리고 6에서의 전단력과 휨모멘트를 그림의 자유물체도들에서 동일한 방법으로 구하면, 다음이 구해진다.

$$V_3 = +26 \text{ kN} \qquad M_3 = -50 \text{ kN} \cdot \text{m}$$

$$V_4 = +26 \text{ kN} \qquad M_4 = +28 \text{ kN} \cdot \text{m}$$

$$V_5 = -14 \text{ kN} \qquad M_5 = +28 \text{ kN} \cdot \text{m}$$

$$V_6 = -14 \text{ kN} \qquad M_6 = 0$$

뒤쪽 몇 개의 단면에 대해서는 단면의 오른쪽에 있는 보의 부분을 자유물체도로 고려하면 결과를 보다 쉽게 얻을 수 있다. 예를 들면, 단면 4의 오른쪽에 있는 보의 부분에서 다음 식을 얻을 수 있다.

$$+\uparrow \Sigma F_y = 0: \quad V_4 - 40 \text{ kN} + 14 \text{ kN} = 0 \qquad V_4 = +26 \text{ kN}$$

$$+\circlearrowleft \Sigma M_4 = 0: \quad -M_4 + (14 \text{ kN})(2 \text{ m}) = 0 \qquad M_4 = +28 \text{ kN} \cdot \text{m}$$

여기서 전단력도와 휨모멘트도에 보이는 6개 점을 그릴 수 있다. 앞에서 지적한 바와 같이, 전단력은 집중하중 사이에서는 일정한 값이고 휨모멘트는 선형으로 변한다. 따라서 그림에 보이는 전단력도와 휨모멘트도를 얻게 된다.

최대수직응력. 최대수직응력은 $|M|$이 가장 큰 B에서 발생한다. 보의 단면계수를 구하기 위해 식 (12.4)를 사용한다.

$$S=\frac{1}{6}bh^2=\frac{1}{6}(0.080\ \mathrm{m})(0.250\ \mathrm{m})^2=833.33\times10^{-6}\ \mathrm{m}^3$$

이 값과 $|M|=|M_B|=50\times10^3\ \mathrm{N\cdot m}$을 식 (12.3)에 대입하면:

$$\sigma_m=\frac{|M_B|}{S}=\frac{(50\times10^3\ \mathrm{N\cdot m})}{833.33\times10^{-6}}=60.00\times10^6\ \mathrm{Pa}$$

보의 최대수직응력 $=$ 60.0 MPa

문제 12.2

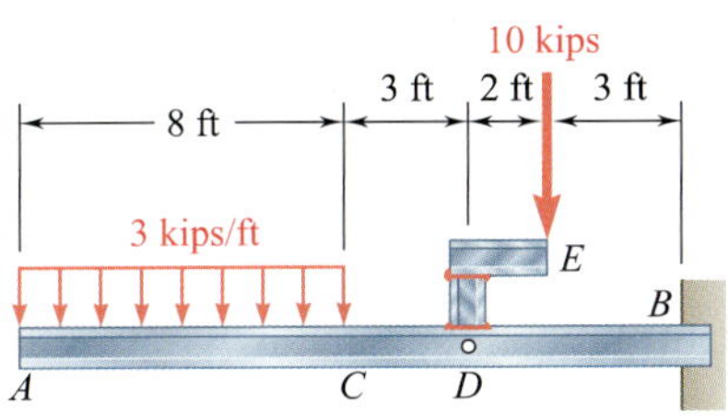

그림의 구조물은 W10×112 압연강 보 AB와 보에 함께 용접된 2개의 부재로 구성되어 있다. (a) 주어진 보와 하중에 대한 전단력도와 휨모멘트도를 그리시오. (b) D점의 바로 왼쪽과 바로 오른쪽에 있는 단면들에서의 최대수직응력을 구하시오.

풀이.

보의 등가하중. 10 kip 하중을 D에서의 등가 힘-짝힘 체계로 대체한다. B에서의 반력은 보를 자유물체도로 하여 구한다.

a. 전단력도와 휨모멘트도

***A* 에서 *C* 까지.** 단면 1의 왼쪽에 있는 보의 부분을 고려하여 A점에서 x만큼 떨어진 곳에서의 내력을 구한다. 자유물체도에 분포하중이 작용하는 부분을 집중하중으로 대체하면 다음 식이 구해진다.

$$+\uparrow\Sigma F_y=0:\quad -3x-V=0 \qquad V=-3x\ \mathrm{kips}$$

$$+\circlearrowleft\Sigma M_1=0:\quad 3x\left(\frac{1}{2}x\right)+M=0 \qquad M=-1.5x^2\ \mathrm{kip\cdot ft}$$

그림의 자유물체도는 x가 8 ft 보다 작은 모든 값에 사용할 수 있기 때문에, V와 M으로 구해진 식들은 $0<x<8$ ft 영역에서 유효하다.

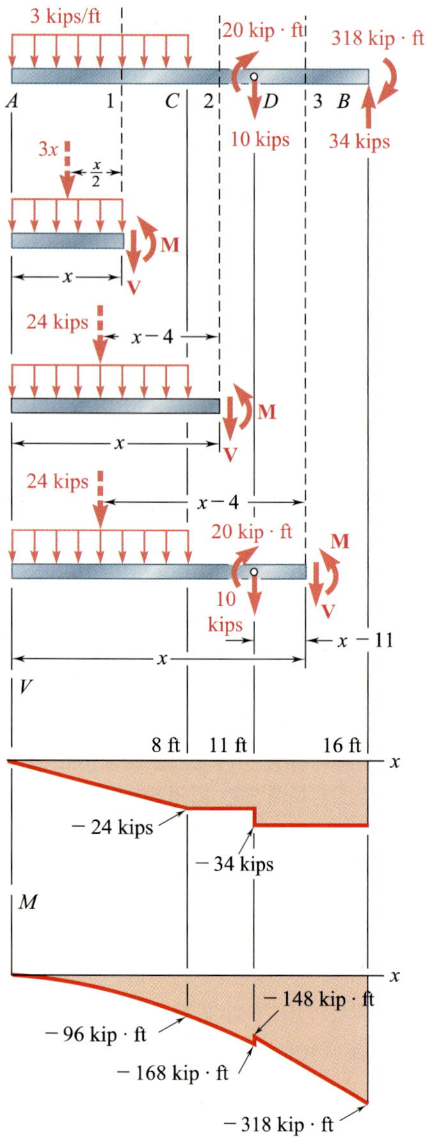

***C*에서 *D*까지.** 단면 2의 왼쪽에 있는 보 부분을 고려하여 분포하중을 다시 집중하중으로 대체하면, 다음 식이 구해진다.

$$+\uparrow \Sigma F_y = 0: \quad -24 - V = 0 \qquad V = -24 \text{ kips}$$

$$+\circlearrowleft \Sigma M_2 = 0: \quad 24(x-4) + M = 0 \qquad M = 96 - 24x \text{ kip} \cdot \text{ft}$$

이 식들은 $8 \text{ ft} < x < 11 \text{ ft}$ 영역에서 유효하다.

***D*에서 *B*까지.** 단면 3의 왼쪽에 있는 보 부분을 사용하여 $11 \text{ ft} < x < 16 \text{ ft}$ 영역에서 다음을 구한다.

$$V = -34 \text{ kips} \qquad M = 226 - 34x \text{ kip} \cdot \text{ft}$$

지금까지의 결과를 이용하여 전체 보에 대한 전단력도와 휨모멘트도를 그릴 수 있다. 여기서 *D*점에 작용하는 20 kip · ft 짝힘모멘트에 의해 휨모멘트도가 불연속이 되는 것을 관찰할 수 있다.

b. *D* 점 오른쪽과 왼쪽에서의 최대수직응력. 부록 B의 W10×112 압연강 단면에 대한 자료에서 *X*−*X*축에 대해 $S = 126 \text{ in}^3$이다.

***D*의 왼쪽에서:** $|M| = 168 \text{ kip} \cdot \text{ft} = 2016 \text{ kip} \cdot \text{in.}$이다. $|M|$과 S를 식 (12.3)에 대입하면, 다음을 구할 수 있다.

$$\sigma_m = \frac{|M|}{S} = \frac{2016 \text{ kip} \cdot \text{in.}}{126 \text{ in}^3} = 16.00 \text{ ksi} \qquad \sigma_m = 16.00 \text{ ksi}$$

***D*의 오른쪽에서:** $|M| = 148 \text{ kip} \cdot \text{ft} = 1776 \text{ kip} \cdot \text{in.}$이다. $|M|$과 S를 식 (12.3)에 대입하면, 다음을 구할 수 있다.

$$\sigma_m = \frac{|M|}{S} = \frac{1776 \text{ kip} \cdot \text{in.}}{126 \text{ in}^3} = 14.10 \text{ ksi} \qquad \sigma_m = 14.10 \text{ ksi}$$

Problems

12.1 through 12.4 For the beam and loading shown, (a) draw the shear and bending-moment diagrams, (b) determine the equations of the shear and bending-moment curves.

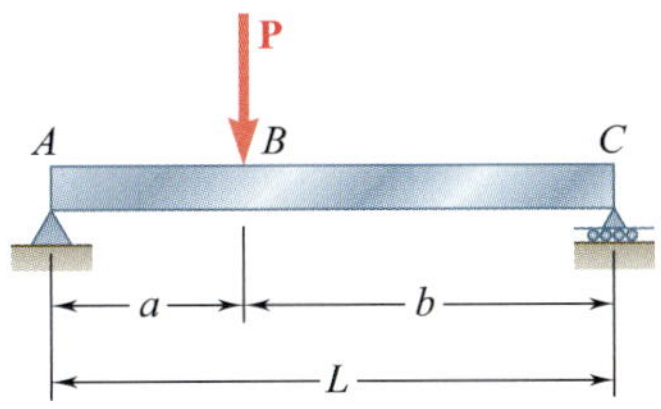

그림 P12.1

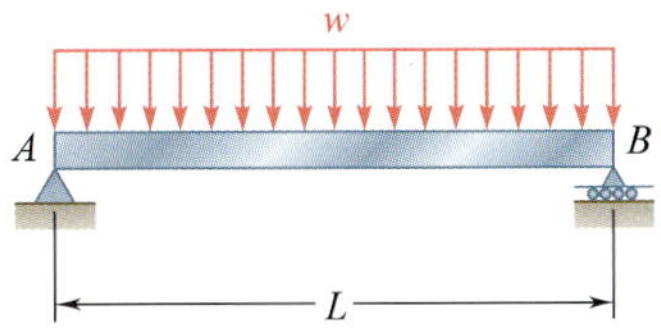

그림 P12.2

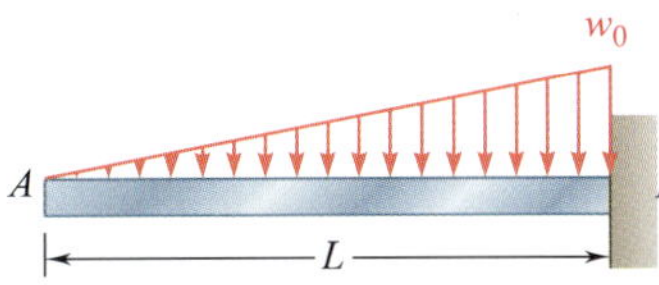

그림 P12.3

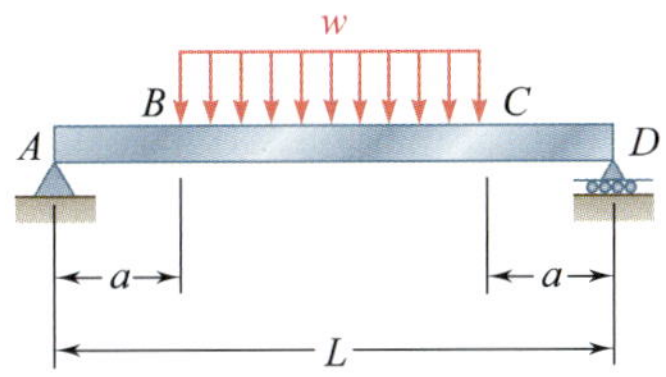

그림 P12.4

12.5 and *12.6* Draw the shear and bending-moment diagrams for the beam and loading shown, and determine the maximum absolute value (a) of the shear, (b) of the bending moment.

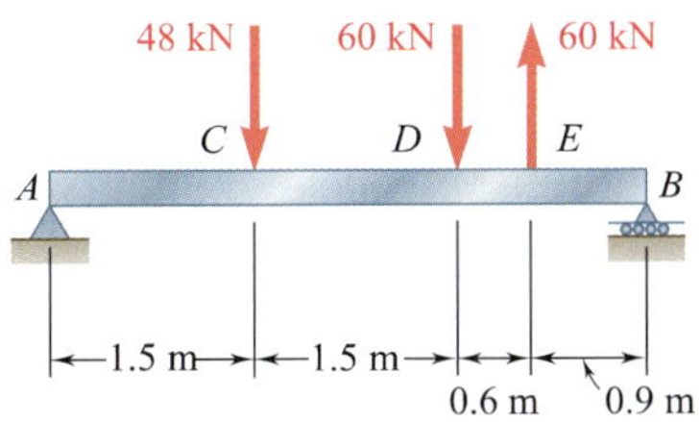

그림 P12.5

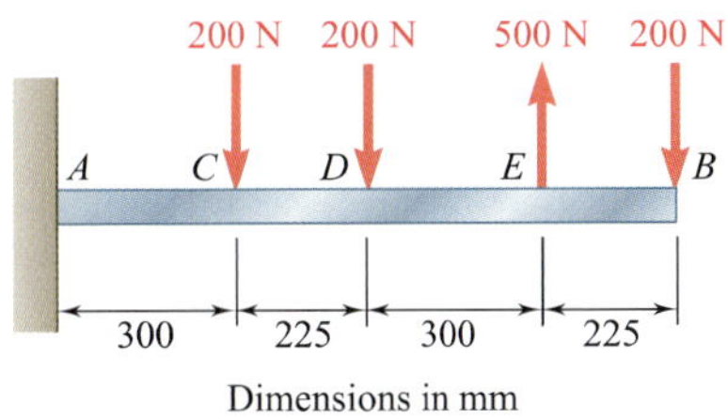

그림 *P12.6*

12.7 and *12.8* Draw the shear and bending-moment diagrams for the beam and loading shown, and determine the maximum absolute value (a) of the shear, (b) of the bending moment.

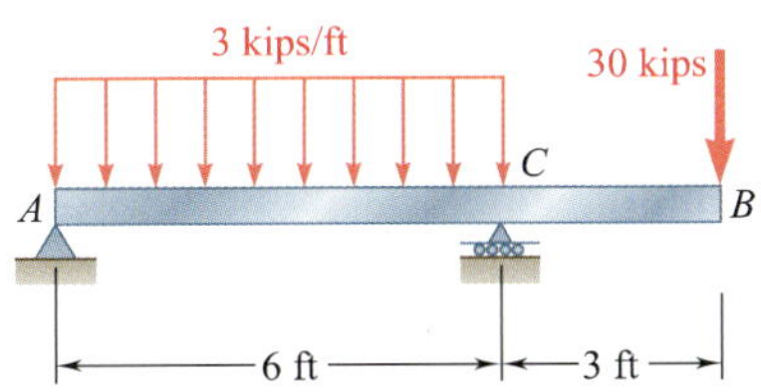

그림 P12.7

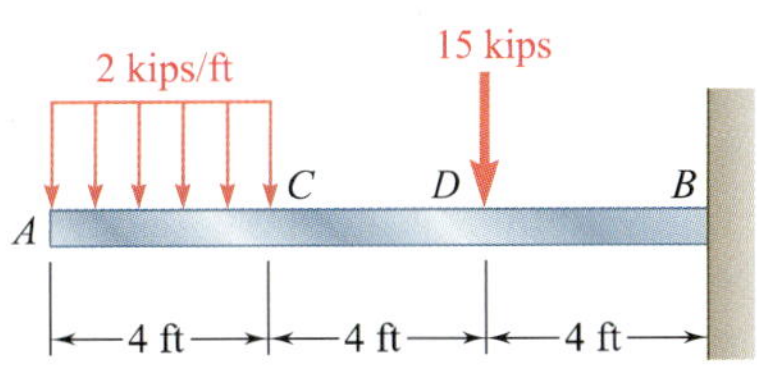

그림 *P12.8*

12.9 and 12.10 Draw the shear and bending-moment diagrams for the beam and loading shown, and determine the maximum absolute value (*a*) of the shear, (*b*) of the bending moment.

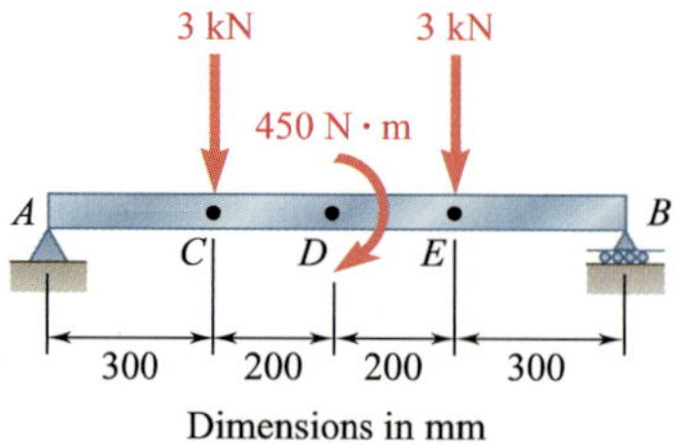

그림 P12.9

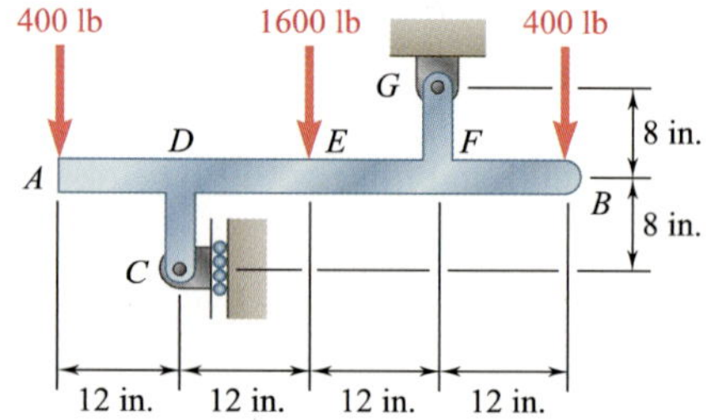

그림 P12.10

12.11 and 12.12 Assuming the upward reaction of the ground to be uniformly distributed, draw the shear and bending-moment diagrams for the beam *AB* and determine the maximum absolute value (*a*) of the shear, (*b*) of the bending moment.

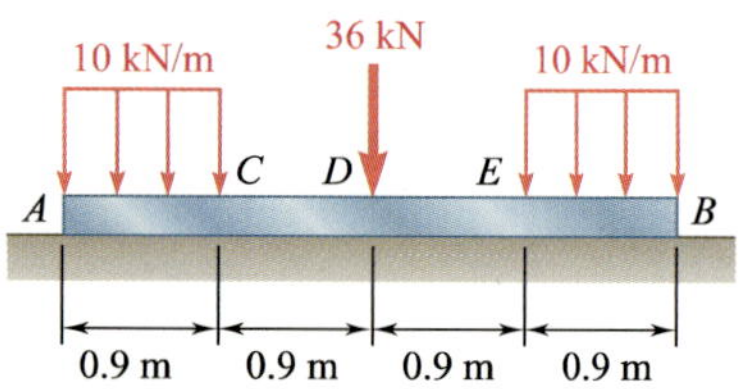

그림 P12.11

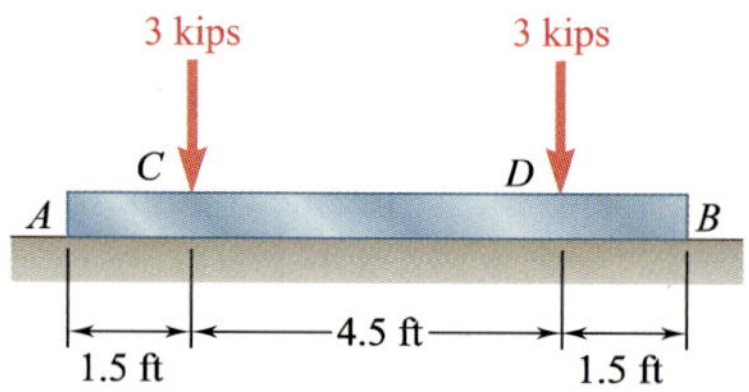

그림 P12.12

12.13 and 12.14 For the beam and loading shown, determine the maximum normal stress due to bending on a transverse section at *C*.

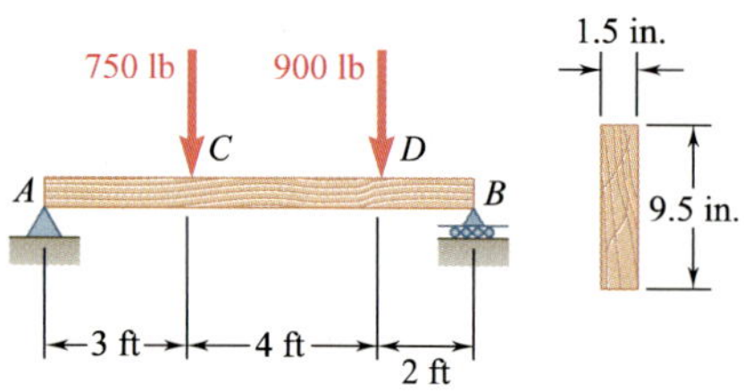

그림 P12.13

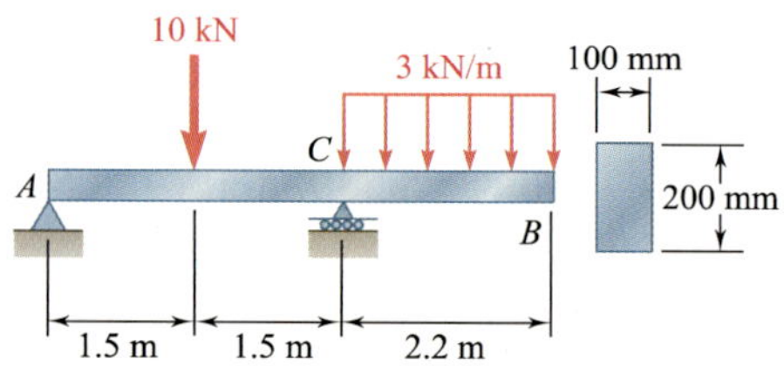

그림 P12.14

12.15 For the beam and loading shown, determine the maximum normal stress due to bending on section *a-a*.

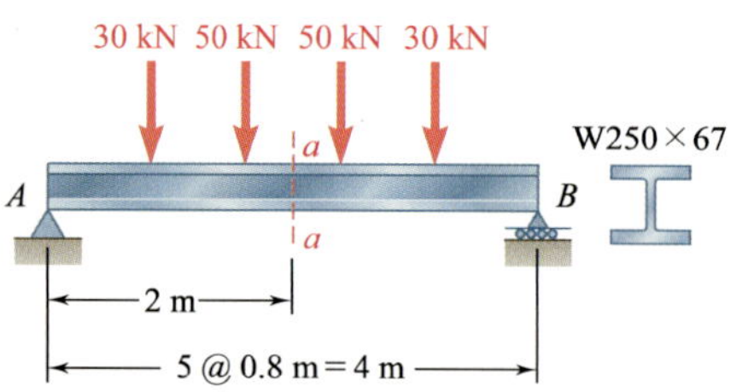

그림 P12.15

12.16 For the beam and loading shown, determine the maximum normal stress due to bending on a transverse section at C.

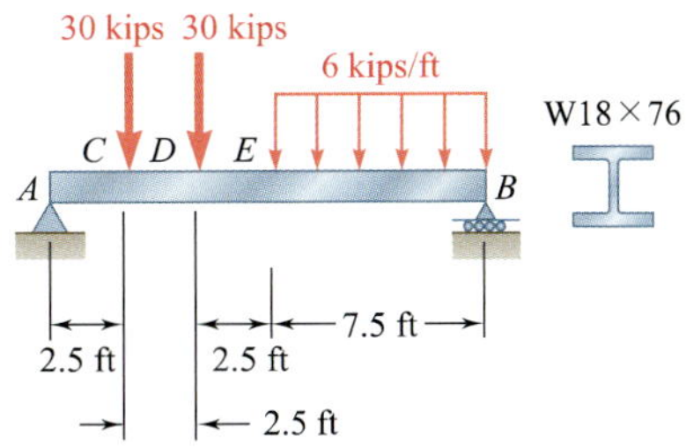

그림 P12.16

12.17 and 12.18 For the beam and loading shown, determine the maximum normal stress due to bending on a transverse section at C.

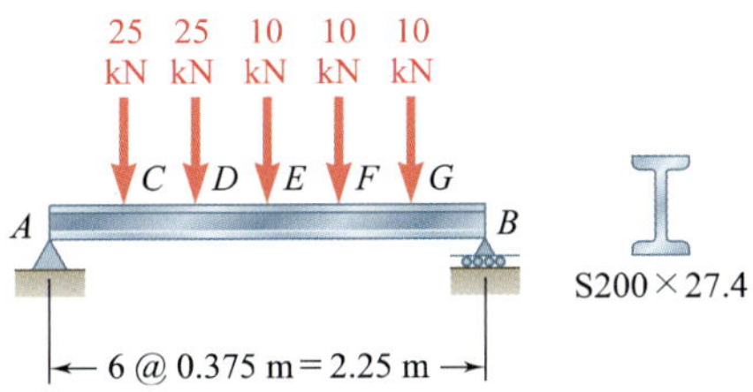

그림 *P12.17*

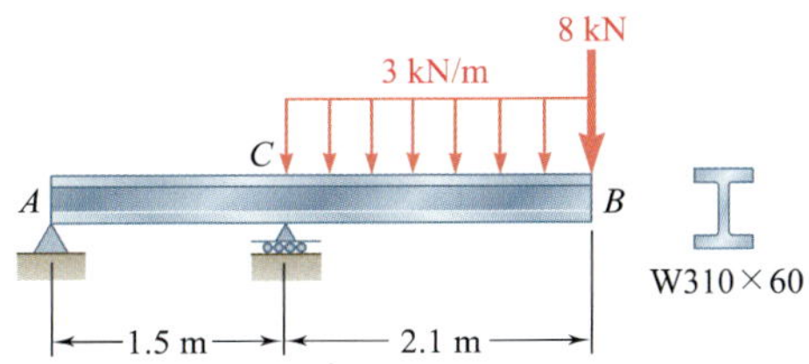

그림 P12.18

12.19 and 12.20 Draw the shear and bending-moment diagrams for the beam and loading shown, and determine the maximum normal stress due to bending.

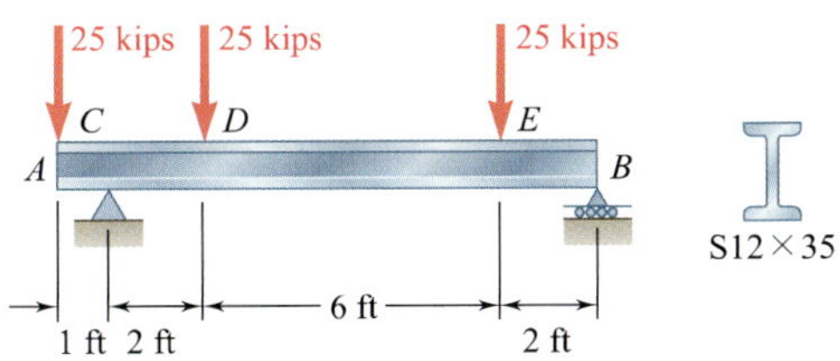

그림 P12.19

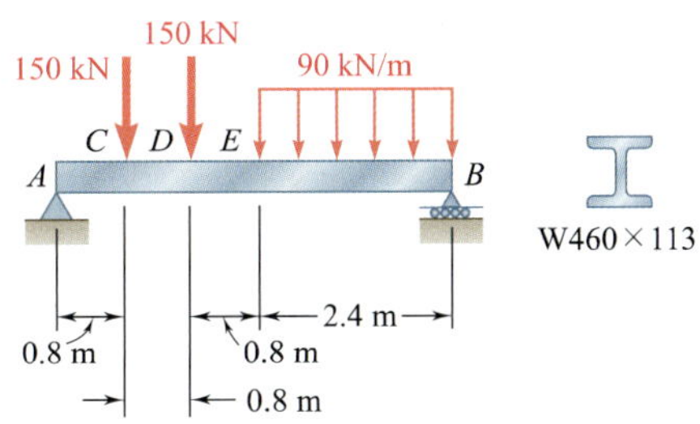

그림 P12.20

12.21 and 12.22 Draw the shear and bending-moment diagrams for the beam and loading shown, and determine the maximum normal stress due to bending.

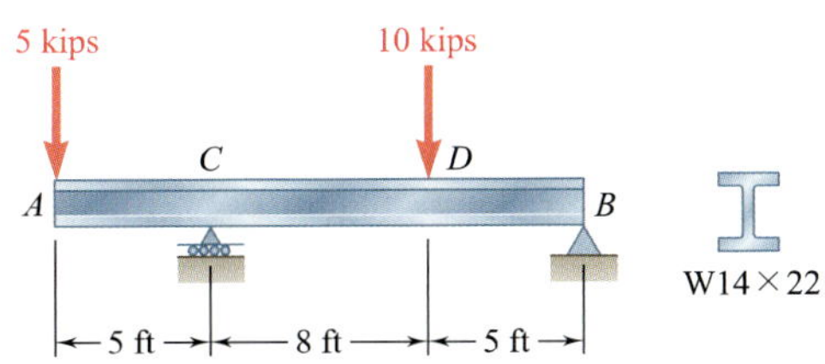

그림 *P12.21*

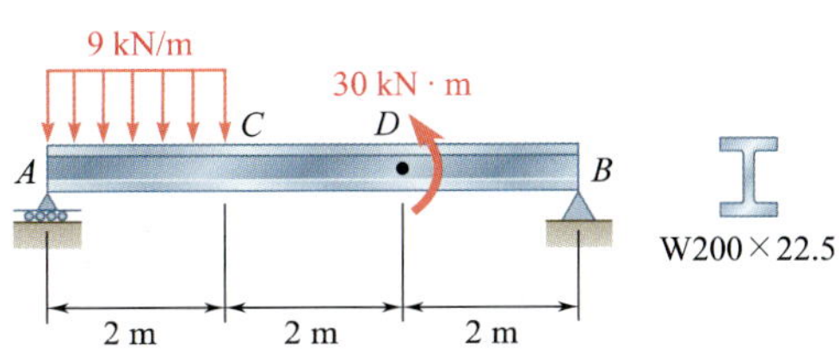

그림 *P12.22*

12.23 Draw the shear and bending-moment diagrams for the beam and loading shown, and determine the maximum normal stress due to bending.

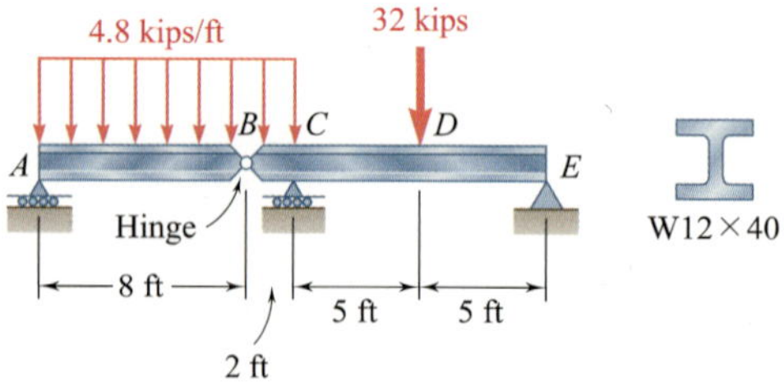

그림 P12.23

12.24 Knowing that $W = 3$ kips, draw the shear and bending-moment diagrams for beam AB and determine the maximum normal stress due to bending.

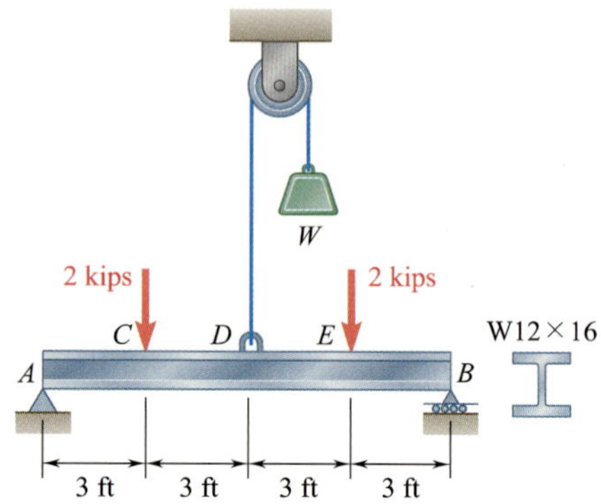

그림 P12.24

12.25 Determine (*a*) the distance *a* for which the maximum absolute value of the bending moment in the beam is as small as possible, (*b*) the corresponding maximum normal stress due to bending. (*Hint:* Draw the bending-moment diagram, and equate the absolute values of the largest positive and negative bending moments obtained.)

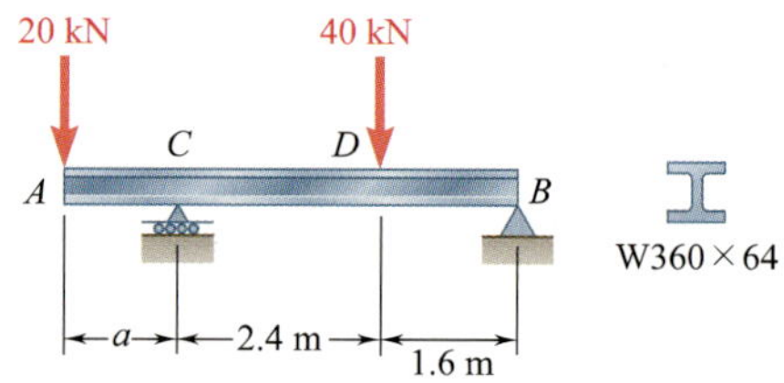

그림 P12.25

12.26 Determine (*a*) the distance *a* for which the maximum absolute value of the bending moment in the beam is as small as possible, (*b*) the corresponding maximum normal stress due to bending. (See hint of Prob. 12.25.)

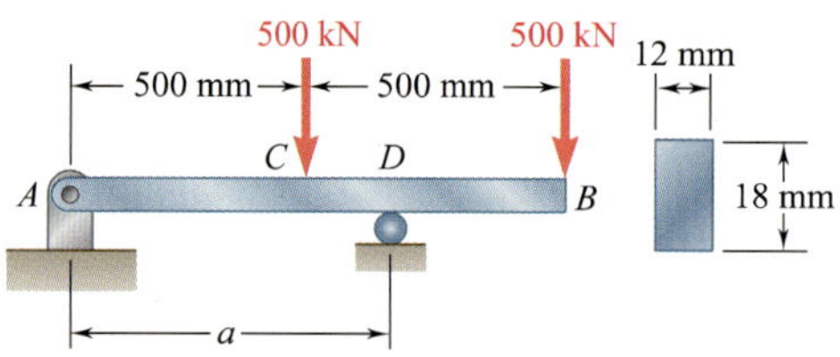

그림 P12.26

12.27 Determine (*a*) the distance *a* for which the maximum absolute value of the bending moment in the beam is as small as possible, (*b*) the corresponding maximum normal stress due to bending. (See hint of Prob. 12.25.)

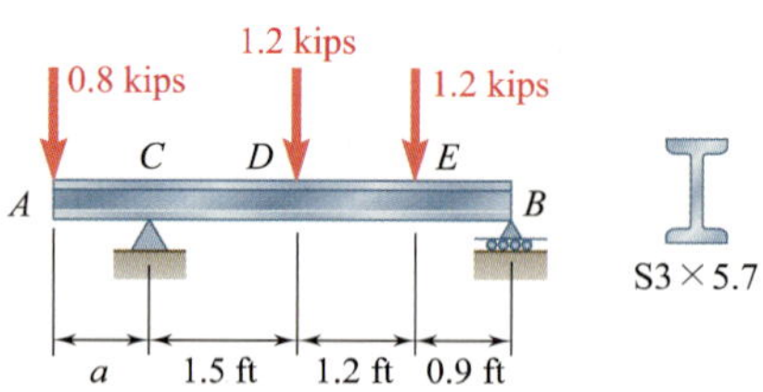

그림 P12.27

12.28 A solid steel rod of diameter d is supported as shown. Knowing that for steel $\gamma = 490 \text{ lb/ft}^3$, determine the smallest diameter d that can be used if the normal stress due to bending is not to exceed 4 ksi.

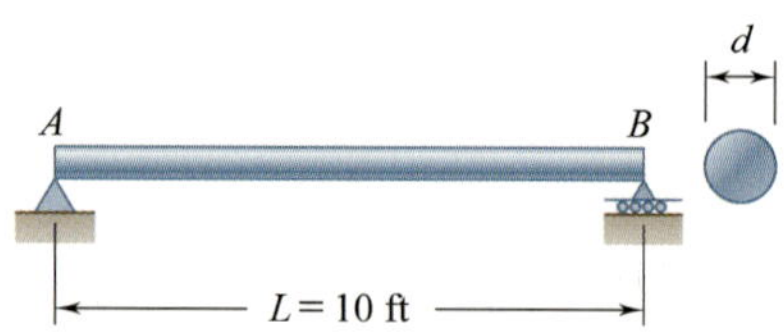

그림 *P12.28*

12.3 하중, 전단력, 휨모멘트 사이의 관계

보에 2 혹은 3개의 집중하중이 작용하거나, 혹은 분포하중이 작용할 때, 12.2절에서 전단력도과 휨모멘트도를 그리기 위해 설명한 방법은 쉽지 않다는 것을 알 수 있다. 그러나 하중, 전단력과 휨모멘트 사이에 존재하는 관계를 고려할 수 있다면, 전단력도 특히 휨모멘트도를 훨씬 쉽게 구축할 수 있다.

단위길이당 분포하중 w가 작용하는 단순지지보 AB를 고려하고(그림 12.11a), C와 C'을 서로 Δx만큼 떨어진 보의 두 점이라고 하자. C에서의 전단력과 휨모멘트를 각각 양의 V와 M이라고 가정하고, C'에서의 전단력과 휨모멘트는 $V+\Delta V$와 $M+\Delta M$이라고 하자.

보 CC' 부분을 떼어내어 자유물체도를 그린다(그림 12.11b). 자유물체도에 작용하는 힘에는 크기가 $w\Delta x$인 하중과 C와 C'에서의 내력과 짝힘이 포함된다. 전단력과 휨모멘트를 양의 부호로 가정하였으므로, 힘과 짝힘들은 그림에 보이는 것처럼 방향을 정하였다.

하중과 전단력 사이의 관계. 자유물체도 CC'에 작용하는 힘의 수직성분의 합을 영이라고 하면, 다음 식이 얻어진다.

$$+\uparrow \sum F_y = 0: \qquad V-(V+\Delta V)-w\Delta x = 0$$

$$\Delta V = -w\Delta x$$

식의 양쪽 항들을 모두 Δx로 나누고 Δx가 영에 접근한다고 하면, 다음을 얻게 된다.

$$\frac{dV}{dx} = -w \tag{12.5}$$

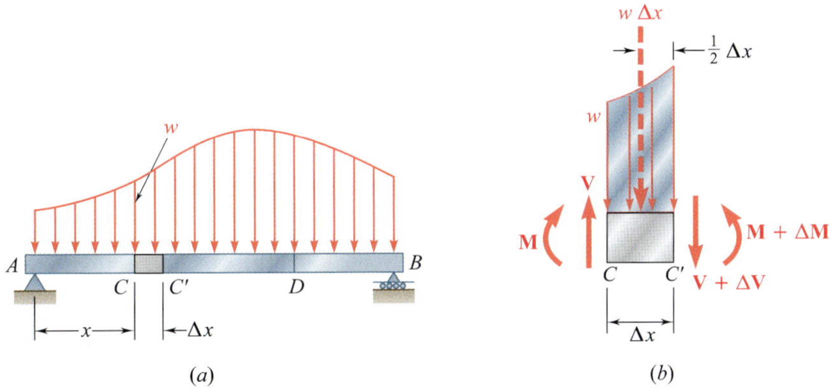

그림 12.11

식 (12.15)는 그림 12.11a에 보이는 것처럼 하중이 작용하는 보의 전단력곡선의 기울기 dV/dx는 음이라는 것을 말한다. 즉 한 점에서의 기울기의 수치값은 그 점에서의 단위길이당 하중과 같다는 것이다.

C와 D점 사이에서 식 (12.5)를 적분하면, 다음 식을 얻게 된다.

$$V_D - V_C = -\int_{x_C}^{x_D} w\, dx \qquad (12.6)$$

$$V_D - V_C = -(C\text{와 } D\text{사이의 하중곡선 아래의 면적}) \qquad (12.6')$$

하중곡선 아래의 면적은 C와 D 사이에 작용하는 총하중을 나타내기 때문에, 이 결과는 보 CD부분의 평형조건을 고려하여서도 역시 구할 수 있는 것이었다.

식 (12.5)는 집중하중이 작용하는 점에서는 유효하지 않다. 즉 12.2절에서 보았듯이 전단력곡선은 집중하중이 작용하는 점에서 불연속이 된다. 마찬가지로, 식 (12.6)과 (12.6′)는 집중하중에 의한 전단력의 급작스러운 변화를 고려하지 않기 때문에 C와 D 사이에 집중하중이 작용할 때 유효하지 않게 된다. 그러므로, 식 (12.6)과 (12.6′)은 연속적인 집중하중 사이에서만 적용되어야 한다.

전단력과 휨모멘트 사이의 관계. 그림 12.11b의 자유물체도로 돌아가서, C'을 중심으로 한 모멘트의 합이 영이기 때문에 다음 식을 얻을 수 있다.

$$+\circlearrowleft \Sigma M_{C'} = 0: \qquad (M + \Delta M) - M - V\Delta x + w\Delta x \frac{\Delta x}{2} = 0$$

$$\Delta M = V\Delta x - \frac{1}{2} w (\Delta x)^2$$

식의 양쪽 항들을 모두 Δx로 나누고, Δx가 영에 접근한다고 하면, 다음 식을 얻을 수 있다.

$$\frac{dM}{dx} = V \qquad (12.7)$$

식 (12.7)은 휨모멘트곡선(bending moment curve)의 기울기 dM/dx는 전단력값과 동일하다는 것을 보여준다. 이 관계식은 전단력값이 잘 정의되는 곳(즉 집중하중이 아닌 하중이 작용하는 점)에서 성립한다. 식 (12.7)은 또한 M이 최대인 곳에서 $V = 0$이 된다는 것을 보여준다. 이 성질은 보가 휨에 의해 파괴될 수 있는 곳을 쉽게 결정할 수 있게 한다.

C와 D점 사이에서 식 (12.7)을 적분하면, 다음 식이 얻어진다.

$$M_D - M_C = \int_{x_C}^{x_D} V\,dx \tag{12.8}$$

$$M_D - M_C = C\text{와 } D\text{사이의 전단력곡선 아래의 면적} \tag{12.8$'$}$$

전단력곡선(shear curve) 아래의 면적은 전단력이 양인 곳에서는 양으로, 전단력이 음인 곳에서는 음으로 고려하여야 한다. 식 (12.8)과 (12.8′)은 전단력곡선이 정확하게 그려진다면 C와 D 사이에 집중하중이 작용하는 경우에도 유효하다. 그러나 짝힘이 C와 D 사이에 작용한다면, 짝힘에 의한 휨모멘트의 급작스러운 변화를 고려하지 않기 때문에 이 식들은 유효하지 않게 된다(문제 12.6 참조).

예제 12.3 그림 12.12에 보이는 단순지지보에 대한 전단력도와 휨모멘트도를 그리고, 휨모멘트의 최대값을 구하시오.

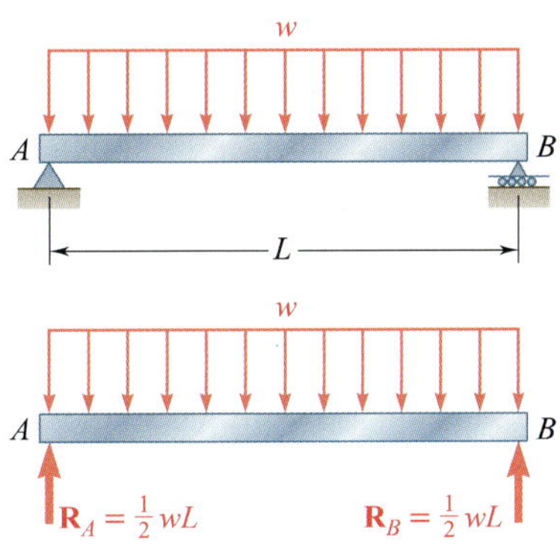

그림 12.12

전체 보에 대한 자유물체도에서 지점반력의 크기를 구한다.

$$R_A = R_B = \frac{1}{2}wL$$

다음으로, 전단력도를 그린다. 보의 A단 가까운 곳에서 전단력은 R_A 즉, $\frac{1}{2}wL$과 같으며, 이는 보의 아주 작은 부분을 자유물체도로 하여 검토할 수 있다. 식 (12.6)을 사용하여, A에서 x만큼 떨어진 곳에서의 전단력 V를 구하면 다음과 같다.

$$V - V_A = -\int_0^x w\,dx = -wx$$

$$V = V_A - wx = \frac{1}{2}wL - wx = w\left(\frac{1}{2}L - x\right)$$

따라서 전단력곡선은 $x = L/2$에서 x축을 가로 지르는 기울어진 직선이 된다(그림 12.13a). 여기서 휨모멘트를 고려하면, 우선 $M_A = 0$이 된다. A에서 x만큼 떨어진 곳에서의 휨모멘트 M값은 식 (12.8)에서 다음과 같이 얻어진다.

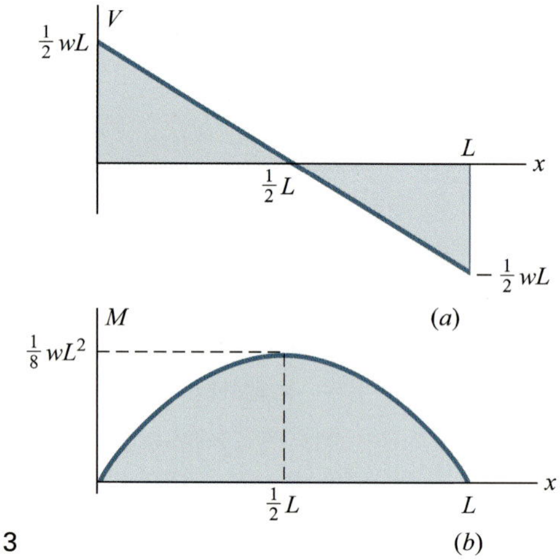

그림 12.13

$$M - M_A = -\int_0^x V\,dx$$

$$M = \int_0^x w\left(\frac{1}{2}L - x\right) dx = \frac{1}{2}w(Lx - x^2)$$

휨모멘트곡선은 2차포물선이다. $x = L/2$에서 V(즉 dM/dx)이 영이기 때문에 휨모멘트 최대값은 $x = L/2$에서 발생한다. 마지막 공식에 $x = L/2$을 대입하면, $M_{max} = wL^2/8$이 된다(그림 12.13b). ■

대부분의 공학 응용문제에서는 몇 개 특정점에서만 휨모멘트값을 알면 된다. 전단력도가 그려지고 M이 보의 끝단 중 하나에서 구해진 후에는, 휨모멘트값을 전단력곡선 아래의 면적으로 계산하고 식 (12.8′)을 사용하여 구할 수 있다. 예를 들면, 예제 12.3의 보에서 $M_A = 0$이기 때문에, 그 보에서의 휨모멘트 최대값은 그림 12.13a 전단력도의 빗금 친 삼각형의 면적을 계산하여 다음과 같이 단순하게 구할 수 있다.

$$M_{max} = \frac{1}{2}\frac{L}{2}\frac{wL}{2} = \frac{wL^2}{8}$$

이 문제에서, 하중곡선은 수평직선, 전단력곡선은 기울어진 직선, 휨모멘트곡선은 2차포물선이다. 만약 하중곡선이 1차직선이 되면, 전단력곡선은 2차포물선, 휨모멘트는 3차포물선이 될 것이다. 전단력곡선과 휨모멘트곡선은 항상 하중곡선에 비해 각각 1차 및 2차씩 차수가 높은 곡선이 된다. 이것을 기억하면, $V(x)$와 $M(x)$ 함수를 실제로 구하지 않아도 전단력과 휨모멘트의 몇 개의 값만 계산이 된다면, 전단력도와 휨모멘트도를 그릴 수 있게 된다. 곡선이 연속인 점에서 전단력곡선의 기울기는 $-w$와 같고 휨모멘트곡선의 기울기는 V와 같아진다는 사실을 사용하면, 이렇게 구해지는 그림들이 보다 정확할 수 있다.

문제 12.3

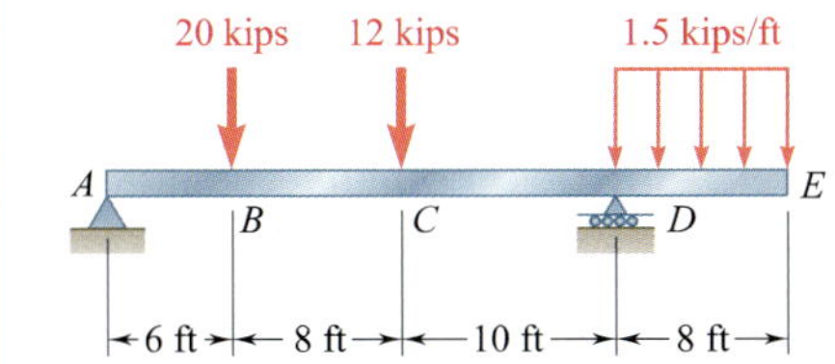

그림에 보이는 보와 하중에 대해 전단력도와 휨모멘트도를 그리시오.

풀이.

반력. 전체 보를 자유물체도로 고려하면, 다음을 얻을 수 있다.

$+\circlearrowleft \Sigma M_A = 0:$

$D(24\text{ ft}) - (20\text{ kips})(6\text{ ft}) - (12\text{ kips})(14\text{ ft}) - (12\text{ kips})(28\text{ ft}) = 0$

$D = +26\text{ kips} \qquad \mathbf{D} = 26\text{ kips}\uparrow$

$+\uparrow \Sigma F_y = 0: \quad A_y - 20\text{ kips} - 12\text{ kips} + 26\text{ kips} - 12\text{ kips} = 0$

$A_y = +18\text{ kips} \qquad \mathbf{A}_y = 18\text{ kips}\uparrow$

$\overset{+}{\longrightarrow}\Sigma F_x = 0: \quad A_x = 0 \qquad \mathbf{A}_x = 0$

또한 A와 E점에서 모두 휨모멘트는 영이다. 따라서 2점(점으로 표시되어 있음)을 휨모멘트도에서 구할 수 있다.

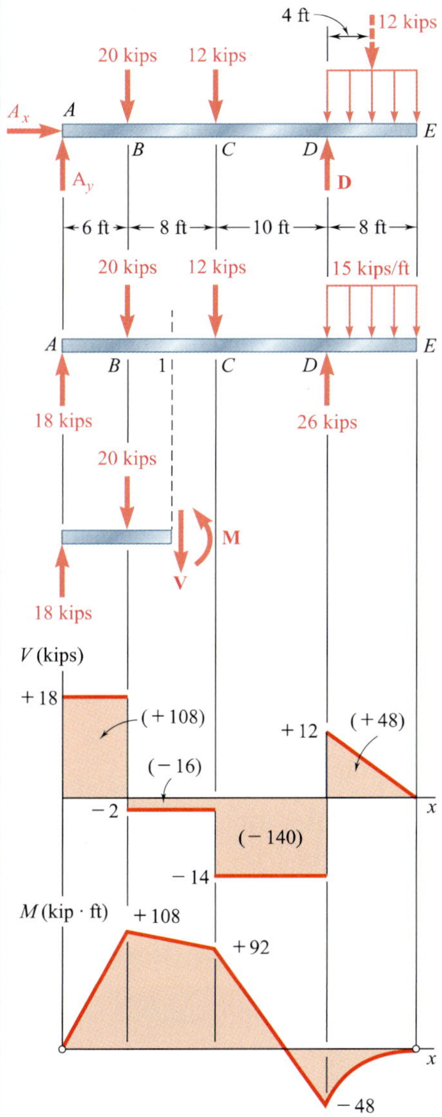

전단력도. $dV/dx = -w$이므로, 집중하중들과 반력 사이에서 전단력도의 기울기는 영이다(즉, 전단력이 일정하다.). 한 점에서의 전단력은 보를 2개 부분으로 나누고 각 부분을 자유물체도로 고려하여 구한다. 예를 들면 단면 1의 왼쪽에 있는 보의 부분을 사용하여 B와 C 사이에서의 전단력을 구할 수 있다.

$$+\uparrow \Sigma F_y = 0: \quad +18\text{ kips} - 20\text{ kips} - V = 0 \qquad V = -2\text{ kips}$$

또한 D의 바로 왼쪽에서 전단력이 $+12$ kips이고 E단에서는 영이 되는 것을 알 수 있다. D와 E 사이에서 기울기 $dV/dx = -w$가 일정하기 때문에, 이 두 점 사이의 전단력도는 직선이 된다.

휨모멘트도. 두 점 사이의 전단력곡선 아래의 면적은 그 두 점 사이에서의 모멘트의 변화와 동일하다. 보기 편하게 하기 위해 전단력도 각 부분의 면적을 계산하고 그림에 그 값을 괄호 안에 적어두었다. 왼쪽 단에서의 휨모멘트 M_A는 영이라는 것을 알기 때문에 다음을 구할 수 있다.

$$M_B - M_A = +108 \qquad M_B = +108\text{ kip}\cdot\text{ft}$$
$$M_C - M_B = -16 \qquad M_C = +92\text{ kip}\cdot\text{ft}$$
$$M_D - M_C = -140 \qquad M_D = -48\text{ kip}\cdot\text{ft}$$
$$M_E - M_D = +48 \qquad M_E = 0$$

M_E가 영이라는 것을 알기 때문에, 계산 검증이 되었다.

집중하중과 반력 사이에서 전단력은 일정하고, 따라서 기울기 dM/dx가 일정하게 되며, 휨모멘트도는 모멘트를 아는 점 사이를 직선으로 연결하여 그리면 된다. 전단력이 직선인 곳인 D와 E 사이에서는 휨모멘트는 2차포물선이 된다.

V와 M 도형에서 $V_{max} = 18$ kips이고 $M_{max} = 108$ kip · ft가 된다.

문제 12.4

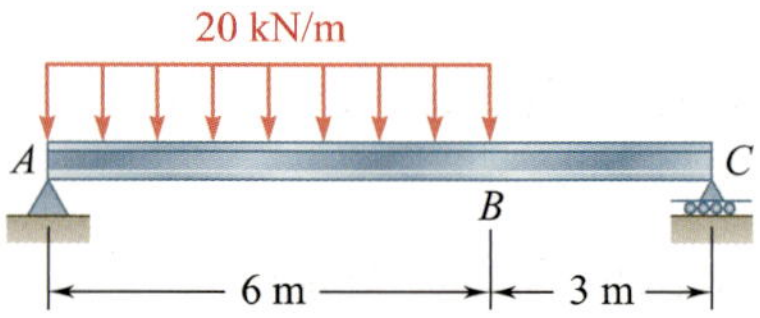

W360×79 압연강보 AC는 단순지지되어 있으며 등분포하중을 받고 있다. 보에 대한 전단력도와 휨모멘트도를 그리고, 휨에 의한 최대수직응력의 위치와 크기를 구하시오.

풀이.

반력. 전체 보를 자유물체도로 고려하면, 다음을 얻게 된다.

$$\mathrm{R}_A = 80\ \mathrm{kN}\uparrow \qquad \mathrm{R}_C = 40\ \mathrm{kN}\uparrow$$

전단력도. A의 바로 오른쪽에서의 전단력은 $V_A = +80\ \mathrm{kN}$이다. 두 점 사이의 전단력 변화가 동일한 두 점 사이의 하중곡선 아래의 면적에 음을 곱한 것과 동일하기 때문에, V_B를 다음과 같이 구할 수 있다.

$$V_B - V_A = -(20\ \mathrm{kN/m})(6\ \mathrm{m}) = -120\ \mathrm{kN}$$

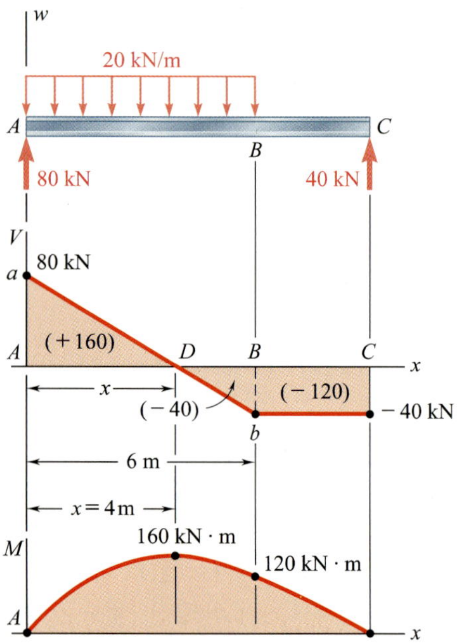

A와 B 사이에서 기울기 $dV/dx = -w$가 일정하기 때문에, 이 두 점 사이의 전단력도는 직선으로 나타낼 수 있다. B와 C 사이에서 하중곡선 아래의 면적은 영이다. 그러므로

$$V_C - V_B = 0 \qquad V_C - V_B = -40\ \mathrm{kN}$$

그리고 B와 C 사이에서 전단력은 일정하다.

휨모멘트도. 보의 각 단에서의 휨모멘트는 영이다. 최대 휨모멘트를 결정하기 위해, $V = 0$인 보의 단면 D점에서 다음이 구해진다.

$$V_D - V_A = -wx, \quad 0 - 80\ \mathrm{kN} = -(20\ \mathrm{kN/m})x \qquad x = 4\ \mathrm{m}$$

최대 휨모멘트는 $dM/dx = V = 0$인 D점에서 발생한다. 전단력도의 여러 부분의 면적들이 계산되어 도형의 괄호 안에 주어져 있다. 두 점 사이의 전단력도의 면적은 동일한 두 점 사이에서의 휨모멘트의 변화와 동일하기 때문에, 다음이 구해진다.

$$\begin{aligned} M_D - M_A &= +160\ \mathrm{kN \cdot m} & M_D &= +160\ \mathrm{kN \cdot m} \\ M_B - M_D &= -40\ \mathrm{kN \cdot m} & M_B &= +120\ \mathrm{kN \cdot m} \\ M_C - M_B &= -140\ \mathrm{kN \cdot m} & M_C &= 0 \end{aligned}$$

휨모멘트도는 직선부에 이은 2차포물선으로 되어 있으며, A점에서의 포물선의 기울기는 그 점에서의 V의 값과 같다.

최대수직응력. $|M|$이 최대인 곳인 D에서 최대수직응력이 발생한다. 부록 B의 W360×79 압연강 단면에 대한 자료에서, 수평축에 대한 $S = 1270\ \mathrm{mm}^3$이다. 이 값과 $|M| = |M_D| = 160 \times 10^3\ \mathrm{N \cdot m}$를 식 (12.3)에 대입하면 다음을 구할 수 있다.

$$\sigma_m = \frac{|M_D|}{S} = \frac{160 \times 10^3\ \mathrm{N \cdot m}}{1270 \times 10^{-6}\ \mathrm{m}^3} = 126.0 \times 10^5\ \mathrm{Pa}$$

보에서의 최대수직응력 = 126.0 MPa

문제 12.5

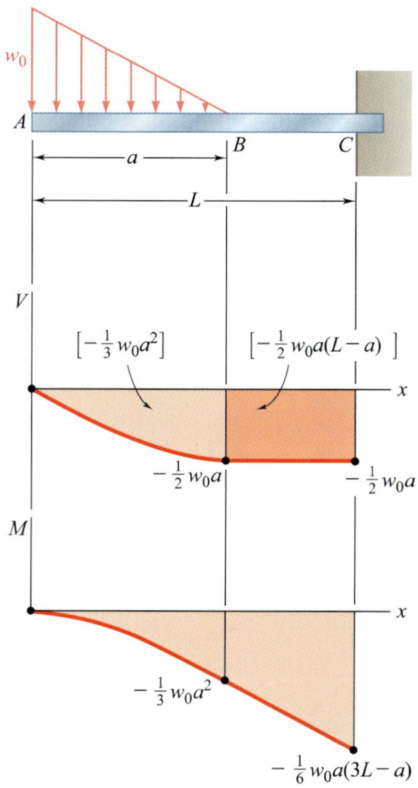

그림에 주어진 외팔보에 대한 전단력도와 휨모멘트도를 그리시오.

풀이.

전단력도. 보의 자유단에서 $V_A = 0$이다. A와 B 사이에서 하중곡선 아래의 면적이 $\frac{1}{2}w_0 a$이기 때문에, V_B는 다음과 같이 구해진다.

$$V_B - V_A = -\frac{1}{2}w_0 a \qquad V_B = -\frac{1}{2}w_0 a$$

B와 C 사이에는 하중이 작용하지 않기 때문에, $V_C = V_B$가 된다. 식 (12.5)에 따라 A에서 $w = w_0$이 되고, 전단력도의 기울기는 $dV/dx = -w_0$가 되며, B점에서 기울기 $dV/dx = 0$이 된다. A와 B 사이에서 하중이 선형적으로 감소하기 때문에, 전단력도는 2차포물선이 된다. B와 C 사이에서는 $w = 0$이며, 전단력도가 수평선이 된다.

휨모멘트도. 자유단 A에서의 휨모멘트 M_A는 영이며, 전단력곡선 아래의 면적을 계산하면 다음이 된다.

$$M_B - M_A = -\frac{1}{3}w_0 a^2 \qquad M_B = -\frac{1}{3}w_0 a^2$$
$$M_C - M_B = -\frac{1}{2}w_0 a(L-a) \quad M_C = -\frac{1}{6}w_0 a(3L-a)$$

휨모멘트도의 그림은 $dM/dx = V$라는 것을 기억하면 완전히 이해가 된다. A와 B 사이에서 도형은 A에서 기울기가 영인 3차 곡선, B와 C 사이에서는 직선이 되는 것을 알 수 있다.

문제 12.6

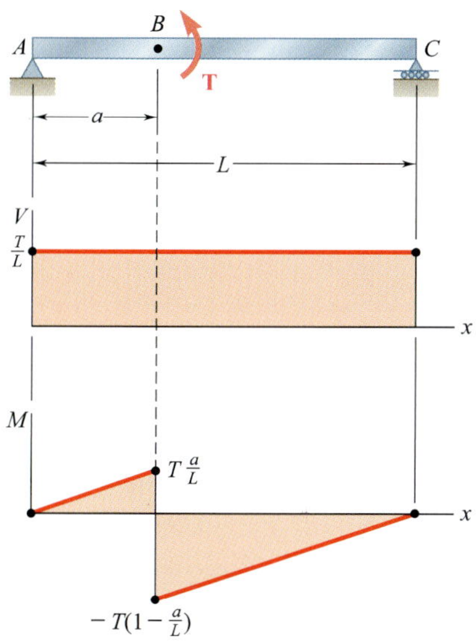

단순보 AC의 B점에 짝힘모멘트 T가 작용하고 있다. 보의 전단력도와 모멘트도를 그리시오.

풀이.

전체 보를 자유물체도로 하면, 다음을 얻게 된다.

$$R_A = \frac{T}{L}\uparrow \qquad R_C = \frac{T}{L}\downarrow$$

어떤 단면에서나 전단력은 일정하고 T/L과 같다. 짝힘이 B에 작용하기 때문에, 휨모멘트도는 B에서 불연속이 된다. 따라서 모멘트도는 2개의 기울어진 직선으로 그려지고 B점에서 크기 T만큼 갑자기 줄어들게 된다.

Problems

12.29 Using the method of Sec. 12.3, solve Prob. 12.1*a*.

12.30 Using the method of Sec. 12.3, solve Prob. 12.2*a*.

12.31 Using the method of Sec. 12.3, solve Prob. 12.3*a*.

12.32 Using the method of Sec. 12.3, solve Prob. 12.4*a*.

12.33 Using the method of Sec. 12.3, solve Prob. 12.5.

12.34 Using the method of Sec. 12.3, solve Prob. 12.6.

12.35 Using the method of Sec. 12.3, solve Prob. 12.7.

12.36 Using the method of Sec. 12.3, solve Prob. 12.8.

12.37 through 12.40 Draw the shear and bending-moment diagrams for the beam and loading shown, and determine the maximum absolute value (*a*) of the shear, (*b*) of the bending moment.

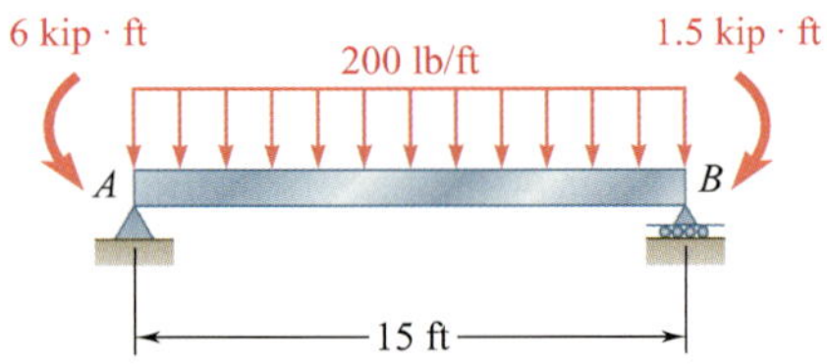

그림 P12.37

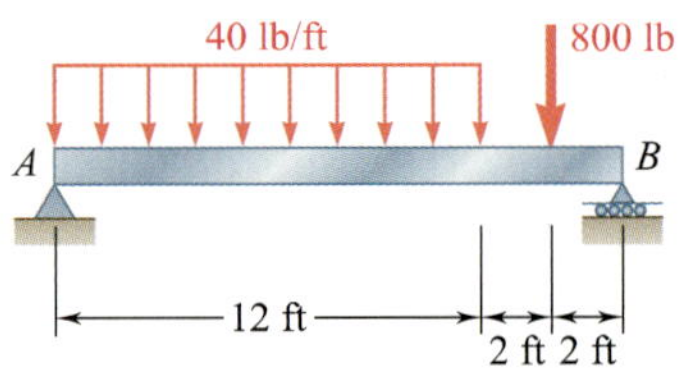

그림 P12.38

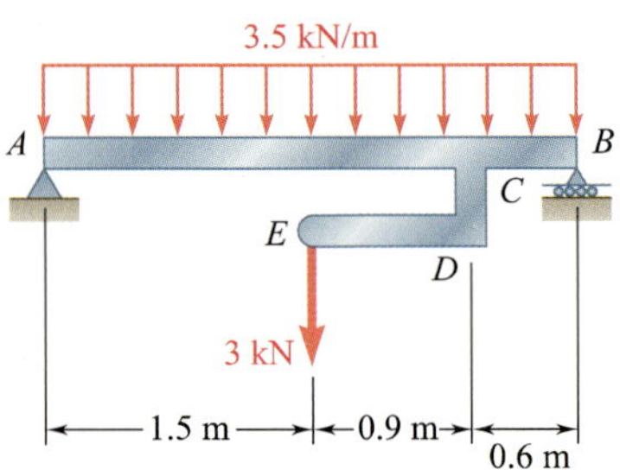

그림 P12.39

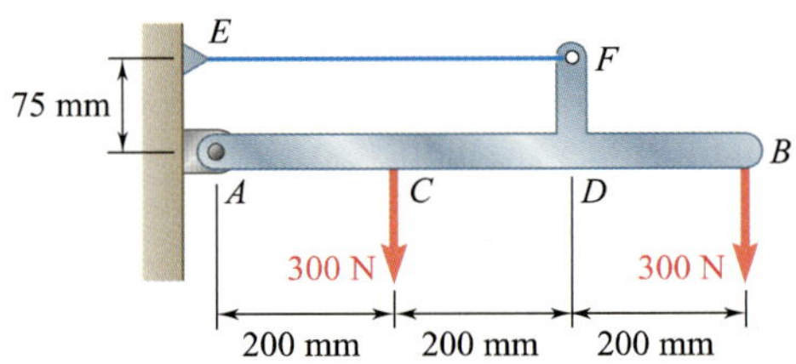

그림 P12.40

12.41 Using the method of Sec. 12.3, solve Prob. 12.13.

12.42 Using the method of Sec. 12.3, solve Prob. 12.14.

12.43 Using the method of Sec. 12.3, solve Prob. 12.15.

12.44 Using the method of Sec. 12.3, solve Prob. 12.16.

12.45 and *12.46* Determine (*a*) the equations of the shear and bending-moment curves for the beam and loading shown, (*b*) the maximum absolute value of the bending moment in the beam.

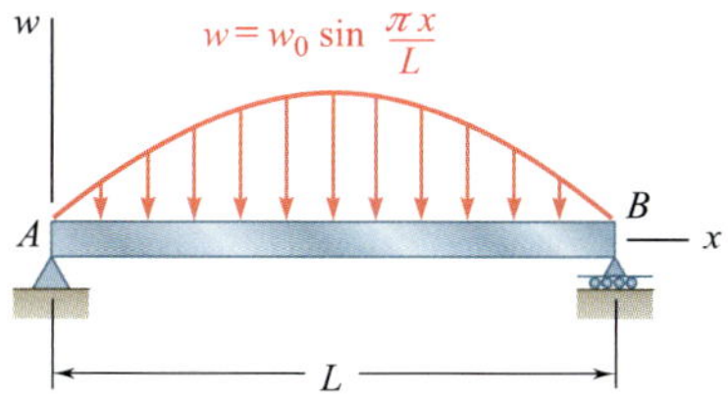

그림 P12.45

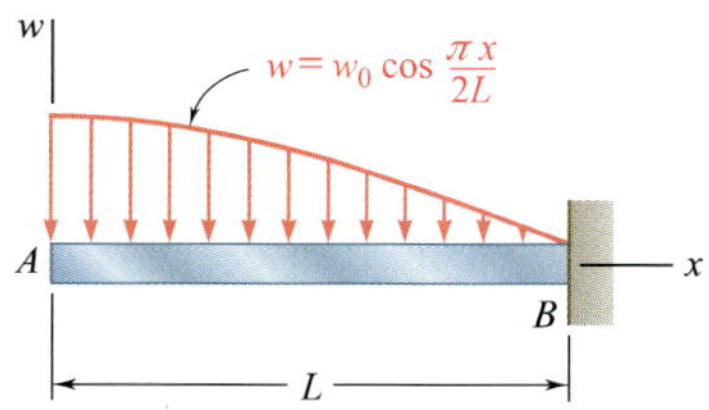

그림 *P12.46*

12.47 Determine (*a*) the equations of the shear and bending-moment curves for the beam and loading shown, (*b*) the maximum absolute value of the bending moment in the beam.

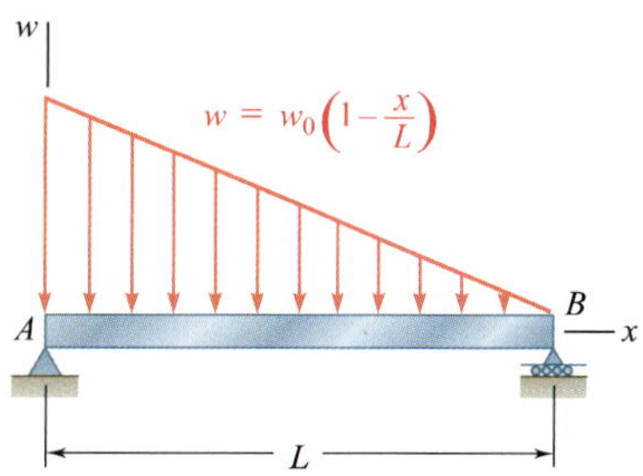

그림 P12.47

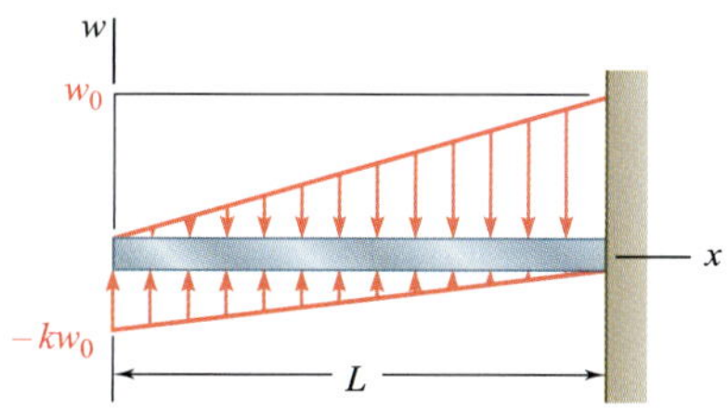

그림 *P12.48*

12.48 For the beam and loading shown, determine the equations of the shear and bending-moment curves and the maximum absolute value of the bending moment in the beam, knowing that (*a*) $k = 1$, (*b*) $k = 0.5$.

12.49 and 12.50 Draw the shear and bending-moment diagrams for the beam and loading shown, and determine the maximum normal stress due to bending.

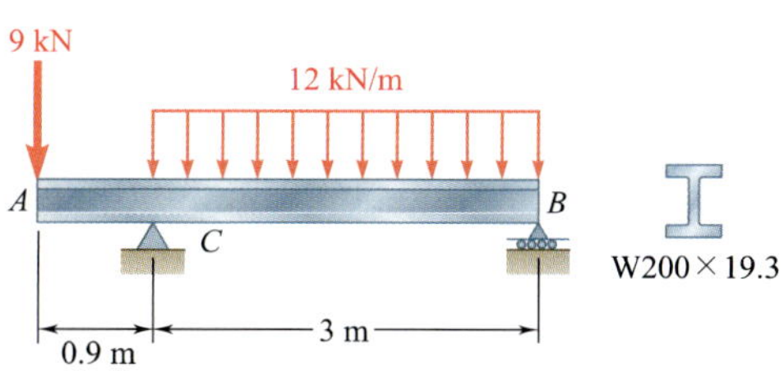

그림 P12.49

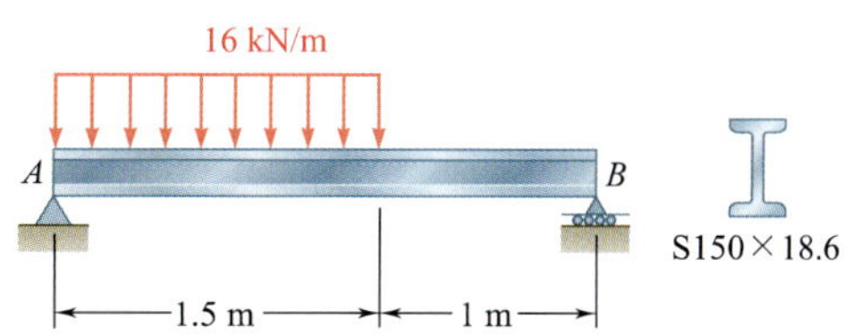

그림 P12.50

12.51 and 12.52 Draw the shear and bending-moment diagrams for the beam and loading shown, and determine the maximum normal stress due to bending.

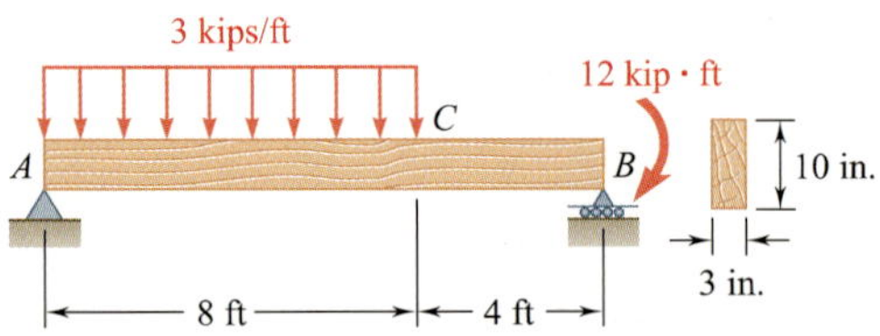

그림 P12.51

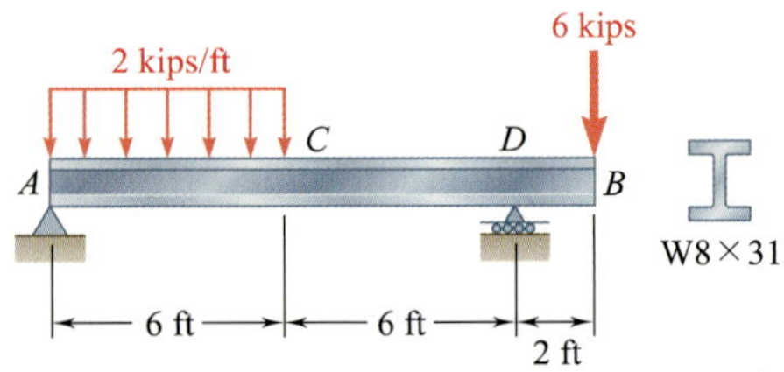

그림 P12.52

12.53 and 12.54 Draw the shear and bending-moment diagrams for the beam and loading shown, and determine the maximum normal stress due to bending.

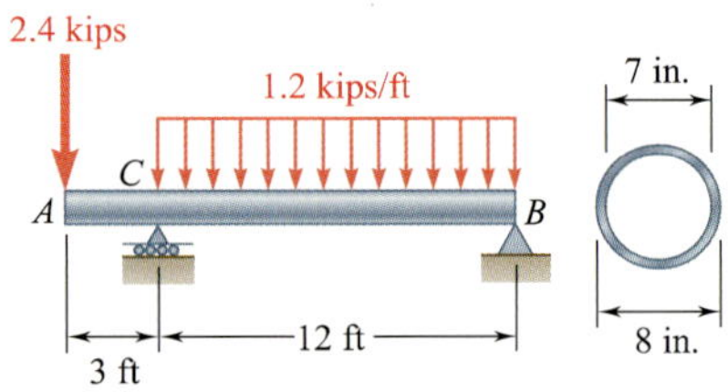

그림 *P12.53*

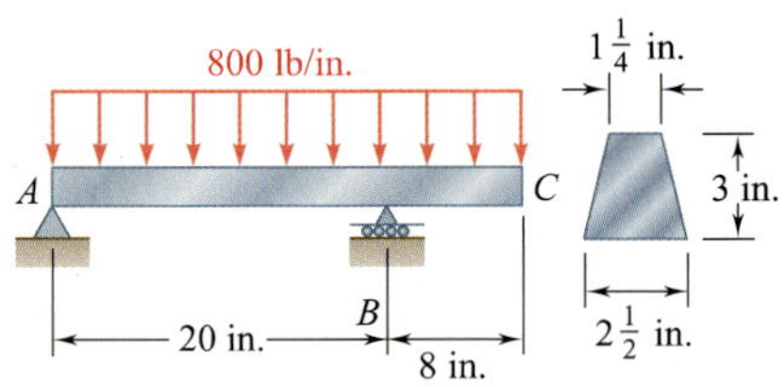

그림 P12.54

12.55 and *12.56* Draw the shear and bending-moment diagrams for the beam and loading shown, and determine the maximum normal stress due to bending.

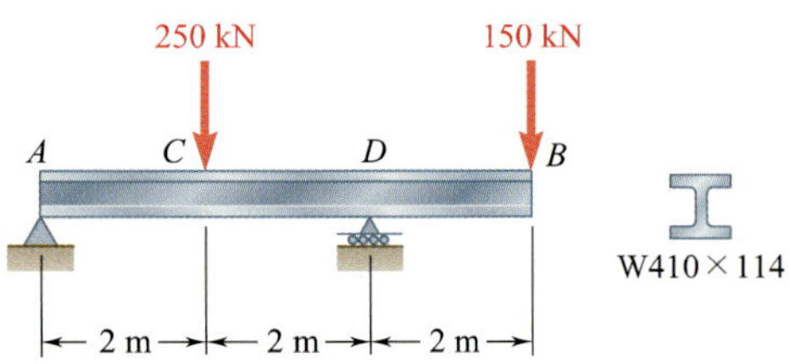

그림 P12.55

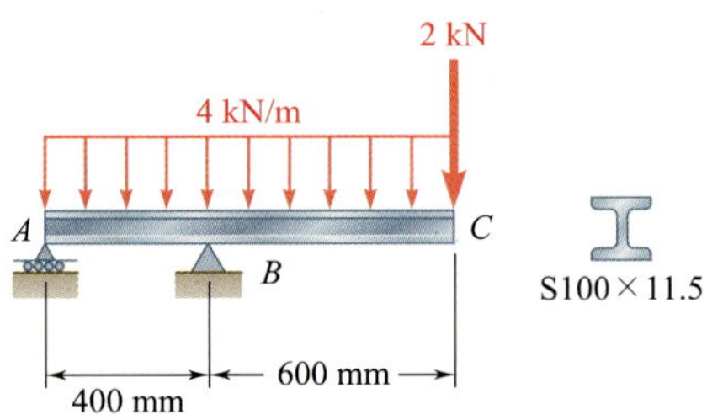

그림 *P12.56*

12.4 휨에 대한 등단면보의 설계

12.1절에서 지적한 바와 같이 보의 설계는 일반적으로 보에 발생하는 휨모멘트의 절대최대값 $|M|_{\max}$에 의해 조정된다. 보의 가장 큰 수직응력 σ_m은 $|M|_{\max}$이 발생하는 임계단면에서 보의 표면에서 발생하며, 식 (12.1) 혹은 식 (12.3)의 $|M|$에 $|M|_{\max}$을 대입하여 구할 수 있다.4)

$$\sigma_m = \frac{|M|_{\max} c}{I} \qquad \sigma_m = \frac{|M|_{\max}}{S} \qquad (12.1',\ 12.3')$$

안전성 설계에서는 σ_{all}이 사용재료에 대한 허용응력일 때, $\sigma_m \leqq \sigma_{\text{all}}$이 될 것을 요구한다. 식 (12.3′)에서 σ_m에 σ_{all}을 대입하고, S에 대해 풀어 설계할 보의 단면계수의 최소허용값을 다음과 같이 구한다.

$$S_{\min} = \frac{|M|_{\max}}{\sigma_{\text{all}}} \qquad (12.9)$$

직사각형 단면의 목재보와 다양한 단면모양의 압연강보와 같은 일반적인 형태의 보의 설계를 이번 절에서 고려한다. 적절한 절차를 통해 가장 경제적인 설계를 할 수 있으며, 이것은 형태와 재료가 같고 그 이외의 것들은 동일한 보들 중에서 단위길이당 중량이 가장 작은 (단면적이 가장 작은) 보가 가장 저렴하기 때문에 선택하여야 한다는 것을 의미한다.
설계절차는 다음 단계로 이루어진다5):

1. 우선 재료성질에 대한 표와 설계기준에서 선택한 재료에 대한 σ_{all}값을 결정한다. 또한 재료의 극한강도 σ_U를 적절한 안전계수로 나누어 σ_{all}값을 계산할 수 있다(8.10절). 당분간 여기서는 인장과 압축에서 σ_{all}값이 동일한 것으로 가정하고, 다음 단계를 진행한다.
2. 규정된 하중조건에 대한 전단력도와 휨모멘트도를 그리고, 보 휨모멘트의 $|M|_{\max}$ 절대최대값을 구한다.
3. 식 (12.9)에서 보의 단면계수의 최소허용값 $S_{\max}$를 구한다.
4. 목재보에 대해, 보의 깊이가 h, 폭이 b, 혹은 단면의 형상을 특징짓는 비 h/b를 규정한다. 모르는 치수는 b와 h가 $\frac{1}{6}bh^2 = S > S_{\min}$ 관계를 만족하여야 한다는 11.4절 식 (11.19)에 따라 선택할 수 있다.

4) 중립면에 대해 대칭이 아닌 보에서는 중립면에서 보의 면까지 가장 먼 거리를 식 (12.1)의 c와 $S = I/c$ 단면계수를 계산하는데 사용하여야 한다.
5) 이번 장에서 고려하는 모든 보들은 측면좌굴을 방지하도록 적절히 구속되어 있으며, 압연강보에 작용하는 집중하중 하에서 국부좌굴(clipping)을 방지하는 웨브(web)의 지지판이 있는 것으로 가정한다.

5. 압연강보에 대해서는 부록 B의 적절한 표를 사용하며, 가능한 보 단면들 중에서 단면계수가 $S \geq S_{min}$ 인 단면들만을 고려하며, 이 그룹에서 단위 길이당 최소중량인 단면을 선택한다. 이것이 $S \geq S_{min}$ 인 단면들 중에서 가장 경제적인 것이며, S가 최소값인 단면일 필요는 없다(예제 12.4 참조). 어떤 경우에는, 단면 선택은 단면의 허용깊이 혹은 보의 허용처짐과 같은 다른 고려사항들에 의해 제한될 수 있다(15장 참조).

앞에서 논의되는 사항은 σ_{all}이 인장과 압축에서 동일한 재료에 한정하였다. 그러나 σ_{all}이 인장과 압축에서 다른 경우에는 인장과 압축응력 모두에 대해 $\sigma_m \leqq \sigma_{all}$인 보 단면을 선택하여야만 한다. 단면이 중립축에 대해 대칭이 아니라면 가장 큰 인장응력과 가장 큰 압축응력이 $|M|$이 최대인 단면에서 반드시 발생하는 것은 아니다. 즉 하나는 M이 최대인 곳에서, 다른 하나는 M이 최소인 곳에서 발생할 수도 있다. 따라서 2단계에서 M_{max}과 M_{min} 모두를 결정하여야 하고, 3단계에서 인장응력과 압축응력을 모두 고려하도록 수정하여야 한다.

마지막으로, 이번 절에서 설명한 설계절차는 보의 표면에 발생하는 수직응력만을 고려한 것임을 명심하여야 한다. 특히 목재로 만들어진 짧은 보는 횡방향 하중에서 전단에 의해 파괴될 수 있다. 보에서의 전단응력을 구하는 것은 13장에서 논의할 것이다.

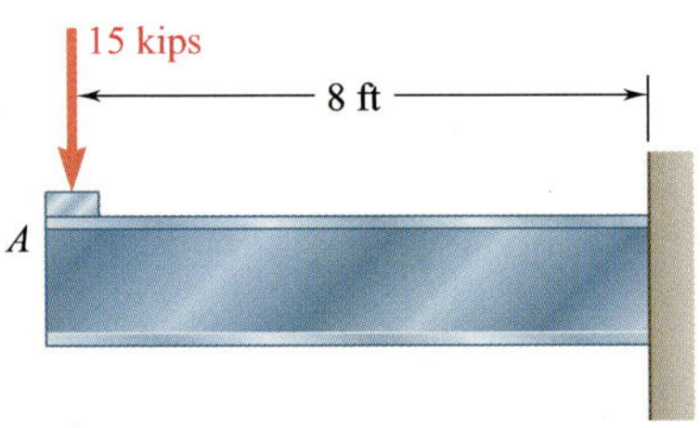

그림 12.14

예제 12.4 15 kip 하중을 지지하는 그림 12.14에 보이는 광폭플랜지보를 선택한 경우, 사용되는 강재의 허용수직응력이 24 ksi이다.

1. 허용수직응력 : $\sigma_{all} = 24$ ksi.
2. 전단력은 일정하며 15 kips이다. 휨모멘트는 B에서 최대이며 다음으로 구해진다. $|M|_{max} = (15 \text{ kips})(8 \text{ ft}) = 120 \text{ kip} \cdot \text{ft} = 1440 \text{ kip} \cdot \text{in.}$
3. 최소허용단면계수 $S_{min} = \dfrac{|M|_{max}}{\sigma_{all}} = \dfrac{1440 \text{ kip} \cdot \text{in.}}{24 \text{ ksi}} = 60.0 \text{ in}^3$
4. 부록 B에 있는 압연강 형상재료 표를 참조하여, 단면형상들을 깊이가 같은 그룹으로 분류하고, 각 그룹별로 그룹중량이 감소하는 순서로 나열하였다. 그리고 각 그룹에서 단면계수 $S = I/c$가 최소한 S_{min} 정도가 되는 가장 가벼운 보를 선택하고 그 결과를 다음 표에 기록하였다.

단면형상	S, in^3
W21×44	81.6
W18×50	88.9
W16×40	64.7
W14×43	62.6
W12×50	64.2
W10×54	60.0

가장 경제적인 단면은 W16×40로 단면계수는 다른 2개의 형상들보다 크지만 중량이 단지 40 lb/ft에 지나지 않는다. 또한 이 경우 보의 전체 중량이 (8 ft) × (40 lb/ft) = 320 lb인 것도 확인할 수 있다. 이 중량은 15,000 lb 하중과 비교하여 작기 때문에 본 해석에서는 무시할 수 있다. ■

문제 12.7

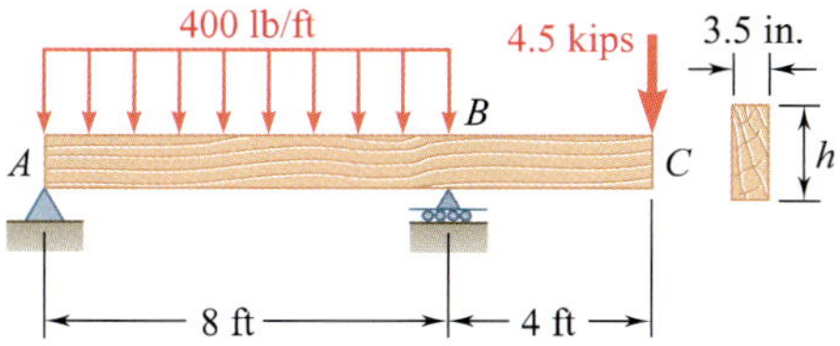

지간 AB가 8 ft인 12 ft 길이의 내민 목재보가 주어진 분포하중과 집중하중을 지지하도록 설계하고자 한다. 허용응력이 1.75 ksi 이고 공칭폭이 4 in.(실제 폭은 3.5 in.)인 목재가 사용되는 경우, 보의 최소 요구깊이 h를 구하시오.

풀이.

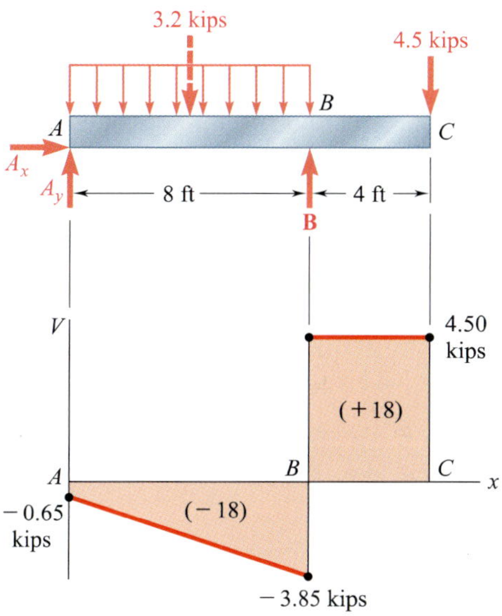

반력. 전체 보를 자유물체도로 고려하면, 다음을 구할 수 있다.

$$+\circlearrowleft \Sigma M_A = 0: \quad B(8\text{ ft}) - (3.2\text{ kips})(4\text{ ft}) - (4.5\text{ kips})(12\text{ ft}) = 0$$

$$B = 8.35\text{ kips} \qquad \mathbf{B} = 8.35\text{ kips}\uparrow$$

$$\overset{+}{\rightarrow}\Sigma F_x = 0: \quad A_x = 0$$

$$+\uparrow\Sigma F_y = 0: \quad A_y + 8.35\text{ kips} - 3.2\text{ kips} - 4.5\text{ kips} = 0$$

$$A_y = -0.65\text{ kips} \qquad \mathbf{A} = 0.65\text{ kips}\downarrow$$

전단력도. A의 바로 오른쪽에서의 전단력은 $V_A = A_y = -0.65$ kips이다. A와 B 사이에서의 전단력의 변화는 이들 2점 사이의 하중곡선 아래에 있는 면적에 (−)를 곱한 것과 같기 때문에 다음으로 V_B를 구할 수 있다.

$$V_B - V_A = -(400\text{ lb/ft})(8\text{ ft}) = -3200\text{ lb} = -3.2\text{ kips}$$

$$V_B = V_A - 3.20\text{ kips} = -0.65\text{ kips} - 3.20\text{ kips} = -3.85\text{ kips}$$

B에서의 반력은 V가 8.35 kips 만큼 갑자기 증가되어 B의 바로 오른쪽에서 4.50 kips의 전단력 값이 되도록 한다. B와 C 사이에는 하중이 작용하고 있지 않기 때문에, 전단력은 이들 점 사이에서 일정하게 유지된다.

$|M|_{max}$의 결정. 우선 휨모멘트는 보의 양단에서 영으로 $M_A = M_C = 0$이 되는 것을 관찰할 수 있다. A와 B 사이에서 휨모멘트는 전단력곡선 아래에 있는 면적만큼 감소하며, B와 C 사이에서는 면적 만큼 증가한다. 따라서 휨모멘트의 절대최대값은 $|M|_{max} = 18.00$ kip · ft이다.

최소 허용단면계수. 식 (12.9)에 주어진 σ_{all}과 구한 $|M|_{max}$을 대입하면 다음을 얻게 된다.

$$S_{min} = \frac{|M|_{max}}{\sigma_{all}} = \frac{(18\text{ kip}\cdot\text{ft})(12\text{ in./ft})}{1.75\text{ ksi}} = 123.43\text{ in}^3$$

보의 최소 요구깊이. 12.4절에서 설명한 설계절차 중 4단계에서 전개한 공식에 b와 S_{min} 값을 대입하면 다음이 구해진다.

$$\frac{1}{6}bh^2 \geq S_{min} \qquad \frac{1}{6}(3.5\text{ in.})h^2 \geq 123.43\text{ in}^3 \qquad h \geq 14.546\text{ in.}$$

따라서 보의 최소 요구깊이는 다음과 같다. $h = 14.55$ in.

문제 12.8

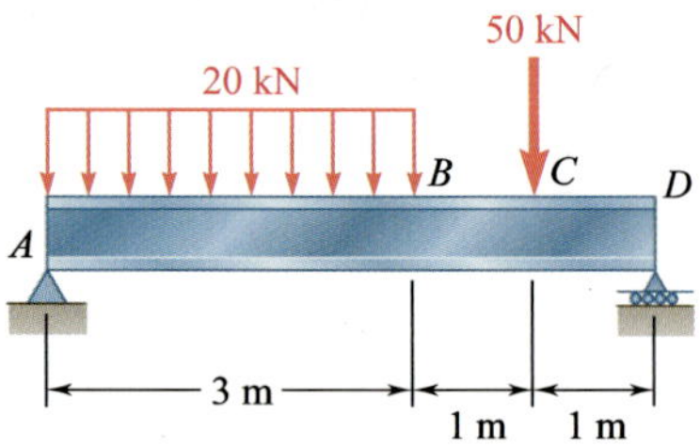

5 m 길이의 단순지지된 보 AD에 그림과 같이 분포하중과 집중하중이 작용하고 있다. 사용된 강재의 허용수직응력이 160 MPa인 경우, 사용되어야 할 광폭플랜지 형상을 선택하시오.

풀이.

반력. 전체 보를 자유물체도로 고려하면 다음 식을 세울 수 있다.

$$+\circlearrowleft \Sigma M_A = 0: \quad D(5\,\text{m}) - (60\,\text{kN})(1.5\,\text{m}) - (50\,\text{kN})(4\,\text{m}) = 0$$

$$D = 58.0\text{ kN} \qquad \mathbf{D} = 58.0\text{ kN}\uparrow$$

$$\overset{+}{\rightarrow}\Sigma F_x = 0: \quad A_x = 0$$

$$+\uparrow \Sigma F_y = 0: \quad A_y + 58.0\,\text{kN} - 60\,\text{kN} - 50\,\text{kN} = 0$$

$$A_y = 52.0\text{ kN} \qquad \mathbf{A} = 52.0\text{ kN}\uparrow$$

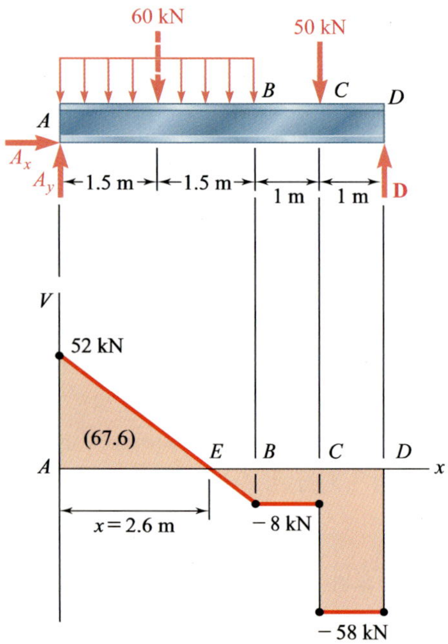

전단력도. A의 바로 오른쪽에서의 전단력은 $V_A = A_y = +52.0$ kN이다. A와 B 사이에서 전단력의 변화는 이 2점 사이의 하중곡선 아래의 면적에 (−)를 곱한 것과 같기 때문에 다음을 얻을 수 있다.

$$V_B = 52.0\text{ kN} - 60\text{ kN} = -8\text{ kN}$$

B와 전단력이 −58 kN 떨어지는 C 사이에서 전단력은 일정하게 유지되고, C와 D 사이에서는 이 떨어진 값을 유지한다. V=0인 곳이 보의 E 단면이므로 다음을 얻을 수 있다.

$$V_E - V_A = -wx, \qquad 0 - 52.0\text{ kN} = -(20\text{ kN/m})x$$

x에 대해 풀면, $x = 2.60$ m가 된다.

$|M|_{\max}$의 결정. 휨모멘트는 V=0인 E에서 최대이다. M이 지점 A에서는 영이기 때문에 E에서의 최대값은 A와 E 사이의 전단력곡선 아래의 면적과 동일하다. 따라서 $|M|_{\max} = M_E$=67.6 kN · m이다.

최소 허용단면계수. 식 (12.9)에 주어진 σ_{all}과 구한 $|M|_{\max}$을 대입하면 다음을 얻게 된다.

$$S_{\min} = \frac{|M|_{\max}}{\sigma_{\text{all}}} = \frac{67.6\text{ kN}\cdot\text{m}}{160\text{ MPa}} = 422.5\times10^{-6}\,\text{m}^3 = 42.5\times10^3\,\text{mm}^3$$

플랜지 폭이 넓은 형상의 선택. 부록 B에서 단면계수가 $S_{\min}$보다 큰 단면 리스트를 수집하고, 또한 주어진 깊이 그룹에서 가장 가벼운 형상을 다음 표와 같이 정리하였다.

단면형상	S, mm^3
W410×38.8	629
W360×32.9	475
W310×38.7	547
W250×44.8	531
W200×46.1	451

가장 가벼운 형상을 선택하면 다음이 된다. **W360×32.9**

Problems

12.57 and 12.58 For the beam and loading shown, design the cross section of the beam knowing that the grade of timber used has an allowable normal stress of 12 MPa.

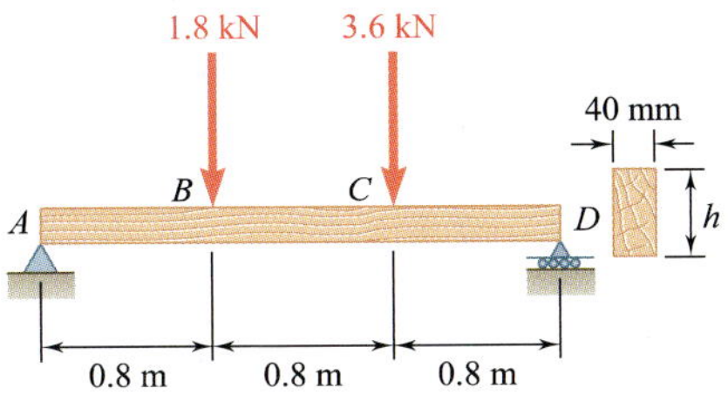

그림 P12.57

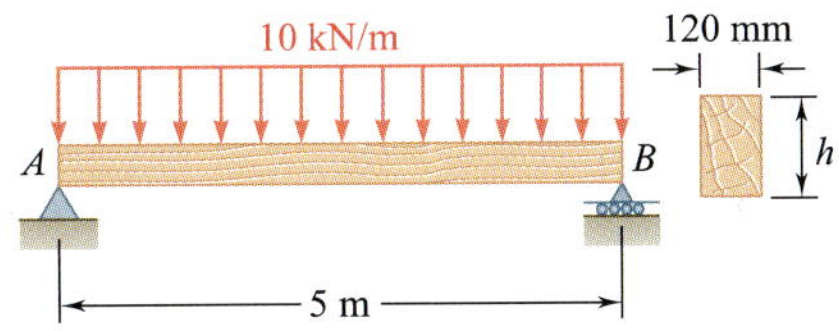

그림 P12.58

***12.59* and 12.60** For the beam and loading shown, design the cross section of the beam knowing that the grade of timber used has an allowable normal stress of 1750 psi.

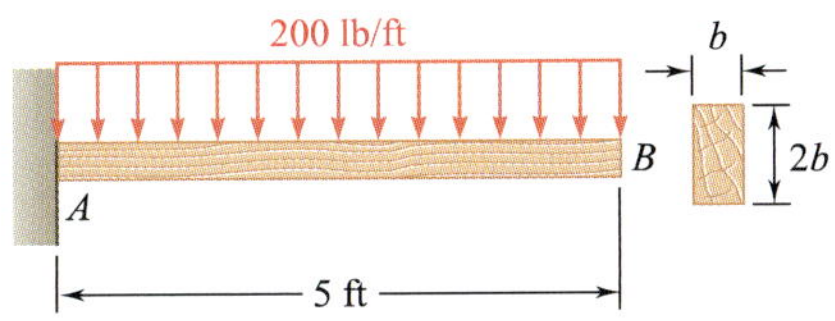

그림 *P12.59*

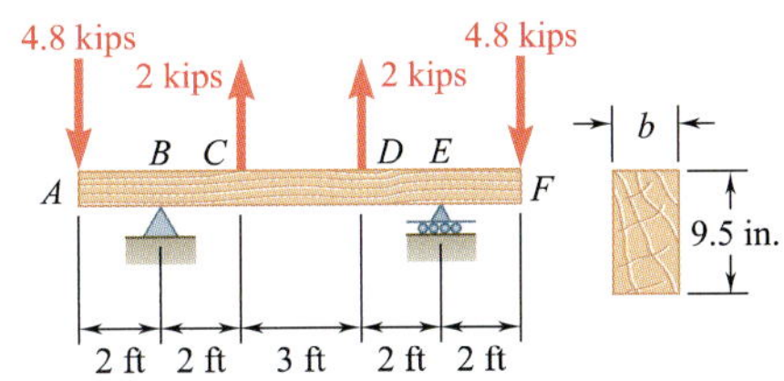

그림 P12.60

12.61 For the beam and loading shown, design the cross section of the beam knowing that the grade of timber used has an allowable normal stress of 12 MPa.

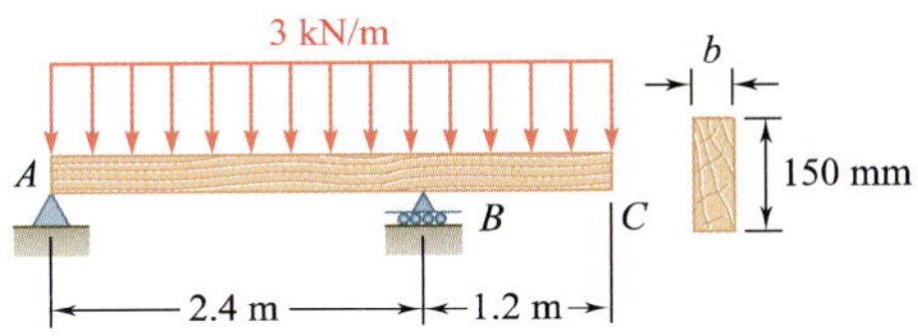

그림 *P12.61*

12.62 For the beam and loading shown, design the cross section of the beam knowing that the grade of timber used has an allowable normal stress of 1750 psi.

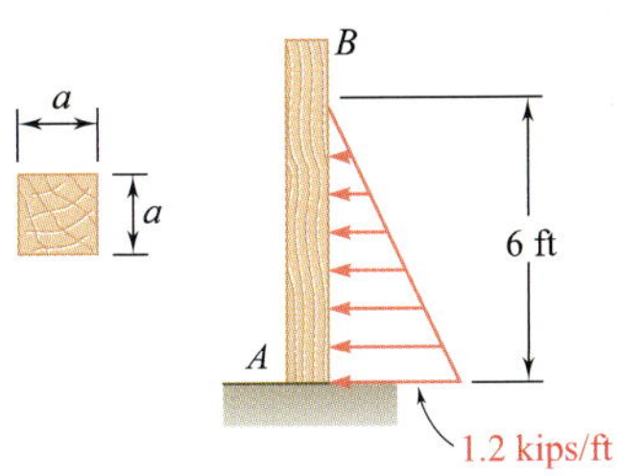

그림 P12.62

12.63 and 12.64 Knowing that the allowable normal stress for the steel used is 24 ksi, select the most economical wide-flange beam to support the loading shown.

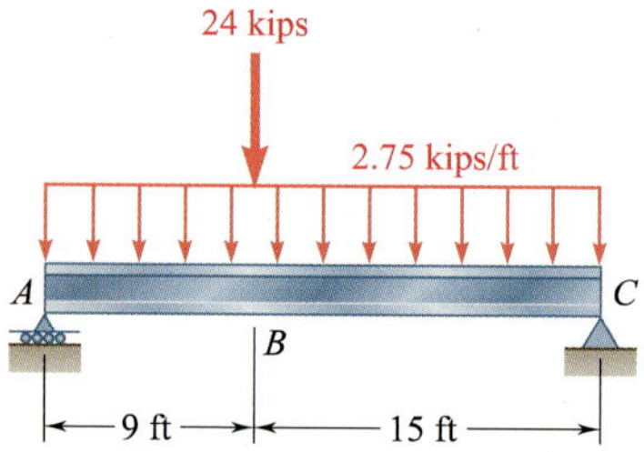

그림 P12.63

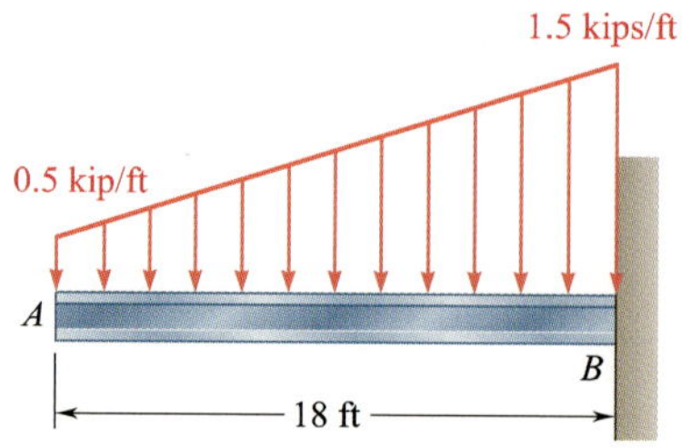

그림 P12.64

12.65 and 12.66 Knowing that the allowable normal stress for the steel used is 160 MPa, select the most economical wide-flange beam to support the loading shown.

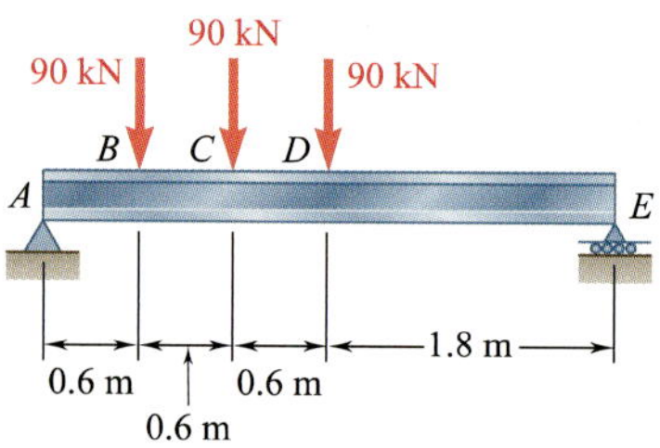

그림 P12.65

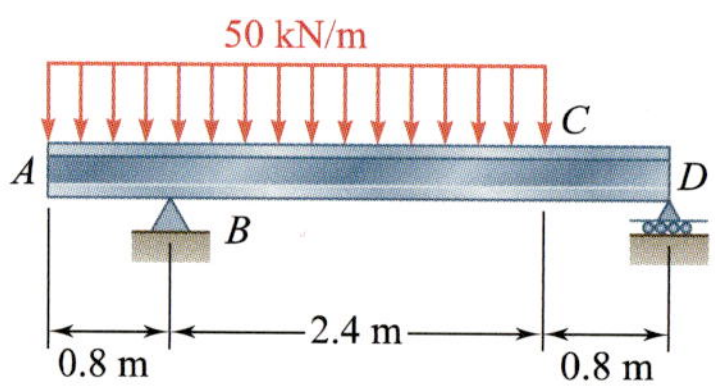

그림 P12.66

12.67 and *12.68* Knowing that the allowable normal stress for the steel used is 160 MPa, select the most economical S-shape beam to support the loading shown.

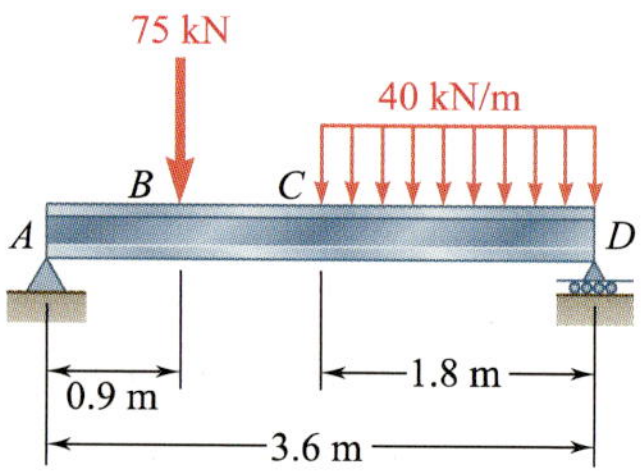

그림 P12.67

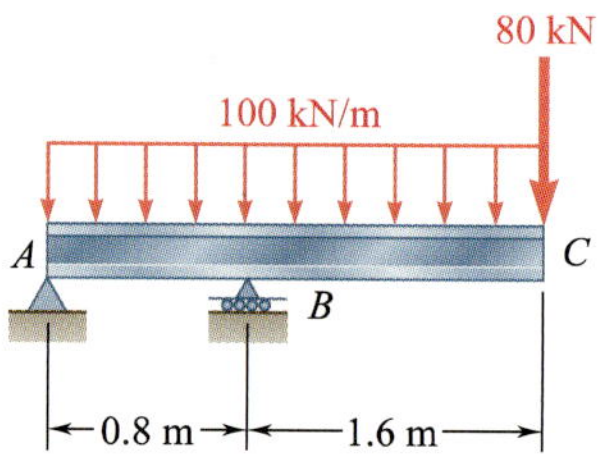

그림 *P12.68*

12.69 and *12.70* Knowing that the allowable normal stress for the steel used is 24 ksi, select the most economical S-shape beam to support the loading shown.

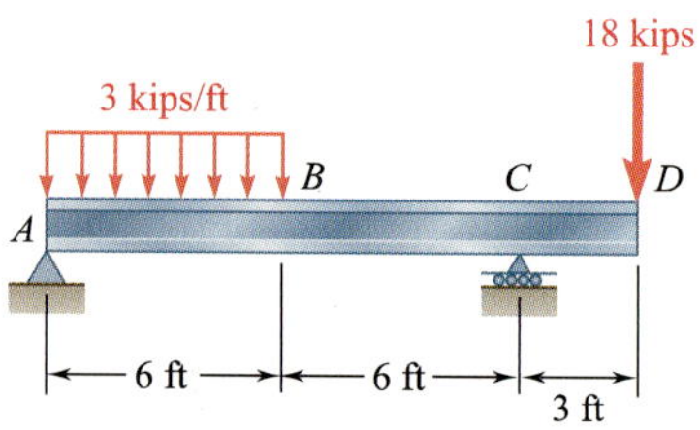

그림 P12.69

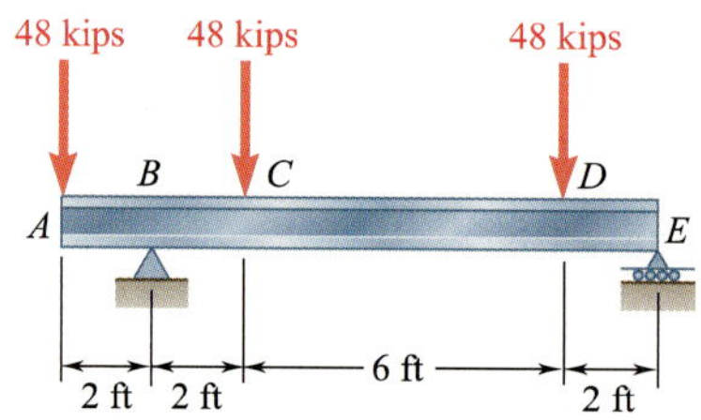

그림 *P12.70*

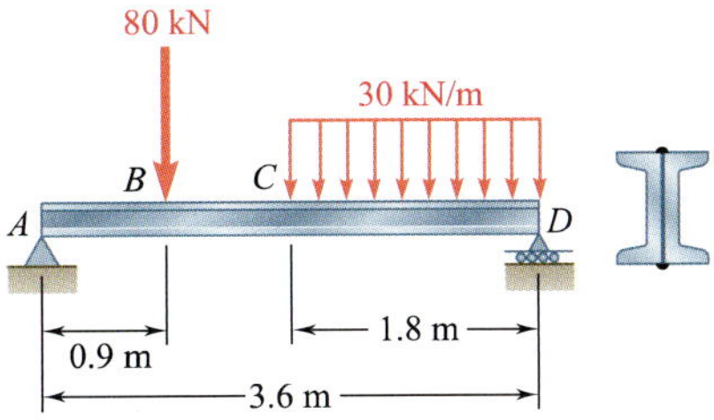

그림 P12.71

12.71 Two metric rolled-steel channels are to be welded back to back and used to support the loading shown. Knowing that the allowable normal stress for the steel used is 200 MPa, determine the most economical channels that can be used.

12.72 Two metric rolled-steel channels are to be welded along their edges and used to support the loading shown. Knowing that the allowable normal stress for the steel used is 150 MPa, determine the most economical channels that can be used.

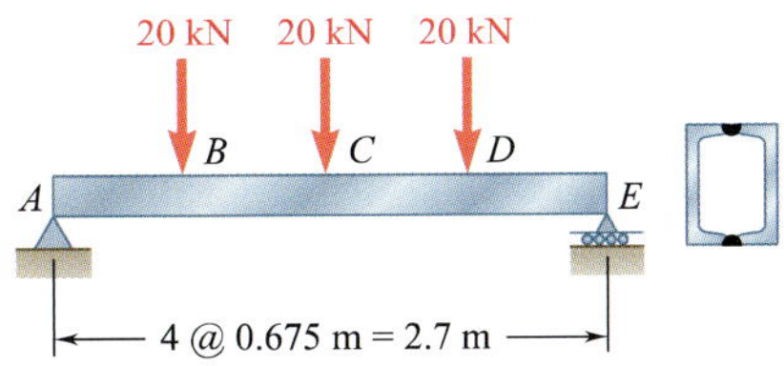

그림 P12.72

12.73 Two L4 × 3 rolled-steel angles are bolted together and used to support the loading shown. Knowing that the allowable normal stress for the steel used is 24 ksi, determine the minimum angle thickness that can be used.

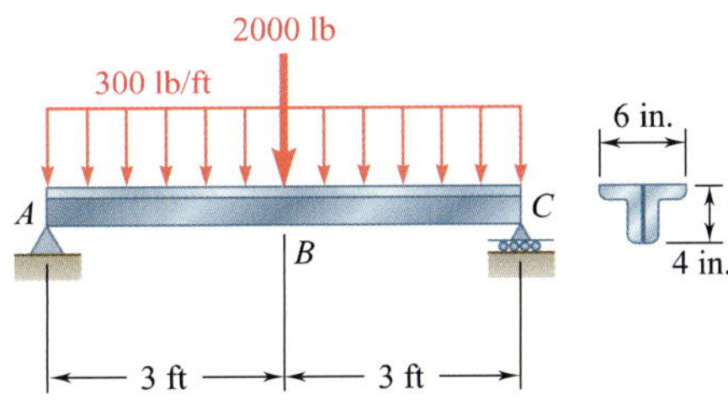

그림 P12.73

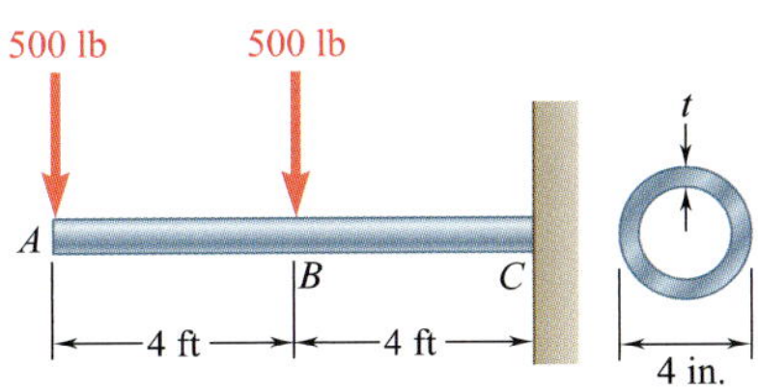

그림 P12.74

12.74 A steel pipe of 4-in. diameter is to support the loading shown. Knowing that the stock of pipes available has thicknesses varying from $\frac{1}{4}$ in. to 1 in. in $\frac{1}{8}$-in. increments and that the allowable normal stress for the steel used is 24 ksi, determine the minimum wall thickness t that can be used.

12.75 Assuming the upward reaction of the ground to be uniformly distributed and knowing that the allowable normal stress for the steel used is 170 MPa, select the most economical wide-flange beam to support the loading shown.

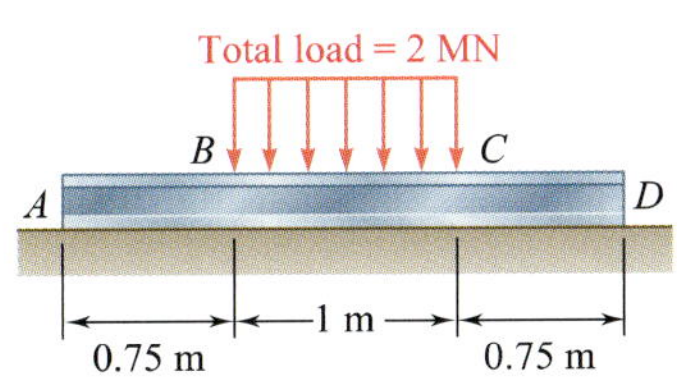

그림 *P12.75*

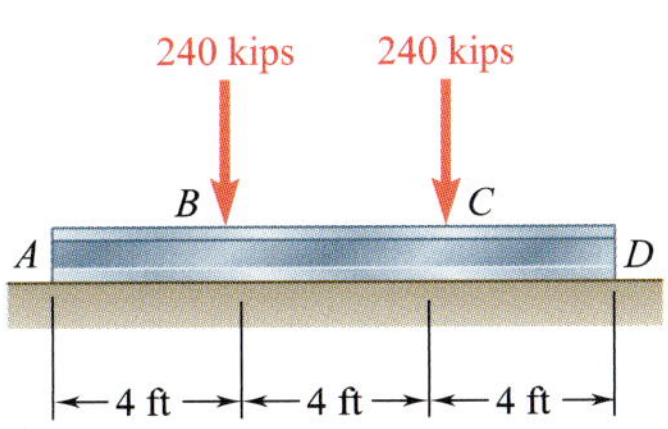

그림 *P12.76*

12.76 Assuming the upward reaction of the ground to be uniformly distributed and knowing that the allowable normal stress for the steel used is 24 ksi, select the most economical S-shape beam to support the loading shown.

|복습 및 요약|

이번 장에서는 횡방향 하중을 받는 보의 해석과 설계를 다루었다. 이러한 하중은 집중하중 혹은 분포하중으로 구성되며, 보는 이들을 지지하는 방법에 따라 분류한다(그림 12.15). 이번 장에서는 정정보(statically determinate beams)만을 다루었으며, 부정정보(statically indeterminate beams)의 해석은 15장까지 미루어 두었다.

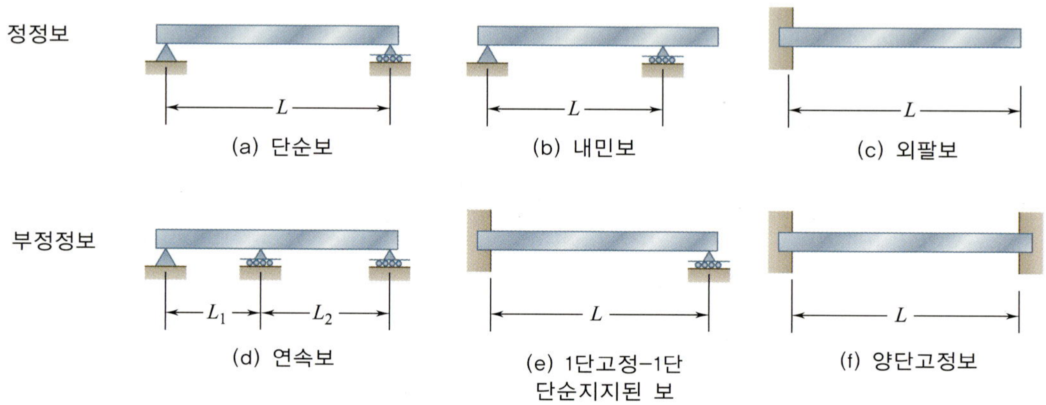

그림 12.15

횡방향 하중이 보에 휨과 전단을 발생시키지만, 휨에 의한 수직응력이 강도에 대한 보의 설계를 지배하는 주요한 기준이 된다[12.1절]. 그러므로 이번 장에서는 보의 수직응력을 구하는 것만을 다루었으며, 전단응력의 효과는 다음 장에서 다루도록 한다.

주어진 보 단면에서의 수직응력의 최대값 σ_m을 결정하는 휨공식이 11.4절에 아래와 같이 주어졌다.

$$\sigma_m = \frac{|M|c}{I} \tag{12.1}$$

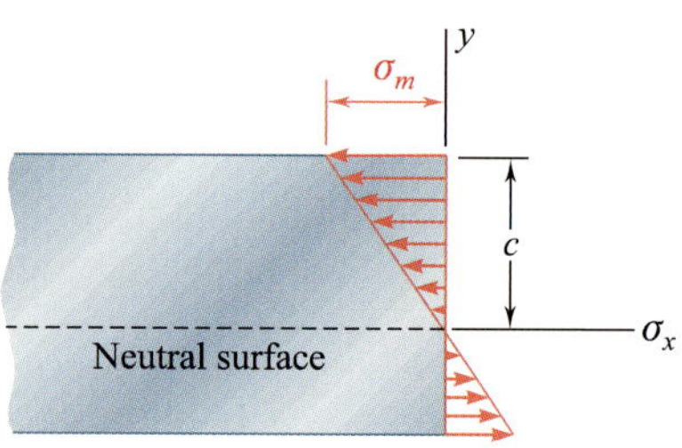

그림 12.16

여기서 I는 휨짝힘 M이 작용하는 평면에 수직인 도심축에 대한 단면의 관성모멘트이고, c는 중립면으로부터의 최대거리이다(그림 12.16). 보의 탄성단면계수가 $S = I/c$인 경우, 단면에서의 수직응력의 최대값 σ_m을 다음과 같이 표현할 수 있음을 11.4절에서 또한 설명하였다.

$$\sigma_m = \frac{|M|}{S} \tag{12.3}$$

전단력도와 휨모멘트도 식 (12.1)에서 최대수직응력은 $|M|$이 가장 큰 단면에서 중립축으로부터 가장 먼 점에서 발생한다는 것을 알 수 있다. $|M|$의 최대값과 이것이 발생하는 보의 임계단면은 전단력도와 휨모멘트도를 그려보면 아주 단순하게 결정

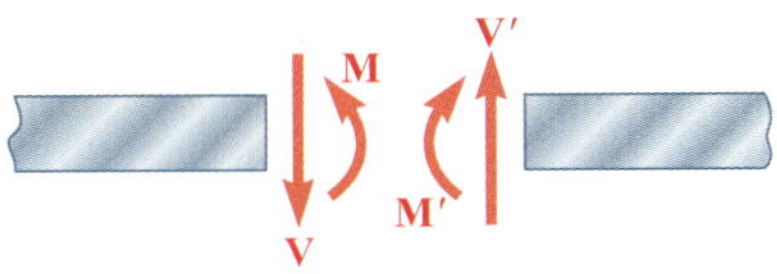

(a) 내력
(양의 전단력과 양의 휨모멘트)

그림 12.17

할 수 있다. 이들 그림들은 각각 보에서의 전단력과 휨모멘트의 변화 양상을 나타내며, 보의 각 점에서의 V와 M의 값을 구하여 그려진다[12.2절]. 이들 값들은 이들을 구할 점을 지나는 단면을 자른 후, 보의 그 단면의 한쪽에 대한 자유물체도를 그려 구한다. (보의 두 부분에서 반대방향으로 작용하는) 전단력 **V**와 휨짝힘 **M**의 기호를 혼동하지 않기 위해, 본문에서 적용하였고 그림 12.17에 보여주는 부호규약을 따른다[예제 12.1, 12.2, 문제 12.1, 12.2].

하중, 전단력, 휨모멘트 관계

전단력도와 휨모멘트도를 그리는 것은 다음 관계식들을 고려한다면 수월해진다[12.3절]. (아래로 작용하는 것을 양이라고 가정한) w를 단위길이당의 분포하중이라고 하고, 다음 식들을 구하였다.

$$\frac{dV}{dx} = -w \qquad \frac{dM}{dx} = V \tag{12.5, 12.7}$$

혹은 적분형태로 표현하면 다음과 같다.

$$V_D - V_C = -(C\text{와 } D\text{사이의 하중곡선 아래의 면적}) \tag{12.6′}$$

$$M_D - M_C = C\text{와 } D\text{사이의 전단력곡선 아래의 면적} \tag{12.8′}$$

식 (12.6′)은 보에 작용하는 분포하중을 나타내는 곡선과 보의 한쪽 끝에서의 V값으로부터 보의 전단력도를 그리는 것이 가능하게 한다. 마찬가지로, 식 (12.8′)은 전단력도와 보의 한쪽 끝에서의 M값에서 휨모멘트도를 그리는 것이 가능하게 한다. 그러나 집중하중은 전단력도에 불연속이 생기게 하고 집중짝힘은 휨모멘트도에 불연속이 생기게 하므로, 이런 경우들은 이들 식에서 고려되지 못한다[문제 12.3과 12.6]. 식 (12.7)은 보에서 휨모멘트가 최대 혹은 최소인 점들은 전단력이 영인 곳이라는 것을 보여준다[문제 12.4].

등단면보의 설계

등단면보(prismatic beam)의 적절한 설계절차를 12.4에서 설명하였으며, 여기에 요약한다.

사용된 재료에 대한 σ_{all}가 결정되고 보의 설계는 보에서의 최대수직응력에 의해 조정된다고 가정한다면, 다음 최소 허용단면계수 값이 계산된다.

$$S_{\min} = \frac{|M|_{\max}}{\sigma_{\text{all}}} \tag{12.9}$$

직사각형 목재보에 대해 $S = \frac{1}{6}bh^2$이 되며, 여기서 b는 보의 폭, h는 깊이다. 그러므로 단면의 치수는 $\frac{1}{6}bh^2 \geq S_{\min}$이 되도록 선택하여야 한다.

압연강보에 대해서는 부록 B에 있는 적절한 표를 참조한다. 주어진 보 단면들 중에서 단면계수 $S \geq S_{\min}$인 것들만 고려하고, 이들 그룹에서 단위길이당 중량이 가장 작은 단면을 선택한다. 이것이 $S \geq S_{\min}$인 단면을 선택하는 가장 경제적인 방법이다.

Review Problems

12.77 and 12.78 Draw the shear and bending-moment diagrams for the beam and loading shown, and determine the maximum absolute value (*a*) of the shear, (*b*) of the bending moment.

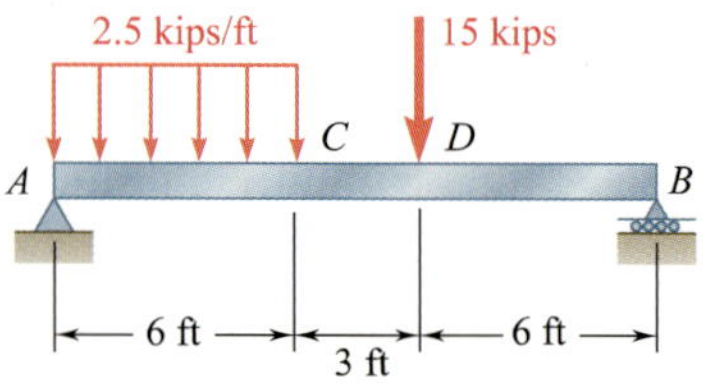

그림 P12.77

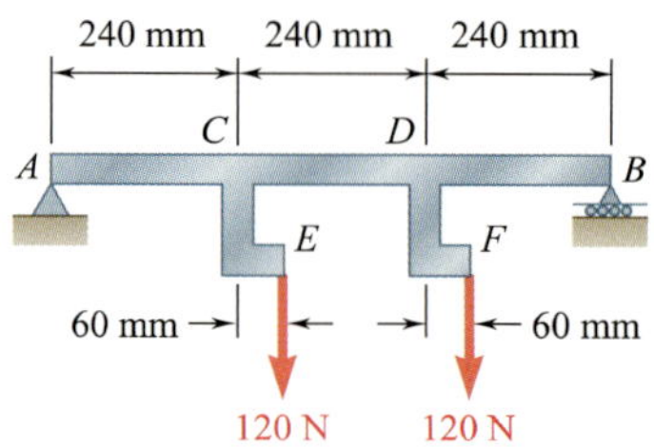

그림 P12.78

12.79 Determine (*a*) the equations of the shear and bending-moment curves for the beam and loading shown, (*b*) the maximum absolute value of the bending moment in the beam.

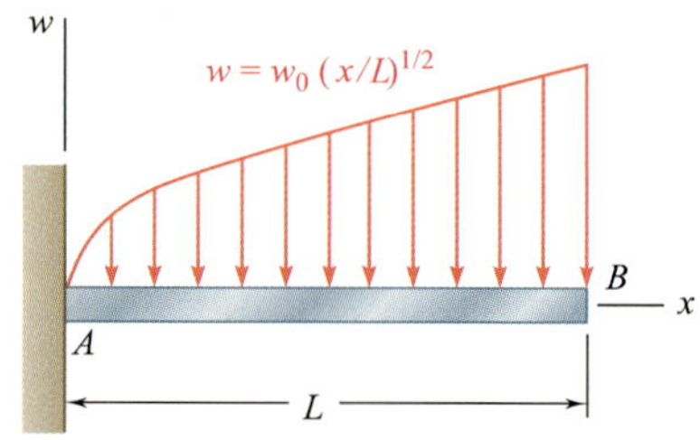

그림 *P12.79*

12.80 For the beam and loading shown, determine the maximum normal stress due to bending on a transverse section at the center of the beam.

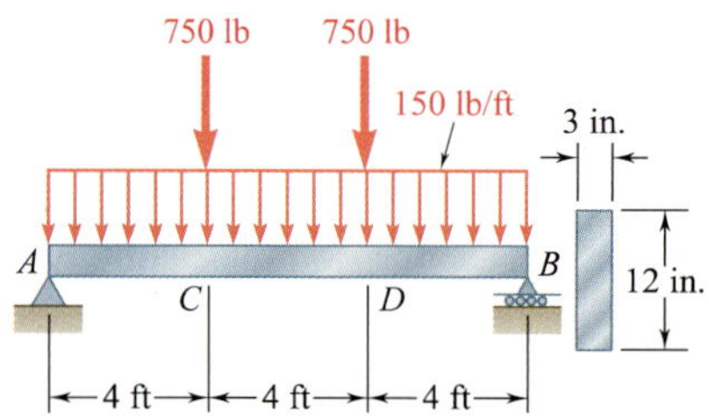

그림 P12.80

12.81 Draw the shear and bending-moment diagrams for the beam and loading shown, and determine the maximum normal stress due to bending.

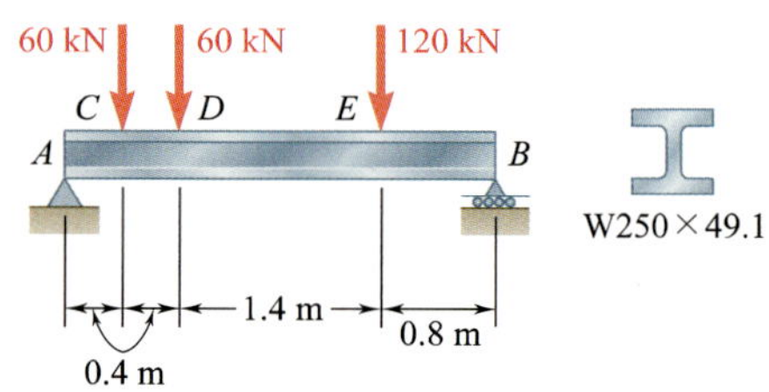

그림 P12.81

12.82 Determine (*a*) the distance *a* for which the maximum absolute value of the bending moment in the beam is as small as possible, (*b*) the corresponding maximum normal stress due to bending. (*Hint:* Draw the bending-moment diagram, and equate the absolute values of the largest positive and negative bending moments obtained.)

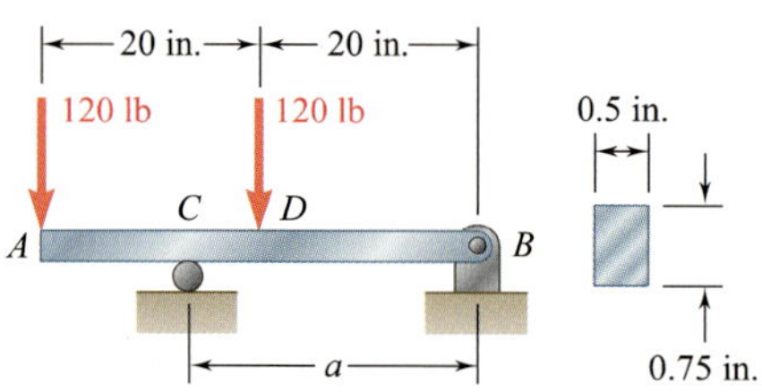

그림 *P12.82*

12.83 Beam AB, of length L and square cross section of side a, is supported by a pivot at C and loaded as shown. (*a*) Check that the beam is in equilibrium. (*b*) Show that the maximum stress due to bending occurs at C and is equal to $w_0L^2/(1.5a)^3$.

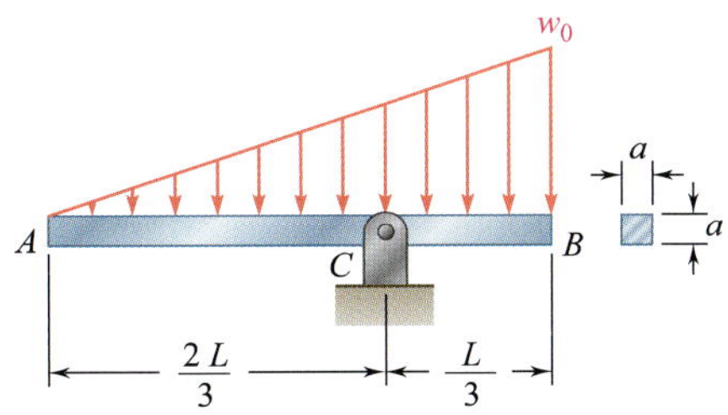

그림 P12.83

12.84 Knowing that rod AB is in equilibrium under the loading shown, draw the shear and bending-moment diagrams and determine the maximum normal stress due to bending.

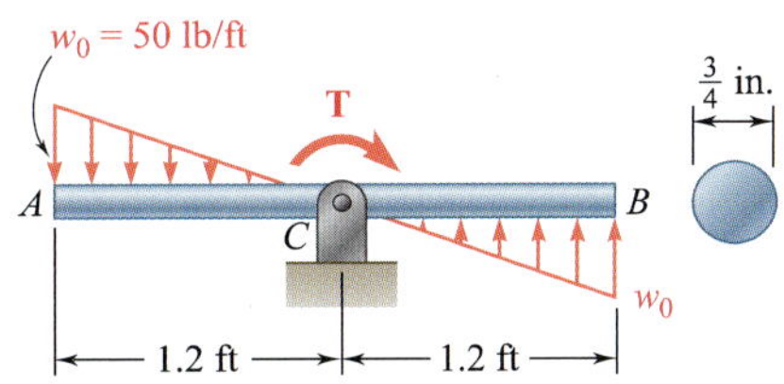

그림 P12.84

12.85 For the beam and loading shown, design the cross section of the beam knowing that the grade of timber used has an allowable normal stress of 1750 psi.

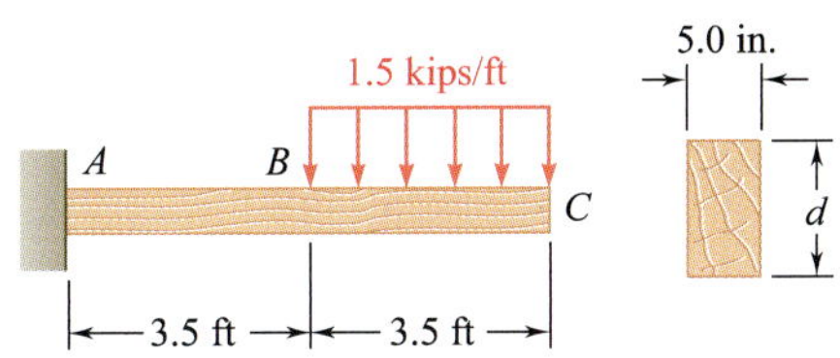

그림 P12.85

12.86 For the beam and loading shown, design the cross section of the beam knowing that the grade of timber used has an allowable normal stress of 12 MPa.

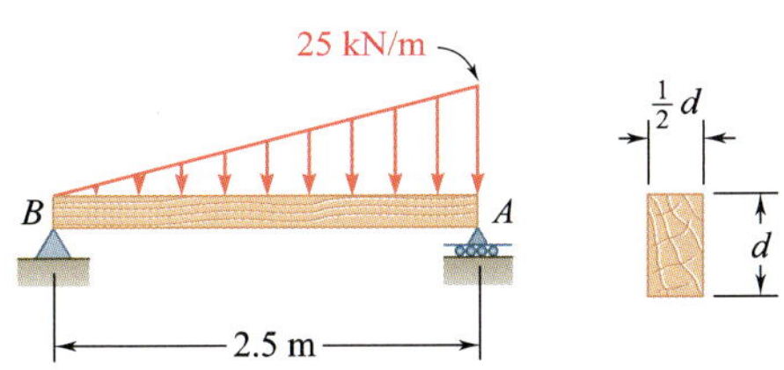

그림 *P12.86*

12.87 Knowing that the allowable normal stress for the steel used is 160 MPa, select the most economical wide-flange beam to support the loading shown.

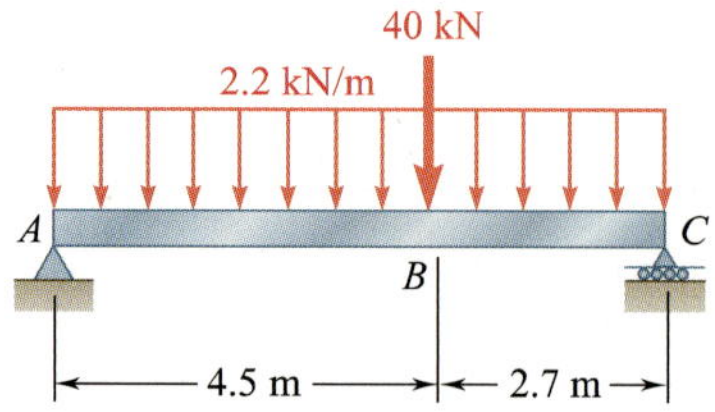

그림 P12.87

12.88 Knowing that the allowable normal stress for the steel used is 24 ksi, select the most economical wide-flange beam to support the loading shown.

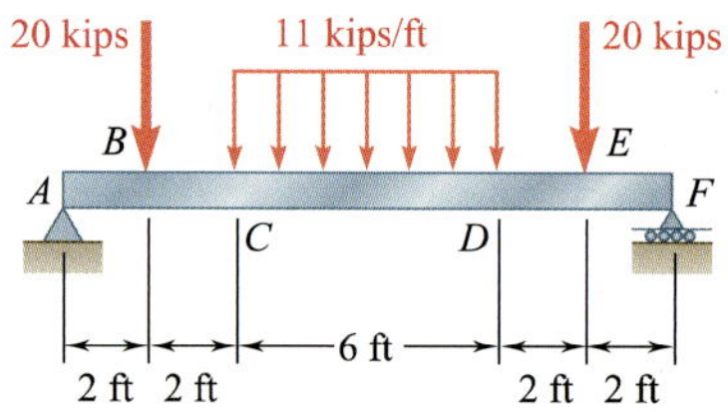

그림 *P12.88*

13

보와 박벽 부재의 전단응력

13.1 서론

12.1절에서 보에 횡하중이 재하되면, 단면에서 수직응력과 전단응력이 발생함을 고찰하였다. 수직응력은 단면의 휨모멘트 M에 의해 발생하며, 전단응력은 전단력 V에 의해 발생한다. 보의 강도설계에서 지배적인 기준은 보에 발생하는 수직응력의 최대값이므로, 12장에서 보의 해석은 수직응력의 결정에만 한정되었다. 그러나 전단응력은 특히 지간이 짧고 높은 단면을 갖는 보의 설계에서 중요하며, 이러한 해석은 본 장에서 첫 번째 주제가 될 것이다.

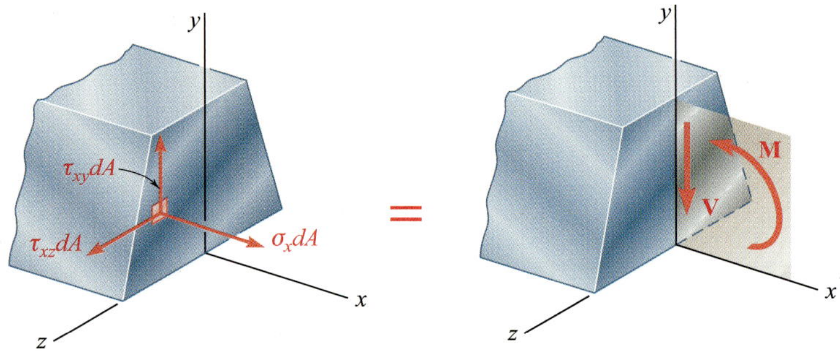

그림 13.1

그림 13.1은 대칭수직면이 있는 등단면보의 횡단면에 작용하는 수직력과 전단력은 휨모멘트 M과 전단력 V와 등가임을 보여준다. 6개의 식이 이 관계를 표현하기 위해 사용된다. 6개의 식 중 3개는 수직력 $\sigma_x dA$만 관련되어 있으며, 11.2절에서 다루었다. 이 식들은 식 (11.1), (11.2), (11.3) 이며, 각각 수직력의 합은 영, y축에 대한 모멘트의 합은 영, z축에 대한 모멘트의 합은 M임을 나타낸다. 전단력 $\tau_{xy}dA$와 $\tau_{xz}dA$와 관련된 나머지 3개의 방정식을 지금부터 알아보자. 하나의 식은 x축에 대한 전단력의 모멘트 합은 영이지만 보가 xy면에 대칭인 것을 고려하면 무시할 수 있으므로 생략한다. 나머지 두 개의 식은 요소력 y성분과 z성분을 의미하며 다음과 같다.

$$y \text{ 성분 :} \qquad \int \tau_{xy} dA = -V \tag{13.1}$$

$$z \text{ 성분 :} \qquad \int \tau_{xz} dA = 0 \tag{13.2}$$

위의 첫 번째 식은 횡하중을 받는 보에서 수직전단응력이 반드시 존재해야 한다는 것을 보여준다. 두 번째 식은 평균 수평전단응력은 어느 단면에서나 영임을 나타낸다. 그러나 전단응력 τ_{xz}가 어느 곳에서나 영이라는 것은 아니다.

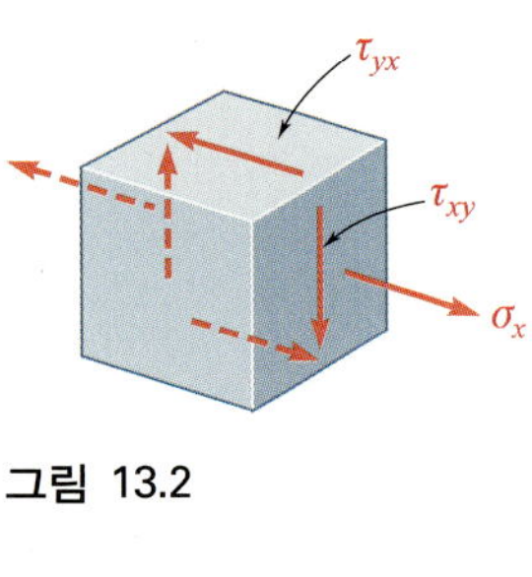

그림 13.2

지금부터 보의 대칭수직면에 위치한 미소 정육면체 요소를 고려해보자. (τ_{xz}는 영이 되어야 한다.) 그리고 요소의 면에 작용하는 응력을 검토해 보자

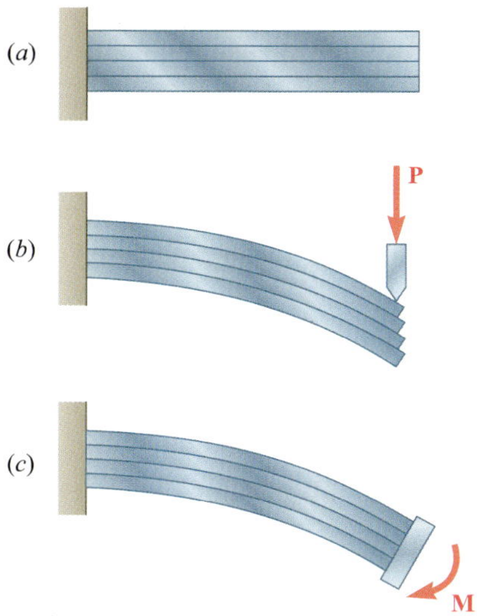

그림 13.3

(그림 13.2). 위에서 확인한 것처럼, 수직응력 σ_x와 전단응력 τ_{xy}는 x축에 수직인 두 면에 각각 작용한다. 8장에서 요소의 수직면에 전단응력 τ_{xy}가 작용할 때 같은 크기의 응력이 요소의 수평면에 작용한다는 것을 학습했다. 그러므로 횡하중을 받는 부재에서는 축방향 전단응력이 반드시 발생한다. 한쪽 단이 고정된 분리되는 판자로 만들어진 외팔보를 고려함으로써 이를 증명할 수 있다(그림 13.3a). 이 합성보의 자유단에 횡하중이 작용하면 판자 사이가 미끄러짐을 확인할 수 있다(그림 13.3). 반면에 이 합성보의 자유단에 모멘트가 작용하면, 판자들은 중심이 같은 원호 모양으로 휘어지며, 판자 사이는 미끄러지지 않을 것이다. 그러므로 순수휨을 받는 보에서는 전단이 일어나지 않는 것을 확인할 수 있다(11.3절 참조).

강재와 같은 균질하고 응집성이 있는 재료로 만들어진 보는 횡하중 **P**가 작용하여도 미끄러짐은 발생하지 않는다. 그러나 미끄러짐이 일어나려는 경향은 존재하며 수직면뿐만 아니라 수평면에도 응력이 발생하게 된다. 섬유 사이의 전단 저항이 약한 목재 보의 경우 전단에 의한 파괴가 수직면보다 수평면을 따라 발생할 것이다(사진 13.1).

13.2절에서는 두 수평면과 수직면으로 경계를 이루는 Δx 길이의 보 요소가 고려될 것이며, 수평면에 작용하는 전단력 $\Delta \mathbf{H}$가 결정될 뿐만 아니라 **전단류**(shear flow)로 알려진 단위길이당 전단력 q 또한 결정될 것이다. 수직면에 대하여 대칭인 보의 전단응력 공식이 13.3절에서 유도될 것이며 13.4절에서 일반적인 유형의 보에서 전단응력이 계산된다.

13.2절의 내용은 13.5절에서 2개의 수평면과 곡면으로 경계를 이루는 경우의 보 요소를 다루기 위해 확장될 것이다. 이 과정은 13.6절에서 광폭플랜지보와 박스형 보와 같은 1축 대칭 **박벽 부재**(thin-walled members)의 응력 계산에 적용된다.

사진 13.1

13.2 보요소의 수평면에 작용하는 전단력

수직면에 대하여 대칭인 등단면보(prismatic beam)를 고려해 보자. 이 보는 다양한 집중하중과 분포 하중을 지지하고 있다(그림 13.4). A단으로부터 x만큼 떨어진 단면에서 중립축으로부터 y_1만큼 떨어진 수평면에서 보의 상단면까지 Δx 길이의 미소요소 $CDD'C'$를 분리하자(그림 13.5). 이 요소에 작용하는 힘은 수직전단력 $\mathbf{V}'_C$ 와 $\mathbf{V}'_D$, 요소 하면의 수평전단력 $\Delta\mathbf{H}$, 요소 수평력 $\sigma_C dA$와 $\sigma_D dA$, 하중 $w\Delta x$이다(그림 13.6). 평형 방정식은 다음과 같다.

$$\xrightarrow{+}\Sigma F_x = 0 = \Delta H - \int_a (\sigma_D - \sigma_C) dA = 0$$

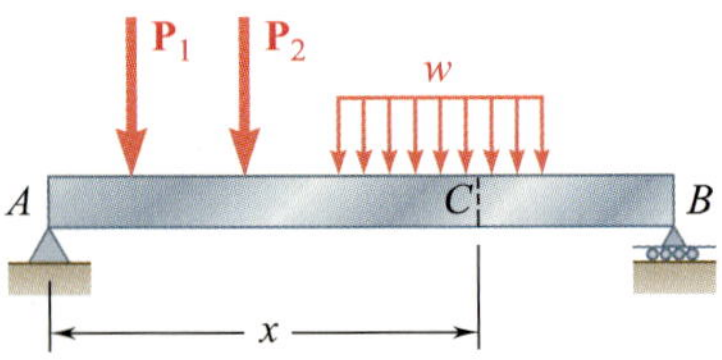

그림 13.4

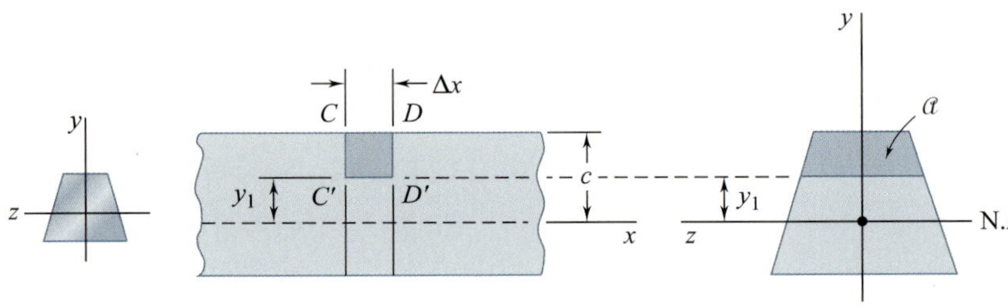

그림 13.5

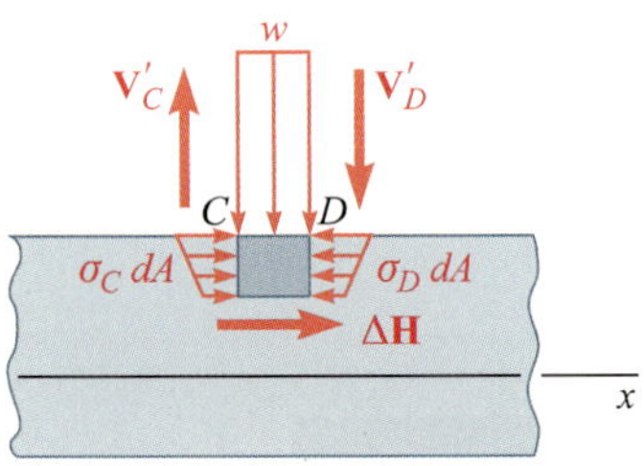

그림 13.6

여기서 적분구간은 선 $y = y_1$ 위에 위치한 어둡게 그려진 면적 a이다. 위 식을 ΔH에 대해 풀고 12.1절의 C점과 D점에서의 휨모멘트와 수직응력의 관계를 나타내는 식 (12.2) $\sigma = My/I$를 사용하면 다음과 같다.

$$\Delta H = \frac{M_D - M_C}{I} \int_a y \, dA \tag{13.3}$$

식 (13.3)의 적분은 보의 단면에서 선 $y = y_1$ 위에 위치한 a부분의 중립축에 대한 단면 1차모멘트를 의미하며 Q로 표시할 것이다. 한편, 12.3절의 식 (12.7)을 이용하면, 모멘트의 증가량 $M_D - M_C$는 다음과 같이 표현될 수 있다.

$$M_D - M_C = \Delta M = (dM/dx)\Delta x = V\Delta x$$

위 식을 식 (13.3)에 대입하면, 보 요소에 작용하는 수평전단을 나타내는 아래의 식을 얻는다.

$$\Delta H = \frac{VQ}{I} \Delta x \tag{13.4}$$

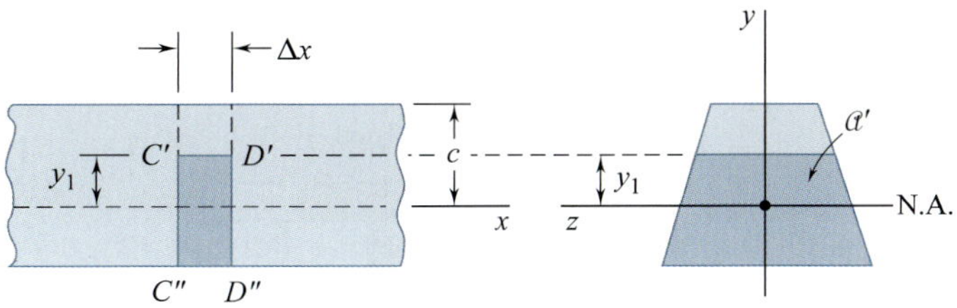

그림 13.7

그림 13.7과 같이 상부 요소 $CDD'C'$를 사용하지 않고 하부 요소 $C'D'D''C''$를 사용하더라도 같은 결과가 도출된다. 두 요소에 작용하는 전단력 $\Delta\mathbf{H}$와 $\Delta\mathbf{H}'$는 크기는 같고 방향만 반대이기 때문이다. 이는 보의 단면에서 선 $y = y_1$ 아래에 위치한 a'부분의 중립축에 대한 단면 1차모멘트는(그림 13.7) $y = y_1$ 위에 위치한 a부분의 중립축에 대한 단면 1차모멘트와(그림 13.5) 같은 크기이며 부호만 반대라는 것을 나타낸다. 두 단면에 대한 1차모멘트의 합은 전체 단면의 중립축에 대한 단면 1차모멘트와 같아야 하며, 그러므로 합은 영이 되어야 한다. 이러한 특성은 때때로 Q의 계산을 간편하게 만들어준다. 즉 $y_1 = 0$일 때 Q가 최대가 된다. 왜냐하면 단면의 중립축 위에 위치한 요소는 식 (13.3)의 Q를 정의하는 적분을 양이 되게 하며 중립축 아래에 위치한 요소는 음이 되게 하기 때문이다.

q로 표시되는 단위길이당 수평전단력은 식 (13.4)의 양변을 Δx로 나눔으로써 구해진다.

$$q = \frac{\Delta H}{\Delta x} = \frac{VQ}{I} \tag{13.5}$$

Q는 q가 계산되는 부분의 중립축에 대한 단면 1차모멘트이다. 그리고 I는 전체 단면의 중립축에 대한 단면 2차모멘트이다. 다음 절(13.6절)에서 명확해질 이유 때문에 단위길이당 수평전단력 q는 전단류(shear flow)로 불린다.

예제 13.1 단면 20×100 mm인 판자 세 개로 만들어진 보가 못으로 고정되어 있다(그림 13.8). 못의 간격은 25 mm이며 보의 전단력은 $V = 500$ N이다. 각 못에 작용하는 전단력을 구하시오.

우선 위 판자의 하면에 작용하는 단위길이당 수평력 q를 결정하기 위해 식 (13.5)를 이용하자. 여기서 Q는 그림 13.9a의 어둡게 그려진 면적 A의 중립축에 대한 단면 1차모멘트이며, I는 전체 단면의 중립축에 대한 단면 2차모멘트이다 (그림 13.9b). 주어진 축에 대한 단면 1차모멘트는 그 단면의 면적과 중립축에서 그 단면의 도심점까지의 거리의 곱과 같다.[1)]

1) 5.4절 참조

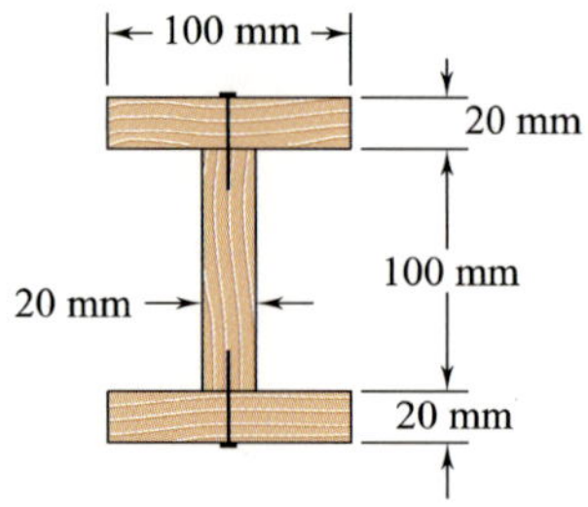

그림 13.8

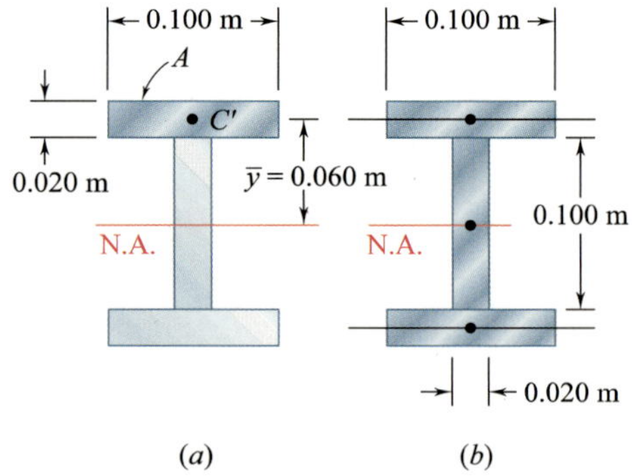

그림 13.9

$$Q = A\bar{y} = (0.020\text{ m} \times 0.100\text{ m})(0.060\text{ m})$$
$$= 120 \times 10^{-6}\text{ m}^3$$
$$I = \frac{1}{12}(0.020\text{ m})(0.100\text{ m})^3$$
$$+2\left[\frac{1}{12}(0.100\text{ m})(0.020\text{ m})^3 + (0.020\text{ m} \times 0.100\text{ m})(0.060\text{ m})^2\right]$$
$$= 1.667 \times 10^{-6} + 2(0.0667 + 7.2)10^{-6}$$
$$= 16.20 \times 10^{-6}\text{ m}^4$$

이를 식 (13.5)에 대입하면,

$$q = \frac{VQ}{I} = \frac{(500\text{ N})(120 \times 10^{-6}\text{ m}^3)}{16.20 \times 10^{-6}\text{ m}^4} = 3704\text{ N/m}$$

못의 간격이 25 mm이므로, 각 못의 전단력은 다음과 같다.

$$F = (0.025\text{ m})q = (0.025\text{ m})(3704\text{ N/m}) = 92.6\text{ N}$$ ■

13.3 보의 전단응력의 계산

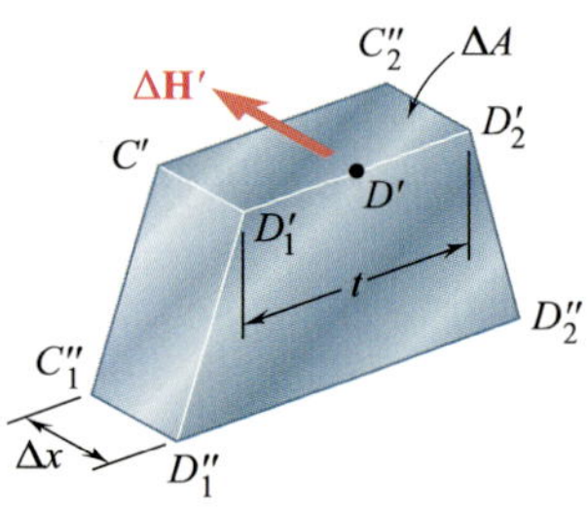

그림 13.10

다양한 집중하중과 분포하중을 받는 수직대칭면이 있는 보를 다시 고려해 보자. 전 절에서와 같이 두 개의 수직면과 한 개의 수평면을 통하여 절단된 길이 Δx의 미소요소를 고찰하자(그림 13.10). 요소의 수평면에 작용하는 전단력 ΔH의 크기는 식 (13.4)로부터 구해질 수 있다. 요소면의 평균 전단응력 τ_{ave}은 ΔH를 요소면의 면적 ΔA로 나눔으로써 구할 수 있다. $\Delta A = t\Delta x$이며, 여기서 t는 잘려진 단면 요소의 폭이다. 그러므로 다음과 같은 식을 얻는다.

$$\tau_{\text{ave}} = \frac{\Delta H}{\Delta A} = \frac{VQ}{I}\frac{\Delta x}{t\Delta x}$$

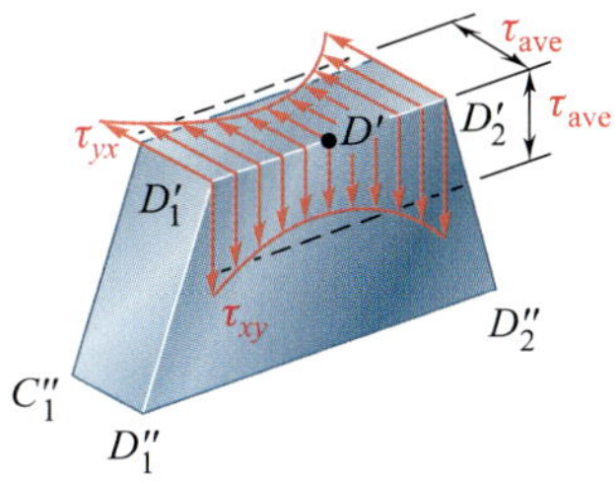

그림 13.11

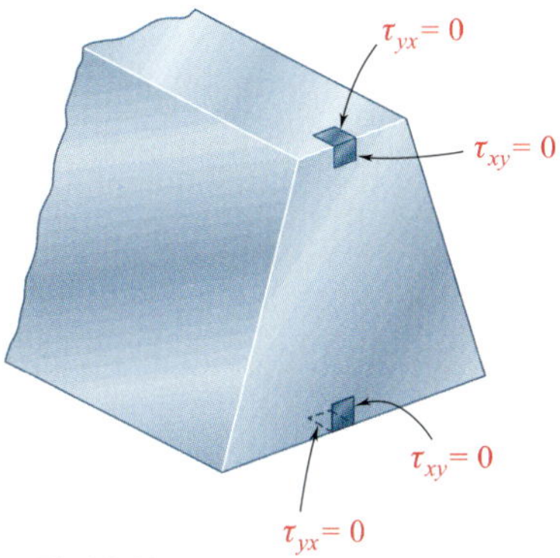

그림 13.12

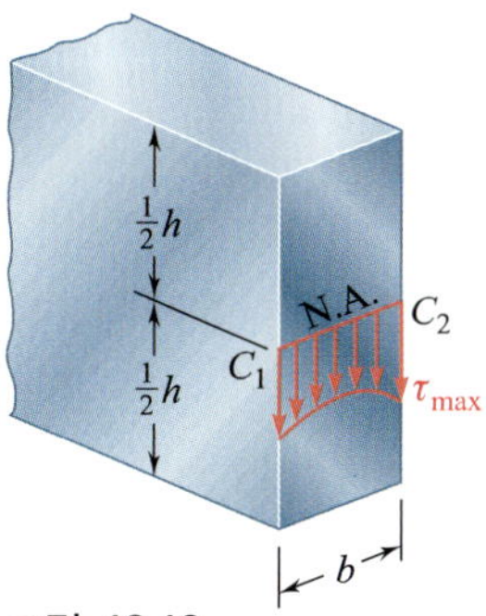

그림 13.13

$$\tau_{ave} = \frac{VQ}{It} \tag{13.6}$$

D'을 통과하는 종단면과 횡단면에 작용하는 전단응력 τ_{xy}와 τ_{yx}는 같으므로, 식 (13.6)은 선 $D_1'D_2'$상의 τ_{xy}의 평균값을 나타낸다(그림 13.11).

보의 윗면과 밑면에 작용하는 힘이 없으므로 윗면과 밑면의 $\tau_{yx} = 0$이다. 그러므로 횡단면의 상부 모서리와 하부 모서리에서의 $\tau_{xy} = 0$이 된다(그림 13.12). 또한 $y = 0$일 때 Q는 최대임에도 불구하고(13.2절) τ_{ave}는 중립축에서 최대라고 단정할 수 없다. 왜냐하면 τ_{ave}는 단면 1차모멘트 Q뿐만 아니라 단면의 폭 t에 의하여 결정되기 때문이다.

보의 폭이 보의 높이에 비하여 작으면, 전단응력은 $D_1'D_2'$을 따라 거의 일정하며(그림 13.11) 식 (13.16)으로 $D_1'D_2'$선상의 τ_{xy}를 구할 수 있다. 사실 D_1'점과 D_2'에서의 τ_{xy}는 D'점보다 크다. 그러나 탄성론에 의하면[2], 폭이 b이고 높이가 h인 구형단면의 보에서 $b \leq \frac{h}{4}$이면, C_1점과 C_2에서의 최대전단응력은 (그림 13.13) 중립축에서의 평균전단응력의 0.8%를 초과하지 않는다.[3]

13.4 일반적인 보에서의 전단응력 τ_{xy}

전 절에서, 폭이 좁은 구형단면의 보(즉, 폭이 b이고 높이가 h인 구형단면 보에서, $b \leq \frac{1}{4}h$인 보)에서 보의 폭에 따른 전단응력 τ_{xy}의 변화는 τ_{ave}의 0.8% 이내 임을 확인하였다. 그러므로 식 (13.6)을 폭이 좁은 구형단면 보의 단면 임의의 점에서의 응력을 구하기 위해 사용할 수 있으며 다음과 같다.

$$\tau_{xy} = \frac{VQ}{It} \tag{13.7}$$

여기서 t는 보의 폭 b와 같으며 Q는 어둡게 그려진 면적 A'의 중립축에 대한 단면 1차모멘트이다(그림 13.14).

2) S. P. Timoshenko, and J. N. Goodier의 Theory of Elasticity, McGraw-Hill, NewYork, 3d ed., 1970 sec. 124을 참고한다.
3) 반면에 b/h가 큰 경우, C_1점과 C_2점에서 τ_{max} 값은 아래 표와 같이 중립축에서의 평균전단응력 τ_{ave}보다 몇 배 더 크게 된다.

b/h	0.25	0.5	1	2	4	6	10	20	50
τ_{max}/τ_{ave}	1.008	1.033	1.126	1.396	1.988	2.582	3.770	6.740	15.65
τ_{min}/τ_{ave}	0.996	0.983	0.940	0.856	0.805	0.800	0.800	0.800	0.800

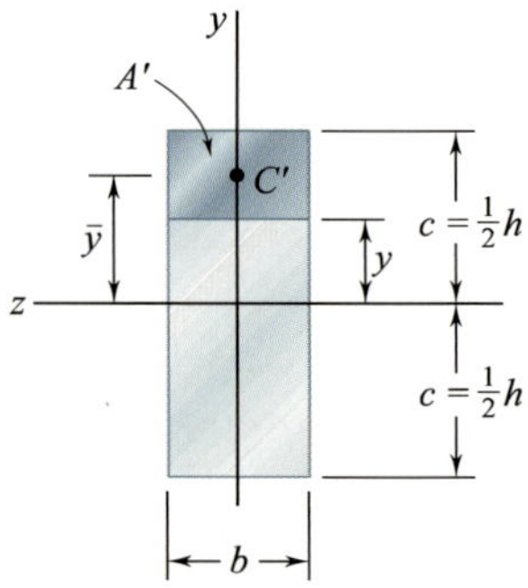

그림 13.14

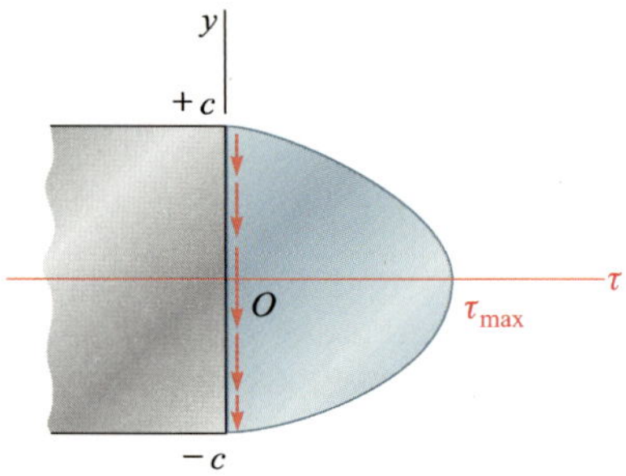

그림 13.15

중립축에서 A'의 도심 C'까지의 거리는 $\bar{y}=\frac{1}{2}(c+y)$이며, $Q=A'\bar{y}$이므로 다음과 같이 나타낼 수 있다.

$$Q = A'\bar{y} = b(c-y)\frac{1}{2}(c+y) = \frac{1}{2}b(c^2-y^2) \tag{13.8}$$

또한 $I=bh^3/12=\frac{2}{3}bc^3$이므로 다음과 같다.

$$\tau_{xy} = \frac{VQ}{Ib} = \frac{3}{4}\frac{c^2-y^2}{bc^3}V$$

또는 보의 단면적 $A=2bc$이므로 다음과 같다.

$$\tau_{xy} = \frac{3}{2}\frac{V}{A}\left(1-\frac{y^2}{c^2}\right) \tag{13.9}$$

식 (13.9)는 구형단면 보에서 횡단면의 전단응력 분포는 포물선임을 보여준다(그림 13.15). 전 절에서 학습한 것처럼 단면의 상단과 하단에서의 전단응력은 영이다($y=\pm c$). 식 (13.9)에서 $y=0$으로 놓으면 폭이 좁은 구형단면 보의 최대전단응력을 얻는다.

$$\tau_{\max} = \frac{3V}{2A} \tag{13.10}$$

식 (13.10)을 보면, 구형단면 보의 최대전단응력 값은 단면에 전단응력이 균등하게 분포된다고 잘못 가정함으로써 구한 V/A값보다 50% 크다는 것을 알 수 있다.

미국의 표준보(S-beam)와 광폭플랜지보(W-beam)의 경우 식 (13.6)을 이용하여 보의 횡단면 aa' 또는 bb'선 위에서의 평균 전단응력 τ_{xy}를 구할 수 있다(그림 13.16a와 b).

$$\tau_{\text{ave}} = \frac{VQ}{It} \tag{13.6}$$

여기서 V는 전단력, t는 고려되는 높이에서의 단면의 폭, Q는 어둡게 그려

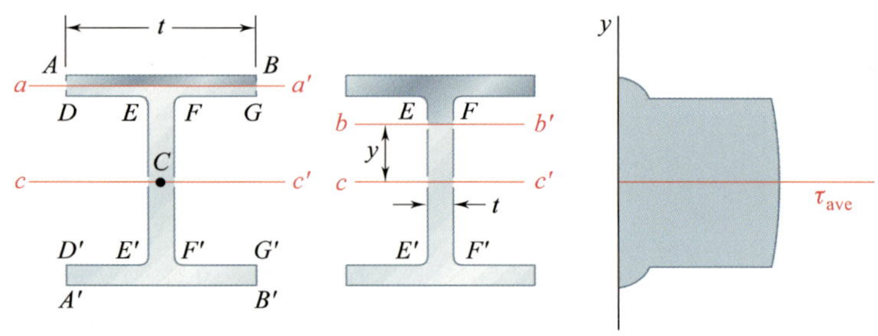

그림 13.16 (a) (b) (c)

진 면적의 중립축 cc'에 대한 단면 1차모멘트, I는 전체단면의 중립축 cc'에 대한 단면 2차모멘트이다. τ_{ave}를 단면 높이에 따라 그리면 그림 13.16c와 같다. 플랜지 $ABGD$와 $A'B'G'D'$와 복부 $EFF'E'$의 t값이 다르므로 전단응력의 불연속이 존재함을 주목하자.

복부의 경우, 전단응력 τ_{xy}는 매우 조금 변화하며, 평균전단응력 τ_{ave}와 같다고 가정할 수 있다. 그러나 플랜지의 경우는 그렇지 않다. 예를 들어 수평선 $DEFG$를 고려해 보자. D와 E 사이, F와 G 사이에서 이 두 부분이 보의 자유면이므로 τ_{xy}는 영이다. 반면에 E와 F 사이의 τ_{xy}는 식 (13.6)에 $t = EF$를 대입하여 구할 수 있다. 실제로 모든 전단력은 복부에 전달된다고 가정하며, 단면에서 최대전단응력의 근사치는 V를 복부의 단면으로 나누어 산정된다.

$$\tau_{\max} = \frac{V}{A_{\text{web}}} \tag{13.11}$$

플랜지에서 전단응력의 수직 성분 τ_{xy}는 무시될 수 있는 반면에, 상당한 크기를 가진 수평성분 τ_{xz}는 13.6절에서 결정될 것이다.

예제 13.2 문제 12.7에서 목재 보의 허용전단응력 $\tau_{\text{all}} = 0.250$ ksi일 때, 전단응력에 대한 설계가 적절한지 확인하시오.

문제 12.7의 전단력도로부터 $V_{\max} = 4.50$ kips이다. 보의 폭과 높이가 각각 $b = 3.5$ in., $h = 14.55$ in.로 주어졌다. 폭이 좁은 보의 최대전단응력 식 (13.10)을 이용하면 다음과 같다.

$$\tau_{\max} = \frac{3}{2}\frac{V}{A} = \frac{3}{2}\frac{V}{bh} = \frac{3(4.50\,\text{kips})}{2(3.5\,\text{in})(14.55\,\text{in})} = 0.1325\ \text{ksi}$$

$\tau_{\max} < \tau_{\text{all}}$이므로, 문제 12.7의 설계는 적절하다. ■

예제 13.3 문제 12.8에서 강재 보의 허용전단응력 $\tau_{\text{all}} = 90$ MPa일 때, 전단응력에 대한 설계에서 문제에서 구한 W360×32.9의 단면이 적절한지 확인하시오.

문제 12.8의 전단력도로부터 보의 절대 최대전단응력 $|V_{\max}| = 58$ kN이다. 본문에서 다룬 것처럼 모든 전단력은 복부에 전달된다고 가정하고 위의 단면이 선정되었을 것이다. 그러면 이 보의 최대전단응력의 값은 식 (13.11)에 의해 구해진다. 부록 B를 보면 W360×32.9 형강의 높이와 복부의 두께가 각각 $d = 348$ mm, $t_w = 5.84$ mm임을 알 수 있다. 그러므로

$$A_{\text{web}} = dt_w = (348\,\text{mm})(5.84\,\text{mm}) = 2032\ \text{mm}^2$$

$|V_{\max}|$와 A_{web}의 값을 식 (13.11)에 대입하면

$$\tau_{\max} = \frac{|V_{\max}|}{A_{\text{web}}} = \frac{58\,\text{kN}}{2032\,\text{mm}^2} = 28.5\ \text{MPa}$$

$\tau_{\max} < \tau_{\text{all}}$이므로, 문제 12.8의 설계는 적절하다. ■

문제 13.1

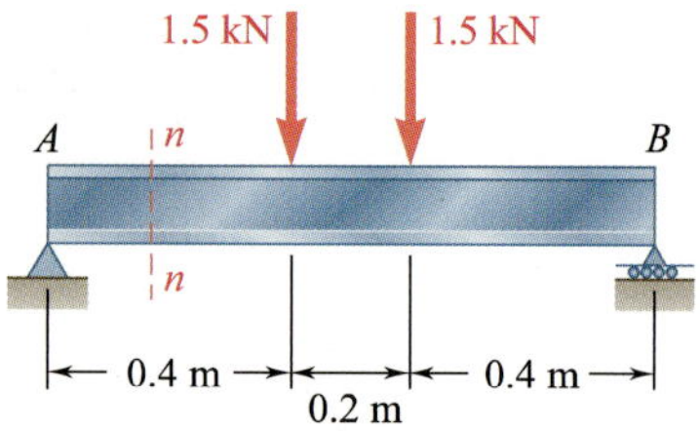

보 AB는 널빤지 세 개를 붙여 만들어졌으며, 1축 대칭이며, 그림과 같은 하중을 받는다. 접착된 부분의 폭은 모두 20 mm이다. 보의 $n-n$ 단면에서 각 접착부의 평균 전단응력을 구하시오. 단면의 도심은 그림에 제시되어 있으며, 이 보의 단면 2차모멘트는 $I = 8.63 \times 10^{-6}\ \text{m}^4$이다.

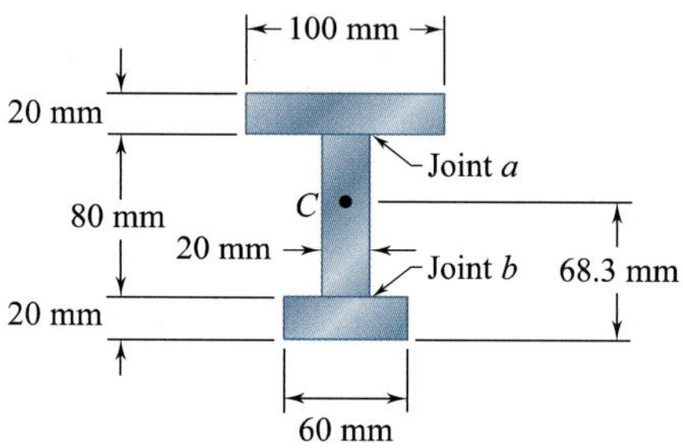

풀이.

단면 $n-n$에서의 수직전단. 보와 하중 모두 보의 중앙에 대하여 대칭이므로, A = B = 1.5 kN ↑ 이다.

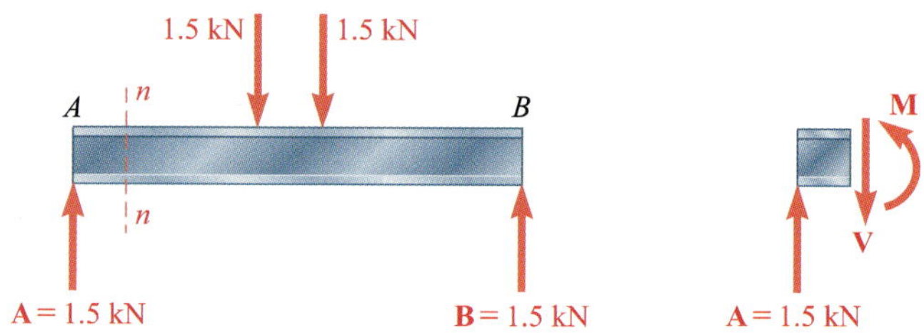

단면 $n-n$ 왼쪽의 보에 대한 자유물체도를 고려해보자.

$$+\uparrow \Sigma F_y = 0: \qquad 1.5\ \text{kN} - V = 0 \qquad V = 1.5\ \text{kN}$$

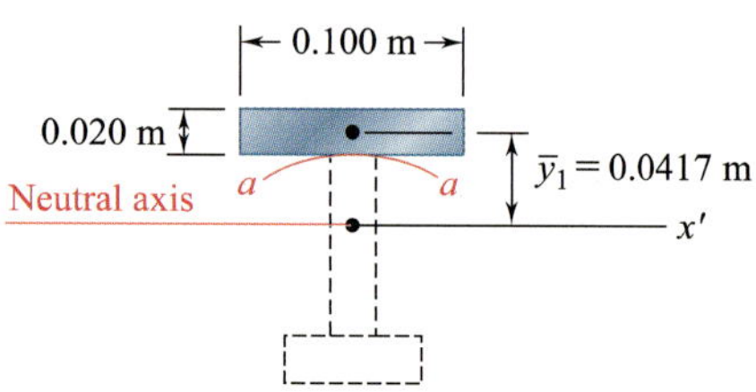

접착부 a에서의 전단응력. 절단면 $a-a$가 단면을 두 부분으로 나눈다. $a-a$상부 면적의 중립축에 대한 단면 1차모멘트 Q를 결정한다.

$$Q = A\bar{y}_1 = [(0.100\ \text{m})(0.020\ \text{m})](0.0417\ \text{m}) = 83.4 \times 10^{-6}\ \text{m}^3$$

접착부의 폭은 $t = 0.020$ m이며, 식 (13.7)을 접착부의 평균 전단응력을 구하기 위해 사용한다.

$$\tau_{\text{ave}} = \frac{VQ}{It} = \frac{(1500\ \text{N})(83.4 \times 10^{-6}\ \text{m}^3)}{(8.63 \times 10^{-6}\ \text{m}^4)(0.020\ \text{m})} \qquad \tau_{\text{ave}} = 725\ \text{kPa}$$

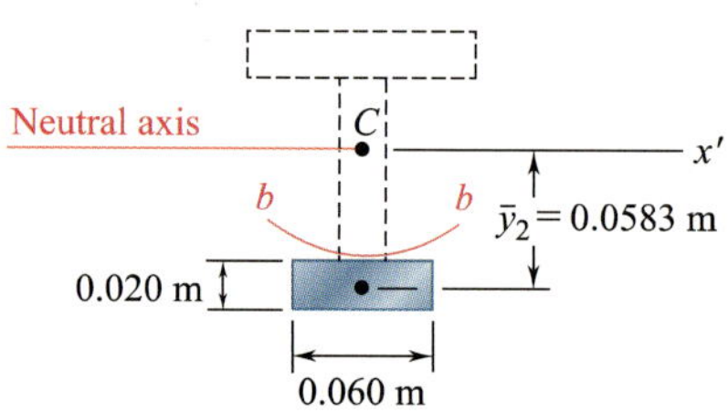

접착부 b에서의 전단응력. $b-b$하부 면적의 단면 1차모멘트

$$Q = A\bar{y}_2 = [(0.060\ \text{m})(0.020\ \text{m})](0.0583\ \text{m}) = 70.0 \times 10^{-6}\ \text{m}^3$$

$$\tau_{\text{ave}} = \frac{VQ}{It} = \frac{(1500\ \text{N})(70.0 \times 10^{-6}\ \text{m}^3)}{(8.63 \times 10^{-6}\ \text{m}^4)(0.020\ \text{m})} \qquad \tau_{\text{ave}} = 608\ \text{kPa}$$

문제 13.2

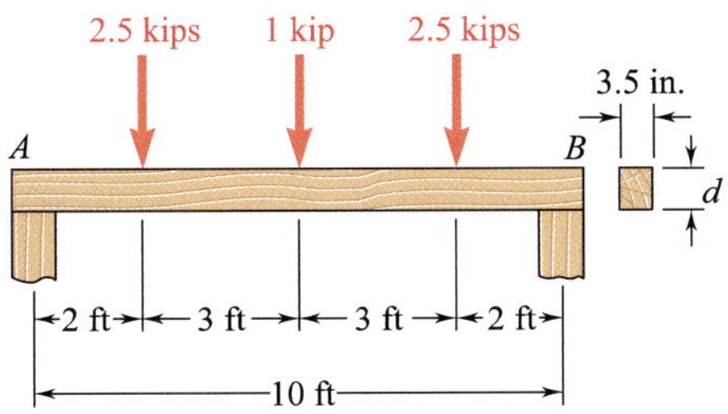

공칭 폭 4 in.(실제 폭=3.5 in.)인 10 ft 경간의 목재보가 3개의 집중하중을 그림과 같이 지지하고 있다. 목재등급은 $\sigma_{all}=1800$ psi, $\tau_{all}=120$ psi일 때, 보의 최소 높이 d를 구하시오.

풀이.

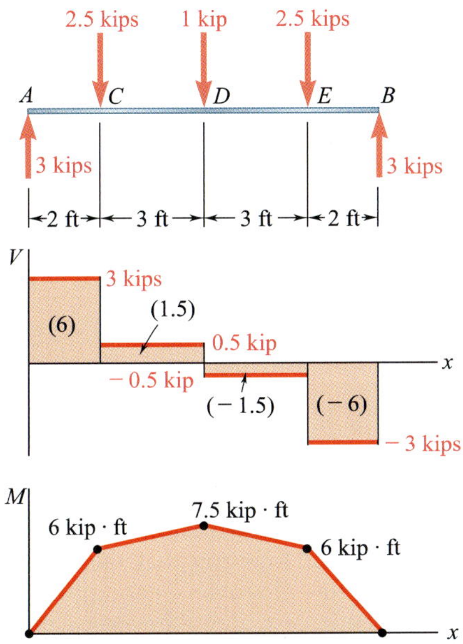

최대전단력과 휨모멘트. 전단력도와 휨모멘트도를 그려보면 다음과 같이 최대모멘트와 최대전단력을 구할 수 있다.

$$M_{max} = 7.5 \text{ kip} \cdot \text{ft} = 90 \text{ kip} \cdot \text{in.}$$
$$V_{max} = 3 \text{ kips}$$

허용 수직응력에 근거한 설계. 우선 높이 d에 관한 단면계수를 표현해야 한다.

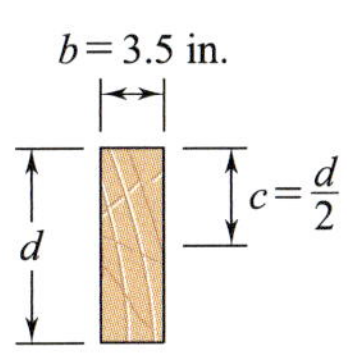

$$I = \frac{1}{12}bd^3 \qquad S = \frac{I}{c} = \frac{1}{6}bd^2 = \frac{1}{6}(3.5)d^2 = 0.5833d^2$$

$M_{max}=90$ kip · in.이며, $\sigma_{all}=1800$ psi이므로

$$S = \frac{M_{max}}{\sigma_{all}} \qquad 0.5833d^2 = \frac{90\times10^3 \text{ lb}\cdot\text{in.}}{1800 \text{ psi}}$$
$$d^2 = 85.7 \qquad d = 9.26 \text{ in.}$$

$\sigma_m \le 1800$ psi 조건을 만족한다.

전단응력 검토. $V_{max}=3$ kips이며, $d=9.26$ in.이므로

$$\tau_m = \frac{3}{2}\frac{V_{max}}{A} = \frac{3}{2}\frac{3000 \text{ lb}}{(3.5 \text{ in.})(9.26 \text{ in.})} \qquad \tau_m = 138.8 \text{ psi}$$

$\tau_{all}=120$ psi이므로 높이 $d=9.26$ in.는 부적합하며 $\tau_m \le 120$ psi가 되도록 다시 설계해야 한다.

허용전단응력에 근거한 설계. 이제는 허용 전단응력이 설계를 지배한다.

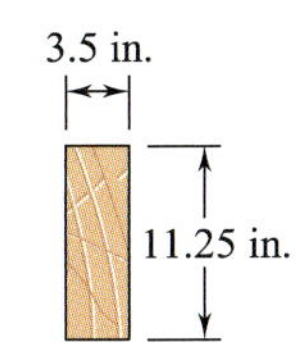

4 in. × 12 in.
Nominal size

$$\tau_m = \tau_{all} = \frac{3}{2}\frac{V_{max}}{A} \qquad 120 \text{ psi} = \frac{3}{2}\frac{3000 \text{ lb}}{(3.5 \text{ in.})d}$$

$$d = 10.71 \text{ in.}$$

수직응력은 물론 $\sigma_{all}=1800$ psi 보다 적으며 보의 높이 10.71 in.는 충분하다.

참고. 목재는 일반적으로 높이가 2 in.씩 증가하므로, 4x12 in. 공칭 크기의 목재는 사용 가능하다. 실제 단면은 3.5x11.25 in.이다.

Problems

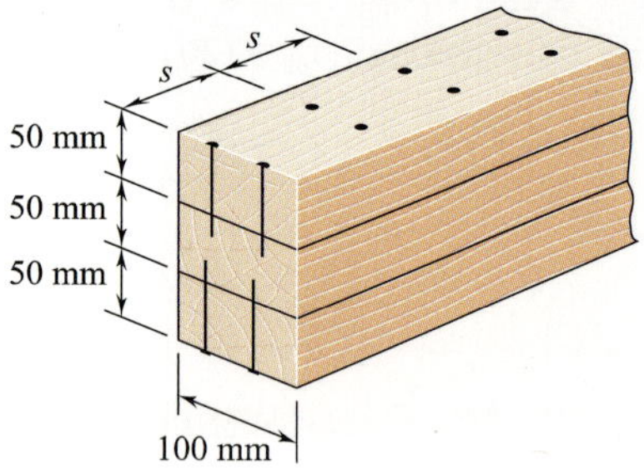

그림 P13.1

13.1 Three full-size 50 × 100-mm boards are nailed together to form a beam that is subjected to a vertical shear of 1500 N. Knowing that the allowable shearing force in each nail is 400 N, determine the largest longitudinal spacing s that can be used between each pair of nails.

13.2 For the built-up beam of Prob. 13.1, determine the allowable shear if the spacing between each pair of nails is $s = 45$ mm.

13.3 A square box beam is made of two $\frac{3}{4} \times 3.5$-in. planks and two $\frac{3}{4} \times$ 5-in. planks nailed together as shown. Knowing that the spacing between nails is $s = 1.25$ in. and that the vertical shear in the beam is $V = 250$ lb, determine (*a*) the shearing force in each nail, (*b*) the maximum shearing stress in the beam.

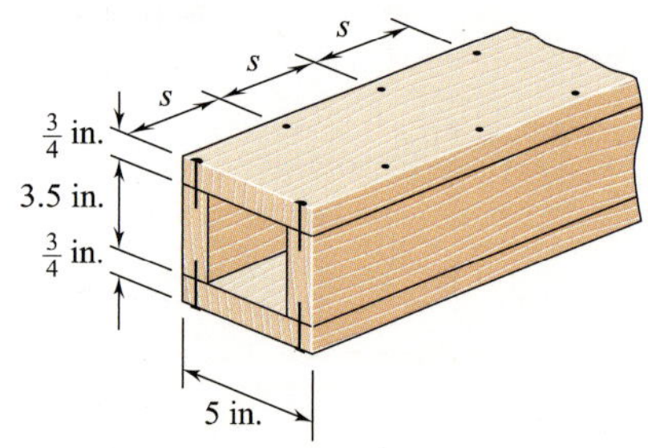

그림 P13.3, P13.4

13.4 A square box beam is made of two $\frac{3}{4} \times 3.5$-in. planks and two $\frac{3}{4} \times$ 5-in. planks nailed together as shown. Knowing that the spacing between nails is $s = 2$ in. and that the allowable shearing force in each nail is 75 lb, determine (*a*) the largest allowable vertical shear in the beam, (*b*) the corresponding maximum shearing stress in the beam.

13.5 The American Standard rolled-steel beam shown has been reinforced by attaching to it two 16 × 200-mm plates using 18-mm-diameter bolts spaced longitudinally every 120 mm. Knowing that the average allowable shearing stress in the bolts is 90 MPa, determine the largest permissible vertical shearing force.

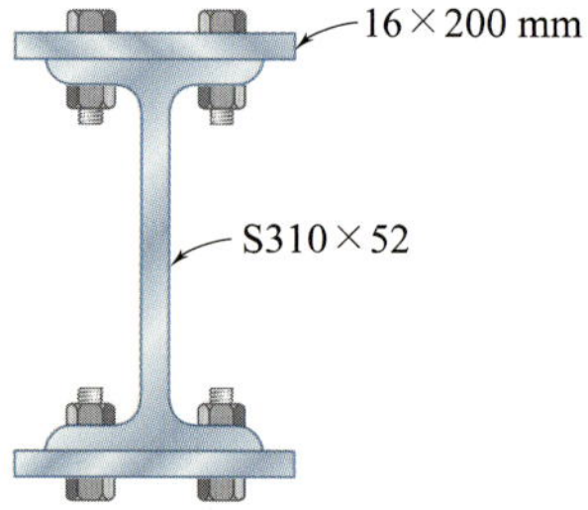

그림 P13.5

13.6 Solve Prob. 13.5 assuming that the reinforcing plates are only 12 mm thick.

13.7 and 13.8 A column is fabricated by connecting the rolled-steel members shown by bolts of $\frac{3}{4}$-in. diameter spaced longitudinally every 5 in. Determine the average shearing stress in the bolts caused by a shearing force of 30 kips parallel to the y axis.

13.9 through 13.12 For the beam and loading shown, consider section n-n and determine (a) the largest shearing stress in that section, (b) the shearing stress at point a.

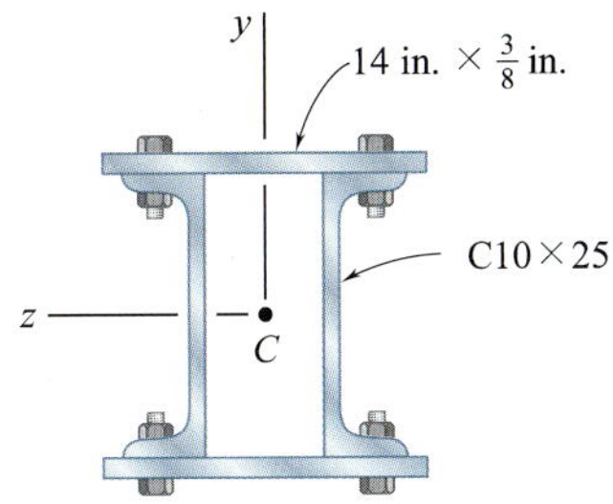

그림 P13.7

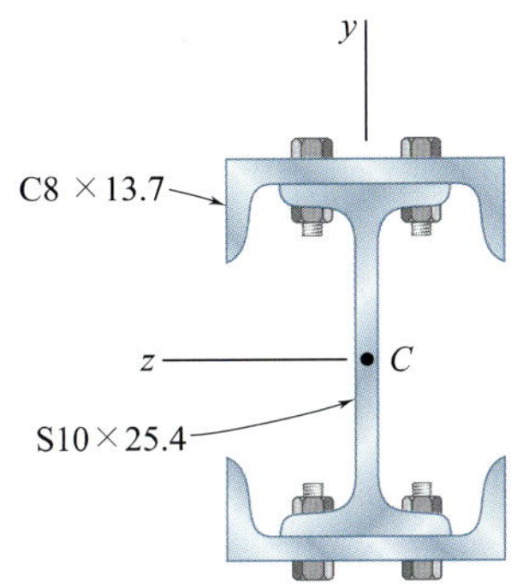

그림 P13.8

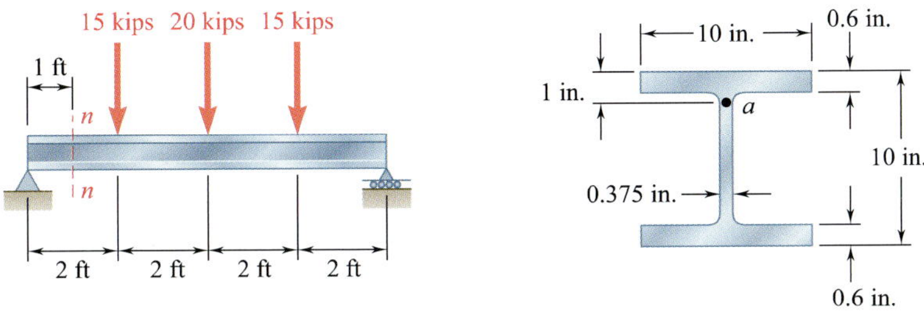

그림 P13.9

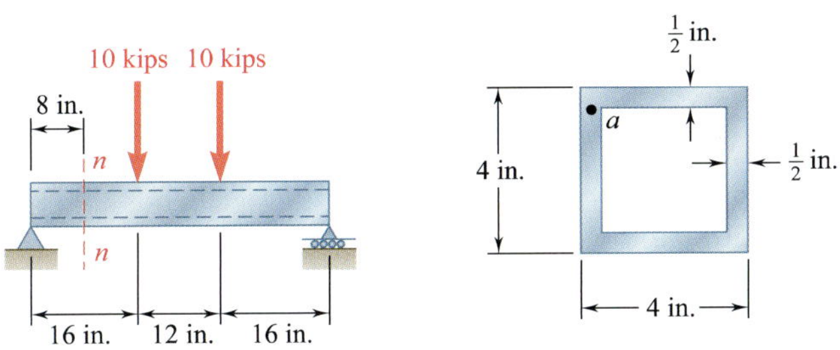

그림 P13.10

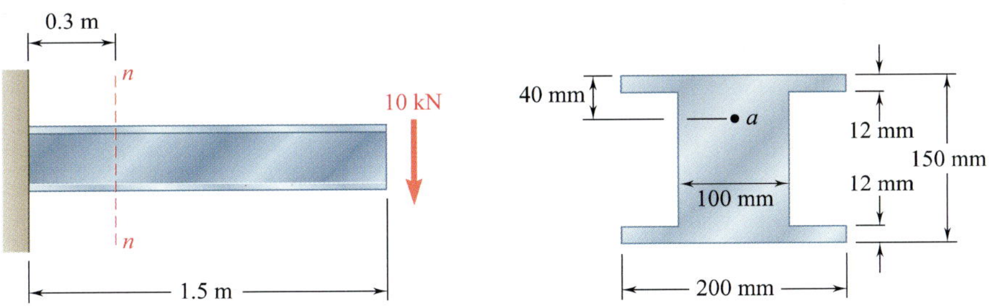

그림 P13.11

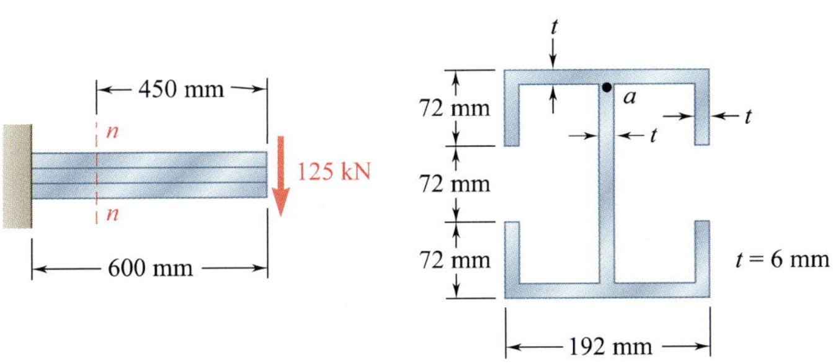

그림 P13.12

13.13 For the beam and loading shown, determine the minimum required depth h knowing that for the grade of timber used $\sigma_{all} = 1750$ psi and $\tau_{all} = 130$ psi.

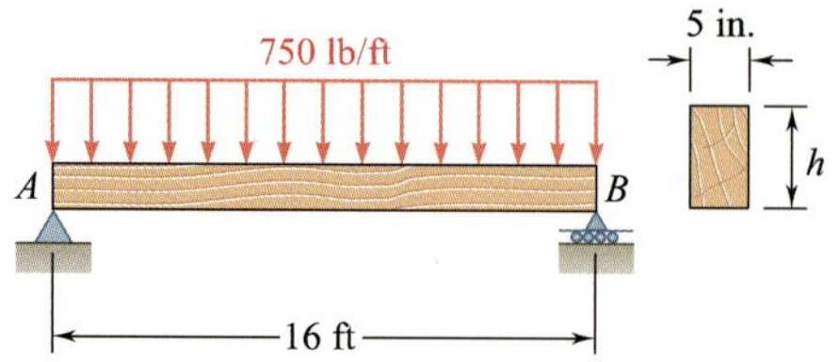

그림 P13.13

13.14 For the beam and loading shown, determine the minimum required width b knowing that for the grade of timber used $\sigma_{all} = 12$ MPa and $\tau_{all} = 825$ kPa.

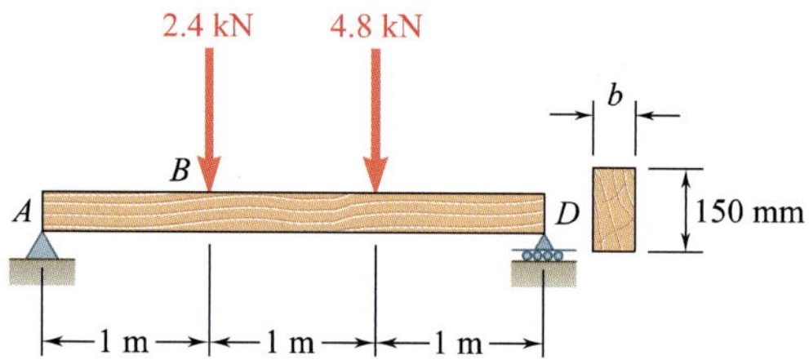

그림 P13.14

13.15 For the wide-flange beam with the loading shown, determine the largest load **P** that can be applied knowing that the maximum normal stress is 24 ksi and the largest shearing stress using the approximation $\tau_m = V/A_{web}$ is 14.5 ksi.

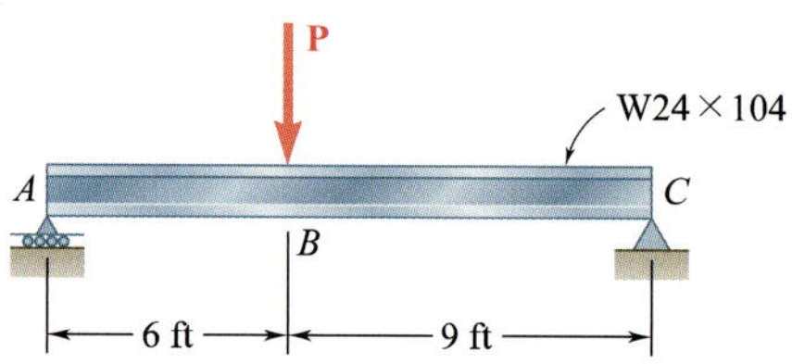

그림 *P13.15*

13.16 For the wide-flange beam with the loading shown, determine the largest load **P** that can be applied knowing that the maximum normal stress is 160 MPa and the largest shearing stress using the approximation $\tau_m = V/A_{web}$ is 100 MPa.

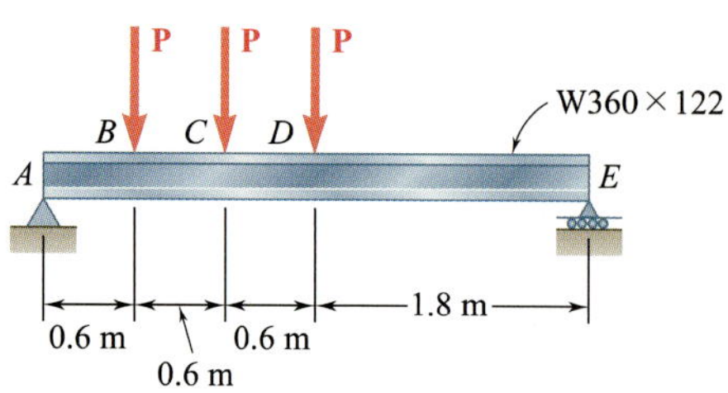

그림 *P13.16*

13.17 and 13.18 For the beam and loading shown, consider section n-n and determine the shearing stress at (a) point a, (b) point b.

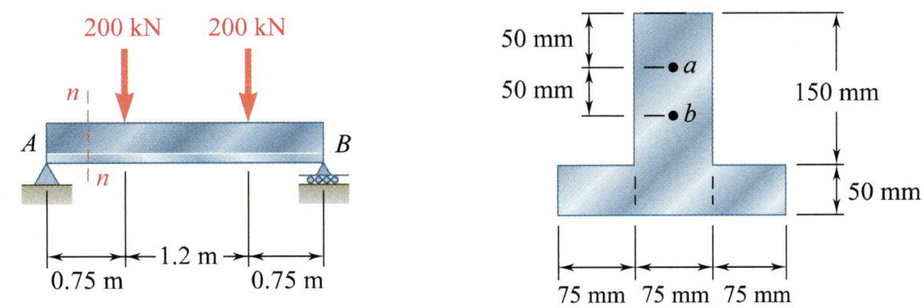

그림 P13.17, P13.19

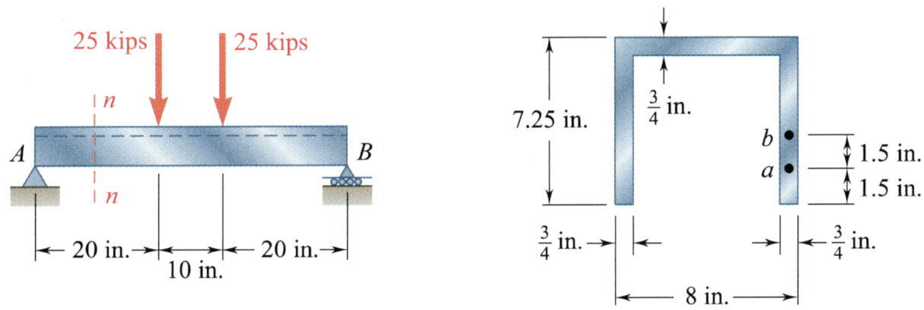

그림 P13.18, P13.20

13.19 and 13.20 For the beam and loading shown, determine the largest shearing stress in section n-n.

13.21 through 13.24 A beam having the cross section shown is subjected to a vertical shear **V**. Determine (a) the horizontal line along which the shearing stress is maximum, (b) the constant k in the following expression for the maximum shearing stress

$$\tau_{\max} = k\frac{V}{A}$$

where A is the cross-sectional area of the beam.

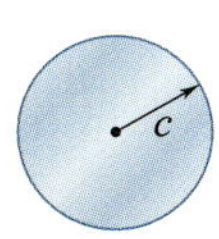

그림 *P13.21*

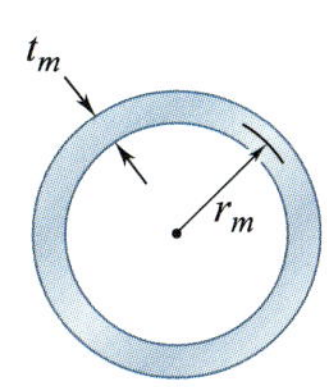

그림 P13.22

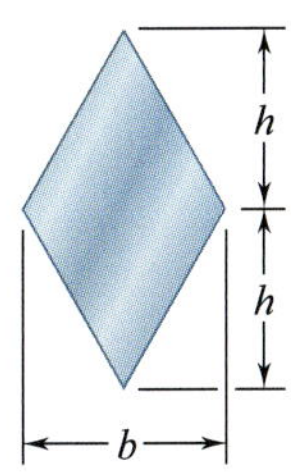

그림 *P13.23*

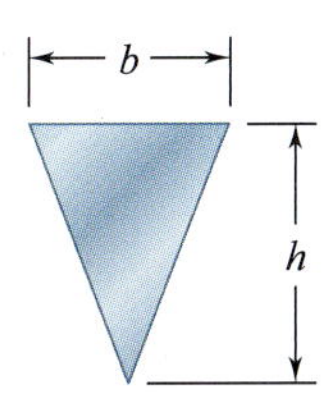

그림 P13.24

13.5 임의형상 보요소의 종방향 전단력

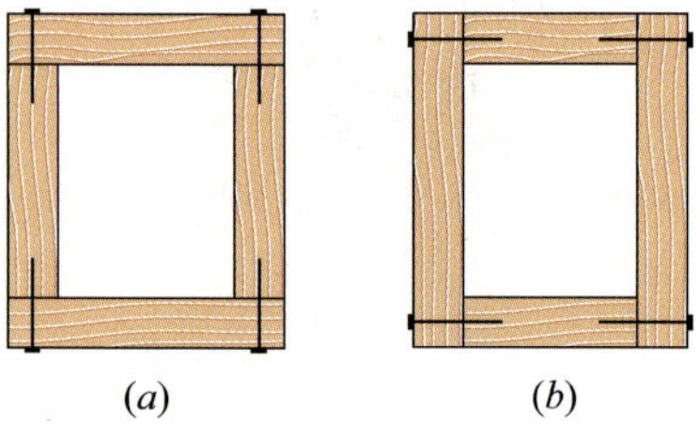

그림 13.17

그림 13.17a에 보이는 것처럼, 4개의 판자가 못으로 고정된 박스형 보를 고려해 보자. 13.2절에서 접합부의 수평면에 작용하는 단위길이당 전단력 q를 어떻게 구하는지 학습하였다. 그림 13.17b에 보이는 것처럼 수직면에 판자가 접합되었을 때에도 q를 구할 수 있을까? 13.4절에서 W-보 또는 S-보의 횡단면에 작용하는 응력의 수직 성분 τ_{xy}의 분포와 이러한 응력은 복부에서 거의 변화가 없으며 플랜지에서는 매우 작다는 것을 학습하였다. 그러나 응력의 수평 성분 τ_{xz}는 플랜지에서 어떠한가?

위의 물음에 답하기 위해서는 13.2절에 설명된 단위길이당 전단력 q를 결정하기 위한 절차를 확장하면 이러한 문제를 해결할 수 있다.

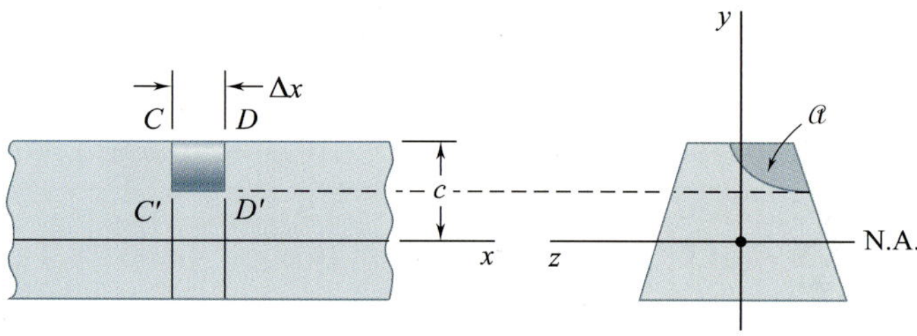

그림 13.18

그림 13.4의 등단면보 AB를 고려해보자. 1축 대칭이며 하중조건은 그림과 같다. A단으로부터 x의 거리에 있는 길이 Δx의 요소 $CDD'C'$를 떼어내자. 그러나 지금의 이 요소는 보의 두면으로부터 임의 곡면으로 확장할 것이다(그림 13.18). 요소에 작용하는 힘은 수직전단력 $\mathbf{V}_C'$와 $\mathbf{V}_D'$, 요소 수평력 및 수직력 $\sigma_C dA$와 $\sigma_D dA$, 하중 $w\Delta x$, 곡면에 작용하는 요소 종방향 전단력의 합력을 나타내는 종방향 전단력 $\Delta\mathbf{H}$를 포함한다(그림 13.19). 평형방정식은 다음과 같다.

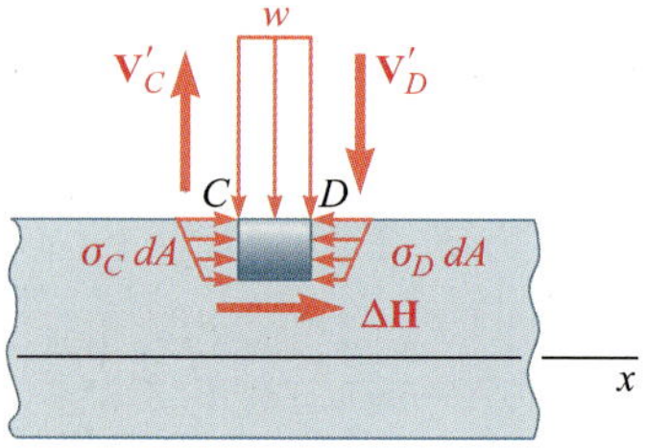

그림 13.19

$$\overset{+}{\longrightarrow}\Sigma F_x = 0 : \quad \Delta H + \int_a (\sigma_D - \sigma_C)\, dA = 0$$

여기서 적분은 단면에서 어둡게 그려진 부분의 면적에 의해 계산된다. 위의 방정식은 13.2절의 방정식과 같으나 적분에서 어둡게 그려진 부분의 면적이 곡면으로 확장된다.

유도한 나머지 부분도 13.2절과 같다. 그러면 보요소에 작용하는 종방향 전단력은 다음과 같다.

$$\Delta H = \frac{VQ}{I}\Delta x \tag{13.4}$$

여기서 I는 전체단면의 단면 2차모멘트이며, Q는 어둡게 그려진 부분의 중립축에 대한 단면 1차모멘트이다. V는 이 단면의 수직전단력이다. 식 (13.4)를 Δx로 나누면 단위길이당 수평전단력 또는 전단류를 구할 수 있다.

$$q = \frac{\Delta H}{\Delta x} = \frac{VQ}{I} \tag{13.5}$$

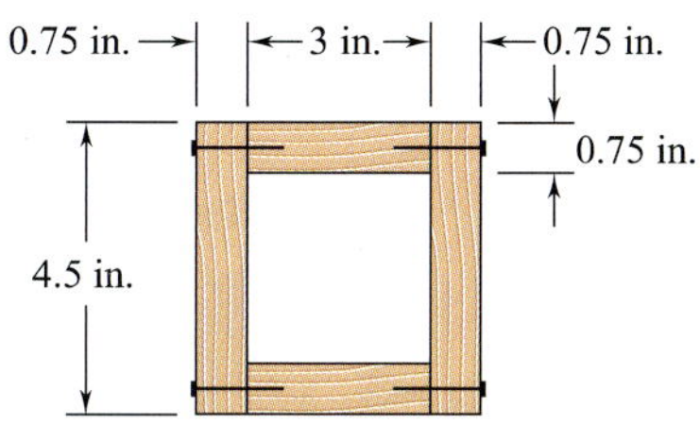

그림 13.20

예제 13.4 그림 13.20과 같이 두 개의 0.75×3.0 in.의 판자와 두 개의 0.75×4.5 in.의 판자로 만들어진 박스형 목재보가 못으로 고정되어 있다. 못의 간격이 1.75 in.이며 보가 전단력 V=600 lb을 받을 때 각 못의 전단력을 구하시오.

상부 판자를 분리시키고 상부판자의 양 모서리에 작용하는 단위길이당 총 힘 q를 고려해 보자. 식 (13.5)를 이용하자. 여기서 Q는 그림 13.21a에 어둡게 그려진 영역 A'의 중립축에 대한 단면 1차모멘트이며, I는 전체 박스형 보 단면의 중립축에 대한 단면 2차모멘트이다(그림 13.21b). 그러므로,

$$Q = A'\bar{y} = (0.75\text{ in.})(3\text{ in.})(1.875\text{ in.}) = 4.22\text{ in}^3$$

한 변의 길이가 a인 정사각형의 중립축에 대한 단면 2차모멘트 $I = \frac{1}{12}a^4$이므로

$$I = \frac{1}{12}(4.5\text{ in.})^4 - \frac{1}{12}(3\text{ in.})^4 = 27.42\text{ in}^4$$

이를 식 (13.5)에 대입하면 다음의 식을 얻는다.

$$q = \frac{VQ}{I} = \frac{(600\text{ lb})(4.22\text{ in}^3)}{27.42\text{ in}^4} = 92.3\text{ lb/in.}$$

보와 상부 판자는 하중의 수직면에 대하여 대칭이므로, 상부판자 양 모서리에 똑같은 힘이 작용한다. 그러므로 이 모서리에 작용하는 단위길이당 힘은 $\frac{1}{2}q = \frac{1}{2}(92.3) = 46.15\text{ lb/in.}$이다. 못의 간격이 1.75 in.이므로, 각 못의 전단력은 다음과 같다.

$$F = (1.75\text{ in.})(46.15\text{ lb/in.}) = 80.8\text{ lb} \quad \blacksquare$$

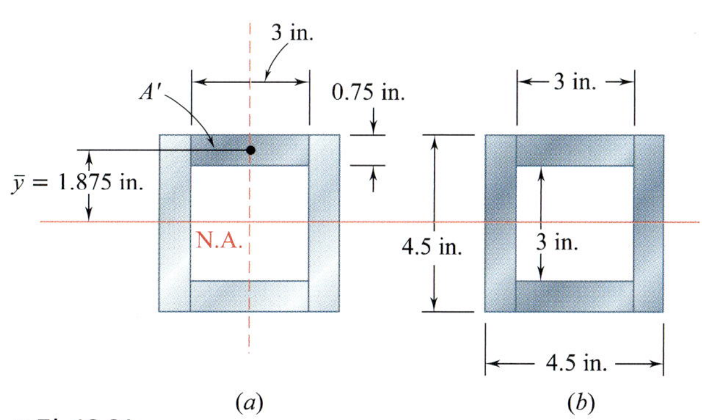

그림 13.21

13.6 박벽부재의 전단응력

전 절에서 임의형상 보 요소의 벽에 작용하는 종방향 전단력 $\Delta \mathbf{H}$를 결정하기 위해 식 (13.4)가 사용되었으며, 식 (13.5)는 이에 상응하는 전단류 q를 결정하기 위해 사용되었다. 이 두 식은 이번 절에서도 광폭플랜지보, 박스형 보, 강관과 같은(사진 13.3) 박벽 부재의 전단류와 평균 전단응력을 구하기 위해 사용될 것이다.

사진 13.2

사진 13.3

예를 들어, Δx 길이의 광폭플랜지보의 한 세그먼트를 고려해보자(그림 13.22a). $\mathbf{V}$를 단면의 전단력이라 가정하고, 상부플랜지의 요소 $ABB'A'$를 떼어내자(그림 13.22b). 요소에 작용하는 종방향 전단력 $\Delta \mathbf{H}$는 식 (13.4)로부터 구할 수 있다.

$$\Delta H = \frac{VQ}{I} \Delta x \tag{13.4}$$

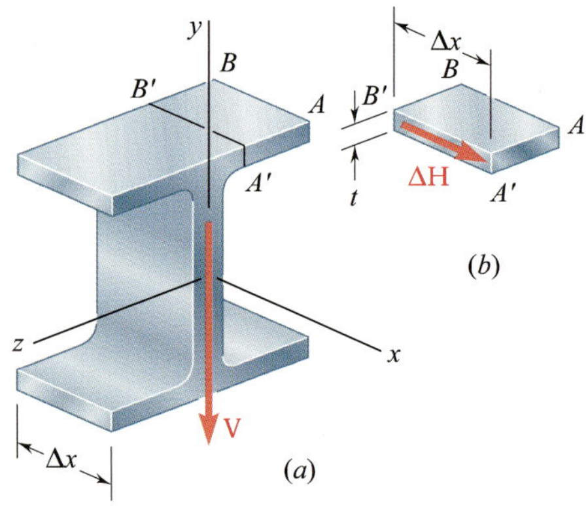

그림 13.22

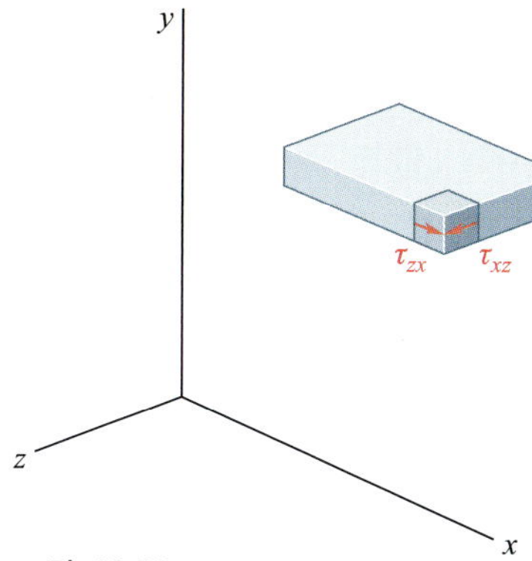

그림 13.23

ΔH를 잘린 단면의 면적 $\Delta A = t\Delta x$로 나누면, 13.3절에서 수평 방향으로 절단한 경우의 식과 같은 요소에 작용하는 평균전단응력을 구할 수 있다.

$$\tau_{\text{ave}} = \frac{VQ}{It} \tag{13.6}$$

τ_{ave}는 수직방향으로 절단한 경우의 평균전단응력 τ_{zx} 값을 나타낸다. 그러나 플랜지의 두께 t가 작으므로, 잘라진 곳을 따라 τ_{zx}의 변화가 거의 없다. $\tau_{xz} = \tau_{zx}$(그림 13.23)이므로, 플랜지 단면의 임의의 점에서의 전단응력의 수평성분 τ_{xz}는 식 (13.6)에 의해 구해질 수 있다. 여기서 Q는 어둡게 그려진 영역의 중립축에 대한 단면 1차모멘트이다(그림 13.24a). 이와 비슷한 결과가 복부전단응력의 수직성분 τ_{xy}에 대해 13.4절에서도 얻어졌다(그림 13.24b). 1축 대칭인 부재에 하중이 작용한다면 식 (13.6)은 박스형 보(그림 13.25), 하프 파이프(그림 13.26), 다른 박벽 부재 등에서의 전단응력을 구하기 위해 사용될 수 있다. 각각의 경우에서, 부재면은 수직으로 절단되어야 하며 식 (13.6)은 그 면에 접선 방향의 전단응력의 성분을 산출할 것이다. (두 자유면이 근접해 있으므로 다른 성분은 영으로 가정된다.)

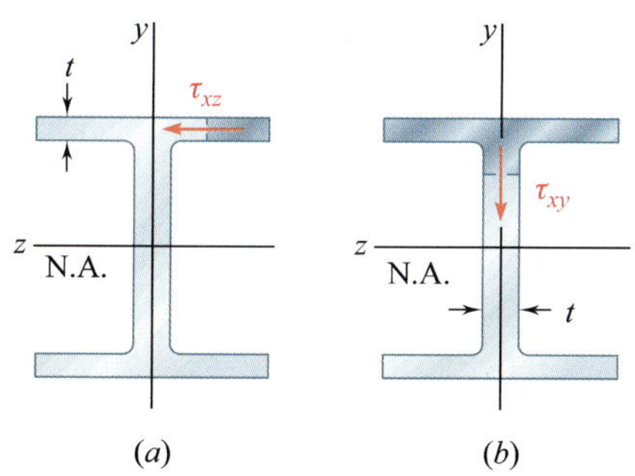

그림 13.24

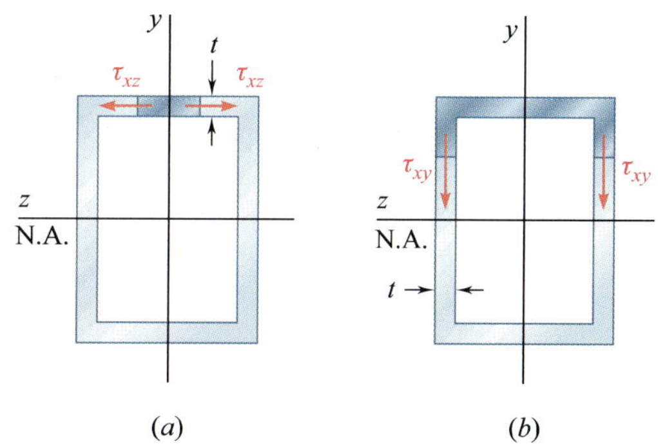

그림 13.25

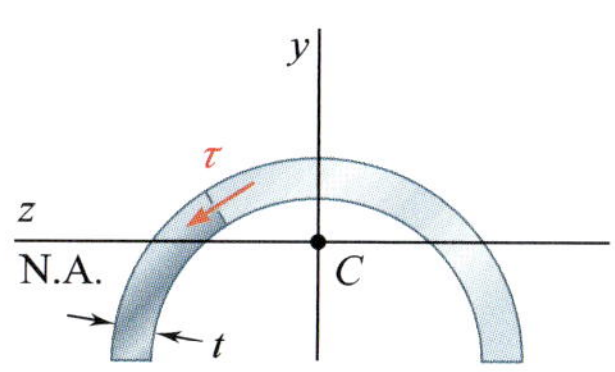

그림 13.26

식 (13.5)와 (13.6)을 비교하면, 단면의 주어진 점에서의 전단응력 τ와 그 점에서의 단면의 두께 t의 곱은 q와 같다는 것에 주목하자. 왜냐하면 V와 I는 단면에서 일정하며, q는 단면 1차모멘트에 의해 결정되는 값이기 때문이다. 단면이 쉽게 그려질 수 있는 예를 들어 박스형 보의 경우(그림 13.27) q는 A에서 영부터 시작하여 중립축의 C와 C'에서 최대값까지 점차적으로 증가하며 E점에 도달함에 따라 영으로 감소된다. 모서리 B, D, B' 또는 D'을 지나는 동안 q의 급격한 변화는 없으며, 단면 수평부분 q의 부호는 수직부분의 부호(전단력 V의 부호와 같은)로부터 쉽게 구해진다. 광폭플랜지보의 경우(그림 13.28) 상부플랜지의 AB와 $A'B$에서 q의 값은 대칭으로 분배된다. B점에서 복부판으로 방향이 바뀜에 따라 플랜지 두 개의 반쪽 부분에 대응하는 q의 값은 복부단의 상부에서의 q값을 구하기 위해 반드시 결합해야 한다. 중립축의 C점에서 최대값에 도달한 후 q는 감소하며 D점에서는 하부 플랜지의 두 개의 반쪽 부분에 상응하는 두 부분으로 흐른다. 전단류 q는 단위길이당 전단력을 나타내며, q의 특성과 개단면의 채널 또는 파이프의 유체흐름의 특성은 유사성이 있다.

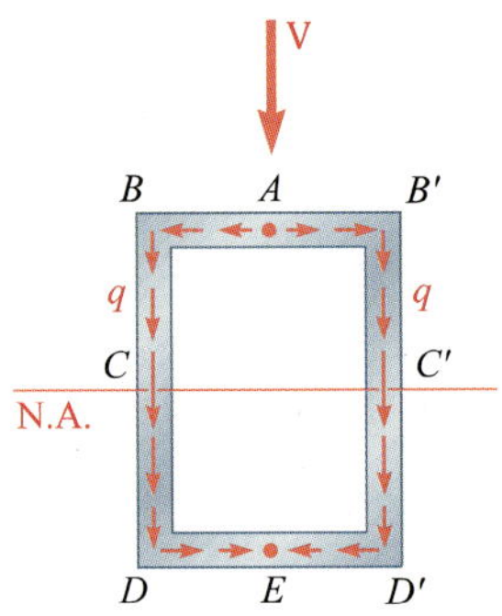

그림 13.27 상자형 단면에서 q의 변화

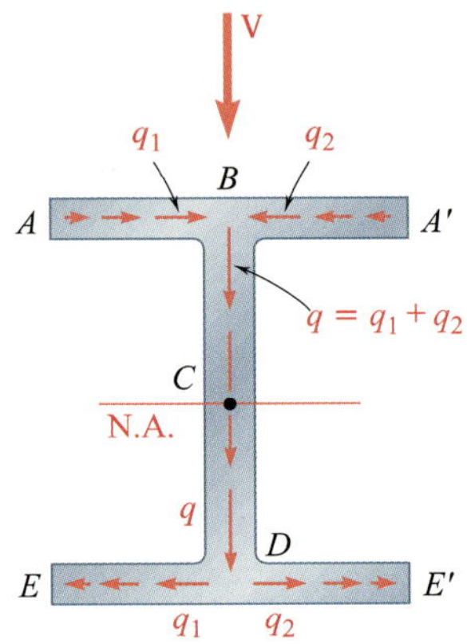

그림 13.28 H-형강 단면에서 q의 변화

지금까지 모든 하중은 일축 대칭의 부재에 작용한다고 가정하였다. 그림 13.24의 광폭플랜지보 또는 그림 13.25의 박스형 보와 같은 2축 대칭 부재의 경우 단면의 도심에 작용하는 하중은 단면의 두 대칭축 방향으로 분해될 수 있다. 각각의 성분은 각각의 대칭축에 대한 휨을 발생시키며, 이에 대응하는 전단력은 식 (13.6)으로부터 구할 수 있다. 그 후 중첩의 원리로 응력의 합력을 구할 수 있게 된다.

그러나 부재가 비대칭 단면이거나, 1축 대칭이고 하중이 대칭평면 내에 작용하지 않는다면, 부재는 휨과 비틂을 동시에 받게 된다(하중이 **전단중심**(shear center)[4]이라 불리는 특별한 점에 작용되는 경우는 제외한다.). 전단중심은 단면의 도심과 일치하지 않을 수 있다.

4) Ferdinand P. Beer, E. Russell Johnston, Jr., John T. DeWolf, and David F. Mazurek, *Mechanics of Materials*, 5th ed., McGraw-Hill, New York, 2009, sec. 6.9를 참고한다.

문제 13.3

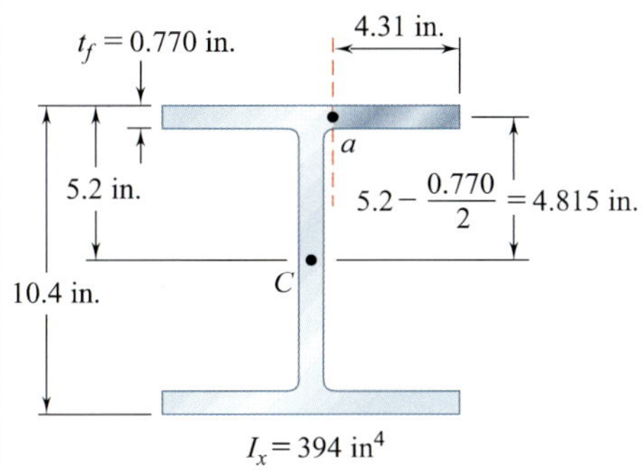

W10×68 형강 보에 50 kips의 수직전단력이 작용할 때, 상부 플랜지의 보의 모서리로부터 4.31 in.에 위치한 a점에서의 수평 전단응력을 구하시오. W10×68 형강 보의 치수와 다른 단면 성질은 부록 B에 수록되어 있다.

풀이.

a점을 통과하는 점선을 절단함으로써 플랜지의 어둡게 그려진 부분을 떼어내자.

$$Q = (4.31\ \text{in.})(0.770\ \text{in.})(4.815\ \text{in.}) = 15.98\ \text{in}^3$$

$$\tau = \frac{VQ}{It} = \frac{(50\ \text{kips})(15.98\ \text{in}^3)}{(394\ \text{in}^4)(0.770\ \text{in.})} \qquad \tau = 2.63\ \text{ksi}$$

문제 13.4

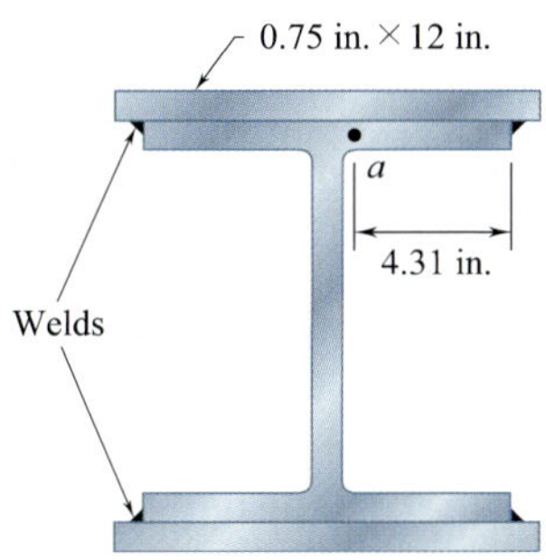

W10×68에 그림과 같이 0.75×12 in.의 판이 필렛 용접되었다고 가정하고, 문제 13.3을 다시 푸시오.

풀이.

합성보의 단면 2차모멘트는 다음과 같다.

$$I = 394\ \text{in}^4 + 2\left[\frac{1}{12}(12\ \text{in.})(0.75\ \text{in.})^3 + (12\ \text{in.})(0.75\ \text{in.})(5.575\ \text{in.})^2\right]$$

$$I = 954\ \text{in}^4$$

상부 판과 플랜지는 필렛 용접부에서만 연결되어 있으므로, a에서의 전단응력을 계산하는 절단면은 아래 그림과 같이 a에서 플랜지를 절단하는 면, 플랜지와 덮개판의 경계면, 대칭점 a'에서 플랜지를 절단하는 면이다.

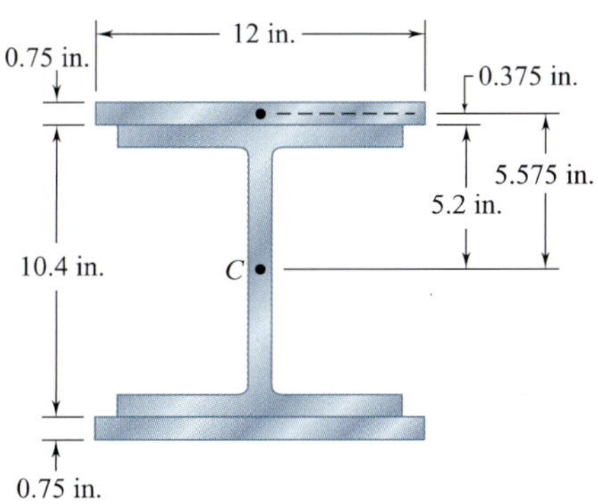

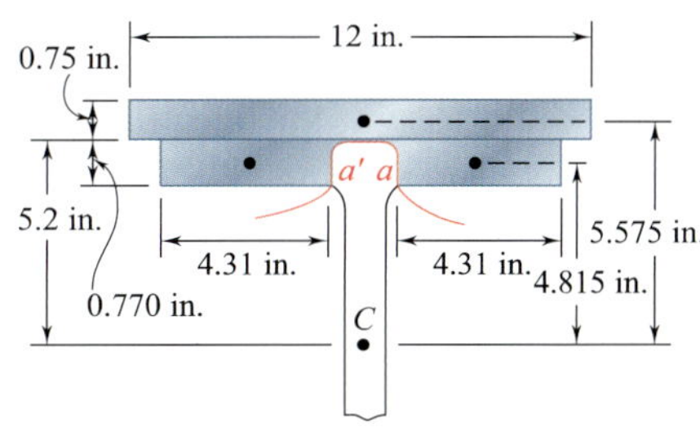

떼어낸 어둡게 그려진 부분에 대하여

$$t = 2t_f = 2(0.770\ \text{in.}) = 1.540\ \text{in.}$$

$$Q = 2[(4.31\ \text{in.})(0.770\ \text{in.})(4.815\ \text{in.})] + (12\ \text{in.})(0.75\ \text{in.})(5.575\ \text{in.})$$

$$Q = 82.1\ \text{in}^3$$

$$\tau = \frac{VQ}{It} = \frac{(50\ \text{kips})(82.1\ \text{in}^3)}{(954\ \text{in}^4)(1.540\ \text{in.})} \qquad \tau = 2.79\ \text{ksi}$$

문제 13.5

그림과 같이 3 mm 두께의 알루미늄 재질의 박벽 압연형강 보가 있다. 보에 작용하는 전단력이 5 kN일 때, (a) A점의 전단응력, (b) 최대전단응력을 구하시오. 단면의 치수는 보의 안쪽 면과 바깥면의 중심선을 따라 주어졌다.

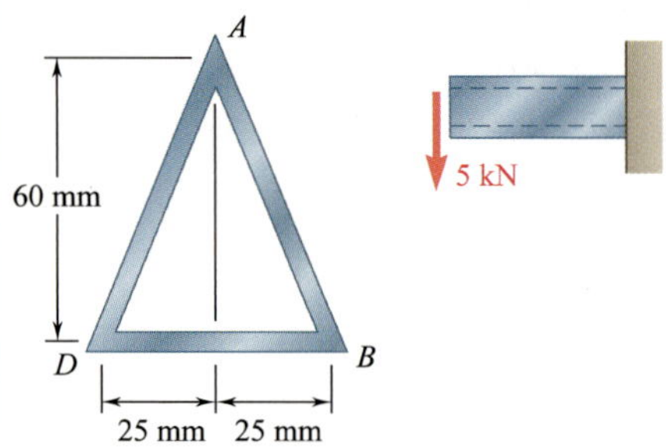

풀이.

도심. $AB = AD = 65$ mm이므로,

$$\bar{Y} = \frac{\Sigma \bar{y} A}{\Sigma A} = \frac{2[(65\,\text{mm})(3\,\text{mm})(30\,\text{mm})]}{2[(65\,\text{mm})(3\,\text{mm})] + (50\,\text{mm})(3\,\text{mm})}$$

$$\bar{Y} = 21.67\,\text{mm}$$

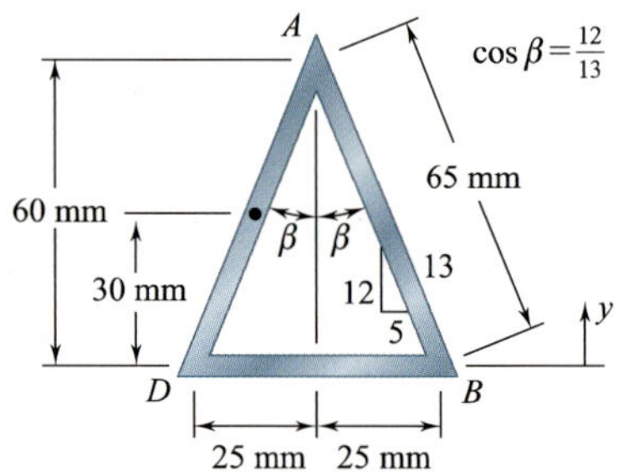

도심축에 대한 단면 2차모멘트. 박벽 보의 각각의 판은 평행사변형으로 고려될 수 있으며, 아래의 경우 $I_{nn} = bh^3/12$이 사용될 수 있다. 여기서 b는 $n-n$축과 평행하게 측정된다.

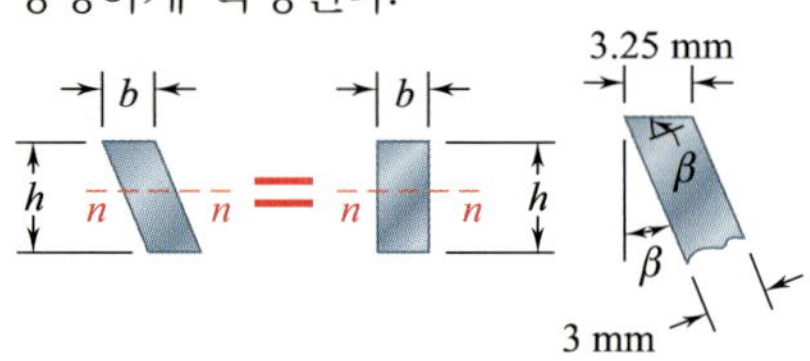

$$b = (3\,\text{mm})/\cos\beta = (3\,\text{mm})/(12/13) = 3.25\,\text{mm}$$

$$I = \Sigma(\bar{I} + Ad^2)$$

$$= 2\left[\frac{1}{12}(3.25\,\text{mm})(60\,\text{mm})^3 + (3.25\,\text{mm})(60\,\text{mm})(8.33\,\text{mm})^2\right]$$

$$+ \left[\frac{1}{12}(50\,\text{mm})(3\,\text{mm})^3 + (50\,\text{mm})(3\,\text{mm})(21.67\,\text{mm})^2\right]$$

$$I = 214.6 \times 10^3\,\text{mm}^4 \qquad I = 0.2146 \times 10^{-6}\,\text{m}^4$$

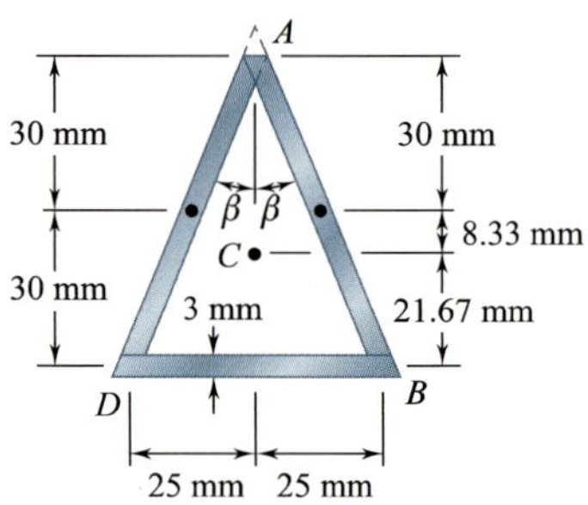

a. A에서의 전단응력. 전단응력 τ_A가 A점에서 발생한다면, 전단류는 $q_A = \tau_A t$이 될 것이며, 전단류는 그림에 보이는 것처럼 두가지 중 하나로 될 것이다. 그러나 단면과 하중은 A를 지나는 수직선에 대칭이므로 전단류 또한 대칭이어야 한다. 2가지 경우 모두 대칭의 조건을 만족하지 못하므로, $\tau_A = 0$이다.

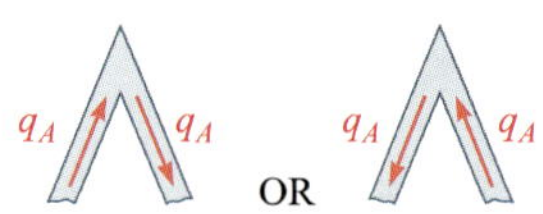

b. 최대전단응력. 판의 두께는 일정하므로, 최대전단응력은 Q가 최대인 중립축에서 발생한다. A점에서의 전단응력은 영이므로, 그림에 보이는 점선을 따라 자르고 어둡게 그려진 부분을 분리시키자. 가장 큰 전단응력을 얻기 위해서는 중립축의 절단된 면이 판에 수직이어야 하며 두께 $t = 3$ mm이다.

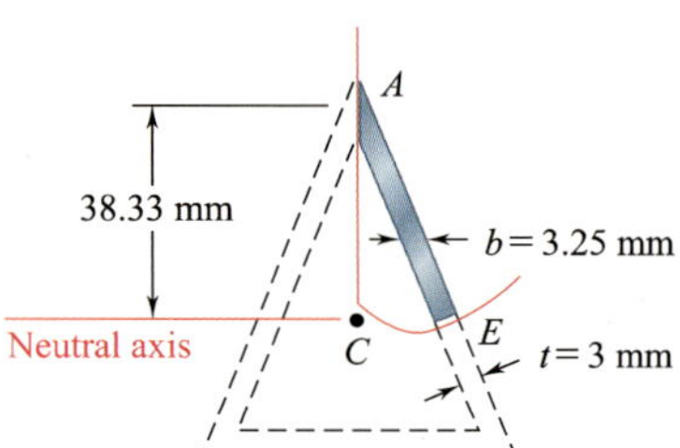

$$Q = [(3.25\,\text{mm})(38.33\,\text{mm})]\left(\frac{38.33\,\text{mm}}{2}\right) = 2387\,\text{mm}^3$$

$$Q = 2.387 \times 10^{-6}\,\text{m}^3$$

$$\tau_E = \frac{VQ}{It} = \frac{(5\,\text{kN})(2.387 \times 10^{-6}\,\text{m}^3)}{(0.2146 \times 10^{-6}\,\text{m}^4)(0.003\,\text{m})} \qquad \tau_{max} = \tau_E = 18.54\,\text{MPa}$$

Problems

13.25 The built-up timber beam is subjected to a 6-kN vertical shear. Knowing that the longitudinal spacing of the nails is $s = 60$ mm and that each nail is 90 mm long, determine the shearing force in each nail.

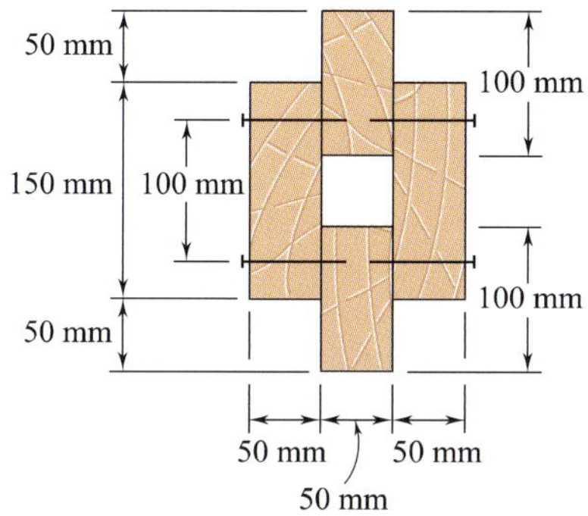

그림 P13.25

13.26 The built-up timber beam is subjected to a vertical shear of 1200 lb. Knowing that the allowable shearing force in the nails is 75 lb, determine the largest permissible spacing s of the nails.

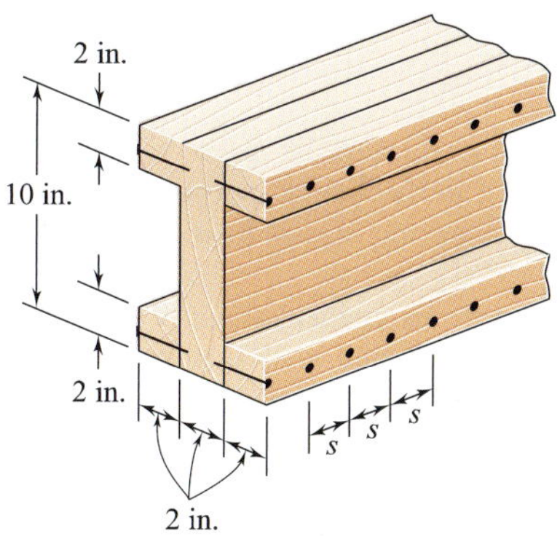

그림 P13.26

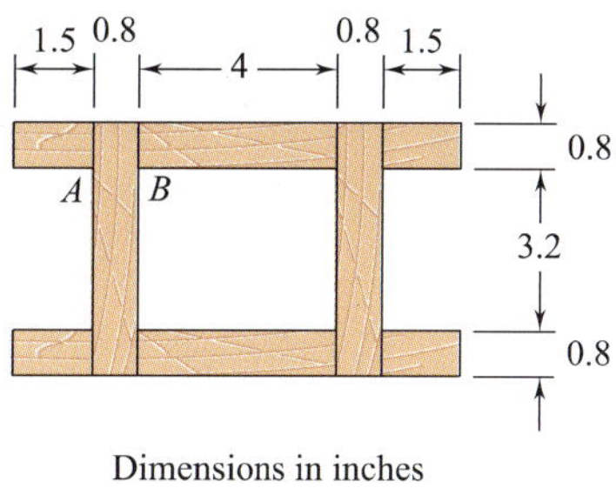

그림 P13.27

13.27 The built-up beam was made by gluing together several wooden planks. Knowing that the beam is subjected to a 1200-lb vertical shear, determine the average shearing stress in the glued joint (*a*) at *A*, (*b*) at *B*.

13.28 Knowing that a W360 × 122 rolled-steel beam is subjected to a 250-kN vertical shear, determine the shearing stress (*a*) at point *a*, (*b*) at the centroid *C* of the section.

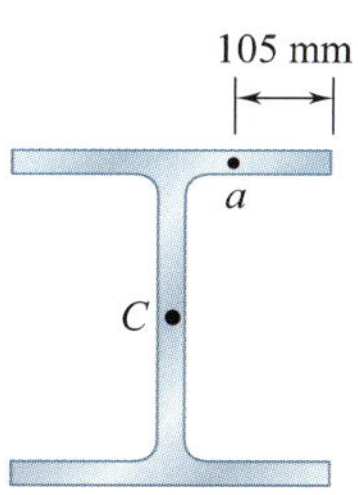

그림 P13.28

13.29 and *13.30* An extruded aluminum beam has the cross section shown. Knowing that the vertical shear in the beam is 150 kN, determine the shearing stress at (*a*) point *a*, (*b*) point *b*.

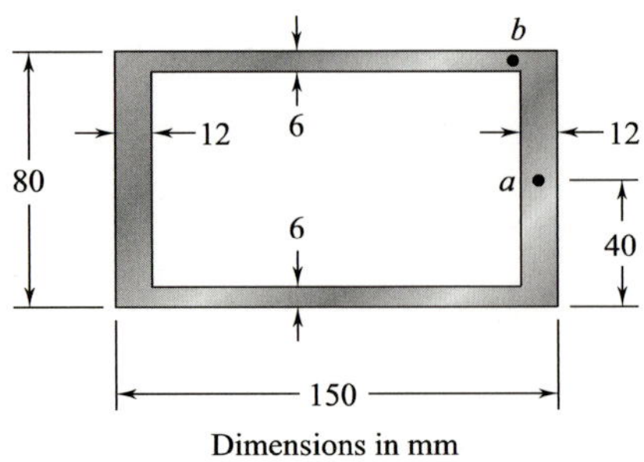

그림 P13.29

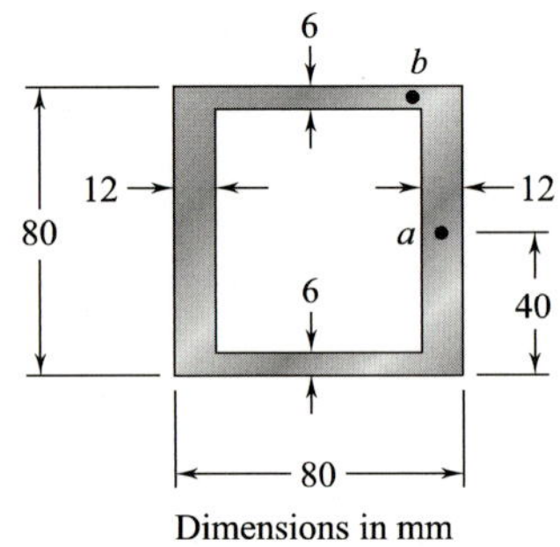

그림 *P13.30*

13.31 and *13.32* The extruded beam shown has a uniform wall thickness of $\frac{1}{8}$ in. Knowing that the vertical shear in the beam is 2 kips, determine the shearing stress at each of the five points indicated.

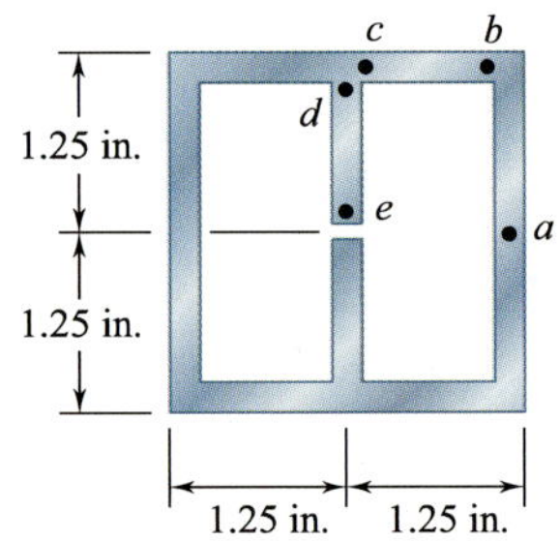

그림 P13.31

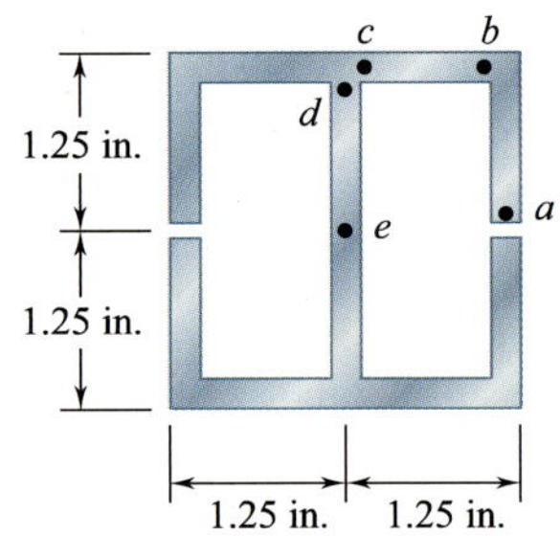

그림 *P13.32*

13.33 Knowing that a given vertical shear **V** causes a maximum shearing stress of 75 MPa in the hat-shaped extrusion shown, determine the corresponding shearing stress at (*a*) point *a*, (*b*) point *b*.

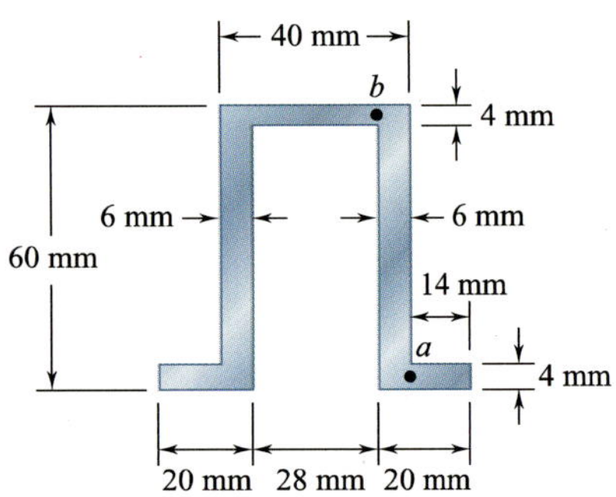

그림 P13.33

13.34 Knowing that a given vertical shear **V** causes a maximum shearing stress of 50 MPa in a thin-walled member having the cross section shown, determine the corresponding shearing stress at (*a*) point *a*, (*b*) point *b*, (*c*) point *c*.

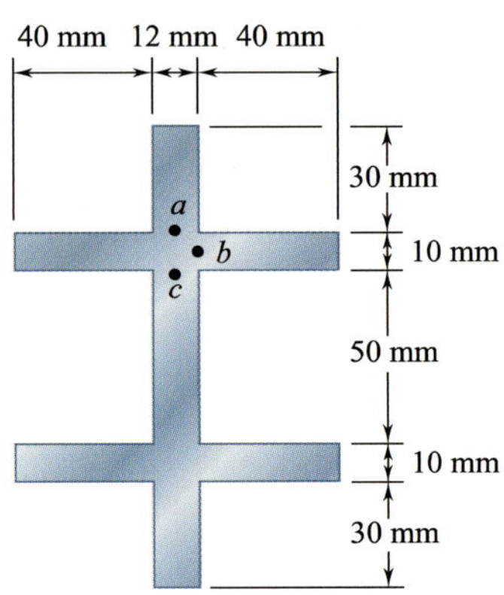

그림 P13.34

13.35 The vertical shear is 1200 lb in a beam having the cross section shown. Knowing that $d = 4$ in., determine the shearing stress at (*a*) point *a*, (*b*) point *b*.

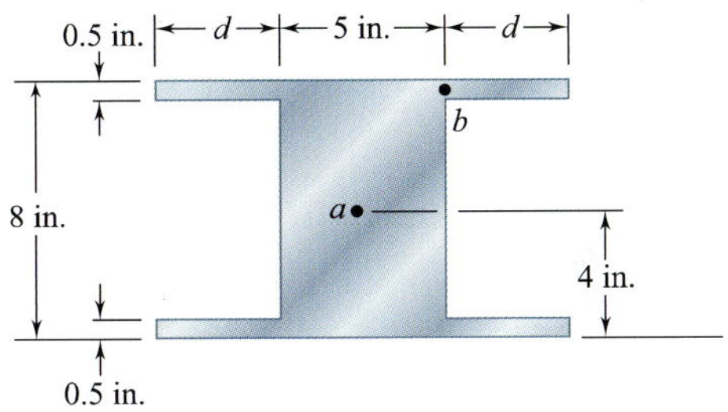

그림 **P13.35, P13.36**

13.36 The vertical shear is 1200 lb in a beam having the cross section shown. Determine (*a*) the distance *d* for which $\tau_a = \tau_b$, (*b*) the corresponding shearing stress at points *a* and *b*.

13.37 A beam consists of three planks connected by steel bolts with a longitudinal spacing of 225 mm. Knowing that the shear in the beam is vertical and equal to 6 kN and that the allowable average shearing stress in each bolt is 60 MPa, determine the smallest permissible bolt diameter that can be used.

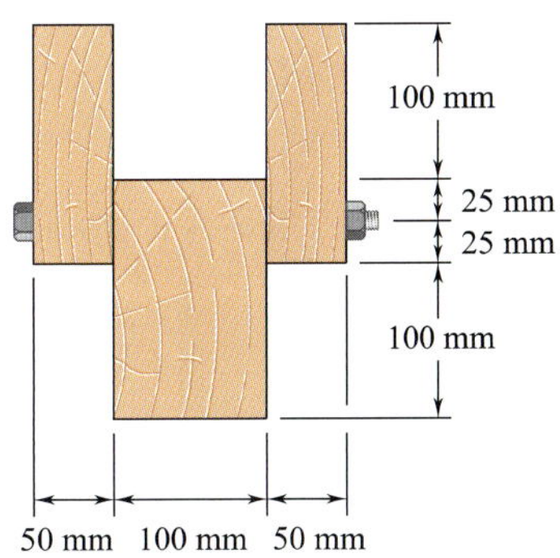

그림 **P13.37**

13.38 Four L102 × 102 × 9.5 steel angle shapes and a 12 × 400-mm steel plate are bolted together to form a beam with the cross section shown. The bolts are of 22-mm diameter and are spaced longitudinally every 120 mm. Knowing that the beam is subjected to a vertical shear of 240 kN, determine the average shearing stress in each bolt.

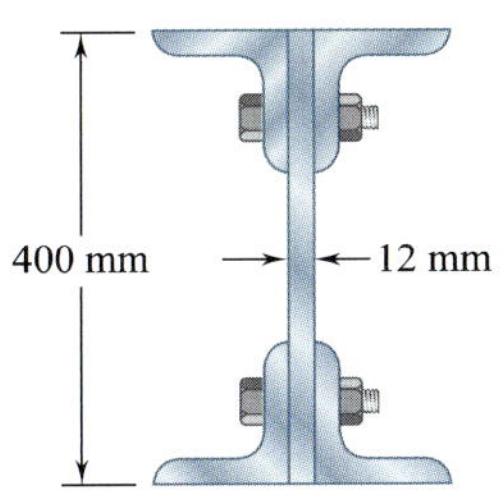

그림 ***P13.38***

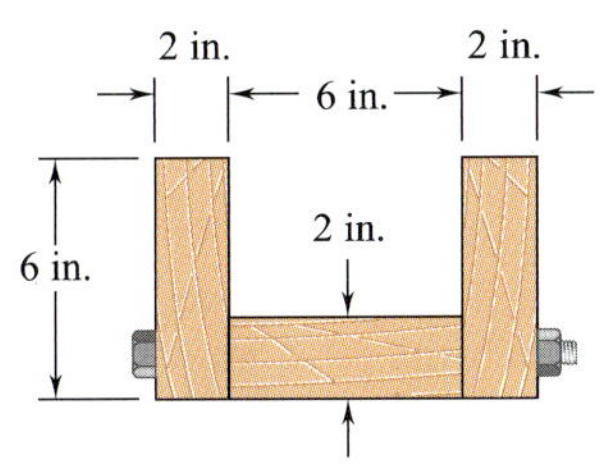

그림 **P13.39**

13.39 A beam consists of three planks connected as shown by $\frac{3}{8}$-in.-diameter bolts spaced every 12 in. along the longitudinal axis of the beam. Knowing that the beam is subjected to a 2500-lb vertical shear, determine the average shearing stress in the bolts.

13.40 A beam consists of five planks of 1.5 × 6-in. cross section connected by steel bolts with a longitudinal spacing of 9 in. Knowing that the shear in the beam is vertical and equal to 2000 lb and that the allowable average shearing stress in each bolt is 7500 psi, determine the smallest permissible bolt diameter that can be used.

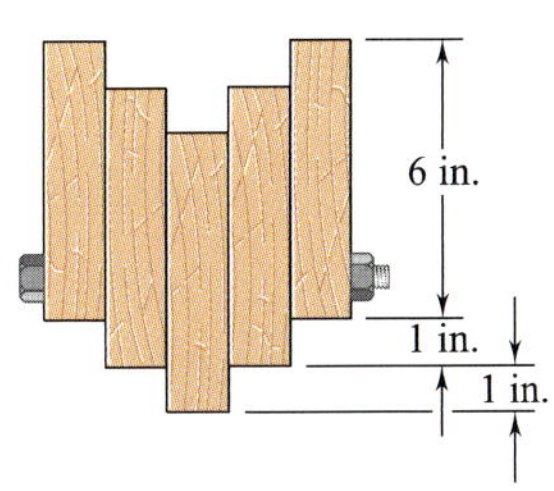

그림 ***P13.40***

13.41 Three plates, each 12 mm thick, are welded together to form the section shown. For a vertical shear of 100 kN, determine the shear flow through the welded surfaces, and sketch the shear flow in the cross section.

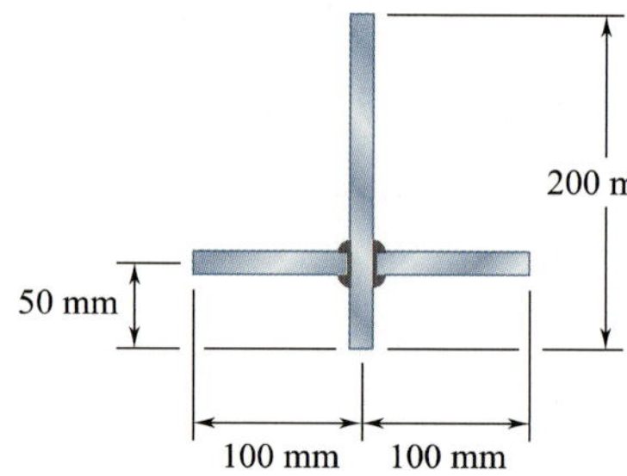

그림 P13.41

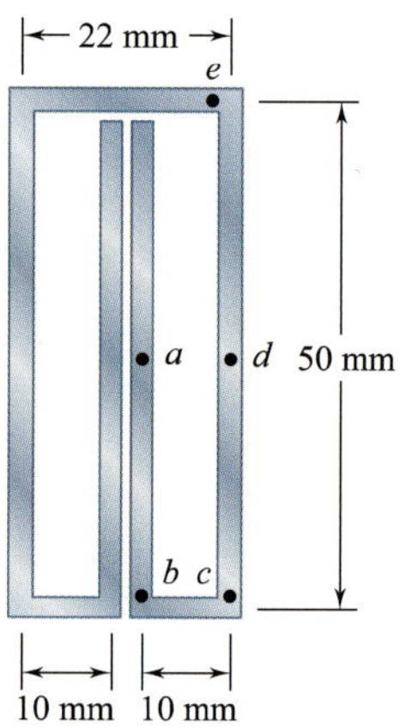

그림 P13.42

13.42 A plate of 2-mm thickness is bent as shown and then used as a beam. For a vertical shear of 5 kN, determine the shearing stress at the five points indicated, and sketch the shear flow in the cross section.

13.43 A plate of $\frac{1}{4}$-in. thickness is corrugated as shown and then used as a beam. For a vertical shear of 1.2 kips, determine (*a*) the maximum shearing stress in the section, (*b*) the shearing stress at point *B*. Also sketch the shear flow in the cross section.

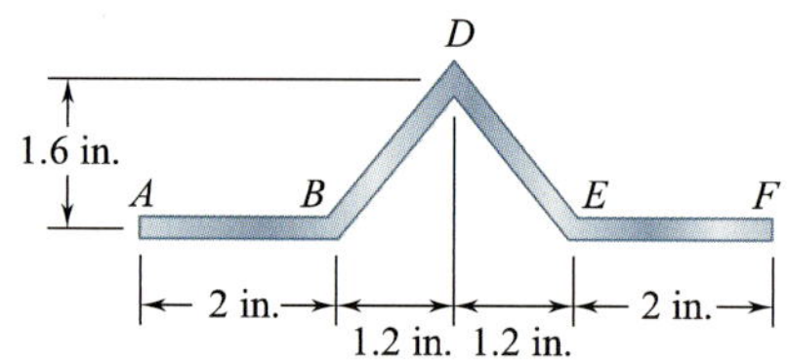

그림 P13.43

13.44 A plate of thickness *t* is bent as shown and then used as a beam. For a vertical shear of 600 lb, determine (*a*) the thickness *t* for which the maximum shearing stress is 300 psi, (*b*) the corresponding shearing stress at point *E*. Also sketch the shear flow in the cross section.

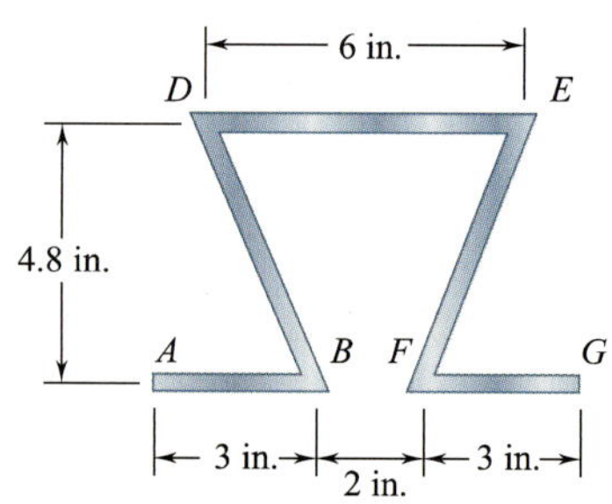

그림 *P13.44*

13.45 For a beam made of two or more materials with different moduli of elasticity, show that Eq. (13.6)

$$\tau_{\text{ave}} = \frac{VQ}{It}$$

remains valid provided that both Q and I are computed by using the transformed section of the beam (see Sec. 11.5) and provided further that t is the actual width of the beam where τ_{ave} is computed.

13.46 A composite beam is made by attaching the timber and steel portions shown with bolts of 12-mm diameter spaced longitudinally every 200 mm. The modulus of elasticity is 10 GPa for the wood and 200 GPa for the steel. For a vertical shear of 4 kN, determine (*a*) the average shearing stress in the bolts, (b) the shearing stress at the center of the cross section. (*Hint:* Use the method indicated in Prob. 13.45.)

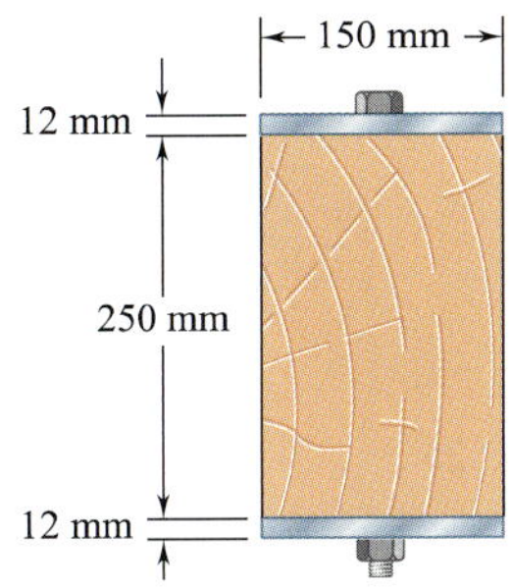

그림 **P13.46**

13.47 A composite beam is made by attaching the timber and steel portions shown with bolts of $\frac{5}{8}$-in. diameter spaced longitudinally every 8 in. The modulus of elasticity is 1.9×10^6 psi for the wood and 29×10^6 psi for the steel. For a vertical shear of 4000 lb, determine (*a*) the average shearing stress in the bolts, (*b*) the shearing stress at the center of the cross section. (*Hint:* Use the method indicated in Prob. 13.45.)

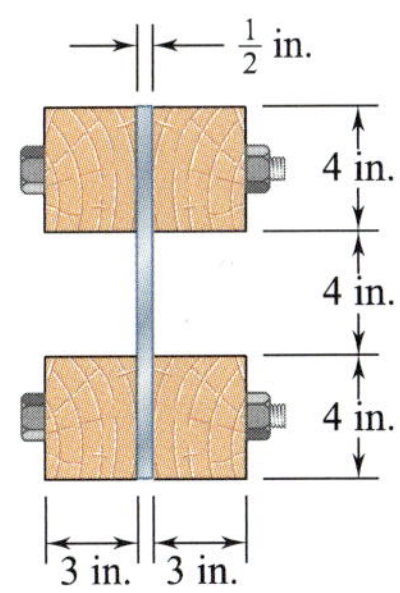

그림 **P13.47**

13.48 A steel bar and an aluminum bar are bonded together as shown to form a composite beam. Knowing that the vertical shear in the beam is 6 kN and that the modulus of elasticity is 210 GPa for the steel and 70 GPa for the aluminum, determine (*a*) the average stress at the bonded surface, (*b*) the maximum shearing stress in the beam. (*Hint:* Use the method indicated in Prob. 13.45.)

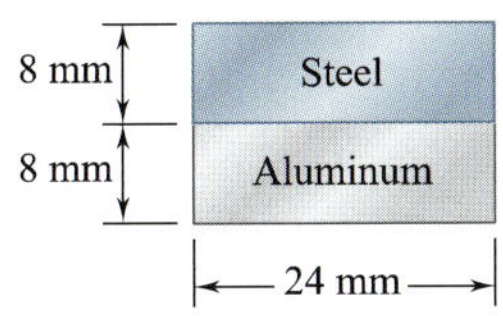

그림 ***P13.48***

13.49 A steel bar and an aluminum bar are bonded together as shown to form a composite beam. Knowing that the vertical shear in the beam is 4 kips and that the modulus of elasticity is 29×10^6 psi for the steel and 10.6×10^6 psi for the aluminum, determine (*a*) the average stress at the bonded surface, (*b*) the maximum shearing stress in the beam. (*Hint:* Use the method indicated in Prob. 13.45.)

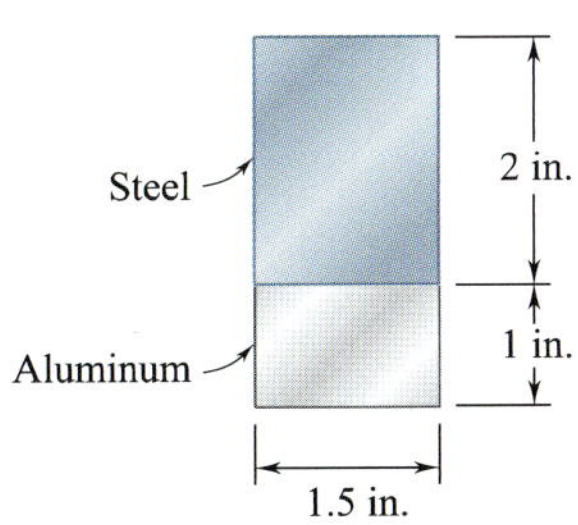

그림 **P13.49**

|복습 및 요약|

본 장은 횡하중을 받는 보와 박벽 부재의 해석에 중점을 두었다.

보요소의 응력

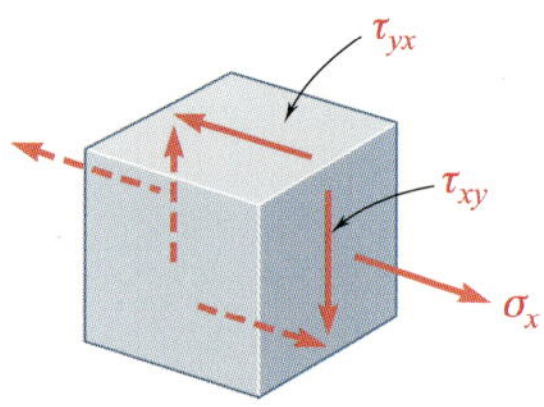

그림 13.29

13.1절에서 횡하중을 받는 보에서 수직의 대칭축 상에 위치한 미소요소를 고려하였으며(그림 13.29), 요소의 횡단면에 작용하는 수직응력 σ_x과 전단응력 τ_{xy}을 구하였다. 수평면에 작용하는 전단응력 τ_{yx}는 τ_{xy}와 크기가 같다.

13.2절에서는 수직면에 대하여 대칭인 단면을 갖고 다양한 집중하중과 분포하중을 받는 등단면보 AB를 고려하였다(그림 13.30). A단으로부터 x의 거리에서 길이 Δx를 갖고 보의 상면에서 중립축으로부터 y_1의 거리의 수평면까지 폭이 넓어지는 요소 $CDD'C'$을 보에서 분리하였다(그림 13.31).

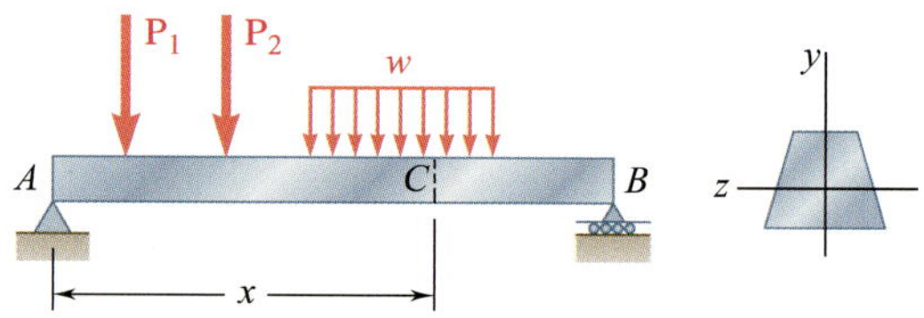

그림 13.30

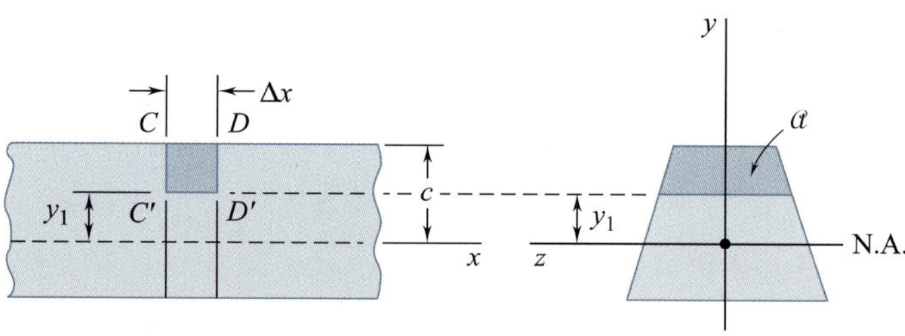

그림 13.31

보의 수평전단력 요소의 하면에 작용하는 전단력 $\Delta \mathrm{H}$의 크기는 다음과 같다.

$$\Delta H = \frac{VQ}{I}\Delta x \tag{13.4}$$

여기서 V : 주어진 단면의 전단력

Q : 어둡게 그려진 부분의 중립축에 대한 단면 1차모멘트

I : 전체 단면의 중립축에 대한 단면 2차모멘트

전단류 q로 표시하는 단위길이당 수평전단력 또는 전단류(shear flow)는 식 (13.4)를 Δx로 나누어 산정한다.

$$q = \frac{\Delta H}{\Delta x} = \frac{VQ}{I} \tag{13.5}$$

보의 전단응력

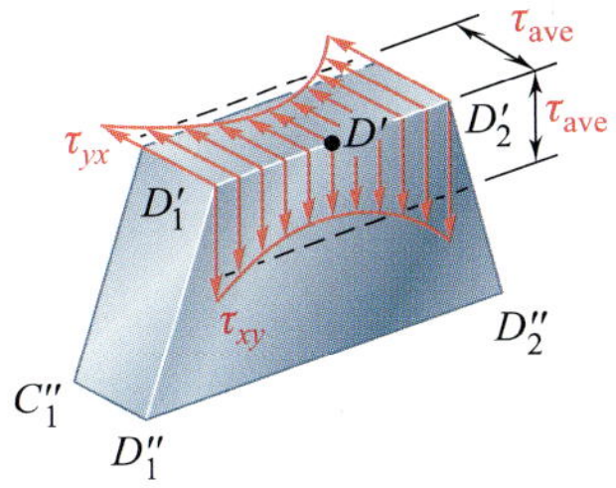

그림 13.32

식 (13.4)를 요소의 수평면의 면적 $\Delta A = t\,\Delta x$으로(여기서 t는 요소의 절단면의 두께)로 나누면, 13.3절에서 얻었던 요소의 수평면에 작용하는 평균 전단응력을 구하는 식을 구할 수 있다.

$$\tau_{ave} = \frac{VQ}{It} \tag{13.6}$$

D'을 지나는 수평면과 수직면에 각각 작용하는 전단응력 τ_{xy}와 τ_{yx}는 같으므로 식 (13.6)은 $D_1'D_2'$선을 따라 작용하는 τ_{xy}의 평균값을 나타낸다(그림 13.32).

구형단면 보의 전단응력

13.4절에서 구형단면의 보를 해석하였다. 전단응력의 분포는 포물선이며, 최대전단응력은 단면의 중앙에서 발생하며 다음과 같다.

$$\tau_{max} = \frac{3}{2}\frac{V}{A} \tag{13.10}$$

여기서 A는 보의 단면적이다. 광폭플랜지보의 경우, 최대전단응력의 근사값은 전단력 V를 복부의 단면적으로 나눔으로써 구할 수 있었다.

곡면의 종방향 전단력

박벽부재의 전단응력

13.5절에서는 수평면 대신에 임의의 곡면형상으로 경계된 보의 요소에 작용하는 종방향 전단력 ΔH와 전단류 q를 결정하기 위해 식 (13.4)와 식 (13.5)가 각각 사용되었다. 13.6절에서 광폭플랜지보, 박스형 보에서의 플랜지와 복부에서의 평균전단응력을 구하는 식 (13.6)이 확장되어 사용될 수 있음을 알 수 있다(그림 13.34).

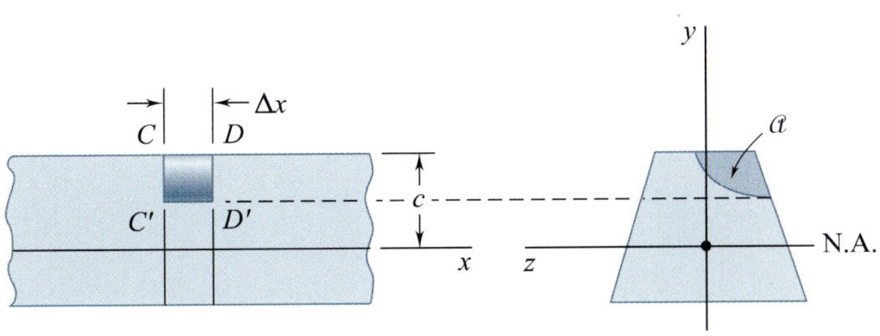

그림 13.33

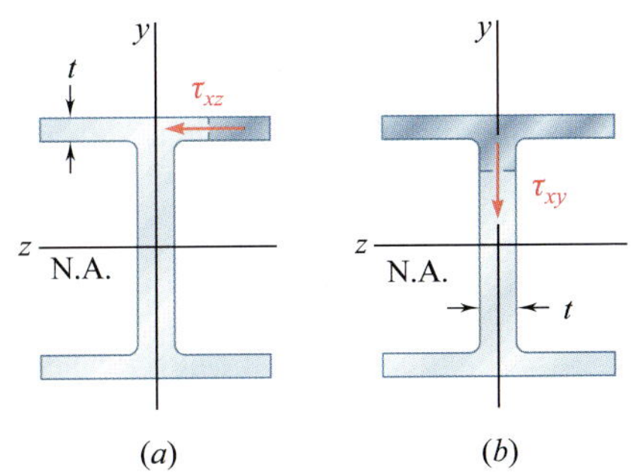

그림 13.34

Review Problems

13.50 Three boards are nailed together to form the beam shown, which is subjected to a vertical shear. Knowing that the spacing between the nails is $s = 75$ mm and that the allowable shearing force in each nail is 400 N, determine the allowable shear.

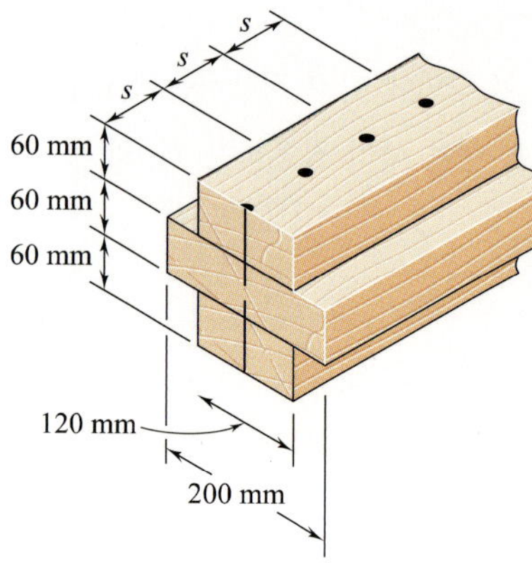

그림 P13.50

13.51 For the beam and loading shown, consider section *n-n* and determine (*a*) the largest shearing stress in that section, (*b*) the shearing stress at point *a*.

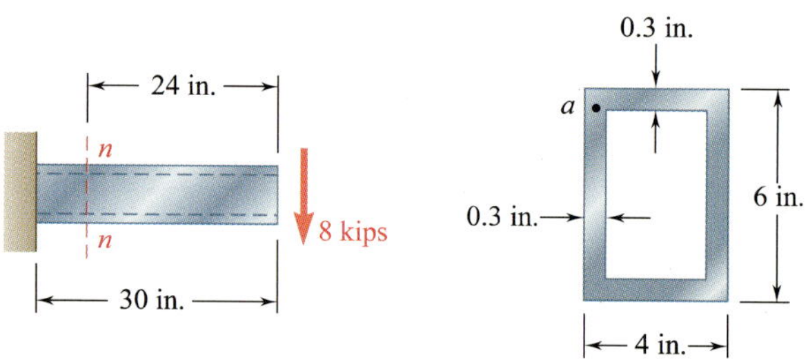

그림 P13.51

13.52 For the beam and loading shown, consider section *n-n* and determine (*a*) the largest shearing stress in that section, (*b*) the shearing stress at point *a*.

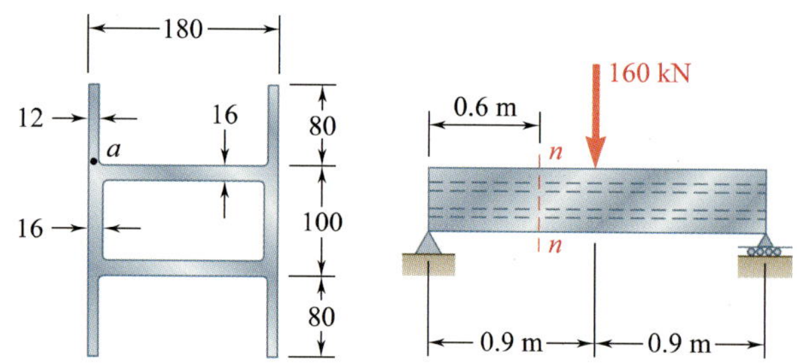

Dimensions in mm

그림 P13.52

13.53 A timber beam AB of length L and rectangular cross section carries a uniformly distributed load w and is supported as shown. (*a*) Show that the ratio τ_m/σ_m of the maximum values of the shearing and normal stresses in the beam is equal to $2h/L$, where h and L are, respectively, the depth and the length of the beam. (*b*) Determine the depth h and the width b of the beam, knowing that $L = 5$ m, $w = 8$ kN/m, $\tau_m = 1.08$ MPa, and $\sigma_m = 12$ MPa.

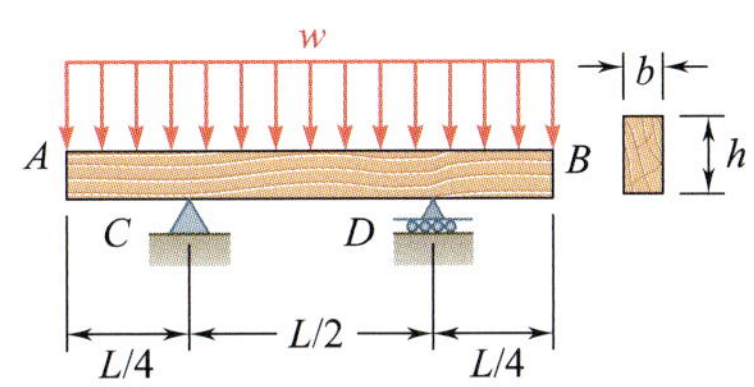

그림 P13.53

13.54 For the beam and loading shown, consider section n-n and determine the shearing stress at (*a*) point a, (*b*) point b.

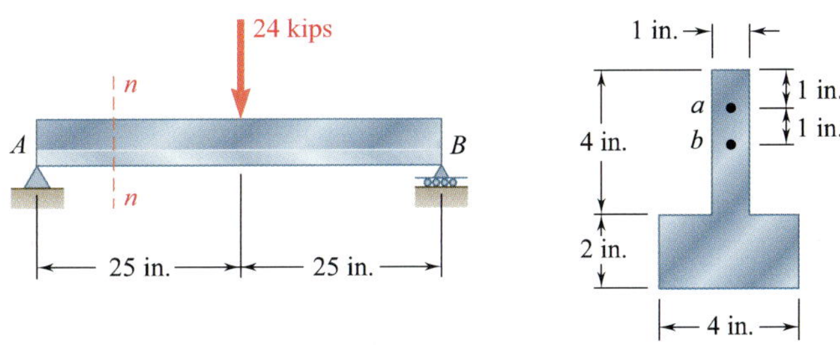

그림 P13.54

13.55 Two W8 × 31 rolled sections can be welded at A and B in either of the two ways shown in order to form a composite beam. Knowing that for each weld the allowable horizontal shearing force is 3000 lb per inch of weld, determine the maximum allowable vertical shear in the composite beam for each of the two arrangements shown.

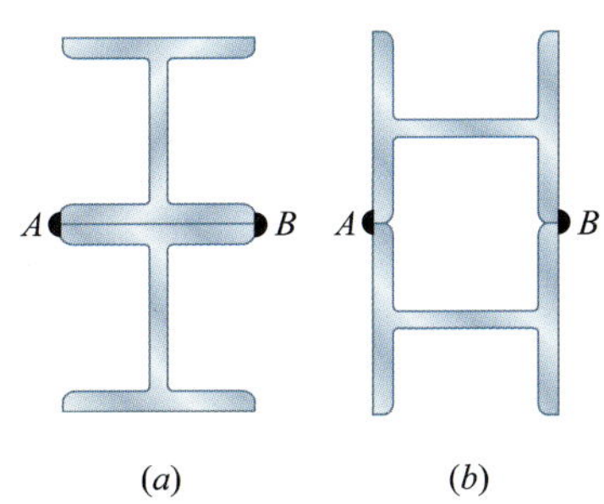

그림 P13.55

13.56 The built-up wooden beam shown is subjected to a vertical shear of 8 kN. Knowing that the nails are spaced longitudinally every 60 mm at A and every 25 mm at B, determine the shearing force in the nails (*a*) at A, (*b*) at B. (*Given:* $I_x = 1.504 \times 10^9\ \text{mm}^4$.)

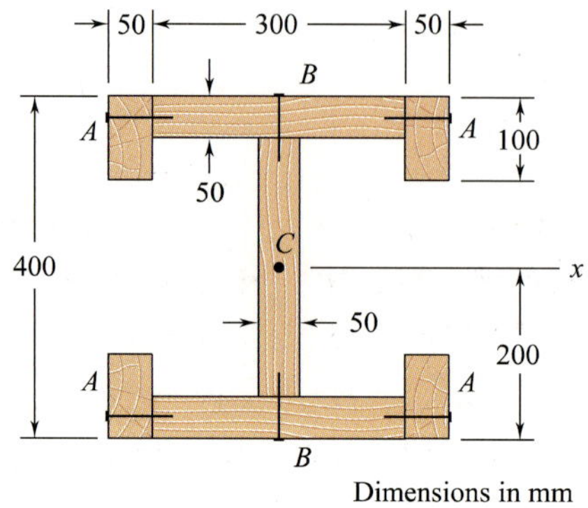

그림 P13.56

13.57 The built-up beam shown is made up by gluing together five planks. Knowing that the allowable average shearing stress in the glued joints is 60 psi, determine the largest permissible vertical shear in the beam.

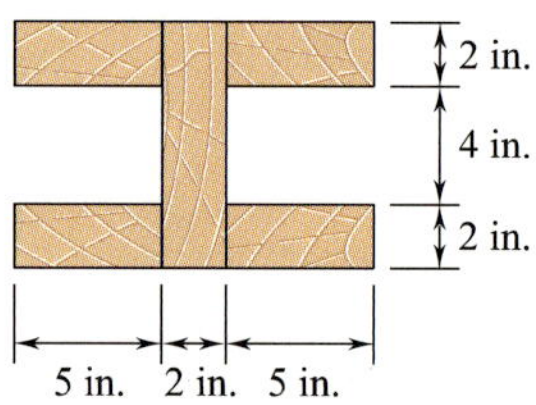

그림 P13.57

13.58 An extruded beam has the cross section shown and a uniform wall thickness of 0.20 in. Knowing that a given vertical shear **V** causes a maximum shearing stress $\tau = 9$ ksi, determine the shearing stress at the four points indicated.

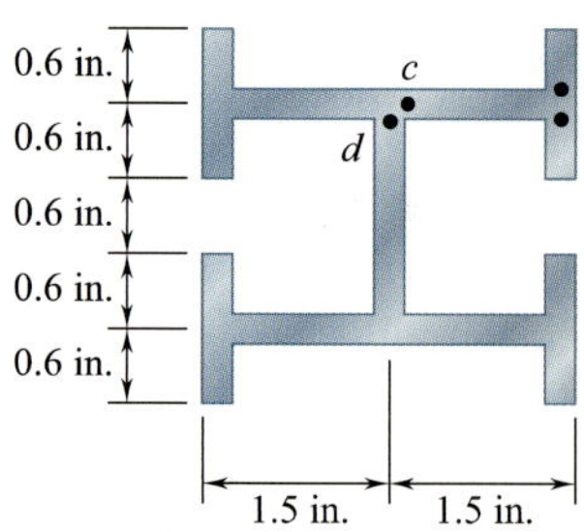

그림 P13.58

13.59 Solve Prob. 13.58 assuming that the beam is subjected to a horizontal shear **V**.

13.60 Three 20 × 450-mm steel plates are bolted to four L152 × 152 × 19.0 angles to form a beam with the cross section shown. The bolts have a 22-mm diameter and are spaced longitudinally every 125 mm. Knowing that the allowable average shearing stress in the bolts is 90 MPa, determine the largest permissible vertical shear in the beam. (*Given:* $I_x = 1901 \times 10^6$ mm^4.)

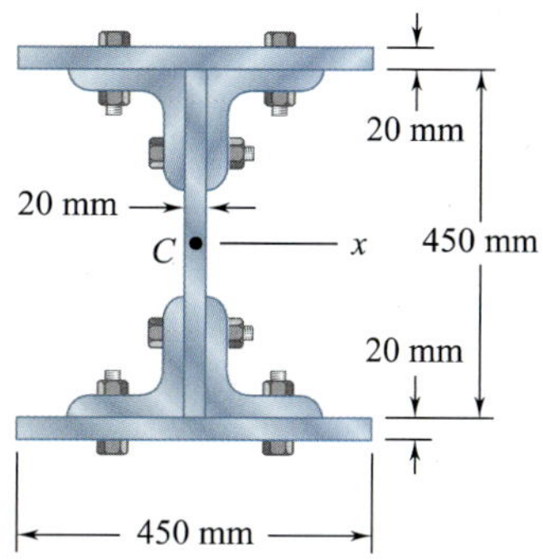

그림 **P13.60**

13.61 An extruded beam has the cross section shown and a uniform wall thickness of 3 mm. For a vertical shear of 10 kN, determine (*a*) the shearing stress at point *A*, (*b*) the maximum shearing stress in the beam. Also sketch the shear flow in the cross section.

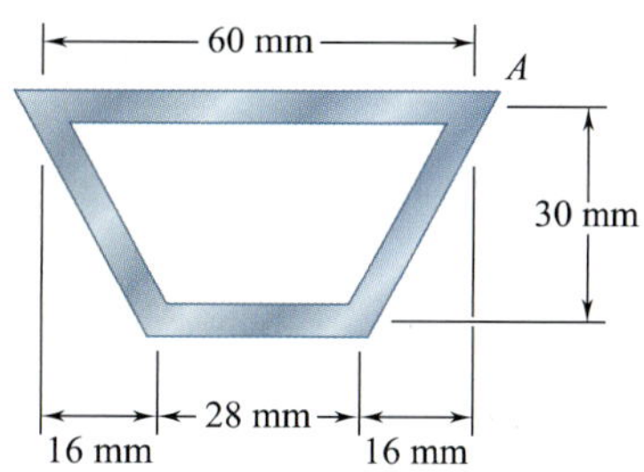

그림 ***P13.61***

14

응력의 변환

14.1 서론

8.9절에서 가장 일반적인 응력 상태는 6개의 성분으로 표현되었다. 3개의 성분은 미소정육면체 요소의 면에 작용하는 수직응력 σ_x, σ_y, σ_z이며, 방향은 좌표축과 같은 방향이다(그림 14.1a). 다른 3개는 전단응력의 성분인 τ_{xy}, τ_{yz}, τ_{zx}이다.[1] 앞에서 다루었듯이 좌표축이 회전된다면, 같은 응력의 상태가 세 개의 다른 성분으로 표현될 것이다(그림 14.1b). 이번 장의 처음 부분에서는 좌표축이 회전될 때 응력성분의 변화에 대하여 기술하였다.

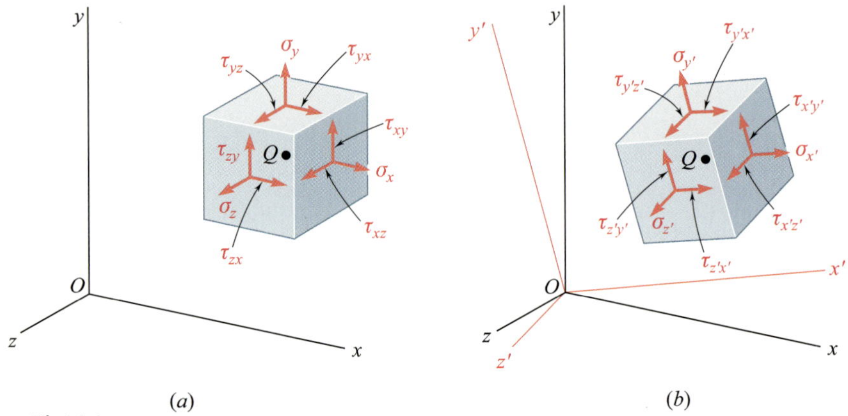

그림 14.1

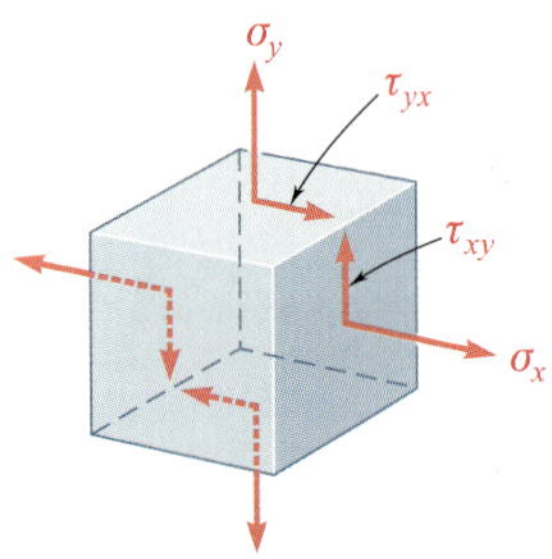

그림 14.2

본문에서 다룰 응력의 변환은 정육면체 요소의 두 면이 응력에 영향을 받지 않는 **평면응력**(plane stress) 상태이다. z축이 이 두면에 수직이라면 $\sigma_z = \tau_{zx} = \tau_{zy} = 0$이며, 남는 응력의 성분은 단지 σ_x, σ_y, τ_{xy}이다(그림 14.2). 얇은 판에 힘이 작용할 때 판의 중앙면에서 이러한 상태가 발생한다(그림 14.3). 또는 그림 14.4와 같이 외력을 받지 않는 구조요소나 기계부품의 자유면에서 평면응력상태가 발생한다.

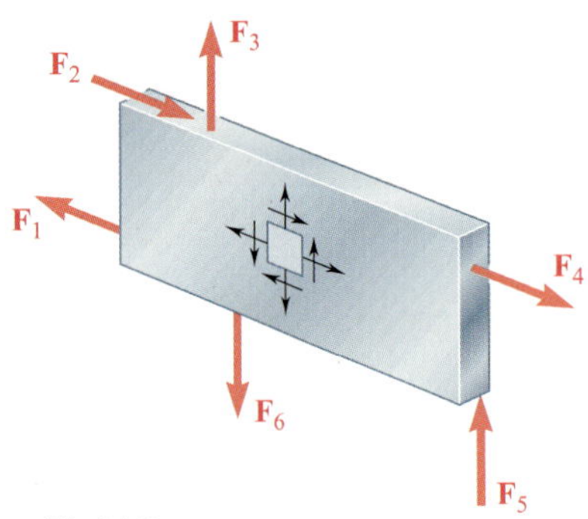

그림 14.3

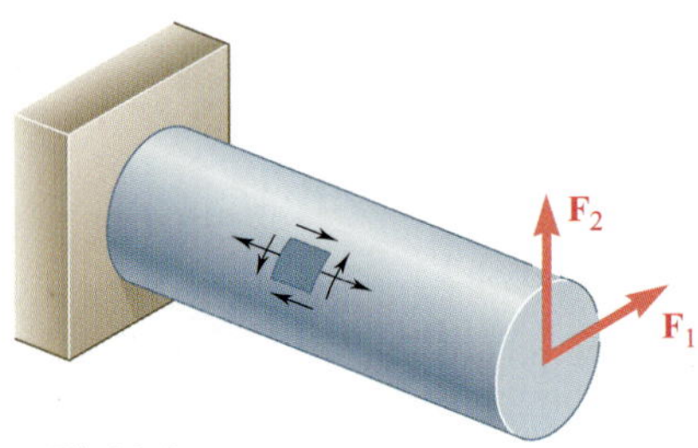

그림 14.4

1) $\tau_{yx} = \tau_{xy}$, $\tau_{zy} = \tau_{yz}$, $\tau_{xz} = \tau_{zx}$를 상기하자.

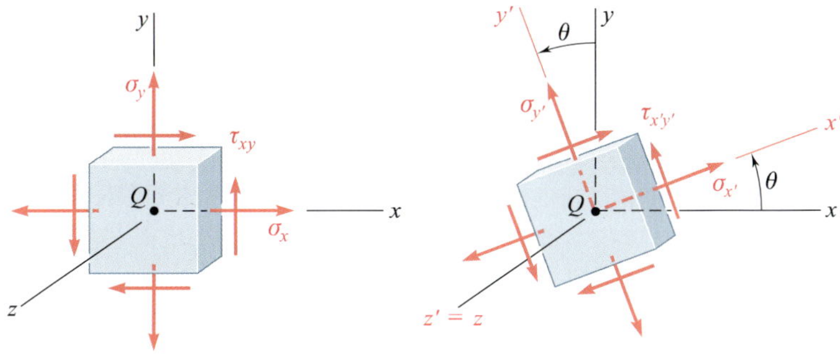

그림 14.5

그림 14.5a의 요소의 응력성분 σ_x, σ_y, τ_{xy}에 의해 표현되는 Q점의 평면 응력상태를 z축으로 θ만큼 회전한 요소에 대하여 $\sigma_{x'}$, $\sigma_{y'}$, $\tau_{x'y'}$을 어떻게 결정하는지 14.2절에서 고찰한다(그림 14.5b). 14.3절에서는 $\sigma_{x'}$이 최대이고 $\sigma_{y'}$이 최소가 되는 θ_p를 결정한다. 수직응력의 이러한 값은 Q점에서의 주응력(principal stress)이며, 이에 상응하는 요소의 면은 그 점에서의 주응력면(principal stress plane)으로 정의된다. 또한 전단응력의 최대값 그리고 그에 대응하는 회전각 θ_p를 결정할 것이다.

14.4절에서는 **응력변환**(transformation of stress)의 문제를 Mohr 원을 이용하여 해결하는 해법을 제시할 것이다.

박벽 압력용기는 평면응력 해석이 적용되는 중요한 구조이며, 14.5절에서 원통형과 구형압력용기의 응력문제를 다룰 것이다(사진 14.1과 14.2).

사진 14.1

사진 14.2

14.2 평면응력의 변환

그림 14.5a에서와 같이 Q점에서 평면응력상태($\sigma_z = \tau_{zx} = \tau_{zy} = 0$)를 가정하면, 요소의 응력성분은 σ_x, σ_y, τ_{xy}로 정의된다. z축으로 θ만큼 회전한 후의 응력성분 $\sigma_{x'}$, $\sigma_{y'}$, $\tau_{x'y'}$을 σ_x, σ_y, τ_{xy}의 함수로 표현할 것이다(그림 14.5b).

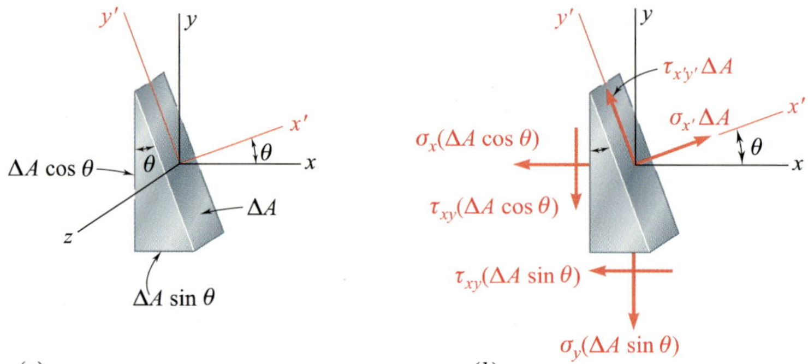

그림 14.6 (a) (b)

x'축에 수직인 면에 작용하는 수직응력 $\sigma_{x'}$과 전단응력 $\tau_{x'y'}$을 구하기 위해 x, y, x'축에 수직인 면을 갖는 삼각기둥 모양의 요소를 고려하자(그림 14.6a). 경사진 면의 면적을 ΔA라 놓으면, 수직면의 면적은 $\Delta A\cos\theta$이고, 수평면의 면적은 $\Delta A\sin\theta$이다. 세면에 작용하는 힘은 그림 14.6b와 같다. (이 요소의 z축에 수직인 삼각면에 작용하는 힘은 없다. 왜냐하면, 이에 대응하는 수직응력과 전단응력은 모두 영이라고 가정했기 때문이다.) x'과 y'축의 성분을 이용하여, 다음과 같은 평형방정식을 세울 수 있다.

$$\sum F_{x'} = 0: \quad \sigma_{x'}\Delta A - \sigma_x(\Delta A\cos\theta)\cos\theta - \tau_{xy}(\Delta A\cos\theta)\sin\theta - \sigma_y(\Delta A\sin\theta)\sin\theta - \tau_{xy}(\Delta A\sin\theta)\cos\theta = 0$$

$$\sum F_{y'} = 0: \quad \tau_{x'y'}\Delta A + \sigma_x(\Delta A\cos\theta)\sin\theta - \tau_{xy}(\Delta A\cos\theta)\cos\theta - \sigma_y(\Delta A\sin\theta)\cos\theta + \tau_{xy}(\Delta A\sin\theta)\sin\theta = 0$$

첫 번째 식에서 $\sigma_{x'}$에 대해서 풀고 두 번째 식에서 $\tau_{x'y'}$에 대해서 정리하면 다음과 같다.

$$\sigma_{x'} = \sigma_x\cos^2\theta + \sigma_y\sin^2\theta + 2\tau_{xy}\sin\theta\cos\theta \tag{14.1}$$

$$\tau_{x'y'} = -(\sigma_x - \sigma_y)\sin\theta\cos\theta + \tau_{xy}(\cos^2\theta - \sin^2\theta) \tag{14.2}$$

삼각함수 관계식에 의해

$$\sin 2\theta = 2\sin\theta\cos\theta \qquad \cos 2\theta = \cos^2\theta - \sin^2\theta \tag{14.3}$$

그리고

$$\cos^2\theta = \frac{1+\cos 2\theta}{2} \qquad \sin^2\theta = \frac{1-\cos 2\theta}{2} \tag{14.4}$$

이를 이용하여 식 (14.1)을 다시 쓰면 다음과 같다.

$$\sigma_{x'} = \sigma_x \frac{1+\cos 2\theta}{2} + \sigma_y \frac{1-\cos 2\theta}{2} + \tau_{xy}\sin 2\theta$$

또는

$$\sigma_{x'} = \frac{\sigma_x + \sigma_y}{2} + \frac{\sigma_x - \sigma_y}{2}\cos 2\theta + \tau_{xy}\sin 2\theta \tag{14.5}$$

식 (14.3)을 이용하여, 식 (14.2)를 정리하면 다음과 같다.

$$\tau_{x'y'} = -\frac{\sigma_x - \sigma_y}{2}\sin 2\theta + \tau_{xy}\cos 2\theta \tag{14.6}$$

수직응력 $\sigma_{y'}$를 표현하기 위한 식은 식 (14.5)의 θ를 x축과 y'축이 이루는 각 $\theta + 90°$로 대입하여 구할 수 있다. $\cos(2\theta + 180°) = -\cos 2\theta$이며 $\sin(2\theta + 180°) = -\sin 2\theta$이므로 $\sigma_{y'}$은 다음과 같다.

$$\sigma_{y'} = \frac{\sigma_x + \sigma_y}{2} - \frac{\sigma_x - \sigma_y}{2}\cos 2\theta - \tau_{xy}\sin 2\theta \tag{14.7}$$

식 (14.5)와 식 (14.7)을 더하면 다음의 식을 얻는다.

$$\sigma_{x'} + \sigma_{y'} = \sigma_x + \sigma_y \tag{14.8}$$

$\sigma_z = \sigma_{z'} = 0$이므로 평면응력 상태에서 정육면체 요소에 작용하는 수직응력의 합은 요소의 방향과는 무관하게 일정하다는 사실을 확인하였다.

14.3 주응력. 최대전단응력

앞 절에서 구한 식 (14.5)와 식 (14.6)은 원의 매개변수방정식이다. 그림 14.7에서와 같이 직교좌표축의 한 점 M을 선택하여 횡좌표 $\sigma_{x'}$와 매개변수 θ의 값을 위한 종좌표 $\tau_{x'y'}$로 M점을 도식할 수 있으며, 이렇게 구한 모든 점들은 원위에 놓일 것이다. 이러한 속성을 확인하기 위해 식 (14.5)와 식 (14.6)

에서 θ를 소거한다. 우선 식 (14.5)의 $(\sigma_x+\sigma_y)/2$를 이항하여 양변을 제곱하고, 식 (14.6)의 양변 또한 제곱한 다음 마지막으로 이 두식을 더하면 다음과 같다.

$$\left(\sigma_{x'}-\frac{\sigma_x+\sigma_y}{2}\right)^2+\tau_{x'y'}^2=\left(\frac{\sigma_x-\sigma_y}{2}\right)^2+\tau_{xy}^2 \tag{14.9}$$

아래와 같이 놓고,

$$\sigma_{\text{ave}}=\frac{\sigma_x+\sigma_y}{2} \quad \text{그리고} \quad R=\sqrt{\left(\frac{\sigma_x-\sigma_y}{2}\right)^2+\tau_{xy}^2} \tag{14.10}$$

이를 식 (14.9)에 대입하면 다음과 같다.

$$(\sigma_{x'}-\sigma_{\text{ave}})^2+\tau_{x'y'}{}^2=R^2 \tag{14.11}$$

윗 식은 중심의 횡좌표가 σ_{ave}, 종좌표가 0이며 반지름이 R인 원의 방정식이다(그림 14.7). 수평축에 대하여 원은 대칭이므로, M을 도시하는 대신에 횡좌표 $\sigma_{x'}$과 종좌표 $-\tau_{x'y'}$의 N점을 나타내어도 같은 결과를 얻는다(그림 14.8). 이러한 속성은 14.4절에서 사용될 것이다.

그림 14.7의 수평축을 교차하는 원위의 두 점 A, B는 특별한 관심사항이다. A점은 수직응력 $\sigma_{x'}$의 최대값이며, B점은 최소값을 나타낸다. 또한 A, B 두 점에서 전단응력 $\tau_{x'y'}$는 영이 되는 점이다. 그러므로 A와 B점에 상응하는 매개변수 θ의 θ_p값은 식 (14.6)에 $\tau_{x'y'}=0$을 대입하여 구할 수 있다.[2)]

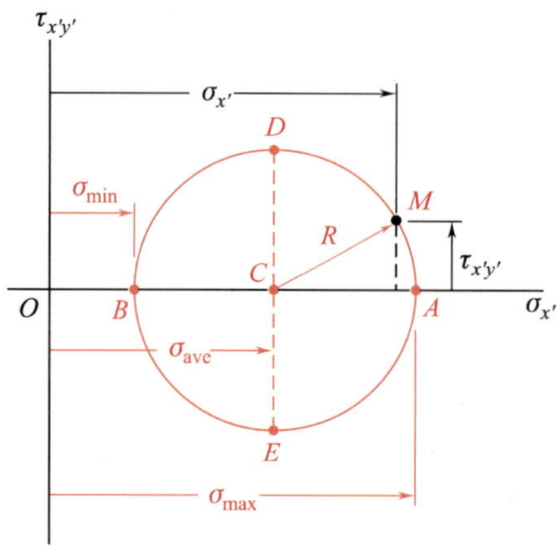

그림 14.7

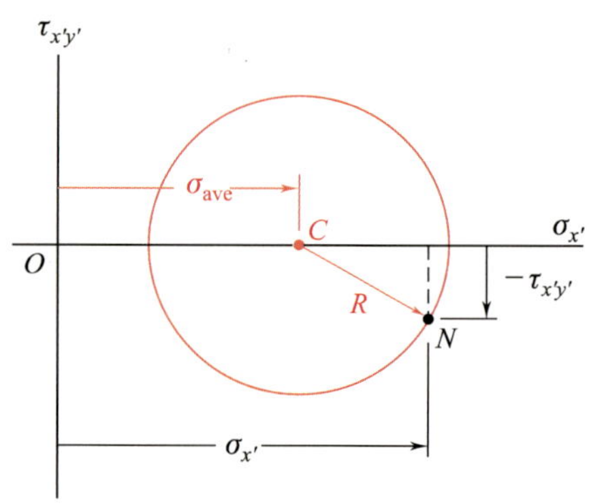

그림 14.8

2) 이 식은 식 (14.5)의 $\sigma_{x'}$을 미분하고 도함수를 영으로 두면 얻는다: $d\sigma_{x'}/d\theta=0$

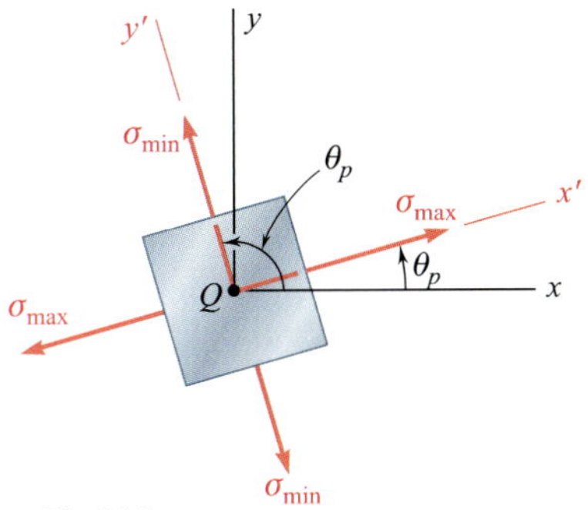

그림 14.9

$$\tan 2\theta_p = \frac{2\tau_{xy}}{\sigma_x - \sigma_y} \tag{14.12}$$

이 식은 180° 차이인 두 개의 각 $2\theta_p$ 즉, 90° 차이인 두 값 θ_p를 나타낸다. 둘 중 어느 한쪽의 값은 이에 대응하는 요소의 방향을 결정하는데 사용될 수 있다(그림 14.9). 위의 방법을 이용하여 구한 요소의 면이 포함된 평면을 Q점에서의 **주응력면**(principal stress plane)이라고 하며, 이면에 작용하는 수직응력의 σ_{max}와 σ_{min}의 값을 Q점의 **주응력**(principal stress)이라 부른다.

그림 14.7로부터 다음 식을 얻을 수 있다.

$$\sigma_{max} = \sigma_{ave} + R \quad 그리고 \quad \sigma_{min} = \sigma_{ave} - R \tag{14.13}$$

식 (14.10)의 σ_{ave}와 R을 대입하면

$$\sigma_{max,min} = \frac{\sigma_x + \sigma_y}{2} \pm \sqrt{\left(\frac{\sigma_x - \sigma_y}{2}\right)^2 + \tau_{xy}{}^2} \tag{14.14}$$

직관에 의해 두 주응력면 중 어느 면이 σ_{max}인지 σ_{min}인지 알 수 없다면, 이 두 응력 중에서 어느 것이 수직응력의 최대값에 대응하는지 결정하기 위해 θ_p의 한 값을 식 (14.5)에 대입해야 한다.

그림 14.7의 원을 다시 보자. 원의 수직지름에 위치한 D와 E점이 전단응력 $\tau_{x'y'}$의 최대값에 대응되는 것에 주목하자. D와 E점의 횡좌표는 $\sigma_{ave} = (\sigma_x + \sigma_y)/2$이므로, D와 E점의 매개변수 θ의 θ_s의 값은 식 (14.5)에 $\sigma_{x'} = (\sigma_x + \sigma_y)/2$를 대입하면 구해진다. 이 식의 나머지 두 항의 합은 0되어야 한다. 이 식에서 $\theta = \theta_s$이므로 다음과 같다.[3)]

$$\frac{\sigma_x - \sigma_y}{2}\cos 2\theta_s + \tau_{xy}\sin 2\theta_s = 0$$

또는

$$\tan 2\theta_s = -\frac{\sigma_x - \sigma_y}{2\tau_{xy}} \tag{14.15}$$

이 식은 180° 차이인 두 값 $2\theta_s$를 정의하며, 두 값 θ_s는 90° 차이이다. 둘 중 어느 한쪽의 값은 최대전단응력 상태일 때의 요소의 방향을 구하는데 사용될 수 있다(그림 14.10). 그림 14.7을 보면, 전단응력의 최대값은 원의 반

3) 이 식은 식 (14.6)의 $\tau_{x'y'}$을 미분하고 도함수를 영으로 두면 얻는다: $d\tau_{x'y'}/d\theta = 0$

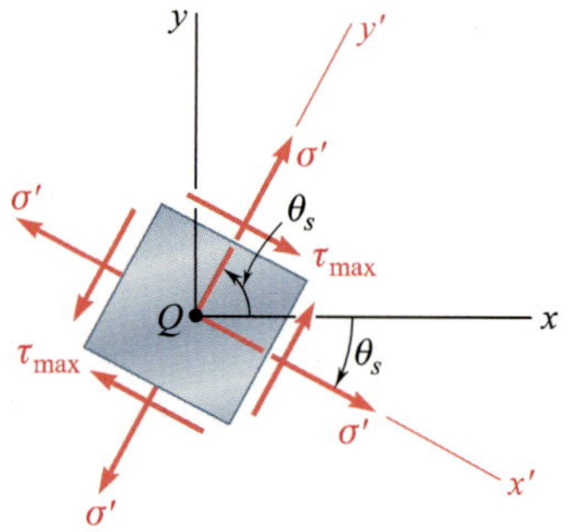

그림 14.10

경 R과 같으며 식 (14.10)의 두 번째 식을 사용하여 이를 정리하면 다음과 같다.

$$\tau_{max} = \sqrt{\left(\frac{\sigma_x - \sigma_y}{2}\right)^2 + \tau_{xy}^2} \tag{14.16}$$

최대전단응력의 조건에 대응하는 수직응력은 다음과 같다.

$$\sigma' = \sigma_{ave} = \frac{\sigma_x + \sigma_y}{2} \tag{14.17}$$

식 (14.12)와 식 (14.15)를 비교해 보면, $\tan 2\theta_s$는 $\tan 2\theta_p$의 음의 역수이다. 즉, $2\theta_s$와 $2\theta_p$의 차이는 90°이므로 θ_s와 θ_p의 차이는 45°이다. 그러므로 최대전단응력의 평면은 주응력면에 대하여 45° 기울어졌다는 것을 알 수 있다. 이는 8.9절의 축하중을 받는 경우(그림 8.37)와 10.4절의 비틂 하중을 받는 경우의 결과를 설명해 준다(그림 10.19).

평면응력 변환의 해석에서 응력면의 회전이 제한되어 있다는 것을 알아야 한다. 그림 14.5의 정육면체 요소가 z축이 아닌 다른 축으로 회전했다면, 요소의 면은 식 (14.16)에 정의된 응력보다 더 큰 전단응력을 받게 될 것이다. 따라서 식 (14.16)에 의해 산출된 응력은 평면내에서의 최대전단응력이다.

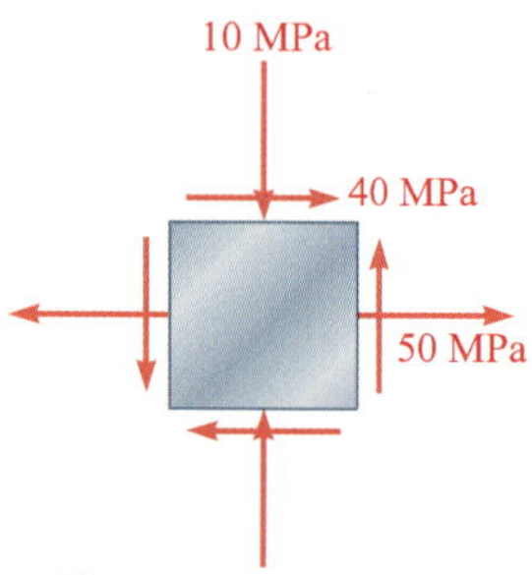

그림 14.11

예제 14.1 그림 14.11의 평면응력상태에서 (a) 주응력면, (b) 주응력, (c) 최대전단응력과 수직응력을 결정하시오.

(a) 주응력면. 일반적인 부호규약을 따르면, 응력성분은 다음과 같다.

$$\sigma_x = +50 \text{ MPa} \qquad \sigma_y = -10 \text{ MPa} \qquad \tau_{xy} = +40 \text{ MPa}$$

식 (14.12)에 대입하면

$$\tan 2\theta_p = \frac{2\tau_{xy}}{\sigma_x - \sigma_y} = \frac{2(+40)}{50-(-10)} = \frac{80}{60}$$

$$2\theta_p = 53.1° \text{와} \quad 180° + 53.1° = 233.1°$$

$$\theta_p = 26.6° \text{와} \quad 116.6°$$

(b) 주응력. 식 (14.14)에 의해

$$\sigma_{max,min} = \frac{\sigma_x + \sigma_y}{2} \pm \sqrt{\left(\frac{\sigma_x - \sigma_y}{2}\right)^2 + \tau_{xy}{}^2} = 20 \pm \sqrt{(30)^2 + (40)^2}$$

$$\sigma_{max} = 20 + 50 = 70 \text{ MPa}$$

$$\sigma_{min} = 20 - 50 = -30 \text{ MPa}$$

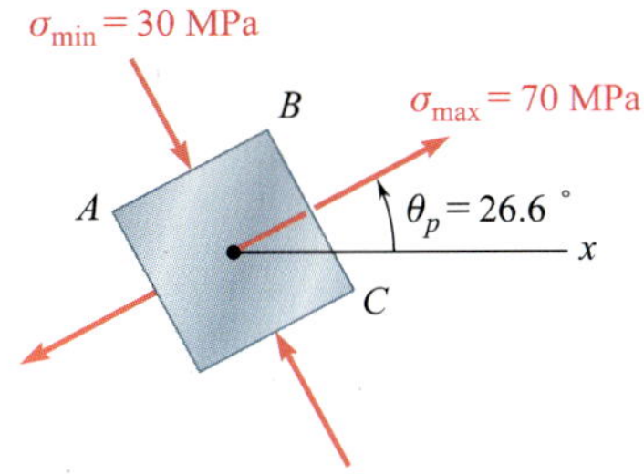

그림 14.12

주응력면과 주응력은 그림 14.12에 도시되었다. 식 (14.5)에 $\theta = 26.6°$를 대입하면, 요소의 표면 BC에 작용하는 수직응력이 최대인 사실을 확인할 수 있다.

$$\begin{aligned}\sigma_{x'} &= \frac{50-10}{2} + \frac{50+10}{2}\cos 53.1° + 40\sin 53.1° \\ &= 20 + 30\cos 53.1° + 40\sin 53.1° = 70\text{ MPa} = \sigma_{\max}\end{aligned}$$

(c) 최대전단응력. 식 (14.16)에 의해

$$\tau_{\max} = \sqrt{\left(\frac{\sigma_x - \sigma_y}{2}\right)^2 + \tau_{xy}^2} = \sqrt{(30)^2 + (40)^2} = 50\text{ MPa}$$

$\sigma_{\max}$와 $\sigma_{\min}$의 부호가 반대이므로, 위해서 구한 $\tau_{\max}$값은 고려된 점의 최대전단응력을 나타낸다. 최대전단응력면의 방향과 전단응력의 방향은 그림 14.12 요소의 AC의 사선면을 따라 결정된다. 요소의 AB와 BC면이 주응력면에 포함되므로, AC의 사선면은 최대전단응력면 중 하나이어야 한다(그림 14.13). 또한 등단면 요소 ABC의 평형조건에서 AC면에 작용하는 전단응력은 그림의 방향과 같아야 한다. 최대전단응력 상태의 정육면체 요소가 그림 14.14에 그려져 있다. 요소의 네 면에 각각 작용하는 수직응력은 식 (14.17)에 의해 산정된다.

$$\sigma' = \sigma_{\text{ave}} = \frac{\sigma_x + \sigma_y}{2} = \frac{50-10}{2} = 20\text{ MPa} \quad ■$$

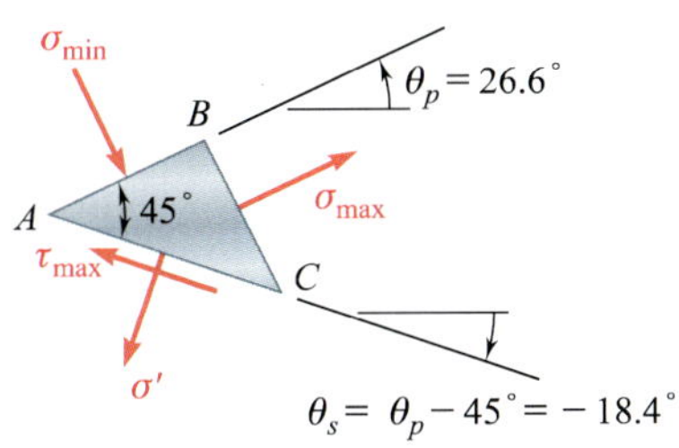

그림 14.13

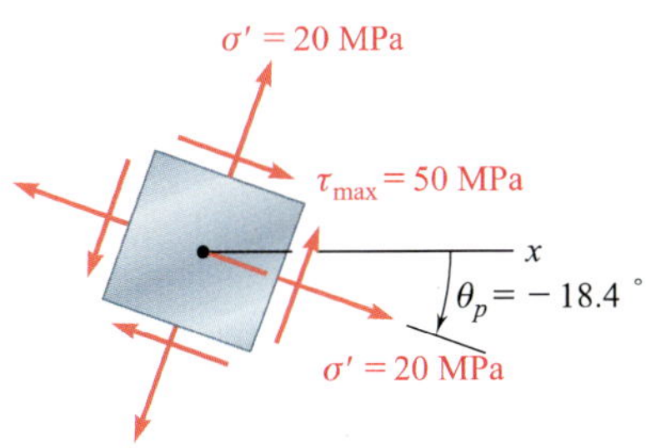

그림 14.14

문제 14.1

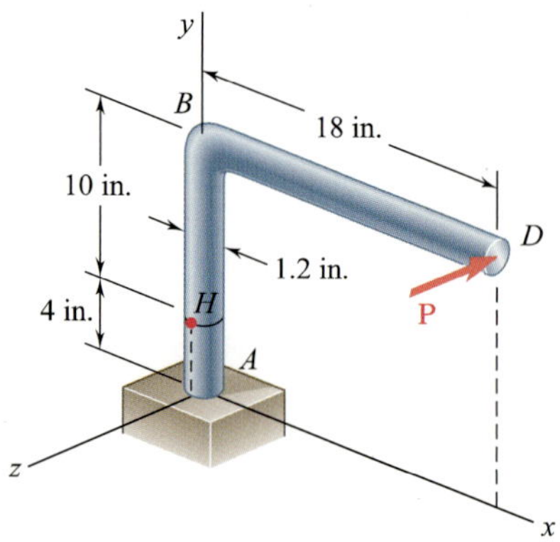

150 lb의 수평하중 P가 레버 ABD의 끝점에 작용한다. 레버의 AB부분의 지름이 1.2 in.일 때, (a) x축과 y축에 평행한 면을 가진 H점의 요소에 작용하는 수직응력과 전단응력 (b) H점의 주응력면과 주응력을 산정하시오.

풀이.

힘의 등가. 외력 P를 H점을 포함하는 횡단면의 중앙점 C에 작용하는 등가의 힘들로 다음과 같이 대체한다.

$$P = 150\text{ lb} \qquad T = (150\text{ lb})(18\text{ in.}) = 2.7\text{ kip}\cdot\text{in.}$$
$$M_x = (150\text{ lb})(10\text{ in.}) = 1.5\text{ kip}\cdot\text{in.}$$

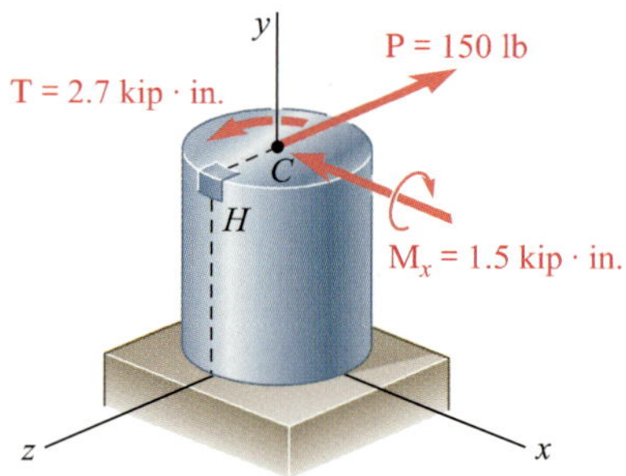

a. H점에서의 응력 σ_x, σ_y, τ_{xy}. 그림 14.2의 부호규약을 사용하여, C점의 T와 M_x를 이용하여 각 응력성분의 방향과 부호를 결정하자.

$$\sigma_x = 0 \quad \sigma_y = +\frac{Mc}{I} = +\frac{(1.5\text{ kip}\cdot\text{in})(0.6\text{ in.})}{\frac{1}{4}\pi(0.6\text{ in})^4} \qquad \sigma_y = +8.84\text{ ksi}$$

$$\tau_{xy} = +\frac{Tc}{J} = +\frac{(2.7\text{ kip}\cdot\text{in.})(0.6\text{ in.})}{\frac{1}{2}\pi(0.6\text{ in.})^4} \qquad \tau_{xy} = +7.96\text{ ksi}$$

전단력 P는 H점에서 전단응력을 발생시키지 않음을 주목하자.

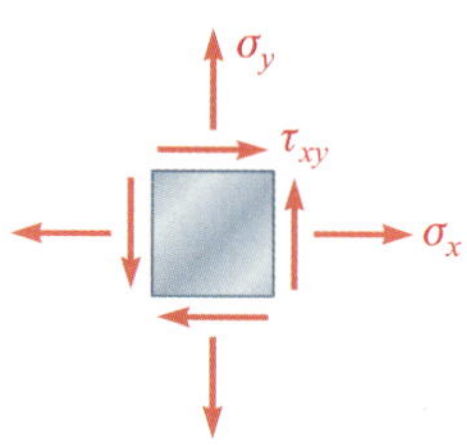

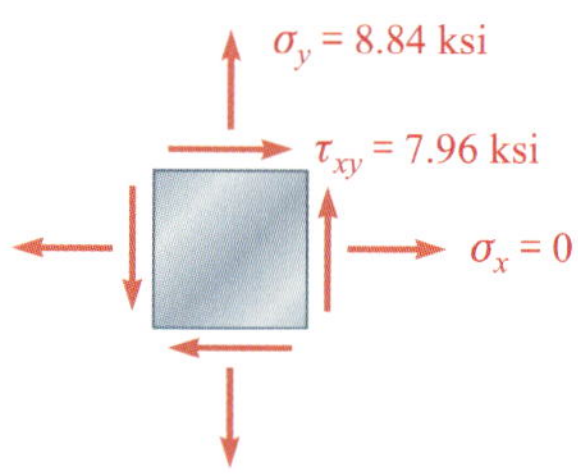

b. 주응력면과 주응력. 응력성분의 값을 식 (14.12)에 대입하면 주응력면의 방향을 결정할 수 있다.

$$\tan 2\theta_p = \frac{2\tau_{xy}}{\sigma_x - \sigma_y} = \frac{2(7.96)}{0 - 8.84} = -1.80$$
$$2\theta_p = -61.0° \text{ 와 } 180° - 61.0° = +119°$$
$$\theta_p = -30.5° \text{ 와 } +59.5°$$

이를 식 (14.14)에 대입하면, 주응력의 크기를 구할 수 있다.

$$\sigma_{max,min} = \frac{\sigma_x + \sigma_y}{2} \pm \sqrt{\left(\frac{\sigma_x - \sigma_y}{2}\right)^2 + \tau_{xy}^2}$$
$$= \frac{0 + 8.84}{2} \pm \sqrt{\left(\frac{0 - 8.84}{2}\right)^2 + (7.96)^2} = +4.42 \pm 9.10$$

$$\sigma_{max} = +13.52\text{ ksi}$$
$$\sigma_{min} = -4.68\text{ ksi}$$

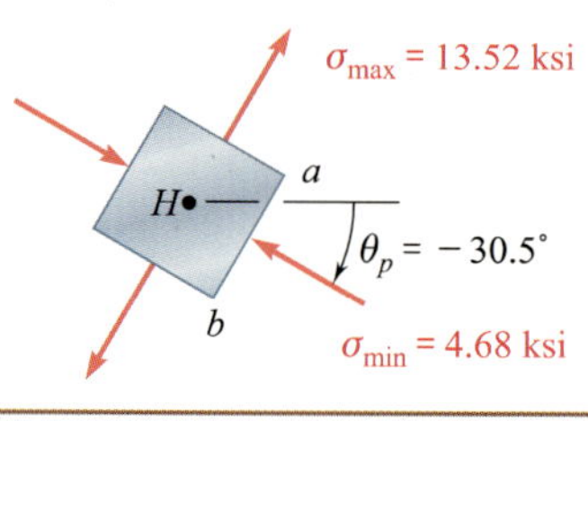

요소의 면 ab를 고려하여 $\theta_p = -30.5°$를 식 (14.5)에 대입하면 $\sigma_{x'} = -4.68$ ksi가 된다. 주응력면은 그림과 같다.

Problems

14.1 through 14.4 For the given state of stress, determine the normal and shearing stresses exerted on the oblique face of the shaded triangular element shown. Use a method of analysis based on the equilibrium of that element as was done in the derivations of Sec. 14.2.

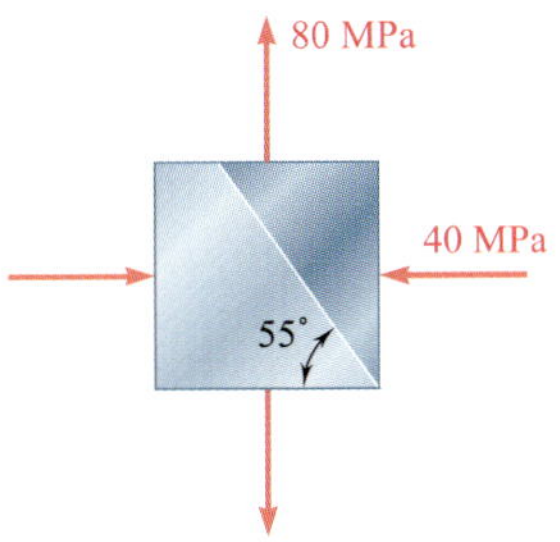

그림 P14.1

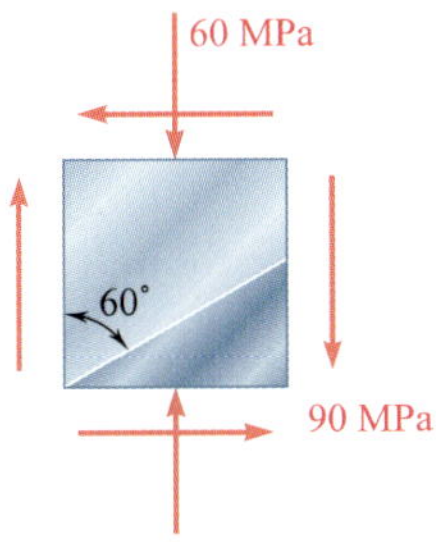

그림 P14.2

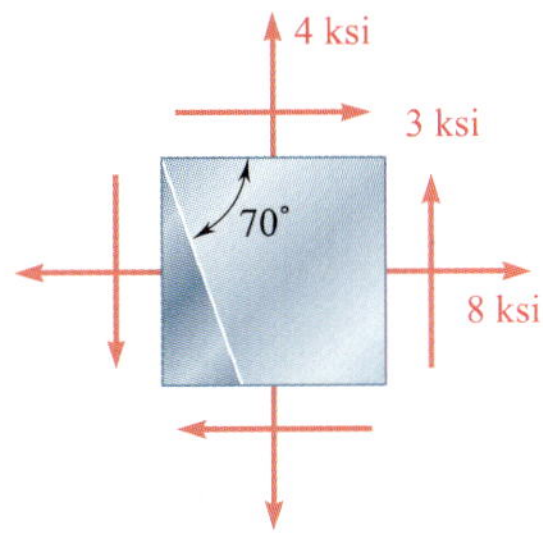

그림 P14.3

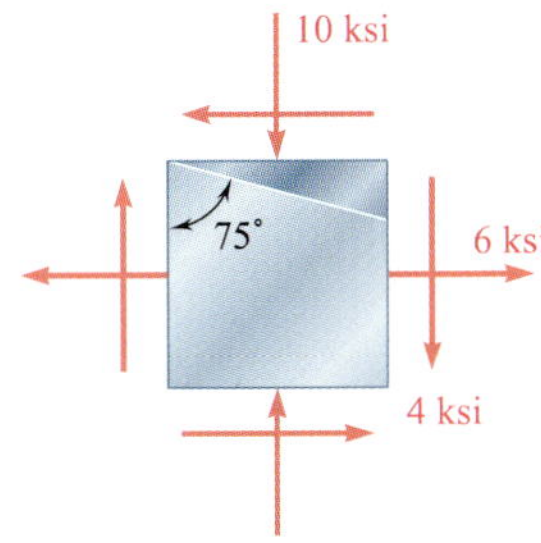

그림 P14.4

14.5 through *14.8* For the given state of stress, determine (*a*) the principal planes, (*b*) the principal stresses.

14.9 through 14.12 For the given state of stress, determine (*a*) the orientation of the planes of maximum in-plane shearing stress, (*b*) the maximum in-plane shearing stress, (*c*) the corresponding normal stress.

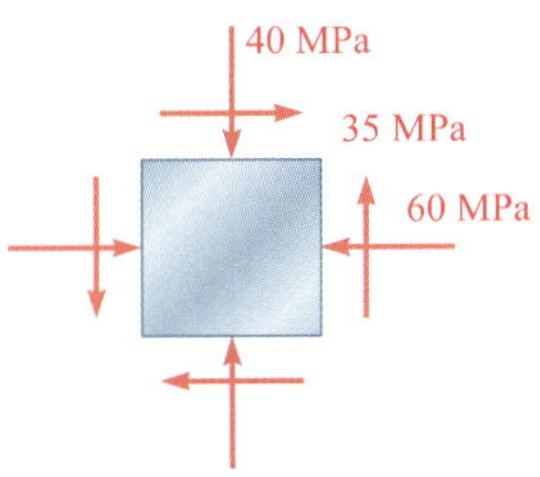

그림 P14.5, P14.9

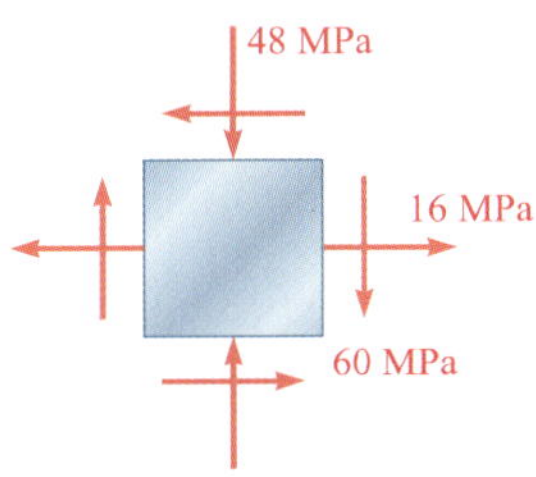

그림 *P14.6*, P14.10

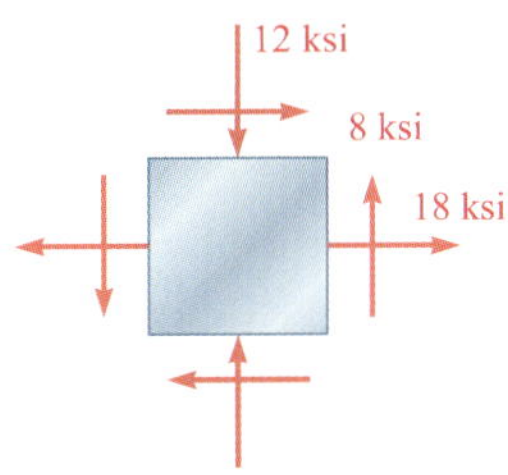

그림 P14.7, *P14.11*

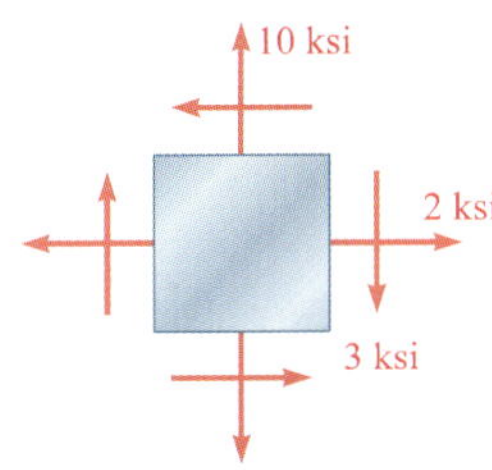

그림 P14.8, P14.12

14.13 through 14.16 For the given state of stress, determine the normal and shearing stresses after the element shown has been rotated through (*a*) 25° clockwise, (*b*) 10° counterclockwise.

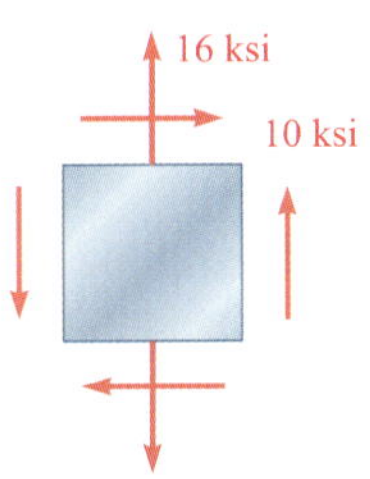

그림 P14.13

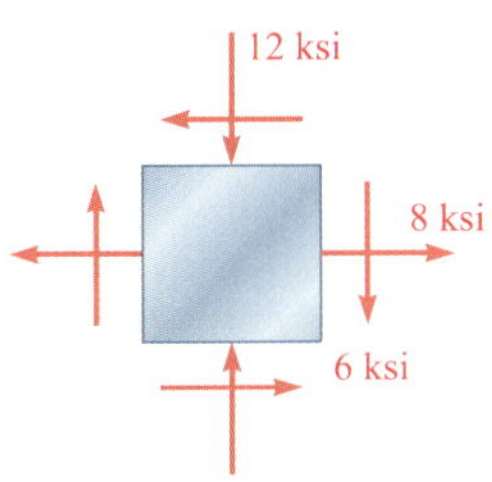

그림 P14.14

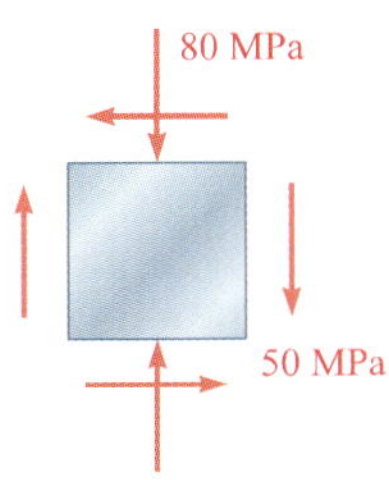

그림 *P14.15*

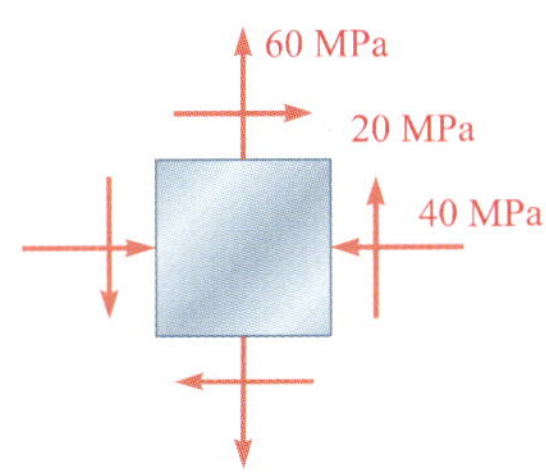

그림 P14.16

14.17 and 14.18 The grain of a wooden member forms an angle of 15° with the vertical. For the state of stress shown, determine (*a*) the in-plane shearing stress parallel to the grain, (*b*) the normal stress perpendicular to the grain.

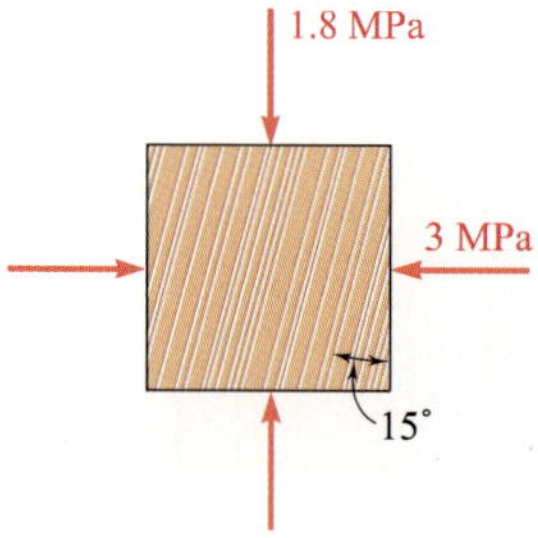

그림 P14.17

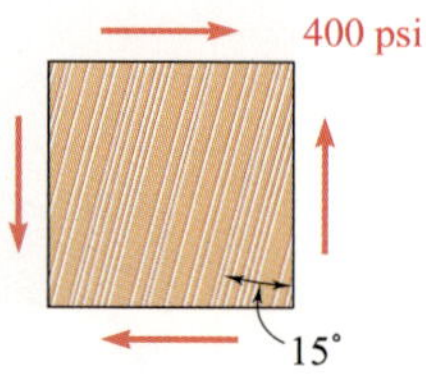

그림 P14.18

14.19 Two plates of uniform cross section 10 × 80 mm are welded together as shown. Knowing that centric 100-kN forces are applied to the welded plates and that the in-plane shearing stress parallel to the weld is 30 MPa, determine (*a*) the angle β, (*b*) the corresponding normal stress perpendicular to the weld.

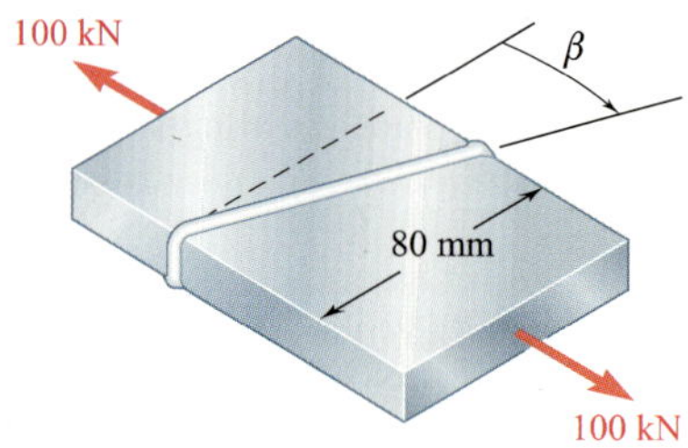

그림 P14.19

14.20 The centric force **P** is applied to a short post as shown. Knowing that the stresses on plane *a-a* are $\sigma = -15$ ksi and $\tau = 5$ ksi, determine (*a*) the angle β that plane *a-a* forms with the horizontal, (*b*) the maximum compressive stress in the post.

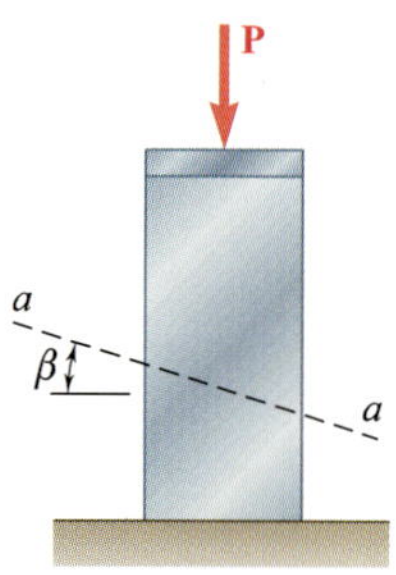

그림 P14.20

14.21 A 400-lb vertical force is applied at *D* to a gear attached to the solid 1-in. diameter shaft *AB*. Determine the principal stresses and the maximum shearing stress at point *H* located as shown on top of the shaft.

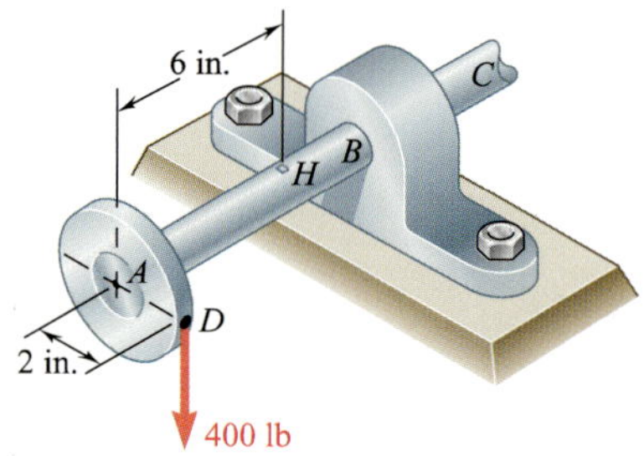

그림 *P14.21*

14.22 A mechanic uses a crowfoot wrench to loosen a bolt at E. Knowing that the mechanic applies a vertical 24-lb force at A, determine the principal stresses and the maximum shearing stress at point H located as shown on top of the $\frac{3}{4}$-in. diameter shaft.

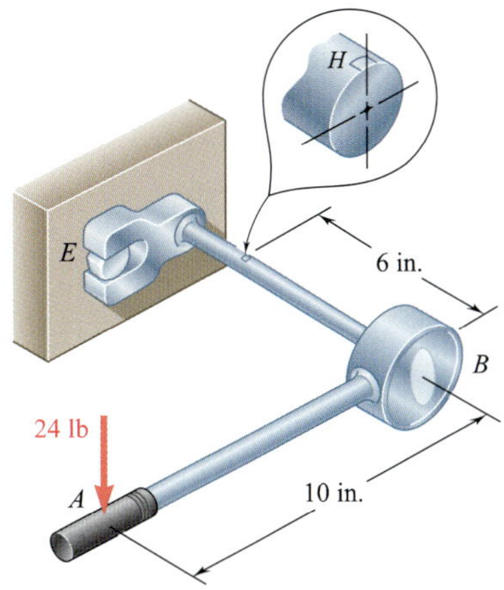

그림 P14.22

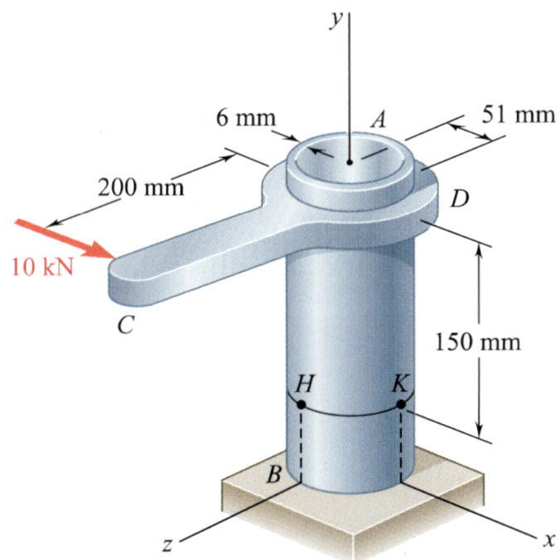

그림 *P14.43*, P14.24

14.23 The steel pipe AB has a 102-mm outer diameter and a 6-mm wall thickness. Knowing that arm CD is rigidly attached to the pipe, determine the principal stresses and the maximum shearing stress at point H.

14.24 The steel pipe AB has a 102-mm outer diameter and a 6-mm wall thickness. Knowing that arm CD is rigidly attached to the pipe, determine the principal stresses and the maximum shearing stress at point K.

14.4 평면응력에 대한 Mohr 원

앞 절에서 평면응력 변환의 기초 공식을 유도하기 위해 사용된 Mohr 원은 독일의 공학자 Otto Mohr(1835~1918)에 의해 처음 소개되었으며 평면응력에 대한 Mohr 원이라 알려져 있다. 곧 알게 되겠지만, 이 원은 14.2절과 14.3절에서 고려된 많은 문제들의 해를 구하기 위한 방법으로 사용될 수 있다. 이 방법은 간단한 기하학적 원리에 기반하며, 특별한 공식을 필요로 하지 않는다. 처음에는 도식적인 해를 위해 개발되었으나 계산기를 보다 쉽게 사용하게 할 수 있다.

평면응력상태에 있는 정사각형 요소를 고려해 보자. σ_x, σ_y, τ_{xy}는 요소에 작용하는 응력성분이다. σ_x와 $-\tau_{xy}$를 X점의 좌표로, σ_y와 $+\tau_{xy}$를 Y점의 좌표로 나타내자(그림 14.15b). 그림 14.15a에서 가정했듯이 τ_{xy}의 값이 양이라면 X점은 σ축의 아래에 위치하며 Y점은 σ축의 위에 위치할 것이다(그림 14.15b). τ_{xy}의 값이 음이라면 X점은 σ축의 위에 위치하며 Y점은 σ축의 아래에 위치할 것이다. X와 Y를 직선으로 연결하여, σ축의 위의 XY선 교차점 C가 원의 중심이고 지름이 XY인 원을 그린다. C의 좌표와 원의 반경은 각각 σ_{ave}와 식 (14.10)에 의한 R과 같으며, 이 원은 평면응력에 대한 Mohr 원이다. 원과 σ축의 교차점 A와 B의 횡좌표는 각각 주응력 $\sigma_{\max}$와 $\sigma_{\min}$을 나타낸다.

$\tan(XCA) = 2\tau_{xy}/(\sigma_x - \sigma_y)$이므로, 각 XCA는 식 (14.12)를 만족하는 $2\theta_p$의 한 값과 같다. 그림 14.15a에서 주응력면의 방향을 정의하는 각 θ_p는 그림 14.15b의 Mohr 원에서 측정된 각 XCA의 $1/2$이다. 본문에서 고려한 것과 같이 $\sigma_x > \sigma_y$이며 $\tau_{xy} > 0$라면, CX에서 CA로의 회전은 반시계방향이다. 식 (14.12)에 의해 구해진 각 θ_p는 주응력면에 대한 법선 Oa

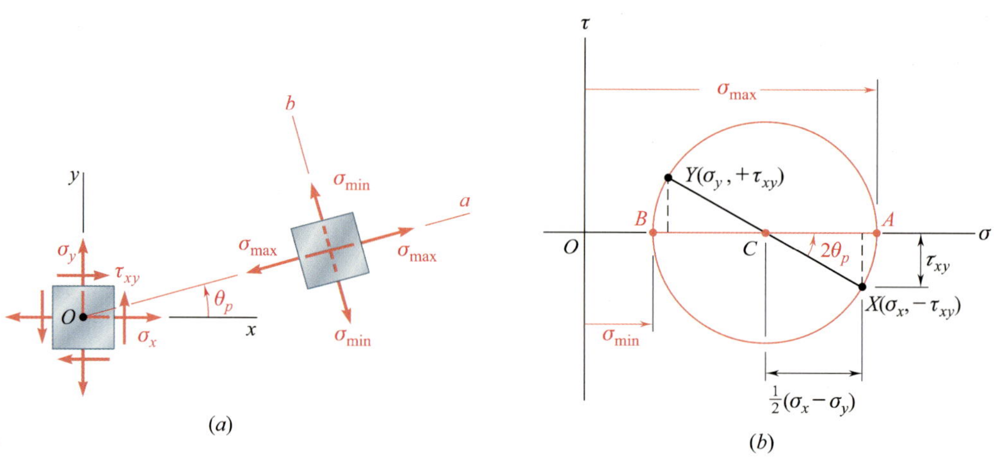

그림 14.15

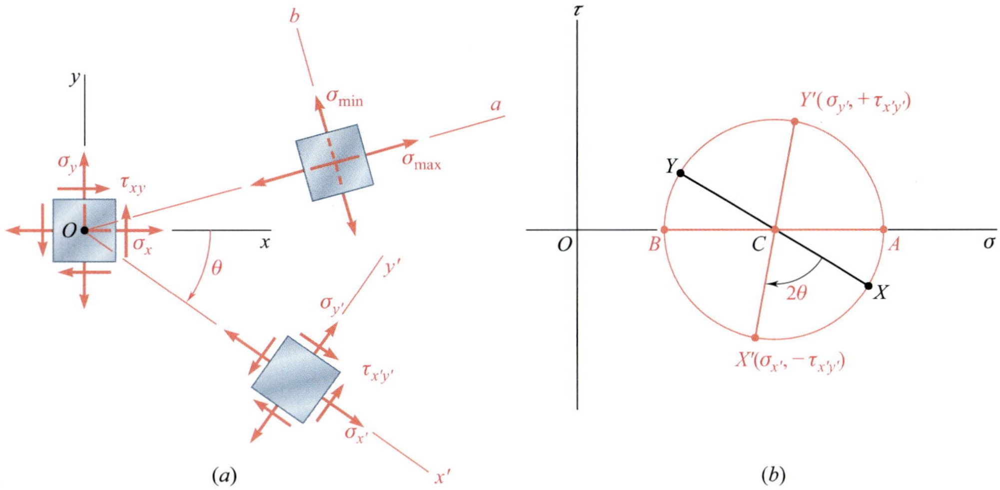

그림 14.16

의 방향을 정의하며, Ox에서 Oa로의 회전은 반시계 방향이다. 그러므로 그림 14.15의 (a)와 (b)의 회전의 방향은 같다. $2\theta_p$의 반시계방향의 회전은 Mohr 원의 CX를 CA로 회전하게 한다. 그림 14.15a에서 θ_p의 반시계 방향의 회전은 Ox를 Oa로 회전시킨다.4)

상기의 Mohr 원은 그림 14.16a의 x'축과 y'의 응력성분 $\sigma_{x'}$, $\sigma_{y'}$, $\tau_{x'y'}$을 고려함으로써 동일한 Mohr 원이 구해질 수 있다. 좌표 $(\sigma_{x'}, -\tau_{x'y'})$의 X'점과 $(\sigma_{y'}, +\tau_{x'y'})$의 Y'점은 Mohr 원 위에 위치하며, 그림 14.16b의 각 $X'CA$는 그림 14.16a의 각 $x'Oa$의 두 배이어야 한다. 각 XCA는 각 xOa의 두 배이므로, 그림 14.16b의 각 XCX'는 그림 14.16a의 xOx'의 두 배가 된다. 그러므로 수직응력과 전단응력 $\sigma_{x'}$, $\sigma_{y'}$, $\tau_{x'y'}$을 정의하는 지름 $X'Y'$는 지름 XY를 그림 14.16a에서 x'과 x가 이루는 각의 두 배를

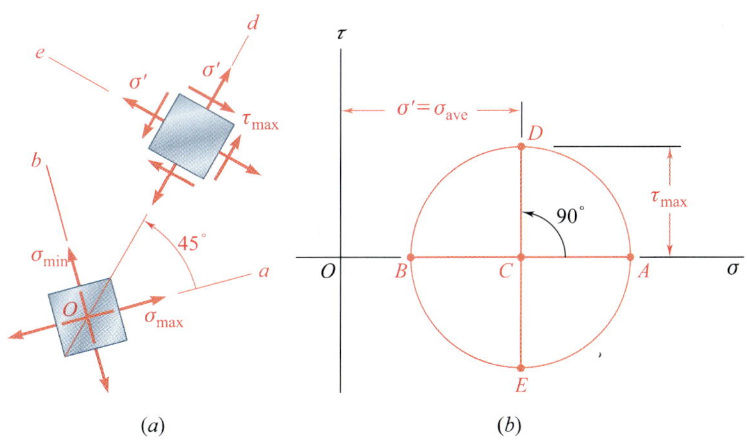

그림 14.17

4) Mohr 원으로서 그림 14.7 대신에 그림 14.8을 이용했기 때문이다.

회전시키면 구해진다. 그림 14.16b의 지름 XY에서 지름 $X'Y'$로의 회전은 그림 14.16a의 xy축에서 $x'y'$축으로의 회전과 같은 맥락이다.

위에서 설명한 이러한 속성은 주응력면에 대하여 45° 기울어진 최대전단응력면이 존재한다는 사실을 증명하는데 사용된다. A와 B는 주응력면이고, 최대전단응력면이 D와 E점인 Mohr 원을 고려해보자(그림 14.17b). Mohr 원의 지름 AB와 DE는 90° 차이이므로, 요소의 면은 45° 차이이다(그림 14.17a).

응력 성분을 결정하기 위해 요소의 각 면을 분리하여 고려한다면, 평면응력에 대한 Mohr 원의 작도는 매우 간단하다. 그림 14.15와 그림 14.16으로부터 다음을 알 수 있다. 면에 작용하는 전단응력이 요소를 시계방향으로 회전시키려 한다면, 이면에 대한 Mohr 원 위의 점은 σ축 위에 위치한다. 반대로 면에 작용하는 전단응력이 요소를 반시계방향으로 회전시키려 한다면, 이면에 대한 Mohr 원 위의 점은 σ축 아래에 위치한다(그림 14.18).5) 수직응력에 관해서는, 보통의 부호규약이 사용된다. 즉 인장응력은 양이며 오른쪽에 도시되며, 반면에 압축응력은 음으로 왼쪽에 도시된다.

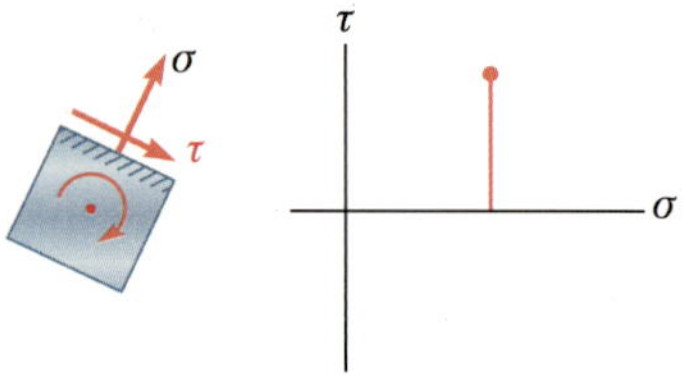

(a) 시계방향 → 위쪽

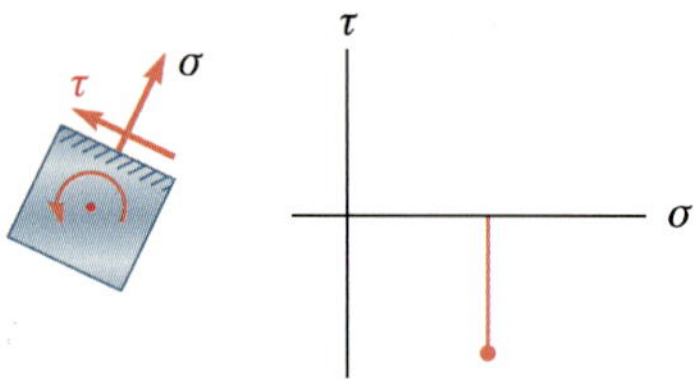

(b) 반시계방향 → 아래쪽

그림 14.18

예제 14.2 예제 14.1과 같은 평면응력상태에서, (a) Mohr 원을 작도하고, (b) 주응력, (c) 최대전단응력과 수직응력을 구하시오.

(a) Mohr 원 작도. 그림 14.19a로부터 면에 작용하는 수직응력은 x축에서 인장(양)이며, 전단응력은 요소를 반시계방향으로 회전시키려 한다. 그러므로 Mohr 원의 X점은 수직축의 오른쪽, 수평축의 아래에 그려진다(그림 14.19b).

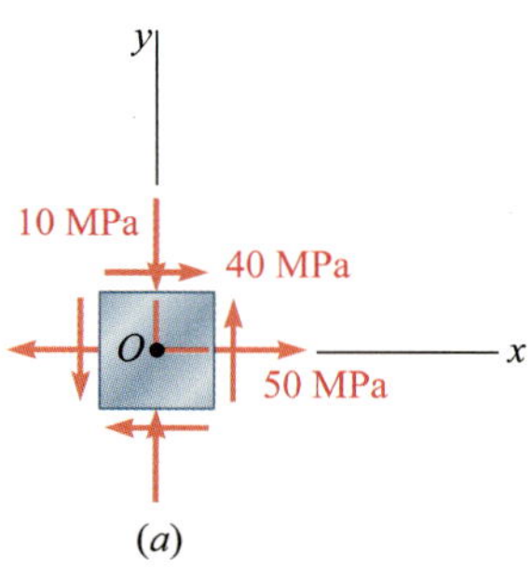

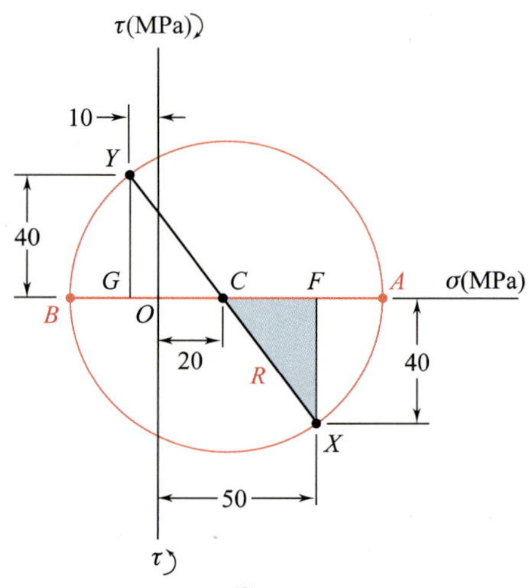

그림 14.19

5) 이 공식을 암기하기 위해 다음 문구가 도움이 된다. “부엌에 시계(clock)는 위에 있고 조리대(counter)는 아래에 있다”

요소의 상면에 작용하는 수직응력과 전단응력에 대해서도 같은 방법으로, Y점은 수직축의 왼쪽, 수평축의 위에 그려진다. XY선을 그리고, Mohr 원의의 중심이 구해지며 중심의 횡좌표는 다음과 같다.

$$\sigma_{\text{ave}} = \frac{\sigma_x + \sigma_y}{2} = \frac{50 + (-10)}{2} = 20\text{ MPa}$$

어둡게 그려진 삼각형의 변은 다음과 같으므로

$$CF = 50 - 20 = 30\text{ MPa} \qquad FX = 40\text{ MPa}$$

원의 반경은 아래와 같다.

$$R = CX = \sqrt{(30)^2 + (40)^2} = 50\text{ MPa}$$

(b) 주응력면과 주응력. 주응력은

$$\sigma_{\max} = OA = OC + CA = 20 + 50 = 70\text{ MPa}$$
$$\sigma_{\min} = OB = OC - BC = 20 - 50 = -30\text{ MPa}$$

각 ACX는 $2\theta_p$를 나타내므로(그림 14.19b), 다음과 같다.

$$\tan 2\theta_p = \frac{FX}{CF} = \frac{40}{30}$$
$$2\theta_p = 53.1° \qquad \theta_p = 26.6°$$

그림 14.20b의 CX에서 CA로의 회전은 반시계 방향이기 때문에, 그림 14.20a의 $\sigma_{\max}$에 해당하는 Ox에서 Oa로의 회전 또한 반시계방향이다.

(c) 최대전단응력. 그림 14.20b의 CA에서 CD로 반시계 방향으로 90° 회전하기 때문에, 그림 14.20a에서 최대전단응력에 해당하는 Oa축에서 Od축으로 45° 반시계 방향으로 회전한다. 그림 14.20b로부터 $\tau_{\max} = R = 50$ MPa이며

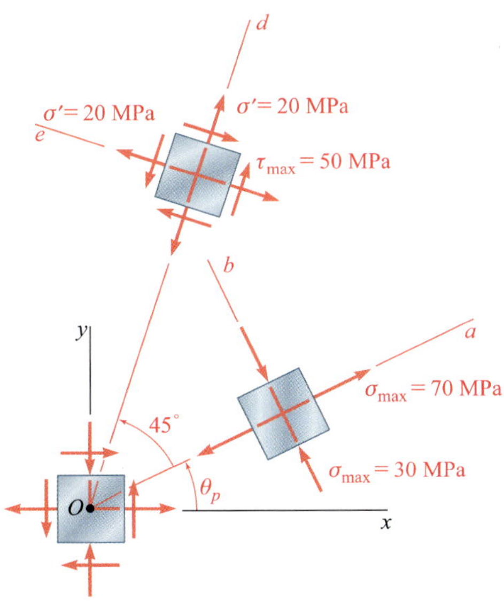

(a)

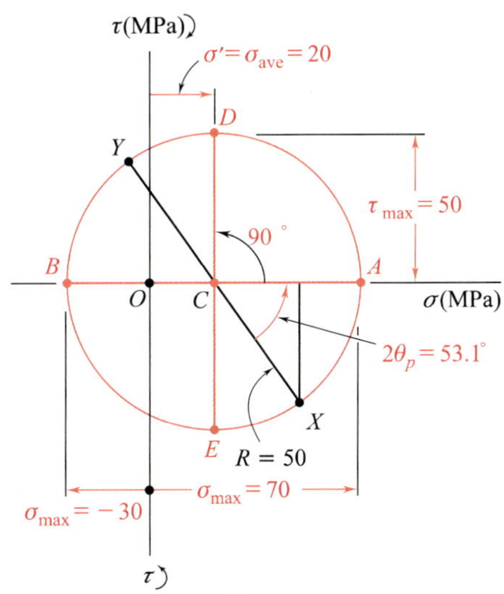

(b)

그림 14.20

이에 대응하는 수직응력은 $\sigma' = \sigma_{ave} = 20\ \mathrm{MPa}$임에 주목하자. D점이 σ축의 위에 위치하므로, 그림 14.20a의 Od에 수직인 면에 작용하는 전단응력은 요소를 시계방향으로 회전시키는 방향이어야 한다. ■

Mohr 원은 축하중(8.9절)과 비틂하중(10.4절)을 받을 때의 응력을 확인하는 데 편리하다. 첫 번째로(그림 14.21a) $\sigma_x = P/A$, $\sigma_y = 0$, $\tau_{xy} = 0$인 상태를 고려해보자. 이에 대응되는 X점과 Y점은 좌표의 원점을 지나는 반경 $R = P/2A$인 원을 정의한다(그림 14.21c). D점과 E점으로부터 최대전단응력면의 방향뿐만 아니라 $\tau_{\max}$의 값과 이에 대응되는 σ' 값을 계산할 수 있다.

$$\tau_{\max} = \sigma' = R = \frac{P}{2A} \tag{14.18}$$

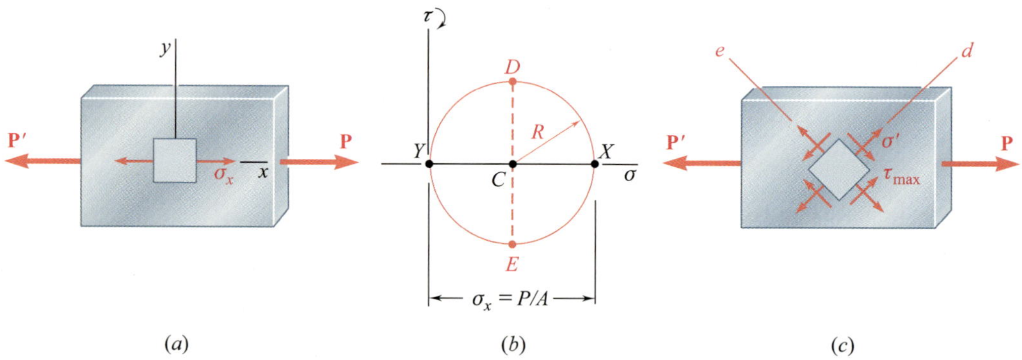

그림 14.21 중심축하중에 대한 Mohr원

비틂의 경우(그림 14.22a), $\sigma_x = \sigma_y = 0$과 $\tau_{xy} = \tau_{\max} = Tc/J$이라 하자. 점 X와 Y는 τ축에 위치하고, Mohr 원은 원점이 중심인 반경 $R = Tc/J$인 원이다(그림 14.22b). 점 A와 B는 주응력면(그림 14.22c)과 주응력을 정의한다.

$$\sigma_{\max,\min} = \pm R = \pm \frac{Tc}{J} \tag{14.19}$$

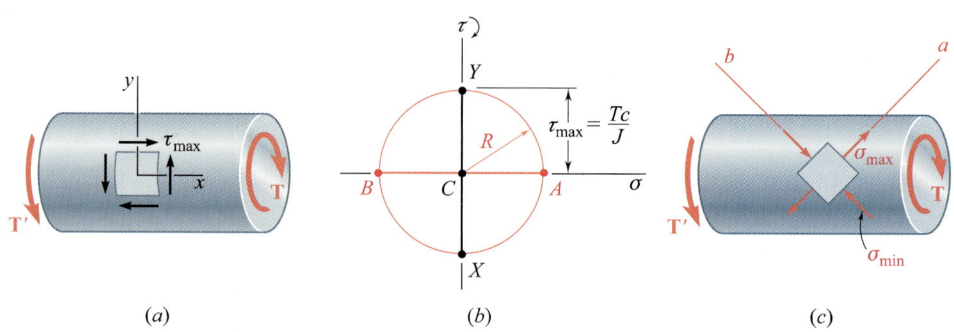

그림 14.22 비틂하중에 대한 Mohr 원

문제 14.2

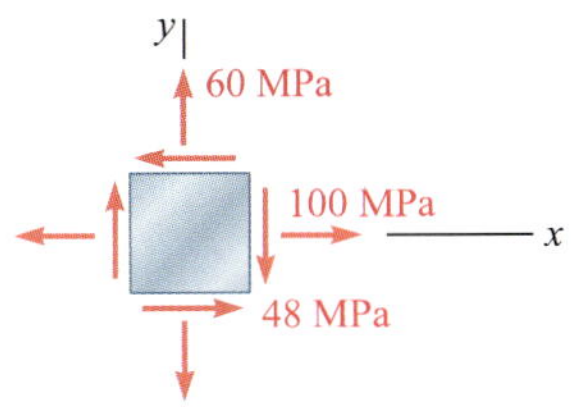

그림과 같은 평면응력 상태에서, (a) 주응력면과 주응력, (b) 요소가 반시계 방향으로 30° 회전했을 때의 요소에 작용하는 응력성분을 구하시오.

풀이.

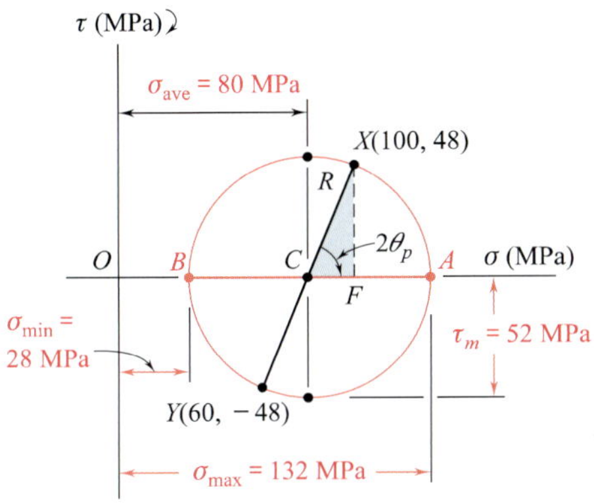

Mohr 원의 작도. x축에 수직인 면에서 수직응력은 인장이고, 전단응력은 요소를 시계방향으로 돌리려 한다는 것을 유의하면, 수직축의 오른쪽으로 100 그리고 수평축의 위로 48인 점에 X를 위치시킨다. 이와 같은 방법으로 윗면의 응력성분을 $Y(60,\ -48)$점으로 위치시킨다. X와 Y를 직선으로 연결하면, Mohr 원의 중심 C를 결정할 수 있다. σ_{ave}값을 나타내는 C점의 횡좌표와 원의 반경 R은 아래와 같이 계산된다.

$$\sigma_{ave} = OC = \frac{1}{2}(\sigma_x + \sigma_y) = \frac{1}{2}(100+60) = 80\text{ MPa}$$

$$R = \sqrt{(CF)^2 + (FX)^2} = \sqrt{(20)^2 + (48)^2} = 52\text{ MPa}$$

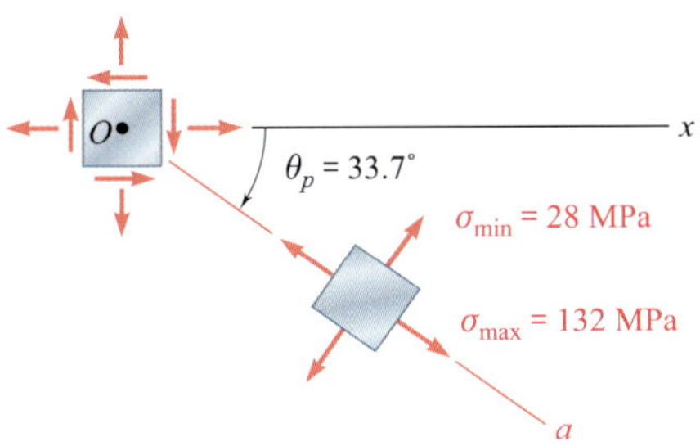

a. 주응력면과 주응력. 지름 XY를 AB와 일치될 때까지 시계방향으로 $2\theta_p$만큼 회전시킨다.

$$\tan 2\theta_p = \frac{XF}{CF} = \frac{48}{20} = 2.4 \qquad 2\theta_p = 67.4° \qquad \theta_p = 33.7°$$

주응력은 A점과 B점의 횡좌표이다.

$$\sigma_{max} = OA = OC + CA = 80 + 52 \qquad \sigma_{max} = +132\text{ MPa}$$

$$\sigma_{min} = OB = OC - BC = 80 - 52 \qquad \sigma_{min} = +28\text{ MPa}$$

XY에서 AB로의 회전은 시계방향이므로, σ_{max}에 해당하는 Ox에서 Oa로 회전 또한 시계방향이다. 그러므로 그림과 같은 주응력 방향을 구할 수 있다.

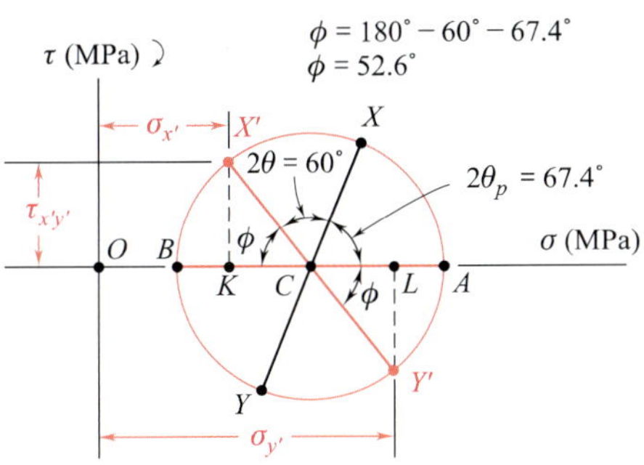

b. 30° 회전한 요소의 응력성분. 회전한 요소의 응력성분에 해당하는 Mohr의 원 위의 점 X'와 Y'는 XY를 반시계 방향으로 $2\theta = 60°$만큼 회전시킴으로써 구할 수 있다.

$$\phi = 180° - 60° - 67.4° \qquad \phi = 52.6°$$

$$\sigma_{x'} = OK = OC - KC = 80 - 52\cos 52.6° \qquad \sigma_{x'} = +48.4\text{ MPa}$$

$$\sigma_{y'} = OL = OC + CL = 80 + 52\cos 52.6° \qquad \sigma_{y'} = +111.6\text{ MPa}$$

$$\tau_{x'y'} = KX' = 52\sin 52.6° \qquad \tau_{x'y'} = 41.3\text{ MPa}$$

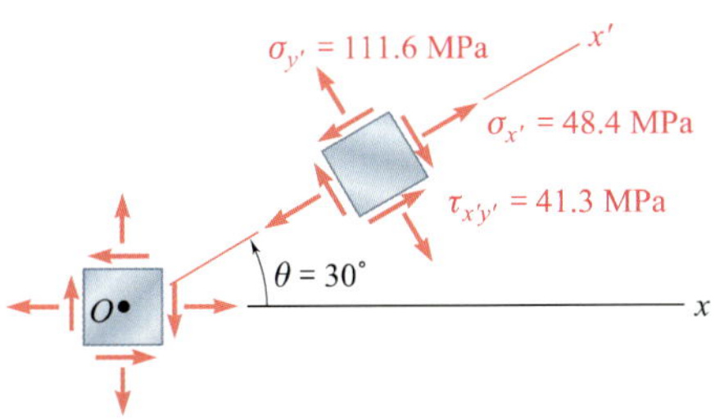

X'은 수평축 위에 위치하므로, Ox'의 수직인 면의 전단응력은 요소를 시계방향으로 돌리려 한다.

문제 14.3

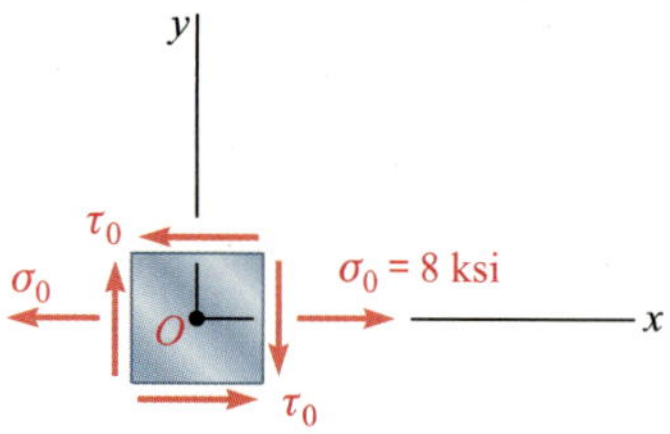

요소의 수직면에 인장응력 $\sigma_0=8$ ksi가 작용하고 전단응력은 미지인 평면응력 상태에서, (a) 최대수직응력이 10 ksi일 때 전단응력 τ_0, (b) 이에 대응하는 최대전단응력을 구하시오.

풀이.

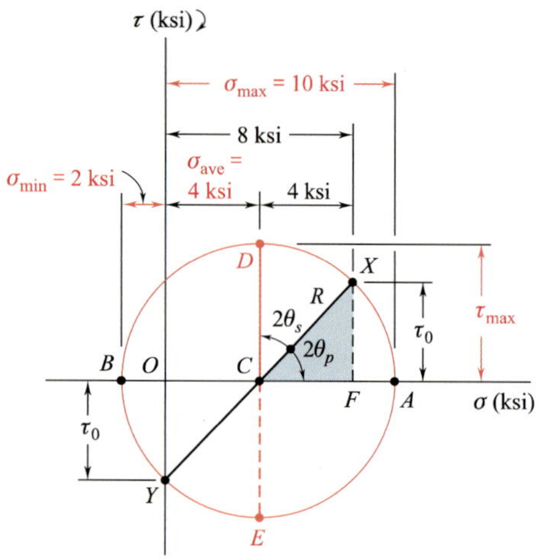

Mohr 원의 작도. 전단응력은 그림과 같이 작용한다고 가정하자. 그러므로, x축에 수직인 면의 전단응력 τ_0는 요소를 시계방향으로 돌리려하므로, 점 X를 8 ksi와 τ_0로 수평축 위에 위치시키자. y축에 수직인 면의 $\sigma_y=0$이며, τ_0는 요소를 반시계방향으로 돌리려 하므로, 점 Y는 O점 아래의 τ_0의 거리에 위치시킨다.

Mohr 원의 중심 C의 횡좌표는 다음과 같다.

$$\sigma_{ave}=\frac{1}{2}(\sigma_x+\sigma_y)=\frac{1}{2}(8+0)=4\text{ ksi}$$

원의 반경 R은 A점의 횡좌표로 표현되는 최대수직응력($\sigma_{max}=10$ ksi)을 고려함으로써 구해진다.

$$\sigma_{max}=\sigma_{ave}+R$$
$$10\text{ ksi}=4\text{ ksi}+R \qquad R=6\text{ ksi}$$

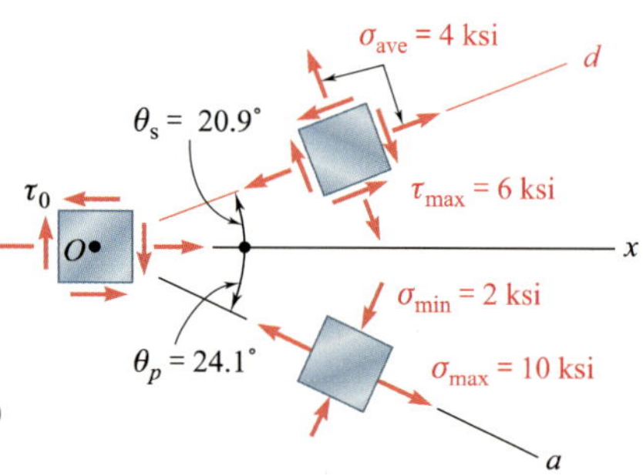

(a)

a. 전단응력 τ_0. 직각삼각형 CFX를 고려하면 다음과 같다.

$$\cos 2\theta_p=\frac{CF}{CX}=\frac{CF}{R}=\frac{4\text{ ksi}}{6\text{ ksi}} \qquad 2\theta_p=48.2°\circlearrowright \qquad \theta_p=24.1°\circlearrowright$$

$$\tau_0=FX=R\sin 2\theta_p=(6\text{ ksi})\sin 48.2° \qquad \tau_0=4.47\text{ ksi}$$

b. 최대전단응력. Mohr의 원의 점 D의 좌표는 최대전단응력과 이에 대응하는 수직응력을 나타낸다.

$$\tau_{max}=R=6\text{ ksi} \qquad \tau_{max}=6\text{ ksi}$$

$$2\theta_s=90°-2\theta_p=90°-48.2°=41.8°\circlearrowleft \qquad \theta_s=20.9°\circlearrowleft$$

요소에 작용하는 최대전단응력은 그림 (a)에 나타낸 방향과 같다. (주응력도 함께 도시하였다.)

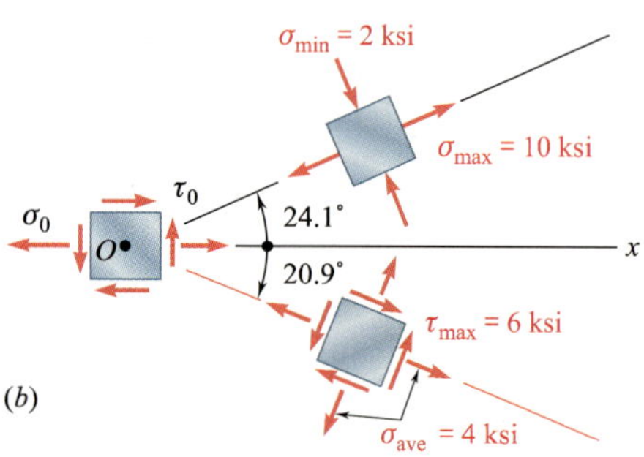

(b)

주의. 처음에 τ_0를 반대로 가정했더라도, 같은 원이 그려지며 같은 답을 얻었을 것이다. 그러나 요소의 방향은 그림 (b)에 보이는 것과 같다.

Problems

14.25 Solve Probs. 14.5 and 14.9, using Mohr's circle.

14.26 Solve Probs. 14.6 and 14.10, using Mohr's circle.

14.27 Solve Prob. 14.11, using Mohr's circle.

14.28 Solve Prob. 14.12, using Mohr's circle.

14.29 Solve Prob. 14.13, using Mohr's circle.

14.30 Solve Prob. 14.14, using Mohr's circle

14.31 Solve Prob. 14.15, using Mohr's circle.

14.32 Solve Prob. 14.16, using Mohr's circle.

14.33 Solve Prob. 14.17, using Mohr's circle.

14.34 Solve Prob. 14.18, using Mohr's circle.

14.35 Solve Prob. 14.19, using Mohr's circle.

14.36 Solve Prob. 14.20, using Mohr's circle.

14.37 Solve Prob. 14.21, using Mohr's circle.

14.38 Solve Prob. 14.22, using Mohr's circle.

14.39 Solve Prob. 14.23, using Mohr's circle.

14.40 Solve Prob. 14.24, using Mohr's circle.

14.41 For the state of plane stress shown, use Mohr's circle to determine (*a*) the largest value of τ_{xy} for which the maximum in-plane shearing stress is equal to or less than 12 ksi, (*b*) the corresponding principal stresses.

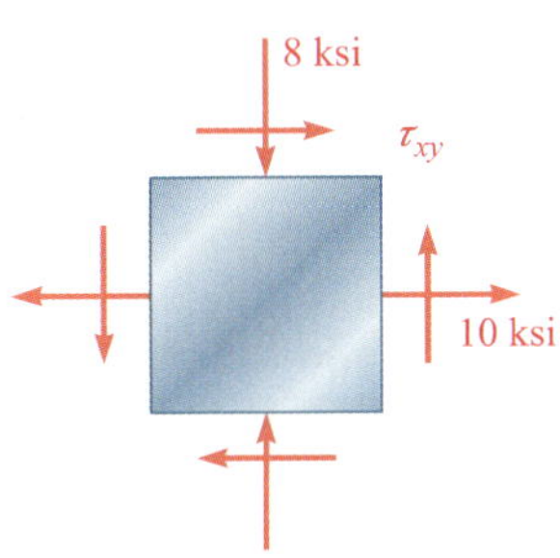

그림 P14.41

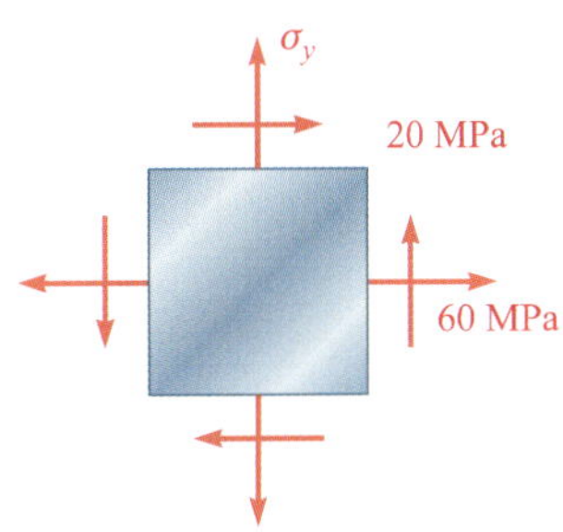

그림 *P14.42*

14.42 For the state of plane stress shown, use Mohr's circle to determine the largest value of σ_y for which the maximum in-plane shearing stress is equal to or less than 75 MPa.

14.43 For the state of plane stress shown, use Mohr's circle to determine (*a*) the value of τ_{xy} for which the in-plane shearing stress parallel to the weld is zero, (*b*) the corresponding principal stresses.

14.44 Solve Prob. 14.43 assuming that the weld forms an angle of 60° with the horizontal.

14.45 through 14.48 Determine the principal planes and the principal stresses for the state of plane stress resulting from the superposition of the two states of stress shown.

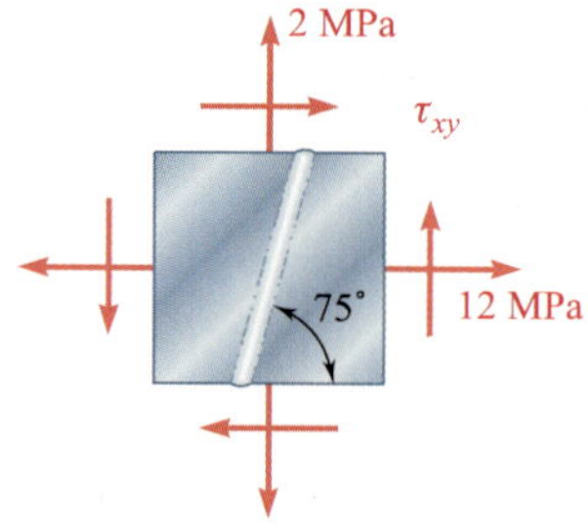

그림 P14.43

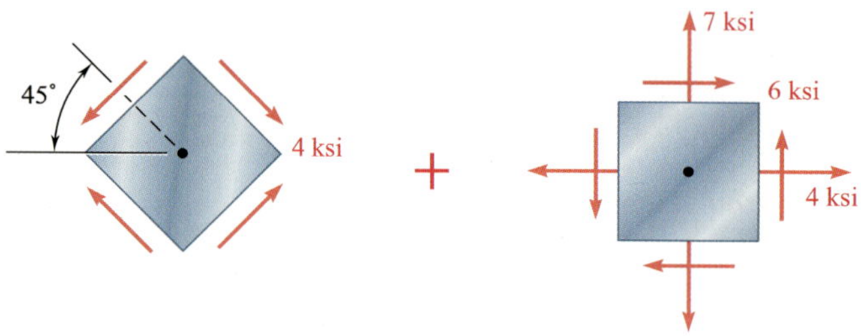

그림 *P14.45*

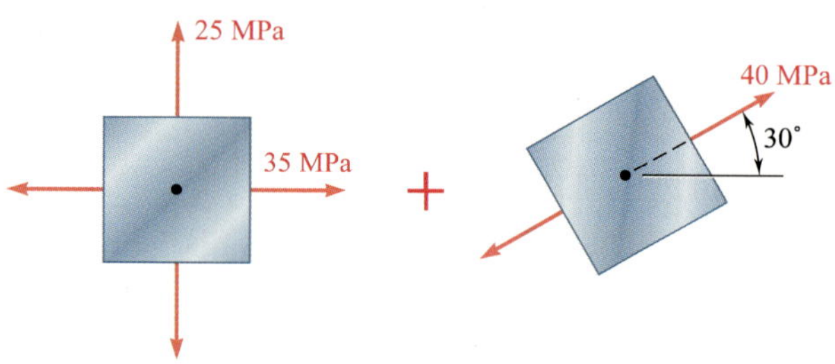

그림 P14.46

그림 P14.47

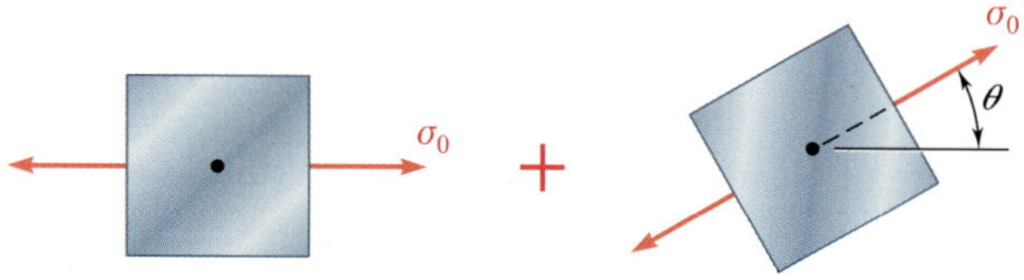

그림 P14.48

14.5 박벽 압력용기의 응력

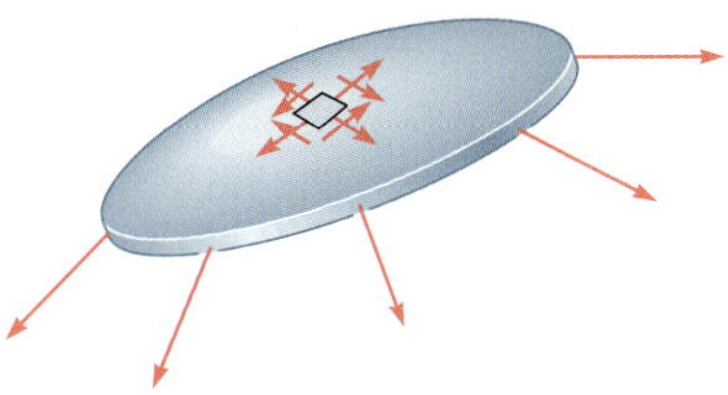
그림 14.23

박벽 압력용기는 평면응력 해석을 이해하는데 많은 도움을 준다. 박벽 압력용기의 벽은 휨에 대한 저항이 거의 없으므로, 벽에 작용하는 내력은 용기의 면에 접선방향으로 작용한다(그림 14.23). 박벽의 요소에 작용하는 응력은 용기에 접하는 평면에 있다.

본 절에서 박벽 압력용기의 응력해석은 가장 많이 사용되는 원통형 압력용기와 구형압력용기의 해석만 다루고자 한다.(사진 14.3 및 사진 14.4)

사진 14.3

사진 14.4

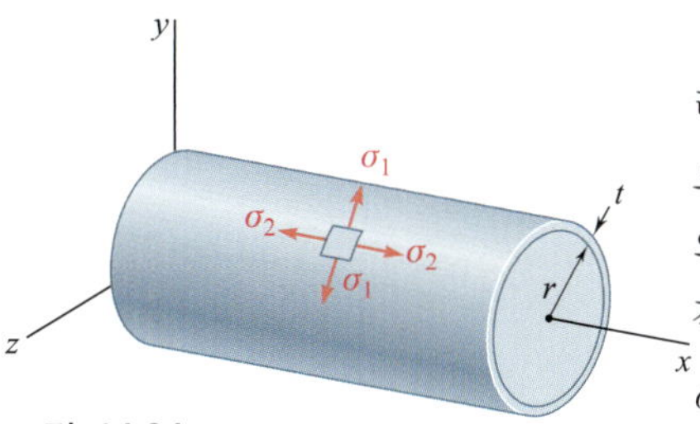

그림 14.24

유체의 내압을 받는 내경이 r이고 벽의 두께가 t인 원통형 압력용기를 고려해보자(그림 14.24). 벽면의 작은 요소에 작용하는 응력을 결정하기 위해 요소의 한 변은 실린더의 축과 평행하고 다른 한 변은 수직이라고 하자. 용기의 형상과 용기안의 유체가 **축대칭**(axisymmetric)이므로, 요소에 전단응력은 작용하지 않는다. 그러므로 그림 14.24의 수직응력 σ_1과 σ_2는 주응력이다. σ_1은 **후프응력**(hoop stress)으로 알려졌으며, 나무 조각들을 결속시키기 위해 사용된 후프에서 이러한 종류의 응력을 볼 수 있다. σ_2는 **종방향응력**(longitudinal stress)이라 불린다.

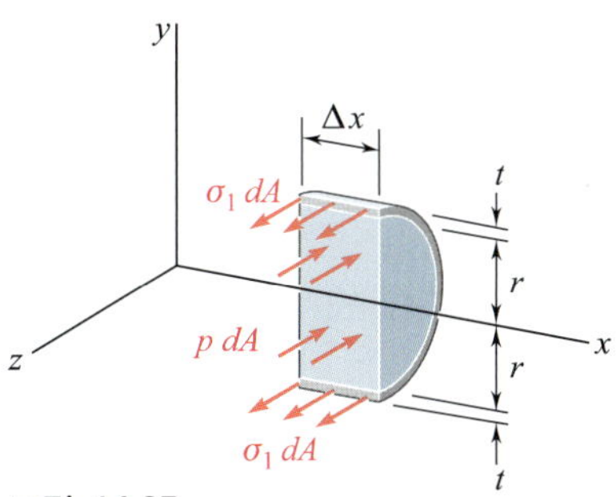

그림 14.25

후프응력 σ_1을 결정하기 위해 용기를 절단하면 용기안의 유체의 절단 경계면은 xy평면과 Δx거리의 yz평면에 평행한 두 평면으로 표현된다(그림 14.25). z축에 평행하게 자유물체에 작용하는 힘은 벽 단면의 요소 내력은 $\sigma_1 dA$로, 자유물체에 포함된 유체 부분에 작용하는 압력은 pdA로 정의된다. p는 유체의 **게이지압력**(gage pressure)을 의미한다. 즉, 내부압력이 외부 대기압을 초과하는 양이다. 내력 $\sigma_1 dA$은 σ_1과 벽의 면적 $2t\,\Delta x$의 곱과 같으며, 압력 pdA는 p와 $2r\,\Delta x$의 곱과 같다. 평형방정식 $\Sigma F_z = 0$을 이용하여 정리하면 다음과 같다.

$$\Sigma F_z = 0 : \qquad \sigma_1 (2t\,\Delta x) - p(2r\,\Delta x) = 0$$

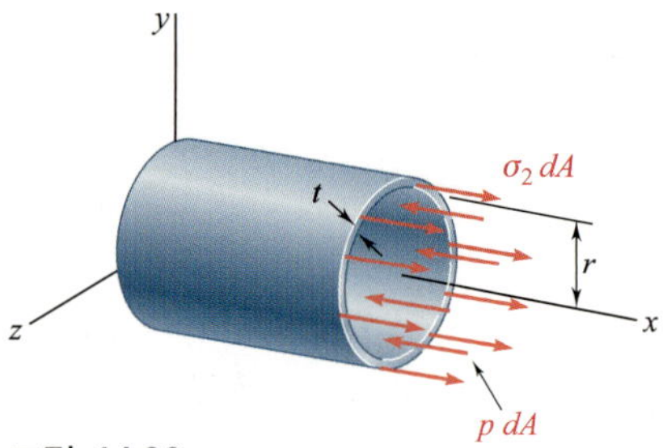

그림 14.26

위 식을 후프응력 σ_1에 대해서 풀면 다음과 같다.

$$\sigma_1 = \frac{pr}{t} \tag{14.20}$$

종방향응력 σ_2를 결정하기 위하여, x축에 수직인 평면으로 절단하고 단면의 왼쪽에 위치하는 용기 및 유체를 고려하자(그림 14.26). 자유물체에 작용하는 힘은 단면의 요소내력 $\sigma_2 dA$와 자유물체에 포함된 유체부분에 작용하는 요소압력 pdA이다. 유체단면의 면적은 πr^2이며, 용기의 면적은 실린더의 원주 $2\pi r$과 벽의 두께의 곱으로 구해진다. 평형방정식을 사용하면 다음과 같다.6)

$$\Sigma F_x = 0 : \qquad \sigma_2(2\pi rt) - p(\pi r^2) = 0$$

위 식을 종방향응력 σ_2에 대해서 풀면

$$\sigma_2 = \frac{pr}{2t} \tag{14.21}$$

식 (14.20)과 식 (14.21)로부터 후프응력 σ_1은 축방향의 응력 σ_2의 두 배가 됨을 주목하자.

$$\sigma_1 = 2\sigma_2 \tag{14.22}$$

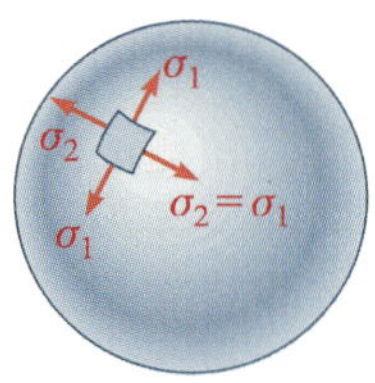

그림 14.27

내경이 r이고 벽의 두께가 t인 게이지압력 p를 받는 유체를 포함한 구형 용기를 고려해 보자. 대칭이므로 벽면의 미소요소 네 변에 작용하는 응력은 서로 같을 것이다(그림 14.27). 그러므로,

$$\sigma_1 = \sigma_2 \tag{14.23}$$

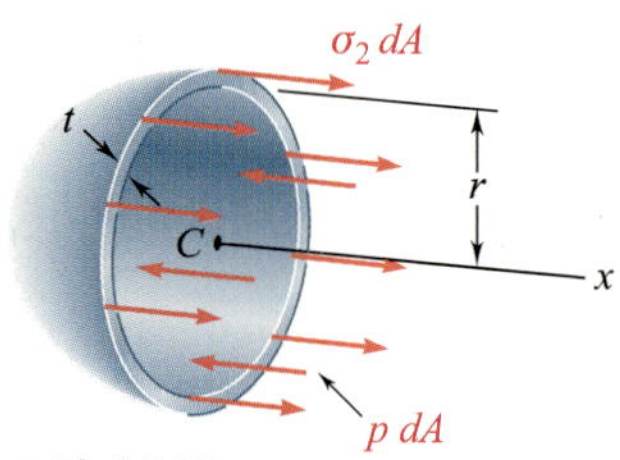

그림 14.28

응력을 산정하기 위해, 용기의 중앙을 지나는 평면으로 절단하고, 용기의 자유물체와 단면의 왼쪽부분에 위치한 용기안의 유체를 고려하자(그림 14.28). 자유물체의 평형방정식은 그림 14.26의 자유물체의 평형방정식과 같다. 그러므로 구형용기의 응력은 다음과 같다.

$$\sigma_1 = \sigma_2 = \frac{pr}{2t} \tag{14.24}$$

6) 단면력의 합력을 계산하는데 박벽단면의 평균 반지름 $r_m = r + \frac{1}{2}t$을 사용하면 좀 더 정확한 종방향응력을 아래와 같이 구할 수 있다.

$$\sigma_2 = \frac{pr}{2t}\frac{1}{1+(t/2r)} \tag{14.21'}$$

그러나 공학 설계와 해석에서 박벽 압력 용기의 경우, $t/2r$은 매우 작으므로 식 (14.21)을 사용해도 무방하다. 압력용기가 박벽이 아니라면 즉, $t/2r$의 값이 큰 경우, 응력 σ_1과 σ_2는 박벽 단면을 따라 달라지며 탄성론에 의해 산정되어야 한다.

문제 14.4

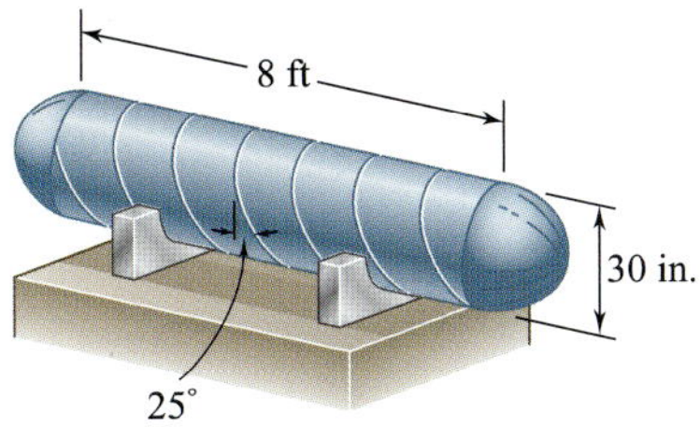

압축공기탱크가 그림과 같이 지지되고 있다. 지점부에서는 탱크에 축방향력이 전달되지 않도록 설계되었다. 탱크 실린더의 외경은 30 in.이며, 수직면에 25° 각도로 나선형으로 강판이 두께가 3/8 in.인 맞대기 용접되었다. 탱크의 양끝 캡은 구형이며 두께는 5/16 in.로 균일하다. 내부의 게이지 압력이 180 psi일 때 (a) 구형 캡의 수직응력, (b) 나선형 용접에 수직인 방향의 수직응력 및 평행한 방향의 전단응력을 구하시오.

풀이.

a. 구형캡. 식 (14.24)를 이용하면 다음과 같다.

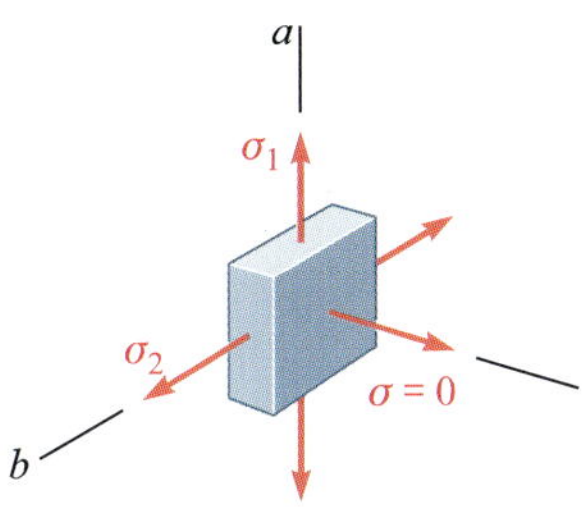

$$p = 180\ \text{psi},\quad t = \frac{5}{16}\ \text{in.} = 0.3125\ \text{in.},\quad r = 15 - 0.3125 = 14.688\ \text{in.}$$

$$\sigma_1 = \sigma_2 = \frac{pr}{2t} = \frac{(180\ \text{psi})(14.688\ \text{in.})}{2(0.3125\ \text{in.})} \qquad \sigma = 4230\ \text{psi}$$

b. 탱크의 실린더. 우선 후프응력 σ_1과 종방향응력 σ_2를 결정하자. 식 (14.20)과 식 (14.22)를 이용하면 다음과 같다.

$$p = 180\ \text{psi},\quad t = \frac{3}{8}\ \text{in.} = 0.375\ \text{in.},\quad r = 15 - 0.375 = 14.625\ \text{in.}$$

$$\sigma_1 = \frac{pr}{t} = \frac{(180\ \text{psi})(14.625\ \text{in.})}{0.375\ \text{in.}} = 7020\ \text{psi} \qquad \sigma_2 = \frac{1}{2}\sigma_1 = 3510\ \text{psi}$$

$$\sigma_{\text{ave}} = \frac{1}{2}(\sigma_1 + \sigma_2) = 5265\ \text{psi} \qquad R = \frac{1}{2}(\sigma_1 - \sigma_2) = 1755\ \text{psi}$$

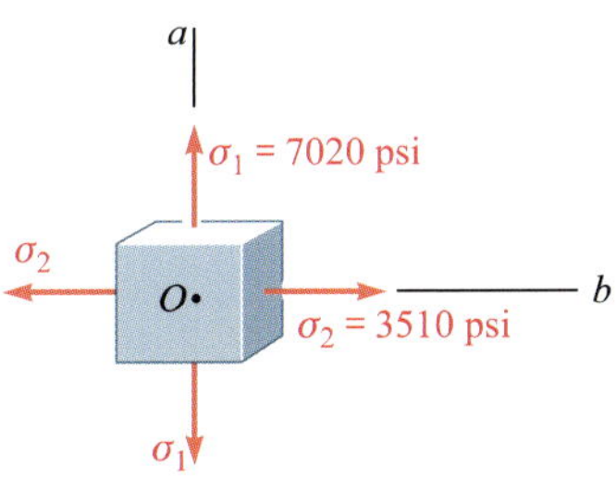

용접부의 응력. 후프응력과 종방향응력은 주응력이므로 Mohr 원은 그림과 같이 그려진다.

용접부에 평행한 면을 가진 요소는 *Ob*축에 수직인 면을 반시계 방향으로 25° 회전시킴으로써 구해진다. 그러므로 Mohr 원 위의 용접부의 응력요소에 해당하는 X' 점은 반경 *CB*를 반시계 방향으로 $2\theta = 50°$만큼 회전시켜서 구할 수 있다.

$$\sigma_w = \sigma_{\text{ave}} - R\cos 50° = 5265 - 1755\cos 50° \qquad \sigma_w = +4140\ \text{psi}$$

$$\tau_w = R\sin 50° = 1755\sin 50° \qquad \tau_w = 1344\ \text{psi}$$

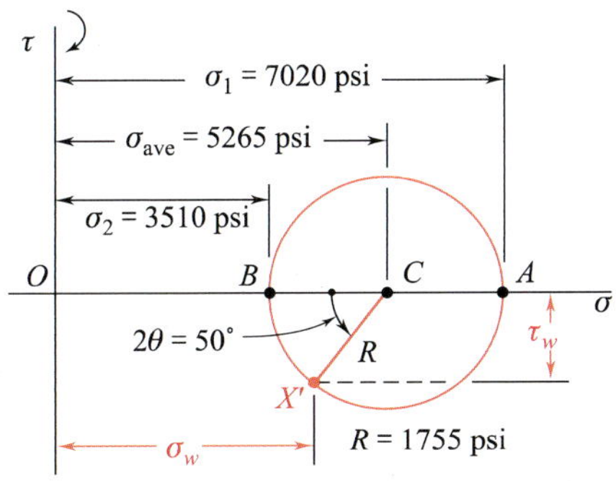

X'은 수평축의 아래에 있기 때문에, τ_w는 요소를 반시계방향으로 회전시키려 한다.

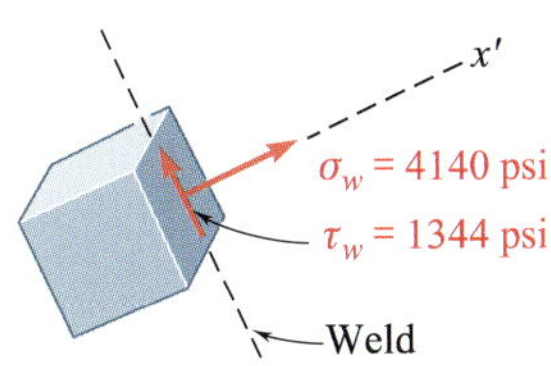

Problems

14.49 Determine the normal stress in a basketball of 9.5-in. outer diameter and 0.125-in. wall thickness that is inflated to a gage pressure of 9 psi.

14.50 A spherical gas container made of steel has an 18-ft outer diameter and a wall thickness of $\frac{3}{8}$ in. Knowing that the internal pressure is 60 psi, determine the maximum normal stress in the container.

14.51 The maximum gage pressure is known to be 8 MPa in a spherical steel pressure vessel having a 250-mm outer diameter and a 6-mm wall thickness. Knowing that the ultimate stress in the steel used is $\sigma_U = 400$ MPa, determine the factor of safety with respect to tensile failure.

14.52 A spherical gas container having an outer diameter of 15 ft and a wall thickness of 0.90 in. is made of a steel for which $E = 29 \times 10^6$ psi and $\nu = 0.29$. Knowing that the gage pressure in the container is increased from zero to 250 psi, determine (*a*) the maximum normal stress in the container, (*b*) the increase in the diameter of the container.

14.53 A spherical pressure vessel has an outer diameter of 3 m and a wall thickness of 12 mm. Knowing that for the steel used $\sigma_{all} = 80$ MPa, $E = 200$ GPa, and $\nu = 0.29$, determine (*a*) the allowable gage pressure, (*b*) the corresponding increase in the diameter of the vessel.

14.54 A spherical pressure vessel of 750-mm outer diameter is to be fabricated from a steel having an ultimate stress $\sigma_U = 400$ MPa. Knowing that a factor of safety of 4.0 is desired and that the gage pressure can reach 4.2 MPa, determine the smallest wall thickness that should be used.

14.55 When filled to capacity, the unpressurized storage tank shown contains water to a height of 15.5 m above its base. Knowing that the lower portion of the tank has a wall thickness of 16 mm, determine the maximum normal stress in the tank. (Density of water $= 1000$ kg/m^3.)

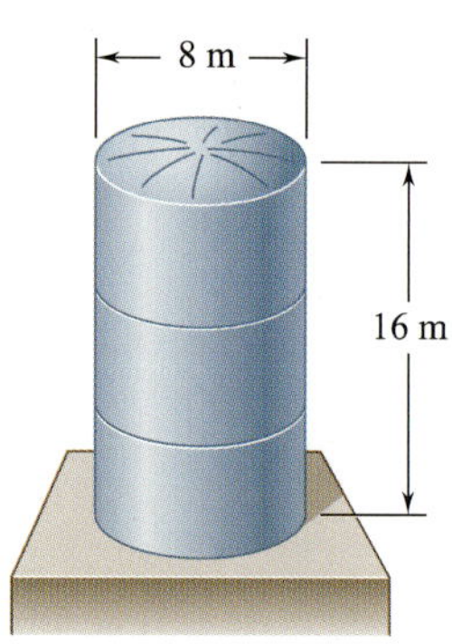

그림 P14.55

14.56 Determine the largest internal pressure that can be applied to a cylindrical tank of 1.75-m outer diameter and 16-mm wall thickness if the ultimate normal stress of the steel used is 450 MPa and a factor of safety of 5.0 is desired.

그림 *P14.57*

14.57 The storage tank shown contains liquefied propane under a pressure of 210 psi at a temperature of 100°F. Knowing that the tank has an outer diameter of 12.6 in. and a wall thickness of 0.11 in., determine the maximum normal stress in the tank.

14.58 The bulk storage tank shown in Photo 14.3 has an outer diameter of 3.3 m and a wall thickness of 18 mm. At a time when the internal pressure of the tank is 1.5 MPa, determine the maximum normal stress in the tank.

14.59 A steel penstock has a 36-in. outer diameter and a 0.5-in. wall thickness, and connects a reservoir at A with a generating station at B. Knowing that the specific weight of water is 62.4 lb/ft^3, determine the maximum normal stress in the penstock under static conditions.

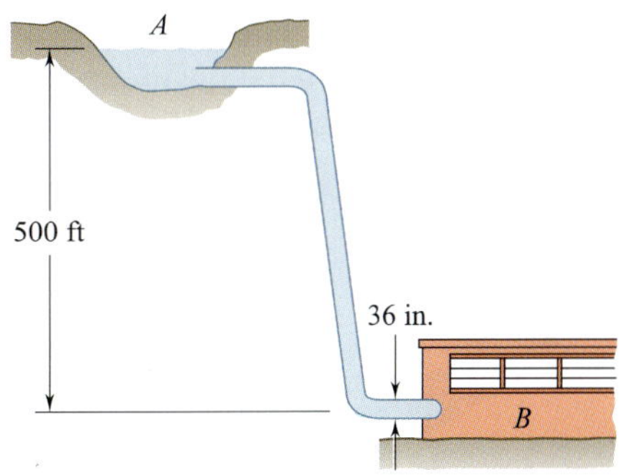

그림 **P14.59, P14.60**

14.60 A steel penstock has a 36-in. outer diameter and connects a reservoir at A with a generating station at B. Knowing that the specific weight of water is 62.4 lb/ft^3 and that the allowable normal stress in the steel is 12.5 ksi, determine the smallest wall thickness that can be used for the penstock.

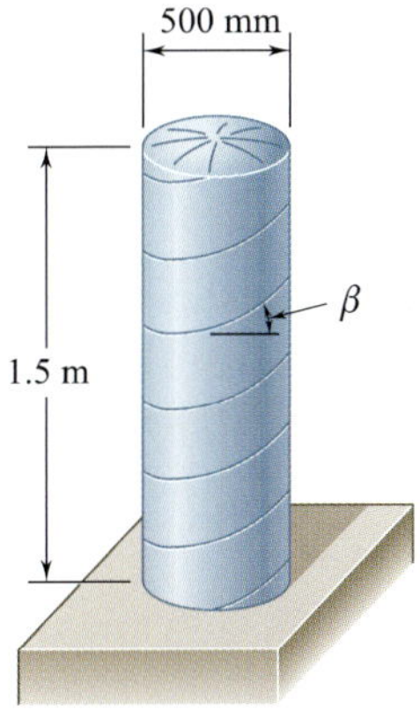

그림 ***P14.61***, **P14.62**

14.61 The cylindrical portion of the compressed air tank shown is fabricated of 6-mm-thick plate welded along a helix forming an angle $\beta = 30°$ with the horizontal. Knowing that the allowable stress normal to the weld is 75 MPa, determine the largest gage pressure that can be used in the tank.

14.62 The cylindrical portion of the compressed air tank shown is fabricated of 6-mm-thick plate welded along a helix forming an angle $\beta = 30°$ with the horizontal. Determine the gage pressure that will cause a shearing stress parallel to the weld of 30 MPa.

14.63 The pressure tank shown has a $\frac{3}{8}$-in. wall thickness and butt welded seams forming an angle $\beta = 20°$ with a transverse plane. For a gage pressure of 85 psi, determine (*a*) the normal stress perpendicular to the weld, (*b*) the shearing stress parallel to the weld.

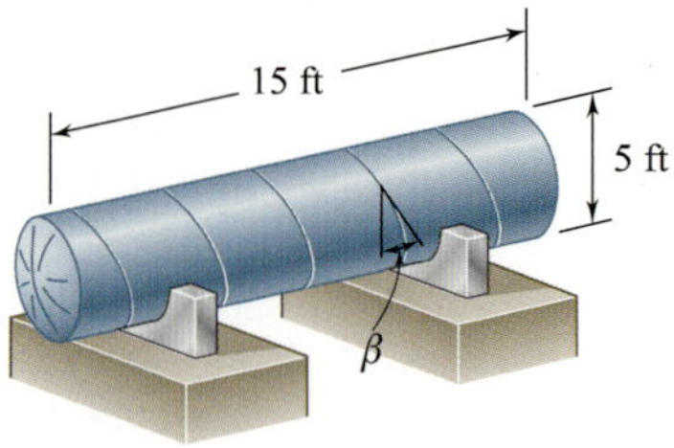

그림 *P14.63*, P14.64

14.64 The pressure tank shown has a $\frac{3}{8}$-in. wall thickness and butt welded seams forming an angle $\beta = 25°$ with a transverse plane. Determine the largest allowable gage pressure knowing that the allowable normal stress perpendicular to the weld is 18 ksi and the allowable shearing stress parallel to the weld is 10 ksi.

14.65 The pipe shown was fabricated by welding strips of plate along a helix forming an angle β with a transverse plane. Determine the largest value of β that can be used if the normal stress perpendicular to the weld is not to be larger than 85 percent of the maximum stress in the pipe.

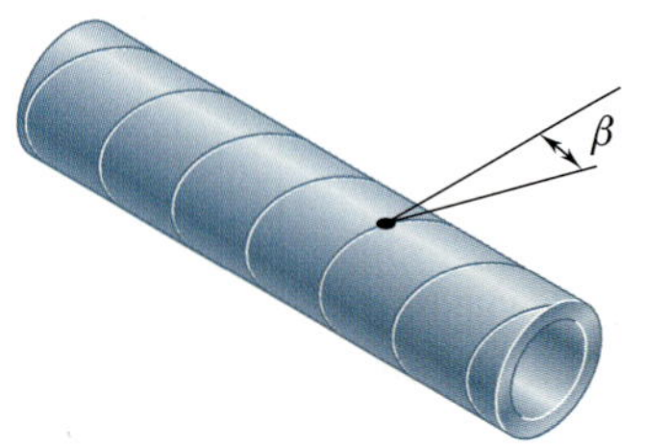

그림 P14.65, P14.66

14.66 The pipe shown has an outer diameter of 600 mm and was fabricated by welding strips of 10-mm-thick plate along a helix forming an angle $\beta = 25°$ with a transverse plane. Knowing that the ultimate normal stress perpendicular to the weld is 450 MPa and that a factor of safety of 6.0 is desired, determine the largest allowable gage pressure that can be used.

14.67 The compressed-air tank *AB* has an inner diameter of 450 mm and a uniform wall thickness of 6 mm. Knowing that the gage pressure inside the tank is 1.2 MPa, determine the maximum normal stress and the maximum in-plane shearing stress at point *a* on the top of the tank.

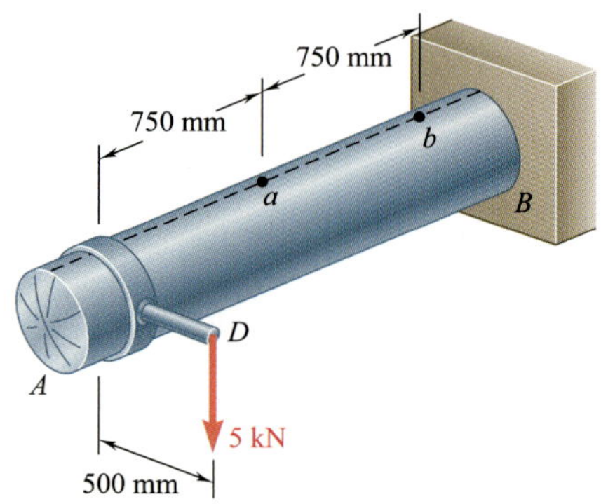

그림 *P14.67*

14.68 For the compressed-air tank and loading of Prob. 14.67, determine the maximum normal stress and the maximum in-plane shearing stress at point *b* on the top of the tank.

14.69 A pressure vessel of 10-in. inner diameter and 0.25-in. wall thickness is fabricated from a 4-ft section of spirally welded pipe *AB* and is equipped with two rigid end plates. The gage pressure inside the vessel is 300 psi, and 10-kip centric axial forces **P** and **P′** are applied to the end plates. Determine (*a*) the normal stress perpendicular to the weld, (*b*) the shearing stress parallel to the weld.

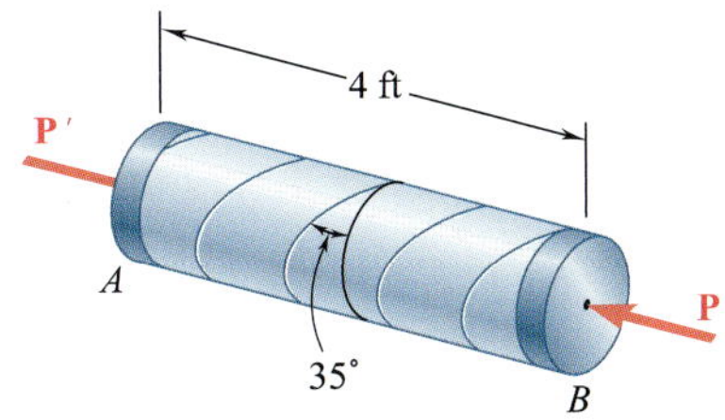

그림 P14.69

14.70 Solve Prob. 14.69 assuming that the magnitude of *P* of the two forces is increased to 30 kips.

14.71 The cylindrical tank *AB* has an 8-in. inner diameter and a 0.32-in. wall thickness. Knowing that the pressure inside the tank is 600 psi, determine the maximum normal stress and the maximum in-plane shearing stress at point *K*.

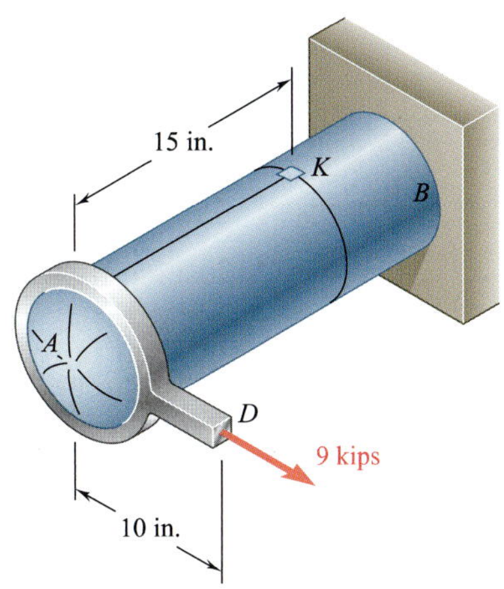

그림 P14.71

14.72 Solve Prob. 14.71 assuming that the 9-kip force applied at point *D* is directed vertically downward.

복습 및 요약

이 단원의 첫 번째 부분은 축이 회전할 때의 응력변환과 공학적 문제의 해결에 대하여 기술하였다.

평면응력의 변환

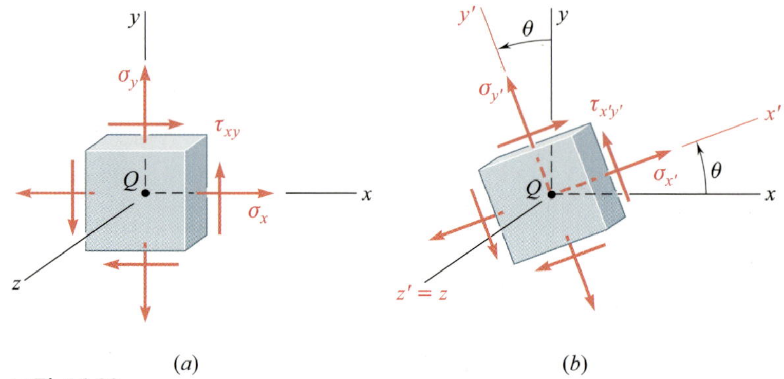

그림 14.29

14.2절에서는 우선 Q점에서의 평면응력 상태를 고려하였고 그림 14.29a의 요소의 응력성분을 σ_x, σ_y, τ_{xy}로 나타내고, z축에 대해 θ만큼 회전한 후의 요소의 응력 성분 $\sigma_{x'}$, $\sigma_{y'}$, $\tau_{x'y'}$을 정의하는 아래의 공식을 유도하였다(그림 14.29b).

$$\sigma_{x'} = \frac{\sigma_x + \sigma_y}{2} + \frac{\sigma_x - \sigma_y}{2}\cos 2\theta + \tau_{xy}\sin 2\theta \tag{14.5}$$

$$\sigma_{y'} = \frac{\sigma_x + \sigma_y}{2} - \frac{\sigma_x - \sigma_y}{2}\cos 2\theta - \tau_{xy}\sin 2\theta \tag{14.7}$$

$$\tau_{x'y'} = -\frac{\sigma_x - \sigma_y}{2}\sin 2\theta + \tau_{xy}\cos 2\theta \tag{14.6}$$

14.3절에서는 Q점에서 수직응력이 최대 및 최소가 되는 회전각 θ_p값을 결정하였다. 정리하면 다음과 같다.

$$\tan 2\theta_p = \frac{2\tau_{xy}}{\sigma_x - \sigma_y} \tag{14.12}$$

주응력면 및 주응력

위에서 구해진 θ_p 두 값은 90°의 차이이며, Q점의 주응력면으로 정의된다. 이때의 수직응력은 Q점에서의 주응력으로 다음과 같다.

$$\sigma_{\max,\min} = \frac{\sigma_x + \sigma_y}{2} \pm \sqrt{\left(\frac{\sigma_x - \sigma_y}{2}\right)^2 + \tau_{xy}^2} \tag{14.14}$$

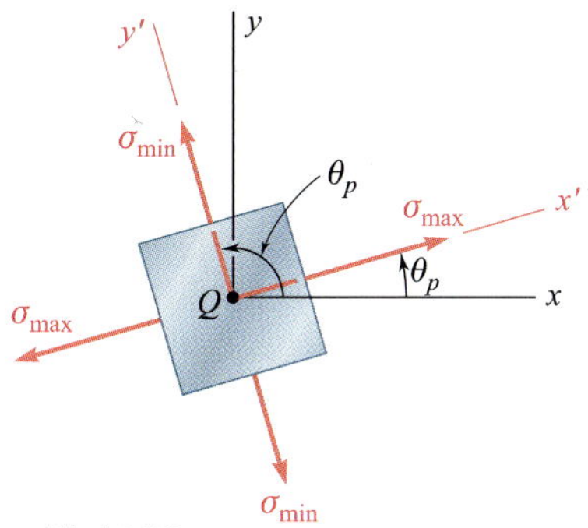

그림 14.30

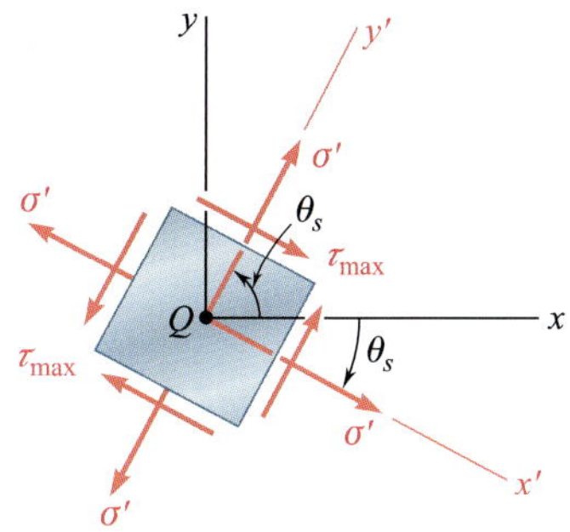

그림 14.31

또한 이때의 전단응력은 영이라는 사실에 주목하자. 가장 큰 전단응력을 일으키는 각 θ의 θ_s값은 다음의 식으로 결정된다.

$$\tan 2\theta_s = -\frac{\sigma_x - \sigma_y}{2\tau_{xy}} \tag{14.15}$$

위에서 얻어진 θ_s의 두 값은 90° 차이이다(그림 14.31). 즉, 최대전단응력면은 주응력면에서 45° 경사져 있음을 주목하자. 응력면을 회전시켰을 때 발생하는 최대전단응력 값은 다음과 같다.

평면 내에서 최대전단응력

$$\tau_{\max} = \sqrt{\left(\frac{\sigma_x - \sigma_y}{2}\right)^2 + \tau_{xy}^2} \tag{14.16}$$

이 때 발생하는 수직응력은 다음과 같다.

$$\sigma' = \sigma_{\text{ave}} = \frac{\sigma_x + \sigma_y}{2} \tag{14.17}$$

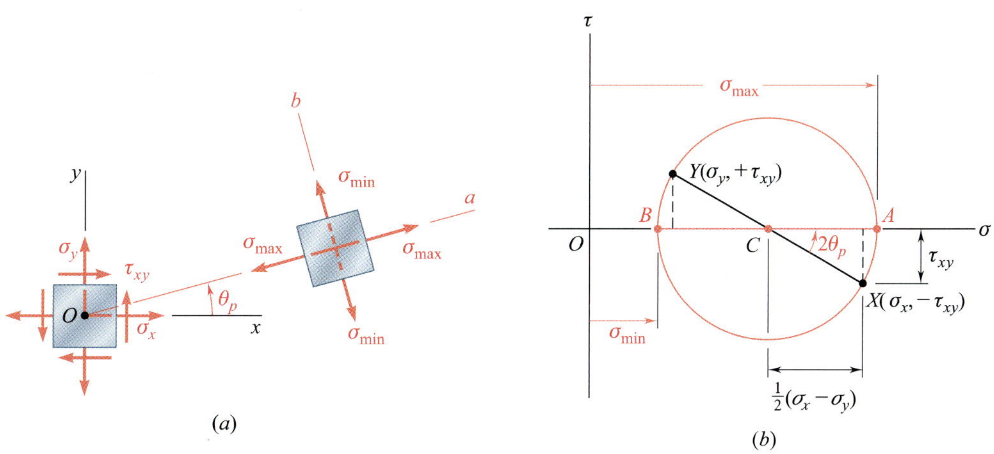

그림 14.32

응력에 대한 Mohr 원

14.4절에서 소개된 Mohr 원은 평면응력의 변환 해석을 위한 간단한 기하학적 원리에 근거한 방법이다. 그림 14.32a와 같은 응력 상태가 존재한다고 가정하면, X점을 $(\sigma_x, -\tau_{xy})$에 위치시키고, Y점을 $(\sigma_y, +\tau_{xy})$로 위치시킨다(그림 14.32b). 원의 지름 XY를 그리면 Mohr 원이 구해진다. 원과 수평축의 교차점 A, B의 횡좌표는 주응력을 나타내고, 지름 XY에서 AB로의 회전각은 그림 14.32a의 주응력면을 정의하는 θ_p의 두 배이다. 지름 DE는 최대전단응력과 최대전단응력일 때의 면의 방향을 정의함에 주목하자(그림 14.33). [예제 14.2, 문제 14.2, 14.3]

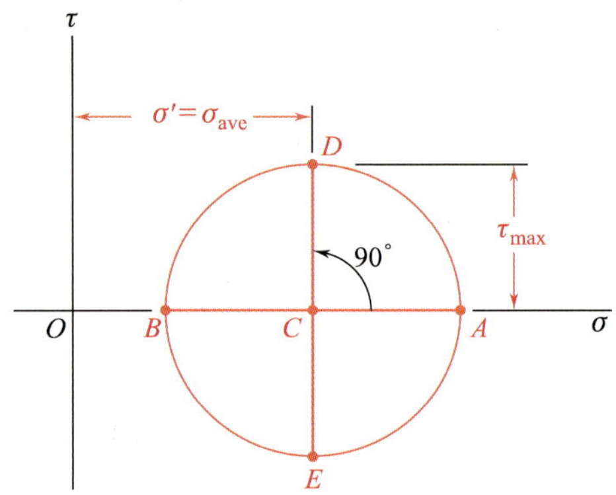

그림 14.33

원통형 압력용기

14.5절에서는 박벽 압력용기에서의 응력을 다루었으며, 박벽 압력용기 벽의 응력과 용기안의 액체의 게이지압력 p에 관계된 공식을 유도하였다. 내경이 r이고 벽의 두께가 t인 원통형 용기의 경우(그림 14.34), 후프응력 σ_1과 종방향응력 σ_2에 대한 아래와 같은 식을 얻었다.

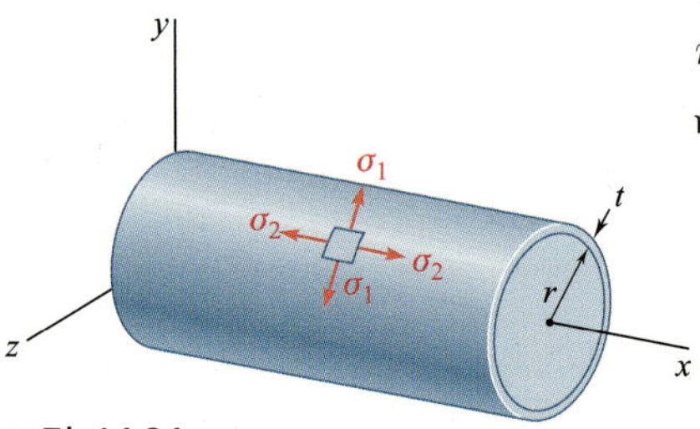

그림 14.34

$$\sigma_1 = \frac{pr}{t} \qquad \sigma_2 = \frac{pr}{2t} \qquad (14.20,\ 14.21)$$

구형압력용기

내경이 r이고 두께가 t인 구형용기의 경우(그림 14.35) 주응력은 다음과 같다.

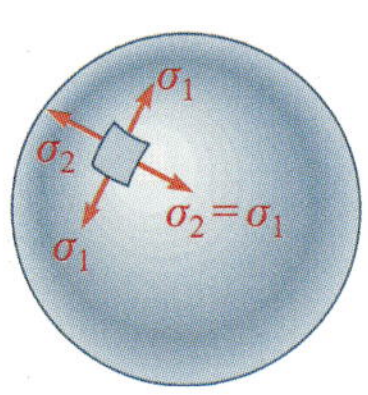

그림 14.35

$$\sigma_1 = \sigma_2 = \frac{pr}{2t} \qquad (14.24)$$

Review Problems

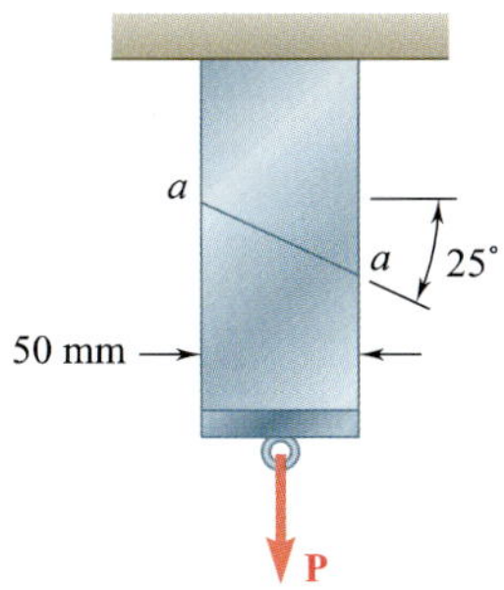

그림 P14.73

14.73 Two members of uniform cross section 50 × 80 mm are glued together along plane a-a that forms an angle of 25° with the horizontal. Knowing that the allowable stresses for the glued joint are $\sigma = 800$ kPa and $\tau = 600$ kPa, determine the largest axial load **P** that can be applied.

14.74 Determine the largest internal pressure that can be applied to a cylindrical tank of 5.5-ft outer diameter and $\frac{5}{8}$-in. wall thickness if the ultimate normal stress of the steel used is 65 ksi and a factor of safety of 5.0 is desired.

14.75 A spherical pressure tank has a 1.2-m outer diameter and a uniform wall thickness of 10 mm. Knowing that the gage pressure is 1.25 MPa in the tank, determine the maximum normal stress. (Use E = 200 GPa and $\nu = 0.30$.)

14.76 For a state of plane stress it is known that the normal and shearing stresses are directed as shown and that $\sigma_x = 5$ ksi, $\sigma_y = 12$ ksi, and $\sigma_{max} = 18$ ksi. Determine (*a*) the orientation of the principal planes, (*b*) the maximum in-plane shearing stress.

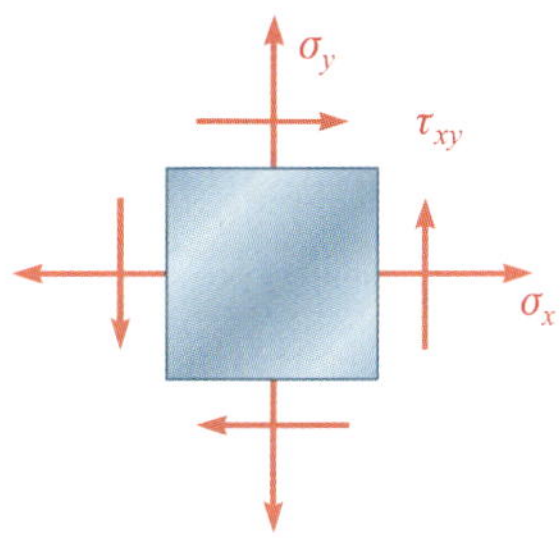

그림 P14.76

14.77 For the state of plane stress shown, determine (*a*) the principal planes, (*b*) the principal stresses, (*c*) the maximum shearing stress.

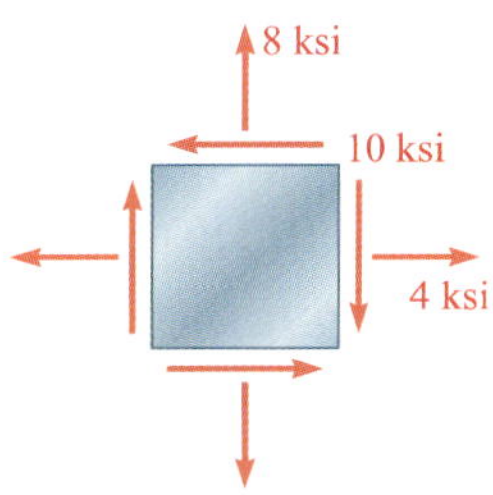

그림 *P14.77*

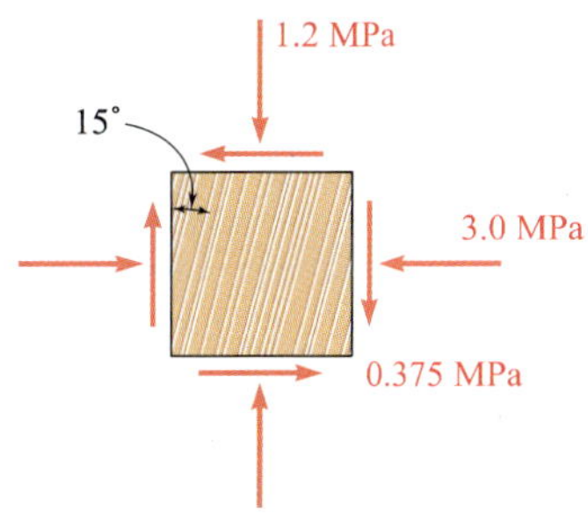

그림 P14.78

14.78 The grain of a wooden member forms an angle of 15° with the vertical. For the state of plane stress shown, determine (*a*) the in-plane shearing stress parallel to the grain, (*b*) the normal stress perpendicular to the grain.

14.79 A cylindrical steel pressure tank has a 26-in. inner diameter and a uniform $\frac{1}{4}$-in. wall thickness. Knowing that the ultimate stress of the steel used is 65 ksi, determine the maximum allowable gage pressure if a factor of safety of 5.0 must be maintained.

14.80 Two wooden members of 80 × 120-mm uniform rectangular cross section are joined by the simple glued scarf splice shown. Knowing that $\beta = 22°$ and that the maximum allowable stresses in the joint are, respectively, 400 kPa in tension (perpendicular to the splice) and 600 kPa in shear (parallel to the splice), determine the largest centric load **P** that can be applied.

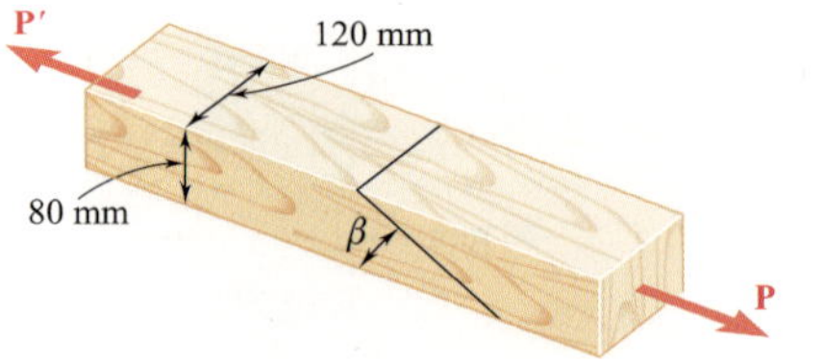

그림 ***P14.80***, **P14.81**

14.81 Two wooden members of 80 × 120-mm uniform rectangular cross section are joined by the simple glued scarf splice shown. Knowing that $\beta = 25°$ and that the centric loads of magnitude $P = 10$ kN are applied to the member as shown, determine (*a*) the in-plane shearing stress parallel to the splice, (*b*) the normal stress perpendicular to the splice.

14.82 The axle of an automobile is acted upon by the forces and couple shown. Knowing that the diameter of the solid axle is 1.25 in., determine (*a*) the principal planes and principal stresses at point H located on top of the axle, (*b*) the maximum shearing stress at the same point.

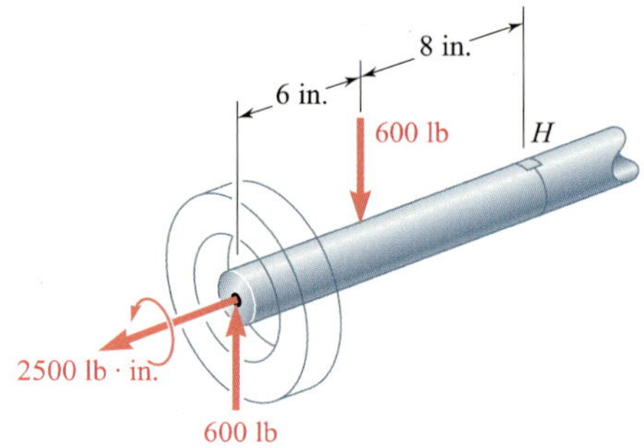

그림 **P14.82**

14.83 Square plates, each of 0.5-in. thickness, can be bent and welded together in either of the two ways shown to form the cylindrical portion of the compressed air tank. Knowing that the allowable normal stress perpendicular to the weld is 12 ksi, determine the largest allowable gage pressure in each case.

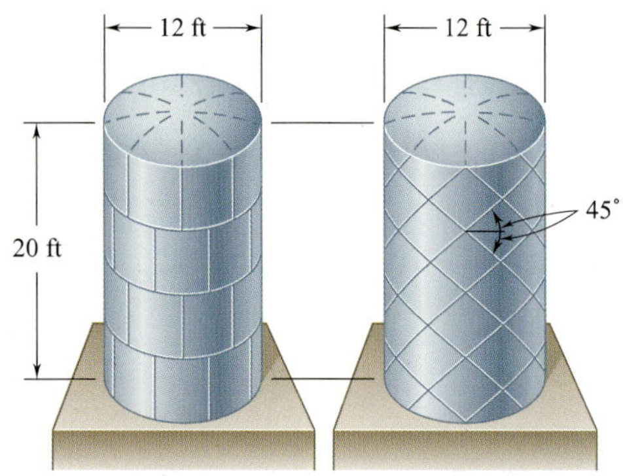

그림 ***P14.83***

14.84 A torque of magnitude $T = 12$ kN · m is applied to the end of a tank containing compressed air under a pressure of 8 MPa. Knowing that the tank has a 180-mm inner diameter and a 12-mm wall thickness, determine the maximum normal stress and the maximum in-plane shearing stress in the tank.

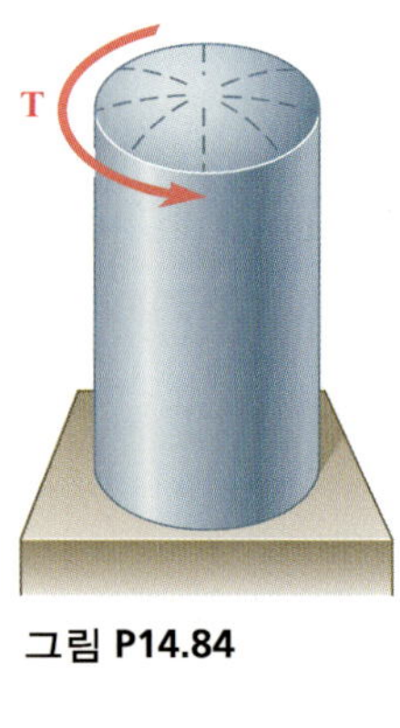

그림 **P14.84**

15

보의 처짐

15.1 개요

이전의 장에서는 보의 강도설계법을 학습했다. 이번 장에서는 보 설계의 다른 관점인 처짐의 산정에 대해서 학습할 것이다. 설계시방서에 일반적으로 보의 최대 허용처짐의 제한을 두기 때문에, 하중을 받는 보의 최대처짐을 구하는 것은 특별한 관심사항이다. 또한 부정정보의 해석을 위해 처짐이 사용된다. 부정정보란 지점 반력의 수가 이 미지의 반력을 구하기 위해 필요한 평형 방정식의 수를 초과하는 보이다.

11.4절에서 학습한 바와 같이 순수휨을 받는 등단면보는 아치 형상으로 휘어지며 탄성범위에서 중립면의 곡률은 다음과 같다.

$$\frac{1}{\rho} = \frac{M}{EI} \tag{11.21}$$

여기서 M은 휨모멘트, E는 탄성계수, I는 중립축에 대한 단면 2차모멘트이다.

보가 횡하중을 받는 경우, Saint Venant's 원리가 적용된다면 식 (11.21)은 어떤 주어진 단면이든지 유효하다. 그러나 휨모멘트와 중립면의 곡률은 부재축을 따라 크기가 변한다. 보의 왼쪽 단에서부터 주어진 단면까지 거리를 x라 놓으면 휨모멘트와 곡률과의 관계는 다음 식과 같이 쓸 수 있다.

$$\frac{1}{\rho} = \frac{M(x)}{EI} \tag{15.1}$$

보의 여러 점에서의 곡률을 알면 하중을 받는 보의 변형에 대해 어느 정도 일반적인 결정을 할 수 있다(15.2절).

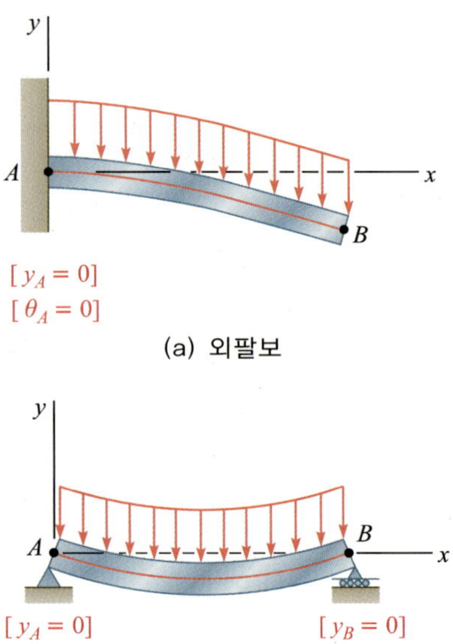

(a) 외팔보

(b) 단순보

그림 15.1

주어진 점에서 보의 처짐과 **처짐각**(deflection slope)을 결정하기 위해서는 먼저 변형된 보의 형상을 나타내는 탄성곡선을 지배하는 아래의 2차 선형 미분방정식을 유도해야 한다(15.3절).

$$\frac{d^2y}{dx^2} = \frac{M(x)}{EI}$$

부재축을 따라 모든 위치에서 휨모멘트의 값이 단일 식 $M(x)$에 의하여 표현될 수 있는 경우와 그림 15.1과 같이 하중이 부여된 경우, 보의 처짐각 $\theta = dy/dx$와 처짐 y는 휨모멘트를 연속적으로 적분하여 구할 수 있다. 두 번의 적분에 의해 생긴 적분상수는 경계조건으로 구해진다.

그러나 보의 전체 길이에 대해 한 개 이상의 휨모멘트 방정식이 필요하다면, 휨모멘트가 변화하는 보의 구간에 대해 탄성곡선을 정의하는 다른 미분방정식 또한 필요하게 된다. 예를 들면, 그림 15.2의 하중을 받는 보의 경우

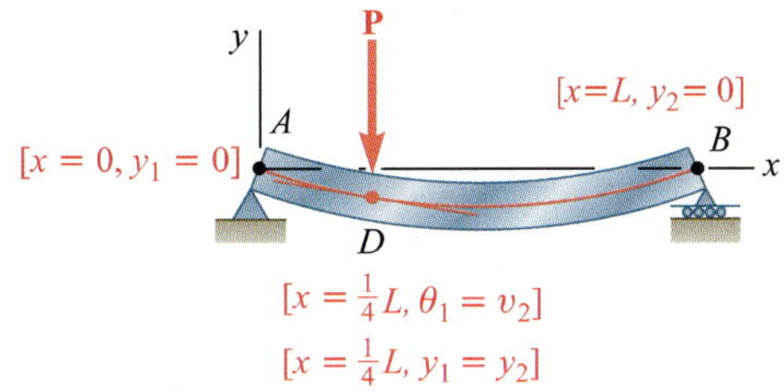

그림 15.2

AD부분과 DB부분에 대한 두 개의 미분방정식이 필요하다. 첫 번째 미분방정식으로 θ_1과 y_1값을 구할 수 있으며, 두 번째 미분방정식으론 θ_2와 y_2 값을 구할 수 있다. 총 4개의 적분상수가 결정되어야 하며, 2개의 적분상수는 A와 B점에서의 처짐이 영인 조건식으로부터 구할 수 있으며, 다른 2개의 적분상수는 AB부분과 BD부분의 처짐각과 처짐이 D점에서 같다는 조건으로 결정된다.

15.4절에서는 분포하중 $w(x)$를 받는 보의 경우, 탄성곡선은 $w(x)$를 4번 연속으로 직접 적분하여 얻어질 수 있다는 것을 알게 될 것이다. 4번 적분으로 인해 생기는 적분상수는 V, M, θ, y의 경계값으로부터 결정될 것이다.

15.5절에서는 부정정보를 다룰 것이며, 지점의 반력은 4개 또는 그 이상이 미지값이다. 3개의 평형방정식과 함께 지점에 부여된 경계조건이 고려된 추가적인 식이 고려되어야 한다.

15.6절과 15.7절에서는 보에 적용된 다양한 하중으로 인해 생기는 처짐각과 처짐을 각각 결정한 후 중첩하는 방법을 다루었다. 이러한 절차는 다양한 하중조건과 경계조건에서의 보의 처짐각과 처짐을 수록한 부록 C의 표를 사용하면 더 편리해질 수 있다.

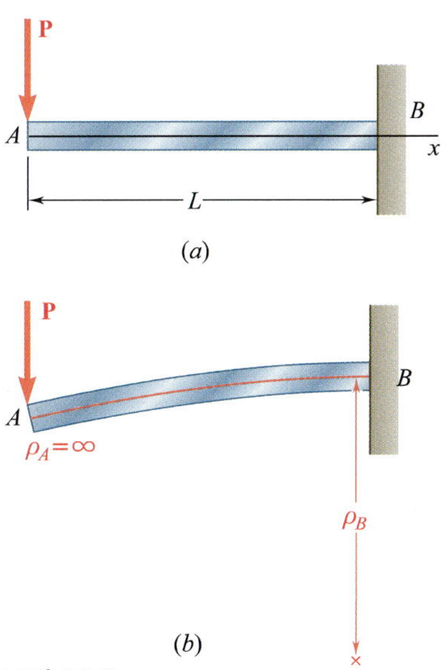

그림 15.3

15.2 횡하중을 받는 보의 처짐

앞 절에서 순수휨을 받는 보의 중립면의 곡률과 휨모멘트의 관계식인 11.4절의 식 (11.21)을 복습하였다. Saint Venant's 원리가 적용된다면 횡하중을 받는 보의 어느 횡단면에서나 식 (11.21)은 유효하다. 그러나 휨모멘트와 중립면의 곡률은 부재축을 따라 다르다. 보의 왼쪽 단으로부터 주어진 단면까지의 거리를 x라 놓으면 곡률과 휨모멘트와의 관계는 다음과 같다.

$$\frac{1}{\rho} = \frac{M(x)}{EI} \tag{15.1}$$

예를 들어, 자유단 A에 집중하중 $\mathbf{P}$를 받는 길이가 L인 외팔보(cantilever beam) AB를 고려해 보자(그림 15.3a). 모멘트는 $M(x) = -Px$이며 식 (15.1)에 대입하면 다음과 같다.

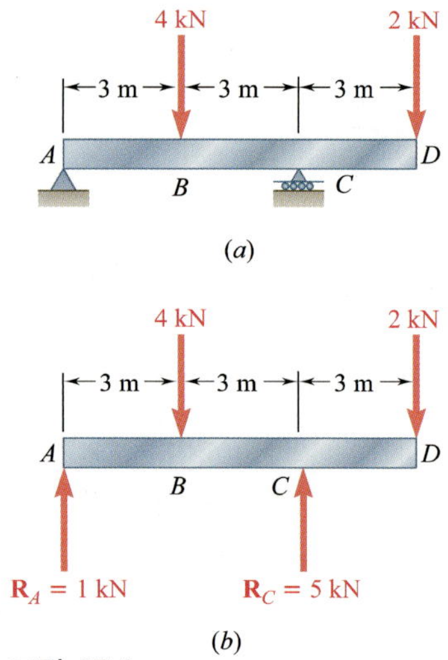

그림 15.4

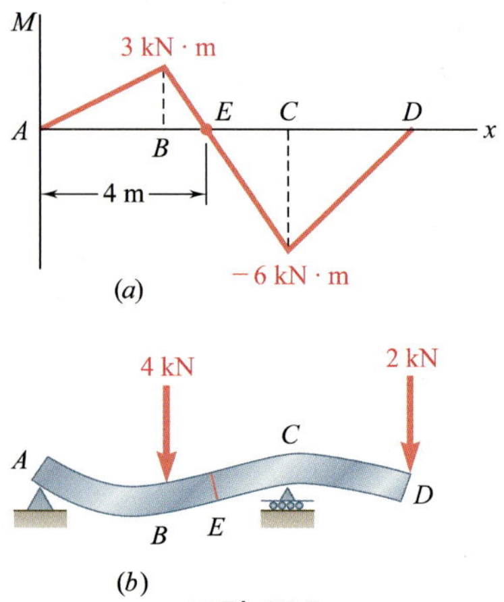

그림 15.5

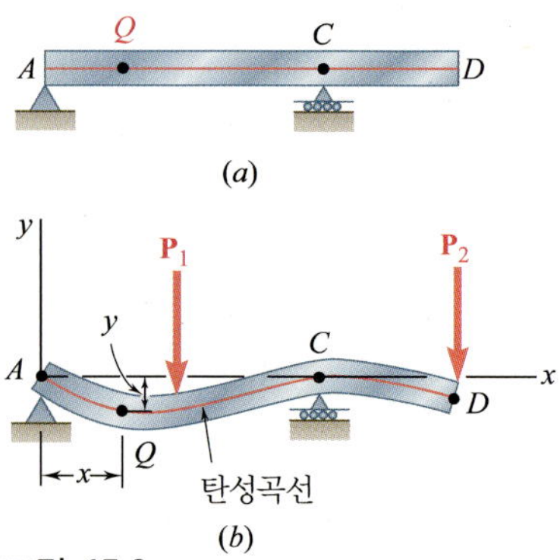

그림 15.6

$$\frac{1}{\rho} = -\frac{Px}{EI}$$

위 식은 A점에는 영(곡률반경은 ρ_A가 무한대), B점에서는 $-PL/EI$(곡률반경은 $|\rho_B| = EI/PL$)로 x에 따라 선형적으로 변화하는 중립면의 곡률을 나타낸다(그림 15.3b).

이제는 그림 15.4a와 같이 2개의 집중하중을 지지하는 내민보(over-hanging beam) AD를 고려해보자. 보의 자유물체도로부터(그림 15.4b) 반력 $R_A = 1$ kN이고 $R_C = 5$ kN임을 알 수 있으며, 휨모멘트도는 그림 15.5a와 같다. 보의 휨모멘트도로부터 M과 보의 곡률은 양단에서 모두 영이며, $x = 4$인 E점에서도 영임을 알 수 있다. A와 E 사이에서 휨모멘트는 양이며, 보는 아래로 볼록하다. E와 D점 사이에서 휨모멘트는 음이며 보는 위로 볼록하다(그림 15.5b). 모멘트의 절대값이 가장 큰 C지점에서 곡률이 가장 큰 사실을 주목하자(즉 곡률반경이 최소이다.).

곡률로부터 변형된 보의 형상에 대해 중요한 정보를 얻는다. 그러나 보의 해석과 설계에서 보다 더 많은 점에서의 처짐과 처짐각에 대한 정확한 값이 필요하다. 가장 중요한 것은 보의 최대처짐을 구하는 것이다. 다음 절에서 식 (15.1)은 보의 고정된 원점에서 x만큼 떨어진 Q점에서의 처짐 y를 계산하는데 사용될 것이다(그림 15.6). 이로부터 외력을 받아 휘어진 보의 탄성곡선식(equation of the elastic curve)이 도출된다(그림 15.6b).[1)]

15.3 탄성곡선식

기본적인 미적분학으로부터 곡선 위의 한 점 $Q(x, y)$에서의 곡률은 아래식과 같이 표현될 수 있다.

$$\frac{1}{\rho} = \frac{\dfrac{d^2y}{dx^2}}{\left[1+\left(\dfrac{dy}{dx}\right)^2\right]^{3/2}} \tag{15.2}$$

여기서 dy/dx와 d^2y/dx^2은 처짐 곡선의 방정식 $y(x)$의 1차, 2차 도함수이다. 그러나 보의 탄성곡선의 경우, 처짐각 dy/dx는 매우 작으며 이것의 제곱은 1과 비교하여 무시해도 될 정도이다. 그러므로 식 (15.2)는 다음과 같이 표현될 수 있다.

$$\frac{1}{\rho} = \frac{d^2y}{dx^2} \tag{15.3}$$

1) 이전 장까지 y는 단면의 중립축에서 주어진 점까지의 거리를 나타내기 위해 사용됐으나, 이번 장에서 y는 수직처짐을 나타냄을 주의해야 한다.

식 (15.3)의 $1/\rho$ 대신 식 (15.1)을 대입하면 다음과 같다.

$$\frac{d^2y}{dx^2} = \frac{M(x)}{EI} \tag{15.4}$$

식 (15.4)은 2차 선형 미분방정식이며 이 식은 탄성곡선의 지배 미분방정식이다.

EI는 **휨강성**(flexural rigidity)이고 보의 높이가 길이에 따라 달라진다면 EI도 변화된다. 이러한 경우 식 (15.4)를 적분하기 전에, 반드시 EI를 x의 함수로 표현해야 한다. 그러나 등단면보에서 휨강성은 상수이다. 이 경우, 식 (15.4)의 양 변에 EI를 곱하고 x에 대해 적분하면 다음식과 같다.

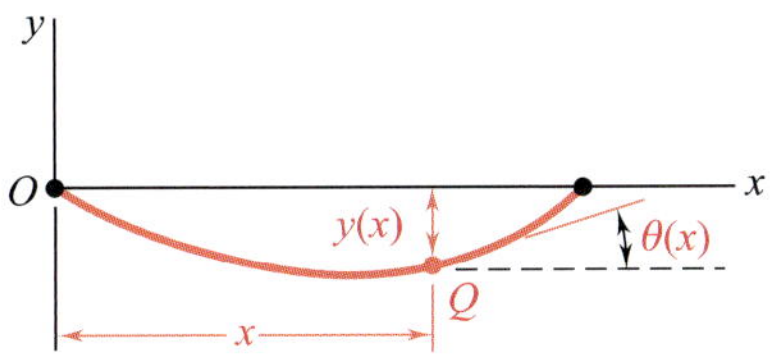

그림 15.7

$$EI\frac{dy}{dx} = \int_0^x M(x)dx + C_1 \tag{15.5}$$

여기서 C_1은 적분상수이다. 탄성곡선의 Q점에서의 접선과 수평부재축과의 사이각을 radian 단위의 $\theta(x)$라 놓고(그림 15.7), 이 각이 매우 작으면 아래와 같다.

$$\frac{dy}{dx} = \tan\theta \simeq \theta(x)$$

식 (15.5)에 위 식을 대입하면 다음과 같다.

$$EI\theta(x) = \int_0^x M(x) + C_1 \tag{15.5$'$}$$

식 (15.5)을 x에 대해 적분하면 다음과 같다.

$$EIy = \int_0^x \left[\int_0^x M(x)dx + C_1\right]dx + C_2$$

$$EIy = \int_0^x dx \int_0^x M(x)dx + C_1x + C_2 \tag{15.6}$$

여기서 C_2는 2차 적분상수이며, 우변 첫 항은 휨모멘트 $M(x)$를 x에 대하여 두 번 적분한 x의 함수이다. 적분상수 C_1과 C_2가 결정되지 않으면, 보의 임의의 Q점에서의 처짐을 정의하지 못하며, 또한 식 (15.5)와 식 (15.5′)에서 보의 Q점에서의 처짐각을 정의할 수 없다.

적분상수 C_1과 C_2는 경계조건으로 결정되며, 더 정확히 말하자면 보의 지점에 부여된 조건으로 구해진다. 본 절에서는 정정보의 해석만 다룬다. 정정보란 정역학에 의해 지점반력을 구할 수 있도록 지지된 보를 말한다. 본 절에서는 3가지 유형의 보가 고려된다(그림 15.8): (a) 단순보 (b) 내민보 (c)

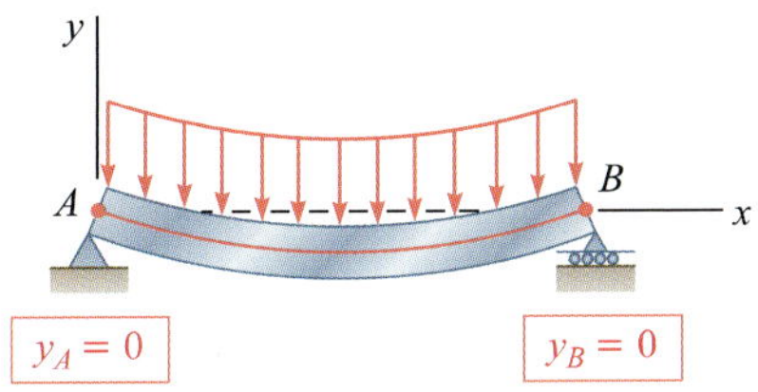

(a) 단순보

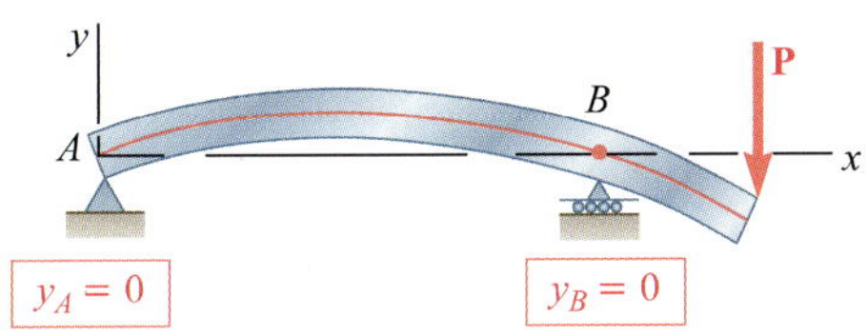

(b) 내민보

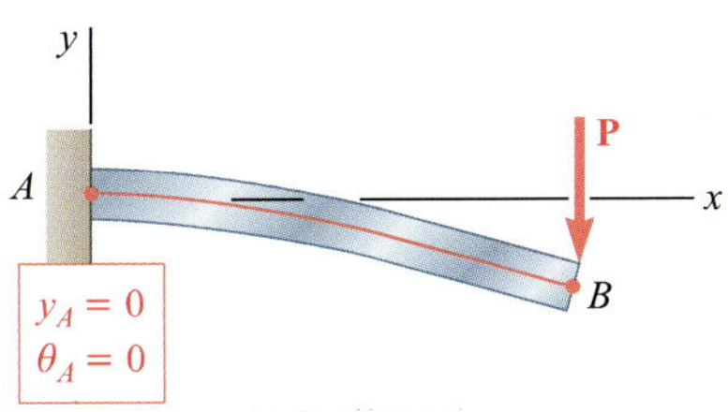

(c) 외팔보

그림 15.8 정정보의 경계조건

외팔보

보 (a)와 (b)는 지점 A에서 핀과 브라켓으로 지점 B에서는 롤러로 지지되었으며 A와 B점에서의 처짐은 영이다. 식 (15.6)에 $x = x_A$, $y = y_A = 0$을 대입하고, $x = x_B$, $y = y_B = 0$을 대입하면 두 개의 방정식을 얻으며 C_1과 C_2에 대해서 식을 구할 수 있다. 외팔보의 경우(그림 15.8c) 식 (15.6)에 $x = x_A$, $y = y_A = 0$을 대입하고 식 (15.5′)에 $x = x_A$, $\theta = \theta_A = 0$을 대입하면 C_1과 C_2를 결정할 수 있는 식을 구할 수 있다.

예제 15.1 자유단 A에 집중하중 P를 받는 등단면의 외팔보 AB가 있다(그림 15.9). 탄성곡선식과 A점에서의 처짐과 처짐각을 구하시오.

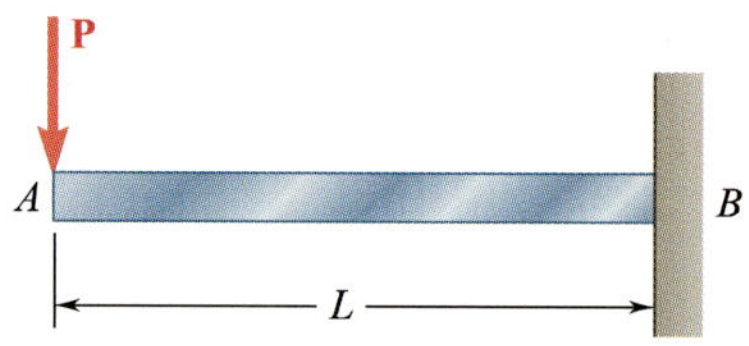

그림 15.9

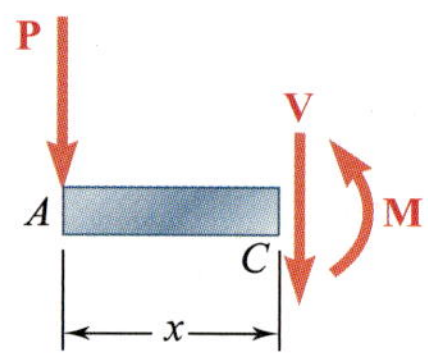

그림 15.10

보의 AC 부분의 자유물체도를 이용하여(그림 15.10) A단으로부터 거리 x만큼 떨어진 곳의 모멘트 평형방정식은 아래식과 같다.

$$M = -Px \tag{15.7}$$

식 (15.4)에 위의 모멘트를 대입하고 양변에 상수 EI를 곱하면 다음과 같다.

$$EI\frac{d^2y}{dx^2} = -Px$$

x에 대하여 적분하면,

$$EI\frac{dy}{dx} = -\frac{1}{2}Px^2 + C_1 \tag{15.8}$$

고정단 B에서 $x = L$이며 $\theta = dy/dx = 0$이다(그림 15.11). 이를 식 (15.8)에 대입하고 C_1에 관해서 풀면 다음과 같다.

$$C_1 = \frac{1}{2}PL^2$$

식 (15.8)에 대입하면

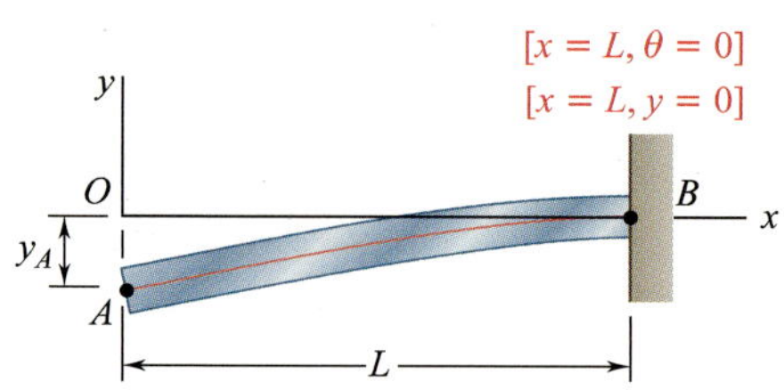

그림 15.11

$$EI\frac{dy}{dx} = -\frac{1}{2}Px^2 + \frac{1}{2}PL^2 \tag{15.9}$$

식 (15.9)의 양변을 적분하면 다음과 같다.

$$EIy = -\frac{1}{6}Px^3 + \frac{1}{2}PL^2x + C_2 \tag{15.10}$$

B점에서 $x=L$, $y=0$이다. 이를 식 (15.10)에 대입하면

$$0 = -\frac{1}{6}PL^3 + \frac{1}{2}PL^3 + C_2$$

$$C_2 = -\frac{1}{3}PL^3$$

C_2를 식 (15.10)에 대입하면 다음과 같은 탄성곡선식을 얻는다.

$$EIy = -\frac{1}{6}Px^3 + \frac{1}{2}PL^2x - \frac{1}{3}PL^3$$

$$y = \frac{P}{6EI}(-x^3 + 3L^2x - 2L^3) \tag{15.11}$$

식 (15.11)과 식 (15.9)에 $x=0$을 대입하면 다음과 같은 A점에서의 처짐과 처짐각을 구할 수 있다.

$$y_A = -\frac{PL^3}{3EI} \quad \text{와} \quad \theta_A = \left(\frac{dy}{dx}\right)_A = \frac{PL^2}{2EI}$$ ■

예제 15.2 단순지지된 등단면보가 단위길이당 w의 등분포 하중을 받고 있다. 탄성곡선식과 보의 최대처짐을 구하시오.

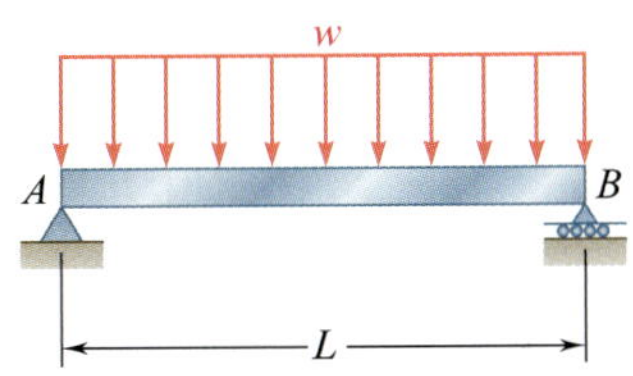

그림 15.12

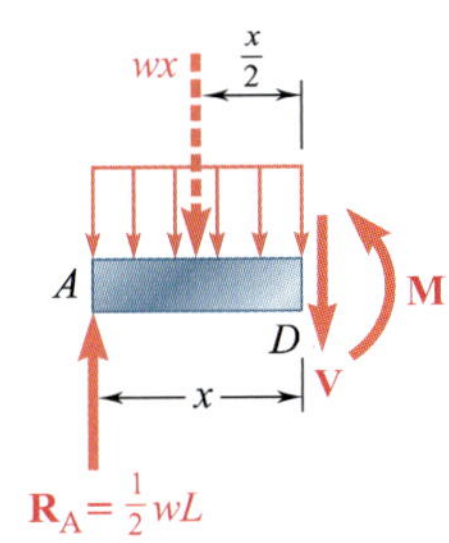

그림 15.13

보의 AD부분의 자유물체를 그리고(그림 15.13) D점에서 모멘트를 구하면 다음과 같다.

$$M = \frac{1}{2}wLx - \frac{1}{2}wx^2 \tag{15.12}$$

위의 모멘트를 식 (15.4)에 대입하고 양변에 EI를 곱하면 다음과 같다.

$$EI\frac{d^2y}{dx^2} = -\frac{1}{2}wx^2 + \frac{1}{2}wLx \tag{15.13}$$

x에 대하여 두 번 적분하면 다음과 같다.

$$EI\frac{dy}{dx} = -\frac{1}{6}wx^3 + \frac{1}{4}wLx^2 + C_1 \tag{15.14}$$

$$EIy = -\frac{1}{24}wx^4 + \frac{1}{12}wLx^3 + C_1x + C_2 \tag{15.15}$$

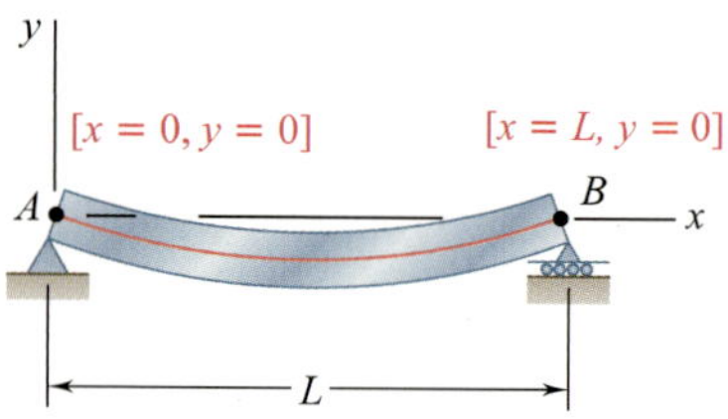

그림 15.14

보의 양단에서 $y=0$이며(그림 15.14), 우선 식 (15.14)에 $x=0$, $y=0$을 대입하면 $C_2=0$이다. 다음으로 $x=L$, $y=0$을 식 (15.14)에 대입하면 다음과 같다.

$$0 = -\frac{1}{24}wL^4 + \frac{1}{12}wL^4 + C_1L$$

$$C_1 = -\frac{1}{24}wL^3$$

C_1과 C_2를 식 (15.15)에 대입하면 탄성곡선식은 다음과 같다.

$$EIy = -\frac{1}{24}wx^4 + \frac{1}{12}wLx^3 - \frac{1}{24}wL^3x$$

$$y = \frac{w}{24EI}(-x^4 + 2Lx^3 - L^3x) \tag{15.16}$$

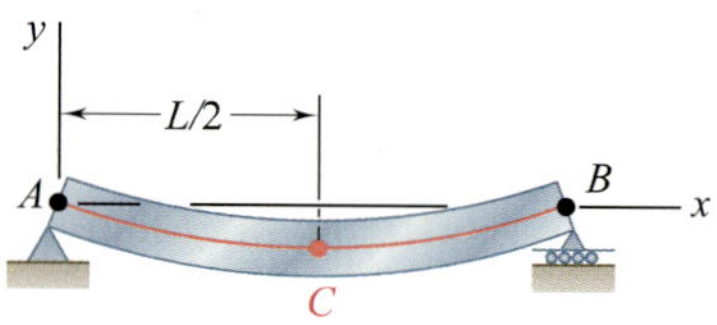

그림 15.15

식 (15.14)에 C_1을 대입하면, $x=L/2$점에서의 보의 처짐각은 영이며 보의 중앙점 C에서 탄성곡선 값이 가장 작다는 것을 알 수 있다(그림 15.15). 식 (15.16)에 $x=L/2$을 대입하면 다음과 같다.

$$y_C = \frac{w}{24EI}\left(-\frac{L^4}{16} + 2L\frac{L^3}{8} - L^3\frac{L}{2}\right) = -\frac{5wL^4}{384EI}$$

최대처짐 또는 더 정확히 말하면 처짐의 최대 절대값은 다음과 같다.

$$|y|_{\max} = \frac{5wL^4}{384EI} \quad ■$$

사진 15.1 외팔보의 각 부분에 대하여 상이한 $M(x)$가 필요하다.

두 예제 모두 보의 모멘트를 구하는데 단지 하나의 자유물체도만이 필요했다. 즉, 보의 전체길이에 대한 모멘트를 구하기 위해 x에 대한 단일함수가 사용됐다. 그러나 이것은 일반적인 경우가 아니다. 집중하중, 지점반력, 또는 등분포하중의 단절 등은 보의 모멘트를 구하기 위해 보를 몇 개의 부분으로 나누어 각 부분의 모멘트를 $M(x)$로 나타내야 한다(사진 15.1). 각 부분의 모멘트 $M(x)$는 각 부분에서의 처짐각 $\theta(x)$와 처짐 $y(x)$을 구하기 위해 각기 다른 방정식이 필요하다. 처짐을 구하기 위한 식은 보의 각 부분에서 2개의 적분상수를 포함하므로 많은 수의 적분상수가 결정되어야 한다. 다음 예제에서 확인할 수 있듯이 추가적인 경계조건은, 전단력과 휨모멘트는 보의 몇몇 점에서 불연속일 수 있으나, 보의 처짐과 처짐각은 어느 점에서나 연속이어야 한다는 것이다.

예제 15.3 아래 그림과 같은 하중을 지지하는(그림 15.16) 등단면보의 D점에서의 처짐각과 처짐을 구하시오.

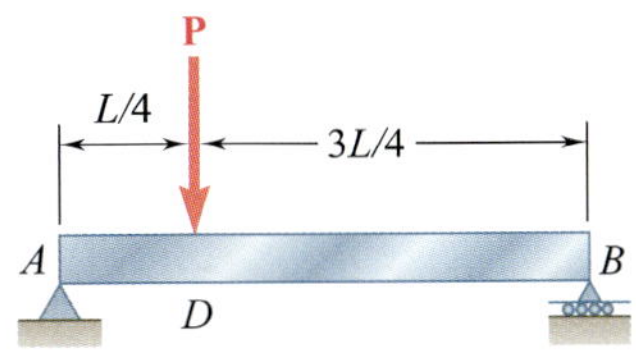

그림 15.16

보를 AD와 DB의 두 부분으로 나누고 각 부분에 대한 탄성곡선식 함수 $y(x)$를 산정한다.

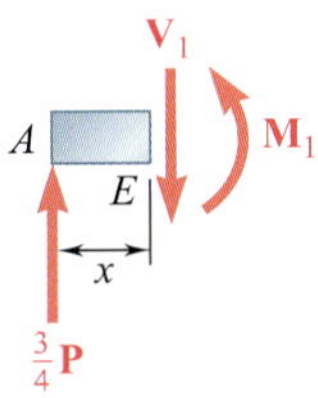

그림 15.17

1. A에서 $D(x < L/4)$. $x < L/4$ 구간에서 보 AE의 자유물체도를 그린다(그림 15.17). E점에서 모멘트를 취하면 다음과 같다.

$$M_1 = \frac{3P}{4}x \tag{15.17}$$

식 (15.4)에 대입하면

$$EI\frac{d^2y_1}{dx^2} = \frac{3}{4}Px \tag{15.18}$$

여기서 $y_1(x)$는 AD부분의 탄성곡선함수이다. x에 대해 적분하면 다음과 같다.

$$EI\theta_1 = EI\frac{dy_1}{dx} = \frac{3}{8}Px^2 + C_1 \tag{15.19}$$

$$EIy_1 = \frac{1}{8}Px^3 + C_1x + C_2 \tag{15.20}$$

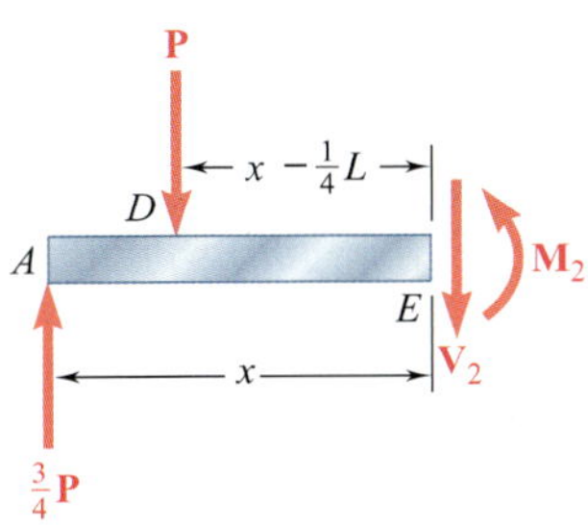

그림 15.18

2. D에서 $B(x > L/4)$. $x > L/4$ 구간에서 보 AE의 자유물체도를 그린다(그림 15.18).

$$M_2 = \frac{3P}{4}x - P\left(x - \frac{L}{4}\right) \tag{15.21}$$

식 (15.4)에 대입하고 정리하면 다음과 같다.

$$EI\frac{d^2y_2}{dx^2} = -\frac{1}{4}Px + \frac{1}{4}PL \tag{15.22}$$

여기서 $y_2(x)$는 보의 DB부분의 탄성곡선식이다. x에 대해 적분하면

$$EI\theta_2 = EI\frac{dy_2}{dx} = -\frac{1}{8}Px^2 + \frac{1}{4}PLx + C_3 \tag{15.23}$$

$$EIy_2 = -\frac{1}{24}Px^3 + \frac{1}{8}PLx^2 + C_3x + C_4 \tag{15.24}$$

적분상수의 결정. 그림 15.19에 적분상수가 만족해야 하는 조건이 있다. 지점

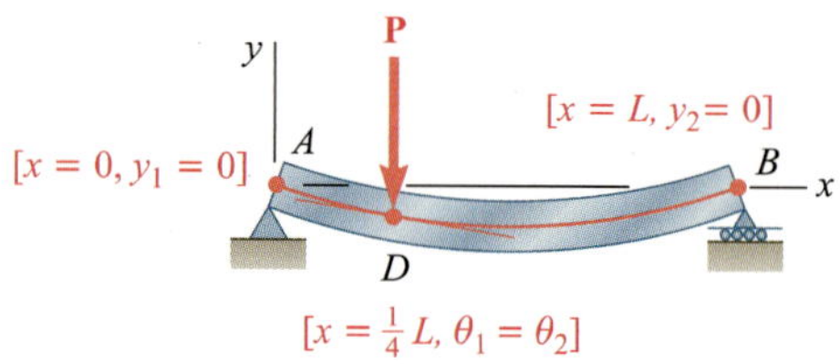

그림 15.19

A에서, 식 (15.20)에 의해 정의된 처짐, $x=0$에서 $y_1=0$이어야 한다.

$$[x=0,\ y_1=0],\ \text{식 (15.20)}:\quad 0 = C_2 \tag{15.25}$$

$$[x=L,\ y_1=0],\ \text{식 (15.24)}:\quad 0 = \frac{1}{12}PL^3 + C_3L + C_4 \tag{15.26}$$

$[x=L/4,\ \theta_1=\theta_2]$, 식 (15.19)와 식 (15.23)

$$\frac{3}{128}PL^2 + C_1 = \frac{7}{128}PL^2 + C_3 \tag{15.27}$$

$[x=L/4,\ y_1=y_2]$, 식 (15.20)와 식 (15.24)

$$\frac{PL^3}{512} + C_1\frac{L}{4} = \frac{11PL^3}{1536} + C_3\frac{L}{4} + C_4 \tag{15.28}$$

위 식을 연립하여 풀면 다음과 같다.

$$C_1 = -\frac{7PL^2}{128},\qquad C_2 = 0,\qquad C_3 = -\frac{11PL^2}{128},\qquad C_4 = \frac{PL^3}{384}$$

C_1과 C_2를 식 (15.19)와 식 (15.20)에 대입하면 $x \le L/4$인 부분에서의 처짐각과 처짐은 다음과 같다.

$$EI\theta_1 = \frac{3}{8}Px^2 - \frac{7PL^2}{128} \tag{15.29}$$

$$EIy_1 = \frac{1}{8}Px^3 - \frac{7PL^2}{128}x \tag{15.30}$$

위 두 식에 $x=L/4$를 대입하면, D점에서의 처짐각과 처짐은 다음과 같다.

$$\theta_D = -\frac{PL^2}{32EI}\qquad \text{그리고}\qquad y_D = -\frac{3PL^3}{256EI}$$

$\theta_D \neq 0$이므로 D점에서의 처짐은 최대처짐이 아님을 주목하자. ■

15.4 하중 분배로부터 탄성곡선의 직접 결정

15.3절에서 탄성곡선의 방정식은 미분방정식을 두 번 적분함으로써 구할 수 있음을 보았다.

$$\frac{d^2y}{dx^2} = \frac{M(x)}{EI} \tag{15.4}$$

여기서 $M(x)$는 보의 휨모멘트이다. 보가 등분포하중 $w(x)$를 지지할 때, 어느 점에서나 $dM/dx = V$와 $dV/dx = -w$임을 12.3절에서 보았다. EI는 일정하다고 가정하고 식 (15.4)의 양변을 x에 대해서 미분하면 다음과 같다.

$$\frac{d^3y}{dx^3} = \frac{1}{EI}\frac{dM}{dx} = \frac{V(x)}{EI} \tag{15.31}$$

한 번 더 미분하면,

$$\frac{d^4y}{dx^4} = \frac{1}{EI}\frac{dV}{dx} = -\frac{w(x)}{EI}$$

그러므로 다음과 같은 결론을 내릴 수 있다. 등단면보가 등분포 하중 $w(x)$를 지지할 때, 이 보의 탄성곡선은 4차 선형 미분방정식으로 표현된다.

$$\frac{d^4y}{dx^4} = -\frac{w(x)}{EI} \tag{15.32}$$

식 (15.32) 양변에 일정한 상수 EI를 곱하고 네 번 적분하면 다음과 같다.

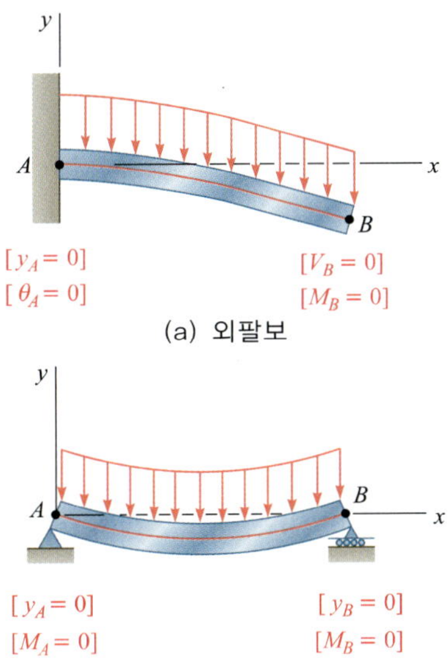

그림 15.20 분포하중을 받는 보의 경계조건

$$\begin{aligned}
EI\frac{d^4y}{dx^4} &= -w(x)\\
EI\frac{d^3y}{dx^3} &= V(x) = -\int w(x)ds + C_1\\
EI\frac{d^2y}{dx^2} &= M(x) = -\int dx\int w(x)ds + C_1x + C_2\\
EI\frac{dy}{dx} &= EI\theta(x) = -\int dx\int dx\int w(x)ds + \frac{1}{2}C_1x^2 + C_2x + C_3\\
EIy(x) &= -\int dx\int dx\int dx\int w(x)ds\\
&\quad + \frac{1}{6}C_1x^3 + \frac{1}{2}C_2x^2 + C_3x + C_4
\end{aligned} \tag{15.33}$$

경계조건으로부터 4개의 적분상수를 구할 수 있다. 이러한 조건들은 다음과 같다. (a) 지지점에 정의된 보의 처짐 또는 처짐각 조건(예. 15.3절) (b) 외팔보의 자유단에서 V와 M은 영인 조건 또는 단순보에서 두 지지점의 M은 영인 조건(예. 12.3절). 그림 15.20에 이러한 조건들이 설명되어 있다.

이번 절에 소개된 방법은 분포하중을 받는 단순보나 외팔보 해석에 효율적으로 사용될 수 있다. 그러나 내민보의 경우 지점 반력으로 인해 전단력(즉 y의 3차 미분)이 불연속이 되므로, 보 전체의 탄성곡선을 정의하기 위해서는 다른 함수가 필요하다.

예제 15.4 단순지지된 등단면보 AB가 단위길이당 w의 등분포 하중을 받는다. (그림 15.21) 탄성곡선식을 구하고, 보의 최대처짐을 결정하시오(이 보는 예제 15.2의 보와 동일한 하중조건과 경계조건이다.).

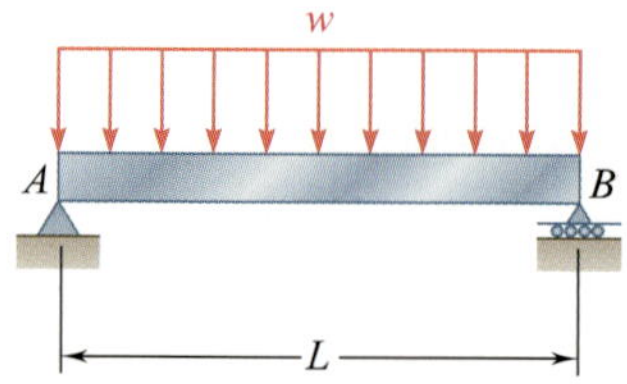

그림 15.21

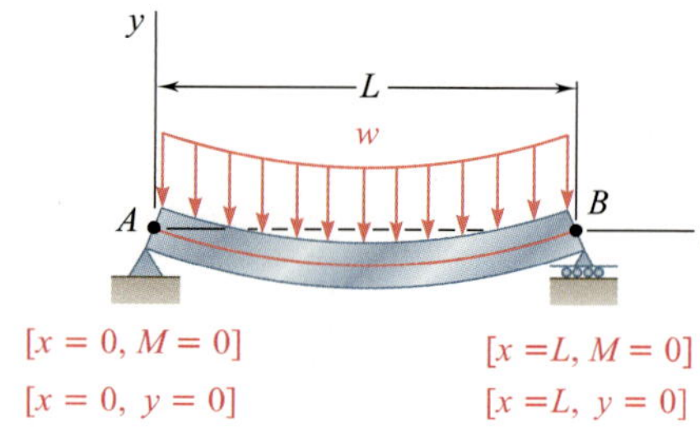

그림 15.22

w는 일정하기 때문에, 식 (15.33)의 세 개의 식은 다음과 같다.

$$EI\frac{d^4y}{dx^4} = -w$$

$$EI\frac{d^3y}{dx^3} = V(x) = -wx + C_1$$

$$EI\frac{d^2y}{dx^2} = M(x) = -\frac{1}{2}wx^2 + C_1x + C_2 \tag{15.34}$$

보의 양단에서 $M=0$이어야 한다(그림 15.22). 식 (15.34)에 $x=0$, $M=0$을 대입하면 $C_2=0$이다. 그 다음으로 $x=L$과 $M=0$을 대입하면 $C_1=\frac{1}{2}wL$이다.

위에서 구한 C_1과 C_2를 다시 식 (15.34)에 대입하고 두 번 적분하면 다음과 같다.

$$EI\frac{d^2y}{dx^2} = -\frac{1}{2}wx^2 + \frac{1}{2}wLx$$

$$EI\frac{dy}{dx} = -\frac{1}{6}wx^3 + \frac{1}{4}wLx^2 + C_3$$

$$EIy = -\frac{1}{24}wx^4 + \frac{1}{12}wLx^3 + C_3x + C_4 \tag{15.35}$$

또한 보의 양단에서 $y=0$이어야 한다. 식 (15.35)에 $x=0$과 $y=0$을 대입하면 $C_4=0$이며, $x=L$과 $y=0$을 대입하면 다음과 같다.

$$0 = -\frac{1}{24}wL^4 + \frac{1}{12}wL^4 + C_3L$$

$$C_3 = -\frac{1}{24}wL^3$$

C_3와 C_4의 값을 식 (15.35)에 대입하고 양변을 EI로 나누면 다음과 같은 탄성곡선 방정식을 얻는다.

$$y = \frac{w}{24EI}(-x^4 + 2Lx^3 - L^3x) \tag{15.36}$$

최대처짐은 식 (15.36)에서 $x=L/2$일 때 이므로 다음과 같다.

$$|y|_{\max} = \frac{5wL^4}{384EI}$$ ■

15.5 부정정보

지금까지는 정정보 해석만을 다루었다. 이번 절에서는 A점에서는 고정되고 B점은 롤러로 지지된 등단면보 AB를 고려해보자. 자유물체도를 그리면(그림 15.23b), 아래 3개의 평형방정식만이 이용 가능한 반면에 4개의 미지의 반력이 있다는 것에 주목하자.

$$\Sigma F_x = 0 \qquad \Sigma F_y = 0 \qquad \Sigma M_A = 0 \tag{15.37}$$

A_x만이 이 방정식으로부터 구할 수 있으므로 이 보는 부정정보이다.

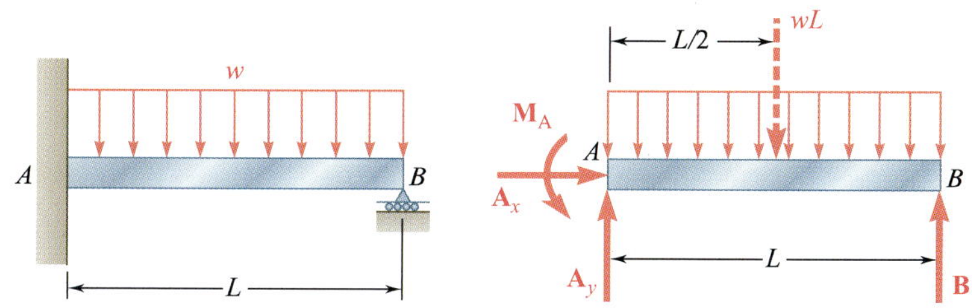

그림 15.23 (*a*) (*b*)

9장과 10장의 부정정 문제에서 반력은 구조물의 변형을 고려함으로써 구해질 수 있다는 것을 학습했다. 그러므로 보의 길이에 걸쳐 처짐과 처짐각을 계산해야 한다. 15.3절에서 사용된 방법을 따라해 보자.

먼저 AB에서 주어진 점의 휨모멘트 $M(x)$를 A단으로부터의 거리 x와 부여된 하중, 미지반력에 관한 식으로 표현해야 한다. 이 식을 x에 대해 적분하면, 두 개의 추가적인 미지수 즉 적분상수 C_1과 C_2를 포함한 θ와 y의 방정식을 얻을 수 있다. 반력과 적분상수 C_1과 C_2를 구하기 위한 모두 6개의 방정식이 이용가능하다. 식 (15.37)의 세 개의 식과 경계조건(즉 A점의 처짐각과 처짐은 0이며, B점의 처짐은 0인)에 의한 세 개의 방정식이 있다(그림 15.24). 그러므로 지점의 반력이 구해지며, 탄성곡선식 또한 구할 수 있다.

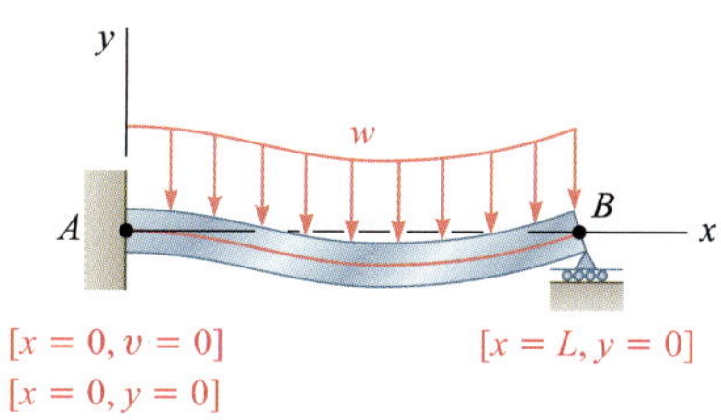

그림 15.24

예제 15.5 그림 15.23a과 같은 등단면보의 지점 반력을 구하시오.

평형방정식. 그림 15.23b의 자유물체도로부터 다음과 같은 식을 구할 수 있다.

$$\overset{+}{\rightarrow}\Sigma F_x = 0 : \qquad A_x = 0$$

$$+\uparrow \Sigma F_y = 0 : \qquad A_y + B - wL = 0$$

$$+\circlearrowleft \Sigma M_A = 0 : \qquad M_A + BL - \frac{1}{2}wL^2 = 0 \tag{15.38}$$

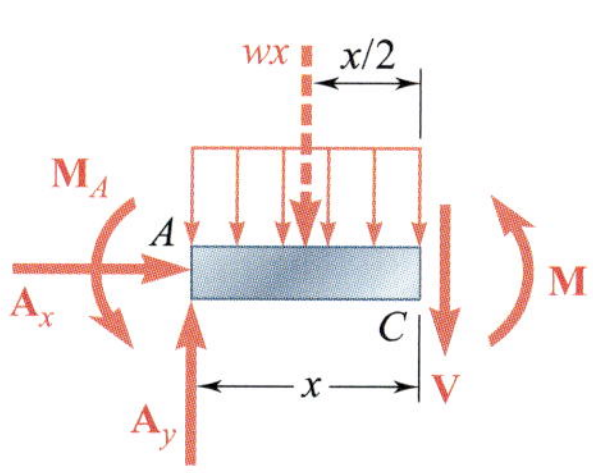

그림 15.25

탄성곡선 방정식. 보 AC의 자유물체도를 그리면(그림 15.25) 다음과 같은 식을 얻는다.

$$+\circlearrowleft\sum M_c = 0: \qquad M + \frac{1}{2}wx^2 + M_A - A_y x = 0 \tag{15.39}$$

식 (15.39)을 M에 대해 풀고 식 (15.4)에 대입하면 다음과 같다.

$$EI\frac{d^2y}{dx^2} = -\frac{1}{2}wx^2 + A_y x - M_A$$

x에 대해 적분하면

$$EI\theta = EI\frac{dy}{dx} = -\frac{1}{6}wx^3 + \frac{1}{2}A_y x^2 - M_A x + C_1 \tag{15.40}$$

$$EIy = -\frac{1}{24}wx^4 + \frac{1}{6}A_y x^3 - \frac{1}{2}M_A x^2 + C_1 x + C_2 \tag{15.41}$$

그림 15.24의 경계조건에 따라, $x=0$, $\theta=0$을 식 (15.40)에 대입하고 $x=0$, $y=0$을 식 (15.41)에 대입하면 $C_1 = C_2 = 0$이 된다. 그러면 식 (15.41)은 다음과 같다.

$$EIy = -\frac{1}{24}wx^4 + \frac{1}{6}A_y x^3 - \frac{1}{2}M_A x^2 \tag{15.42}$$

또한 $x=L$일 때 $y=0$인 3번째 경계조건을 식 (15.42)에 대입하면 정리하면 다음과 같다.

$$0 = -\frac{1}{24}wL^4 + \frac{1}{6}A_y L^3 - \frac{1}{2}M_A L^2$$

$$\text{또는} \quad 3M_A - A_y L + \frac{1}{4}wL^2 = 0 \tag{15.43}$$

위의 방정식을 식 (15.38)의 세 개의 평형방정식과 연립해서 풀면 다음과 같은 지점 반력을 구할 수 있다.

$$A_x = 0 \qquad A_y = \frac{5}{8}wL \qquad M_A = \frac{1}{8}wL^2 \qquad B = \frac{3}{8}wL \quad ■$$

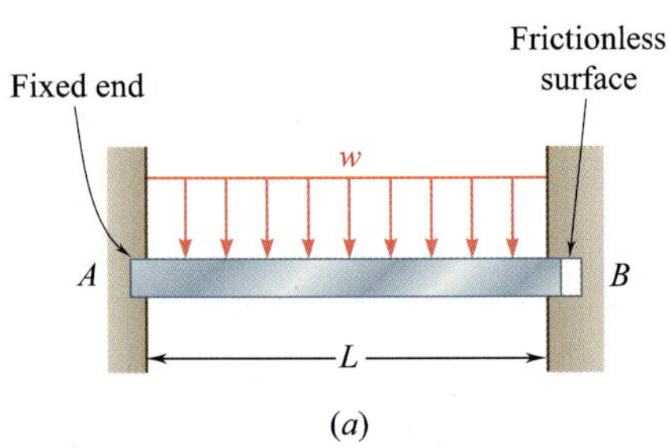

(a)

그림 15.26

위의 예제에서는 하나의 부정정력이 있었다. 즉 평형 방정식만으로는 구할 수 없는 하나의 반력이 더 있었다. 이러한 보를 1차 **부정정보**(statically intermediate beam)이라고 한다. 다른 1차 부정정보의 예는 문제 15.3에서 볼 수 있다. 두 개의 반력이 부정정력이라면(그림 15.26a) 이 보는 2차 부정정보라고 불린다. 다섯 개의 미지 반력이 존재하지만(그림 15.26b) 경계조건으로부터 4개의 방정식을 얻을 수 있다(그림 15.26c). 그러므로 5개의 반력과 2개의 적분상수를 구하기 위한 방정식이 총 7개이다.

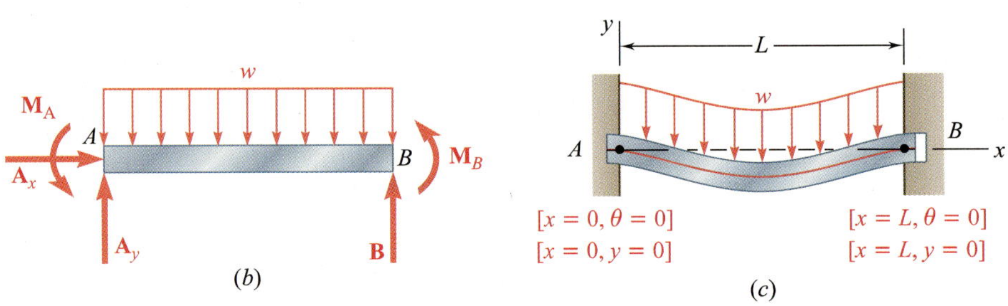

문제 15.1

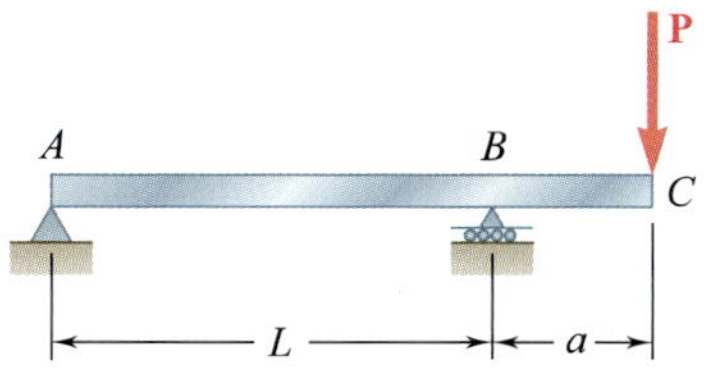

강재 내민보 ABC가 끝단 C에 집중하중 P를 받고 있다. 보의 AB부분에서, (a) 탄성곡선식을 유도하시오. (b) 최대처짐을 구하시오. (c) 다음과 같은 조건을 이용하여 y_{max}를 구하시오.

W14×68	$I = 723\ \text{in}^4$	$E = 29 \times 10^6$ psi
$P = 50$ kips	$L = 15$ ft $= 180$ in.	$a = 4$ ft $= 48$ in.

풀이.

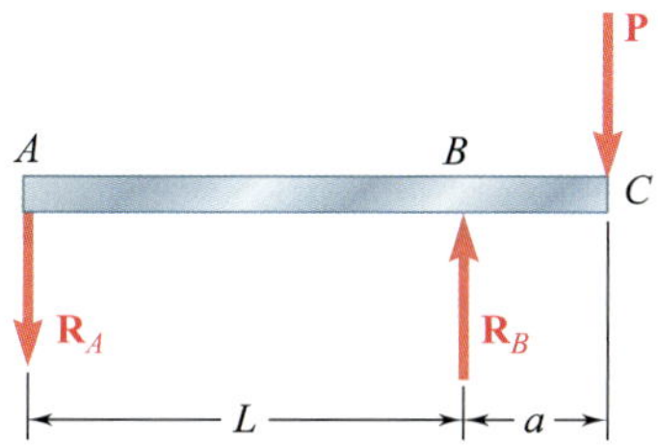

자유물체도. 반력 : $R_A = Pa/L \downarrow \qquad R_B = P(1 + a/L) \uparrow$

길이 x의 보 AD부분의 자유물체도에서 다음과 같은 식을 얻을 수 있다.

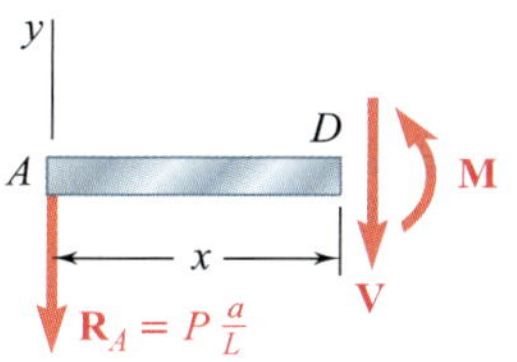

$$M = -P\frac{a}{L}x \qquad (0 < x < L)$$

탄성곡선의 미분방정식. 식 (15.4)를 이용하면 다음과 같다.

$$EI\frac{d^2y}{dx^2} = -P\frac{a}{L}x$$

휨강성 EI는 상수이므로, 두 번 적분하면 다음과 같다.

$$EI\frac{dy}{dx} = -\frac{1}{2}P\frac{a}{L}x^2 + C_1 \qquad (1)$$

$$EIy = -\frac{1}{6}P\frac{a}{L}x^3 + C_1x + C_2 \qquad (2)$$

적분상수의 결정. 경계조건을 이용하면 다음과 같다.

$[x = 0,\ y = 0]$: 식 (2)에 대입하면 $C_2 = 0$

$[x = L,\ y = 0]$: 식 (2)에 대입하면 다음과 같다.

$$EI(0) = -\frac{1}{6}P\frac{a}{L}L^3 + C_1L \qquad C_1 = +\frac{1}{6}PaL$$

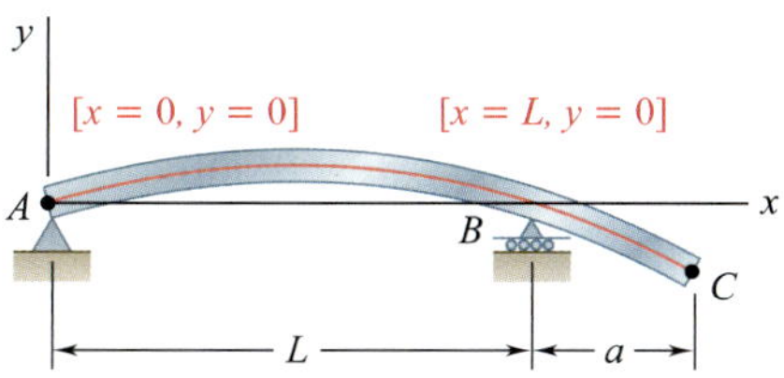

a. 탄성곡선 방정식. 위에서 구한 C_1과 C_2값을 식 (1)과 (2)에 대입하면 다음과 같다.

$$EI\frac{dy}{dx} = -\frac{1}{2}P\frac{a}{L}x^2 + \frac{1}{6}PaL \qquad \frac{dy}{dx} = \frac{PaL}{6EI}\left[1 - 3\left(\frac{x}{L}\right)^2\right] \qquad (3)$$

$$EIy = -\frac{1}{6}P\frac{a}{L}x^3 + \frac{1}{6}PaLx \qquad y = \frac{PaL^2}{6EI}\left[\frac{x}{L} - \left(\frac{x}{L}\right)^3\right] \qquad (4)$$

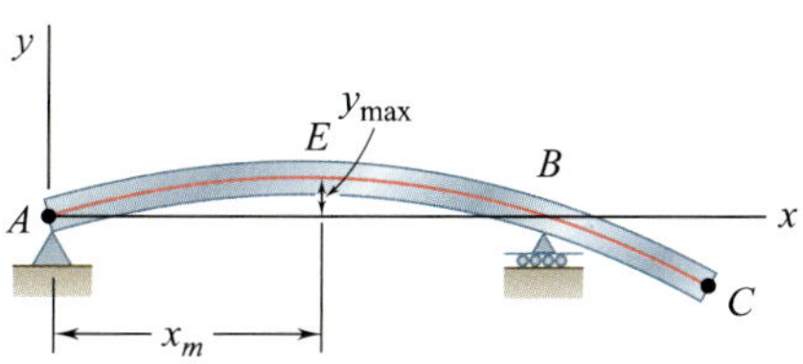

b. AB부분에서 최대처짐. 탄성곡선의 기울기가 0인 E점에서 최대처짐 y_{max}가 발생한다. 식 (3)에서 $dy/dx = 0$이라 놓으면, E점에서의 횡좌표 x_m을 구할 수 있다.

$$0 = \frac{PaL}{6EI}\left[1 - 3\left(\frac{x_m}{L}\right)^2\right] \qquad x_m = \frac{L}{\sqrt{3}} = 0.577L$$

$x_m/L = 0.577$을 식 (4)에 대입하면 다음과 같다.

$$y_{max} = \frac{PaL^2}{6EI}\left[(0.577) - (0.577)^3\right] \qquad y_{max} = 0.0642\frac{PaL^2}{EI}$$

c. y_{max}의 산정. 위의 조건을 대입하면 y_{max}는 다음과 같다.

$$y_{max} = 0.0642\frac{(50\ \text{kips})(48\ \text{in.})(180\ \text{in.})^2}{(29 \times 10^6\ \text{psi})(723\ \text{in}^4)} \qquad y_{max} = 0.238\ \text{in.}$$

문제 15.2

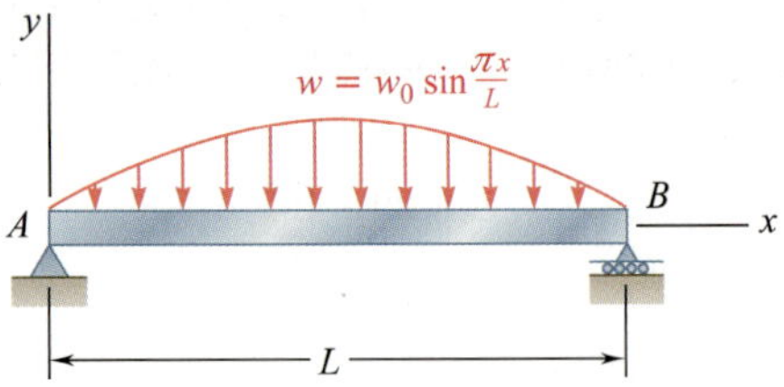

그림에서와 같이 단순보가 하중을 받을 때, (a) 탄성곡선식, (b) 끝단 A에서의 처짐각, (c) 최대처짐을 구하시오.

풀이.

탄성곡선의 미분방정식. 식 (15.32)로부터

$$EI\frac{d^4y}{dx^4} = -w(x) = -w_0 \sin\frac{\pi x}{L} \tag{1}$$

식 (1)을 두 번 미분하면:

$$EI\frac{d^3y}{dx^3} = V = +w_0\frac{L}{\pi}\cos\frac{\pi x}{L} + C_1 \tag{2}$$

$$EI\frac{d^2y}{dx^2} = M = +w_0\frac{L^2}{\pi^2}\sin\frac{\pi x}{L} + C_1 x + C_2 \tag{3}$$

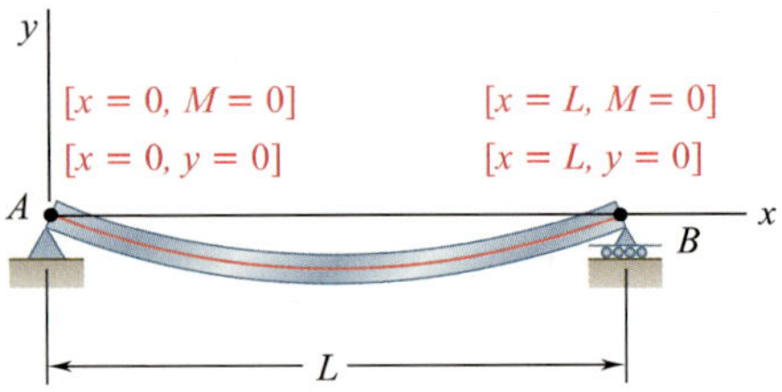

경계조건:

$[x=0,\ M=0]$: 식 (3)에 대입하면 $C_2 = 0$이다.

$[x=L,\ M=0]$: 다시 식 (3)에 대입하면 다음과 같다.

$$0 = w_0\frac{L^2}{\pi^2}\sin\pi + C_1 L \qquad C_1 = 0$$

그러므로 $$EI\frac{d^2y}{dx^2} = +w_0\frac{L^2}{\pi^2}\sin\frac{\pi x}{L} \tag{4}$$

식 (4)를 두 번 적분하면:

$$EI\frac{dy}{dx} = EI\theta = -w_0\frac{L^3}{\pi^3}\cos\frac{\pi x}{L} + C_3 \tag{5}$$

$$EIy = -w_0\frac{L^4}{\pi^4}\sin\frac{\pi x}{L} + C_3 x + C_4 \tag{6}$$

경계조건:

$[x=0,\ y=0]$: 식 (6)에 대입하면 $C_4 = 0$

$[x=L,\ y=0]$: 다시 식 (6)에 대입하면 $C_3 = 0$

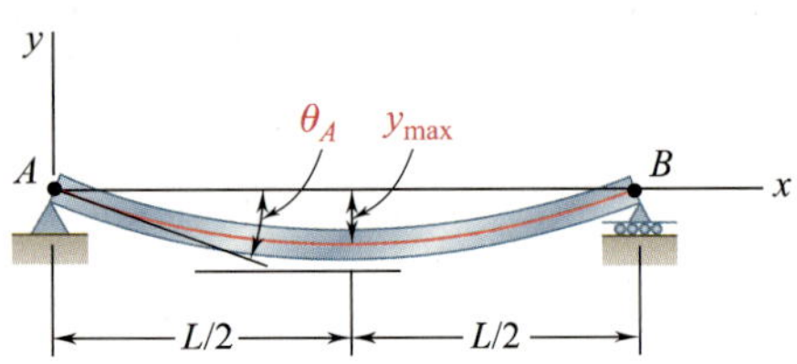

a. 탄성곡선 방정식 $$EIy = -w_0\frac{L^4}{\pi^4}\sin\frac{\pi x}{L}$$

b. A단의 처짐각 $x = 0$일 때,

$$EI\theta_A = -w_0\frac{L^3}{\pi^3}\cos 0 \qquad \theta_A = \frac{w_0 L^3}{\pi^3 EI} \ \text{↶}$$

c. 최대처짐 $x = \frac{1}{2}L$일 때,

$$EIy_{\max} = -w_0\frac{L^4}{\pi^4}\sin\frac{\pi}{2} \qquad y_{\max} = \frac{w_0 L^4}{\pi^4 EI} \downarrow$$

문제 15.3

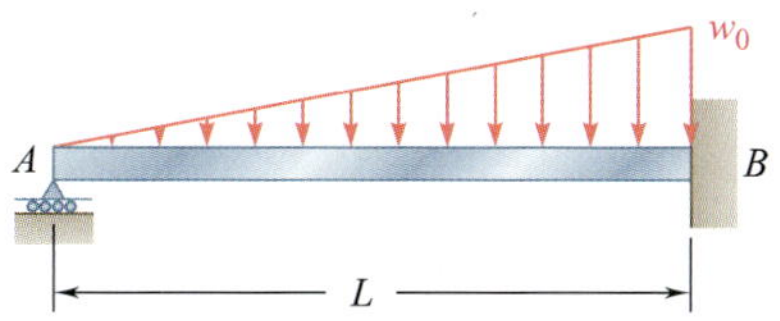

다음과 같은 선형 분포하중을 받는 보 AB에서, (a) A점에서의 반력을 구하시오. (b) 탄성곡선식을 유도하시오. (c) A에서의 처짐각을 구하시오. (이 보는 1차 부정정보이다.)

풀이.

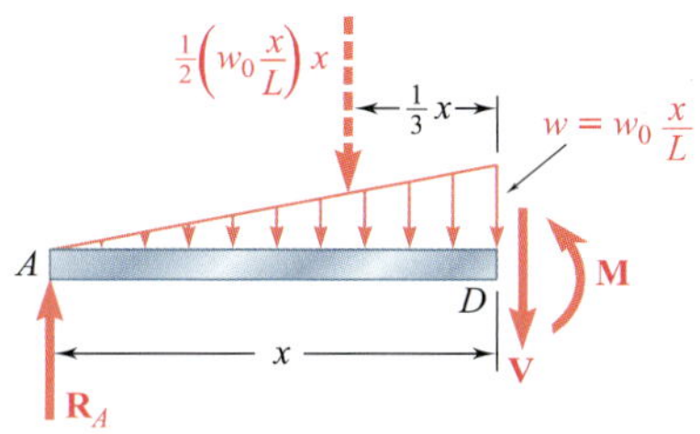

휨 모멘트. 그림과 같은 자유물체도를 이용하면,

$$+\circlearrowright\Sigma M_D = 0: \quad R_A x - \frac{1}{2}\left(\frac{w_0 x^2}{L}\right)\frac{x}{3} - M = 0 \qquad M = R_A x - \frac{w_0 x^3}{6L}$$

탄성곡선의 미분방정식. 식 (15.4)에서 $EI\dfrac{d^2y}{dx^2} = R_A x - \dfrac{w_0 x^3}{6L}$

휨강성 EI는 상수이므로, 두 번 적분하면 다음과 같다.

$$EI\frac{dy}{dx} = EI\theta = \frac{1}{2}R_A x^2 - \frac{w_0 x^4}{24L} + C_1 \tag{1}$$

$$EIy = \frac{1}{6}R_A x^3 - \frac{w_0 x^5}{120L} + C_1 x + C_2 \tag{2}$$

경계 조건. 그림에 주어진 3가지 경계조건이 만족되어야 한다.

$$[x=0,\ y=0]: \quad C_2 = 0 \tag{3}$$

$$[x=L,\ \theta=0]: \quad \frac{1}{2}R_A L^2 - \frac{w_0 L^3}{24} + C_1 = 0 \tag{4}$$

$$[x=L,\ y=0]: \quad \frac{1}{6}R_A L^3 - \frac{w_0 L^4}{120} + C_1 L + C_2 = 0 \tag{5}$$

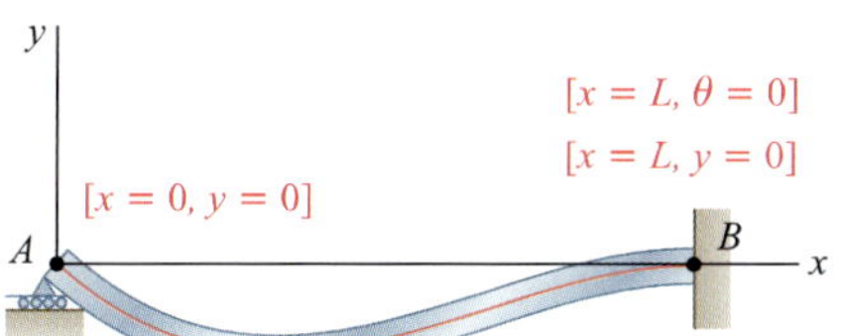

a. A점의 반력. 식 (4)에 L를 곱한 다음 식 (5)에서 빼면 다음과 같은 식을 얻는다.

$$\frac{1}{3}R_A L^3 - \frac{1}{30}w_0 L^4 = 0 \qquad \mathbf{R}_A = \frac{1}{10}w_0 L\uparrow$$

반력은 E와 I의 영향을 받지 않음에 주목하자. $R_A = \dfrac{1}{10}w_0 L$를 식 (4)에 대입하면 다음과 같다.

$$\frac{1}{2}\left(\frac{1}{10}w_0 L\right)L^2 - \frac{1}{24}w_0 L^3 + C_1 = 0 \qquad C_1 = -\frac{1}{120}w_0 L^3$$

b. 탄성곡선식. 식 (2)에 R_A, C_1, C_2를 대입하면 다음과 같다.

$$EIy = \frac{1}{6}\left(\frac{1}{10}w_0 L\right)x^3 - \frac{w_0 x^5}{120L} - \left(\frac{1}{120}w_0 L^3\right)x$$

$$y = \frac{w_0}{120EIL}(-x^5 + 2L^2x^3 - L^4x)$$

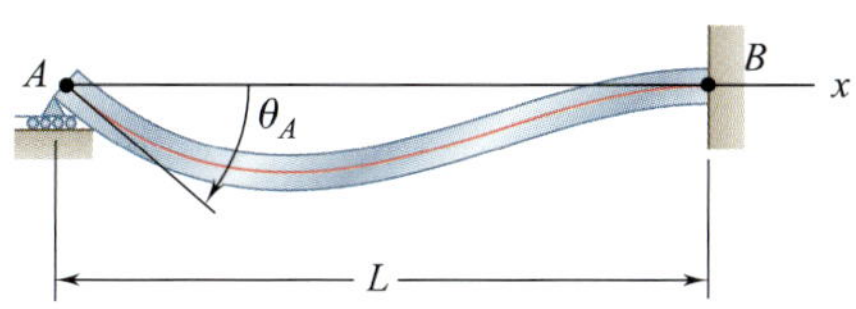

c. A점에서의 처짐각. 위 식을 x에 대해서 미분하면:

$$\theta = \frac{dy}{dx} = \frac{w_0}{120EIL}(-5x^4 + 6L^2x^2 - L^4)$$

$x=0$을 대입하면,

$$\theta_A = -\frac{w_0 L^3}{120EI} \circlearrowright$$

Problems

In the following problems assume that the flexural rigidity *EI* of each beam is constant.

15.1 through 15.4 For the loading shown, determine (*a*) the equation of the elastic curve for the cantilever beam *AB*, (*b*) the deflection at the free end, (*c*) the slope at the free end.

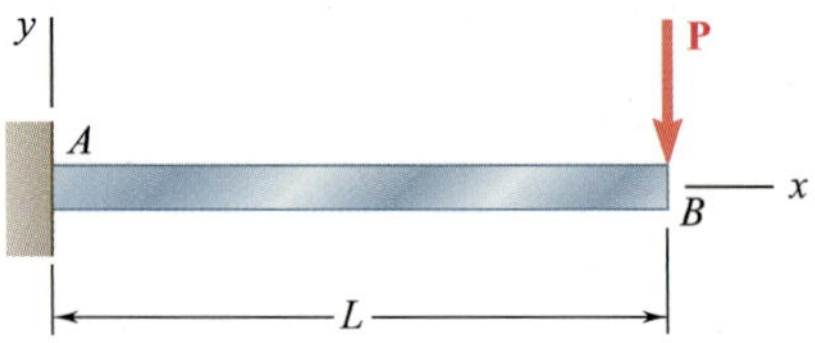

그림 P15.1

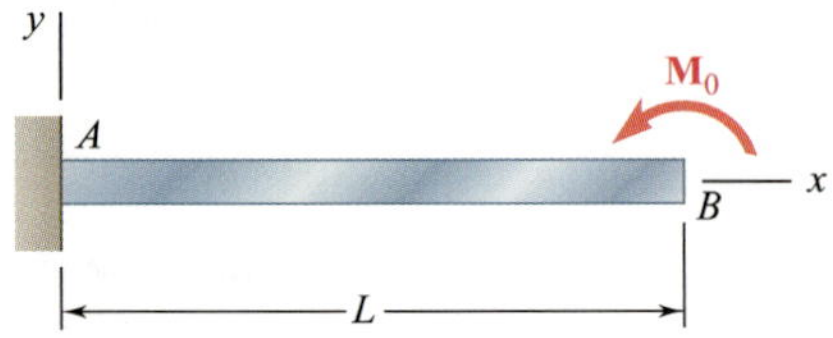

그림 P15.2

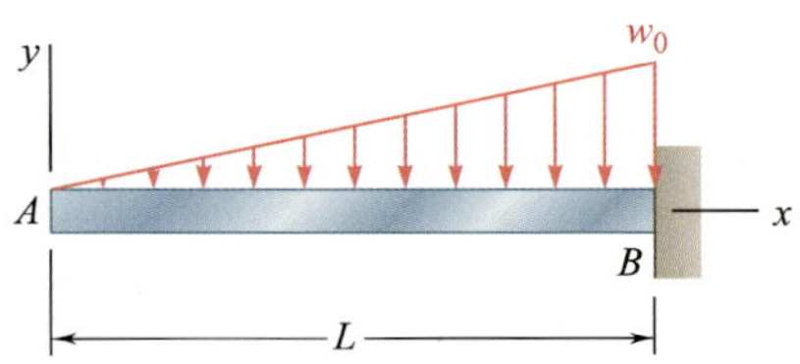

그림 P15.3

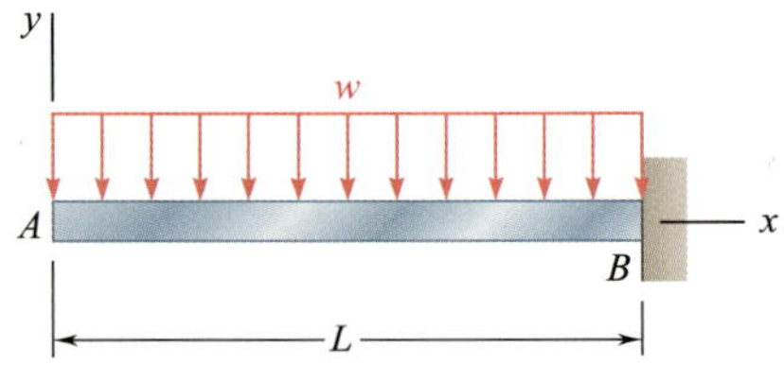

그림 P15.4

15.5 and 15.6 For the cantilever beam and loading shown, determine (*a*) the equation of the elastic curve for portion *AB* of the beam, (*b*) the deflection at *B*, (*c*) the slope at *B*.

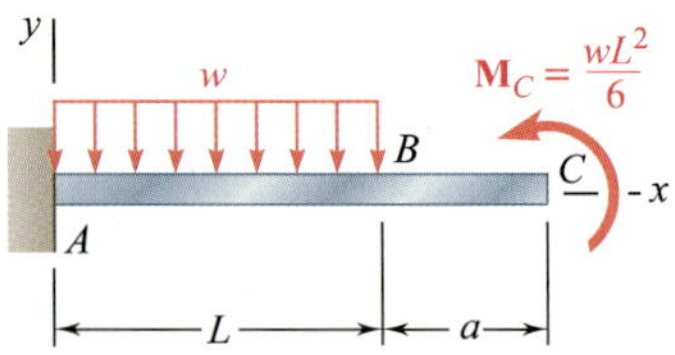

그림 P15.5

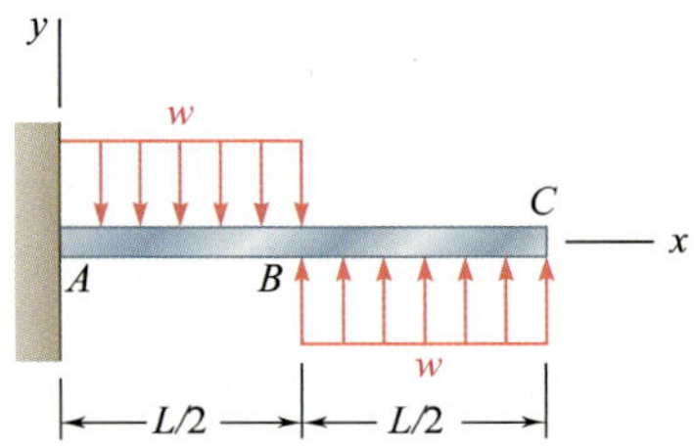

그림 P15.6

15.7 For the beam and loading shown, determine (*a*) the equation of the elastic curve for portion *AB* of the beam, (*b*) the slope at *A*, (*c*) the slope at *B*.

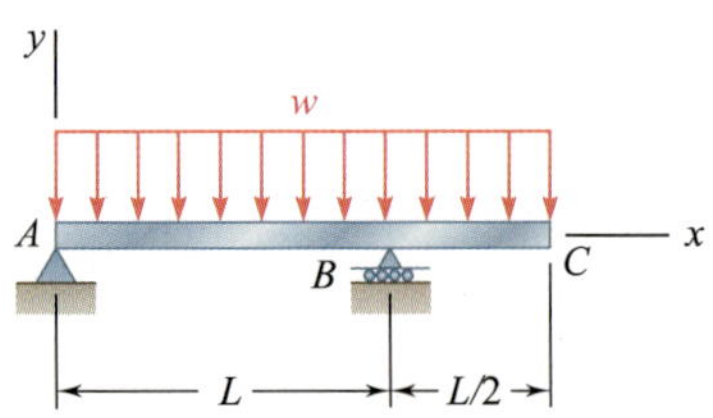

그림 P15.7

15.8 For the beam and loading shown, determine (*a*) the equation of the elastic curve for portion *BC* of the beam, (*b*) the deflection at midspan, (*c*) the slope at *B*.

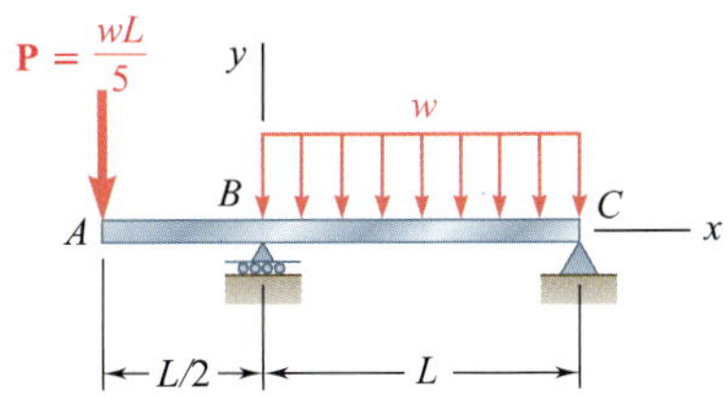

그림 *P15.8*

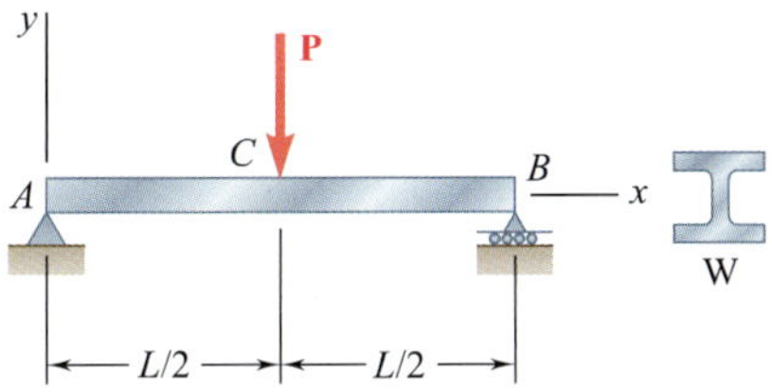

그림 P15.9

15.9 Knowing that beam *AB* is a W130 × 23.8 rolled shape and that $P = 50$ kN, $L = 1.25$ m, and $E = 200$ GPa, determine (*a*) the slope at *A*, (*b*) the deflection at *C*.

15.10 Knowing that beam *AB* is an S8 × 18.4 rolled shape and that $w_0 = 4$ kips/ft, $L = 9$ ft, and $E = 29 \times 10^6$ psi, determine (*a*) the slope at *A*, (*b*) the deflection at *C*.

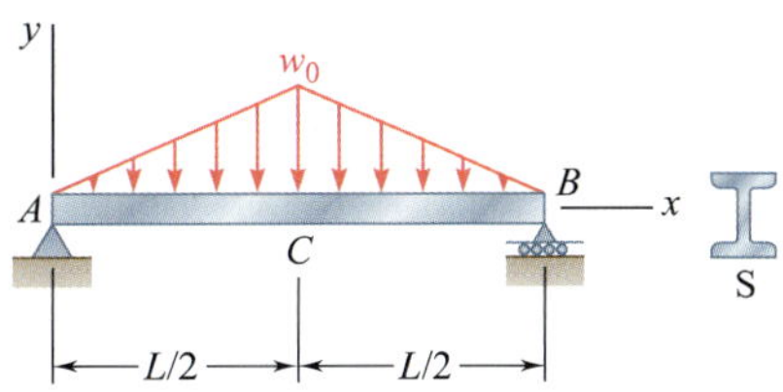

그림 P15.10

15.11 (*a*) Determine the location and magnitude of the maximum deflection of beam *AB*. (*b*) Assuming that beam *AB* is a W360 × 64, $L = 3.5$ m, and $E = 200$ GPa, calculate the maximum allowable value of the applied moment $\mathbf{M}_0$ if the maximum deflection is not to exceed 1 mm.

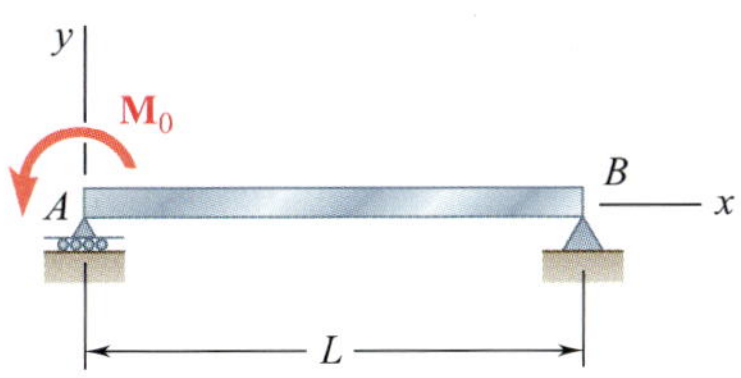

그림 P15.11

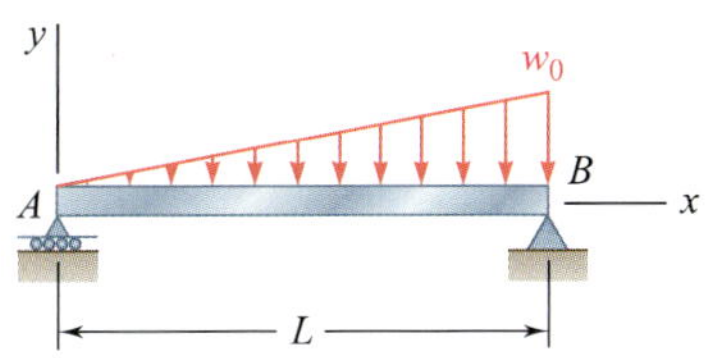

그림 P15.12

15.12 For the beam and loading shown, (*a*) express the magnitude and location of the maximum deflection in terms of w_0, *L*, *E*, and *I*. (*b*) Calculate the value of the maximum deflection, assuming that beam *AB* is a W18 × 50 rolled shape and that $w_0 = 4.5$ kips/ft, $L = 18$ ft, and $E = 29 \times 10^6$ psi.

15.13 and *15.14* For the beam and loading shown, determine the deflection at point C. Use $E = 200$ GPa.

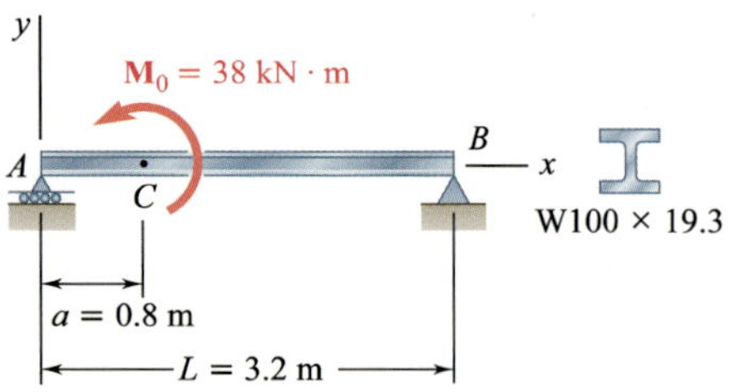

그림 P15.13

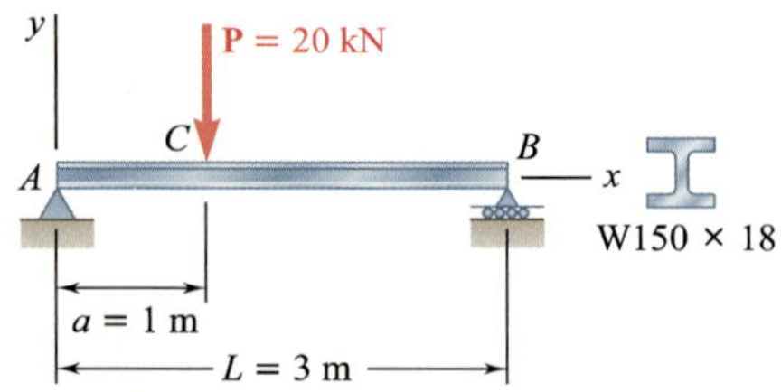

그림 *P15.14*

15.15 For the beam and loading shown, determine (*a*) the equation of the elastic curve, (*b*) the slope at end A, (*c*) the deflection at the midpoint of the span.

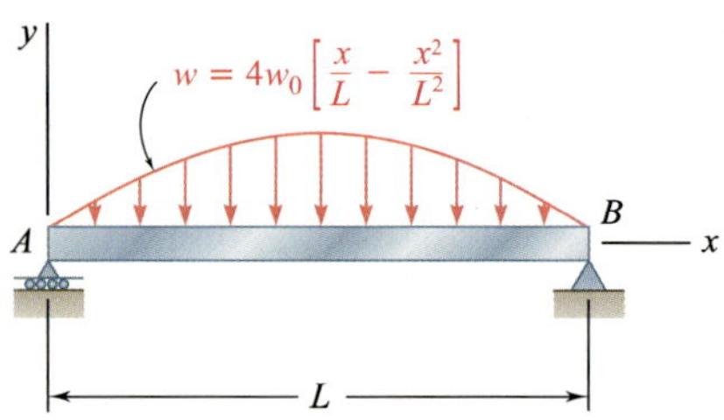

그림 P15.15

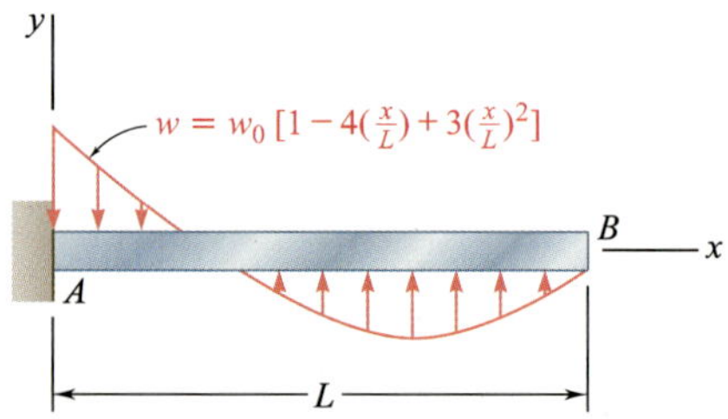

그림 *P15.16*

15.16 For the beam and loading shown, determine (*a*) the equation of the elastic curve, (*b*) the deflection at the free end.

15.17 through 15.20 For the beam and loading shown, determine the reaction at the roller support.

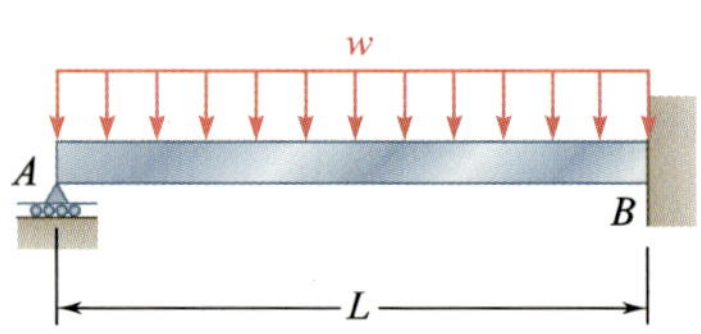

그림 P15.17

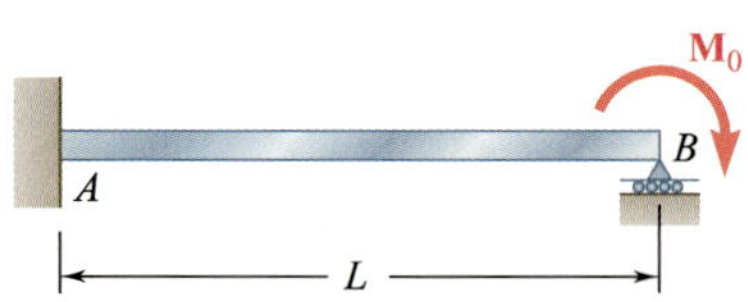

그림 P15.18

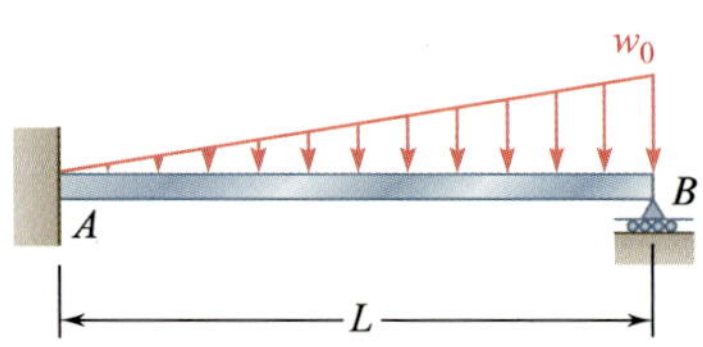

그림 *P15.19*

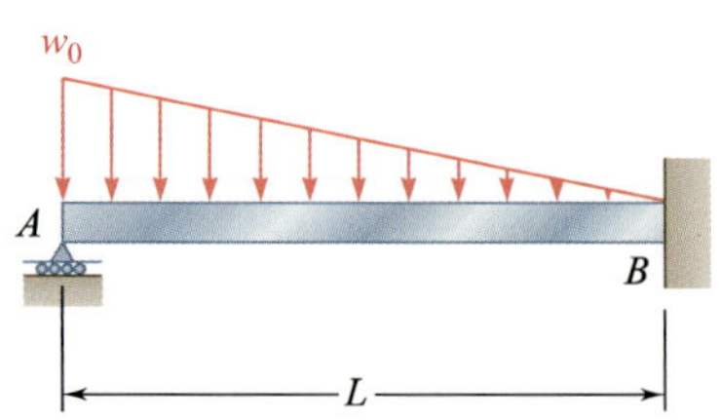

그림 P15.20

15.21 and 15.22 Determine the reaction at the roller support, and draw the bending moment diagram for the beam and loading shown.

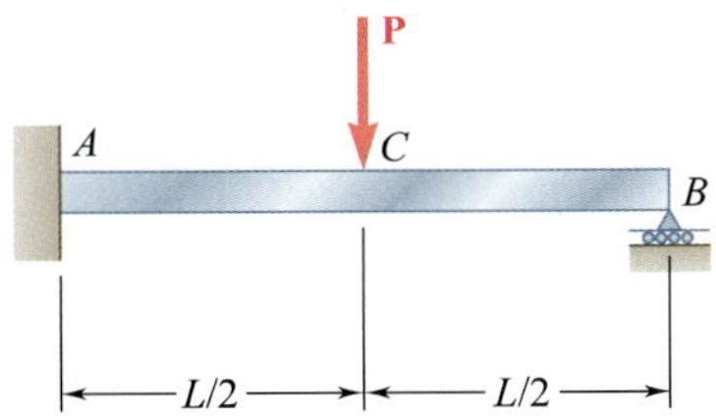

그림 P15.21

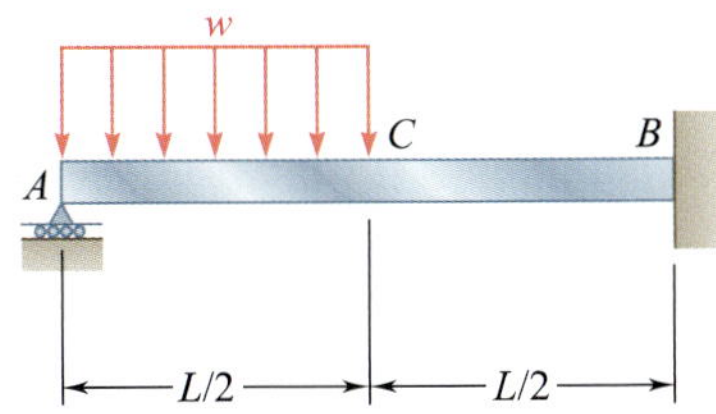

그림 P15.22

15.23 and *15.24* Determine the reaction at the roller support and the deflection at point D if a is equal to $L/3$.

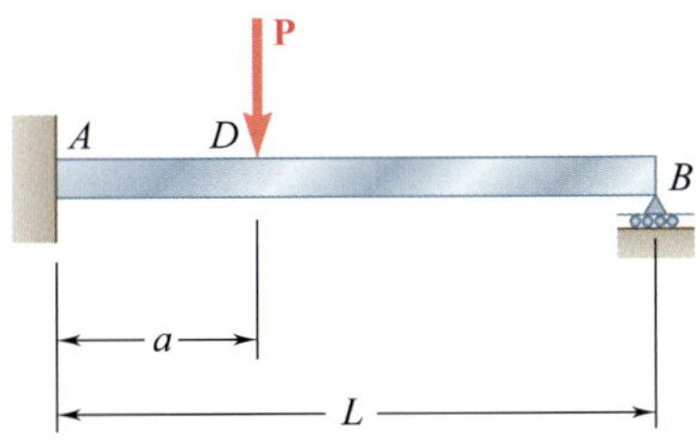

그림 P15.23

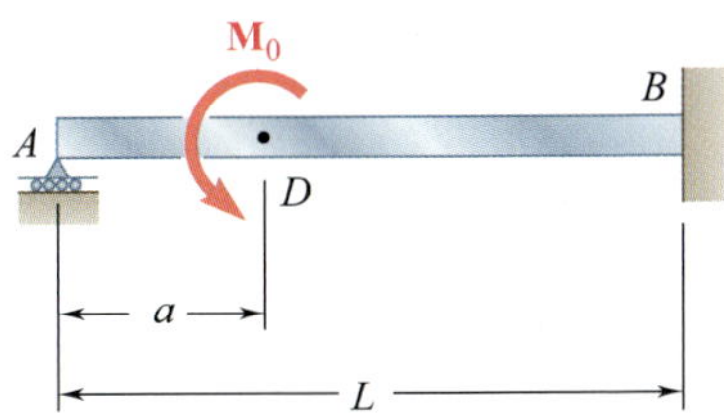

그림 *P15.24*

15.25 and 15.26 Determine the reaction at A, and draw the bending moment diagram for the beam and loading shown.

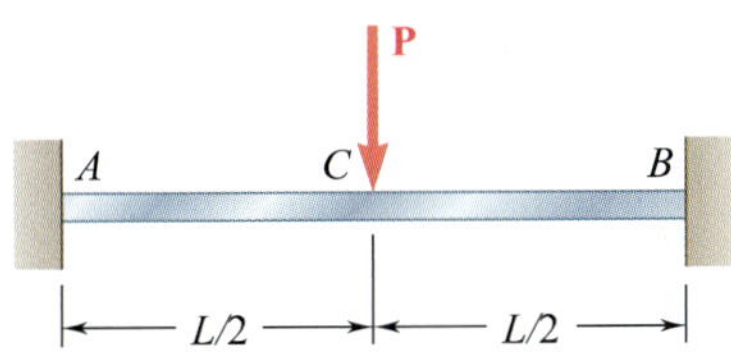

그림 P15.25

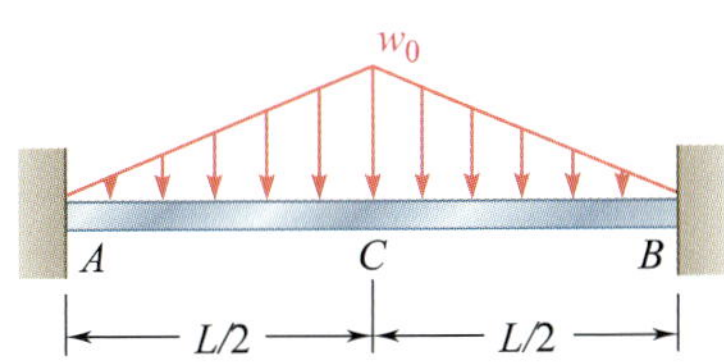

그림 P15.26

15.6 중첩법

보가 한 개 이상의 집중하중이나 분포하중을 받는 경우, 각 하중에 의해 생기는 처짐각과 처짐을 각각 계산하는 것이 편리한 경우가 많다. 조합하중에 의해 생기는 처짐각과 처짐은 중첩의 원리를 적용하여(9.11절) 각 하중에 대응하는 처짐각과 처짐을 더함으로써 구해진다.

예제 15.6 그림 15.27의 하중을 받는 보의 D점에서의 처짐각과 처짐을 구하시오. 보 전체에 걸쳐 휨강성 $EI = 100\ \mathrm{MN \cdot m^2}$이다.

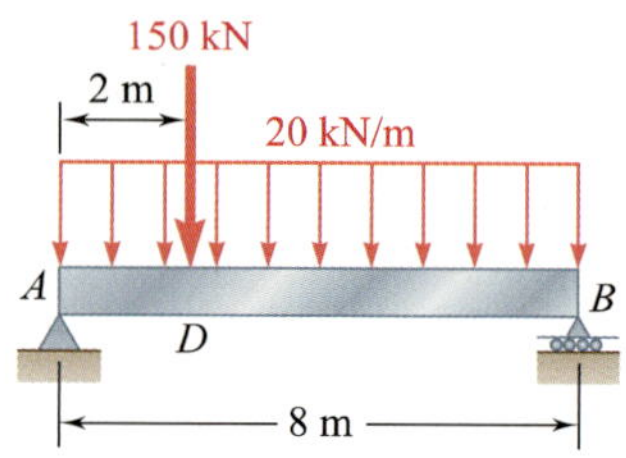

그림 15.27

보의 임의 점에서의 처짐각과 처짐은 집중하중과 분포하중에 의해 발생하는 각각의 처짐과 처짐각을 중첩함으로써 계산된다(그림 15.28).

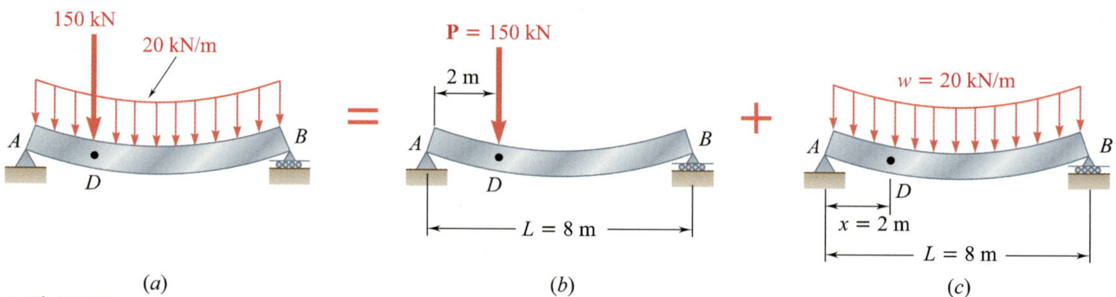

그림 15.28

그림 15.28b의 집중하중은 보의 4분의 1 지점에 작용하기 때문에, 예제 15.3의 결과를 이용할 수 있으며 다음과 같다.

$$(\theta_D)_P = -\frac{PL^2}{32EI} = -\frac{(150\times10^3)(8)^2}{32(100\times10^6)} = -3\times10^{-3}\ \mathrm{rad}$$

$$(y_D)_P = -\frac{3PL^3}{256EI} = -\frac{3(150\times10^3)(8)^3}{256(100\times10^6)} = -9\times10^{-3}\ \mathrm{m} = -9\ \mathrm{mm}$$

반면, 등분포 하중을 받는 보 예제 15.2의 탄성곡선을 이용하면, 그림 15.28c의 처짐은 다음과 같이 표현할 수 있다.

$$y = \frac{w}{24EI}(-x^4 + 2Lx^3 - L^3x) \tag{15.44}$$

위 식을 x에 대해 미분하면

$$\theta = \frac{dy}{dx} = \frac{w}{24EI}(-4x^3 + 6Lx^2 - L^3) \tag{15.45}$$

$w = 20\,\text{kN/m}$, $x = 2\,\text{m}$, $L = 8\,\text{m}$를 식 (15.45)와 (15.44)에 대입하면 다음과 같다.

$$(\theta_D)_w = \frac{20 \times 10^3}{24(100 \times 10^6)}(-352) = -2.93 \times 10^{-3}\,\text{rad}$$

$$(y_D)_w = \frac{20 \times 10^3}{24(100 \times 10^6)}(-912) = -7.60 \times 10^{-3}\,\text{m} = -7.60\,\text{mm}$$

집중하중과 분포하중으로부터 구한 처짐각과 처짐을 합하면 다음과 같다.

$$\theta_D = (\theta_D)_P + (\theta_D)_w = -3 \times 10^{-3} - 2.93 \times 10^{-3}\,\text{m} = -5.93 \times 10^{-3}\,\text{rad}$$

$$y_D = (y_D)_P + (y_D)_w = -9\,\text{mm} - 7.60\,\text{mm} = -16.60\,\text{mm}$$ ■

엔지니어의 업무를 용이하게 하기 위해, 대부분의 구조공학과 기계공학의 서적은 다양한 경계조건과 하중조건에 대한 처짐과 처짐각을 나타내는 표를 포함한다. 부록 C에 이러한 표가 수록되어 있다. 그림 15.27과 같은 보의 처짐각과 처짐은 이 표로 구할 수도 있다. 사실, Case 5와 6을 이용하여, $x \le L/4$인 임의의 점에서의 처짐을 표현할 수 있다. 이러한 방식으로 위에서 얻어진 식의 도함수를 구하면 보의 처짐각을 구할 수 있다. 보의 양단에서의 처짐각 또한 간단하게 그에 대응하는 표의 값을 더함으로써 구할 수 있다. 그러나 그림 15.27보의 최대처짐은 Case 5와 Case 6의 최대처짐을 더해서는 구할 수 없다. 왜냐하면 최대처짐이 보의 다른 부분에 발생하기 때문이다.[2)]

15.7 부정정보에서의 중첩의 적용

부정정보에서 반력을 구할 때 중첩법을 이용하는 것은 편리하다. 사진 15.2의 보와 같은 1차 부정정보의 경우를 고려해보자(예 15.5절). 9.8절에 기술된 접근법을 따라해 보자. 하나의 반력을 부정정력으로 택하고, 이에 대응하는 지점을 제거하거나 수정하자. 다른 하중들과 같이 미지 반력으로 취급되는 부정정 반력은 본래 지점에 대응하는 처짐을 발생시켜야 한다. 지점이 수정되거나 제거된 점의 처짐각과 처짐은 주어진 하중과 **잉여력**(redundant force)에 의한 처짐을 각각 계산하고, 그 결과를 중첩함으로써 산정된다. 지점반력이 구해지면, 보의 임의의 점의 처짐각과 처짐은 정정구조물과 같은 방식으로 결정된다.

2) 보의 최대처짐의 근사값은 다양한 x값에 대응하는 y값을 도식함으로써 구해질 수 있다. 위에서 구한 보의 처짐각식을 영으로 놓고 x에 대해 풀면 최대처짐의 정확한 위치와 크기를 구할 수 있다.

사진 15.2 고속도로 고가교를 지지하는 연속보는 3개의 지점을 갖고 있으며, 따라서 부정정보이다.

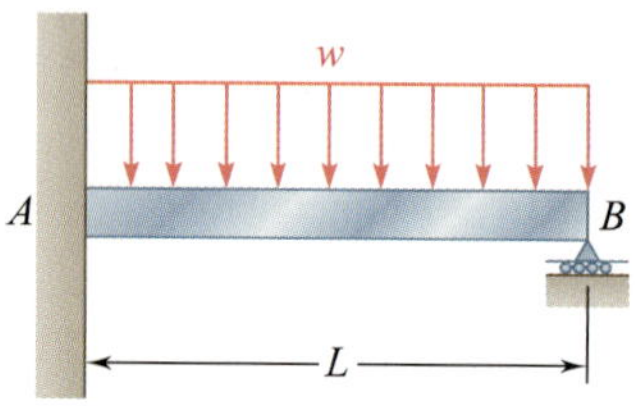

그림 15.29

예제 15.7 그림 15.29와 같은 등단면보의 지점반력을 구하시오(이 보는 15.5절의 예제 15.5의 보와 모든 조건이 같다.).

B점에서의 반력을 잉여력으로 선택하고, 대응하는 구속을 제거한다. 반력 $\mathbf{R}_B$는 이제 미지의 하중으로 고려되며(그림 15.30a), 보의 B점에서의 처짐이 영이어야 한다는 조건으로부터 산정될 것이다. 해는 등분포하중 w(그림 15.30b)에 의하여 발생하는 B점의 처짐 $(y_b)_w$과 잉여력 $\mathbf{R}_B$(그림 15.30c)에 의해 발생하는 B점이 처짐 $(y_B)_R$을 각각 계산함으로써 산정된다.

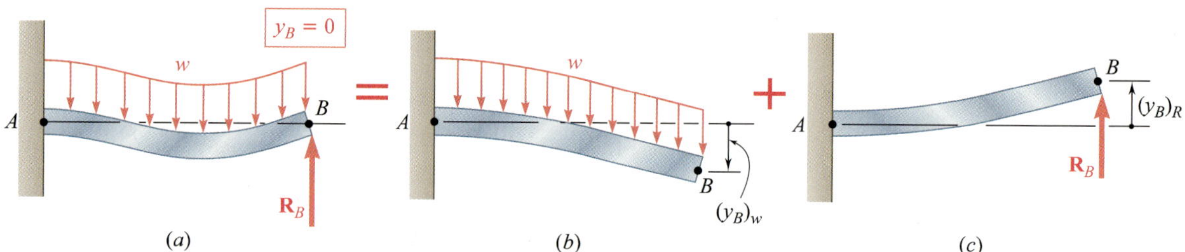

그림 15.30

부록 C의 표로부터(Case 1과 2)

$$(y_B)_w = -\frac{wL^4}{8EI} \qquad (y_B)_R = +\frac{R_B L^3}{3EI}$$

B점의 최종처짐은 위의 두 식의 합이며 이 값은 영이 되어야 한다. 그러므로

$$y_B = (y_B)_w + (y_B)_R = 0$$

$$y_B = -\frac{wL^4}{8EI} + \frac{R_B L^3}{3EI} = 0$$

R_B에 대하여 풀면 $R_B = \frac{3}{8}wL$, $\mathbf{R}_B = \frac{3}{8}wL \uparrow$ 이다.

보의 자유물체도를 그려보자(그림 15.31). 다음으로 이에 대응하는 평형방정식은 다음과 같다.

$$+\uparrow \Sigma F_y = 0: \quad R_A + R_B - wL = 0 \tag{15.46}$$

$$R_A = wL - R_B = wL - \frac{3}{8}wL = \frac{5}{8}wL$$

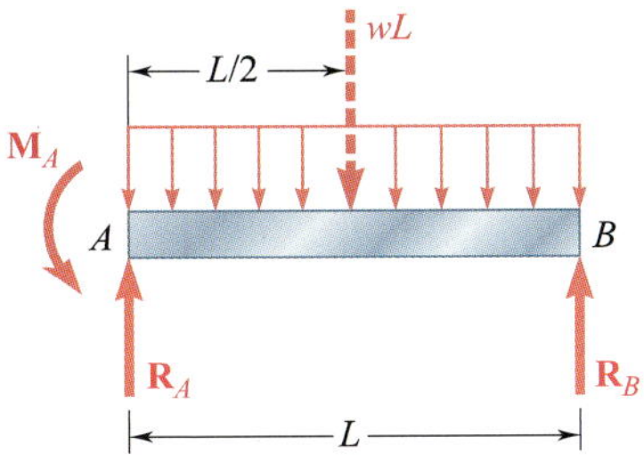

그림 15.31

$$\mathrm{R}_A = \frac{5}{8}wL\uparrow$$

$$+\circlearrowright\Sigma M_A = 0:\quad M_A + R_B L - (wL)\left(\frac{1}{2}L\right) = 0 \tag{15.47}$$

$$M_A = \frac{1}{2}wL^2 - R_B L = \frac{1}{2}wL^2 - \frac{3}{8}wL^2 = \frac{1}{8}wL^2$$

$$\mathrm{M}_A = \frac{1}{8}wL^2\circlearrowright$$

다른 해법. 고정단 A점에 발생하는 모멘트를 잉여력으로 선정하고, 고정단을 핀-브라켓 지점으로 바꾼다. 모멘트 M_A는 이제 미지력으로 고려되고(그림 15.32a) A점의 처짐각이 영이 되어야 하는 조건으로부터 계산된다. 해는 등분포하중 w(그림 15.32b)에 의하여 발생하는 A점의 처짐각 $(\theta_A)_w$와 미지의 모멘트 M_A(그림 15.32c)에 의해 발생하는 A점의 처짐 $(\theta_A)_M$을 각각 계산함으로써 결정된다.

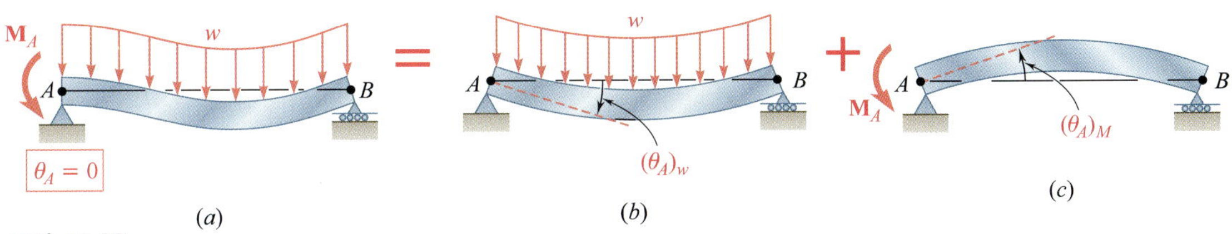

그림 15.32

부록 C의 표를 이용하여(Case 6과 7), Case 7에서 A와 B는 바뀌어야 함을 주의하면 다음과 같은 식을 얻는다.

$$(\theta_A)_w = -\frac{wL^3}{24EI} \qquad (\theta_A)_M = \frac{M_A L}{3EI}$$

A점의 최종처짐각은 위의 두 식의 합이며 이 값은 영이 되어야 한다.

$$\theta_A = (\theta_A)_w + (\theta_A)_M = 0$$

$$\theta_A = -\frac{wL^3}{25EI} + \frac{M_A L}{3EI} = 0$$

위 식을 M_A에 대해 풀면 다음과 같다.

$$M_A = \frac{1}{8}wL^2 \qquad \mathrm{M}_A = \frac{1}{8}wL^2\circlearrowright$$

R_A와 R_B의 값은 평형방정식 (15.46)과 (15.47)로부터 계산할 수 있다. ■

이전 예제에서 고려된 보는 1차 부정정보였다. 2차 부정정보의 경우(예. 15.5절) 2개의 반력이 잉여력으로 선정되어야 하며, 이에 대응하는 지점은 정확하게 제거되어야 한다. 그러면 2개의 잉여력은 다른 하중들과 함께 미지의 하중으로 취급되며 본래 지점에 대응하는 처짐을 발생시켜야 한다(문제 15.6을 보라).

문제 15.4

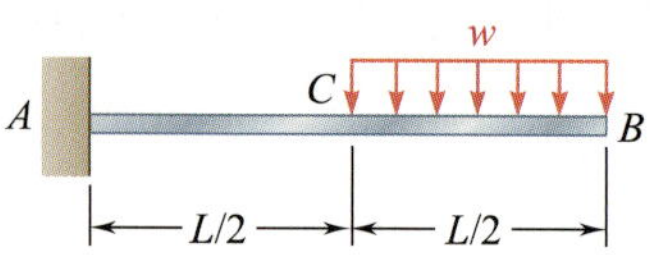

왼쪽그림과 같은 하중을 받는 보의 B점에서의 처짐각과 처짐을 구하시오.

풀이.

중첩의 원리. 본래의 하중은 아래 그림의 두 하중조건을 중첩한 것과 같다. 보 AB는 물론 각 그림마다 같다.

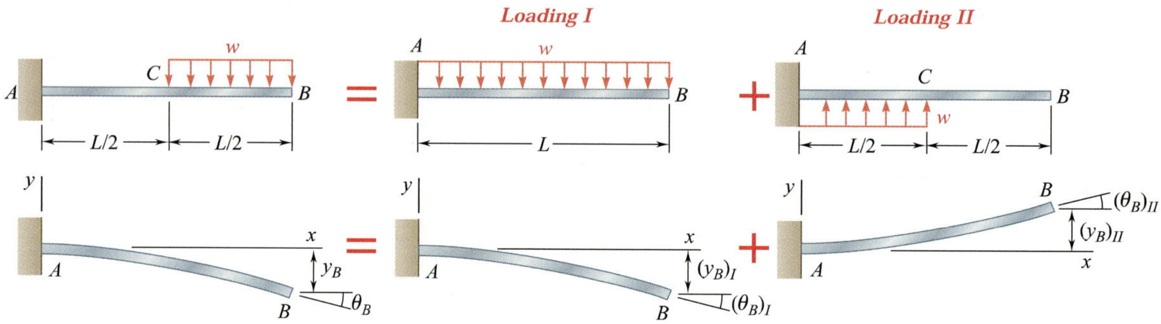

각각의 하중조건 Ⅰ 과 Ⅱ 에서의 B점에서의 처짐과 처짐각을 부록 C의 표를 이용하여 구해보자.

Loading I

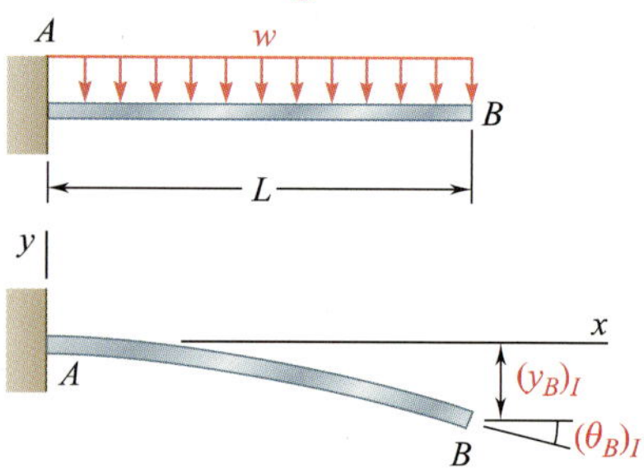

하중 Ⅰ

$$(\theta_B)_{\mathrm{I}} = -\frac{wL^3}{6EI} \qquad (y_B)_{\mathrm{I}} = -\frac{wL^4}{8EI}$$

하중 Ⅱ

$$(\theta_C)_{\mathrm{II}} = +\frac{w(L/2)^3}{6EI} = +\frac{wL^3}{48EI} \qquad (y_C)_{\mathrm{II}} = +\frac{w(L/2)^4}{8EI} = +\frac{wL^4}{128EI}$$

CB부분에서 하중조건 Ⅱ일 때 휨모멘트는 영이고, 그러므로 탄성곡선은 직선이다.

$$(\theta_B)_{\mathrm{II}} = (\theta_C)_{\mathrm{II}} = +\frac{wL^3}{48EI}$$

$$(y_B)_{\mathrm{II}} = (y_C)_{\mathrm{II}} + (\theta_C)_{\mathrm{II}}\left(\frac{L}{2}\right) = \frac{wL^4}{128EI} + \frac{wL^3}{48EI}\left(\frac{L}{2}\right) = +\frac{7wL^4}{384EI}$$

Loading II

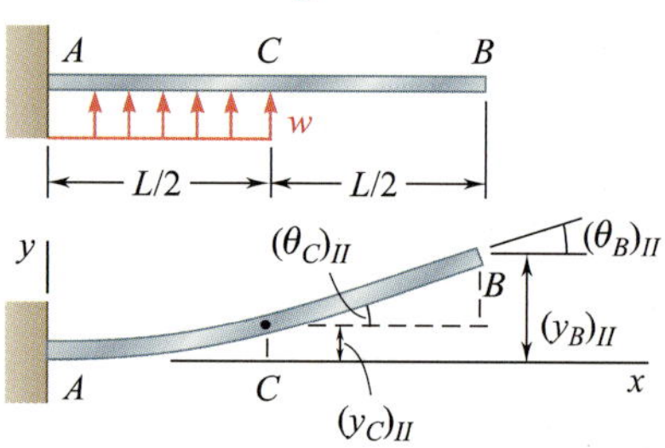

***B*점의 처짐각.**

$$\theta_B = (\theta_B)_{\mathrm{I}} + (\theta_B)_{\mathrm{II}} = -\frac{wL^3}{6EI} + \frac{wL^3}{48EI} = -\frac{7wL^3}{48EI} \qquad \theta_B = \frac{7wL^3}{48EI} \curvearrowright$$

***B*점의 처짐.**

$$y_B = (y_B)_{\mathrm{I}} + (y_B)_{\mathrm{II}} = -\frac{wL^4}{8EI} + \frac{7wL^4}{384EI} = -\frac{41wL^4}{384EI} \qquad y_B = \frac{41wL^4}{384EI} \downarrow$$

문제 15.5

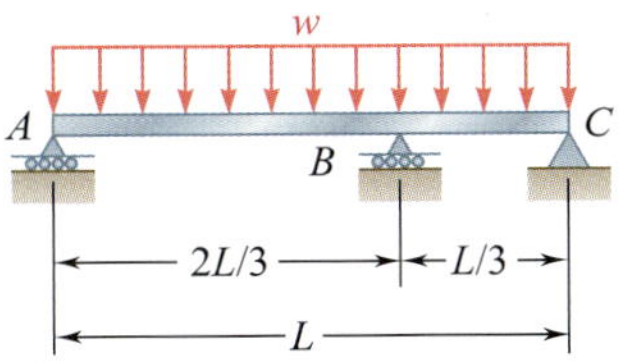

왼쪽 그림과 같은 하중을 받는 보에서 (a) 각 지점의 반력, (b) A단에서의 처짐각을 구하시오.

풀이.

중첩의 원리. 반력 $\mathbf{R}_B$가 잉여력으로 선택되었으며, 미지의 외력처럼 고려된다. 분포하중에 의한 처짐과 반력 $\mathbf{R}_B$에 의한 처짐은 아래와 같다.

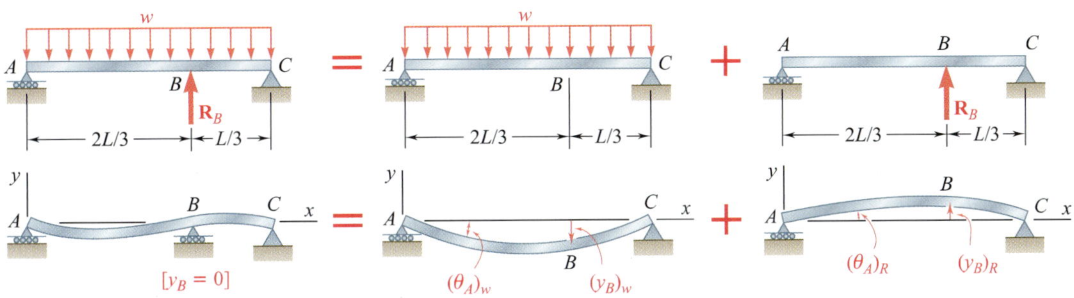

각 하중에 의한 B점에서의 처짐은 부록 C의 표를 이용하여 구한다.

분포하중. 부록 C의 Case 6을 이용하면, $y=-\dfrac{w}{24EI}(x^4-2Lx^3+L^3x)$

$x=\dfrac{2}{3}L$인 B점

$$(y_B)_w=-\frac{w}{24EI}\left[\left(\frac{2}{3}L\right)^4-2L\left(\frac{2}{3}L\right)^3+L^3\left(\frac{2}{3}L\right)\right]=-0.01132\frac{wL^4}{EI}$$

잉여력. 부록 C의 Case 5을 이용하면, $a=\dfrac{2}{3}L$와 $b=\dfrac{1}{3}L$라 놓으면,

$$(y_B)_R=-\frac{Pa^2b^2}{3EIL}=+\frac{R_B}{3EIL}\left(\frac{2}{3}L\right)^2\left(\frac{L}{3}\right)^2=0.01646\frac{R_BL^3}{EI}$$

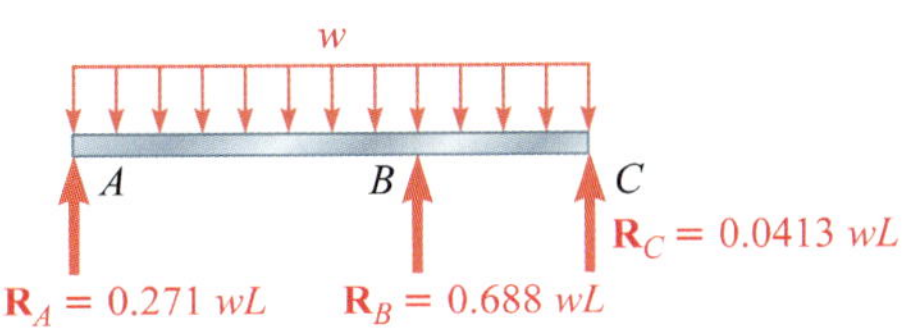

a. 지점반력. $y_B=0$이므로 $y_B=(y_B)_w+(y_B)_R$

$$0=-0.01132\frac{wL^4}{EI}+0.01646\frac{R_BL^3}{EI} \qquad \mathbf{R}_B=0.688wL\uparrow$$

R_B가 구해졌으므로, 정역학을 이용하여 다른 반력들을 구할 수 있다.

$$\mathbf{R}_A=0.271wL\uparrow \qquad \mathbf{R}_C=0.0413wL\uparrow$$

b. A단에서의 처짐각. 부록 C를 참조하면,

분포하중. $(\theta_A)_w=-\dfrac{wL^3}{24EI}=-0.04167\dfrac{wL^3}{EI}$

잉여력. $P=-R_B=-0.688wL$와 $b=\dfrac{1}{3}L$로 놓으면

$$(\theta_A)_R=-\frac{Pb(L^2-b^2)}{6EIL}=+\frac{0.688wL}{6EIL}\left(\frac{L}{3}\right)\left[L^2-\left(\frac{L}{3}\right)^2\right]$$

$$(\theta_A)_R=0.03398\frac{wL^3}{EI}, \qquad \theta_A=(\theta_A)_w+(\theta_A)_R$$

$$\theta_A=-0.04167\frac{wL^3}{EI}+0.03398\frac{wL^3}{EI}=-0.00769\frac{wL^3}{EI} \qquad \theta_A=0.00769\frac{wL^3}{EI}\ ⤹$$

문제 15.6

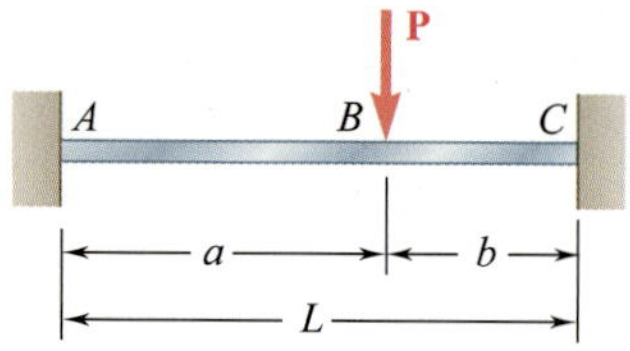

왼쪽 그림과 같은 하중을 받는 보에서 고정단 C에서의 반력을 구하시오.

풀이.

중첩의 원리. 보의 축력은 0이라 가정하면, 보 ABC는 2차 부정정보이다. 두 반력성분 즉 수직력 $\mathbf{R}_C$와 $\mathbf{M}_C$를 잉여력으로 선택하자. 하중 $\mathbf{P}$, $\mathbf{R}_C$, $\mathbf{M}_C$에 의한 처짐은 아래와 같이 각각 고려될 것이다.

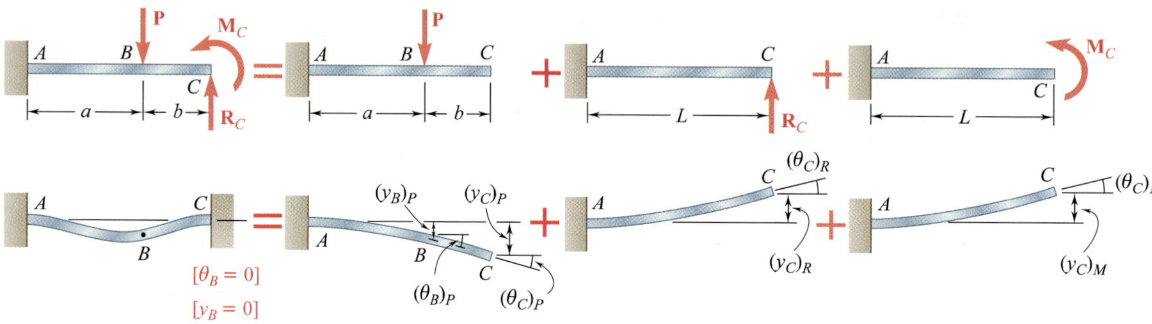

각 하중에 의한 C점의 처짐과 처짐각은 부록 C의 보의 처짐과 처짐각 표로부터 구해진다.

하중 P 이 하중조건에서 보의 BC부분은 직선임을 주목하자.

$$(\theta_C)_P = (\theta_B)_P = -\frac{Pa^2}{2EI}$$

$$(y_C)_P = (y_B)_P + (\theta_B)_P b = -\frac{Pa^3}{3EI} - \frac{Pa^2}{2EI}b = -\frac{Pa^2}{6EI}(2a+3b)$$

반력 R_C $\quad (\theta_C)_R = +\dfrac{R_C L^2}{2EI} \qquad (y_C)_R = +\dfrac{R_C L^3}{3EI}$

반력모멘트 M_C $\quad (\theta_C)_M = +\dfrac{M_C L}{EI} \qquad (y_C)_M = +\dfrac{M_C L^2}{2EI}$

경계조건. C단에서 처짐각과 처짐은 영이어야 한다.

$[x = L,\ \theta_C = 0]$:

$$\theta_C = (\theta_C)_P + (\theta_C)_R + (\theta_C)_M$$

$$0 = -\frac{Pa^2}{2EI} + \frac{R_C L^2}{2EI} + \frac{M_C L}{EI} \tag{1}$$

$[x = L,\ y_C = 0]$:

$$y_C = (y_C)_P + (y_C)_R + (y_C)_M$$

$$0 = -\frac{Pa^2}{6EI}(2a+3b) + \frac{R_C L^3}{3EI} + \frac{M_C L^2}{2EI} \tag{2}$$

C점에서의 반력성분. 식 (1)과 (2)를 연립하여 풀면 부정정력이 산정된다.

$$R_C = +\frac{Pa^2}{L^3}(a+3b) \qquad \mathbf{R}_C = \frac{Pa^2}{L^3}(a+3b) \uparrow$$

$$M_C = -\frac{Pa^2 b}{L^2} \qquad \mathbf{M}_C = \frac{Pa^2 b}{L^2} \curvearrowright$$

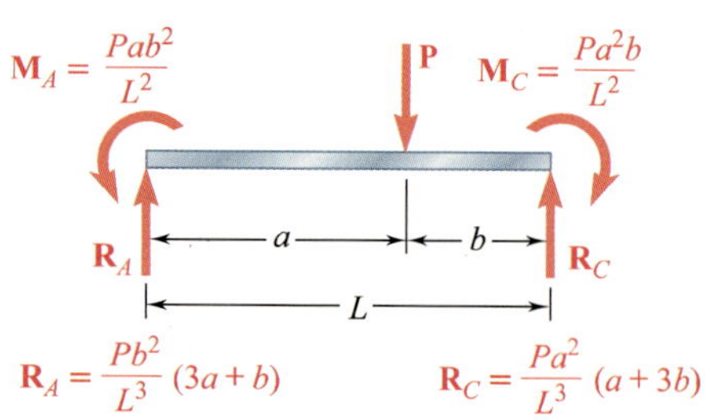

정역학을 이용하면 A점에서의 반력을 구할 수 있다.

Problems

Use the method of superposition to solve the following problems and assume that the flexural rigidity *EI* of each beam is constant.

15.27 through 15.30 For the beam and loading shown, determine (*a*) the deflection at point *C*, (*b*) the slope at end *A*.

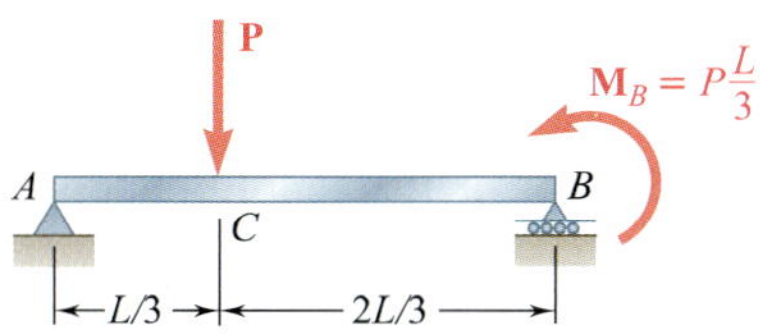

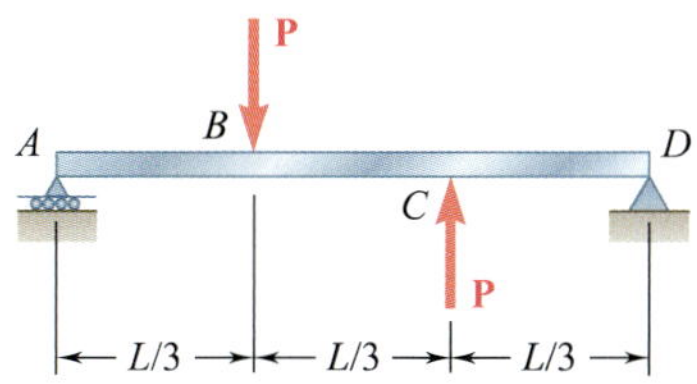

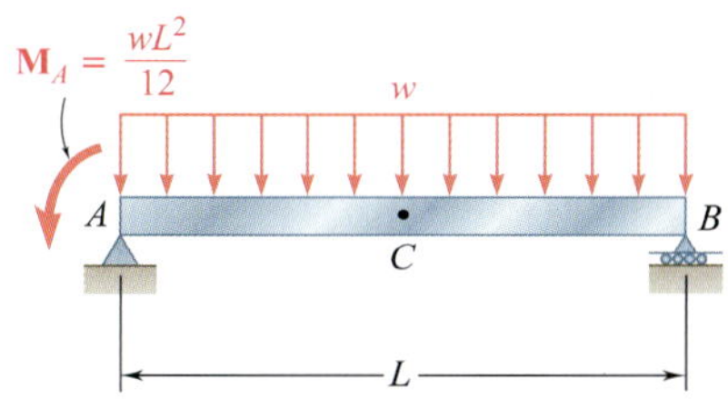

그림 P15.29

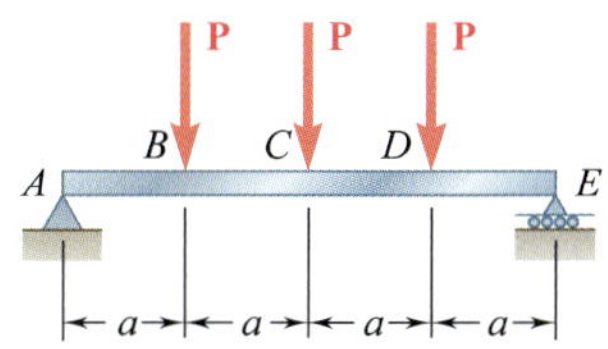

그림 P15.30

15.31 and 15.32 For the cantilever beam and loading shown, determine the slope and deflection at the free end.

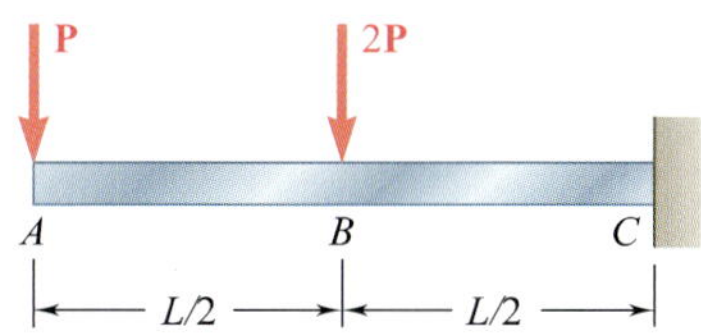

그림 P15.31

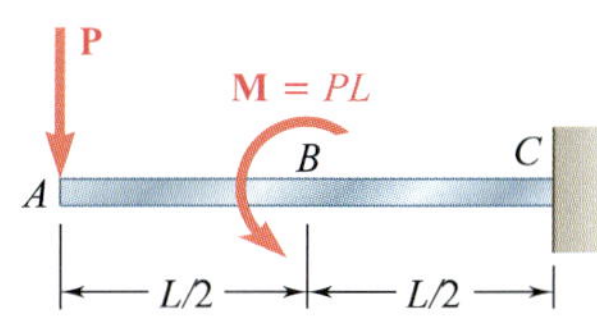

그림 P15.32

15.33* and *15.34 For the cantilever beam and loading shown, determine the slope and deflection at point *C*.

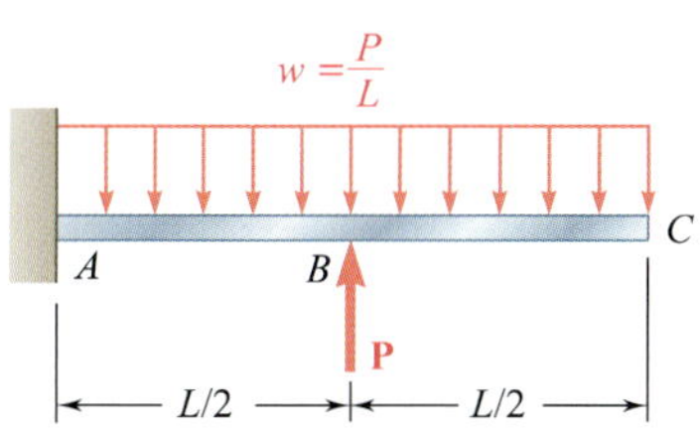

그림 *P15.33*

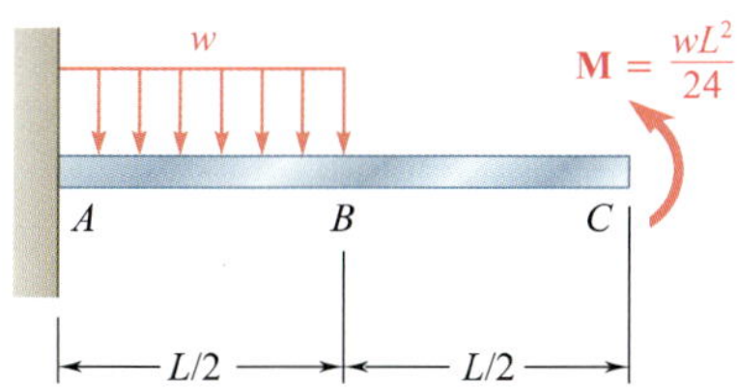

그림 *P15.34*

15.35 For the cantilever beam and loading shown, determine the slope and deflection at end C. Use $E = 29 \times 10^6$ psi.

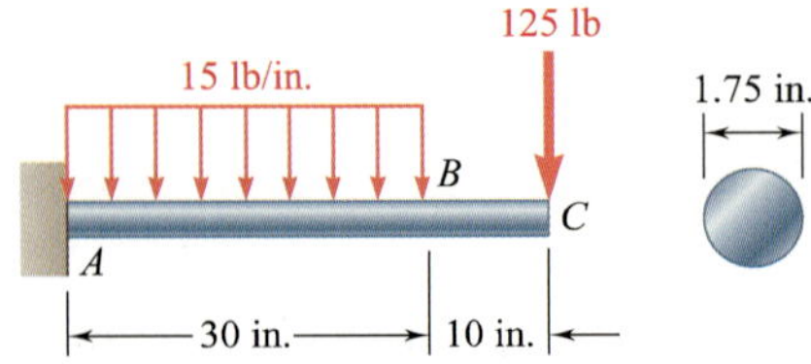

그림 P15.35, P15.36

15.36 For the cantilever beam and loading shown, determine the slope and deflection at point B. Use $E = 29 \times 10^6$ psi.

15.37 and *15.38* For the beam and loading shown, determine (*a*) the slope at end A, (*b*) the deflection at point C. Use $E = 200$ GPa.

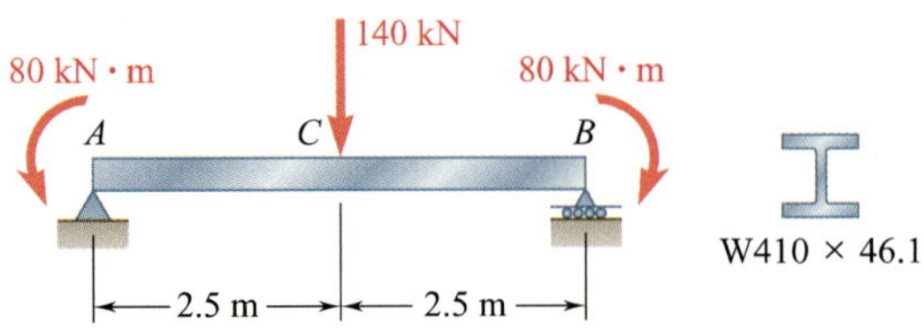

그림 P15.37

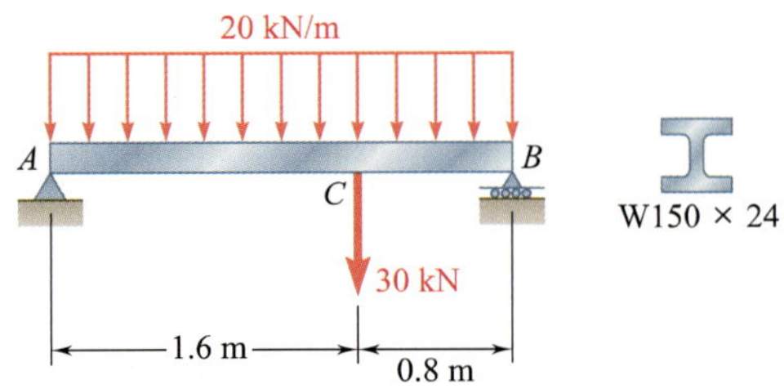

그림 *P15.38*

15.39 and 15.40 For the uniform beam shown, determine (*a*) the reaction at A, (*b*) the reaction at B.

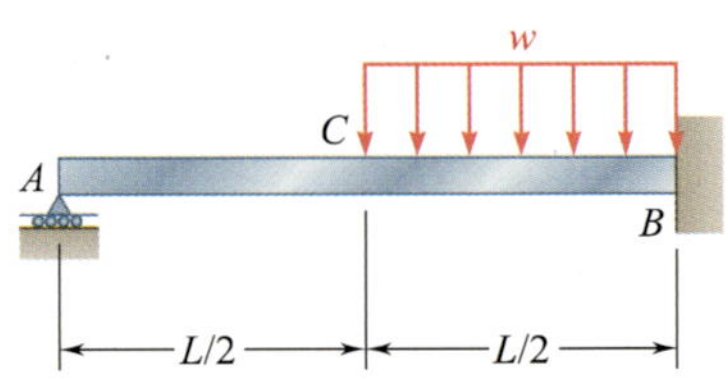

그림 P15.39

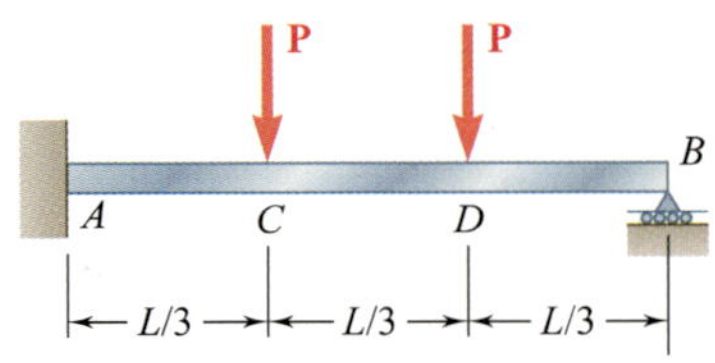

그림 P15.40

***15.41* and 15.42** For the uniform beam shown, determine the reaction at each of the three supports.

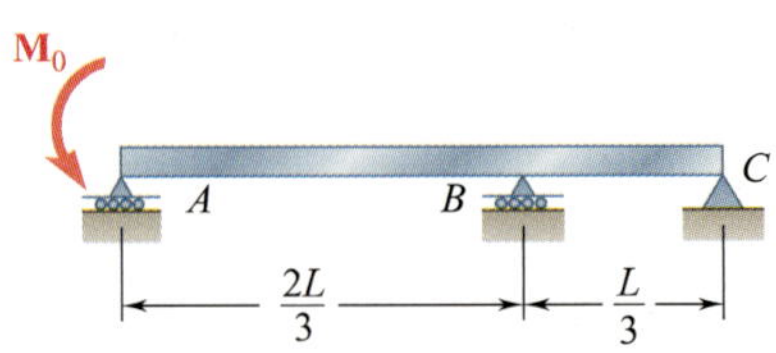

그림 *P15.41*

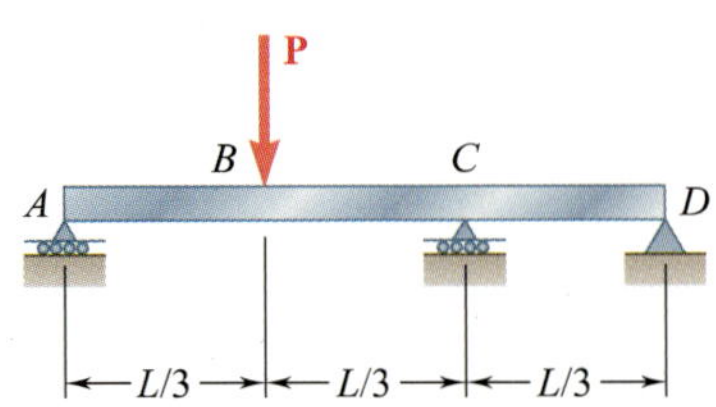

그림 P15.42

15.43 and *15.44* For the beam shown, determine the reaction at B.

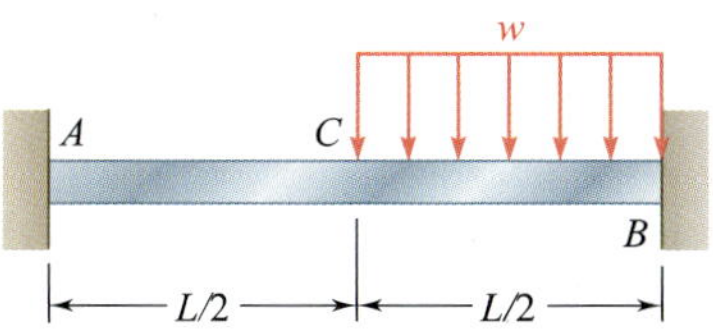

그림 P15.43

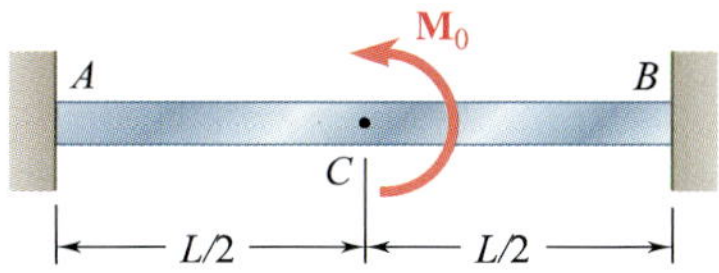

그림 *P15.44*

15.45 The two beams shown have the same cross section and are joined by a hinge at C. For the loading shown, determine (*a*) the slope at point A, (*b*) the deflection at point B. Use $E = 29 \times 10^6$ psi.

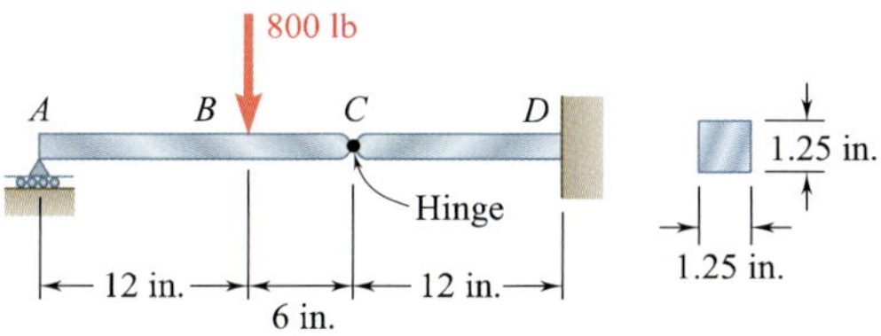

그림 P15.45

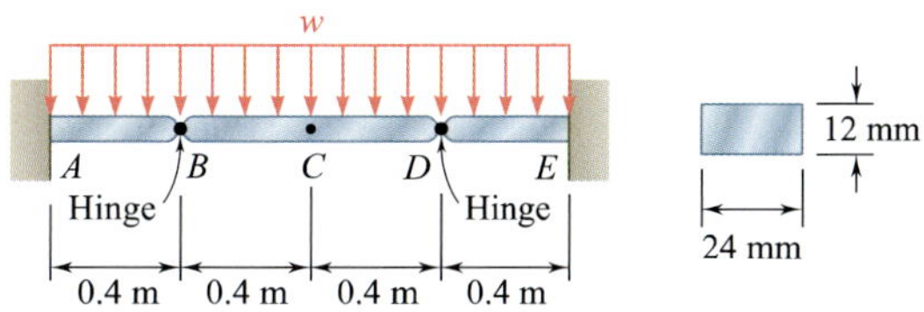

그림 P15.46

15.46 A central beam BD is joined by hinges to two cantilever beams AB and DE. All beams have the cross section shown. For the loading shown, determine the largest w so that the deflection at C does not exceed 3 mm. Use $E = 200$ GPa.

15.47 For the loading shown, and knowing that beams AB and DE have the same flexural rigidity, determine the reaction (*a*) at B, (*b*) at E.

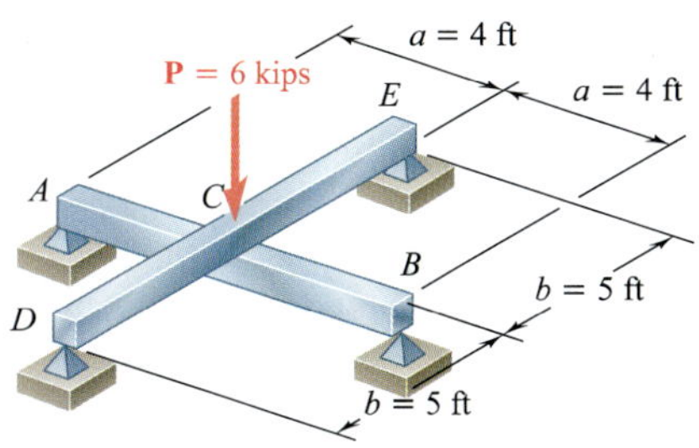

그림 *P15.47*

15.48 Knowing that the rod ABC and the cable BD are both made of steel, determine (*a*) the deflection at B, (*b*) the reaction at A. Use $E = 200$ GPa.

15.49 A $\frac{5}{8}$-in.-diameter rod ABC has been bent into the shape shown. Determine the deflection of end C after the 30-lb force is applied. Use $E = 29 \times 10^6$ psi and $G = 11.2 \times 10^6$ psi.

15.50 Two 24-mm-diameter aluminum rods are welded together to form the T-shaped hanger shown. Knowing that $E = 70$ GPa and $G = 26$ GPa, determine the deflection at (*a*) end A, (*b*) end B.

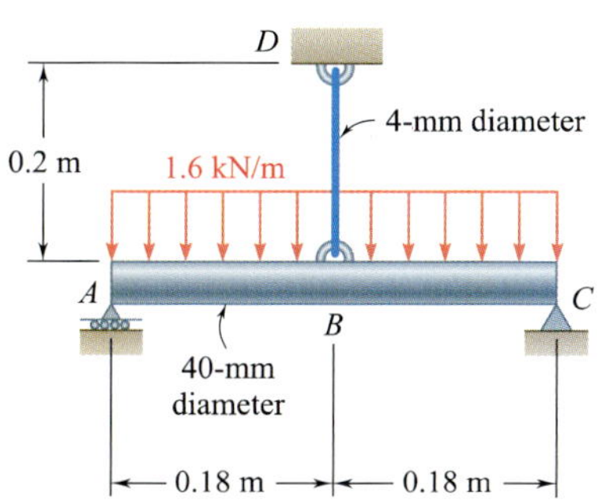

그림 P15.48

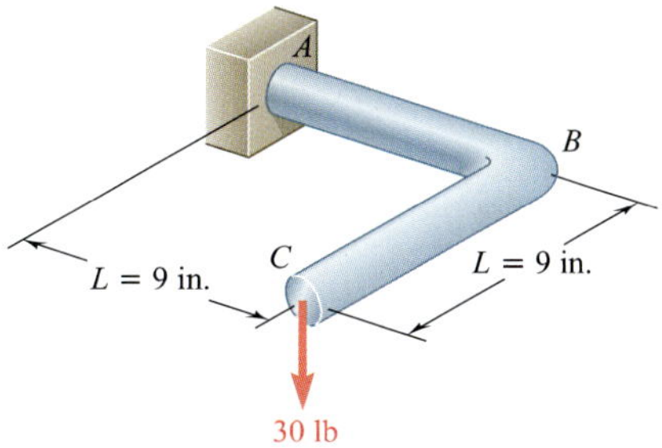

그림 P15.49

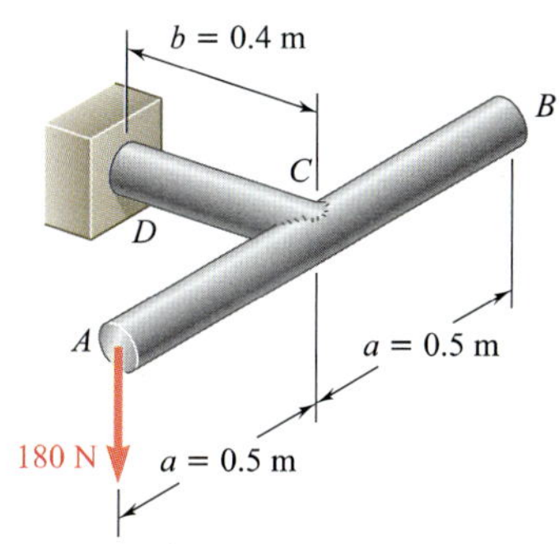

그림 P15.50

복습 및 요약

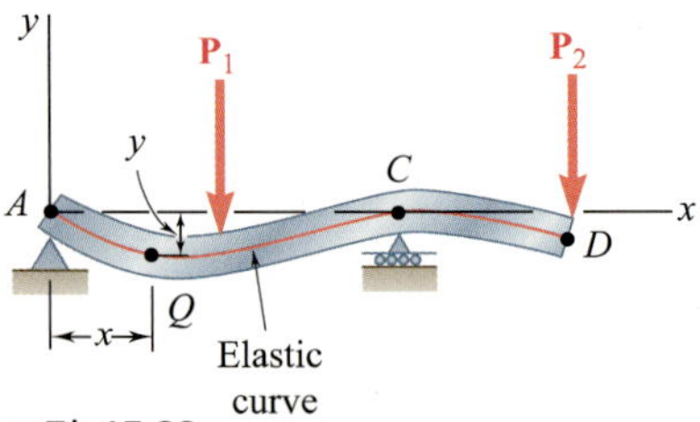

그림 15.33

이번 장은 횡하중을 받는 보의 처짐각과 처짐을 구하는데 중점을 두었다. 보의 임의의 점에서의 처짐각과 처짐을 구하기 위해 미분방정식의 적분법에 기반을 둔 수학적 기법을 사용하였다. 또한 부정정보의 처짐 산정에도 이 방법을 적용하였다. 부정정보란 지점반력의 수가 이 미지의 반력을 구하기 위해 필요한 평형방정식의 수보다 많은 보이다.

횡하중을 받는 보의 변형

15.2절에서는 횡하중을 받는 보에서 중립면의 곡률 $1/\rho$와 순수휨을 받는 등단면보의 휨모멘트와의 관계식인 11.4절의 식 (11.21)이 적용되었다. M과 $1/\rho$은 부재축의 길이에 따른 단면마다 달라질 것이다. 보의 왼쪽단으로부터의 거리를 x라 놓으면, 다음과 같다.

$$\frac{1}{\rho} = \frac{M(x)}{EI} \tag{15.1}$$

이 방정식으로부터 임의의 x점에서의 보 중립면의 곡률반경을 구할 수 있으며, 변형된 보의 형태를 이해할 수 있다.

15.3절에서는 보의 주어진 Q점에서의 처짐 y와 좌표 원점에서 그 점까지의 거리 x와의 관계를 어떻게 구하는지 다루었다(그림 15.33). 이러한 관계를 보의 **탄성곡선**(elastic curve)이라 정의한다. 곡률 $1/\rho$을 함수 $y(x)$의 도함수로 표현하고 이를 식 (15.1)에 대입하면 아래의 2차 선형 미분방정식을 얻는다.

$$\frac{d^2y}{dx^2} = \frac{M(x)}{EI} \tag{15.4}$$

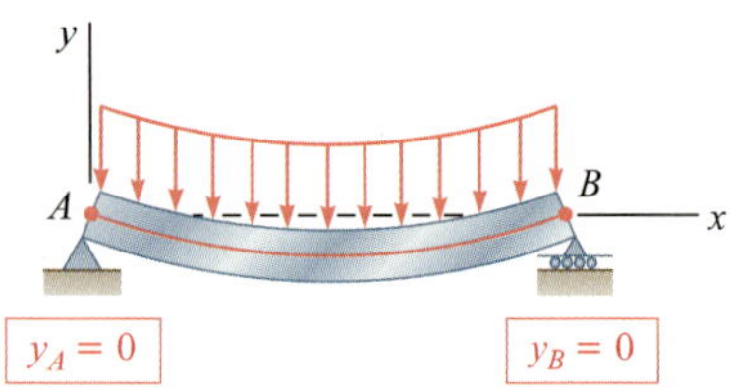

(a) 단순보

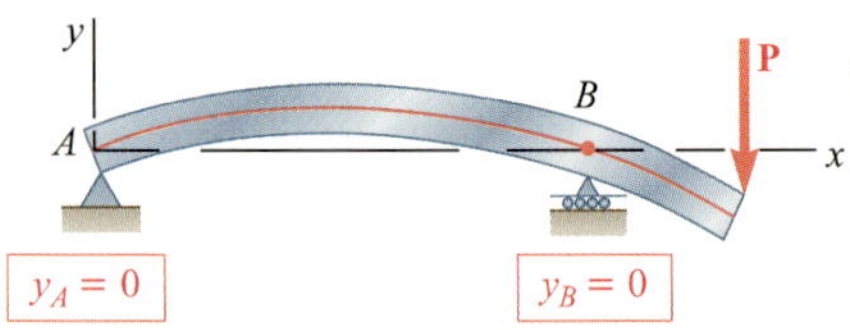

(b) 내민보

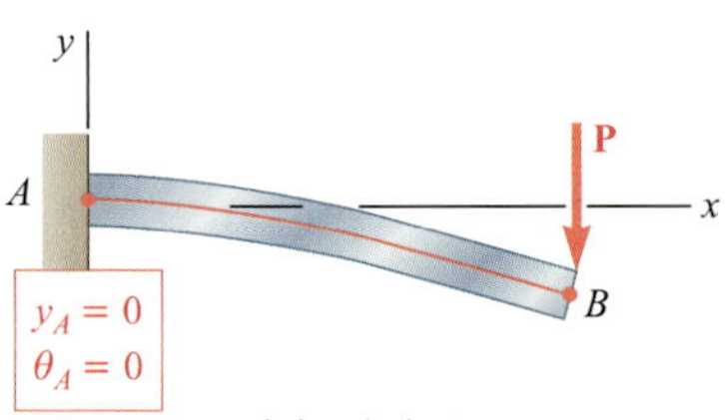

(c) 외팔보

그림 15.34 정정보의 경계조건

위의 식을 두 번 적분하면, 처짐각 $\theta(x) = dy/dx$를 정의하는 식과 처짐 $y(x)$를 정의하는 아래의 식을 얻는다.

$$EI\frac{dy}{dx} = \int_0^x M(x)dx + C_1 \tag{15.5}$$

$$EIy = \int_0^x dx \int_0^x M(x)dx + C_1 x + C_2 \tag{15.6}$$

경계조건

EI는 보의 휨강성으로 알려져 있다. C_1과 C_2는 적분상수로서 보의 지점에 부여된 경계조건으로부터 구해질 수 있다(그림 15.34) [예제 15.1]. 최대처짐은 처짐각이 0인 x점을 결정하고 그때의 y를 구하면 된다[예제 15.2와 문제 15.1].

상이한 함수로 표현된 탄성곡선식 보의 각 부분의 휨모멘트를 표현하기 위해 상이한 휨모멘트식들이 필요한 경우, 보의 각 부분에서의 처짐각 $\theta(x)$와 $y(x)$을 나타내는 상이한 함수 즉 다른 미분방정식들이 사용된다. 예제 15.3에서 고려한 하중조건의 경우, 2개의 미분방정식이 필요했으며, 각각 보의 AD 부분과 DB 부분을 위한 것이다. 첫 번째 미분방정식으로 θ_1과 y_1을, 두 번째 미분방정식으로 θ_2와 y_2를 구할 수 있다. 모두 4개의 적분상수가 결정되어야했다. 2개의 적분상수는 A와 B점에서 처짐이 영이라는 식에 의해 구해졌으며, 나머지 2개의 적분상수는 D점에서 AD와 DB부분의 처짐각과 처짐이 같다는 식에 의해 결정되었다.

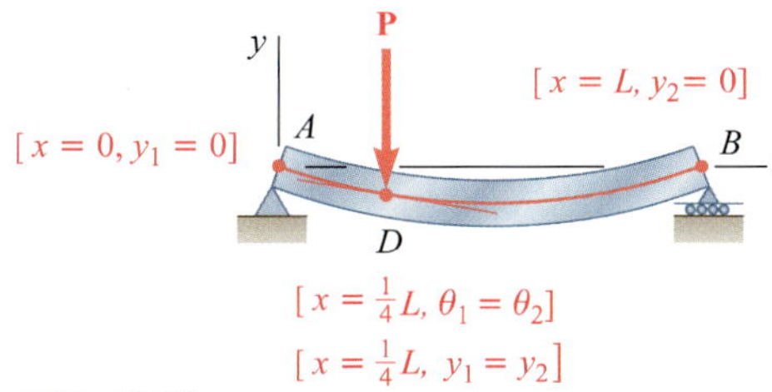

그림 15.35

15.4절에서는 등분포 하중 $w(x)$를 받는 보의 경우, 하중 $w(x)$를 4번의 적분으로 V, M, θ, y가 각각 산정되는 과정이 기술되었다. 그림 15.36a의 외팔보의 경우와 그림 15.36b의 단순보의 경우, 4개의 적분상수는 그림의 각 부분에 주어진 4개의 경계조건으로 인해 도출된다.[예제 15.4와 문제 15.2].

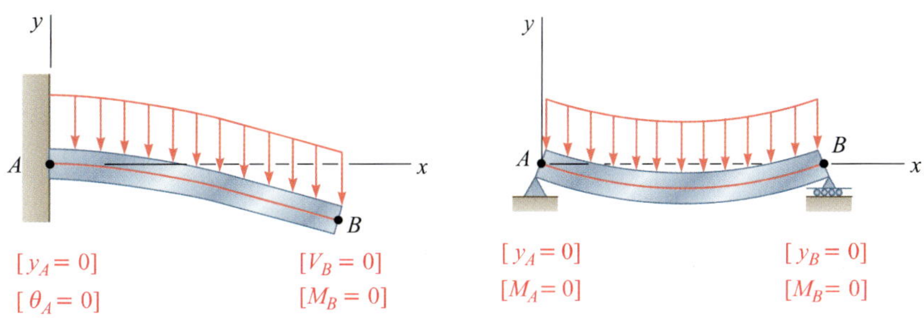

(a) 외팔보 (b) 단순보

그림 15.36 분포하중을 받는 보의 경계조건

부정정보 15.5절에서 부정정보(즉 지점 반력이 4개 또는 그 이상의 미지반력을 포함한 보)를 다루었으며, 평형방정식과 함께 지점에 부여된 경계조건으로부터 구한 식이 추가되어야 한다. 그림 15.37의 보의 경우, 지점 반력이 4개의 미지반력 즉, M_A, A_x, A_y, B임을 주목하자. 이러한 보를 1차 부정정보라고 한다(5개의 미지반력이 수반되었다면 이 보는 2차 부정정보이다.). 휨모멘트 $M(x)$를 4개의 미지 반력의 함수로 표현하고 두 번 적분하면[예제 15.5] 미지반력

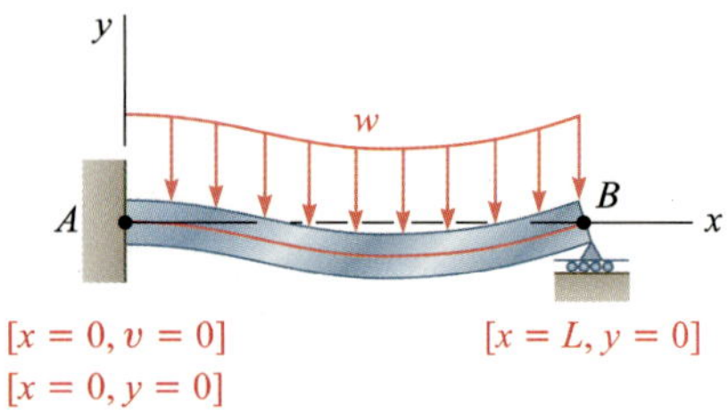

그림 15.38

과 적분상수 C_1과 C_2의 함수로 처짐각 $\theta(x)$와 처짐 $y(x)$를 산정했다. 이 계산에 수반된 6개의 미지수는 그림 15.37b의 자유물체도로부터 3개의 평형 방정식과 $x=0$에서 $\theta=0$, $y=0$ 및 $x=L$에서 $y=0$의 3개의 식을 연립하여 풀면 얻어진다(그림 15.38). [문제 15.3]

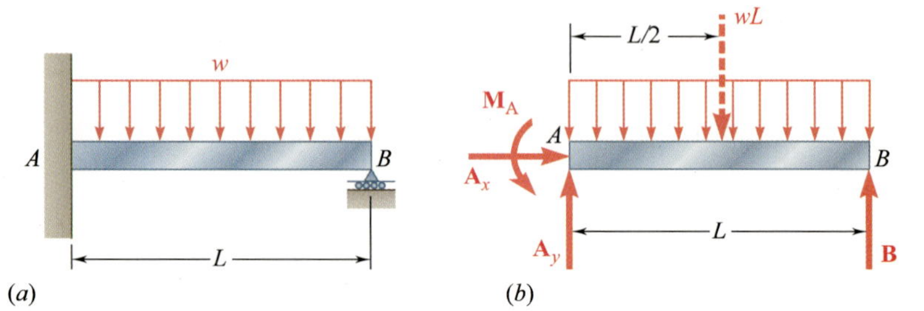

그림 15.37

중첩법 다음 절은 보에 적용된 다양한 하중에 의해 발생하는 처짐각과 처짐을 각각 분리하여 구한 후 합산하는 중첩법을 다루었다[15.6절]. 이러한 절차는 다양한 하중조건과 경계조건에서의 처짐과 처짐각을 수록한 부록 C의 표를 사용하면 용이하다[예제 15.6, 문제 15.4].

중첩법에 의한 부정정보 부정정보에서 중첩법은 효과적으로 사용될 수 있다[15.7절]. 4개의 미지 반력을 수반하여 1차 부정정보인 예제 15.7 보의 경우(그림 15.39) B점에서의 반력이 잉여력으로 고려되었다. 반력 $\mathbf{R}_B$를 미지력으로 취급하고 주어진 분포하중과 $\mathbf{R}_B$로 인한 B점의 처짐을 분리하여 고려하고, B점의 최종처짐이 영이라는 식을 세웠다(그림 15.40). 이 식을 R_B에 대해 풀었다[문제 15.5]. 2차 부정정보(즉 지점에서의 반력이 5개의 미지력을 수반한 보)의 경우, 2개의 반력이 잉여력으로 지정되어야 하며, 이에 대응하는 지점이 적합하게 제거되거나 수정되어야 한다[문제 15.6].

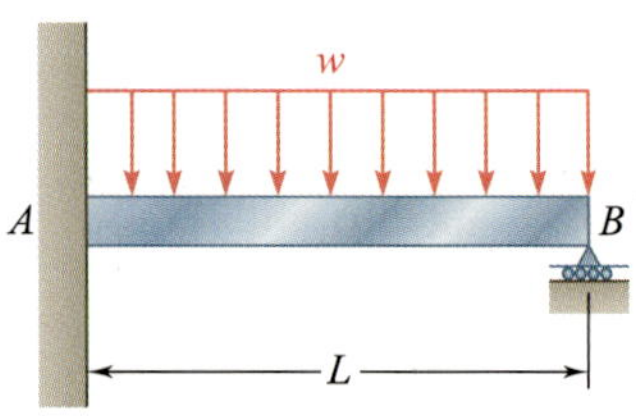

그림 15.39

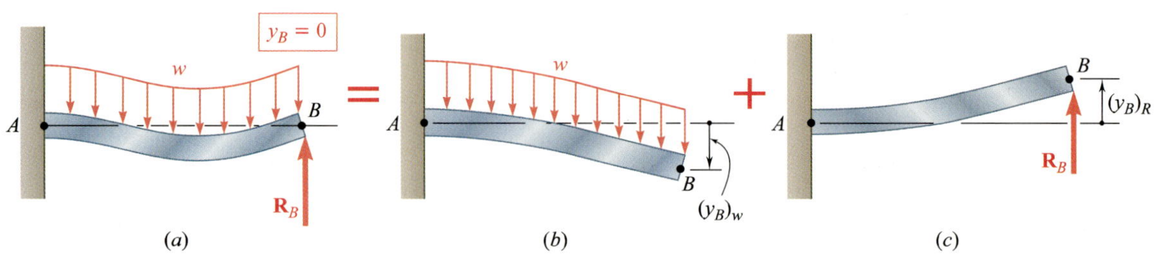

그림 15.40

Review Problems

15.51 For the beam and loading shown, determine (*a*) the equation of the elastic curve for portion *AB* of the beam, (*b*) the slope at *A*, (*c*) the slope at *B*.

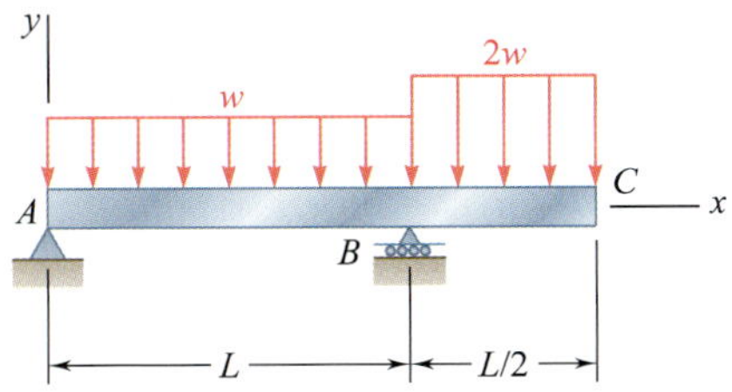

그림 ***P15.51***

15.52 (*a*) Determine the location and magnitude of the maximum absolute deflection in *AB* between *A* and the center of the beam. (*b*) Assuming that beam *AB* is a W460 × 113, M_0 = 224 kN · m, and E = 200 GPa, determine the maximum allowable length *L* so that the maximum deflection does not exceed 1.2 mm.

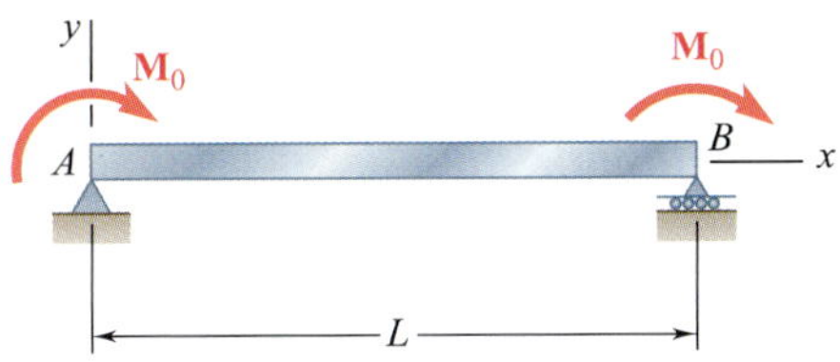

그림 **P15.52**

15.53 Knowing that beam *AE* is an S200 × 27.4 rolled shape and that P = 17.5 kN, L = 2.5 m, a = 0.8 m, and E = 200 GPa, determine (*a*) the equation of the elastic curve for portion *BD*, (*b*) the deflection at the center *C* of the beam.

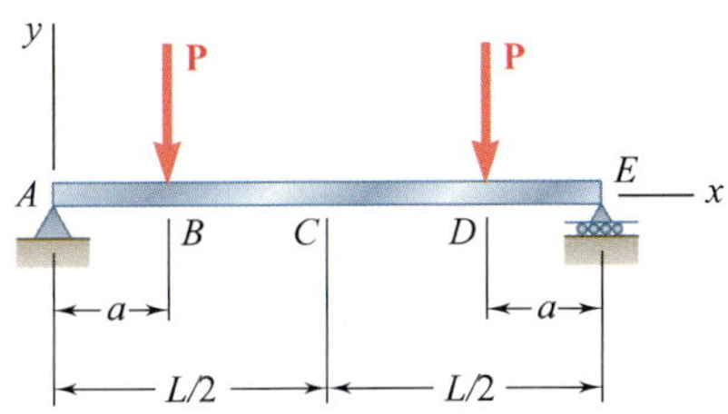

그림 ***P15.53***

15.54 For the beam and loading shown, determine (*a*) the equation of the elastic curve, (*b*) the slope at the free end, (*c*) the deflection at the free end.

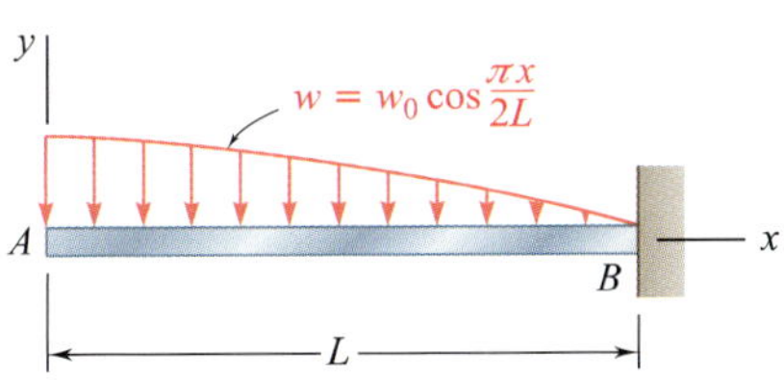

그림 **P15.54**

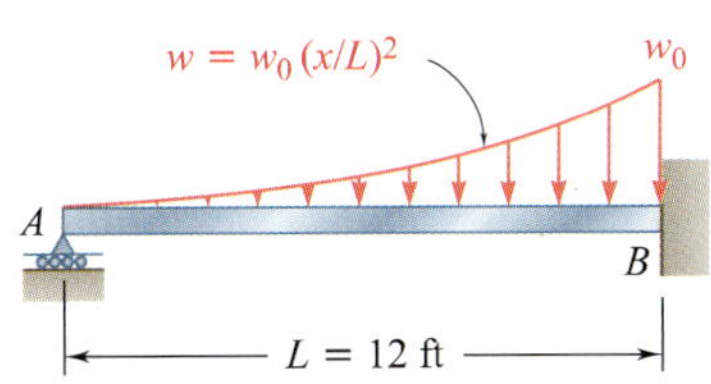

그림 **P15.55**

15.55 For the beam shown, determine the reaction at the roller support when w_0 = 6 kips/ft.

15.56 Determine the reaction at the roller support and draw the bending moment diagram for the beam and loading shown.

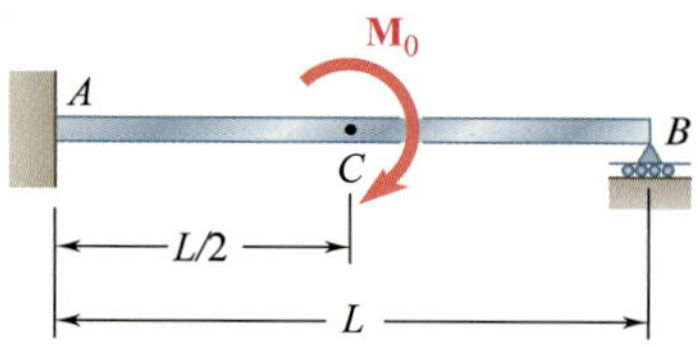

그림 P15.56

15.57 For the cantilever beam and loading shown, determine the slope and deflection at point B.

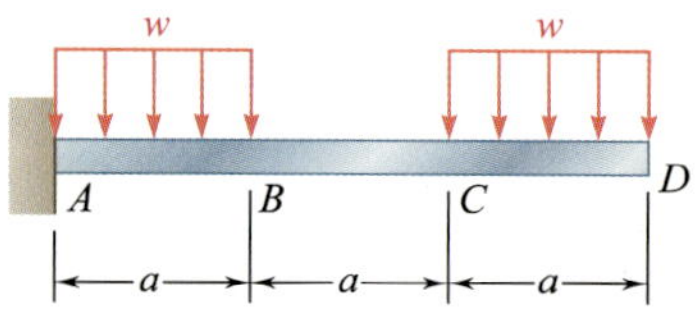

그림 P15.57

15.58 For the beam and loading shown, determine (*a*) the deflection at point C, (*b*) the slope at end A.

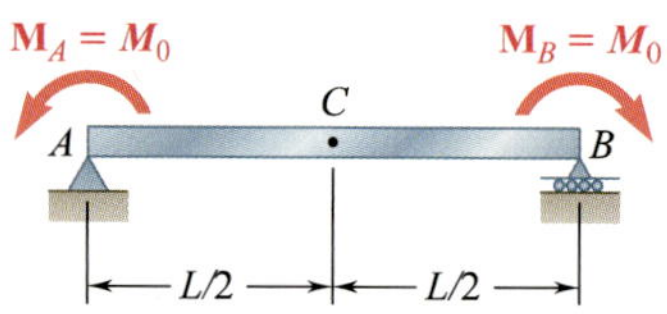

그림 P15.58

15.59 For the cantilever beam and loading shown, determine the slope and deflection at point B. Use $E = 200$ GPa.

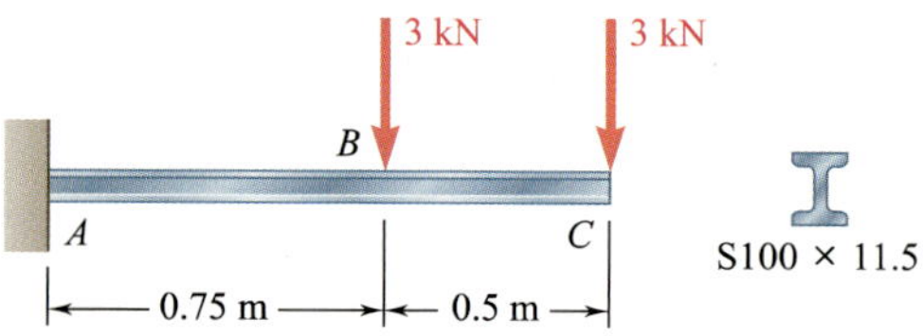

그림 P15.59

15.60 For the uniform beam shown, determine the reaction at each of the three supports.

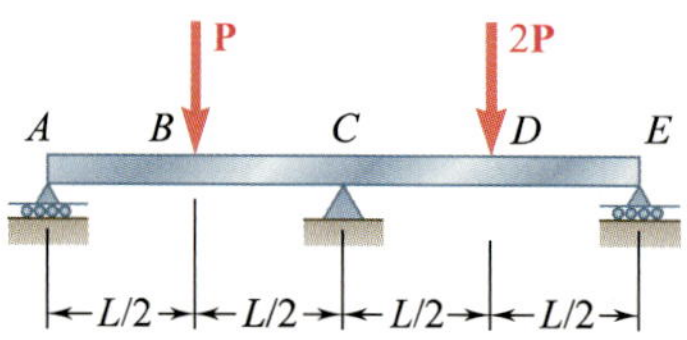

그림 P15.60

15.61 The cantilever beam BC is attached to the steel cable AB as shown. Knowing that the cable is initially taut, determine the tension in the cable caused by the distributed load shown. Use $E = 200$ GPa.

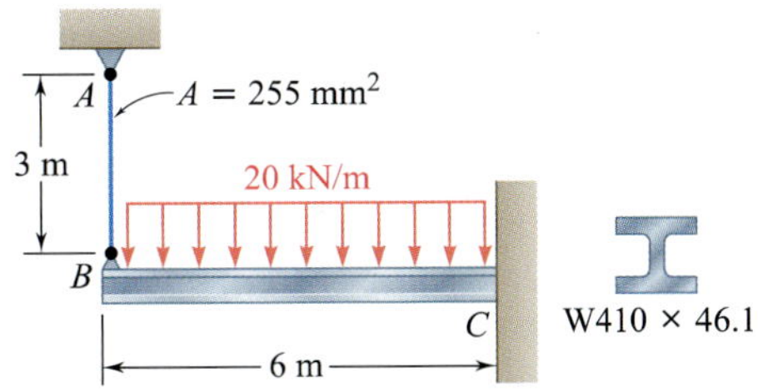

그림 **P15.61**

15.62 A $\frac{7}{8}$-in.-diameter rod BC is attached to the lever AB and to the fixed support at C. Lever AB has a uniform cross section $\frac{3}{8}$ in. thick and 1 in. deep. For the loading shown, determine the deflection of point A. Use $E = 29 \times 10^6$ psi and $G = 11.2 \times 10^6$ psi.

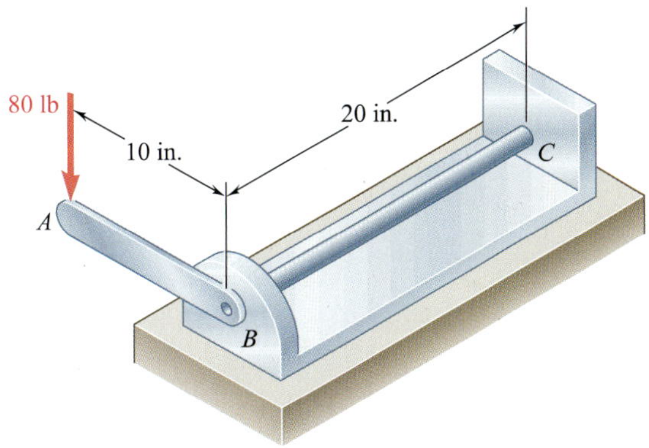

그림 ***P15.62***

16

기둥

16.1 서론

지금까지는 다음과 같은 두 가지 주요 관심사항에 대하여 기술하였다. (1) 구조물의 강도 즉 과다한 응력이 발생하지 않고 하중을 지지할 수 있는 능력 (2) 과다한 처짐이 발생하지 않고 하중을 지지할 수 있는 구조물의 능력. 그러나 이번 장에서는 구조물의 안정성(stability) 즉, 구조물 형상의 갑작스런 변화 없이 하중을 지지할 수 있는 능력이 관심사항이다. 주로 축하중을 지지하는 등단면을 갖는 기둥의 해석과 설계를 다룰 것이다.

16.2절에서는 핀과 스프링에 의해 연결되고 하중 **P**를 지지하는 두 개의 강봉으로 이루어진 단순화된 기둥 모델의 안정성이 먼저 고려된다. 기둥이 평형상태를 약간 벗어났을 때, 하중 P가 **임계하중**(critical load) P_{cr}을 초과하지 않는다면 원래의 평형상태로 돌아갈 것이다. 그러나 $P > P_{cr}$이라면 원래의 평형상태를 잃게 되며, 새로운 평형상태로 정착하게 된다. 전자를 안정(stable)이라 하며, 후자를 불안정(unstable)이라 한다.

16.3절에서는 축하중을 받는 양단이 핀으로 지지된 기둥을 고려함으로써 탄성기둥의 안정성을 학습할 것이다. 기둥의 임계하중을 구하기 위한 Euler 공식을 유도할 것이며, 이 공식으로부터 기둥의 임계하중이 결정될 것이다. 임계하중에 **안전계수**(factor of safety)를 적용함으로써, 양단이 핀으로 지지된 기둥에 적용될 수 있는 허용하중을 구할 수 있을 것이다.

16.4절에서는 기둥의 **유효길이**(effective length), 양단이 핀으로 지지되는 기둥의 임계하중에 대응하는 기둥의 길이에 대하여 학습함으로써 다른 지지조건을 갖는 기둥에 대한 해석을 단순화할 것이다.

이번 장의 첫 번째 절에서, 기둥은 초기에 직선이고 균질재료로 가정하였다. 마지막 절에서는 경험식을 바탕으로 전문기관에 의해 설계와 해석된 실제 기둥을 다루게 될 것이다. 16.5절에서는 축하중을 받는 강, 알루미늄, 또는 나무로 만들어진 기둥의 허용응력을 나타내는 공식이 소개될 것이다.

16.2 구조물의 안정성

하중 **P**를 지지하는 길이 L의 기둥 AB를 설계한다고 가정하자(그림 16.1). 기둥은 양단이 핀으로 지지되며 **P**는 축하중이라 가정하자. 횡단면의 응력 $\sigma = P/A$이 사용된 재료의 허용응력 σ_{all}보다 작도록 기둥의 단면적 A가 선택되었고, 처짐($\delta = PL/AE$)이 시방서를 만족한다면 기둥은 적절하게 설계되었다고 볼 것이다. 그러나 하중이 적용됨에 따라 기둥은 좌굴(직선으로 유지되지 않고 급격히 휘어짐(그림 16.2))될 수도 있다. 사진 16.1은 축력

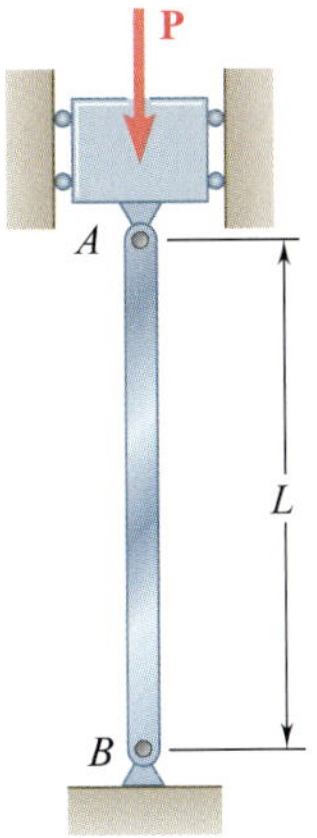

그림 16.1

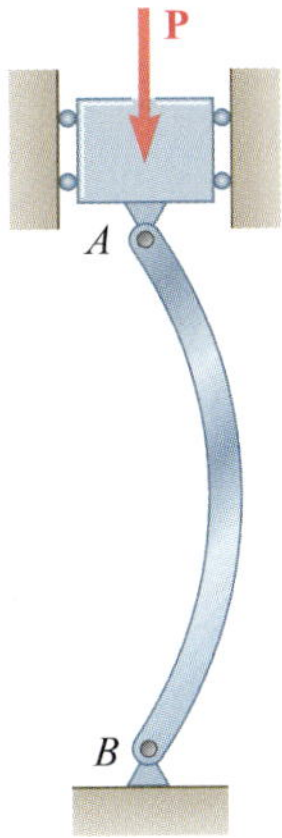

그림 16.2

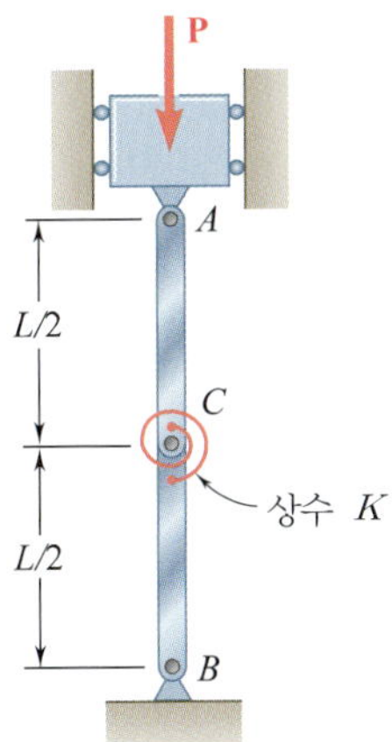

그림 16.3

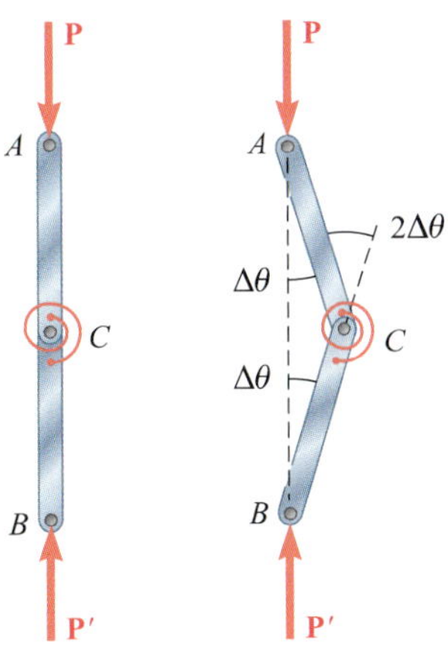

(a) (b)

그림 16.4

사진 16.1 기둥의 좌굴실험

에 의하여 더 이상 직선 상태가 아닌 기둥을 보여준다(기둥은 좌굴되었다.). 하중에 의해 좌굴이 일어나는 기둥은 적절히 설계되지 않았다는 것이 명확하다.

탄성기둥의 안정성을 논의하기 전에, 2개의 강봉 AC와 BC가 C점에서 핀과 스프링상수가 K인 회전스프링으로 연결된 단순화된 모델을 고려함으로써 기둥의 안정성을 어느 정도 이해할 수 있을 것이다(그림 16.3).

두 강봉과 두 힘 **P**와 **P**′이 완벽히 일직선 상에 위치하고, 교란이 일어나지 않는다면 시스템은 그림 16.4a에 보이는 것과 같은 평형상태에 있게 된다. 그러나 C를 약간 오른쪽으로 이동시킨다고 가정하면, 각 봉은 작은 각 $\Delta\theta$를 형성하게 된다(그림 16.4b). 시스템은 원래의 평형상태로 돌아갈 것인가, 아니면 이것보다 더 많이 벗어날 것인가? 전자의 시스템을 안정이라 하며, 후자를 불안정이라 한다.

두 강봉 시스템이 안정인지 불안정인지 결정하기 위해 강봉 AC에 작용하는 하중을 고려하자(그림 16.5). 하나는 **P**와 **P**′으로 형성된, 강봉을 초기 위치로부터 더 멀리 벗어나게 하려는 힘을 가진 모멘트 $P(L/2)\sin\Delta\theta$이

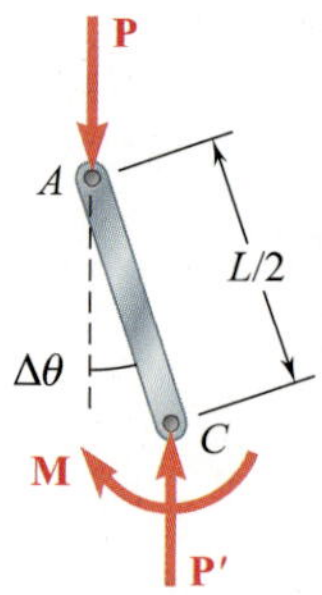

그림 16.5

며, 다른 하나는 본래의 자리로 강봉을 위치시키려는 스프링에 작용하는 모멘트 **M**이다. 스프링의 회전각이 $2\Delta\theta$이므로, 모멘트 **M**은 $M = K(2\Delta\theta)$이다. 두 번째 모멘트가 첫 번째 모멘트보다 크다면, 시스템은 안정인 초기 평형상태로 돌아가려 한다. 첫 번째 모멘트가 두 번째 모멘트보다 크다면, 시스템은 처음의 평형 상태로부터 벗어나 불안정 상태가 되려 한다. 두 모멘트의 균형을 유지시키는 하중 값을 **임계하중**(critical load)이라 정의하며 P_{cr}로 나타낸다.

$$P_{cr}(L/2)\sin\Delta\theta = K(2\Delta\theta) \tag{16.1}$$

$\sin\Delta\theta \approx \Delta\theta$이므로

$$P_{cr} = 4K/L \tag{16.2}$$

$P < P_{cr}$(하중값이 임계하중보다 작은 경우)라면 시스템은 안정이고, $P > P_{cr}$인 경우 불안정이다.

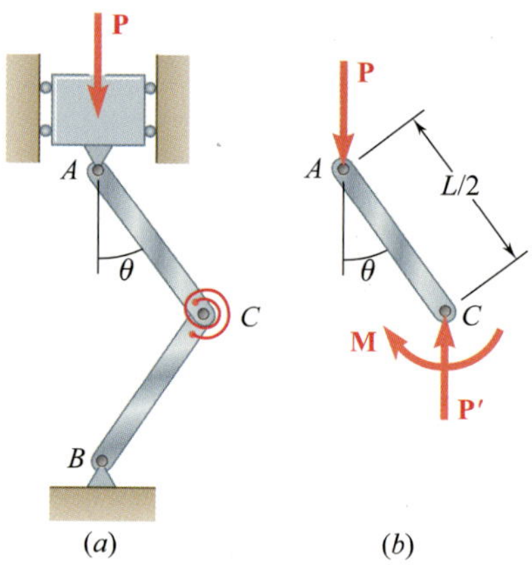

그림 16.6

그림 16.3의 강봉에 $P > P_{cr}$인 하중이 작용되고 시스템이 교란되었다고 가정하자. $P > P_{cr}$이기 때문에 시스템은 원래의 곧은 위치로부터 벗어날 것이며 조금의 진동 후에 새로운 평형상태에 도달할 것이다(그림 16.6a). AC의 자유물체도의 평형을 고려함으로써(그림 16.6b) 식 (16.1)과 유사한 식을 얻을 수 있다. 그러나 이 식은 유한한 회전각 θ를 포함한다. 즉

$$P(L/2)\sin\theta = K(2\theta)$$

$$\frac{PL}{4K} = \frac{\theta}{\sin\theta} \tag{16.3}$$

그림 16.6에 표현된 평형상태에 대응하는 θ값은 시행착오법으로 식 (16.3)에 의하여 계산될 수 있다. 그러나 θ가 양수일 때 항상 $\sin\theta < \theta$임을 주의해야 한다. 그러므로 식 (16.3)은 좌변항이 1보다 클 때만 영이 아닌 θ값을 제공한다. 식 (16.2)를 다시 보면, $P > P_{cr}$이라 가정했기 때문에 이는 당연한 결과이다. 그러나 $P < P_{cr}$라고 가정했다면, 그림 16.6에 도시된 것과 같은 두 번째 평형상태는 존재하지 않고, 오직 가능한 평형상태는 $\theta = 0$인 평형상태이다. 그러므로 $P < P_{cr}$인 상태($\theta = 0$)에서는 안정임을 확인할 수 있다.

이러한 사항은 일반적인 구조물과 기계시스템에 적용되며, 탄성기둥의 안정성이 논의되는 다음 절에서 사용될 것이다.

16.3 양단이 핀으로 지지된 기둥의 Euler 공식

앞 절에서 고려된 기둥 AB를 다시 보자(그림 16.1). 하중 P의 임계값(즉, 그림 16.1에 보이는 안정 상태에 있는 하중 P_{cr})을 결정하고자 한다. $P > P_{cr}$이면, 약간의 어긋남이나 교란은 기둥에 좌굴(즉, 그림 16.2에 도시된 것과 같은 곡면형상)을 일으킬 것이다.

그림 16.2의 형상이 어떤 상태에서 발생하는지 고찰하기로 하자. 기둥은 수직으로 배치되고 축하중을 받는 보로 고려될 수 있으므로, 15장에서 다룬 것처럼 끝단 A에서 기둥의 탄성곡선의 한 점 Q까지의 거리를 x라 놓고, Q점의 처짐을 y라 놓는다(그림 16.7a). 아래로 향하는 축이 x축, 오른쪽으로 향하는 축이 y축이다. AQ 자유물체도의 평형을 고려하면(그림 16.7b), Q점의 휨모멘트는 $M = -Py$이다. 이를 15.3절의 식 (15.4)에 대입하면 아래와 같다.

$$\frac{d^2y}{dx^2} = \frac{M}{EI} = -\frac{P}{EI}y \tag{16.4}$$

그리고 우변항을 이항하면,

$$\frac{d^2y}{dx^2} + \frac{P}{EI}y = 0 \tag{16.5}$$

이 방정식은 상수계수 2차 선형제차미분방정식이다.

$$p^2 = \frac{P}{EI} \tag{16.6}$$

이라고 하면, 식 (16.5)는 다음과 같다.

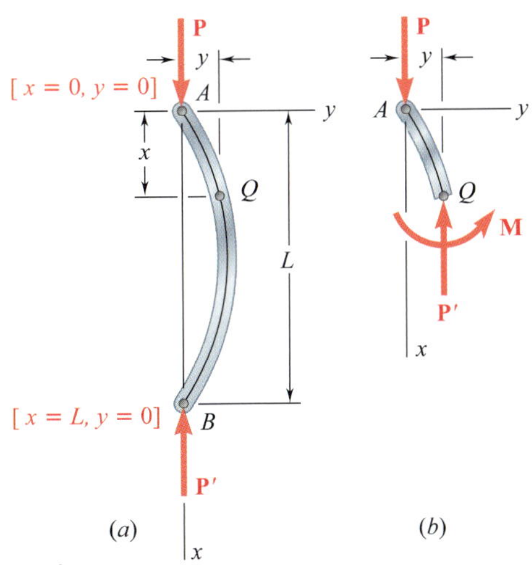

그림 16.7

$$\frac{d^2y}{dx^2} + p^2 y = 0 \tag{16.7}$$

독립변수가 시간 t가 아니라 거리 x인 것만 제외하면, 단순 조화운동의 미분방정식과 같다. 식 (16.7)의 일반해는 다음과 같다.

$$y = A\sin px + B\cos px \tag{16.8}$$

위와 같은 일반해는 d^2y/dx^2를 계산하고 식 (16.7)에 d^2y/dx^2 및 y를 대입하여 쉽게 확인할 수 있다.

기둥의 양단 A와 B에서 경계조건을 반드시 만족시켜야 한다. 우선 $x=0$, $y=0$을 식 (16.8)에 대입하면, $B=0$이 되며, 다음으로 $x=L$, $y=0$를 대입하면 다음과 같다.

$$A\sin pL = 0 \tag{16.9}$$

이 방정식은 $A=0$ 또는 $\sin pL = 0$일 때 성립한다. 첫 번째 조건이 성립된다면, 식 (16.8)은 $y=0$이 되며 기둥은 직선이다(그림 16.1). 두 번째 조건이 성립된다면, $pL = n\pi$이며, 식 (16.6)으로부터 p를 대입하고 P에 관해 풀면 다음과 같다.

$$P = \frac{n^2\pi^2 EI}{L^2} \tag{16.10}$$

식 (16.10)의 P값이 가장 작은 값을 갖는 경우는 $n=1$이다. 그러므로

$$P_{\mathrm{cr}} = \frac{\pi^2 EI}{L^2} \tag{16.11}$$

이 식을 Euler 방정식이라고 하며, 스위스 수학자 Leonhard Euler(1707~1783)의 이름에서 유래되었다. 식 (16.6)의 P에 이 식을 대입하여 정리하고, 식 (16.8) p에 대입하고, 앞에서 $B=0$이었으므로 다음과 같다.

$$y = A\sin\frac{\pi x}{L} \tag{16.12}$$

이 식은 좌굴 발생 후의 기둥의 탄성곡선식이다(그림 16.2). 최대처짐 $y_m = A$는 부정형임에 주목하자. 이는 식 (16.5)의 미분방정식이 기둥의 탄성곡선의 실제 지배 미분방정식이 아니라 선형적으로 근사화된 미분방정식이기 때문이다.1)

1) 15.3절에서 유도된 식 (15.3)의 $\frac{d^2y}{dx^2} = \frac{M}{EI}$는 엄밀한 곡률의 정의인 식 (15.2)를 근사화한 식이다.

$P < P_{cr}$ 라면, 조건 $\sin pL = 0$은 만족될 수 없으며 식 (16.12)에 의한 해는 존재하지 않는다. 그러면 $A = 0$이며, 가능한 기둥의 형태는 직선뿐이다. 따라서 $P < P_{cr}$ 인 경우, 그림 16.1의 직선 형태의 기둥은 안정이다.

기둥의 단면이 원형 또는 정사각형인 경우 단면 2차모멘트는 어느 주축에서나 같다. 그러나 다른 형태의 단면을 가진 기둥에서, 임계하중은 식 (16.11)에서 $I = I_{min}$을 사용하여 계산되어야 한다. 좌굴이 일어난다면, 단면 2차모멘트가 주축에 수직인 평면으로 발생할 것이다.

임계하중에 대응하는 응력값을 **임계응력**(critical press)이라 하며 σ_{cr}로 나타낸다. 식 (16.11)에서, $I = Ar^2$이라 놓으면,(여기서 A는 단면적이며, r은 **회전반경**(radius of gyration)이다.) 다음과 같은 식을 얻는다.

$$\sigma_{cr} = \frac{P_{cr}}{A} = \frac{\pi^2 EAr^2}{AL^2}$$

$$\sigma_{cr} = \frac{\pi^2 E}{(L/r)^2} \tag{16.13}$$

L/r은 기둥의 **세장비**(slenderness ratio)라고 하며, 최소회전반경 r이 임계응력을 계산하는데 사용되어야 한다.

식 (16.13)은 임계응력이 재료의 탄성계수에 비례하며 기둥의 세장비의 제곱에 반비례함을 나타낸다. 구조용 강재의 σ_{cr}과 L/r의 그래프가 그림 16.8에 도시되었다. $E = 200$ GPa, $\sigma_Y = 250$ MPa이 사용되었다. σ_{cr} 그래프를 그리는데 있어 안전계수는 고려되지 않았음을 유의하자. 또한 식 (16.13) 또는 그림 16.8의 곡선으로부터 구해진 σ_{cr}이 항복응력 σ_Y보다 크다면 이 값은 의미 없는 값이다. 왜냐하면 좌굴이 일어나기 전에 기둥은 압축으로 항복하고 탄성에서 머물기 때문이다.

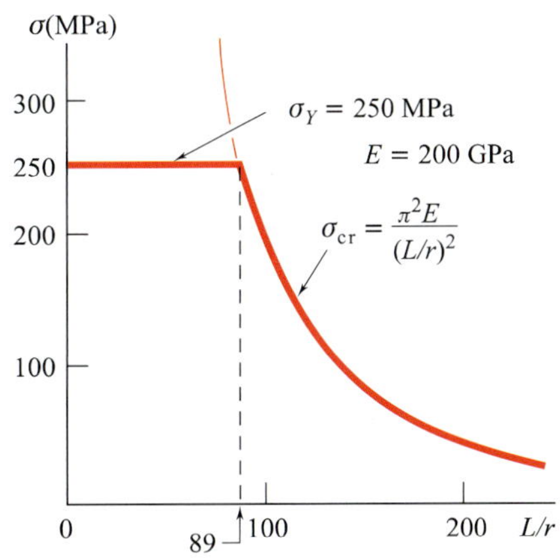

그림 16.8

예제 16.1 길이가 2 m이고 단순지지된 목재 정사각형 단면의 기둥이 있다. $E=$ 13 GPa, $\sigma_{\text{all}}=12$ MPa, Euler의 좌굴하중 계산에 있어 안전계수를 2.5라 가정할 때, (a) 하중 100 kN, (b) 하중 200 kN을 안전하게 지지할 수 있는 단면의 치수를 결정하시오.

(a) 하중 100 kN. 주어진 안전계수를 사용하면 다음과 같다.

$$P_{\text{cr}} = 2.5(100 \text{ kN}) = 250 \text{ kN} \qquad L = 2 \text{ m} \qquad E = 13 \text{ GPa}$$

Euler 공식 (16.11)을 I에 대해 풀고 위의 값을 대입하면 다음과 같다.

$$I = \frac{P_{\text{cr}} L^2}{\pi^2 E} = \frac{(250 \times 10^3 \text{ N})(2 \text{ m})^2}{\pi^2 (13 \times 10^9 \text{ Pa})} = 7.794 \times 10^{-6} \text{ m}^4$$

한 변이 a인 정사각형의 $I=a^4/12$이므로,

$$\frac{a^4}{12} = 7.794 \times 10^{-6} \text{ m}^4 \qquad a = 98.3 \text{ mm} \approx 100 \text{ mm}$$

기둥의 수직응력을 확인하면 다음과 같다.

$$\sigma = \frac{P}{A} = \frac{100 \text{ kN}}{(0.100 \text{ m})^2} = 10 \text{ MPa}$$

σ가 허용응력보다 작으므로, 100×100 mm 사이즈 단면은 적절하다.

(b) 하중 200 kN. 식 (16.11)을 I에 대해 풀고, $P_{\text{cr}} = 2.5(200) = 500$ kN을 대입하면,

$$I = 15.588 \times 10^{-6} \text{ m}^4$$

$$\frac{a^4}{12} = 15.588 \times 10^{-6} \qquad a = 116.95 \text{ mm}$$

수직응력의 값은

$$\sigma = \frac{P}{A} = \frac{200 \text{ kN}}{(0.11695 \text{ m})^2} = 14.62 \text{ MPa}$$

위에서 구한 수직응력이 허용응력보다 크므로 단면의 치수는 적절하지 않다. 그러므로 압축 저항에 근거하여 단면을 선택해야 한다.

$$A = \frac{P}{\sigma_{\text{all}}} = \frac{200 \text{ kN}}{12 \text{ MPa}} = 16.67 \times 10^{-3} \text{ m}^2$$

$$a^2 = 16.67 \times 10^{-3} \text{ m}^2 \qquad a = 129.1 \text{ mm}$$

$A\,130 \times 130$ mm 단면은 적절하다. ■

16.4 다른 지지조건을 가진 기둥에 대한 Euler 공식의 확장

전 장에서 양단이 핀으로 지지된 기둥에 대해 Euler 공식 (16.11)이 유도되었다. 지금부터는 다른 지지조건을 가진 기둥들의 임계하중을 결정할 것이다.

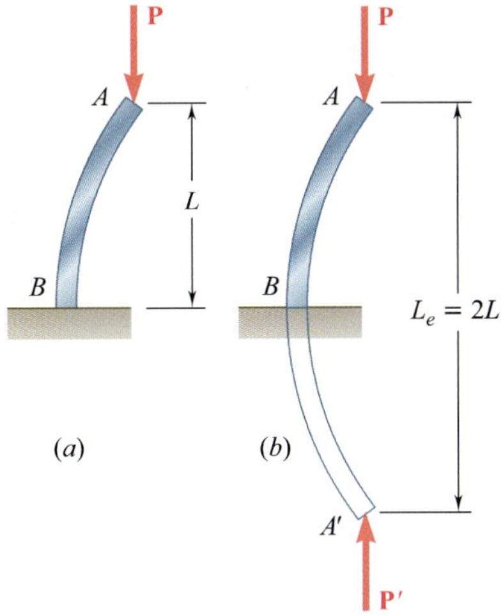

그림 16.9

하중 P를 지지하는 A가 자유단이며, B단은 고정단인 기둥의 경우, 기둥은 양단이 핀으로 지지된 기둥의 상부 반만큼 거동할 것이다(그림 16.9b). 그러므로 그림 16.9a의 임계하중은 그림 16.9b의 양단이 핀으로 지지된 기둥과 같을 것이며, 실제 기둥길이의 두 배가 되는 길이를 사용하여 Euler 공식 (16.11)에 의해 결정될 수 있다. 그림 16.9에 도시된 기둥의 유효길이 L_e는 $2L$이며, $L_e = 2L$을 Euler 공식에 대입하면 다음과 같다.

$$P_{cr} = \frac{\pi^2 EI}{L_e^2} \tag{16.11′}$$

임계응력 또한 같은 방법의 식으로부터 구해진다.

$$\sigma_{cr} = \frac{\pi^2 E}{(L_e/r)^2} \tag{16.13′}$$

L_e/r의 값은 기둥의 **유효세장비**(effective slenderness ratio)이다. 위에서 고려된 기둥의 유효세장비는 $2L/r$이다.

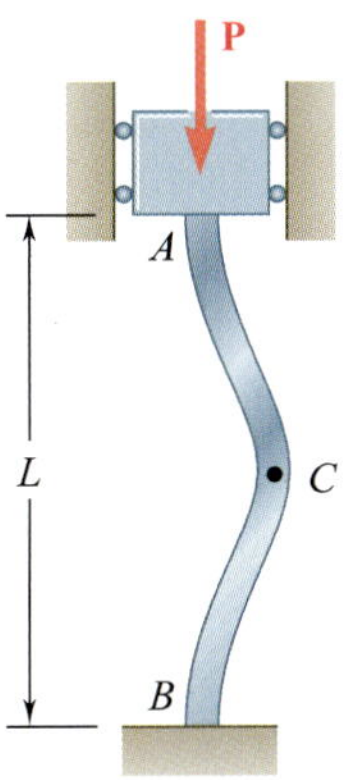

그림 16.10

하중 P를 지지하는 양단 A와 B가 고정된 기둥을 고려하자(그림 16.10). 지점과 하중이 기둥의 중앙점 C의 수평축에 대하여 대칭이기 때문에, C점에서의 전단력과 A와 B점에서의 수평 반력은 영이 된다. 기둥의 반 상부 AC와 기둥의 반 하부 CB에 부여된 구속조건은 같다(그림 16.12). 그러므로 AC부분은 AC의 중앙점 D에 대하여 대칭이어야 하며, 이점은 휨모멘트가 영인 변곡점이어야 한다. 같은 이유로 기둥의 반 하부 BC의 중앙점 E에서의 휨모멘트 또한 영이어야 한다(그림 16.13a). 양단이 핀으로 지지된 기둥의 양 끝단에서 휨모멘트는 영이므로, 그림 16.13a의 기둥의 DE부분은 양단이 핀으로 지지된 기둥처럼 거동한다(그림 16.13b). 그러므로 양단이 고정된 기둥의 유효길이는 $L_e = L/2$이다.

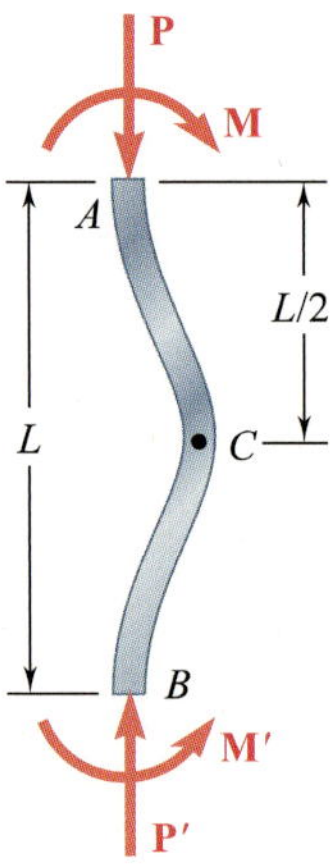

그림 16.11

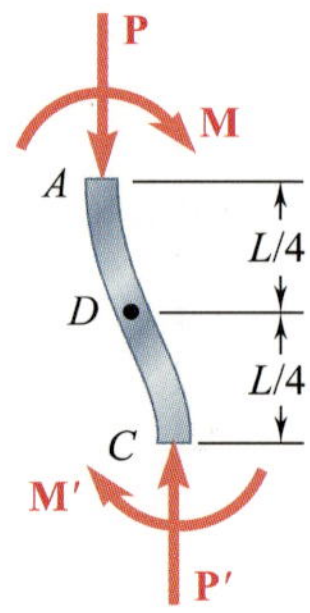

그림 16.12

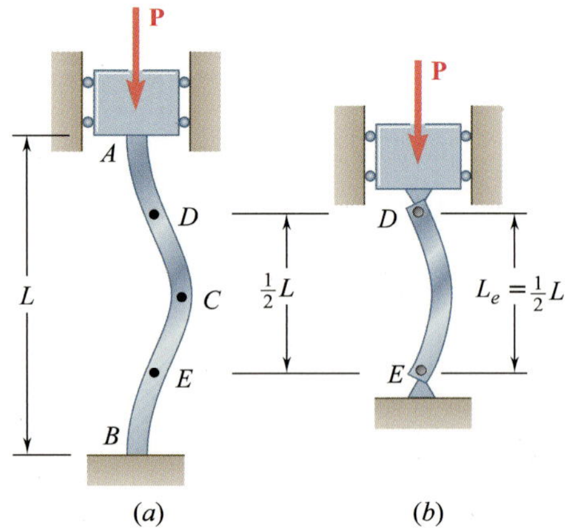

그림 16.13

B단이 고정되고 A단이 핀으로 지지되며 하중 P를 지지하는 기둥의 경우(그림 16.14), 기둥의 유효길이를 구하기 위해서는 기둥의 탄성곡선식을 세워 풀어야 한다. 기둥의 자유물체도로부터(그림 16.15) A단에 횡력 V와 축력 P가 부여되며, V는 부정정력임을 주목하자. 이제 AQ의 자유물체도를 고려함으로써(그림 16.16), Q점의 휨모멘트는 아래와 같이 구할 수 있다.

$$M = -Py - Vx$$

위의 모멘트 값을 15.3절의 식 (15.4)에 대입하면 다음과 같다.

$$\frac{d^2y}{dx^2} = \frac{M}{EI} = -\frac{P}{EI}y - \frac{V}{EI}x$$

16.3절과 같은 방법으로

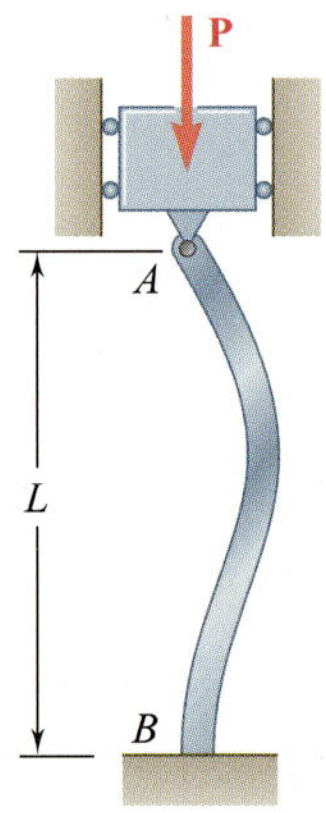

그림 16.14

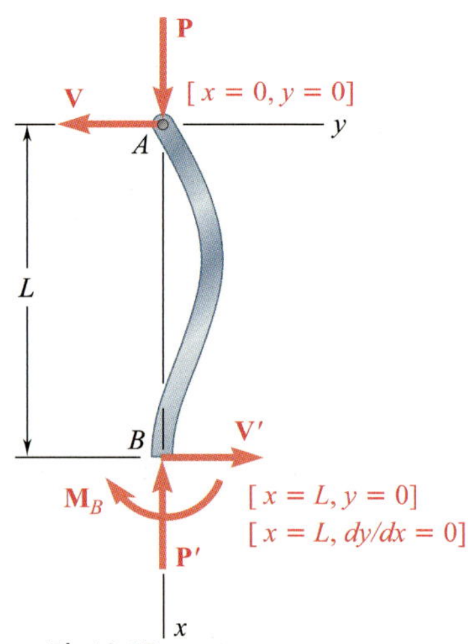

그림 16.15

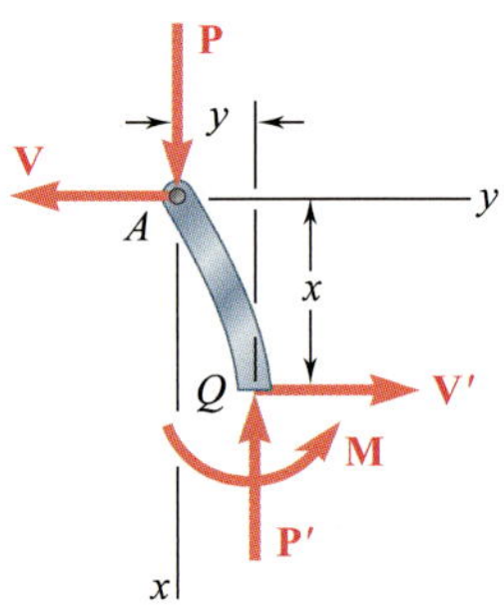

그림 16.16

$$p^2 = \frac{P}{EI} \tag{16.6}$$

로 놓고 y에 대해 정리하면 다음과 같다.

$$\frac{d^2y}{dx^2} + p^2y = -\frac{V}{EI}x \tag{16.14}$$

이 방정식은 상수계수 2차 선형비제차미분방정식이다. 식 (16.7)과 식 (16.14)의 좌변 항이 같기 때문에, 식 (16.14)의 일반해는 식 (16.14)의 특별해와 식 (16.7)을 구하기 위한 식 (16.8)의 해를 합산하여 구할 수 있다. 이러한 특별해는 아래와 같이 쉽게 얻어진다.

$$y = -\frac{V}{p^2EI}x$$

식 (16.6)을 윗 식에 대입하면 아래와 같다.

$$y = -\frac{V}{P}x \tag{16.15}$$

식 (16.8)과 식 (16.15)를 더하면 식 (16.14)의 일반해는 다음과 같다.

$$y = A\sin px + B\cos px - \frac{V}{P}x \tag{16.16}$$

상수 A와 B, 그리고 미지력 V의 값은 그림 16.15에 나타난 경계조건으로 구할 수 있다. 우선 $x=0$, $y=0$을 식 (16.16)에 대입하면, $B=0$임을 알 수 있다. 다음으로 $x=L$, $y=0$을 대입하면 다음과 같다.

$$A\sin pL = \frac{V}{P}L \tag{16.17}$$

마지막으로 다음 식을 계산하고

$$\frac{dy}{dx} = Ap\cos px - \frac{V}{P}$$

$x=L$, $dy/dx=0$을 대입하면 다음과 같다.

$$Ap\cos pL = \frac{V}{P} \tag{16.18}$$

식 (16.17)을 식 (16.18)로 나누면, 식 (16.16)의 해는 다음과 같은 조건에서만 존재할 수 있다.

$$\tan pL = pL \tag{16.19}$$

식 (16.19)를 시행착오법으로 풀면, 식 (16.19)를 만족시키는 가장 작은 pL 값은 다음과 같다.

$$pL = 4.4934 \tag{16.20}$$

식 (16.20)에 정의된 p의 값을 식 (16.6)에 대입하고 P에 대해 풀면 그림 16.14에 나타난 기둥의 좌굴하중이 구해진다.

$$P_{\text{cr}} = \frac{20.19\,EI}{L^2} \tag{16.21}$$

기둥의 유효길이는 식 (16.11′)의 우변항과 식 (16.21)의 우변항이 같은 조건을 고려하면

$$\frac{\pi^2 EI}{L_e^2} = \frac{20.19\,EI}{L^2}$$

위 식을 L_e에 대해서 풀면 한쪽 단이 고정되고 다른 단은 핀으로 지지되는 기둥의 유효길이는 다음과 같다.

$$L_e = 0.669L \approx 0.7L$$

이번 절에서 고려된 지지조건이 다른 기둥들의 유효길이를 그림 16.17에 나타내었다.

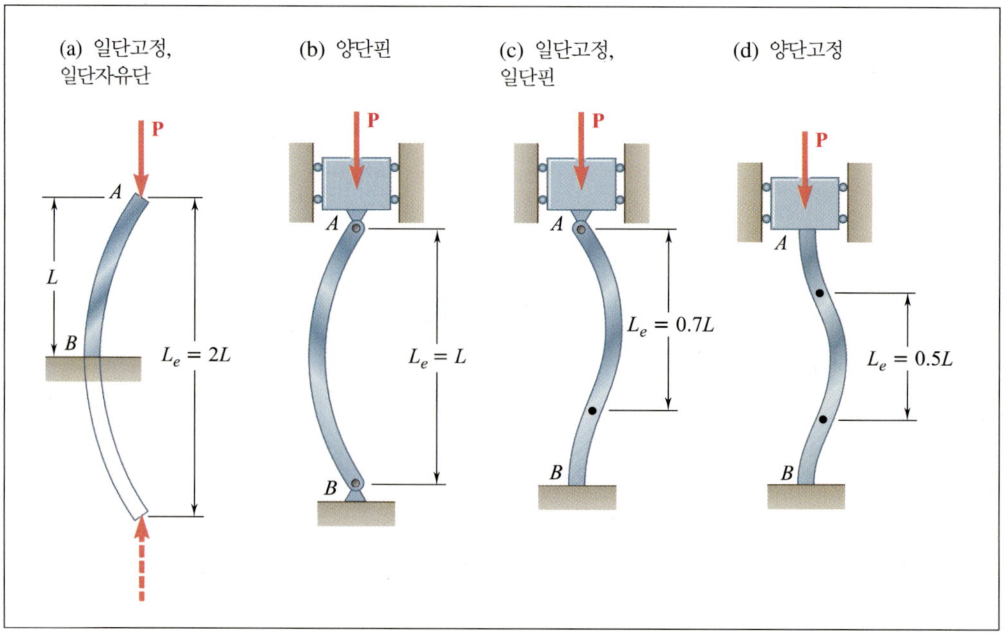

그림 16.17 고려된 지지조건이 다른 기둥들의 유효길이

문제 16.1

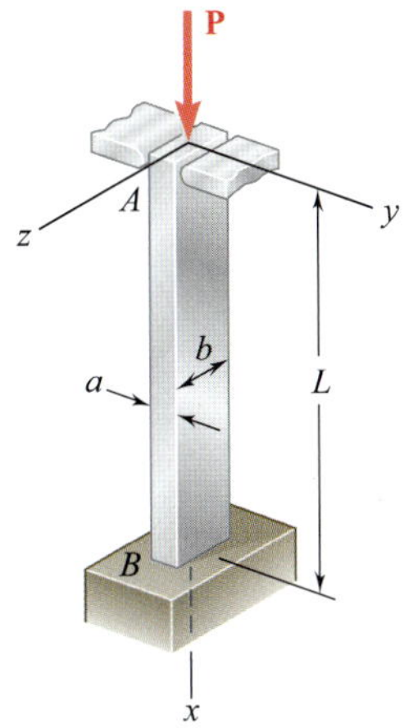

길이가 L이며 구형단면의 알루미늄 기둥이 B단에서 고정되어 있고 A단에 축하중을 받는다. A단의 y축 방향 횡변위는 두 개의 매끄러운 고정판에 의하여 구속되었고, z축 방향 횡변위에 대한 구속은 없다. (a) 좌굴에 가장 효율적인 구형단면의 양변의 비율 a/b를 결정하시오. (b) $L = 20$ in., $E = 10.1\times10^6$ psi, $P = 5$ kips, 안전계수는 2.5일 때 가장 효율적인 기둥의 단면을 결정하시오.

풀이.

xy면에서의 좌굴. 그림 16.17을 참조하면, 이 면에서 좌굴에 대한 기둥의 유효길이는 $L_e = 0.7L$임을 주목하자. 단면의 회전반경 r_z는 다음에 의해 구해진다.

$$I_x = \frac{1}{12}ba^3 \qquad A = ab$$

그리고, $I_z = Ar_z^2$이므로,

$$r_z^2 = \frac{I_z}{A} = \frac{\frac{1}{12}ba^3}{ab} = \frac{a^2}{12} \qquad r_z = a/\sqrt{12}$$

xy면에서 좌굴에 대한 유효세장비는 다음과 같다.

$$\frac{L_e}{r_z} = \frac{0.7L}{a/\sqrt{12}} \tag{1}$$

xz면에서의 좌굴. 이 면에서 좌굴에 대한 기둥의 유효길이는 $L_e = 2L$이며, 회전반경은 $r_y = b/\sqrt{12}$이다. 그러므로,

$$\frac{L_e}{r_y} = \frac{2L}{a/\sqrt{12}} \tag{2}$$

a. 가장 효과적인 설계. 가장 효과적인 설계는 2개의 좌굴모드에 대응하는 좌굴응력을 같게 만드는 것이다. 식 (16.13′)을 참조하면, 위에서 구한 유효세장비의 두 값이 같은 경우가 가장 효과적인 설계가 될 것이다.

$$\frac{0.7L}{a/\sqrt{12}} = \frac{2L}{b/\sqrt{12}}$$

비 a/b로 풀면, $\qquad \dfrac{a}{b} = \dfrac{0.7}{2} \qquad\qquad \dfrac{a}{b} = 0.35$

b. 주어진 조건에 의한 설계. 안전계수는 $F.S. = 2.5$이므로

$$P_{cr} = (F.S.)P = (2.5)(5\text{ kips}) = 12.5\text{ kips}$$

$a = 0.35b$를 이용하면, $A = ab = 0.35b^2$이며

$$\sigma_{cr} = \frac{P_{cr}}{A} = \frac{12{,}500\text{ lb}}{0.35b^2}$$

식 (2)에 $L = 20$ in.를 대입하면 $L_e/r_y = 138.6/b$이다. E, L_e/r, σ_{cr}를 식 (16.13′)에 대입하면 다음과 같다.

$$\sigma_{cr} = \frac{\pi^2 E}{(L_e/r)^2} \qquad \frac{12{,}500\text{ lb}}{0.35b^2} = \frac{\pi^2(10.1\times10^6\text{ psi})}{(138.6/b)^2}$$

$$b = 1.620\text{ in.} \qquad a = 0.35b = 0.567\text{ in.}$$

Problems

16.1 Knowing that the spring at A is of constant k and that the bar AB is rigid, determine the critical load P_{cr}.

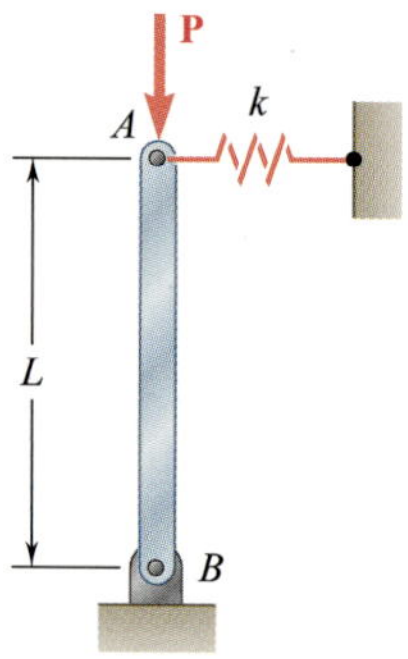

그림 P16.1

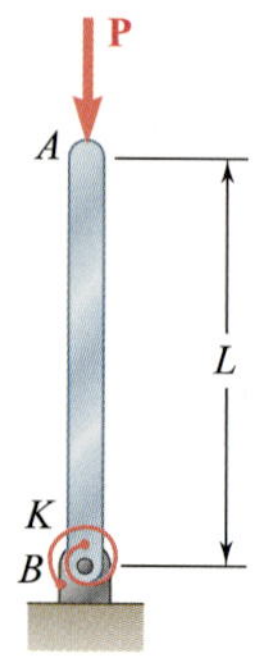

그림 P16.2

16.2 Knowing that the torsional spring at B is of constant K and that the bar AB is rigid, determine the critical load P_{cr}.

16.3 Two rigid bars AC and BC are connected as shown to a spring of constant k. Knowing that the spring can act in either tension or compression, determine the critical load P_{cr} for the system.

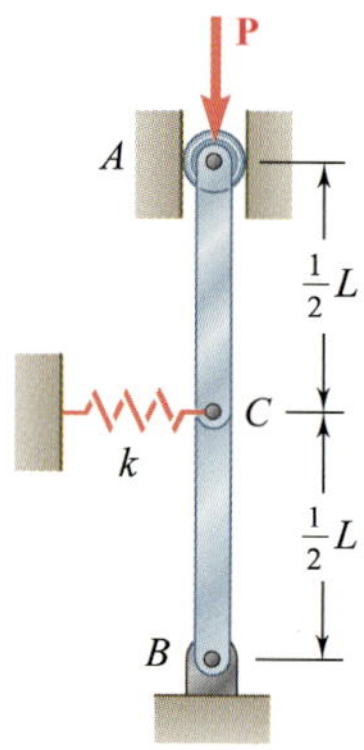

그림 P16.3

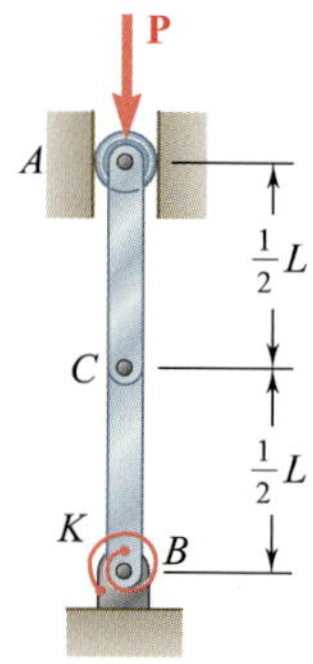

그림 P16.4

16.4 Two rigid bars AC and BC are connected by a pin at C as shown. Knowing that the torsional spring at B is of constant K, determine the critical load P_{cr} for the system.

16.5 The rigid rod AB is attached to a hinge at A and to two springs, each of constant $k = 2$ kips/in., that can act in either tension or compression. Knowing that $h = 2$ ft, determine the critical load.

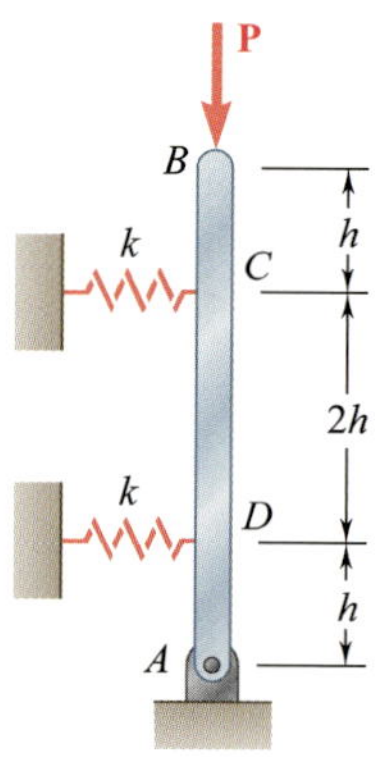

그림 P16.5

16.6 If m = 125 kg, h = 700 mm, and the constant in each spring is k = 2.8 kN/m, determine the range of values of the distance d for which the equilibrium of rod AB is stable in the position shown. Each spring can act in either tension or compression.

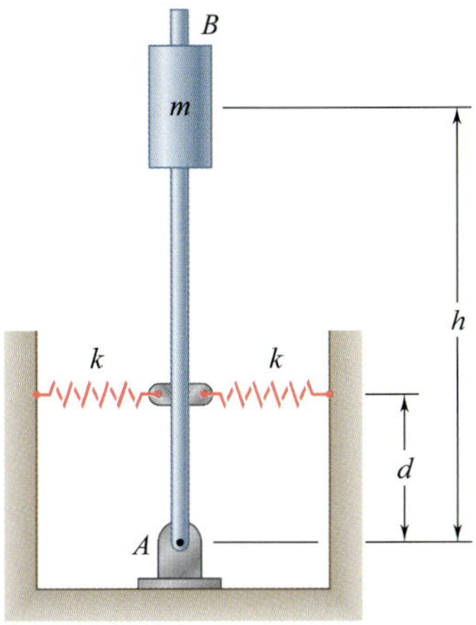

그림 *P16.6*

16.7 Determine the critical load of a round wooden dowel that is 48 in. long and has a diameter of (*a*) 0.375 in., (*b*) 0.5 in. Use $E = 1.6 \times 10^6$ psi.

16.8 Determine the critical load of an aluminum tube that is 1.5 m long and has a 16-mm outer diameter and a 1.25-mm wall thickness. Use E = 70 GPa.

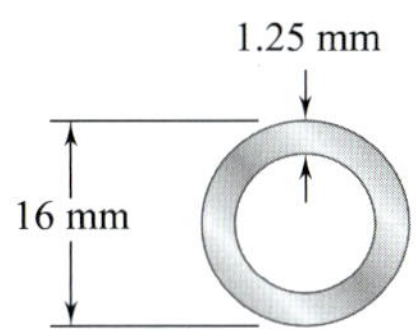

그림 *P16.8*

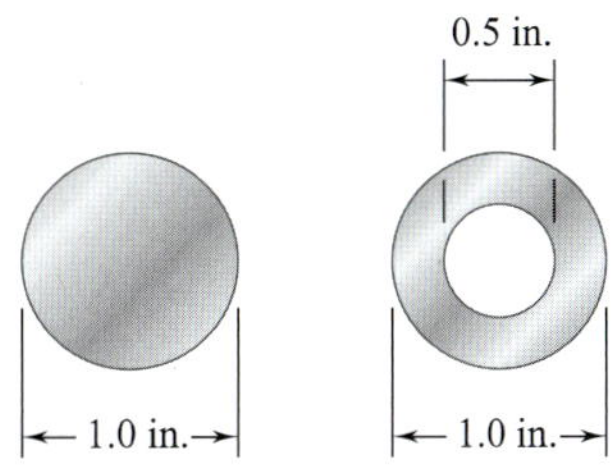

그림 **P16.9**

16.9 A compression member of 20-in. effective length consists of a solid 1-in.-diameter aluminum rod. In order to reduce the weight of the member by 25%, the solid rod is replaced by a hollow rod of the cross section shown. Determine (*a*) the percent reduction in the critical load, (*b*) the value of the critical load for the hollow rod. Use $E = 10.6 \times 10^6$ psi.

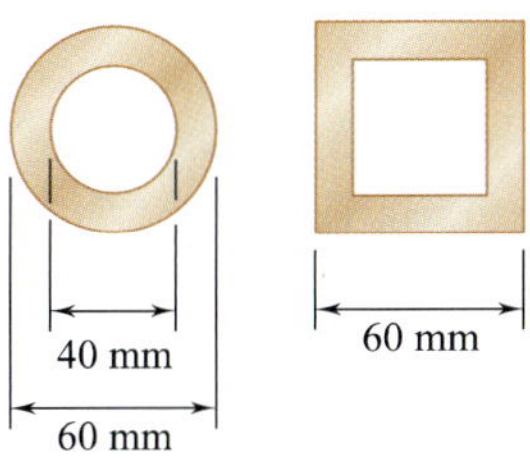

그림 **P16.10**

16.10 Two brass rods used as compression members, each of 3-m effective length, have the cross sections shown. (*a*) Determine the wall thickness of the hollow square rod for which the rods have the same cross-sectional area. (*b*) Using E = 105 GPa, determine the critical load of each rod.

16.11 Determine the radius of the round strut so that the round and square struts have the same cross-sectional area and compute the critical load for each. Use E = 200 GPa.

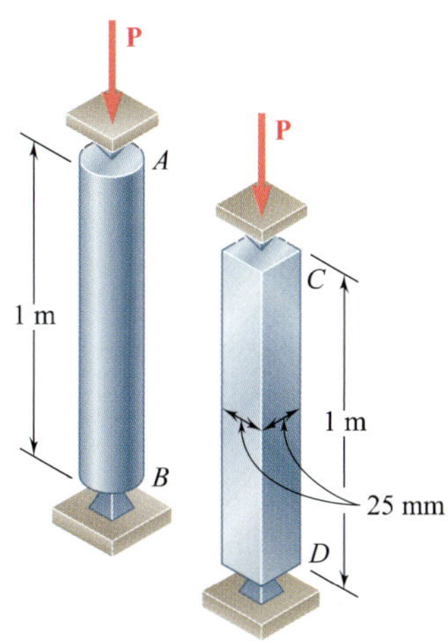

그림 *P16.11*

16.12 A column of effective length L can be made by gluing together identical planks in either of the arrangements shown. Determine the ratio of the critical load using the arrangement a to the critical load using the arrangement b.

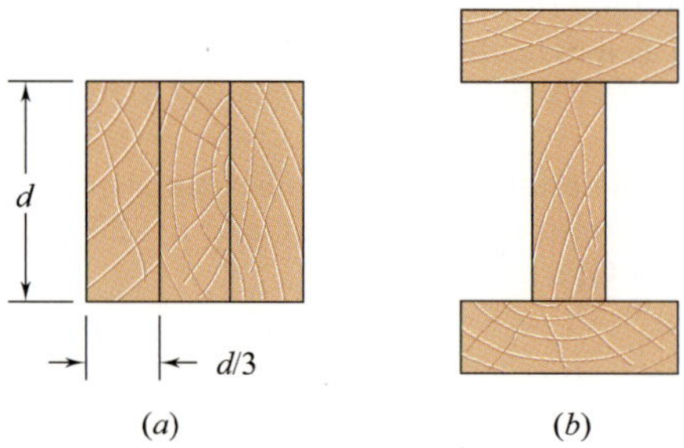

그림 P16.12

16.13 A compression member of 7-m effective length is made by welding together two L152 × 102 × 12.7 angles as shown. Using $E = 200$ GPa, determine the allowable centric load for the member if a factor of safety of 2.2 is required.

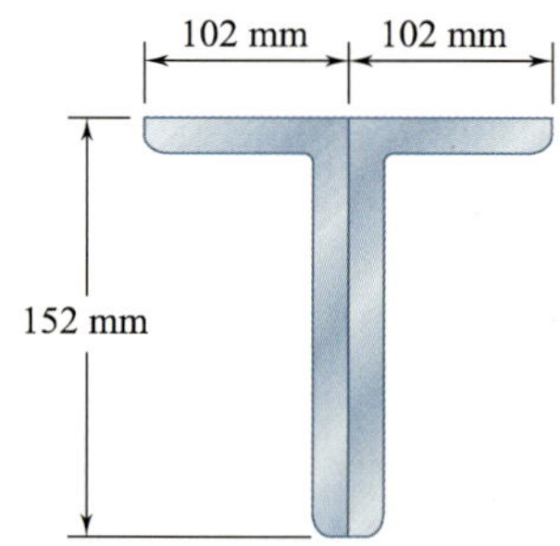

그림 P16.13

16.14 A column of 26-ft effective length is made from half a W16 × 40 rolled-steel shape. Knowing that the centroid of the cross section is located as shown, determine the factor of safety if the allowable centric load is 20 kips. Use $E = 29 \times 10^6$ psi.

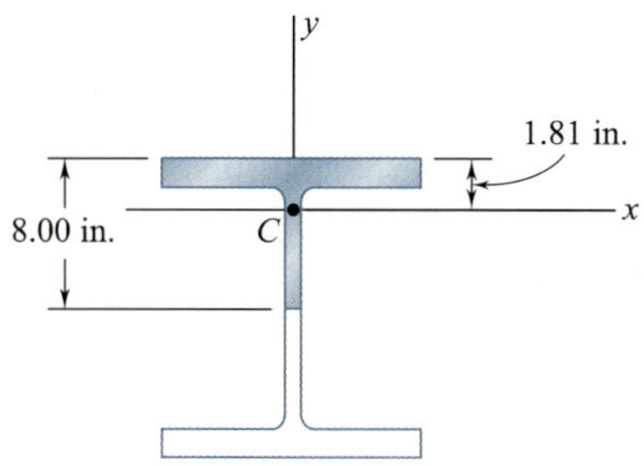

그림 P16.14

16.15 A column of 22-ft effective length is to be made by welding two 9 × 0.5-in. plates to a W8 × 35 as shown. Determine the allowable centric load if a factor of safety 2.3 is required. Use $E = 29 \times 10^6$ psi.

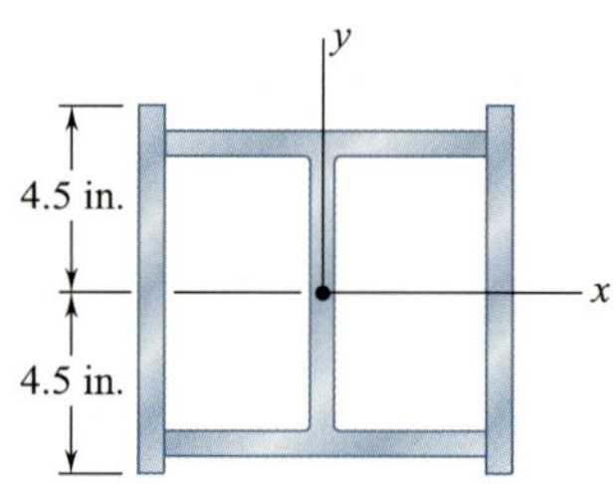

그림 *P16.15*

16.16 A column of 3-m effective length is to be made by welding together two C130 × 13 rolled-steel channels. Using $E = 200$ GPa, determine for each arrangement shown the allowable centric load if a factor of safety of 2.4 is required.

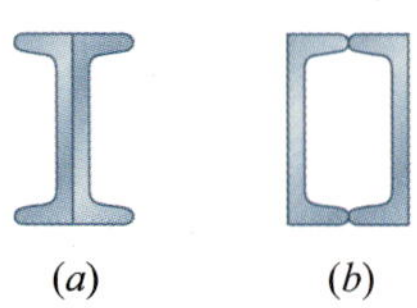

그림 P16.16

16.17 Knowing that $P = 5.2$ kN, determine the factor of safety for the structure shown. Use $E = 200$ GPa and consider only buckling in the plane of the structure.

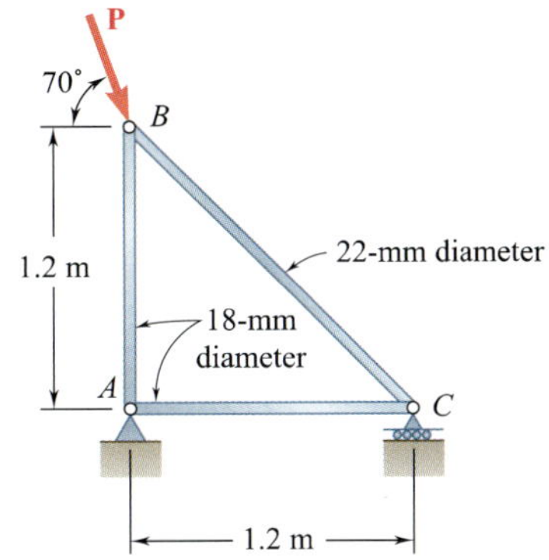

그림 P16.17

16.18 Members AB and CD are 30-mm-diameter steel rods, and members BC and AD are 22-mm-diameter steel rods. When the turnbuckle is tightened, the diagonal member AC is put in tension. Knowing that a factor of safety with respect to buckling of 2.75 is required, determine the largest allowable tension in AC. Use $E = 200$ GPa and consider only buckling in the plane of the structure.

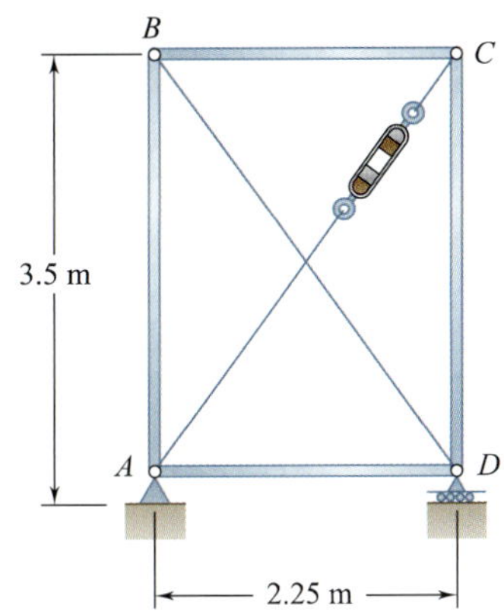

그림 P16.18

16.19 A 25-mm-square aluminum strut is maintained in the position shown by a pin support at A and by sets of rollers at B and C that prevent rotation of the strut in the plane of the figure. Knowing that $L_{AB} = 1.0$ m, $L_{BC} = 1.25$ m, and $L_{CD} = 0.5$ m, determine the allowable load **P** using a factor of safety with respect to buckling of 2.8. Consider only buckling in the plane of the figure and use $E = 75$ GPa.

16.20 A 32-mm-square aluminum strut is maintained in the position shown by a pin support at A and by sets of rollers at B and C that prevent rotation of the strut in the plane of the figure. Knowing that $L_{AB} = 1.4$ m, determine (*a*) the largest values of L_{BC} and L_{CD} that can be used if the allowable load **P** is to be as large as possible, (*b*) the magnitude of the corresponding allowable load if the factor of safety is to be 2.8. Consider only buckling in the plane of the figure and use $E = 72$ GPa.

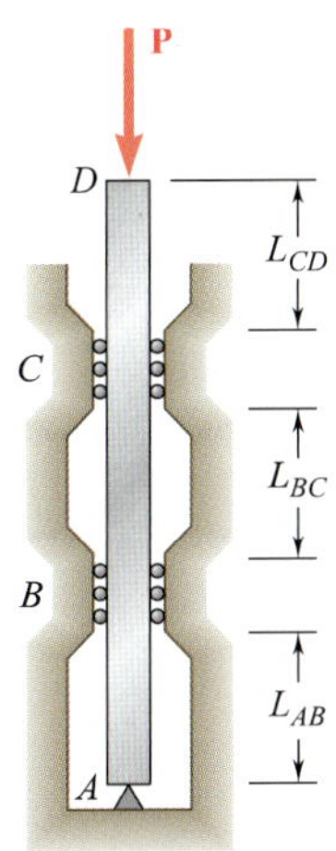

그림 *P16.19*, P16.20

16.21 The aluminum column ABC has a uniform rectangular cross section and is braced in the xz plane at its midpoint C. (a) Determine the ratio b/d for which the factor of safety is the same with respect to buckling in the xz and yz planes. (b) Using the ratio found in part a, design the cross section of the column so that the factor of safety will be 2.7 when $P = 1.2$ kips, $L = 24$ in., and $E = 10.6 \times 10^6$ psi.

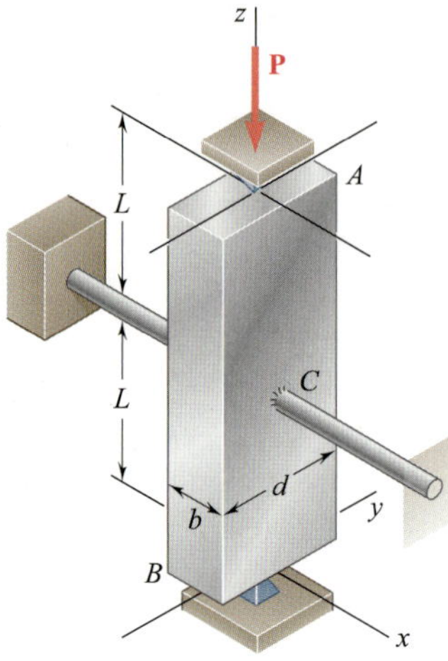

그림 *P16.21*, P16.22

16.22 The aluminum column ABC has a uniform rectangular cross section with $b = \frac{1}{2}$ in. and $d = \frac{7}{8}$ in. The column is braced in the xz plane at its midpoint C and carries a centric load **P** of magnitude 1.1 kips. Knowing that a factor of safety of 2.5 is required, determine the largest allowable length L. Use $E = 10.6 \times 10^6$ psi.

16.23 A W8 × 21 rolled-steel shape is used with the support and cable arrangement shown. Cables BC and BD are taut and prevent motion of point B in the xz plane. Knowing that $L = 24$ ft, determine the allowable centric load **P** if a factor of safety of 2.2 is required. Use $E = 29 \times 10^6$ psi.

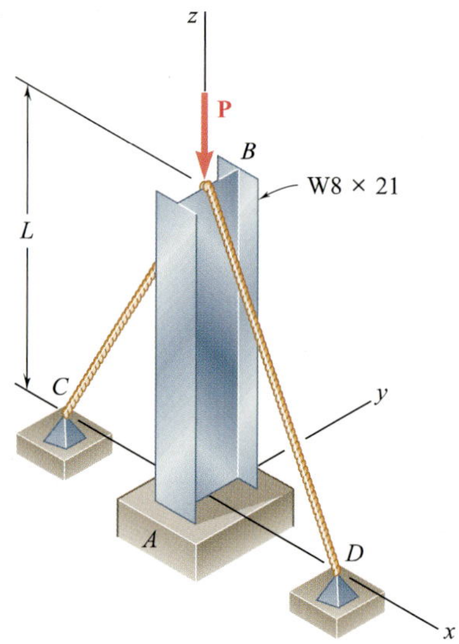

그림 P16.23

16.24 Two columns are used to support a block weighing 3.25 kips in each of the four ways shown. (a) Knowing that the column of Fig. (1) is made of steel with a 1.25-in. diameter, determine the factor of safety with respect to buckling for the loading shown. (b) Determine the diameter of each of the other columns for which the factor of safety is the same as the factor of safety obtained in part a. Use $E = 29 \times 10^6$ psi.

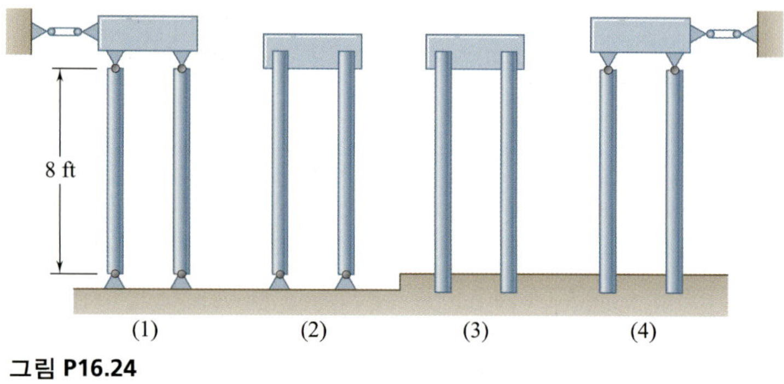

그림 P16.24

*16.5 축하중을 받는 기둥의 설계

지금까지는 기둥의 임계하중을 Euler 공식을 이용하여 산정하였다. Euler 공식을 이용할 때 모든 응력은 비례한도 이하이고 기둥은 초기에 직선이며 균질 기둥이라고 가정했다. 실제 기둥은 이러한 이상화된 조건을 만족시키지 못하며, 실제에서 기둥의 설계는 수많은 실험 결과를 반영한 경험식에 기초하여 설계한다.

지난 백년간, 많은 강재 기둥에 축하중을 작용시켜서 파괴가 발생하는 실험이 이루어져 왔다. 이러한 실험의 결과는 그림 16.18에 도시되어 있다. 여기서 각 실험에 대한 한 점은 파괴점에서의 수직응력 σ_{cr} 값을 종좌표로 나타내었으며, 이에 대응되는 각 기둥의 세장비 L_e/r를 횡좌표로 나타내었다. 실험결과에 상당한 편차가 있으나, 파괴거동은 세 가지 유형으로 구분될 수 있다. L_e/r 값이 큰 장주에서 기둥의 파괴는 Euler의 공식에 의한 파괴와 거의 일치하며, σ_{cr}의 값은 사용된 강의 탄성계수 E에 좌우되나, 강재의 항복응력 σ_Y 값에는 좌우되지 않는다. 단주 및 블록의 경우, 파괴는 기본적으로 항복으로 일어나며, $\sigma_{\mathrm{cr}} \approx \sigma_Y$와 같은 식을 얻게 된다. 중간주는 파괴가 σ_Y와 E 모두에 좌우된다. 이 범위에서는 기둥의 파괴는 매우 복잡하며, 실험 결과는 시방서와 설계공식의 발전에 광범위하게 사용되어 왔다.

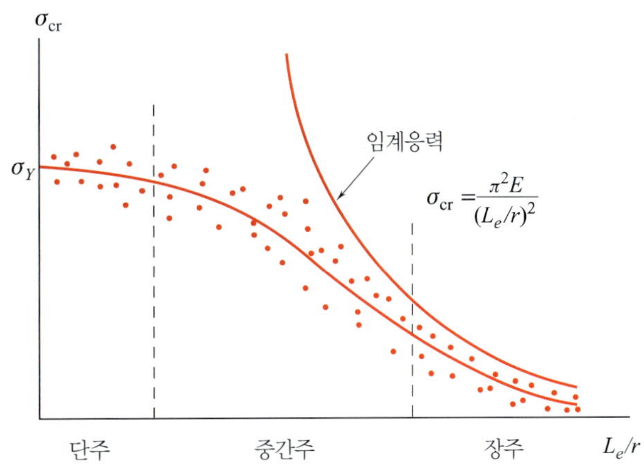

그림 16.18

허용응력 또는 유효세장비의 항으로 나타나는 임계응력을 표현하는 실험식은 백년 전에 처음으로 소개되었고 그 이후 지속적으로 개선되고 있다. 이전의 실험결과와 비슷한 결과를 산출하기 위해 사용된 일반적인 실험식은 그림 16.19에 도시되어 있다. 모든 L_e/r 값에 적용되는 하나의 공식을 사용하

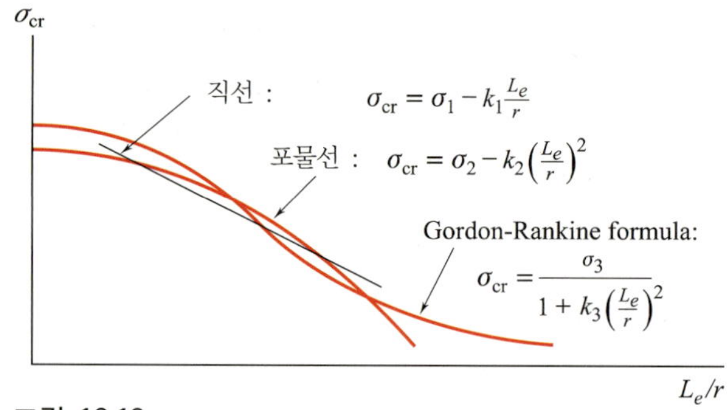

그림 16.19

는 것이 항상 가능한 것은 아니다. 대부분의 설계시방서는 세장비의 범위에 따라 하나 이상의 다른 공식을 사용한다.

지금부터 축하중을 받는 강재, 알루미늄, 나무로 만들어진 기둥의 설계를 위한 구체적인 공식을 다룰 것이다. 사진 16.2는 이러한 공식들을 사용해서 설계된 기둥들의 예를 보여준다. 허용응력설계법을 이용한 세 가지 다른 재료의 설계가 이번 장에서 소개된다.[2)]

구조용 강재. 축하중을 받는 강재 기둥의 허용응력설계법으로 가장 널리 사용되는 식은 AISC(American Institute of Steel Construction)의 강구조 설계기준이다.[3)] 단주와 중간주의 허용응력 σ_{all}을 결정하기 위해서는 지수함수가 사용되며, 장주의 경우는 Euler 공식에 근거한 식이 사용된다. 강재 기둥의 설계는 다음의 두 단계로 이루어진다.

(a)

(b)

사진 16.2 (a) 강재기둥에 의해 지지된 물탱크 (b) 목재기둥이 사용된 건물

2) 어떤 설계법에서는 기호 L이 항상 기둥의 유효길이를 나타낸다.

3) *Manual of Steel Construction*, 13th ed., American Institute of Steel Construction. Chicago, 2005

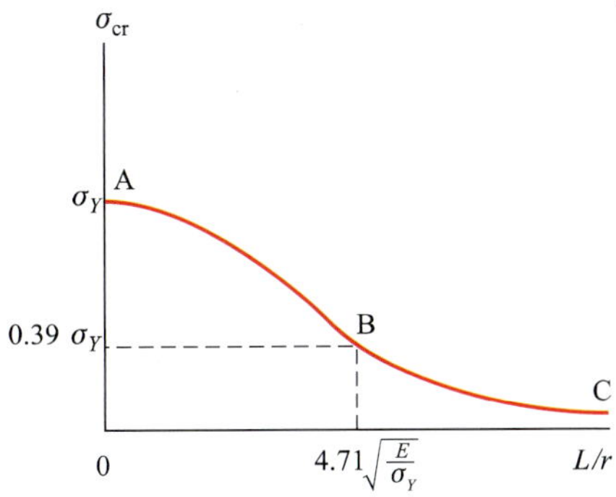

그림 16.20

1. 첫째로 세장비 L/r에 따른 σ_{cr}의 변화를 나타내는 곡선을 구한다(그림 16.20). 이 곡선은 안전계수를 포함하지 않았음을 주목하자.4) 이 곡선의 AB부분은 아래의 식으로 정의된다.

$$\sigma_{\text{cr}} = [0.658^{(\sigma_Y/\sigma_e)}]\sigma_Y \tag{16.22}$$

여기서

$$\sigma_e = \frac{\pi^2 E}{(L/r)^2} \tag{16.23}$$

곡선의 BC부분은 다음과 같이 정의된다.

$$\sigma_{\text{cr}} = 0.877\sigma_e \tag{16.24}$$

식 (16.22)에서 $L/r = 0$일 때 $\sigma_{\text{cr}} = \sigma_Y$됨을 주목하자. B점에서 식 (16.22)의 값은 식 (16.24)의 값과 일치한다. 두식의 교차점인 B점에서 세장비 L/r의 값은 다음과 같다.

$$\frac{L}{r} = 4.71\sqrt{\frac{E}{\sigma_Y}} \tag{16.25}$$

L/r이 식 (16.25)의 값보다 작다면 σ_{cr}은 식 (16.22)에 의해 결정되며, L/r이 식 (16.25)의 값보다 크다면 σ_{cr}은 식 (16.24)에 의해 결정된다. 식 (16.25)에 명시된 세장비 L/r값에서 응력 $\sigma_e = 0.44\sigma_Y$이며 식 (16.24)를 이용하면 $\sigma_{\text{cr}} = 0.877(0.44\sigma_Y) = 0.39\sigma_Y$이다.

2. 최종 AISC 설계공식을 얻기 위해 안전계수가 반드시 도입되어야 한다. 시방서에 명시된 안전계수는 1.67이다. 그러므로

$$\sigma_{\text{all}} = \frac{\sigma_{\text{cr}}}{1.67} \tag{16.26}$$

위의 공식은 SI 단위 또는 US 단위에서 사용될 수 있다.

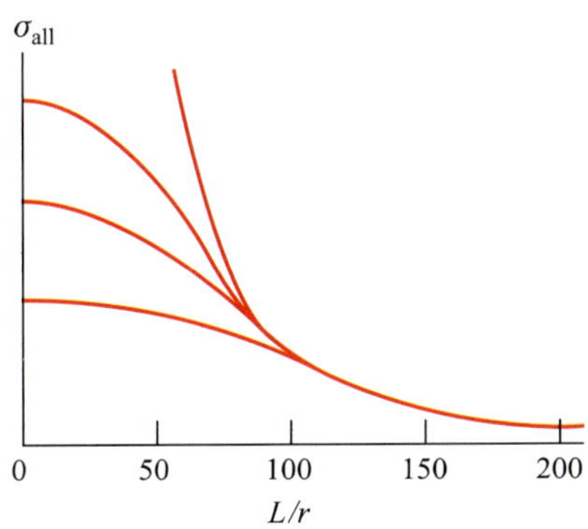

그림 16.21

식 (16.22), (16.24), (16.25), (16.26)을 이용함으로써, 주어진 강종과 어느 L/r값이든 허용축응력을 결정할 수 있다. 설계절차는 우선 식 (16.25)로부터 두식의 교차점을 계산하는 것이다. L/r값이 식 (16.25)보다 작다면, σ_{all}을 구하기 위해 식 (16.22)와 식 (16.26)을 이용하며, L/r값이 식 (16.25)보다 크다면 식 (16.24)와 (16.26)을 이용한다. 그림 16.21은 L/r의 함수로써 σ_e가 강종에 따라 일반적으로 어떻게 변화하는지 보여준다.

4) Specification for Structural Steel for Building에서는 기호 F가 응력으로 표기된다.

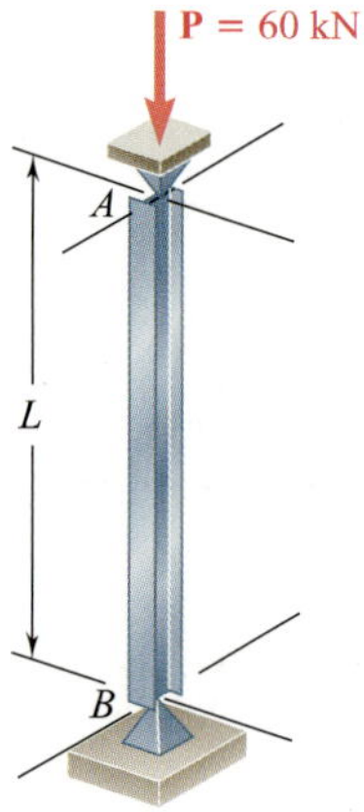

그림 16.22

예제 16.2 S100×11.5의 압연 압축부재 AB가 그림의 축하중을 안전하게 지지할 수 있는 최대 비지지 길이 L을 구하시오(그림 16.22). $\sigma_Y = 250$ MPa, $E = 200$ GPa라 가정하시오.

부록 C로부터 S100×11.5의 단면상수는 다음과 같다.

$$A = 1460\ \text{mm}^2 \qquad r_x = 41.7\ \text{mm} \qquad r_y = 14.6\ \text{mm}$$

60 kN의 축하중이 안전하게 지지되어야 한다면,

$$\sigma_{\text{all}} = \frac{P}{A} = \frac{60\times 10^3\ \text{N}}{1460\times 10^{-6}\ \text{m}^2} = 41.1\times 10^6\ \text{Pa}$$

임계응력 σ_{cr}을 계산해야 한다. 식 (16.25)에 명시된 세장비보다 L/r이 크다고 가정하고, 식 (16.24)와 식 (16.23)을 이용하면 다음과 같다.

$$\begin{aligned}\sigma_{\text{cr}} &= 0.877\sigma_e = 0.877\frac{\pi^2 E}{(L/r)^2}\\ &= 0.877\frac{\pi^2(200\times 10^9\ \text{Pa})}{(L/r)^2} = \frac{1.731\times 10^{12}\ \text{Pa}}{(L/r)^2}\end{aligned}$$

식 (16.26)을 사용하면 다음과 같다.

$$\sigma_{\text{all}} = \frac{\sigma_{\text{cr}}}{1.67} = \frac{1.037\times 10^{12}\ \text{Pa}}{(L/r)^2}$$

이 식을 위에서 구한 σ_{all}과 같다고 놓으면,

$$\frac{1.037\times 10^{12}\ \text{Pa}}{(L/r)^2} = 41.1\times 10^6\ \text{Pa} \qquad L/r = 158.8$$

식 (16.25)부터 구한 세장비는

$$\frac{L}{r} = 4.71\sqrt{\frac{200\times 10^9}{250\times 10^6}} = 133.2$$

위에서 L/r이 이 세장비보다 크다고 가정한 것은 적절하며 두 축에 대한 회전반경 중 작은 값을 선택하면 다음과 같다.

$$\frac{L}{r_y} = \frac{L}{14.6\times 10^{-3}\ \text{m}} = 158.8 \qquad L = 2.32\ \text{m} \quad \blacksquare$$

알루미늄. 많은 알루미늄 합금은 구조물과 기계구조물에서 사용된다. 알루미늄협회의 시방서는 축하중을 받는 알루미늄 기둥의 허용응력을 구하는 두 가지 공식을 제공한다.[5] 세장비에 따른 σ_{all}의 변화는 그림 16.23에 보여지는 것과 같이 이 두 공식에 의해 정의된다. 단주에서는 σ_{all}과 L/r이 선형

5) *Specification and Guidelines for Aluminum Structures*, Aluminum Association, Inc., Washington D.C., 2005

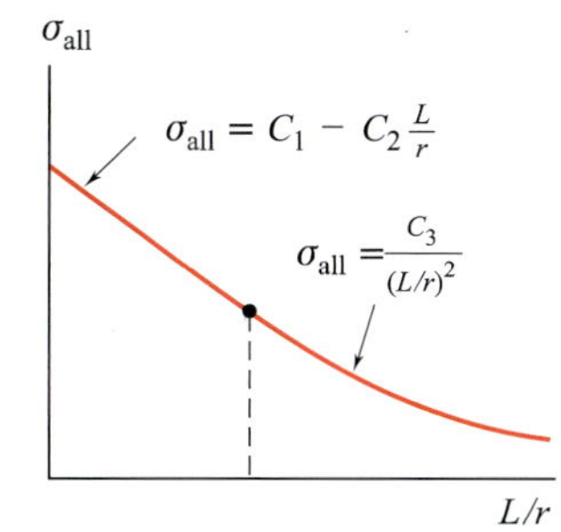

그림 16.23

이며 장주에서는 Euler 공식에 근거한 공식이 이용됨을 주목하자. 실제 건물 설계와 이와 유사한 구조물에 사용되는 시방서 공식은 아래와 같다. 이 공식은 SI단위와 US 단위로 일반적으로 사용된다.

Alloys 6061-T6

$$L/r < 66: \quad \sigma_{all} = [20.2 - 0.126(L/r)]\ \text{ksi} \tag{16.27}$$

$$= [139 - 0.868(L/r)]\ \text{MPa} \tag{16.27$'$}$$

$$L/r \geq 66: \quad \sigma_{all} = \frac{51{,}000\ \text{ksi}}{(L/r)^2} = \frac{351 \times 10^3\ \text{MPa}}{(L/r)^2} \tag{16.28}$$

Alloys 2014-T6

$$L/r < 55: \quad \sigma_{all} = [30.7 - 0.23(L/r)]\ \text{ksi} \tag{16.29}$$

$$= [212 - 1.585(L/r)]\ \text{MPa} \tag{16.29$'$}$$

$$L/r \geq 55: \quad \sigma_{all} = \frac{54{,}000\ \text{ksi}}{(L/r)^2} = \frac{372 \times 10^3\ \text{MPa}}{(L/r)^2} \tag{16.30}$$

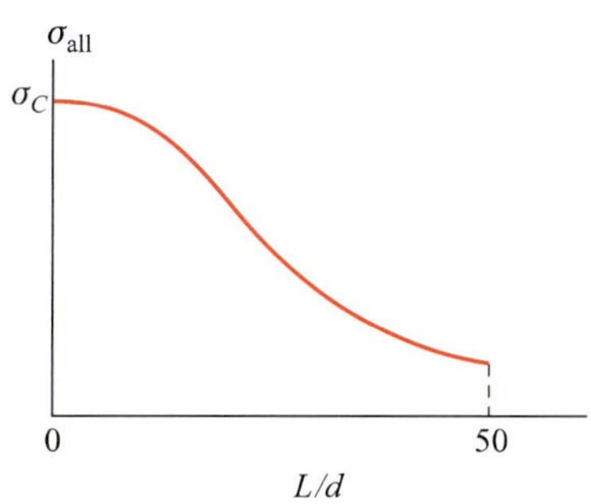

그림 16.24

목재. 목재기둥의 설계를 위해 미국 산림 및 종이협회(American Forest & Paper Association)[6]에서는 축하중을 받는 단주, 중간주, 장주의 목재기둥의 허용응력을 구하기 위한 하나의 공식을 제공한다. 변의 길이가 b와 d로 이루어진 구형 단면 기둥에서 $d < b$일 때, L/d에 따른 σ_{all}의 변화는 그림 16.24에 도시되어 있다.

한 조각의 목재로 만들었거나 여러 개의 목재를 접착시켜 만든 목재 기둥의 허용응력 σ_{all}은 다음과 같다.

$$\sigma_{all} = \sigma_C C_P \tag{16.31}$$

여기서 σ_C는 목재결에 평행한 보정된 허용 압축응력이다.[7] σ_C를 구하기 위해 사용된 보정은 하중 지속기간과 같은 변화를 설명하기 위해서 포함되었다. 기둥 안정계수 C_P는 아래식과 같이 정의된다.

$$C_P = \frac{1 + (\sigma_{CE}/\sigma_C)}{2c} - \sqrt{\left[\frac{1 + (\sigma_{CE}/\sigma_C)}{2c}\right]^2 - \frac{\sigma_{CE}/\sigma_C}{c}} \tag{16.32}$$

매개변수 c는 기둥의 종류에 따른 상수이며 제재목(Swan lumber)의 경우

6) *National Design Specification for Wood Construction*, American Forest & Paper Association, American Wood Council, Washington D.C., 2005

7) National Design Specification for Wood Construction에서는 기호 F가 응력으로 표기된다.

0.8이고 합판을 붙여 만든 경우는 0.9이다. σ_{CE}는 아래와 같이 정의된다.

$$\sigma_{CE} = \frac{0.822E}{(L/d)^2} \tag{16.33}$$

여기서 E는 기둥의 좌굴에 대해 보정된 탄성계수이다. L/d가 50을 초과하는 기둥은 목재건설 설계시방서(National Design Specification for Wood Construction)에서 허용되지 않는다.

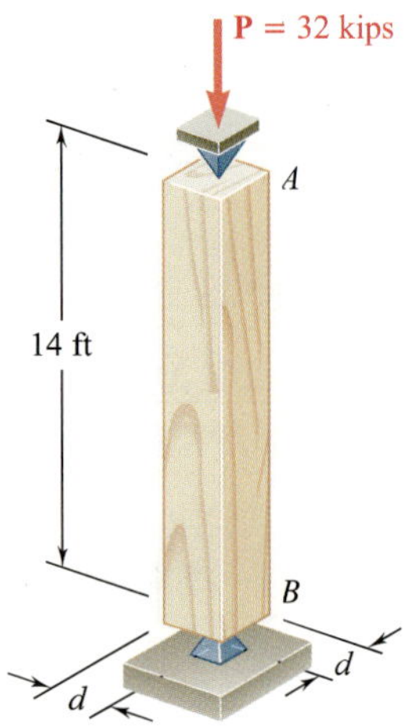

그림 16.25

예제 16.3 그림 16.25에 도시된 기둥의 유효길이는 14 ft이며 32 kip의 하중을 안전하게 지지해야 할 때, 단면이 정사각형인 합판을 붙여 만든 목재기둥으로 설계하시오. 보정된 목재의 탄성계수는 $E = 800\times10^3$ psi이며, 목재결에 평행한 보정된 허용 압축응력은 $\sigma_C = 1060$ psi이다.

합판을 접착하여 만든 목재에 대하여 $c = 0.9$이다. 식 (16.33)을 이용하면 σ_{CE} 값은 다음과 같다.

$$\sigma_{CE} = \frac{0.822E}{(L/d)^2} = \frac{0.822(800\times10^3\ \text{psi})}{(168\ \text{in./d})^2} = 23.299d^2\ \text{psi}$$

다음으로 식 (16.32)를 이용하여 기둥안정계수를 d와 $(\sigma_{CE}/\sigma_C) = (23.299d^2/1.060\times10^3) = 21.98\times10^{-3}d^2$로 표현하면 다음과 같다.

$$C_P = \frac{1+(\sigma_{CE}/\sigma_C)}{2c} - \sqrt{\left[\frac{1+(\sigma_{CE}/\sigma_C)}{2c}\right]^2 - \frac{\sigma_{CE}/\sigma_C}{c}}$$

$$= \frac{1+21.98\times10^{-3}d^2}{2(0.90)} - \sqrt{\left[\frac{1+21.98\times10^{-3}d^2}{2(0.90)}\right]^2 - \frac{21.98\times10^{-3}d^2}{0.90}}$$

기둥은 32 kip의 하중을 지지해야 하므로, 이는 $\sigma_C d^2$와 같아야 하며, 식 (16.31)을 이용하면 다음과 같다.

$$\sigma_{all} = \frac{32\ \text{kips}}{d^2} = \sigma_C C_P = 1.060C_P$$

위 식을 C_P에 대해 풀고 이를 위에서 구한 식에 대입하면 다음과 같다.

$$\frac{30.19}{d^2} = \frac{1+21.98\times10^{-3}d^2}{2(0.90)} - \sqrt{\left[\frac{1+21.98\times10^{-3}d^2}{2(0.90)}\right]^2 - \frac{21.98\times10^{-3}d^2}{0.90}}$$

시행착오법으로 위 식을 풀면 $d = 6.45$ in.이다.

주의 : 본서에 기술된 설계 공식은 설계 접근법의 예를 제공하기 위한 것이다. 이러한 공식들은 많은 설계에서 필요한 모든 요구를 충족시키지 못하며, 독자들은 실제 설계 전에 적절한 설계 시방서를 참고해야 한다. ■

문제 16.2

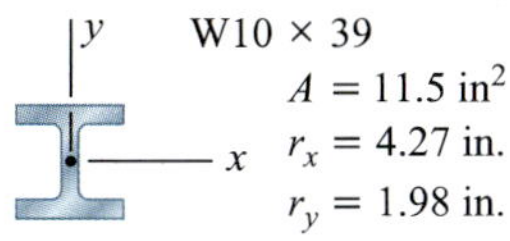

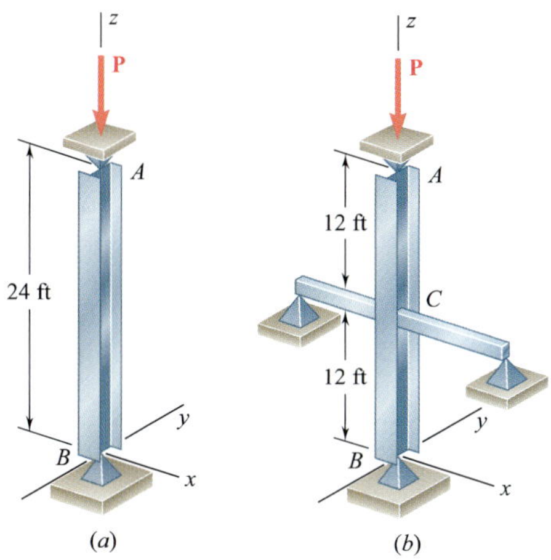

$\sigma_Y = 36$ ksi, $E = 29\times10^6$ psi인 압연강 W10×39로 제작된 기둥 AB가 있다. (a) 모든 방향으로 기둥의 유효길이가 24 ft일 때, (b) 브레이싱이 중앙점 C에서 xz면으로 횡변위가 발생하지 않도록 할 때, 허용 축하중 P를 결정하시오. (C점에서의 yz면의 횡변위는 브레이싱에 영향을 받지 않는다고 가정하시오.)

풀이.

우선 식 (16.25)으로부터 주어진 항복응력 $\sigma_Y = 36$ ksi에 대응하는 세장비 값을 계산하자.

$$\frac{L}{r} = 4.71\sqrt{\frac{29\times10^6}{36\times10^3}} = 133.7$$

a. 유효길이 = 24 ft. $r_y < r_x$이므로, 좌굴은 xz면에서 일어날 것이다. $L = 24$ ft, $r = r_y = 1.98$ in.일 때의 세장비는 다음과 같다.

$$\frac{L}{r} = \frac{(24\times12)\text{ in.}}{1.98\text{ in.}} = \frac{288\text{ in.}}{1.98\text{ in.}} = 145.5$$

$L/r > 133.7$이므로, σ_{cr}을 구하기 위해 식 (16.23)과 (16.24)를 이용하자.

$$\sigma_{cr} = 0.877\sigma_e = 0.877\frac{\pi^2 E}{(L/r)^2} = 0.877\frac{\pi^2(29\times10^3\text{ksi})}{(145.5)^2} = 11.86\text{ ksi}$$

허용응력은 식 (16.26)을 이용하여 아래와 같이 구하며 P_{all}은 다음과 같다.

$$\sigma_{all} = \frac{\sigma_{cr}}{1.67} = \frac{11.86\text{ ksi}}{1.67} = 7.10\text{ ksi}$$

$$P_{all} = \sigma_{all}A = (7.10\text{ ksi})(11.5\text{ in}^2) = 81.7\text{ kips}$$

b. 중앙점 C에서의 브레이싱. 브레이싱이 중앙점 C에서 xz면의 횡변위가 일어나지 않도록 하나 yz면에서는 횡변위가 발생하므로, 각 평면의 좌굴에 대응하는 세장비를 계산하고 큰 세장비를 적용해야 한다.

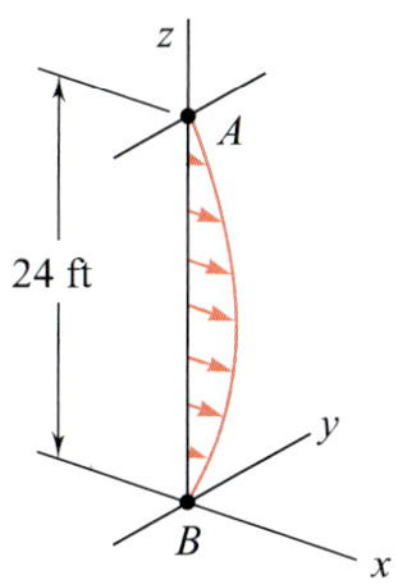

xz면 : 유효길이 $= 12$ ft $= 144$ in., $r = r_y = 1.98$ in.

$L/r = (144\text{ in.})/(1.98\text{ in.}) = 72.7$

yz면 : 유효길이 $= 24$ ft $= 288$ in., $r = r_x = 4.27$ in.

$L/r = (288\text{ in.})/(4.27\text{ in.}) = 67.4$

세장비가 큰 경우가 작은 허용 하중에 대응하므로, $L/r = 72.7$을 선택한다. 선택한 세장비가 $L/r = 145.5$보다 작으므로 σ_{cr}을 구하기 위해 식 (16.23)과 (16.22)를 사용한다.

$$\sigma_e = \frac{\pi^2 E}{(L/r)^2} = \frac{\pi^2(29\times10^3\text{ ksi})}{(72.7)^2} = 54.1\text{ ksi}$$

$$\sigma_{cr} = \left[0.658^{(\sigma_Y/\sigma_e)}\right]F_Y = \left[0.658^{(36\text{ksi}/54.1\text{ksi})}\right]36\text{ ksi} = 27.3\text{ ksi}$$

이제 식 (16.26)을 이용하여 허용응력을 계산하고 허용하중도 계산한다.

$$\sigma_{all} = \frac{\sigma_{cr}}{1.67} = \frac{27.3\text{ ksi}}{1.67} = 16.32\text{ ksi}$$

$$P_{all} = \sigma_{all}A = (16.32\text{ ksi})(11.5\text{ in}^2) \qquad P_{all} = 187.7\text{ ksi}$$

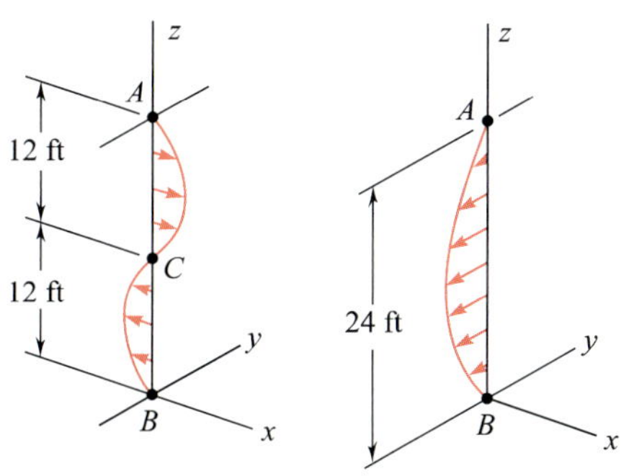

Buckling in *xz* plane Buckling in *yz* plane

문제 16.3

축하중 $P=60$ kN을 지지할 수 있도록 알루미늄 합금 2014-T6이 사용된 원형봉의 최소지름을 결정하시오. (a) $L=750$ mm, (b) $L=300$ mm

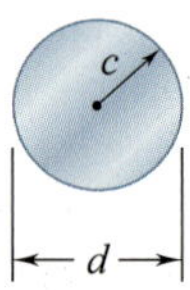

풀이.

반경이 c인 고체 원형봉 단면이므로

$$I=\frac{\pi}{4}c^4 \qquad A=\pi c^2 \qquad r=\sqrt{\frac{I}{A}}=\sqrt{\frac{\pi c^4/4}{\pi c^2}}=\frac{c}{2}$$

a. 길이 750 mm. 봉의 지름이 결정되지 않았으므로, L/r을 가정해야 한다. $L/r>55$라고 가정하고 식 (16.30)을 이용하자. 축하중이 P일 때, $\sigma=P/A$이므로 다음과 같다.

$$\frac{P}{A}=\sigma_{\text{all}}=\frac{372\times10^3\ \text{MPa}}{(L/r)^2}$$

$$\frac{60\times10^3\ \text{N}}{\pi c^2}=\frac{372\times10^9\ \text{Pa}}{\left(\dfrac{0.750\ \text{m}}{c/2}\right)^2}$$

$$c^4=115.5\times10^{-9}\ \text{m}^4 \qquad c=18.44\ \text{mm}$$

$c=18.44$ mm일 때, 세장비는

$$\frac{L}{r}=\frac{L}{c/2}=\frac{750\ \text{mm}}{(18.44\ \text{mm})/2}=81.3>55$$

가정은 적절하였으며, $L=750$ mm일 때, 요구되는 지름은 다음과 같다.

$$d=2c=2(18.44\ \text{mm}) \qquad d=36.9\ \text{mm}$$

b. 길이 300 mm. 다시 $L/r>55$라고 가정하자. 식 (16.30)을 이용하여, a에서 수행하였던 절차를 동일하게 따르면, $c=11.66$ mm이며 $L/r=51.5$이다. L/r이 55보다 작으므로, 가정은 적절치 못했으며, $L/r<55$이라 가정하고, 이 봉의 설계를 위해 식 (16.29′)을 이용한다.

$$\frac{P}{A}=\sigma_{\text{all}}=\left[212-1.585\left(\frac{L}{r}\right)\right]\ \text{MPa}$$

$$\frac{60\times10^3\ \text{N}}{\pi c^2}=\left[212-1.585\left(\frac{0.3\ \text{m}}{c/2}\right)\right]10^6\ \text{Pa}$$

$$c=12.00\ \text{mm}$$

$c=12.00$ mm일 때 세장비는

$$\frac{L}{r}=\frac{L}{c/2}=\frac{300\ \text{mm}}{(12.00\ \text{mm})/2}=50$$

$L/r<55$ 작다는 두 번째 가정은 적절하다. $L=300$ mm일 때, 요구되는 지름은 다음과 같다.

$$d=2c=2(12.00\ \text{mm}) \qquad d=24.0\ \text{mm}$$

Problems

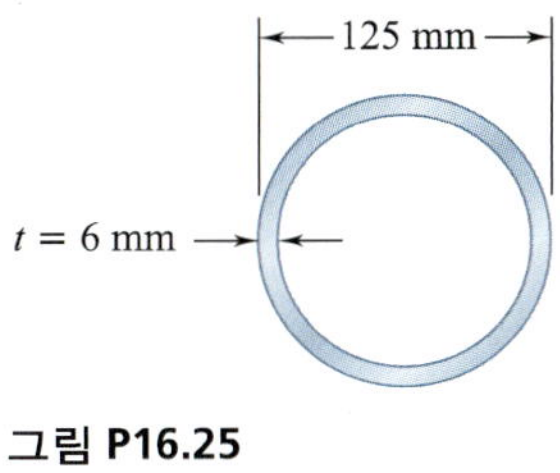

그림 P16.25

16.25 A steel pipe having the cross section shown is used as a column. Using the AISC allowable stress design formulas, determine the allowable centric load if the effective length of the column is (*a*) 6 m, (*b*) 4 m. Use $\sigma_Y = 250$ MPa and $E = 200$ GPa.

16.26 A column with the cross section shown has a 13.5-ft effective length. Using AISC allowable stress design, determine the largest centric load that can be applied to the column. Use $\sigma_Y = 36$ ksi and $E = 29 \times 10^6$ psi.

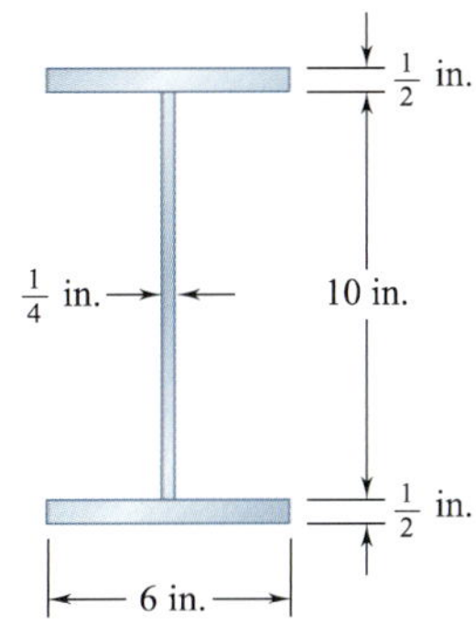

그림 P16.26

16.27 Using allowable stress design, determine the allowable centric load for a column of 6-m effective length that is made from the following rolled-steel shape: (*a*) W200 × 35.9, (*b*) W200 × 86. Use $\sigma_Y =$ 250 MPa and $E = 200$ GPa.

16.28 A W8 × 31 rolled-steel shape is used for a column of 21-ft effective length. Using allowable stress design, determine the allowable centric load if the yield strength of the grade of steel used is (*a*) $\sigma_Y = 36$ ksi, (*b*) $\sigma_Y = 50$ ksi. Use $E = 29 \times 10^6$ psi.

16.29 A column having a 3.5-m effective length is made of sawn lumber with a 114 × 140-mm cross section. Knowing that for the grade of wood used the adjusted allowable stress for compression parallel to the grain is $\sigma_C = 7.6$ MPa and the adjusted modulus $E =$ 2.8 GPa, determine the maximum allowable centric load for the column.

16.30 A sawn lumber column with a 7.5 × 5.5-in. cross section has an 18-ft effective length. Knowing that for the grade of wood used the adjusted allowable stress for compression parallel to the grain is $\sigma_C = 1200$ psi and that the adjusted modulus $E = 470 \times 10^3$ psi, determine the maximum allowable centric load for the column.

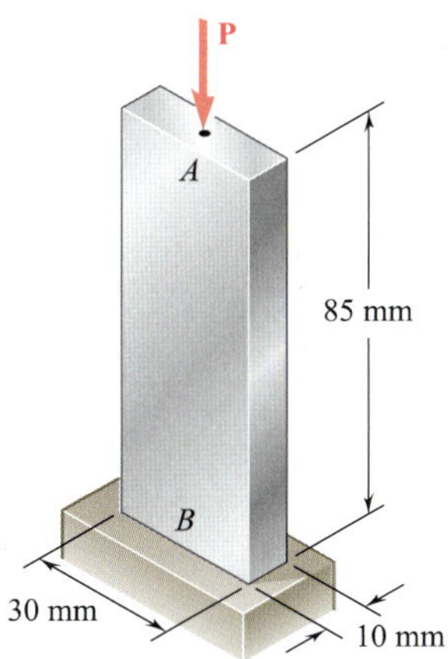

그림 P16.31

16.31 Bar *AB* is free at its end *A* and fixed at its base *B*. Determine the allowable centric load **P** if the aluminum alloy is (*a*) 6061-T6, (*b*) 2014-T6.

16.32 A compression member has the cross section shown and an effective length of 5 ft. Knowing that the aluminum alloy used is 6061-T6, determine the allowable centric load.

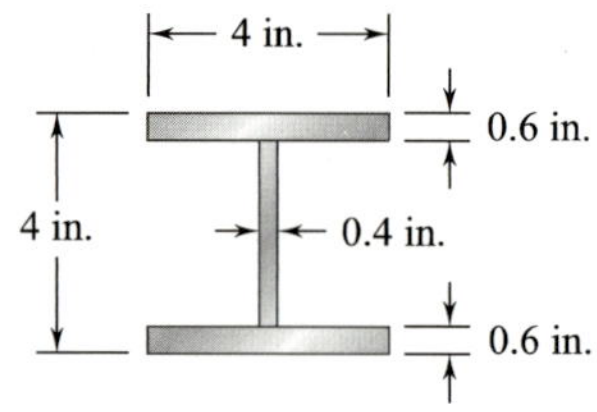

그림 P16.32

16.33 and 16.34 A compression member of 9-m effective length is obtained by welding two 10-mm-thick steel plates to a W250 × 80 rolled-steel shape as shown. Knowing that σ_Y = 345 MPa and E = 200 GPa and using allowable stress design, determine the allowable centric load for the compression member.

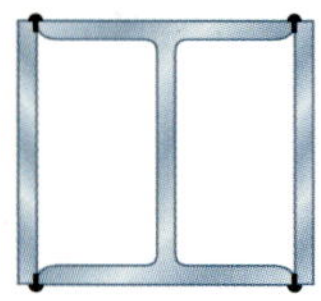

그림 P16.33

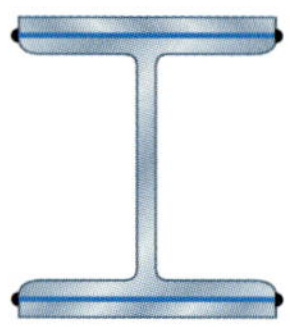

그림 P16.34

16.35 A compression member of 2.3-m effective length is obtained by bolting together two L127 × 76 × 12.7-mm steel angles as shown. Using allowable stress design, determine the allowable centric load for the column. Use σ_Y = 250 MPa and E = 200 GPa.

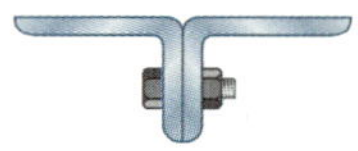

그림 *P16.35*

16.36 A column of 21-ft effective length is obtained by connecting two C10 × 20 steel channels with lacing bars as shown. Using allowable stress design, determine the allowable centric load for the column. Use σ_Y = 36 ksi and $E = 29 \times 10^6$ psi.

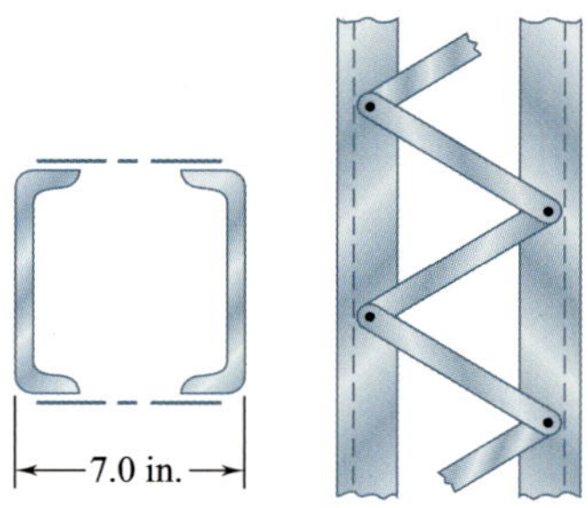

그림 P16.36

16.37 A rectangular column with a 4.4-m effective length is made of glued laminated wood. Knowing that for the grade of wood used the adjusted allowable stress for compression parallel to the grain is σ_C = 8.3 MPa and the adjusted modulus E = 4.6 GPa, determine the maximum allowable centric load for the column.

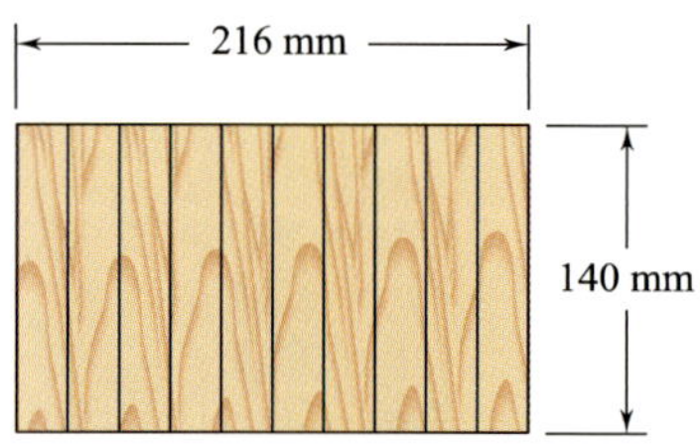

그림 P16.37

16.38 An aluminum structural tube is reinforced by bolting two plates to it as shown for use as a column of 5.6-ft effective length. Knowing that all the material is aluminum alloy 2014-T6, determine the maximum allowable centric load.

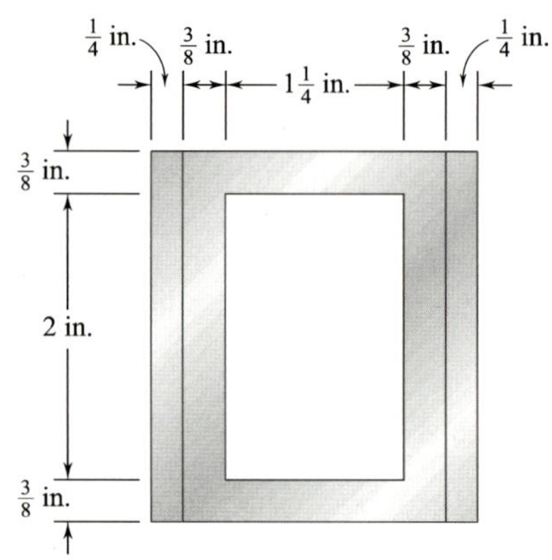

그림 *P16.38*

16.39 An 18-kip centric load is applied to a rectangular sawn lumber column of 22-ft effective length. Using sawn lumber for which the adjusted allowable stress for compression parallel to the grain is $\sigma_C = 1050$ psi and the adjusted modulus is $E = 440 \times 10^3$ psi, determine the smallest cross section that can be used. Use $b = 2d$.

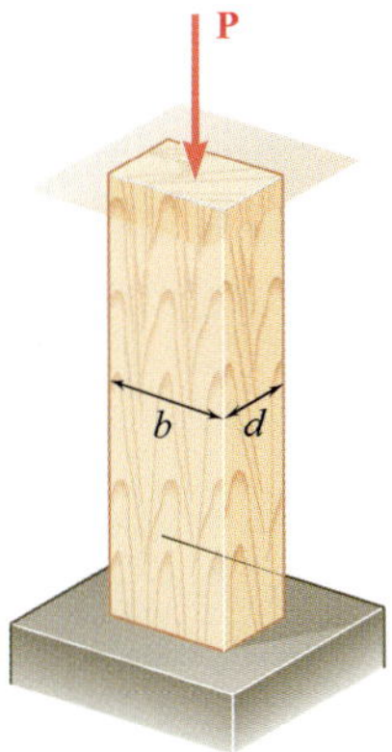

그림 P16.39

16.40 A column of 2.1-m effective length is to be made by gluing together laminated wood pieces of 25 × 150-mm cross section. Knowing that for the grade of wood used the adjusted allowable stress for compression parallel to the grain is $\sigma_C = 7.7$ MPa and the adjusted modulus is $E = 5.4$ GPa, determine the number of wood pieces that must be used to support the concentric load shown when (*a*) $P = 52$ kN, (*b*) $P = 108$ kN.

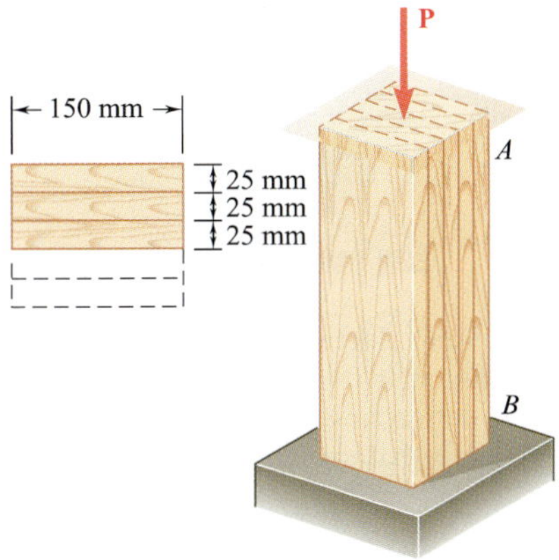

그림 P16.40

16.41 A 16-kip centric load must be supported by an aluminum column as shown. Using the aluminum alloy 6061-T6, determine the minimum dimension b that can be used.

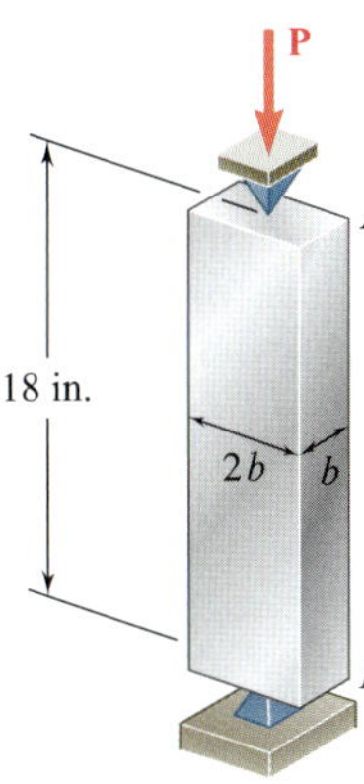

그림 P16.41

16.42 An aluminum tube of 90-mm outer diameter is used to carry a centric load of 120 kN. Knowing that the stock of tubes available for use are made of alloy 2014-T6 and with wall thicknesses in increments of 3 mm from 6 mm to 15 mm, determine the lightest tube that can be used.

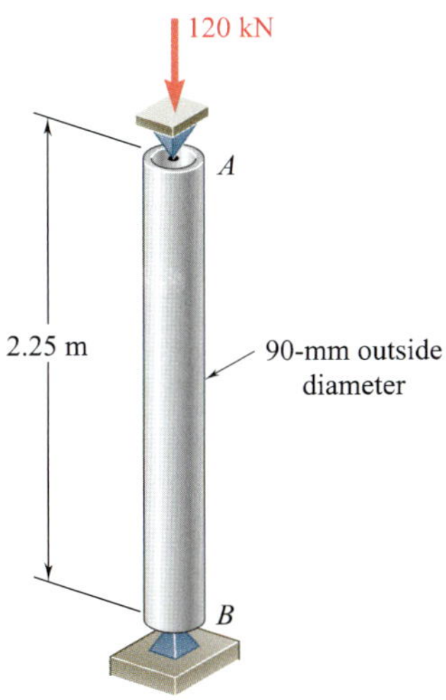

그림 P16.42

16.43 A centric load **P** must be supported by the steel bar AB. Using allowable stress design, determine the smallest dimension d of the cross section that can be used when (*a*) $P = 24$ kips, (*b*) $P = 36$ kips. Use $\sigma_Y = 36$ ksi and $E = 29 \times 10^6$ psi.

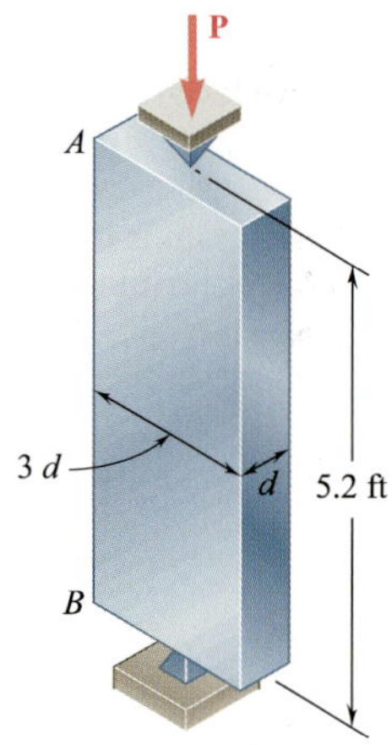

그림 P16.43

16.44 A column of 4.5-m effective length must carry a centric load of 900 kN. Knowing that $\sigma_Y = 345$ MPa and $E = 200$ GPa, use allowable stress design to select the steel wide-flange shape of 250-mm nominal depth that should be used.

16.45 A column of 22.5-ft effective length must carry a centric load of 288 kips. Using allowable stress design, select the steel wide-flange shape of 14-in. nominal depth that should be used. Use $\sigma_Y = 50$ ksi and $E = 29 \times 10^6$ psi.

16.46 A column of 4.6-m effective length must carry a centric load of 525 kN. Knowing that $\sigma_Y = 345$ MPa and $E = 200$ GPa, use allowable stress design to select the steel wide-flange shape of 200-mm nominal depth that should be used.

16.47 A square steel tube having the cross section shown is used as a column of 26-ft effective length to carry a centric load of 65 kips. Knowing that the tubes available for use are made with wall thicknesses ranging from $\frac{1}{4}$ to $\frac{3}{4}$ in. in increments of $\frac{1}{16}$ in., use allowable stress design to determine the lightest tube that can be used. Use $\sigma_Y = 36$ ksi and $E = 29 \times 10^6$ psi.

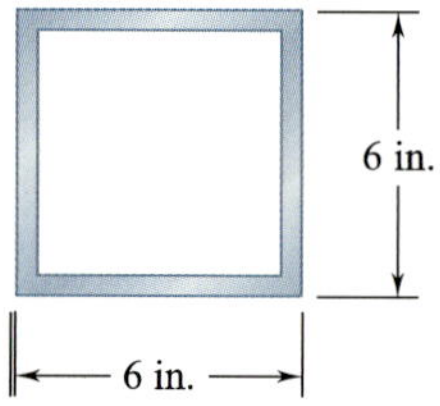

그림 P16.47

16.48 Two $3\frac{1}{2} \times 2\frac{1}{2}$-in. steel angles are bolted together as shown for use as a column of 6-ft effective length to carry a centric load of 54 kips. Knowing that the angles available have thicknesses of $\frac{1}{4}$, $\frac{3}{8}$, and $\frac{1}{2}$ in., use allowable stress design to determine the lightest angles that can be used. Use $\sigma_Y = 36$ ksi and $E = 29 \times 10^6$ psi.

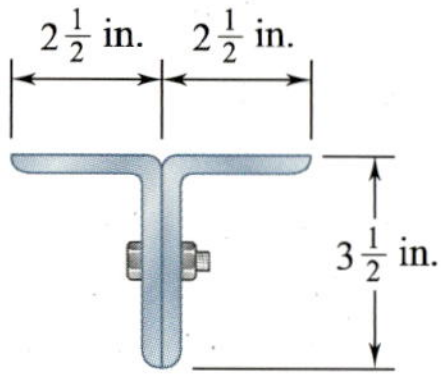

그림 P16.48

복습 및 요약

임계하중 이번 장은 축하중을 지지하는 등단면기둥의 설계와 해석에 중점을 두었다. 기둥의 거동에 대한 이해를 돕기 위해 16.2절에서 단순화된 해석모델의 평형을 다루었으며 임계하중이라 불리는 특정한 값 P_{cr} 을 알아보았다. 해석모델에서 두 개의 평형상태가 가능했으며 첫 번째는 횡방향 처짐이 영인 본래의 위치이며, 두 번째는 큰 처짐을 포함한 상태이다. $P > P_{cr}$ 인 경우 평형상태는 불안정하며 $P < P_{cr}$ 인 경우는 안정이다. 후자의 경우가 발생 가능한 평형상태이다.

16.3절에서는 축하중 P를 받는 휨강성이 EI인 핀으로 지지된 길이 L의 기둥을 고려하였다. 기둥에 좌굴이 발생했다고 가정했으며(그림 16.26), Q점의 모멘트는 $-Py$와 같다.

$$\frac{d^2y}{dx^2} = \frac{M}{EI} = -\frac{P}{EI}y \tag{16.4}$$

핀으로 지지되는 기둥의 경계조건을 만족하는 위의 미분방정식의 해로부터, 좌굴이 일어날 수 있는 가장 작은 하중 P를 구하였다. 이 하중을 임계하중이라 하며 다음과 같이 Euler 공식의 P_{cr} 로 표기된다.

Euler 공식

$$P_{cr} = \frac{\pi^2 EI}{L^2} \tag{16.11}$$

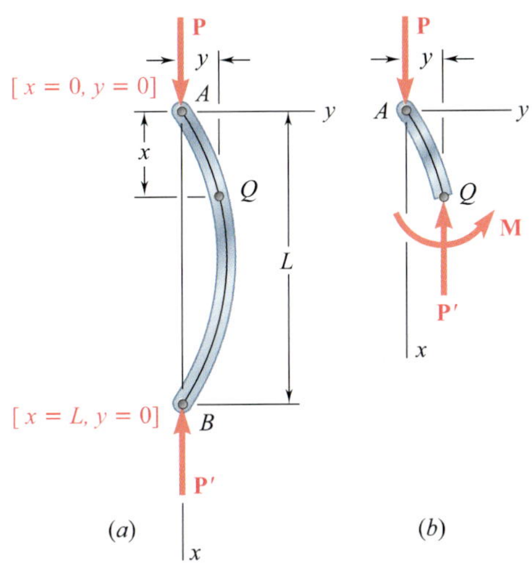

그림 16.26

여기서 L은 기둥의 길이이다. 이 하중 또는 더 큰 하중이 적용되면, 기둥의 평형상태는 불안정이며 횡변위가 발생할 것이다. 기둥의 단면적을 A로 놓고 회전반경을 r로 놓으면 임계하중 P_{cr}에 대응하는 임계응력 σ_{cr}을 구할 수 있다.

$$\sigma_{cr} = \frac{\pi^2 E}{(L/r)^2} \tag{16.13}$$

세장비 L/r값은 세장비라 하며, L/r과 σ_{cr}의 관계가 그림 16.27에 도시되었다. 좌굴응력은 재료의 항복강도 이하라는 사실에 근거했으므로 만일 $\sigma_{cr} > \sigma_Y$인 경우 항복에 의한 파괴가 일어날 것이다.

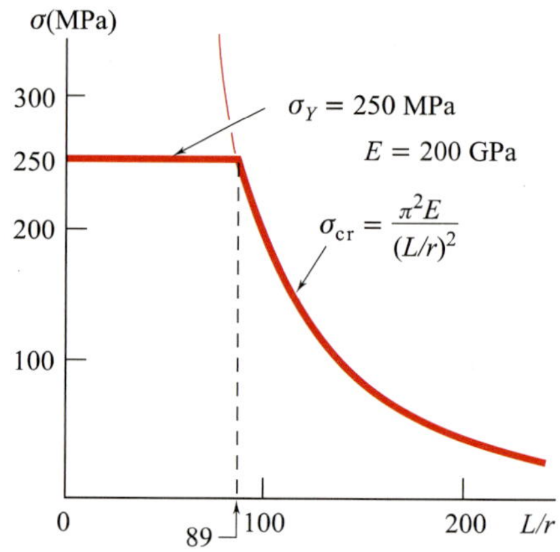

그림 16.27

16.4절에서는 다양한 지점조건을 갖는 기둥의 임계하중을 다루었으며 이는 다음과 같다.

$$P_{cr} = \frac{\pi^2 EI}{L_e^2} \tag{16.11$'$}$$

유효길이 여기서 L_e는 기둥의 유효길이 즉, 핀으로 지지되는 기둥과 같은 길이이다. 다양한 지점조건을 갖는 기둥의 유효길이는 그림 16.17에 정리되어 있다.

실제기둥의 설계 이 장의 첫 부분에서 고려한 기둥은 균일한 재료의 직선기둥이었다. 실제 모든 기둥에서는 결함이 존재하므로, 실제 기둥의 설계는 실험을 바탕으로 한 경험식이 사용되며, 전문기관이 발행한 시방서와 규정을 사용한다. 16.5절에서는 강, 알루미늄, 목재가 사용된 축하중을 받는 기둥의 설계를 다루었다.

축력을 받는 기둥 각각의 재료가 적용된 기둥의 설계는 기둥의 세장비 L/r의 함수로 허용응력을 표현한 설계식에 근거하여 수행되었다.

Review Problems

16.49 A column of 3.5-m effective length is made by welding together two L89 × 64 × 6.4-mm angles as shown. Using Euler's formula with E = 200 GPa, determine the allowable centric load if a factor of safety of 2.8 is required.

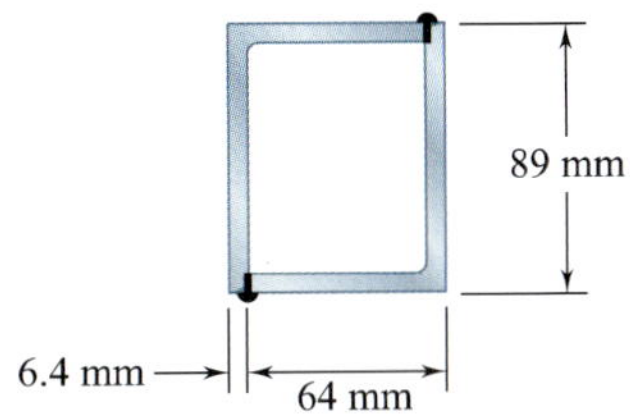

그림 **P16.49**

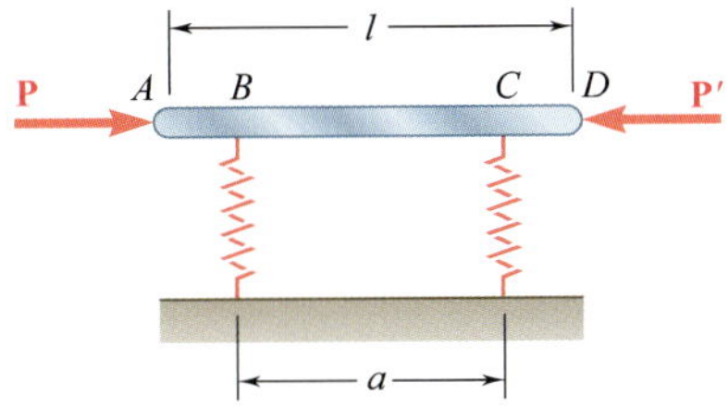

그림 **P16.50**

16.50 A rigid bar AD is attached to two springs of constant k and is in equilibrium in the position shown. Knowing that the equal and opposite loads **P** and **P**′ *remain horizontal,* determine the magnitude P_{cr} of the critical load for the system.

16.51 The steel rod BC is attached to the rigid bar AB and to the fixed support at C. Knowing that $G = 11.2 \times 10^6$ psi, determine the critical load P_{cr} of the system when $d = \frac{1}{2}$ in.

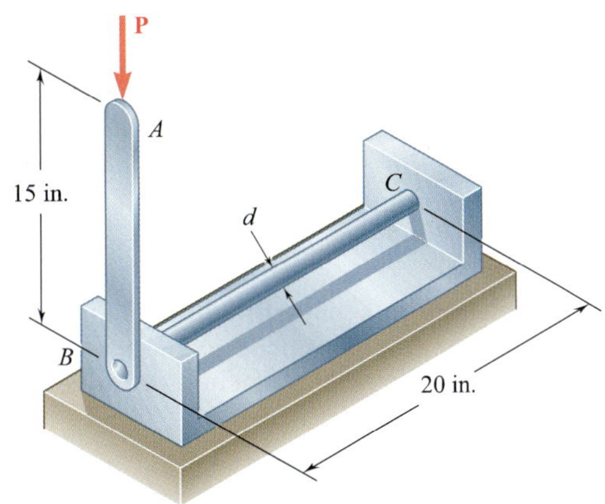

그림 ***P16.51***, **P16.52**

16.52 The steel rod BC is attached to the rigid bar AB and to the fixed support at C. Knowing that $G = 11.2 \times 10^6$ psi, determine the diameter of the rod BC for which the critical P_{cr} of the system is 80 lb.

16.53 Supports A and B of the pin-ended column shown are at a fixed distance L from each other. Knowing that at a temperature T_0 the force in the column is zero and that buckling occurs when the temperature is $T_1 = T_0 + \Delta T$, express ΔT in terms of b, L, and the coefficient of thermal expansion α.

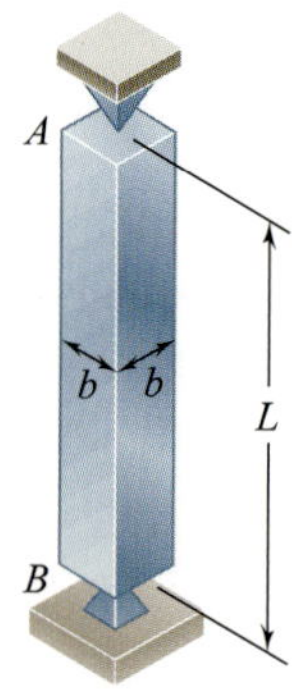

그림 P16.53

16.54 Member AB consists of a single C130 × 10.4 steel channel of length 2.5 m. Knowing that the pins at A and B pass through the centroid of the cross section of the channel, determine the factor of safety for the load shown with respect to buckling in the plane of the figure when $\theta = 30°$. Use Euler's formula with $E = 200$ GPa.

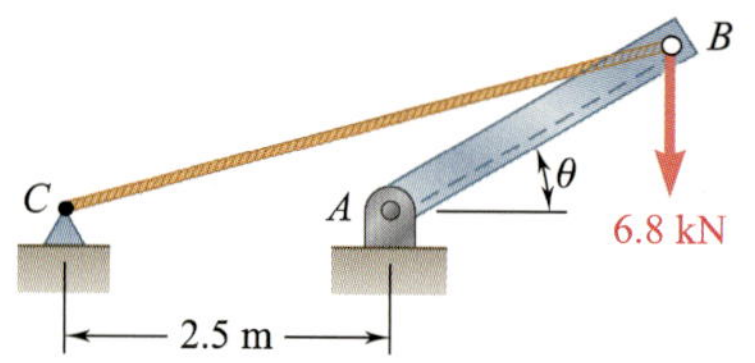

그림 P16.54

16.55 (*a*) Considering only buckling in the plane of the structure shown and using Euler's formula, determine the value of θ between 0 and 90° for which the allowable magnitude of the load **P** is maximum. (*b*) Determine the corresponding maximum value of P knowing that a factor of safety of 3.2 is required. Use $E = 29 \times 10^6$ psi.

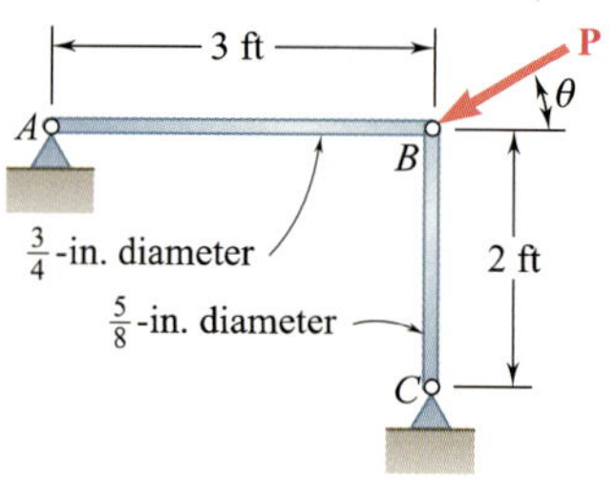

그림 P16.55

16.56 Knowing that a factor of safety of 2.6 is required, determine the largest load **P** that can be applied to the structure shown using Euler's formula. Use $E = 200$ GPa and consider only buckling in the plane of the structure.

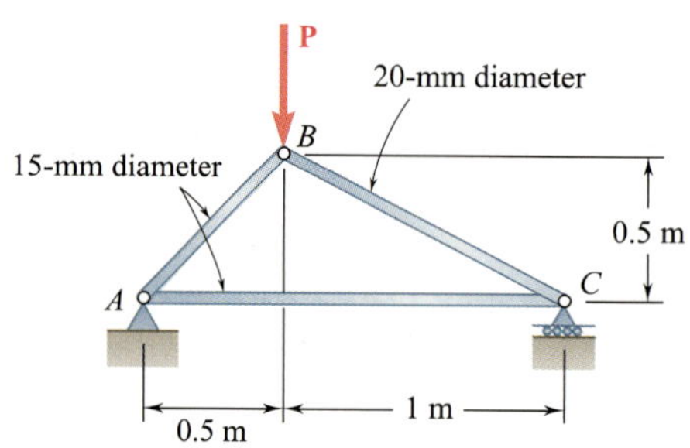

그림 P16.56

16.57 Determine (a) the critical load for the brass strut, (b) the dimension d for which the aluminum strut will have the same critical load, (c) the weight of the aluminum strut as a percent of the weight of the brass strut.

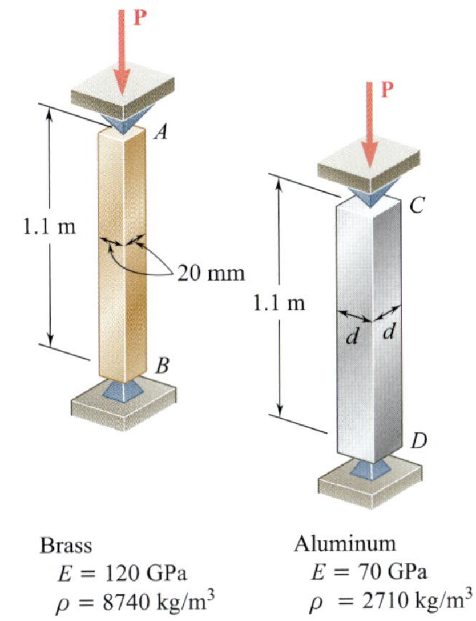

그림 *P16.57*

16.58 A compression member has the cross section shown and an effective length of 5 ft. Knowing that the aluminum alloy used is 2014-T6, use Sec. 16.5 to determine the allowable centric load.

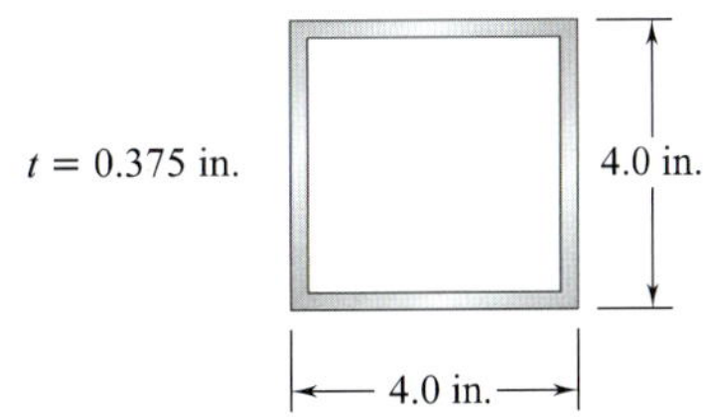

그림 P16.58

16.59 A column is made from half of a W360 × 216 rolled-steel shape with the geometric properties as shown. Using allowable stress design in Sec. 16.5, determine the allowable centric load if the effective length of the column is (a) 4.0 m, (b) 6.5 m. Use σ_Y = 345 MPa and E = 200 GPa.

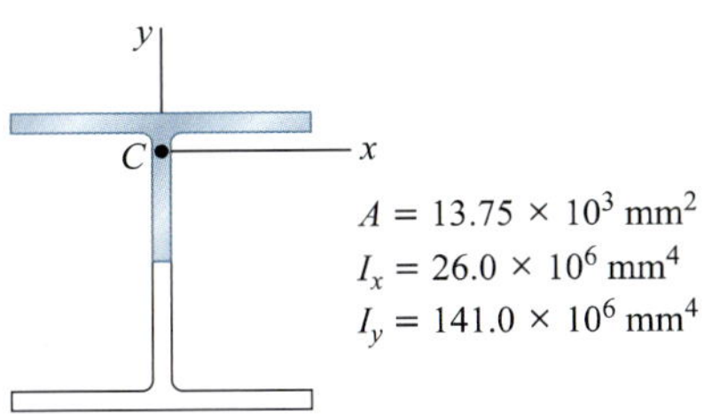

그림 P16.59

16.60 A column of 17-ft effective length must carry a centric load of 235 kips. Using allowable stress design in Sec. 16.5, select the steel wide-flange shape of 10-in. nominal depth that should be used. Use σ_Y = 36 ksi and E = 29 × 10^6 psi.

부록 ▮ Appendix

APPENDIX A Typical Properties of Selected Materials Used in Engineering[1,5] (U.S. Customary Units)

Material	Specific Weight, lb/in^3	Ultimate Strength: Tension, ksi	Ultimate Strength: Compression,[2] ksi	Ultimate Strength: Shear, ksi	Yield Strength[3]: Tension, ksi	Yield Strength[3]: Shear, ksi	Modulus of Elasticity, 10^6 psi	Modulus of Rigidity, 10^6 psi	Coefficient of Thermal Expansion, 10^{-6}/°F	Ductility, Percent Elongation in 2 in.
Steel										
Structural (ASTM-A36)	0.284	58			36	21	29	11.2	6.5	21
High-strength-low-alloy										
ASTM-A709 Grade 50	0.284	65			50		29	11.2	6.5	21
ASTM-A913 Grade 65	0.284	80			65		29	11.2	6.5	17
ASTM-A992 Grade 50	0.284	65			50		29	11.2	6.5	21
Quenched & tempered										
ASTM-A709 Grade 100	0.284	110			100		29	11.2	6.5	18
Stainless, AISI 302										
Cold-rolled	0.286	125			75		28	10.8	9.6	12
Annealed	0.286	95			38	22	28	10.8	9.6	50
Reinforcing Steel										
Medium strength	0.283	70			40		29	11	6.5	
High strength	0.283	90			60		29	11	6.5	
Cast Iron										
Gray Cast Iron										
4.5% C, ASTM A-48	0.260	25	95	35			10	4.1	6.7	0.5
Malleable Cast Iron										
2% C, 1% Si, ASTM A-47	0.264	50	90	48	33		24	9.3	6.7	10
Aluminum										
Alloy 1100-H14 (99% Al)	0.098	16		10	14	8	10.1	3.7	13.1	9
Alloy 2014-T6	0.101	66		40	58	33	10.9	3.9	12.8	13
Alloy 2024-T4	0.101	68		41	47		10.6		12.9	19
Alloy 5456-H116	0.095	46		27	33	19	10.4		13.3	16
Alloy 6061-T6	0.098	38		24	35	20	10.1	3.7	13.1	17
Alloy 7075-T6	0.101	83		48	73		10.4	4	13.1	11
Copper										
Oxygen-free copper (99.9% Cu)										
Annealed	0.322	32		22	10		17	6.4	9.4	45
Hard-drawn	0.322	57		29	53		17	6.4	9.4	4
Yellow Brass (65% Cu, 35% Zn)										
Cold-rolled	0.306	74		43	60	36	15	5.6	11.6	8
Annealed	0.306	46		32	15	9	15	5.6	11.6	65
Red Brass (85% Cu, 15% Zn)										
Cold-rolled	0.316	85		46	63		17	6.4	10.4	3
Annealed	0.316	39		31	10		17	6.4	10.4	48
Tin bronze (88 Cu, 8Sn, 4Zn)	0.318	45			21		14		10	30
Manganese bronze (63 Cu, 25 Zn, 6 Al, 3 Mn, 3 Fe)	0.302	95			48		15		12	20
Aluminum bronze (81 Cu, 4 Ni, 4 Fe, 11 Al)	0.301	90	130		40		16	6.1	9	6

APPENDIX A Typical Properties of Selected Materials Used in Engineering[1,5] (SI Units)

Material	Density kg/m^3	Ultimate Strength: Tension, MPa	Ultimate Strength: Compression,[2] MPa	Ultimate Strength: Shear, MPa	Yield Strength[3]: Tension, MPa	Yield Strength[3]: Shear, MPa	Modulus of Elasticity, GPa	Modulus of Rigidity, GPa	Coefficient of Thermal Expansion, 10^{-6}/°C	Ductility, Percent Elongation in 50 mm
Steel										
Structural (ASTM-A36)	7860	400			250	145	200	77.2	11.7	21
High-strength-low-alloy										
ASTM-A709 Grade 345	7860	450			345		200	77.2	11.7	21
ASTM-A913 Grade 450	7860	550			450		200	77.2	11.7	17
ASTM-A992 Grade 345	7860	450			345		200	77.2	11.7	21
Quenched & tempered										
ASTM-A709 Grade 690	7860	760			690		200	77.2	11.7	18
Stainless, AISI 302										
Cold-rolled	7920	860			520		190	75	17.3	12
Annealed	7920	655			260	150	190	75	17.3	50
Reinforcing Steel										
Medium strength	7860	480			275		200	77	11.7	
High strength	7860	620			415		200	77	11.7	
Cast Iron										
Gray Cast Iron										
4.5% C, ASTM A-48	7200	170	655	240			69	28	12.1	0.5
Malleable Cast Iron										
2% C, 1% Si,										
ASTM A-47	7300	345	620	330	230		165	65	12.1	10
Aluminum										
Alloy 1100-H14										
(99% Al)	2710	110		70	95	55	70	26	23.6	9
Alloy 2014-T6	2800	455		275	400	230	75	27	23.0	13
Alloy-2024-T4	2800	470		280	325		73		23.2	19
Alloy-5456-H116	2630	315		185	230	130	72		23.9	16
Alloy 6061-T6	2710	260		165	240	140	70	26	23.6	17
Alloy 7075-T6	2800	570		330	500		72	28	23.6	11
Copper										
Oxygen-free copper										
(99.9% Cu)										
Annealed	8910	220		150	70		120	44	16.9	45
Hard-drawn	8910	390		200	265		120	44	16.9	4
Yellow-Brass										
(65% Cu, 35% Zn)										
Cold-rolled	8470	510		300	410	250	105	39	20.9	8
Annealed	8470	320		220	100	60	105	39	20.9	65
Red Brass										
(85% Cu, 15% Zn)										
Cold-rolled	8740	585		320	435		120	44	18.7	3
Annealed	8740	270		210	70		120	44	18.7	48
Tin bronze (88 Cu, 8Sn, 4Zn)	8800	310			145		95		18.0	30
Manganese bronze (63 Cu, 25 Zn, 6 Al, 3 Mn, 3 Fe)	8360	655			330		105		21.6	20
Aluminum bronze (81 Cu, 4 Ni, 4 Fe, 11 Al)	8330	620	900		275		110	42	16.2	6

APPENDIX A Typical Properties of Selected Materials Used in Engineering[1,5] (U.S. Customary Units)

Material	Specific Weight, lb/in³	Ultimate Strength: Tension, ksi	Ultimate Strength: Compression,[2] ksi	Ultimate Strength: Shear, ksi	Yield Strength[3]: Tension, ksi	Yield Strength[3]: Shear, ksi	Modulus of Elasticity, 10^6 psi	Modulus of Rigidity, 10^6 psi	Coefficient of Thermal Expansion, $10^{-6}/°F$	Ductility, Percent Elongation in 2 in.
Magnesium Alloys										
Alloy AZ80 (Forging)	0.065	50		23	36		6.5	2.4	14	6
Alloy AZ31 (Extrusion)	0.064	37		19	29		6.5	2.4	14	12
Titanium										
Alloy (6% Al, 4% V)	0.161	130			120		16.5		5.3	10
Monel Alloy 400(Ni-Cu)										
Cold-worked	0.319	98			85	50	26		7.7	22
Annealed	0.319	80			32	18	26		7.7	46
Cupronickel (90% Cu, 10% Ni)										
Annealed	0.323	53			16		20	7.5	9.5	35
Cold-worked	0.323	85			79		20	7.5	9.5	3
Timber, air dry										
Douglas fir	0.017	15	7.2	1.1			1.9	.1	Varies	
Spruce, Sitka	0.015	8.6	5.6	1.1			1.5	.07	1.7 to 2.5	
Shortleaf pine	0.018		7.3	1.4			1.7			
Western white pine	0.014		5.0	1.0			1.5			
Ponderosa pine	0.015	8.4	5.3	1.1			1.3			
White oak	0.025		7.4	2.0			1.8			
Red oak	0.024		6.8	1.8			1.8			
Western hemlock	0.016	13	7.2	1.3			1.6			
Shagbark hickory	0.026		9.2	2.4			2.2			
Redwood	0.015	9.4	6.1	0.9			1.3			
Concrete										
Medium strength	0.084		4.0				3.6		5.5	
High strength	0.084		6.0				4.5		5.5	
Plastics										
Nylon, type 6/6, (molding compound)	0.0412	11	14		6.5		0.4		80	50
Polycarbonate	0.0433	9.5	12.5		9		0.35		68	110
Polyester, PBT (thermoplastic)	0.0484	8	11		8		0.35		75	150
Polyester elastomer	0.0433	6.5		5.5			0.03			500
Polystyrene	0.0374	8	13		8		0.45		70	2
Vinyl, rigid PVC	0.0520	6	10		6.5		0.45		75	40
Rubber	0.033	2							90	600
Granite (Avg. values)	0.100	3	35	5			10	4	4	
Marble (Avg. values)	0.100	2	18	4			8	3	6	
Sandstone (Avg. values)	0.083	1	12	2			6	2	5	
Glass, 98% silica	0.079		7				9.6	4.1	44	

[1]Properties of metals vary widely as a result of variations in composition, heat treatment, and mechanical working.
[2]For ductile metals the compression strength is generally assumed to be equal to the tension strength.
[3]Offset of 0.2 percent.
[4]Timber properties are for loading parallel to the grain.
[5]See also *Marks' Mechanical Engineering Handbook,* 10th ed., McGraw-Hill, New York, 1996; *Annual Book of ASTM,* American Society for Testing Materials, Philadelphia, Pa.; *Metals Handbook,* American Society for Metals, Metals Park, Ohio; and *Aluminum Design Manual,* The Aluminum Association, Washington, DC.

APPENDIX A Typical Properties of Selected Materials Used in Engineering[1,5] (SI Units)

Material	Density kg/m^3	Ultimate Strength: Tension, MPa	Ultimate Strength: Compression,[2] MPa	Ultimate Strength: Shear, MPa	Yield Strength[3]: Tension, MPa	Yield Strength[3]: Shear, MPa	Modulus of Elasticity, GPa	Modulus of Rigidity, GPa	Coefficient of Thermal Expansion, $10^{-6}/°C$	Ductility, Percent Elongation in 50 mm
Magnesium Alloys										
Alloy AZ80 (Forging)	1800	345		160	250		45	16	25.2	6
Alloy AZ31 (Extrusion)	1770	255		130	200		45	16	25.2	12
Titanium										
Alloy (6% Al, 4% V)	4730	900			830		115		9.5	10
Monel Alloy 400(Ni-Cu)										
Cold-worked	8830	675			585	345	180		13.9	22
Annealed	8830	550			220	125	180		13.9	46
Cupronickel (90% Cu, 10% Ni)										
Annealed	8940	365			110		140	52	17.1	35
Cold-worked	8940	585			545		140	52	17.1	3
Timber, air dry										
Douglas fir	470	100	50	7.6			13	0.7	Varies	
Spruce, Sitka	415	60	39	7.6			10	0.5	3.0 to 4.5	
Shortleaf pine	500		50	9.7			12			
Western white pine	390		34	7.0			10			
Ponderosa pine	415	55	36	7.6			9			
White oak	690		51	13.8			12			
Red oak	660		47	12.4			12			
Western hemlock	440	90	50	10.0			11			
Shagbark hickory	720		63	16.5			15			
Redwood	415	65	42	6.2			9			
Concrete										
Medium strength	2320		28				25		9.9	
High strength	2320		40				30		9.9	
Plastics										
Nylon, type 6/6, (molding compound)	1140	75	95		45		2.8		144	50
Polycarbonate	1200	65	85		35		2.4		122	110
Polyester, PBT (thermoplastic)	1340	55	75		55		2.4		135	150
Polyester elastomer	1200	45		40			0.2			500
Polystyrene	1030	55	90		55		3.1		125	2
Vinyl, rigid PVC	1440	40	70		45		3.1		135	40
Rubber	910	15							162	600
Granite (Avg. values)	2770	20	240	35			70	4	7.2	
Marble (Avg. values)	2770	15	125	28			55	3	10.8	
Sandstone (Avg. values)	2300	7	85	14			40	2	9.0	
Glass, 98% silica	2190		50				65	4.1	80	

[1] Properties of metals very widely as a result of variations in composition, heat treatment, and mechanical working.
[2] For ductile metals the compression strength is generally assumed to be equal to the tension strength.
[3] Offset of 0.2 percent.
[4] Timber properties are for loading parallel to the grain.
[5] See also *Marks' Mechanical Engineering Handbook,* 10th ed., McGraw-Hill, New York, 1996; *Annual Book of ASTM,* American Society for Testing Materials, Philadelphia, Pa.; *Metals Handbook,* American Society of Metals, Metals Park, Ohio; and *Aluminum Design Manual,* The Aluminum Association, Washington, DC.

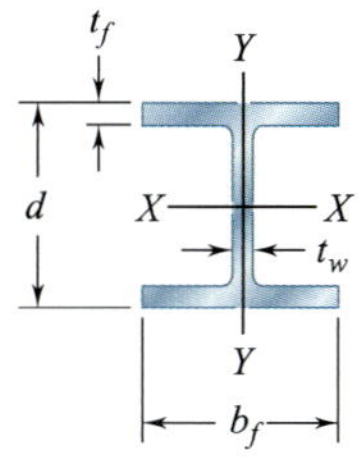

APPENDIX B Properties of Rolled-Steel Shapes
(U.S. Customary Units)

W Shapes
(Wide-Flange Shapes)

			Flange		Web	Axis X-X			Axis Y-Y		
Designation†	Area A, in^2	Depth d, in.	Width b_f, in.	Thickness t_f, in.	Thickness t_w, in.	I_x, in^4	S_x, in^3	r_x, in.	I_y, in^4	S_y, in^3	r_y, in.
W36 × 302	88.8	37.3	16.7	1.68	0.945	21100	1130	15.4	1300	156	3.82
135	39.7	35.6	12.0	0.790	0.600	7800	439	14.0	225	37.7	2.38
W33 × 201	59.2	33.7	15.7	1.15	0.715	11600	686	14.0	749	95.2	3.56
118	34.7	32.9	11.5	0.740	0.550	5900	359	13.0	187	32.6	2.32
W30 × 173	51.0	30.4	15.0	1.07	0.655	8230	541	12.7	598	79.8	3.42
99	29.1	29.7	10.50	0.670	0.520	3990	269	11.7	128	24.5	2.10
W27 × 146	43.1	27.4	14.0	0.975	0.605	5660	414	11.5	443	63.5	3.20
84	24.8	26.70	10.0	0.640	0.460	2850	213	10.7	106	21.2	2.07
W24 × 104	30.6	24.1	12.8	0.750	0.500	3100	258	10.1	259	40.7	2.91
68	20.1	23.7	8.97	0.585	0.415	1830	154	9.55	70.4	15.7	1.87
W21 × 101	29.8	21.4	12.3	0.800	0.500	2420	227	9.02	248	40.3	2.89
62	18.3	21.0	8.24	0.615	0.400	1330	127	8.54	57.5	14.0	1.77
44	13.0	20.7	6.50	0.450	0.350	843	81.6	8.06	20.7	6.37	1.26
W18 × 106	31.1	18.7	11.2	0.940	0.590	1910	204	7.84	220	39.4	2.66
76	22.3	18.2	11.0	0.680	0.425	1330	146	7.73	152	27.6	2.61
50	14.7	18.0	7.50	0.570	0.355	800	88.9	7.38	40.1	10.7	1.65
35	10.3	17.7	6.00	0.425	0.300	510	57.6	7.04	15.3	5.12	1.22
W16 × 77	22.6	16.5	10.3	0.76	0.455	1110	134	7.00	138	26.9	2.47
57	16.8	16.4	7.12	0.715	0.430	758	92.2	6.72	43.1	12.1	1.60
40	11.8	16.0	7.00	0.505	0.305	518	64.7	6.63	28.9	8.25	1.57
31	9.13	15.9	5.53	0.440	0.275	375	47.2	6.41	12.4	4.49	1.17
26	7.68	15.7	5.50	0.345	0.250	301	38.4	6.26	9.59	3.49	1.12
W14 × 370	109	17.9	16.5	2.66	1.66	5440	607	7.07	1990	241	4.27
145	42.7	14.8	15.5	1.09	0.680	1710	232	6.33	677	87.3	3.98
82	24.0	14.3	10.1	0.855	0.510	881	123	6.05	148	29.3	2.48
68	20.0	14.0	10.0	0.720	0.415	722	103	6.01	121	24.2	2.46
53	15.6	13.9	8.06	0.660	0.370	541	77.8	5.89	57.7	14.3	1.92
43	12.6	13.7	8.00	0.530	0.305	428	62.6	5.82	45.2	11.3	1.89
38	11.2	14.1	6.77	0.515	0.310	385	54.6	5.87	26.7	7.88	1.55
30	8.85	13.8	6.73	0.385	0.270	291	42.0	5.73	19.6	5.82	1.49
26	7.69	13.9	5.03	0.420	0.255	245	35.3	5.65	8.91	3.55	1.08
22	6.49	13.7	5.00	0.335	0.230	199	29.0	5.54	7.00	2.80	1.04

†A wide-flange shape is designated by the letter W followed by the nominal depth in inches and the weight in pounds per foot.

APPENDIX B Properties of Rolled-Steel Shapes
(SI Units)

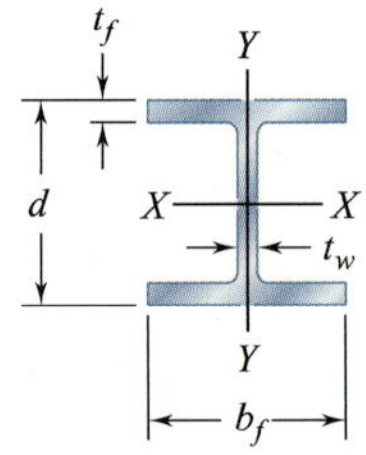

W Shapes
(Wide-Flange Shapes)

Designation†	Area A, mm^2	Depth d, mm	Flange Width b_f, mm	Flange Thickness t_f, mm	Web Thickness t_w, mm	Axis X-X I_x 10^6 mm^4	Axis X-X S_x 10^3 mm^3	Axis X-X r_x mm	Axis Y-Y I_y 10^6 mm^4	Axis Y-Y S_y 10^3 mm^3	Axis Y-Y r_y mm
W920 × 449	57300	947	424	42.7	24.0	8780	18500	391	541	2560	97.0
201	25600	904	305	20.1	15.2	3250	7190	356	93.7	618	60.5
W840 × 299	38200	856	399	29.2	18.2	4830	11200	356	312	1560	90.4
176	22400	836	292	18.8	14.0	2460	5880	330	77.8	534	58.9
W760 × 257	32900	772	381	27.2	16.6	3430	8870	323	249	1310	86.9
147	18800	754	267	17.0	13.2	1660	4410	297	53.3	401	53.3
W690 × 217	27800	696	356	24.8	15.4	2360	6780	292	184	1040	81.3
125	16000	678	254	16.3	11.7	1190	3490	272	44.1	347	52.6
W610 × 155	19700	612	325	19.1	12.7	1290	4230	257	108	667	73.9
101	13000	602	228	14.9	10.5	762	2520	243	29.3	257	47.5
W530 × 150	19200	544	312	20.3	12.7	1010	3720	229	103	660	73.4
92	11800	533	209	15.6	10.2	554	2080	217	23.9	229	45.0
66	8390	526	165	11.4	8.89	351	1340	205	8.62	104	32.0
W460 × 158	20100	475	284	23.9	15.0	795	3340	199	91.6	646	67.6
113	14400	462	279	17.3	10.8	554	2390	196	63.3	452	66.3
74	9480	457	191	14.5	9.02	333	1460	187	16.7	175	41.9
52	6650	450	152	10.8	7.62	212	944	179	6.37	83.9	31.0
W410 × 114	14600	419	262	19.3	11.6	462	2200	178	57.4	441	62.7
85	10800	417	181	18.2	10.9	316	1510	171	17.9	198	40.6
60	7610	406	178	12.8	7.75	216	1060	168	12.0	135	39.9
46.1	5890	404	140	11.2	6.99	156	773	163	5.16	73.6	29.7
38.8	4950	399	140	8.76	6.35	125	629	159	3.99	57.2	28.4
W360 × 551	70300	455	419	67.6	42.2	2260	9950	180	828	3950	108
216	27500	376	394	27.7	17.3	712	3800	161	282	1430	101
122	15500	363	257	21.7	13.0	367	2020	154	61.6	480	63.0
101	12900	356	254	18.3	10.5	301	1690	153	50.4	397	62.5
79	10100	353	205	16.8	9.40	225	1270	150	24.0	234	48.8
64	8130	348	203	13.5	7.75	178	1030	148	18.8	185	48.0
57.8	7230	358	172	13.1	7.87	160	895	149	11.1	129	39.4
44	5710	351	171	9.78	6.86	121	688	146	8.16	95.4	37.8
39	4960	353	128	10.7	6.48	102	578	144	3.71	58.2	27.4
32.9	4190	348	127	8.51	5.84	82.8	475	141	2.91	45.9	26.4

†A wide-flange shape is designated by the letter W followed by the nominal depth in millimeters and the mass in kilograms per meter.

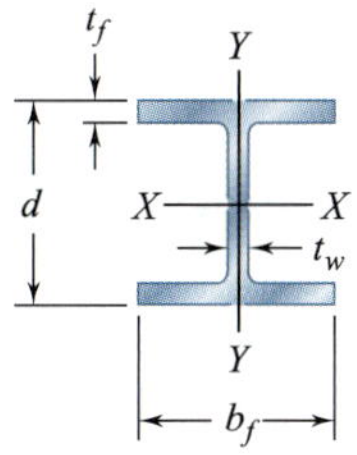

APPENDIX B Properties of Rolled-Steel Shapes

(U.S. Customary Units)

W Shapes

(Wide-Flange Shapes)

Designation†	Area A, in^2	Depth d, in.	Flange		Web Thickness t_w, in.	Axis X-X			Axis Y-Y		
			Width b_f, in.	Thickness t_f, in.		I_x, in^4	S_x, in^3	r_x, in.	I_y, in^4	S_y, in^3	r_y, in.
W12 × 96	28.2	12.7	12.2	0.900	0.550	833	131	5.44	270	44.4	3.09
72	21.1	12.3	12.0	0.670	0.430	597	97.4	5.31	195	32.4	3.04
50	14.6	12.2	8.08	0.640	0.370	391	64.2	5.18	56.3	13.9	1.96
40	11.7	11.9	8.01	0.515	0.295	307	51.5	5.13	44.1	11.0	1.94
35	10.3	12.5	6.56	0.520	0.300	285	45.6	5.25	24.5	7.47	1.54
30	8.79	12.3	6.52	0.440	0.260	238	38.6	5.21	20.3	6.24	1.52
26	7.65	12.2	6.49	0.380	0.230	204	33.4	5.17	17.3	5.34	1.51
22	6.48	12.3	4.03	0.425	0.260	156	25.4	4.91	4.66	2.31	0.848
16	4.71	12.0	3.99	0.265	0.220	103	17.1	4.67	2.82	1.41	0.773
W10 × 112	32.9	11.4	10.4	1.25	0.755	716	126	4.66	236	45.3	2.68
68	20.0	10.4	10.1	0.770	0.470	394	75.7	4.44	134	26.4	2.59
54	15.8	10.1	10.0	0.615	0.370	303	60.0	4.37	103	20.6	2.56
45	13.3	10.1	8.02	0.620	0.350	248	49.1	4.32	53.4	13.3	2.01
39	11.5	9.92	7.99	0.530	0.315	209	42.1	4.27	45.0	11.3	1.98
33	9.71	9.73	7.96	0.435	0.290	171	35.0	4.19	36.6	9.20	1.94
30	8.84	10.5	5.81	0.510	0.300	170	32.4	4.38	16.7	5.75	1.37
22	6.49	10.2	5.75	0.360	0.240	118	23.2	4.27	11.4	3.97	1.33
19	5.62	10.2	4.02	0.395	0.250	96.3	18.8	4.14	4.29	2.14	0.874
15	4.41	10.0	4.00	0.270	0.230	68.9	13.8	3.95	2.89	1.45	0.810
W8 × 58	17.1	8.75	8.22	0.810	0.510	228	52.0	3.65	75.1	18.3	2.10
48	14.1	8.50	8.11	0.685	0.400	184	43.2	3.61	60.9	15.0	2.08
40	11.7	8.25	8.07	0.560	0.360	146	35.5	3.53	49.1	12.2	2.04
35	10.3	8.12	8.02	0.495	0.310	127	31.2	3.51	42.6	10.6	2.03
31	9.12	8.00	8.00	0.435	0.285	110	27.5	3.47	37.1	9.27	2.02
28	8.24	8.06	6.54	0.465	0.285	98.0	24.3	3.45	21.7	6.63	1.62
24	7.08	7.93	6.50	0.400	0.245	82.7	20.9	3.42	18.3	5.63	1.61
21	6.16	8.28	5.27	0.400	0.250	75.3	18.2	3.49	9.77	3.71	1.26
18	5.26	8.14	5.25	0.330	0.230	61.9	15.2	3.43	7.97	3.04	1.23
15	4.44	8.11	4.01	0.315	0.245	48.0	11.8	3.29	3.41	1.70	0.876
13	3.84	7.99	4.00	0.255	0.230	39.6	9.91	3.21	2.73	1.37	0.843
W6 × 25	7.34	6.38	6.08	0.455	0.320	53.4	16.7	2.70	17.1	5.61	1.52
20	5.87	6.20	6.02	0.365	0.260	41.4	13.4	2.66	13.3	4.41	1.50
16	4.74	6.28	4.03	0.405	0.260	32.1	10.2	2.60	4.43	2.20	0.967
12	3.55	6.03	4.00	0.280	0.230	22.1	7.31	2.49	2.99	1.50	0.918
9	2.68	5.90	3.94	0.215	0.170	16.4	5.56	2.47	2.20	1.11	0.905
W5 × 19	5.56	5.15	5.03	0.430	0.270	26.3	10.2	2.17	9.13	3.63	1.28
16	4.71	5.01	5.00	0.360	0.240	21.4	8.55	2.13	7.51	3.00	1.26
W4 × 13	3.83	4.16	4.06	0.345	0.280	11.3	5.46	1.72	3.86	1.90	1.00

†A wide-flange shape is designated by the letter W followed by the nominal depth in inches and the weight in pounds per foot.

APPENDIX B Properties of Rolled-Steel Shapes
(SI Units)

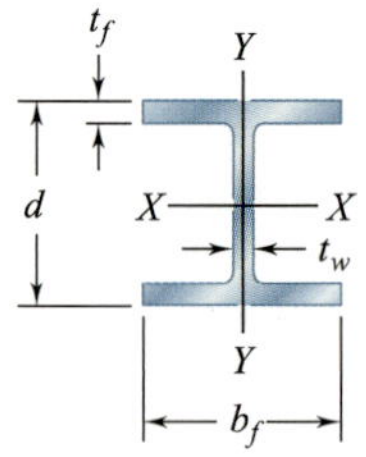

W Shapes
(Wide-Flange Shapes)

			Flange		Web	Axis X-X			Axis Y-Y		
Designation†	Area A, mm^2	Depth d, mm	Width b_f, mm	Thickness t_f, mm	Thickness t_w, mm	I_x 10^6 mm^4	S_x 10^3 mm^3	r_x mm	I_y 10^6 mm^4	S_y 10^3 mm^3	r_y mm
W310 × 143	18200	323	310	22.9	14.0	347	2150	138	112	728	78.5
107	13600	312	305	17.0	10.9	248	1600	135	81.2	531	77.2
74	9420	310	205	16.3	9.40	163	1050	132	23.4	228	49.8
60	7550	302	203	13.1	7.49	128	844	130	18.4	180	49.3
52	6650	318	167	13.2	7.62	119	747	133	10.2	122	39.1
44.5	5670	312	166	11.2	6.60	99.1	633	132	8.45	102	38.6
38.7	4940	310	165	9.65	5.84	84.9	547	131	7.20	87.5	38.4
32.7	4180	312	102	10.8	6.60	64.9	416	125	1.94	37.9	21.5
23.8	3040	305	101	6.73	5.59	42.9	280	119	1.17	23.1	19.6
W250 × 167	21200	290	264	31.8	19.2	298	2060	118	98.2	742	68.1
101	12900	264	257	19.6	11.9	164	1240	113	55.8	433	65.8
80	10200	257	254	15.6	9.4	126	983	111	42.9	338	65.0
67	8580	257	204	15.7	8.89	103	805	110	22.2	218	51.1
58	7420	252	203	13.5	8.00	87.0	690	108	18.7	185	50.3
49.1	6260	247	202	11.0	7.37	71.2	574	106	15.2	151	49.3
44.8	5700	267	148	13.0	7.62	70.8	531	111	6.95	94.2	34.8
32.7	4190	259	146	9.14	6.10	49.1	380	108	4.75	65.1	33.8
28.4	3630	259	102	10.0	6.35	40.1	308	105	1.79	35.1	22.2
22.3	2850	254	102	6.86	5.84	28.7	226	100	1.20	23.8	20.6
W200 × 86	11000	222	209	20.6	13.0	94.9	852	92.7	31.3	300	53.3
71	9100	216	206	17.4	10.2	76.6	708	91.7	25.3	246	52.8
59	7550	210	205	14.2	9.14	60.8	582	89.7	20.4	200	51.8
52	6650	206	204	12.6	7.87	52.9	511	89.2	17.7	174	51.6
46.1	5880	203	203	11.0	7.24	45.8	451	88.1	15.4	152	51.3
41.7	5320	205	166	11.8	7.24	40.8	398	87.6	9.03	109	41.1
35.9	4570	201	165	10.2	6.22	34.4	342	86.9	7.62	92.3	40.9
31.3	3970	210	134	10.2	6.35	31.3	298	88.6	4.07	60.8	32.0
26.6	3390	207	133	8.38	5.84	25.8	249	87.1	3.32	49.8	31.2
22.5	2860	206	102	8.00	6.22	20.0	193	83.6	1.42	27.9	22.3
19.3	2480	203	102	6.48	5.84	16.5	162	81.5	1.14	22.5	21.4
W150 × 37.1	4740	162	154	11.6	8.13	22.2	274	68.6	7.12	91.9	38.6
29.8	3790	157	153	9.27	6.60	17.2	220	67.6	5.54	72.3	38.1
24	3060	160	102	10.3	6.60	13.4	167	66.0	1.84	36.1	24.6
18	2290	153	102	7.11	5.84	9.20	120	63.2	1.24	24.6	23.3
13.5	1730	150	100	5.46	4.32	6.83	91.1	62.7	0.916	18.2	23.0
W130 × 28.1	3590	131	128	10.9	6.86	10.9	167	55.1	3.80	59.5	32.5
23.8	3040	127	127	9.14	6.10	8.91	140	54.1	3.13	49.2	32.0
W100 × 19.3	2470	106	103	8.76	7.11	4.70	89.5	43.7	1.61	31.1	25.4

†A wide-flange shape is designated by the letter W followed by the nominal depth in millimeters and the mass in kilograms per meter.

APPENDIX B Properties of Rolled-Steel Shapes

(U.S. Customary Units)

S Shapes

(American Standard Shapes)

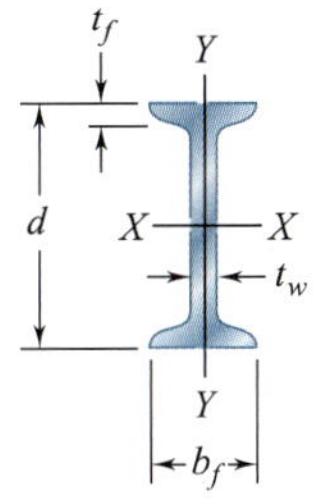

Designation†	Area A, in^2	Depth d, in.	Flange: Width b_f, in.	Flange: Thickness t_f, in.	Web Thickness t_w, in.	Axis X-X: I_x, in^4	Axis X-X: S_x, in^3	Axis X-X: r_x, in.	Axis Y-Y: I_y, in^4	Axis Y-Y: S_y, in^3	Axis Y-Y: r_y, in.
S24 × 121	35.5	24.5	8.05	1.09	0.800	3160	258	9.43	83.0	20.6	1.53
106	31.1	24.5	7.87	1.09	0.620	2940	240	9.71	76.8	19.5	1.57
100	29.3	24.0	7.25	0.870	0.745	2380	199	9.01	47.4	13.1	1.27
90	26.5	24.0	7.13	0.870	0.625	2250	187	9.21	44.7	12.5	1.30
80	23.5	24.0	7.00	0.870	0.500	2100	175	9.47	42.0	12.0	1.34
S20 × 96	28.2	20.3	7.20	0.920	0.800	1670	165	7.71	49.9	13.9	1.33
86	25.3	20.3	7.06	0.920	0.660	1570	155	7.89	46.6	13.2	1.36
75	22.0	20.0	6.39	0.795	0.635	1280	128	7.62	29.5	9.25	1.16
66	19.4	20.0	6.26	0.795	0.505	1190	119	7.83	27.5	8.78	1.19
S18 × 70	20.5	18.0	6.25	0.691	0.711	923	103	6.70	24.0	7.69	1.08
54.7	16.0	18.0	6.00	0.691	0.461	801	89.0	7.07	20.7	6.91	1.14
S15 × 50	14.7	15.0	5.64	0.622	0.550	485	64.7	5.75	15.6	5.53	1.03
42.9	12.6	15.0	5.50	0.622	0.411	446	59.4	5.95	14.3	5.19	1.06
S12 × 50	14.6	12.0	5.48	0.659	0.687	303	50.6	4.55	15.6	5.69	1.03
40.8	11.9	12.0	5.25	0.659	0.462	270	45.1	4.76	13.5	5.13	1.06
35	10.2	12.0	5.08	0.544	0.428	228	38.1	4.72	9.84	3.88	0.980
31.8	9.31	12.0	5.00	0.544	0.350	217	36.2	4.83	9.33	3.73	1.00
S10 × 35	10.3	10.0	4.94	0.491	0.594	147	29.4	3.78	8.30	3.36	0.899
25.4	7.45	10.0	4.66	0.491	0.311	123	24.6	4.07	6.73	2.89	0.950
S8 × 23	6.76	8.00	4.17	0.425	0.441	64.7	16.2	3.09	4.27	2.05	0.795
18.4	5.40	8.00	4.00	0.425	0.271	57.5	14.4	3.26	3.69	1.84	0.827
S6 × 17.2	5.06	6.00	3.57	0.359	0.465	26.2	8.74	2.28	2.29	1.28	0.673
12.5	3.66	6.00	3.33	0.359	0.232	22.0	7.34	2.45	1.80	1.08	0.702
S5 × 10	2.93	5.00	3.00	0.326	0.214	12.3	4.90	2.05	1.19	0.795	0.638
S4 × 9.5	2.79	4.00	2.80	0.293	0.326	6.76	3.38	1.56	0.887	0.635	0.564
7.7	2.26	4.00	2.66	0.293	0.193	6.05	3.03	1.64	0.748	0.562	0.576
S3 × 7.5	2.20	3.00	2.51	0.260	0.349	2.91	1.94	1.15	0.578	0.461	0.513
5.7	1.66	3.00	2.33	0.260	0.170	2.50	1.67	1.23	0.447	0.383	0.518

†An American Standard Beam is designated by the letter S followed by the nominal depth in inches and the weight in pounds per foot.

APPENDIX B Properties of Rolled-Steel Shapes

(SI Units)

S Shapes

(American Standard Shapes)

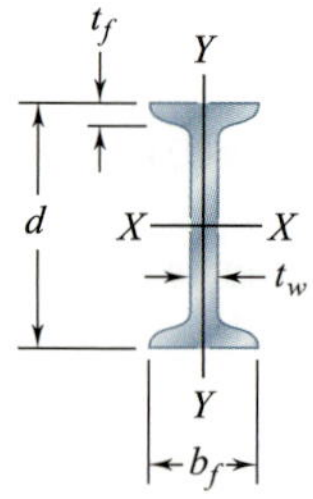

			Flange		Web	Axis X-X			Axis Y-Y		
Designation†	Area A, mm^2	Depth d, mm	Width b_f, mm	Thickness t_f, mm	Thickness t_w, mm	I_x 10^6 mm^4	S_x 10^3 mm^3	r_x mm	I_y 10^6 mm^4	S_y 10^3 mm^3	r_y mm
S610 × 180	22900	622	204	27.7	20.3	1320	4230	240	34.5	338	38.9
158	20100	622	200	27.7	15.7	1220	3930	247	32.0	320	39.9
149	18900	610	184	22.1	18.9	991	3260	229	19.7	215	32.3
134	17100	610	181	22.1	15.9	937	3060	234	18.6	205	33.0
119	15200	610	178	22.1	12.7	874	2870	241	17.5	197	34.0
S510 × 143	18200	516	183	23.4	20.3	695	2700	196	20.8	228	33.8
128	16300	516	179	23.4	16.8	653	2540	200	19.4	216	34.5
112	14200	508	162	20.2	16.1	533	2100	194	12.3	152	29.5
98.2	12500	508	159	20.2	12.8	495	1950	199	11.4	144	30.2
S460 × 104	13200	457	159	17.6	18.1	384	1690	170	10.0	126	27.4
81.4	10300	457	152	17.6	11.7	333	1460	180	8.62	113	29.0
S380 × 74	9480	381	143	15.8	14.0	202	1060	146	6.49	90.6	26.2
64	8130	381	140	15.8	10.4	186	973	151	5.95	85.0	26.9
S310 × 74	9420	305	139	16.7	17.4	126	829	116	6.49	93.2	26.2
60.7	7680	305	133	16.7	11.7	112	739	121	5.62	84.1	26.9
52	6580	305	129	13.8	10.9	94.9	624	120	4.10	63.6	24.9
47.3	6010	305	127	13.8	8.89	90.3	593	123	3.88	61.1	25.4
S250 × 52	6650	254	125	12.5	15.1	61.2	482	96.0	3.45	55.1	22.8
37.8	4810	254	118	12.5	7.90	51.2	403	103	2.80	47.4	24.1
S200 × 34	4360	203	106	10.8	11.2	26.9	265	78.5	1.78	33.6	20.2
27.4	3480	203	102	10.8	6.88	23.9	236	82.8	1.54	30.2	21.0
S150 × 25.7	3260	152	90.7	9.12	11.8	10.9	143	57.9	0.953	21.0	17.1
18.6	2360	152	84.6	9.12	5.89	9.16	120	62.2	0.749	17.7	17.8
S130 × 15	1890	127	76.2	8.28	5.44	5.12	80.3	52.1	0.495	13.0	16.2
S100 × 14.1	1800	102	71.1	7.44	8.28	2.81	55.4	39.6	0.369	10.4	14.3
11.5	1460	102	67.6	7.44	4.90	2.52	49.7	41.7	0.311	9.21	14.6
S75 × 11.2	1420	76.2	63.8	6.60	8.86	1.21	31.8	29.2	0.241	7.55	13.0
8.5	1070	76.2	59.2	6.60	4.32	1.04	27.4	31.2	0.186	6.28	13.2

†An American Standard Beam is designated by the letter S followed by the nominal depth in millimeters and the mass in kilograms per meter.

APPENDIX B Properties of Rolled-Steel Shapes
(U.S. Customary Units)

C Shapes
(American Standard Channels)

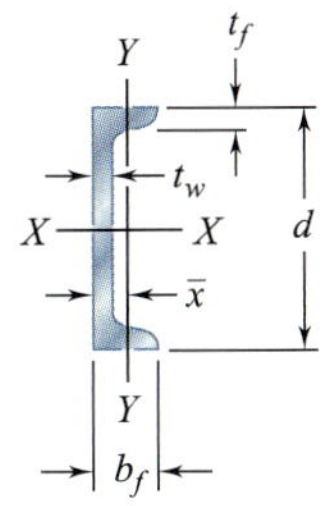

			Flange		Web	Axis X-X			Axis Y-Y			
Designation†	Area A, in^2	Depth d, in.	Width b_f, in.	Thickness t_f, in.	Thickness t_w, in.	I_x, in^4	S_x, in^3	r_x, in.	I_y, in^4	S_y, in^3	r_y, in.	x, in.
C15 × 50	14.7	15.0	3.72	0.650	0.716	404	53.8	5.24	11.0	3.77	0.865	0.799
40	11.8	15.0	3.52	0.650	0.520	348	46.5	5.45	9.17	3.34	0.883	0.778
33.9	10.0	15.0	3.40	0.650	0.400	315	42.0	5.62	8.07	3.09	0.901	0.788
C12 × 30	8.81	12.0	3.17	0.501	0.510	162	27.0	4.29	5.12	2.05	0.762	0.674
25	7.34	12.0	3.05	0.501	0.387	144	24.0	4.43	4.45	1.87	0.779	0.674
20.7	6.08	12.0	2.94	0.501	0.282	129	21.5	4.61	3.86	1.72	0.797	0.698
C10 × 30	8.81	10.0	3.03	0.436	0.673	103	20.7	3.42	3.93	1.65	0.668	0.649
25	7.34	10.0	2.89	0.436	0.526	91.1	18.2	3.52	3.34	1.47	0.675	0.617
20	5.87	10.0	2.74	0.436	0.379	78.9	15.8	3.66	2.80	1.31	0.690	0.606
15.3	4.48	10.0	2.60	0.436	0.240	67.3	13.5	3.87	2.27	1.15	0.711	0.634
C9 × 20	5.87	9.00	2.65	0.413	0.448	60.9	13.5	3.22	2.41	1.17	0.640	0.583
15	4.41	9.00	2.49	0.413	0.285	51.0	11.3	3.40	1.91	1.01	0.659	0.586
13.4	3.94	9.00	2.43	0.413	0.233	47.8	10.6	3.49	1.75	0.954	0.666	0.601
C8 × 18.7	5.51	8.00	2.53	0.390	0.487	43.9	11.0	2.82	1.97	1.01	0.598	0.565
13.7	4.04	8.00	2.34	0.390	0.303	36.1	9.02	2.99	1.52	0.848	0.613	0.554
11.5	3.37	8.00	2.26	0.390	0.220	32.5	8.14	3.11	1.31	0.775	0.623	0.572
C7 × 12.2	3.60	7.00	2.19	0.366	0.314	24.2	6.92	2.60	1.16	0.696	0.568	0.525
9.8	2.87	7.00	2.09	0.366	0.210	21.2	6.07	2.72	0.957	0.617	0.578	0.541
C6 × 13	3.81	6.00	2.16	0.343	0.437	17.3	5.78	2.13	1.05	0.638	0.524	0.514
10.5	3.08	6.00	2.03	0.343	0.314	15.1	5.04	2.22	0.860	0.561	0.529	0.500
8.2	2.39	6.00	1.92	0.343	0.200	13.1	4.35	2.34	0.687	0.488	0.536	0.512
C5 × 9	2.64	5.00	1.89	0.320	0.325	8.89	3.56	1.83	0.624	0.444	0.486	0.478
6.7	1.97	5.00	1.75	0.320	0.190	7.48	2.99	1.95	0.470	0.372	0.489	0.484
C4 × 7.2	2.13	4.00	1.72	0.296	0.321	4.58	2.29	1.47	0.425	0.337	0.447	0.459
5.4	1.58	4.00	1.58	0.296	0.184	3.85	1.92	1.56	0.312	0.277	0.444	0.457
C3 × 6	1.76	3.00	1.60	0.273	0.356	2.07	1.38	1.08	0.300	0.263	0.413	0.455
5	1.47	3.00	1.50	0.273	0.258	1.85	1.23	1.12	0.241	0.228	0.405	0.439
4.1	1.20	3.00	1.41	0.273	0.170	1.65	1.10	1.17	0.191	0.196	0.398	0.437

†An American Standard Channel is designated by the letter C followed by the nominal depth in inches and the weight in pounds per foot.

APPENDIX B Properties of Rolled-Steel Shapes
(SI Units)

C Shapes
(American Standard Channels)

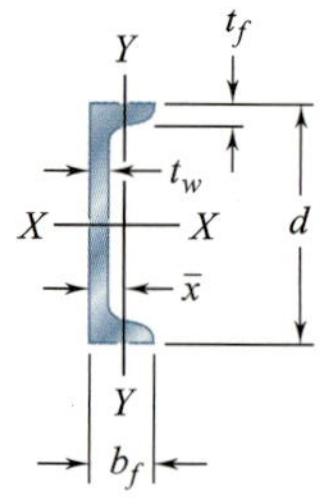

			Flange		Web	Axis X-X			Axis Y-Y			
Designation†	Area A, mm^2	Depth d, mm	Width b_f, mm	Thickness t_f, mm	Thickness t_w, mm	I_x 10^6 mm^4	S_x 10^3 mm^3	r_x mm	I_y 10^6 mm^4	S_y 10^3 mm^3	r_y mm	x mm
C380 × 74	9480	381	94.5	16.5	18.2	168	882	133	4.58	61.8	22.0	20.3
60	7610	381	89.4	16.5	13.2	145	762	138	3.82	54.7	22.4	19.8
50.4	6450	381	86.4	16.5	10.2	131	688	143	3.36	50.6	22.9	20.0
C310 × 45	5680	305	80.5	12.7	13.0	67.4	442	109	2.13	33.6	19.4	17.1
37	4740	305	77.5	12.7	9.83	59.9	393	113	1.85	30.6	19.8	17.1
30.8	3920	305	74.7	12.7	7.16	53.7	352	117	1.61	28.2	20.2	17.7
C250 × 45	5680	254	77.0	11.1	17.1	42.9	339	86.9	1.64	27.0	17.0	16.5
37	4740	254	73.4	11.1	13.4	37.9	298	89.4	1.39	24.1	17.1	15.7
30	3790	254	69.6	11.1	9.63	32.8	259	93.0	1.17	21.5	17.5	15.4
22.8	2890	254	66.0	11.1	6.10	28.0	221	98.3	0.945	18.8	18.1	16.1
C230 × 30	3790	229	67.3	10.5	11.4	25.3	221	81.8	1.00	19.2	16.3	14.8
22	2850	229	63.2	10.5	7.24	21.2	185	86.4	0.795	16.6	16.7	14.9
19.9	2540	229	61.7	10.5	5.92	19.9	174	88.6	0.728	15.6	16.9	15.3
C200 × 27.9	3550	203	64.3	9.91	12.4	18.3	180	71.6	0.820	16.6	15.2	14.4
20.5	2610	203	59.4	9.91	7.70	15.0	148	75.9	0.633	13.9	15.6	14.1
17.1	2170	203	57.4	9.91	5.59	13.5	133	79.0	0.545	12.7	15.8	14.5
C180 × 18.2	2320	178	55.6	9.30	7.98	10.1	113	66.0	0.483	11.4	14.4	13.3
14.6	1850	178	53.1	9.30	5.33	8.82	100	69.1	0.398	10.1	14.7	13.7
C150 × 19.3	2460	152	54.9	8.71	11.1	7.20	94.7	54.1	0.437	10.5	13.3	13.1
15.6	1990	152	51.6	8.71	7.98	6.29	82.6	56.4	0.358	9.19	13.4	12.7
12.2	1540	152	48.8	8.71	5.08	5.45	71.3	59.4	0.286	8.00	13.6	13.0
C130 × 13	1700	127	48.0	8.13	8.26	3.70	58.3	46.5	0.260	7.28	12.3	12.1
10.4	1270	127	44.5	8.13	4.83	3.11	49.0	49.5	0.196	6.10	12.4	12.3
C100 × 10.8	1370	102	43.7	7.52	8.15	1.91	37.5	37.3	0.177	5.52	11.4	11.7
8	1020	102	40.1	7.52	4.67	1.60	31.5	39.6	0.130	4.54	11.3	11.6
C75 × 8.9	1140	76.2	40.6	6.93	9.04	0.862	22.6	27.4	0.125	4.31	10.5	11.6
7.4	948	76.2	38.1	6.93	6.55	0.770	20.2	28.4	0.100	3.74	10.3	11.2
6.1	774	76.2	35.8	6.93	4.32	0.687	18.0	29.7	0.0795	3.21	10.1	11.1

†An American Standard Channel is designated by the letter C followed by the nominal depth in millimeters and the mass in kilograms per meter.

APPENDIX B Properties of Rolled-Steel Shapes

(U.S. Customary Units)

Angles

Equal Legs

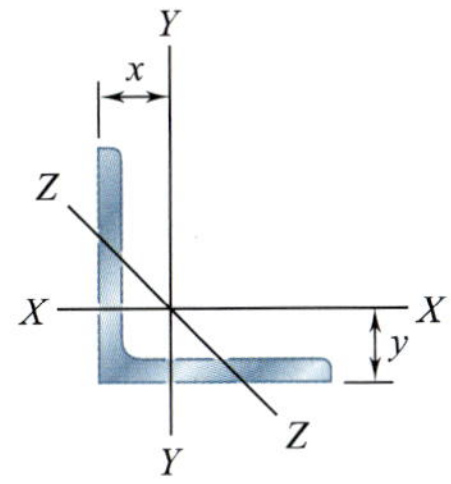

Size and Thickness, in.	Weight per Foot, lb/ft	Area, in^2	Axis X-X and Axis Y-Y				Axis Z-Z
			I, in^4	S, in^3	r, in.	x or y, in.	r_z, in.
L8 × 8 × 1	51.0	15.0	89.1	15.8	2.43	2.36	1.56
¾	38.9	11.4	69.9	12.2	2.46	2.26	1.57
½	26.4	7.75	48.8	8.36	2.49	2.17	1.59
L6 × 6 × 1	37.4	11.0	35.4	8.55	1.79	1.86	1.17
¾	28.7	8.46	28.1	6.64	1.82	1.77	1.17
⅝	24.2	7.13	24.1	5.64	1.84	1.72	1.17
½	19.6	5.77	19.9	4.59	1.86	1.67	1.18
⅜	14.9	4.38	15.4	3.51	1.87	1.62	1.19
L5 × 5 × ¾	23.6	6.94	15.7	4.52	1.50	1.52	0.972
⅝	20.0	5.86	13.6	3.85	1.52	1.47	0.975
½	16.2	4.75	11.3	3.15	1.53	1.42	0.980
⅜	12.3	3.61	8.76	2.41	1.55	1.37	0.986
L4 × 4 × ¾	18.5	5.44	7.62	2.79	1.18	1.27	0.774
⅝	15.7	4.61	6.62	2.38	1.20	1.22	0.774
½	12.8	3.75	5.52	1.96	1.21	1.18	0.776
⅜	9.80	2.86	4.32	1.50	1.23	1.13	0.779
¼	6.60	1.94	3.00	1.03	1.25	1.08	0.783
L3½ × 3½ × ½	11.1	3.25	3.63	1.48	1.05	1.05	0.679
⅜	8.50	2.48	2.86	1.15	1.07	1.00	0.683
¼	5.80	1.69	2.00	0.787	1.09	0.954	0.688
L3 × 3 × ½	9.40	2.75	2.20	1.06	0.895	0.929	0.580
⅜	7.20	2.11	1.75	0.825	0.910	0.884	0.581
¼	4.90	1.44	1.23	0.569	0.926	0.836	0.585
L2½ × 2½ × ½	7.70	2.25	1.22	0.716	0.735	0.803	0.481
⅜	5.90	1.73	0.972	0.558	0.749	0.758	0.481
¼	4.10	1.19	0.692	0.387	0.764	0.711	0.482
³⁄₁₆	3.07	0.900	0.535	0.295	0.771	0.687	0.482
L2 × 2 × ⅜	4.70	1.36	0.476	0.348	0.591	0.632	0.386
¼	3.19	0.938	0.346	0.244	0.605	0.586	0.387
⅛	1.65	0.484	0.189	0.129	0.620	0.534	0.391

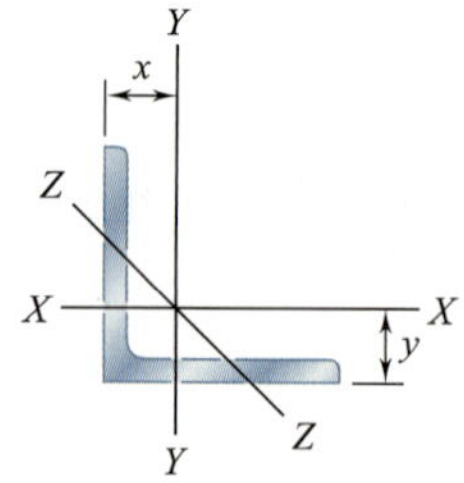

APPENDIX B Properties of Rolled-Steel Shapes
(SI Units)

Angles
Equal Legs

Size and Thickness, mm	Mass per Meter, kg/m	Area, mm^2	Axis X-X: I, 10^6 mm^4	Axis X-X: S, 10^3 mm^3	Axis X-X: r, mm	Axis X-X: x or y, mm	Axis Z-Z: r_z, mm
L203 × 203 × 25.4	75.9	9680	37.1	259	61.7	59.9	39.6
19	57.9	7350	29.1	200	62.5	57.4	39.9
12.7	39.3	5000	20.3	137	63.2	55.1	40.4
L152 × 152 × 25.4	55.7	7100	14.7	140	45.5	47.2	29.7
19	42.7	5460	11.7	109	46.2	45.0	29.7
15.9	36.0	4600	10.0	92.4	46.7	43.7	29.7
12.7	29.2	3720	8.28	75.2	47.2	42.4	30.0
9.5	22.2	2830	6.41	57.5	47.5	41.1	30.2
L127 × 127 × 19	35.1	4480	6.53	74.1	38.1	38.6	24.7
15.9	29.8	3780	5.66	63.1	38.6	37.3	24.8
12.7	24.1	3060	4.70	51.6	38.9	36.1	24.9
9.5	18.3	2330	3.65	39.5	39.4	34.8	25.0
L102 × 102 × 19	27.5	3510	3.17	45.7	30.0	32.3	19.7
15.9	23.4	2970	2.76	39.0	30.5	31.0	19.7
12.7	19.0	2420	2.30	32.1	30.7	30.0	19.7
9.5	14.6	1850	1.80	24.6	31.2	28.7	19.8
6.4	9.80	1250	1.25	16.9	31.8	27.4	19.9
L89 × 89 × 12.7	16.5	2100	1.51	24.3	26.7	26.7	17.2
9.5	12.6	1600	1.19	18.8	27.2	25.4	17.3
6.4	8.60	1090	0.832	12.9	27.7	24.2	17.5
L76 × 76 × 12.7	14.0	1770	0.916	17.4	22.7	23.6	14.7
9.5	10.7	1360	0.728	13.5	23.1	22.5	14.8
6.4	7.30	929	0.512	9.32	23.5	21.2	14.9
L64 × 64 × 12.7	11.4	1450	0.508	11.7	18.7	20.4	12.2
9.5	8.70	1120	0.405	9.14	19.0	19.3	12.2
6.4	6.10	768	0.288	6.34	19.4	18.1	12.2
4.8	4.60	581	0.223	4.83	19.6	17.4	12.2
L51 × 51 × 9.5	7.00	877	0.198	5.70	15.0	16.1	9.80
6.4	4.70	605	0.144	4.00	15.4	14.9	9.83
3.2	2.40	312	0.0787	2.11	15.7	13.6	9.93

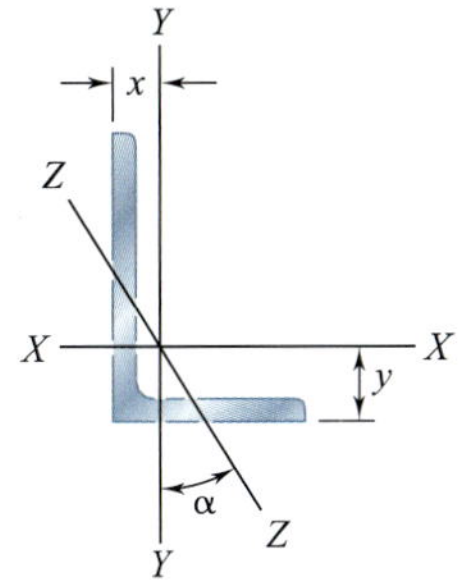

APPENDIX B Properties of Rolled-Steel Shapes
(U.S. Customary Units)

Angles
Unequal Legs

Size and Thickness, in.	Weight per Foot, lb/ft	Area, in^2	Axis X-X				Axis Y-Y				Axis Z-Z	
			I_x, in^4	S_x, in^3	r_x, in.	y, in.	I_y, in^4	S_y, in^3	r_y, in.	x, in.	r_z, in.	tan α
L8 × 6 × 1	44.2	13.0	80.9	15.1	2.49	2.65	38.8	8.92	1.72	1.65	1.28	0.542
$\frac{3}{4}$	33.8	9.94	63.5	11.7	2.52	2.55	30.8	6.92	1.75	1.56	1.29	0.550
$\frac{1}{2}$	23.0	6.75	44.4	8.01	2.55	2.46	21.7	4.79	1.79	1.46	1.30	0.557
L6 × 4 × $\frac{3}{4}$	23.6	6.94	24.5	6.23	1.88	2.07	8.63	2.95	1.12	1.07	0.856	0.428
$\frac{1}{2}$	16.2	4.75	17.3	4.31	1.91	1.98	6.22	2.06	1.14	0.981	0.864	0.440
$\frac{3}{8}$	12.3	3.61	13.4	3.30	1.93	1.93	4.86	1.58	1.16	0.933	0.870	0.446
L5 × 3 × $\frac{1}{2}$	12.8	3.75	9.43	2.89	1.58	1.74	2.55	1.13	0.824	0.746	0.642	0.357
$\frac{3}{8}$	9.80	2.86	7.35	2.22	1.60	1.69	2.01	0.874	0.838	0.698	0.646	0.364
$\frac{1}{4}$	6.60	1.94	5.09	1.51	1.62	1.64	1.41	0.600	0.853	0.648	0.652	0.371
L4 × 3 × $\frac{1}{2}$	11.1	3.25	5.02	1.87	1.24	1.32	2.40	1.10	0.858	0.822	0.633	0.542
$\frac{3}{8}$	8.50	2.48	3.94	1.44	1.26	1.27	1.89	0.851	0.873	0.775	0.636	0.551
$\frac{1}{4}$	5.80	1.69	2.75	0.988	1.27	1.22	1.33	0.585	0.887	0.725	0.639	0.558
L3$\frac{1}{2}$ × 2$\frac{1}{2}$ × $\frac{1}{2}$	9.40	2.75	3.24	1.41	1.08	1.20	1.36	0.756	0.701	0.701	0.532	0.485
$\frac{3}{8}$	7.20	2.11	2.56	1.09	1.10	1.15	1.09	0.589	0.716	0.655	0.535	0.495
$\frac{1}{4}$	4.90	1.44	1.81	0.753	1.12	1.10	0.775	0.410	0.731	0.607	0.541	0.504
L3 × 2 × $\frac{1}{2}$	7.70	2.25	1.92	1.00	0.922	1.08	0.667	0.470	0.543	0.580	0.425	0.413
$\frac{3}{8}$	5.90	1.73	1.54	0.779	0.937	1.03	0.539	0.368	0.555	0.535	0.426	0.426
$\frac{1}{4}$	4.10	1.19	1.09	0.541	0.953	0.980	0.390	0.258	0.569	0.487	0.431	0.437
L2$\frac{1}{2}$ × 2 × $\frac{3}{8}$	5.30	1.55	0.914	0.546	0.766	0.826	0.513	0.361	0.574	0.578	0.419	0.612
$\frac{1}{4}$	3.62	1.06	0.656	0.381	0.782	0.779	0.372	0.253	0.589	0.532	0.423	0.624

APPENDIX B Properties of Rolled-Steel Shapes
(SI Units)

Angles
Unequal Legs

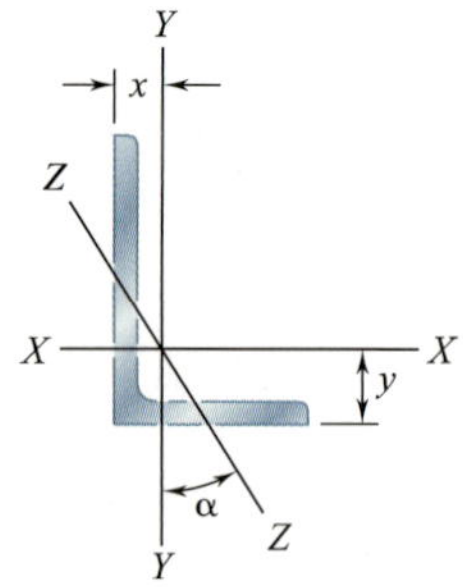

			Axis X-X				Axis Y-Y				Axis Z-Z	
Size and Thickness, mm	Mass per Meter kg/m	Area mm^2	I_x 10^6 mm^4	S_x 10^3 mm^3	r_x mm	y mm	I_y 10^6 mm^4	S_y 10^3 mm^3	r_y mm	x mm	r_z mm	tan α
L203 × 152 × 25.4	65.5	8390	33.7	247	63.2	67.3	16.1	146	43.7	41.9	32.5	0.542
19	50.1	6410	26.4	192	64.0	64.8	12.8	113	44.5	39.6	32.8	0.550
12.7	34.1	4350	18.5	131	64.8	62.5	9.03	78.5	45.5	37.1	33.0	0.557
L152 × 102 × 19	35.0	4480	10.2	102	47.8	52.6	3.59	48.3	28.4	27.2	21.7	0.428
12.7	24.0	3060	7.20	70.6	48.5	50.3	2.59	33.8	29.0	24.9	21.9	0.440
9.5	18.2	2330	5.58	54.1	49.0	49.0	2.02	25.9	29.5	23.7	22.1	0.446
L127 × 76 × 12.7	19.0	2420	3.93	47.4	40.1	44.2	1.06	18.5	20.9	18.9	16.3	0.357
9.5	14.5	1850	3.06	36.4	40.6	42.9	0.837	14.3	21.3	17.7	16.4	0.364
6.4	9.80	1250	2.12	24.7	41.1	41.7	0.587	9.83	21.7	16.5	16.6	0.371
L102 × 76 × 12.7	16.4	2100	2.09	30.6	31.5	33.5	0.999	18.0	21.8	20.9	16.1	0.542
9.5	12.6	1600	1.64	23.6	32.0	32.3	0.787	13.9	22.2	19.7	16.2	0.551
6.4	8.60	1090	1.14	16.2	32.3	31.0	0.554	9.59	22.5	18.4	16.2	0.558
L89 × 64 × 12.7	13.9	1770	1.35	23.1	27.4	30.5	0.566	12.4	17.8	17.8	13.5	0.485
9.5	10.7	1360	1.07	17.9	27.9	29.2	0.454	9.65	18.2	16.6	13.6	0.495
6.4	7.30	929	0.753	12.3	28.4	27.9	0.323	6.72	18.6	15.4	13.7	0.504
L76 × 51 × 12.7	11.5	1450	0.799	16.4	23.4	27.4	0.278	7.70	13.8	14.7	10.8	0.413
9.5	8.80	1120	0.641	12.8	23.8	26.2	0.224	6.03	14.1	13.6	10.8	0.426
6.4	6.10	768	0.454	8.87	24.2	24.9	0.162	4.23	14.5	12.4	10.9	0.437
L64 × 51 × 9.5	7.90	1000	0.380	8.95	19.5	21.0	0.214	5.92	14.6	14.7	10.6	0.612
6.4	5.40	684	0.273	6.24	19.9	19.8	0.155	4.15	15.0	13.5	10.7	0.624

APPENDIX C Beam Deflections and Slopes

Beam and Loading	Elastic Curve	Maximum Deflection	Slope at End	Equation of Elastic Curve
1 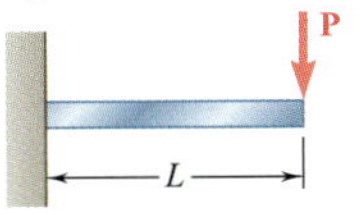	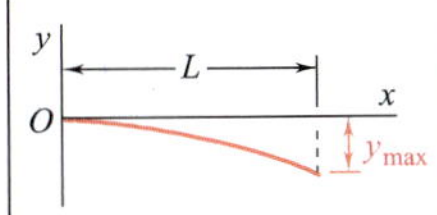	$-\frac{PL^3}{3EI}$	$-\frac{PL^2}{2EI}$	$y=\frac{P}{6EI}(x^3-3Lx^2)$
2 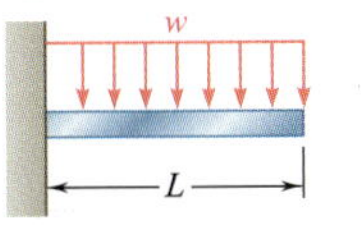	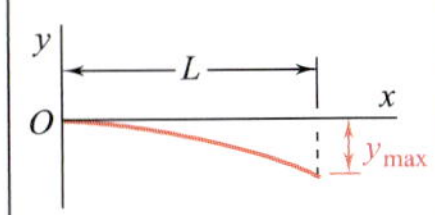	$-\frac{wL^4}{8EI}$	$-\frac{wL^3}{6EI}$	$y=-\frac{w}{24EI}(x^4-4Lx^3+6L^2x^2)$
3 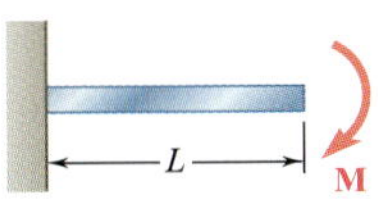	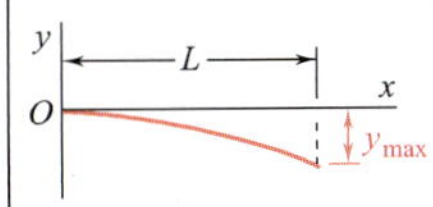	$-\frac{ML^2}{2EI}$	$-\frac{ML}{EI}$	$y=-\frac{M}{2EI}(x^2)$
4 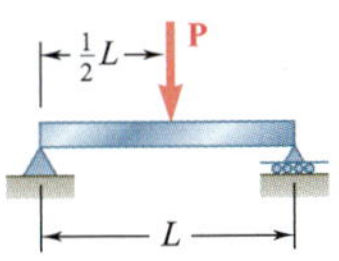	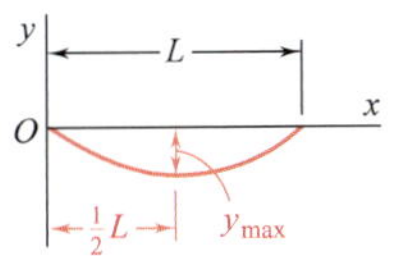	$-\frac{PL^3}{48EI}$	$\pm\frac{PL^2}{16EI}$	For $x \leq \frac{1}{2}L$: $y=\frac{P}{48EI}(4x^3-3L^2x)$
5 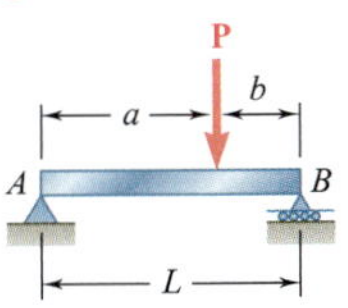	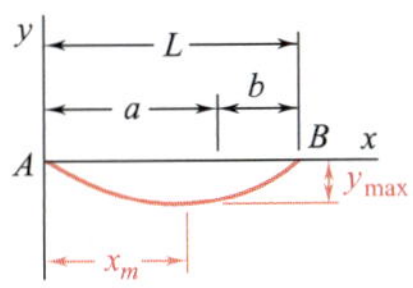	For $a>b$ $-\frac{Pb(L^2-b^2)^{3/2}}{9\sqrt{3}\,EIL}$ at $x_m=\sqrt{\frac{L^2-b^2}{3}}$	$\theta_A=-\frac{Pb(L^2-b^2)}{6EIL}$ $\theta_B=+\frac{Pa(L^2-a^2)}{6EIL}$	For $x<a$ $y=\frac{Pb}{6EIL}[x^3-(L^2-b^2)x]$ for $x=a$: $y=-\frac{Pa^2b^2}{3EIL}$
6 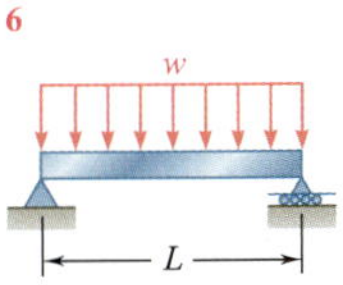	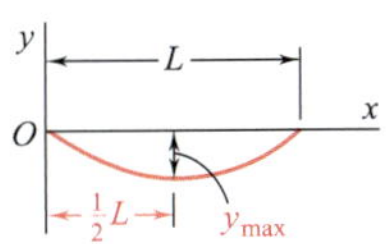	$-\frac{5wL^4}{384EI}$	$\pm\frac{\Sigma L^3}{24EI}$	$y=-\frac{w}{24EI}(x^4-2Lx^3+L^3x)$
7 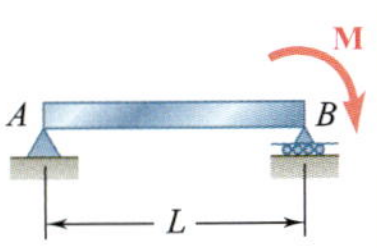	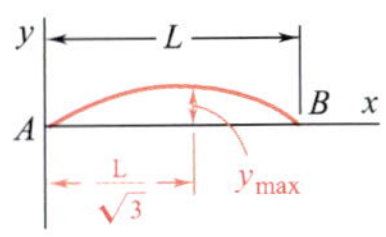	$\frac{ML^2}{9\sqrt{3}\,EI}$	$\theta_A=+\frac{ML}{6EI}$ $\theta_B=-\frac{ML}{3EI}$	$y=-\frac{M}{6EIL}(x^3-L^2x)$

해답 ❙ Answer to Problems

CHAPTER 2

2.1 1391 N ⦣ 47.8°.
2.2 906 lb ⦣ 26.6°.
2.3 14.3 kN ⦣ 19.9°.
2.4 4000 lb ⦣ 9.2°.
2.5 32.4°.
2.7 (*a*) 3660 N. (*b*) 3730 N.
2.9 $P = 14.73$ lb; $R = 30.2$ lb.
2.10 $T_{AC} = 666$ lb; $\alpha = 34.3°$.
2.12 43.6 lb ⦣ 78.4°.
2.13 1391 N ⦣ 47.8°.
2.14 4000 N ⦣ 9.2°.
2.16 350-N force: $F_x = 317$ N, $F_y = 147.9$ N;
800-N force: $F_x = 274$ N, $F_y = 752$ N;
600-N force: $F_x = -300$ N, $F_y = 520$ N.
2.17 80-lb force: $F_x = 69.3$ lb, $F_y = -40.0$ lb;
120-lb force: $F_x = 31.1$ lb, $F_y = -115.9$ lb;
150-lb force: $F_x = -114.9$ lb, $F_y = -96.4$ lb.
2.18 145-lb force: $F_x = 100$ lb, $F_y = 105$ lb;
200-lb force: $F_x = 192$ lb, $F_y = -56$ lb.
2.19 255-N force: $F_x = 225$ N, $F_y = 120$ N;
340-N force: $F_x = -160$ N, $F_y = 300$ N.
2.20 $\mathbf{A}_x = 25$ lb →, $\mathbf{A}_y = 60$ lb ↓.
2.23 (*a*) 2109 N. (*b*) 2060 N ⦨ 30°.
2.24 1391 N ⦣ 47.8°.
2.25 906 lb ⦣ 26.6°.
2.26 253 lb ⦥ 86.7°.
2.27 425 N ⦣ 81.2°.
2.29 (*a*) 177.9 lb. (*b*) 410 lb.
2.31 (*a*) 48.2°. (*b*) impossible.
2.32 $T_{AC} = 530$ N, $T_{BC} = 350$ N.
2.33 $T_{AC} = 326$ lb, $T_{BC} = 265$ lb.
2.34 $T_{AC} = 586$ N, $T_{BC} = 2190$ N.
2.35 $T_{AC} = 2860$ lb, $T_{BC} = 1460$ lb.
2.36 $T_{AC} = 305$ N, $T_{BC} = 514$ N.
2.38 $T_B = 16.73$ kips, $T_D = 14.00$ kips.
2.40 65.2 lb $< P <$ 150 lb.
2.41 (*a*) 784 N. (*b*) 71.0°.
2.42 $F = 2.87$ kN ⦣ 75°.
2.43 (*a*) 30°. (*b*) $T_{AC} = 300$ lb, $T_{BC} = 520$ lb.
2.45 (*a*) 35°; $T_{AC} = 4.91$ kN, $T_{BC} = 3.44$ kN.
(*b*) 55°; $T_{AC} = T_{BC} = 3.66$ kN.
2.46 36.0 in.
2.47 913 N ⦩ 82.5°.
2.48 41.9°.
2.49 (*a*) 2.45 kN. (*b*) 1.839 kN.
2.50 50.0 in.
2.51 (*a*) 1226 N. (*b*) 1226 N. (*c*) 817 N. (*d*) 817 N. (*e*) 613 N.
2.54 75.6 mm.
2.55 (*a*) 18.00 lb. (*b*) 24.0 lb.
2.56 (*a*) $F_x = 113.3$ N, $F_y = 217$ N, $F_z = -52.8$ N.
(*b*) $\theta_x = 63.1°$, $\theta_y = 30.0°$, $\theta_z = 102.2°$.
2.57 (*a*) $F_x = 65.9$ N, $F_y = 230$ N, $F_z = 181.2$ N.
(*b*) $\theta_x = 77.3°$, $\theta_y = 40.0°$, $\theta_z = 52.8°$.
2.58 (*a*) $F_x = -78.6$ lb, $F_y = 282$ lb, $F_z = -66.0$ lb.
(*b*) $\theta_x = 105.2°$, $\theta_y = 20.0°$, $\theta_z = 102.7°$.
2.59 (*a*) $F_x = 78.6$ lb, $F_y = 282$ lb, $F_z = -66.0$ N.
(*b*) $\theta_x = 74.8°$, $\theta_y = 20.0°$, $\theta_z = 102.7°$.
2.60 (*a*) $F_x = 224$ N, $F_y = -459$ N, $F_z = 615$ N.
(*b*) $\theta_x = 73.7°$, $\theta_y = 125.0°$, $\theta_z = 39.8°$.
2.62 $F = 721$ lb; $\theta_x = 109.4°$, $\theta_y = 116.3°$, $\theta_z = 33.7°$.
2.63 $F = 950$ lb; $\theta_x = 43.4°$, $\theta_y = 71.6°$, $\theta_z = 127.6°$.
2.64 $F = 48.4$ N; $\theta_x = 34.3°$.
2.65 $\theta_z = 61.0°$; $F_x = 105.7$ lb, $F_y = 191.5$ lb, $F_z = 121.0$ lb.
2.66 (*a*) $F_x = 199.6$ lb, $F_z = -395$ lb; $F = 584$ lb.
(*b*) $\theta_y = 46.7°$.
2.67 (*a*) $F_y = 654$ N, $F_z = 1186$ N; $F = 1549$ N.
(*b*) $\theta_x = 119.0°$.
2.69 $C_x = -300$ N, $C_y = 300$ N, $C_z = 150$ N.
2.71 $(T_{CA})_x = -270$ lb, $(T_{CA})_y = 180$ lb, $(T_{CA})_z = -276$ lb.
2.72 $R = 940$ lb; $\theta_x = 65.7°$, $\theta_y = 28.3°$, $\theta_z = 16.4°$.
2.73 $R = 623$ lb; $\theta_x = 37.4°$, $\theta_y = 122.0°$, $\theta_z = 72.6°$.
2.75 (*a*) 54.7° and 125.3°. (*b*) 60° and 120°.
2.76 $T_{AC} = 21.0$ kN, $T_{AD} = 64.3$ kN.
2.77 $T_{AB} = 52.0$ kN, $T_{AD} = 85.7$ kN.
2.79 548 N.
2.80 13.98 kN.
2.81 9.71 kN.
2.82 $T_{AB} = 4.00$ kN, $T_{AC} = 3.67$ kN, $T_{AD} = 4.13$ kN.
2.83 2775 lb.
2.84 888 lb.
2.86 $T_{DA} = 119.7$ lb, $T_{DB} = T_{DC} = 98.4$ lb.
2.87 $T_{DA} = 7.21$ lb, $T_{DB} = T_{DC} = 6.50$ lb.
2.89 (*a*) $\mathbf{P} = -(25.2 \text{ kN})\ \mathbf{i}$.
(*b*) $T_{AB} = 2.25$ kN, $T_{AC} = 16.65$ kN.
2.90 $T_{AB} = 30.8$ lb, $T_{AC} = 62.5$ lb.
2.91 $T_{AB} = 81.3$ lb, $T_{AC} = 22.2$ lb.
2.92 (*a*) $P = 120.0$ N.
(*b*) $T_{AB} = 234$ N, $T_{AC} = 174.0$ N.
2.93 (*a*) $P = 135.0$ N.
(*b*) $T_{AB} = 156.0$ N, $T_{AC} = 261$ N.
2.95 1372 N.
2.97 (*a*) $P = 305$ lb.
(*b*) $T_{AD} = 40.9$ lb, $T_{BAC} = 117.0$ lb.
2.98 $T_{DA} = 103.7$ N, $T_{DB} = 51.8$ N, $T_{DC} = 89.8$ N.
2.99 (*a*) 6.30 lb. (*b*) 7.20 lb.
2.101 $T_{CA} = 1192$ lb, $T_{CB} = 898$ lb.
2.103 320 mm.
2.104 (*a*) 2450 N. (*b*) 2220 N.
2.105 168.3 lb ⦥ 13.5°.

2.106 52.2 lb $\le P \le$ 176.3 lb.
2.108 T_{AC} = 134.6 lb, T_{BC} = 110.4 lb.
2.110 1210 N.
2.112 θ_z = 61.0°; F_x = 507 N, F_y = 919 N, F_z = 581 N.
2.113 R = 1171 N; θ_x = 89.5°, θ_y = 36.2°, θ_z = 126.2°.
2.115 T_{DA} = 14.33 lb, $T_{DB} = T_{DC}$ = 12.92 lb.

CHAPTER 3

3.1 115.6 lb · in ↓.
3.2 23.2°.
3.3 P = 400 N; α = 22.6°.
3.5 (*a*) 88.8 N · m ↓. (*b*) 237 N ⦦ 53.1°.
3.6 (*a*) 88.8 N · m ↓. (*b*) 395 N ←. (*c*) 279 N ⦦ 45°.
3.7 (*a*), (*b*), and (*c*) 167.0 lb · in ↺.
3.9 140.0 N · m ↺.
3.10 61.6 N · m ↺.
3.12 520 lb.
3.14 (*a*) −23**i** − 11**j** + 2**k**. (*b*) −30**j** + 18**k**. (*c*) 0.
3.15 (*a*) and (*b*) −(2160 lb · in)**i** + (4320 lb · in)**j** + (360 lb · in)**k**.
3.16 (36 N · m)**i** + (24 N · m)**j** + (32 N · m)**k**.
3.17 (*a*) −(7200 lb · ft)**i** − (1600 lb · ft)**j** + (3200 lb · ft)**k**.
(*b*) (5600 lb · ft)**j** + (3200 lb · ft)**k**.
3.18 (*a*) −(1200 lb · ft)**j** + (2400 lb · ft)**k**.
(*b*) (5400 lb · ft)**i** + (4200 lb · ft)**j** + (2400 lb · ft)**k**.
3.19 (7.50 N · m)**i** − (6.00 N · m)**j** − (10.39 N · m)**k**.
3.20 (492 lb · ft)**i** + (144 lb · ft)**j** − (372 lb · ft)**k**.
3.23 4.86 ft.
3.24 207 mm.
3.25 **P** · **Q** = 0; **P** · **S** = −11; **Q** · **S** = 2.
3.27 (*a*) 59.0°. (*b*) 720 N.
3.28 (*a*) 70.5°. (*b*) 300 N.
3.29 63.6°.
3.31 (*a*) and (*b*) 26.8°.
3.33 **P** · (**Q** × **S**) = −1; (**P** × **Q**) · **S** = −1; (**S** × **Q**) · P = 1.
3.34 −6.
3.35 M_x = 24.0 kN · m, M_y = −16.00 kN · m,
M_z = −38.4 kN · m.
3.39 M_x = −1598 N · m, M_y = 959 N · m, M_z = 0.
3.40 M_x = −1283 N · m, M_y = 770 N · m, M_z = 1824 N · m.
3.41 61.5 lb.
3.42 6.23 ft.
3.43 (*a*) −299 lb · in. (*b*) 212 lb · in.
3.44 (*a*) 144.0 lb · in. (*b*) 127.1 lb · in.
3.46 124.2 N · m.
3.48 −176.6 lb · ft.
3.49 (*a*) 271 N. (*b*) 390 N. (*c*) 250 N.
3.50 280 lb · in ↓.
3.51 (*a*) 7.33 N · m ↺. (*b*) 91.6 mm.
3.52 (*a*) 26.7 N. (*b*) 50.0 N. (*c*) 23.5 N.
3.53 (*a*) 1170 lb · in ↺.
(*b*) With pegs *A* and *D*: ⦦ 53.1° at *A*, ∠ 53.1° at *D*;
with pegs *B* and *C*: ⦤ 53.1° at *B*, ⦥ 53.1° at *C*.
(*c*) 70.9 lb.
3.54 d = 1.125 in.
3.56 M = 13.00 lb · ft; θ_x = 67.4°, θ_y = 90.0°, θ_z = 22.6°.
3.57 M = 3.22 N · m; θ_x = 90.0°, θ_y = 53.1°, θ_z = 36.9°.
3.58 M = 2.72 N · m; θ_x = 134.9°, θ_y = 58.0°, θ_z = 61.9°.
3.59 M = 2150 lb · ft; θ_x = 113.0°, θ_y = 92.7°, θ_z = 23.2°.
3.61 (*a*) 60.0 lb ↓, 450 lb · in ↺.
(*b*) **B** = 100.0 lb ←; **C** = 100.0 lb →.
3.63 (*a*) 960 N ∠ 60°, 28.9 mm to the right of *O*.
(*b*) 960 N ∠ 60°, 50.0 mm below *O*.
3.65 (*a*) 300 N ⦦ 30°, 75.0 N · m ↺.
(*b*) **B** = 800 N ⦦ 30°, **C** = 500 N ∠ 30°.
3.66 (*a*) **P** = 60.0 lb ∠ 50°; 3.24 in. from *A*.
(*b*) **P** = 60.0 lb ∠ 50°; 3.87 in. below *A*.
3.67 −(250 kN)**j**; (15.00 kN · m)**i** + (7.50 kN · m)**k**.
3.68 (4.00 kips)**i**; −(3.18 kip · in)**j** − (16.00 kip · in)**k**.
3.71 **F** = −(2.40 kips)**j** + (1.000 kip)**k**, **M** = (15.00 kip · ft)**i** −
(10.00 kip · ft)**j** − (24.0 kip · ft)**k**.
3.72 **F** = −(173.2 N)**j** + (100.0 N)**k**, **M** = (7.50 N · m)**i** −
(6.00 N · m)**j** − (10.39 N · m)**k**.
3.73 Loadings c and f.
3.74 Loading e.
3.75 (*a*) 2.00 m from front axle.
(*b*) 50.0 kN located 2.80 m from front axle.
3.76 1300 lb ↓ at 8.69 ft to the right of *A*.
3.77 (*a*) 0.600 m. (*b*) 1.000 m. (*c*) 1.800 m.
3.80 (*a*) 1562 N ⦥ 50.2°, 300 N · m ↺.
(*b*) 250 mm to the right of *C* and 300 mm above *C*.
3.81 (*a*) 29.9 lb ⦥ 23.0°.
(*b*) 1.70 in. to the right of *A* and 3.64 in. above *C*.
3.82 (*a*) 100.0 lb ⦤ 36.9°; at *A*.
(*b*) 100.0 lb ⦤ 36.9°; 8.00 in. to the right of *B* on *BC*.
(*c*) 100.0 lb ⦤ 36.9°; 3.00 in. below *C* on *CD*.
3.83 (*a*) 3.80 kN →; 22.8 kN · m ↺.
(*b*) 3.80 kN →; 6.00 m below *DE*.
3.84 329 kN ⦤ 61.7°; 6.82 m to the right of *A*.
3.85 −(100 lb)**i** − (900 lb)**j** − (200 lb)**k**; −(1200 lb · ft)**i** −
(600 lb · ft)**k**.
3.87 R = 385 N; θ_x = 141.2°, θ_y = 128.6°, θ_z = 86.3°.
M = 16.50 N · m; θ_x = 100.5°, θ_y = 35.1°, θ_z = 56.9°.
3.89 (*a*) 60°. (*b*) (20.0 lb)**i** − (34.6 lb)**j**; (520 lb · in)**i**.
3.90 **R** = (20.0 lb)**i** − (34.6 lb)**j**; $\mathbf{M}_D^R$ = (520 lb · in)**i** −
(500 lb · in)**k**.
(*a*) neither loosen nor tighten. (*b*) tighten.
3.91 500 kN ↓; 2.56 m from *AD* and 2.00 m from *DC*.
3.92 70.0 kips ↓; at x = 2.50 ft, z = −0.619 ft.
3.95 200 N at y = 63.4 mm, z = 200 mm.
3.96 72.2 N.
3.97 (*a*) −(1200 lb · in)**i** + (4800 lb · in)**j** + (7200 lb · in)**k**.
(*b*) 3090 lb · in.
3.99 M_x = 78.9 kN · m, M_y = 13.15 kN · m,
M_z = −9.86 kN · m.
3.101 23.0 N · m.
3.102 (*a*) 20.0 lb. (*b*) 16.00 lb. (*c*) 12.00 lb.
3.103 (*a*) 500 N ⦤ 60°; 86.2 N · m ↓.
(*b*) **A** = 689 N ↑, **B** = 1150 N ⦤ 77.4°.
3.105 (*a*) −(75 lb)**j**. (*b*) x = −3.20 in., z = 0.640 in.
3.106 12.00 kips ↓ at 17.33 ft to the right of A.
3.108 P = 72.1 kN ↓ at x = 4.16 m, z = 2.77 m.

CHAPTER 4

4.1 **A** = 200 lb ↓, **B** = 200 lb ↑.
4.2 (*a*) 15.21 kN ↑, (*b*) 5.89 kN ↑.
4.3 8.40 lb ↑.
4.5 1.25 kN $\le Q \le$ 27.5 kN.
4.6 1.50 kN $\le Q \le$ 9.00 kN.
4.7 60 lb $\le P \le$ 560 lb.

4.9 T = 29.9 kips, **A** = 33.0 kips ∠ 31.5°.
4.10 (*a*) $W \cos \theta/\cos \frac{\theta}{2}$. (*b*) 11.74 lb.
4.12 (*a*) 400 N. (*b*) 458 N ∠ 49.1°.
4.14 (*a*) 125 lb ↓. (*b*) 325 lb ∠ 22.6°.
4.15 600 lb.
4.16 (*a*) **A** = 4.27 kN ⦤ 20.6°; **B** = 4.50 kN ↑.
(*b*) **A** = 1.50 kN ↓; **B** = 6.02 kN ⦥ 48.4°.
(*c*) **A** = 2.05 kN ⦤ 47.0°; **B** = 5.20 kN ⦥ 60°.
4.17 T_{BE} = 196.2 N, **A** = 73.6 N →, **D** = 73.6 N ←.
4.18 (*a*) **B** = 920 N ⦤ 53.1°, **C** = 80 N ⦤ 53.1°, **D** = 600 N ↑.
(*b*) rollers 1 and 3.
4.19 (*a*) 128.0 lb. (*b*) **A** = 80.0 lb ↑, **B** = 64.0 lb →.
4.20 11.06 in.
4.23 (*a*) 11.20 kips. (*b*) $|M_E|$ = 28.8 kip · ft.
4.24 (*a*) **A** = 5540 N ∠ 87.3°, **C** = 683 N ⦤ 67.4°.
(*b*) **A** = 4900 N ↑, $\mathbf{M}_A$ = 1890 N · m ↺.
(*c*) **A** = 6740 N ∠ 83.6°, $\mathbf{M}_A$ = 3510 N · m ↻, **C** = 1950 N ∠ 67.4°.
4.25 (*a*) 1, 3, 4, 7, and 8 are completely constrained.
2, and 5 are improperly constrained.
6 is partially constrained.
(*b*) Reactions for 1, 3, 6, and 7 are statically determinate.
Reactions for 2, 4, 5, and 8 are statically indeterminate.
(*c*) Equilibrium maintained for any loading for 1, 3, 4, 7, 8.
Equilibrium maintained for given loading for 6.
No equilibrium for 2 and 5.
4.26 (*a*) 1, 2, 3, 5, and 9 are completely constrained.
4 and 6 are partially constrained.
7 and 8 are improperly constrained.
(*b*) Reactions for 1, 2, 4 and 5 are statically determinate.
Reactions for 6 are determined from dynamics.
Reactions for 3, 7, 8, and 9 are statically indeterminate.
(*c*) Equilibrium maintained for any loading for 1, 2, 3, 5, and 9. Equilibrium maintained for given loading for 4.
No equilibrium for 6, 7, and 8.
4.27 **B** = 501 N ⦥ 56.3°; **C** = 324 N ⦦ 31.0°.
4.28 **A** = 2230 N ⦥ 7.7°; **B** = 2210 N →.
4.29 **A** = 124.8 lb ∠ 15.9°; T = 147.5 lb.
4.31 **A** = 185.3 N ∠ 62.4°; T = 92.8 N.
4.32 (*a*) 400 N. (*b*) 458 N ∠ 49.1°.
4.33 **A** = 346 N ∠ 60.6°; **B** = 196.2 N ⦥ 30°.
4.34 (*a*) 125 lb ↓. (*b*) 325 lb ∠ 22.6°.
4.37 (*a*) 36.9°. (*b*) **A** = 400 N ↑, **E** = 300 N ←.
4.38 **A** = 97.6 lb ∠ 50.2°; **B** = 62.5 lb ←.
4.40 (*a*) 59.2°. (*b*) T_{AB} = 0.596 W, T_{CD} = 1.164 W.
4.42 **A** = 170.0 lb ∠ 28.1°; **B** = 150.0 lb ←.
4.43 10.00 in.
4.44 **A** = 170.0 N ⦥ 33.9°; **C** = 160.0 N ∠ 28.1°.
4.45 **A** = 170.0 N ⦤ 56.1°; **C** = 300 N ∠ 28.1°.
4.46 α = 73.9°; T_A = 4160 lb, T_B = 2310 lb.
4.47 **A** = 7.07 lb →; **B** = 40.6 lb ⦥ 80.0°.
4.48 **A** = 225 N ∠ 30°; T = 225 N.
4.50 (*a*) $4P - 3Q$. (*b*) 30.0 lb.
4.51 **A** = (120.0 N)**j** + (133.3 N)**k**; **D** = (60.0 N)**j** + (166.7 N)**k**.
4.52 **A** = (125.3 N)**j** + (137.8 N)**k**; **D** = (62.7 N)**j** + (172.2 N)**k**.
4.53 **A** = (24.0 lb)**j** − (2.31 lb)**k**; **B** = (16.00 lb)**j** − (9.24 lb)**k**; **C** = (11.55 lb)**k**.
4.54 (*a*) 96.0 lb. (*b*) **A** = (2.4 lb)**j**; **B** = (214 lb)**j**.
4.56 (*a*) 1039 N. (*b*) **C** = (346 N)**i** + (1200 N)**j**; **D** = −(1386 N)**i** − (480 N)**j**.
4.57 T_A = 30.0 lb, T_B = 10.00 lb, T_C = 40.0 lb.
4.59 T_A = 24.5 N. T_B = 73.6 N, T_C = 98.1 N.
4.61 (*a*) T_{BC} = 975 lb, T_{BD} = 700 lb.
(*b*) **A** = (1500 lb)**i** + (425 lb)**j**.
4.62 (*a*) T_{BC} = 1950 lb, T_{BD} = 1400 lb.
(*b*) **A** = (3000 lb)**i**.
4.64 (*a*) $T_{DE} = T_{DF}$ = 1.284 kN.
(*b*) **A** = −(3.93 kN)**i** + (7.57 kN)**j**.
4.65 **A** = −(56.3 lb)**i**; **B** = −(56.3 lb)**i** + (150.0 lb)**j** − (75.0 lb)**k**
F_{CE} = 202 lb compression.
4.66 (*a*) 2.40 kN. (*b*) −0.600 kN.
4.67 T = 37.5 lb; **A** = (36.3 lb)**i** + (65.6 lb)**j**; **B** = (75.0 lb)**j**.
4.70 P = 118.9 N; **A** = (42.9 N)**i** − (69.9 N)**k**; **B** = (61.1 N)**i** + (196.2 N)**j** + (84.7 N)**k**.
4.71 F_{CE} = 202 lb compression;
B = −(112.5 lb)**i** + (150.0 lb)**j** − (75.0 lb)**k**;
$\mathbf{M}_B$ = −(225 lb · ft)**j**.
4.72 F_{CD} = 19.62 N compression; **B** = −(19.22 N)**i** + (94.2 N)**j**;
$\mathbf{M}_B$ = −(40.6 N · m)**i** − (17.30 N · m)**j**.
4.73 T_{BD} = 780 lb, T_{BE} = 650 lb, T_{CF} = 650 lb; **A** = (1920 lb)**i** − (300 lb)**k**.
4.74 **A** = (600 N)**j** − (750 N)**k**; **B** = (900 N)**i** + (750 N)**k**;
C = −(900 N)**i** + (600 N)**j**.
4.75 Equilibrium; 172.6 N ⦦ 25.0°.
4.76 Moves down; 279 N ⦥ 30.0°.
4.77 Moves up; 36.1 lb ⦦ 30.0°.
4.78 Equilibrium; 36.3 lb ⦦ 30.0°.
4.80 5.77 lb.
4.81 $P = W \sin(\alpha + \phi_s)$; $\theta = \alpha + \phi_s$.
4.82 (*a*) 116.2 N ∠ 36.3°. (*b*) 46.5 N ∠ 13.7°.
4.83 (*a*) 403 N. (*b*) 229 N.
4.85 (*a*) 206 N →. (*b*) 177.6 N →. (*c*) 72.5 N →.
4.87 (*a*) 58.1°. (*b*) 166.4 N.
4.88 (*a*) 138.6 N. (*b*) Slide.
4.90 40.0 lb →.
4.91 0.955 lb.
4.93 (*a*) 33.4°. (*b*) 0.287 *W*.
4.94 Equilibrium; 0.250 *W* →.
4.95 No equilibrium.
4.97 $Wr \mu_s (1 + \mu_s)/(1 + \mu_s^2)$
4.98 (*a*) 0.400 *Wr*. (*b*) 0.464 *Wr*.
4.99 30.0 kN ≤ P ≤ 210 kN.
4.101 (*a*) **A** = 60.0 lb ↑, **B** = 136.1 lb →, **C** = 32.2 lb ←.
(*b*) **A** = 0, **B** = 120 lb ←, **C** = 240 lb →.
4.102 (*a*) 600 N. (*b*) **A** = 4.00 kN ←; **B** = 4.00 kN →.
4.104 (*a*) 1500 N ⦤ 30°. (*b*) 593 N ⦥ 30°.
4.105 (*a*) T_B = 24.0 lb, T_B' = 12.00 lb.
(*b*) A_y = 55.2 lb, A_z = −12.49 lb; E_y = 33.4 lb, E_z = −2.50 lb.
A_x and E_x are indeterminate.
4.107 (*a*) **A** = 0.745 P ⦥ 63.4°; **D** = 0.471 P ∠ 45°.
(*b*) **A** = P →; **D** = 1.414 P ⦥ 45°.
(*c*) **A** = 0.471 P ∠ 45°; **D** = 0.745 P ⦥ 63.4°.
(*d*) **A** = 0.707 P ∠ 45°; **C** = 0.707 P ⦤ 45°; **D** = P ↑.
4.109 (*a*) 36.3 N T. (*b*) 29.7 N ←.
4.110 (*a*) 8.00 lb. (*b*) 12.00 lb.

CHAPTER 5

5.1 $\bar{x}$ = 55.4 mm, $\bar{y}$ = 93.8 mm.
5.2 $\bar{x}$ = 3.27 in., $\bar{y}$ = 2.82 in.
5.3 $\bar{x}$ = 1.045 in., $\bar{y}$ = 3.59 in.

5.5 $\bar{x} = \bar{y} = 8.09$ in.
5.6 $\bar{x} = \bar{y} = 16.75$ mm.
5.7 $\bar{x} = -62.4$ mm, $\bar{y} = 0$.
5.9 $\bar{x} = 120.0$ mm, $\bar{y} = 60.0$ mm.
5.10 $\bar{x} = 10.11$ in., $\bar{y} = 3.87$ in.
5.11 $\bar{x} = 0$, $\bar{y} = 4.57$ ft.
5.12 $\bar{x} = 386$ mm, $\bar{y} = 66.4$ mm.
5.13 42.25×10^3 mm^3 for A_1, -42.25×10^3 mm^3 for A_2.
5.14 0.2352 in^3 for A_1, -0.2352 in^3 for A_2.
5.17 $\bar{x} = 53.0$ mm, $\bar{y} = 91.5$ mm.
5.18 $\bar{x} = 3.38$ in., $\bar{y} = 2.93$ mm.
5.19 $\bar{x} = 172.5$ mm, $\bar{y} = 97.5$ mm.
5.20 $\bar{x} = 3.19$ in., $\bar{y} = 6.00$ in.
5.21 300 mm.
5.23 (*a*) 5.09 lb. (*b*) 9.48 lb ⦪ 57.5°.
5.25 $\bar{x} = 2b/3$, $y = h/3$.
5.26 $\bar{x} = 2a/5$, $\bar{y} = 3b/7$.
5.29 $\bar{x} = (n + 1)a/(n + 2)$, $\bar{y} = (n + 1)h/(4n + 2)$.
5.30 $\bar{x} = 4a/3\pi$, $\bar{y} = 4b/3\pi$.
5.31 $\bar{x} = 0$, $\bar{y} = 4r/3\pi$.
5.32 $\bar{x} = 3a/8$, $\bar{y} = 3h/5$.
5.33 $\bar{x} = 0.300\,a$.
5.34 $\bar{y} = 0.310\,h$.
5.35 $\bar{x} = \bar{y} = 1.027$ in.
5.36 $\bar{x} = \bar{y} = (2a^2 - 1)/2a(1 + 2 \ln a)$.
5.37 (*a*) 584 in^3. (*b*) 679 in^3.
5.39 (*a*) $\pi a^2h/2$. (*b*) $8\pi ah^2/15$.
5.41 (*a*) 0.226 m^3. (*b*) 131.2 kg.
5.42 1.508 m^2.
5.43 314 in^2.
5.44 $V = 655$ in^3; $W = 23.6$ lb.
5.45 $V = 3.96$ in^3; $W = 1.211$ lb.
5.48 300×10^3 mm^3.
5.49 $\mathbf{R} = 9.45$ kN ↓, $\bar{x} = 2.57$ m; $\mathbf{A} = 4.05$ kN ↑, $\mathbf{B} = 5.40$ kN ↑.
5.51 $\mathbf{A} = 1260$ lb ↑, $\mathbf{M}_A = 14040$ lb · in ↰.
5.53 $\mathbf{B} = 1200$ N ↑, $\mathbf{M}_B = 800$ N · m ↰.
5.54 $\mathbf{A} = 10800$ lb ↑, $\mathbf{B} = 3600$ lb ↑.
5.55 $\mathbf{A} = 2860$ lb ↑, $\mathbf{B} = 740$ lb ↑.
5.56 $\mathbf{A} = 105$ N ↑, $\mathbf{B} = 270$ N ↑.
5.57 $21\,h/16$ above the vertex of the cone.
5.58 (*a*) $0.448\,h$. (*b*) $0.425\,h$.
5.59 0.707.
5.60 $\bar{x} = 0$, $\bar{y} = -0.608\,h$, $\bar{z} = 0$.
5.61 0.610 in.
5.63 40.3 mm.
5.65 $\bar{x} = 105.2$ mm, $\bar{y} = 175.8$ mm, $\bar{z} = 105.2$ mm.
5.66 $\bar{x} = 0.0729$ in., $\bar{y} = -1.573$ in., $\bar{z} = 0$.
5.69 $\bar{x} = 205$ mm, $\bar{y} = 255$ mm, $\bar{z} = 75$ mm.
5.70 $\bar{x} = 0$, $\bar{y} = 10.05$ in., $\bar{z} = 5.15$ in.
5.71 $\bar{x} = 0$, $\bar{y} = 3.44$ in., $\bar{z} = 0$.
5.72 On center axis, 27.6 mm above base.
5.73 $\bar{x} = 105.0$ mm, $\bar{y} = 90.0$ mm.
5.75 $\bar{x} = 105.6$ mm, $\bar{y} = 97.6$ mm.
5.76 (*a*) $1.427\,r$. (*b*) $2.113\,r$.
5.77 $\bar{x} = 1.607\,a$, $\bar{y} = 0.332\,h$.
5.78 $0.611\,L$.
5.79 275×10^3 mm^3.
5.81 $\mathbf{B} = 5657$ lb ↑, $\mathbf{C} = 643$ lb ↑.
5.83 $\bar{x} = 3.79$ in., $\bar{y} = 0.923$ in., $\bar{z} = 3.00$ in.
5.84 On vertical symmetry axis 81.8 mm above the base.

CHAPTER 6

6.1 $F_{AB} = 1600$ lb C, $F_{AC} = 2000$ lb T, $F_{BC} = 1709$ lb T.
6.2 $F_{AB} = 52.0$ kN T, $F_{AC} = 64.0$ kN T, $F_{BC} = 80.0$ kN C.
6.3 $F_{AB} = 1080$ lb T, $F_{BC} = 1170$ lb C, $F_{AC} = 1800$ lb C.
6.4 $F_{AD} = 125.0$ kN T, $F_{CD} = 120.0$ kN C, $F_{AB} = 175.0$ kN T, $F_{AC} = 84.0$ kN C, $F_{BC} = 120.0$ kN C.
6.6 $F_{BA} = 3900$ N T, $F_{BC} = 3600$ N C, $F_{CA} = 4500$ N C.
6.8 $F_{AB} = 0$, $F_{AD} = 5.00$ kN C, $F_{BD} = 34.0$ kN C, $F_{DE} = 30.0$ kN T, $F_{BE} = 12.00$ kN T.
6.9 $F_{BD} = 0$, $F_{AB} = 12.00$ kips C, $F_{AC} = 5.00$ kips C, $F_{AD} = 13.00$ kips T, $F_{CD} = 30.0$ kips C, $F_{DF} = 5.00$ kips T, $F_{CF} = 32.5$ kips T, $F_{CE} = 17.5$ kips C, $F_{EF} = 0$.
6.10 $F_{BE} = 5.00$ kN T, $F_{DE} = 4.00$ kN C, $F_{AB} = 4.00$ kN T, $F_{BD} = 9.00$ kN C, $F_{AD} = 15.00$ kN T, $F_{CD} = 16.00$ kN C.
6.11 $F_{AD} = 260$ lb C, $F_{DC} = 125.0$ lb T, $F_{BE} = 832$ lb C, $F_{CE} = 400$ lb T, $F_{AC} = 400$ lb T, $F_{BC} = 125.0$ lb T, $F_{AB} = 420$ lb C
6.12 $F_{DA} = 41.2$ kips T, $F_{DC} = 40.0$ kips C, $F_{CA} = 22.4$ kips T, $F_{CB} = 60.0$ kips C, $F_{BA} = 0$.
6.13 $F_{EC} = 360$ lb T, $F_{ED} = 390$ lb C, $F_{DB} = 360$ lb C, $F_{DC} = 150.0$ lb T, $F_{CA} = 390$ lb T, $F_{CB} = 0$.
6.15 $F_{CD} = 24.0$ kips T, $F_{DH} = 26.0$ kips C, $F_{CH} = 0$, $F_{GH} = 26.0$ kips C, $F_{CG} = 0$, $F_{BC} = 24.0$ kips T, $F_{BG} = 0$, $F_{FG} = 26.0$ kips C, $F_{BF} = 0$, $F_{AB} = 24.0$ kips T, $F_{AF} = 30.0$ kips C, $F_{AE} = 38.4$ kips, $F_{EF} = 24.0$ kips C.
6.17 $F_{AB} = 15.00$ kN T, $F_{AD} = 17.00$ kN C, $F_{BC} = 15.00$ kN T, $F_{CE} = 8.00$ kN T, $F_{EF} = 8.00$ kN T, $F_{DF} = 17.00$ kN C, $F_{BE} = 0$, $F_{BD} = 0$, $F_{DE} = 0$.
6.18 $F_{AB} = F_{DE} = 8.00$ kN C, $F_{AF} = F_{HE} = 6.93$ kN T, $F_{FG} = F_{GH} = 6.93$ kN T, $F_{BF} = F_{DH} = 4.00$ kN T, $F_{BC} = F_{CD} = 4.00$ kN C, $F_{BG} = F_{DG} = 4.00$ kN C, $F_{CG} = 4.00$ kN T.
6.19 6.17 and 6.21 are simple trusses. 6.23 is not a simple truss.
6.20 6.12, 6.14, and 6.24 are simple trusses. 6.22 is not a simple truss.
6.21 *EI, BE, FG, GH, IJ, HI*.
6.24 *FJ, EJ, EB, BD, DH, AH, AG*.
6.25 $F_{BD} = 36.0$ kips C, $F_{CD} = 45.0$ kips C.
6.26 $F_{DF} = 60.0$ kips C, $F_{DG} = 15.00$ kips C.
6.27 $F_{FG} = 70.0$ kN C, $F_{FH} = 240$ kN T.
6.28 $F_{EF} = 69.5$ kN T, $F_{EG} = 250$ kN C.
6.29 $F_{DE} = 25.0$ kips T, $F_{DF} = 13.00$ kips C.
6.31 $F_{DF} = 91.4$ kN T, $F_{DE} = 38.6$ kN C.
6.33 $F_{BD} = 37.5$ kN T, $F_{DE} = 22.5$ kN T.
6.34 $F_{FH} = 12.50$ kN T, $F_{DH} = 90.0$ kN T.
6.35 $F_{FH} = 16.97$ kips T, $F_{GH} = 12.00$ kips C, $F_{GI} = 18.00$ kips C.
6.37 $F_{CE} = 40.0$ kN C, $F_{DE} = 16.00$ kN C, $F_{DF} = 40$ kN T.
6.39 $F_{AD} = 3.38$ kips C, $F_{CD} = 0$, $F_{CE} = 14.03$ kips T.
6.40 $F_{DG} = 18.75$ kips C, $F_{FG} = 14.03$ kips T, $F_{FH} = 17.43$ kips T.
6.41 22.5 kN C.
6.42 $F_{AB} = 0.833$ P(T), $F_{KL} = 1.167$ P(T).
6.44 $F_{BE} = 10.00$ kips T, $F_{EF} = 5.00$ kips T, $F_{DE} = 0$.
6.45 $F_{BE} = 12.50$ kips T, $F_{EF} = 2.50$ kips T, $F_{DE} = 0$.
6.47 (*a*) Completely constrained and indeterminate.
(*b*) Completely constrained and determinate.
(*c*) Partially constrained.
6.48 (*a*) Partially constrained.
(*b*) Completely constrained and determinate.
(*c*) Completely constrained and indeterminate.

6.49 $F_{BD} = 1750$ N C; $\mathbf{C}_x = 1400$ N ←, $\mathbf{C}_y = 700$ N ↓.
6.50 $F_{BD} = 300$ lb T; $\mathbf{C}_x = 150.0$ lb ←, $\mathbf{C}_y = 180.0$ lb ↑.
6.51 $F_{BD} = 375$ N C; $\mathbf{C}_x = 205$ N ←, $\mathbf{C}_y = 360$ N ↓.
6.52 $\mathbf{A}_x = 120.0$ lb →, $\mathbf{A}_y = 30.0$ lb ↑; $\mathbf{B}_x = 120.0$ lb ←, $\mathbf{B}_y = 80.0$ lb ↓; $\mathbf{C} = 30.0$ lb ↓, $\mathbf{D} = 80.0$ lb ↑.
6.53 $\mathbf{A} = 150.0$ lb →; $\mathbf{B}_x = 150.0$ lb ←, $\mathbf{B}_y = 60.0$ lb ↑; $\mathbf{C} = 20.0$ lb ↑; $\mathbf{D} = 80.0$ lb ↓.
6.55 (*a*) 2.44 kN ⦪ 8.4°. (*b*) 1.930 kN ⦪ 51.3° on each arm.
6.57 $\mathbf{B} = 152.0$ lb ↓; $\mathbf{C}_x = 60.0$ lb ←, $\mathbf{C}_y = 200$ lb ↑; $\mathbf{D}_x =$ 60.0 lb →, $\mathbf{D}_y = 42.0$ lb ↑.
6.58 (*a*) 1465 kN T. (*b*) 1105 kN C. (*c*) 1663 kN ∠ 62.0°.
6.59 (*a*) $\mathbf{D}_x = 750$ N →, $\mathbf{D}_y = 250$ N ↓; $\mathbf{E}_x = 750$ N ←, $\mathbf{E}_y =$ 250 N ↑. (*b*) $\mathbf{D}_x = 375$ N →, $\mathbf{D}_y = 250$ N ↓; $\mathbf{E}_x =$ 375 N ←, $\mathbf{E}_y = 250$ N ↑.
6.61 (*a*) $\mathbf{A} = 78.0$ lb ⦩ 22.6°, $\mathbf{C} = 144.0$ lb →. $\mathbf{G} = 72.0$ lb ←, $\mathbf{I} = 30.0$ lb ↑.
(*b*) $\mathbf{A} = 78.0$ lb ⦩ 22.6°, $\mathbf{C} = 72.0$ lb →, $\mathbf{G} = 0$, $\mathbf{I} = 30.0$ lb ↑.
6.62 (*a*) $\mathbf{A} = 78.0$ lb ⦩ 22.6°, $\mathbf{C} = 144.0$ lb →, $\mathbf{G} = 72.0$ lb ←, $\mathbf{I} = 30.0$ lb ↑.
(*b*) $\mathbf{A} = 78.0$ lb ⦩ 22.6°, $\mathbf{C} = 120.0$ lb →, $\mathbf{G} = 96.0$ lb ←, $\mathbf{I} = 30.0$ lb ↑.
6.64 (*a*) 828 N T. (*b*) 1197 N ∠ 86.2°.
6.65 $\mathbf{A}_x = 250$ lb ←, $\mathbf{A}_y = 600$ lb ↑; $\mathbf{C}_x = 250$ lb →, $\mathbf{C}_y = 600$ lb ↑; $B_x = 790$ lb ←, $\mathbf{B}_y = 0$.
6.66 (*a*) $\mathbf{E}_x = 960$ lb ←, $\mathbf{E}_y = 1280$ lb ↑.
(*b*) $\mathbf{C}_x = 2640$ lb ←, $\mathbf{C}_y = 3520$ lb ↑.
6.67 $\mathbf{D}_x = 13.60$ kN →, $\mathbf{D}_y = 7.50$ kN ↑; $\mathbf{E}_x = 13.60$ kN ←, $\mathbf{E}_y = 2.70$ kN ↓.
6.69 (*a*) *A*: 15.76 kips ↑, *B*: 26.2 kips ↑ (each wheel)
(*b*) $\mathbf{C} = 34.6$ kips ←; $\mathbf{D}_x = 34.6$ kips →, $\mathbf{D}_y = 2.48$ kips ↓.
6.71 (*a*) *A*: 117.5 kN ↑, *B*: 176.9 kN ↑ (each wheel)
(*b*) $\mathbf{C} = 8.28$ kN →, $\mathbf{D}_x = 8.28$ kN ←, $\mathbf{D}_y = 256$ kN ↓.
6.72 (*a*) *A*: 3980 N ↑, *B*: 4170 N ↑, *C*: 2890 N ↑
(*b*) *B*: 1326 N, *C*: −398 N. (each wheel).
6.73 (*a*) 1200 N →. (*b*) 1230 N ⦫ 12.7°.
6.74 (*a*) 103.6 lb ←. (*b*) 114.7 lb T.
6.75 (*a*) 2860 N ↓. (*b*) 2700 N ⦩ 68.5°.
6.76 $T_{DE} = 18.00$ lb; $\mathbf{B} = 48.0$ lb ↓.
6.78 $\mathbf{C} = 4.65$ kips →; $\mathbf{E} = 6.14$ kips ⦩ 40.7°.
6.80 $\mathbf{A}_x = 210$ N ←, $\mathbf{A}_y = 2400$ N ↓; $\mathbf{B} = 2720$ N ∠ 61.9°; $\mathbf{C} = 1070$ N ←.
6.81 (*a*) 252 N · m ↻. (*b*) 108.0 N · m ↻.
6.82 (*a*) 3.00 kN ↓. (*b*) 7.00 kN ↓.
6.83 (*a*) 1261 lb · in. ↺. (*b*) $\mathbf{C}_x = 54.3$ lb ←, $\mathbf{C}_y = 21.7$ lb ↑.
6.85 (*a*) 2500 N. (*b*) 2760 N ⦪ 63.1°.
6.86 14 800 lb.
6.88 720 lb.
6.89 18.75 lb.
6.91 140.0 N.
6.92 260 N.
6.94 *EF*: 9.61 kips C; *CD*: 4.27 kips T; *AB*: 18.97 kips C.
6.95 *AB*: 1.051 kN C; *DE*: 40.8 kN T; *FI*: 4.74 kN C.
6.96 (*a*) 3000 lb T. (*b*) $\mathbf{H}_x = 2400$ lb ←, $\mathbf{H}_y = 4800$ lb ↓.
6.97 $F_{AC} = 80.0$ kN T, $F_{CE} = 45.0$ kN T, $F_{DE} = 51.0$ kN C, $F_{BD} = 51.0$ kN C, $F_{CD} = 48.0$ kN T, $F_{BC} = 19.00$ kN C.
6.99 $F_{EF} = 2400$ lb T, $F_{FG} = 1500$ lb C, $F_{GI} = 2600$ lb C.
6.100 $F_{CE} = 4690$ lb T, $F_{CD} = 3600$ lb C, $F_{CB} = 0$.
6.101 7.36 kN C.
6.103 $\mathbf{A}_x = 3.32$ kN ←, $\mathbf{A}_y = 14.26$ kN ↓; $\mathbf{C}_x = 3.72$ kN →, $\mathbf{C}_y = 14.26$ kN ↑.
6.104 28.6 lb.
6.106 $F_s = 1611$ lb C; $\mathbf{A} = 500$ lb ←; $\mathbf{D}_x = 500$ lb →, $\mathbf{D}_y = 861$ lb ↓.
6.108 Case (1) (*a*) $\mathbf{A}_x = 0$, $\mathbf{A}_y = 7.85$ kN ↑, $\mathbf{M}_A = 15.70$ kN · m ↺.
(*b*) $\mathbf{D} = 22.2$ kN ⦩ 45°.
Case (2) (*a*) $\mathbf{A}_x = 0$, $\mathbf{A}_y = 3.92$ kN ↑, $\mathbf{M}_A = 8.34$ kN · m ↺.
(*b*) $\mathbf{D} = 11.10$ kN ⦩ 45°.
Case (3) (*a*) $\mathbf{A}_x = 0$, $\mathbf{A}_y = 3.92$ kN ↑, $\mathbf{M}_A = 8.34$ kN · m ↺.
(*b*) $\mathbf{D} = 18.95$ kN ⦩ 45°
Case (4) (*a*) $\mathbf{A}_x = 3.92$ kN →, $\mathbf{A}_y = 3.92$ kN ↑, $\mathbf{M}_A =$ 2.35 kN · m ↻.
(*b*) $\mathbf{D} = 11.10$ kN ⦩ 45°.

CHAPTER 7

7.1 $a^3 (h_1 + 3h_2)/12$.
7.2 $2a^3b/7$.
7.3 $ha^3/5$.
7.4 $a^3b/20$.
7.5 $a(h_1^2 + h_2^2)(h_1 + h_2)/12$.
7.6 $2ab^3/15$.
7.9 $I_x = ab^3/30$; $r_x = 0.365\ b$.
7.10 $I_x = \pi ab^3/8$; $r_x = 0.500\ b$.
7.11 $I_x = ab^3/9$; $r_x = 0.430\ b$.
7.12 $I_x = 3ab^3/35$; $r_x = 0.507\ b$.
7.13 $I_y = a^3b/6$; $r_y = 0.816\ a$.
7.14 $I_y = \pi a^3b/8$; $r_y = 0.500\ a$.
7.17 (*a*) $J_O = 4a^4/3$; $r_O = 0.816\ a$.
(*b*) $J_O = 17a^4/6$; $r_O = 1.190\ a$.
7.18 $J_O = 10a^4/3$; $r_O = 1.291\ a$.
7.20 $J_O = \pi ab(a^2 + b^2)/8$; $r_O = 0.500\sqrt{a^2 + b^2}$.
7.21 (*a*) $J_O = \pi(R_2^4 - R_1^4)/2$; $I_x = \pi(R_2^4 - R_1^4)/4$.
7.23 $4a^3/9$.
7.24 $0.935\ a$.
7.25 $I_x = 614 \times 10^3\ \text{mm}^4$; $r_x = 19.01$ mm.
7.26 $I_x = 28.0\ \text{in}^4$; $r_x = 2.25$ in.
7.27 $I_x = 501 \times 10^6\ \text{mm}^4$; $r_x = 149.4$ mm.
7.30 $I_y = 6.99\ \text{in}^4$; $r_y = 1.127\ \text{in}^4$.
7.31 $I_y = 150.3 \times 10^6\ \text{mm}^4$; $r_y = 81.9$ mm.
7.32 $I_y = 185.4\ \text{in}^4$; $r_y = 2.81$ in.
7.33 $A = 3000\ \text{mm}^2$; $\bar{I} = 325 \times 10^3\ \text{mm}^4$.
7.35 $\bar{I}_x = 204\ \text{in}^4$; $\bar{I}_y = 135.0\ \text{in}^4$.
7.36 $\bar{I}_x = 2.08 \times 10^6\ \text{mm}^4$; $\bar{I}_y = 2.08 \times 10^6 \text{mm}^4$.
7.38 $J_c = 379\ \text{in}^4$.
7.39 (*a*) $11.57 \times 10^6\ \text{mm}^4$. (*b*) $7.81 \times 10^6\ \text{mm}^4$.
7.40 (*a*) $129.2\ \text{in}^4$. (*b*) $25.8\ \text{in}^4$.
7.41 (*a*) $512\ \text{in}^4$; (*b*) $= 366\ \text{in}^4$.
7.43 $\bar{I}_x = 186.7 \times 10^6\ \text{mm}^4$; $\bar{r}_x = 118.6$ mm; $\bar{I}_y = 167.7 \times 10^6\ \text{mm}^4$; $\bar{r}_y = 112.4$ mm.
7.44 227 mm.
7.45 $\bar{I}_x = 325\ \text{in}^4$; $\bar{I}_y = 41.8\ \text{in}^4$.
7.46 $\bar{I}_x = 9.54\ \text{in}^4$; $\bar{I}_y = 104.5\ \text{in}^4$.
7.47 $\bar{I}_x = 7.04 \times 10^6\ \text{mm}^4$; $\bar{I}_y = 63.9 \times 10^6\ \text{mm}^4$.
7.48 $\bar{I}_x = 7.32 \times 10^6\ \text{mm}^4$; $\bar{I}_y = 101.3 \times 10^6\ \text{mm}^4$.
7.49 $a^3b/28$.
7.51 $I_x = 0.0945\ ah^3$; $r_x = 0.402\ h$.
7.53 $J_O = 0.1804\ a^4$; $r_O = 0.645\ a$.
7.54 $\bar{I}_x = 1.268 \times 10^6\ \text{mm}^4$; $\bar{I}_y = 339 \times 10^3\ \text{mm}^4$.
7.55 (*a*) $I_x = 174.7\ \text{in}^4$; $I_y = 1851\ \text{in}^4$. (*b*) 22.4 in.
7.56 $3.78 \times 10^6\ \text{mm}^4$.

7.58 $J_c = 25.1 \text{ in}^4$; $r_c = 1.606\ a$.
7.59 (*a*) 185.9 in^4. (*b*) 154.0 in^4.
7.60 $\bar{I}_x = 6120 \text{ in}^4$; $\bar{r}_x = 7.90$ in.; $\bar{I}_y = 1360 \text{ in}^4$; $\bar{r}_y = 3.73$ in.

CHAPTER 8

8.1 (*a*) 35.7 MPa. (*b*) 42.4 MPa.
8.2 $d_1 = 25.2$ mm, $d_2 = 16.52$ mm.
8.3 (*a*) 12.73 ksi. (*b*) −2.83 ksi.
8.4 18.46 kips.
8.6 62.7 kN.
8.7 1.084 ksi.
8.8 (*a*) 14.64 ksi. (*b*) −9.96 ksi.
8.9 8.52 ksi.
8.10 4.29 in^2.
8.11 (*a*) 17.86 kN. (*b*) −41.4 MPa.
8.12 (*a*) 12.73 MPa. (*b*) −4.77 MPa.
8.14 43.4 mm.
8.16 12.57 kips.
8.17 321 mm.
8.18 178.6 mm.
8.20 (*a*) 1.030 in. (*b*) 38.8 ksi.
8.21 (*a*) 7.28 ksi. (*b*) 18.30 ksi.
8.22 (*a*) 10.84 ksi. (*b*) 5.11 ksi.
8.24 8.31 kN.
8.25 $\sigma = 55.1$ psi, $\tau = 65.7$ psi.
8.26 (*a*) 3290 lb. (*b*) 75.5 psi.
8.27 $\sigma = 565$ kPa, $\tau = 206$ kPa.
8.28 (*a*) 5.31 kN. (*b*) 182.0 kPa.
8.30 (*a*) 180.0 kips. (*b*) 45°. (*c*) −2.5 ksi. (*d*) −5 ksi.
8.31 $\sigma = -37.1$ MPa, $\tau = 17.28$ MPa.
8.33 168.1 mm^2.
8.34 3.64.
8.35 4.55 kips.
8.36 (*a*) 13.47 mm. (*b*) 14.61 mm.
8.38 1.800.
8.39 4.49 kips.
8.41 (*a*) 1.550 in. (*b*) 8.05 in.
8.42 3.47.
8.44 3.97 kN.
8.46 283 lb.
8.47 2.42.
8.48 2.05.
8.49 (*a*) 3.33 MPa. (*b*) 525 mm.
8.51 0.408 in.
8.53 (*a*) −640 psi. (*b*) −320 psi.
8.54 9.22 kN.
8.55 (*a*) 9.94 ksi. (*b*) 6.25 ksi.
8.57 15.08 kN.
8.58 3.49.
8.60 $21.3° \leq \theta \leq 32.3°$.

CHAPTER 9

9.1 (*a*) 0.0303 in. (*b*) 15.28 ksi.
9.2 (*a*) 81.8 MPa. (*b*) 1.712.
9.3 (*a*) 0.01819 in. (*b*) 7.70 ksi.
9.4 (*a*) 11.31 kN. (*b*) 400 MPa.
9.6 (*a*) 0.1784 in. (*b*) 58.6 in.
9.8 (*a*) 17.25 MPa. (*b*) 2.82 mm.
9.9 48.4 kips.
9.11 1.988 kN.
9.12 0.429 in.
9.13 (*a*) 9.53 kips. (*b*) 1.254×10^{-3} in.
9.14 (*a*) 32.8 kN. (*b*) 0.0728 mm.
9.15 (*a*) 0.01819 mm. (*b*) −0.0909 mm.
9.17 (*a*) 5.62×10^{-3} in. (*b*) 8.52×10^{-3} in. ↓. (*c*) 16.30 ksi.
9.18 (*a*) 2.95 mm. (*b*) 5.29 mm.
9.19 50.4 kN.
9.20 $S_{AB} = -0.0753$ in., $S_{AD} = 0.0780$ in.
9.21 (*a*) 0.1727 in. (*b*) 0.1304 in.
9.23 0.1095 mm.
9.25 (*a*) 47.5 MPa. (*b*) 0.1132 mm.
9.26 (*a*) 75.9 kN. (*b*) 120 MPa.
9.27 steel: −8.34 ksi; concrete: −1.208 ksi.
9.28 695 kips.
9.30 (*a*) 62.8 kN ← at *A*; 37.2 kN ← at *E*. (*b*) 46.3 μm →.
9.32 (*a*) 11.92 kips ← at *A*; 20.08 kips ← at *D*. (*b*) 3.34×10^{-3} in.
9.33 177.4 lb.
9.35 *A*: 0.525 *P*; *B*: 0.200 *P*; *C*: 0.275 *P*.
9.36 *A*: 0.1 *P*; *B*: 0.2 *P*; *C*: 0.3 *P*; *D*: 0.4 *P*.
9.37 75.4 °C.
9.39 steel: −1883 psi; concrete: 53.6 psi.
9.40 (*a*) −17.91 ksi. (*b*) −2.42 ksi.
9.41 (*a*) *AB*: −44.4 MPa; *BC*: −100.0 MPa. (*b*) 0.500 mm ↓.
9.42 (*a*) *AB*: −21.1 ksi; *BC*: −6.50 ksi. (*b*) 0.00364 in. ↑.
9.44 (*a*) 217 kN. (*b*) 0.2425 mm.
9.46 (*a*) −22.1 ksi. (*b*) 0.01441 in.
9.47 (*a*) −7.55 ksi. (*b*) 10.00467 in.
9.48 (*a*) 21.4°C. (*b*) 3.68 MPa.
9.50 $E = 216$ MPa, $\nu = 0.451$, $G = 74.5$ MPa.
9.52 422 kN.
9.53 1.99551:1.
9.54 (*a*) 1.324×10^{-3} in. (*b*) -99.3×10^{-6} in. (*c*) -12.41×10^{-6} in. (*d*) $-12.41 \times 10^{-6} \text{ in}^2$.
9.55 (*a*) 5.13×10^{-3} in. (*b*) -0.570×10^{-3} in.
9.56 (*a*) 7630 lb compression. (*b*) 4580 lb compression.
9.57 −0.0518%.
9.58 (*a*) 0.0754 mm. (*b*) 0.1028 mm. (*c*) 0.1220 mm.
9.61 1.091 mm ↓.
9.63 105.6×10^3 lb/in.
9.64 (*a*) 262 mm. (*b*) 21.4 mm.
9.65 (*a*) 13.31 ksi. (*b*) 18.72 ksi.
9.67 (*a*) 58.3 kN. (*b*) 64.3 kN.
9.68 (*a*) 87.0 MPa. (*b*) 75.2 MPa. (*c*) 73.9 MPa.
9.70 58.1 kN.
9.71 (*a*) 0.475 in. (*b*) 7.50 kips.
9.72 0.866 in.
9.73 1.219 in.
9.75 $x = 92.6$ mm.
9.76 0.0455 in. at $\phi = 8.51°$.
9.77 *A*: 0.237 mm ←; *B*: 0.296 mm →; *C*: 2.43 mm →.
9.80 (*a*) 14.72 kips → at *A*; 12.72 kips ← at *D*. (*b*) -1.574×10^{-3} in.
9.82 $a = 0.818$ in., $b = 2.42$ in.
9.83 (*a*) 9 mm. (*b*) 62 kN.
9.84 (*a*) 134.7 MPa. (*b*) 135.3 MPa.

CHAPTER 10

10.1 641 N · m.
10.2 87.3 MPa.
10.3 (*a*) 9.92 ksi. (*b*) 2.23 in.
10.4 (*a*) 7.63 kip · ft. (*b*) 16.19 kip · ft.
10.6 (*a*) 828 lb · in. (*b*) 1196 lb · in.
10.7 (*a*) 75.5 MPa. (*b*) 63.7 MPa.
10.9 (*a*) *BC*. (*b*) 8.15 ksi.
10.10 (*a*) *AB*. (*b*) 8.49 ksi.
10.12 42.8 mm.
10.13 9.16 kip · in.
10.15 3.37 kN · m.
10.16 (*a*) 50.3 mm. (*b*) 63.4 mm.
10.17 *AB*: 42.0 mm; *BC*: 33.3 mm.
10.18 *AB*: 52.9 mm; *BC*: 33.3 mm.
10.20 (*a*) 0.602 in. (*b*) 0.835 in.
10.21 (*a*) 72.5 MPa. (*b*) 68.7 MPa.
10.23 (*a*) 1.442 in. (*b*) 1.233 in.
10.24 4.30 kip · in.
10.25 (*a*) 2.83 kip · in. (*b*) 13.00°.
10.26 (*a*) 3.62°. (*b*) 4.51°.
10.27 11.91 mm.
10.28 9.38 ksi.
10.30 (*a*) 8.54°. (*b*) 2.11°.
10.32 (*a*) 0.741°. (*b*) 1.573°.
10.33 7.94°.
10.34 4.52°.
10.36 1.914°.
10.37 36.1 mm.
10.39 2.05 in.
10.40 3.07°.
10.41 (*a*) 8.93 ksi. (*b*) 4.14 ksi. (*c*) 3.90°.
10.42 3.71°.
10.44 7.37°.
10.45 (*a*) *A*: 1105 N · m; *C*: 295 N · m. (*b*) 45.0 MPa. (*c*) 27.4 MPa.
10.47 (*a*) 47.1 MPa. (*b*) 0.779°.
10.48 (*a*) 70.7 MPa. (*b*) 1.169°.
10.49 12.44 ksi.
10.50 4.12 kip · in.
10.52 (*a*) 19.21 kip · in. (*b*) 2.01 in.
10.53 (*a*) 10.74 kN · m. (*b*) 22.8 kN · m.
10.55 6.02°.
10.56 127.8 kip · in.
10.58 3.79°.
10.60 12.24 MPa.

CHAPTER 11

11.1 (*a*) −116.4 MPa. (*b*) −87.3 MPa.
11.2 (*a*) −2.38 ksi. (*b*) −0.650 ksi.
11.3 80.2 kN · m.
11.4 24.8 kN · m.
11.6 (*a*) 1.405 kip · in. (*b*) 3.19 kip · in.
11.7 259 kip · in.
11.9 top: −14.71 ksi; bottom: 8.82 ksi.
11.10 top: −81.8 MPa; bottom: 67.8 MPa.
11.12 (*a*) 83.7 MPa. (*b*) −146.4 MPa. (*c*) 14.67 MPa.
11.13 2.22 kips.
11.14 2.05 kips.
11.16 37.9 kN.
11.17 7.67 kN · m.
11.18 20.4 kip · in.
11.19 7.39 kip · in.
11.20 849 N · m.
11.22 1.372 kip · in.
11.24 (*a*) 53.2 MPa; 382 m. (*b*) 157.9 MPa; 128.3 m.
11.25 1.240 kN · m.
11.26 887 N · m.
11.27 720 N · m.
11.29 330 kip · in.
11.30 685 kip · in.
11.31 330 kip · in.
11.33 (*a*) −56.0 MPa. (*b*) 66.4 MPa.
11.34 (*a*) −56.0 MPa. (*b*) 68.4 MPa.
11.35 (*a*) 2.03 ksi. (*b*) −14.68 ksi.
11.36 (*a*) −1.979 ksi. (*b*) 16.48 ksi.
11.38 8.59 m.
11.40 625 ft.
11.41 (*a*) 330 MPa. (*b*) −26.0 MPa.
11.42 (*a*) 292 MPa. (*b*) −21.3 MPa.
11.44 9.50 kN · m.
11.45 (*a*) 29.0 ksi. (*b*) −1.163 ksi.
11.46 32.4 kip · ft.
11.48 (*a*) steel: 8.96 ksi; aluminum: 1.792 ksi; brass: 0.896 ksi. (*b*) 349 ft.
11.49 (*a*) $-2P/\pi r^2$. (*b*) $-5P/\pi r^2$.
11.50 (*a*) 4.87 ksi. (*b*) 5.17 ksi.
11.51 (*a*) 4.87 ksi. (*b*) 1.322 ksi.
11.52 (*a*) −102.8 MPa. (*b*) 80.6 MPa.
11.54 (*a*) 16.34 ksi. (*b*) −13.78 ksi.
11.56 (*a*) −8.33 MPa. (*b*) *A*: −13.19 MPa; *B*: 7.64 MPa.
11.57 0.375 *d*.
11.58 10.83 mm.
11.59 (*a*) −0.750 ksi. (*b*) −2.00 ksi. (*c*) −1.500 ksi.
11.60 623 lb.
11.62 0.877 in.
11.64 $94.8 \text{ kN} \le P \le 177.3 \text{ kN}$.
11.65 (*a*) $-P/2at$. (*b*) $2P/at$. (*c*) $-P/2at$.
11.66 96.0 kN.
11.68 $2.485 \text{ in.} < y < 4.561 \text{ in.}$
11.70 $P = 44.2$ kips, $Q = 57.3$ kips.
11.71 $P = 9.21$ kips, $Q = 48.8$ kips.
11.72 (*a*) 30.0 mm. (*b*) 94.5 kN.
11.73 (*a*) 9.86 ksi. (*b*) −2.64 ksi. (*c*) −9.86 ksi.
11.74 (*a*) −3.37 MPa. (*b*) −18.60 MPa. (*c*) 3.37 MPa.
11.75 (*a*) −17.16 ksi. (*b*) 6.27 ksi. (*c*) 17.16 ksi.
11.76 (*a*) 7.20 ksi. (*b*) −18.39 ksi. (*c*) −7.20 ksi.
11.77 (*a*) 0.321 ksi. (*b*) −0.107 ksi. (*c*) 0.427 ksi.
11.78 (*a*) 57.8 MPa. (*b*) −56.8 MPa. (*c*) 25.9 MPa.
11.80 (*a*) 57.4°. (*b*) 75.7 MPa.
11.81 (*a*) 19.16°. (*b*) 11.31 ksi.
11.82 (*a*) 10.03°. (*b*) 54.2 MPa.
11.83 (*a*) 27.5°. (*b*) 8.44 ksi.
11.84 (*a*) 19.52°. (*b*) 95.0 MPa.
11.85 (*a*) 41.7 psi at *A*, 292 psi at *B*. (*b*) Intersects *AB* at 0.500 in. from *A*. Intersects *BD* at 0.750 in. from *D*.
11.87 (*a*) 4.09 ksi at *A*; −1.376 ksi at *B*. (*b*) Intersects AB at 3.741 in. above A.
11.89 37.0 mm.

11.91 91.3 kN.
11.93 71.8 ft.
11.94 (*a*) 9.17 kN · m. (*b*) 10.24 kN · m.
11.96 (*a*) 152.25 kips. (*b*) $x = 0.595$ in., $z = 0.571$ in. (*c*) 8.70 ksi.
11.97 73.2 MPa; −102.4 MPa.
11.99 (*a*) −1.526 ksi. (*b*) 17.67 ksi.
11.101 (*a*) 46.7°. (*b*) 80.2 MPa.
11.102 (*a*) −70.9 MPa. (*b*) −14.17 MPa. (*c*) 25.4 m.
11.104 (*a*) 1.414. (*b*) 1.732.

CHAPTER 12

12.1 (*a*) $V_{max} = PL/L$, $V_{min} = -Pa/L$; $M_{max} = Pab/L$, $M_{min} = 0$. (*b*) $0 \le x < a$: $V = Pb/L$; $M = Pbx/L$; $a \le x < L$: $V = -Pa/L$; $M = Pa(L - x)/L$.
12.2 (*a*) $V_{max} = wL/2$, $V_{min} = -wL/2$; $M_{max} = wL^2/8$. (*b*) $V = w(L/2 - x)$; $M = wx(L - x)/2$.
12.3 (*a*) $|V|_{max} = w_0L/2$; $|M|_{max} = w_0L^2/6$. (*b*) $V = -w_0x^2/2L$; $M = -w_0x^3/6L$.
12.4 (*a*) $|V|_{max} = w(L - 2a)/2$; $|M|_{max} = w(L^2/8 - a^2/2)$. (*b*) $0 \le x \le a$: $V = w(L - 2a)/2$; $M = w\,(L - 2a)x/2$; $a \le x \le L - a$: $V = w(L/2 - x)$; $M = w[x(L - x) - a^2]/2$. $L - a \le x \le L$: $V = -w(L - 2a)/2$; $M = w(L - 2a)(L - x)/2$.
12.5 (*a*) 68.0 kN. (*b*) 60.0 kN · m.
12.7 (*a*) 30.0 kips. (*b*) 90.0 kip · ft.
12.9 (*a*) 3.45 kN. (*b*) 1125 N · m.
12.10 (*a*) 2000 lb. (*b*) 19200 lb · in.
12.11 (*a*) 18.00 kN. (*b*) 12.15 kN · m.
12.12 (*a*) 1.800 kips. (*b*) 1.125 kip · ft.
12.13 1.117 ksi.
12.14 10.89 MPa.
12.15 129.0 MPa.
12.16 11.56 ksi.
12.18 27.7 MPa.
12.19 $|V|_{max} = 27.5$ kips; $|M|_{max} = 45.0$ kip · ft; $\sigma = 14.17$ ksi.
12.20 $|V|_{max} = 279$ kN; $|M|_{max} = 326$ kN · m; $\sigma = 136.6$ MPa.
12.23 $|V|_{max} = 28.8$ kips; $|M|_{max} = 56.0$ kip · ft; $\sigma = 13.05$ ksi.
12.24 $|V|_{max} = 1.500$ kips; $|M|_{max} = 3.00$ kip · ft; $\sigma = 2.11$ ksi.
12.25 (*a*) 1.371 m. (*b*) 26.6 MPa.
12.26 (*a*) 866 mm. (*b*) 5.74 MPa.
12.27 (*a*) 1.260 ft. (*b*) 7.24 ksi.
12.29 See Prob. 12.1.
12.30 See Prob. 12.2.
12.31 See Prob. 12.3.
12.32 See Prob. 12.4.
12.33 See Prob. 12.5.
12.34 See Prob. 12.6.
12.35 See Prob. 12.7.
12.36 (*a*) 23.0 kips. (*b*) 140.0 kip · ft.
12.37 (*a*) 1.800 kips. (*b*) 6.00 kip · ft.
12.38 (*a*) 880 lb. (*b*) 2000 lb · ft.
12.39 (*a*) 6.75 kN. (*b*) 6.51 kN · m.
12.40 (*a*) 600 N. (*b*) 180.0 N · m.
12.41 1.117 ksi.
12.42 10.89 MPa.
12.43 129.2 MPa.
12.44 11.56 MPa.
12.45 (*a*) $V = (w_0L/\pi)\cos(\pi x/L)$; $M = (w_0L^2/\pi^2)\sin(\pi x/L)$. (*b*) w_0L^2/π^2.
12.47 (*a*) $V = w_0\,(L/3 + x^2/2L - x)$; $M = w_0\,(Lx/3 + x^3/6L - x^2/2)$. (*b*) $0.06415\,w_0L^2$.
12.49 $|V|_{max} = 20.7$ kN; $|M|_{max} = 9.75$ kN · m; $\sigma = 60.2$ MPa.
12.50 $|V|_{max} = 16.80$ kN; $|M|_{max} = 8.82$ kN · m; $\sigma = 73.5$ MPa.
12.51 $|V|_{max} = 15.00$ kips; $|M|_{max} = 37.5$ kip · ft; $\sigma = 9.00$ ksi.
12.52 $|V|_{max} = 8.00$ kips; $|M|_{max} = 16.00$ kip · ft; $\sigma = 6.98$ ksi.
12.54 $|V|_{max} = 9.28$ kips; $|M|_{max} = 28.2$ kip · in; $\sigma = 11.58$ ksi.
12.55 $|V|_{max} = 150$ kN; $|M|_{max} = 300$ kN · m; $\sigma = 136.4$ MPa.
12.57 $h = 173.2$ mm.
12.58 $h = 361$ mm.
12.60 $b = 6.20$ in.
12.62 $a = 6.67$ in.
12.63 W27 × 84.
12.64 W18 × 50.
12.65 W410 × 60.
12.66 W250 × 28.4.
12.67 S310 × 47.3.
12.69 S12 × 31.8.
12.71 C230 × 19.9.
12.72 C180 × 14.4.
12.73 3/8 in.
12.74 3/8 in.
12.76 S24 × 80.
12.77 (*a*) 18.00 kips. (*b*) 72.0 kip · ft.
12.78 (*a*) 140 N. (*b*) 33.6 kN · m.
12.80 950 psi.
12.81 $|V|_{max} = 128$ kN; $|M|_{max} = 89.6$ kN · m; $\sigma = 156.1$ MPa.
12.84 $|V|_{max} = 30$ lb; $|M|_{max} = 24$ lb · ft; $\sigma = 6.95$ ksi.
12.85 $d = 15.06$ in.
12.87 W310 × 38.7.

CHAPTER 13

13.1 60.0 mm.
13.2 2.00 kN.
13.3 (*a*) 31.5 lb. (*b*) 43.2 psi.
13.4 (*a*) 372 lb. (*b*) 64.4 psi.
13.5 193.2 kN.
13.7 9.95 ksi.
13.9 (*a*) 7.40 ksi. (*b*) 6.70 ksi.
13.10 (*a*) 3.17 ksi. (*b*) 2.40 ksi.
13.11 (*a*) 920 kPa. (*b*) 765 kPa.
13.12 (*a*) 114.1 MPa. (*b*) 96.9 MPa.
13.13 14.05 in.
13.14 88.9 mm.
13.17 (*a*) 12.55 MPa. (*b*) 18.82 MPa.
13.18 (*a*) 1.745 ksi. (*b*) 2.82 ksi.
13.19 19.61 MPa.
13.20 3.21 ksi.
13.22 2.00.
13.23 1.125.
13.24 1.500.
13.25 728 N.
13.26 1.672 in.
13.27 (*a*) 59.9 psi. (*b*) 79.8 psi.
13.28 (*a*) 12.21 MPa. (*b*) 58.6 MPa.
13.29 (*a*) 95.2 MPa. (*b*) 112.9 MPa.
13.31 3.93 ksi at *a*, 2.67 ksi at *b*, 0.63 ksi at *c*, 1.02 ksi at *d*, 0 at *e*.
13.33 (*a*) 41.4 MPa. (*b*) 41.4 MPa.
13.34 (*a*) 18.23 MPa. (*b*) 14.59 MPa. (*c*) 46.2 MPa.
13.35 (*a*) 40.5 psi. (*b*) 55.2 psi.
13.36 (*a*) 2.67 in. (*b*) 41.6 psi.
13.37 9.05 mm.
13.39 20.1 ksi.
13.41 266 kN/m.

13.42 10.76 MPa at a, 0 at b, 11.21 MPa at c, 22.0 MPa at d, 9.35 MPa at e.
13.43 (a) 2.025 ksi. (b) 1.800 ksi.
13.46 (a) 23.3 MPa. (b) 109.7 kPa.
13.47 (a) 2.59 ksi. (b) 0.967 ksi.
13.49 (a) 0.888 ksi. (b) 1.453 ksi.
13.50 738 N.
13.51 (a) 2.73 ksi. (b) 1.665 ksi.
13.53 (b) $h = 225$ mm, $b = 61.7$ mm.
13.55 (a) 84.2 kips. (b) 60.2 kips.
13.56 (a) 239 N. (b) 549 N.
13.57 1835 lb.
13.58 1.167 ksi at a, 0.513 ksi at b, 4.03 ksi at c, 8.40 ksi at d.
13.59 2.50 ksi at a, 2.50 ksi at b, 9.00 ksi at c, 0 at d.
13.60 255 kN.
13.61 (a) 50.9 MPa. (b) 36.0 MPa.

CHAPTER 14

14.1 $\sigma = -0.521$ MPa, $\tau = 56.4$ MPa.
14.2 $\sigma = 32.9$ MPa, $\tau = 71.0$ MPa.
14.3 $\sigma = 9.46$ ksi, $\tau = 1.013$ ksi.
14.4 $\sigma = 10.93$ ksi, $\tau = 0.536$ ksi.
14.5 (a) −37.0°, 53.0°. (b) −13.60 MPa, −86.4 MPa.
14.7 (a) 14.0°, 104.0°. (b) 20.0 ksi, −14.00 ksi.
14.9 (a) 8.0°, 98.0°. (b) 36.4 MPa. (c) −50.0 MPa.
14.10 (a) 14.0°, 104.0°. (b) 68.0 MPa. (c) −16.00 MPa.
14.12 (a) −26.6°, 63.4°. (b) 5.00 ksi. (c) 6.00 ksi.
14.13 (a) $\sigma_{x'} = -4.80$ ksi, $\tau_{x'y'} = 0.30$ ksi, $\sigma_{y'} = 20.8$ ksi. (b) $\sigma_{x'} = 3.90$ ksi, $\tau_{x'y'} = 12.13$ ksi, $\sigma_{y'} = 12.10$ ksi.
14.14 (a) $\sigma_{x'} = 9.02$ ksi, $\tau_{x'y'} = 3.80$ ksi, $\sigma_{y'} = -13.02$ ksi. (b) $\sigma_{x'} = 5.34$ ksi, $\tau_{x'y'} = -9.06$ ksi, $\sigma_{y'} = -9.34$ ksi.
14.16 (a) $\sigma_{x'} = -37.5$ MPa, $\tau_{x'y'} = -25.4$ MPa, $\sigma_{y'} = 57.5$ MPa. (b) $\sigma_{x'} = -30.1$ MPa, $\tau_{x'y'} = 35.9$ MPa, $\sigma_{y'} = 50.1$ MPa.
14.17 (a) −0.300 MPa. (b) −2.92 MPa.
14.18 (a) 346 psi. (b) −200 psi.
14.19 (a) 14.3°. (b) 117.3 MPa.
14.20 (a) 18.4°. (b) 16.67 ksi.
14.22 $\sigma_a = 5.12$ ksi, $\sigma_b = -1.64$ ksi, $\tau_{max} = 3.38$ ksi.
14.24 $\sigma_a = 12.18$ MPa, $\sigma_b = -48.7$ MPa, $\tau_{max} = 30.5$ MPa.
14.25 See 14.5 and 14.9.
14.26 See 14.6 and 14.10.
14.28 See 14.12.
14.29 See 14.13.
14.30 See 14.14.
14.32 See 14.16.
14.33 See 14.17.
14.34 See 14.18.
14.35 See 14.19.
14.36 See 14.20.
14.38 See 14.22.
14.40 See 14.24.
14.41 (a) 7.94 ksi. (b) 13.00 ksi, −11.00 ksi.
14.43 (a) −2.89 MPa. (b) 12.77 MPa, 1.23 MPa.
14.44 (a) −8.66 MPa. (b) 17.00 MPa, −3.00 MPa.
14.46 24.6°, 114.6°; 72.9 MPa, 27.1 MPa.
14.47 60°, −30°; 1.732 τ_0, −1.732 τ_0.
14.48 $\frac{1}{2}\theta$, $\frac{1}{2}\theta + 90°$; $\sigma_0 (1 + \cos\theta)$, $\sigma_0 (1 - \cos\theta)$.
14.49 166.5 psi.
14.50 8.61 ksi.
14.51 5.04.
14.52 (a) 12.38 ksi. (b) 0.0545 in.
14.53 (a) 1.290 MPa. (b) 0.0852 mm.
14.54 7.71 mm.
14.56 1.676 MPa.
14.58 136.0 MPa.
14.59 7.58 ksi.
14.60 0.307 in.
14.61 2.95 MPa.
14.62 3.41 MPa.
14.64 387 psi.
14.65 56.8°.
14.66 2.84 MPa.
14.68 $\sigma_{max} = 45.1$ MPa, $\tau_{max(in\text{-}plane)} = 7.49$ MPa.
14.69 (a) 3.15 ksi. (b) 1.993 ksi.
14.71 8.48 ksi, 2.85 ksi.
14.72 13.09 ksi, 3.44 ksi.
14.73 3.90 kN.
14.74 251 psi.
14.76 (a) −34.2°, 55.8°. (b) 9.50 ksi.
14.78 (a) 0.775 MPa. (b) −2.69 MPa.
14.79 250 psi.
14.81 (a) 399 kPa. (b) 186.0 kPa.
14.82 (a) 27.1° ⤸, 62.9° ↺. (b) −20.8 ksi, 2.04 ksi. (c) 11.43 ksi.
14.84 $\sigma_{max} = 68.6$ MPa, $\tau_{max(in\text{-}plane)} = 23.6$ MPa.

CHAPTER 15

15.1 (a) $y = -Px^2(3L - x)/6EI$. (b) $PL^3/3EI$ ↓. (c) $PL^2/2EI$ ⦪.
15.2 (a) $y = M_0x^2/2EI$. (b) $M_0L^2/2EI$ ↑. (c) M_0L/EI ⦫.
15.3 (a) $y = -w_0(x^5 - 5L^4 x + 4L^5)/120\ EIL$. (b) $W_0L^4/30\ EI$ ↓. (c) $W_0L^3/24\ EI$ ⦫.
15.4 (a) $y = -w(x^4 - 4L^3x + 3L^4)/24\ EI$. (b) $wL^4/8\ EI$ ↓. (c) $wL^3/6\ EI$ ⦫.
15.6 (a) $y = w(L^2x^2/8 - x^4/24)/EI$. (b) $11\ wL^4/384\ EI$ ↑. (c) $5\ wL^3/48\ EI$ ⦫.
15.7 (a) $y = w(Lx^3/16 - x^4/24 - L^3x/48)/EI$. (b) $wL^3/48\ EI$ ⦫. (c) 0.
15.9 (a) 2.74×10^{-3} rad ⦪. (b) 1.142 mm ↓.
15.10 (a) 6.56×10^{-3} rad ⦪. (b) 0.227 in ↓.
15.11 (a) $x_m = 0.423\ L$, $y_m = 0.06415\ M_0L^2/EI$ ↑. (b) 45.3 kN · m.
15.12 (a) $x_m = 0.519\ L$, $y_m = 0.00652\ w_0L^4/EI$ ↓. (b) 0.229 in.
15.13 12.94 mm ↑.
15.15 (a) $y = w_0(x^6/90 - Lx^5/30 + L^3x^3/18 - L^5x/30)/EIL^2$. (b) $w_0L^3/30\ EI$ ⦪. (c) $61\ w_0L^4/5760\ EI$ ↓.
15.17 $3\ wL/8$ ↑.
15.18 $3\ M_0/2L$ ↑.
15.20 $11\ w_0L/40$ ↑.
15.21 $\mathbf{R}_A = 11P/16$ ↑, $\mathbf{M}_A = 3PL/16$ ↺, $\mathbf{R}_B = 5P/16$ ↑, $\mathbf{M}_B = 0$; $M = -3PL/16$ at A, $M = 5PL/32$ at C, $M = 0$ at B.
15.22 $\mathbf{R}_A = 41\ wL/128$ ↑, $\mathbf{M}_A = 0$, $\mathbf{R}_B = 23\ wL/128$ ↑, $\mathbf{M}_B = 7\ wL^2/128$ ⤸; $M = 0$ at A, $M = 0.0513\ wL^2$ at $x = 0.320\ L$, $M = 0.01351\ wL^2$ at C, $M = -0.0547\ wL^2$ at B.
15.23 $R_B = 4P/27$ ↑, $y_D = 11\ PL^3/2187\ EI$ ↓.
15.25 $\mathbf{R}_A = \frac{1}{2}$ P ↑, $\mathbf{M}_A = PL/8$ ↺; $M = -PL/8$ at A, $M = PL/8$ at C, $M = -PL/8$ at B.
15.26 $R_A = w_0L/4$ ↑, $M_A = 5w_0L^2/96$ ↺; $M = -5\ w_0\ L^2/96$ at A, $M = w_0L^2/32$ at C, $M = -5\ w_0L^2/96$ at B.
15.27 (a) $8PL^3/243$ ↓. (b) $19\ PL^2/162\ EI$ ⦪.
15.28 (a) $PL^3/486\ EI$ ↑. (b) $PL^2/81\ EI$ ⦪.

15.29 (*a*) $wL^4/128\ EI$ ↓. (*b*) $wL^3/72\ EI$ ⦪.
15.30 (*a*) $19\ Pa^3/6\ EI$ ↓. (*b*) $5\ Pa^2/2\ EI$ ⦪.
15.31 $3\ PL^2/4\ EI$ ∡, $13\ PL^3/24\ EI$ ↓.
15.32 PL^2/EI ∡, $17PL^3/24\ EI$ ↓.
15.35 12.55×10^{-3} rad ⦪, 0.364 in. ↓.
15.36 12.08×10^{-3} rad ⦪, 0.240 in. ↓.
15.37 (*a*) 0.601×10^{-3} rad ⦪, (*b*) 3.67 mm ↓.
15.39 (*a*) $7\ wL/128$. (*b*) $57\ wL/128$ ↑, $9\ wL^2/128$ ↷.
15.40 (*a*) $4P/3$ ↑, $PL/3$ ↶. (*b*) $2P/3$ ↑.
15.42 $3P/8$ ↑ at *A*, $7P/8$ ↑ at *C*, $P/4$ ↓ at *D*.
15.43 $13\ wL/32$ ↑, $11\ wL^2/192$ ↷.
15.45 (*a*) 5.06×10^{-3} rad ⦪. (*b*) 47.7×10^{-3} in. ↓.
15.46 121.5 N/m.
15.48 (*a*) 0.00937 mm ↓. (*b*) 229 N.
15.49 0.1975 in.
15.50 (*a*) 31.2 mm. (*b*) 17.89 mm ↑.
15.52 (*a*) 0.211 L, $0.1604\ M_0L^2/EI$ ↓. (*b*) 6.08 m.
15.54 (*a*) $y = 2w_0L^4\ [-8 \cos(\pi x/2L) - \pi^2x^2/L^2 + 2\pi(\pi - 2)x/L + \pi(4 - \pi)]/\pi^4 EI$. (*b*) $0.1473\ w_0L^3/EI$ ∡.
(*c*) $0.1089\ w_0L^4/EI$ ↓.
15.55 3.00 kips.
15.56 $9M_0/8L$ ↑; M_0/L at *A*, $-7M_0/16$ just to the left of *C*, $9M_0/16$ just to the right of *C*, 0 at *B*.
15.57 $13\ wa^3/6\ EI$ ⦪, $29\ wa^3/24\ EI$ ↓.
15.59 5.58×10^{-3} rad ⦪, 2.51 mm ↓.
15.60 $7P/32$ ↑ at *A*, $23P/32$ ↑ at *B*, $33\ P/16$ ↑ at *C*.
15.61 43.9 kN.

CHAPTER 16

16.1 kL.
16.2 K/L.
16.3 $kL/4$.
16.4 K/L.
16.5 120 kips.
16.7 (*a*) 6.65 lb. (*b*) 21.0 lb.
16.9 (*a*) 6.25%. (*b*) 12.04 kips.
16.10 (*a*) 7.48 mm. (*b*) 58.8 kN for round, 84.8 kN for square.
16.12 1.421.
16.13 168.4 kN.
16.14 2.125.
16.16 (*a*) 93.0 kN. (*b*) 448 kN.
16.17 2.27.
16.18 2.77 kN.
16.20 (*a*) $L_{BC} = 1.960$ m, $L_{CD} = 0.490$ m. (*b*) 23.1 kN.
16.22 16.29 in.
16.23 29.5 kips.
16.24 (*a*) 2.29. (*b*) 1.768 in. for (2), 1.250 in. for (3), 1.046 in. for (4).
16.25 (*a*) 114.7 kN. (*b*) 208 kN.
16.26 95.5 kips.
16.27 (*a*) 220 kN. (*b*) 841 kN.
16.28 (*a*) 86.6 kips. (*b*) 88.1 kips.
16.31 (*a*) 26.4 kN. (*b*) 32.2 kN.
16.32 76.6 kips.
16.33 1598 kN.
16.34 903 kN.
16.36 173.8 kips.
16.37 107.7 kN.
16.39 6.53 in.
16.40 (*a*) 3. (*b*) 5.
16.41 0.884 in.
16.42 9 mm.
16.43 (*a*) 1.256 in. (*b*) 1.390 in.
16.44 W250 × 67.
16.47 3/8 in.
16.48 L .
16.49 79.0 kN.
16.50 $ka^2/2l$.
16.52 0.384 in.
16.53 $\pi^2b^2/12L^2\alpha$.
16.56 4.00 kN.
16.58 116.5 kips.
16.59 (*a*) 1531 kN. (*b*) 638 kN.
16.60 W10 × 54.

찾아보기 ▮ Index

Statics and Mechanics of Materials

정역학과 재료역학 정가 35,000원

인 쇄 2011년 3월 2일 초판 1쇄
발 행 2020년 3월 10일 초판 4쇄
저 자 Ferdinand P. Beer · E. Russell Johnston, Jr.
John T. DeWolf · David F. Mazurek
역 자 국승규·최광규·우광성·신수봉·김성보
발행인 정우용
발행처 도서출판 동화기술
경기도 파주시 광인사길 201(문발동, 파주출판도시)
Tel (031)955-4211~6 donghwapub@nate.com
Fax (031)955-4217 www.donghwapub.co.kr
(등록) 1977년 12월 19일/9-16호

Printed in Korea
ISBN 978-89-425-1614-8

상용의 형상을 갖는 면적의 도심

도형		$\bar{x}$	$\bar{y}$	면적
삼각형	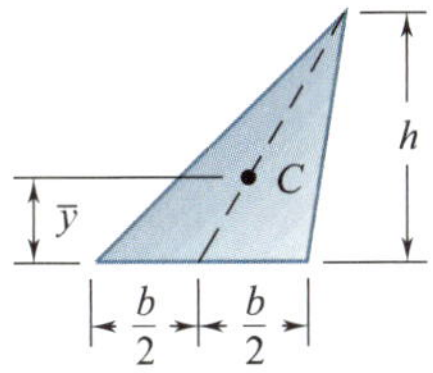		$\frac{h}{3}$	$\frac{bh}{2}$
사분원	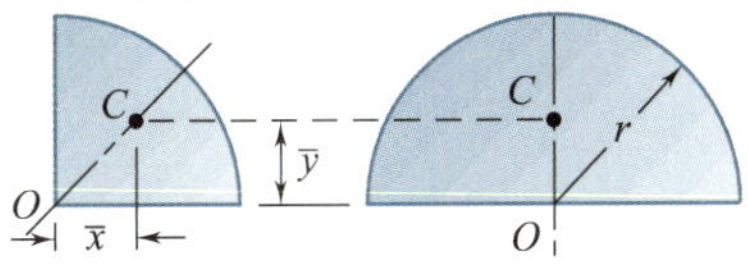	$\frac{4r}{3\pi}$	$\frac{4r}{3\pi}$	$\frac{\pi r^2}{4}$
반원		0	$\frac{4r}{3\pi}$	$\frac{\pi r^2}{2}$
사분타원	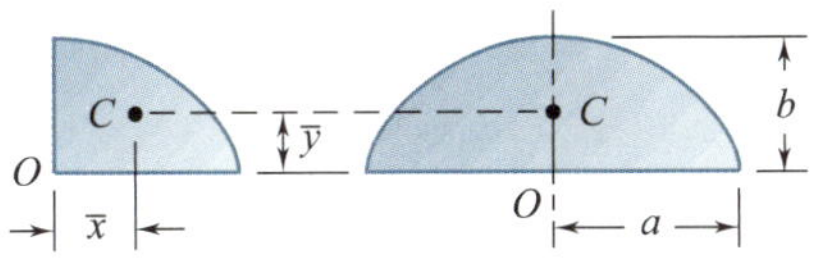	$\frac{4a}{3\pi}$	$\frac{4b}{3\pi}$	$\frac{\pi ab}{4}$
반타원		0	$\frac{4b}{3\pi}$	$\frac{\pi ab}{2}$
반포물형	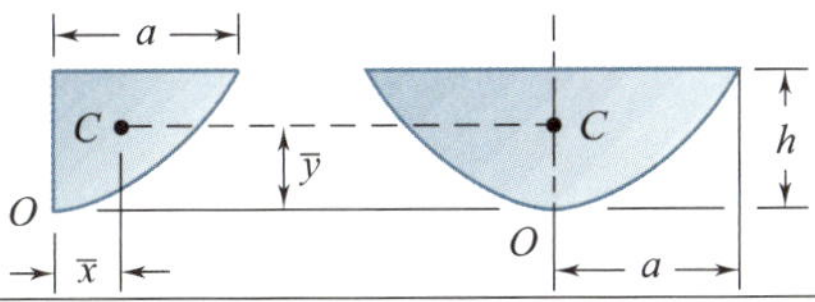	$\frac{3a}{8}$	$\frac{3h}{5}$	$\frac{2ah}{3}$
포물형		0	$\frac{3h}{5}$	$\frac{4ah}{3}$
포물형 스판드렐	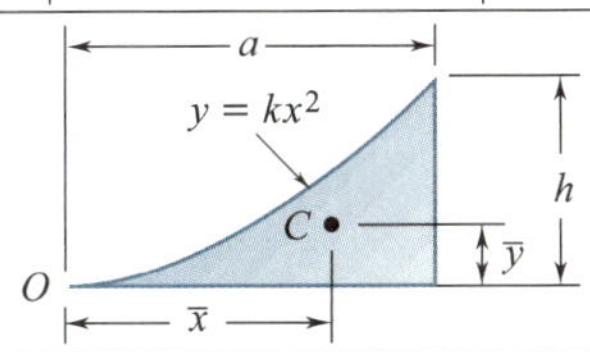	$\frac{3a}{4}$	$\frac{3h}{10}$	$\frac{ah}{3}$
일반 스판드렐	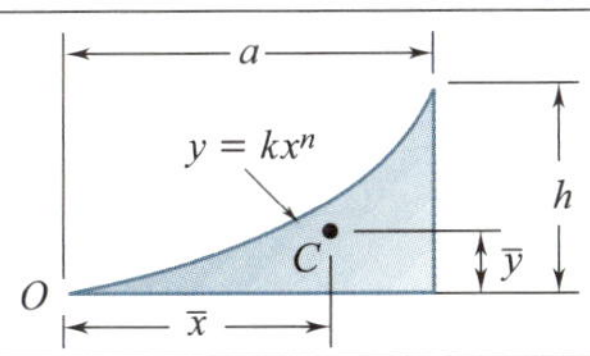	$\frac{n+1}{n+2}a$	$\frac{n+1}{4n+2}h$	$\frac{ah}{n+1}$
부채꼴	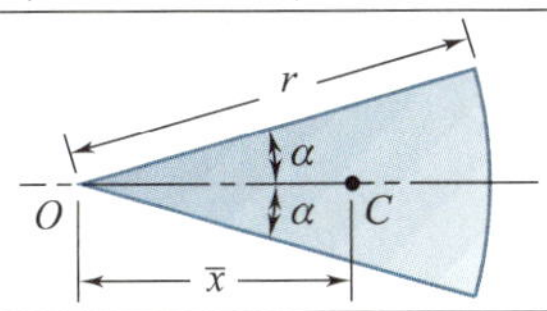	$\frac{2r\sin\alpha}{3\alpha}$	0	αr^2
사분원주	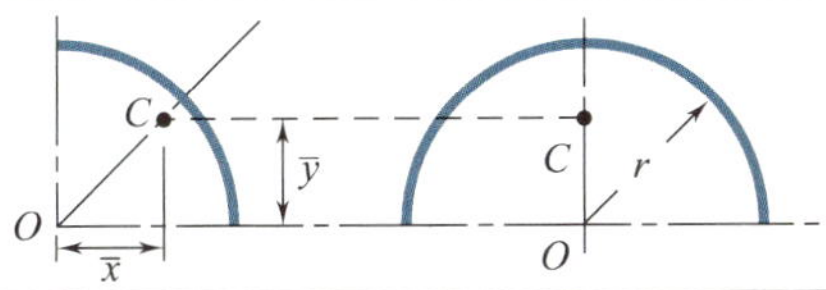	$\frac{2r}{\pi}$	$\frac{2r}{\pi}$	$\frac{\pi r}{2}$
반원주		0	$\frac{2r}{\pi}$	πr
원호	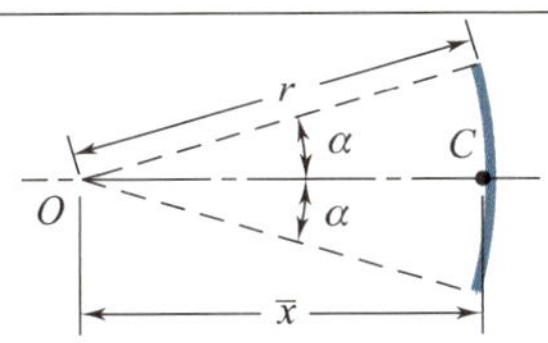	$\frac{r\sin\alpha}{\alpha}$	0	$2\alpha r$

상용 도형의 도심과 체적

도형		$\bar{x}$	체적
반구체	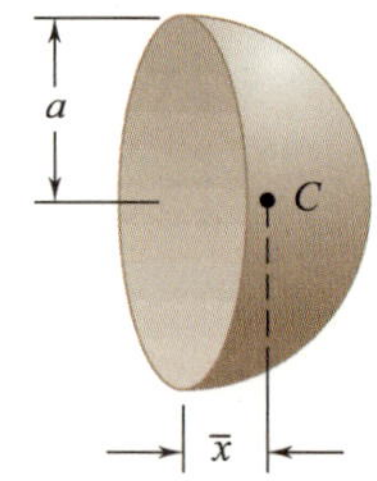	$\frac{3a}{8}$	$\frac{2}{3}\pi a^3$
반타원 회전체	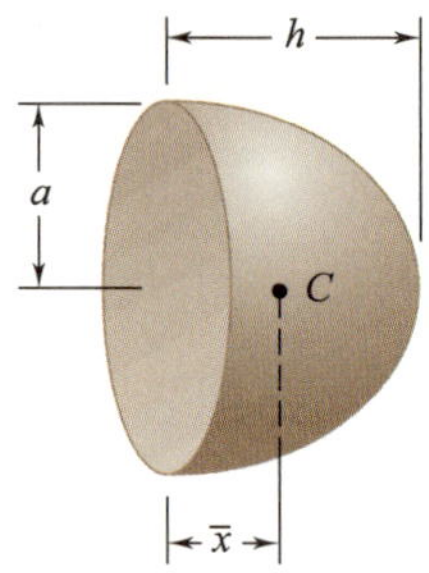	$\frac{3h}{8}$	$\frac{2}{3}\pi a^2 h$
포물형 회전체	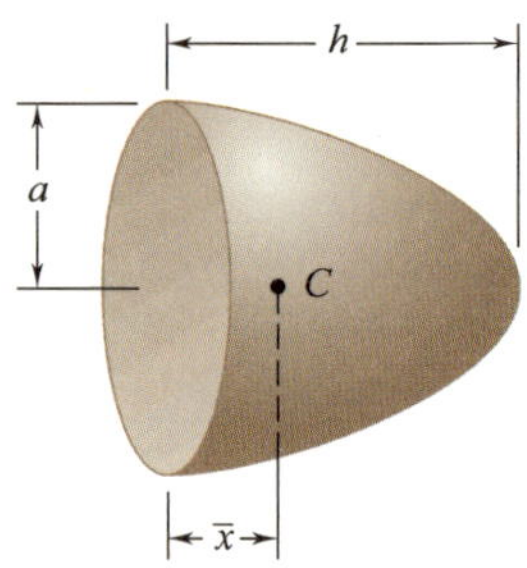	$\frac{h}{3}$	$\frac{1}{2}\pi a^2 h$
원추체	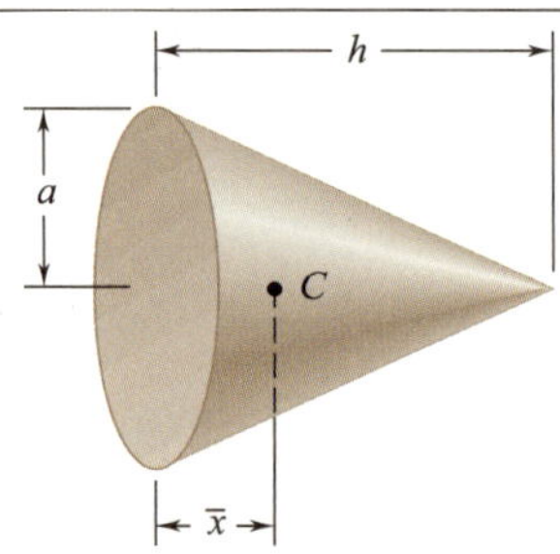	$\frac{h}{4}$	$\frac{1}{3}\pi a^2 h$
피라밋	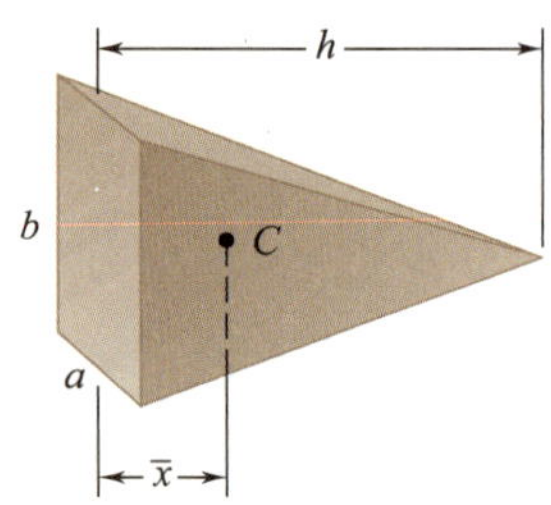	$\frac{h}{4}$	$\frac{1}{3}abh$